U0295298

高级园艺学通论

General Theory of Advanced Horticulture

奥岩松 编著

上海交通大学出版社
SHANGHAI JIAO TONG UNIVERSITY PRESS

内容提要

本书共分五编,包括园艺学概述、园艺学基础、园艺生产技术及其原理、园艺产业经营实务和主要园艺植物及其产品,对园艺学的范畴、背景及现状给出了整体描述,并从学科所涉及的基础知识及原理入手,围绕整个园艺产业链,从园艺植物资源、种植过程管理、生产设施配置、采后产品处理、贮藏加工、物流运输、配送销售、产品质量控制、企业生产管理、贸易及全球园艺产业布局与国际竞争、产品价值及其实现等方面,全方位、系统地进行了诠释。书中提供的大量图表不仅丰富了内容,还增强了可读性。

本书可作为高等院校相关领域专业学位硕士研究生的教学参考用书,也可作为对有一定生产和管理经验的园艺技术人员、园艺关联企业从业人员进行培训的教材。同时,本书也可为具有一定基础知识的园艺爱好者深入学习提供帮助。

图书在版编目(CIP)数据

高级园艺学通论 / 奥岩松编著 . —上海:上海交
通大学出版社,2022.10
 ISBN 978-7-313-25589-1

Ⅰ.①高… Ⅱ.①奥… Ⅲ.①园艺-研究 Ⅳ.
①S6

中国版本图书馆 CIP 数据核字(2021)第203005号

高级园艺学通论
GAOJI YUANYIXUE TONGLUN

编　　著：奥岩松

出版发行：上海交通大学出版社　　　　　　　地　　址：上海市番禺路951号

邮政编码：200030　　　　　　　　　　　　　电　　话：021-64071208

印　　制：苏州市越洋印刷有限公司　　　　　经　　销：全国新华书店

开　　本：889 mm × 1194 mm　1/16　　　　印　　张：56.75

字　　数：1473千字

版　　次：2022年10月第1版　　　　　　　　印　　次：2022年10月第1次印刷

书　　号：ISBN 978-7-313-25589-1

定　　价：428.00元

序

时光荏苒,笔者从事园艺学教育已逾三十载。这期间中国园艺事业经历了改革初期的探索,直至今日已取得辉煌成就,令世人瞩目。综观园艺科学的发展,伴随着基础科学和其他相关领域的全面进步,园艺学的内涵也在不断丰富,所涉及的内容已不再是把过去的教材版本加以升级所能涵盖。鉴于此,笔者于21世纪初萌生编写一本全面的且与时代同步的著作以飨读者的念头。

然而理想与现实总会有一定距离。一方面,研究型大学的主体工作已移至科学研究,日常工作已用去了大部分时间;另一方面,在面对一个宏大的目标时,本人常常深感积累不足,对某些特定问题的认知还尚未有系统而周详的方案。计划延至近日,受时代呼唤的迫切感催促,笔者于是下定决心来完成此项工作。

对于园艺学知识的呈现,现常用的教材及相关书籍在取舍上似乎不够全面,与国际上具有广泛影响力的朱尔斯·贾尼克(Jules Janick)的 *Application to horticulture* 以及雷蒙德·P. 庞斯洛(Raymond P. Poincelot)的 *Sustainable horticulture: today and tomorrow* 相比,尚有较大差距。同时,近年来园艺学发展日新月异,学科间的交叉与融合凸显,使得新概念的园艺学教材在写作上更加富有挑战性。对此,吾将尽已最大努力去面对。

综观当代园艺学教育,高等院校面临的最大尴尬在于开设了较多的基础课和专业基础课,而这些课程自身均保持了其独立的体系完整性,相互之间联系不够。从研究园艺学所指向的实际问题这一层面看,这些科目的内容有时会与需求有所偏差,或者说即使学完了在实践中如何用仍然是一个较大的问题。同时,由于学时有限,园艺学所涉及的领域又过于广泛,因此令人常常感叹有些内容在大学课堂里根本没有涉及,以致学生面临实际问题时会略感茫然。各院校缩减专业课学时的同时,大家所面临的新问题是学生对园艺学的学习不够系统、深入。如此体系,使毕业后的本科生具备的才能与真正的专业需求的差距正在拉大。

虽然深入的进阶式的园艺学学习是使这些准园艺学人才提高的必要过程,但是目前研究生,包括获取专业学位的研究生的培养理念和目标却与社会需求之间有较大距离。学生在研究生阶段并没能对更加基础而广泛的园艺学知识进行有效补缺,而仅是在某一极小的领域里深耕。虽然这种培养也是必要的,但对于整个园艺行业发展而言却存在着巨大的浪费。按照现代园艺产业发展的客观要求,培养高素质的具有学科交叉与融合特征的专业人才是未来园艺学教育的最终指向,也是使中国园艺产业继续发展,并推动全球园艺事业的重要举措。

因此,在指导本书编写的基本理念上,首先强调的是内容的整体性与系统性。由于篇幅关系,在内容的全面性与特定问题的细致性的取舍上,本书更加注重内容的全面性和整体的系统性,并在此基础上兼顾内容的深度。此外，在取材上，本书努力站在全球视野上看待园艺学所面临的理论和实际问题，尽可能地展现行业发展中所面临的国际化问题。在理论与技术的呈现方面，本书秉承按照科学自身的概念、原理及特征去诠释的原则，着意使读者能从中感悟对待特定问题时逻辑思维判断的整体脉络，以帮助读者在技术的应用与再创新中获得更多的灵感。故本书在内容的展开上，将围绕园艺产业链的过程逐步演绎，而不是仅强调各种园艺植物的生产操作细则。这些准则将贯穿在整本书的全部内容体系中。

期望本书能够完成本人所愿，并能对有志于投身园艺行业的读者有所裨益，对此我有深深的期待。倘若本书对前述问题的改善有微薄作用，这足以慰藉笔者写作的初心。

以一己之力而为之，目的是使本书在内容上更加连贯且安排得当，而不是对有些问题大书特书却对另外一些问题避而不谈，从而使本书的叙述风格前后一致，内容的协调性和连贯性也能有较大提升。因笔者水平所限，本书难免在一些内容的呈现上存有不足甚至偏差，敬请读者不吝赐教，以使之不断完善。

于2021年金秋之申城思源湖畔

前　言

　　本书是以具有一定专业基础的园艺工作者和爱好者为读者群而编写的,并以丰富理论与提升技术为目标。因此,本书适用于园艺领域专业硕士生、从事园艺工作的专业人员等。

　　全书共分五编,包括园艺学概述、园艺学基础、园艺生产技术及其原理、园艺产业经营实务和主要园艺植物及其产品,对园艺学的范畴、背景及现状给出整体描述,并从学科所涉及的基础知识及原理入手,围绕整个园艺产业链,从园艺植物资源、种植过程管理、生产设施配置、采后产品处理、贮藏加工、物流运输、配送销售、产品质量控制、企业生产管理、贸易与全球园艺产业布局与国际竞争、产品价值及其实现等方面,全方位、系统地诠释了与园艺相关的理论和实践问题。本书以讨论式写作风格展开,营造了良好的阅读条件。

　　本书对所提及的基本概念均给出了定义,并配注了英文对照。在讨论问题时,为了克服讨论对象与实际景象脱节的实际困难,大部分知识点尽可能以彩绘或照片形式与文字进行匹配,以使读者阅读时能够有感性认识。为此,全书共配置了近千组图(每组图中则有多张图片集成来共同反映)和一百多张表格。全书收录的两千多幅图(含照片)和一百多张表格中除部分为作者原创外,其余为直接引用或改制(图注中标明'依'),相关材料下均注明了出处,在此谨向原作者表示衷心感谢。本书在编写过程中所引用的其他资料,以参考文献的形式一并列于书后,在此也对前人在此领域的付出及贡献深致谢忱。

　　各章图表单独编号,并按图表内容与相关文字混排,以便参照。受篇幅所限,书中未列出词条索引,敬请谅解。

　　本书的编写工作得到了陶禹、孙海、李玉琦、郭智、石达祺、李建勇等的大力协助,谨在此一并致以深深的谢意。

　　由于作者水平有限,书中难免有疏漏与不足之处,敬请广大读者指正,以便勘误或再版时修订。

目 录 Contents

第Ⅱ编　园艺学基础

第Ⅲ编　园艺生产技术及其原理

第Ⅳ编　园艺产业经营实务

第V编　主要园艺植物及其产品

第1编

园艺学概述

第 1 章
园艺生产及园艺学

1.1　园艺植物与生物生产

园艺植物是指利用园地集约化栽培（garden husbandry）的一类经济植物。其内容包括蔬菜类、果树类、观赏植物、饮料植物、香料植物等类别，其产品涉及食用、饮用、观赏、健康调理等领域。与其他农产品相比，园艺产品更加注重对人们生活质量的提升功能。

因此，我们把从事园艺植物生产的整个行业，称其为园艺产业（horticulture industry），常简称为园艺；把园艺产业的相关从业者称为园艺人（gardener），也将非专业并热爱园艺产业的人群称为园艺爱好者（gardeners）。

尽管园艺的起源较早，但园艺一词的出现是相对于农耕、农艺、农作而言的，虽无从确切考证，但不会早于汉代，最初的意思是进行园田种植所用的技术、技艺，后引申至经营园田的行业。园艺的英文horticulture 一词，则始见于 17 世纪，是由拉丁文的 hortus（庭院）和 colere（栽培）复合而成的。

园艺植物生产的特点在于，利用庭院或专门的园田进行精细化管理，高投入、高产出，多数产品需活体利用，容易腐烂。相对而言，中国农业体系中的精耕细作传统，完全能满足园艺的需求。因此，中国人表现出更能胜任传统园艺人的工作。

园艺生产的目的则在于为人类提供食物、健康保证和满足美感。将植物应用于观赏与美学活动是园艺产业独一无二的特点，这与其他农业活动有本质的不同，因此园艺产业也更具全球性。随着人类社会的不断进步，人们又开始重新审视庭院及其园艺，使得庭院园艺与商品园艺相分离而出现复古行为。城市里，人们也开始向往独立院落的别墅式居住格局，希望有质量上佳的景观环境，并能常常与自己喜欢的植物亲近，通过劳作愉悦身心；而在乡间则更加容易实现这一点。这种趋势不仅在中国是这样，全球一些发达国家早在二三十年前即已出现，称为 DIY 园艺（do it yourself in gardening）。

1.2　园艺学概念及其内涵

园艺学（horticultural science），是指研究园艺植物繁殖、种植、采后处理、流通全产业链的综合性应用科学。园艺学为农业科学的一个分支，是以园艺植物为对象，在掌握其生长发育特性及其对环境条件要求的基础上，建立起实现园艺植物优质高效生产的作业技术体系，以更好地满足人类需求而成立的应用科学。其学科体系及其位置如图 1-1 所示。

园艺学是从人类长期的园艺生产实践中来，在不断总结其技术基础上逐渐产生其科学体系的。虽然园艺学从应用科学角度有别于农业科学的其他门类，但其建立与发展也完全得益于基础农业科学平台的建立。

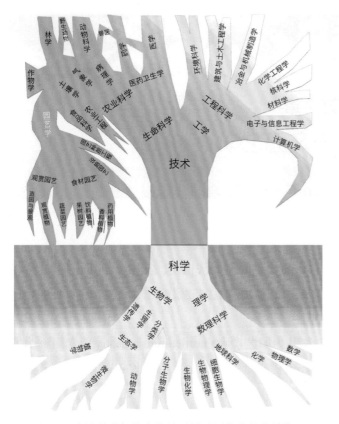

图1-1　自然科学与技术的关系树及园艺学的学科位置
（改编自Janick原图）

园艺学是依据对象的不同而区别于农业科学的其他学科的，即出现园艺植物的边界问题。一般地，在种植业内，作物学与林学所研究的对象其产品均在低生物活性或无生命活动状态下加以利用，且其干物质含量较高；而大多数园艺植物产品则为鲜活状态，但是有很多情况会出现例外。烟草、糖料、纤维及其他工业原料植物常划归到作物学内，当然也包括淀粉类植物的马铃薯、甘薯、木薯和玉米、各种干豆类等，这时其特征可界定为是作为粮食用途。树木及森林植物常划入林学，其分支中的园林植物的种植等均属于园林学范畴，但一些草本类的观赏植物如花卉和草坪植物则属于园艺学，而美学设计领域的花坛、花饰及草地建植等也为园艺学的对象。果树多为木本，但其应用目的与森林植物有严格区别，后者以生产木材为主体，而前者则以收获可食用果实为目的。

1.3　园艺学的几个重要分支

园艺学通常根据植物利用途径的不同进行细分，并分为蔬菜园艺学（olericulture）、果树园艺学（pomology）、观赏园艺学（floriculture & landscape horticulture）、草坪学（lawn science）、茶学（tea science）、香料植物园艺学和药用植物园艺学（herbs horticulture）等；当然，也有根据与其他跨度较大的学科门类交叉而形成的园艺学分支，如设施园艺学（greenhouse horticulture）等。

蔬菜（vegetable）是指一类具有柔嫩多汁并作为佐餐食材来源的植物类别，也包括可食用真菌类和低等植物的地衣和藻类等。蔬菜通常多为草本，当然也包括一些木本植物的幼嫩期部位产品。

果树（fruit tree）是指一类以提供果实类的餐后甜点为特征食材的植物类别，除部分热带植物外，大多为多年生木本。

观赏植物（ornamental plant）是指一类提供视觉美感并使人愉悦的植物类别，其中主要包含有花卉植物（flower & foliage plants）和景观植物（landscape plant）。花卉分别对应植物的不同观赏对象，即花器与叶片。

饮料植物（beverage plants）是指一类可提供用于特别嗜好风味饮品材料的植物类别，主要包括茶、咖啡、可可等植物。

草坪植物（lawn plants）是指一类用以构成具有高度观赏性草坪的植物类别，常用于植物景观配置时属于地被植物（ground cover plants）的一个门类。

香料植物和药用植物（herbs, spice & greens）是指一类可用于调节人身心健康用途的植物种类，多有特殊挥发性气味。

园艺植物的大类,相互间有时会有一定的交叉,这完全需要根据其他特性做细致界定。

国际通用的惯例中,如西瓜和甜瓜,从利用来说可作为果品,但就其整个生产特性而言,却常被列入蔬菜类别之中;与此相类似的还有草莓和番茄等植物。同时一些来自木本植物的产品可用作蔬菜时,也将此列入蔬菜中的木本蔬菜类,如龙牙楤木、枸杞、香椿以及很多蕨类植物的幼嫩叶芽和茶叶等。一些香料植物和观赏植物也常作为蔬菜食用,而在分类上有交叉,但从名称上常冠以"食用"或"菜用"两字,如食用菊花、菜用枸杞、罗勒、紫苏、薄荷等。

除了三大饮料植物外,国际上通行的看法是将部分花草茶(herbal tea)也作为一类饮料植物,这与国内在药用植物中所包含的饮片相重合。因此,常将这类植物也列入饮料植物中,如玫瑰、玫瑰茄(洛神)、枸杞、杭白菊、贡菊、洋甘菊、金盏花、金莲花、茉莉、马鞭草、柠檬草、薰衣草、迷迭香、紫苏、薄荷、橘(陈皮)、月桂(肉桂皮)、果梅(乌梅)、覆盆子、田七(花)等。

一些蔬菜和果树可通过小型化盆栽,作为观赏植物利用,如盆栽辣椒、盆栽金钱橘、盆栽花红(小苹果)等。

需要特别指出的是,用作景观和庭院装饰用途时的观赏植物,除花卉和地被植物外,有时也会与园林植物中的小型木本植物有交叉,特别是用于盆栽时,如用作对圣诞树的小型盆栽松树等。

第2章

园艺生产与人类

2.1 世界园艺产业规模

园艺产业在农业领域中占有重要地位。2018年，中国主要农产品的生产量（国家统计局数据）及产值（农业农村部数据）情况如图2-1所示。园艺植物的产量和产值均已超过粮棉油糖，成为种植业中最大的板块。据联合国粮食及农业组织（FAO）在2016年的公报数据，中国水果、蔬菜、茶叶的种植面积分别占全球的19.7%、41.3%和37.8%；产量分别占15.1%、47.7%和24.7%，成为世界园艺生产大国，如图2-2所示（FAO数据，2016年）。

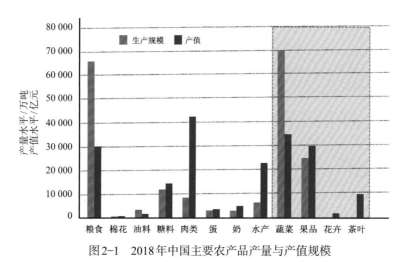

图2-1 2018年中国主要农产品产量与产值规模

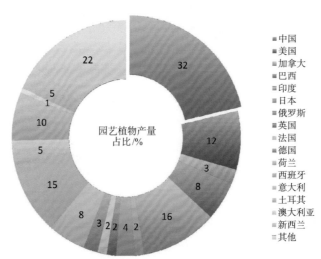

图2-2 各国园艺植物产量在全球所占的份额

全球各国的国情不同，农业基础和内部结构的不同，导致农业在GDP中所占比例有相当大的差异。对于一些发达国家而言，农业整体所占GDP比例不足5%；而对于一些农业国而言，农业在GDP中所占比重常超过50%；一些尚未工业化的国家，作为国家主体产业，农业占比甚至可达到80%以上。园艺产业在农业中所占比例，即各国的农业内部结构也有着巨大差异，这主要取决于农业传统与其自然条件等方面。园艺占农业份额较大的国家主要有中国、印度、西班牙、法国、意大利、西班牙、土耳其、荷兰、新西兰、越南等。

在园艺产业内部各领域来看，主要生产国的分布变化也比较大，如蔬菜领域，欧洲的西班牙崛起速度很快；在果树领域，一些东南亚国家和中南美国家发展速度较快；在花卉领域，中国发展最快，同时中南美的哥伦比亚、非洲的肯尼亚、南非和津巴布韦等国也有快速的发展；在饮料植物领域，越南、肯尼亚等国在崛起。

2.2　园艺及其产品的作用和意义

2.2.1　人类营养与健康保障

从食用园艺植物角度而言，其营养价值和保健价值是消费者特别看重的。与禾谷类、油料、肉蛋奶品类食材相比，园艺类食材在营养功能上有着明显的不同，前者主要为人类提供能量性物质，其主体成分为碳水化合物、蛋白质和脂肪类物质；而后者虽然也含有这些物质，但产品的鲜活性保证了其维生素、矿质和可食纤维素以及水分的较高含量。园艺产品作为食材，其营养价值更多是从其对人体健康的调节和维护功能方面的必要性和充分性而体现出来的。因此，园艺产品的消费与生活水平的提升有密不可分的关系，人类越文明进步，对园艺产品的需求也会随之增长。

不同园艺产品对于人体营养需求的贡献是不同的，即使同一产品由于产地环境与整个生产过程的不同，产品的营养素含量也会有所差异。因此从营养学角度，需要统筹各营养素含量水平与人体需要，而不是简单地比较某种营养素在产品中含量的高低。

食物营养评价的基本原则是：营养素的种类和营养素的含量越接近人体需要，表示该食物的营养价值就越高。因此，Hansen在1979年提出了评价食物营养价值的指标，即营养质量指数（index of nutritional quality, INQ），其计算公式为

$$INQ_i = \frac{营养素密度_i}{能量密度_i} = \frac{营养素含量_i / 参考摄入量_i}{所含能量_i / 能量参考摄入量_i}$$

$$INQ = \sum_{i=1}^{n} (INQ_i)/n \quad (i分别为各种营养素，共n项)$$

由于各国的标准不同，因此参数略有不同，可通过查询食物成分表与每天的国民营养素参考摄入量来求算特定园艺产品的INQ数值。

当INQ＝1时，表示产品中营养素含量与能量需求在普通人群中可达到平衡；当INQ>1时，表示产品中营养素偏高于能量需求，即营养价值较高；而INQ<1时，则表示产品中营养素含量低于能量需求，长期食用可能导致营养不良或能量过剩，其营养价值较低。

过量的营养摄入，常常导致人体肥胖并出现各种健康问题，这时很多人便想到了增加园艺产品在食物中的比例（见图2-3）。作为时尚，很多白领阶层会经常食用色拉来调节膳食平衡。

图2-3　蔬果菜式及中式餐宴中的园艺元素

（A～D分别引自 baike.sogou.com、cn.dreamstime.com、h5.youzan.com、meituan.com）

2.2.2　人类休闲与心理调节

从食用的角度看，很多食材对人们具有一定的诱惑力，并可能导致偏食嗜好。虽然人的胃对于食物有较强的记忆性，可能与胃液中的肠道微生物菌群结构与数量相关，但丰富的食材与平衡膳食才是人类健康的最大保障。因此，除了饮食外，适度休闲、运动，配合心理调节也是十分重要的。园艺所创造的美学体验与环境效应，对这种心理调节有直接的作用，很多的医学报告均证明了这一点。

在休闲产业的建设上，配置园艺植物即成为其基础建设的重要方式，这充分利用了园艺植物具有的休闲功能，于是便诞生了"休闲园艺（leisure gardening）"和"园艺疗法（horticultural therapy）"的概念。

园艺植物对人类产生心理调节的物质基础是其特定的形、色以及挥发性成分等要素。实践和研究证明，莳花弄草、香薰等活动均能有效地调节人类身心，起到减缓心率、改善情绪、减轻疼痛等功效，对患者康复有很大的帮助（见图2-4）。因此，这一事物被广泛接受并得到迅速推广。

美国园艺疗法协会（American Horticultural Therapy Association, AHTA）将园艺疗法定义为：对于有必要在其身体以及精神方面进行改善的人们，利用植物栽培与园艺操作活动从社会、教育、心理以及身体诸方面进行调整更新的一种有效的方法。园艺疗法本身是园艺学与医学、心理学相结合的产物。无论是休闲园艺还是园艺疗法，这一领域在中国尚处于起步阶段，相信其会有广阔的发展空间。

2.2.3　产业发展与就业

园艺生产的特点之一即是其高度的集约性。中国自古就有"一亩园，十亩田"的说法，一方面说明了产值水平，同时在劳动力投入上也是如此。与常见的大田植物相比，园艺植物栽培所适用的技术要求更高，在用工上表现出量大但强度较低的特点。因此，对于很多管理作业时，女性可能更适合于园艺生产。

现阶段自我经营的小规模园艺生产，用工表现出较强的季节性（见图2-5），对劳动强度要求很不均衡；对于经承包与土地流转而扩大规模的园艺生产，则有较大的劳动力需求。因此，在新辟园艺企业基

图2-4　休闲园艺与园艺疗法
A. 英国女王在2018切尔希花展；B. 园艺操作中；C. 园艺疗法的植物配置
（A～C分别引自 m.sohu.com、sohu.com、docin.com）

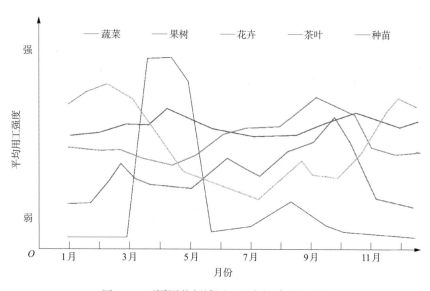

图2-5　不同园艺领域用工强度的季节性变化

地时，必须充分地考虑是否有充足的劳动力。与此同时，很多未接触过园艺生产的新产业人员，若常年从事此业，须经过较为严格的岗前培训，加之园艺技术进展很快，园艺工人的技术提升也是确保产业深度发展的事业保证。为此，园艺教育和培训推广具有广泛的市场。

　　尽管目前在园艺生产上的机械化程度已得到普遍提高，但是无论如何其产业都具有劳动密集属性。非常值得注意的问题是，中国园艺现有从业人员的平均年龄偏高，而且其趋势有严重化倾向。

第3章
园艺产业的现状与问题

3.1 中国园艺产业的现状

3.1.1 城市化与产业梯度转移

在发达国家,有的因国土面积较小,园艺产业规模极为有限;而有些面积较大的发达国家,其园艺生产也较为发达,如美国、法国、意大利、西班牙等国。而像新西兰、土耳其和墨西哥等国,其园艺产业所占比重均比较大。园艺产品对区域条件要求有巨大差异:有些产品更多地分布于丘陵和山区地带,如果树、茶叶和药用植物等,而蔬菜、花卉以及草坪植物等多分布于城市周边区域。这样的分布在全球都是如此。

随着城市化进程,园艺产业的小尺度区域分布也正在发生着变化。园艺生产的重心不再偏向于大城市周边,而会逐渐向中小城市分散。而作为重要消费区域的大型城市,则需要有良好的交通与产地进行连接。这种因快速城市化而引发的产业梯度转移现象十分普遍,将更加有利于产业分布的优化。

产业梯度转移理论(industrial gradient transfer theory),源于弗农(R. Vernon)提出的产品生命周期论。其主要观点认为,产业各环节以及所生产的产品,都处于其生命周期的不同发展阶段,即经历创新、发展、成熟、衰退等四个阶段(见图3-1)。此理论后经区域经济学家移植便形成产业梯度转移理论。

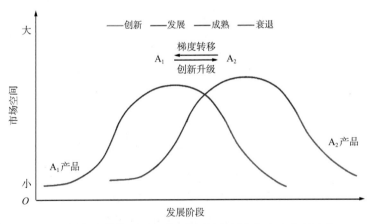

图3-1　产品在其不同发展阶段时的市场空间大小及其演替

中国在改革开放初期,决策者便接受这一思想,重点将产业布局与效益、效率挂钩,划分出东部、中部和西部三个发展梯度层次,并优先进行了沿海地区的开发战略,即让一部分人先富起来。经过40余年的改革实践,东部沿海地区已取得了不俗的发展,其产业发展早已开始发生渐次的梯度转移,如东部地区园艺企业用工成本的增加以其部分成熟和衰退阶段的产业形态向中西部转移,可能会缩小地区间差别。

有时这种转移也会导致区域间更大的不平衡。从园艺生产的不同领域看,其技术研发与创新阶段,以及品牌形成后的延伸服务则可能获得更高的利润空间,而被转移后的初级园艺生产者则只能得到低微的经济回报,这一特征所揭示的规律称为"微笑曲线(smile curve)",如图3-2所示。

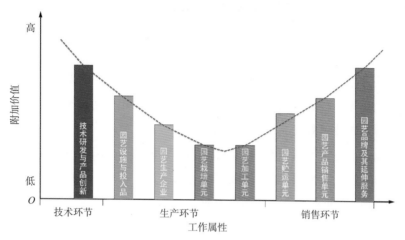

图3-2　园艺产业不同领域可能的利润空间上存在的微笑曲线

3.1.2　污染及耕地退化

在规模化园艺基地生产成为趋势之后,如果没有相应的技术与行为规范,长期的连作以及为了追求更高的产量而过量使用农药、化肥等投入品时,极易出现园田的污染与耕地退化现象(见图3-3)。因此,

图3-3　中国部分地区因污染引起的园田土壤退化与弃耕
A.吉林敦化利用弃耕大棚养的鸡;B.甘肃靖远黄河灌区因盐碱化而弃耕的园田;C.设施菜田出现的土壤板结
(A～C分别引自cmsuiv3.aheading.com、roll.sohu.com、baijiahao.baidu.com)

在现代农业技术体系基础上,注重生态系统的结构稳定,维护可持续的园艺生产环境,对其技术体系进行基于生态学原理的改造,以确保园艺生产的稳产,并保障园艺产品的食用安全,已成为行业必须解决好的重点问题。由此,我们可以看到,面对园艺生产出现的新问题,其解决思路不再仅仅是技术问题,而是一个深层次的哲学问题。这一点上,中国传统农耕文化的精髓早已给出了命题的答案。

3.1.3　运输园艺的发展

20世纪90年代以来,随着设施园艺取得重大进展,全国大型城市的主要园艺产品供应不再坚持"就地生产、就近供应"原则,为了解决市场的均衡供应问题,依靠长距离运输来调剂产品的种类和数量,使各地人们对鲜活类的园艺产品消费质量有很大的提高。

基于产品长距离运输而上市的园艺类别,常称之为运输园艺(transport horticulture)。在一些发达国家,园艺产品的市场供应很大程度上是基于国际贸易和运输而实现的,如欧洲和北美国家。中国运输园艺的发展,一方面是基于因产业梯度转移的生产基地再分布而成立;另一个很重要的方面,则是中国高速公路的通车里程迅速增长,并对鲜活农产品的长距离运输进行通行费免收政策。

运输园艺的兴起与发展,对园艺产品的大规模生产基地的空间分布再次产生了洗牌效应,基于产地与目标消费地域间的运输距离、交通状况以及产地自然资源特别是气候特点,直接影响到园艺产品针对特定市场的期望价格构成以及整体的竞争优势水平。因此而产生的产地规模调整的结果,更易于形成大型而稳定的园艺生产基地。以各地蔬菜产品的净输出为例,冬季时多以海南、广西、云南和山东向外输出,而在夏季则以新疆、甘肃、宁夏、山东、安徽、云南和贵州向外输出。

在运输园艺发展过程中,如何缩短园艺产品的流通时间并有效保护产品的鲜活性、减少腐烂变质是园艺产业链中重要的问题,这不但涉及产品的加工处理,也涉及交通工具、货仓厢体的微环境调节和基于物联网概念的物流信息管理等技术。

3.2　园艺产业的普遍性与区域性问题

3.2.1　市场过剩问题

目前中国主要园艺产品的生产量远远超出了消费量,而出口量却极为有限,致使大批量产品被浪费。除了因消费文化导致的餐桌浪费外,流通浪费也是一个重要部分。更为重要的是,在生产与市场匹配不良时,大量的产品连收获上市的机会都没有,许多被烂在园里,如图3-4所示。

在总量过剩的背景下,园艺产品的价格竞争激烈,因产业转移而新发展起来的园艺基地,其产品综合质量并不很高,但大量的低价出售,造成了类似"劣币驱逐良币(bad money drives out good)"式效应,这将极大地影响园艺产业的健康发展。

总之,园艺产品的过剩往往也伴随着局部的短缺,优质非大量种植的种类在总量中常显不足。如每年冬春时节的鲜花和水果市场中,大量的进口商品旺销。仅欧洲樱桃一项,中国2018年从智利一国即进口约12 000柜(约45万吨)。一面是国产产品滞销,另一面是进口产品热卖,究其原因,主要表现为:①国内园艺生产的种类与生产规模的总体布局尚未得到稳定性优化,一些优质和特色产品较为缺乏,多数产品呈现低质化雷同,收获期过度集中;②产销信息不对称,仅凭市场调节往往不够及时准确,生产者信息掌握不全,盲目跟风;③市场及流通体系尚不发达,对产业风险的抵御能力弱,无应急处置方案。

图3-4　中国近期多次出现的园艺产品滞销问题

A. 橘子；B. "水果滞销大爷"；C. 结球莴苣；D～E. 苹果和伤心果农

（A～C分别引自k.sina.com.cn、dzwww.com、blog.sina.com.cn；D、E均引自dy.163.com）

3.2.2　园艺从业人员的机会收益低廉化

社会分工的细分，使农业行业的就业形势严峻化。一个劳动者，在面临以繁重的工作强度行业（如建筑业、物流业和服务业等）时，其机会收益往往大大高于经营土地的劳作。而在农业内部，在园艺产业尚不发达之初，因园艺产品销售上的空间限制与物流运输的不畅，相比于农业领域的其他行业，园艺产业的机会收益较高，20世纪90年代时，个体经营小规模的园艺业，其收益甚至比白领阶层都要高。而时至今日，在农业内部而言，园艺产业的比较优势迅速降低，其经营风险加大。

现阶段，园艺产品很少有能自产自销的情况。因此在整个产业链中，表现为环节多，过程复杂并专业细分化。我们常常可以看到，零售市场的园艺产品其价格往往是产地价格的若干倍。以番茄为例，其最终价格中产业链各环节所占份额比例如图3-5所示。正是如此，目前的园艺产业已过了简单高利润的阶段，其经营收益也趋于低廉化。

图3-5　番茄在1元产值中各产业环节的价值构成

3.2.3　技术推广与作业人员素质

目前的园艺教育所面临的形势不容乐观。虽然开设园艺学专业的院校众多,且每年毕业的学生人数也比20世纪翻了若干倍,但现在通识教育背景下的园艺学专业毕业生,对园艺产业工作的胜任度并不高,这是不争的事实。而作为研究生,受教育大环境影响,本应承担起成为未来园艺专门人才的社会责任,而在园艺学各领域进行深耕并打下良好的工作基础,但事实上,大多数研究生却过分注重某一领域极其细微的事项进行创新性的研究,而忽视全面而系统的园艺学知识和技能的积累。这一问题需得到很好的解决。

由于园艺事业发展很快,知识和技能的增长,客观地需要从业者不断进行园艺学专业领域的系统性再教育,唯有此才是普遍提升现有技术人员水准的关键性举措。社会的发展离不开各方面的专业人才,而很多时候却找不到特定岗位所适合的人才。因此,未来在园艺学的教育和培训上有着较大的市场。

3.2.4　劳动密集与技术密集的整合

园艺生产的高度集约性已注定其产业具有劳动密集型特点。在过去几十年内,中国普遍具有劳动力方面的优势,但这种人口红利现在正在丧失。在各行业普遍用工紧张的今天,劳动力成本上升,使园艺产业昔日的荣光不再。这一问题其实在国外一些发达国家早已先期而至,其解决方案无非是在园艺生产中尽可能利用机械来代替人工作业,并取得了较好的效果。这些减轻人力依赖的作业中,既包含了土壤作业,如挖坑、取土、混合、装填以及耕翻、松土等,也包含了更为复杂的管理作业,如播种、施肥、灌溉、采收、分拣、装箱等。

设施园艺的发展使其在园艺行业内所占的比重大幅提高,这不但可以克服许多气候带来的生产限制,同时,它也成为一些省力化、智能化技术改进的载体。21世纪以来,农业机器人、设施自动控制系统、设施栽培专家系统、水肥一体化控制系统、叶菜类植物工厂、温室信息管理系统等已开始进入实际生产应用中,设施园艺相关的器材用品等制造行业也正悄然而起。

然而,目前在用工量较大的环节,如定植、收获等过程中适用的机械还不是太多,且由于园艺植物类别繁多、种类间差异大,因此机械的系列化要求比较高,还需要今后继续发力。在采后的加工中,产品的整理过程目前还难以用机械取代人工,但在清洗、预冷和包装等环节,自动化的流水线将很容易替代人工作业。

因此,在规模化园艺生产中,通过机械来降低人工作业时的劳动强度是伴随着一系列工业化技术的应用而实现的,这也就客观地增加了园艺生产对技术领域的依赖程度,其产业的技术密集程度也正在变得越来越强。

第4章
园艺的历史与发展

4.1 人类农耕文化中的园艺

国内外考古学研究证明,人类进化可追溯到300多万年以前。早期的人类开始形成部落时,其生存主要以狩猎和采集植物来维系。后世对于此期间的记录如图4-1所示。

图4-1 古人类的狩猎与植物采集
A.埃及壁画;B.东汉时期砖雕
(A～B分别引自Janick、blog.163.com)

4.1.1 农业的起源

直到上古时期(夏朝之前),相传三皇中的伏羲氏率先开创动物养殖,并区划农田;而神农氏则以遍尝百草确立了可食植物体系并开始了部分植物的种植;轩辕氏则造农具、定节气,形成传统农业体系。迄今虽未能找到此期间直接的考古证据,但经世代传说,在有明确文字记载时,已收录到相应的典籍之中。中国在1954年从陕西半坡遗址(新石器时期,距今7 000年)中出土了粟和菜籽;之后在山东、河南、河北等地也出土过同时代的植物种子;而在浙江的河姆渡则出土了新石器时期的稻苡种子。这些均是农业历史纪年方面很好的佐证,说明人类农业起始于距今7 000年前。不少农业院校及机构中,常以伏羲或神农雕像纪念之,如图4-2所示。

4.1.2 园艺从作物种植中分离

到了五帝时代,氏族社会已开始向奴隶制社会演变。这时的社会已基本改变了迁徙式的生存方式,开始定居并有了较大规模的农业生产。在夏朝前后(距今5 000年前),相传尧开始凿井、开园,引灌溉之

图4-2　各地纪念和供奉的伏羲、神农像
A. 天水伏羲庙；B. 庙内伏羲女娲像；C. 伏羲铜像；D. 日本敬奉的神农雕像
（A～D分别引自 k.sina.com.cn、m.sohu.com、detail.1688.com、aihami.com）

先河，即有了庭院园艺；禹治理河患，保障社稷（农业）的稳定。这一时期的农业已有了较大的发展，并进一步催生了园艺从作物种植领域的分离，使园艺成为新的独立领域。之后的殷商周时期，随着金属冶炼的开创，园艺文明取得了较大进步。这些历史，存在于后世的典籍记载中。周代末期的《诗经》中记录了农时、土地利用与耕作、农具、栽培管理、农桑和园艺等技术等。

　　与夏朝同期，在古埃及的尼罗河流域、古巴比伦的幼发拉底河和底格里斯河流域、古印度的印度河流域也相继出现了最早的奴隶制国家。这四大文明古国所产生的农耕文明被证明为是独立发生的，并无文明相互渗透迹象。

　　埃及文明对园艺的伟大贡献在于，水利工程建设和灌溉设施的利用、香料植物及药用植物的收集利用，并开始大量种植区域原产蔬菜和瓜果以及创立果实发酵技术。这些文明成果均可在之后的神庙壁画中找到，如图4-3所示。

图4-3　埃及神庙壁画中记录的园艺事项
A. 菜市场；B. 葡萄采摘和酿制；C. 椰枣与耕种；D. 女性与香料植物
（引自 huaban.com、blog.sina.com.cn、ximalaya.com、孤男寡旅图片）

　　埃及以东的新月地区，即在古巴比伦和亚述地区诞生的巴比伦文明，为园艺贡献了难以磨灭的记忆。社会的进步使这一地区出现了最早的公园与园林式庭院，并开始修筑梯田进行垂直绿化。在公元前700

年的一本亚述植物志中,就曾经记录了250种以上的园艺植物。这一时期的辉煌也常见于宫殿浮雕及壁画中(见图4-4)。

古印度文明曾经灿烂辉煌,但由于多民族性及不断的战乱与文化习惯上的独特性,使得可供后人回顾的东西不多。随着雅利安人的入侵,古印度文明已荡然无存。

 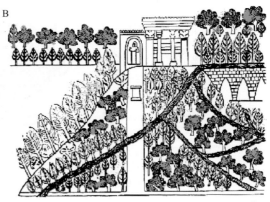

图4-4 亚述巴比伦皇宫遗址及记载样貌
(A~B分别引自bbs.szhome.com、baike.soso.com)

4.1.3 园艺技术的探索与初建期

在距今2 500年前后,中国进入了历史上著名的春秋战国时代。诸子百家,群雄逐鹿,此时,中华文明处于发展并走向成熟的阶段。在先秦时期出现的《逸周书》中可以看到人们已对季节有了区分;同一时期的《管子》一书,也已明确了农业、园艺生产与环境间的关系,并建立起保护土地和利用水利资源的思想。而另一部先秦典籍《吕氏春秋》中则已出现了较为全面系统的农学思想,书中"上(尚)农、任地、审时和观表"体系的提出,标志着在距今2 260年前,中国已初步形成系统的农耕与园艺体系,即传统农业(园艺)体系。其中所提出的"因时制宜、精耕细作"等思想一直影响到现代园艺。

与中国春秋时代相对应,大致同期也出现了著名的希腊文明与罗马文明。

希腊人在园艺发展上虽然贡献了一些实用技术,但更值得一提的是他们所建立的科学体系所带来的影响。与同期中国哲学发展相对应,中国人更重视解决问题的系统性思维;而希腊人则对园艺领域的问题挖掘得更加深入细致。亚里士多德(Aristotle)不单是著名的哲学家,也是重要的植物学家。他的植物学著作虽已失散,但他的学生狄奥佛拉斯塔(Theophrastus)的部分著作留了下来,内容涉及植物分类、繁殖、植物地理、园艺植物及葡萄栽培、病虫及产品风味等诸多领域,深深地影响到后世。希腊文明的历史遗存如图4-5所示。希腊文明的衰亡除了城市间的战事外,其人口与资源间的矛盾以及过分清高而忽视农业也是重要的原因。

罗马文明对园艺的贡献是巨大的。罗马人与希腊人截然不同,他们普遍对农业感兴趣,并且园艺在农业中所占比重极高。罗马人的园艺技术基本上是继承了埃及和希腊人的传统后再加以创新,并经系统整理后增强了其可行性。罗马文明的史典是较为完整的,从公元前二世纪的加图(Cato),到瓦尔罗(Varro)和哥伦米拉(Columella),对园艺技术均有体系性的著述。其后,则有威吉尔(Virgil)的《农业诗》、普林尼(Pliny)兄弟的《自然历史》《乐园》等。他们的著作展示了罗马文明中发达的园艺水平,同时也提到了园艺植物的嫁接、多种植物与豆类的轮作,以及利用石英片的原始温室。罗马人依靠奴隶贸易建立起规模较大的园艺场,并采取租赁制,其田园与住所极为奢华(见图4-6)。

图4-5　希腊文明的历史遗存

A. 希腊油壶上的橄榄采摘画面；B. 橄榄加工画面；C. 图案及希腊神话中的农业女神得墨忒耳
（A～C分别引自喜地电子商务公司官网、Dreamstime官网、duouoo.com）

图4-6　罗马文明鼎盛期的农场主生活场景
（引自Janick）

4.1.4　园艺技术缓慢发展系统完善期

　　秦汉时期，中国在园艺领域也取得了一定成绩，这完全得益于疆域的扩大与王朝的统一。这一时期，由于统一了文字，使其园艺历史均有相应典籍记载。据《史记》记载，秦汉时期的园艺产业得到全面发展，并出现了菜市场的交易。同时《汉书》中的《劝农桑诏》《龚遂劝农》都反映了这一时期家庭园艺的状况。龚遂下令每人种一棵榆树、一百棵薤、五十棵葱、一畦韭菜，极大地提升了地方经济的发展水平。

　　西汉中期的赵过发明了代田法，开创了园艺轮作制度之先河，其生态农业思想值得当下和将来借鉴；东汉的王充在其著作《论衡》中，解释了自然灾害，并认为感性经验是获得知识的基础，强调用事实来验证知识的可靠性；《汉书·氾胜之书》总结出园田耕作的区田法，改良了播种方法。

　　值得一提的是，汉代张骞出使西域并开创的丝绸之路，在园艺史上留下的光辉的一页。这一时期，从西域引进了很多重要园艺植物，如芫荽、菠菜、胡萝卜、芹菜、黄瓜、西瓜、大蒜、茄子、石榴、葡萄、核桃和无花果等。

　　北魏时的贾思勰所著的《齐民要术》，系统总结了黄河流域的农业生产经验，阐述了古代"因地制宜、因时制宜"的农学思想,并根据北方农业生产的特点,提出了一系列精耕细作、保墒施肥的方法,成为中国历史上最重要的综合性农业著作之一。

唐代王建的《宫前早春》诗云:内园分得温汤水,二月中旬已进瓜,讲述的是利用骊山温泉的地热进行喜温类蔬菜的提早栽培案例,这种栽培所用的是利用麻纸进行覆盖的简易温室结构,其技术与同期间的罗马原始温室有异曲同工之妙。陆羽所著《茶经》,系统论述了茶叶生产的历史、源流、现状、生产技术以及饮茶技艺、茶道原理等,将茶事升格为一种美妙的文化行为,推动了中国茶文化的发展。此期间,也是园艺文化与各国交流较为频繁的时代,中国的园艺技术对周边国家产生了极大的影响,特别是日本。

《农桑辑要》为元代朝廷编撰的农书,在《齐民要术》基础上进行新增和修订,实用性较强(见图4-7);《王祯农书》一改以往农书多以北方为对象的局限,指出南北方农业技术的异同,配以图文,还介绍了各种农具。

图4-7　数字高清扫描古籍善本线装
《农桑辑要》片段
(引自 herosupreme 博客)

与此同时代,在中世纪的欧洲,文明受到严重摧残,园艺文明仅在修道院等处存续。直到文艺复兴才得到真正的园艺复兴。

4.1.5　园艺技术复兴与科学的诞生时期

欧洲文艺复兴的历史变革从意大利开始,经法国传播至英国。16世纪,Estienne 和 Liebault 出版的《乡村农场》一书是非常重要的园艺资料,其中记录了果树的施肥、嫁接、修剪、育种、矮化、移植、防虫、环剥、促进开花、采收、加工、烹饪及药用等。园艺复兴时期,在庭院设计上取得了极大的成就,在17世纪末达到巅峰,最为杰出的是路易十四设计的凡尔赛宫,如图4-8所示。

图4-8　完成于1700年的凡尔赛宫之外景花园
(引自放牛老人)

在中世纪结束前后的中国明代,徐光启在《农政全书》中进一步对各种农事历史典籍进行全面整理评注,构建了更加完整的农业技术体系。这一时期,随着郑和的航海远征,开创了海上丝绸之路,中国的园艺文化又有集中输出,同时也引入了不少新的园艺植物和相应技法,特别是香料植物。

此时期,也正是历史上的大航海阶段,欧洲人在寻找富产香料的东方线路时,发现了美洲大陆,即所谓的新世界。这一时期开始,欧洲列强依靠航海与军事优势,到处建立殖民地,而美洲大陆则为世界贡献了一些特色的园艺植物资源,如玉米、番茄、辣椒、马铃薯、甘薯、南瓜、花生、菜豆、鳄梨、腰果、美洲核桃、可可、香草、烟草等。而这些物种引入中国,除部分依靠郑和时代的交流外,其后的传教士涌入和鸦片战争期间的洋行进入,这些美洲原产园艺植物也完成了传播。

图4-9   18世纪英国出版的植物学著作
（引自Janick）

文艺复兴与大航海时代,使得科学探索成为社会时尚。受天文学和物理学影响,很多人开始了植物解剖与形态研究,Malpighi、Grew和Hooke相继发现了细胞;荷兰人Camerarius证明了植物的性别,Koelreuter则开始了杂交试验,开创了遗传学研究。随着对已知植物的增加,Linnaeus试图以性别为基础进行系统分类,并建立起新的分类体系;同时Hale对植物液汁移动的发现和Priestley证明植物能释放O_2的实验,开辟了植物生理学研究。此后200余年,建立在实验基础上,探究事物的本源,科学作为求知方法从技术中来,并逐渐形成了自身体系(见图4-9)。

与此同时代,中国清代在科学上仍以继承为主,鲜有重大创新。《授时通考》除辑录历代农书外,还广泛征引了《四库全书》中有关农事的很多文字和插图,文献价值很高,是中国园艺学形成的重要参考资料。近现代的中国,在园艺学上总体贡献不多;而邻国日本则在明治维新后,园艺科学和技术取得了较大的发展,直到20纪初,其整体水平已远超清末和民国时的中国。

随着民国的建立,追求科学成为当时的风尚。一大批先贤远涉重洋,留学国外,这也促成了中国园艺学的科学奠基。值得特别记忆的是,吴耕民(1896—1991)先生于1920年归国后,先后就职于东南大学、金陵大学和浙江大学,开创了中国园艺学教育。其著作《果树园艺学》《蔬菜园艺学》《菜园经营法》和《果树栽培学》等,为中国园艺学的学科发展做出了巨大贡献。

4.2   新中国园艺事业的发展

1949年新中国成立以来,中国园艺事业取得了突飞猛进的发展,特别是改革开放后的进步令世人瞩目。

新中国成立后,随着社会主义经济建设的发展需求,中国的园艺事业以增加生产、保障供给为目标,重点解决人民的吃饭问题,并奠定了良好的发展基础。园艺教育也蓬勃兴起,并陆续建立起一支技术推广队伍,活跃在园艺生产第一线,对推动中国园艺产业的全面进步起了不可磨灭的作用。从20世纪50年代开始,国家组织相关专家进行园艺资源的普查,并相继开展了各项育种工作。

从70年代起,园艺生产中开始引入工业农药和化肥,对提高产量、保障供给起了一定的作用;同时也开展了设施农业的早期尝试。而同期,国际上一些发达国家却接连遭受两个大的危机,即石油危机和生态危机,这也使得人们不得不重新审视现代园艺今后的发展道路。 美国科普作家蕾切尔·卡逊所著的《寂静的春天》一书,描写出因过度使用化学农药和肥料而导致环境污染、生态破坏,最终给人类带来不堪重负的灾难。这对于后来人们开展生态农业产生了积极的影响(见图4-10)。

图4-10　Rachel Carson 于1962年所著《寂静的春天》及书中记录的场景
(A～B引自 m.sohu.com; C引自 blog.sina.com.cn)

进入80年代,随着改革开放大幕的逐步拉开,园艺行业开始发力。一批专业人员分赴欧美国家和日本留学进修、技术考察,园艺领域的技术引进和国际合作相继展开,使中国从事园艺工作的探路者得以吸取国际上的先进经验,为园艺行业的快速发展打下了良好的基础。在一些大宗园艺植物上开始协作攻关育种,并在育苗技术、设施栽培领域开始全国协作,快速推动了产业的发展。

90年代后,大量国外园艺品种和材料被引入国内,深刻地影响了国内的园艺植物育种工作。值得一提的是,随着日光温室栽培的成功,全国进行联合攻关,对其结构建造进行标准化,对新型覆盖材料进行跨行业攻关,总结并提升高产经验,使推广得以迅速。也正是得益于北方地区的日光温室事业,使得北方地区蔬菜的周年供应问题彻底地得到解决,成为一代园艺人引以为自豪的成就。

21世纪以来,中国加入WTO。面对蔬菜和果品市场供应总量过剩的现状,开始调整品种结构,增加优质产品生产,逐步压缩和淘汰低质产品和安全性不合格产品。国内推行产品质量安全认证制度。随着社会整体步入小康,对园艺产品的要求也空前提高。观赏植物和香料植物、饮料植物等的需求放量,且越来越重视质量。从生产技术方面,温室园艺的全面升级,在温室环境控制、信息化、智能化和省力化方面均取得了较大进步,体现了园艺学与工学的高度交叉融合。从育种方面,随着分子生物学技术的进步,在特定性状和关键基因表达的定位及其控制方面逐渐弯道超车。

与此同时,随着各地交通状况的改善,运输园艺变得空前活跃。特别是园艺生产在实施"互联网+"战略以来,配合快捷、便利的物流,网店也成为一些名优园艺产品销售的新的重要渠道。相应地在园艺产品的加工和保鲜方面也有了较大的进步,一些重要产地和规模生产企业均配置了产品加工场和冷藏库、冷藏车,开始实现冷链运输,以确保园艺产品质量。在花卉等产品上,航空运输也取得了大的发展,2018年昆明全年发往全国大型城市的鲜切花量保持在100亿支左右。

在国家实施"一带一路"倡议以来,中国的众多工程公司在电力、交通、水利、石油和矿山等领域不断与沿线国家进行合作,庞大的建设队伍后面,往往潜在地将园艺技术推广到这些国家与地区,一方面解决了企业员工长期的生活问题,同时也培养了当地的园艺习惯;与此同时,对沿线国家的经济社会发展也将起到积极的建设性作用。

随着中国交通事业的发展,一些跨国线路也相继在建设与开通中,如中老缅泰高速公路、中亚公路、中巴铁路等,并在海上建立补给港,如马六甲、汉班斯塔、瓜拉尔、吉布提和比雷埃夫斯港等。这些将会使园艺产品的跨国物流起到关键性作用。加之,中国也坚定开放市场,从2019年起每年都举办进口商品博览会,国外的很多优质园艺产品通过这一平台大量进入国内市场。因此,可以说,未来的园艺将会是国际性跨区域合作园艺。

第 II 编

园艺学基础

第5章
园艺植物的命名及分类

5.1 园艺植物的名称及其规范

5.1.1 名称混乱的困惑

学习园艺学,首先应从认识园艺植物开始。园艺植物种类繁多,名称混杂,各地民间称谓多样。这对园艺学界而言,具有很大的挑战性。常常会有一种植物多个名称,也会有多种植物却用相同的名称,如:作为观赏用的华北紫丁香(*Syringa oblata* Lindl.),为木樨科丁香属,为灌木和小乔木;而作为香料使用的丁香则与此无关,它实为产自东南亚的桃金娘科蒲桃属植物丁子香(*Syzygium aromaticum* (L.) Merr. & Perry)的花蕾(公丁香)或果实(母丁香)。

一般而言,园艺植物应尽可能应用主流著作中的名称,即行业通用名,而避免过多使用商品名。如在蔬菜植物中,使用茎用芥菜而不用大头菜;用落葵而不用木耳菜、藤藤菜;用蕹菜而不用空心菜;用青花菜而不用西兰花……在果树植物中,用欧洲樱桃而不用车厘子;用扁桃而不用巴旦木或仁用杏;用美洲核桃而不用碧根果……在观赏植物中,用安祖花而不用红掌;用鹤望兰而不用天堂鸟;用狗牙根而不用百慕大草;用麦蓝菜而不用王不留行;用地黄而不用生地;用草豆蔻而不用豆蔻、草蔻等。

在进行园艺产品的国际贸易时,为了避免因产品名称理解上的分歧而导致差错,事实上对中英及其学名对照的商品名称标准一直是存在的。如国家标准之《GB/T 8854—1988 蔬菜名称》等,当然这些标准所采用的不是植物名称而是商品名。

因此,在园艺行业内外,应使用植物通用名称,并注明其学名,是最基本的解决途径。

5.1.2 园艺植物的辨识

辨识植物最直接有效的方法是直接与植物标本或图谱进行比对,以对不熟悉的园艺植物进行确认。检索时,通常使用拉马克(Jean-Baptiste Lamarck)的二歧检索法(见图5-1)。

网络系统为识别这些植物提供了很大便利,但开放的信息往往也会造成部分信息的谬误。还需要通过权威认证工作对此进行全面勘正和必要的拓展。

```
1 果实为翅果
  2 单叶全缘,果周围有翅..................................雪柳属
  2 羽状复叶,果只有顶端有翅..............................白蜡树属
1 果实不为翅果
  3 蒴果
    4 花黄色,枝中空或具片状髓;叶全缘或有裂............连翘属
    4 花紫色、白色或红色;枝具实髓;叶全缘或有裂......丁香属
  3 核果或浆果
    5 单叶对生;圆锥或总状花序或簇生
      6 花冠裂片在芽中瓦状排列;花簇生于叶腋
        或成圆锥花序;核果..............................木樨属
      6 花冠裂片在芽中镊合状排列;花为顶生
        的圆锥或总状花序;核果状浆果....................女贞属
    5 羽状复叶或三出复叶,对生或互生,稀单叶;
      聚伞或伞房花序;浆果............................茉莉属
```

图5-1 植物形态检索的范例及其体系建立(木樨科)

5.2　园艺植物的科学分类及其在分类体系中的位置

园艺植物涉及范围非常广,主要包括一些重要植物和真菌类,也涉及从低等的藻类、地衣至种子植物。具体涉及范围如图5-2所示。

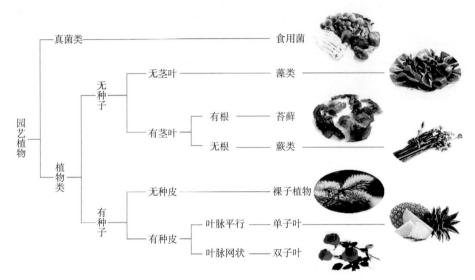

图5-2　园艺植物所涉及生物类别的分类关系及示例

为了方便查询与记忆,按照园艺植物类别,将主要植物的名录列出,其蔬菜、果树、花卉和其他观赏植物、香料与药用植物等分别如表5-1～表5-4所示。掌握这种分类的好处在于:能够方便找出形态上的同类和相近的亲缘关系。

表 5-1　主要蔬菜的植物学分类

红　藻　门			
红毛菜目	红毛菜科	坛紫菜 条斑紫菜 甘紫菜	*Pyropia haitanensis* *P. yezoensis* *P. tenera*
石花菜目	石花菜科	石花菜	*Gelidium amansii* Lamouroux
杉藻目	江蓠科 杉藻科	缢江蓠 角叉菜 刺枝角叉菜 日本角叉菜	*Gracilaria salicornia* *Chondrus ocellatu* Holmes *C. armatus* *C. nipponicus*
褐　藻　门			
海带目	海带科 翅藻科	海带 昆布 裙带菜	*Laminaria japonica* Aresch *Thallus Laminariae* *Undaria pinnatifida* Suringar
墨角藻目	马尾藻科	羊栖菜	*Hizikia fusiforme*
萱藻目	萱藻科	萱藻	*Scytosiphon lomentarius*
蓝　藻　门			
念珠藻目	念珠藻科	地木耳 发菜	*Nostoc commune* *N. flabelliforme* Born et Flah

（续表）

绿 藻 门				
石莼目	石莼科	孔石莼		*Ulva lactuca* L
		裂片石莼		*U. fasciata* Delile
		蛎菜		*U. conglobata* Kjellm
		浒苔		*Enteromorpha prolifera*
真 菌 门				
茶渍纲	石耳科	石耳		*Umbilicaria esculenta* (Miyoshi) Minks
担子菌纲	木耳科	黑木耳		*Auricularia auriculla* (L. es Hook) Underw
	银耳科	银耳		*Tremella fuciformis* Berk
	灵芝科	灵芝		*Ganoderma lucidum*
	口蘑科	香菇		*Lentinus edodes*
		口蘑		*Agrocybe cylindracea* R. Maire
		青冈菌		*A. quericola* Zange
		松茸		*Triclohoma matsutake* (Ito et Imai) Sing
		姬松茸		*Agaricus blazei* Murrill
		大肥菇		*A. bitorquis* Sacc.
		蘑菇		*A. campestris*
		双孢蘑菇		*A. bisporus*
		金针菇		*Flammulina velutipes*
		榛蘑		*Armillariellamellea* (Vahl. ex Fr.) Karst
	侧耳科	杏鲍菇		*Pleurotus eryngii*
		白灵菇		*P. nebrodensis*
		平菇		*P. ostreatus*
		榆黄蘑		*P. citrinopileatus* Sing
		秀珍菇		*P. geesteranus*
		鸡枞菌		*Termitomyces albuminosus*
	红菇科	正红菇		*Russula vinosa* Lindblad
		红菇		*R. rosea*
		血红菇		*R. sanguinea* Bull. ex Fr.
	牛肝菌科	牛肝菌（属）		*Boletus* spp.
	猴头菌科	猴头菇		*Hericium erinaceus* Pers
	粪绣伞科	茶树菇		*Agrocybe cylindracea* (DC Fr.) R. Maire
	光柄菇科	草菇		*Volvariella volvacea* (Bull. ex Fr.) Sing
	球盖菌科	滑菇		*Pholiota namek*
伞菌纲	多孔菌科	茯苓		*Poria cocos* (Schw.) Wolf
	鬼伞科	鸡腿菇		*Coprinus comatus* Gray
	鬼笔科	长裙竹荪		*Dictyophora indusiata* (Vent ex Pers.) Fischer
		短裙竹荪		*D. duplicate* (Bosc.) Fischer
核菌纲	麦角菌科	北虫草		*Cordyceps sinensis* (Berk.) Sacc
		冬虫夏草		*Ophiocordyceps sinensis*
盘菌纲	羊肚菌科	羊肚菌		*Morchella esculenta*
	西洋松露科	松露（属）		*Truffle* spp.
蕨 类 植 物 门				
薄囊蕨纲	凤尾蕨科	蕨菜	龙头菜	*Pteridium aquilinum* var. *latiusculum*
	紫萁科	紫萁		*Osmunda japonica* Thunb

（续表）

				种子植物门
双子叶纲	藜科	菠菜		*Spinacia oleracea* L.
		叶用甜菜		*Bete unlgaris* L. var. *cicla* L.
		根用甜菜		*Bete unlgaris* L. var. *rapacea* Koch.
	番杏科	番杏		*Tetragonia expansa* Murr.
	落葵科	红花落葵		*Basella rubra* L.
		白花落葵		*Basella alba* L.
	苋科	苋菜		*Amaranthus mangostanus* L.
	豆科	菜豆	矮生菜豆	*Phaseolus vulgaris* L. var. *humilis* Alef.
		菜豆	矮生大莱豆	*P. limensis* Macf var. *limenanus* L. H. Bailey
			矮生小莱豆	var. *lunoanus* L. H. Bailey
		豇豆	矮豇豆	*Vigna unguiculata* W. ssp. *sesquipedelis* (L.) Verd
			长豇豆	ssp. *sinensis* Endl.
			角豆	ssp. *catjang* Walp.
		蚕豆		*Vicia faba* L.
		菜用大豆		*Glycine max* (L.) Merr.
		豌豆		*Pisum sativum* L.
			菜用豌豆	var. *hortense* Poir.
		刀豆		*Canavalia gladiata* DC.
		矮刀豆		*Canavalia ensiformis* DC.
		菜豆	红花菜豆	*Phaseolus coccineus* L.
			白花菜豆	var. *albus* Alef.
		藜豆		*Stizolobium capitatum* Kuntze.
		四棱豆		*Psophocarpus tetragonolobus* DC.
		扁豆		*Dolichos lablab* L.
		金花菜		*Medicago hispida* Gaertn.
		葛		*Pueraria thomsoni* Benth.
		豆薯		*Pachyrhizus erosus* Urb.
	锦葵科	黄秋葵		*Hibiscus esculentus* L.
		冬寒菜		*Malva verticillata* L.
	十字花科	芸薹		*Brassica campestris* L.
			不结球白菜	ssp. *chinensis* (L.) Makino
			普通白菜	var. *communis* Tsen et Lee
			乌塌菜	var. *rosularis* Tsen et Lee
			菜薹	var. *utilis* Tsen et Lee
			薹菜	var. *tai-tsai* Hort.
			结球白菜	ssp. *pekinensis* (Lour) Olsson
			散叶大白菜	var. *dissoluta* Li
			半结球大白菜	var. *infacta* Li
			花心大白菜	var. *laxa* Tsen et Lee
			结球大白菜	var. *cephalata* Tsen et Lee
			芜菁	ssp. *rapifera* Matzg.
		芥菜		*Brassica juncea* Coss.
			小叶芥	var. *foliosa* Bailey
			大叶芥	var. *rugosa* Bailey
			结球芥	var. *capitata* Hort. ex Li
			宽柄芥	var. *lapita* Li
			长柄芥	var. *longepetiolata* Yang et Chen
			分蘖芥	var. *multiceps* Tsen et Lee
			包心芥	var. *involutus* Yang et Chen

（续表）

种子植物门				
双子叶纲	十字花科		叶瘤芥	var. *strumata* Tsen et Lee
			花叶芥	var. *multisecta* Bailey
			白花芥	var. *leacanthus* Chen et Yang
			凤尾芥	var. *linearifolia* Sun
			茎用芥菜	var. *tumida* Tsen et Lee
			笋子芥	var. *crassicaulis* Chen et Yang
			茎瘤芥	var. *tumida* Tsen et Lee
			抱子芥	var. *gemmifera* Lin et Lee
			籽用芥	var. *gracilis* Tsen et Lee
			薹用芥	var. *utilis* Li
			根用芥菜	var. *megarrhiza* Tsen et Lee
		甘蓝	野生甘蓝	*Brassica oleracea* L.
			羽衣甘蓝	var. *acephala* DC.
			结球甘蓝	var. *capitata* L.
			赤球甘蓝	var. *rubra* DC.
			皱叶甘蓝	var. *bullata* DC.
			抱子甘蓝	var. *germmifera* Zenk.
			球茎甘蓝	var. *caulorapa* DC.
			花椰菜	var. *botrytis* L.
			青花菜	var. *italica* P.
		芥蓝		*Brassica alboglabra* Bailey
		芜菁芥蓝		*Brassica napobrassica* Mill.
		白芥		*B. carinala* L.
		黑芥		*B. nigra* L.
		萝卜		*Raphanus sativus* L.
			中国萝卜	var. *longipinnatus* Bailey
			四季萝卜	var. *rabiculus* Pers.
		辣根		*Cochlearia armoracia* L.
		山葵		*Eutrema wasabi* Maxim.
		豆瓣菜		*Nasturtium officinale* R.Br.
		荠菜		*Capsella bursa-pastoris* L.
	葫芦科	黄瓜		*Cucumis sativus* L.
		甜瓜		*C. melo* L.
			普通甜瓜	var. *makuwa* Makino
			网纹甜瓜	var. *reticulatus* Naud.
			硬皮甜瓜	var. *cantalupensis* Naud.
			哈密瓜	var. *saccharinus* Naud.
			越瓜	var. *conomon* Makino
			菜瓜	var. *flexuosus* Naud.
			冬甜瓜	var. *inodorus* Naud.
			观赏甜瓜	var. *dudain* Naud.
			柠檬瓜	var. *chito* Naud.
		冬瓜		*Benincasa hispida* Cogn.
			节瓜	var. *chiec-qua* How.
		瓠瓜		*Lagenaria vulgaris* Ser.
			长瓠瓜	var. *calvata* Makino
			圆瓠瓜	var. *depresa* Makino
			葫芦	var. *gourda* Makino
		南瓜	南瓜	*Cucurbita moschata* Duch.
			美洲南瓜	*C. maxima* Duch.
			西葫芦	*C. pepo* L.
		黑籽南瓜		*C. ficifolia* Bouch.

（续表）

种子植物门				
	葫芦科	灰籽南瓜 西瓜 丝瓜 苦瓜 佛手瓜 蛇瓜	普通丝瓜 有棱丝瓜	*C. mixta* Pang *Citrullus vularis* Schrad. [syn.*C. lanatus* (Thunb) M.] *Luffa cylindrica* (L.) Roem. *L. acutangula* Roxb *Momordica charantia* L. *Sechium edule* Sw. *Trichosanthes anguina* L.
	伞形花科	胡萝卜 美洲防风 芹菜 茴香 芫荽 香芹 水芹	本芹 西洋芹菜	*Daucus carota* var. *sativa* DC. *Pastinaca sativa* L. *Apium graveolens* L. 　　var. *dulce* DC. *Foeniculum vulgare* Mill. *Coriandrum sativum* L. *Petroselinum hortense* Hoffm. *Oenanthe stolonifera* DC.
	菱科	菱	四角菱 两角菱 无角菱	*Trapa* spp. L. *T. quadrispinosa* Roxb. *T. bispinosa* Roxb. *T. natans* L. var. *inermis* Mao
双子叶纲	茄科	茄子 番茄 辣椒 马铃薯 枸杞 酸浆 香瓜茄	圆茄 长茄 矮茄 樱桃番茄 梨形番茄 普通番茄 大叶番茄 直立番茄 灯笼椒 长辣椒 樱桃椒 簇生椒 朝天椒	*Solanum melongena* L. 　　var. *esculentum* Bailey 　　var. *serpentinum* Bailey 　　var. *depressum* Bailey *Lycoperisicon esculentum* Mill. 　　var. *cerasiforme* Alef. 　　var. *pyriforme* Alef. 　　var. *commune* Bailey 　　var. *grandifolium* Bailey 　　var. *validum* Bailey *Capsicum annuum* L. 　　var. *grossum* Bailey 　　var. *longum* Bailey 　　var. *cerasiforme* Bailey 　　var. *fasciculatum* Bailey 　　var. *conoides* Bailey *Solanum tuberosum* L. *Lycium chinense* Mill. *Physalis pubesens* L. *Solanum muricatum* Ait.
	唇形科	草石蚕 薄荷 罗勒 紫苏		*Stachys sieboldii* Miq. *Mentha arvensis* L. *Ocimun basilicum* L. var. *pilosum* (Will) Benth *Perilla mankinensis* Denc.
	楝科	香椿		*Toona Sinenis* Roem.
	旋花科	蕹菜		*Ipomoea aquatica* Forsk.
	菊科	莴苣	散叶莴苣 直立莴苣 皱叶莴苣	*Lactuca sativa* L. 　　var. *intybacea* Hort. 　　var. *romana* Gars. 　　var. *crispa* L.

（续表）

种子植物门				
双子叶纲	菊科		结球莴苣 茎用莴苣	var. *capitata* L. var. *angustana* Irish. (syn. var. *asparagina* Bailey)
		茼蒿 苦苣 菊芋 婆罗门参 菊牛蒡 菊花脑 紫背天葵 菜（朝鲜）蓟		*Chrysanthemum coronarium* L. *Cichorium endivia* L. *Helianthus tuberosus* L. *Tragopogon porriflius* L. *Cirsium dipsacolepis* Matsum. *Chrysanthemum nankingense* H. M. *Gynura bicolor* DC. *Cynara scolymus* L.
	睡莲科	莲藕 芡 莼菜 花莲		*Nelumbo nucifera* Gaertn. *Euryale feaox* Salisb. *Brasenia schreberi* Gmel. *Nelumbo lutea* Pers.
单子叶纲	泽泻科	慈姑		*Sagittaria sagittifolia* L.
	百合科	韭菜 葱	大葱 分葱 楼葱	*Allium tuberosum* Rottl. ex Spr. *Allium fistulosum* L. var. *giganteum* Makino 　　　　　var. *caespitosum* Makino 　　　　　var. *viviparum* Makino
		洋葱 大蒜 南欧蒜 薤 细香葱 胡葱 韭葱 黄花菜 卷丹 白花百合		*Allium cepa* L. *Allium sativum* L. *A. ampeloprasum* L. *Allium chinensis* G. Don. *Allium schoenoprasum* L. *Allium ascalonicum* L. *Allium porrum* L. *Hemerocallis citrina* Baroni *Lilium tigrinum* Ker. *L. brownii* var. *colochesteri* Wils.
	天门冬科	兰州百合 石刁柏		*L. davidii* Duch. *Asparagus officinalis* L.
	莎草科	荸荠		*Eleocharis tuberosa* (Roxb.) Roem. et Schult
	薯芋科	山药 大薯		*Dioscorea batatas* Decne. *Dioscorea alata* L.
	姜科	姜 襄荷		*Zingiberaceae officinale* Rosc. *Z. mioga* Rosc.
	禾本科	毛竹 刚竹 麻竹 绿竹 甜玉米 茭白 茭儿菜		*Phyllostachys pubescens* Mazel. ex H. de Lehaie *P. bambusoides* Siebold et Zucc. *Sinocalamus latiflorus* (Munro) McClure *S. oldhami* (Munro) McClure *Zea mays* L. var. *rugosa* Bonaf *Zizania caduciflora* Hand-Mazz. (syn. *Z. latifolia* Turcz.) *Zizania aquatica* L.
	天南星科	芋 魔芋		*Colocasia esculenta* Schott. *Amorphophallus*
			花魔芋 白魔芋	*A. rivicri* Durieu. *A. albus* Liu et Chen
	香蒲科	蒲菜		*Typha oatifolia* L.

表 5-2　主要果树的植物学分类

科	属	种	学 名
蔷薇科	苹果属	苹果 海棠果 花红	*Malus pumila* Mill. *M. prunifolia* Borkh. *M. asiatica* Nakai
	梨属	秋子梨 西洋梨 白梨 砂梨	*Pyrus ussuriensis* Maxim. *P. communis* L. var. *staiva* DC. *P. bretsechneideri* Rehd. *P. pyrifolia* Nakai
	桃属	桃 离核毛桃 黏核毛桃 黏核光桃 蟠桃 扁桃 苦味扁桦 甜味扁桃 软壳甜扁桃	*Amygdalus persica* L. 　　　var. *aganopersica* Reich. FL. Germ. Excurs 　　　var. *scleropersica* (Reich.) Yu et Lu 　　　var. *scleronucipersica* (Schiibler & Martens) Yu et Lu 　　　var. *compressa* (Loud.) Yu et Lu *Amygdalus communis* L. 　　　var. *amara* Ludwig 　　　var. *dulcis* Borkh. 　　　var. *fragilis* (Borkh.) Ser.
	李属	李 毛梗李 欧洲李	*Prunus salicana* Lindl. 　　　var. *pubipes* (Koehne) Bailey *P. domestica* L.
	杏属	杏 志丹杏 西伯利亚杏 东北杏 藏杏 杏梅 紫杏 李梅杏 法国杏	*Armeniaca vulgaris* Lam. 　　　var. *zhidanensis* L. T. Lu *A. sibirica* (L.) Lam *A. mandshurica* (Maxim) Skv. *A. holosericea* (Batal.) Kost. *A. mume* var. bungo Makino *A. dasycarpa* (Ehrh.) Borkh. *A. limeixing* J. Y. Zhang E. M. Wang *A. byigantina* Vill.
	樱属	郁李 樱桃 欧洲甜樱桃 欧洲酸樱桃 毛樱桃	*Cerasus japonica* (Thunb.) Lois. 　　　var. *nakaii* (Levl.) Yu et Li *C. pseudocerasus* (Lindl.) G. Don *C. avium* (L.) Moench. *C. vulgaris* Mill. *C. tomentosa* (Thunb.) Wall.
	木瓜属	木瓜	*Chaenomeles sinensis* Roehne
	山楂属	山楂	*Crataegus pinnatifida* Bge.
	枇杷属	枇杷	*Eriobotrya japonaica* Lindl.
	草莓属	草莓	*Fragaria ananassa* Duch.
	悬钩子属	树莓	*Rubus corchorifolius* L.
芸香科	金柑属	金柑	*Fortunella crassifolia* Swingle
	柑橘属	柚 柠檬 佛手 葡萄柚 橙 温州蜜柑 宽皮橘	*Citrus maxima* (Burn.) Merr. *C. × limonia* (L.) Osbeck *C. medica* L. var. *sarcodactylis* Swingle *C. paradisii* Macq. *C. Sinensis* L. *C. unshiu* Marc. *C. reticulata* Blanco

（续表）

科	属	种	学 名
葡萄科	葡萄属	美洲葡萄 葡萄	*Vitis labrusce* L. *V. vinifera* L.
木樨科	木樨榄属	油橄榄	*Olea europea* L.
鼠李科	枣属	枣 酸枣	*Ziziphus jujuba* Mill. 　　var. *spinosa* (Bunge) Hu ex H. F. Chow
猕猴桃科	猕猴桃属	猕猴桃	*Actinidia chinensis* Planch
虎耳草科	茶藨子属	穗醋栗	*Ribes nigrum* L.
杜鹃花科	越橘属	越橘 蓝莓	*Vaccinium vitis-idaea* L. *V. uliginosum* Planch
桑科	桑属	果桑 鲁桑 山桑	*Morus alba* L. 　　var. *multicaulis* (Perrott.) Loud. *M. mongolica* (Bur.) Schneid. var. *diabolica* Koidz.
	榕属	无花果	*Ficus carica* L.
	波罗蜜属	波罗蜜	*Artocarpus heterophyllus* Lam.
石榴科	石榴属	石榴	*Punica granatum* L.
柿科	柿属	柿 君迁子	*Diospyros kaki* Thunb. *D. lotus* L.
	枳椇属	拐枣	*Hovenia acerba* Lindl.
芭蕉科	芭蕉属	香蕉 芭蕉	*Musa nana* Lour. *M. basjoo* Siebold
棕榈科	椰子属	椰子	*Cocos nucifera* L.
	刺葵属	椰枣	*Phoenix dactylifera* L.
	槟榔属	槟榔	*Areca catechu* L.
漆树科	杧果属	杧果	*Mangifera indica* L.
	黄连木属	阿月浑子	*Pistacia vera* L.
	腰果属	腰果	*Anacardium occidentalie* L.
番木瓜科	番木瓜属	番木瓜	*Carica papaya* L.
无患子科	荔枝属	荔枝	*Litchi chinensis* Sonn.
	龙眼属	龙眼	*Dimocarpus longan* Lour.
	韶子属	红毛丹	*Nephelium lappaceum* L.
凤梨科	凤梨属	菠萝	*Ananas comosus* (L.) Merr.
木棉科	榴梿属	榴梿	*Durio zibethinus* Murr.
番荔枝科	番荔枝属	番荔枝	*Annona squamosa* L.
仙人掌科	量天尺属	火龙果	*Hylocereus undatus* (Haw.) Britt. et Roset
西番莲科	西番莲属	西番莲 鸡蛋果	*Passiflora caerulea* L. *P. edulia* Sims

（续表）

科	属	种	学　名
桃金娘科	番石榴属	番石榴 洋蒲桃	*Psidium guajava* L. *Syzygium samarangense* (Bl.) Merr. et Perry
酢浆草科	阳桃属	阳桃	*Averrhoa carambola* L.
藤黄科	藤黄属	山竹	*Garcinia mangostana* L.
山榄科	神秘果属	神秘果	*Synsepalum dulcificum* (Schum. & Thonn.) Daniell
	铁线子属	人心果	*Manilkara zapota* (L.) van Royen
大戟科	下珠属	余甘子 西印度醋栗	*Phyllanthus emblica* L. *P. acidus* (L.) Skeel
樟科	鳄梨属	鳄梨	*Persea americana* Mill.
禾本科	甘蔗属	甘蔗	*Saccharum officinarum* L.
壳斗科	栗属	中国栗 欧洲栗 日本栗	*Castanea mollissima* BL. *C. sativa* Mill *C. crenata* S. et Z.
桦树科	榛属	刺榛 川榛 毛榛 华榛 土耳其榛 欧洲榛	*Corylus ferox* Wall. *C. heterophylla* Fisch. ex Trautv. 　　　var. *sutchuenensis* Franchet *C. mandshurica* Maxim. *C. chinensis* Franch. *C. colurna* L. *C. avellana* L.
松科	松属	红松 西伯利亚红松 华山松 五针松	*P. koraiensis* Sieb. et Zucc. *P. sibirica* L. *P. armandii* Franch. *P. cembra* L.
胡桃科	胡桃属	核桃 姬核桃 山核桃 美洲山核桃	*Juglans regia* L. *J. cordiformis* Max *Carya cathayensis* Sarg. *C. illinoensis* (Wangenh.) Koch
山龙眼科	澳洲坚果属	澳洲胡桃	*Macadamia integrifolia* Maiden & Betche
红豆杉科	榧树属	榧 日本榧	*Torreya grandis* Fort. et Lindl. *T. nucifera* (L.) Sieb. et Zucc
玉蕊科	巴西栗属	巴西栗	*Bertholletia excelsa* H. B. K.
银杏科	银杏属	银杏	*Ginkgo biloba* L.

表 5-3　主要花卉及其他观赏植物的植物学分类

科	种	学　名
十字花科	羽衣甘蓝 桂竹香 七里黄 香雪球 紫罗兰	*Brassica oleracea* L. var. *acephala* DC. *Cheiranthus cheiri* L. *Erysimum aurantiacum* Maxim. *Lobularia maritima* Desu. *Matthila incana* R.

（续表）

科	种	学　名
五加科	常春藤 鹅掌柴	*Hedera nepalensis* var. *sinensis* (Tobl.) Rehd *Schefflena octophylla* (Lour.) Harms
毛茛科	铁线莲 花毛茛 耧斗菜 旱金莲 牡丹 芍药 翠雀 唐松草	*Clematic florida* Thunb. *Ranunculus asiaticus* (L.) Lepech. *Aquilegia viridiflora* Pall. *Tropaeolum majus* L. *Paeonia suffruticosa* Andr. *P. lactiflora* Pall. *Delphinium grandiflorum* L. *Thalictrum aquilegiifolium* var. *sibiricum* L.
蔷薇科	西府海棠 海棠（花） 日本樱（花） 红叶李 梅 榆叶梅 月季 香水月季 木香（花） 黄刺玫 多花蔷薇 石楠 白鹃梅 棣棠（花） 花楸 珍珠梅 李叶绣线菊 红花绣线菊	*Malus micromalus* Makino *M. spectabilis* Borkh. *Prunus yedoensis* Matsum. *P. cerasifera* Ehrh. *P. mume* Sieb.et Zucc. *P. triloba* Lindl. *Rosa chinensis* Jacq. *R. odorata* Sweet. *R. banksiae* Ait. *R. xanthina* Lindl. *R. multiflora* Thunb. *Photinia serrulata* Lindl. *Exochorda racemosa* Rehd. *Kerria japhonica* DC. *Sorbus pauhuashanensis* Hedl. *Sorbaria kirilowii* Maxim. *Spiraea prunifolia* Sieb. *S. japonica* L.
豆科	合欢 紫荆 皂荚 香豌豆 含羞草 紫藤 龙芽花 龙爪槐 白车轴草 胡枝子	*Albizia julibrissin* Durazz. *Cercis chinensis* Bge. *Gleditsia sinensis* Lam. *Lathyrus odoratus* L. *Mimosa pudica* L. *Wisteria sinensis* Sweet. *Erythrina corallodendron* L. *Sophora japonica* L. var. *violacea* Carr. *Trifolium repens* L. *Lespedeza bicolor* Turcz.
芸香科	金柑 枸橼 酸橙 香橼	*Fortunella margarita* Swingle *Citrus medica* L. *C. aurantium* L. *C. wilsonii* Tanaka
葡萄科	爬山虎 青龙藤	*Parthenocissus tricuspidata* Planch. *P. laetevirens* Rehd.
唇形科	洋薄荷 一串红 朱唇 一串蓝 五彩苏	*Monarda fistulosa* L. *Salvia splendens* Ker.-Gawl. *S. coccinea* L. *S. farinacea* Benth. *Coleus scutellarioides* Benth.

（续表）

科	种	学　名
茄科	朝天椒	*Capsicum annuum* L. var. *conoides* Bailey
	碧冬茄	*Petunia hybrida* Vilm.
	夜香树	*Cestrum nocturum* L.
	珊瑚樱	*Solanum pseudo-captsicum* L.
	珊瑚豆	*S. pseudo-capsicum* L. var. *diflorum* Bitter
葫芦科	冬葖	*Trichosanthes kirilowii* Maxim.
	喷瓜	*Ecballium elaterium* A. Rich.
	葫芦	*Lagenaria siceraria* Standl.
虎耳草科	绣球	*Hydrangea macrophylla* (Thunb.) Ser.
	溲疏	*Deutzia scabra* Thunb.
菊科	熊耳草	*Ageratum houslanianum* Mill.
	紫菀	*Aster tataricus* L.
	雏菊	*Bellis perennis* L.
	金盏菊	*Calendula officinalis* L.
	翠菊	*Callistephus chinensis* Nees
	瓜叶菊	*Cineraria cruenta* Mass.
	大波斯菊	*Cosmos bipinnatus* Cav.
	大丽花	*Dahlia pinnata* Cav.
	百日草	*Zinnia elegans* Jacq.
	狗娃花	*Heteropappus hispidus* Less
	蜡菊	*Helichrysum bracteatum* Andr.
	松果菊	*Echinacea purpurea* Moench.
	黑心金光菊	*Rudbeckia hirta* L.
	千瓣葵	*Helianthus decapetalus* L.var. *multiflorus* Hort
	金鸡菊	*Coreopsis basalis* Blake.
	万寿菊	*Tagetes erecta* L.
	天人菊	*Gaillardia pulchella* Foug.
	菊花	*Dendrenthema morifolium* Tzvel.
禾本科	佛肚竹	*Bambusa ventricosa* Mc. Cl.
	紫竹	*Phyllostachys nigra* Munro
	罗汉竹	*P. aurea* Makino
	梯牧草	*Phleum pratense* L.
	狗尾草	*Setaria viridis* Beauv.
	紫羊茅	*Festuca rubra* L.
	羊茅	*F. ovina* L.
	小糠草	*Agrostis gigantea* Roth
	狼尾草	*Pennisetum alopecuroides* Spreng.
	早熟禾	*Poa annua* L.
	结缕草	*Zoysia japonica* Steud.
	雀麦	*Bromus japonicas* Thunb.
	冰草	*Agropyron cristatum* Gaerin.
	黑麦草	*Lolium perenne* L.
	狗牙根	*Cynodon dactylon* Pers.
	野牛草	*Buchloe dactyloides* Engelm.
百合科	萱草	*Hemerocallis fulva* L.
	紫萼	*H. ventricosa* Stearn
	郁金香	*Tulipa gesneriana* L.
	百合	*Lilium brownii* F. E. Brown.

（续表）

科	种	学　名
石蒜科	君子兰 晚香玉 龙舌兰 水仙 洋水仙 朱顶红 朱顶蓝	*Clivia nobilis* L. *Polianthes tuberosa* L. *Agave americana* L. *Narcissus tazetta* L. *N. pseudo-narcissus* L. *Hippeastrum rutilum* Herb. *H. vittatum* Herb.
天门冬科	大芦荟 文竹 玉簪 风信子 吊兰 万年青 虎尾兰 丝兰 凤尾兰 朱蕉	*Aloe arborescens* Mill. var. *natalensis* Berg. *A. setaceus* Jessop *Hosta plantaginea* Aschers. *Hyacinthus orientalis* L. *Chlorophytum comosum* Baker *Rohdea japonica* Roth *Sansevieria lrifasciata* Prain. *Yucca smalliana* Fern. *Y. gloriosa* L. *Cordyline Fruticosa* L.
鸢尾科	射干 香雪兰 唐菖蒲 蝴蝶花 鸢尾 番红花	*Belamcanda chinensis* DC. *Freesia refracta* Klatt *Gladiolus gandavensis van* H. *Iris japonica* Thunb. *I. tectorum* Maxim. *Crocus sativus* L.
兰科	蕙兰 春兰 虎头兰 建兰 冬风蓝 墨兰 白及 兜兰 杓兰	*Cymbidium faberi* Rolfe. *C. goeringii* Rehb. *C. grandiflorum* Griff. *C. ensifolium* SW. *C. dayanum* Rehb. *C. sinense* Willd. *Blelilla striate* Rehb. *Paphiopedilum pururalum* Pfitz. *Cypripedium calceolus* L.

表 5-4　主要香料和药用植物等的植物学分类

科	种	学　名
十字花科	白芥 菘蓝 蔊菜 独行菜 遏蓝菜 葶苈 小花糖芥 糖芥	*Brassica alba* Rabenh. *Igatis tinctoria* L. *Rorippa indica* Hiern. *Lepidium apetalum* willd. *Thlaspi arvense* L. *Draba nemorosa* L. *Erysimum cheiranthoides* L. *E. bungei* Kitag.
蔷薇科	龙芽草 地榆 金樱子 玫瑰 石斑木 蛇莓	*Agrimonica pilosa* Ledeb. *Sanguisorba officinalis* L. *Rosa laevigata* Michx. *R. rugosa* Thunb. *Raphiolepis indica* Lindl. *Duchesnea indica* Focke

（续表）

科	种	学　名
豆科	黄耆 苦参 甘草 决明 胡卢巴	*Astragalus mongolicus* Bge. *Sophora flavescens* Ait. *Glycyrrhiza uralensis* Fisch. *Cassia obtusifolia* L. *Trigonella foenum-graecum* L.
芸香科	两面针 花椒 山花椒 黄皮 白仙 黄檗 枸橘 吴茱萸 芸香	*Zanthoxylum nitidum* DC. *Z. bungeanum* Maxim. *Z. planispinum* Sieb. et Zucc. *Clausena dentata* Roem. *Dictamnus dasycarpus* Turcz. *Phellodendron amurense* Rupr. *Poncirus trifoliata* Raf. *Evodia rutaecarpa* Benth *Ruta graveolens* L.
葡萄科	白蔹 葎叶蛇葡萄 乌头叶蛇葡萄 葡萄 山葡萄	*Ampelopsis Japonica* Makino. *A. humulifolia* Bge. *A. aconitifolia* Bge. *Vitis vinifera* L. *V. amurensis* Rupr.
唇形科	草石蚕 丹参 雪见草 黄芩 筋骨草 夏至草 活血丹 益母草 木本香薷 藿香 裂叶荆芥 香春兰 岩青兰 薰衣草 百里香 地椒 薄荷 留兰香	*Lycopus lucidus* Turcz. *Salvia miltiorrhiza* Bge. *S. plebeia* R. Br. *Scutellaria baicalensis* Georgi. *Ajuga ciliata* Bge. *Lagopsis supina* Ik.-Gal. ex knorr. *Glechoma longituba* Kupr. *Leonurus japonicas* Houtt. *Elsholtzia stauntoni* Benth. *Agastache rugosa* O. Ktze. *Schizonepeta tenuifolia* Briq. *Dracocephalum moldavica* L. *D. rupestre* Hance *Lavandula angustifolia* Mill. *Thymus mongolicus* Ronn. *T. quinquecostatus* Celak. *Mentha haplocalyx* Briq. *M. spicata* L.
茄科	枸杞 宁夏枸杞 酸浆 曼陀罗 刺茄 龙葵 青杞 泡囊草	*Lycium chinensis* Mill. *L. barbarum* L. *Physalis alkekengi* L.var. *francheti* Makino *Datura stramonium* L. *Solanum suratlense* Burm. *Solanum nigrum* L. *S. seplemlobum* Bge. *Physochlaina physaloides* G. Don
葫芦科	油渣果 茅瓜 罗汉果 赤雹 盒子草 土贝母	*Hodgsonia macrocarpu* Cogn. *Solena amplexicaulis* Gandhi *Siraitia grosvenorii* C. Jeffery *Thladiantha dlubia* Bge. *Actinostemma lobatum* Maxim. *Bolbostemma paniculatum* Franq.

（续表）

科	种	学　名
菊科	胜红蓟	*Ageratum conyzoides* L.
	下田菊	*Adenostemma lavenia* O. Kuntze.
	白术	*Atractylodes macrocephala* Koidz.
	红花	*Carthamus tinctorius* L.
	刺儿菜	*Cirsium setosum* Bieb.
	地胆草	*Elephantopus scaber* L.
	泽兰	*Eupatorium lindleyanum* DC.
	苦荬菜	*Sonchus oleraceus* L.
	一枝黄花	*Solidago virgaurea* L.
	苍耳	*Xanthium sibiricum* Patr.
	甜菊	*Stvia rebaudiana* H. Sl.
	火绒草	*Leontopodium leontopodioides* Beauv.
	铃铃香青	*Anaphalis hancockii* Maxim.
	土木香	*Inula helenium* L.
菊科	腺梗豨莶	*Siegesbeckia pubescens* Makino
	蓍	*Achillea millefolium* L.
	艾蒿	*Artemisia argyi* Levl.
	蒲公英	*Taraxacum mongolicvm* Hand.
禾本科	芦苇	*Phragmites australis* Trin.
	薏苡	*Coix lacryma-jobi* L.
天门冬科	知母	*Anemarrhena asphodeloides* Bge.
	天门冬	*Asparagus cochinchinensis* Merr.
	蜘蛛抱蛋	*Aspidistra elalior* Bl.
百合科	藜芦	*Veratrum nigrum* L.
	贝母	*Fritillaria thunbergii* Miq.
	鹿药	*Smilacina japonica* A.Gray
	黄精	*Ploygonatum sibiricum* Delar.
	玉竹	*P. odoratum* Druce
	铃兰	*Convallaria majalis* L.
	吉祥草	*Reineckia carnea* Kunth
	宝珠草	*Disporum viridescens* Nakai
石蒜科	鹿葱	*Lycoris squamigera* Maxim.
鸢尾科	马蔺	*Iris lactea* Pall.
兰科	手参	*Gymnadenia conopsea* R.
	绶草	*Spiranthes sinensis* Ames.
	羊耳蒜	*Liparis japonica* Maxim.

5.3　基于园艺产品利用的分类

　　这一分类体系的优点在于，将园艺生产的目的性（即所形成的园艺商品特性）很好地展现出来。产品利用分类法基本上以植物利用的目的器官作为考量基础，并考虑到与人类生活的关系加以区分。

　　由于此分类方法简单，故不再细列其分支。需要指出的是，一些园艺植物本身兼具多种利用特性，本列表只给出其主要利用方式。利用产品利用分类法，主要园艺植物可分为以下门类。

5.3.1 可食用园艺植物

1）蔬类

（1）色拉蔬菜。

色拉蔬菜包括常见绿叶菜类和部分的根茎类、果菜类蔬菜，其特点是无须进行烹制，加调味料后可直接食用的类型。

（2）鲜食蔬菜。

a. 根菜类，又分为直根类和块根类。直根类包括萝卜、芜菁、根用芥菜、胡萝卜、牛蒡、婆罗门参、美洲防风、根用甜菜、食用大黄等；块根类包括豆薯、甘薯、葛、木薯等。

b. 茎菜类，又分为肉质茎类、嫩茎类、块茎类、鳞茎类、球茎类和花茎类等。肉质茎类包括茎用莴苣、茭白、茎用芥菜等；嫩茎类包括竹笋、石刁柏等；块茎类包括马铃薯、菊芋、草石蚕等；鳞茎类包括大蒜、洋葱、百合、分葱、分蘖洋葱等；球茎类包括球茎甘蓝、球茎茴香、慈姑、芋等。还有花茎类，如大蒜（薹）、韭菜（薹）、菜薹等。

c. 叶菜类，又分为绿叶菜类、结球类和香辛叶菜类等。绿叶菜类包括菠菜、叶用甜菜、普通白菜、叶用芥菜、独行菜、豆瓣菜、苋菜、金花菜、蕹菜、落葵、茼蒿、莴苣、苦苣、菊苣、蒲公英、芹菜、芫荽、紫苏、罗勒、薄荷；结球类包括结球白菜、结球甘蓝、包心芥、结球莴苣、菊苣等；香辛叶菜类包括韭菜、细香葱、芫荽、茴香、大葱、大蒜（叶）等。

d. 花菜类，又分为花器类、花蕾体、肉质花苞类。

e. 果实类，又分为浆果类、瓠果类、荚果类、杂果类等。

2）果品类

（1）鲜果类。

此类包括所有可鲜食的果品类植物。

（2）干果类。

此类包括所有以果实内种仁为食用对象的果树植物种类。

3）饮品类

（1）茶叶。

（2）咖啡。

（3）可可。

（4）浆果类。

（5）香草茶、饮片。

4）香料和药用植物

（1）香料。

（2）调味料。

（3）药用植物。

5.3.2 非食用园艺植物

1）观赏植物

（1）花卉。

　　a. 花坛苗。

　　b. 切花。

　　c. 室内盆栽。

　　d. 干花。

（2）观叶植物。

（3）景观材料。

（4）色素原料。

2）环境植物

（1）草坪草。

（2）地被植物。

5.4　基于产业行为的分类——农业生物学分类

　　掌握植物学分类是为了准确地鉴别植物，以避免张冠李戴。而对于栽培而言，进行有效的分类，则更有利于技术的对应。因此，从园艺学的实际应用出发，经常使用到的却是农业生物学分类法。

　　因此，我们可以看到，即使在植物形态上差距较大的一些种类，但在园艺生产上却有着类似的特性，由此可以将其纳入一个类别。农业生物学分类的尺度综合了生物学特点、生态适应性、栽培管理特点和经济利用性等方面，虽然不够严谨，但在实际工作中，却能给我们带来极大的便利。

　　以下我们分别对不同园艺植物进行农业生物学细分。

5.4.1　蔬菜类

1）白菜、甘蓝类

　　此类包括结球白菜类、结球甘蓝、抱子甘蓝、花椰菜、青花菜、结球芥菜、羽衣甘蓝等。普通白菜、叶用芥菜等不列入此类。

2）根茎类

　　此类包括以食用块根、肉质根、球茎等根茎类为主体的蔬菜植物，如萝卜、芜菁、球茎甘蓝、茎用芥菜、抱子芥菜、辣根、胡萝卜、根芹菜、球茎茴香、婆罗门参、牛蒡、菊牛蒡、菊芋、美洲防风、姜、根用甜菜、草石蚕、莴笋、石刁柏等。

3）葱蒜类

　　此类包括百合科葱属可食蔬菜植物，如大葱、分葱、洋葱、分蘖洋葱、韭菜、韭葱、大蒜等。

4）茄果类

　　此类包括茄科可食用果实类蔬菜植物，如番茄、茄子、辣椒、香瓜茄（pepino）、酸浆、枸杞等。

5）瓜类

　　此类包括各种可食用葫芦科植物，也包括西瓜和甜瓜。

6）豆类

　　此类包括各种种粒和种荚均可鲜食的豆科植物。

7）绿叶菜类

　　此类包括各种以叶片为主体、几乎全株可食的蔬菜植物，叶球类不列入其中。如普通白菜类、荠菜、叶用芥菜、大芥、黑芥、叶用甜菜、菠菜、独行菜、叶用萝卜、芹菜、欧洲芹菜、芫荽、莳萝、茴香、茼蒿、苦苣、莴苣类、菊苣、番杏、豆瓣菜、紫背天葵、蕹菜、落葵、食用大黄、紫苏、薄荷、罗勒、鱼腥草、芝麻菜、蓼、苋菜、金花菜、地肤等。

8）薯芋类

此类包括各种不以利用淀粉为目的的薯类、芋类等鲜食植物,如马铃薯、甘薯、豆薯、葛、芋、魔芋、山药等。

9）水生蔬菜

此类包括各种可作为蔬菜食用的水生植物类,如茭白、莲(藕)、荸荠、菱、莼菜、慈姑、水芹、香蒲(*Typha orientalis* Presl.)、芋、芡实、(水)蕹菜、豆瓣菜、芦蒿、海带、紫菜等。

10）食用菌类

此类包括各种可食性无毒真菌类,有些种类迄今尚未实现人工栽培。

11）芽苗类

此类包括各种可食性植物幼芽体(含上下胚轴、子叶和部分幼真叶)的植物类别。

12）野菜类

此类包含一些可做蔬菜用途的野生木本植物幼芽、地衣类、藻类和一二年生或多年生野生植物,如竹笋类、香椿、龙芽楤木、榆钱、槐花、蕨菜、紫萁、地耳、石耳、马兰头、菊花脑、马齿苋、蒲公英、苦苣、款冬、野韭、问荆(*Equisetum arvense* L.)等。

13）杂类

此类包括一些未能明确归类的蔬菜植物种类,如甜玉米、黄秋葵、蘘荷、食用百合、草莓、黄花菜、食用菊花等。

5.4.2 果树类

1）落叶果树

(1)寒带果树。

a. 仁果类,包括一些能够适应寒冷气候的仁果类果树植物,如秋子梨等。

b. 核果类,包括一些能够适应寒冷气候的核果类果树植物,如欧洲樱桃等。

c. 浆果类,包括一些能够适应寒冷气候的浆果类果树植物,如葡萄、醋栗、越橘、沙棘、草莓等。

d. 坚果类,包括一些能够适应寒冷气候的核果类果树植物,如榛(子)、松(仁)等。

(2)温带果树。

a. 仁果类,包括一些能够适应温暖气候的仁果类果树植物,如苹果、梨、花红、山楂、木瓜等。

b. 核果类,包括一些能够适应温暖气候的核果类果树植物,如桃、李、杏、梅、樱桃、郁李[*Cerasus humilis* (Bge.) Sok]等。

c. 浆果类,包括一些能够适应温暖气候的浆果类果树植物,如猕猴桃、葡萄、果桑、草莓、越橘、石榴、无花果、醋栗、穗状醋栗、沙棘等。

d. 柿枣类,包括柿、枣、酸枣、君迁子等。

e. 坚果类,包括一些能够适应温暖气候的核果类果树植物,如核桃、山核桃、板栗、扁桃、银杏等。

2)常绿果树

(1)热带果树。

热带果树主要包括一些耐热类果树植物,如椰子、香蕉、菠萝、杧果、开心果、槟榔、榴梿、鸡蛋果(*Passiflora edulia* Sims)等。

(2)亚热带果树。

a. 柑果类,包括一些不耐低温的柑果类果树植物,如柑橘类的甜橙、柠檬、柚、葡萄柚、金橘、脐橙等。

b. 浆果类,包括一些不耐低温的浆果类果树植物,如阳桃、洋蒲桃(*Syzygium samarangense*)、人心果、番木瓜、番石榴、枇杷、火龙果、鸡蛋果、三叶木通[*Akebia trifoliata* (Thunb.) Koidz]等。

c. 荔枝类,包括荔枝、龙眼、番荔枝等。

d. 核果类,包括一些不耐低温的核果类果树植物,如橄榄、枇杷、杨梅、鳄梨、杧果、椰枣、余甘子、山竹(*Garcinia mangostana* L.)、神秘果[*Synsepalum dulcificum* (Schumach. & Thonn.) Daniell]等。

e. 荚果类,包括一些不耐低温的荚果类果树植物,如酸豆、角豆、苹婆等。

f. 坚果类,包括一些不耐低温的坚果类果树植物,如槟榔、榴梿、阿月浑子、澳洲胡桃、榧等。

g. 聚合果类,包括一些不耐低温的聚合果类果树植物,如菠萝、面包果、番荔枝等。

h. 草本果树,包括一些一年生或多年生草本果树植物,如香蕉、芭蕉、菠萝、甘蔗等。

5.4.3 花卉和观叶植物

1)露地花卉

(1)一二年生花卉。

此类花卉如三色堇、雏菊、矮牵牛、百日草、一串红、羽衣甘蓝、石竹、美女樱、千日红、金盏菊、花环菊、翠菊、波斯菊、矢车菊、万寿菊、藿香蓟、金鱼草、凤仙花、长春花、瓜叶菊、虞美人、天竺葵、福禄考、山丹花、鸡冠花、毛地黄、旱金莲、飞燕草、风铃草、月见草、羽扇豆、牵牛、地肤、半支莲等植物。

(2)宿根花卉。

此类花卉包括菊花、芍药、牡丹、鸢尾、楼斗菜、紫菀、金莲花、铁线莲、绣球、木槿、萱草、石竹、玉簪、琉璃菊、向日葵、剪秋罗、土耳其桔梗、风铃草、泽兰等植物。

(3)球根花卉。

此类花卉包括一些利用块根、鳞茎、球茎、块茎等异化或特化器官的观赏植物,如郁金香、风信子、葡萄风信子、百合、唐菖蒲、小苍兰、石蒜属、番红花、孤挺花、晚香玉、仙客来、大岩桐、球根秋海棠、水仙、贝母、花毛茛、大丽花、鸢尾、美人蕉、铃兰、葱属、银莲花、白及、观音兰等。

(4)水生花卉。

此类花卉如荷花、睡莲、王莲、千屈菜、芡、水葱、凤眼莲、石菖蒲、菖蒲等。

(5)木本花卉。

此类花卉包括一些以观赏为主要目的的小灌木、藤本、小乔木和乔木,其中含有大量传统文化题材花卉,如梅花、蜡梅、白兰花、白玉兰、广玉兰、杜鹃、樱花、海棠、月季、玫瑰、蔷薇、紫薇、紫藤、栀子、叶子花、茉莉、夜来香、一品红等。

2)温室花卉

(1)一二年生花卉。

此类花卉如瓜叶菊、蒲包花、香豌豆、金香草、紫罗兰、切花菊等。

(2)宿根花卉。

此类花卉如君子兰、鹤望兰、安祖花、凤梨花、土耳其桔梗、非洲菊等。

（3）球根花卉。

此类花卉如百合、朱顶红、马蹄莲、大岩桐、仙客来、球根秋海棠、花叶芋等。

（4）兰花类。

此类花卉包括中国兰和热带兰,如春兰、建兰、墨兰、蕙兰、寒兰、蜘蛛兰、卡特兰、万带兰、蝴蝶兰、石斛兰、文心兰等。

（5）多肉植物。

此类花卉包括仙人掌科、景天科、番杏科、萝摩科、菊科、百合科、龙舌兰科、大戟科的很多种,具有肉质多浆叶片的植物,如金琥、昙花、令箭荷花、蟹爪兰、芦荟、伽蓝菜、宝石花、石莲花、燕子掌、龙舌兰、虎皮兰等。

（6）木本花卉。

此类花卉包括一品红、杜鹃、山茶、叶子花以及部分棕榈科、朱蕉属、龙血树属、榕属植物。

3）观叶植物

常见的有彩叶草、彩叶芋、南洋杉、马拉巴栗以及蕨类、竹芋科、棕榈科、凤梨科、朱蕉属、龙血树属和榕属植物等。

5.4.4　环境景观植物

1）草坪草

此类植物多用于建植草坪,主要包括如羊胡子草、莎草、结缕草、狗牙根、草地早熟禾、加拿大早熟禾、细叶早熟禾、黑麦草、剪股颖、羊茅、紫羊茅、红顶草、假俭草等。

2）地被植物

此类植物多用于地被覆盖,如白车轴草（三叶草, *Trifolium repens* L.）、鸡眼草、葛藤、紫花苜蓿、直立黄芪、诸葛菜［二月兰, *Orychophragmus violaceus* (L.) O. E. Schulz）］、百里香（*Thymus mongolicus* Ronn）等。

3）观叶草

此类植物多用于观赏,主要包括粉黛乱子草、苇、荻、蒲苇、红棕薹草、晨交芒、斑叶芒、细叶芒、矢羽芒、东方狼尾草、小兔子狼尾草、画眉草、紫叶狼尾草、灯心草、卡尔拂子茅、蓝羊茅、细茎针茅、毛冠草、血草等。

5.4.5　香料和药用植物

1）香料植物

这类植物主要包括薰衣草、迷迭香、鼠尾草（*Salvia japonica* Thunb）、百里香、罗勒、马鞭草、香茅、西洋甘菊、紫苏、薄荷、玫瑰、白兰、玉兰、艾草（*Artemisia argyi* H. Lév. & Vaniot）、留兰香、桂花、金银花、九里香、莳萝、合欢、芸香、瑞香、檀香、茉莉、橄榄、素馨花（龙涎香原料）、葛缕子（*Carum bretschneideri*）、荆芥（*Nepeta cataria* L.）、芫荽等植物。

2）调味料

这类植物主要包括姜、良姜（*Alpinia officinarum* Hance）、辣椒、花椒、胡椒、茴香（八角）、小茴香（孜然)、藏茴香、豆蔻、草果、山奈、香附子、芫荽、丁子香、香叶、桂皮、白芷、藿香、木姜子、砂仁、苏子、莳萝、荆芥、辣根、芥子、大蒜、甘草、橘(陈)皮、木香、香茅、甘松(*Nardostachys jatamansi* DC)、荜茇(*Piper longum* L.)、香附子(*Cyperus rotundus* L.)、紫草(*Lithospermum erythrorhizon* Sieb. et Zucc.)、香草兰(*Vanilla planifolia*)等植物。

3) 药用植物

这类植物包括桃(胶)、松(香)、党参、人参、当归、黄芪、天麻、五味子、枸杞子、萝卜(其干燥种子即中药材莱菔子)、田七、栝楼、山楂、枣、君迁子、余甘子、薄荷、紫苏、荆芥、茯苓、姜、枇杷、龙眼、橘(陈皮)、罗汉果、胖大海、甘菊、甘草、蘘荷、忍冬、牡丹、芍药、乌梅、贝母、红花、半支莲、地黄、木通、银杏、款冬、马齿苋、车前草、百合、牛蒡、鱼腥草、大黄、玉兰(辛夷)、杏仁、景天、桔梗等植物。而大多数人工种植较少,多以野生状态利用为主,涉及种类繁多。

5.4.6　饮料植物

这类植物主要包括茶、咖啡、可可以及主要用作饮料的浆果和部分药草类植物等。

第6章
园艺植物资源

6.1 园艺植物的起源与资源分布

栽培植物都是通过人类长期的自然选择与人工驯化而衍生出来,其生物学特性虽然与其野生种相比有相当大的改变,但其基本遗传特性却比较保守,即在栽培植物中也较多地保留了原生地的一些基本特征。

同一植物的栽培种与野生种比较,其差异主要表现在以下方面:①栽培种的经济性状大大加强,其目的器官常常被特化(specialization),且在品质上有较大的改善,如果实中甜度的增加、涩味的减轻;蔬菜产品中的纤维细化并含量降低等;②栽培种对特定环境的适应性有所加强,但对于极端气候的耐受力反而下降,同时植物的综合抗性也会降低;③很多性状在表达上产生一定的沉默,即发生了进化(evolution)。

苏联时代的瓦维洛夫(Николай Иванович Вавилов)在瑞士植物学家德堪多(de Candolle)认识的基础上,组织专门的考察,通过收集野生种、查阅历史资料并进行杂交比对等一系列工作,提出了起源中心说。瓦维洛夫认为,植物的起源中心可区分为两类:①一个区域内基因的多样性和显性基因频率高,且在空间上相对集中,那么这个区域则可称之为基因中心(origincenter)或多样化变异中心,其最初始的起源地即为原生起源中心;②当植物由此扩展到更大范围时,在远离原生中心的地带,会因植物自身的自交和自然隔离而形成由新的隐性基因控制的多样化地区,即为次生起源中心或次生基因中心。这一理论虽然有一定局限性,但对于研究掌握园艺植物的习性有重要帮助。

由此,瓦维洛夫将全球栽培植物的起源中心分为8个区域,后经英国的C. D. 达林顿(C. D. Darlington)和佳纳克伊·安玛尔(Janaki Ammal)扩展为12个中心。

1)中国-东亚中心

该中心为多数温带和亚热带植物的原产地。其起源的园艺植物主要有白菜、芥菜、大豆、豇豆、竹、葛、山药、草石蚕、萝卜、芋、牛蒡、苋菜、萱草(黄花菜)、紫苏、荸荠、莲、茭白(菰)、蕹菜、丝瓜、酸浆、茼蒿、花红、梨、杏、桃、蟠桃、李、枣、柿、果桑、核桃、银杏、柑橘类、枇杷、猕猴桃、山楂、栗、牡丹、芍药、杜鹃、凤仙花、菊、花椒、茶等。

2)地中海中心

该中心为温暖湿润海洋性气候植物原产地。其起源的主要园艺植物有甘蓝、芜菁、黑芥、白芥、甜菜、欧芹、菜(朝鲜)蓟、韭菜、细香葱、莴苣、芹菜、石刁柏、茴香、球茎茴香、莳萝、婆罗门参、菊牛蒡、食用大黄、酸模、欧洲樱桃、迷迭香、薰衣草、玫瑰、紫罗兰、金鱼草、郁李等。

3)印缅中心

该中心是许多重要植物的原产地,其起源植物主要有黄瓜、苦瓜、瓠瓜、丝瓜、冬瓜、茄子、魔芋、芋、菱、落葵、豆薯、四棱豆、扁豆、绿豆、椰子、罗勒、芥菜等。

4）中亚中心

该中心为很多大陆性干燥气候植物原产地，其起源植物主要有蚕豆、豌豆、芥菜、洋葱、胡萝卜、苹果等。

5）西亚中心

该中心为很多大陆性湿润气候植物原产地，其起源植物主要有菠菜、甜瓜、韭菜、莴苣、芸薹、洋葱、芹菜、独行菜、扁桃、椰枣、葡萄、藿香、郁金香、桔梗等。

6）埃塞俄比亚中心

该中心为热带大陆性气候植物原产地，其起源植物主要有西瓜、甜瓜、细香葱、芫荽、黄秋葵、神秘果等。

7）中美中心

该中心为很多温暖干燥喜光植物原产地，其起源植物主要有番茄、辣椒、佛手瓜、菜豆、莱豆、南瓜属、甘薯、玉米、咖啡、可可、鳄梨等。

8）南美中心

该中心为很多热带高山植物原产地，其起源植物主要有马铃薯、南瓜属、番茄、辣椒、菜豆、澳洲核桃、大叶芋、鳄梨等。

9）东南亚中心

该中心为一些热带海洋性气候植物原产地，其起源植物主要有竹、冬瓜、姜、山药、黄秋葵、木瓜、鸡蛋果、芋、蝴蝶兰等。

10）智利中心

该中心为一些温带高山植物原产地，主要起源植物有马铃薯、草莓、菜豆、番茄等。

11）巴西-巴拉圭中心

该中心为一些热带大陆性气候植物原产地，主要起源植物有木薯、花生、菠萝、美洲坚果等。

12）北美中心

该中心为一些温带植物原产地，主要起源植物有菊芋、甜玉米、美洲防风等。

6.2 物种传播与演化

主要园艺植物从各个起源中心向外传播，往往是伴随着历次重大历史事件而发生的，其传播时期和路径分别如下：①BC10—BC5世纪，古埃及向欧洲和西亚传播；②BC5—BC2世纪，中国向西亚传播；③BC2—3世纪，中国向欧洲传播，西亚向中国传播；④7—10世纪，中国向朝鲜和日本传播，东南亚向中国传播；⑤12—14世纪，古罗马向欧洲传播，中美洲和北美洲之间互相传播；⑥15—16世纪，欧洲向中亚、印度向中国、中国向非洲、欧洲向中美洲和北美洲传播；⑦19—20世纪，美洲向欧洲传播，中国向新西兰传播；⑧20世纪以后，中国和美洲之间互相传播。

6.2.1 中国与世界各地间的园艺植物传播

中国与世界各主要园艺植物原产地间的物种资源主要发生在以下时期。

1）张骞出使西域与古丝绸之路

BC2—BC1世纪前后，张骞出使西域，开辟了陆上丝绸之路，主要引入的园艺植物有芫荽、大蒜、细香葱、黄瓜、分葱、西瓜、甜瓜、胡萝卜、甘蓝、甜菜、菠菜、芹菜、蚕豆、苜蓿、胡椒（未引入种植）、石榴、葡萄、核桃、苹果、杏等,以可食用植物为主;输出的园艺植物种类有:萝卜、梨等。

2)唐代的盛世开放

7—10世纪,唐代盛世开放,中国同西亚、南亚、东南亚以及东亚的文化交流与商贸交流频繁。这一时期引入中国的园艺植物有莲藕、茄子、冬瓜、苦瓜、南瓜、芥菜、魔芋、茴香、扁桃;输出的园艺植物有白菜、萝卜、甘蓝、山药、姜、芋、百合、柿、枇杷、柑橘类、中国兰、果桑,其中因日本遣唐使和鉴真东渡而使中国当时的很多园艺植物传入日本。

3)郑和下西洋与大航海时代

14—17世纪,郑和下西洋,开启了中国大航海时代,主要引进了番茄、四棱豆、花椰菜、青花菜、西葫芦、甘薯、木薯等园艺植物。

4)鸦片战争后

19—20世纪,一批西方传教士进入中国,清末开始中国向海外派遣留学生和大批华人下南洋并侨居当地,因此也促成了较多的文化交流。这一时期是园艺植物引入较多的时期,引进的种类主要有菜豆、马铃薯、辣椒、甜玉米、菊芋、咖啡、可可、胡椒、罂粟、洋兰类。

5)新中国成立后的改革开放

新中国成立后,中国从20世纪60年代开始从亚洲等国引进一些热带植物。而大规模的物种引进则是自1978年以后,一些过去较少记载的物种多为这一时期引进,在此不做列举。

值得一提的是,南瓜属物种的引进问题。无论是 *C. moschata*,还是 *C. maxima*、*C. pepo*,都是原产于中美和北美的植物,而我们过去曾分别用中国南瓜、印度南瓜以及美洲南瓜而命名之。事实上,*C. moscha* 是明代通过日本引进的,也称为倭瓜;*C. pepo* 是明代自印度引入中国的,当时取名为西葫芦;而 *C. maxima* 则由西方传教士直接带入,取名为美洲南瓜。与之相类似的,原产于地中海的朝鲜蓟,其引进时间在清代,却与朝鲜无关,应称其为菜蓟(*Cynara scolymus*)。

6.2.2 园艺植物的系统发育与个体发育

所谓植物的系统发育(phylogeny)是指植物自起源后的整个发展演变历史;而个体发育(ontogenesis)则是指每一植物个体所具有发生、生长、发育以至成熟的过程。

以单子叶植物的菝葜科(Smilacaceae)为例,其中所包含的植物,有木本,有草本;有直立,有攀缘;有单花序,也有复合花序等。这些类群之间在进化上有何联系?哪个类群较为原始?哪个类群较为进化?对这类问题的探讨就需要研究其类群的系统发育。种是植物分类的基本单位,在种之下又有亚种、变种、变型,由此说明在一个种的范围内也会有新的变化和发展,即种的系统发育。在园艺学中,我们更加注重这一层面。

园艺植物在长期的栽培过程中,其自身会因气候变化与人类活动影响而发生一些特定变化,但其主要性状则呈现较为稳定的状态,也就是说,长期处于原产地中心的园艺植物其演化主要以系统发育为主体。而对于由原产地向外扩展时,常常会在特定的区域发生较大的性状变异而出现与原产地植物差距较大的特征特性,并经较长时期的稳定形成新的变种、亚种和生态型,这种情况下个体发育起的作用被加强,但仍然不会逾越系统发育的限制。也就是说,个体发育是基础,但系统发育对个体发育有限定作用。

1)园艺植物演化的方向与特点

在园艺植物不断引种驯化的长期演化过程中,一些有价值的经济性状在人为选择下会出现放大效应。与原产地的野生种相比,经进化后的栽培类型普遍具有以下的变化。

（1）部分器官会产生特化,使可利用部位在植株中的比重加大,即经济性有大的提高,如一些器官的肉质化、大型化。与此同时,从整株个体来看,也普遍存在器官上的大型化倾向,如单叶变大、变厚,茎干粗壮化等（见图6-1）。出现这些变化的原因在于,人工栽培条件下的植物生长要素要比野生状态更为理想。

图6-1　不同园艺植物在演化过程中经济性状的变化

（A1～A3,西瓜,分别引自6678.tv、b2b.hc360.com、m.sohu.com；B1～B4,茄子,分别引自cn.dreamstime.com、shop.99114.com、b2b.hc360.com、detail.koudaitong.com；C1～C2,樱桃,分别引自hmsg.com.cn、item.jd.com；D1～D2,玫瑰,分别引自bbs.zol.com.cn、huayuezuji.com）

（2）栽培种的种子变大、数量变少,且休眠性减弱甚至消失。野生种往往进入生殖生长较早,加之植株形体较小,因此只有更多的种子具有明显休眠特性时,才能确保植物在相对恶劣的环境下能够延续种群,且小型化的种子更易于在空间上传播,这样栽培种的种子整齐度和成活率都会普遍提高。

（3）植物的特定器官发生了异化（heteromorphosis）,使部分原始性状丧失,特别是种子形成变得困难,而取而代之的是一些器官可用于繁殖,这使一些经进化后获得的优良性状会很好地得以保留,而不会因不断地杂交与分离而使偶然的所获消失殆尽。

（4）由于形态上的较大变化引起了植株组织化学特性的较大变化,这对于园艺植物的利用部位的品质而言是非常重要的进化结果。对于食用性园艺植物,栽培种的这种变化体现在:粗纤维的减少、糖分等的提高以及一些关乎味觉、嗅觉和视觉方面的次生代谢产物减少等方面,而这些次生代谢产物在野生种中的较高含量事实上与其整体的抗逆性有很大关系。

（5）栽培种的保护组织有所削弱,如厚质的表层、刺和毛的发生、表面蜡质等。

2）区域地理和气候对园艺植物演化进程的影响

由于从原产地向不同自然条件的区域传播后得到不同的进化结果,因而出现了同一植物种的多种不同变异类型,即多态性变异（polymorphic variation）；园艺植物引种到特定区域后,经较长时间的个体发育和系统演化而出现重大变化的例子十分普遍。在很多性状上相近的植物从不同原产地引入到新的特定环境下，可能会出现相似的变异行为，即产生了平行变异（parallel variation）。

地中海沿岸区域原产的甘蓝，在传播的过程中出现了极为复杂的进化过程。野生甘蓝首先进化出叶用甘蓝（kale）、羽衣甘蓝（collard），然后向北传播进一步有了结球甘蓝、球茎甘蓝；向东传播有了花椰菜、青花菜和抱子甘蓝。同样，这一区域原产的芸薹传入中国后（见图6-2），在南方地区的山区演化形成了如今的结球白菜（黄芽菜），后传向北方地区，传至中国的台湾山地后则分化出娃娃菜；而芸薹在中国广大地区则形成了种类繁多的不结球白菜亚种中的多种变种，如菜薹、乌塌菜、青菜和半结球白菜等；而由中国传入日本后在近畿地区还形成了京水菜和小松菜。

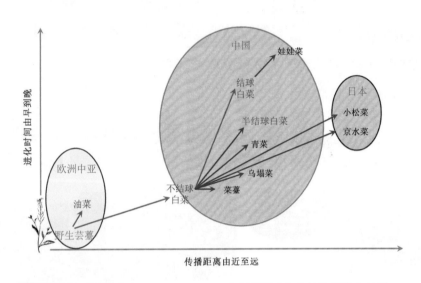

图6-2　野生芸薹（*Brassica campestris*）在不同时空中的物种进化结果

与此类似，芥菜（大叶芥）由印度辗转传入中国后，在西南地区则分化出茎用芥菜、在华南地区则分化出包心芥菜，而在北方地区则分化出叶用芥菜（雪里蕻）和根用芥菜。同样印度原产的甜瓜传入中原后，基本上表现为薄皮种，而在新疆等干旱区则分化出厚皮种，并出现了网纹结构的果皮性状（哈密瓜和伽师瓜）。

樱桃从丝绸之路引入中国后，形成中国樱桃类型，而与欧洲樱桃有了较大的区别；而引入到南美高海拔地区后，果型明显变大，即为著名的美洲樱桃。原产中国的猕猴桃引入新西兰后，其形态特征与野生猕猴桃有了相当大的差距，成为重要水果；李子为中国原产，引种到欧洲后果型也明显变大，即郁李［*Cerasus humilis* (Bge.) Sok］。原产于中国的柑橘类，15世纪前后引入欧洲后传播到美国，并在美国南部形成了更为复杂的类群分化。同样，中国原产的梨，在国内及东亚的相互传播中不断演变形成众多类别，除白梨、砂梨、秋子梨等外，日本梨与中国梨已有了较大差别，而在中朝边境一带还分化出独特的苹果梨；当内地的梨传入西域后，在新疆则形成了香梨；传到欧洲后则形成了鲜果风味较差的欧洲梨，其多用于制作一种叫西打酒（cider）的原料。

中国的茶叶原产于西南部地区，在其传播过程中，则由原始的大叶种向小叶种方向演化，而由云南传入南亚后，也多为大叶种，形成著名的英国红茶原料。而原产于中美洲的咖啡（中粒种），引入东南亚和中国后则进化成了小粒种。

郁金香原产土耳其一带，传入荷兰后，出现了相当多的形、色分化，而利用鳞茎的无性繁殖使其性状很好地保留并在生产中得以放大。同样,蝴蝶兰原产东南亚热带区域,引入中国台湾亚热带山地后,也出现了比原产地更为丰富的形色。

6.2.3 物种传播可能引发的生态危机

从前文所述可以看出,从系统发育到个体发育的统一中,我们看到了园艺植物经济性状变得更加丰富的例子。但是从生态学角度而言,一些物种的引进对于特定区域而言,则可能会引发因物种入侵而引起的生态危机。在一个生态系统简单的区域中,外来物种会引起生态系统紊乱并最终引起乡土植物系统平衡的崩溃。

原产于南美委内瑞拉的凤眼莲(*Eichhornia crassipes*),于1884年在美国新奥尔良博览会上大放异彩,很多参观者便将其作为观赏植物带回各自的国家,却不知其繁殖能力极强,后成为各国的头号有害植物。从尼罗河、湄公河到美国沿墨西哥湾的内陆河,常被密布的凤眼莲堵得水泄不通,不仅导致船只无法通行,还导致鱼虾绝迹,河水臭气熏天;中国暴发时间较晚,但在云南滇池、上海的黄浦江也曾有过疯狂蔓延(见图6-3A所示)。

加拿大一枝黄花(*Solidago canadensis* L.)原产北美,中国最早于1935年作为观赏植物引进,在20世纪80年代开始扩散蔓延,表现出相当长的潜伏时间,当其大面积暴发时,数年间便会遍布很多自然植被中,后经艰苦的综合治理方使其得以很好地被控制(见图6-3B)。

在中国类似的例子还有紫茎泽兰(*Ageratina adenophora*,见图6-3C)、大米草(*Spartina anglica* Hubb.)等。同样,印度人将中国原产的水生植物菱(*Trapa bispinosa* Roxb.,见图6-3D)带回国内,其在包括恒河在内的水体里蔓延,出现严重的生态问题。

外来物种可能引起的麻烦,其原因已解析得较为清晰。康奈尔大学的C. E. 米切尔(C. E. Mitchell)

图6-3　曾在中国大面积暴发的外来植物
A. 凤眼莲;B. 加拿大一枝黄花;C. 紫茎泽兰;D. 菱
(A～D分别引自 huamu.cn、pp.163.com、kangzhiyuan120.com、hainan.ifeng)

和A. 鲍尔（A. Power）利用473种原产于欧洲后又传播到美国的植物,检查它们被病菌感染的情况时发现,平均每种植物在新栖息地感染病菌的比例会比在原产地平均少77%。

6.3 特色资源的挖掘与利用

中国地域辽阔,地形、气候复杂,且局部区域经济生活具有一定的传统的封闭性,而整体又具有一定的开放性。因此,使得一些园艺植物会在特定区域出现令人意想不到的特殊性状表达,即出现特色化珍贵种质资源(见图6-4)。这些资源的存在为园艺产业的纵深发展提供了基础的物质保证。

图6-4 中国的一些珍贵园艺植物野生资源

A. 高山雪莲;B. 沙漠锁阳;C. 野生黑枸杞;D. 草原野韭菜(花);E. 东北刺五加;F. 秦岭野生猕猴桃;G. 乌苏里江岸紫萁;H. 太湖莼菜
(A~H分别引自 dazhong2486.lofter.com、blog.sina.com.cn、b2b.hc360.com、blog.sina.com.cn、zhuanzhuan.ganji.com、yyxw.net、69cy.net)

6.3.1 园艺植物资源的分布及其特点

植物资源在现代农业体系中越来越展示出重要的一面,其有用性主要表现如下:作为重要性状的基因载体,对生物技术利用提供材料,是实现植物分子育种的基因源;一些野生资源在园艺产业中,可作为现有体系进一步拓展的方向,具有潜在的的市场化价值,具有补缺和丰富现有栽培园艺作物的现实和深远意义。

1）中国园艺植物重要野生资源的分布

按照区域地理、气候特性和所分布的园艺植物野生资源的相似性,可将全国分为8个区域。每个分布区的重要园艺植物野生资源的分布情况如下。

（1）东北区。

东北区主要指东北三省和大兴安岭以东的内蒙古自治区的部分地区,适合于光照充足、降水量适中、耐寒性强的野生园艺植物生长。主要分布的野生园艺植物有山葡萄、越橘、山楂、山杏、猕猴桃、刺梨、山刺玫、蔷薇、秋子梨、五味子、刺五加、豨莶(音 xī xiān, *Siegesbeckia orientalis* L.)、山定子、悬钩子、紫草、人参、细辛、甘草、玫瑰、藿香、铃兰、月见草、苍耳、胡枝子、龙须草、马蔺、蕨菜、栎(实)、榛(果)、金莲花、紫萁、龙芽楤木、桔梗、山芹菜、芦蒿、芝麻菜、蒲公英、紫苏、黑木耳、榛蘑、松茸等。

（2）华北区。

华北区以河北、山西为主,山东、北京、天津全部以及陕西、河南、辽宁的部分地区,气候温和。主要分布的野生园艺植物有酸枣、山楂、君迁子、山桃、山杏、山葡萄、猕猴桃、板栗、银杏、树莓、枸杞、桔梗、党参、远志、知母、苍术、防风、玫瑰、紫穗槐、藿香、柴胡、甘草、玄参、黄精、黄芪、蒲草、马蔺、香椿、野葛、百合、蓼、紫草、茜草、旱金莲、黄花乌头、梅(花)、台蘑、口蘑、榆黄蘑、地耳、槐(花)、苦苣、海带、紫菜等。

（3）黄土高原区。

黄土高原区主要指黄河中游区域，西起日月山、东至吕梁山、北至长城、南达秦岭，涉及青海、宁夏、内蒙古、陕西、山西和河南的部分地区。此区有深厚的黄土层，气候温和，适合较为耐旱的植物生长。主要分布的野生园艺植物有酸枣、拐枣、枸杞、沙参、山丹、知母、花椒、沙棘、败酱草、飞燕草、苦参、甘草、海棠、山楂、杏、猕猴桃、板栗、刺梨、核桃、大黄、柴胡、文冠果、酸模、黄蔷薇、刺玫、柠条、连翘、野韭、小根蒜、樱桃、醋栗、树莓、羊肚菌、柳蘑、地耳、发菜、榆(钱)、槐(花)、香椿、皂荚、苦苣、蒲公英、马齿苋、果桑、栎(实)、红柳等。

（4）西北区。

西北区包括从大兴安岭以西、黄土高原和昆仑山以东的广大干旱区、半干旱区草原和荒漠地区，涉及宁夏、新疆以及山西、陕西、河北三省部分地区和内蒙古、甘肃、青海大部。这一区域地域辽阔，干旱少雨，土壤盐碱化严重。其分布的野生园艺植物有拐枣、枸杞、沙棘、山楂、树莓、榅桲、柠条、酸枣、沙枣、果桑、沙葱、沙菠菜、杏、扁桃、当归、紫草、草木樨、苜蓿、甘草、党参、冬虫夏草、胡枝子、马蔺、茜草、飞燕草、山丹、百合、锁阳、苁蓉、地耳、发菜、红柳、胡杨等。

（5）青藏区。

青藏区主要包括西藏以及青海和四川西部区域。这一地区气候寒冷，海拔高，光照强，区域地理和气候极为复杂。其分布的重要园艺资源有沙棘、蔷薇、海棠、高山杜鹃、波斯菊、刺梨、冬虫夏草、枸杞、沙枣、酸模、藏南柳、藏杨、地黄、雪莲等。

（6）西南区。

西南区主要包括云贵高原及四川大部和广西部分区域。这一地区地貌复杂，属亚热带高原气候，季节为干湿交替。其分布的重要园艺资源有竹、兰、山茶、海棠、刺梨、余甘子、猕猴桃、使君子、乌梅、天麻、花椒、田七、石斛、香茅、香蒲、芡实、野葛、百合、石蒜、金合欢、桂花、茜草、青蒿、重楼、嘉兰、蓝靛果、甘草、松茸、鸡枞菌、青冈菌、猴头菇、竹荪、羊肚菌、牛肝菌、松露、石耳、蕨菜、鱼腥草、魔芋等。

（7）华中区。

华中区主要包括秦岭淮河一线以南、北回归线以北、云贵高原以东的广大亚热带区域，涉及汉中盆地、四川盆地、长江中下游、广东和广西北部和福建大部。这一区域总体上温暖湿润，分布的重要园艺资源有茶、猕猴桃、刺梨、山楂、(香)榧、板栗、八月瓜、山楂、板栗、厚朴、红花、五味子、重楼、玫瑰、桂花、青蒿、艾草、竹、常春藤、百合、石蒜、紫云英、梅、杨梅、果桑、银杏、良姜、葛、木槿、木香、木姜子、桃金娘、栀子、蒲草、蔺草、白兰、玉兰、茉莉、香椿、莲、芦蒿、水芹、芡实、莼菜、菱、慈姑、藠头、蒲公英、马齿苋、马兰头、菊花脑、海带、紫菜、石耳、地耳、蕨菜、香菇、猴头菇、红菇等。

（8）华南区。

华南区主要包括北回归线以南的广东、广西南部、福建南部、台湾、海南及南海诸岛等区域。这一区域气候炎热湿润，分布的主要园艺资源有茶树、桃金娘、余甘子、猕猴桃、砂仁、青蒿、良姜、野菊、九里香、芡实、槟榔、合欢、紫云英、石蒜、兰、蕨菜、田七、板蓝根、蓝靛果等。

2）中国的园艺植物种质资源状况

种质资源（germplasm resource）又称遗传资源，而种质则是指生物体亲代传递给子代的遗传物质，往往存在于特定品种之中。与前述野生资源关联但有较大不同的是，在园艺植物资源中的种质资源问题。野生资源为种质资源提供了一定基础，但种质资源并不是一个简单的、自然分布结果，而是需要广泛收集并积累才能形成所谓的资源库。因此，在种质资源收集上最受关注的是：历史久远的地方品种、新培育的优良品种、重要的遗传材料以及野生近缘植物等。

评价种质资源的丰富程度，往往需要从两个方面来进行：一个是涉及植物种类的多少；另一个则是对于同一物种所拥有的高度差异化种质材料的多寡。

在一些特定园艺植物上，中国的种质资源较为丰富，但这项工作开展的连续性与长久性决定了中国现有已收集、整理并入库的园艺植物种质资源尚处于发展水平，远不能与一些开展此项工作时间较长、动用人力物力巨大的国家相比。目前中国园艺种质资源的入库保藏通常以国家与重点地方为平台，均为挂靠科研机构而独立设立，为公益类事业机构属性；而国外现有的较成熟的种质资源库，除了公益机构所属种质库外，一些大的公司在单一物种上所拥有的资源份数会更具优势。这一点我们可以通过一些公司的品种目录即可窥见一斑。如图6-5所示为菊花、百合在日本园艺市场上的几个品种示例。

虽然按照国际惯例，种质资源是可以进行交流的，但事实上种质的国际性引进上却存在着巨大的技术壁垒和政策性限制等问题。很多国家海关对植物类材料的进出都有着相应的限制。即使资源的交流合法，也会在其他技术环节上受限：一方面是基于对物种入侵的担忧而进行的植物检验；另一方面则为针对寄生性病虫害的检疫环节。

(a)

(b)

图6-5　日本园艺市场上的菊花、百合产品示例

(引自植原直树)

对于一些珍贵资源,特别在知识产权保护高度发达的今天,园艺植物种源在其商品进出口上仍然会有产权上的限制或附加条件。最典型的例子是,新西兰的一些猕猴桃品种被引回到其种质故乡时,仍被种苗公司设限,即只能直接使用其种苗而不得扩繁。同时,中国现有栽培的一些无性繁殖园艺植物引进品种,如无正规引进手续,其大面积繁殖应用,即使现在不追究,但也面临着随时的知识产权纠纷。

6.3.2　园艺名特产的开发利用

为了使一些具有地理的和历史的特色优质农产品在市场上受到类似于品牌性质的保护,中国于2007年12月25日颁布农业部令,正式签发实施《农产品地理标志管理办法》。其中所涉及的农产品地理标志(geographical indications of agricultural products)定义如下:标示农产品来源于特定地域,产品品质和相关特征主要取决于自然生态环境和历史人文因素,并以地域名称冠名的特有农产品标志。办法中明确规定,产品的称谓须由地理区域名称和农产品通用名称构成,且在产地环境、产品质量等方面必须符合国家强制性技术规范要求。这一举措对特色优势园艺产品的生产有较大的推动作用。

在园艺植物上,由于历史文化的积淀,中国有大量的名特产,其主要分布如下,所沿用的地理分区同前述。

1)东北区

该区主要有哈尔滨酸黄瓜、黑龙江薇菜(紫萁)、海林(牡丹江)野生黑木耳、牡丹江黑穗醋栗、小兴安岭松茸、大兴安岭松子、长白山人参、榛蘑、韩式辣白菜、东北酸菜、通化山葡萄、延吉苹果梨、大连苹果、丹东草莓等。

2）华北区

该区主要有北京心里美萝卜、太行山山楂、滨州蒲草、烟台苹果、莱阳梨、河北鸭梨、长治党参、保定远志、潍坊萝卜、肥城桃、章丘大葱、胶州结球白菜、苍山大蒜、山西杏、太谷枣、菏泽牡丹、平阴玫瑰、泰山灵芝、郯城银杏、保定叶用芥菜、迁西板栗等。

3）黄土高原区

该区主要有洛阳牡丹、临潼石榴、眉县猕猴桃、洛川苹果、兰州百合、五台山台蘑、恒山黄芪、吕梁沙棘、焦作山药、汾阳核桃、韩城花椒、富平柿饼、岚皋魔芋、大同黄花菜、封丘金银花等。

4）西北区

该区主要有内蒙古甘草、鄂尔多斯苁蓉、嘉峪关锁阳、新疆红柳、新疆扁桃、库尔乐香梨、哈密瓜、伽师瓜、吐鲁番葡萄、新疆薄皮核桃、乌兰察布野韭菜、中卫枸杞、定西马铃薯、平凉苹果、庆阳苹果、瓜州蜜瓜、苦水玫瑰、包头发菜等。

5）青藏区

该区主要有青藏冬虫夏草、高山雪莲、格桑花、怒江松茸、林芝天麻、西藏红景天、那曲贝母、岷县当归等。

6）西南区

该区主要有大理独头蒜、昭通天麻、会理石榴、盐源苹果、雅安松茸、保山鸡枞、文山田七、大理梅干、丽江玛卡（*Lepidium meyenii* Walp.）、汉源花椒、蒲江丑柑、温江大蒜、遵义吴茱萸、涪陵榨菜、江津芥（酸）菜、洪雅黄连、普洱茶、普洱咖啡等。

7）华中区

该区主要有恩施小马铃薯、洪湖莲藕（子）、太湖（西湖）莼菜、红菱、西湖龙井茶、苏州碧螺春、武夷岩茶、安溪铁观音、太平猴魁、黄山毛峰、六安瓜片、祁门红茶、安吉笋干、吉安笋干、诸暨香榧、浙西山核桃、余姚杨梅、温州蜜橘、赣州脐橙、宜昌蜜柑、梁平柚、蕲春艾草、襄阳根用芥菜、安化黑茶、隆回辣椒、武汉红菜薹、余干辣椒、黄山贡菊、阜阳贡菜、崇明水仙、杭白菊、砀山酥梨、无锡水蜜桃、霍山石斛、丽水香菇等。

8）华南区

该区主要有漳州水仙、来宾甘蔗、永春芦柑、古田银耳、海南咖啡、玉林沙田柚、莆田文旦柚、中山荔枝、文昌椰子、荔浦芋头、海南槟榔、台湾兰花、新会陈皮、博白桂圆、冻顶乌龙等。

6.3.3 野生园艺植物资源的开发利用

从园艺植物资源的利用角度看，除了直接在育种上的应用外，中国也相应开展了一定的资源开发工作，并结合地域形成了少量的特色产品，但其比例尚低。从自然资源利用角度，未来的园艺产业更加强调其产业在满足人类健康和心理层面上的强大需求，在现有栽培种类基础上，利用好自然资源，是园艺产业发展的另一条出路。

1）园艺植物资源开发利用的基础性工作

为了更好地、系统地做好此项事业，需要在基础工作方面搭建更好的工作平台，其主要内容包括以下方面。

（1）做好园艺植物资源调查与收集、整理工作。按照技术规程，明确调查方法，对调查人员进行相关培训，并由专业人员带队进行，以保证工作质量。除收集植物外，必须对调查地域的地形、林相、植被、土地利用、位置进行记录，并同步摄制照片等。其工作的最终成果体现在提供资源目录、明确资源储量及可利用程度、绘制资源分布地图等。

（2）制订相关开发利用规划。对已查明的具有重大开发价值且具市场开发特色的园艺植物资源，从保护性利用角度出发，制订开发工作的路线图。

（3）满足对相关的技术性工作的需求。在繁殖、加工等方面做好相应的支撑准备，以保证开发的成功。

（4）确立开发的企业主体，引导相关农户以特定方式参与其中，构筑区域特色产业。

2）园艺植物资源开发与利用的主要途径

对园艺植物资源的开发利用，可能涉及以下层面：一是开展专项的育种工作，为长远发展打下良好基础；二是对一些珍贵园艺植物资源，在开发前即有预案进行资源保护，以防止因开发而导致资源枯竭和种质丧失；三是分层次设计产品的开发阶段，在工艺上从简单加工到复杂的提取、精制，从产品梯度上形成针对不同人群的系列；四是坚持综合利用，对一些园艺植物资源，从多方面多角度最大化地体现其经济价值。面向人类健康和心理需求的开发已成为园艺领域新的增长点，如利用园艺资源开发药用保健、化妆美容等产品等。最明显的例子是：针对亚健康人员的保健茶饮，如参芪茶、菊花枸杞茶以及其他花草茶；针对女士美颜皮肤调理的汤羹组合，利用如桃胶、枸杞、皂荚（豆粒）等材料进行复配，或利用特定香料植物生产的精油作为舒缓用品等，乃当今和未来时尚。

3）园艺植物资源开发利用现状

在野生蔬菜方面，黑龙江省在尚志市建立山野菜加工厂，主要开发紫萁、蕨菜的保鲜产品并出口日本等国；吉林省长白县则以加工刺五加、桔梗、蕨菜、龙芽楤木等罐头为主；除此之外野菜的干制相对较为普遍，但较为分散，其种类有蒲公英、山芹菜、竹笋、地耳、发菜等。

在野生果树方面，鲜果类主要用来加工饮料和果酒等产品，如黑龙江省分布较为普遍的黑穗醋栗、吉林省的山葡萄、甘肃省的猕猴桃、山西省和陕西省的沙棘、贵州省的刺梨等，少量也有加工果脯的，如河南的山楂糕、酸枣糕等。对于干果类，榛果、栎果等也有少量的加工。

在香料植物方面，目前自然式生产无法满足市场需求，人工栽培提上议程，并在全国建立了较大规模的种植基地20余处。当前，此类开发目前发展迅速，主要涉及植物有玫瑰、桂花、薰衣草、迷迭香、薄荷、紫苏、玉兰花（辛夷）、栀子、洋甘菊、马鞭草、香茅等，其加工方式除了传统的干制外，精油的提取是近年新发展的技术方向。在调味香料方面，由于国内外需求的加大，除了对原料的天然采集外，很多植物材料均进行人工种植；在加工上，除调味香料的复配干制外，通过对原料的萃取而获得精炼的液态调味品也有了较大的进步。

在药用及保健植物利用方面，一些药用植物逐渐向饮品化方向发展，即不仅是作为药物来使用，而且更多地被赋予食用和保健特性。这也使一些具有调节功能的保健药材的需求量得到增加。由于涉及材料较多，其利用情况不再一一列举。

在利用植物材料进行景观营造上，除了直接利用一些观赏植物外，结合美丽乡村建设和田园共同体的打造，在农村地区，利用自然植被和农业景观，打造适合城市人群调节身心、回归自然的心灵家园，有着广阔的市场空间，也是农村和农业发展的转型出路之一。所谓大地景观设计手法即把植物的和一些自然的背景通过设计，形成时间和空间上符合当代人审美情趣的视觉化画面的过程。园艺学在植物配置上的理论与方法将为这一构想提供技术支持。就农业和农村观光休闲而言，国际上最有影响力的莫过于荷兰的羊角村、库肯霍夫周边村落以及日本的足利花园了（分别见图6-6G、H、I）。所幸国内近年在这方面的发展势头也非常迅速（见图6-6A～F），其中，罗平的油菜花结合了奇特的喀斯特地貌；婺源则结合了地势上的梯田与徽派建筑风格村落；毕节则将自然的杜鹃花与苗寨要素相融合；桐乡则是将植被与富春江风情结合；无锡花海是把薰衣草与低矮的山体进行了艺术的统一；伊犁则是把哈萨克族风情与自然景观相辉映。这些都是将自然资源与园艺相结合的产物。

图6-6　国内外田园休闲中大尺度植物配置样态
A. 云南罗平的油菜花田；B. 江西婺源的油菜花田；C. 贵州毕节的百里杜鹃花海；D. 浙江桐乡的富春江慢生活小镇；
E. 无锡雪浪山薰衣草花海；F. 新疆伊犁那拉提小镇；G. 荷兰羊角村；H. 荷兰库肯霍夫公园外花田；I. 日本足利花园
（A～I分别引自 hk.crntt.com、zhidao.baidu.com、cppfoto.com、gujianchina.cn、yhmatou.com、sohu.com、travel.sohu.com、mafengwo.cn、sohu.com）

第 7 章
园艺植物结构及其特点

7.1　园艺植物的个体组成

　　尽管园艺植物形态上包罗万象，但其结构上却有一定的相似性。除去部分低等生物外，大多显花植物形态上虽有较大差异，但对其特定结构而言，不同的外观却也有着相似的功能。

　　通常，显花植物可明确地分为两个部分，即根部（root）和地上部（shoot）；地上部由茎与叶等组成；叶由茎的膨大部分即叶节长出；地上部中也包含具有生殖功能的部分——花及其所形成的部分；而芽（buds）则是缩小了的多叶和长花之茎。显花植物的基本构成模式如图7-1所示。

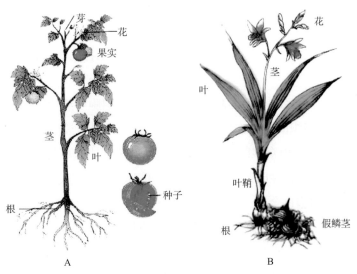

图 7-1　显花植物的基本结构模式
A. 双子叶植物；B. 单子叶植物
（A、B分别引自 sohu.com、51wendang.com）

　　植物中的每一种器官，均是由特定组织以一定方式构成，而构成组织的基本结构是细胞（cell）。复杂的组织均是由多细胞组成，这些细胞有些是活细胞，有些则可能是死细胞。细胞间复杂的组织协调，使其具有特定功能并综合成一个有机体，即植物个体。

　　以下我们将从组织到个体逐级进行讨论。

7.2　组织及其系统

　　相同或相似的植物细胞集合在一起，使其具有经组织化后的特定功能。组织（tissue）的这些行为，是实现器官属性的基础。植物的组织进一步可形成特定的系统，执行植物生活的专属功能。

植物组织基本上可分为两类：分生组织和永久组织；而永久组织可进一步细分为单一组织和复合组织。植物组织所产生的系统，则有维管束系统、皮层和表皮以及分泌腺等。

7.2.1　植物的基本组织

1）分生组织

分生组织（meristemic tissue）是由一群具有分裂能力与生长活力的细胞群，常见于植物的茎尖、芽、根尖等部分。分生组织可转化成其他形式的成熟组织，有时一些成熟组织也会承担部分的分生组织功能。这也就很好地解释了如下问题：园艺植物幼株移植过程中的根系损伤后，根系残存部分中多为成熟组织，但还是可以经脱分化而形成具有分生能力的新根。

在园艺植物研究中，存在于茎和根顶端的分生组织，称其为生长点（growing point）；而使茎部增粗生长的侧分生组织，则为形成层（cambium）。禾本科植物的分生组织存在于节附近，并呈相互隔离状态，即节间分生组织，因此草坪草刈割并不会对其生长产生不良影响。

组成分生组织的细胞，从形态上大多具有以下特点：体积较小、形状呈球形或砖形、细胞壁较薄且液泡不突出等。

2）单一组织

单一组织是由分生组织衍生出来，并由一类相同的细胞所组成。单一组织主要有薄膜组织、厚角组织和厚壁组织等类别。

薄膜组织（parenchyma）为非特化的营养组织，常见于园艺植物的产品器官中，如果实中的果肉、肉质根及块茎等。

厚角组织（collenchyma）为经特化后的具有厚初生壁的长细胞所组成，是由具有纤维素和果胶成分的薄膜组织变化而来。厚角组织的产生，对于早期植物直立性起到非常重要的作用。

厚壁组织（sclerenchyma）是由众多已木质化的细胞所组成。当这些细胞的形态为长形时，常常表现为纤维，其他的则为石细胞。可食性园艺植物中，纤维个体的大小直接关系到可食纤维的质量，是其营养价值的体现之一；同样，石细胞也会使一些园艺产品的口感产生特色。当石细胞大量聚集时，可使一些坚果具有坚硬的质地。厚壁组织与薄膜组织、厚角组织不同，其细胞成熟后均为死细胞。

3）复合组织

单一组织或与特化组织结合形成了复合组织，主要有木质部和韧皮部。

木质部（xylem）由死、活两种细胞组成，主要起输导水分的作用。木质部不单在木本植物中，在草本植物中也大量存在。木质部包含纤维与薄膜组织，是由植物的根和茎尖的顶端分生组织分化而成；在多年生木本上，则由年轮进一步形成次生木质部。木质部的细胞常特化成为导管（tracheids）或假导管（vessels）。

韧皮部（phloem）是由顶端分生组织和形成层共同产生，主要起运输的养分作用。韧皮部的存在并不持久，有时会发生分解。木本植物的树皮是由韧皮部和木栓化组织等构成。韧皮部的细胞可特化成筛细胞（sieve cells）和伴细胞（companion cells）。

7.2.2　植物中的重要系统

1）维管束系统

维管束系统（vescular system）由木质部和韧皮部组成，主要起运输和支持作用，相当于动物的循环系统和骨骼系统。典型的维管束在根、茎或叶柄中形成连续环,环的内侧为木质部;由维管束系统包围的薄膜组织称为髓(pith)。从茎的纵切面看,维管束系统是一系列的管状组织;而从横切面看,则为束状(见图7-2)。

2)皮层

皮层(cortex)存在于维管束系统与表皮之间,由分生组织和薄膜组织所组成。在老的木质茎上存在的木栓层即由皮层形成,皮层能够使受伤的表皮产生愈伤(callus)。皮层的分化部位在破裂后,即可形成皮孔(lenticels),在撕裂表皮后形成。这些皮孔会成为微生物与水分进出的通道,如图7-3所示。

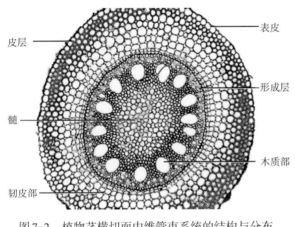

图7-2　植物茎横切面中维管束系统的结构与分布
（引自 douban.com）

图7-3　樱桃树皮上存在的大量皮孔
（引自 tzbzq.com）

3)表皮

表皮(epidermis)是一层连续的细胞,包被在植物各部位的外表。除了老的茎或根的表皮可能脱落外,它一直存在并保护着植物体。表皮因植物的种类而具有不同结构,是由初生分生组织构成的。

在根尖,表皮细胞形成管状伸长,称之为根毛(root hair),是根系吸收水分和矿质营养的主要通道;茎叶甚至果实的表皮也会有毛的存在(见图7-4)。

图7-4　植物体表皮产生的毛
A.树莓果实;B.薄荷叶片;C.南瓜茎蔓
（A～C分别引自kandian.youth.cn、cn.dreamstime.com、sohu.com）

在很多园艺植物的表皮上,还存在着具有蜡质的角质层,不单在茎叶上,有的也存在于果实表皮。这些蜡质的存在是植物自身防御系统的重要组成部分。

4)分泌腺

分泌腺(secretory glands)是一群在形态上无大关联的特殊结构,能够分泌或排泄复杂代谢产物。

这一结构及其分泌物是许多园艺植物的重要特征,如树脂(松类)、树胶(桃、杏类)、挥发性物质(香料植物)等。

分泌功能在很多园艺植物上是在表面的毛及其表皮附属物(即茸毛,trichomes)上产生的,更复杂的分泌则是由腺体(gland)来实现。在一些植物的花、叶或茎上,具有较大面积特化的分泌表皮细胞,如玫瑰、水仙的花瓣以及蝇子草(*Silene gallica* L.)的茎上,都有此类分泌结构。腺体是由植株表皮及皮下组织发展而成。当腺体破裂时,可释放出挥发性物质(植物精油,plant essential oil);而胶状分泌物则是在管状(分泌道)或沟状(分泌腔)结构中形成,其物质的分泌往往与机械伤害有关。

7.3 器官结构及其特性

常见的园艺植物多为被子植物,当然园艺植物中也包括一些裸子植物,甚至部分真核生物。高等植物的器官相对比较复杂,了解其基本结构对于进一步掌握植物的生长发育规律以及生产过程中的技术对应是极为重要的。

以下将分类介绍各类植物的器官结构特性。

7.3.1 被子植物

1)根

园艺植物种类繁多,植株个体间差异极大。根系(roots)对于植物而言其作用非常大,它构成支撑植物直立的基础,同时通过与土壤综合环境间的相互作用,吸收并转运水分和矿质营养给地上部,因此园艺植物的园田管理中很多作业均是针对根系功能而展开的。

果树的根域(root zone)常深达2~3 m,有的甚至可达10 m以上;而草本类的蔬菜和观赏植物,大多数种类的根系分布在50~100 cm深范围,有的株型较大者其根系深度也可达到1.5 m以上(见图7-5)。园艺植物根系分布范围大小的差异,对园田内种植植物时的密度选择时对土层厚度、耕作深度上则有相应的要求。当然即使同一种类植物,由于土壤养分和水分供给水平的不同,也会对其根系的分布产生较大影响。在一些干旱、土壤瘠薄的区域,其根系分布相对宽广;而对于湿润而肥沃的土壤中则会缩小其根系体积。

植物的根系分枝远比茎要复杂,通常可分为直根系、须根系两大类,而直根系中又有主根和侧根之分。通常须根系的植物根系分布不深,但幅度较宽且根系细弱、分布密度极高,如黄瓜、草莓等;大多数的直根系植物由其侧根多寡决定着根系的分布特性,园艺植物中大多数为直根系。从初生根(primary root)开始的根系分枝,主要

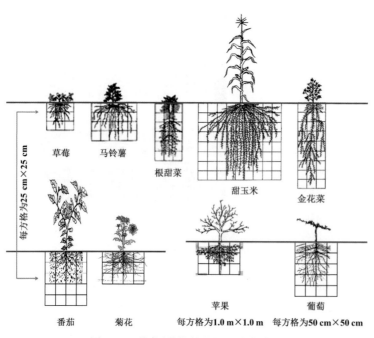

每方格为25 cm×25 cm

草莓　马铃薯

根甜菜

甜玉米

金花菜

番茄　菊花　每方格为1.0 m×1.0 m　苹果　葡萄　每方格为50 cm×50 cm

图7-5　不同园艺植物的根系分布特点

(依Janick)

是由其植物基因所决定,有些植物在很早时初生根即停止生长,其根系由茎端偶发的根系即须根所取代。然而,须根系也可由人工对主根的伤害而产生,常可通过移植或在地下进行断根处理(root cutting)来实现。很多园艺植物在移植时均会面临根系的伤害,须根的出现使植物的耐旱能力大大降低,同时在土壤养分的吸收上也变得更加快速起来,但这种处理也必然会引起植物的早衰现象(premature senescence)。

组成庞大根系的根,无论大小与老弱,其结构基本类似。从纵向看,根的尖端处为根冠,其上为分生区、伸长区,再远处的粗壮部分为成熟区(见图7-6)。根冠是一个极为特殊的结构,植物根系与土壤环境间的全部交互主要由根冠来传递信号。在成熟区,从根表皮会长出的根毛,主要承担着植物对水分和矿质营养的吸收作用;根毛会不断地进行更新,以确保其吸收能力。从根的横切面看,其维管束结构与茎有着较大的区别,表现在缺少髓、无维管束鞘和内皮层;但根系也具有形成层,能使生长多年的根系持续加粗(见图7-7)。

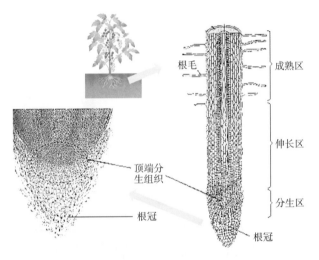

图7-6　植物根系及其纵切结构特点
(改自 cdstm.cn、cn.dreamstime.com)

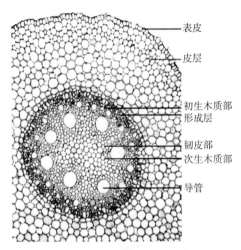

图7-7　植物根系横切结构特点
(引自 china.makepolo.com)

植物的根系不仅是吸收和代谢器官,也是强大的分泌器官。根系通过向土壤或生长介质中分泌离子和大量的有机物质(即根系分泌物,root exudates),参与植物营养、化感作用、微生物作用、土壤环境等诸多过程。

2)茎

茎(枝,shoots)可喻为带有附属物的中轴,它支持制造养分的叶并连接吸收水分、矿质的根,同时茎也具有贮藏功能,幼小的茎还具有同化功能。

茎的形态比较复杂,出现的特化和异化现象较为普遍,这在本章的后一部分将会专门讨论。通常的茎都具有极具活力的生长点,即植物的主干(trunk)。典型的灌木(shrub)往往缺乏主干,为一群特别占有优势的直立或半直立枝条所组成;与此相类似,一些植物具有细长而柔弱的茎,但却不能支持其直立,称其为蔓或藤(vine),这种茎需要做专门的支架加以扶助,否则会出现爬蔓生长。蔓性茎在草本和木本植物中均有存在,如牵牛、菜豆、豌豆、黄瓜以及葡萄、紫藤等。

茎在大多数时候会产生分枝,且可能是多级的(见图7-8)。连接于主干上的枝条,称为一级侧枝(primary branches);而生于一级侧枝上的枝条,则称其为二级侧枝(secondary branches)。由主干和一级侧枝所形成的系统,直接决定了植物的基本株型(plant shape),因此在园艺植物的生产上,常需要对茎叶系统（shoots）进行调整，使其株型更加理想化。

关于茎的内部结构，已在前面的维管系统等处有叙述，此处不再赘言。

3）芽

植物的茎从茎尖开始可分为分化区、生长区与成熟区。芽（buds）实际上是一种胚茎（hypocotyle），分布于茎的各个区域。每个芽并不都是活跃的，很多成熟区的芽常常处于休眠（bud dormancy）状态。芽未来可能形成新的枝条，或是分化成叶或花。但在特定条件下，这些休眠了的芽仍然可能进行生长，这与植株体内内源激素的分布与相对含量有直接关系。如在一些老树的树干，当去掉顶部的枝叶后，树干基部的成熟部分会发生新的枝条，即所谓的植株更新。

一些芽包被于茎内常表现不明显，但其仍有与茎明显不同的构造。芽的形成、结构及其排列对园艺植物是非常有用的，特别是对于木本的果树及观赏植物。通常在茎尖可形成顶芽（terminal bud），在叶腋处可发生侧芽（intenal bud）；有时在植株受伤时，也会在茎、叶或根的节间形成不定芽（adventitious buds）。在枝条的特定位置只产生一个芽时则为单芽，而产生多个芽时则为复芽，而一个芽中既包含花芽又包含叶芽者则称为混合芽，如图7-9所示。

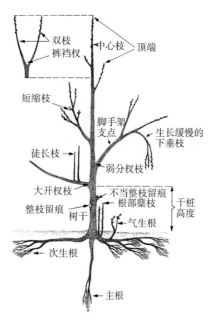

图7-8　木本植物的树干枝条类型
（引自Janick）

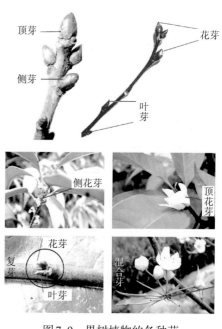

图7-9　果树植物的各种芽
（改自董连彦，51wendang.com）

4）叶

叶是植物进行光合生产的主要场所，通常连接于茎上并呈有规则分布，这是为了更大程度地捕获光能。叶片（leaf blade）是由叶柄（petiole）与之连接，叶柄与茎连接处常会带有托叶（stipules）。

叶片包含叶肉（mesophyll）和叶脉（vein）两个部分。所谓叶脉结构实际上是叶片中的维管束系统在叶肉细胞中的分布结果。通常，双子叶植物的叶脉呈网络状分布；而在单子叶植物上则呈平行状分布。叶脉在叶肉中的分布从叶面的中心向两侧基本对称，但其上下则不同，叶片的正面和反面两侧的叶肉中，存在着不同的组织（见图7-10）。其正面的上表皮通常会有厚密的角质，其下排列着较为整齐的由棒状细胞组成的栅栏组织（palisade tissue），其中富含叶绿素；而在叶背面一侧，下表皮中密布着的气孔（stoma），是植物叶片与周围进行水汽和CO_2、O_2等气体交换的通道，在其内侧为不规则的海绵组织（spongy tissue）。

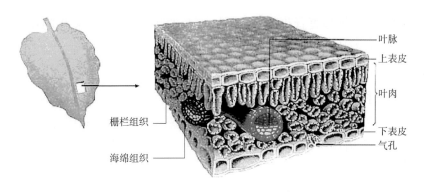

图7-10　苹果叶肉细胞的基本结构

（引自 em598.com）

叶片形状与颜色在不同植物间差异极大（见图7-11）。从叶的截面形状来看，有薄如蝉翼的片状，也有厚实的肉质状，如较为常见的银杏、薄荷直到千岁兰、仙人掌、仙人球等。从叶面形状而言，也从卵圆形、心形、山字形、凸字形到针形、剑形，甚至球形、棒形等，形态十分丰富。同时，叶片的颜色更是令人叹服，其丰富程度往往令其花色（color of flowers）所不能及，叶片的颜色在可见光范围内几乎全部有涵盖，虽然蓝紫色系相对较为罕见。叶片的颜色不但有相对一致的纯净色，也有几种颜色交织在一起的情况，特别在观叶植物中较为常见。叶片中的色素会随着环境发生相应变化，因而出现季相的变换感，同时叶片色素也是重要的经济性状。在我们的食谱中，利用菠菜、艾草、胡萝卜、草莓、玫瑰茄汁等变换食物颜色是屡见不鲜的。

图7-11　极具观赏性的色彩缤纷之植物叶片

（分别引自 huaban.com、down6.zhulong.com、tbw-xie.com、5law.cn、shop.11665.com）

叶片的形色搭配在园艺上具有十分独特而重要的意义，是植物观赏性利用的物质基础，也就是说，形色是观赏园艺中品质形成中的关注重点。

5）花

花的形态、组成及大小在植物间差异极大。通常花由以下部分构成：花萼、花瓣、雄蕊、雌蕊等，如图7-12所示。

花萼(calyx)从芽形态时即包裹着花,具有小的、绿色的叶片式结构。众多的花瓣构成花冠,花瓣为花中最明显的部分,通常具有艳丽的色彩,却很少具有叶绿素。而且花瓣中往往含有芳香类物质和蜜腺,可产生黏性的含糖类物质。

雄蕊(stamens)由数枚花丝(filament)组成,在花丝上面可着生花药(anthers),花药中可产生花粉(pollen)。当花粉成熟时,花药即可开裂并将花粉释放出来。雌蕊(pistils)包括具胚珠(ovule)的子房(ovary)和花柱(style),花柱着生于子房之上,为一长形结构,上生柱头(stigma)。胚株使植株产生种子,成熟的胚株可形成果实。

具有前述结构的花称之为完全花,而在4个部分中缺少一个或两个部分的则为不完全花。不完全花可能缺雄蕊或雌蕊(单性花时),有的可能缺少花萼或花冠。同样地,对于不完全花的分布,依据植物所具有的花的类型,可分为雄株、雌株(雌雄异株)和两性花株(雌雄同株)。雌雄异株在园艺植物中较为多见,如椰枣、番木瓜、菠菜、石刁柏、大麻等。更复杂的是一些瓜类植物,同一株上出现的花形较为复杂。

花在植株上的排列情况也有着较大的差异,所谓花序即花的结合体。植物花序的结构类型如图7-13所示。

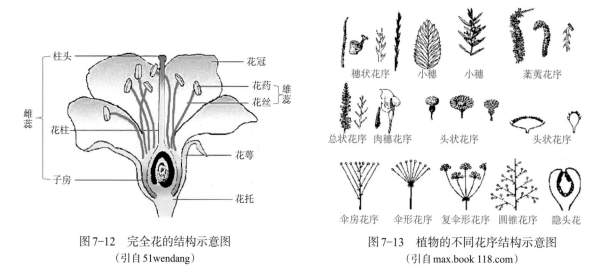

图7-12　完全花的结构示意图　　　　　　图7-13　植物的不同花序结构示意图
（引自51wendang）　　　　　　　　　　　（引自max.book 118.com）

6）果实

植物学上的果实是指成熟的子房和其他与其连接的部分,因此果实可能包括花托、花萼以及花瓣、雄蕊、雌蕊的花柱部分等凋萎后的遗迹,它也包含果实内的种子。

果实的结构与花形态直接关联。其分类常依据子房数目、子房壁结构和习性、成熟时开裂能力以及种子和子房连接形式等进行。

包含一个子房的果实称为单果,大多数园艺植物的果实属于单果(见图7-14)。成熟果的子房壁可能是肉质的或干燥的。子房壁(果皮)包含三个层次:外果皮(exocarp)、中果皮(mesocarp)和内果皮(endocarp)。

当单果的整个果皮均为肉质时,即为浆果(berry);当外果皮和花托形成硬的外皮时即为瓠果(pepo),其可食部分为中果皮和内果皮;而柑果(hespridium)则是由外果皮和中果皮形成果皮,可食部分为内果皮。

具核状内果皮的肉质单果即为核果(drupe),如桃、李、杏、橄榄等,这些果实的外果皮为果皮,而中果皮为肉质可食用部分；果皮内部形成一层干纸状果心的肉质果为仁果，如苹果、梨和榅桲（*Cydonia oblonga* Mill）等。

以上类型的果实均为肉质果。除此之外，还有干燥后开裂和不开裂的果实两大类。

开裂的单果包括荚果，如豆类；蓇葖果，如飞燕草、菠菜等；蒴果，如曼陀罗等；长角果，如十字花科植物。不开裂的单果有瘦果，如向日葵等；颖果，如玉米、黑麦草等；翅果，如枫、槭等；离果，如胡萝卜等；坚果，如核桃等。

除单果外，还有集合果（aggregate fruit）和聚合果（multiple fruit）。集合果是在一个花托上的多个雌花发育而成。组成集合果的单果个体可能是核果或瘦果，前者如黑莓，后者如草莓。聚合果由许多分开的但又密集的花簇发育而成，如菠萝、无花果、果桑以及甜菜等。

果实在园艺生产上具有重要地位，果树植物以收获果实为目的，饮料植物中的可可和咖啡也需要得到果实；即使在蔬菜中果实类蔬菜也是较大的一类。果实是开花而引起的，属于生殖生长范畴，因此只有精心调节植物的开花，并使营养物质供应协调，才能使果实的产量和品质得到保证。

图7-14 植物的不同果实类型结构示意图

（依 sunriver.com.tw）

7）种子

种子为发育过程中呈休眠状态的一株缩小的植株。大多数种子具有内在的营养供应，兰花等则例外。虽然种子在子房的不同部位和种皮结合在一起，但其实为一成熟的胚珠。胚是由配子或性细胞结合而成。当种子成熟时，胚分化成初生枝条即胚芽、胚根和一到两片的特化种子叶即子叶。在初生根与茎之间的区域即为胚轴。不同类型的种子内部结构如图7-15所示。

种子内常存储有碳水化合物、脂肪和蛋白质等成分，在有些种子内，这些物质存储在胚乳中，并在种子内部形成一个特化的区域，如玉米等；而对于无胚乳种子，其营养存储在子叶中，如豆类等。

种子在形状、大小和结构上也有着许多变化。在园艺生产上，对种子种皮特性较为关注，一方面，种皮外可能残存果实的干燥部分，而使其在萌发时对吸水透气方面带来不利影响，但由此也对种子的正常保藏期即寿命有益处。种子的休眠特性也是生产上关注的重要特性。

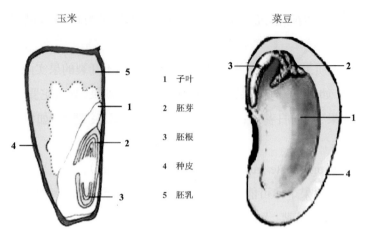

图7-15　不同植物的种子内部结构示意图

（依 tuxi.com.cn）

7.3.2　裸子植物

1）蕨类植物

蕨类植物多为多年生草本或间为高大树形，其孢子体有根、茎、叶的器官分化。孢子体多数有孢子囊，可产生用于繁殖的孢子。大多数的蕨类，其孢子囊位于孢子叶的下方，孢子成熟后从孢子囊内以环带方式散布出来，落地后经萌发生长为原叶体，即配子体。配子体的形体极为简单，为不分化的叶状体、块状体或分叉的丝状体等。在同一配子体上可产生颈卵器和雄精器，即雌雄同体，但在有些异孢型的蕨类植物上，配子体则有雌雄性之分。精子以水为媒介，借助于本身的纤毛运动，能与卵子行受精作用产生配偶子，并由此生长发育成为绿色孢子体，完成一个世代（见图7-16）。

图7-16　蕨类植物的绿色孢子体

A. 茎叶芽；B. 孢子叶及其着生的孢子

（A～B分别引自 quanjing.com、sohu.com）

2）其他裸子植物

园艺植物中除了一些可供食用或观赏的蕨类植物外，尚有一些其他的裸子植物，主要分布在苏铁纲、银杏纲、松杉纲和买麻藤纲等类别中。

裸子植物一般为多年生木本，以单轴分枝的高大乔木为主，也有少数灌木或藤本。叶多为线形、针形或鳞形，也有羽状全裂、扇形、阔叶形、带状或膜质鞘状等形态。花为单性，雌雄异株或同株，多为风媒花。种子常裸露于种鳞之上或被变态大孢子叶发育而成的假种皮所包裹；其胚由雌配子体的卵细胞受精而成，胚乳由雌配子体的其他部分发育而成，种皮由珠被发育而成。

裸子植物中除少数类群（如买麻藤属及松科的一些属）外，常含有双黄酮类化合物，如穗花杉双黄酮、西阿多黄素、银杏黄素、枯黄素、槲黄素等；而黄酮类化合物则有普遍存在，如槲皮素、山奈酚和杨梅树皮素等；生物碱仅在三尖杉科、麻黄科和买麻藤科中存在；这些物质均可作药用。苏铁科、红豆杉科和罗汉松科的部分属种是良好的观赏植物。

7.3.3　其他低等植物

1）藻类植物

藻类植物具有叶绿素，可进行光合作用，无根、茎、叶的分化，无维管束，为无胚的叶状体生物，也称为原植体，常生长在水体或湿润岩土上。藻类植物具有色素特征，这也是其分类的重要依据。

藻类植物间的形态差异很大，有单细胞、群体和多细胞。群体是由许多单细胞个体群集而成的；多细胞体则分丝状体、囊状体和皮壳状体等形态，也有类似根、茎、叶的外形，但不具备高等植物的构造和功能，其生殖器官多数由单细胞构成（见图7-17）。

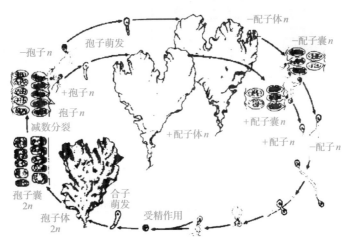

图7-17　藻类植物石莼的形态发生及其世代过程
（引自51wendang.com）

2）食（药）用真菌

食（药）用真菌主要由孢子、菌丝体和子实体几部分组成。真菌的孢子具有繁殖性能，当其萌发后即可形成管状的单细胞菌丝；菌丝体是由菌丝进一步生长后集聚形成的，为真菌的营养体，它能从环境中吸收营养和水分，供子实体生长发育需要。子实体是能产生孢子的果实体，生长于基质表面，是食（药）用真菌的繁殖器官。

食（药）用真菌的形态结构，在物种之间存在着一定的差异，但其基本点是相对一致的。对于子实体而言，其结构是由以下部分组成：菌盖、菌环（有些种类上无此结构）、菌柄、菌托。在菌盖内侧常有菌褶和鳞片。在菌托下方则有菌丝索的结构，以连接菌丝体。当子实体发育成熟时，可释放出孢子进行繁殖（见图7-18）。

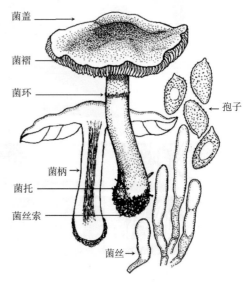

图7-18　食（药）用真菌子实体、菌丝和孢子结构示意图
（引自db.39kf.com）

7.4 园艺植物器官的异化和特化

对高等植物而言,组成园艺植物个体的器官与通常的模式植物(model plants)相比较,有时会有较大的形态变化,而这些变化可能对园艺生产而言有极其重要的意义。通常,我们把特定器官上所发生的体积增大现象称为器官的特化;而相对于模式植物,特定的器官在形态与功能上发生重大变化的现象,称为器官的异化(specialization),其结果则称为变态(metamorphosis)。

图7-19 园艺植物中常见的器官特化现象
(A～E分别引自plant.cila.cn、diyitui.com、t-chs.com、tuxi.com.cn、b2b.hc360.com)

园艺植物的器官特化(heteromorphization),往往使其成为该植物经济利用时的目的部分。在一些非整株为利用对象的园艺植物中,器官的特化成为其重要的经济性状,有时器官经特化后其体积与重量会比正常状态大了好多倍。

器官的异化过程在园艺植物中发生较为普遍,在各种器官上都存在异化现象。一方面,异化在外形上的巨大变化本身极具观赏性,同时也可能与特化相同步,获得更好的经济性状(见图7-19)。

7.4.1 根及其变态

园艺植物中,根有时会被特化而形成肥大的肉质根,如萝卜、胡萝卜、芜菁、根用甜菜、根用芥菜、牛蒡、重楼等,是由主根膨大而成;而侧根膨大所形成的,通常称其为块根(tuber),如甘薯、大丽花、白头翁、马蹄莲、仙客来、球根海棠、花毛茛和芍药等。块根和肉质根既为贮藏器官又为繁殖器官,其上带有芽,生产上常用来作为无性繁殖材料(见图7-20)。

图7-20 园艺植物中根器官的特化、异化现象
A. 萝卜;B. 胡萝卜;C. 根用甜菜;D. 兰;E. 大丽花;F. 重楼;G. 甘薯
(A～G分别引自16pic.com、mt.sohu.com、haochu.com、gkstk.com、huaguozhijia.com、99114.com、zdzj.com)

有些园艺植物的根会在受到伤害或胁迫等情况下发生不定根(rhizoids)。

7.4.2　茎及其变态

园艺植物中茎的变态情况较为复杂(见图7-21)。茎通常为圆柱形,但有些异化茎的外形很奇特。茎也有特化的情况,如莴笋、茭白等肉质茎以及竹笋、石刁伯、蕨类植物的嫩芽等。茎的变态包含地上部和地下部两大类。

地上部的茎变态包括冠状茎(莲座状植物中不明显的茎)、短缩枝、匍匐茎;而地下茎则包括球茎、根茎、块茎等。

冠状茎(crown)在园艺植物中非常普遍,其茎常位于根的上方并表现为异化的薄层状,其上的芽可产生叶片,因叶片的分布呈现规则的螺旋状并紧贴在一起,此类植物被称为莲座叶丛植物(rosette plant),如白菜类、甘蓝类、菠菜、芹菜、胡萝卜以及部分菊科植物等许多二年生植物。事实上,这种冠状茎并不是一成不变的,当条件适宜时,它可恢复成棒状的花茎(stalk,即发生抽薹)。莲座状植物中的蔬菜采种及花卉栽培上对抽薹有着大的调控需求,有时需要抑制植物抽薹,而有时则需要促进,并使其花茎保持足够的长度,这也是很多花卉品质的重要指标。

由冠状茎水平长出的短而多节的分枝,上面分布有肉质或多叶的叶簇,称为裔芽,其枝条则称为蘖枝(offshoots),可用于园艺植物的繁殖。短缩枝(spur)在蔷薇科果树中存在较为普遍,这种枝条的节间较短,是重要的结果枝,当植株多次结果后这种枝条可恢复成正常状态。匍匐茎(runner)是横走茎(stolons)的一种,其上带有节,这种茎通常由冠状茎上抽出。在其节上可发生根和枝条,如草莓和吊兰等,这些植物的匍匐茎可用于分株繁殖。

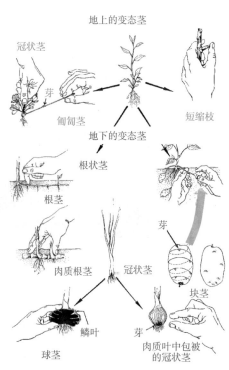

图7-21　园艺植物中茎的变态类别
(引自Janick)

块茎(tubers)为地下茎极端膨大的肉质部分,呈非典型性圆柱状,其上以螺旋式排列着芽眼,每个芽眼均含有一个未发育完全的叶痕和一组芽体。常见的块茎如马铃薯、山药、菊芋、半夏、草石蚕、姜等。

球茎(corms)为短的肉质茎,其上分布着少量的芽,可抽生叶片。球茎是重要的贮藏器官,常用于园艺植物的无性繁殖,如球茎甘蓝、茎用芥菜、荸荠、芋、慈姑和唐菖蒲、番红花、小苍兰等众多观赏植物。

根茎(rhizomes)为水平状的地下茎,细长而有节间,有时也呈肉质态。根茎类植物如莲藕、狗牙根、鸢尾、美人蕉、荷花、玉簪等。

鳞茎(bulbs)通常出现在单子叶植物上。其茎通常为冠状茎,其球状的肉质体实际上是由鳞片、鳞芽和冠状茎所组成,而鳞片则是叶片特化而成,包被鳞芽的鳞片实际上是单子叶植物的叶鞘体,如葱蒜类蔬菜、百合、郁金香、水仙花、风信子、孤挺花等。

园艺实践中,常把地下茎的变态合称为球根类,是花卉中重要的组成部分。

7.4.3　叶及其变态

园艺植物中叶的变态主要有叶球、叶芽体、肉质叶、卷须和刺状的退化叶等形态(见图7-22)。叶球

（head）是叶片发生卷曲并折叠包被形成的球状物，是重要的贮藏器官，如蔬菜中的结球白菜、结球甘蓝、抱子甘蓝、包心芥、抱子芥菜、结球莴苣、菊苣等。叶芽体则是一种包含茎尖和幼叶的复合体，常见于木本植物，因尚未木质化，常可将嫩芽作为蔬菜食用，如龙芽楤木、香椿、枸杞头、榆（钱）等。肉质叶多见于多肉植物中，如芦荟、仙人掌等，不但可作为观赏，也有重要的食用性和药用性；此外，鳞茎的鳞片也是变态的肉质叶（鞘），因此鳞茎的主体部分应划入到叶变态中。鳞茎作为园艺植物中球根类的重要组成部分，如郁金香等，同时也是许多蔬菜的食用器官，如葱蒜类、百合等。

图7-22　园艺植物中叶的器官特化、异化现象

A. 结球白菜；B. 结球甘蓝；C. 菊苣；D. 蔷薇刺；E. 少刺仙人掌；F. 香椿芽；G. 丝瓜卷须；H. 芦荟；I. 龙牙楤木芽

（引自 jd.com、90shiji.com、hs7315.blog.sohu.com、tplm123.com、zw3e.com、track-roller.com、zhidao.baidu.com、tuxi.com.cn、b2b.hc360.com）

图7-23　园艺植物中花的特化现象

A. 花椰菜；B. 青花菜；C. 菜蓟；D. 香蕉花

（A～C均引自cn.dreamstime.com；D引自malemodelspicture.com）

7.4.4　花及其变态

花的变态不多，常见的有花蕾体、肉质花蕾等（见图7-23）。花蕾体（curds）是未完全发育的花器官和茎尖（scape）等的复合体，如花椰菜（花芽原基集聚）、青花菜（花芽集聚）等；肉质花蕾（fleshy buds）则是花器中的一些部位成为贮藏器官的异化形态，其肥厚的花瓣在花未开放前呈球形花蕾，如菜蓟、香蕉（花）等。

7.5　整株个体

尽管园艺植物的个体间差异较大，但从其相似性而言可以对此加以个体层面的分类。对于利用种子繁殖的园艺植物，每个个体即为一个单株，个体间容易区分；对于一些利用无性的贮藏器官进行繁殖时，这些球根类等材料通常会有很多可成长的芽，当其抽出枝条时即可能形成一个单株，但生产上往往不进行分株时，这些个体会以一种簇生的方式聚集在一起，特别对于冠状茎植物更是如此，很多灌木和莲座状植株的花卉、草坪草即以此构成聚集状单元。

　　所谓草本植物和木本植物的区分并不十分严格,有些通常划归到草本类的植物,当生长迅速时,其干茎也有较强的木质化程度。如一些起源于热带和亚热带的植物,在原产地往往呈多年生并有木质化倾向;但在温带栽培时这些植物作为一年生栽培,便会出现明显的草本特征。最为典型的例子是,番茄在热带地区完全可以长成大型的多年生木质藤本,据此利用温室无土栽培时,可以形成持续多年的树状番茄,其干枝完全可以像葡萄藤一样坚硬;同样,地肤在幼小时其枝叶可用作蔬菜食用,但经多年后,其老枝完全呈现木质化特征;竹,通常归类于草本植物,但其茎干的硬度往往很高,并不亚于木本的一些树木(见图7-24A、B)。由此可见,植物在草本和木本之间可能随环境等的变化而发生相应改变。

　　西藏地区特殊的地理气候,使得一些树木在形态上发生了大的改变。一些原本呈灌木状的藏南柳(*Alix austrotibetica* N. Chao),在定植初期,为了提高其成活率,常成簇栽在一起,待成活后将其主干编织在一起,最后能形成非常粗壮类似于大型乔木的状态。在一些气候优渥的区域,一些灌木常常会长得像小乔木状(见图7-24C)。

图7-24　园艺植物个体属性在不同栽培条件下的可变性
A. 温室无土栽培下的多年生番茄;B. 梨竹;C. 西藏鲁朗河谷的藏南柳
(A、C均引自 blog.sina.com.cn;B引自 tupian.baike.com)

　　与前一问题相似的是,对于植物的生命周期,在一二年生和多年生之间有时可能会有转变,这里所涉及的完成一个世代后植株是否会衰老死亡的问题,而特殊的栽培环境与管理上的条件满足可能会完全打破这种界限,这也正是园艺的魅力所在。

第8章
园艺植物的生长

8.1 生长及其过程规律

8.1.1 生长的概念及不同尺度表现

狭义的植物生长(growth)是指在植物在体积或重量上出现不可逆增长的过程。从其概念看,活体植物因大量吸收并成为组织内的结合态水时,虽然从植物体内的有机物质(可以认为是植物的干重)的数量不增加的情况下,我们仍然能够看到植物的生长,这时最突出的表现在于其植株体积的增大。同禾谷物类作物不同,很多园艺植物的经济利用状态很多时候是活体,因此,生长的判别不只局限于体内干物质重量的增加。所谓不可逆,是指在重量上即使有新的干物质形成,但其分解消耗大于净生成时,其植物体内的干重数量反而会减少,这时便出现重量上的负增长,当然也就谈不上整株的生长了。

广义的植物生长是指包含植物发育的成长过程,即在体积与重量发生不可逆增长的过程中伴随有新的组织或器官形成的过程。大多数情况下,植物的生长过程中会与发育过程相重叠,即生长并不是单独发生的。

生长可以表现在植物的不同层次上,大到群体、个体水平,小到器官、组织和细胞水平。从植物生产的角度看,植株个体水平以及群体水平的生长状况和结果更能反映产量水平;而对产生个体水平生长的结果,究其原因还需向下看,即从器官、组织水平,甚至是细胞水平和分子水平上看待生长的特性及其机理。

8.1.2 生长的过程特点

细胞的生长是指个体细胞在形状上变大变长的体积增加过程。组织的生长常常伴随着细胞的增殖和单个细胞的扩大化。一个多细胞体的生长,是以其在体积和复杂程度上的增加为特征的。多细胞体开始于一个单细胞或受精卵,它们可发育成一个大的由成千上万细胞组成的个体,并聚合为特定的组织形态结构。多细胞体综合了多种化学工厂,用以生产其生命所需的高度专业化物质。细胞分裂时数量增加,生长时体积增大。要实现细胞的分裂,原生质就必须增加。这种增长是通过一系列事件发生的,其中水分、有机盐和有机物质需转化为具有生物活性的物质。细胞吸收水分和矿物质,并将经同化作用产生的碳水化合物,代谢成为蛋白质和脂肪等复杂有机物,以确保生长能够顺利进行。生长过程中所需的能量则是由细胞的呼吸来提供的。

在更复杂的生物体中,如开花植物,其细胞在结构和功能上表现出多样性,这种多样性是由细胞分化过程引起的,细胞在生长过程中发生变化,从而形成具有特殊形式和功能的细胞。最终,各种分化的细胞创造了整个植物体。器官的生长是在发育基础上，从其形态形成后由组织的生长而实现的。

生长和分化的结合产生了有组织的植物个体的逐渐精细化的过程称为发育。因此复杂的生长过程往往是伴随着发育过程而实现的。

8.2　生长的计量

在实际工作中，我们经常需要对植物的生长状态做出描述与评价。过去这一需求多用于研究工作，但随着计算机以及控制科学的发展，我们已开始对植物生长过程进行数学模拟，并在建模基础上，去判别植物的生长结果。尽管如此，找出植物生长的相关数量特征，是实现上述目标的基础性工作。对于生长的计量，早在20世纪初就已经开始，经过发展完善，形成了植物生长解析法（plant growth analysis）。

8.2.1　生长解析法及其主要函数

最初，英国学者Blackman在1919年时提出，植物的生长量遵循于复利法则，即

$$W_2 = W_1 e^{r(t_2 - t_1)}$$

式中，W_2和W_1分别为生长期t_2和t_1时的植株干重；r为相对生长率（relative growth rate, RGR），进一步整理后可写为

$$\text{RGR} = \frac{1}{w} \cdot \frac{\mathrm{d}w}{\mathrm{d}t}$$

式中，w为生长时间t时刻的干重，RGR的数值单位分别为$\mathrm{g \cdot g^{-1} \cdot d^{-1}}$。

从式中可以看出，RGR应当作为一个常数来判别其生长速率的，可事实上它可能在不同时间上会发生一定变化，即RGR应为时间t的函数。因此上式实际上反映的是植物的即时相对生长率。当测定间隔时间较短的情况下，RGR不会有太大变化；但当时间间隔加大后，其即时值会有数值上的波动，因此在实际使用时，我们需要计算其期间平均值。这时的算式可表达为

$$\text{RGR} = \frac{\ln w_2 - \ln w_1}{t_2 - t_1}$$

与此相应，另一位英国学者Gregory则早在1917年便提出了一个旨在表示植株净同化能力的概念，即净同化率（net assimilation rate, NAR），即

$$\text{NAR} = \frac{1}{L} \cdot \frac{\mathrm{d}w}{\mathrm{d}t}$$

式中，L为叶面积比（leaf area ratio, LAR），即叶面积与整株干重的比值。NAR的数值单位为$\mathrm{g \cdot m^{-2} \cdot d^{-1}}$；而LAR的数值单位为$\mathrm{m^2 \cdot g^{-1}}$。

Gregory认为，在特定环境条件下不同植物的NAR应为一个定值。但事实并非如此。上式也只能反映NAR在特定条件下的即时值，通常也需要在一定时间段内求算其平均值，即

$$\text{NAR} = \frac{w_2 - w_1}{t_2 - t_1} \cdot \frac{\ln L_2 - \ln L_1}{L_2 - L_1}$$

而对于LAR,则有

$$\text{LAR} = \frac{A_1}{w}$$

式中,A_1为叶片的总面积(单位为m^2),w为植株总干重(单位为g)。

其阶段平均值的算式为

$$\text{LAR} = \frac{\ln w_2 - \ln w_1}{w_2 - w_1} \cdot \frac{L_2 - L_1}{\ln L_2 - \ln L_1}$$

由此英国学派的生长解析法即建立起来,其关键就在于,对于植物的生长计量,最为基础的莫过于RGR和NAR了,且两者间存在如下关系,即

$$\text{RGR} = \text{NAR} \cdot \text{LAR}$$

在实际应用生长解析法时,首先需要测定植物及叶片的干重和叶面积。以后此方法经不断扩充和修正,已基本形成可反映植物生长状况的综合体系。与RGR相对应,提出绝对生长率(absolute growth rate,AGR),即单位时间增重的速率,其算式为

$$\text{AGR} = \frac{dw}{dt}$$

AGR的数值单位为$g \cdot d^{-1}$,反映的是在特定叶片背景下,植物干重增加的表观速率。在实际应用中我们常以另一个生长函数来替代,即群体生长率(也称作物生长率,crop growth rate, CGR),其算式为

$$\text{CGR} = \frac{1}{A_g} \cdot \frac{dw}{dt}$$

式中,A_g为所测定植物群体所占用的土地范围;CGR所表达的是在群体条件下单位土地面积上植物生长的表观速率,其数值单位为$g \cdot d^{-1} \cdot m^{-2}$。

同时,从植物生产角度提出了一个更为重要的指标,用于表达植物光合生产基础,即叶面积指数(leaves area index, LAI),为一无量纲指标,其算式为

$$\text{LAI} = \frac{A_1}{A_g}$$

因此,在CGR和NAR间便存在着以下关系:

$$\text{CGR} = \text{NAR} \cdot \text{LAI}$$

与LAR相对应地提出了另一个指标,即比叶面积(specific leaf area, SLA),意指叶面积与这些叶的干重之比值,数值单位与LAR同为$m^2 \cdot g^{-1}$,其算式为

$$\text{SLA} = \frac{A_1}{w_1}$$

这一指标可反映叶片的厚薄特征,其数值越大,叶片越薄。

　　除以上函数及指标外,生长解析法还有其他一系列指标,更多用于分析群体下的生产能力,将在本书第11章再进行讨论。

8.2.2　生长曲线模拟及其类型

　　园艺植物的生长过程的总体规律如图8-1所示。植株的干重(W)随时间的累积曲线即植物的生长曲线,可以看作是CGR在时间上的积分,算式表达为

$$W = \int_{t_1}^{t_2} CGR \cdot dt = \int_{t_1}^{t_2} \left(\frac{1}{A_g} \cdot \frac{dw}{dt} \right) dt$$

　　因此,我们可以看到,对于不同园艺植物种类,其一生中的生长曲线会有很大差异,依据所处生命周期的阶段表现出不同的曲线类型。总体而言,园艺植物一生的生长曲线基本上符合于图8-1所示的B类型,即为逻辑(logistic)曲线。进一步将各生长阶段细分,则从短时间尺度上变化出更多的曲线类型,即有特定时间段,某一园艺植物的生长处于X曲线期,它们可能具体表达为三种:①指数生长期,如图8-1A所示;②对数生长期,如图8-1C所示;③匀速生长期,如图8-1D所示。

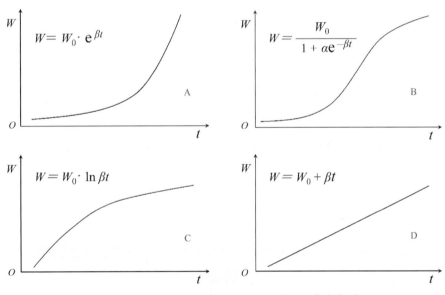

图8-1　园艺植物在特定状况下的不同生长曲线类别

　　这些基本生长曲线与实际情况相比,在曲线类型的表现上也会有相应的变化,如图8-2所示。首先,植物在生长过程中会出现部分的脱落、枯死,以及为其他生物所食的情况,实际测定的干重中往往未将此部分计入。因此其生长量要比实际发生的量要偏低一些,由此会出现理论上的logistic曲线表现成为单峰状曲线(见图8-2A)。对果树等多年生植物而言,年度间的生长差异也比较大,从大的时间尺度看,其生长符合logistic曲线,但从局部看,却也是年度周期性logistic曲线或其他曲线间的组合,而分阶段的曲线表达其精确性可能会大大提高(见图8-2B)。

　　对于logistic曲线的回归,通常可通过数式变换,将其转化为线性方程再进行计算。我们可以先利用3组特定数据,即生育期最早时间点、中位(平均)时间点和最晚时间点的(t_i, w_i),用下列算式来计算

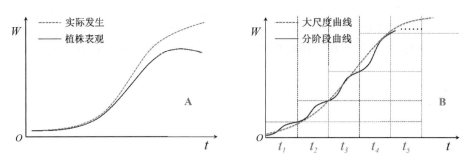

图8-2   园艺植物生长曲线在不同状态下的曲线变化特点

其 W_e 值：

$$W_e = \frac{W_2^2(W_1 + W_3) - 2W_1W_2W_3}{W_2^2 - W_1W_3}$$

然后按照 $\ln[(W_e - W_i)/W_e] = \ln a + \beta t_i$ 回归求得 α、β 值，即可写出其回归曲线（见图8-1B）。

8.2.3　生长过程的计算机信息化处理

准确地获取植物生长信息，并与其理想状况相比较，常常可作为植物管理调节的依据。为此需要进行植物生长行为分析。所谓植物生长行为分析（analysis of plant growth behavior）是指利用计算机、图形影像和传感技术等手段对植物的生长过程进行分析、建模与仿真，以探索植物生长过程规律的研究方法体系。其基本工作思路如图8-3所示。

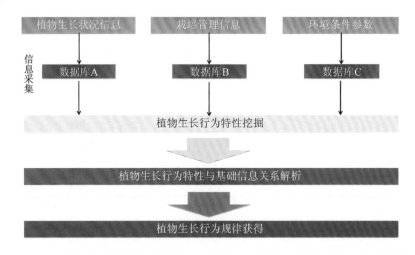

图8-3   利用影像、传感和计算机等手段所构建的植物生长行为分析工作原理图

利用植物生长行为分析的结果，可能会取代复杂的专家系统。植物生产的专家系统是建立在植物生长过程的建模基础上的，需要有复杂的植物学知识和专家经验，是集经验式、定性化和群体式的虚拟植物生长模拟。

将行为分析或专家系统与工业自动化控制手段结合起来，进一步可开发用于挖掘生长特性的机器人系统。目前已在使用的植物表型机器人系统，可对特定单株甚至群体进行不同位置和角度的拍摄。在获取影像后，通过系统识别将影像中信息转换为特有参数，并按照系统参数给出我们习惯使用的生长参数，如图8-4所示。

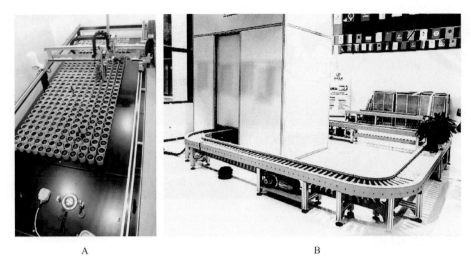

图8-4　用于植物生长特性等测定和分析的不同表型机器人系统装置
A.植物表型分析机器人；B.高通量植物表型参数自动提取系统（独立图像采集模块）

在以上工作中，其后台需要事先输入被测对象的相关生长参数，并通过系统参数与实测数据进行相关性校正。而被使用的园艺植物及其识别条件背景等参数，可以通过独立模块进行输入和扩充。随着这一领域应用的不断成熟，将为园艺生产的智能化提供更多的助力。

与只测试地上部的系统相比，用于植物根系分析的系统也在不断完善中，其工作原理与地上部的分析基本类似，但根系分析系统开发的难点在于需要特定的栽培装置（见图8-5），可以使根系被影像系统准确地捕获，并能排除其他环境的干扰。

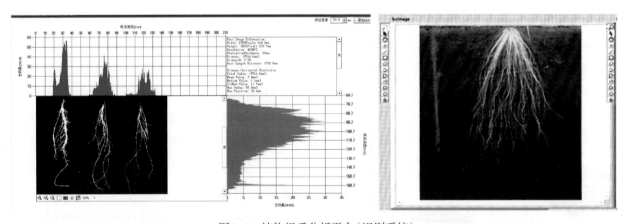

图8-5　植物根系分析平台（识别系统）

总之，农业信息化技术的使用能够使我们对园艺植物生长的认识更加立体化，这也是实现生产智能化控制的基础。相信随着这一领域的迅速发展会逐步改变世人对传统园艺的印象。

第9章
园艺植物的物质生产与代谢

9.1 生长的过程机理

园艺植物的生长完全依赖于其体内的物质积累而实现。在这些物质中除了水分和矿质（简称矿质）等代谢合成时所需的原料外，植物的光合同化产物是生长物质中最为基础的。园艺植物中，除了食用真菌类外，包括藻类在内的其他类别均可进行光合作用。

9.1.1 光合作用及物质生产

在高等植物中，均有叶片的分化。叶片是光合作用的主要器官，除此而外在植株幼小时期茎干和幼芽也具有微弱的光合作用。光合作用的产物，除了呼吸消耗并以能量形式使同化产物继续通过体内代谢转化成植物生长和发育所需的各类物质。

1）光合作用的基本过程

在植物叶片表面的皮层细胞中往往含有大量叶绿素b、类胡萝卜素和叶黄素等，其作用在于捕获光能（light-harvesting pigment）；而在这部分的下方则较为整齐地排列着栅栏细胞，这些细胞体内均含有大量叶绿素a，其功能在于光化学反应（见图9-1）。植物的光合作用中，其主要原料是水和CO_2，水是通过植物根系的吸收及维管束系统的运输进入叶肉细胞；而CO_2则通过叶片背面的气孔进入叶片细胞内。靠叶片背面一侧的海绵组织细胞为光合作用提供气体交换通道外，也在调节着叶面的温度。需要强调的是，在光合作用反应器——叶绿素中，其中心离子为Mg元素，且水的光解过程所需的酶也需要有Mo等矿质元素的参与；在光化学反应阶段的酶系中需要有Mn的参与；其能量转化过程中的载体需要有P元素作为基础。因此，除了光能和CO_2来自大气层之外，水分和矿物质均需通过根系对栽培介质的吸收转运并提供给叶片。

植物中的叶绿体在将光能转化为化学能并以还原型辅酶Ⅱ（NADPH）的形式完成了光反应，这一过程发生在叶绿体中的基粒片层（grana lamellae）中。此后则进入了以同化CO_2为特征的暗反应阶段（见图9-2），这一阶段的反应则发生在叶绿体的基质中。

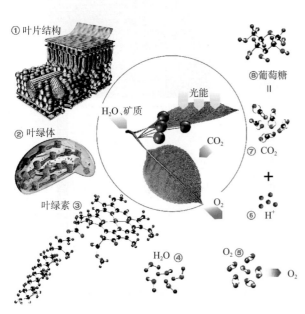

① 叶片结构

② 叶绿体

叶绿素 ③

H_2O、矿质

光能

CO_2

⑧ 葡萄糖

⑦ CO_2

+

⑥ H^+

H_2O ④

O_2 ⑤

O_2

图9-1　植物光合作用发生部位及参与物质形态示意图
（改自郭亮，baike.baidu.com）

RuBP羧化酶（Rubisco）是使CO_2固定的关键酶，同时这种酶亦为加氧酶，即可促进五碳糖（1，5-二磷酸核酮糖）的分解。因此，叶绿体细胞基质中CO_2与O_2浓度的相对值则成为控制同化反应与分解反应的关键。

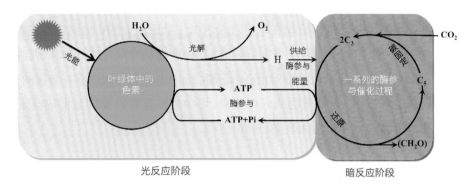

图9-2 植物光合作用中的光反应与暗反应及主要特征物质示意图

事实上，利用RuBP作为受体的CO_2同化及代谢过程即卡尔文循环（Calvin-Benson-Bassham cycle），发生在C3植物上，包括大多数的园艺植物；而有些植物除利用卡尔文循环外，还可利用四碳二羧酸途径（C4-dicarboxylicacid pathway，亦称为Hatch-Slack pathway），其CO_2受体为磷酸烯醇式丙酮酸（PEP），羧化后形成草酰乙酸（OAA），其反应是在叶肉细胞质中进行的（见图9-3A）。园艺植物中的部分耐干热型植物属于C4植物，相对而言，其CO_2同化能力要强于C3植物，由于气孔的开放，在吸收CO_2的同时也会使大量水分散失，因此气孔的开放时间要短。除此而外，园艺植物中还有一类CO_2同化更为特殊的植物，如菠萝、芦荟等具有肉质化叶片的植物，其同化途径称之为景天酸循环（crassulacean acid metabolism，CAM），其CO_2受体与C4途径相同。这些植物在夜晚时气孔开放，吸进CO_2，被还原成苹果酸后积累于液泡中；当白天时叶片气孔关闭，液泡中的苹果酸便会运到细胞质中，经氧化脱羧，放出CO_2，参与C3循环（见图9-3B）。

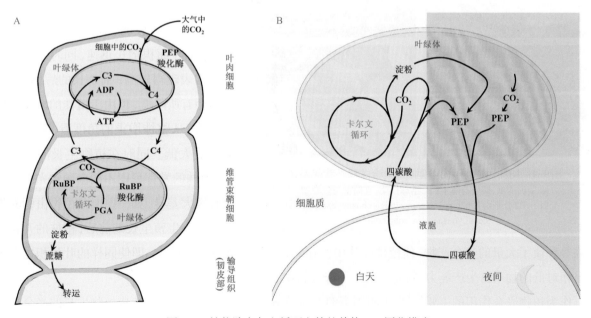

图9-3 植物除卡尔文循环之外的其他CO_2同化模式

A. C4循环；B. CAM途径

（A～B依江松敏，baike.baidu.com）

园艺植物中的藻类与高等植物一样也具有叶绿体,其中除叶绿素外,还具有其他不同色素。研究发现,蓝藻在有可见光的情况下,会正常利用叶绿素a进行光合作用,但其处于阴暗环境缺少可见光时,藻体可通过叶绿素f,利用近红外光进行光合作用。

2)影响光合作用的要素

光合速率(photosynthetic rate),是指植物在单位时间内单位叶面积上的CO_2固定量或O_2的释放量,有时也可用单位时间内单位叶面积上的干物质积累量即第8章中所述的净同化率(NAR)表达。光合速率在植物的不同状态下会有较大变化,通常应为即时值,但是实际应用中我们可能以某一阶段的平均值替代。

在一定植株叶面积的前提下,提高植物的光合速率,可为生长发育以及产量形成奠定更好的物质基础。影响植物光合速率的因素主要包括两大类。

(1)植物自身因素。

从不同层面上,影响植物光合速率的自身因素主要有植物种类的遗传特性、植物特定生长期的生理状态、叶片特性、根系的活力及吸收能力等。

不同园艺植物由于其遗传性状上的差异性,直接决定了特定植物的光合特性基础。首先是植物对光强度的适应能力,有些园艺植物具有较强的喜光性,而有些则不耐强光、喜阴,这种对光生态的适应性要求直接决定了植物的光合能力潜力。同时植物对CO_2同化特性,如C3、C4或CAM类别,也使其在光合速率上有着物种间的差异。即使是同一种植物,也受到植物遗传特性的差异性影响,如分枝习性、叶片多寡、叶片厚度、环境适应性、生育时期等因素,均取决于植物的遗传特性等,同一种的不同亚种、变种生态型甚至品种间都存在着不小的差异,这些均对植物的光合特性有直接的影响(见图9-4)。来自植物遗传的影响尽管可能通过其他因素的改变进行调节,但也只能是在其表达潜力范围内,使光合速率得以变化。

图9-4　同一种植物不同类型间的光合关联性状间差异
A. 美洲南瓜,矮生与蔓生;B. 结球白菜,直筒型与包心型
(A1～B2分别引自 b2b.hc360.com、shuiguo.huangye88.com、
detail.youzan.com、sohu.com)

对特定植物而言,当植物处于不同生长发育期时,其光合速率的表现差异较大,这也是造成植物生长特性分期的原因。从植物个体看,在植株幼小时期,其光合能力相对较弱;而进入旺盛生长期后,不单叶面积增长迅速,同时光合效率也常常表现得较高;而生长的后期,光合速率会有所降低,但由于植株的有效叶面积较大,从整株增重的角度看,其绝对值却不是太低。同时在植物生长的不同时期,植株的发育程度不同会导致光合速率上有较大差异,如一些园艺植物由营养生长期转入生殖生长期前后,植株的开花和

结果等分流了大量的光合产物,使植株叶片中留存的有机物质数量相对减少,即使同样的叶面积也会表现出相对低的物质再生产能力,其光合速率下降较为明显。

作为植物光合作用的主要场所,其叶片特性对光合速率的影响不言而喻。造成植物生长的光合产物量,体现在其表观光合速率上,而真实的光合速率还包含了植物的呼吸消耗(见图9-5A)。叶片特性对光合作用的影响主要表现为植株的叶面积与群体LAI、叶片的厚度或SLA、叶片在植株上的分布方位即叶

序规则以及叶片的倾斜角度即直立性等；对于单叶而言，其气孔大小、密度及叶面反射能力均会影响植株的光合速率。LAI的大小对植株个体而言，与光合产量直接相关；而对于叶片厚度，在非郁密条件下，相同叶面积时，叶片越厚其光合产量越高，但群体LAI加大时，一部分被顶层遮蔽的叶片已在非有效面积之列，其呼吸消耗常大于自身的光合产出，这时叶片越厚，对植株来说其呼吸负担越重（见图9-5B）。一些高大植株的园艺植物，如果树和一些草藤，叶片数多，单株LAI较大，因此叶幕结构特性对其植株的光合作用便显得至关重要。同时，光照射到叶片时的角度不同其效率常常会打折扣，当垂直于叶面照射时，叶面对光的反射率最小，也就意味着叶片能够得到最大的光能截获，光线与叶面的夹角越小，光效应越低，两者呈入射光量的余弦角关系。在一个植物群体中，情况远比单叶要复杂，这一问题将在本章群体特性部分再做详细分析。单一的结构特征往往是其植物遗传特性所决定的，这里不做讨论。

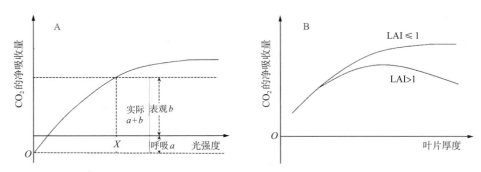

图9-5　实际的光合速率与表观光合速率关系（A）；不同群体LAI下叶片厚度对光合速率的影响（B）

根系特性作为对植株光合速率的间接影响因素也是非常重要的。根系在整株植物中所占比例大小以及根系的发育状况、根系的活性等因素，直接决定了根系对其栽培介质（土壤）内水分和矿质营养吸收数量的多寡。因此，地上部与地下部生长量平衡的植株，对于光合速率有正向的支持；而当根系生长过弱时，则会影响到正常的光合速率。园艺生产中调节根的生长状态是十分重要的。

（2）外部影响因素。

影响植物光合速率的外部要素较多，主要有光强状况、温度、水分及湿度条件、土壤背景、大气状况等（见图9-6）。生产上通过调节这些外部因素，可使植物的光合速率得到有限改善，对植物生产来说，是主要的技术依据所在。

光照状况在不同地域和不同季节表现出较大的差异。一是各地的大气辐射条件不同，关系到海拔高度、云层状况、水汽蒸发和空气固体颗粒构成的雾霾特征、地面、水面和植被造成的近地层漫反射等诸多要素；二是由于季节的变化，特定地域表现出不同的日照时数及太阳高度角。这些要素均会对植物的光合速率带来一定的影响，因此保持植物不受光胁迫是发挥光合速率潜力所必需的。总体而言，光合速率与光照强度间呈现一种对数式关系，即在光照未达到饱和点之前均会呈现对数式的增长，而达到光饱和点后，即使提高光照强度，植物的光合速率也不再随之增加（见图9-6A）。即关于太阳辐射强度对不同植物生产的影响将在本章稍后讨论。

温度条件是植物光合作用的基本条件之一，温度对植物光合作用的影响主要体现在暗反应上，即与光反应关系不大。温度的这种作用主要是保持羧化和物质循环时具有较高的酶活性。因此，在植物的生育最适温度以下时，随着温度的升高，植物的光合速率会随之加强；但过高的温度往往更有利于呼吸作用，因此植物的表观光合速率会比适温条件下变得更低（见图9-6B）。

水分与湿度条件对植物光合作用的影响主要体现在：一方面水分作为光合作用的原料而不可短缺，

同时水分的充足供应也为植株体内光合产物经体内代谢后在组织间运输起了载体的作用；另一方面适当的空气湿度能够保证气孔正常开闭，以使CO_2在进入叶肉细胞时减少其阻滞，这对C3植物来说更为重要。干旱或湿涝均会引起植物叶片气孔的短暂性关闭，会直接影响到植物的光合作用。因此，在园艺植物生产上的水分管理应保持在一个合理水平，以防止干旱或湿涝引起植物生理状况上出现胁迫。

土壤营养状况对植物光合作用的影响比较复杂，但总体来说，能够为植物根系正常吸收并转运至叶肉细胞的速效矿质含量是必需的。因此当矿质可供量水平较低时，提高土壤中速效矿质元素的含量会对植物光合作用起到促进作用，但过高的速效态矿质营养水平会影响植物根系的吸收能力，造成植物叶片中矿物质含量不足（见图9-6D）。

栽培地域的大气状况对植物光合作用的影响，涉及区域内CO_2在空气中的浓度，以及由地形引起的季风特点和气流扩散速度等。区域大气内的CO_2浓度值关系到植物群体冠层的CO_2水平的高低，而群体内良好的对流条件是克服由于植物光合作用而导致群落CO_2降低后又得不到良好补充时的主要方法。有限地提高植物群体内CO_2的水平可使光合速率得到提升（见图9-6C）。为此在园艺生产上，会在一些山地背景下设置排风扇；而在气密条件较好的设施内，可利用CO_2发生装置人工补充植物光合作用旺盛时出现的CO_2短缺。到2018年时，全球大气内的平均CO_2浓度（体积比）已超过400×10^{-6}，比过去40年间提高了70×10^{-6}（体积比），即出现了环境科学上的"温室效应（greenhouse effect）"。CO_2作为温室气体之一，其在大气中的浓度提高会对植物的光合作用带来一定的好处。有研究证明，将植物群体内的CO_2浓度（体积比）提高至$1\,500 \times 10^{-6}$时，会提高植物生产的效率，但更高的浓度则是有害的。

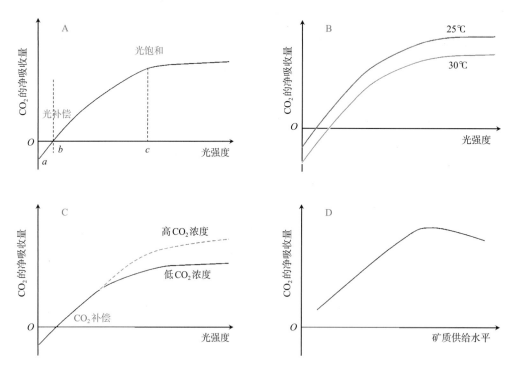

图9-6　不同生长环境要素对植物光合速率的影响关系
A. 光照强度；B. 环境温度；C. 群体内CO_2浓度；D. 植株的矿质供给水平

3）园艺植物的光合作用曲线特性

如图9-6A所示，不同植物在光合作用上对光照强度的需求和响应呈现对数式关系。在这一关系中有两个非常有用的节点值——光饱和点和光补偿点。

所谓光饱和点（light saturation point, LSP）是指光照强度达到一定值后,即使增加光照强度,植物的光合速率也不再增加,即出现光饱和现象时的光照强度值;而光补偿点（light compensation point, LCP）则是指植物达到光合作用产出与呼吸作用消耗相平衡即净产量为零时的光照强度值。

喜阳生植物的光饱和点在40～80 klx,中等喜阳生植物则在10～40 klx;而喜阴性和耐阴生植物约在5～20 klx就可达到光饱和。喜阴植物（藻类或喜生叶片）在海平面全光照的10%或更低时即可达光饱和;喜阳生植物尤其是一些荒漠或高山植物,在中午直射光下还未达到光饱和。对于C3植物,其光饱和点为30～80 klx;而C4植物则会比C3植物要高,有些C4植物在自然光照强度下甚至测不到光饱和点（如玉米嫩叶）。同时,植物群体的光饱和点较单株要高。这是因为当光照强度增加时,植物群体的上层叶片虽已达到光饱和,而下层叶片的光合强度仍在随光照强度的增加而提高,所以群体在超过单株光饱和点时,植株的总光合强度还在上升,如图9-7所示。

喜阴生植物的光补偿点常低于喜阳生植物,且有C3植物高于C4植物。当光照强度低至补偿点时,植物只能勉强维持生命而无法进行生长发育等一系列的生理活动。当植物长期处于光补偿点以下环境时,植株便会出现枯黄而最终导致死亡。当温度升高时,植物的呼吸作用增强,光补偿点也会随之上升。因此,在温室栽培时,在弱光条件要避免温室内气温过高,这样可降低植物的光补偿点,更利于温室植物的干物质积累过程。植物在群体状况下的光补偿点也较单株时高,因为群体内叶片常常会发生相互遮蔽,当群体冠层光照强度较低时,群体上层叶片尚可进行光合作用,但下层叶片则不然,光合作用弱于呼吸,故会使整个群体的光补偿点上升（见图9-7）。

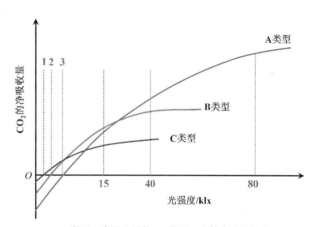

A类型—喜阳生植物;B类型—中等喜光性植物;
C类型—喜阴和耐阴生植物。

图9-7 园艺植物按光饱和点（光补偿点）进行的
类型划分结果模式图

4）光合产物的积累与分配

在第8章中讨论植物的干物质产量时已经讲到,单位面积产量（output per unit area）是作物生长率（CGR）在生育阶段内的积分,是植物生长量的最终反映,而这一切均来自光合生产的贡献。为了能够准确地评估光合作用对植物干物质产量的影响效应,通常使用光合势的概念。

所谓光合势（photosynthetic potential, PP）是指植物在整个生育期或某一阶段,单位土地面积上光合作用有效叶面积在时间上的累计值,其数值单位为$m^2 \cdot d \cdot hm^{-2}$（$1\ hm^2 = 1$万$m^2$）。光合势越高,说明植物的干物质产量越多,这也意味着经济产量越高。通常可以用下列算式求得:

$$PP = \int_{t_1}^{t_2} LAI\ dt = \int_{t_1}^{t_2} \frac{A_1}{A_g} dt \approx \frac{(A_2 + A_1) \cdot (t_2 - t_1)}{2A_g}$$

式中,A_2和A_1分别为生育期t_2、t_1时的区域总叶面积;A_g为区域的土地面积。

如第8章所述,一定时期内植物的干物质增量（Δw）及CGR只能反映植株个体或群体的生长状况,这些同化产物往往会分配在各个器官内。在不同生育时期和植株状态下,同化产物对各个器官的分配比例常常会发生变化,这就涉及一个指标——干物质的器官分配率（dry matter partitioning ratio, DMPA）。

对于特定器官 i，DMPA 可用下式求算：

$$\mathrm{DMPA}_i = \frac{\mathrm{d}W_i}{\mathrm{d}W}$$

叶片的干物质分配比例对植物的物质再生产有很大关系。

9.1.2　植物对水分、矿质的吸收与运转

植物光合作用与干物质生产过程中，水分和矿质的正常供给非常重要。

1）植物的水分吸收与运输

水分吸收（water absorption of plant）是指植物器官从土壤、环境中吸收水分的方式。而对大多数陆生植物来说，其根系是主要的吸水器官；水生的藻类和许多菌类则没有专门的吸水器构造。

水是植物体的重要组成成分。植物鲜重的 70%～90% 是水，这对于多以鲜活状态利用的园艺植物而言则显得尤为重要。在植物生理活性强的器官如嫩叶、嫩果等内含水量较高；而在生理活性弱的器官如种子、孢子内则含水量较低。

在陆生植物上，由于叶片的蒸腾作用（transpiration），根系从土壤中吸收的水分，经体内传导过程并不断通过叶片气孔或皮孔向大气中散失掉。因此，植物必须不断地在"吸水—传导—散失"的连续水分运动中求得植株体内水分含量上的动态平衡，才能保证正常的生命活动（见图9-8C）。

若将植物种子置于溶质浓度很高的溶液或土壤中时，由于外界水势低于种子内水势（water potential），种子就吸收不到水分，这就是干旱地区土壤在播种后种子不能正常萌发的原因。细胞能否吸水主要决定于渗透系统中细胞内外的水势差，当细胞内水势比胞外低时，水分方可进入细胞内，反之细胞内的水分可向外排出。在土壤—植物—大气系统中，水势的梯度通常为：土壤＞根＞叶＞大气时，水分即可沿此梯度而运动。

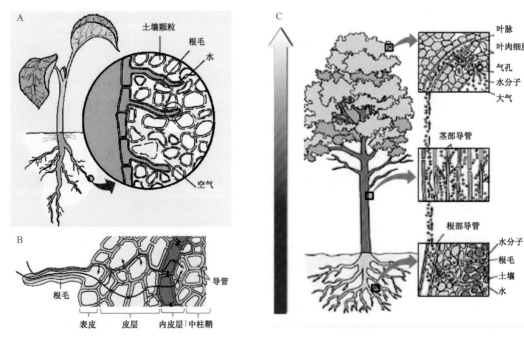

图9-8　植物对水分的吸收、运输与散失

A. 根毛从土壤中吸水；B. 水分从土壤进入到根的导管；C. 水分从吸收经运输到散失的全过程

（均引自 51wengdan.com）

根毛是根的主要吸水部位，其吸收可分为主动吸收（active absorption）和被动吸收（passive absorption）两种。主动吸收的特点是植物对水分的吸收能够逆水势梯度进行，它是一个生理过程，与呼吸作用关系密切。根压也可认为是主动吸水的动力之一。被动吸收的动力来自蒸腾拉力（transpiration tension），它是由叶肉细胞向大气中散失水分而产生的依次向邻近细胞取得水分的吸水力（见图9-8A、B）。主动吸收与被动吸收在特定植物根系水分吸收中所占的比重，会因生育时期与环境条件而出现较大差异。在种子萌发、果树芽体分化时，植株的蒸腾速率尚低，此时以主动吸收为主；而此后随着叶片的分化与叶面积的扩大，使植株的蒸腾需求增加，这时被动吸收遂成为根系吸水的主要方式。

2）植物对矿质元素的吸收与运输、分配

现已证明，植物对矿质元素的吸收与水分无直接关联。虽然这些矿质是需要溶解在水中形成特定的离子态，但在机理上矿质的吸收却是独立的生理过程，也就是说矿质元素并不是因为植物吸收水分的时候将其带入的。与植物对水分以被动吸收为主不同，植物对矿质元素的吸收只能通过耗能的主动吸收，而且并不因光照而增加。

根系吸收矿质元素的主要部位是成熟组织区的根毛，虽然分生区也能吸收，但其向外的输出则要少很多。

植物根系对矿质元素的吸收从元素种类到形态是具有选择性的，关于这一问题将在第11章再做讨论。

植物根系吸收矿质元素的过程如图9-9所示。当根系呼吸释放出的CO_2溶于水后，常解离成H^+和HCO_3^-、CO_3^{2-}，这些离子可以与土壤溶液中的K^+、Cl^-进行交换，如此进行下去，植物所需的矿质元素均按照特定离子形态交换到根系表面的皮层细胞内。

植物根系与土壤粒子表面所进行的离子交换（ion exchange），是按"同荷等价"原理进行的。土壤粒子表面常带有负电荷，可将土壤溶液中的K^+吸附土壤粒子表面，并与原有结合在土壤粒子表面的Ca^{2+}等二价阳离子发生置换，使得其能够被根系吸收。因此土壤中的二价阳离子吸收常受制于植物与土壤中K^+的状况。

交换至根毛表面的矿质离子，从根系的皮层开始，最终需进入导管时，才能真正被植物自由运输。而这一阶段又包括了以下过程：离子通过扩散作用进入根系自由空间、穿过内皮层上的凯氏带经过质外体到达导管（质外体途径，apoplast pathway）或通过内质网及胞间连丝从表皮细胞进入木质部薄壁细胞（共质体途径，symplast pathway）。

根系向地上部运输矿质元素时，N元素通常需要在根系内先合成一些氨基酸才进入运输；P则以磷酸盐方式，而其他金属元素多以离子形式直接运输。植物维管束系统中的木质部是矿质离子运输的唯一通道，而一些有机物则需要通过韧皮部来完成。

矿质元素被运达生长部位后，大部分与体内的同化物合成复杂的有机物质，如由氮合成氨基酸、蛋白

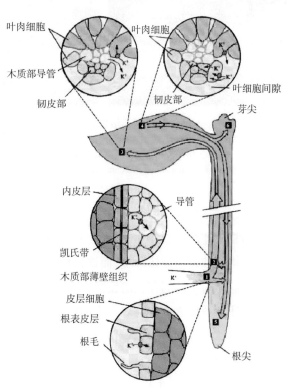

图9-9　植物对K^+的吸收、转运至叶肉细胞的全过程
（引自 dukecq, wenku.baidu.com）

质、核酸、磷脂、叶绿素等；由磷合成核苷酸、核酸、磷脂等；由硫合成含硫氨基酸、蛋白质、辅酶A等，它们进一步形成植物的结构物质，参与植物的生长发育过程；未形成有机化合物的矿质元素，大多作为酶的活化剂或辅酶成分，如Mg、Mn、Zn等；有些则作为渗透调节物质影响着植物的水分吸收与转运。

9.2　园艺植物的群体结构与物质生产

9.2.1　群体结构与叶面积垂直分布

植物的光合产物即干物质生产（dry matter production）是其生长发育的物质基础。前面我们已经讨论过单叶的光合作用，旨在解决其机理问题，但从干物质生产角度甚至园艺植物生产的角度看，产量形成更加注重其群体性，而非单株水平。

植物群体（plant population）是指一定空间面积上共同生活的植物集合，这一概念完全是相对于植物个体而言的。

植物群体中的植物可能是多样的，如自然群体（natural population），可能包括不同的乔木、灌木、草本和地被等（见图9-10C）；从园艺学角度而言，我们将按照园艺美学和生产目的的要求，对不同植物在空间上进行配置的人工设计产物，则称之为人工群体（artificial population，见图9-10A、B）。

面向园艺生产的植物群体，相对来说物种种类少，有时甚至需要单一群体（single-population）；即使利用间作和套作，群体的植物种类也不超过两三种，而这样的植物群体往往会牺牲群体的美学价值和生态学上的稳定性，即在遭受气候灾害及有害生物暴发时植物的耐受能力会大大削弱，因其在生物多样性方面表现较为脆弱（见图9-10D）。

对于园艺植物生产而言，通常的群体可直接由其主干植物命名，如苹果园、韭菜园、樱桃园、木槿园、玫瑰园等；对一些较大尺度空间上由多种单一小群体组成的大群体，则以其特征植物来命名，如叶菜园、药草园、香草园等。

图9-10　园艺植物的不同群体样态
A. 街边绿化中的乔木、灌木和草本；B. 简单的粉黛乱子草和芦穗搭配；
C. 伊犁杏花沟的自然群落；D. 单一的辣椒群体
（A～D分别引自 duitang.com、sohu.com、news.youxiake.com、news.wugu.com.cn）

植物个体组成群体后，两者之间便有了较大区别，即使是对同一植物种类而言。通常，群体内植物的生长会构成独特的群体环境，而这种环境会影响到群体中的个体，在其生长发育上明显地表现出差异来。这正是群体与个体间存在的反馈调节关系，但需注意这种调节是极为有限的。

个体和群体之间存在着一定的协调性，个体通过株距、行距等种植密度因素关系组成植物的群体，其个体与群体间存在着个体竞争和密度效应、边缘效应。群体并不是个体的简单累加，它们之间既互相联系又互相制约。

1）群体结构及其特征指标

植物的群体结构（population structure）是指在植物群体中不同个体（或单一群体时的单株）在群体空

间内的形态大小、比例、空间位置分布、相貌及其动态变化等。

除了景观园艺上的复杂植物群体外，对大多数的园艺植物生产性群体来说，均属于简单植物群体。为了研究其特性，我们常常需要弄清群体的结构并对之有一个数量化的表达。因此会用到群体结构图（population structure chart），其数据来源对于整个群体来说必须具有代表性（平均化）。因此，在表达植物的简单群体结构时，常以单位面积上的空间样方来取样获得，并在多样方之间进行平均，这就解决了平面上植物的分布频度问题，其样方大小需要根据单个植物所占空间大小决定，对于小型窄幅植物，可能需要 $1\ m^2$，而像果园等情况下，则至少需要 $50\ m^2$。而空间上的垂直分布，则需要用到一种由日本学者门司正三（Monsi Moji）提出的称为群体切割（或大田切片法，field slicing）的方法，即由地面开始向群体冠层以一定的厚度分切成若干层，然后分别计量每一层中不同器官的数量。于是便会得到一种群体结构图（见图9-11A、B）。这种图式的表达其局限性在于，对几种植物组成的简单群体则需要多组图形，而同一图内的不同器官也处于非同一起点的状况。

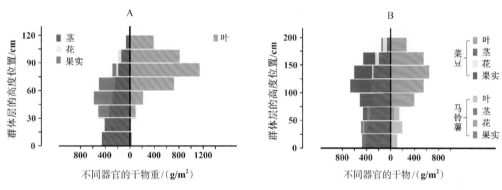

图9-11　不同园艺植物的群体结构
A.番茄生长中后期；B.菜豆与马铃薯套种中后期

从群体结构图中可以看出，不同植物的群体结构有着相当大的差异。即使是同一种植物，其群体结构不同则完全会造就不同的生物产量，因此研究并着力保持一个理想的群体结构对于园艺植物生产而言是非常重要的。优良的群体结构具有以下特点：群体内植株地上部各个器官（主要指叶片）的数量及其空间配置有利于最有效地利用太阳辐射能，且具有较好的气体对流条件；地下部根系的数量和分布有利于最有效地吸收土壤中的水分和养分，最终有利于同化物的积累和经济产量的形成。

作物群体的分布主要包括水平分布和垂直分布两类。其水平分布一般由种植的株距、行距等密度因素构成，其核心是植物个体在平面空间上分布的均匀性问题；而垂直分布则由叶面积大小、叶片角度（叶倾角和叶方位角）、层次分布、植株高度和叶幕层高度等构成。从植物群体的结构属性上讲，可分为光合系统（叶）和非光合系统（茎）两大类，这也是在群体结构图中将地上部的叶与其他器官分开的缘故。群体中不同器官的空间分布会造就不同的群体内小气候环境，与冠层外的气候条件相比，群体内部所发生的变化对植物的物质生产有较大影响，这一问题长期以来受到研究者的关注。

植物的群体大小（population size）主要通过基本株数、群体LAI和根量、冠根比（shoot-root ratio，常简写为T/R，指地上部与地下部干重之比）等指标来表达。而植物的群体相貌（group physiognomy）则是指植物群体中的叶片姿态（分布位置与角度）、叶色、生长整齐度和封垄早晚等。

植物群体从栽培初期到中后期，群体的结构是一直在变化的。这种动态变化主要表现为栽培植物群体中的基本株数、总茎数、LAI、群体高度和整齐度等的动态变化以及群体干物质积累的动态变化等。

2）群体的垂直分布及叶片特性

从其垂直分布的特征看,高大型与矮小型植株间有截然的不同。对植株高大的群体而言,在生长中期以后,其群体内可明显分成几个结构层:①根系层;②近地面直达叶幕边界的支架层;③从群体冠层开始向下的叶幕层;而对于矮小型植物,则无此区分,其群体垂直分布情况与高大植株的叶幕层相类似(见图9-12A、B)。

高大型植株的叶幕层和矮小型植株中的叶面积垂直分布通常表现为正态分布,或是峰值位置上下发生较小偏离的正或负偏态分布,如图9-12C、D所示。

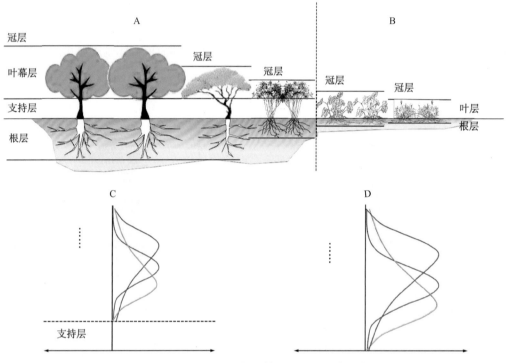

图9-12　不同园艺植物群体及叶片的垂直分布
A、C.高大型植株;B、D.低矮型植株

群体中叶的垂直分布与个体间有较大不同,由于个体间的竞争关系,会对不同水平分布的植物群体叶的直立性(叶倾角)产生影响。群体中植物个体叶的发生方位完全是其遗传性决定的,受环境改变的可调性较差,但叶倾角则不然。所谓叶倾角(leaf inclination angle)是指叶面(不是叶柄)主体与植株主干(垂线)间的夹角。群体中的叶倾角是植株个体所有叶片叶倾角的平均值,有时这一数值会有较大的离散度。当植株有75%以上的叶片其叶倾角分布在平均叶倾角上下15°范围时,则可视其群体的叶片为单一叶型。由此定义:当叶倾角在0°～30°时,群体内为单一直立叶;当叶倾角在30°～60°时,群体内为单一开展型叶;当叶倾角在60°～90°时,群体内为单一水平叶;当叶倾角>90°时,群体内为单一倒垂叶(见图9-13)。而很多园艺植物的群体叶型会是混合型,即在不同垂直高度上叶倾角常有不同的表现。

不同叶型的叶片在群体内光能利用上常表现出较大的差异。对于直立叶型,即使太阳高度角较低时,大部分叶片能有效接受阳光;而对于水平叶型,则只有在中午前后太阳高度角达到最大时,其光能截获才比较有效。同时,植物叶片的形状也是值得考虑的问题,通常叶的长宽比>2.0时称之为窄形叶(narrow leaf),而宽形叶(wide leaf)的长宽比大多在1.0左右。因此,我们可以看到,直立叶型的植物群体往往具有较高的光饱和点,而水平型的光饱和点较低。同时,无论直立叶型还是水平叶型,当群体密度

图9-13 不同园艺植物群体中叶片叶倾角类别
A. 大葱；B. 结球白菜；C. 散叶莴苣；D. 垂叶榕；E. 菠萝
（A～E分别引自haonongzi.com、m.sc.enterdesk.com、news.makepolo.com、poco.cn）

稍大时，其基部的叶片往往被顶层叶片遮挡，而出现有效叶面积即光合产出的降低，这部分叶片称为非功能叶（non functional leaf）。窄型叶在群体中对下层叶片出现的遮挡相对于宽型叶要少很多。

9.2.2 植物群体内的光分布与物质生产

1）群体LAI与物质生产效率

群体LAI的求算已在第8章中做过讨论。对于植物生产来说，较大的LAI是必要的，但并不是LAI越大越好。当群体LAI超出最适叶面积指数时，一些叶片则会成为非功能叶。

植物群体的最适叶面积指数（optimum leaf area index, Opt. LAI）是指在植物的群体生长率（CGR）达到最大值时的叶面积指数。佐伯敏郎（Saeki Toshiro）指出，当一个群体中最下层叶片恰好处于光补偿点时，此时的群体LAI可使其物质生产达到最大值，而此LAI即为Opt. LAI。Donald认为，植物群体所能达到的最大限度LAI（Maximum LAI, Max. LAI）与Opt. LAI是在植物的不同生育时期出现的，而前者比后者的出现时期要迟些。因此这就涉及当植物群体达到Opt. LAI后，需要控制群体的LAI继续扩大了。

其实，不同植物在各生育时期都有其相应的Opt. LAI，这就构成了群体Opt. LAI的动态变化。因此，较理想的群体Opt. LAI动态模式，是在植物生育前期群体能够快速达到一定的LAI；并在生育高峰期时达到Max. LAI并能将其有效叶面积维持较长时间，故在群体有效LAI的时间曲线上表现出一种Π型规律，其两个拐点分别与群体CGR在logistic曲线上的拐点相对应（见图9-14）。

2）Beer-Lampter法则与群体内的光分布

在研究均匀介质中光的透过性时，Beer和Lampter分别揭示了其本质，后合并称为Beer-Lampter法则。其具体算式表达如下：

$$T = I/I_0 = e^{-kb}$$

其中，T为光透过率；I_0为入射光强；I为透射光强；k为常数；b为光程长度（通常以cm表示）。

将Beer-Lampter法则用于植物群体的光透过及衰

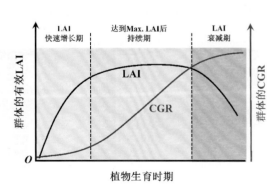

图9-14 园艺植物群体有效LAI与CGR在生育时期上的对应关系

减过程时，其基本假定条件为植物群体处于一个相对匀质的状态。这时我们将式中的k值称为消光系数（extinction coefficient）。在群体中，当k值越大时，意味着从群体冠层入射起始时的光量到达群体内任一位置后光量的衰减程度较高。k值在不同群体中数值的大小则完全取决于群体LAI及其垂直分布特性。

k值具有日变化，其最大值出现在正午时分，而最小值则出现在早晚时；k值随太阳高度角的增大而增加；且k值与叶型分布有关，这一点我们已在前面有过讨论。

用于计量植物群体内光程长度的b值，此时可用LAD值替代。

3）光在植物群体内的透射和反射

植物群体内部的光照，一部分来自光线穿过群体冠层，从顶部叶片的间隙中向下照射的直射光，并呈光斑特征；另一部分则来源于透过叶片的透射光和散射光，呈现阴影特征。光斑与阴影在光的强度与波长上有较大的区别，不同园艺植物对两者的需求和适应性均有着较大的区别。

这一领域细致的工作较少，但从应用的角度看，在北方日光温室园艺生产中，为了增加高大型植物基部光照不足的问题，常常在地面覆盖或在后墙处悬挂银色反光薄膜，效果较为理想。

9.2.3　植物群体的影像化测定

在园艺植物生产实践中，我们必须对群体结构及生产力进行有效监测，并以此作为栽培时行距、株距等密度因素设定、季节选择、田间管理中的肥水供给以及有效株调整等相关作业的依据。

传统的群体测定，需要对植物群体进行切片并测定其光量分布，实际操作时会遇到诸多不便，而了解群体状况对于园艺植物生产的技术决策有非常重要的意义。因此，开发能够实时、无损伤植物群体测定是实现园艺植物生产智能化过程中的基础性工作。

目前在这一领域开发所涉及的技术基础有机器视觉技术、激光视觉重构技术、遥感技术和光谱技术等。基于这些原理开发的测定系统正逐渐应用于生产过程，虽然有些还并不完善，但也给实际工作带来了较大的便利。

将机器视觉技术应用于植物群体测定时，我们首先需要获得园艺植物群体的实时影像，通过影像分割算法获得冠层图像，由此提取图像参数（见图9-15），并由软件系统换算成人工测定时的群体参数。而这种换算是在实验基础上建立反推模型并在其准确性上加以验证后加入系统中去的。这一工作思路与人工实测之间的差距较小，且能极大提高工作效率（见图9-16）。

在此基础上，如能将机器学习系统与此耦合，在使用中不断增加数据背景，可使机器视觉识别技术用于园艺植物群体监视的准确性和适应范围得到更大的加强和扩展。

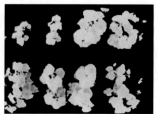

原图　　　　　　　　　ExG+Otru　　　　　　　　NDI+Otru　　　　　　　　ExG+ExR

图9-15　基于机器视觉的园艺植物群体影像提取效果
（引自孙国祥等）

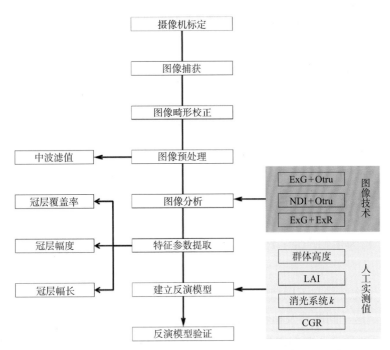

图9-16 基于机器视觉的园艺植物群体测定工作方法程序

9.3 园艺植物的产量形成

9.3.1 园艺植物的产量及其形式

在园艺学中我们通常使用的产量概念多指经济产量。所谓经济产量（economic yield per unit areas）是指园艺植物在单位面积上所能获得的具有园艺典型利用价值部分的总量，其计量单位为t/hm²，计量对象多为鲜物重量，而有时也取自然干燥时的重量（产品含水量较低，但并不为零），即按照园艺植物的利用要求来确定。如蔬菜、水果多以鲜重计量其经济产量；而观赏植物则按照株数或（切花）花枝数计量；草坪草则按所能覆盖的面积计量；饮料植物常以干燥状态重量计量。

当然，我们在计量园艺植物的经济产量时，实际上并不考虑在主体园艺利用之外尚有其他利用价值部分的重量。从生态经济学角度看，一些园艺植物在园艺利用价值之外，其副产品仍然具有其他的利用价值，如一些豆科植物除了在园艺上利用其豆荚和嫩的豆粒外，其茎叶中含有较高的植物蛋白，可作为草食动物饲料加以利用；果树整枝后得到的残枝，经粉碎后生物处理，可作为有机复合基质的材料；而其他一些含水量较高的园艺加工废弃物经粉碎和生物发酵后可用作园艺生产上的液肥或加入固体有机肥制作中作为原料之一。这种基于循环经济的思考，可能会影响到园艺植物经济系数的计算结果。

园艺植物在单位生产面积上整个生育期内生产和积累的干物质总量，则称之为生物产量（biological yield），其中，占总重量90%～95%份额的是有机物质，而其余则为无机盐类。生物产量以干重计，在其份额中当然也包括根的重量，同时也包括一些自然脱落和人为去除部分的生物量。生物产量的干重与鲜重之间因植物组织的含水量水平不同，在换算时的比值常常不是恒定值，在一些木质化程度较高、组织致密的器官上，干鲜重比就比较高；而在一些肉质器官内的干鲜重比就略低些。通常组织的含水量在60%～92%。

当园艺植物的经济产量按照干重计量时，更多的是要解析其生产过程的特点，即产生产品器官的干物质在植株体内的形成、运输分配以及积累等问题,也就是说园艺植物产品的产量从其来源基础上固然离不开生物产量的人背景。

因此,我们在衡量一种园艺植物在干物质生产上的效率时,常用到一个指标即经济系数(economic coefficient),其狭义概念是指经济产量占生物产量的比例;而从前面的分析可知,园艺植物在广义上讲,其经济系数应该是指不同用途经济产量的加权总和与生物产量间的比值。

$$k = \frac{\sum_{i=1}^{n} (\rho_i \cdot Y_{ei})}{Y_b}$$

式中,k 为经济系数;Y_b 为生物产量;Y_{ei} 为第 i 种经济利用下的经济产量;ρ_i 为第 i 种经济利用的权重系数。

尽管园艺植物的生物产量在不同植物间差异较大,但按生产时间计算其生物产量的效率时,不同植物间的差异便会缩小。这一问题涉及植物对光能利用的效率问题,将在第14章再做讨论。

此处需注意的是,即使是按照利用状态来计量其经济产量(可能是鲜重),也不是田间收获状态时的数量水平,而应当是经过商品化处理后可以作为商品销售状态时的数量。这是因为在田间收获时为了作业方便,我们在真正的经济产量外,会有一些不能成为商品部分的数量带入其中,而这些数量会随着收获后的商品化处理而从田间收获量中剔除。如大葱在田间收获时往往将植株连根带叶拔起,这时的数量不能作为鲜重计经济产量,采后处理时,先要将其根部切除,并剥去干枯的叶片和叶鞘,在绿色的葱叶位置按要求切齐,去掉一部分绿叶,这时所获得的大葱才能真正计入经济产量;又如橘子在收获后的商品化处理中,要去除果柄及所带叶片,对果实大小及受伤果等一切不符合商品标准者均应全部去除,才可计量出其经济产量;切花菊在收获后,首先要剔除花茎长度、茎秆折损、花头尺寸不达标者,剩下的枝数才可计入经济产量。

9.3.2　园艺植物产量形成及其要素

产量形成(yield formation)从生理学意义讲,是由其生物产量与经济系数所决定,而生物产量则是生育期内干物质的总累积量,其中已扣除呼吸消耗和人为或其他因素的去除量,而这一累积量与光合生产中最基本的两个指标相关联,即NAR和有效LAI。其产量形成的算式表达如下

$$Y_e = k \cdot Y_b = k \int_{t_1}^{t_2} CGR \cdot dt$$

$$= k[(avNAR \cdot \sigma \cdot avLAI) \cdot (t_2 - t_1) - W_d]$$

式中,k 为经济系数;t_1、t_2 为生产开始和终了时间;avNAR、avLAI 分别为两者的生育期非算术平均值;σ 为 LAI 有效系数;W_d 为人为或其他因素去除部分。

关于植物群体及光合物质生产等产量形成的生理学要素,我们已在第8章和本章前面部分做了明确的解析。而从园艺生产意义上,园艺植物的产量形成则主要取决于单位面积株数和单株产量。

进一步地,我们可以做如下解析(见图9-17)。

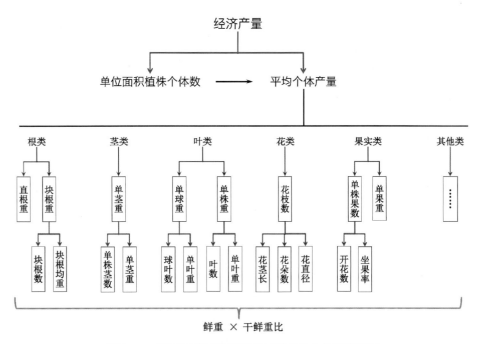

图9-17 不同园艺植物经济产量形成的主体要素解析

在主要产量要素中，单位面积个体数也称之为种植密度（planting density），是由其株幅决定的，生产上常根据管理作业的便利，以特定的株距和行距进行组合，构成密度的基本要素。增加单位面积的个体数即提高种植密度，在一定范围内，会增加园艺植物的经济产量，但超过一定限度后，不但会出现经济产量下降，更重要的是产品质量整体变差，是非常值得注意的问题，其原理如图9-18所示。

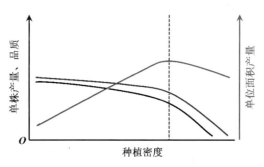

图9-18 种植密度对单株产量、品质及单位面积产量的影响效应

因此，密植一定要合理。园艺生产上我们常常可以看到，种植技术水平越高，其种植密度相对越低。

9.4 植物的基本代谢与物质积累

9.4.1 呼吸作用与初生代谢过程

植物在进行光合作用时，形成了以葡萄糖为代表的有机物。这些物质的进一步转化则需要进行一系列的代谢过程。而这些过程的主体便是植物的呼吸作用。呼吸作用将各种代谢途径连接在一起，形成了形形色色的各种有机物，供给植物生长和发育所需。

植物的呼吸作用（respiration）是指将植物体内的光合产物逐步降解成无机物并释放能量的过程。植物的呼吸作用是在细胞的线粒体（mitochondrion）内进行的（见图9-19）。植物的呼吸作用包含一系列复杂的化学变化，以吸入 O_2 与释放 CO_2 为特征，其间释放出能量为植物的生长和发育提供动力。同时，更为重要的是呼吸过程中有机物分解会产生一系列的中间产物，这些中间产物将进一步去合成其他有机物，并作为植物生命活动非常重要的营养和功能物质。

植物的呼吸作用主要包括两个过程：糖酵解和三羧酸循环。它们与光合作用的代谢循环有着紧密联系（见图9-20）。

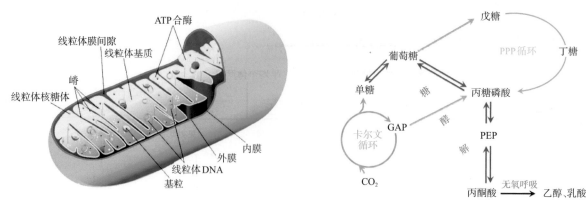

图9-19　植物线粒体的结构模式
（引自 finalmin, baike.baidu.com）

图9-20　植物的糖酵解过程与光合产物代谢

　　糖酵解（glycolysis）过程始于光合作用生成的葡萄糖，以生成丙酮酸结束。糖酵解过程在无氧和有氧条件下均可进行，是葡萄糖进行不同分解时的共同代谢途径。在糖酵解的磷酸化以及磷酸烯醇式丙酮酸的磷酸转移过程中，需要 Mg^{2+} 对酶的激活。在植物中酵解途径是葡萄糖氧化成 CO_2 和 H_2O 的前奏，酵解的最终产物丙酮酸在进入线粒体后，通过TAC及电子传递链彻底氧化成 CO_2 和 H_2O，并生成ATP。当细胞内 O_2 供应不足时，丙酮酸不能进一步氧化，便还原成乳酸，这个途径称为无氧酵解（anaerobic glycolysis）；在某些厌氧生物体内丙酮酸可转变成乙醇，这个途径称为乙醇发酵（ethanol fermentation）。

　　真正的有氧呼吸过程即三羧酸循环（tricarboxylic acid cycle, TAC），是指植物在有氧情况下，丙酮酸经氧化脱羧生成乙酰CoA后进入循环并形成 CO_2 和 H_2O 的过程，其 α-酮戊二酸形成时需要有 Mn^{2+} 或 Mg^{2+} 的催化。TAC是植物将糖或其他物质氧化而获得能量的最有效方式（见图9-21）。

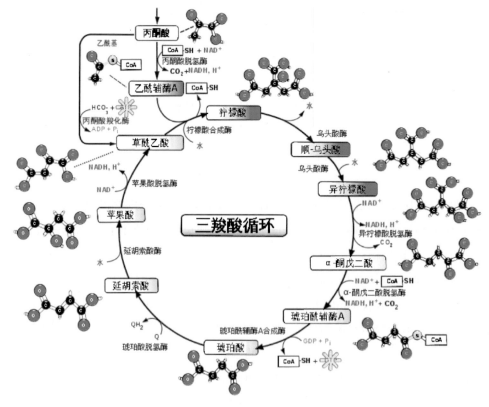

图9-21　植物的TAC过程
（引自 zh.wikipedia.org）

TAC是三大物质代谢联系的枢纽：糖有氧呼吸过程中产生的α-酮戊二酸、丙酮酸和草酰乙酸等与氨结合可转变成相应的氨基酸；而这些氨基酸脱去氨基又可转变成相应的酮酸而进入糖的有氧氧化途径。同时脂类物质分解代谢产生的甘油、脂肪酸代谢产生的乙酰CoA也可进入糖的有氧氧化途径进行代谢。植物几大重要物质的代谢过程联系如图9-22所示。

9.4.2　影响园艺植物呼吸作用的因素

植物在其生命状态下，最基本的表现是一直在进行着呼吸作用，即使是离体的组织，其光合作用极其微弱甚至停滞，但其组织仍然有较为旺盛的呼吸作用。因此，植物组织的呼吸强度常常作为判别其生活状态旺盛与否的重要指标，特别是对于园艺产品而言，很多植物需要保持其活体状态。

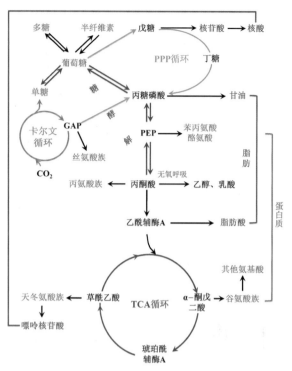

图9-22　植物体内几大结构性物质代谢与呼吸作用关系

呼吸强度（respiratory intensity）是指单位重量活体组织在单位时间内所消耗O_2或释放CO_2的强度。呼吸强度的大小可反映植物体代谢活动的强弱。

不同植物的呼吸强度会有较大差异，呼吸速率一般地表现为：旱生植物<水生植物、阴生植物<阳生植物。即使是同一植物，在不同生长发育时期，其呼吸强度的表现也会有较大差异，通常在幼苗期、开花期等生长旺盛期，植株的呼吸强度较高。同时，在同一植物的不同器官上也常表现出不同的呼吸强度，通常情况下，其生殖器官>营养器官，幼嫩组织>衰老（成熟）组织。

影响植物的呼吸作用的因素主要有温度、湿度、气体环境、机械损伤及植物激素等。

温度对于植物的呼吸有直接的作用。温度上升会提高植物的呼吸强度，其效应常用Q_{10}来表达。Q_{10}即温度系数（temperature coefficient），其定义为

$$Q_{10} = \frac{V_{t+10}}{V_t}$$

式中，V_t、V_{t+10}分别表示植物组织在温度为t和$t+10$时的呼吸强度。通常，植物组织的Q_{10}大小为1.5～2.5。

水分状况对植物组织呼吸的影响是间接的。环境湿度大或体内水分充足时，易使植物生理活动保持较高水平，因此其呼吸强度也会较高，在一些幼嫩组织中表现更是如此。轻度干燥较湿润时可抑制植物组织的呼吸作用。对园艺植物种子贮藏来说，适当的干燥对抑制其呼吸作用、延长种子寿命是非常重要的。

植物组织在O_2浓度较低的情况下，其呼吸强度（有氧呼吸时）会随O_2浓度增大而增强，但O_2浓度增至一定程度时，对呼吸作用的促进作用就会消失。当环境中CO_2浓度较高时，可使植物的脱羧反应减慢，其植物组织的呼吸强度会受到抑制。因此，在园艺生产中，适当降低贮藏环境中的O_2和适当提高CO_2浓度，可以抑制园艺产品的呼吸作用，从而延缓其后熟、衰老过程，并抑制乙烯合成及其产生的伤害。同时，处于土壤中的植物根系，因其呼吸作用和土壤微生物的呼吸作用的叠加，会造成土壤中产生大量CO_2，当土壤通气良好时，这些CO_2会迅速扩散到空气中；而土壤板结时，根圈通气不良，土壤中所积累的CO_2会

使植物根系的呼吸作用受阻。

田间状态下，园艺植物一俟受到机械伤害，最直接的表现就是其呼吸强度加强，生长与发育减缓。这种伤害往往会导致植物组织内乙烯浓度的迅速提升，同时其伤口处也容易受到病菌侵染而引起腐烂。而且，园艺产品多处于鲜活状态，其呼吸强度在采后状态下比未离体时要高很多，从而会大大缩短其保鲜寿命，加速园艺产品的后熟和衰老，以致失去利用价值。

植物的内源激素水平会直接影响到体内的呼吸强度。通常地，生长素和激动素对园艺植物总体作用是抑制呼吸、延缓组织成熟；而乙烯和脱落酸则能促进植物的呼吸、加速组织成熟。因此，植物内源激素在体内的分布及其相对水平直接控制了其代谢的活跃程度，而呼吸强度高低则是其生理活动旺盛与否的重要标志。

园艺植物中部分产品的呼吸强度与乙烯的产生与否有相当大的关系，如一些果品在其成熟过程中往往伴随着乙烯的产生，表现在呼吸强度上会出现由前至后的加强，此现象即为呼吸跃变（respiration climacteric），如西瓜、苹果、香蕉、番茄、西洋梨、无花果等即为呼吸跃变型果实（climacteric fruit）；而有些果品在其成熟过程中则无此现象发生，如黄瓜、葡萄、菠萝、橄榄、杨梅、柑橘等即为非呼吸跃变型果实（non climacteric fruit）。

9.5　园艺植物的次生代谢及其产物

新陈代谢是植物生命活动的基本特征。根据其产物类别可分为三类：以结构和功能性为对象的初生代谢（primary metabolism）、次生代谢（secondary metabolism）和异常次生代谢（abnormal secondary metabolism）。植物体内初生代谢的过程及特点已在本章前面部分有涉及，初生代谢产物在植物中是共同的，而次生代谢产物则具有独特性，在植物中并不是普遍存在的。

园艺植物作为植物中独特的一类，其产品具有与其他栽培植物不同的利用价值。就其特点而言，无疑其次生代谢产物是园艺产品重要的特色——非能量、健康关联、色香味觉，均与其植物的次生代谢过程及产物有直接关系。

植物的次生代谢，是指在植物呼吸作用中间产物（初生代谢）形成基础上的衍生性行为。最终形成一些具有种属特异性的有机化合物，我们称之为次生代谢产物（secondary metabolites）。次生代谢使植物体内的物质代谢变得更为复杂多样（见图9-23）。

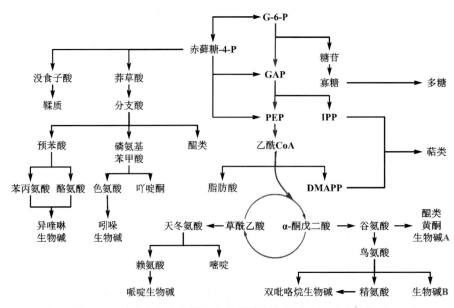

图9-23　植物中的次生代谢与品种呼吸作用的关系及合成节点

次生代谢产物的类型，按照其用途可分为抗生素、维生素、植保素、色素、毒素等；按其化学属性则可归纳为三大类：萜类、酚类、含氮化合物等，所包含的小类则有：酚类、醌类、黄酮类、香豆素、木质素、环氧化物、生物碱、喹啉、糖苷、吲哚、大内环酯、萘、核苷、吩嗪、吡咯、萜类、甾类、皂苷、多肽类、多烯类、多炔类、有机酸等，其种类可达上千种，非常复杂。

9.5.1 园艺植物中主要的次生产物形态及合成

1）萜类化合物

萜［tiē］类化合物（terpenoids），是指具有（C_5H_8）$_n$通式以及其含氧和不同饱和程度的衍生物，可以看成是由异戊二烯以各种方式联结而成的一类天然化合物（见图9-24）。萜类化合物在园艺植物中广泛存在。在植物中，萜类化合物具有重要功能，如赤霉素、脱落酸和昆虫保幼素是重要的激素，类胡萝卜素和叶绿素是重要的光合色素，质体醌和泛醌为光合链和呼吸链中重要的电子递体，甾醇是生物膜的组成成分等。

图9-24　萜类单元——异戊二烯结构

同时，已经发现许多萜类化合物是中草药的有效成分，同时它们也是一类重要的天然香料和色素，是化妆品和食品工业不可缺少的原料。

根据萜类化合物分子中包括异戊二烯单位的数目，可将萜类分为单萜、倍半萜、二萜、二倍半萜、三萜、四萜、多萜等，此外还包含一些由异戊二烯而来的，但分子中碳原子数不是五的整倍数的化合物称为类萜。其中，单萜和倍半萜是挥发油的主要成分；二萜是形成树脂的主要物质；三萜是形成植物皂苷、树脂的重要物质；而四萜多为植物中广泛分布的一些脂溶性色素。

（1）单萜。

园艺植物中常见的单萜类化合物主要有以下几类（其结构见图9-25）。

a. 链状单萜类。常见的有罗勒烯、香叶醇、柠檬醛、香茅醇等。罗勒烯（ocimene）主要存在于罗勒、薰衣草和龙蒿等精油中；香叶醇（牻牛儿醇，geraniol）具有温和、甜的玫瑰花气息，食味有苦感，存在于芸香科的九里香叶、大蒜挥发油、樟科的月桂叶、松藻科刺松藻［*Codium fragile* (Sur.) Hariot.］全藻、唇形科的香薷［*Elsholtzia ciliata* (Thunb.) Hyland.］全草、牻牛儿苗科的牻牛儿苗（*Erodium stephanianum* Willd.）、香叶天竺葵挥发油、禾本科的芸香草［*Cymbopogon distans* (Nees) Wats.］挥发油、蔷薇科的玫瑰挥发油中，具有抗菌、驱虫作用；柠檬醛（citral），呈浓郁柠檬香味，天然存在于柠檬草油、山苍子油、柠檬油、白柠檬油和柑橘类叶油等产物中，并广泛用于饮料、糕点和糖果生产；香茅醇（citronellol）具有两种形态：右旋香茅醇主要存在于芸香油、香茅油和柠檬桉油中；左旋香茅醇主要存在于玫瑰油和天竺葵属植物的精油中，其左旋型比右旋型香气更为幽雅，两者均具甜玫瑰香气。

b. 单环单萜类。常见的有苧烯和薄荷醇等。苧烯（cinene）有类似柠檬的香味，其右旋体天然存在于蜜柑油、柠檬油、香橙油、樟脑白油等；左旋体的有薄荷油等；消旋体的有橙花油、杉油和樟脑白油等，广泛应用于古龙型、茉莉型、薰衣草型以及松木、醛香、木香、果香或清香型的日用品中，具有良好的镇咳、祛痰、抑菌作用。薄荷醇（menthol）中的左旋薄荷醇具有薄荷香气并有清凉的作用，消旋薄荷醇也有清凉作用。左旋薄荷醇大量用于香烟、化妆品、牙膏、口香糖、甜食和药物、涂擦剂（局部止痒、止痛、清凉及轻微局麻和促渗透）等领域。

c. 双环单萜类。常见的有松节油、樟脑和龙脑（冰片）等。松节油（turpentine）为松科针叶树脂的馏出物,有特殊气味,其主要功能为活血通络,消肿止痛;樟脑(camphor)为樟树树干蒸馏物,具通关窍、利滞气、辟秽浊、杀虫止痒和消肿止痛等功效;龙脑(borneol)为菊科艾纳香(blumea balsamifera)茎叶或樟科的龙脑樟枝叶经蒸汽蒸馏可得,气清香,味辛凉,具开窍醒神、清热散毒、明目退翳功效。

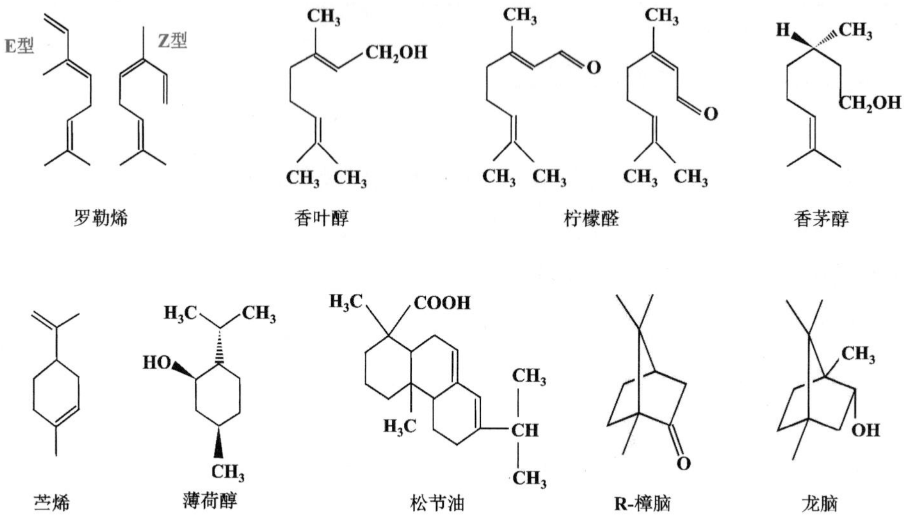

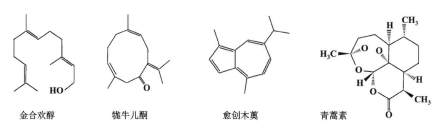

图9-25   园艺植物中常见的单萜类化合物结构式

（2）倍半萜类。

这一类型的萜类化合物,包括常见的具有链状结构的金合欢醇、具有环状结构的牻牛儿酮和愈创木薁[yù]、青蒿素等,其结构如图9-26所示。

图9-26   园艺植物中常见的几种倍半萜类物质的结构式

金合欢醇(acacia alcohol)具特有清香的铃兰花和木香香气,常来源于细毛樟、玉兰花、枇杷叶、铃兰花、茉莉、柑橘类的果皮油、玫瑰油以及绿茶等多种植物材料中,主要用作香料。牻牛儿酮(germacrone)存在于兴安杜鹃(*Rhododendron dauricum* L.)的叶、马兜铃科植物双叶细辛(*Asarum caulescens* Maxim)等多种植物的挥发油中。愈创木薁(guaiazulene)是洋甘菊精油的主体成分,也存在于无花果的根及根皮、九里香叶、兴安杜鹃叶中,具有消炎及促进组织肉芽再生作用、促进烧烫伤创面愈合、防热、防辐射、防皲裂作用。青蒿素(artemisinin)是著名的抗疟成分,其有效基团为中间的过氧桥(—O—O—),若其断裂,则失去活性。青蒿素主要存在于青蒿叶片中。

（3）二萜类。

这一类型的化合物主要包括具有链状结构的植物醇和具有单环的维生素A等,其结构如图9-27A所示。植物醇(phytol)为合成脂溶性维生素K₁、维生素E的中间体,是人体糖脂代谢的稳态调节物质,普遍存在于绿色植物中;维生素A(axerophthol)具有促进人体生长、繁殖,维持骨骼、上皮组织、视力和黏膜上皮正常分泌等多种生理功能，植物中并未含有维生素A，但在红黄色及深绿色蔬菜和水果中有较高的类胡萝卜素（carotenoid）含量，它们在进入人体后可转化为维生素A。类胡萝卜素相对稳定，烹调过程中破坏较少，并且食物的加工和热处理有助于提高植物细胞内胡萝卜素的释出，提高其吸收率，但应避免长时间高温烹饪。人体内能够转化为维生素A的类胡萝卜素为一组四萜类化合物，将在其后涉及。

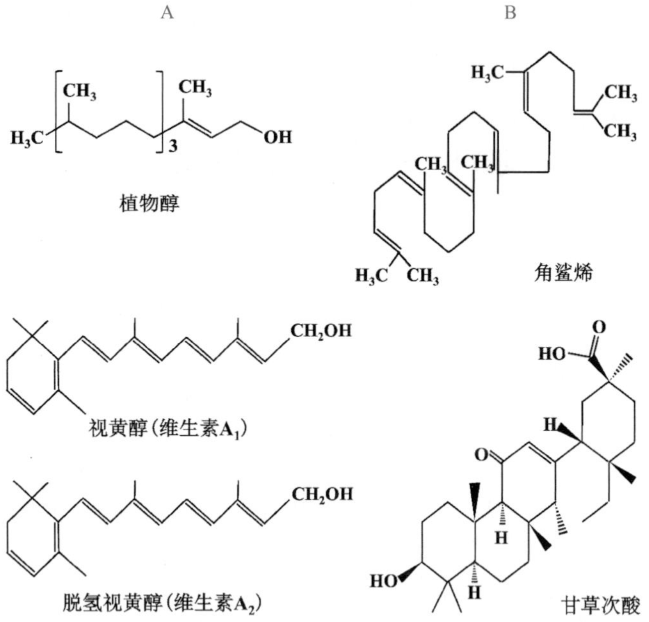

（4）三萜类。

这一类型的化合物主要包括具有链状结构的角鲨烯和具有五环的甘草次酸等，其结构如图9-27B所示。角鲨烯（squalene）的主要功能是耐缺氧和皮肤抗氧化，是非常好的保健品

图9-27　园艺植物中常见的二萜（A）和三萜（B）化合物的结构式

成分，在橄榄、苋菜、油茶、冷杉、棕榈等植物中有较高的含量；甘草次酸（glycyrrhetinic acid）为三萜类皂苷甘草酸（glycyrrhizic acid）的水解产物，其甜度是蔗糖的200多倍，是取代高热量糖分的甜味剂而广受关注。研究表明，甘草酸和甘草次酸均有一定的防癌、抗癌作用，同时对一些病毒具有显著抑制作用。

（5）四萜类。

这一类型的化合物包括一些在植物中存在较为普遍的色素，如α-胡萝卜素、β-胡萝卜素、γ-胡萝卜素以及番茄红素等类胡萝卜素（其结构见图9-28），均为具有共轭多烯长链的四萜类化合物，种类有上千种，其颜色也从黄色到红色各异。

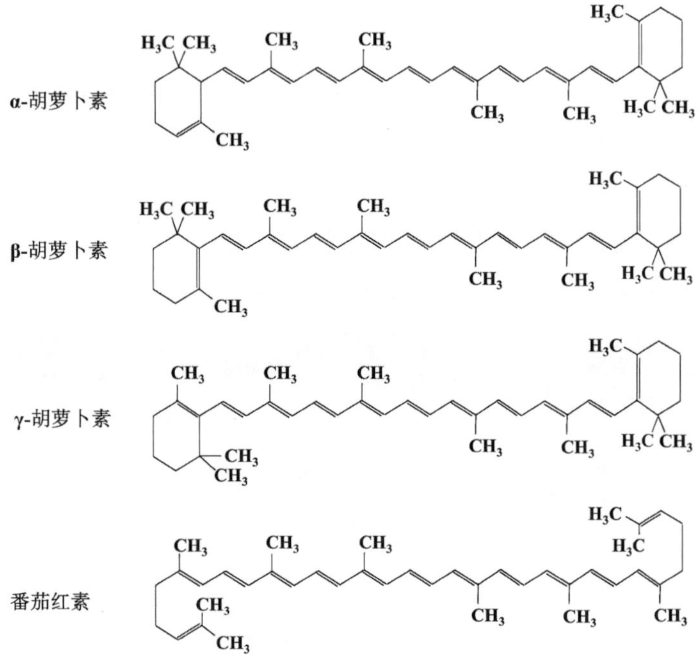

图9-28　园艺植物中常见的类胡萝卜素化合物结构式

大多数高等植物中普遍含有较多的β-胡萝卜素,南瓜和胡萝卜等植物中也含有相对较少量的α-胡萝卜素,γ-胡萝卜素在植物中的含量较低。胡萝卜素可以维持人类眼睛和皮肤的健康,改善夜盲症、皮肤粗糙状况,有助于身体免受自由基伤害。

此外,胡萝卜素族中常见的色素还有叶黄素(lutein)和番茄红素(lycopene)等。

现已证明,番茄红素同为胡萝卜素的异构体,在清除自由基方面的效果远胜于其他类胡萝卜素和维生素E,通常在成熟的红色果实中有较高含量,尤以番茄、胡萝卜、西瓜、木瓜及番石榴等中较高。番茄红素既可用作色素,也可用作抗氧化保健食品原料。

叶黄素在蔬菜、水果和花卉类植物中广泛存在,其中以绿叶类蔬菜如羽衣甘蓝、菠菜、韭菜、不结球白菜、芹菜叶、芫荽等产品中含量较高,其次在一些橙黄色果实如木瓜、南瓜、柑橘类、枸杞和桃子等果实中也有较高的含量。叶黄素对人体的生理作用同其他胡萝卜素,其结构如图9-29所示。

园艺植物中的许多叶黄素还以其酯类形式存在,其中包括比较常见的肉豆蔻酸、月桂酸和棕榈酸等,以万寿菊中含量最高,其提取物叶黄素酯多用于白内障预防。

此外,辣椒红素也较为常见,为一种橙黄至橙红的天然红色素,有辣椒香气但无辣味,广泛用于食用色素添加,其结构如图9-29所示。

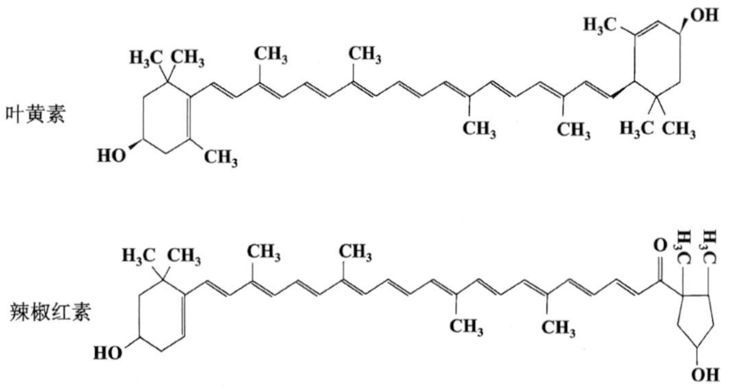

图9-29　园艺植物中其他几种常见类胡萝卜素化合物结构式

2) 酚类化合物

酚类化合物(phenolic compound)广泛存在于植物中,大多具有香气。通常将其分为两类:类黄酮化合物(flavonoids)和非类黄酮化合物(non-flavonoids)。

类黄酮化合物组成低的相对分子质量的多酚基,可再分为黄酮类(flavones)、黄酮醇(flavonol)、二氢黄酮类(flavonones)、二氢黄酮醇类(flavanonol)、花色素类(anthocyanidins)、黄烷-3,4-二醇类(flavan-3,4-diols)、双苯吡酮类(xanthones)、查尔酮(chalcones)和双黄酮类(biflavonoids)等。类黄酮化合物具有多种生物学作用,已被证实具有抗炎症、抗变态反应、抗病毒和抗癌症特性等。类黄酮化合物多存在于植物果实和种子内。类黄酮的苷元及其常见化合物结构参数分别如图9-30和表9-1所示。

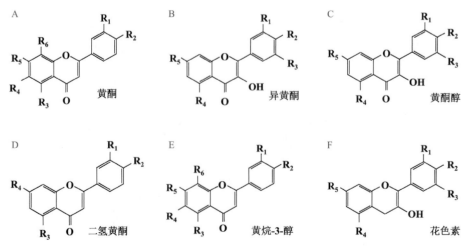

图9-30　园艺植物中常见黄酮类物质苷元结构式

表9-1　园艺植物中常见类黄酮物质的结构参数

苷元	化合物	R1	R2	R3	R4	R5	R6
A	芹菜素	H	OH	OH	H	OH	H
	黄芩素	H	H	OH	H	OH	H
	野黄芩素	H	OH	OH	OH	OH	H
	白杨素	H	H	OH	H	OH	H
	汉黄芩素	H	H	OH	H	OH	OCH3
B	大豆苷元	OH	OH		OH		
	染料木素	OH	H		OH		
C	槲皮素	OH	OH	H	OH	OH	
	良姜黄素	H	H	H	OH	OH	
	山柰酚	H	OH	H	OH	OH	
	漆黄素	OH	OH	H	H	OH	

苷元	化合物	R1	R2	R3	R4	R5	R6
C	异鼠李素	OCH3	OH	H	OH	OH	
	杨梅黄酮	OH	OH	OH	OH	OH	
D	橙皮素	OH	OCH3	OH	OH		
	柚皮素	H	OH	OH	OH		
	甘草素	H	OH	H	OH		
E	+儿茶素	OH	OH	OH	OH		
	-表儿茶素	OH	OH	OH	OH		
F	矢车菊素	OH	OH	H	OH	OH	
	飞燕草素	OH	OH	OH	OH	OH	
	天竺葵素	H	OH	H	OH	OH	

　　除了药学价值外，黄酮类物质也是一些饮料植物如茶、咖啡风味的关键成分；在葡萄酒中含量也较高；同时黄酮类也可用作色素。

　　非类黄酮化合物多存在于植物细胞的液泡中，为酚类衍生物，常见的如丁香酚、百里香酚以及单宁酸等，其结构特点如图9-31所示。丁香酚（eugenol）具抗菌、麻醉和降血压作用，常用于制造香水、香精、精油、修饰剂和定香剂或作为局部麻醉药物成分。丁香酚具强烈丁香气味，其以愈创木酚为前体合成，在丁香、桂皮、柴桂、肉豆蔻、罗勒、丁香罗勒、蜜蜂花（*Melissa parviflora* Benth）、莳萝等植物中有较高含量。百里香酚（thymol）常用作香料和药物，可用于皮肤霉菌和癣症，也可作为香烟添加剂，天然存在于唇形科植物百里香草、麝香草、牛至、香青兰、粗果芹种子中。单宁酸（tannic acid）可用作收敛剂，以达到紧致肌肤、祛痘目的，很多园艺植物均含有单宁酸，特别在苹果、梨、柿子、五倍子、石榴和很多未成熟果实中有较高含量。

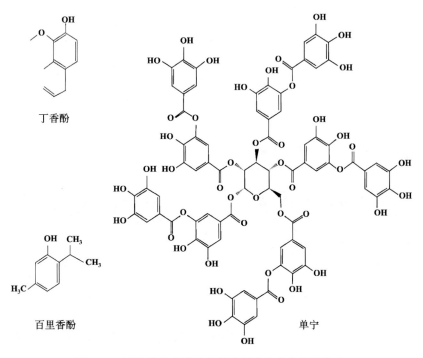

图9-31　园艺植物中常见非类黄酮酚化合物的结构式

3）含氮化合物

园艺植物次生代谢产物中有很多种类的含氮化合物,最主要的类别有生物碱、非蛋白氨基酸、含氰苷、芥子油苷和糖苷等。

（1）生物碱。

生物碱有很多种,按其化学结构类别又可分为有机胺类、吡咯烷类、吡啶类、异喹啉类、吲哚类、莨菪烷类、咪唑类、喹唑酮类、嘌呤类、甾体类、二萜类和其他类等。

绝大多数生物碱分布在高等植物,尤其是双子叶植物中,如毛茛科、罂粟科、防己科、茄科、夹竹桃科、芸香科、豆科、小檗科等;极少数生物碱分布在低等植物中。

同科同属植物可能含相同结构类型的生物碱。一种植物体内多有数种甚至数十种生物碱共存,且它们的化学结构有相似之处。

a. 有机胺类（amines）。其结构特点为氮原子不结合在环内,其合成的前体是色胺酸。常见种类有麻黄碱、益母草碱、秋水仙碱等,其结构如图9-32A所示。麻黄碱（ephedrine）存在于麻黄等植物叶片中,可用于防治哮喘,并具有麻醉作用;益母草碱（leonurine）存在于唇形科植物细叶益母草叶、益母草和艾蒿益母草全草中,具有活血化瘀、利水消肿的作用;秋水仙碱（colchicine）主要存在于一些百合科等植物中,能抑制细胞有丝分裂、抑制癌细胞的增长,临床上用来治疗癌症、痛风等症;在生物学上具有抑制有丝分裂、诱变多倍体等用途。

b. 吡咯烷类（Pyrrolidine）。可用于制备药物、杀菌剂、杀虫剂等,常见的有古豆碱、千里光碱、野百合碱等,其结构如图9-32B所示,合成前体为丝氨酸或鸟氨酸。古豆碱（palaein）常用于治疗胃溃疡及各种胃肠道疾病所致痉挛性疼痛等,多存在于灯笼草、莨菪和一些茄科植物中。千里光碱可能为致癌物质,存在于千里光及一些菊科植物中。野百合碱（monocrotaline）存在于豆科植物紫花野百合（*Crotalaria sessiliflora* L.）及猪屎豆（*Crotalaria pallida* Ait.）等中,主要用于局部、外敷治疗皮肤癌等。

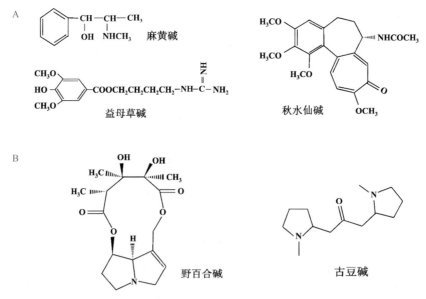

图9-32 园艺植物中几种常见有机胺类（A）和吡咯烷类（B）化合物结构式

c. 吡啶类（Pyridine）。常见种类有烟碱、槟榔碱、半边莲碱等,以鸟氨酸为合成前体,主要用于制药材料,其结构如图9-33A所示。烟碱（nicotine）是一种存在于茄科植物的生物碱,也是烟草的重要成分。

槟榔碱（arecoline）滴眼可用于青光眼治疗，也用作驱绦虫药，主要存在于棕榈科植物槟榔果实中。半边莲碱（lour）有凉血解毒、利尿消肿之功效，也可作为戒烟药。

d. 异喹啉类（Isoquinoline）生物碱。广泛分布于罂粟科、毛茛科和防己科植物中。罂粟生物碱源于罂粟植物，吗啡（morphine）、可卡因（cocaine）、小檗碱（berberine）等都是一些重要的异喹啉生物碱，其结构如图9-33B所示。这些物质具有多方面生物活性，包括抗肿瘤、抗菌、镇痛、调节免疫功能、抗血小板凝聚、抗心律失常、降压等。

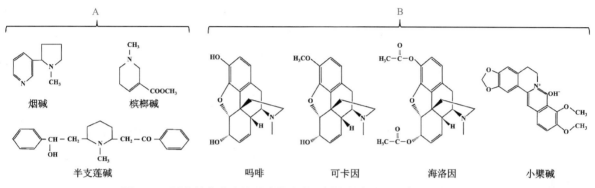

图9-33　园艺植物中常见吡啶类（A）和异喹啉类（B）化合物的结构式

e. 吲哚类（Indoles）生物碱。其合成前体为色氨酸，按其结构特性又可分为简单吲哚类，如蓼蓝中的靛青苷（Indican）等；色胺吲哚类，如吴茱萸中的吴茱萸碱（evodia）；单萜吲哚类，如萝芙木中的蛇根碱（serpentine）、马钱（*Strychnos nuxvomica* L.）、海南马钱（*S. hainanensis* Merr. et Chun）中的番木鳖碱（strychnine）等；双吲哚类，如长春花、夹竹桃中的长春碱（vinblastine）和长春新碱（vincristine）；植物内源激素中的生长素（auxin）也属此列，其结构式如图9-34所示。

靛青苷可用作染料，并具有抗氧化功效；吴茱萸碱具散寒止痛、降逆止呕、助阳止泻功效；蛇根碱是著名的降血压药物利舍平；番木鳖碱（药名士的宁）临床用于轻瘫或弱视的治疗；长春碱和长春新碱则具有抗癌作用。

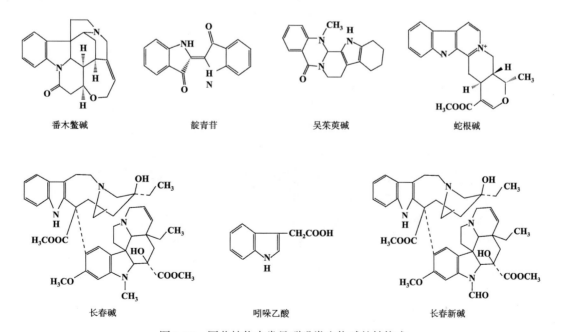

图9-34　园艺植物中常见吲哚类生物碱的结构式

　　f. 莨菪烷类（tropane）生物碱。主要集中在茄科的几个属植物中有较高的含量，常见的有莨菪碱（hyoscyamine）、东莨菪碱（scopolamine）、山莨菪碱（anisodamine）和阿托品（atropine）等，其结构如图9-35所示，生物合成前体为苯丙氨酸和酪氨酸等。这类生物碱主要用作解除平滑肌痉挛、缓解呼吸抑制、麻醉镇痛、控制帕金森症的僵硬和震颤等。

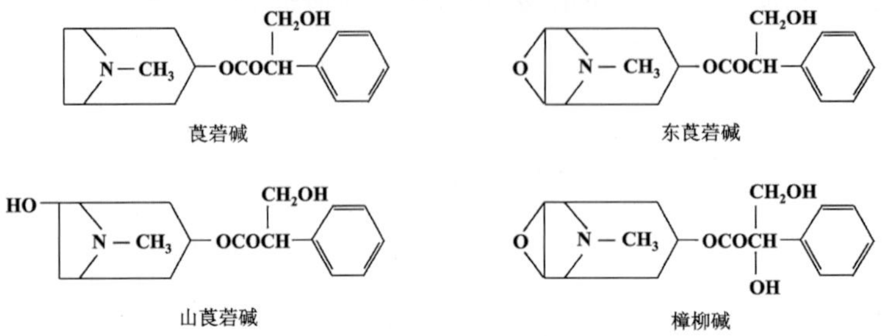

图9-35　园艺植物中几种常见莨菪烷类生物碱化合物结构式

　　g. 咪唑类。常见的毛果芸香碱（pilocarpine），可治疗原发性青光眼，其结构如图9-36所示。

　　h. 喹唑酮类。常见的种类常山碱（dichroine）是常用的抗疟药，其结构如图9-36所示。

　　i. 嘌呤类。常见的咖啡因（caffeine）、茶碱（theophylline）在茶叶、咖啡果中有极高的含量，其生物合成是以谷氨酸为前体的。这类生物碱的作用为祛除疲劳、兴奋神经，临床上可用于治疗神经衰弱和昏迷复苏，如结构如图9-36所示。

图9-36　园艺植物中常见咪唑类、喹酮类和嘌呤类生物碱的结构式

　　j. 甾体类生物碱。常见的有茄碱（solanine）、浙贝母碱（peimine）、澳洲茄碱（solasonine）等，其生物合成前体为异戊二烯，其结构如图9-37所示。这类生物碱具有抑制血管紧张素转换酶活性、降血压和镇咳祛痰功效。

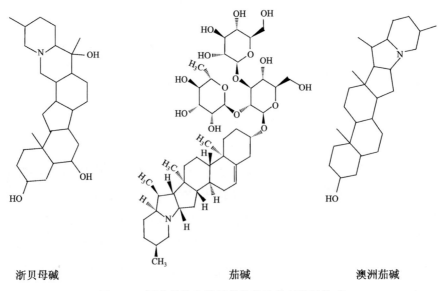

图9-37　园艺植物中常见甾体类生物碱的结构式

k. 其他较为常见的生物碱。如乌头碱(aconitine)是存在于川乌、草乌、附子等植物中的主要有毒成分；而硬飞燕草碱(delsoline)则具有明显松弛平滑肌作用，是治疗急性菌痢、肠炎的有效成分；雷公藤碱(wilforgine)具祛风除湿、活血通络、消肿止痛、杀虫解毒功效；奎宁(quinine)是著名的抗疟药。其结构如图9-38所示。

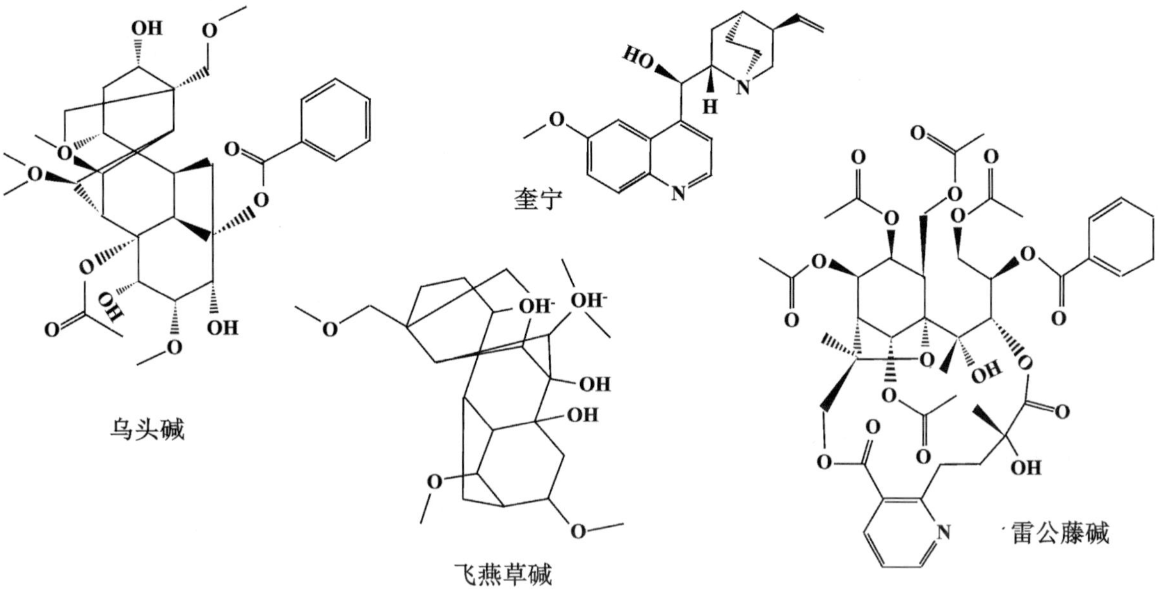

奎宁

乌头碱

飞燕草碱

雷公藤碱

图9-38 园艺植物中其他常见生物碱的结构式

（2）非蛋白氨基酸。

非蛋白氨基酸(nonprotein amino acid)，是指除组成蛋白质的20种常见氨基酸以外的含有氨基和羧基的化合物。非蛋白质氨基酸多以游离或小肽形式存在于植物体各种组织或细胞中，是食用性园艺植物风味品质中重要的影响因素。目前在植物中发现的非蛋白氨基酸已达240多种。这一领域研究相对滞后，但却是园艺领域非常有前途的生长点，是其品质育种和产品功能性开发的基础。

非蛋白氨基酸种类较多，常见的有牛磺酸、γ-氨基丁酸、茶氨酸、南瓜子氨酸、L-多巴、D-青霉胺、D-环丝氨酸抗菌、D-苯基甘氨酸和D-4-羟基苯甘氨酸、香豌豆碱、含羞草氨酸、使君子氨酸、尿嘧啶丙氨酸等，其结构如图9-39所示。

牛磺酸(taurine)很少存在于植物中，在此不做讨论。

γ-氨基丁酸(γ-aminobutyric acid, GABA)存在于如大豆属、人参属等植物的种子、根茎和组织液中，是一种重要的抑制性神经递质，可参与多种代谢活动，具有很高的生理活性。

茶氨酸(L-theanine)是茶叶中特有的氨基酸。研究证明，茶氨酸可以明显促进脑中枢多巴胺(dopamine)释放，提高其生理活性，从而对人的精神和感情发生影响。

南瓜子氨酸(cucurbitacin)具有抗寄生虫、降低血清和组织中的胺浓度作用，可用于治疗变态反应引起的过敏症。

L-多巴［L-(−)-α-methyldopa］是一种特殊的丙氨酸衍生物，为β-受体阻滞型心血管药物，对原发性和肾性高血压有良好疗效。

D-青霉胺(penicillamine)为二甲半胱氨酸，是治疗类风湿性关节、系统性硬皮病、原发性高血压、心功能不全的有效成分。

D-环丝氨酸(D-cycloserine)具抗菌功效,可用于耐药性结核杆菌的感染治疗。

紫杉醇注射液中含有(2R,3S)-苯基异丝氨酸[(2R,3S)-3-phenylisoserine]具抗癌作用,常用作化疗药物。

D-苯基甘氨酸(D-phenylglycine)和D-4-羟基苯甘氨酸(D-4-hydroxyphenylglycine)分别用于半合成广谱抗生素氨苄西林和阿莫西林。

此外还有如刀豆氨酸(L-canavanine)、含羞草氨酸(leucenol),均对人体有毒性;使君子氨酸(quisqualate)可使人麻痹;尿嘧啶丙氨酸(willardin)则用于治疗癌症。

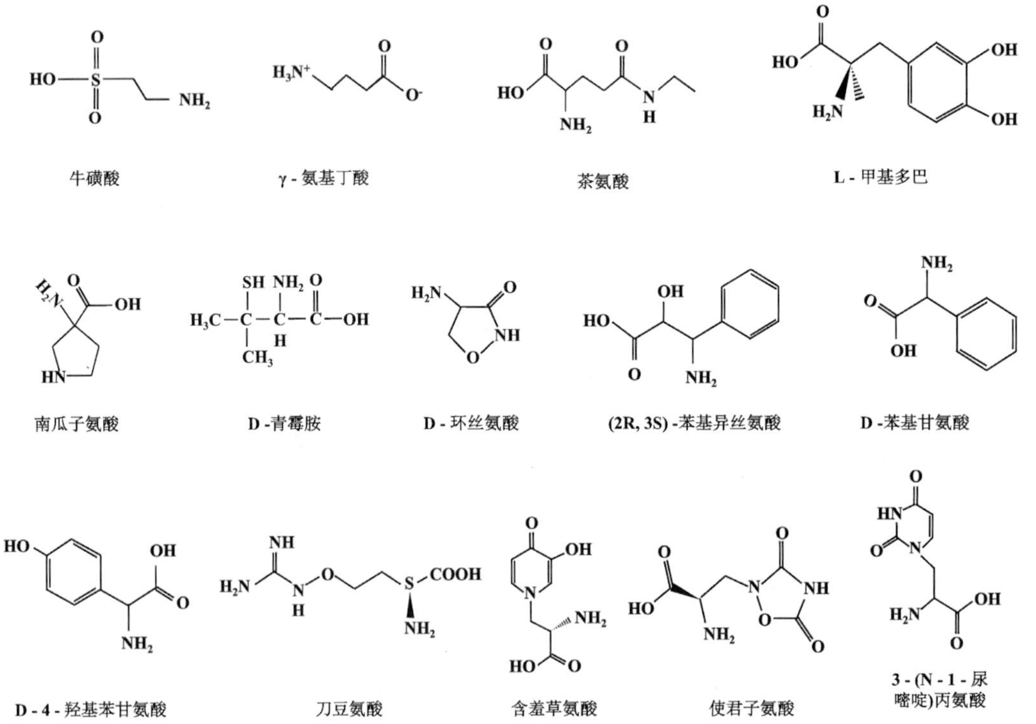

图9-39 园艺植物中常见非蛋白氨基酸的结构式

4) 其他次生代谢产物

除前述三大类次生代谢产物外,园艺植物所涉及的次生代谢产物还有有机酸、多炔类和香豆素等类别。

有机酸是园艺植物中较为常见的成分,其种类与数量直接决定着鲜食园艺产品的口感。有机酸在植物的叶、根,特别是果实中多有分布。常见的植物有机酸有:脂肪族的一元、二元、多元羧酸,如甲酸、乙酸、乳酸、酒石酸、草酸、苹果酸、柠檬酸、抗坏血酸、麦根酸、番石榴酸等;芳香族有机酸,如苯甲酸、对羟基苯甲酸、香草酸、香豆酸、绿原酸、水杨酸、咖啡酸、阿魏酸、对羟基肉桂酸、丁香酸、芥子酸、绿原酸等、莽草酸。除少数以游离状态存在外,一般都与K、Na、Ca等结合成盐,有些则与生物碱类结合成盐。脂肪酸可与甘油结合成酯或与高级醇结合成蜡,有些有机酸还是挥发油与树脂的组成成分。

甲酸(formic acid)、乙酸(acetic acid)作为植物代谢的基本原料而存在,常与矿质元素形成盐,并调节体内pH值水平;而乳酸(lactic acid)则是植物在缺氧时体内会有一定积累,常在根部出现。在水果和蔬菜中往往含有大量酒石酸、柠檬酸、抗坏血酸、草酸、苹果酸等有机酸,不仅关系到产品风味,同时也是产品内矿质元素含量较高的根本原因。

酒石酸(tartaric acid)存在于多种植物中,如葡萄和酸角(*Tamarindus indica* L.)等许多果实中,是葡萄酒中主要的有机酸之一。由于其具有很好的抗氧化作用,因此在饮料中常有添加,其本身具有一定的酸味。柠檬酸(citric acid)也广泛存在于许多果品中,其用途非常广泛,通常作为食品酸味剂、抗氧化剂、pH值调节剂用于清凉饮料、果酱和糕点中;用于医药时主要作为抗凝血剂、解酸药、矫味剂、化妆品等使用。抗坏血酸(ascorbic acid)是食用园艺产品中非常有价值的营养成分,作为高效抗氧化剂参与人体内许多重要合成过程,且具有消除自由基、美白淡斑功效,在健康方面起到预防缺铁性贫血作用。草酸(oxalate)普遍存在于园艺植物中,尤以菠菜、苋菜、甜菜、马齿苋、芋头、甘薯、大黄、秋海棠、芭蕉等植物中含量更高。草酸会降低矿质元素的生物利用率,在人体中容易与Ca^{2+}形成草酸钙导致肾结石。苹果酸(malic acid)在植物中普遍存在,多为天然L型,在各种果实中含量较多,以仁果类中为最多。苹果酸具有抗氧化作用,可保护抗坏血酸和一些色素分子不被分解,常用作为饮料添加剂调节酸味,同时也作为糕点等的絮凝剂以及食品保鲜剂。这些植物有机酸的结构如图9-40所示。

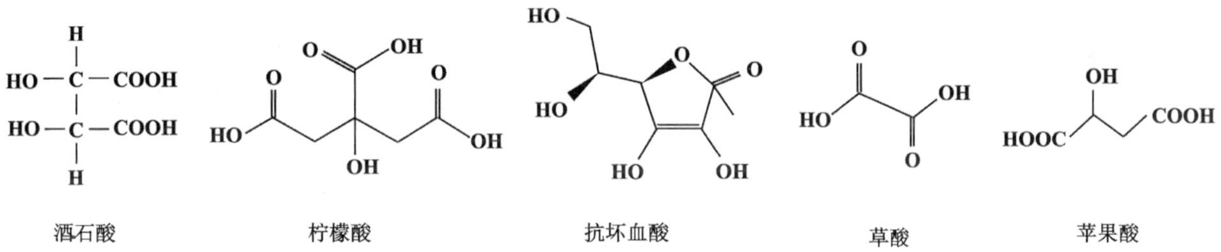

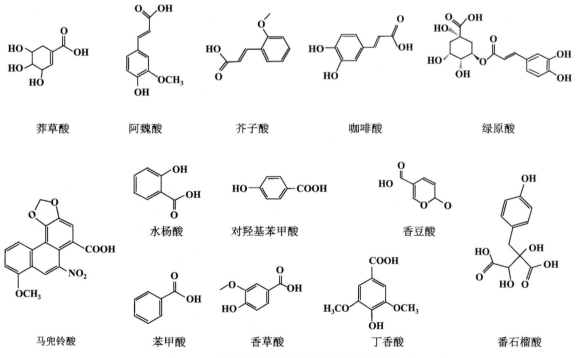

图9-40　园艺植物中常见脂肪族有机酸的结构式

作为植物中另外一类的芳香族有机酸,种类也非常多。常见的有莽草酸、咖啡酸、芥子酸、阿魏酸、绿原酸和马兜铃酸等(见图9-41)。

图9-41　园艺植物中常见芳香族有机酸的结构式

莽草酸(shikimic acid)是从八角茴香中提取的一种单体化合物,有消炎抗病毒(禽流感)、镇痛、抗血栓作用,但其有较强毒性。咖啡酸(caffeic acid)可在化妆品中安全使用,有较广泛的抑菌和抗病毒活性,能吸收紫外线。芥子酸(sinapic acid)广泛存在于植物中,以芸薹属植物的种子中含量最高,是食用芥末的主要成分,与咖啡酸为反式异构体,常用作日化香精。阿魏酸(ferulic acid)在伞形科植物阿魏、川芎、当归根茎、卷柏状石松全草、木贼全草、毛茛科植物升麻根茎、洋葱全株、萝卜根、梓树皮、黄菊、叶子花根和酸枣仁等中有很高的含量,其作用主要为抗辐射、抗氧化和抗菌抗病毒方面。绿原酸(chlorogenic acid)是咖啡酸和奎宁酸的缩合物,普遍存在于植物中,其中以杜仲叶、忍冬、金银花的花蕾、山楂果实、千屈菜花、坡柳、欧亚水龙骨根茎、假败酱根、甘蓝类茎叶、萹蓄全草、茜草、蓬子菜全草、蒴翟全草、甘薯叶、咖啡种子、牛蒡叶根中居多。绿原酸为重要生物活性物质,具抗菌、抗病毒、增高白细胞、保肝利胆、抗肿瘤、降血压、降血脂、清除自由基和兴奋中枢神经系统等作用。马兜铃酸(aristolochic acids)有较强的肾毒性,易导致肾功能衰竭,其在马兜铃、关木通、广防己、细辛、天仙藤、青木香、寻骨风等植物中含量较高,目前在关木通、广防己、青木香上已取消药用标准。

水杨酸(salicylic acid)广泛存在于植物中,是主要的根系分泌物,对于植物体内信号传导有特殊意义。水杨酸具有解热、镇痛作用,常用作食品防腐剂、染料以及作为消毒剂和药品等。苯甲酸(benzoic acid)广泛存在于植物中,有时以游离酸和苄酯或甲酯形式存在。苯甲酸主要用于抗真菌及消毒防腐,常与水杨酸联合用于治疗皮肤真菌类病。对羟基苯甲酸(p-hydroxybenzoic acid)为水杨酸的异构体,有很强的抗细菌性,常用作食品防腐剂。香草酸(vanillic acid)广泛存在于植物中,在香荚兰豆、香子兰荚、爪哇香毛油等植物及精油中含量较高,具有抗细菌和真菌作用。香豆酸(coumalic acid)主要存在于禾本科植物的茎中,其在植物体内的作用为强化细胞壁,具有较强的抗菌能力和抗突变活性。番石榴酸(piscidic acid)在一些热带水果中含量较多,其主要用作开胃、抗氧化等。丁香酸(syringate)普遍存在于植物中,以绒线草、杜鹃属、茴香、乌蕨、蜀葵和栎等植物中含量较高。丁香酸常用于医药、香料、农药化学和有机合成等,具较强的抗菌能力,且有镇静和局部麻醉功效。

9.5.2 特殊物质与产品风味

正如我们在第5章中讲到的,园艺植物中从其产品利用特性而言,作为有别于禾谷类植物产品的特色,一方面体现在其产品含有大量的矿质、维生素、纤维素和水分,构成了其独特的营养价值;另一方面,其色素成分、香味成分和其他一些活性成分则构成了另类的观赏和药用价值。

第 10 章
园艺植物的发育

10.1 植物的生命周期与发育过程

10.1.1 植物发育的概念

狭义的植物发育（development）是指植物个体的细胞和器官自身的发端、形成和衰老等过程。广义的植物发育是指植物的个体发育，即植物生命所经历的全过程，从受精卵的最初分裂开始，经过种子萌发、营养体形成、生殖体形成、开花、传粉和受精、结实等阶段，直至衰老和死亡。面向植物生产的发育则通常以种子萌发为开始阶段。

无论是狭义还是广义，植物的发育完全建立在分化基础上，因此发育实际上包含了两大过程，即分化和生长。在第8章中我们已就生长问题做过讨论，生长是指植物细胞、组织和器官在体积与重量上的不可逆增加过程。分化（differentiation）是指在生长过程中发生的细胞特化，并形成新的组织和器官的过程，即从某一属性的细胞群转变成结构、功能上与之前不同的新的细胞类型，从而出现新的组织或器官，如由薄壁细胞分化成厚壁细胞、木质部、韧皮部等；细胞分化的结果是建成各种组织和器官，如从营养体到生殖体的转变即花芽分化等。

植物的一生即一个生命周期（life cycle），不同的种类有着较大不同。园艺植物中，果树等植物中很多属于多年生植物（perennials），它们是指完成其整个生命周期所需过程中会出现多个不完整循环过程，最后才衰老死亡的一类植物。而与此对应的大多数园艺植物，多为一二年生植物（annual & biennial plants）。一年生植物是指在同一生长季即可完成其生命周期的植物类型；二年生植物即为需要在两个不同的生长季才能完成生命周期的植物类型。不同类型园艺植物的生命周期如图10-1A、B所示。

值得注意的是，在做这一划分时实际上与年度无关。多年生植物即使进入成熟期之后，每个循环中都会有开花、结果，并形成种子，但并未就此引起植株的衰老和死亡；而一二年生植物则不然，它们在开花结实并形成种子后植株便会衰老死亡。再者，一二年生植物间的差距也不是用年度来衡量的，如二年生植物在一个日历年度内经历两个不同

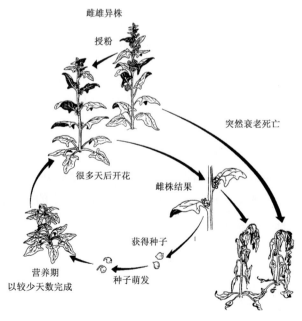

图10-1A　二年生草本植物——菠菜的生命周期
（引自 Janick）

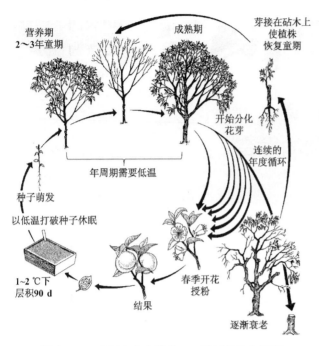

图 10-1B　多年生木本植物——桃树的生命周期
（引自 Janick）

生长季（前后在温度和日长等方面有截然不同）也可以完成其生命周期；同时，如果一年生植物在一个相对恒定的气候条件下，无论其生长跨越几个年度，只要不改变气候条件即能开花结果，它仍然属于一年生植物。

由此，我们可以把园艺植物的整个生命周期划分为若干个生长发育阶段。

1）种苗期（seedling stage）

该发育阶段是指从种子萌发开始直到幼苗能够达到自养的阶段，此期间以种子内贮藏养分的代谢来提供小植株的一系列分化所需能量和物质需求。

2）营养生长期（vegetative stage）

该发育阶段是指植株自真叶形成开始依靠自身光合作用提供物质与能量来源，开展新的一系列分化，产生大量新根、新茎（枝条、芽）和新叶的过程。在一二年生园艺植物中，营养生长所需时间维持不长；而在多年生植物中，这一时期也称之为童期（juvenile），其时长需维持 2 ～ 3 年甚至更久。

在这一阶段，植株的茎端已开始分化并形成花芽，完成了由营养生长期向生殖生长期的转化准备。

3）生殖生长期（mature stage）

该发育阶段是指植物开始开花到结果并形成种子的整个再生阶段。

对一二年生植物而言，其生命周期只经历一次生殖生长阶段；而对于多年生植物来说，在进入植株衰老期之前，植株会连续进行多个生殖生长循环，有些植物可长达几十年甚至上百年，图 10-2 所示的酿酒葡萄树的树龄已高达百年以上，但植株仍可开花结果。

图 10-2　现存百年老藤酿酒葡萄树
（引自 sohu.com）

4）衰老期（senescence stage）

该发育阶段指植物在形成种子后分生组织停止分化，叶片枯死，进入生理机能停滞状态的时期。对多年生木本果树等植物来说，可通过对茎干的短截，其近根部位置的隐芽可能萌发，或采取嫁接方式，使老株获得新生。

10.1.2　植物细胞的分化

细胞的分化是一个非常复杂的过程，也是当今生物学研究的热点之一。由一个细胞发育成植物体的各种细胞，在形态、结构和功能上会出现明显差异，这与细胞的分化有关。细胞在特定条件下，可以分化成多种功能细胞，这完全依赖于植物细胞在其遗传信息持有上的全面性，亦称细胞全能性（cell totipotency）。

细胞分化(cell differentiation)是指在个体发育中,由一个或一种细胞增殖产生的后代,在形态、结构和生理功能上向着不同方向稳定变化的过程。细胞分化的结果,形成一群在形态上相似、结构上相同且具有特定功能的细胞群即组织(tissue)。

因此,植物的发育过程可以表达为以下流程:

$$细胞分化 \rightarrow 组织 \rightarrow 器官 \rightarrow 系统 \rightarrow 植物个体$$

植物中的每个细胞均具有完全相同的遗传物质,即细胞所具有的全能性(totipotency),但在不同细胞状况下其遗传表达却具有相当大的差异,因而会导致分化结果的不同。通常情况下,植物的细胞分化会受到很多内外因素影响,如细胞自身的极性、植株内源激素及某些特定化学成分的相对水平,以及细胞的空间位置和环境要素诸如光照、温度、压力、水分等均可能在不同程度上影响植物体细胞的分化走向。

植物细胞的分化过程及其机理非常复杂,我们简要地从单细胞分化到多细胞分化进行讨论。首先,单细胞的分化,包括一些非常复杂的指令使其开始或停止,其控制在于遗传物质;多细胞的分化是通过细胞间与细胞内的分化生长结果实现的,具有顺序性和系统性,并以细胞分裂时的减数分裂来保持其遗传上的连续性。然而,具有相同遗传背景的细胞在分化上却表现得很神秘,而这一过程完全受制于细胞在遗传上的控制能力及其外在环境的影响。多细胞的分化需要系统间的统筹。

高等植物体内的细胞分化,往往需要细胞间的信号传递以保持细胞间作用的协同性。这类物质是由植物的内源激素来完成的。

10.2 内源激素与植物发育

植物体内能够自主合成的激素物质,称为内源激素(internal hormone);而将人工合成的、能起与内源激素相似作用的物质,称为植物生长调节剂(plant growth regulator)。此处仅讨论植物内源激素。

10.2.1 植物生长素

植物生长素(auxin)是一类最简单的与细胞分化相关联的内源激素。生长素中最重要的化学物质为3-吲哚乙酸(3-indoleacetic acid, IAA),其结构式如图10-3所示。生长素最为基本的作用在于它能使细胞伸长,并控制着器官的顶端优势(apical dominance),具有调节茎生长速率、抑制侧芽和促进生根等作用。

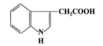

图10-3 IAA的结构式

生长素在植物体内的合成部位往往在于组织的先端,如茎尖和根尖,而且它们在体内的分布是不均匀的。生长素在低等和高等植物中普遍存在,其主要集中在幼嫩、生长迅速的部位,而在成熟的、衰老的器官中含量极低。生长素会随着植物发育阶段进行体内的运输,通常只能从植物的形态上端(根尖分生区或芽)向下端(茎)运输,而不能相反,这种运输方式称为极性运输(polar transport),其运输速度远大于扩散。

现已证明,过高的IAA浓度会抑制细胞和组织的生长,其临界浓度对不同的植物器官表现是不同的(见图10-4),IAA对营养器官的纵向生长促进或抑制作用,如对芽、茎、根三种器官,随着浓度升高,器官生长递增至最大值,此时生长

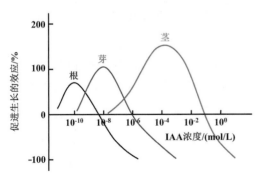

图10-4 IAA浓度对植物根、茎、芽生长的影响

素浓度为最适浓度；当超过最适浓度时，器官的伸长即会受到抑制。不同器官的最适促进浓度不同，茎端最高，芽次之，根最低，其最适作用浓度分别为 1×10^{-4} mol/L、1×10^{-8} mol/L 和 1×10^{-10} mol/L。所以能促进主茎生长的浓度往往对侧芽和侧根生长则有抑制作用。

生长素对植物器官形成的作用，明显表现在促进根原基形成及生长上。苗木插条在其基部会产生不定根，这对木本植物如果树和部分花卉等植物来说非常重要。其发生主要由次生韧皮部组织分化而来，有时也可由其他组织分化形成，如形成层、维管射线及髓部等。在促进木本植物生根方面，以生长素类中的吲哚丁酸（IBA）效果最好。

除此而外，生长素还具有抑制花和果实脱落的效应，这取决于花柄或果柄近轴端和远轴端生长素的浓度梯度。当远轴端生长素浓度高时，花或果实则不会轻易脱落。

10.2.2 赤霉素

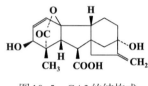

图10-5 GA3的结构式

赤霉素（gibberellins, GAs）是一类重要植物内源激素，它参与了植物生长发育的多个生物学过程，其结构式如图10-5所示。目前这一类别已发现有60余种，在开花植物中多种赤霉素可能同时存在，其羟化形态的活性往往比二氢赤霉素要低。赤霉素常存在于高等植物中的幼根、幼叶、幼嫩种子和果实等部位。

植物内源赤霉素的种类、数量和化学形态会因植物发育时期而异。GA与生长素不同，其运输无极性，通常在根尖合成时可沿导管向上运输；而嫩叶中产生的则可沿筛管向下运输。不同植物间在GA的运输速度上差异很大。

赤霉素对细胞分生的影响主要体现在其对分生区以下区域细胞的增大和分裂促进上。最为惊人的是它可以使矮性植株变成正常（蔓性）植株（见图10-6），同时对于莲座叶丛植物（rosette plant），GA均能使其冠状茎产生出花茎（stalk）即抽薹（bolting）。

在园艺生产上，常用赤霉素来提高茎叶类蔬菜的产量。同时，对于一些二年生植物，GA也常用作取代低温促进其提早开花。同时，GA还用来促进果实发育和单性结实、打破块茎和种子的休眠（breaking dormancy），促进发芽。

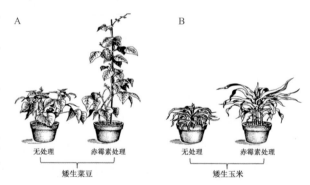

图10-6 GA能使矮性植物转换成正常植株
A. 矮生菜豆处理浓度20 μg/L；B. 矮生玉米处理浓度60 μg/L
（引自Janick）

10.2.3 细胞分裂素

细胞分裂素（cytokinin）是一类能够刺激植物细胞分裂的内源激素，包括激动素、玉米素在内，目前已发现有10余种，其结构式如图10-7所示。在高等植物内，细胞分裂素常存在于根、叶、种子和果实等部位。根尖合成的细胞分裂素可向上运到茎叶；在未成熟的果实、种子内也会有细胞分裂素合成。细胞分裂素的主要生理作用是促进植物愈伤组织强烈生长，其旺盛的分裂行为可防止叶片衰老，同时，它还具有调节叶片细胞气孔开闭的作用。

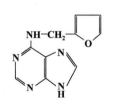

图10-7 激动素的结构式

细胞分裂素可促进芽的分化。因此在植物组织培养中,当其含量大于生长素时,愈伤组织容易生出芽,反之则易生根(见图10-8)。在园艺生产中,细胞分裂素常用于防止一些叶根菜类在贮存期间的衰老变质。

10.2.4　脱落酸

脱落酸(abscisic acid, ABA)是一种能够抑制细胞分裂、促进叶片和果实等衰老、脱落和抑制种子萌发的植物内源激素,其结构式如图10-9所示。ABA对GA有拮抗作用,常存在于植物的叶片、休眠芽和成熟种子中,在衰老器官或组织中,ABA含量比在幼嫩部分中要高得多。

脱落酸可促进离层形成进而引起叶柄、果

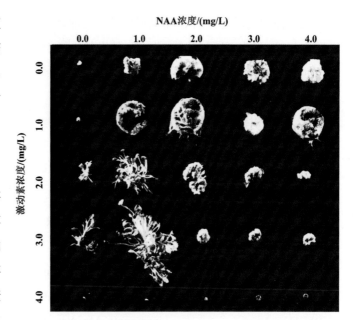

图10-8　不同激动素与生长素浓度配合下植物组织培养时的细胞分化走向
(引自Janick)

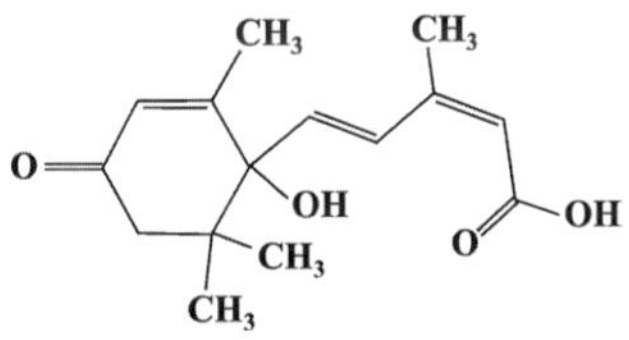

图10-9　脱落酸的结构式

柄的脱落,还能促进芽和种子的休眠。种子中含有较多的脱落酸是种子休眠的主要原因,经层积处理的桃、红松等种子,其脱落酸含量会比处理前减少很多。脱落酸也与叶片气孔的开闭有关,当植物发生干旱时,保卫细胞内的脱落酸含量便会增加,导致气孔关闭,从而减少蒸腾失水。另外,植物根尖的向重力性运动(gravitropism)也与脱落酸的分布有关。

10.2.5　乙烯

乙烯(ethylene)也是植物内源激素之一。其化学结构非常简单,存在于植物的各种组织中。乙烯最基本的特性是促进果实的成熟,其次还具有促进叶片衰老、诱导不定根和根毛发生、打破植物种子和芽的休眠、抑制许多植物开花(但却能诱导、促进菠萝及其同属植物开花)等诸多生理效应;同时,在雌雄异花同株植物如黄瓜等瓜类中,乙烯可以在花发育早期改变花的性别分化方向。

此外,当植物受到机械伤害或其他环境胁迫时,其组织内的乙烯含量也会迅速提高,这与植物的自我修复过程有关。

10.2.6　其他内源激素

在前述五大类植物激素之外,一些植物内的化学成分已逐渐被证实具有激素功能,如油菜素甾醇、茉莉酸和水杨酸类等。

1)油菜素甾醇

油菜素甾醇(brassinosteroids, BR)是一类具有高生理活性的激素,在植物体中含量较低,其结构较为复杂(见图10-10),目前已鉴定出60多种的植物甾醇,统称为油菜素甾醇。其作用机制是通过细胞膜表面受体传递信号而实现其作用的。

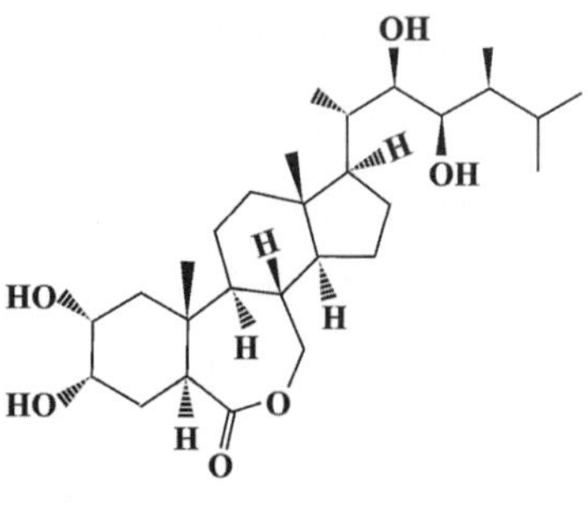

图10-10　油菜素内酯的结构式

现已证明，BR是一种在陆生植物进化之前就普遍存在于各种植物中的激素，在被子植物中，油菜素甾醇在花粉、花药、种子、叶片、茎、根、幼嫩的生长组织中均有较低浓度的分布。BR在植物生长发育中的作用涉及根、茎、叶生长、维管组织分化、种子萌发、维持顶端优势和植物光形态建成等，且在植物对环境胁迫的防御上也有重要作用。

BR在植物体内的信号通路现已基本清晰，其与细胞膜表面受体激酶 *BRI*1（brassinosteroid Insensitive 1）结合并被感知，*BRI*1 与共受体 *BAK*1 相互结合，形成异二聚体，自磷酸化或相互磷酸化。当BR受体 *BRI*1 感知到BR后使 *BKI*1 磷酸化，*BKI*1 即可从细胞膜上解离到细胞质中，从而实现 *BAK*1 与 *BRI*1 的结合。

BR也可以与其他激素相互作用，如通过 *ARF* 与生长素信号通路互作；通过 *BRI*1 与 *BIN*2 之间的某个元件与脱落酸ABA进行信号通路互作等。同样BR与乙烯、赤霉素、细胞分裂素也存在着相互作用。

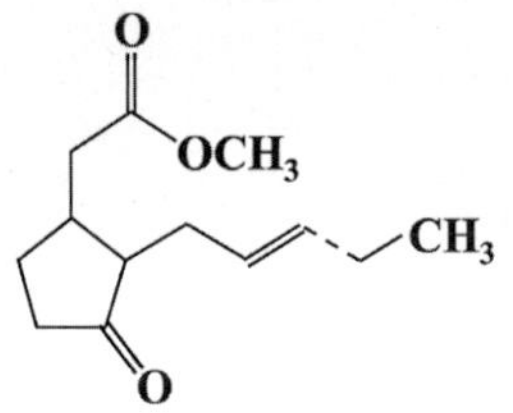

2）茉莉酸类

茉莉酸类（jasmonic acid, JA）是一类存在于高等植物体内的内源激素，为代谢过程中脂肪酸的衍生物，最常见形式是茉莉酸甲酯（methyl jasmonate, MeJA），其结构式如图10-11所示。

图10-11　茉莉酸甲酯的结构式

JA和MeJA作为与损伤相关的植物激素和信号分子广泛存在于植物体中。当其被外源应用时，能够激发植物防御基因的表达，诱导植物产生化学防御，其作用类似机械损伤或昆虫取食时植物的响应。此外，JA还能诱导气孔关闭、抑制二磷酸核酮糖羧化酶（rubisco）的生物合成、影响植物对矿质的吸收以及光合产物的运转等。

3）水杨酸（salicylic acid, SA）

水杨酸是植物体内普遍存在的内源信号分子之一，也被认为是一种植物激素，其结构式如图10-12所示。SA对植物具有重要生理功能，表现在植物对病害、低温、干旱、盐害和紫外线辐射等方面的抗逆性以及果实成熟和产品保鲜等方面。

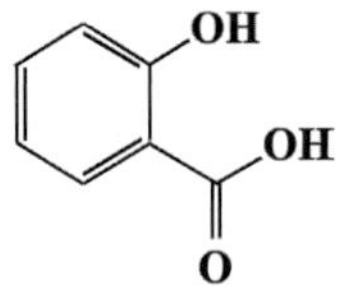

图10-12　水杨酸的结构式

4）其他物质

除前述激素外，还有一些物质也具有植物激素功能，如多胺（polyamine）等通常也将其作为植物体内信号传导的载体。多胺在植物体内普遍存在，它们均是氨基酸分解的产物，主要存在形式有精胺（spermine）、亚精胺（spermidine）、腐胺（putrescine）和尸胺（cadaverine）等，其相互间转化与含量上的差异引起了与植物内源激素类似的作用。

10.2.7　植物激素的生态学作用

植物激素在植物体内合成并发挥着其特定的生理作用，与此同时也会因此而对环境中的微生物生态发生相应影响，最典型的例子便是通过根系分泌物与土壤中的微生物等形成共生、协同或取食侵染等关系，会直接影响到这些微生物群落的生理过程及环境响应等。

有研究指出，植物激素被摄入人体后，可能会通过与肠道微生物菌群的相互作用而对人体健康产生积极影响，如一些含ABA较多的蔬菜水果，例如杏、苹果、胡萝卜和马铃薯等可以减轻人体糖尿病的生理影响；而园艺产品中的IAA可以通过改变人体细胞周期而杀死癌细胞；GA能很好地控制人体的发炎。其机理可能与植物激素和动物、人体在代谢物质的结构上具有相似性，且有着协同进化的效应等有关，如图10-13所示。

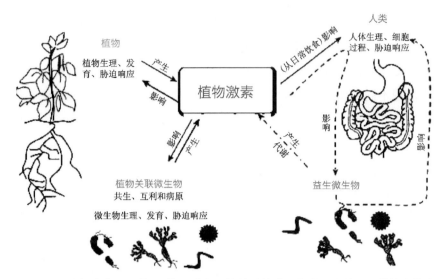

图10-13　植物激素因环境、人体肠道微生物关系并建立起的生态关系及其效应模式

（引自 Emilie Chanclud）

10.2.8　环境条件对植物发育的影响

在植物发育过程中,虽然每一个细胞均保留了完整的植物基因,但其分化结果往往是不同的。除了植物内源激素等作为信号分子参与其调控外,最重要的影响因素便是发育所处的环境条件了。

关于环境要素对园艺植物生长发育的影响过程及其机理将在第11章做详细讨论。

10.3　园艺植物的器官形成

在园艺植物整个生命周期内,随着不断的细胞分化形成了具有特定结构和功能的组织及系统,在此基础上发育形成了新的器官。这对于植物的形态建成和产量、品质形成有着重要的意义。

器官的形成是植物形态发生的一部分。植物形态发生(plant morphogenesis)是指植物的外部形状和内部结构的起源、发育和建成的整个过程。高等植物是高度进化的生命体,由于植物体的分化,在外部出现具有各种特化了的结构(即器官)和机能;而在其内部则形成了能够执行不同功能的各类细胞、组织和组织系统。

植物体中的各个部分并不是孤立的,而是相互交织在一起共同作用的,即器官间的协同(coordination among organs)。植物形态发生包括体内形态发生和体外形态发生两部分,所谓体内发生(morphogenesis *in vivo*)是指植物个体发育中各类器官的形成过程,即经胚胎细胞分化并产生根茎叶等各类器官(胚胎发生阶段),随后由植物体营养器官直接分化出其他器官形成完整植株的过程(器官发生阶段);而体外发生(morphogenesis *in vitro*)则是指离体培养条件下诱导植物外植体产生胚状体(胚胎发生途径)或产生不定根和不定芽(器官发生途径),从而形成完整植株的过程。

高等植物体内具有一个连续生长的体轴(axis),且可以无限生长。而这种生长现象一般由根和茎顶端的分生组织所控制。从胚胎时期开始,从上下胚轴产生的茎尖和根尖部分的顶端分生组织,其细胞具有不断分裂和分化能力,逐渐形成远离尖端的其他部分,而这些部分也会逐渐分化成熟。进入营养生长期和生殖生长期后,植株的叶片、花和果实等器官就不再具有无限生长习性,而只是有限的生长器官了。

植物的生长与分化常常是在一起进行的,有时两者间表现出相对独立性,即看不见的生理和生物化学变化往往是发生在能看得到的形态变化之前,如在器官发生阶段的营养生长期内事实上已经开始分化花芽,但在外观形态上并未能看到出现花苞等特征。

植物的生长发育受其内在遗传因素控制,同时也受到环境因素不断的影响。同样的基因型,由于环境因素的变化常会出现不同的表现型。事实上,遗传特性和环境影响往往互相交织在一起且相互作用,从而引起形态上发生的各种变化。植物体的有些器官形态很少受环境因素的影响,例如花各部分的相对位置和叶片排列方式等属性就很少受光照、水分、温度、营养或其他理化因素影响,但植株高度或是否能开花等行为,则容易受营养、水分、温度以及光照等环境因素影响而发生很大变化。同时,在植物形态发生过程中,植物的内源激素和外源激素的性质、种类与相对浓度对此也有较大影响。

10.3.1　根的发育

当植物的种子萌发时,胚根突破种皮发育成植物的第一条根——主根。主根的生长由根尖部分完成。然后根的发育相继进入初生生长和次生生长阶段。

根尖各层结构的产生始于顶端分生组织细胞分裂分化,即初生生长(primary growth)。从植物种子而来的原生细胞分化出初生分生组织,其维管柱原生细胞层发育成维管柱,皮层原生细胞发育成皮层,根冠原生细胞层发育成根冠。

1) 初生根(primary roots)发育

在初生生长过程中,根尖的发育按照不同部位区域呈现以下分化特点:①根冠外层与土壤颗粒接触的细胞会不断脱落死亡,并由其内的分生组织细胞不断分裂补充,使根冠始终保持一定的厚度;②在根的分生区,分裂增生所产生的新细胞,一部分会补充到根冠范畴以补充其损耗,另一部分则会转化成伸长区的新生部分;同时,分生组织细胞通过径向分裂、切向分裂使得根尖部分的直径不断加粗,通过横向分裂使得根尖不断加长;③伸长区细胞是由分生区细胞发育而来,其特点表现为细胞的伸长更为显著,根尖的伸长主要是由于伸长区细胞的延伸,使得根尖能不断向土壤深处推进;④伸长区的细胞进一步分化即成为成熟组织。在成熟区上会有根毛发生,这些根毛是其成熟组织的表皮细胞分化而成,为单细胞形态。

从横切面看,根的初生生长还包括内皮层凯氏带的生成、初生木质部分和韧皮部分的外始式发育。根系在加粗发育的同时,分生区开始分化出能够担当水分和矿质养分运输的结构,并向伸长区和成熟区递进,完成了整条根的形态分化。

当初生的主根发育到一定程度时,从其中柱鞘开始向外分生出侧根。中柱鞘上的部分细胞脱分化恢复其分生能力后,经多次平周分裂使细胞层叠并向外突出,多向分裂的结果,使侧根彻底分化出来,并撑破了部分主根的皮层和表皮细胞,使其在形态上从主根伸出。

2) 次生根(secondary roots)发育

单子叶植物和一年生草本双子叶植物的根系无次生分化,而裸子植物和木本双子叶植物通常都有次生根的发育。其发育结果产生了维管形成层和木栓形成层。果树在进入结果期后每年的新根与新梢发生常会出现年周期现象,如图10-14所示。

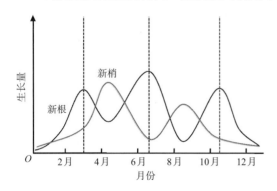

图10-14　多年生植物年度生长循环中新根及新梢的发生周期特点

3）根的非正常（abnormal）发育

在根的发育过程中,需要注意的是在植物根系受到伤害时的情况。在园艺生产中经常需要对植株进行移植,其过程中往往会发生根系的损伤,这时无论是主根还是侧根,其植株保留的根系部分完全处于成熟期。于是被伤害后的植株根系必然涉及新根的分化和发育过程。

植物的根系再生能力（root regeneration capacity）往往是由其遗传特性所决定的,如葡萄、柑橘类、沙棘等果树以及十字花科蔬菜等植物的根系往往具有较强的根系再生能力。

当植物由原生根发育而来的主根遭受伤害后,意味着根系顶端优势的去除,此时即使原有侧根也受到伤害,但其新的侧根产生能力也会得到加强;而有些植物的主根和侧根受伤害后,往往会从根颈处发生不定根,并最后形成须根系,如番茄等植物,一旦主根和侧根受伤害,再生的根则会以须根形式出现。

同时,在离体情况下,残缺的植物可能会不带有根,由于生长素在其中的重力分布关系,这些部分也会分化出新的轴线,以不定根的形式发育出新的根系,这些用于生根的植株部分中,不定根的产生分别出自根颈、茎（枝）或是叶片等。基于此,在园艺生产实践中,我们常常可以通过扦插等方法,从枝条或叶片等植株部分经细胞的脱分化到再分化产生出新的完整植株。

10.3.2 茎的发育

茎与根一样,从胚胎期而来的原生茎,经历伸长、分枝与增粗（有时）后,形成初生茎和次生茎结构。茎在发育上与根最大的不同在于其上还会有侧生的新器官发生。

茎从垂直面上看,分为三个层次: 茎尖分生区、伸长区和成熟区。伸长区的居间分生组织的分化使茎会不断伸长,而远离茎尖的伸长区一端会转化为成熟区。芽为短缩的枝条,其形成是由叶原基和腋原基而来,均起源于茎尖的外缘区（见图10-15）。由茎尖不断分化产生枝和叶的发育过程及原理,用原套-原体学说（tunica-corpus theory）能够很好地说明其发育本质。

该学说认为茎尖分生组织是由原套（unica）与原体（corpus）两部分构成,原套是由被覆于茎尖

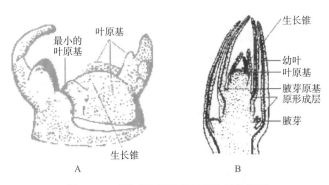

图10-15 不同发育状态下茎尖结构特征
A. 葡萄叶芽; B. 忍冬叶芽
（均引自徐汉卿）

分生组织外侧的一至数层细胞层构成,是以反复进行的垂周分裂方式而使其表面增大的部分;而原体则处于被原套覆盖的茎尖分生组织的内部,它是以平周分裂、垂周分裂、斜向分裂等方式向不同方向进行分裂扩展的部分。虽然原套-原体学说受到一定的质疑,但其对茎尖顶端分生组织发育过程的描述,仍受到很多学者的支持。

茎的初生结构与根相类似,从外到内分为表皮、皮层和维管柱。其维管结构在整个地上部系统中呈现网络状结构。

单子叶植物无次生结构。对双子叶植物和裸子植物而言,维管形成层和木栓形成层造就了茎的加粗发育。次生结构产生后在功能上逐渐取代初生组织,因而会出现更新现象,这在木本植物上会表现得更为明显。

10.3.3 叶的发育

叶片的发育开始于茎尖生长锥的叶原基,它由原套、原体的一层或数层细胞分裂而成。叶原基顶端

细胞的一部分将继续分裂,使叶原基作顶端生长而迅速伸长并形成叶轴,然后进行边缘生长,形成叶片雏形,进一步再分化出叶面、叶柄和托叶等部分。当叶片各部分形成后,细胞仍继续分裂和生长(居间生长)直到叶片成熟,如图10-16所示。

图10-16 叶片发育的不同分生过程
(引自农民佰佰文库)

植物的叶片在成熟后,叶面积不再继续增大,在维持一定时间后,叶片便进入衰老阶段。衰老的过程与其叶片细胞的死亡有密切关系。一年生植物叶片的衰老往往与植株整体的衰老一致;而对于多年生植物而言,在其年度周期内叶片的衰老与植物进入休眠同步。事实上,除了植株叶片的整体性衰老外,在整个生长期,有些叶片也可能随时进入衰老,这是正常的新陈代谢过程,这样可确保有足够多的适龄叶面积来支撑植物的物质生产体系。叶片细胞在衰老过程中首先可以看到的是叶绿素分解,细胞内的营养物质会向其他器官组织进行运输,这对于植物在时间和空间的生态位上保持其最大存活有着非常重要的意义,因此我们常常会看到植株的衰老往往是从叶片开始的。

叶片的衰老主要是由其年龄控制的,但在不良环境下叶片的衰老会加速。这些因素中包括生物因素的病原体侵染、植物叶片间的相互遮阴、非生物因素中的干旱、养分限制、极端温度、UV照射下的氧化压力等。

程序化细胞死亡(programmed cell death, PCD)是一个细胞自杀过程,是在外部或内部因素的调节下通过一种活跃的遗传程序引起的,且叶片衰老过程中的细胞退化是缓慢的,以确保植物能有效地转运大分子并水解成发育所需的养分维持整个衰老过程。有研究证明,叶片衰老是伴随着与光合作用相关基因(如CAB2)的表达下降;蛋白质合成(红细胞、RPS)以及衰老相关基因(SAGs)的表达增加。植物体内的ABA、JA、乙烯和水杨酸等均参与了衰老相关的信号传导,最后使其关联基因进行表达。

叶片的衰老被认为是一个复杂的过程。在此过程中,各种内部和外部信号都会被整合到与年龄相关的衰老途径中。对各种因素做出响应的多种途径相互关联,形成调控网络。这些调控途径可激活不同的衰老相关基因组,并由特定基因负责执行退化过程,最终导致细胞死亡,其机理模式如图10-17所示。

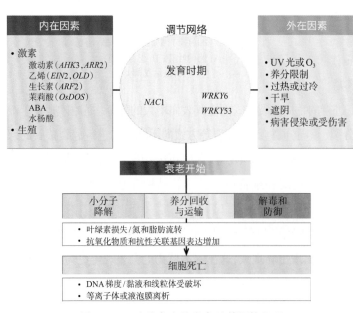

图10-17 叶片衰老的发育及其调控机理
(引自1jiangxiaoling)

10.3.4 花芽的分化

茎尖由分生叶片开始转向花芽的分化(flower bud differentiation),是植物实现由营养生长转入生殖生长的关键节点,尽管这一过程发生在营养生长期内。很多植物在植株还很幼小的时候即进入花芽的分化,如番茄、黄瓜等植株花芽的分化开始于2～3片真叶展开时。不同植物间花芽分化的开始时间差异很大。对双子叶植物来说，一些无限花序植物（infinite inflorescence plant），其花芽分化时间较早，且花芽的分化并不影响其茎尖继续分化枝叶，不同花序间的分化顺序为向顶次序分化；而对于有限花序植物（limited inflorescence plant），花芽分化开始后，叶芽和腋芽的分化即被抑制，且花序分化顺序为离顶次序分化。这种类型的植物在其花芽分化开始前叶片的分化已全部完成，只不过在植株外观形态上并未表现出来而已。单子叶植物的花芽分化则为沿轴向顶次序分化。

花芽分化的过程尽管在不同植物间差异较大，但其基本的模式还是相近的。以青花菜为例，藤目幸扩（Tome Yuki）等人利用扫描电子显微镜记录的花芽分化过程结果如图10-18所示。

其过程按照发生顺序可分为10个时期：①未分化，其茎尖的锥体顶部相对平缓，无凸起；②分化开始（initiation），其生长锥的顶部开始凸起，与周边曲面产生不连贯轮廓；③凸起数增多，但相互间连接处沟壑不明显；④凸起数继续增多，并向腋芽侧挤压；⑤小凸起间分离，形成花芽原基（flower bud primordium）；⑥持续出现新的花芽原基，此时原基部分形态完整，尚未有花器分化痕迹；⑦花芽原基开始向花芽转化，花萼开始分裂；⑧花瓣分化；⑨子房形成；⑩花芽内部逐渐分化出雄蕊和雌蕊。在这一过程中，正常产品标准的青花菜花蕾体，其分化程度正好达到第⑥期。

有些花原基不分化雄蕊或雌蕊，有些则是在花原基分化初期分化出雄蕊和雌蕊但后期其中之一发生了退化，这都导致植株出现单性花。在一些瓜类植物中经常会出现的单性花，其分化过程及其特点，如图10-19所示，其单性过程的发生属于后者。

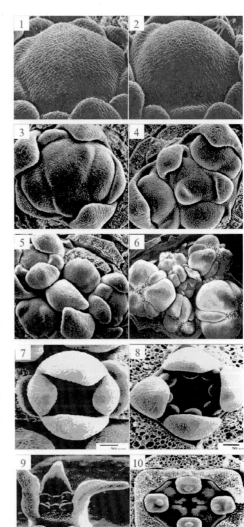

图10-18　青花菜花芽分化全过程扫描电镜结果
（引自藤目幸扩）

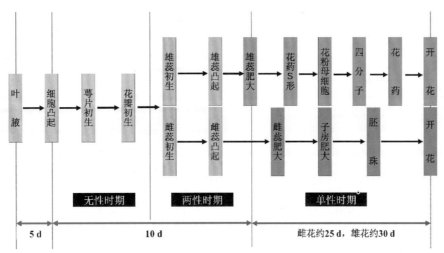

图10-19　黄瓜花芽分化及花性别分化过程
（引自藤井健雄）

园艺植物的花芽分化问题对生产实践来说非常重要。从特定植物种类看，不同品种资源的遗传差异性，直接决定了分化的起始条件及发育速度，因此植株生长状态如生理年龄、形体大小以及外界环境交织在一起，满足茎尖由叶芽向花芽质的转变等基本条件，才是真正的门槛。植物的这种进化特性，也是为了使开花后能正常完成其生命周期，以避免进入生殖生长期后植株遭受不良条件影响而引起非正常死亡。

植物的花芽分化过程，重点并不在于后期的形态发生（morphogenesis of flower bud），而在于分化前期（亦称为生理分化阶段，physiological differentiation stage）的分化诱导（differentiation induction）阶段及其启动条件（initiating conditions）上。因此，掌握园艺植物花芽分化规律，并在适当的农艺措施下，充分满足园艺植物花芽分化对内外条件的要求，才能使植物有数量足、质量好的花芽形成，这对于提高园艺植物的产量和品质具有重要意义。

园艺植物的花芽分化，首先取决于其体内的营养水平即芽生长点分生组织中细胞液的浓度，这又涉及体内的物质代谢过程和水平；同时分化过程也受到植物体内内源激素间相互关系的制约。通常情况下，植株体内促进生长的内源激素（GA、CTK和IAA）含量处于较高的水平时，会抑制植株的花芽分化；而ABA则对此有促进作用。

园艺植物的花芽分化过程主要受其植物遗传特性的控制，同时也会受到环境因素的条件辅助作用，且是比较苛刻的，其中最为重要的莫过于温度与日长条件，其他外在因素也会对一些园艺植物的花芽分化产生重要影响。

关于此内容，将会在第11章园艺植物与环境中详加讨论。

用于解释花芽分化前后体内营养物质的变化时，过去一直沿用由E. J. 柯劳斯（E. J. Kraus）和H. R. 柯雷比尔（H. R. Kraybill）提出的C/N学说（C/N theory），虽然解析得不够细致，但有一点是适用的，即植株营养生长适当减缓时会更有利于叶芽向花芽分化转变，植株的营养状态能直接影响花芽分化的程度及数量。当番茄只保留子叶且不断地去除新生叶时，可促进番茄植株开花（见图10-20）。

从不同园艺植物花芽分化需要的基本条件来看，可将其分为以下类型（见图10-21）。

叶片和子叶　　只有子叶　　无叶片和子叶

图10-20　番茄植株嫩叶存在时对成花的阻碍作用
（引自Janick）

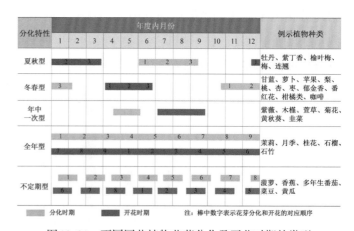

图10-21　不同园艺植物花芽分化及开花时期的类型

（1）夏秋分化类型，每年分化一次花芽，通常在6～9月期间进行，至初冬前花器主要部分已完成，待第二年早春以后陆续开花。

（2）冬春分化类型，原产温带和亚热带区域植物通常可在冬季休眠期间或在不休眠下进行分化，直至翌年3月时完成，其分化特点是用时较短且能连续进行。大多数二年生蔬菜和草本花卉、温带起源果树等均属此列。

（3）当年一次分化型，这种类型为一些生长期较短的草本、部分木本和宿根草本植物，其特点是均在一年内的夏季时开花。

（4）常年分化类型，包括一些多年生木本和草本植物，其特点是在一年中可多次分化。当主茎生长达一定高度时，顶端营养生长停止，花芽陆续形成。在顶花芽形成过程中，侧花芽从其基部的侧枝上生成，如此在一年中可以有不断的花朵开放。这种分化类型往往在进入生殖生长后，植株也会一直持续与营养生长并行。

（5）不定期分化型，每年只分化一次花芽，但分化时间却不固定，往往需要植株在营养水平上达到一定程度时，即可开始花芽的分化。

植物在遗传层面上对花芽分化的控制作用，主要与其茎尖分生组织中的两对基因有关：*LFY/FLC*、*AP1/SQUA*。这一过程往往不容易受到其他因素的影响而能独立发生，因此也称为自主途径（autonomous approach）。*LFY*、*AP1*基因引发的成花过程如图10-22的模式所示。

与此并列的其他几种控制植物成花的途径还有春化途径、光周期途径和GA途径，将在第11章再做讨论。受遗传决定的开花过程中各种途径的相互作用模式如图10-23所示。

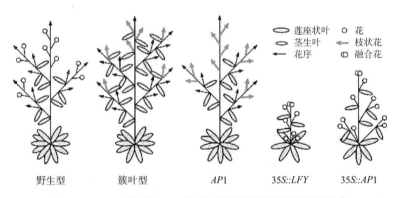

图10-22　*LFY*基因和*AP1*基因对植物花芽分化的调控模式

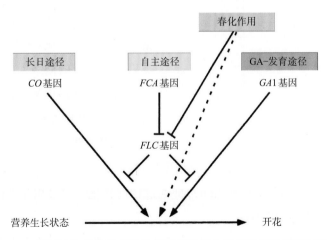

图10-23　控制植物成花的多种途径及其遗传上的相互关联作用*LFY*模式

10.3.5　生殖系统的发育

植物在完成花芽分化后，将进一步发育并在适宜开花的条件下实现开花。这时植物已从营养生长完全转向生殖生长了，但有些植物则需要两种生长并行。生殖生长从开花开始，历经授粉、受精、结果，最后形成种子，其基本过程如图10-24所示。

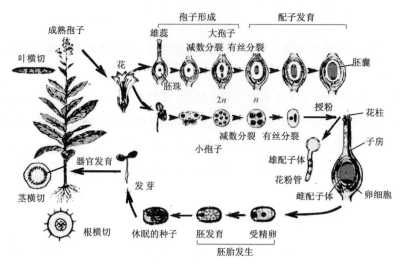

图10-24 植物生殖过程中的不同发育阶段
（引自 Goldberg）

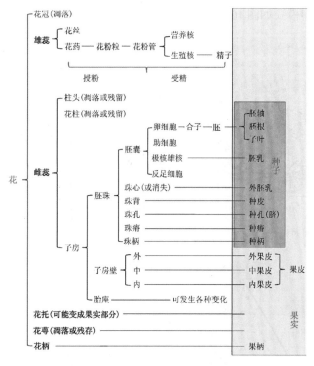

图10-25 植物的果实和种子发育与花器结构关系

植物由花器向果实和种子的发育过程及部位对应关系如图10-25所示。对果树类植物而言，果实的发育就显得更为重要了，特别是果皮发育。

果皮是由子房壁的组织分化、发育而成的果实部分，成熟果皮一般可分为外、中、内3层，且因植物果实类型的不同，各层果皮间差异很大。

通常情况下，外果皮并不肥厚，由1～2层细胞构成，表皮上有角质层和气孔。果实未成熟时，外果皮中的薄壁细胞含有叶绿体；直至成熟时才转变为有色体使果实表现出不同颜色。

中果皮多由薄壁组织构成，但变化较大，有些富于浆汁或肉质化；有些则有较多维管束，如柑橘类果实成熟后的橘络。

内果皮在最内侧，有时会硬质化，由多层石细胞构成；有些则在壁上生出许多囊状多汁腺毛，成为可食用的部分。

授粉（pollination）和受精（fertilization）是植物生殖过程中最为关键的环节。授粉过程中，需要进行花粉与柱头间的识别反应（recognition reaction），即通过物理和化学信号相互确认身份，其取决于花粉外壁蛋白质和柱头蛋白质表膜之间的关系。

当花粉落在柱头上，柱头受其分泌物的刺激而开始萌发。花粉管从柱头内壁的萌发孔向外突出，所需时间在1～10 d。有效授粉期（effective pollination period）的长短，对植物的授粉受精过程来说是十分重要的，其内涵为：减去花粉管生长通过花柱并实现有效受精所需的时间，以天（d）为计量单位。

有效授粉期＝开花后胚珠寿命－花粉管伸出花柱所需时间－授粉与受精时间差

授粉与受精并不完全吻合，这是由于花粉可能未发芽或是花粉在花柱内即发生破裂。花粉的发芽与否,受制于糖类和矿质引起的渗透压力,这些矿质元素包括Mg、Ca和B等。受精之后的果实发育节点,我们称之为坐果(fruit bearing),这对于以收获果实为目的的园艺植物来说非常重要。

果实的膨大及其种子的形成是生殖生长后期发育的重点内容。果实的发育在前期主要以细胞分裂为特征;而发育后期则以细胞的增大为特征。果实发育中激素的分布及其相对含量是非常重要的因素,IAA调节着营养物质的转运;而GA、CTK对果实的膨大至关重要;乙烯更多的是影响其成熟,其早期作用同IAA;ABA在整个果实发育过程中起平衡与调节作用。

10.4 种子发育与萌发过程

园艺植物中,除了真菌类、藻类、蕨类和其他裸子植物外,其被子植物在正常情况下均可通过完成其生命周期而获得种子。除为了保留其经济性状而放弃种子作为繁殖材料的园艺植物,如部分果树和木本花卉等外,大多数园艺植物多采用种子作为其繁殖材料。种子当中的胚即为已分化完成原生根和原生茎以及子叶等器官的简单植株。

10.4.1 种子的发育

种子的发育(seed development)往往是从受精之后的合子细胞(zygote)开始的,经过原胚(proembryo)和胚发育,最后形成成熟胚。

双子叶植物的合子首先通过横向分裂,形成基细胞(basal cell)和顶细胞(apical cell)。基细胞持续横向分裂,并分化出不同的两端,进一步分化则可形成根冠;顶细胞则形成T形原胚,进一步在近端形成胚轴,远端产生茎端与子叶结构。

单子叶植物的胚发育前期与双子叶植物相同,到基细胞和顶细胞分化后,可形成四个细胞的原胚。原胚继续分裂的结果形成梨状,并形成三个功能区:顶端区继续分化成胚芽鞘;凹沟处形成胚芽鞘的其他部分和形成胚芽、胚根和胚叶。

10.4.2 种子的休眠

种子的休眠(seed dormancy)是指当种子在果实中形成并成熟后,种子内部组织进一步完善发育的过程,也是植物自我保护的有效手段。

造成种子休眠的内在生理因素:①种皮限制,对水、气的透性弱,或在种皮上存在有种子萌发抑制性物质;②胚未发育成熟,需要通过休眠期内部代谢过程合成萌发必需的内源激素或分解萌发抑制物质;③胚乳的营养物质合成、积累、转化尚未完成等。

关于种子休眠的机理,黄朝锋和朱健康团队的研究发现,DNA去甲基化酶ROS1参与了DOGL4基因(调控种子休眠基因DOG1的同源基因)的印记调控。与母本等位基因相比,DOGL4的父本等位基因由于其启动子的 −1.0 kb区域甲基化更高,从而使父本等位基因表达受到了部分抑制;在ros1突变体中,DOGL4父本等位基因在包括 −1.0 kb和 −0.5 kb在内的启动子区域都被超甲基化,导致父本等位基因的表达被完全抑制,而母本等位基因的启动子区域仍保持较低的甲基化水平,从而最终使DOGL4在ros1突变体中变成一个完全的父本印记基因,如图10-26所示。

在园艺生产上,经常会面临着需要打破种子休眠这一问题。打破种子休眠(breaking seed dormancy)的主要方法如下:①利用物理手段,削弱种皮对胚的保护性,减少种皮对吸水透气的限制,从而提高发芽

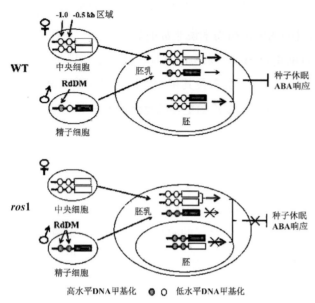

图 10-26　*DOGL*4 基因在 *ros*1 突变体中的超甲基化引发对
种子休眠的调控
（引黄朝锋等）

率；②利用低温层积方法，加快种子后熟，促进种子发芽；③利用化学物质和激素刺激，使种子发芽；④清水漂洗和光照处理解除休眠等。其具体方法将在第Ⅲ编中详加叙述。

10.4.3　种子的萌发

种子的萌发（germination of seeds）是指种子从吸胀作用开始的一系列有序的生理过程和形态发生过程。种子萌发所需要的基本条件有：适宜的温度、适量的水分和充足的空气；部分植物的种子对于光线有着一定的需求，但对大多数植物种子来说，黑暗条件下更易萌发，如图 10-27 所示。

种子萌发过程的第一步是吸水。正常保藏的植物种子内通常的含水量在 12% 左右，这也是为了避免种子随时发芽的人工抑制手段。当种子接触到足量的水时，其内的贮藏物质会迅速吸引水分子，使种子体积增大，这一阶段的吸水为物理作用，亦称吸胀作用（imbibition）。吸胀开始时速度较快，以后逐渐减慢。种子吸胀时会产生很大的力量，可使种皮破裂，形成气体通道，利于外界 O_2 的进入和种子内 CO_2 的排出。

种子在吸胀作用后，胚中即开始一系列物质分解和转化代谢的活动，一些酶被激活，如 α-淀粉酶和 β-淀粉酶。之后的发育过程中最为重要的便是温度了。发芽温度过低，种子的呼吸作用会受到抑制，其内部营养物质的分解和其他一系列生理活动都会受到制约；通常种子发芽的适宜温度要比生长最适温度高 4～5 ℃。有些植物如莴苣、连翘、龙胆草等，其种子发芽需要有光的参与，我们称其为需光种子（light-dependent seed）。

种子发芽的过程从胚根露出种皮开始，经历胚体植物挣脱种皮束缚，胚根、胚轴伸直，子叶展平直到真叶长出，幼苗变得能够自养为止，其过程如图 10-28 所示。

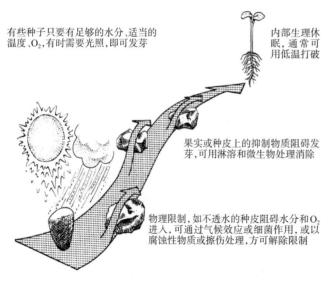

图 10-27　种子萌发过程所需环境
（引自 Janick）

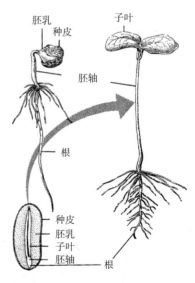

图 10-28　豆科植物种子的萌发过程
（引自 tuxi.com.cn）

10.5　有关园艺植物产品形成的若干发育问题

除典型性的植物器官分化和发育特点外,在园艺生产上还需关注一些较为特殊的发育过程,如莲座叶丛型(rosette)植物的抽薹、一些器官的异化和特化作用发生等。这些问题直接关系到园艺产品产量与品质形成。

例如,在大蒜的生产上,我们根据不同需要可能收获以下形态产品:①青蒜,由蒜头或蒜瓣作为繁殖材料,完成其营养生长阶段时的全株状态(见图10-29A),其看上去像茎的部分实际上是植株的叶鞘部分;②蒜薹,青蒜的营养生长期,蒜苗小鳞茎基部的冠状茎受到特定环境刺激,而使其花茎开始分化,在营养生长期的中后期,其分化已经完成,并先于蒜瓣膨大而抽生出来(见图10-29E)。由于大蒜在生殖系统上的退化行为,花茎(stalk)的分化与花芽无任何关联。因此,即使植株已抽薹,但在花茎顶端仍然保持了无性茎尖的属性,不再分化出完整花器等,而往往在花茎(蒜薹)的顶端会形成一个奇特的结构——气生鳞茎(aerial bulb),如图10-29D3所示;③蒜头,其分化开始比蒜薹要早,但其膨大则是在抽薹之后,特别是蒜薹收获后,叶片制造的养分加速供给鳞茎的膨大,形成蒜头;当冠状茎顶端只产生一个叶芽时,则会发育成独头蒜(见图10-29D2);而在其冠状茎顶端分生出多个叶芽时,则成为多瓣蒜(见图10-29D1);④蒜苗或蒜黄,是在高密度下由蒜瓣长出细长而瘦弱叶片的产品利用形态,其植株基部的叶鞘部分不能积累足够营养而并不出现膨大(见图10-29B);如栽培场地控制光照强度,则可造成叶身细胞叶绿素合成受阻而使蒜叶成为黄绿色,即蒜黄(如图10-29C)。

图10-29　大蒜不同产品形态及其发育

(A～E分别引自news.wugu.com.cn、ihua.dbw.cn、3456.tv、honghe.lshou.com、1688.com、detail.youzan.com、猫千岁、iqilu.com)

10.5.1　莲座叶丛型植物与抽薹

园艺植物中很多二年生植物在形态上属于莲座叶丛型(rosette)植物,如十字花科、伞形科、百合科、菊科、藜科、兰科等部分蔬菜、花卉和香料植物等,其种类较多,且最为常见。原本从种子发芽而进入营养生长期的植株,在形态上与模式植物有非常大的不同,即其茎多为冠状茎或其他变态茎。

对于这一类植物,从生产角度看期望获得的产品形态却有着相当大的差异(见图10-30),如结球甘蓝需要硕大的叶球,一旦在未结球前发生未熟抽薹(immature bolting),那么前期栽培所做努力即付之东流;而茎用莴苣与同种的其他变种相比,抽薹是其产品形成的必备条件,但过早抽薹,植株叶面积尚未达到一个较高标准,抽薹后的养分供给则成为茎增粗的限制因素,使茎变得细长而肉质不足,这种抽薹也是不适当的,往往表现得比正常抽薹时间提早,即先期抽薹(early bolting);对于一些花卉类rosette植物来说,其抽薹是实现其观赏品质形成的最关键标志,但同样也必须保证花茎抽出的时期以及花茎发育的程度相适应,从很多花卉的商品标准看,对特定植物的花茎长度要求是比较严格的,过短的花茎常常成为低劣品质的最基本表现。

1) Rosette植物的花茎分化(stalk differentiation)

Rosette植物的花茎分化与花芽分化是两个相互联系又互为独立的生理过程,我们之所以将后抽生的茎称之为花茎(stalk),实际上是为了与初生茎在形态上被异化为冠状茎等短缩茎相区别而已,花茎只是植株营养器官的一部分,从属性上也与花器没有多大关联。

Rosette植物的花茎分化开始时间略晚于其花芽分化,其分化部位为冠状茎内侧下方被叶芽或花芽包围的部分(见图10-31)。花芽分化的开始使茎端内源激素的分布及水平发生了质的变化,主要表现为IAA和CTK含量的增加,而IAA含量在茎端的不均衡分布呈现出茎尖原套及相邻原体细胞中具有较高水平,而其茎盘两侧及原套内侧水平较低,从图10-4所揭示的效应规律看,茎端IAA在能够促进芽分化时的含量水平对茎分化还不足以形成促进。

图10-30　不同rosette植物生产上抽薹与否与需求上的差异
A.结球甘蓝的未熟抽薹;B.茎用莴苣的不当抽薹;C.鸢尾的正常抽薹
(A～C分别引自haonongxi.com、lssp.com、m.sohu.com)

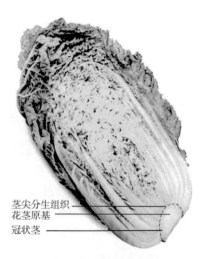

图10-31　Rosette冠状茎结构及茎尖组织、
花茎原基发生位置(结球白菜)

随着叶芽向花芽的分化转变,rosette植物的冠状茎体积开始扩大,展开叶片增多,茎端IAA含量所引起的顶端优势逐渐开始减弱,位于花芽内侧下方的细胞群中IAA和CTK水平达到茎原基细胞分裂的起始含量水平时,花茎的分化即开始了,如图10-32所示。伴随着花茎原基细胞分裂的开始,这部分组织内的GA水平也开始增加,而使整个冠状茎中一直处于高位水平的ABA开始逐渐减低,当其低至一定水平时,花茎的伸长生长便得到加速,即可看到形态上的抽薹发生。

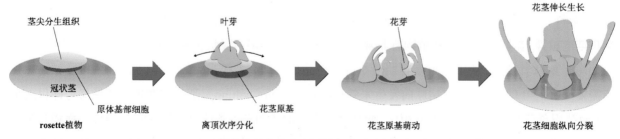

图10-32　Rosette植物茎端花茎发育过程与叶片、花芽分化间的关系模式

2）花茎发生的内生因素

可以肯定的是,控制rosette植物花芽分化和花茎分化的基因组是不同的,但两者之间在作用上还是存在一定联系,这一方面的机理尚不完全清晰。从其表达来看,有些rosette植物在特定状态下会出现无明显花薹(茎)抽出时的茎顶开花现象;而另外的例子是植株虽早已抽薹,但花茎上却只着生茎生叶,并无开花现象。这些均说明了rosette植物的开花过程与抽薹并不同步的事实。

3）花茎发生与外在条件的关系

在研究rosette植株的抽薹问题时,过去我们比较关注其花茎抽生的形态发生,即影响花茎伸长生长的触发条件等。事实上,在rosette植物花茎的发育初期,花茎分化已经开始并不可逆转,只是由于受到其他生理过程的影响有时会出现一定时间的缓慢发育,当这些影响逐渐消除时,花茎的细胞分裂与伸长生长速度便会得到提升。

前面已提到,能够使花茎发育缓慢抑制因素解除的特征就是花茎细胞内的GA含量提升与ABA含量下降。因此,为了园艺生产上的实际需要,无论是促进还是抑制rosette植物抽薹,我们可以用GA或ABA作为外源干预进行调节。同时我们应了解栽培环境要素对rosette植物花茎分化和伸长生长的影响规律,以使其抽薹与否更能够满足园艺植物产量形成的要求。

有些植物的不同生态型在抽薹属性上的差异极大,如秋季栽培类型的结球白菜春种时往往极易发生抽薹,而春季栽培类型则需要有较强的耐抽薹性。通常地,与生长适宜温度相比,rosette植物花茎分化启动的温度要略低些,但又会比花芽分化高2~3 ℃,一般rosette植物在8~15 ℃最为适宜;而对于花茎的伸长生长而言,其适宜温度与其叶片生长的最适温度相当,也就是说适于花茎抽出的温度要比分化期间高。有些rosette植物的花茎分化对温度的要求范围可能更宽,但却对日照长度要求却比较苛刻,在严格的长日下即能刺激花茎分化的启动。而对于花茎的伸长生长来说,相对长的日照能够起到促进作用。

Rosette植物体内的N素营养充足,会更有利于植株叶片的生长,同时对花茎的分化产生一定抑制。因此,低N素供给和轻微的干旱均会使花茎分化提早。

10.5.2 鳞茎的发育

鳞茎的产生对花卉和蔬菜类植物而言是比较常见的变态行为。首先,这一类植物从茎的类别来看,均属于rosette植物。除大葱、韭菜和洋葱等一部分蔬菜用种子繁殖外,其他鳞茎类园艺植物多采用鳞茎作为繁殖材料,如大蒜、郁金香、百合、风信子、水仙和贝母等。

鳞茎种球在形成过程中,其着生于冠状茎上的鳞芽(叶)被退化了的叶鞘(肉质鳞片)所包被,其鳞片中贮存了大量营养物质。因此作为种球的鳞茎,比普通意义上的种子结构更完整,在鳞茎内部的底端,完整的冠状茎上方有已分化好的叶芽,而底端则具有随时可恢复再生的根原基细胞组织。

因此,鳞茎在解除休眠而萌发后,鳞芽能迅速从鳞茎种球中抽生出来,而根系也能迅速恢复,鳞片内贮存的养分能够使其植株长出较多的叶和根,同时也能支持其后续发育所需的部分养分。当鳞片内养分被新的生长所逐渐消耗殆尽时,母球可能会发生干瘪,有时会消失,而有些植物则会残存。

鳞茎类植物产生新的鳞茎是其产品器官形成或繁殖的需要。当植株叶片分化完成后其茎尖会转入花芽和花茎的分化,但这种分化并不意味着马上就进入抽薹和开花阶段,这时植株体内的营养物质在叶片基部积累并开始肥大,因此我们可以看到鳞茎肥大的开始时期往往是早于植株抽薹和开花的。鳞茎的分化是伴随着冠状茎顶端新的叶芽分化而同时进行的,这一过程在植株抽薹开花前发育得较为缓慢,但一俟抽薹开花后,养分分配的主要去向即给了肥大的鳞芽和鳞片了。

以大蒜为例,无论是秋种还是春种,大蒜整个生育期的发育过程,从种球萌发开始,经过叶片分化、花芽分化、花茎分化,中间伴随着鳞芽的分化,直到抽薹、鳞茎膨大,新球长成进入休眠期,完成其生命循环(见图10-33)。也就是说,鳞茎的分化与生长过程是与植株的花芽分化、花茎分化及形态发生在同一时期进行的,因此在植株营养物质的分配去向上的平衡才是正常发育所要求的,一旦植株养分供应和营养积累不足,即会发生这三种发育间在养分上的相互竞争而导致某一过程受抑。但在鳞茎肥大期应避免贪青,特别是在蒜薹收获后,应及时抑制叶片的二次生长,有时可用ABA或其他生长抑制剂进行调节。

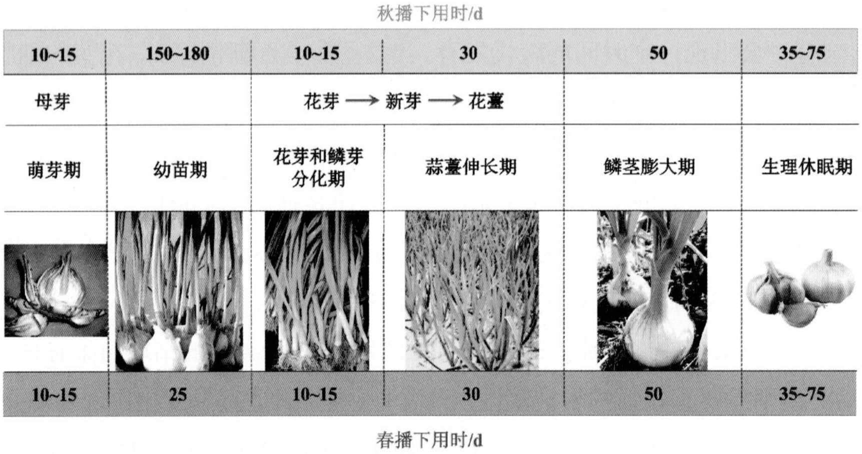

秋播下用时/d

10~15	150~180	10~15	30	50	35~75
母芽		花芽 ⟶ 新芽 ⟶ 花薹			
萌芽期	幼苗期	花芽和鳞芽分化期	蒜薹伸长期	鳞茎膨大期	生理休眠期
10~15	25	10~15	30	50	35~75

春播下用时/d

图10-33 大蒜鳞茎发育成植株直至形成新鳞茎的整个发育过程及物候期要求

郁金香的鳞茎新球发育与大蒜相类似,在植株叶面积达到最大值时抽薹开花,而之前新的鳞茎分化已经开始,但未充分膨大;当花期将要结束时,叶片将进入衰老阶段,其生产的同化物质加速回流到已分化好的鳞芽和鳞片,使鳞茎新球迅速膨大,这时地上部的衰老已至,植株完成生命循环,鳞茎新球在夏初收获并开始进入休眠期(见图10-34)。

郁金香鳞茎的肥大过程需要相对短的日长和并不太高的生长适温,长日和高温来临会使鳞茎的肥大生长过程停滞,甚至进入休眠。

图10-34 郁金香各生育期特征
A.花苞待放,此时新的鳞茎分化已在进行中;B~C.收获花朵,鳞茎膨大加速;D.新收获的鳞茎
(A~D分别引自quanjing.com、news.nongji360.com、xiangshu.com、zhidao.baidu.com)

10.5.3 块茎与根状茎的发育

块茎类园艺植物包括球根花卉类中的块茎花卉、块茎蔬菜和药用块茎等(见图10-35)。块茎花卉常见的如晚香玉、大岩桐、马蹄莲、仙客来、朱顶红、水竹芋、银莲花、球根秋海棠等;块茎蔬菜则有马铃薯、山药、菊芋等;药用块茎如半夏、天麻等。这些植物的块茎通常可用来作为繁殖材料,有些则以块茎作为蔬菜和药用。

块茎作为繁殖材料时,在其表面常常可以看到所谓的芽眼(eye of tuber),每个芽眼内都包含了2～3个芽,这种芽的属性为茎,其上着生的才是叶芽(见图10-35A)。这些芽眼是以螺旋状排列的,且具有极性,即一侧生芽,另一侧生根。这些芽眼当中,其顶芽(位于芽眼比较密集一侧)具有顶端优势,一经萌发,随后即可形成真正的茎,上面继续分化出叶片,而块茎则为植株的发育提供充足的营养条件。当块茎中营养消耗完毕,新的植株也进入了自养

图10-35　常见块茎类园艺植物
A. 马铃薯;B. 山药;C. 仙客来;D. 大岩桐;E. 半夏;F. 贝母
(A1～F分别引自 guoshu.cn、blog.sina.com.cn、douban.com、bzw315.com、m.sohu.com、new.060s.com、cnhnb.com、k.sina.com.cn)

阶段。在茎叶分化完成并进入迅速生长期时,植株体内已开始分化花芽并与其营养生长并行,同时相继在地下茎的末端向近地面的顶端逐渐开始分化块茎(待充分膨大后可以看到,块茎远离根的一侧往往体积更大),直至叶片的生长达到最大值时花朵迅速开放,并开始坐果结实。果实发育的同时,新的块茎得到植株营养的迅速回流而与果实成熟同步膨大;当种子发育成熟时,地上部的叶片也进入了衰老阶段,此时,块茎也完成了膨大过程进入休眠。

图10-36　马铃薯块茎作为繁殖材料时的切块
A. 切块方法;B. 切好用作播种的薯块
(A、B均引自 blog.sina.com.cn)

当块茎体积较大时,可对其进行切分,并且保证每一个切块中含有1个以上的健壮芽眼(见图10-36);当块茎直径在4 cm以下时则可整块播种。

根状茎(rhizome,不要简称为根茎,因根茎一词往往用作特指根和茎)也同为变态的地下茎,水平生长于地下,故也称其为地下匍匐茎(underground stolon)。其上有明显的节,在其节上可发生幼芽和根系,并形成新的植株用作无性繁殖。根状茎可在地下存活数年,因此使植物具有多年生宿根特性(见图10-37)。

睡莲、一些蕨类和药用草本植物具有根状茎;大多数根状茎植物,其茎轴保持在地下生长,而其节上的顶芽和侧芽每年均可从地下抽生出来,在地上长出新枝,节上同时发生不定根。由于节的存在,即使年周期内老枝死亡,翌年也可产生新枝,因此带有节间(含有芽的根原基)的根状茎能够完全起到营养株的全部作用,可用作无性繁殖材料。此外,有些植物的根状茎呈肉质结构可供食用(如藕、姜等)或供药用(如大黄、芦苇、缬草、黄精、苍术、川芎等);狗牙根、早熟禾等草坪草以及美人蕉属、鸢尾等花卉,均具有繁殖力很强的根状茎。根状茎植物,无论用其

图10-37　具有根状茎的常见园艺植物
A. 莲藕;B. 竹鞭;C. 姜;D. 藏边大黄;E. 狗牙根;F. 鱼腥草
(A～F分别引自 tushuo.jk51.com、item.btime.com、17itaiwan.tw、39yst.com、zhuanlan.zhifu.com、tbw-hufu.com)

作为繁殖材料还是种子繁殖,待植株形成具有节的初生茎时,从顶端开始的第一个节开始分化。从这个节上可分生出一个新的茎芽和根,并与原主茎沿近垂直方向发育;原主茎靠近第一个节位的近端随后开始分化第2个节,而后面的主茎分化、节数增加和主茎的伸长,有赖于在主茎上发生的侧芽,并由此向地面伸出而产生叶片,其同化能力作为发育过程的营养物质保证……如此持续进行,其主茎伸长之处,产生了更多的节,在其节上发生的侧茎上也会产生节,并由此发生二级侧枝。

对植物根状茎发育机理的研究不多,通常认为,在两个节间的一段根状茎原体或其他来源的未分化茎段中,由于极性关系,在靠近茎段顶端的特定位置,当茎处于水平放置时,因重力原因而导致在这一位点的上下方IAA分布出现梯度化,细胞分裂与伸长生长被强化,于是便产生了侧芽和节,主茎上节的依次形成与IAA在茎段内在延长方向上的不均衡分布所导致的顶端优势有关。

杨美等人解析了温带生态型莲藕有别于热带生态型的根状茎肥大调控机理,其差异完全是由其基因表达引起的。即使变换栽培条件,其性状表达也不会发生差异(见图10-38)。

总之,块茎和根状茎的分化早在抽生新的茎条前后即已开始,但主要以增加节数和地下茎的伸长为主,而其肥大则需要在植物营养生长基本结束,植株进入开花结实之后,叶片开始进入衰老期,与种子发育同步,块茎和根状茎的肥大过程才会加速。从栽培环境看,短日和较低的生长温度更适合于块茎和根状茎的肥大生长。

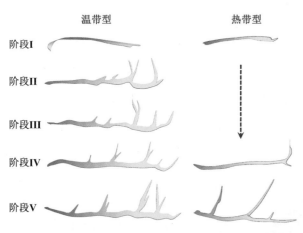

图10-38　温带生态型和热带生态型莲藕的根状茎节发育
与茎肥大的调控过程
(依杨美等)

10.5.4　球茎和肉质茎的发育

球茎与肉质茎均为特化的茎器官变态,两者均为有经济利用价值的贮藏器官,球茎也可用作繁殖材料。如图10-39所示,常见的球茎包括:地上部球茎的榨菜、球茎甘蓝、球茎茴香以及地下部球茎的芋头、慈姑、荸荠等蔬菜类;地下部球茎的秋水仙、番红花、唐菖蒲等花卉类等植物。而肉质茎通常只在地上部出现,包括茎用莴苣、石刁柏、竹笋、菜薹、芥蓝等。

生长于地下的球茎与块茎不同,其分化及其膨大是从近地面一侧开始的,因此球茎有时可能生长于地上部,它是由初生结构营养体中的胚轴部分包含冠状茎复合体膨大的结果。球茎在结构上具有芽和鳞片状膜质叶,且在球茎底端发根处着生有小球茎,有时也称其为实心鳞茎。地下部生长的球茎常用作繁殖材料,而地上部球茎植物则多用种子繁殖。

地下部球茎,如唐菖蒲等多属于一年生植物,其球茎是由数片纤维质的鞘状鳞片包被着,将鳞片剥去,可见在球茎上沿圆周分布的叶痕和腋芽。当用球茎进行繁殖时,其腋芽发育形成叶片长出地面,形成初生苗,在叶片进一步分化生长后,在其母球靠近地面的上方的冠状茎上又继续分化发育一个新球茎。在植株叶片达到最大生长量,抽薹开花后,新的球茎也开始膨大,这时老的球茎(母球)随之逐渐萎缩(见图10-39L)。

地上部球茎多为二年生植物,通常用种子进行繁殖。种子发芽后先发生初生根与叶,并在胚轴处保持其短缩茎特点。随后,在其冠状茎顶端继续分化叶片。后期的发育与地下球茎相似,只不过地上部球

图10-39　常见的球茎和肉质茎类园艺植物
A. 菜薹；B. 红菜薹；C. 茎用莴苣；D. 球茎茴香；E. 芥蓝；F. 茎用芥菜；G. 球茎甘蓝；H. 芋；I. 秋水仙；J. 番红花；
K. 唐菖蒲；L. 唐菖蒲种球
（A～L分别引自blog.sina.com.cn、yzcn.net、h4.com.cn、taonongwang.com、changqingfoods.com、pig66.com、tbw-xie.com、1950abc.lofter.com、
nipic.com、duitang.com、iirbpaper.yunnan.cn、qkzz.com）

茎的膨大在叶片生长达到最大值前已开始，而其快速生长也无须等到抽薹开花后，因为这类植物的生殖
生长需要进入另外的生长季。

　　具有肉质茎的植物，多属于二年生植物，且具有rosette类植物特性，如菜薹属于不结球白菜亚种下面
的一个变种，而莴笋也为普通莴苣的一个变种，从这些具肉质茎特性的种类遗传关系而言，其原生茎被短
缩的控制不够严格。

　　当这些植物的种子发育成初生植株后，其胚轴部分也缺乏正常伸长，虽然能看到节间，但叶片也相互
叠在一起，从其短缩茎上陆续发生出来。随着植株叶片的继续分化，不久花芽的分化开始启动，茎的伸长
与增粗生长同步加速，并先于开花前完成肉质茎的伸长与膨大。因此在这类植物中也会发生先期抽薹开
花使茎的增粗受抑制（茎段细长，不具肉质）的现象；当然相反的例子是，植株茎的伸长生长速度落后于
增粗生长，使肉质茎过粗而短，其商品性也会变差。

　　同样，相对短的日长和较低的生长温度条件下，更适合于肉质茎和球茎的膨大生长。

10.5.5　肉质根和块根的发育

　　具有肉质根或块根的园艺植物多集中于蔬菜、花卉和药用类植物中，其植物主根肥大成肉质根（单
株只有1个），如萝卜、胡萝卜、根用甜菜、芜菁、根用芥菜、根芹菜、美洲防风、人参等（见图10-40）；侧根
肥大成块根（每株都有数个具有肉质的块根），如甘薯、木薯、豆薯、葛、大丽花、花毛茛等。

　　对蔬菜类来说，肉质根可作为食用器官加以利用，通常并不以此作为繁殖器官。这些植物大多数为
二年生植物，从种子发芽成为初生植株后，在其冠状茎上分化出具有rosette植物典型特征的叶丛，直到叶
片分化结束，冠状茎开始出现暂时的休眠并为花芽和花茎的分化进行生理调整。此时植株生产的营养物
质开始向根内回流并沿主根向下开始横向分裂，使肉质茎变粗；待带有肉质根的植株进入第二个生长季

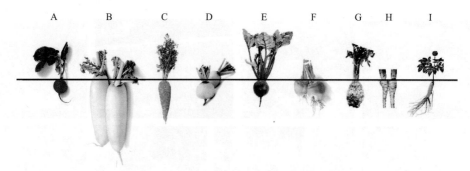

图10-40　常见以肉质根作为产品的园艺植物
A. 樱桃萝卜；B. 萝卜；C. 胡萝卜；D. 芜菁；E. 根用甜菜；F. 根用芥菜；G. 根芹菜；H. 美洲防风；I. 人参
（A～I分别引自biia.com、gdlvfeng.cn、meichubang.com、recip.fields.china.com、ofamily365.com、item.id.com、cn.dreamstime.cn、blog.sina.
com.cn、trv.sodao.com）

后,植株次第抽薹开花,完成整个生命周期。

在肉质根中,其膨大部分包括植株的胚轴,肉质根的根肩部分即由胚轴膨大而来,因此在根肩部分包含着植物的冠状茎。

块根常常用来作为繁殖材料,且这些植物多属于一年生植物。块根从形态发生角度看,其膨大部位为植物的侧根部分,并包括植物的短缩茎,而多个块根是由短缩茎的胚轴部分将其连接在一起的（见图10-41）。

块根用于繁殖时,从其顶端可分生出胚轴并向地上部延伸,块根的末端则分化出侧根系,待母根中养分消耗殆尽,其营养体完全形成。胚轴部分中所带的芽原体进一步分化出叶片,而植株的茎有些会以匍匐茎形式,有些会以正常茎的形式抽生出来。当茎上的分生组织分化好全部叶片后,植株即进入花芽以及花茎的分化了,这时已同步开始块根的分化。至叶片完全展开达到最大生长量时,植株进入开花阶段。开花一经开始,侧根的膨大便会得到加速,待落花后植株进入衰老,侧根的膨大完成,植株形成了多个块根,由此完成其年周期的生命循环。

相对而言,相对短的日长和较低的生长温度,更有利于肉质根和块根的膨大。

图10-41　具有块根的几种园艺植物
A. 甘薯；B. 木薯；C. 豆薯；D. 葛；E. 大丽花；F. 花毛茛
（A～F分别引自tianfengcompany.com、m.sohu.com、image.baidu.com、bilibili.com、ys137.com、21food.cn、bbs.fengniao.com、m.sohu.com）

10.5.6　叶球的发育

变态为叶球的园艺植物,主要分布在蔬菜中的十字花科、菊科等少数科属内,是非常重要的经济性状,如结球白菜、结球甘蓝、结球莴苣、包心芥、结球菊苣等,如图10-42所示。

与这些植物光合作用的功能叶相比，被包被折叠起来的球叶机械组织不发达，细胞体积较大，能够贮藏更多的营养物质。这些具有叶球的植物通常为二年生植物，在第一个生长季中形成肥硕的叶球后，在其叶球内侧底部的冠状茎开始发育花芽和花茎，在第二个生长季抽薹开花，完成其生命周期。

图10-42　具有结球特性的几种蔬菜类植物
A.结球白菜；B.结球莴苣；C.结球甘蓝；D.包心芥；E.结球菊苣
（A～E分别引自371zy.com、cnhnb.com、haonongzi.com、detail.koudaitong.com、blog.sina.com.cn）

因此，从叶球形成的发育过程看，当种子发芽形成初生营养体后，其上胚轴全部发育成具有典型rosette植物特征的冠状茎，其圆周的锥体中心处顶端开始向外侧四周（离顶）分化叶片，直到花芽开始分化，叶片的分化即停止，维持已分化好的叶片数量。随后花茎也开始分化，并与叶片的生长同步。秋季栽培时，这些莲座叶快速生长与花芽、花茎分化同步，但环境条件和体内生理状态对花芽、花茎生长并不利，因此虽然花芽和花茎的分化在生理上已完成，但却缺少迅速生长的基本条件，而这种状态更有利于植株球叶的迅速肥大。当这些二年生植物做春季栽培时，随着展开叶片数的增加，已完成生理分化的花芽和花茎在相对高的温度和长日条件下比球叶的生长更为迅速，因此在结球的同时花茎已抽出，使叶球的质量大大降低，只有极耐抽薹的品种，即使春季栽培时花芽与花茎的分化均已完成，但其生长也会落后于球叶的肥大速度。

日本学者江口（Eguchi）等人证明，结球白菜叶片的内向弯曲生长，是因为叶片背面比腹面细胞生长快引起的。其偏向性生长与生长素在叶面内外侧中肋到叶肉部分的水平差异有关，如图10-43所示。

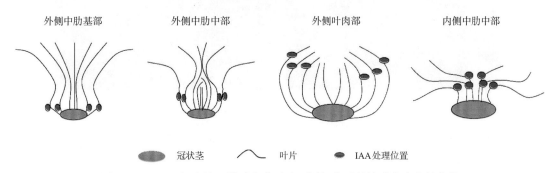

外侧中肋基部　　外侧中肋中部　　外侧叶肉部　　内侧中肋中部

⬭ 冠状茎　　⋁ 叶片　　⬤ IAA处理位置

图10-43　用生长素处理结球白菜叶片不同部位后植株形态发生的变化
（依Eguchi）

叶球从其构成来看，有些叶片数很多，但单叶重量并不是很大，此类型称为叶数型；与之对应，有些种类则表现为球叶数量较少，但单片球叶肥厚，则称其为叶重型。球叶的生长模式如图10-44所示。

球叶和莲状叶从叶芽分化的过程看，并无多大区别。我们可以看到，结球类型的植物，即使其叶片分化已全部完成，从其营养生长来说，如果莲座叶展开数量少，且植株总叶面积不大时，如发生抽薹，球叶的生长在与花茎与开花的养分竞争中往往处于劣势，于是球叶的生长受限，而不能正常形成叶球。因此，这类植物在其莲座期时，球叶有足够的养分支持并快速地肥大，是结球的前提。即使在已分化的总叶片数中，球叶已完成分化，但养分供应不足，也不能够引起结球。

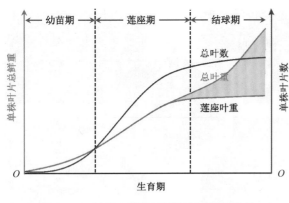

图10-44   结球白菜在不同发育时期植株的
叶片数与鲜重变化

叶球的肥大生长需要较为冷凉的气候和相对较短的日长，十字花科叶球类在较高的温度和长日条件下易发生抽薹而使结球不正常；菊科叶球类的球叶肥大生长在长日下则很难进行，当然，高温对叶片的生长也是不利的，无论是莲座叶还是球叶。

10.5.7   花球（花蕾体）的发育

这一类变态在园艺植物中相对较少，主要有十字花科甘蓝的两个变种——花椰菜和青花菜，但两者在构成花蕾体的发育程度上却有着较大差异，前者的花球球面部分为细小致密的花芽原基，而后者则为颗粒较大且相对松散的花芽组成，如图10-45所示。

图10-45   花球类蔬菜植株及花球形态
A. 花椰菜的不同球型及颜色；B. 青花菜的顶花球和侧花球
（A1～B2分别引自cn.dreamstime.com、nykjzf.com、tigerup.com.cn、product.suning.com、m.sohu.com）

在花球的发育过程中，从种子发芽形成营养体后，其茎呈短缩状态。茎尖不断分化出叶片，这些叶将来均成长为莲座叶。其叶片的分化进行得很快，通常在2～3片真叶展开时即已全部完成，随即便开始进入花芽原基的分化。如莲状叶生长过程中遭遇较低的温度（<15 ℃）时，花芽原基的分化便会加速，而使叶片的生长受到抑制。对叶片生长而言偏低的温度对花芽原基以及花芽的分化和花蕾体的生长则最为适宜。

因此，在进入莲座期时随时的短暂性低温已足以使叶片的生长停滞，植株养分分配上已偏向于花芽的分化。已分化但尚未长出的叶片中有一部分也会因缺乏养分支持而失去展开和扩大生长的机会，其结果植株便会出现先期现蕾（见图10-46A）。这种先期现蕾的花球，因植株营养面积较小，其膨大极为有限。

当植株现蕾(体积达到鸡蛋大小)时,如花蕾体的膨大生长所处温度较低(低于叶片生长最适温度3～5 ℃),对花蕾体的膨大最为有利;而温度过高,则易出现散球、花球发育异常(见图10-46D)等状况;如在现蕾期前后较高温度持续时间长,则可能出现夹叶花球(见图10-46E),这是因为较高的温度更适合于茎生叶生长所致。

当幼苗期开始植株持续遭遇低温(甚至低于花芽或花芽原基生长适温)时,叶片生长受抑,已分化好的叶片不能及时展开,即使形态上已出现也得不到充足的养分供其扩大生长,于是便在生长点周围形成紧密的簇生小叶群,称之为茎尖簇生叶(leafy),如图10-46C所示。

现蕾后太阳辐射过强会导致花球表面粗糙甚至出现花芽原基体长有小的细毛的毛状花球(见图10-46B)。

图10-46 花椰菜花球发育的各种异常状况
A. 先期现蕾;B. 毛状花球;C. 茎尖簇生叶;D. 不完全发育、开散花球;E 夹叶花球;F. 正常花球
(A～B分别引自sohu.com、zhidao.baidu.com;C～E均引自sohu.com;F引自quanjing.com)

第 11 章
园艺植物生产与环境

11.1 植物生态圈及其要素

11.1.1 生物圈

地球上所有的生物及其环境的总和称为生物圈(biosphere),其概念由奥地利地质学家E. 休斯(E. Suess)在1875年首次提出。

生物圈是所有生物链的一个统称,它包含了生物链上所有细微的生物和生态环境、生态系统等。生物圈是地球上最大的生态系统,也是最大的生命系统。从广义角度上来看,生物圈是结合所有生物以及它们之间关系的全球性生态系统,它包括生物与岩石圈、水圈和空气的相互作用,如图11-1所示。

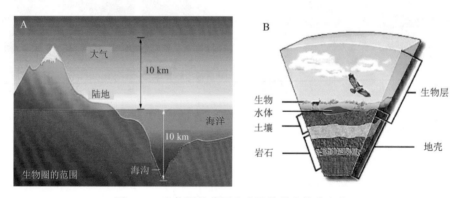

图11-1 生物圈的范围(A)及其基本构成(B)
(引自 wendangwang.com)

生物的生命活动促进了圈内的能量流动和物质循环,并引起生物生命活动发生相应的变化。一方面,生物要从环境中取得必需的能量和物质,就得适应环境;另一方面,当环境发生变化,又会反过来影响生物对环境的适应性,这种反作用促进了整个生物界持续不断的变化。

人类是地球生物圈演化过程中重要的因素,园艺生产活动属于人工生态系统,它是在人类智慧指导下的劳动,将会导致生物圈发生变化,因此人是生物圈演化的重要因素,人类文明的发展,使生物圈向更加智慧的方向演化。

11.1.2 园艺植物生产的生态系统结构

虽然园艺植物生产系统在整个生态圈中所占比例较小,但其系统结构及涉及要素却并不简约。园艺植物生产所在的生态系统(ecosystem)主要包括两个子系统:自然系统和生物系统。

在自然系统(natural system)中,可细分为大气环境、土壤环境两大类;而在生物系统(biological system)

中,除了生产目的的园艺植物外,还包括人类活动、动植物和微生物活动所造成的影响,如图11-2所示。

对园艺植物来说,气候(climate)是非常重要的环境要素。因为气候对植物生产有直接的影响,而且在环境的其他作用中气候也有其间接影响。这些气候因素对园艺植物的影响是快速的,如辐射(热、光、电离)、空气温度、CO_2浓度、大气压、风、水汽和云层覆盖等。必须指出的是,这些气候指标均来自距地面2 m或以上位置的仪器记录。因此,对园艺植物来说,更为直接关联的是其小气候环境(microclimate)。

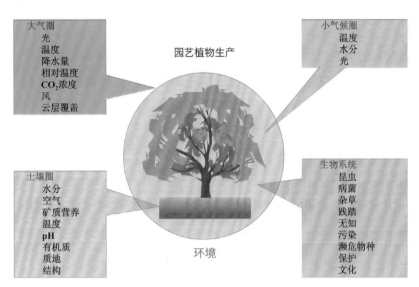

图11-2　园艺植物生产的环境要素类别及其内容
(依Janick)

小气候变化对园艺工作者来说是非常重要的,他们必须关心其细微的差别。这可能是有益的,如在一开阔的区域(靠近一个大水面的地块或位于建筑物的南面),比起周围的地块,其春季的晚霜结束得要早;有时它们可能是不利的,如在较低洼的地块上,秋季的早霜可能比邻近地块来得要早;再如大范围的路面以及园艺设施均会改变周边土壤温度、透气性和水汽供给。

对于园艺植物,土壤环境则更为重要,它是水分、矿质营养和生物的载体,也是根系生存的空间,同时对支撑植物有着决定性的影响。由于其质地结构和生物环境,对园艺植物生产的影响颇为复杂,很多种植管理作业都与土壤环境有很大关系。

而生物系统则是通过生物间相互作用而影响园艺植物生产的,如生物的竞争、协同等生态关系以及物质转化等代谢活动都会对园艺植物生产产生直接的影响。需要注意的是,园艺植物生产是基本的人类活动之一,而人对于整个生态系统的影响是巨大的,但人类活动符合生态学原理进行的各种超自然行为可能会是有益的,而相反则会使系统进入恶性循环。因此,在园艺生产上,遵循生态学基本原则,提高生产效率,维护系统的稳定,才是可持续发展的必然选择。任何以损害自然环境的掠夺式行为,其结果必定会受到来自自然的惩罚。

11.2　光与园艺植物生产

11.2.1　光量与光质

物体单位面积上所接受可见光的光通量,物理上称为光照强度(简称照度),是用来表示光照的强弱和物体表面积被照明程度的量。园艺学上的光量即指照度,光量在自然条件下是变化的,大气中的云层覆盖、叶幕、季节、污染和纬度等因素都将导致到达植物冠层光通量的变化。如在明亮、晴朗的夏日,照度在60~100 klx以上。

然而光照度的单位是基于眼睛对光谱的感觉而确立的,这并不是真正的能量表达形式,因此从植物光合作用转化太阳能的角度,则用另一种物理量——光合有效辐射(photosynthetic effective radiation, PAR)来测量,它是指在单位面积上可为植物光合作用的快速过程中吸收和利用的能量。可通过光传感器对此进行测定,其计量单位为mW/m²。两类指标虽然侧重面不同,但均是能量效率的表现,而光照强度因其直观性容易进行人为的判断比较。

植物的生长发育与光环境有着密切的关系,一方面植物的生长与发育均离不开光合作用的产物支持;另一方面植物体的形态建成及很多生理活动都与光照强度有关,特别是在植物的发育过程中,光照强度对植物花芽分化有着较大的影响。

1)不同区域光照强度的季节性周期与日周期变化

在地球的不同位置上,一方面由于地球的自转,使不同季节的太阳高度角有较大的变化(见图11-3),因而从年度来看会在很多地区产生辐射亏损(或盈余)。从特定区域来看,其季节性变化规律如图11-4所示,不同季节的最大太阳高度角不同,使到达该区域的太阳辐射强度会存在较大差异,以水平面为例,正午时的最大太阳高度角与其纬度、季节的关系为

$$H_{正} = 90 - |L_d - L_l|$$

式中,$H_{正}$为当地正午时的太阳高度角;L_d为太阳直射纬度;L_l为当地纬度,L_d在北纬、南纬分别取正、负值。

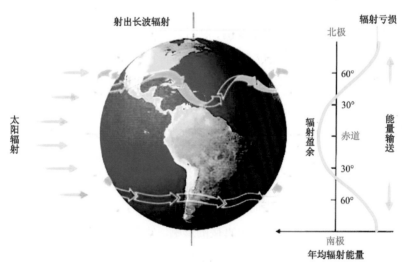

图11-3 地球上不同纬度地区太阳辐射与能量盈亏关系
(引自 amuseum.cdstm.com)

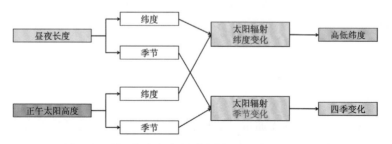

图11-4 太阳高度角在不同纬度地区的四季变化关系

太阳直射纬度的计算,可根据季节时间点进行大致估算。在北纬地区,以春分日和秋分日的太阳直射纬度计为0°,夏至日和冬至日分别计为23.5°和−23.5°,则可通过与春分或秋分时间差进行计算,大约每天产生0.26°的增量。

因此,可以计算出某一区域在特定季节全天的理论日照时数(不考虑云层覆盖和遮挡)为

$$D_\mathrm{s} = \left[\, 12 \times \arccos(\tan L_\mathrm{d} \cdot \tan L_\mathrm{l})\,\right]/90$$

式中,D_s为某一地区特定季节的理论日照时数;L_d为当前太阳直射纬度;L_l为当地纬度。

2)园艺植物对光照强度的要求

通常,根据植物对光照强度的需求不同,可将植物分为阳生植物、阴生植物和耐阴植物。一些植物只能在充足的阳光下才能正常生长发育,而一旦遇到遮阴条件时即会死亡,将这类植物称之为阳生植物(sunny plants);一些非常适宜生长在阴暗条件下的植物,如生于林下的草本植物酢浆草等,一旦森林植株叶子直接暴露于强烈光照下时,植株的叶绿素即被破坏,最后导致死亡,这些植物便是阴生植物(negative plant)。在自然界中绝对的阴生植物并不多见,大多数植物均能在强烈阳光下正常生长发育,同时也能耐受一定程度的荫蔽,这些植物则称为耐阴植物(shade plant)。

了解园艺植物对光照的适应性要求,一方面可以在生产上选择地域及场地时会有很大的针对性,同时在栽培上也是环境调节中的重点依据。

(1)阳生植物。

园艺植物中有很多种类属于阳生植物,如马尾松、白桦、松、杉、刺槐、麻栎、杨、柳、石榴、月季、蒲公英、刺苋、蓟、菊花、水仙、荷花、向日葵、芍药、甘草、黄芪、白术等,多为一些草原、沙漠植物以及原产于热带地区的C4植物。此类植物普遍具有较短的节间,植株叶面较小、肥厚,常有蜡质或绒毛。

(2)阴生植物。

园艺植物中有很多属于阴生植物,典型的是一些观赏植物中的室内植物类,常见的种类如下。

a. 松杉类:如华山松、冷杉、云杉、刺柏等。

b. 绿化树种:如白玉兰、元宝枫、五角枫、卫茅、大黄杨、小黄杨、红瑞木、丁香、四季桂、金银木、天目琼花、紫薇、溲疏、杜鹃、石楠、珍珠梅、八角金盘等。

c. 果树类:如山楂、无花果、鼠李、蛇莓等。

d. 药用植物类:如北五味子、麦冬、小檗等。

e. 草本植物类:如绣线菊、牡丹、二月花、地锦、沿阶草、狗牙根、玉簪等。

f. 低等植物类:如食用菌、藻类、蕨类等。

g. 室内绿化植物类:如图11-5所示,主要包括文竹、发财树、巴西铁、绿萝、散尾葵、铁树、南洋杉、橡皮树、变叶木、鱼尾葵、矮棕、棕竹、龙血树、一叶兰、紫背竹芋、鹅掌柴、龟背竹、虎尾兰、安祖花、凤梨、非洲茉莉、巴西木、盆景榕树、富贵竹、滴水观音、绿宝石等。

(3)耐阴植物。

大多数园艺植物属于耐阴植物,能够适应光照较大幅度的变化而正常生长发育。这种进化对于此类植物的广泛传播有着积极意义。

植物的比叶重(specific leaf weight, SLW)常常可用来间接反映植物的耐阴性强弱,通常光照越强,其SLW越大。这意味着阴生植物的叶片通常比较薄,即同样的干重下所能展开的叶面积较大。

图 11-5　常见室内植物

A. 文竹；B. 棕竹；C. 八角金盘；D. 绿萝；E. 虎尾兰；F. 吊兰；G. 印度榕；H. 滴水观音；I. 铜钱草

（A～E均引自赵阳国；F引自中国植物图像库；G～H均引自tieabc.baidu.com；I引自51yuansu.com）

植物对低光量子密度环境的适应，首先表现在其形态上，植株的枝、叶多为水平型分布，可增大叶片与光量子的有效接触面积，以提高叶片对散射光、反射光的吸收。阴生植物的叶片一般无蜡质和革质，表面光滑无毛，可减少叶片对光的反射；而阳生植物则表现出相反的形态特征。出现这样的结果，可以认为是由于不同植物在进化上对光强度适应的生态位（niche）所决定的。从植物叶片叶绿素形态的a/b值大小来看，阴生植物要比阳生植物的数值要大一些，由此也表明叶绿素b在光合过程中的光捕获效应。

关于对光量需求不同的园艺植物类别，其光合作用时的饱和点、补偿点表现有较大的差异，这已在第9章讨论过，本章不再重复。

图 11-6　景观配置中顶级群落的各层所依赖的植物耐阴性需求差异

（依 tuxi.com.cn）

乔木层

灌木层

草本地被层

在进行植物景观配置（plant land-scape configuration）时，对群落中的各个空间层（见图11-6），应根据植物的光适应性要求进行对应，充分考虑到植物对林间、林下的弱光适应性，以获得群体内各种植物良好的生长和景观质量。

同一植物在不同的生长发育时期对光照强度的要求也有着较大的差异。通常，在植株发育初期的发芽期和幼苗期，植物对光照强度的需求水平相对要低些，而在营养生长的中后期及生殖生长期，其需求水平则较高。

在设施园艺生产中，在一些光资源相对短缺的地区或冬季太阳高度角较低时，我们期望获得具有一定耐弱光特性的品种，以适应栽培的实际需求。而特定植物是否具有耐弱光能力，还需从其耐性基因的有无及其基因组的表达入手进行品种改良，其资源基础也需从一些长期在弱光区域生长的该植物收集开始。

从园艺植物生产角度看，将太阳辐射能量转化成化学能的过程可以用光能利用率（light utilization）来衡量，其计算公式为

$$U_1 = \frac{H_m \cdot \Delta W_m}{\sum\limits_{t=1}^{t} Q_{PAR}}$$

式中，U_1为光能利用率；H_m为燃烧系数，平均取值为0.017 8 J/kg；ΔW_m为在生长期（t）内植物单位面积上累计的生物产量干重（kg/hm²）；Q_{PAR}为生长期（t）内单位面积的光合有效辐射能（J/hm²）。目前园艺生产的平均光能利用率通常在1.0%～3.0%，比理论上的可能值要低很多，因此尚有巨大潜力可挖。

11.2.2 园艺植物生长发育对光质的要求

在黑暗中，植物种子的生长可一直发展到种子内的养分贮备消耗殆尽。这种植物发黄，具有细长的茎和长的节间的生长状况，称为黄化现象（etiolation）。这种黄色来自类胡萝卜素，通常情况下它们会被叶绿素的颜色所掩盖，而在黑暗下植株体内的叶绿素不能合成时则呈现出其自身颜色。植物对光的吸收，对一些生理过程有促进而会抑制另外一些生理过程，并直接影响发育进程。

无论对光合作用还是形态建成等过程，植物对光的截获与吸收都是通过特定色素进行的。植物中普遍存在的色素主要有：叶绿素a、叶绿素b、β–胡萝卜素和光敏色素Pr、Pfr等，其对于自然光的吸收也有着较大不同（见图11-7）。

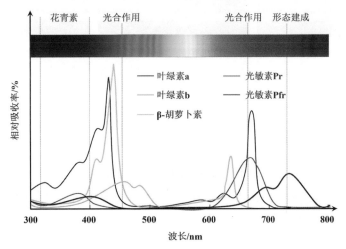

图11-7　植物中的各种色素对不同波长光的吸收差异

光质对植物生长发育的影响除可见光外，事实上还包含远红光（far-red light, FR）与紫外线（ultraviolet rays, UV）等的作用。以高山植物（alpine plant）为例，在平均海拔超过3 000 m的山地区域，阳光中紫外线比低海拔地区要更为强烈。这些紫外线容易破坏植物花瓣细胞中的染色体，阻碍核苷酸的合成，对花本身有害；然而长期的适应，使高山植物的花瓣中产生出大量类胡萝卜素和花青素（anthocyanin），这两种色素均可吸收紫外线，保护其细胞染色体正常功能。而类胡萝卜素使花瓣呈黄色，花青素则使花瓣呈现红色、蓝色和紫色。因此在海拔越高的地方，紫外线越强，花瓣里面上述两种物质含量也越多，花瓣的颜色也就更丰富艳丽了，这也是高山植物中蓝紫色系花色占主导的原因（见图11-8）。这些植物除作观赏外，大多具有良好的药用价值，也是一些珍贵基因的载体。已知UV与一些药用植物的黄酮类物质的积累有直接的关系，同时这类物质能提升植物的防御系统功能。

紫外线对植物的生长也具有抑制作用，最明显的莫过于使植株矮化，因此适当的紫外光对于抑制植株徒长和增加植物抗病性方面具有实际应用价值，特别是对设施栽培下可组合人工光源进行光质调整时。

远红光一般与红光配合使用，由于光敏色素的结构特性，可使红光（R）与远红光（FR）对植株的效果

图11-8 海拔3 000 m以上地区生长的一些具有强烈耐紫外光的高山植物种类
A～I分别为塔黄、千里香杜鹃、龙胆、报春花、藏波罗花、雪莲、红景天、太白贝母、太白菊
（均引自 zw3e.com）

相互抵消。在人工光源下，以白色荧光灯为主光源并补充734 nm的远红光（用LED光源）时，植物的花色素苷、类胡萝卜素和叶绿素含量均有降低；而植株的鲜重、干重、茎长、叶长和叶宽则有增加。补充FR对植物生长的促进作用可能是由于叶面积增加而导致植物对光吸收的增加所致。低R/FR处理的拟南芥比高R/FR处理时有更大而肥厚的叶片，且其生物量增加，有更多的可溶性代谢物积累，从而提高了植物对寒冷的抗性。

11.2.3 植物对日照长度的响应

在一天的24 h中，连续的光照与黑暗时间称为光周期（photoperiod）。同样季节的变化也构成了光周期。许多开花植物能感应这种季节光周期的变化，这种现象称为光周期现象（photoperiod phenomenon），包括植物从营养体向开花发育转换；植物的落叶和秋色形成；块茎等贮藏（产品）器官形成；草坪草的分蘖；多年生植物和宿根植物的冬季休眠开始等。

光周期现象是由美国学者W. W. 加奈（W. W. Garner）和H. A. 阿拉德（H. A. Allard）于1920年发现的，这使人们开始认识到，光不但作为植物光合作用的能量，而且还将作为环境信号调节着植物的发育过程，尤其是对成花诱导起着关键作用。植物的开花行为是感应光周期而变化的，这对园艺工作者来说尤为重要，光周期效应在不同植物种类上可能单独需要，也可能完全不需要，或者需要与春化作用（vernalization）相配合。

对感应光周期而开花的行为进行分类时，并不是依赖于日长，而是一个称作临界夜长（critical night length）的因素（见图11-9），这是在诱导开花的光周期中持续黑暗的最低限值，通常可分别以其植物种类进行实验观察方法进行确定。在长于临界夜长时开花的植物，称之为短日植物（short day plant, SDP），而在长于临界夜长的条件下，如果利用黑暗中断方法，可产生短夜长的生理效果。在短于临界夜长时开花的植物，则称之为长日植物（long day plant, LDP）；在开花上不受光周期影响的种类称之为日中性植物（自然日长或日长不确定植物，diurnal neutral plant, DNP）。

在一个长于临界夜长条件之后，需要短于临界夜长的植物，称之为短-长日植物（short-long day plant）；相反需要的植物称之为长-短日植物（long-short day plant）。长日植物通常在春到夏季节开花；短-长日植物则在暮春到初夏时开花；长-短日植物在夏末秋初开花；而短日植物则在秋季开花。

这些类别可进一步进行划分：植物完全依赖于特定日长才能开花时，称为必需的、绝对的或质的（qualitative）日长；很多植物种类可在多种光周期下开花，但相对于一个特定光周期诱导，其开花期可能会被提早或延后，这种情况则称之为相对的、数量的（quantitative）日长。不同园艺植物成花对日长的要求如表11-1所示。

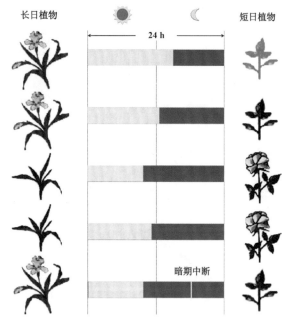

图11-9　不同光周期状况下长日植物（鸢尾）和短日植物（菊花）的开花反应
（依疯狂答题手）

表 11-1　开花所需日长类型及其对应的园艺植物种类

日长反应类型	所属植物种类
绝对短日植物	苋、洋兰、茼蒿、阿拉伯咖啡、甘薯、菜豆、玉米、波斯菊、一品红、紫牵牛、一串红、紫苏、苍耳、大麻、草莓、菊花、秋海棠、蜡梅、日本牵牛、龙胆、扁豆
绝对长日植物	大花滨菊、瞿麦、倒挂金钟、木槿、花烟草、福禄考、萝卜、金光菊、蓝盆花、八宝景天、菠菜、甜菜、白菜类、甘蓝类、山茶、杜鹃、桂花、天仙子、红花、当归、莨菪、大葱、大蒜、芥菜
相对短日植物	洋葱、仙人指、月季、黄瓜、茄子、番茄、辣椒、菜豆、君子兰、向日葵、蒲公英
相对长日植物	金鱼草、四季秋海棠、桃叶风铃草、矢车菊、毛地黄、莴苣、紫罗兰
日中性植物	白露华丽、金盏菊、黄瓜、栀子花、向日葵、欧洲冬青、番茄、豌豆、芹菜、胡萝卜、蚕豆、丝瓜、颠茄、曼陀罗
长-短日植物	酸橙（枳实）、落地生根、芦荟、夜香树
短-长日植物	石莲花、联药花属、草地早熟禾、风铃草、鸭茅、瓦松、白三叶草

光周期不仅影响植物花芽的分化与开花，同时也影响植物营养器官的形成。如慈姑、荸荠球茎的形成，都要求较短的日照条件，而洋葱、大蒜鳞茎的形成要求有较长的日照条件。另外，像豆类的分枝、结果习性也受光周期的影响。

在一定时间内给予适宜的光周期影响，以后即使置于不适宜的光周期条件下，而光周期的影响仍可持续下去，这种现象称为光周期诱导（photoperiodic induction）。

植物的成花可分为四个过程：成花诱导、信号转导、成花启动（或花的发端）和花器官发育，其调控机理模式如图11-10所示。成花诱导是其中的第一个步骤。对不同植物所需的最低诱导周期数表现也不同（见表11-2），短的只有1次即可，而长的则需要10～20次。通常，在植株达到能够产生光周期的年龄时，植株越小、诱导温度高、光照强，即可缩短其成花短诱导期。

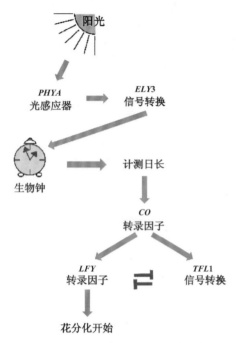

图 11-10　植物发育过程中光周期控制的
信号识别模式
（引自 Janick）

表 11-2　几种园艺植物成花诱导所需光周期次数

光周期类型	植物种类	所需周期数/次
短日植物	苍耳、日本牵牛	1
	大豆	2～3
	大麻	3～4
	紫苏	12
	菊花	12
长日植物	菠菜、白芥	1
	天仙子	2～3
	拟南芥	4
	甜菜	13～15
	胡萝卜	15～20

　　进行光周期反应的部位是茎尖的生长点，叶片与起反应的部位之间隔着叶柄和一段茎。研究证明，植株之间确实有开花刺激物质可通过嫁接的愈合而传递（见图 11-11）。常春藤在营养生长期的叶片具有明显的缺刻，而成熟期叶片则无。利用营养生长期的常春藤植株作为砧木，嫁接其成熟期接穗时，在其成熟枝上会分化出营养枝，并在数周后其营养枝消失，植株才再度恢复为成熟枝。

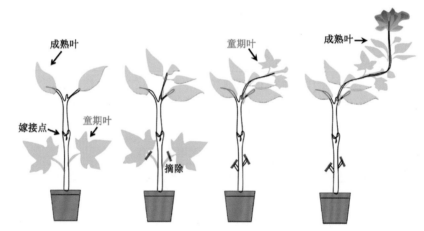

图 11-11　常春藤带成熟叶的接穗——童期叶砧木嫁接体中感受光周期并传递信号使嫁接体开花
（依 Janick）

　　已经证明，被传递的信号物质是通过植物的韧皮部进行运输的，苏联学者柴拉轩（Chailakhyan）将这种刺激物称作成花素（forigen），但遗憾的是这种物质至今尚未分离出来。

　　感受光周期反应的部位是植物叶片，植物成熟叶片中具有能够接受并识别光信号的光受体（light receptor）。迄今为止，植物中已知的光受体（色素蛋白）主要分为三类：光敏色素（phytochrome）、隐花色素（cryptochrome）和向光素（phototropin）等。

　　用不同波长的光来中断暗期的试验结果表明，无论是抑制短日植物开花，还是诱导长日植物开花，其效应均与光敏素参与有关。在细胞中，光敏素可能集中在细胞膜的表面上。绿色组织中光敏素含量较低，而在一些黄化的组织中相对较高，浓度级为 $1 \times 10^{-7} \sim 1 \times 10^{-5}$ mol/L。光敏素（phytochrome）是一种蓝色蛋白质，它的生色团类似叶绿素和血红素，有四个吡咯环，但它们不是环状连接，而是开放成直链，以共价键与蛋白质部分相连,即由蛋白质和生色团两部分所组成。无论是LDP还是SDP,其开花都与Pfr和Pr的比例有关。对于SDP,在光期结束时,Pfr/Pr比值高(白天红光比例大,有利于Pfr的形成),开花刺激物的合成受到阻止;转入夜间后,Pfr向Pr逆转,Pfr/Pr比值变小。

一般认为,光敏素所调节的植物形态建成,是通过调节慢反应基因来实现的。基因的活化或抑制是以被束缚于基因启动区的顺式作用元件的转录因子为中介,通过钙调蛋白、G蛋白等与光敏素相连接,最终产生光形态效应,如图11-12所示。

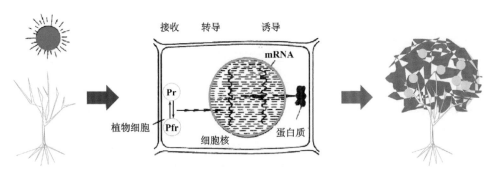

图11-12　植物光形态建成中光敏素产生效应的机制模式
(依李军)

除光敏素外,包括一些低等植物在内普遍都存在隐花色素,即蓝光/紫外光受体。蓝光的受体可能是黄素和胡萝卜素,其调节的生理过程主要有向光性、抑制幼茎生长、刺激气孔开闭和调节基因表达等。

11.3　温度与园艺植物生产

11.3.1　温度属性与园艺植物生长

植物以及其他的生物类型通常的温度变化限界为0～50 ℃,一些植物能够在休眠期间在零下温度情况下生存,如激剧爆发的藻类、沙漠的地衣、北极苔藓、北极地衣均能忍耐超过这个范围的温度,但进化水平更高的植物则不能。

我们将植物生命活动过程的最适温度、最低温度和最高温度总称为温度三基点(three critical points of temperature)。在最适温度下,植物生长发育迅速而良好;在最高和最低温度下,植物停止生长发育,但仍能维持生命。如果继续升高或降低温度,就会造成对植物的不同危害,直至死亡。

对植物生长发育而言,最适温度和适宜的温度范围是容易变动的,这些温度条件将随植物种类、季节以及所处发育上的特定阶段而变化。植物在特定温度需求被满足之前,通常不会进行到下一时期,此现象称为发育的阶段性(stages of plant development)。与园艺有关的温带植物在<5 ℃或>35 ℃时不能生长,而在25～35 ℃时为其生长发育的适宜温度。

事实上,植物生长发育的适宜温度并不像极限温度是一个具体数值,而更是一个区间。我们可以设置一个界限,将生长发育最高值的80%作为阈值,对应来确定生长发育的适温区间,这时植物生长发育的适宜温度便会出现一个下限值($T_{s,\ min}$)和一定上限值($T_{s,\ max}$),此区间即为适宜温度(suitable temperature)。

对于园艺植物的生长发育来说,夜间的适宜温度通常比白天低,这种现象称为温度的昼夜周期(diurnal cycle of temperature),将在后面讨论。当然,这种差别因种类而有变化,但是通常的昼夜温差大约在5～12 ℃。不同生长发育时期适宜温度的变化称作温度的年周期(annual cycle of temperature)或季节周期(seasonal cycle of temperature)。

包括许多花卉和蔬菜在内的冷季植物(cold season plants)起源于温带,在>25 ℃的温度下种子不能萌发,这种高温敏感性被认为是热休眠(thermodormancy)。而包括茄科作物、瓜类、豆类和甜玉米等的暖季植物(warm season plants),其种子的最低发芽温度为10 ℃,且极易受到低温伤害的影响。低温引起的伤害随之发展成冻害使细胞内膜发生泄漏。

起源于不同区域的园艺植物在温度的要求上差异极大,且由于植物本身的结构特性不同,在温度的三基点上表现又充满差异。为了使用方便,可将不同园艺植物所属类型进行归纳,其结果所反映的不同植物对温度的要求如图11-13所示。

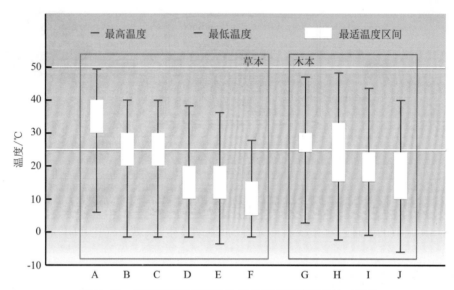

图11-13   不同类别园艺植物生长发育对温度要求的三基点

A～F均为草本植物,其类别分别为热带C4植物、C3植物、温带阳生植物、阴生植物、高山植物和春季开花植物、CAM途径植物;
G～J均为木本植物,其类别分别为热带和亚热带常绿阔叶乔木、干旱地区硬叶乔木和灌木、温带落叶乔木、温带常绿针叶乔木
(参照Larcher数据)

对于一个特定区域,其自然的气温年间变化可依据其近20年日均值进行表达,这样的算法可较好地屏蔽掉年度间气候的偶然性。虽然近年的气温状况总体有提升的趋势,但与历史均值相比,其总体的升温可能比年度间差异要小一些。了解并准确掌握某一地区不同季节的气温变化规律,对于选择植物以及配置栽培设施是最为基础的工作(见图11-14)。

需要注意的是,日平均气温(daily average temperature)并不位于日最高温度和最低温度的中位水平(即算术平均值),而是加权平均后的结果。

根据一个地区的气温变化数据,我们很容易计算出相应的几个积温参数,并与栽培植物所需参数进行对照,以判别该区域是否能够满足某植物生长对温度的要求。最常用到的是活动积温(accumulated temperatures)与有效积温(effective accumulated temperature)两种。所谓活动积温(A_t)是指大于生长下限(B_t)以上温度的阶段累计值;而有效积温(EA_t)则是生育期间日均温度大于下限温度(B_t)期间的逐日温度总和,即

$$A_t = \sum_{i=1}^{n} (T_i - B_t) \qquad (T_i > B_t)$$

$$EA_t = \sum_{i=1}^{n} T_i \qquad (T_i > B_t)$$

从温度对植物的影响来看,气温固然是重要的,但是土壤温度(soil temperature)或植物根系所处温度(也称根域温度,root zone temperature)的情况与地上部有着明显的不同。

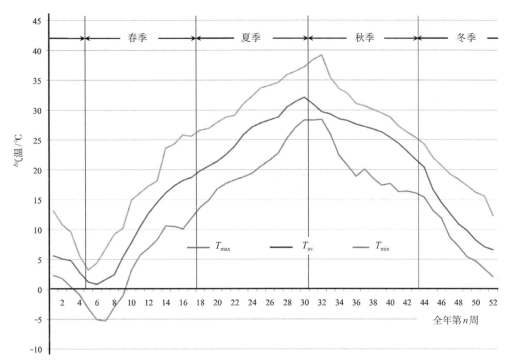

T_{min}、T_{max}、$T_{av.}$分别为日最低、最高和平均温度

图11-14 全年气温日间变化幅度
(上海市闵行)

植物根系所能耐受的温度范围往往比其生长发育三基点温度要小,也就是说根系对低温的耐受性比其极限低温要高;而根系的高温耐受性也远低于其三基点温度的极限高温,这两个数量差值尽管在不同植物上表现不同,但大多数相差约5～8 ℃。如番茄植株可耐受短期间5 ℃左右低温,但其根毛发生的最低温度则在12 ℃左右。

增加根系温度并保持地上部温度不变或降低时,茎叶和根的生长量均有增加,使同一时期内的冠根比(shoot-root ratio)有一定提高。根系温度上微小的变化,也会引起地上部生长发生较大的变化,令人感兴趣的是盆栽植物和地面覆盖时的情况。如图11-15所示,利用电热垫加热,控制根系温度高于环境温度5～8 ℃,即可使植株正常生长发育。与之相反的例子是,设施栽培的园艺植物夏季高温期间,植株常常会进入休眠而停止生长,甚至出现伤害而死亡。但如在无土栽培时,采用低于设施内空气温度的营养液温度(一般宜取8～15 ℃的差值)并进行营养液快速循环时,大多数的园艺植物便可正常栽培了。

使根域温度高于环境温度5~8 ℃

图11-15 利用电热垫加温使花卉根域温度高于环境温度的装置
(引自 m.allbaba.com)

小气候对温度的影响直接关系到园艺植物生产场地的生长发育状况。除了因对阳光遮挡引起的温度差别外,引起同一地点气候有较大差别的因素还有空气对流(平稳气流与强乱流形成对比)与复杂地形。对园艺生产而言,在果树和药用植物中经常会利用山地条件,则需要很好地关心地形对温度的影响

效应。通常，海拔高度每上升100 m，平均气温便会下降0.5～0.7 ℃，即温度的垂直递减率（temperature lapse rate）为-0.6左右；而谷底至100 m高差处的垂直递减率则在-5.0～2.5之间，因此，在从谷底至30 m高差的区域内气温明显偏低，即此区间栽培植物更易遭受寒害或冷害，而在30～130 m的区段内则处于一个温和带（thermal belt，见图11-16）。

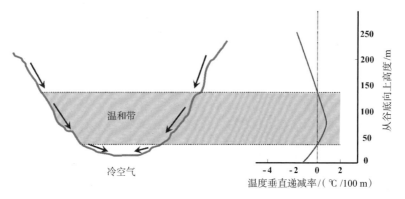

图11-16　由坡地地形造成的小气候——温和带
（引自Janick）

木本植物具有非常极端的极限温度，其高温耐受能力决定了这些植物可能在大多数环境下存活，而其低温耐性也与同一生长区的草本植物相当或者更低，对常绿树种而言，即使在较低的温度下，植株也可能通过一段时期的休眠而进行低温防御；而对落叶树种，在秋冬季叶片生长临界温度到来时通过落叶贮藏能量，强化树体防御功能，进入休眠，则可免受低温伤害。但是值得注意的是，一些木本植物在冬季来临前如果前期持续有相对较高的温度（暖秋冬），使树叶迟迟不脱落，而突然的深度降温（有时可能还未达到低温临界值）会使树体遭受冷害或冻害，这种情况在南方和北方地区均有发生；与之对应的是早春温度回升到较高水平且持续较长时间后，树体的花芽和叶芽开始萌发，而突然的降温则很容易将枝条及芽冻伤而不能恢复，这种情况常发生于北方地区和南方高海拔地区栽培的蔷薇科等果树上。一些多年生宿根类草本植物在低温休眠上的表现同木本植物，但对极限高温的耐受能力则普遍不强，常常会在较高的温度下进入热休眠，如韭菜在冬季地上部叶片常常会枯死，但其地下部的根上所带鳞芽有时可耐-20 ℃甚至更低的温度；而进入夏季后，气温超过25～30 ℃时，植株即会进入休眠而停止生长。

无论是热休眠还是冷休眠，其机理实质是相同的。作为对环境信号的响应，植株在物质代谢上会做出相应调整，体内碳水化合物浓度提高，ABA水平维持在较高水平，表观的生长基本停止，甚至会出现负生长，有些器官则会发生部分脱落。

11.3.2　异常温度与园艺植物

霜冻（frost）是园艺工作者特别感兴趣的一种温度现象（见图11-17）。空气中的水分会随着温度下降变成霜而严重影响园艺植物的生长发育。春末晚霜和秋季初霜决定了园艺植物生长发育的有利时期，我们通常把一年中从晚霜结束到早霜开始的期间长短称之为无霜期（frost free period）。

对于一二年生园艺植物，在特定区域生产时，必须根据当地早晚霜时间决定其播种期或定植期。一个地区的无霜期长短，直接决定了它能够适宜种植的园艺植物种类的多寡。

当温度降低到露点（相对湿度≥100%）时，这一条件有助于在冷的叶面上形成露珠（dew），这种露珠如果在0℃或更低温度下会发生冻结而成为冰晶,我们称其为白霜(white frost)。如果没有达到露点(相对湿度<100%时)而温度在≤0℃时,直到植物受到冻结伤害而变黑之前没有明显的霜害痕迹,称其为黑霜(black frost)。

　　植物受到冻害时,组织内细胞结冰与融化交替会使细胞受到机械伤害而导致细胞壁结构的破坏,其过程除了与低温有关外,还与植物的水分含量及其属性有关。

　　植物对季节温度周期的响应常见的便是低温处理或锻炼(low temperature exercise),它能够使植物进入休眠,以幸免于严冬的摧残。持续暴露于低温下会影响到春夏季开花植物的发育,对二年生植物种子和芽休眠的打破就是低温造成的发育影响。

　　与低温冷害相对应的是,植物在过高的温度下也会受到伤害而出现生理障碍甚至引起死亡。最常见的便是热伤(burning up),是在特殊的干燥、高温且风力较大的天气下多发的问题,植株常因蒸腾作用而过度失水,其水分补充又不充足,最终导致植株机体温度过高而出现蛋白质凝结,严重时则会引起死亡(见图11-18)。一些冷季型草坪草在夏季高温时植株则会停止生长而及早进入休眠,以避免热伤。

图11-17　不同植物受到霜冻时的情况　　　　图11-18　秦岭猕猴桃园夏季高温干旱造成的植株伤害
A. 福州12月早霜;B. 福建沙县果树早霜;C. 法国勃艮第地区早霜;　　　　　　　　(引自weath.com.cn)
D. 哈尔滨9月早霜
(A～B均引自sohu.com,C～D分别引自blog.sina.com.cn、nmg.
weath.com.cn)

11.3.3　温度与植物春化作用及其他发育过程

　　温度对于成花启动的影响是一个称为春化作用(vernalization)的现象。春化作用是温度(不仅是低温)对于植物成花的促进作用。实际上,将植物置于低温之下,可诱导包括许多二年生植物和多年生温带植物在冬季过后的温暖季节里开花。这些将种子或球根类置于低温处理以诱导其后开花的事实,均是春化作用的例证。

　　最早发现温度对植物成花效应的是柯利伯特(Klippart),他成功地实现了将冬小麦变成春小麦。后来苏联学者李森科(Lysenko)在重复这项工作时提出了春化作用的概念,并在1928年后进行了很多的研究,证明了春化过程可形成一种促进成花的物质,但迄今尚未被分离鉴定出来;春化的调控是单一基因控制,其温度作用常常可用GA来代替。

　　为了界定植物对春化所需温度的累积时间,Bowcap和Honma等人提出了冷凉基数(subtraction degree for cold, SDC)概念,并将其归纳为

$$SDC = \sum_{i=1}^{n} (B_t - T_i)$$

式中，B_t为引起春化的限界温度；T_i为春化期间第i天的日平均温度。与Venier求算效应积温的方法相比，冷凉基数方法虽然不够精确（因为这一效应实际上并不是简单的线性关系），但这一算式用于粗略估算还是有其实际意义的。对于低温春化的植物种类，常根据其通过春化所需冷凉基数的大小，将其分为冬性、半冬性和春性植物几类。二年生草本植物冬性强，则意味着不易抽薹开花。

因种类的不同，处理温度和时期也会发生改变，但是通常的范围是在-2 ℃～10 ℃下持续几周时间。如此低温处理并不是所有的植物都需要，如夏季栽培的一年生植物或热带起源植物等均会在高温处理下完成春化。

进一步的研究证明，在诱导植物花芽分化时，植物在其感应可引发春化作用的区间温度中，如果温度发生逆转（如正常感应温度的持续性中断，出现一定时间长度的非春化感应温度）时，则会出现对已累积春化效应的消除现象，称之为脱春化作用（devernalization）。事实上，这种脱春化作用往往在春化过程早期比较明显，但作为被逆转的高温出现并维持时间不长，恢复春化的适宜温度后，春化仍可继续进行下去；而春化过程进行到后期，即使给予超过正常春化所需温度范围的温度条件时，春化过程也不再发生逆转，而只是延长了完成时间（见图11-19）。

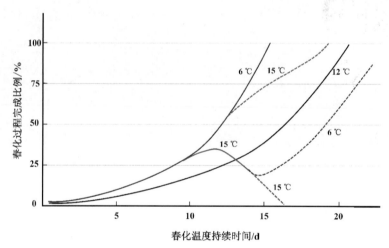

图11-19   不同温度下的春化过程及其条件逆转（结球白菜）

关于春化过程中植物所能感应所需温度的最低年龄，在植物间差异较大，有些植物可以在萌发种子的胚胎期开始感应春化所需温度；而有些则需要达到一定的植株大小方可，我们把前者称之为种子春化型（seed vernalization type），后者称之为绿体春化型（green body vernalization type）。种子春化型植物在种子萌发以后的任何时间均可感应所需温度，但绿体春化型则比较严格，如果达不到要求标准，即使给予春化所需温度也不能感应。之所以出现这种状况，无疑是植物自我调节发育的需要。一般来说，种子春化型的冬性相对较弱，而绿体春化型则相对要强些。如一些一年生草本植物，春化温度要求较高，如果达不到大小标准则持续进行营养生长，以保证开花能够在温度较高的季节里完成，这也是植物进化的结果。种子春化型的植物主要有白菜、芥菜、萝卜等；而绿体春化型主要有甘蓝、大葱、大蒜、芹菜、甜菜、胡萝卜、莴苣等。

除了春化作用外，高低温交替也会影响植物的开花。如在番茄育苗时采取较低夜温可使其花芽增多;对于黄瓜则会增加雌花分化,降低雌花节位。这些均已在生产上普遍采用。

温度对于植物繁殖也是极为重要的,它对球根类的发育和贮藏、愈伤组织产生、扦插时的生根、温带果树芽和草本植物种子的休眠和萌发、幼苗生长及种子的贮藏过程均有影响。正如想象的那样,在最高、最低、最适温度和胁迫温度(stress temperature)下,植物种类间在繁殖上将会看到大的变异。

对无性繁殖材料和木本植物来说,芽的休眠是其自我保护的进化结果。一些温带果树,在生长期间每一个节位上均分化有一定的营养芽,这些芽在形成后通常并不会生长,当秋天来临后便会成为休眠芽。其休眠程度因果树种类而有差异,即使同一植株上芽的休眠深度也会不同。这些果树的花芽发育需要比叶芽更低的温度,因此冬季低温先促使打破了花芽的休眠。如桃树需要在7 ℃左右的低温下经历14～50 d才可开花和出叶,春季里果树开花的早晚顺序与其低温需求程度有很大关系(见图11-20)。因此很多温带果树移植到南方温暖地区,其冬季休眠难以打破,春天后花芽和叶片出现数量极少。

图11-20 早春开花树种及其开花时间顺序 Ⅰ ～ Ⅴ

(A～E分别引自 guonongw.net、blog.sina.com.cn、ly.com、detail.youzan.com、sh.bendibao.com)

11.4 水分与园艺植物生产

11.4.1 水分条件

水分是一切生命有机体赖以生存的物质基础。水分在植物组织中的含量因植物种类及其器官、状态不同而有着较大差异,在一些种子内水分含量可低至8%以下;在休眠的木质枝条中水分含量约为40%;在一些蔬菜和多汁的果实内水分含量可高达95%。

水分是园艺类植物产品品质中的重要因素,同时也是植物生物化学过程中重要的原料,约有三分之一的水分与碳水化合物和蛋白质等形成结合水(bound water),维持着其活性。水也是维持植物组织和细胞膨压(cell turgor)的物质基础。

水在植物体内是可以流动的,作为重要溶剂,水参与了体内营养物质和离子的运输。但事实上植物对水分的利用率并不高,这主要是由于植物在光合作用从空气中吸收CO_2时,需要与叶片中的水分进行交换的缘故,大量的蒸腾失水(water loss from transpiration)使植物机体温度得到平衡,而这一部分的水分散失与植物生长环境中的温度、湿度及其风速有直接关系。

植物生长所需的水分一方面来自自然降水，另一方面则来自存在于地面或地下的水源。自然降水（precipitation）包括雨雪等；地表水（surface water）包括江河湖塘沼等的自然水体和雪山冰川等水资源；地下水（groundwater）则为土壤地质资源，其充裕程度常以地下水位线（groundwater line）高低来表示（见图11-21）。

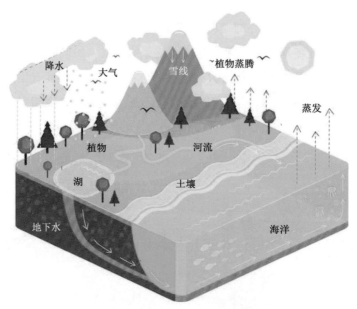

图11-21　生物圈内的水分循环模式

（引自51yuansu.com）

园艺自从于大田农业中分离出来，其主要的特点在于园与田的区别，而园圃从古至今都不是完全依赖于自然降水，亦即灌溉是其最基本的产业特点。一些自然生长式的园艺植物虽然不进行专门的灌溉，但其生长区域的水资源状况对其生产至关重要。大多数人工栽培的园艺植物，均需要专门的灌溉系统以保证其水分供应。

水是当今地球上重要的稀缺资源，干旱灾害在全球频繁发生，已经成为影响农业可持续发展的重大问题，并为全球各界高度关注。我们可以看到，在一些非传统的干旱区近年也频繁出现较严重旱情的例子。因此，加强园艺产业的水利基础建设，推行节水灌溉已是势在必行。

在园艺生产实践中，我们必须根据地域水资源状况的实际出发进行规划，防止盲目发展。即使在水资源数量比较丰沛的地区也应重点放在提高水资源利用效率上来。

区域降水量作为一个地区最为重要的地理特征，是我们进行园艺生产的依据。根据降水量分布情况，可将中国分为干旱区（年降水量小于400 mm）、半干旱区（年降水量在400～800 mm）和湿润区（年降水量大于800 mm）。降水为园艺植物生产提供了基础的水分来源，但是需要注意的是，这些水量在时间上的分布并不均衡，即使在一些干旱和半干旱区域，其降水也往往相对集中于某些季节，而湿润地区则更是这样，特定的雨季单日降水有时甚至超过50～100 mm。这就给园艺植物生产带来一定问题，即自然土壤水分往往会出现过干或过湿的问题。因此，我们必须关注土壤水分盈亏动态和空气湿度变化。

对于土壤因表面蒸散和植物蒸腾引起的水分亏缺，必须通过灌溉来进行补充。其灌溉水的来源一般均取自地表水或地下水。在湿润区，地表水存量较大，除大的江河外，湖塘分布较多，这给园艺产业水资源利用带来极大便利，其取水方便且输送距离不长；而在干旱地区，利用大江大河的灌溉工程也需依靠大型的水利工程，甚至需要水库（reservoir）的配合，因此输水线路的距离较长。在远离大型水源和水利设施末端不能到达的区域，其水分亏缺时则往往需要动用地下水资源。园艺生产所需水量在生产生活中所占比例较高，在一些水资源匮乏的地区，长期大量开采地下水用于灌溉，本身土壤水分亏缺靠自然降水又不可能得到根本性的恢复补充，致使地下水位呈不可逆下降趋势。在一些地区，凿井需要在100 m以上深度方可取得水源。

用于支撑园艺产业的水资源，除了在数量上的要求外，水源的质量也是近年开始关注的问题。由于人类生产生活，使得补充到地面和土壤中的水分在质量上会遭到一定程度的污染和相应的生态问题，如径流所带重金属、合成农药和化肥等的溶解性流动及其富营养化水体所引起的生物种群变化等。由此带给水源一定的污染，以此作为灌溉水，会对园艺植物生产的环境质量甚至产品安全性等带来一定的风险。作为对灌溉水源的清洁化要求，则需要利用土壤系统进行简单的人工湿地式净化，有关内容将在第Ⅲ编相应章节进行专门讨论。

11.4.2　水分与园艺植物生产

根据植物对水分的需求关系，我们可将其分为旱生植物、中生植物、湿（沼）生植物和水生植物几大类。

旱生植物（dryophytes），为能够长期忍受干旱环境并正常生长发育的植物类型。旱生植物多分布于雨量稀少的荒漠地区和干燥的低地草原上。常见的种类有：樟子松、小叶锦鸡儿、大王椰子、三角花、仙人掌类、雪松、白柳、红柳、酸枣、构树、黄檀、榆、朴、胡颓子、山楂、侧柏、桧柏、臭椿、槐、黄连木、君迁子、合欢、紫藤、紫穗槐、甘薯以及仙人掌等多肉植物等。

中生植物（mesophyte），是指不能忍受过干过湿的植物类型。大多数植物都属于中生植物，且在中等湿度（水分）环境下生长得最好。

湿生植物（humid plant），是一类耐旱能力很弱的陆生植物，需要生长在潮湿环境中。若在干燥或中等湿度（水分）环境生活，则会导致植株生长不良甚至死亡。常见种类有：落羽松、池杉、墨西哥落羽松、水松、垂柳、枫杨、苦楝、乌桕、三角枫、丝棉木、夹竹桃、榕属、千屈菜、美人蕉、黄花鸢尾、水蕹菜、豆瓣菜、慈姑、荸荠、芋等。一些藻类植物、地衣类和蕨类植物经常需要湿生或沼生环境才能正常生活。

水生植物（aquatic plant），是指可以长期生活在水中的植物。根据其在水体中的不同分布位置又可分为3类：①挺水植物，其植株的大部分露在水面以上，部分的茎以及根部则沉在水中的类型，如芦苇、香蒲、水葱、荷花（莲）、鸢尾、水菖蒲、茭白等；②浮水植物，其特征为叶片和花漂浮在水面上，如睡莲、王莲、莼菜、菱、浮萍、凤眼莲、荇菜、萍蓬草、满江红等；③沉水植物，是植株完全沉没在水中生长的类型，如金鱼藻、菹草、海带、昆布等。

显然，在植物-土壤-大气的系统中，存在着一个水分平衡。其重要的结构特征如气孔、角质层或栓质层等，使植物保持水分的最低损失。在极度干旱情况下，由于植物的结构与功能进化，使其能够适应于干旱环境，如仙人掌、景天及其他多肉植物（succulent plants）等，它们具有加厚的细胞壁、角质层、黏着状的细胞汁和较小的叶面积等；有些植物则具有适应多雨和湿润环境的能力，如沼生植物（marsh plant）等，最典型的例子是食虫植物（insectivorous plant），如捕网植物茅藻菜、捕虫堇和金星捕蝇草。

　　除了水分对植物的影响外,还有一个与水有关的指标就是湿度(humidity)。湿度的影响取决于植物种类,同样也取决于土壤水分的有效性。空气温度的大小与土壤湿度或含水量并不是正比的关系。旱生植物可忍受较低的空气湿度;而与之相反的是起源于热带的植物。湿度最直接的影响在于关系到植物叶片的蒸腾速率,倘若风力不大,空气湿度提高往往会引起植物蒸腾速率的下降;而增加蒸腾量并进一步降低湿度时,将会导致植株的枯萎和干燥。

　　所谓相对湿度(relative humidity),是指在一定的温度和压力下,空气中的水蒸气占到大气中饱和水蒸气的比例。关于相对湿度的测定,传统的方法是使用波斯曼干湿球温度计,利用特定条件下的干湿球温度差来计算出其相对湿度。目前大多采用特种感温感湿材料制成传感器(sensor),以此将湿度信息转化成电信号,通过数字化形式屏幕显示方式进行表示(见图11-22),其数据可以根据要求进行自动存储,并实现格式化导出。但其换算和校正仍然需要用到波斯曼温度计。

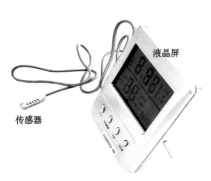

图11-22　常用温湿度自动记录计
(依tbw-xie.com)

　　在利用扦插繁殖时,由于不能通过根系吸收水分,而枝条上的叶片仍持续发生蒸腾(transpiration),此时高的空气湿度才可满足降低蒸腾失水的需要。直到插条生根后,所形成的植株能够通过叶片将水分损失最小化。这样则需要使插条始终保持在一个高的相对湿度条件下。高的相对湿度对于嫁接体防止干燥和促进愈合等也是非常必要的。

11.4.3　植物的蒸腾作用

　　在土壤–植物–大气系统中,存在着一个巨大的水势梯度(water potential gradient),使其能够一直顺其压力梯度进行水分的运动。

　　蒸腾系数(transpiration coefficient)又称需水量(water requirement),是指植物每合成1 g干物质所需蒸腾消耗的水分克数。蒸腾系数是一个无量纲参数,其数值越大说明植物需水量越多,水分利用率越低。蒸腾效率(transpiration efficiency)是蒸腾系数的倒数。大多数植物的蒸腾系数在100~1 000范围。

　　蒸腾作用是一个生理过程,高等植物其水分的蒸散可通过植株表面的气孔和皮孔进行,而低等植物则主要通过叶状体的外表皮进行。在器官内部,水分蒸散的主要通道为细胞间隙,且需要使水分由液体状进行汽化,然后再做扩散运动。

　　植物对于蒸腾的控制与调节,是通过气孔进行的。气孔数量的多少及其分布密度与植物种类的遗传特性有关,但气孔的大小及其开闭等则与植物所处环境状况有直接关系。现已证明在这一过程中ABA和乙烯对气孔的开闭有重要调节作用,这对于植物适应环境特别是空气湿度有重要意义。

　　不同区域各季节的水分散失量的估算,可用布莱尼–克瑞多(Blaney-Criddle)算式进行,其表达为

$$ET_0 = C \cdot P(0.46 \cdot T_{av} + 8)$$

式中,ET_0为日水分散失量估算值(mm/d);C为修正系数,取决于最低湿度、晴天率和全天的风速等因素;P为每月昼长占全年的比例(%);T_{av}为月平均气温(℃)。其P值的取值大小可参照图11-23所示。

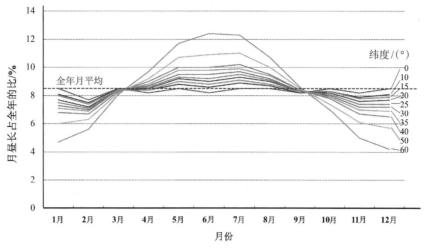

图 11-23 不同纬度地区各月份昼长占全年比例的变化
（依 Sunhongd）

11.4.4 土壤水分及植物对其的利用

自然界的水分存在形式主要有固态水（冰）、单一液态水、气态水（水汽）；土壤水分则可分为束缚水、重力水和自由水等（见图 11-24）。除气态水（steam water）存在于大气、单一液态水（liquid water）集中于地壳表面外，其他形式的水分则主要存在于土壤中。固态水（solid water）为土壤水冻结时形成的冰晶；束缚水（bound water）是指被土壤粒子结合而不能为植物利用的水分部分，包括膜状水和吸湿水；自由水（free water）为植物可利用水，它又包括毛管水（可逆重力向上或向下运动，capillary water）、重力水（受地心

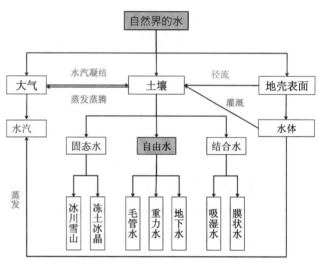

图 11-24 自然界的各种水分形态及其关系

引力向下运动的水，可进入地下水，gravity water）和地下水（可依靠毛管作用向上运动转化为毛管水，groundwater）。

自然的降水结束后，可使地表水、土壤水分和地下水均有所增加。我们把水分进入土壤的下行运动称为渗透（infiltration）。不同质地土壤的渗透能力（osmotic ability）有着较大差异，它可以表示为在一定时间内单位土壤上的水分渗透量（见图 11-25）。

影响土壤中水分渗透的因素比较复杂，包括土壤质地（沙土、黏土或沉泥的比例）、土壤结构、有机质含量、土壤含水量、土壤温度、土层深度及疏松程度（耕作状态）等。通常情况下，水分渗透时的移动速率

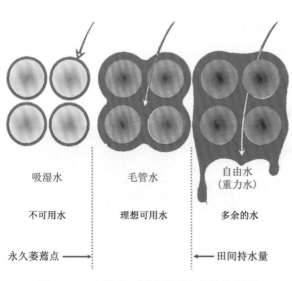

图 11-25 土壤中不同水分形态与植物利用
（引自 Janick）

受土壤质地影响较大,土壤粒径越小,水分渗透下行的速度越慢。与之相反,水分在土壤中向上运动的毛管作用中,土壤粒径越小,水分的运动性就越强。

　　土壤保持水分有三条途径:黏着力、凝聚力和地心引力。被黏着在土壤粒子的水膜是通过凝聚或水分子间的相互吸引而结合在土壤表面的;而其他形式的凝聚水或毛管水则不易为土壤紧密吸附,能够供给植物一定的水分。如果降水或灌溉过多,水分可使土壤达到过饱和,在一定范围内将所有的气孔空间填满,而渗透不再持续时,多余的水分则会积存于土壤表面,最终以径流形式,流入水体。持续向下移动的水分则可进入地下水,这些水分凭借重力作用而不会保留在表层土壤。

　　土壤对水分的保持能力可用土壤水分压(soil water pressure)来表示。水分保持能力取决于土壤质地、土壤粒子大小和土壤有机物含量等因素。直径越小的土壤粒子,其单位体积上的表面积就更大,其水分的存储容量和吸附力也要大些;同样增加土壤有机物含量也会使土壤的水分保持能力增加。

　　土壤水分张力通常可用土壤水分张力计(tensiometer)进行测量。土壤张力计是从压力角度来测定的,可用于植物灌溉时的指导(见图11-26)。水的张力单位常用MPa。

　　无论何种土壤,当土壤达到田间饱和持水量时,所测到的水压均为0。虽然测定所得到的压力值相同情况下,土壤的实际含水量因土壤属性不同而会有较大差异,但对于植物利用水分的压力状态来说,却是一致的。因此,水分张力所反映的情况更加切合植物对土壤水分吸收时的压力关系。土壤水势通常情况下表现为负的压力,其数值随土壤中水分含量而变化,土壤含水量越高,其张力越大(压力数值的绝对值越小,趋于0);而土壤含水量较低时,水分的张力小(压力数值的绝对值较大)。土壤水分张力的大小与植株体内水势大小形成数量差时,便会产生水分吸收的动力。通常,水生植物可耐受的相对水分短缺时的水势可低至−1.0 MPa;中生植物则为−4.0 MPa;一些木本植物通常为−4.0～−2.0 MPa;而旱生植物则可低至−6.0 MPa。

　　土壤水分状态和保持能力共同决定着植物可利用水分的数量。土壤中饱和的毛管水数量被称作土壤的田间水分容量(field water capacity)或饱和持水量(saturation moisture capacity)。

　　当土壤中毛管水含量极低,植物吸收水分所需的能量大到一定程度时,吸湿水就越凝聚,此时会出现植物的萎蔫,其水分临界水平称之为凋萎点(wilting point)。如图11-27所示,田间持水量(field capacity)和凋萎点之间的数值差即为植物可利用水分(plant available water)量。

　　同时,我们常把田间持水量与饱和持水量间的比值称为墒情(soil moisture content),用于判别土壤水分的可利用状况。

图11-26 土壤水分张力计
（引自 114pifa.com）

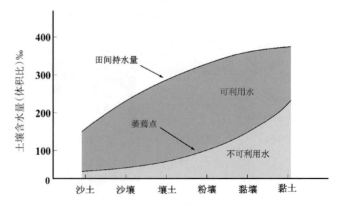

图11-27 不同质地土壤中田间持水量与植物萎蔫点间关系
（依 Janick）

11.4.5　水分异常与园艺植物生长发育

1）干旱

水分的散失是通过直接从土壤表面蒸发和间接通过植物蒸腾而进行的。当两者组合时的损失称为土壤水分蒸发蒸腾损失总量（total evapotranspiration loss of soil water）或水分散失量（water dispersion loss）。当它们超过可利用的土壤水分总量时，我们将这种水分出现赤字的状况称之为干旱（drought）。干旱常发生在降水量较少的干燥气候地区，这些地区有着降水量少且周期独特的共性，或者根本无法预测降水量的变化。

高温、强对流和低的空气湿度等因素，均可增加土壤水分散失量而加剧干旱。可利用灌溉、选择抗旱植物和地面覆盖等措施抵御干旱，也可通过增加土壤有机质含量提升土壤的田间饱和持水量，这将在本章此后的内容中加以讨论。

如果干旱持续且无对应的应对措施，所栽培的植物则会出现萎蔫、发育不良甚至引起植株死亡；同时也会使土壤的pH值水平临时降低，增加了盐分的可溶性，使水分引起的干旱与生理干旱产生叠加效应，其危害更大，如图11-28A所示。

干旱造成土壤pH值的减小，其原因是施肥产生的盐分、土壤有机物降解产生的盐分和因毛管水的向上移动而带到表面的盐分等，在干旱状态下其水平均有增加，并与土壤粒子表面存在的更为自由的H^+之间进行置换，从而对土壤溶液来说，其结果使pH值降低了。

2）过湿

土壤过湿（涝）可能是由暴雨、土壤田间持水量过高、盆栽植物浇水过量、田间灌溉过量、根层土壤排水不良或高地下水位等引起，湿涝或水淹意味着降低了土壤中O_2水平，会使植物的根系出现无氧呼吸，从而导致植物发育不良。若不及时排涝或增加土壤透气性，则会引起植株的死亡，如图11-28B所示。

图11-28　园艺生产中的水分状况异常
A.陕西渭南春季旱情；B.四川资阳遭受淹水的设施葡萄园
（A～B分别引自 wnkeji.gov.cn、weather.com.cn）

过湿状况下，植株首先发生根毛死亡，之后相继出现根系由健康的白色转变为褐色、受微生物侵染而发生根部腐烂等现象，这些均在植株死亡前即可发生。因此在湿涝期间，植物对水分的吸收将大大减少，且在植株地上部表现出萎蔫症状。另外，当植株进行耐旱锻炼时植株即使出现暂时萎蔫，也不能突然补充过量的水分，否则极易引起植株的死亡。

11.4.6　园艺植物需水特性

不同植物的水分利用效率有较大的差异，通常，一般C4植物的需水量低于C3植物，这是因为C4植物有较高的光合效率,其气孔对水分逸出的阻力较大;而且气孔的密度也低于C3植物。

同一植物的需水量也因所处环境不同而存在着一定的差异,如在土壤比较贫瘠时,其水分利用效率就比较低,植物的需水量便会增加。

植物需水临界期(critical period of plant water requirement)的概念,是由苏联学者伯罗乌诺夫(Borounov)于1912年提出的,是指植物在其生长发育中对水分最为敏感的时期。如这一时期发生水分缺乏或过多现象时,则会对植物的产量造成大的影响。

不同植物的需水临界期虽不同,但基本上都是处于从营养生长至生殖生长的这段时期。这一时期愈长,需水临界期也变得愈长。园艺生产上,我们可以根据各种植物需水临界期的不同特点,合理选择植物物种、品种,并对种植比例进行统筹,以使区域灌溉用水不过分集中。

11.5　气体与园艺植物生产

11.5.1　大气环境与空气状况

大气环境(atmospheric environment),是指生物赖以生存的空气及其物理、化学和生物学特性总和。空气的物理特性主要包括空气温度、湿度、风速、气压和降水等,这些均由太阳辐射这一原动力所引起。空气的化学特性则主要包括:①化学组成。大气对流层中N_2、O_2、H_2等3种气体占99.96%,CO_2约占0.04%,还有一些微量杂质(气体和固体)及含量变化较大的水汽。人类生产、生活排放的NH_3、SO_2、CO、CH_4、氮化物、氟化物等有害气体以及固体微小颗粒物可改变原有空气的组成,并引起污染;②空气pH值等,由空气中的SO_2、CO_2、NO_3和Cl_2等和水汽作用使大气表现出一定的酸性,降水时即可表现出来(酸雨)。空气的生物学特性则包括一些肉眼难以识别的微生物及病毒等。

在中国使用的国际标准大气(ISA)中设定:以海平面温度15 ℃、气压1 013.25 hPa、海平面空气密度为1.225 kg/m³,在11 km以下对流层空气温度以恒定的速率−0.65 ℃/100 m递减为标准。实际上由于不同地域空气密度分布的不均匀以及地形影响等原因,这一数值并不是恒定的。

关于空气物理特性方面的温度和湿度、降水等内容在本章前面已做过讨论。

空气对流即风,是通过物理冲击加速水汽的散失和对流热转移而影响到植被的,也增加了光合作用中植物对CO_2的吸收,因此缺乏空气的流通会导致叶片周边环境中CO_2的局部枯竭。花粉和种子的转移也有赖于适度的风的作用,强度较大的风有时会伤害到植物,妨碍授粉,致使果树的果实发生未熟脱落,使土壤风蚀(wind erosion)加强。因此在一些季风特征明显、风力较大的区域,需要在选择小气候的基础上,利用防风林(障)等措施,减轻强风的影响;而在一些谷地,为加强空气对流,则会设置一些风力扇,如图11-29所示。

11.5.2　氧气

植物生产中最重要的气体条件即为氧气(O_2)和二氧化碳(CO_2),两者的交换是在同一界面上完成的。由于气体的对流与扩散,正常情况

图11-29　园艺生产中对空气对流的调节
A.伊犁花田防护林;B.日本宇治茶山风扇
(A～B分别引自sohu.com、chihe.sohu.com)

下,园艺植物群体内O_2的分压不会太低。但群体内的O_2扩散与对流条件,则会直接影响到土壤气体中的O_2浓度。土壤气体是存在于土粒间隙中的,受土壤质地、结构(紧实度)的直接影响。而且由于在其土壤空隙空间内O_2与水分共存,因此土壤的田间持水量大小直接影响着土壤气体中的O_2浓度。

土壤孔隙度低,通常发生在以下两种情况:因质地原因,土壤粒子平均粒径小,土壤紧实度高;或因浸水而发生板结。板结(harden)是指在浇水或降雨后土壤因缺乏有机质而结块变硬的现象。土壤孔隙度水平直接关系到土壤中O_2的浓度,因此,我们可以从土壤透气性来看待O_2浓度的问题。

增加土壤中有机质含量水平,是提高土壤总孔隙度最为根本的措施。而中耕、覆盖与灌溉等田间管理措施对土壤的透气性影响较大,将在第Ⅲ编作专门讨论。有句农谚:旱松土、涝浇园,其核心目的就是改善土壤透气性状况。

土壤中O_2含量较高时,植物根系的呼吸作用及物质转化的代谢水平能够得到很好的保证,有利于根系自身的生长,并表现出良好的根系活性,常常可以通过其还原能力以及酶活性等指标体现出来。而当土壤中O_2浓度偏低时,植物根系的呼吸作用在酵解之后便发生了异常,代谢受到抑制,其生长发育进入防御主导模式,根系内乙烯、ABA水平提高,IAA水平下降,随之对整株植物会产生不良影响。根系的呼吸异常,往往伴随着其乙醇发酵或乳酸发酵等现象的发生,会导致根毛枯死、脱落,使植物的吸收功能受到顿挫。

11.5.3 二氧化碳

二氧化碳(CO_2)气体是大气成分之一,约占空气总体积的0.04%。随着全球碳排放数量的增加,在过去100年大气中的平均浓度增加较快,已从1920年前后的300×10^{-6}(体积比)增加到2018年时的400×10^{-6}(体积比)左右,这一变化令人惊讶。CO_2作为主要的温室气体(greenhouse gas, GHG),其含量的升高直接推动了全球气候的变暖。为此由国际气象组织(WMO)牵头,各国政要在2015年12月12日共同通过了《巴黎协定》,并于2016年4月22日在纽约签署协定,该协定为2020年后全球应对气候变化行动作出安排。《巴黎协定》的主要目标是:将21世纪全球平均气温上升幅度控制在2 ℃以内,并将全球气温上升控制在前工业化时期水平之上1.5 ℃以内。因此节能减排已成为21世纪最基本的发展方式。

温室效应(greenhouse effect)是指透射阳光的密闭空间由于与外界缺乏热交换而形成的保温效应。当太阳以短波辐射透过大气层射向地球表面时,地面温度提高后将会有一部分热量按照温度梯度,以长波辐射(红外线)方式射向大气层,这一过程中部分长波辐射被大气中层的CO_2等气体所吸收,并再次释放。这样一部分长波辐射被大气层吸收,一部分又重返地球表面,使大气温度升高(见图11-30)。因此地球的温室效应就像狭义的温室效应一样,大气中的CO_2就如同温室的一层厚玻璃,而地球及近地层则变成了一个大温室。

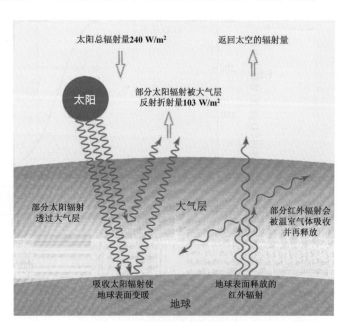

图11-30 大气层中的温室气体对地球表面的红外散热的吸收导致的温室效应

(引自 blog.sina.com.cn)

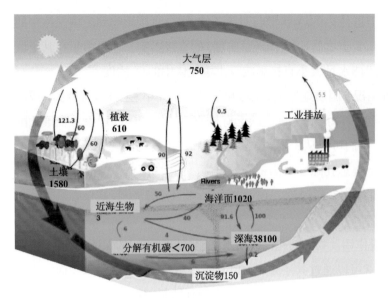

图11-31 自然界中的碳循环及其年内变动情况

（单位Gt/a，引自 wikiwand.com）

1）CO_2的产生及其在生物圈中的循环

CO_2的产生途径主要有以下几种：①有机物（包括动植物等）的分解、发酵、腐烂、变质；②石油、煤炭、天然气等能源的燃烧；③石油、煤炭化工；④所有动植物呼吸。自然界的碳循环及其年变动量如图11-31所示。

土壤是较大的碳库，主要的碳源来自生物残体，当其为有机态时，这些碳并不会直接释放到大气中，但过度的耕作会加速土壤有机质的分解和CO_2释放。植物从空气中固定和呼吸释放的CO_2之间有个差额，但对于大尺度的碳循环而言，其所占比例较小。

2）群体内CO_2浓度与园艺植物生产

CO_2是植物光合生产的基本原料，同时植物的呼吸作用又会分解并释放出CO_2。植物群体内的CO_2浓度在对流与扩散条件极好的条件下，与大气中的浓度相差不大。当植物群体的LAI较大时，群体内气体的交换与对流条件相对较差，群体在上午进行2 h左右的旺盛光合作用后，其群体内的CO_2浓度即会下降到200×10^{-6}（体积比）以下，而出现所谓的CO_2饥饿现象（starvation）。直到15时以后，植物群体内的浓度才逐渐恢复到相对正常水平，如图11-32所示。

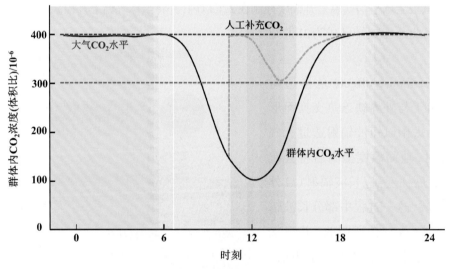

图11-32 设施黄瓜群体内CO_2 浓度的日间变化

（依Ito）

这种情况不但能见于露地栽培的大群体中，在设施栽培背景下则更容易发生，特别是在较为寒冷的季节里，自然的通风与保持设施内较高温度间产生矛盾时，栽培植物会长期遭受CO_2短缺。为此，需要利用专门的CO_2源在封闭设施状态下进行CO_2释放，可提高植物群体内的CO_2浓度，使植物全天保持较高的光合效率水平。

露地栽培时，土壤内CO_2释放会对群体内CO_2处于较低水平时有很好的补充效果，这就需要有较高的土壤有机质水平基础。当土壤增施有机肥时，肥料的腐熟度需要得到良好的保证，发酵不够完全的有机肥在施用后，易出现其他的气体伤害问题。

3）高于环境背景的CO_2浓度下植物的反应

一方面由于近年大气CO_2浓度持续增加，同时设施园艺的发展使田间提高CO_2浓度的技术实用化成为可能，这就催生了植物对高浓度CO_2的适应性及生产潜力方面的研究尝试。多项研究共同指向类似的结果。对C3植物来说，在现有环境背景CO_2浓度基础上，提高1倍浓度后，植物生长的整体增长幅度大于C4植物；但是从增加产量的角度看不同的研究之间相差极大，这可能是由于高水平的CO_2使叶片的光合有效期得到了延长，但所带来的问题是这一改变会影响植物的发育进程。

因此，不是单纯提高了光合效率对植物生产就最为有利。当然，按照最小因子定律（law of minimum factor），在温度、光照适宜的设施内，低CO_2成为植物栽培限制因子时，补充甚至提高群体内CO_2浓度，可能会收到良好的整体效果。

进一步提高群体内CO_2浓度的研究表明，对一些在正常CO_2浓度下很难见到其饱和点的C4植物种类，由于极大地提高了CO_2浓度，可确定其饱和点。因此可以看到，CO_2浓度与光合速率间的关系也不再是线性关系，而到了较高CO_2水平下，其相关曲线也回归到对数曲线的统一模式下。如番茄可以耐受$1\,500 \times 10^{-6}$（体积比）的CO_2极限浓度，而其CO_2饱和点约在$1\,000 \times 10^{-6}$（体积比）左右。

11.5.4 有害气体

污染物对植物的生长发育有着许多不良影响，这些物质包括CO、CH_4、C_2H_2、NO、NH_3、H_2S、SO_2、Cl_2、Pb^0（气态单质铅）、Hg^0（气态单质汞）、NO_2、O_3、硼烷（borane）、HF和光化学产物如过氧乙酰硝酸酯[peroxyacetyl nitrate, PAN，分子式$CH_3C(O)OONO_2$]等。植物对这些污染表现出不同程度的生理抗性，有些在表面上未出现伤害，有些则在叶片上表现出轻微伤害，有些甚至会造成整株死亡，如图11-33所示。

图11-33　树木发生气体伤害时的叶片变色症状
（依Janick）

空气污染和植物之间的关系对园艺工作者来说非常重要，特别是在城市绿化上，绿植的兴起在于它对污染的耐性。在很多场合都会涉及植物的空气污染耐性。当选择或繁殖植物并用作城市绿化时，必须考虑到对污染敏感的植物并不适合生长在具一定污染的区域这一客观事实。而一些植物特别是用作景观生态林的树种需要对一定程度污染具有耐性，且能有效地净化空气，提高区域的空气质量。

除了区域大气污染带来的有害气体浓度升高问题外，园艺产业自身也会产生多种有害气体。土壤中生物残体分解时除了可释放CO_2外，一些含氮有机物和含硫氨基酸进一步分解会有NH_3和H_2S等气体释放，特别是在初夏晴天时，温度升高很快，如土壤温度比较干燥时，极易发生这种情况。如大气对流情况不够理想，常常会造成气体对植株的伤害。

同时,在园艺生产上由于所使用的石油化工产品如塑料薄膜、农药等的增多,在一定条件下田间也会出现一些有害气体浓度提高的情况,会对园艺植物产生相应危害,值得注意。

11.6　土壤与园艺植物生产

11.6.1　土壤圈环境

土壤圈(pedosphere)是构成自然环境的五大圈中重要的一圈,其本身的系统组成也很复杂。土壤圈是与人类关系最为密切的生物生存的圈层,因此土壤本身的环境对生物圈的影响就不言而喻了。土壤圈的平均厚度约为5 m,面积约为1.3×10^8 km^2,相当于地球陆地总面积减去高山、冰川和地面水体后所占有的面积。

土壤圈的概念由瑞典学者马特松(Matson)首先提出。它是覆盖于地球陆地表面和浅水域底部的土壤所构成的一种连续体或覆盖层,犹如地球的表皮膜,由其与其他圈层之间进行着物质与能量交换。土壤圈是岩石圈顶部经过漫长的物理、化学和生物风化共同作用的产物。

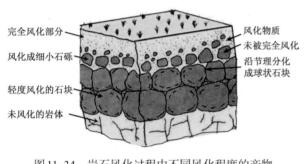

完全风化部分
风化成细小石砾
轻度风化的石块
未风化的岩体

风化物质
未被完全风化
沿节理分化成球状石块

图11-34　岩石风化过程中不同风化程度的产物
(引自 baike.sogou.com)

1) 土壤的形成与发育

在由岩石向土壤转化的过程(见图11-34)中,物理风化(physical weathering)的本质是将地表整块岩石物理分解成大量小碎屑的过程;化学风化(chemical weathering)则改变了岩石的化学组成和矿物面貌,其中地表(地下)水及大气中的O_2和CO_2的作用最为重要,它们使岩体矿物分解,并形成以黏土矿物为主的松散结构,即通常所说的风化壳(weathering crust)。生物风化在土壤形成过程中的意义则更为关键。

生物风化(biotic weathering)作用是通过生物新陈代谢和生物降解作用实现的。即使在未完成风化的岩体表面,我们也经常可以看到上面附生的苔藓等,除此而外,一些微生物、小型动物也会在此间生存和活动。这些生物的影响特别是微生物作用会加快岩体的风化。在风化过程中,生物体的腐烂分解所形成的腐殖质,与分化形成的细小石砾结合成一起,使风化壳形成了具有一定黏合性的土壤。土壤发育程度越高,其标志即是其中的有机质含量越多。

苏联的波列诺夫(Polenov)用发生学观点研究风化壳地球化学特性时指出,自然条件下元素的迁移顺序是由该元素的物理化学性质和迁移条件等决定的。风化壳的形成可分成四个阶段:①风化物丧失Cl和S化合物;②风化物丧失碱金属和碱土金属盐基;③残积黏土时期,SiO_2开始淋失;④富铝化时期,大量铝氧化物积聚。从分化壳类型出现的先后及其化学标志物特征看,岩石成土分化过程如图11-35所示。

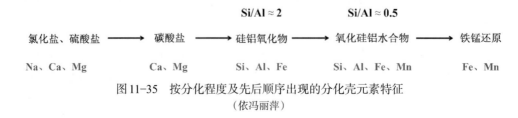

		Si/Al ≈ 2	Si/Al ≈ 0.5	
氯化盐、硫酸盐 →	碳酸盐 →	硅铝氧化物 →	氧化硅铝水合物 →	铁锰还原
Na、Ca、Mg	Ca、Mg	Si、Al、Fe	Si、Al、Fe、Mn	Fe、Mn

图11-35　按分化程度及先后顺序出现的分化壳元素特征
(依冯丽萍)

关于不同成土母质的矿物密度特性如表11-3所示。土壤成土母质的不同，使土壤的密度会发生较大的差异，通常土壤的密度（specific weight of soil）在2.60～2.80 g/cm³之间。这一指标也称为真密度，其反映的并非土壤实际状态的密度，而是在去除土壤中空气和水分后的数值。

表 11-3　土壤中常见组分的密度

土壤母质	密度/(g·cm⁻³)	土壤母质	密度/(g·cm⁻³)
石英	2.60～2.68	赤铁矿	4.90～5.30
斜长石	2.62～2.76	磁铁矿	5.03～5.18
正长石	2.54～2.57	三水铝石	2.30～2.40
白云母	2.77～2.88	高岭土	2.61～2.68
黑云母	2.70～3.10	蒙脱石	2.53～2.74
角闪石	2.85～3.57	伊利石	2.60～2.90
辉石	3.15～3.90		
纤铁矿	3.60～4.10	腐殖质	1.40～1.80

2）土壤与植物的关系

植物是通过根系与土壤建立联系的，土壤为植物根系提供生长空间，为植物提供水分、O₂和矿质等营养，通过对根系的固着使植物得到空间上的位置稳定并为支撑地上部的直立提供了机械支持。

对于水分供应，土壤的田间饱和持水量是其物理性状的一个函数；而对于矿质养分的供给容量则依赖于土壤化学性状；其组合性状决定着植物根的延伸范围。

除以上直接作用外，土壤圈自身也属于一个生态系统，其中分布着的生物间接地影响着栽培在这些土壤中的植物（见图11-36）。土壤是植物种子天然栖身庇护场所，很多植物（包括杂草）种子自然成熟后经风力作用扩散到特定位置的土壤中完成休眠，待机萌芽。与之类似的是一些杂草的地下根状茎等营养贮藏体以及寄生在土壤中的藻类和地衣等。这些植物种子和繁殖器官会与园艺生产的目的植物生产构成一定的生态关系，但往往是竞争关系，极易在园田发生草害（weed）。土壤也是一个可为生物提供营养

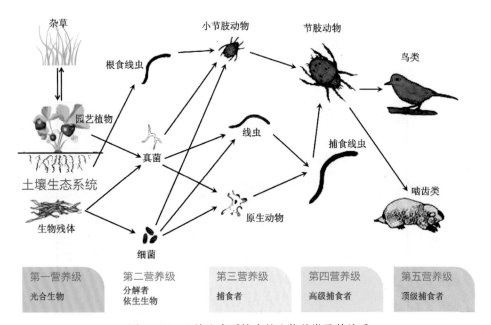

图 11-36　土壤生态系统中的生物种类及其关系
（依田丞相农业）

的物质库,其生物残体的分解以及对矿质形态的转化等都需要有微生物和原生动物的参与,一些微生物和线虫、蠕虫及小动物等可能对植物造成一定危害;而另一些则是有益的,如蚯蚓和部分微生物等。

相反,除了土壤对植物的作用外,植物在土壤中的生存也会对土壤生态系统造成一定影响。一方面根系通过分泌物与土壤生态系统中的其他要素进行着信号交换,同时其残体也是土壤生态系统中重要的营养来源,通过微生物的分解作用,这些残体会转化为可用于提升土壤质量的有机质。

11.6.2　土壤的质地与结构特性

1)组成土壤的基本物质

土壤除其中的石砾外,还有土壤有机质、无机粒子、存在于土粒间隙中的气体与土壤水分以及生活在土壤中的生物等。

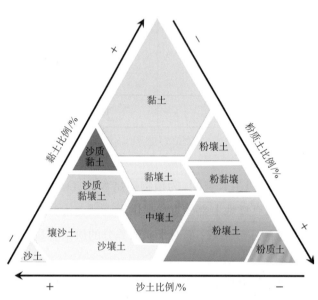

图11-37　由不同粒径的土壤粒子构成的各种质地土壤种类

无机成分中的土壤粒子(soil particle)所占比例较大,可占固形成分的90%左右。这些土壤粒子由不同粒径的沙土(sand)、沉泥(壤土,silt or loam)和黏土(clay)组成。沙土是指粒径为0.05～2.0 mm的土壤粒子;沉泥(或为壤质土)是指粒径为0.002～0.5 mm的粒子;而黏土则指粒径<0.002 mm的粒子。这些粒子在土壤中所占比例构成了土壤质地(soil texture)。基于粒子百分率的土壤类型及其命名如图11-37所示。

从土壤粒子的属性来看,随着土壤粒径增大,保水能力降低,但其透气性增加。土壤粒径变小,会使土壤的吸水膨胀性和可塑性增加,给土壤耕作带来诸多不利影响。

从土壤粒子的化学组成来看,随着粒径由大到小,土壤粒子中的SiO_2含量降低;铁铝氧化物(R_2O_3,即Fe_2O_3与Al_2O_3的总称)则与SiO_2相反,呈现出其含量增加;而CaO、MgO、P_2O_5、K_2O等氧化物的含量也都有增加。因此,在不同质地土壤上的成土矿物组成比例上常有较大区别,如图11-38所示。

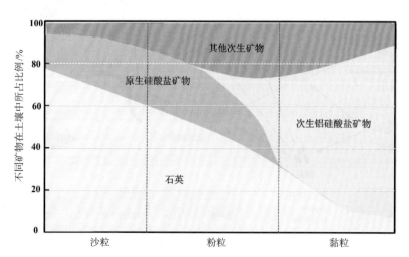

图11-38　主要金属氧化物在不同粒径土壤中的组成比例

土壤有机质（soil organic matter, SOM）是土壤中化学性状最为活跃的部分，是土壤中生物分解的产物，有些则是因地壳运动将地表的动植物埋藏在地壳中后逐步分解而成，如土壤中的草碳等成分等。土壤中有机质的含量水平是土壤发育程度的重要标志，在一些性能较高的土壤中有机质含量可高达8.0%以上，而在一些贫瘠土壤和过度垦殖的土壤中这一含量却只有1.0%～2.0%。

2）土壤剖面结构

土壤剖面（soil profile）是指从地面向下挖掘所裸露的一段垂直切面，深度一般在2.0 m以内。土壤剖面亦即土壤垂直断面中土层（包括母岩）序列的总和。典型的成熟土壤剖面结构如图11-39所示。

3）土壤的复杂结构

在实际的土壤中，组成土壤的粒子单元往往会进一步形成更加复杂的结构。其实现过程涉及土壤粒子的物理化学特性。

团粒结构体（granular structure），是由若干土壤单粒（粒子）黏结在一起而成为团聚体的一种土壤结构（见图11-40）。

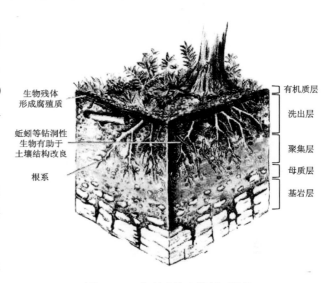

图11-39 典型成熟土壤剖面结构
（引自sohu.com）

苏联土壤学家威廉士（B. P. Williams）在20世纪30年代创立了团粒结构学说（theory of granular structure）。他认为，土壤存在两种基本状态：一是土壤粒子被胶体凝聚在一起形成了粒径为0.25～10 mm的团粒，当团粒占土壤总重达到70%时则称为有结构土壤（structural soil）；另一种是土粒成单独粒子存在，往往形成紧实的表土层，称为无结构土壤（nonstructure soil）。这两种状态的土壤，在肥力性状上表现出明显的差异。有团粒结构的土壤中存在着两种不同孔径的孔隙——团粒内部的直径小于1 μm的毛管孔隙和存在于团之间的较大直径孔隙，前者往往为水所充满，而后者则多容纳土壤气体。

团粒结构的形成与土壤胶体属性有密切的关系，而这些胶体往往来自土壤有机质。当土壤胶体属性较差时，有时会形成其他形式的复杂结构体，但与团粒结构相比，有些结构体并不是理想的。

常见的不良结构体（poor structure）有块状、核状、柱状、棱柱状和片状结构体。这些结构体总的特点是土壤总孔隙度低，多为直径较小的毛管孔隙。这些结构体上生长的植物，其根系很难从中穿过，干裂时还会扯断根系（见图11-41）。

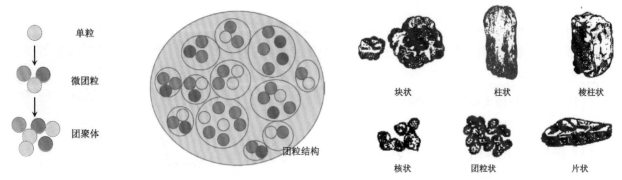

图11-40 土壤团粒结构体的形成
（依Janick）

图11-41 土壤不良结构体与团粒结构体的形态比较
（引自Janick）

4）土壤容重与孔隙度

土壤容重（soil bulk density），是指土壤在田间的自然垒结状态下，单位容积土体（包括土粒和孔隙）的质量（g/cm³）。其数值总是小于土壤真密度，两者的质量均以105～110 ℃下烘干土计，而土壤的体积计量则需用比重瓶法以水将全部气体排出后计算得到。

土壤容重的数值大多介于1.0～1.5 g/cm³范围内，夯实的土壤容重则可高达1.8～2.0 g/cm³。

总孔隙度（soil porosity）是指土壤孔隙总容积占土体容积的百分比，常用下式求算：

$$土壤总孔隙度 = \left(1 - \frac{土壤容重}{土壤比重} \right) \times 100\%$$

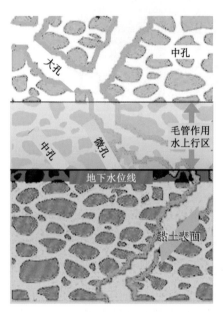

图11-42　土壤中粒子和聚合体之间的
孔隙类型与水汽分布
（引自Janick）

土壤孔隙是水分运动和储存的场所，是影响土壤渗透性能和气体、热量交换的重要因素。

在土壤粒子和聚合体之间，是由占30%～60%土壤体积的孔隙组成。小的孔隙（微孔）通常充满了水；大的孔隙（大孔）含有空气或由空气和水共同占据，如图11-42所示。

沙质土以大孔占优势，且具良好通气性、快速的水分吸收、差的水分保持特性，在春季能迅速升温。黏质土主要含有微孔，因此它具有差的通气性和排水性，但有高的保水能力，它们在春季升温较慢。最好的土壤结构包含了大孔和微孔。

土壤的保水性与透气性看似一对矛盾，但事实上两者间虽然有关联，但却有不同之处。这完全取决于土壤聚合体的结构性。土壤的保水性与透气性均取决于土壤质地、土壤粒子大小和土壤有机物含量。越小的粒子，其单位体积的表面积越大，可增加水分的存储容量；同样提高土壤有机物含量也会使土壤的保水能力增加。而对于透气性而言，则需要有聚合体之间大的间隙。

11.6.3　理想土壤

在园艺生产中，我们常常需要对园田土壤进行有效管理和调节。其依据有时甚至是模糊的，这时我们必须摒弃种类之间差异，找到具有广泛适用性的标准，作为土壤改良和管理的有效参照。

所谓理想土壤（ideal soil），是指能够适用于大多数植物生长发育要求，同时能够兼顾自身各种属性的土壤状态（见图11-43）。它应该具有以下特点：

（1）壤质土，粒径大小适中，兼顾性强。

（2）具有团粒结构。

（3）其三相比例按体积（容积）计算时，固相：液相：气相 ＝ 2：1：1；在固体成分中，有机质占固体总重量的10%左右；液相和气相在最佳状态上互为上下调基准值的20%以内。

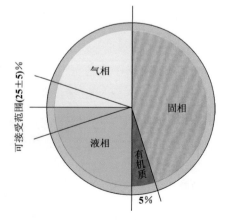

图11-43　理想土壤中各相态物质所占
比例及变动范围

（4）耕层厚度大于30 cm。

（5）容重为1.5 g/cm³左右，可接受幅度为基准值上下20%以内（1.2～1.8 g/cm³）。

（6）pH值为6.5左右，可接受幅度为基准值上下10%以内（5.9～7.2）。

（7）在矿质含量方面，总盐分浓度为0.5‰～1.0‰，有效态矿质浓度为100～200 mg/kg。

（8）在化学性状方面，重金属、有机硫和有机磷等含量符合国家绿色农产品生产环境标准限值。

（9）在生物性状方面，有害生物发生率低于区域平均水平。

11.6.4　土壤化学和物理化学特性

作为土壤的基本化学性状，土壤pH值、有机质含量、矿质元素含量及其形态、土壤溶液EC值、CEC等，均与植物的生长发育有着密切的联系。

1）土壤pH值与适宜生长的园艺植物

通常土壤的pH值为4.0～8.0，极端情况为：北方的酸性森林腐殖质层，其pH值可低于3.5；西部沙漠地区，pH值可能达到9.0。通常土壤在东南部高降水地区为酸性，而在干燥地区通常为中性到碱性。

如图11-44所示为不同类别园艺植物生产所需的土壤pH值范围及其自然分布情况，大多数观赏植物、落叶果树和蔬菜植物在5.0～6.5的pH值范围内生长表现良好。

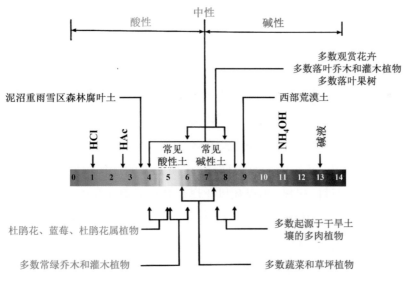

图11-44　不同类型园艺植物所能适应的土壤pH值范围
（引自Janick）

有些植物能够适合于酸性土壤，通常在低于5.5的土壤pH值下生长正常，如杜鹃、越橘、松树、蜈蚣草、茶花和绣球（开蓝色花）；而有些植物则需要一个pH值的界限范围，如榆树、红松、雪松、紫丁香、豌豆、菜豆和绣球（开粉色花）等植物就需要>6.0的土壤pH值。非常有意思的是，一些植物在不同土壤中，植株所开出的花色会发生大的改变，如绣球，在偏酸土壤背景下其花朵会呈现蓝色，而接近中性的土壤时，则容易开粉色的花，如图11-45所示。

2）土壤有机质

土壤有机质（soil organic matter），泛指土壤中一切来源于生命的物质。土壤有机质是土壤固相部分的重要组成成分，是植物营养的重要来源之一。与土壤相关的有机物质包括全部活着的或死亡的物质，

图 11-45 绣球在不同 pH 值的土壤中种
植时其开花颜色会不同
（引自 ooopic.com、freep.cn）

未分解的枝条、叶片以及土壤表层残存的枝干和根系均应当作植物残体（plant residue）。

原始土壤中最早出现在母质中的有机体是微生物。随着生物的进化和成土发育，动植物残体及其分泌物就成为土壤有机质的基本来源。在自然土壤中，地面植被残落物和根系是土壤有机质的主要来源，每年都可向土壤提供大量有机残体。园田中的土壤有机质则主要来自园艺植物的根分泌物、根茬、枯枝落叶以及人为每年施入的有机肥料（绿肥、堆肥、沤肥和厩肥等）。各种有机残体及其分解物（腐殖质），无论其 C/N 值大小如何，当它们进入土壤后，在微生物的作用下进行多次分解转化，使其 C/N 值最终稳定在（7～13）：1 的区间内。

土壤有机质作为土壤生命活动的有效载体，维系着土壤生物关系的物质与能量循环过程。其对改善土壤的物理性质、促进微生物和土壤生物的活动、促进土壤中营养元素的分解、提高土壤的保肥性和缓冲性具有不可替代的作用。

腐殖质（soil humus），指有机质经过土壤微生物分解转化所形成的黑色胶体物质（colloid），占土壤有机质总量的 85%～90% 以上。它包含植物和动物残体经微生物分解之后离析出的有机物稳定片段，其过程往往需要厌氧环境（anaerobic environment）。腐殖质是一种结构复杂的混合物，其形成原料及生成条件不同均会对腐殖质的成分产生影响。

按其在酸碱溶液中溶解性差异，可将腐殖质成分进一步区分为腐殖酸（humic acid, HA）、富里酸（fulvic acid, FA）、腐黑物（humins）等。富里酸是一种极其复杂的黄色有机物质，具有生物活性，是所有生命物质终极有氧分解物；腐黑物是指酸碱液处理时的不溶残渣成分。

腐殖酸在自然界广泛存在，其作用涉及碳循环、矿质元素的迁移积累、土壤肥力和生态平衡等方面。作为生产腐殖酸的天然原料，泥炭、褐煤和风化煤都是可以很好利用的矿产资源，其腐殖酸含量在 10%～80%。其化学结构基本结构模型如图 11-46 所示。与金属离子有交换、吸附、络合、螯合等作用；在分散体系中可作为聚电解质，有凝聚、胶溶、分散等作用；同时腐殖酸分子上还有一定数量的自由基，具有生理活性。

图 11-46 Stewenson 的腐殖酸结构模型
（引自中国化工学会）

腐殖质可用于改善土壤的阳离子置换能力,在大多数条件下,其阳离子置换能力均高于黏土,亦即对于有效态矿质具有强烈的螯合、缓释能力,因此为肥料界所推荐。

同时,腐殖质对土壤pH值水平能够起到缓冲的作用,其能力远远超过黏质土。因此在盐类拮抗发生严重的土壤中,提高土壤中腐殖质水平,会使其pH值得到很好的趋中修正作用,对一些难于吸收的阳离子有很好的助力。

由于腐殖质具有的胶体性质,它在土壤中可以胶膜形式包被在土壤粒子表面并相互粘连,形成体积更大的团聚体。也就是说,腐殖质有助于土壤粒子形成团粒结构。腐殖质的胶体黏合力大于沙土粒而弱于黏土粒,所以形成团粒后使团粒内部孔隙和团粒间孔隙在大小及作用上分工更为明确,很好地协调了保肥、保水与透气性间的矛盾。

3）阳离子置换量

胶体状黏土和腐殖质表面常带有负电荷,因此它们能够吸附阳离子。这种被吸附并结合在土壤粒子表面的阳离子可被其他阳离子置换或取代,这个过程称为阳离子置换。描述其能力的量称为阳离子置换量(cation exchange capacity, CEC)不同质地的土壤粒子其表面吸附的离子,在与土壤溶液和根系面进行置换时的过程模式如图11-47所示。

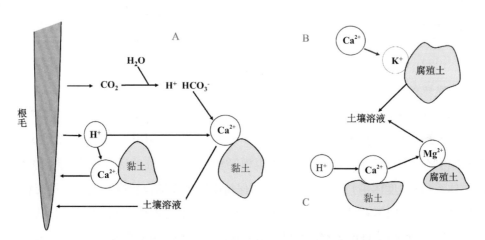

图11-47　土壤表面、土壤溶液、根毛间的阳离子置换过程模式

土壤的阳离子置换容量(cation exchange capacity),是指在pH值为7.0时,每千克土壤中所含有的全部可置换的阳离子(K^+、Na^+、Ca^{2+}、Mg^{2+}、NH_4^+、H^+、Al^{3+}、Fe^{2+}、Fe^{3+}等)的厘摩尔数或毫摩尔数。其数值单位为cmol/kg,国际通用为mmol/kg。不同状态的土壤,其CEC大小相差较大,通常在50～300 mmol/kg之间。

CEC数值的大小,总体上代表了土壤可能保持(吸附和结合)的矿质营养数量,决定了其保肥性的高低。因此可作为评价土壤保肥力的指标。

阳离子置换容量是土壤缓冲性能的主要来源,不同离子间的相互置换,特别是发生在不同价位间易使土壤溶液体系具有更强的pH值缓冲性,其中Fe^{2+}/Fe^{3+}体系功不可没,同时由于阳离子的作用又涉及与阴离子间的电荷平衡,在其缓冲性上,其他体系也有更大的助力,如$H_2PO_4^-/HPO_4^{2-}$等。

4）土壤重金属

重金属(heavy metal),通常是指单质密度大于5.0 g/cm³的金属元素。重金属在元素周期表中的分布如图11-48所示,主要包括Pb、Hg、Cr、Cd、Mn、Cu、Zn、Ni等,有时把As等元素也列入其中。

土壤中重金属含量较高时,可能导致在这些土壤上种植的园艺植物产品出现重金属超标的风险。因此，我们必须区分两种情况：原生土壤矿质本底含量偏高、人为引起的区域重金属污染。

对于前者，我们尽可能利用这些土地去承担非食用类植物的生产，如生态林等，此外应尽可能少扰乱其重金属矿藏分布，避免矿藏表面的暴露；对于尾矿区则应对矿坑进行封填和恢复植被等工作，避免矿渣散落经水浸或降雨等淋溶后进入耕地和水源。

对于后者则应从产业布局、环境管理等方式入手，做好污染源头管理，防治重金属污染物流入农田及水体。

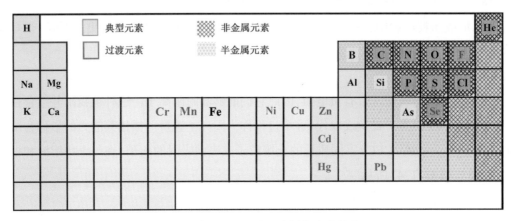

图11-48　主要重金属在元素周期表中的位置

5）土壤生态系统的自我恢复能力

自我恢复能力（self recovery ability），是指土壤生态系统所具有的通过自身调节而维护其稳定的能力。其强弱取决于成分多样性、能量流动与物质循环等多个方面。由于园田生产的实际需要，在土地利用上，很多场合下已不再坚持合理使用土地，这也是小规模经营目前所面临的最大困惑。从成分多样性的要求看，科学的轮作体系（含适度休耕）看似简单，但它对保持土壤生态的自我恢复能力有重要意义，间作、套作等目前在园艺生产上已使用不多，园田生态系统过于单一。长期的连作，会使土壤的自我恢复能力降到即使人工辅助干预也具有相当大难度的程度。即使在多年生果树栽培中，合理的密度（可能往往要比现有密度低），使树体单株之间具有一定的间隔，既方便作业（包括机械），同时也为树桩及其周边裸露地面的利用提供了空间基础。利用地被植物（可能是具有一定经济利用价值的植物），可防治土壤发生风蚀、水蚀，同时也是天然增加土壤有机质的最佳选择。间作从景观角度也使果园有较大的美学价值提升。稀疏的树体分布也使树体的通风、受光条件得以改善，利于提高果实的商品质量。有条件时，可以将其生态系统构建得更复杂一些，如引入林下适度养殖等。这些做法，除了丰富土壤生态系统的多样性外，更加加强了土壤生态系统在物质与能量上的流动，可使在多年持续利用的背景下土壤状况有更好的表现。

当然与国际上强调依靠停止人工干预，使其生态系统自然恢复的通行惯例不同，在一些人均土地面积较为匮乏的国家和地区，在园田土壤的生态恢复上所持观点有较大不同。中国所采取的策略是，充分利用原有生态系统本身的自组织和自调控能力，适度加以人工干预，以提高其恢复速度。

11.7　矿质营养与园艺植物生产

11.7.1　植物生长所需的基本元素

植物在生长发育过程中离不开其物质代谢，而作为重要原料，矿质成分是不可替代的。植物利用矿质营养,是通过根的作用进行吸收、转化和运输,所涉及的过程路线与水分有关联,但两者并不统一,也就是说矿质元素并不是简单地随水分的蒸腾通道而分配给植株各个组织的。植物根系以特定的形态吸收矿质元素,并经运输后参与各个组织的代谢过程,结合或存储在细胞液中。当燃烧植物所形成的干物质时,这些矿质元素最终会以灰分形式继续存在而不会被分解。

1)植物组织中的元素及其比例

新鲜植物中,不同元素所占的比例会因植物类别、部位及生长状态等因素而有一定的差异。平均数据可总体反映植物矿质的吸收和存储情况。如图11-49、图11-50所示,C、H、O作为生命基本物质,三者所占比例达到了总量的94%左右,即真正的矿质(只能从土壤中获取的)成分只占6%左右,其中大量元素占4.9%左右,而微量元素总量则小于1.1%。

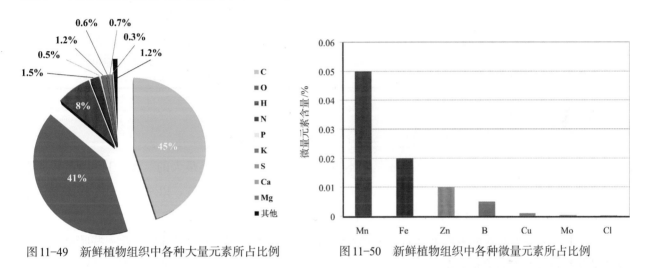

图11-49　新鲜植物组织中各种大量元素所占比例　　　　图11-50　新鲜植物组织中各种微量元素所占比例

需要指出的是,植物对有些元素有吸收并且在其组织中也有较低含量,但其未必是植物生长发育所必需元素,如Na、Al、Si、Se、I等。这些元素或许对人体健康存在有益或不良的影响,但对植物来说,可能是非自主的无选择性行为,也可能是有选择行为,目的在于与其他离子构成平衡的需要。

2)植物生长发育所需的元素

目前公认的植物必需元素共有16种。植物必需元素在生理上应具备三个特征:①对植物生长或生理代谢有直接作用;②缺乏时植物不能正常生长发育;③其生理功能不可用其他元素代替。

在这些植物必需元素中,按照其需求量大小,分为两大类。

(1)大量元素:C、H、O、N、P、K、Ca、Mg、S。

(2)微量元素:Fe、Mn、Zn、Cu、Mo、B和Cl。

植物对不同元素的吸收具有一定的规则,即需要以特定的形态才可吸收。因此由土壤粒子或聚合体所吸附甚至结合的元素,在未转化成可被植物吸收的有效态形式前是不可能被利用的。因此,在土壤中的结合态矿质与有效态之间便形成了元素利用上的缓释机制(slow release mechanism)。植物生长发育所必需的元素及其吸收形态要求等如表11-4所示。

11.7.2　园艺植物对矿质元素吸收特性

园艺植物由于种类繁多,且类别之间跨度较大,其对矿质养分的需求本身就存在着较大的差异。但与其他类植物相比,园艺植物对矿质的需求则呈现某些一致性。

表11-4   植物生长发育所必需元素的形态及数量要求

类别	元素	提 供 形 式	备　注
大量元素	C/H/O	光合作用产生；部分可直接从土壤中吸收	
	N	有机物组分降解形成NH_4^+、NO_3^-方可吸收	N/K常在1.0左右
	P	以HPO_4^{2-}、$H_2PO_4^-$等形式存在，溶解度较低	P/K常在0.5～0.8
	K	以K^+形式被吸收	以此为基数，取值1
	S	有机质组分，或以无机态SO_4^{2-}或SO_3^{2-}形式存在及被吸收	
	Ca	Ca^{2+}	Ca/K在0.4～0.5
	Mg	Mg^{2+}	Mg/K在0.4～0.5
微量元素	Fe	Fe^{2+}、Fe^{3+}	
	Mn	MnO_4^{2-}	
	Cu	Cu^{2+}	X_i/K在0.01～0.1
	Zn	Zn^{2+}	
	Mo	MoO^{2-}	离子化水平低时，必须通过EDTA
	B	HBO_3^{2-}	等螯合后，方可为植物吸收
	Cl	Cl^-	

1）园艺植物矿质需求特点

总体上讲，与粮油等植物相比，园艺植物在矿质需求上具有以下特点。

（1）对K的需求量大。无论是草本还是木本植物，K的需求量往往是最大的。如表11-4所示，通常我们把园艺植物对K的需求量作为基数，以此与其他矿质元素做相对性比较。以水培条件下蔬菜和草本花卉类对矿质元素的需求，大多数营养液配方中，K与N比例常在1∶1左右。

（2）草本类植物对N的吸收形态有较强选择性，以NO_3^-—N的吸收最为有利，因此一些叶菜类中硝酸盐类化合物往往有较高的含量。

（3）由于产品多以鲜活状态利用，因此对微量元素的要求比其他类植物要严格，过多或过少都会影响到产品的品质特别是外观。

2）土壤pH值与园艺植物的矿质吸收

总体而言，当土壤pH值偏低时，植物对高价位阳离子的吸收会增加，如Ca^{2+}、Mg^{2+}、Fe^{2+}、Mn^{2+}、Cu^{2+}、Zn^{2+}等，而K^+、$H_2PO_4^-$则易溶解而流失；pH值较高时，则与之相反，如图11-51所示。

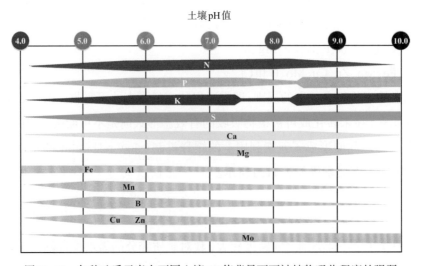

图11-51   各种矿质元素在不同土壤pH值背景下可被植物吸收程度的强弱

3）植物吸收矿质元素的机制

植物对矿质元素的吸收主要有三种方式：被动吸收、主动吸收和胞饮作用。

被动吸收（passive absorption），主要通过扩散作用（diffusion effect）和杜南平衡（Donnan equilibrium）进行，本身不需要能量，被动吸收往往是利用通道蛋白（channel protein）和载体蛋白（carrier protein）方式进行的。主动吸收（active absorption），是指利用呼吸释放出的能量逆浓度梯度而进行的吸收过程，主要通过质子泵（proton pump）形式进行。而饱饮作用（pinocytos）则是指矿质被吸附在细胞质膜上，并由其向内皱缩而转移到细胞液中的吸收机制。

4）盐害及离子拮抗现象

植物对矿质离子的吸收具有选择性。这种选择性主要是由于同电荷离子间在化学上的活泼性竞争力以及异性离子间的相互作用所引起。正因为如此，植物对不同矿质离子的吸收机会并不均等，因此在等浓度下，即可看出哪些离子具有更强的竞争力。

单盐毒害（toxic action of single ion），是指将植物培养在只含一种矿质离子的溶液中，即使这种离子是植物生长发育所必需且在培养液中浓度较低，植物也不能正常生活的现象。若在单盐溶液中加入少量同种电荷其他盐类，单盐毒害现象就会消除，这种离子间能够互相消除毒害的现象，称离子拮抗（ion antagonism）。因此，我们希望土壤溶液能够在植物吸收的各种矿质离子间形成均衡性，即呈平衡溶液（balanced solution），这一点对植物无土栽培的营养液配制时显得更为重要。

常见离子在吸收上的竞争关系如下：

$$NH_4^+ \longleftrightarrow K^+; \quad Mn^{2+}、Ca^{2+} \longleftrightarrow Mg^{2+}; \quad Cl^- \longleftrightarrow NO_3^-; \quad SO_4^{2-} \longleftrightarrow SeO_4^{2-}等。$$

5）常用的植物营养液及其配方

常用配方所用盐的形式及数量如表11-5所示。

而对于微量元素则采取以下配方：EDTA-2NaFe $20 \sim 40$ mg/L、H_3BO_3 2.86 mg/L、四水硫酸锰 2.13 mg/L、七水硫酸锌 0.22 mg/L、五水硫酸铜 0.08 mg/L、四水钼酸铵 $[(NH_4)_6Mo_7O_{24} \cdot 4H_2O]$ 0.02 mg/L。

需特别注意的是，由于离子间的相互作用，溶液直接混合时会发生沉淀现象，因此需要对大量元素中的Ca盐与具有 SO_4^{2-}、$H_nPO_4^{(3-n)-}$ 的盐分别配制保存。在使用时调节好pH值后两种母液才可混合，且需充分搅拌，防止沉淀发生。

11.7.3 大量元素及其作用

1）N

氮是蛋白质、氨基酸、嘌呤、嘧啶、叶绿素和许多辅酶的组成成分。同样，植物的营养生长尤其依赖于氮素。以体积计，大气中有78%的N_2，但氮又是植物生长发育最易缺乏的元素。这种缺乏是因为植物不能直接从大气中吸收气体状态的氮（只有在少数情况下依靠空气中的光化学反应可形成NO_2，并以酸雨形式降落到地面），它必须转化成为脱离土壤束缚而进入土壤溶液的离子形式或其他特定形态，才能为植物吸收利用，如NH_4^+—N、NO_3^-—N和酰胺态氮以及部分的氨基酸等。

自然界中的氮素循环过程如图11-52所示。

NO_3^-—N在进入植物体后，大部分可在根系内同化为氨基酸，有些则可直接通过木质部运往地上部。NO_3^-在液泡中积累对离子平衡和渗透调节作用具有重要意义。NO_3^-还原成NH_3是由两种独立的酶分别

表 11-5　常用营养液配方所用盐类及离子浓度

配方名称	盐类用量/(mg/L)										元素含量/(mmol/L)							备 注
	四水硝酸钙	硝酸钾	硝酸铵	磷酸二氢钾	磷酸氢二(M)	硫酸铵	硫酸钾	七水硫酸镁	二水硫酸钙	总盐/(mg/L)	铵态N	硝态N	P	K	Ca	Mg	S	
Hoagland-Arnon	945	607			铵 115			493		2 160	1	14	1	6	4	2	2	通用
Arnon-Hoagland	1 180	506		136				693		2 315		15	1	6	5	2	2	通用
Rothansted		1 000		450	钾 67.5			500	500	2 518		9.89	3.7	14	2.9	2.03	2.03	通用
Cooper	1 062	505		140				738		2 445		14	1.03	6.03	4.5	3	3	半量为宜
荷兰温室	886	303		204		33		247		1 891	0.5	10.5	7	1.5	3.75	1	2.5	番茄专用
荷兰花卉	786	341	20	204				185		1 536	0.25	10.3	1.5	4.87	3.33	0.75	0.75	玫瑰专用
日本园试	945	809			铵 153			493		2 400	1.33	16	1.33	8	4	2	2	半量为宜
山崎青哉	826	607			铵 115			483		2 041	1	1.3	1	6	3.5	2	2	通用
华南农大	472	267	53	100			116	264		1 254	0.67	7.33	0.74	0.74	2	1	1.67	叶菜专用

注：摘自 wenhaoyang4。

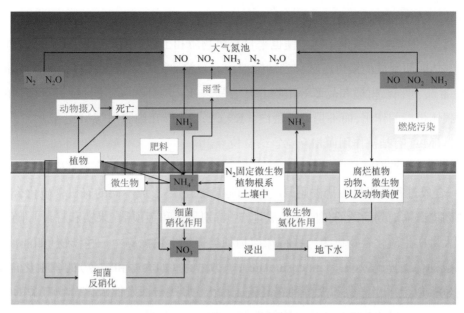

图 11-52 自然界中的氮素循环模式图

进行催化的,硝酸还原酶可使硝酸盐还原成亚硝酸盐(细胞质中进行),而亚硝酸还原酶可使亚硝酸盐还原成氨(叶绿体中进行)。

氮在植物体内可能随时被分解而发生转移,因此缺氮时首先表现在老叶上。

2)P

磷在植物中以一定数量的化合物存在,如核酸、磷脂、ATP 和 NADP。磷对于细胞分裂和植物生长非常重要,尤其在一个发育迅速的区域如分生组织上。磷在土壤中为植物吸收时经常会受到限制,尽管其总量在土壤中并不缺乏,但当土壤 pH<5.0 时磷的存在形式多为 $H_2PO_4^-$,易与 Al 等元素结合;而 pH>7.0 时其存在形式以 HPO_4^{2-} 为主,则与 Ca 元素结合,因而浸出的有效磷较少。磷的有效性可通过增加土壤有机质来提升。与氮的情况相类似,缺磷首先是从老叶开始。

3)K

钾对于保持植物重要代谢过程的酶活性是非常重要的,它也参与了膜的透性和物质转运过程。通常土壤中的钾多以矿物状形态存在,其溶出相对缓慢,因而会限制其可利用性。易于利用的钾受阳离子置换的调节,黏土和腐殖质数量减少时,钾溶出增多。当钾供应不足时,植株茎秆柔弱,易倒伏,其抗寒性和抗旱性均变差;有的会出现叶片变黄、叶缘枯焦,并逐渐坏死。由于钾具有可移动性,缺钾往往开始于较老的叶。

4)Ca、Mg、S

钙为细胞壁中的果胶酸钙合成所必需,它也参与有丝分裂,并以卵磷脂钙盐存在于膜上。钙可适度地溶解,并在黏土与腐殖质上表现为一个可置换的阳离子。钙可从有机物和土壤矿物中获得。钙能稳定生物膜结构,保持细胞的完整性,其作用机理主要是依靠它把生物膜表面的磷酸盐、磷酸酯与蛋白质的羟基桥接起来,提高了膜的稳定性和疏水性,在植物的选择性吸收、生长、衰老、信息传递以及植物的抗逆性等方面均有重要作用。钙对于果蔬品质非常重要,成熟果实中的含钙量较高时,可有效防止采后贮藏过程中出现的腐烂现象,延长贮藏期,增加果蔬的贮藏品质。钙能结合在钙调蛋白(calmodulin, CaM)上,对植物体内许多种关键酶起活化作用,并对细胞代谢有调节作用。钙在植物体内的可移动性差,其缺乏总是从心叶开始的。

镁是叶绿素、核糖体和果胶酸镁的组分,果胶酸镁存在于细胞壁上。镁是酶的催化剂,也是一个有用的可置换阳离子,但其置换量少于钙。镁也来自有机物质和土壤中的矿质。 镁在植物体内可以移动,老叶的叶绿素解体时所释放的镁可以转移到幼嫩部位。与粮油类植物相比,园艺植物对镁的敏感程度较高,如马铃薯、番茄、烟草、柑橘和菠萝等植物非常容易缺镁。与钾和钙不同,镁进行植物的被动吸收时往往需要借助载体蛋白的作用,而不是通道蛋白。K^+、Ca^{2+}、NH_4^+在细胞内与Mg^{2+}常常在竞争阴离子;而Mn^{2+}、Cu^{2+}等则与Mg^{2+}有拮抗作用而相互竞争结合位点。

大部分吸收的硫酸盐在叶绿体中可转化成半胱氨酸,植物体内大多数含硫有机化合物的合成从半胱氨酸开始,这一合成过程始于硫酸盐被还原成腺苷酰硫酸,最终形成不同的有机含硫化合物。这些化合物可通过植物韧皮部输送到活跃的蛋白质合成地点(特别是根和茎顶端、果实和籽粒),随后在植物体内便不再移动。大量次生硫化合物可为一些特殊植物种类提供生化优势。一些作物(如油菜和芥菜)需要较高的硫来合成葡萄糖异硫氰酸盐(glucosinolate);葱属植物(如大蒜和洋葱)的蒜素化合物(allicin)中含植物总硫的80%以上。当洋葱和大蒜种在高硫土壤上,那些与挥发性硫化合物有关的特殊味道和气味就会加重。这些化合物和其他含硫化合物能抵御病虫害和环境胁迫。

11.7.4　微量元素及其作用

植物从土壤或施肥中获得微量元素。从数量来看,其需求非常少。它们通常在缺乏、充足和毒性之间有一个适当的限度。生产上如发生缺乏时常以叶面喷施补充为主。

1)Fe

有证据表明,铁元素参与叶绿素的形成,但其机理尚不清晰。同时铁也是许多酶的组分。土壤中往往不缺乏铁,但常因铁的利用性差而导致植物出现缺乏症状。通常情况下,pH值较高的土壤中铁常以碳酸盐存在而不能被利用,同时铁也会与锰形成竞争关系。现已证明,甜菜、菠菜、番茄、苹果和桃等园艺植物对铁较为敏感。

2)Zn

锌主要作为很多重要酶的活化剂而为植物必需。它可催化CO_2的水合作用,同时也是生长素合成所必需的。园艺植物中,柑橘、桃、核桃、石榴、葡萄、洋葱、番茄、菠菜、芹菜、薄荷、可可等植物对锌敏感。

3)Mn

锰是细胞中许多酶(如脱氢酶、脱羧酶、激酶、氧化酶和过氧化物酶)的活化剂,尤其影响糖酵解和三羧酸循环。锰使光合作用中的水裂解为氢和氧。植物缺锰时,叶脉间缺绿,伴随小坏死点的产生。

4)Mo

钼是植物体内固氮酶、黄嘌呤脱氢酶和硝酸还原酶的重要活化剂;对叶绿素和类胡萝卜素的合成有不可或缺的作用。同时钼还对磷的吸收和转运以及碳水化合物的运输也起着重要作用。

5)Cu

铜往往会与蛋白结合参与光合作用,也是许多氧化酶和歧化酶的组成成分。铜还可能参与氮的代谢过程。

6)B

硼能影响植物分生组织和花粉管的生长,因此花是植物含硼量最高的组织,尤其是柱头和子房;此外,硼还可以增强细胞壁对水分的控制,从而增强植物的抗寒和抗病能力。植物缺硼时,常会使果实发育不良,畸形、小而坚硬,严重影响果实产量和品质。

7) Cl

氯在植物体内最基本的作用在于其对维持细胞膨压和电荷平衡方面,其自身具有较强的可移动性。氯还参与光合作用时锰蛋白的水裂解过程,并与钾配合影响植物的气孔开闭。

11.7.5 其他特殊元素

Se是园艺生产中较为受关注的元素,对植物而言其未必是必需的,但它对人体却是必需的。因此一些区域的富硒产品便成为卖点。

植物对硒的吸收表现出极大的差异,一些园艺植物对硒具有较强的富集作用,如豆科的黄芪、紫菀属植物和十字花科植物。在pH值较高的土壤中,植物对硒的吸收较多,其主要形式是SeO_4^{2-},并且会与硫形成竞争关系,有研究表明土壤中的硒能够与其他重金属形成拮抗关系。硒在植物体内往往以硒代氨基酸形式出现,人体对硒的含量较为敏感,过量则易发生硒中毒。

11.8 生物环境与园艺植物生产

11.8.1 动物

1) 有益动物

对植物生产而言,有益动物是通过其对生态系统的调节作用而体现出来的,比较公认的有蚯蚓、蜜蜂、青蛙、蜻蜓、燕子等。

(1) 蚯蚓。

蚯蚓(earthworm),为环节动物门寡毛纲的陆栖无脊椎动物。蚯蚓会挖穴松土、分解有机物。因此,它在土壤生物环境维护、土壤改良、物质循环等方面发挥着特殊作用并为农业环境和生态领域所重视,被誉为"地球上最有价值的动物",如图11-53所示。

图11-53 土壤中的有益动物——蚯蚓
(引自 gzjhtf.com)

蚯蚓因体内富含各种酶,因而使其具有能转化改造有机质的特殊能力。它能使土壤矿物发生一定程度的分解,并转化成易于植物利用的形态。富含可溶性氮、磷、钾的蚓粪能明显提高土壤肥力。

蚯蚓的环境功能主要表现在以下方面。

a. 对土壤理化性质的影响 蚯蚓活动对土壤化学性状的影响主要体现在对土壤腐殖质的富集,蚯蚓与微生物对有机质的协同分解,促进C、N、P循环与形态转化等方面。而对土壤物理性状的作用在于它可将经肠道转化的大部分营养物质与土壤复合并排泄出来,促进土壤粒子形成优质团粒结构。

b. 与植物、微生物及其他动物的相互作用 蚯蚓对微生物的群体结构、数量、活性、分布具有重要调节作用。通过蚯蚓肠道加工后,土壤中微生物区系和群体的数量显著增加对有机残落物的机械破碎与消化产生分解作用。蚯蚓会弄碎落叶和影响土壤微生物群,蚯蚓与微生物一起对有机质的腐殖质化起着决定性的作用。蚯蚓食性广、食量大,对落叶的机械破碎量相当可观。

c. 蚯蚓是良好的土壤环境指示生物 可用于评价土壤中化学污染物的生态毒性,是检测土壤环境的靶标生物。

(2) 授粉昆虫。

授粉昆虫(pollinating insects),是指在采蜜等过程中,对异花授粉的植物有传媒作用的一类昆虫,多为蜂类,被称为"农业之翼"。

国外对授粉昆虫研究得较多,国际上有一些专业公司为生产者提供授粉昆虫,已形成了产业化。中国在设施园艺上开始利用授粉昆虫并取得了较好的效果,如图11-54所示。

蜜蜂　　　　　　熊蜂　　　　　　胡蜂

图11-54　用于辅助授粉的蜂类等昆虫
（A、C引自张记者；B引自huaban.com）

（3）其他有益动物。

青蛙（frog）属于脊索动物门两栖纲无尾目蛙科动物。青蛙用舌头捕食,上有黏液。常栖息于河流、池塘和田野草地。大多在夜间活动,以昆虫为食,也取食一些田螺、蜗牛、小虾、小鱼等,所食昆虫绝大部分为农业害虫。青蛙在园艺植物的绿色生产上有其重要而独特的作用,是生态农业中非常值得关注的动物,如图11-55A所示。

蜻蜓（dragonfly）是无脊椎动物,为昆虫纲蜻蜓目差翅亚目昆虫的通称。蜻蜓为食肉性昆虫,以捕食苍蝇、蚊子、叶蝉、虻蠓类和小型蝶蛾类等多种农业害虫为主,如图11-55B所示。

燕子（swallow）是雀形目燕科鸟类的统称。燕子只食飞翔在空中的无脊椎动物,主要是昆虫,对植物性食物仅见于少数种类中,而且摄取量很少。只有双色树燕会经常摄入植物性物质（以浆果为主）,而这也仅出现在林地昆虫匮乏期间,如图11-55C所示。

图11-55　其他几种对园艺植物有益的动物
A. 青蛙；B. 蜻蜓；C. 燕子
（A～C分别引自maoyigu.com、dcbbs.zol.com.cn、shiwuzq.gov）

2）有害动物

对园艺植物来说,以践踏和取食植物的动物即为有害动物,其中大多数为野生动物。在欧洲等地,鹿、野兔常常会对园圃和草地等造成极大危害。在中国大型的有害动物还包括獾和麻雀等鸟类,以及有害昆虫等。

很多昆虫对园艺植物是有害的,也有一些地下害虫如蜗牛、蛞蝓、地老虎、蛴螬、蝼蛄以及线虫等。为害园艺植物叶片者主要有甜菜夜蛾、小菜蛾等取食性害虫以及潜叶蝇、斑潜蝇等潜入性害虫；刺吸式害虫则包括蚜虫、叶蝉、飞虱、粉虱、蚧壳虫及螨类。地下害虫主要危害植物的根部。

　　在这些有害昆虫中，鳞翅目较多危害蔬菜类植物；而同翅目更易在温室条件下暴发，在设施园艺中非常多见；直翅目的蝗虫、蝼蛄在一些草地、林带也偶有发生；而半翅目的蝽象和鞘翅目的跳甲等也是常见且危害园艺植物较重的昆虫。

　　从生态学意义上讲，昆虫类往往有其天敌，而且其大规模暴发与气象条件有密切的关系。除了利用化学方式进行控制外，现在越来越多地使用物理和生物方法进行有效控制，如利用赤眼蜂防治松毛虫；利用蒙古光瓢虫防治松干蚧；利用寄生性天敌蒲螨控制隐蔽性害虫；利用肿腿蜂防治双条杉天牛、粗鞘双条杉天牛、青杨天牛等；利用周氏啮小蜂防治美国白蛾；利用花角蚜小蜂防治松突圆蚧；利用天牛蛙姬蜂防治青杨天牛等均取得明显效果。同时，生产上更为普及的是利用黑光灯或高压灭虫灯诱杀害虫成虫、利用粘虫板控制设施内害虫密度、利用性诱剂等手段诱杀等，均极大地降低使用杀虫剂带来的生态风险。

　　线虫（nematode），是动物界中最大门之一，为假体腔动物。大多数的线虫能自由生活在土壤、淡水和海水环境中；而少数会对植物有寄生作用，如最常见的几个属有叶芽线虫（*Aphelenchoides*）、根结线虫（*Meloidogyne*）、孢囊线虫（*Heterodera*）、黄金线虫（*Globodera*）、根瘤线虫（*Nacobbus*）、根腐线虫（*Pratylenchus*）、茎线虫（*Ditylenchus*）、剑线虫（*Xiphinema*）、长针线虫（*Longidorus*）、毛刺线虫（*Trichodorus*）等，如图11-56所示。

　　一些植物寄生线虫会破坏植物根的组织，并可能形成可见的虫瘿（根结线虫），这对它们的诊断是非常有用的指标。有些线虫会在它们以植物为食的时候传染植物病毒，如匕首线虫（*Xiphinema index*）自身带有葡萄扇叶病毒（grapevine fanleaf virus, GFLV）。

　　对有害动物的界定也不是绝对的，如在东南亚地区的一种小型猫科动物——麝香猫，因取食咖啡果实而将果核排泄出来，形成了著名的猫粪咖啡（civet coffee），如图11-57所示。

图11-56　几种危害园艺植物的线虫
A. 松材线虫；B. 西瓜根结线虫；C. 线虫形态
（A～C分别引自 sohu.com、nongyouyou.com、lingyan.baidu.com）

图11-57　取食咖啡果实的麝香猫所产咖啡豆
A. 麝香猫取食咖啡果实；B. 排泄出的咖啡豆；C. 加工好后的咖啡
（A～C分别引自 cgcbdf.gov、blog.sina.com.cn、kafeipp.com）

11.8.2　植物群落与杂草

对栽培的园艺植物而言,所在空间内的目的以外的其他植物便构成了植物环境。从大尺度看,在一定空间上必然会有多种植物以一定方式共存于系统内,而小尺度上,为了管理作业的方便等原因,目前大多采取单一植物群体,其周边有其他植物并由此构成系统内的植物背景,只有在小型的非规模化商品化生产中,才可能看到小尺度空间下的多种植物共存的情况,如家庭园艺等。

由植物形成的空间层面环境背景,涉及以下问题。

(1) 我们可能需要关注在大尺度上环境植物对栽培植物是否能带来生态上的好处,如给栽培植物以空气流动、空气污染屏蔽、遮阴、水土保护(山地坡地和较大裸露行间背景下)、昆虫栖息与生物多样性指数、区域空气湿度(水汽)维持及CO_2对流与交换条件等方面的内容,即两类植物之间的相互关系。从生物多样化角度出发,在一定的空间范围内生物种类越丰富,其生态关系就越复杂,物种之间相互牵制影响,使其生态结构更加稳定,因此会在物质与能量上表现出其优势。

(2) 从小尺度相互关系看,与前者不同的是空间内目标植物已呈多样化,而群体内外的背景植物则构成了目标植物之外的背景,如果园里的果树与地被植物间套作、苗圃里的多种苗木间混作、菜田里的多样蔬菜空间配置、药草园里的药草间及其与其他植物的配置等(见图11-58),当然这些群体内还有一些杂草的存在。小尺度空间上多样化的植物配置时必须很好地考虑以下三点:植物之间根系分泌物或挥发气体所引起的化学他感问题;植物之间的遗传跨度问题;植物之间在大小、色彩、形态多样性方面的互补问题。

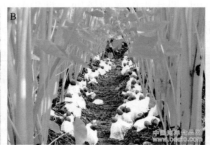

图11-58　小尺度空间上的植物共生系统
A. 庭院花草园; B. 芋与竹荪间作; C. 桑园套作芥菜
(A～C分别引自 ripadvisor.com、oeofo.com、news.163.com)

植物间的相生相克,也称化学他感(allelopathy,简称化感),是指一种植物(供体植物)通过对其环境释放化感作用物质对另一种植物或其自身产生直接或间接、有利或有害的效应。因此,相克发生在同科植物时,称之为自毒现象(autotoxicity)。发生在非同科植物间的化感作用又根据供体植物对其他植物的利弊性质,分别称之为相生(reinforce each other)或相克(neutralize each other)。

对于植物相生的例子有很多,如葡萄园里种紫罗兰,会使结出的葡萄果实又大又甜;百合和玫瑰种养或瓶插在一起,可延长花期;山茶花、茶梅、红花油茶等与山茶子放在一起,可明显减少霉变发生;朱顶红和夜来香、山茶和红葱兰、石榴和向日葵、泽绣球和月季、一串红和豌豆种在一起,对双方都有利。松树、杨树和锦鸡儿在一起,能有相互促进;欧洲云杉同树莓、榛、花椒都能很好地生活在一起。

对植物相克的情况也有很多,如紫丁香种在铃兰香、紫罗兰、勿忘我等的旁边,彼此都会受害;薄荷、月季等能分泌一些芳香物质,对周边植物会有一定抑制作用;桧柏与梨、海棠不可种在一起,以免果树患锈病加重,易导致落叶落果;玫瑰花和草木樨种在一起时,前者会排挤后者使其凋谢;而草木樨在凋萎前后又会释放一种化学物质，使玫瑰中毒死亡；成熟期的苹果、香蕉等，其果实所散发的乙烯会对周边正在开放的玫瑰、月季、水仙等产生不良影响，使其花朵早谢缩短观赏期；夹竹桃的全株分泌和挥发物会伤害周边其他植物；柏树和橘树也不宜在一起生长。

植物之间的遗传距离过小，与单一群体相差不多，甚至从总体环境效应上还不如单一群体，这主要是由于群体内过小的遗传距离间植物的搭配往往会加强具有寄生专门性有害生物的蔓延。

从美学角度看，植物间的多样性搭配往往在价值上大于单一化群体。即使在以规模见长的单一群体里，也应挖掘同质化元素，如一些花海。

（3）从时间尺度看，这一问题将演变为在同一空间上的前茬植物由其根系分泌物以及植物残体等保留在土壤中，并未经彻底的转化，而对后茬植物的生长发育产生相应影响。这种影响关系到前后茬植物的配置关系而表现为促进与抑制两大类。其过程与前述化感现象类似，同时也必须考虑相互间的遗传距离问题，避免同科连作。一般而言，葱蒜类植物根系分泌物及挥发物中的含硫化合物，会对有些病害的发生产生抑制作用，但因此也会吸引一些对此类物质具有嗜好性的昆虫，因此在浆果田间不宜间作。

杂草（weeds）一般指混生在目的植物中的植物存在，往往呈野生状态或因人为疏忽而导致。主要为草本植物，也包括部分小灌木、蕨类及藻类。杂草的概念是相对的，如蒲公英，专门种植时即为蔬菜，而混生在草坪和园田时即为杂草。

杂草的种类繁多，就其生物学共性表现而言，普遍具有传播方式多、繁殖与再生力强等特点。这也是杂草难以根除的原因。杂草的生命周期一般都比目的植物短，其种子成熟时会随时飘落，且抗逆能力极强。

园田杂草的主要危害表现在与园艺植物争夺土壤矿质养分、水分以及阳光和空间，妨碍群体内的通风透光，提高局部小气候温度，利于病虫害寄主，从而会降低园艺植物产量和品质。另外，有些杂草的种子或花粉还常含有毒素，易使人畜过敏或中毒，如图11-59所示。

图11-59　园田杂草及其发生
A. 紫苏园杂草；B. 果园杂草；C. 草坪杂草
（A～C分别引自k.sina.com.cn、enongzi.com、191.cn）

在经常耕作的园田内，多年生杂草不易繁衍；而在耕作较少的茶、桑、果园等园田中，多年生杂草则易蔓延，而一年生杂草则会减少。因此，充分利用间作、套种，并合理密植，可促进园艺植物群体生长优势，从而可控制杂草发生数量与为害程度。

11.8.3　微生物

在自然界无论是大气、土壤圈，其生物系统中数量最广泛的莫过于微生物。因微生物的存在而形成的生物环境，对植物的影响较大，特别在物质与能量转换方面，微生物的作用不可替代，它们有时对植物是有利的,而有时则会给植物带来危害。

根据植物生长所涉及的空间关系与物质特点,以下将讨论存在于不同空间的微生物及其特点这一问题。主要可分为空气微生物、土壤微生物和水体微生物三类。

1) 空气微生物

空气微生物(air microorganism)是指存在于空气中的微生物,是主要的空气浮游生物,其特点是对干燥环境和紫外线具有抗性,主要包括能附着于尘埃并从地面飞起的球菌属、能形成孢子的好氧性杆菌、色串孢属以及霉菌等。土壤微生物也能通过飞尘散布于空气中,并以气溶胶形式存在,并随空气流动而扩散传播。气溶胶(aerosol)是由颗粒构成的空气中的胶体分散系,其液体颗粒为雾,固体颗粒为烟,能长期悬浮于空气中。

空气中微生物的种类和数量,会因地区、海拔高度、季节和气候等条件而有所不同。由于尘埃的自然沉降,在接近地面的空气中微生物含量较高;冬季地面被冰雪覆盖时,空气中的微生物很少;多风干燥季节空气中微生物较多;雨后空气中微生物很少。

空气微生物中具有孢子结构的种类,往往在空气过湿甚至结露时发生孢子萌发,并可寄生到植物体上,通过气孔或皮孔进入植物体内。

2) 土壤微生物

土壤微生物(soil microorganism),是指生活在土壤中的细菌、真菌、放线菌、藻类的总称。其种类和数量随成土环境及其土层深度的不同而变化,它们在土壤中可进行氧化、硝化、氨化、固氮、硫化等过程,促进土壤有机质的分解和养分的转化。土壤微生物中一般以细菌数量最多,有益细菌主要有固氮菌、硝化细菌和腐生细菌;而有害细菌有反硝化细菌等。土壤有机质含量水平高时,有益于微生物的生长和繁殖。

土壤微生物种类多样性(species diversity of soil microorganism),是指土壤生态系统中微生物的物种丰富度和均一度。土壤微生物群落的分布特征(distribution characteristics of soil microbial community)是指土壤微生物群落的结构、种类、种群数量、微生物生物量等受植被特征、土壤水热动态、土壤有机质量、土壤通气性和养分含量等生物和非生物因素的影响而表现出的时空变化规律。通常,从其垂直分布看,土层越深,微生物分布的种类越少,且生物量低;而对于其水平分布,在低纬度地区,土壤微生物种类多、生物量大,因此土壤有机质分解速度快,使土壤有机质水平保持较低水平;而高纬度地区,则因温度低,微生物种类和生物量相对较少,有机质分解缓慢。

根际(rhizopshere)又称根圈,是指组成根-土界面(interface)的特殊环境,是受到植物根系活动直接影响的土壤,包括与土壤功能相关联的所有生物学、化学和物理学过程。根际由四部分组成:①土壤有机质和根凋落物(rootlitter),能为土壤微生物群落的生长繁殖提供能量和养分元素;②活的根系,由于其与土壤间活跃的物质交换行为,可促进土壤微生物生长繁殖,提高土壤微生物活性;③以异养细菌为优势群落的自由微生物;④包括固氮菌、菌根菌和放线菌等在内的共生微生物类群。

由于根际效应(rhizosphere effects),根际土壤微生物在数量和活性上普遍高于根外土壤。一些土壤微生物还可能会与植物的根形成菌根。菌根(mycorrhiza)是指土壤中的某些真菌与植物根系所形成的共生体(见图11-60)。这些真菌关系到许多植物的根,包括一些落叶和常绿乔木、灌木和草本植物,它们可增加植物根的吸收面积,提高矿质离子的吸收效率;而植物则为这些共生真菌提供糖、氨基酸等化合物。

植物的菌根有多种类型,常见的如外生菌根（ectomycorrhiza）和内生菌根（endomycorrhiza）亦称丛枝菌根（arbuscular mycorrhiza, AM）,如图11-61所示。菌根共生可避免或减少不利天气条件对植物的影响,加强其次生代谢过程,这可能与根系分泌物中酚类化合物（phenolic compounds）和独脚金内酯（strigolactone）作用有关,前者用来激活植物与AM共生信号通路（CSSP）,后者则可诱导AM真菌孢子萌发和菌丝生长并与寄主结合。

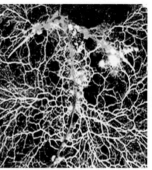

图11-60　土壤中植物菌根形态
（引自 wemedia.ifeng.com）

不同的微生物都有其适宜活动的pH值范围,如大多数细菌的最适pH值一般在中性左右（6.5～7.5）;而放线菌活动最适宜的pH值则比细菌略偏高些;真菌最适于酸性条件（3.0～6.0）。因此,土壤pH值背景不同,会使土壤中各类微生物数量、相对比例及活动性等表现出大的差异。

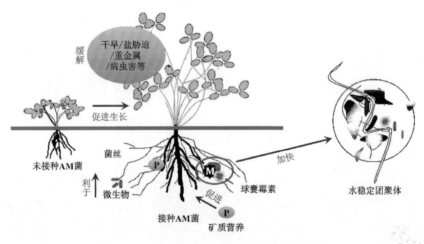

图11-61　植物接种AM菌后的综合影响模式
（引自 wowodx.com）

3）土传病害微生物

一些对园艺植物有害的病原菌除少数可能存活于空气中外,大多数会随感病植物残体进入土壤而存活,主要包括病原真菌、病原细菌和部分植物病毒等。

在连作背景下,这些土传病害病原会加快繁殖,出现植株发病程度加重。如茄科蔬菜连作时,疫病、枯萎病等发生严重;西瓜连作时,枯萎病发生严重;姜连作,常导致严重的姜瘟;而草莓连作2年以上,其死苗率可达30%～50%。

土壤线虫与植物病原菌有密切关系。土壤线虫可造成植物根系伤口,有利于病原菌侵染而使病害加重。

11.9　人类活动与园艺植物生产

11.9.1　人类活动与小气候创造

人类在文明史中,在对自然的适应与改造中对园艺小气候方面有过很有意思的创造。现在我们仍然能够看到传承下来的具有一定历史的小气候改造范例,主要有梯田、鱼鳞坑、防护林带、砂田、坎儿井、屋顶花（菜）园和日光温室等（见图11-62）。另外还有一些基于现代工业技术的小气候改造成果，如水坝、现代化温室、植物工厂、太阳能区域。

在中国南北方均可见到早年间建设的梯田，在坡度大于30°的地区，平坦的耕地资源极为缺乏。由于生存的需要，修筑梯田后，有效地避免了水土流失，多见于茶园、果园等。与之相类似的是，在一些水土流失地区，由于过度垦殖造成了严重的环境问题，目前已开展大规模的退耕还林。当然在林分的植物种类选择上，一些经济林如绿化苗木和果树等均在优先考虑之列。为了使新植树苗能够成活，并避免土壤裸露带来的水土流失，鱼鳞坑以及拦沟筑坝等方式仍在广泛应用，这将改善山地小气候，使园艺植物生产能够获得更好的生长环境。

树木砍伐和过度放牧带来了草场退化等环境问题，在一些地区沙尘暴发生变得更加频繁。对此，国家长期的三北防护林建设取得了明显的进展，如距离北京仅百余千米的塞罕坝，现已成为举世瞩目的大面积人工林区。与之媲美的还有山西的右玉县域绿化，以及鄂尔多斯腾格里沙漠的大规模治沙工程都取得了令世人赞叹的成就，使得这些区域的农业实现了正常生产。

图11-62　人类文明中改造自然形成对园艺生产有利的小气候
A. 贵州山地梯田茶园；B. 北方丘陵果园；C. 人工林带造就的林间草地；D. 甘肃的砂田；E. 吐鲁番的坎儿井；F. 绍兴的屋顶菜园
（A～F分别引自 redocn.com、nipic.com、m.sohu.com、blog.sina.com.cn、mzb.com.cn、bestb2b.com）

而在甘肃和新疆等地，更是创造了如砂田、坎儿井这样的园艺文明。砂田是将石砾置于瓜田行间，依靠白天充裕的阳光带来的增温使石子加热，而夜间其可阻碍红外热辐射，提高夜间温度；很难想象的是在吐鲁番地区年降水量不足20 mm，却出产大量的优质葡萄，原因是作为灌溉设施的坎儿井避免了水源在地面输送时的过量蒸发。

11.9.2　农业文明与园艺植物生产环境

早期的文明曾经辉煌灿烂。综观历史，尼罗河的阿斯旺以北至河口，河水带来大量的泥沙和有机物，流进平原后，沉积于两岸的低地，逐渐冲积成深厚而肥沃的泥土。在开罗以北，尼罗河分成许多汊河流入地中海。汊河之间即是三角洲，地势平坦，河渠纵横。此三角洲是古埃及文明的摇篮。而两河流域与中国的黄河流域也曾经孕育了农业和园艺文明，当时的自然景观和人文交相辉映。但过度的垦殖、战争对气候变化产生了大的影响，很多地方目前只留下残垣断壁与风蚀的戈壁，更甚者则是一些曾经的文明被埋没消失。

　　过度耕作或放牧会导致土壤侵蚀的加剧，这主要是通过在湿润气候下水的作用和干旱地区风的作用造成（见图11-63）。被风蚀摧毁了的文明包括两河文明、丝路文明；而当下文明正在遭受到最为严峻的挑战——人类过度的攫取欲望。

图11-63　人类活动导致的土地水蚀和风蚀

A. 高速摄像机下雨滴对地面的冲击；B. 地面径流冲刷出的果园沟壑；C. 中东地区被风蚀的土地和石块

（A、B引自Janick，C引自weather.news.sina.com.cn）

第Ⅲ编

园艺生产技术及其原理

第 12 章
园艺生产的环境调控

当人类扩张他们在地球上的统治领域时,不仅需要满足自己的最低要求,同时也必须对周围植物环境做出相应的调控。所谓环境调控(environmental regulation)有时包括创造出自然界不易出现的环境条件,或是需要建造精良的设施,以便获得使园艺植物能够实现正常生产所需的环境条件。

植物自身具有一定的环境自我适应与调节机制,主要表现在生态系统中生物因遗传而产生的相互关系、生物与环境之间存在的反馈调控、多元重复补偿稳态调控机制等,使植物在环境适应上表现出功能组分冗余和反馈等特点。但需要看到的是植物对环境的适应与自我调控机制,其作用是有限的。

当系统在不降低和不破坏其自动调节能力的前提下,植物所能忍受的最大限度外界压力(临界值),称为生态阈值(ecological threshold)。外界压力包括自然灾害、不利环境因素的影响等自然力,也包括人类的获取、改造和破坏。这在第13章中均已讨论过。

从园艺植物生产的要求而言,我们在充分利用植物自身对环境压力的适应与调节能力的同时,通过人类活动为这些植物创造并提供更为适宜的环境条件,是整个生产活动中最为基本的作业要求。

在本编各章中,我们必须谨记以下几点并形成考虑问题的缜密思路:

(1)各项管理作业需要在什么背景下进行,其边界条件是什么?

(2)与某项措施相类似的作业相比,其优势与劣势各有哪些?

(3)拟实施的某项作业,对整个系统的其他方面是否有较为重要的影响或改变,能否在可控范围并且有处理预案?

(4)在选定某项作业后,其适宜的作业时期或时刻为何时?

(5)作业的标准是什么?如何确保质量?

(6)如何提高作业效率,降低劳动强度?

12.1 园田土壤管理

土壤质量的好坏,直接关系到园艺植物是否能够生存以及生产的最终产出效率。我们把土壤所支撑的以绿色植物为主的初级生产力称之为土壤生产能力(soil productivity),它是由土壤自然环境和人为环境共同构成的。土壤生产能力的高低除取决于土壤本身肥力状况外,还受环境条件限制,包括气候背景、水资源状况及管理水平等的限制。从土壤管理角度看,除了土壤生产能力外,我们还需关注土壤利用的可持续问题(soil sustainability)。

12.1.1　园田土壤耕作

包括耕翻、调制(理)及种植过程中的全部土壤作业称为土壤耕作(soil tillage)。其目的在于控制杂草,并通过破碎结块土壤,改善其排水和通气性,如在播种或定植植物时所做的田圃土壤准备等。

不同质地园田土壤的适宜耕作时间往往是不同的。通常,沙质土在全年任何时期均可耕作;但黏土则最好在秋季,以使其在休耕期间有一个土壤冻结和融化的交替过程(亦称冻垡,frozen soil),可以改善土壤结构。因此,园田土壤的耕作必须与生产季节配合起来考虑,并且需要使土地有一个年度周期上的休耕期,即在耕作后并不种植任何植物的静置时期,通常需要在30～45 d。

对植物生长而言,保持园田土壤良好的物理状态是土壤管理的重要工作。土壤质地和结构,对于土壤保水性和透气性有着直接的影响,并与根系微生物活动有关,它将影响土壤有机质和矿质成分的转化。土壤表面有结皮现象(板结,hardening)时意味着土壤耕作状况不良。因此,耕作看似一个物理过程,但对土壤状况的影响却是综合的。

与粮油植物用地的土壤耕作不同,园田土壤由于其种植对象的生产周期长短差距较大且茬口复杂,因此在耕作上也体现出其特有规律。作为物理性措施,土壤耕作并不是越勤越好,过度的耕作会加速土壤有机质的分解,最终使土壤有机质含量降低、土壤聚合体质量变差,最终导致土壤板结或沙漠化。通常,每一次翻耕均会使土壤有机质在原有水平上降低至少2.0%。因此,对于如蔬菜类等生长周期较短的植物而言,并不需要每一茬口都进行高强度耕作,有时可根据需要只做一些简单耕作即可。

从耕作强度看,不同耕作方式间有着较大差异。翻耕(ploughing)是在耕层范围内将原耕层土壤的上下位置发生互换的作业,对土壤状态的改变程度较大;旋耕(rotary tillage)则是不改变原耕层内土壤位置,只做结构破碎的作业,更适合于为了改变土壤物理特性而进行的随时性调整要求,如中耕(intertillage),其主要特征是松土(见图12-1)。

图12-1　园田土壤的基本耕作作业类型
A. 翻耕;B. 马铃薯中耕;C. 大型圆盘耙;D. 小型旋耕机
(A～D分别引自 qqzhi.com、Janick、nongjitong.com、tbw-xie.com)

在多年生的木本园艺植物生产中,常规的耕作不易进行,且表面的松土也对主要的吸收根根际起不了太大作用,因此需要采取更为极端的耕作方式,如开沟埋管(open hole & buried pipe)以改变果园或林圃的土壤物理结构(见图12-2)。

图12-2 果树等木本植物土壤耕作上的通气管理设作业
A. 大树移植;B. 已成活树木;C. 整管形态;D. 顶盖或底盖;E. 管眼
(A～E均引自item.taobao.com)

在家庭园艺或小规模种植上,有时甚至用铁锹、铁镐或简单机耕具进行翻耕,将耕层(人力作业的翻踏深度仅为15～20 cm)翻起后,其后的耕作作业即是用耙子将土块碎化并同步进行土地平整和作畦等。

大规模的园田土壤翻耕普遍采用机械犁作业。在不同的园田场地条件和种植目标限定下,翻耕机械(犁)往往与其他过程整合作业,如灭茬(将前茬植物残体粉碎并翻入土中)、土块破碎、作垄(畦)、开沟、铺管、覆膜等(见图12-3)。其翻耕深度可达30 cm以上,作业质量比人工或简单工具要高。

图12-3 园田不同耕作过程的整合及其作业机械
A. 粉垄机;B. 链式开沟机;C. 耕松埋管机;D. 松土覆膜机
(A～D分别引自news.wugu.com.cn、nongjx.com、ic98.com、Mikado官网)

而在设施园艺背景下,土壤的耕作与自然状态下有很大的不同。栽培设施往往空间狭窄,且土地利用成本高,因此不可能为大型机械留有掉头的余地,因此一般只适应于小型作业机械,通常动力较小,行走幅宽较窄,整体高度较低,且行走转弯半径小,机具重量也极为轻便。除非在特殊情况下,否则通常设施内土壤多用旋耕机进行松土整地。

中耕(intertillage)是指在园艺植物生长期间的耕作作业。除少数可以明显成行栽培的园艺植物中耕时可使用机械外,其他园艺植物的株行距常不统一,密度很高,其机械适用性极差。中耕时为了避免伤及栽培植物根系,一般以垄沟为对象,利用旋耕犁进行原位松土,或者用三角铧将土向垄沟两侧培添(也称侧耕,lateral tillage),并将垄沟内的杂草斩断(见图12-4)。侧耕的培土作用对需要促进地下部分膨大的园艺植物来说是很重要的措施。

图12-4　一些需要依靠促进地下部分膨大的园艺植物中耕培土作业
A. 大葱; B. 马铃薯
(A～B分别引自b2b.hc360.com、sx.chinanews.com)

利用机械中耕时,目前需要解决的最大问题是耕作制式标准与机具的配套,总体而言,在现有基础上降低栽培密度、加大行距应当是今后的发展趋势。人工作业过程同机械,只是更能适合于各种地形与不规则的植物种植情况。

在园艺生产中,很多植物需要育苗后进行移栽,因此对于定植圃的耕作,除部分采用成行的单垄耕作外,有时也采取宽垄或者低垄定植;大多数园艺植物定植时常用穴植方式,这就需要在耕作中进行挖坑作业,如果树和部分观赏苗木等;有些利用营养器官繁殖的种类则需要开沟进行播种,如姜、莲(藕)等,如图12-5所示。

图12-5　园艺植物耕作上常见的起垄、开沟、凿孔等作业及其适用机械
A. 单垄; B. 宽垄; C. 链式开沟机; D. 手持凿孔机; E. 牵引式凿孔机
(A～E分别引自Janick、amic.agri.gov.cn、yantai.huangye88.com、312green.com、jdzj.com)

耕作除了用来改善土壤的通气性和保（排）水性外，还可用来控制田间杂草，同时对植物残体的粉碎后填埋也有助于在一定程度上控制病虫害。

在一些国家和地区，目前在园艺上也有不少利用免耕体系（no-tillage system）的案例。在此体系中，清除田间杂草的工作由除草剂来完成，并用地面覆盖（mulching）方式将裸露的地面盖住，这些材料可利用植物残体等。在采用免耕体系的园田土壤上，其定植和施肥作业在利用机械时其底盘在高度上应超过地面覆盖物和植株顶部，将植物种子或定植苗分布后，再进行施肥与土壤覆盖、镇压作业。

免耕体系的优点包括可减少土壤有机物额外的分解损失、减少土壤侵蚀、减轻因耕作造成的土壤结构破坏、减轻劳动强度和降低能源消耗；其缺点在于一些有异议的除草剂利用，以及因地面覆盖的吸引力增加了昆虫和啮齿动物危害的风险。

12.1.2 园田土壤改良

按照理想土壤的标准，通常用于园艺种植的土壤会在某些方面与之有较大的差距，这时为了更好地满足园艺植物生产的基本要求，需要进行相关的土壤改良工作。

土壤改良（soil improvement），是指以理想土壤作为目标指向，综合运用土壤学、生物学、生态学、工程学等多学科理论与技术，消除影响植物正常生长发育和引起土壤退化等不利因素，改善土壤综合性状，为栽培植物创造良好的土壤环境条件的一系列技术措施的统称。

对照理想土壤的要求并兼顾种植的目的园艺植物对土壤要求上的偏好，园田的问题土壤（problem soil）类型如图12-6所示。有时可能出现的问题并不是单一的，多因素问题在土壤改良技术上的要求难度会加大。

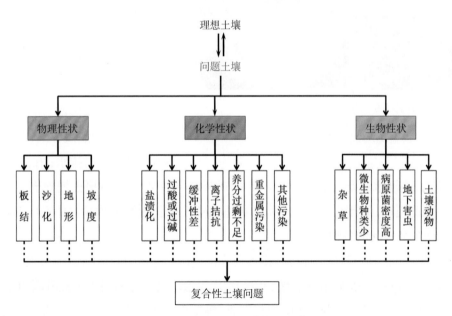

图12-6 园田常见问题土壤类型及其原因

1）针对土壤物理性状的改良

（1）土壤在质地和结构方面的问题。

通常可用以下方式加以解决：利用客土、漫沙（过黏时）、漫淤（过沙时）等工程学方法，或添加物理调理剂（physical conditioner），并增施有机质、释放蚯蚓，在调整土壤粒性的同时，提升团聚体结构质量。

常用的物理调理剂包括天然物料和人工物料两类，前者如腐殖酸类、纤维素类以及沼渣等；后者则如聚乙烯醇、聚丙烯腈等。近年,生物炭(biochar)及木炭生产过程中产生的烟气沉淀物(木醋中的胶状絮凝沉淀物)也常用于改善土壤物理性状,促进土壤团聚体形成,其结构如图12-7所示。

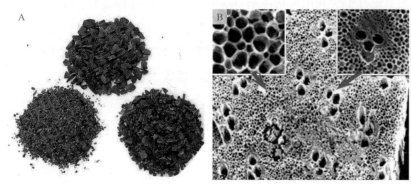
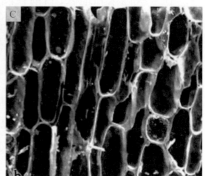

图12-7　用于园田土壤的生物炭形态及其结构
A. 不同粒径物料(引自wood168.net);B~C. 截面及其放大(均引自enongzi.com)

图12-8　具有团粒结构的土壤与板结土壤
A. 蚯蚓作用形成的团聚体;B. 团粒结构;C. 板结土壤表面的龟裂;
D. 盆栽植物的土壤板结
(A~D分别引自sohu.com、92to.com、sohu.com、k.sina.com.cn)

其他一些天然物料也用来作为物理调理剂,如草炭、蛭石等,当然这些材料也具有相应化学调理剂功能。

土壤结构方面最常见的问题是土壤板结(soil hardening),它是指土壤在降雨或灌水等外因作用下结构破坏、土粒分散、胶黏性差,且干燥后受内聚力作用容易结成硬块的现象,如图12-8C、D所示。

在针对土壤板结而进行土壤改良时,除了上述方法,还需在日常农事管理上加以配合,应避免大水漫灌,尽量采取对土壤通透性影响较小的灌溉方式,如滴灌等;如遇到暴雨,则需及时排水;在露地未覆盖地膜的园田或栽培设施内,在灌水后要及早进行松土,以打破板结层并保墒,这样既能增加土壤通透性又能减少土壤水分蒸发。与此同时,在园田土壤的利用上,可适当降低耕作强度,采取少耕体系(minimum tillage)。

(2)土壤地形地势引起的各种问题。

通常可以用以下方法加以解决:进行园田水利改良,如建立园田排灌工程,调节地下水位,改善土壤水分状况;实施土壤改良工程,如平整土地、兴修梯田,引洪漫淤等,从根本上提升园田土壤质量。在工程作业前,应预先将表土层剥离,再做大的平整作业,等工程即将竣工前再将表土覆盖在土面上,这样可避免整地后的生土重新熟化所带来的一系列问题。

由于地形带来的水蚀(water erosion)问题,是山地丘陵地区园艺上的普遍性问题。如坡度过大(大于25°)的坡耕地和梯田,其退耕还林以生态林为主体,而在缓坡地的退耕还林则可用于果园等建设。缓坡地修筑梯田(见图11-9)既可以减少水土流失,同时也是提高土地质量的可靠保证。

通常,当地下水位在距地表面1.0 m以内,或过多的表面水分不能迅速渗透,足以使土壤氧气被完全耗尽时,一些形式的人工排水是必要的。关于此将在本章稍后的水分调节部分再加讨论。土壤保持(soil conservation）和水分保持（warer conservation）这两者之间是相关的，土壤保持也常以水分保持为辅助。不适当的土壤和水分管理均可能导致洪水、干旱、水土侵蚀和其他不适宜园艺植物特性的条件产生。

　　2）针对土壤化学性状的改良

　　（1）调整土壤pH值。

　　理想的土壤pH值水平是需要进行常年性维护的。在一些发达国家，法规规定必须在每年秋季进行一次土壤检测。这是由于园艺过程的一些作业会导致土壤pH值在原有基础上发生变化，因此需要对园田土壤pH值进行监控和修正（见图12-10）。这一习惯值得我们学习借鉴。土壤分析时必须按照土壤种类及用地类型进行pH值的检测。

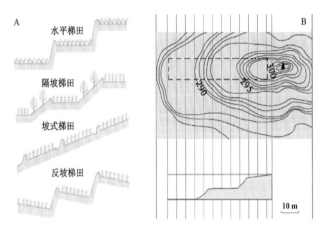

图12-9　缓坡地梯田类型及其等高线依据
A. 梯田类别；B. 地形与等高线
（A、B均依 szjjdu.com）

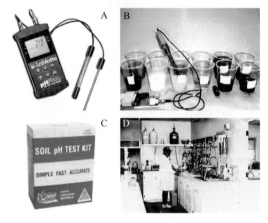

图12-10　土壤pH值检测
A. 传感器；B. 土壤溶液；C. 检测试剂盒；D. 检测实验室

　　从土壤的pH值分布情况看，在多雨地区由于雨水的向下淋溶，使土壤常表现为酸性；而在干旱地区和山区，土壤往往呈中性及偏碱性，是因为雨水淋溶较少，土壤中阳离子易向表面聚集。

　　化学改良剂（soil chemical conditioner）常用来作为调整园田土壤pH值的主要手段。常用化学改良剂包括石灰、石膏、磷石膏、氯化钙、硫酸亚铁、腐殖酸钙等，可视土壤pH值情况选择改良剂类别。当需降低土壤的pH值时，可选用如石膏、磷石膏等矿粉或者采用木醋上清液，它们可以用Ca^{2+}交换出土壤胶体表面过多的Na^+，从而降低土壤pH值；而当需要提高土壤pH值时，则需选用石灰性物质。硫酸亚铁和腐殖酸盐类则在较宽的pH值范围内均可使用，它们更多的是利用其化学缓冲性来调高或调低pH值。

　　土壤的化学改良往往需要结合水利和其他农业措施等进行，方能取得更好改良效果。在土壤的pH值调整上，要注意并不是短期一次就能将其调整到理想土壤要求水平。因此，在调节的同时，可根据所能栽培植物的类别进行双向选择，以使园田土壤能够尽快达到目标植物的pH值要求，常见园艺植物所需的pH值范围如图12-11所示。

　　除以上技术对策外，在园田土壤施肥上进应根据其pH值情况做出选择。详细内容在施肥一节再讨论。

　　（2）盐渍化土壤的治理。

　　由于长期忽视对土壤健康的管理，人们在用地和养地上的偏颇使土壤盐渍化问题日趋严重。盐渍化分为初生和次生两种。初生盐渍化土壤主要发生在一些靠近海岸的滩涂、极度干旱地区、地质含盐量较高地区；次生盐渍化则易发于设施内土壤和因过量施用化肥且土壤有机质水平又比较低的情况下。两种情况的实质是一致的，其最显著特点是越是靠近土壤表层，土壤的盐分含量越高。

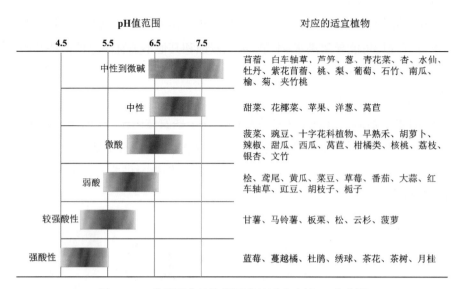

图 12-11   常见园艺植物所要求的适宜土壤 pH 值范围

对于盐渍化土壤的改良,主要有工程方法和化学调理方法等。这些改良需要结合深耕、种植绿肥和地面覆盖等措施。当然有条件的话,也可采取换土。

最常用的工程方法是洗盐(soil salt washing),当然如果水源充足的话。洗盐并不是万能的,如果当地水体本身的含盐量就足够高的话,除非能够依靠自然降水并将其汇集以后供洗盐使用,否则用高盐分的水是不可能达到理想效果的。洗盐时可用重型机械先深翻至少 30 cm,然后每隔 50~80 cm 开一宽 30~40 cm 的沟,深度宜在 50 cm 以上,将含杂质较少的水灌满事先挖好的沟中,并让其自然渗透,当然反复淋洗 2 次效果会更好。

与这种方法相类似的是,在一些可能的区域,对盐渍化土壤可采取水旱轮作(paddy upland rotation)方法进行改良,效果比简单洗盐要好得多。

化学调理剂用于改善土壤盐渍化状况时,常用到以下物料:生物炭、腐殖酸类、天然碳化物及堆肥等有机肥类(见图 12-12)。其共同特点:物料具有碳架结构或具有胶体属性,具有很强的阳离子吸附能力,可以使土壤溶液中过多的阳离子结合在其碳架结构上,并形成相对稳定的复杂化学结构,实现这些矿质元素的非活性化。

图 12-12   园田土壤调理剂的几种物料形态
A、B. 分别为北欧、东北草炭;C. 风化煤;D. 腐殖酸;E. 蛭石;F. 竹炭粒
(A、B 分别引自企业官网;C~F 分别引自 windm.sn.com、m.99114.com、guangjiancy.99114.com、szwale.com)

利用盐渍化土壤种植绿肥植物进行改良的方法与外源施入有机肥原理类似，只是在空间和时间上表现不同。我们将在本章稍后的有机肥部分讨论。

3）土壤的富有机化改良

无论是何种表现的问题土壤，其出现的原因中总是避免不了土壤有机质水平较低的事实。而目前大多园田土壤的有机质水平远远达不到理想土壤的标准。在20世纪80年代，一些老园田土壤有机质达到5.0%是非常平常的事。持续、大量的化肥施用使很多园田土壤遭到破坏，有的只能闲置。近些年，各方对于土壤有机质的重视程度开始提高，这无论对园艺业的可持续发展（sustainable development）还是环境健康都是有深远历史意义的。

在不专门施用有机肥的前提下，连续的栽培会使土壤中原有的有机质水平以每年大于有机质总量2%的速度降解。除非在施肥后有机物质被一些形式的土壤调理性物质复原，否则将会对长期间的园艺植物生产造成极大损害。

土壤中的有机质含量可通过天然物料、植物残体、绿肥植物、覆盖植物和有机改良物料来增加，以使有机质维持在一个满意水平上。最简单而快捷的提升有机质方法是施用大量天然有机物料，但这一方法成本较高（见图12-13）。因而，在常年使用的园田土壤上，应用最广泛的是植物残体的利用。通常，栽培植物的割茬在收获后会留在土壤中，但由于田间可能发生病害的缘故，在园艺植物残体利用方面，如不清理田园让其自

图12-13　一个高标准土壤改良的施工作业现场
（引自 mp.itfly.net）

然堆落分解并释放到土壤中去，虽然能增加土壤有机质，但会引发一系列的问题，如使土传性病害加重、啮齿动物增多，以及发酵微生物会在养分上与园艺植物发生竞争等。因此，需要有专门的有机质生产体系，通过持续采用，一方面解决田间废弃物的处置问题，另一方面确保有持续不断的有机质来源。这也是循环农业体系（circular agriculture system）所倡导的。

除了利用周边农业过程产生的废弃物作为原料的有机质（肥）生产外，在国家政策的扶持下，商业化的有机质生产已兴起，这对于进行园田土壤的富有机化是非常有利的。但是，对于经营规模较大的园艺企业而言，出于对成本的考虑，还是以自行生产为宜。

广义地讲，一切生物来源的材料均可作为有机质生产的原料，当然应排除一些含有有毒、有害物质的材料。其生产过程尽可能使用新鲜物料，按照其原料成分属性，经切割、粉碎等预处理后，调节其碳氮比及pH值水平，加入可助其分解转化的发酵微生物制品，在所需的好氧至厌氧环境下进行生物发酵，即可获得我们所需的有机肥（质）。在这一过程中一般不要添加较多的矿粉盐类，否则当有机肥施用数量较大时则易发生矿质元素不平衡等问题，而如田间某些元素的矿质需要补充，则可以单独施用。

提高土壤有机质是一个不断的过程，不可能一蹴而就。坚持用地养地结合，围绕目前国家控制农业面源污染的强制性举措，严格限制过量施用化肥，未来会使提高土壤有机质水平、强化土壤的胶体行为及提高化学缓冲性成为园艺生产者的自觉选择。

4）土壤重金属污染治理

园田土壤的重金属污染问题实际上可分为两种情况：因地质原因土壤中某些重金属元素的本底值较高，以及因人为引起的在本底值上增加的情况。在前一种情况下，即使不发生环境学意义上的污染（即人为活动引起重金属元素含量的增加），但其土壤中的含量水平往往已超出农用地限量标准，有时可能超出达数倍之多。而后一种情况多数为点源引起的轻中度污染居多，从治理的角度而言，后者更具有价值。

各国对农田土壤中重金属的限量标准有较大区别，对主要重金属的最大允许值如表12-1所示。

表 12-1　世界各国土壤重金属的环境标准和最大允许含量

单位：mg/kg

国家和地区	Cd	Pb	Cu	Zn	Hg
德国	1.5	100	60	200	2
英国	1.75	550	55	200	1
欧洲	1～3	50～300	50～140	150～300	1～1.5
美国	3.56	—	73	730	5.34
加拿大	1.6	60	150	300	0.5
俄罗斯	5	背景值+20	—	—	2.1
中国	0.3～1.0	30～500	50～400	200～500	0.1～1.0

对于地质原因引发的土壤重金属问题，因含量距离目标限定值差距较大，且往往在分布上也呈面源态势，污染体量大，治理困难，且成本极高，国际上也只有用作商业开发和建设用地时才会不惜成本进行治理，其修复成本常高达40 \$/m² 以上。因此用作农林业的重度污染土地，通常只适宜作为生态林功能区加以利用。造成土壤人为污染的原因多为矿物或废弃物随意倾倒、工业污水无处理排放和灌溉水源污染而引发。

目前治理土壤重金属污染的途径主要有以下几种：改变重金属在土壤中的存在形态，使其固定，降低其在环境中的迁移和生物可利用性；从土壤中直接去除重金属，这一方式根据对原土的处置不同，又分原位处理和挖掘去除。围绕这几种治理途径，已相应提出可行的修复技术，主要有生物修复、化学修复、物理修复和联合修复等几大类，如表12-2所示。

表 12-2　土壤重金属污染治理技术类别及特点

净化技术	技 术 特 点	技 术 种 类
原位净化	不挖掘污染土壤使其污染物浓度下降的技术	原位分解——化学分解、生物降解 原位提取——土壤气体吸引、植物富集
挖掘去除	从污染场地挖掘去除污染土壤，并对其进行分离分解的技术	分离处理——热分离、洗脱、挥发 分解处理——生物转化、化学分解、热分解
固定化	为防止从污染土壤溶出和扩散有害物而采取的针对对象污染物的固化、封埋等技术	封埋——原位封埋、挖掘去除后封埋阻断 物理、化学处理——不溶化、固化

利用工程修复时多采用土壤挖掘后集中处理方式，并可以耦合多项技术，治理质量较高，但成本却比较高（见图12-14）。因此对于园田土壤的中轻度污染，其治理往往可以结合耕作进行原位处理。

生物修复在园田土壤重金属污染修复上利用较多，且成本较低，更为实用。其中一项便是利用重金属超富集植物(hyperconcentration plant)进行的提取,且此方式可以与对土壤重金属形态进行有效活化的微生物菌株作用相耦合。目前采用较多的主要有龙葵、东南景天、遏蓝菜、蜈蚣草、大芥和酸模等(见图12-15),其所能富集的重金属种类也有侧重,龙葵、遏监菜主要针对Cd;东南景天则为Zn;蜈蚣草为As;大叶芥(印度芥菜)则对Cd、Hg及其他重金属均有高水平的富集作用。

同样一些具有高度固定化作用的微生物也对园田土壤的修复有较大价值,特别适合于轻度污染园田背景下的修复与治理,可使园艺产品食用安全得到保证。

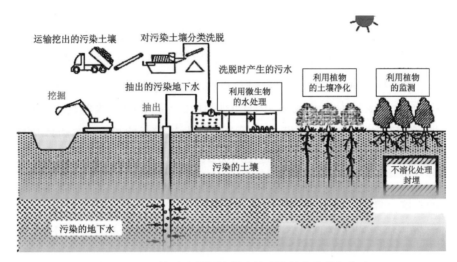

图12-14　土壤重金属污染深度处理的基本流程与方法
(引自日本厚生省)

图12-15　重金属超富集植物的常用种类及其形态

5) 其他化学品污染土壤的修复

(1) 土壤农药残留。

土壤农药污染(pesticide pollution of soil),是指人类向土壤环境中投入或排入超过其自净能力的农药,而导致土壤环境质量降低以至影响土壤生产力和危害环境生物安全的现象。农药对土壤的污染与田间施用农药的理化性质、农药在土壤环境中的行为及施药地区自然环境条件等密切相关。

园田内使用农药时,无论采取何种给药方式,也只有一部分会停留在植物上,其他部分会直接进入到土壤或空气中,而土壤是农药在环境中最后的残留去处。土壤中的农药污染现已成为一个严重的全球性问题,亟须解决。中国是一个农业大国,每年所使用的农药数量巨大,土壤受农药污染的程度也较为严重,这已影响到中国农业的可持续发展和人民健康。园艺植物因产值较高,相比之下其单位面积的农药使用量也比其他植物生产要高,园田土壤残留问题更加严峻。

农药对土壤的污染分为两种方式:直接进入和间接进入。直接进入包括药剂拌种、包衣、土壤药剂处理、地下害虫防治等方式;间接进入则包括农药喷施时的洒落、悬浮在空气中的农药微粒经雨水淋溶后进入、生物残体带入和水体污染几种方式。

持续、频繁地使用农药,使得残留在土壤中的农药富集,并产生生物毒性,对于土壤微生物,不管是有益微生物还是有害微生物,均被杀灭或者是抑制其生长,最终形成土壤微生物区系极少,且以有害微生物存在占主导,对植物生产危害更大;同时其生物毒性也会对依存于土壤生活的青蛙、蚯蚓等有益动物构成了致命威胁;最终将导致土壤生态系统功能失调,进而危害人畜健康。

农药对土壤的污染完全是人为造成的,因此治理其污染首要的是改变现有生产方式,不再继续加重土壤农药污染负担,这就需要在用药上多管齐下,从农药毒性控制、农药理化性状及其可分解性、持效期、单次使用剂量及用药周期、农药使用方式等多方面下功夫,彻底减少农药进入土壤的数量。

对已经污染的土壤,可以采用增施有机肥,提高土壤有机质含量,增强土壤胶体对农药吸附能力。如黄腐酸能吸收和溶解三氯杂苯除草剂及某些农药等;木屑等物料中的木质素成分也会在自身的分解过程中与农药的降解相联系;增施有机肥,能改善土壤微生物活动条件,加速生物降解过程。

(2)土壤石油污染。

园田土壤石油污染(oil pollution of soil),既有生产过程的污染物直接排放,也有污染物的间接迁移,有时甚至是机械作业时的石油泄漏所导致。石油类物质污染目前还未引起重视,但当其进入土壤后,会引发土壤理化性状变化,如堵塞土壤孔隙、改变土壤有机质的组成和结构,引起土壤有机质的碳氮比(C/N)和碳磷比(C/P)以及土壤微生物群落、微生物区系的变化。

石油类物质的渗透性极强,加之随空气流动的扩散,常使栽培的园艺植物产品也被吸附泄漏的石油气体而失去应有商品价值。若田间偶发泄漏,应立即采取措施,如用一些木屑、毛发类、生物炭、草炭等具有较强吸附能力的物料将污染物包围以防扩散,待处置完成后再将污染土壤从田间转移出去。

而在被排放影响到的区域,用工程方法和化学方法进行治理成本极高,目前发展较快的是利用一些高耐性烃降解菌株,成本较低,使用也极为方便。目前已确认具有良好降解能力的菌株分别属于苍白杆菌属、葡萄球菌属、迪茨菌属、棒状杆菌属、无色杆菌属、微杆菌属、芽孢杆菌属等。

6)生物紊乱土壤的修复

生物紊乱土壤(biodisordered soil)是指土壤生态系统恶化,不能正常发挥作用的土壤。常见状况如杂草发生密度高根除困难;多种病害病原菌寄生严重,有益微生物受限制,正常栽培植物难以存活;土壤动物数量多、活泼,或是几乎难有动物活动等。这些表现均说明土壤生态系统已出现崩坏状况。

对这类问题土壤一般应从耕作入手,先通过物理与化学方法抑制其生物密度及活性,再依靠有益动物和微生物的作用进行紊乱土壤的生态重建(ecological reconstruction)。最常用的技术有土壤蒸汽消毒、土壤综合热处理以及EM菌(混合菌)应用等(见图12-16)。可移动的蒸汽发生机,将蒸汽通过带有作业台的犁刀尖通入土层中,并保持一定的滞留时间,可将其中大多数的微生物和杂草种子杀灭或产生抑制。土壤综合热处理则是利用覆盖的温室效应和气密性以及生物质发酵产热的原理而进行。

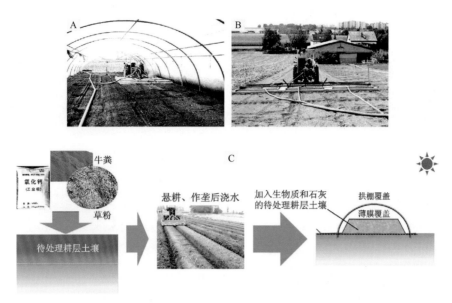

图12-16　土壤消毒方式及其作业过程
A. 塑料棚内土壤蒸汽消毒；B. 露地土壤蒸汽消毒；C. 利用覆盖和发酵产热的土壤消毒
（A～B均引自 blog.sina.com.cn）

EM菌（effective microorganisms）为多菌株组成的复合菌，由比嘉照夫（Higa Teruo）于1982年研究成功。EM菌剂目前在国内均有生产，用于土壤消毒后的生物重建则非常有效。EM菌在土壤中极易生存繁殖，所以能较快而稳定地占据土壤中的生态位，形成有益微生物菌群占优势的群落，从而控制病原微生物的繁殖和对栽培植物的侵害。

12.1.3　园田土壤管理

1）土壤保育

土壤保育（soil conservation），是指在土壤利用过程中通过生物、工程和其他方法，最大限度地避免土壤质量下降的一系列扶助性工作。发生在土壤保育方面需解决的问题很多，主要有土壤冲蚀、沙漠化、盐碱化等土壤质量退化类别。从保育的角度看，我们需要弄清问题成因，从源头上加以克服。

中国的土壤保育形势十分严峻，在本已不多的人均耕地面积上，正在发生着严重的土壤质量退化问题，以土壤有机质含量看，发达国家农田的平均含量为2.5%～4.0%，而中国平均值仅为1.5%左右。低水平的土壤有机质是造成其他土壤保育障碍的根本原因。为此，国家高度重视农田生态建设，积极推进退耕还林还草战略，将对遏制土壤质量持续下滑有着深远的历史意义。

土壤冲蚀（soil erosion）是指处于土壤表层的土粒在风或水的作用下，移动其位置的现象。根据其成因分为风蚀和水蚀两类，有时两种原因兼而有之。冲蚀是一个自然的过程，但人类活动可能会因减少地面植被而使冲蚀加重。其主要的保育方式是，在有较大坡度的土壤上恢复植被，退耕还林还草；在一些不可能退耕的区域，也应做好园田基本建设，适度修筑梯田、营造防风林障、设施拦水沟、排水沟、沉沙池等，如图12-17所示。

土壤沙漠化（soil desertification）的形成原因主要有过度放牧、树木砍伐和植被破坏、自然气候变迁和过度耕作等。中国陆地面积的近1/4面临着土壤沙漠化威胁（如图12-18）。沙漠化多发生在干旱和半干旱地区，但在湿润地区也可能使土壤发生沙漠化。

广义的沙漠化还包括石漠化、砾漠化和泥漠化。土壤石漠化（rocky desertification），是指因水土流失

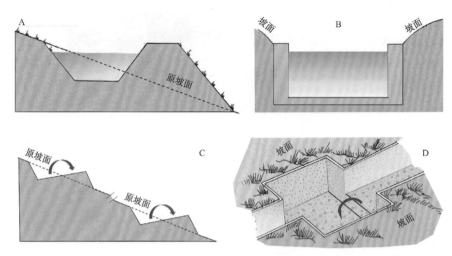

图 12-17 坡地土壤保持上所用到的几种水利设施
A. 拦水沟；B. 顺坡排水沟；C. 反坡式等高线沟；D. 坡地沉沙池
（A～D 均依 Maritime5）

使山地岩石裸露，或者是因降水和水体酸化而使土壤中过量的钙化物形成石灰岩的过程，中国石漠化发生严重的地区多分布在具有典型喀斯特地貌的山区，以贵州、广西和云南出现较多；砾漠化则主要分布于平原和山地交错地带、山前洪水冲积扇的中上部、洪流沟、山谷等地，其特征性状为风把土壤中的沙和尘土吹走后只留下岩块和砾石；泥漠化多发于地势较为平坦的黄土区台地、滨海及高水位次生盐渍地，土壤冲蚀严重，只有零星草本植被分布。

人类活动对土壤沙漠化的影响是巨大的，沙漠在全球的分布以热带和亚热带为主。历史较短的澳大利亚、美国和南非等国在短暂的开发历史中，沙漠化伴随着整个发展。澳大利亚中部、美国西南部和南部非洲的沙漠都是人为影响的结果。

图 12-18 内蒙古乌兰布和基地沙漠土壤上栽培的西瓜
（引自博恩）

中国近年在治沙方面取得的成就令世人瞩目，形成了一整套技术体系，包括工程固沙、化学固沙和植物固沙（见图 12-18）。

工程固沙中，以人工或机械设置沙障，如草方格、石方格来阻止沙子移动；化学固沙则通过喷洒化学固沙剂（不溶水胶体），如乳化沥青、聚合物树脂等使沙子不再流动，并形成一个不渗水的底壳，从而能存留住水分，为沙地植物栽培打下基础；植物固沙则是透过种植沙生植物（原生态乡土物种）的手段来稳定和阻滞沙体流动，以达到固沙目的。

2）地面覆盖

地面覆盖（mulching）作为少耕体系中的一种耕作方式，具有节省耕作劳动和抑制杂草生长的优点，同时覆盖本身可减少土壤水分蒸发，降低高温季节的土壤温度，还能防止土壤板结，避免暴雨和灌水对地面冲刷造成的径流和风蚀损失。经典的地面覆盖是利用植物残体等有机物料进行的。

地面覆盖的隔热特性避免了土壤温度的剧烈波动，保持了土壤在夏季较为冷凉和冬季较为温暖。这将改善植物根系生长和土壤矿质营养的有效性,同时也减少低温季节冷季植物根系受到伤害的风险。地面覆盖所用的有机物料在其靠近土壤表面的地方开始的分解产物也会结合到土壤当中,有利于土壤有机质含量的提高。而在完成一个栽培周期后,这些半腐熟的有机物料将会全面被耕翻到土壤中,进一步增加了土壤的有机质含量。

覆盖物对园圃来说提供了一个整洁、整齐的外观,缩小了暴雨过后泥浆溅到园艺植物上的影响范围,也减少了园艺植物因接触土壤而发生土传病害的风险。

地面覆盖的应用,依据其物料种类选择有的需要增加额外劳动。然而其减少耕作而节省的劳力通常超过了覆盖时的初始投入。

地面覆盖下刚出土幼苗或多年生植物周围的水分(滴),为病害提供了一个理想的环境,如立枯病和猝倒病。这些潜在的病害会因连雨天气而增殖,且病原菌可在覆盖物上越冬。

昆虫和啮齿动物因找到一个有吸引力的生息地,将导致植物受伤害,避免植物和地面覆盖之间直接接触可使这一问题减少至最低。

除利用有机物料进行的地面覆盖外,一些不合理的有机物或黑色地膜覆盖将使春季升温迟缓。例外的是透明地膜,它将加速土壤升温,可提高一些园艺植物的早期产量,如甜玉米或甜瓜;但是它们不及黑色地膜的杂草控制效果,除非在透明地膜下面提前施用除草剂。过薄或过厚的地面覆盖会阻碍水分和土壤中空气的吸收,导致可能的植物伤害,通常用作物秸秆时可铺设5～8 cm;而利用塑料地膜时,为了避免其破碎后在土壤中的残留,其厚度要求至少在12 μm,如图12-19所示。

图12-19 园田地面覆盖的材料及其应用方式
A. 果园覆盖稻草;B. 菜田覆盖陈化树木枝叶;C. 日光温室内覆盖地膜
(A～C分别引自sohu.com、blog.sina.com.cn、mt.sohu.com)

应当注意的是,当有机覆盖物的C/N大于30:1时,其在覆盖过程中的分解将会从土壤中攫取氮素,造成被覆盖土壤上栽培的园艺植物出现缺氮症状,提前施用氮肥即可预防这一问题。干的易燃覆盖物可能会引发附近建筑或公共场所的火灾;建筑附近的木质覆盖物常常是白蚁的侵害对象。

3)根域限制

根域限制(root zone restriction),是指利用物理方法将植物根系限制在一个特定的空间内生长的耕作模式,如果树限根栽培、观赏植物容器栽培和穴盘(容器)育苗等均属于根域限制的具体应用。根据其限制空间形态,可分为容器式、半地下床式、地上堆垄式等种类,如图12-20所示。

这些结构体中,容器因有底和壁,构成开口的半封闭空间,因此无须再做隔离,使用时直接装填土壤或基质即可;半地下床式结构需要在根域下限铺设薄膜用以隔断与下层土层的联系,栽培床需要有床框,床内装填基质,并在底部埋设给液管(见图12-21);堆垄式则在地面与堆土之间用薄膜隔断,其垄面也需进行薄膜覆盖以保持基本形状。

图12-20　园艺植物根域限制耕作体系的几种常见样式

A. 容器式；B. 半地下床式；C. 地上堆垄式

（A～C分别引自 zwkf.net、swtzb.gov.cn、ixast.org）

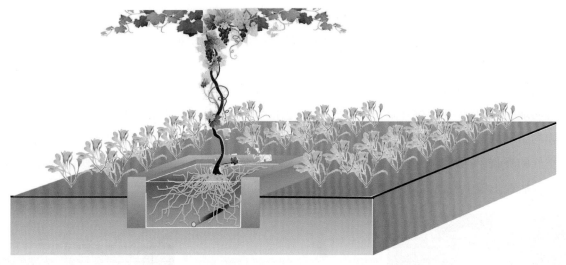

图12-21　果树根域限制之半地下栽培床体结构示意图

　　小型的容器栽培或园艺植物育苗，其体系与大型植物相类似，如利用穴盘或塑料杯所育草本植物种苗，其根系在极为有限的空间内盘绕交错，紧贴容器壁面而形成块状或塞子状（plug），有关育苗内容将在后面章节再详细讨论。

　　盆栽（potted plant）和盆景（bonsai）是容器栽培应用最为广泛的特殊耕作方式，其实质也是根域限制体系的组成部分，这在观赏园艺上极为重要。

12.1.4　栽培基质及其处理

　　在园艺实践中，我们常常利用栽培基质来替代土壤使用，用以克服自然园田土壤的不足。其主要使用领域有基质育苗、盆栽植物、设施无土栽培、食用药用菌栽培等。所谓栽培基质（cultivation medium），是指代替土壤为植物提供机械支持和物质供应的固体介质，其本身既可以是有机物，也可以是无机物。

　　1）基质种类与要求

　　基质按其来源分为天然物料和人工物料两类，而从其化学属性而言，则可分为无机和有机两大类。无机基质为天然矿化物或由此经物理过程制备成特定粒径的颗粒物或其他形状，其中包括沙子、砾石、沸石、石英砂、岩棉、珍珠岩、陶土粒、蛭石等种类，加水后自身形态与成分较为稳定（见图12-22）；有机基质则多为生物质矿物及其加工品，主要包括草炭、泥炭藓（水苔）、炭化砻糠、椰糠、甘蔗渣、木屑、膨化鸡粪等（见图12-23），这些材料虽然不是新鲜的，但仍然有后发酵过程，在物理形态与化学上具有不稳定性。

图12-22 园艺生产中常用无机基质种类及其形态
A. 蛭石；B. 石英砂；C. 砾石；D. 彩砂；E. 水晶砂；F. 细沙；G1、G2. 岩棉板、块；H. 珍珠岩；I. 陶土粒
（A～I分别引自 m.99114.com、sohu.com、1688.com、b2b.hc360.com、tbw-xie.com、qihuiwang.com、detail.1688.com、b2b.hc360.com、62a.net）

图12-23 园艺生产中常用有机基质种类及其形态
A. 草炭；B、C. 泥炭藓；D. 碳化砻糠；E. 椰糠；F. 蔗渣；G. 木屑；H. 膨化鸡粪
（A～I分别引自 mst8.heku.org、xs.freep.com、china.cn、blog.sina.com.cn、shop.99114.com、b2b.hc360.com、b2b.hc360.com、tuxi.com.cn）

栽培基质所用的材料必须符合以下要求：①化学特性，盐分必须很低，阳离子置换能力应足以保有和释放养分，不含有对植物有害的化学成分，巴氏消毒时成分应保持不变，可再利用；②物理特性必须满足种子和芽繁殖体发育的需要，又不限制通气和排水，还要有一定的保水能力，无论基质持水状况如何，其物理特性不应发生变化；③基质材料中不能含有对植物有害的生物。

2）基质混合和预处理

与理想土壤的物理性状要求相比，一般单一基质均不能很好地满足栽培上的需要。通常需要进行复配混合，以弥补主体基质性能上的不足，从而优化基质的物理性质。草炭中添加一些无机基质可以增加其保水和阳离子交换能力。泡沫塑料粒较便宜，常用来替代珍珠岩，但它不能经受住蒸汽和一些化学杀菌方法，难以再生利用；泥炭藓难以吸水，可添加保湿剂颗粒。有机基质必须加入足量的氮以供分解过程中微生物的需要，最好事先做堆制发酵，以保证在使用时不致因快速发酵而影响栽培的园艺植物生长，预处理至少需要30 d，以使对植物的危害最小化，如红杉锯末预处理时需补充物料干重0.5%的NH_4NO_3。

育苗基质常常由多种物料混合而成用于种子发芽和营养繁殖如扦插的生根。这些物质的粒径应该是一致的而且大小合适；否则就应过筛去除较大的颗粒。有些肥料可作为补充剂添加。这些成分在混合前先弄湿,通过手工或机械混合。混合物要求至少在24 h内保持均衡的水分含量。混合基质通常需要进行巴氏消毒,除非这种处理会引起有害的变化。

泥炭特别用作景观园艺中的土壤改良物料,它们对于提高粗糙土壤的水分保持能力和改善致密土壤的结构是必要的。泥炭在混入土壤前需要完全湿润,并需加入一些复合肥料以供其腐熟时的营养需要,因其混入土壤而造成的营养稀释,故有必要恢复土壤的营养。根据其酸性反应还需要加入一些石灰。

3)基质的再生利用

繁殖用基质中的有害生物可以通过热处理和化学处理进行消除。

热处理可以是巴氏消毒法或高温灭菌。巴氏消毒法主要杀灭有害的生物,而灭菌会同时杀掉有害和有益的生物。潮湿的物料覆盖后放入处理池内,在距池底15～20 cm处铺设有孔管道通入蒸汽。温度控制在82 ℃以上,持续30 min,可消除线虫、病原真菌和细菌、昆虫以及大多数杂草种子。直接使用的蒸汽,其温度可保持在100 ℃。

化学处理也可消除基质中的生物影响,但比起物理处理其破坏性较大,在使用这些化学品时要小心作业。

12.2　肥料及其应用

如果施肥方法有效,确定基肥、追肥和肥料的配置则是很重要的。这种决策依赖于园艺植物的营养需要、植物生长发育及其营养需要变化的函数、土壤类型及其肥力水平、区域气候及耕作方式等因素。

肥料(fertilizer)是指能够为植物提供可吸收的必需元素的一类物质。肥料是园艺植物生产的重要物质基础之一。土壤中固有的矿质元素并不能准确、有效地被植物生长发育时及时吸收,有时是因土壤中含有量匮乏,而有时则是元素处于植物不能直接吸收的结合状态。在第11章中我们已经讲到,园艺植物对矿质的需求量较大,因此在栽培期间的特定阶段经常会出现养分的缺乏,这就必须通过施肥加以解决。

12.2.1　肥料种类及其特点

肥料可从活的微生物、有机肥料、化工或天然的无机肥料等中获得。园艺生产中所用肥料的种类及其特性如表12-3所示。

表 12-3　各种类型肥料及其特点

种　类	特　　点	优　　势
复合肥	至少有两种养分标明量,由化工方法制成	能同时供应园艺植物多种速效养分
混合肥	至少有两种养分标明量,由物理掺混方法制成	
有机肥	就地取材,自行发酵生产天然有机物肥料 包括:人畜粪尿堆肥(厩肥)、秸秆粪尿复合堆肥、饼肥、土杂肥类、水草肥、塘泥、沼渣、沼液、动物下脚料发酵肥以及绿肥等	有机肥中含有一定的腐殖质成分,同时也耦合了动植物残体带来的矿质元素,随着有机质的转化与再分解,可释放矿质离子并为植物吸收,其有机质再分解产生的CO_2经土壤气体交换到土壤外,有利于植物群体光合作用,部分氨基酸或胺类物质有的可为植物直接吸收
	利用天然物料,经工业化的热裂解和提取,获得成分较为单一的腐殖酸类	具有高吸附性,能与其他无机肥料相结合,使其产生缓释功能,其本身具有生理活性

(续表)

种 类	特 点	优 势
无机有机复（混）合肥	以有机物质作为载体，复合或混合特定比例的无机矿质成分而制成	可兼顾有机肥和无机肥的优势，并在速效与缓效之间找到平衡
微生物肥	通过微生物作用，改变土壤生态状况，使土壤中既有矿质的转化对植物更为有利	可与化肥配合使用 微生物肥可提高肥料利用率，改善土壤生态质量，减少过量施肥引起的污染
叶面肥	通过植物叶片的吸收而进入体内	可为植物体快速补充营养，但其只作为土壤肥料的辅助和有效补充
缓（控）释肥	以包被、结合等方式使无机养分被固定，其本身在水中溶解度较低，这样可使矿质成分缓慢释放，或控制在特定时间时释放	缓释或控释肥料的矿质成分在土壤中释放缓慢，可减少矿质的损失与淋溶引发的污染 肥效期长，状态稳定，可减少追肥作业次数

化学肥料可被植物快速利用，但如果应用不当时，会因其淋溶或使园艺植物出现肥料烧伤。它们可用干的颗粒状形态或溶解于水中的液体形式加以利用。

化学肥料也可通过树脂或膜材料包埋使肥料的有效成分缓慢释放，以降低淋溶和植物根系被烧伤的风险。

一个合成有机物的例子是尿素。这种合成有机物往往成本较无机形式要高，因此它们通常与无机肥料复（混）合成复合肥料或栽培基质，可减少园艺植物追肥的需要。

1）有机肥

有机肥（organic fertilizer）中有一些不能为植物直接利用的营养形式，但生物质肥料则能表现出有机肥和无机肥两者的优势，比普通肥料更适合。在堆肥制作时，一个堆积体的大小决定于热量损失和表面积、热量产出和体积、氧气含量与紧密度之间的关系（见图12-24）。添加石灰看起来在堆肥生产上是多余的，在微生物分解期间含碳的和含氮材料都是需要的，常利用25∶1的碳氮比。实际上，最佳的碳氮比接近于2份的含碳废弃物对1份含氮材料的组合。

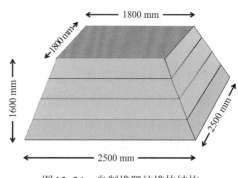

图12-24 自制堆肥的堆体结构

这些含碳材料包括干的叶片、干草、秸秆、锯木屑、碎木片、粉碎的玉米秆或其他干的植物残体和少量的碎纸；含氮材料可能是食品废弃物、粪肥、鲜的绿色植物残体如牧草、杂草和园圃植物残体。氮含量也能因添加肥料而增加，落叶树的干叶均可作为腐叶土，因为其C/N比可充分支持微生物生长。这种堆制应保持用手可感触到的水分，如有海绵状的挤出感觉。

2）绿肥和地被覆盖植物

绿肥（green manure）起初是栽培植物，通过将它们耕翻到土层中，可补充并提升因植物吸收掉的土壤含氮量。同时，这些植物通常为豆科植物，如蚕豆、苜蓿、紫云英等（见图12-25）；一种非豆科植物黑麦也常用作绿肥。翻入土层中的绿肥，其碳氮比通常会超过30∶1～35∶1，微生物将会在绿肥腐熟期间利用土壤中的氮。而且，因绿肥分解而引起的微生物繁殖会殃及多数土壤既存有机物的分解，致使土壤中有机质保有水平低下。因此，可能的话，在绿肥收获后，集中做发酵处理，完成后再根据土壤需要进行有机质施肥即可避免上述问题。

图12-25   园艺生产中常用的绿肥植物种类
A. 紫云英；B. 苕子；C. 草木樨；D. 紫穗槐；E. 田菁；F. 苜蓿
（A～G分别引自product.ch.gongchang.com、shop.71.net、hhsb.bov.cn、chndsnews.com、wenwen.sogou.com、pig66.com）

覆盖植物（cover plants）可能是暂时的或永久的。暂时的覆盖作物，如牧草或豆类，可防止冬季土壤的风蚀，在春季当作绿肥（green manure）耕翻到地表下面。牧草或豆类也可用作永久覆盖作物，多年生牧草覆盖经常用作果园的永久覆盖。因持续的土壤植被覆盖和休耕可使土壤有机质的分解降至最低，且土壤有机质水平会随持续的草根退化而得以维持。

3）微生物肥料

微生物肥料（biofertilizers）是指以有机质为介质，接种具有高度活性的微生物，并与无机肥进行混合而形成的多态型肥料。其中所用微生物从功能上来说都是以强化植物营养、改善植物对土壤矿质的吸收环境为主体的。

微生物肥料也称菌肥。它是由具有特殊效能的微生物经过发酵（人工堆制）而成的，含有大量有益微生物。当其施入土壤后，或能固定空气中的氮素；或能活化土壤中的养分、改善植物的营养环境；或在微生物代谢过程中产生活性物质，刺激植物生长发育。

微生物肥料种类较多，按照制品中特定的微生物种类可分为：细菌肥料，如根瘤菌肥、固氮菌肥；放线菌肥料，如抗生菌肥料；真菌类肥料，如菌根真菌肥料。按其作用机理分为根瘤菌肥料、固氮菌肥料（自生或联合共生类）、解磷菌类肥料、硅酸盐菌类肥料等。按其制品内含物分为单一的微生物肥料和复合（或复混）微生物肥料。

微生物肥料使用上最大的问题在于：①如土壤生态质量较高使本底微生物多样性处于较高水平时，其肥料作用能很好地表现出来；但在生态质量较差的土壤中，微生物肥的作用则受到制约；②在生产过程中农药使用频繁时，也会使微生物肥料效果变差；③肥料存在时效性，其活性随肥料生产后时间影响较大，常表现得不够稳定。

12.2.2   肥料使用准则

在园艺植物种植上最基本的要求是，必须每年通过施肥将足够数量的有机物质返回土壤，以保持或增加土壤微生物活性。所有有机或无机（矿物质）肥料，尤其是富含氮磷的肥料，均应以对环境和栽培的园艺植物（营养、味道、品质和植物抗性）不产生不良后果为原则。

因此，对于食用类园艺植物产品，以目前中国的无公害农产品标准来看，生产上对化学肥料等的限制不多,有机肥则在质量上达标即可使用。而对于安全级别较高的绿色产品标准来说,其对肥料的使用就具有更多的限制,如表12-4所示。

表 12-4　绿色产品生产中对肥料使用的限制

肥料种类	AA级产品		A级产品	
	使用可能	限制条件	使用可能	限制条件
化学肥料	×		●	许可类别可使用 硝酸盐肥料禁用 氮素:无机/有机在1:1以下;最后一次无机氮肥追肥距收获在30 d以上
城市垃圾	×		●	需经无害化处理,并通过质量认证 年施用量限额:黏土45 t/hm²、沙土30 t/hm²
城市污泥	×		×	
以人畜粪尿为原料的有机肥	●	医院粪便禁用 即使腐熟后,蔬菜上禁用	●	医院粪便禁用 即使腐熟后,蔬菜上禁用
其他生物质有机肥	●		●	
绿肥	●	需在盛花期翻入土中,经覆盖后堆沤,15 d后才可种植	●	需在盛花期翻入土中,经覆盖后堆沤,15 d后才可种植
饼肥	●		●	
腐熟沼渣	●		●	
腐熟沼液	●		●	
叶面肥	●	可多次使用;最后一次使用距收获在20 d以上	●	可多次使用;最后一次使用距收获在20 d以上
微生物肥	●		●	
钾矿粉	●	需通过认证	●	需通过认证

注:×—禁止使用,●—可以使用,●—可有条件使用。

12.2.3 肥料施用方法

根据肥料的来源及其理化属性不同,其使用方法也有较大差异。如肥料使用时的方法选择不当,不但会使肥效不能很好发挥,同时还会造成相应的污染。

1)底肥

底肥(base fertilizer)亦称基肥,是指在园艺植物播种或定植前、多年生作物在当年生长季末或翌年生长季初,结合土壤耕作所施用的肥料。其施用目的是为园艺植物生长发育创造良好的土壤条件,满足植物全生育期或年度生长季内对矿质营养的基本要求。用作基施的肥料主要是有机肥和在土壤中移动性小或发挥肥效较慢的化肥,如磷肥、钾肥和一些微量元素肥料。

底肥的施用一般有以下方法:全面撒施、犁沟条施、穴施、环施、分层沟施等,如图12-26所示。

图12-26　常用底肥施用方法
A.犁沟条施;B.全面撒施
(A、B均引自Peirce)

全面撒施（spreading fertilizer）是将有机肥和无机肥按照栽培植物所要求的施肥水平，将肥料均匀地撒布于土壤表面，结合犁、耙等耕作作业将肥料翻入土中，使这些肥料能够与植物根系生长的主要分布土层土混合，使种子萌发或种苗定植后就可以吸收到养分的施肥方法。同时，全面撒施还可以较好地改良土壤。这种方式往往适用于施肥量大的密植植物或根系分布广的植物，如一些绿叶菜类、花坛苗等种类。

犁沟条施（ploughing sole fertilization），是指结合土壤耕作时的翻耕与开沟作业，将底肥相对集中地置于植物播种行附近的施肥方法。此种方法因种子与肥料距离较近，能及时供给植物对矿质营养的需要，但因所提供肥料在空间与数量上相对集中，可能会造成局部区域土壤溶液浓度过高而伤及植物根系或种子的情况。因此，条施时要确保种子不与肥料直接接触，而需要在施肥沟附近播种。

穴施（hole fertilization），是基于定植穴进行施肥的方式，在园艺植物定植时使用较多。定植凿孔深度应超过定植苗根系部分高度，待孔挖好后，将底肥按每株需要的施肥量精确地投入孔的底部，覆盖一层土后再进行植株的定植，以保证定植苗的根系不会直接接触到肥料。根系距肥料的距离即肥料上方覆土的厚度依据定植时植株大小及根系情况等综合确定。

环施（circular furrows fertilization）为环状沟施的略称，主要用于果树等植物。环状沟施时在树冠投影外缘的地面上挖一个环状沟（见图12-27A），其深度、宽度依施肥量多少而定，通常取宽为30～50 cm、深为50～60 cm。施肥后覆土填平踏实。与环施相类似的是放射状沟施（radial furrow fertilization），即在树冠投影线内，以树干为中心向外围挖4～8条放射状的直沟，沟长依树冠大小而定，沟宽为30～50 cm，内浅外深，一般深度为30～50 cm，肥料施于沟内，覆土填平后踏实（见图12-27B）。翌年再在与上年施肥沟交错的位置继续挖沟施肥。

图12-27　果树常用施用方法
A. 环状沟施；B. 放射状沟施
（A～B分别引自sohu.com、371zy.com）

图12-28　分层沟施作业机械
（引自sohu.com）

分层沟施（layered furrow fertilization），是结合播种前耕作分层施用基肥的方法，多用于施肥量较大的情况下使用（作业机械见图12-28），如甜玉米、马铃薯、大豆等直播种类的底肥施用上。一般，缓效性肥料多施于土壤耕层的中下部，速效性肥料施于土壤耕层的上部，以适应不同时期植物根系的吸收能力，充分发挥肥料的增产作用。

2）追肥

追肥（top dressing），是指在植物生长期间为补充和调节植物营养水平而施用的肥料或施肥方式。追肥的主要目的在于补充基肥的不足和满足植物中后期的营养需求。追肥施用比较灵活,要根据栽培园艺植物生长发育在不同时期所表现出的元素缺乏症(element deficiency),对症追肥。

追肥可以施入土壤也可以做叶面喷施,土壤追施易造成植物机械伤害,而叶面喷施只适用于紧急缺素状况,其养分供应快,但供应量有限,因此多用于需求量较少的微量元素的补充。

通常的追肥方式有开沟条施、随水冲施、结合滴灌的渗施、插管渗施和叶面喷施等。开沟条施(row replacement)也称侧施(side dressing),是指在田间成行栽培的植物根系一侧开一浅沟,待肥料施入后少量灌水,再覆土复原的施肥方法。其特点是肥料效率较高,但作业时易伤及植物,此类机械作业只适用于行间较宽的栽培模式,且作业机械的底盘要高。因此,目前的园艺生产上,还是以人工操作为主。其他几种方式的共同点在于都将肥料溶解于水中,或者是通过水的流动将肥料带到所需位置,或是直接喷洒叶面。随水冲施(fertigation),其操作简单,但也面临着施肥量常不易精确控制的问题,且会出现因水流量在空间分布不均匀而造成施肥不均匀的问题。结合滴灌系统的施肥内容将在稍后的水肥一体化(integration of water and fertilizer)中详加讨论。

速效水溶性肥料通过植物叶面而代替土壤施用,这种方式称为叶面施肥(foliar fertilization),多用于处理土壤施肥不易解决的特殊问题时,叶面喷施微量元素肥料比起以土壤螯合形式的施用效果更好(见图12-29)。但需注意的是,并非所有园艺植物都适宜叶面施肥,因为有些植物其叶面常具有厚的表面蜡质层,会影响水雾的附着和渗透,使叶面施肥效果难于保证,如一些亚热带阔叶果树类。

图12-29 园艺植物叶面施肥示意图
(引自企业官网)

追肥时由于对肥料的选择多为速效的氮肥与钾肥。因此在选择施肥时机时,除了根据园艺植物生长发育最为旺盛且容易出现矿质营养缺乏的时期外,也应根据植株生长状况和天气变化情况而做出综合判断。由于植物吸收后开始表现出肥料效果的时间必定晚于速效养分的施入时间,因此在施肥时期的选择上必须比可能的缺素期要提早一些。在确定大致的施肥期后,则应根据天气情况确定具体日期和时刻。由于追肥本身的特性要求,必须在施肥后结合适量的灌溉才能保证肥料渗入根系可能的吸收层。因此,施肥时刻正遭遇暴雨天气往往会使追肥失去作用,甚至还会造成相应污染。

3)应急施肥

当一些高价值植物不能通过正常施肥提供矿质养分时,可用注射式施肥方法进行紧急处置,如一些大型木本植物移栽时,由于伤根未能恢复正常吸收功能,需采取应急施肥。其技术要求是将针头插入树干木质部,并调整合适的肥料溶液流速。

12.2.4 施肥方案与决策

土壤中营养不平衡,将造成植物生长受到胁迫从而导致植物产量和质量的降低。长期的营养不足会使植株出现典型的元素缺乏症状。这些症状是由土壤真正的矿质数量不足或是矿质的化学形态难以为植物利用所导致。土壤的pH值、CEC、矿质元素的溶解特性和固氮菌、菌根发生等均会对矿质的可吸收状态有较大影响。当然,营养过剩也会对园艺植物的生长发育有不良影响,甚至给植物造成毒性或出现反常的生长过旺现象,如过多的硼将造成植株死亡;氮过剩将导致叶片生长繁茂(贪青)而牺牲了花和果实。关于基于园艺植物营养诊断的技术相关内容将在第14章加以讨论。

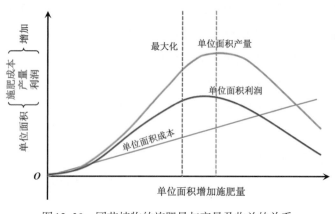

图12-30   园艺植物的施肥量与产量及收益的关系

单位面积的最大收益是施肥量的函数,在单位产量取得最高值之前是吻合的,随着产量增加,收益却有衰减,因为肥料使用量增加了,如图12-30所示。

在施肥上,长期以来一直依经验行事,而且即使在一些专业的技术类书籍中也通常只给出施肥量的范围,其实这一做法是非常错误的。不重视土壤保育的盲目施肥,只会导致园田土壤质量低下、矿质元素紊乱,以至过量施肥造成严重污染。更有甚者,将一些现在还无法证明其为植物必需元素的稀土元素也作为增产要素而进行施肥,甚至作为叶面肥使用,可这些元素是名副其实的重金属,事实上也只有Mn、Cu、Zn和Mo等作为微量元素为植物所必需,但过剩时对植物也能产生伤害。

实际上,园艺工作者主要依靠园田种植前的土壤分析。对于大多数的园艺作物来说,通过植物组织分析可确定出其营养需要。土壤分析提供了一个基本点,分析者能够推荐在所种植的园艺植物上获得良好结果所需要的矿质营养数量。计算机用于解读土壤测试结果和制订施肥方案正在日益发展。

测土配方施肥(formula fertilization by soil testing),是以土壤测试和肥料田间试验为基础,根据植物需肥规律、土壤供肥能力和肥料效应,在合理施用有机肥料的基础上,提出氮、磷、钾及中量、微量元素等肥料的施用数量、时期和方法(见图12-31)。测土配方施肥技术的核心是调节和解决栽培植物需肥与土壤供肥之间的矛盾。

测土配方施肥所依据的基本理论包括养分补偿学说、最小养分律、同等重要律、不可替代律、报酬递减律和限制因子律等。

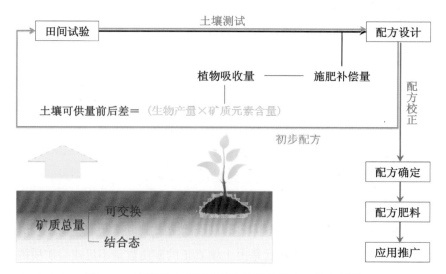

图12-31   园艺生产中测土配方施肥的整个工作流程图

从园艺生产大的尺度看待土壤施肥时,一项新的技术正在发展中。精准施肥(precision fertilization),是指根据一定面积上土壤的肥力变异情况而采取针对性变量施肥的技术。由于成土母质、地形、人类活动(农业生产中的施肥、栽培植物种类及其品种、灌溉及其他的一些生产管理措施)等对土壤养分空间变异均有较大影响,因此即便在同一田块内,土壤肥力都存在较大的变异。针对这些变异情况,通过组件式GIS技术进行土壤肥力制图,根据土壤肥力分布图来调整肥料的施入,由此可开发出基于精准变量的施肥配方推荐系统。

12.3 园田的灌溉与排水

12.3.1 灌溉水源、水质及其处理

天然水资源(natural water resources)中可用于灌溉的水体,有地面水和地下水两种形式。园艺灌溉上通常以地面水为主。地面水包括河川径流、湖泊和汇流过程中拦蓄起来的地面径流;地下水则是指浅层地下水,常通过凿井抽取;污水经处理后的回流中水可用于灌溉,为水资源的重复利用。

1)灌溉水源

中国灌溉水资源并不丰沛,且在地区上的分布极不均衡。降水是地面水源的主要补给来源,因地面径流量主要随降水季节而变化,水源水量在时空上分布也极不均衡。大多数地区呈现夏季丰水、冬季枯水、春秋过渡的特点。灌溉水源水量的天然可供状况,在时间上与灌溉的需求常不相适应。

园艺植物大多数对水分敏感,对水的要求量较大,在很多水资源不够丰沛的区域,常常需要建设蓄水工程以调节天然存水状况,做到以丰补歉,以满足自流灌溉园田对用水量的要求;或需修建引水工程以适应水资源在地理分布上不平衡时的情况;或需修建提水工程以满足高地园田对灌溉的要求。

地下水(groundwater)接受降水入渗、河道渗漏、灌溉渗漏、山前侧渗等补给,形成存在于地壳表层含水层(第四季松散岩体)中的地下水。我们把多年水文周期内的平均水量作为地下水资源量。浅层地下水可作为地表水以外的重要灌溉水源,它与降水和地表水有着密切的联系,补给条件好,容易更新,地下水位埋藏深度相对较浅,是中国华北和东北平原地区灌溉园艺的重要水源。

2)灌溉水质

灌溉水质标准(water quality standard),是为防止土壤和水体污染及栽培植物产品质量下降而规定的对灌溉水质的要求。现有GB 5084—2005中规定,禁止在可食用园艺植物上使用污水灌溉,并对其水质的各项指标作出了限制性规定,如表12-5所示。

表12-5　农田灌溉水水质基本控制项目标准值(GB 5084—2005)

序号	项目类别		作物种类		
			水作	旱作	蔬菜
1	五日生化需氧量/(mg/L)	≤	60	100	$40^a, 15^b$
2	化学需氧量/(mg/L)	≤	150	200	$100^a, 60^b$
3	悬浮物/(mg/L)	≤	80	100	$60^a, 15^b$
4	阴离子表面活性剂/(mg/L)	≤	5	8	5
5	水温/℃	≤	35		
6	pH值		5.5~8.5		

序号	项目类别		作物种类		
			水 作	旱 作	蔬 菜
7	全盐量/(mg/L)	≤	1 000^c（非盐碱土地区），2 000^c（盐碱土地区）		
8	氯化物/(mg/L)	≤	350		
9	硫化物/(mg/L)	≤	1		
10	总汞/(mg/L)	≤	0.001		
11	镉/(mg/L)	≤	0.01		
12	总砷/(mg/L)	≤	0.05	0.1	0.05
13	Cr^{6+}/(mg/L)	≤	0.1		
14	Pb/(mg/L)	≤	0.2		
15	粪大肠菌群数/(个/100 mL)	≤	4 000	4 000	2 000^a，1 000^b
16	蛔虫卵数/(个/L)	≤	2		2^a，1^b

注：a 对应加工、烹饪及去皮蔬菜。
　　b 对应生食类蔬菜、瓜类和草本水果。
　　c 对应具有一定的水利灌排设施，能保证一定的排水和地下水径流条件的地区，或有一定浅水资源能满足冲洗土体中盐分的地区。此类地区的农田灌溉水质全盐量指标可适当放宽。

3）灌溉水处理

当园艺生产可资利用的水源质量不能满足需要时，或是生产过程的废水排放，均需要对灌溉用水进行净化处理（water purification treatment）。污水和废水的实质基本是上相似的，从其不达标的情况看，主要有生化指标不达标、可溶性重金属超标、盐分超标、固体悬浮物超标等。

由于灌溉水标准与饮用水相比其控制指标要简单得多，因此除重度污染水外，一般的生产用水及自然污水（地表水）其处理工艺相对简单，比较实用的是利用植物—人工湿地净化的方法。

植物—人工湿地水体净化系统（water purification system by plant & constructed wetland），是将水生或湿生植物与人工湿地化相耦合的复合系统。其适用的植物有水葱、千屈菜、芦苇、菖蒲、蒲苇、美人蕉、梭鱼草、慈姑、水芹、水蕹菜、风车草等，具有较强的水质净化能力，同时也能提升景观质量。

人工湿地按照需处理的水量要求与湿地面积的匹配，可分为水平潜流、垂直潜流和复合潜流系统三类。其区分主要是由潜流池的深度决定的，水平潜流系统在池内的填料进水侧与出水侧呈梯度性分布，前端以黏性较强的吸附材料为主，而靠近出水侧的后端则以大孔隙的砾石等为主（见图12-32）；而垂直潜流系统的物料梯度是以其深度作为分布空间的，在其近水面侧以黏性吸附材料为主，中间为混合性过渡；在其下层则为具有大孔隙的材料。因此，垂直潜流系统一般应具有进水和出水上的高度落差，即出水口常低于进水口1.0 m以上。复合潜流系统则兼顾了两者的优缺点。

常用的填料包括粒径较小的黏性材料，如黏土、草炭等；中等粒径材料，如陶土粒、蛭石、沸石、麦饭石、粗沙等；粒径较大的孔隙材料，如砾石、鹅卵石等。具体的填装需根据污水质量、日处理水量和池体容水量等因素综合决定。

4）集雨系统应用

对于大型园艺生产基地，在水资源较紧缺的地区或地表水虽充沛但水体易受污染的区域，为了保证灌溉水质，可通过建设集雨塔和雨水贮水池（见图12-33），供给园艺植物生产使用。

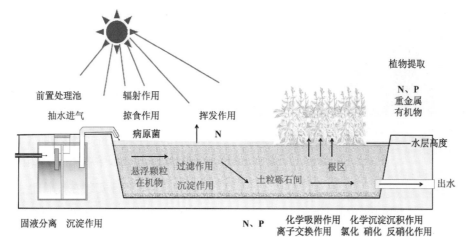

图 12-32 植物—人工湿地水体净化的基本结构及其作用原理示意图
（依 water.hc360.com）

图 12-33 园艺灌溉上的雨水利用设施
A. 雨水收集汇流塔；B. 防渗雨水贮水池
（均引自 b2b.hc360.com）

集雨（rainwater harvesting）是在自然降水的径流时对雨水进行收集的过程，是对集雨面汇流的结果。常见集雨面包括庭院、路面、荒坡、栽培设施顶部、屋顶等。由于集雨面材料不同，其集雨效率有很大差异，塑料薄膜、混凝土、混合土和原土的平均集雨效率分别为59%、58%、13%和9%。

因径流造成集雨的水质混浊，只是雨水冲刷泥土的结果。因此可通过在流水到贮水池前，对雨水做一简单的沉沙池处理（见图12-17D），即可获得洁净的水。

雨水贮存方式则包括水库、塘坝、水窖等，在一些蒸发比较严重或降尘等污染严重的地区需为贮水设施加设顶盖以防止雨水蒸发。

12.3.2 灌溉与排水体系

1）灌溉系统

灌溉系统（irrigation system）是指灌溉工程的整套设施，它包括三个部分：①水源（河流、水库或井泉等）及渠道建筑物；②由水源取水输送至灌溉区域的输水系统（water conveyance system），包括渠道或管路及其与之配套的隧洞、渡槽、涵洞和倒虹管等；在灌溉区域分配水量的配水系统（water distribution system），包括灌区内部各级渠道以及控制和分配水量的节制闸、分水闸、斗门等；③田间临时性渠道等。

包括河流、湖泊、水库和水井等，都可以作为园田灌溉水源，但均需配套相应的水源工程，如泵站及其附属设施、水量调节池（蓄水池）等。通常需要依靠水泵或水车将水提吸、增压，并输送到各级管道中，

图12-34   黄河上游利用水车提水的灌溉设施
（引自 mts.jk51.com）

所用的水泵包括离心泵、潜水泵、深井泵等；水车，为一种古老的提水设施，不需要额外的动力，景观效果也非常好，如图12-34所示。

输水系统主要包括管道输水和渠道输水两类。

管道输水系统可分为干管、支管和竖管三个级别，其作用是将具有特定压力的水输送分配到园田中去（见图12-35）。干管和支管担负输配水功能，常埋设于地下；竖管安装在支管上，末端露出地表，并按一定的间距排列，其可连接软质水管使水流能保持一定压力并均匀分散在园田中。管道系统中安装有各种用于连接和控制的附件，包括开关水量阀、三通、弯头和其他接头等，有时在支管的上端还安装施肥装置，通过系统集成，可实现具有智能化控制的水肥一体化（integration of water and fertilizer）。利用管道输水比地表自流的渠道输水可节水35%以上，同时比渠道输水系统节约土地，是农业现代化基础建设的重点发展对象。

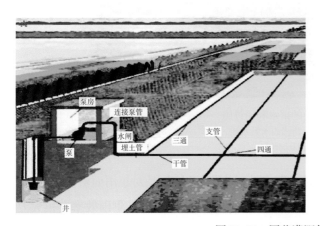

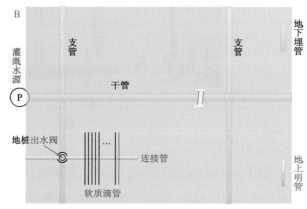

图12-35   园艺灌溉低压管道的田间布局
A. 提水泵及地下埋管；B. 地下埋管和地上明管的连接及田间分布关系
（A引自 rfunderwear.com）

渠道灌溉系统由灌溉渠首工程、输配水工程和田间灌溉工程等部分组成：①灌溉渠首工程有水库、提水泵站、有坝引水工程、无坝引水工程、水井等多种形式，用以适时、适量地引取灌溉水量。②输配水工程包括渠道和渠系建筑物，其目的是把渠首引入的水量安全输送、合理分配到灌区的各个部分。按其职能和规模，一般把固定渠道分为干、支、斗、农四级，视灌区大小和地形情况可适当增减渠道的级数。渠系建筑物则包括分水建筑物、量水建筑物、节制建筑物、衔接建筑物、交叉建筑物、排洪建筑物、泄水建筑物等。③田间灌溉工程指农渠以下的临时性毛渠、输水垄沟和田间灌水沟、畦田以及临时分水、量水建筑物等，用于向园田灌水，以满足园艺植物正常生长或改良土壤的需要。

2）排水系统

园田排水系统（garden drainage system），是指用于园田排出田间多余水分的配套工程，包括排水农沟及田间排水管或临时排水沟渠等。田间排水系统承担着以下任务：汇流园田暴雨径流；降低地下水水位；实现除涝、排渍和防止土壤盐碱化等。

　　园田多余水分的汇流通常有两类,在其斗沟和农沟上,分别设置成灌排相邻和灌排相间的形式。前者利用地面的微小起伏,排水沟布置在最低处,从沟的两侧汇集地表径流,相应的灌溉渠道布置在最高处,两侧供水灌溉,可减少占地;后者适用于地面呈单一坡向的情况,排水沟布置在控制区域的较低一侧,汇集地表径流,相邻处布置灌溉渠道,仅可向一侧供水。

　　当田间沟网较密、开沟较深时,排水系统占用土地较多。因此,在一些土地资源较为紧张的地区,可采用暗管排水系统。其通常由吸水管和集水管组成,汲引的水从地下汇入斗沟、农沟中,排出田间。

　　园田暗管排水系统是园田土地排水、防止土地盐碱化和改造问题土壤的有效措施(见图12-36)。与明沟排水相比,暗管排水具有效果好,可有效控制地下水位,节省土地,减少维护费用等特点。波纹塑料排水管外包有尼龙纺套筒,可使排水管重量减轻、使用寿命延长,目前随着挖沟铺管机械的发展波纹排水管已得到广泛应用。

图12-36　园田的暗管排水系统
A. 足球场草坪的排水暗管;B. 农场道路侧排水;C.园田排水管道铺设

12.3.3　灌溉方式

　　园艺生产上的灌溉方式,根据其具体情况有着很大的差异。总体而言,可分为传统地面灌溉与管道灌溉两大类。

1)传统地面灌溉法

　　地面灌溉(artesian irrigation)亦称自流式灌溉,是指让水分沿着耕作后的犁沟、垄沟或畦埂等自然区隔自行流动的灌溉方式。其又可分为畦灌、沟灌、淹灌和漫灌等(见图12-37)。地面灌溉时,水分在流动的同时向下渗透,直到耕层土壤中孔隙被水分占满。因此水分流动的速度取决于土壤含水量与土壤质地、结构等因素。

图12-37　园田传统灌溉方式利用
A. 塑料棚内畦灌;B. 沟灌;C. 茭白田淹灌;D. 草莓园大水漫灌
(A～D分别引自 chianbaike.com、yn-tabacco.com、blog.sina.com.cn、k.sina.com.cn)

　　自流灌溉的动力是以水的重力主导的,其犁沟等比较浅且通常是直的,尽管有时可根据地形等高线在山地的园田里蜿蜒流淌。在地势平坦的园田内,土壤平整时为了自流灌溉的需要,可顺水流方向呈2‰坡降为宜。由此可以看出,自流灌溉耗水量大,水分浪费严重。尽管如此,自流式灌溉的水流因受犁沟及田埂的限制,并非泛滥式的径流。

　　(1)畦灌。

　　畦灌(border irrigation)是用田埂将灌溉土地分割成一系列长方形小畦,灌水时将水引入畦田后,在畦田上形成很薄的水层,沿畦长方向移动,在流动过程中主要借重力作用逐渐湿润土壤的灌溉方式,此方式较为浪费水量。

　　(2)沟灌。

　　沟灌(furrow irrigation)是利用植物行间的垄沟或犁沟进行的,水从犁沟等进入灌水沟后,在流动过程中借毛细管作用湿润土壤的灌溉方式。与畦灌比较,其明显的优点是不会破坏植物根部附近的土壤结构,不会导致土面板结,能减少土壤蒸发损失,适用于宽行距的需要多次中耕的植物。

　　(3)淹灌。

　　淹灌(basin irrigation),亦称格田灌溉,是用田埂将待灌溉土地划分成许多格田,灌水时格田内保持一定深度的水层,借重力作用湿润土壤,主要适用于水生园艺植物的灌溉。

　　(4)漫灌。

　　漫灌(flood irrigation)是在田间不做任何沟埂,灌水时任其在地面漫流,借重力渗入土壤,是一种比较粗放的灌水方法。灌水均匀性差,水量浪费较大。

图12-38　开放沟渠利用虹吸管将水引入犁沟
(引自Janick)

　　永久管道(permanent pipeline)在安装后可一劳永逸,减少劳力和维护费用,减少水分的跑冒滴漏等水分损失。

　　永久管道可以钢、塑料或混凝土等管材铺设,既可做埋管处理,也可以做地上明管。地上明管通常可由轻质铝材、塑料、柔性橡胶管铺设。

　　阀门管是地上管道的一种形式,可从单独阀门沿管道配布分水系统,如图12-39所示。

　　(2)波涌式灌溉。

　　波涌式灌溉(surge irrigation),是阀门管道系统的

　　(5)开放沟渠。

　　开放沟渠(open ditch)较为常见,其水流输送系统用混凝土或其他防渗材料作成,以减少水分渗流损失,其顶部为开放式。灌溉时,将渠道内的水分通过虹吸管或渠道闸门,或用加压装置直接引往田园,如图12-38所示。

　　2)基于管道系统的灌溉

　　管道系统是水流输送的良好方法,通常需要加压。

　　(1)永久管道。

图12-39　具阀门的永久灌溉管道
(引自Janick)

改良形式,水分可以通过控制器阀门,定时开闭给水时间和给水量,如图12-40所示。

犁沟在湿润和干燥之间交替。土壤见干时,其表面即会形成一个封闭层,下一次的水浪将会使灌溉水推到犁沟的更远处,减少了上坡时的深度渗滤。

这项技术可显著减少灌溉水流满田间长度所需要时间,减轻土壤浸透和提高水分利用效率。

3)节水灌溉

节水灌溉(water saving irrigation)的好处在于节约用水量,不会给土壤带来板结等不良现象。其主要方式有滴灌、喷灌等。

(1)滴灌。

图12-40　波涌式园田灌溉管道系统上的水量控制阀门
（引自企业官网）

滴灌(drip irrigation),是指采用低压式水流输送,用小口径管置于园田土面上方或下方,通过小孔或喷射器以缓慢的速度出水,并在土壤中较小范围内渗透的灌溉方式,如图12-41所示。

喷射器连接在干线、次干线和支线形成的网络末端,可将水分直接给至根区,杜绝径流和深度渗透,且使地面水分蒸发最小化。

图12-41　园艺栽培上的几种滴灌样式
A. 番茄滴灌；B. 以色列沙漠地下埋管滴灌；C. 葡萄根际双排软管滴灌；D. 茄子膜下滴灌
（A～D分别引自 weibo.com、sohu.com、jdzj.com、chian.makepolo.com）

滴灌管(drip irrigation pipe),是通过低压管道系统与安装在毛管上的滴水器,将水分从其管壁上均匀分布着的直径约0.1 mm的出水孔口或连接着输水管的压力补偿式滴头送到植物根部进行局部灌溉的装置,如图12-42所示。

按其出水方式分为压力补偿式和非压力补偿式两类；按其结构特征可分为内镶式和管间式。可根据园艺植物实际使用需要,选择适宜流量的滴灌管,流量选择范围为1.5～10 L/h;其管壁厚度通常为0.3～2 mm,以适应不同灌溉环境的要求。

图12-42　园艺生产中滴灌系统的出水种类
A. 低压慢滴；B. 低压微喷射；C. 多头滴管
（A～B分别引自shop.11665.com、b2b.youboy.com）

利用滴管系统时，对水质要求比较严格，必须安装过滤器，并及时清理其中泥沙，以防止管道堵塞；在地膜下铺设滴灌带时需将地膜尽量贴紧滴灌带，两者之间不要留有空隙；可设置计时器以精确控制出水量与时间间隔。

图12-43　园田喷灌系统工作中

（2）喷灌。

喷灌（sprinkling irrigation），是借助水泵和管道系统或利用自然水源落差，把具有一定压力的水喷到空中，散成小水滴或形成弥雾降落到植物上和地面上的灌溉方式，如图12-43所示。

喷灌设备由进水管、水泵、输水管、配水管和喷头（或喷嘴）等部分组成，其设备有固定式、半固定式和移动式等种类。喷灌具有节省水量、不破坏土壤结构、能调节地面小气候且不受地形限制等优点。

完整的喷灌系统一般由喷头、管网、首部和水源四部分组成。

喷头，可将水分散成水滴，如同降雨一样且较为均匀地喷洒在特定区域。管网，主要功能为输送并分配水分到特定种植区域，它又由不同管径的管道系统组成：干管、支管和毛管等，并由配套管件、阀门等附件一起连接成一个完整的管网系统。现代灌溉系统的管网多采用PVC、PE等材质的塑料管，同时可根据需要在管网中安装必要的安全装置，如进排气阀、限压阀、泄水阀等配件。首部，是连接水源与输送管道间的必要系统，其功能涵盖取水、加压、水质处理、肥料注入和系统控制等功能。

a. 固定式喷灌系统。固定式喷灌系统的特点是，除喷头外，其他各部分在常年或灌溉季节均固定不动。干管和支管多埋设在地下，喷头装在由支管接出的竖管上。固定式系统可耦合施肥、喷农药等过程，实现自动控制，但管材用量大，单位面积投资较高，但省工、占地少。常用于设施园艺和草坪栽培上，如图12-44所示。

b. 可移动式喷灌系统。此系统又包括半固定式和移动式两种。

半固定式喷灌系统的特点是：喷灌机、水泵和干管固定，而支管和喷头则可移动。移动式喷灌系统有人力移动式、滚移式、由拖拉机或绞车牵引的端拖式、由小发动机驱动作间歇移动的动力滚移式、绞盘式以及自走平移式等，如图12-45所示。

人力移动式具有轻便的喷水系统，在12～18 m范围内，轻量级的管线系统可用手来移动以连续灌溉。侧管连接着喷头，具有轻便和可关闭性能。人力移动系统经常用于小型、不规则田野，不适合于高大

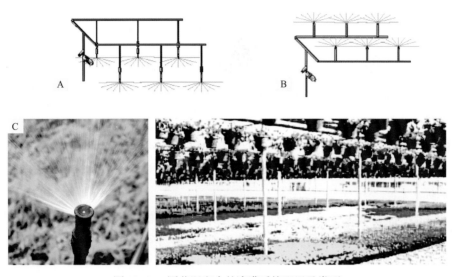

图12-44 园艺温室中的滴灌系统配置及类型
A. 下喷式；B. 上喷式；C. 雾化喷头；D. 温室花卉喷灌

图12-45 园艺生产中常用的几种喷灌系统
A. 喷水车，喷头圆周式转动，喷洒范围在以机车为中心半径12～18 m；B. 滚动式；C. 高架长臂喷灌系统；D. 设施内轨道式喷灌系统
（A～D分别引自haokan.baidu.com、sohu.com、jqw.com、detail.net114.com）

植物，因其较难于配置侧管。其劳力需求比起其他喷灌系统要高。

滚动式，是将管道架在大的车轮上，使管道能够在田间整体移动。通常可用一个或几个引擎来牵引整个系统的移动，因为水管与车轮之间是非刚性的，因此系统看上去比较粗糙，类似于在车轮上的手工移动。而且也必须考虑此系统与栽培园艺植物行距和高度之间的匹配性，因为其滚动轮的半径高度通常在0.9 m左右，如图12-45B所示。

移动式喷灌系统的特点是除水源外，动力机、水泵、干管、支管和喷头等都是可以移动的。因此该系统可在一个灌溉季节里在不同地块轮流使用，提高了设备利用率，并使单位面积投资降低，但作业效率和自动化程度也较低，如图12-45A、C所示。

在设施内栽培床面的上方，可设置轨道式的移动灌溉系统，并可实现自动控制，如图12-45D所示。

12.3.4   水肥一体化

1）系统耦合

水肥一体化是基于滴灌系统，并耦合水溶性肥料进行施肥的多功能体系。它又分为以下几个子系统：控制系统、灌溉系统和施肥系统，如图12-46所示。

（1）控制系统。

按照栽培植物的需水量与肥料补充量构成的专家系统，输入到控制系统，即可实施对灌溉和施肥的一体化控制。控制器的输出系统分别连接水泵、肥料罐和肥料泵等设备。

（2）灌溉系统。

在设计方面，需综合考虑地形、田块、单元、土壤质地、植物种植方式、水源特点等基本情况，来确定管道系统的埋设深度、长度、灌区面积等参数。

（3）施肥系统。

在设计上，需要考虑施肥量、蓄水池和肥料罐、混合池的位置、容量、出口以及施肥管道、分配器阀门、肥料泵等要素。

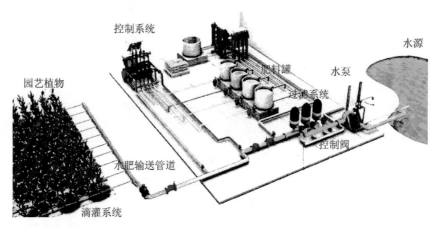

图12-46   园艺生产水肥一体化系统配置示意图

（引自1wisis.com）

2）应用管理

大量元素水溶性肥料（water soluble fertilizer, WSF），是一种可以完全溶于水的多元复合肥料，它能迅速地溶解于水中，更容易被植物吸收，而且其吸收利用率相对较高。

可选液态或固态肥料，如氨水、尿素、硫酸铵、硝酸铵、磷酸铵、磷酸二铵、氯化钾、硫酸钾、硝酸钾、硝酸钙、硫酸镁等。固态以粉状或小块状为首选，要求水溶性强，含杂质少，一般不用颗粒状复合肥；如用沼液或腐殖酸液肥，必须经过过滤，以免堵塞管道。同时，成分中加入的水溶性螯合态微量元素化合物，要避免与磷元素产生拮抗效应。

在实际应用中，需要注意以下问题：

（1）肥料溶解与混匀。

施用液态肥料时不需要搅动或混合，一般固态肥料需要用水溶解并搅动成液肥，必要时分离，避免出现沉淀等问题。

（2）施肥量控制。

施肥时要掌握适宜的用量，注入肥液的适宜浓度约为灌溉量的0.1%，如灌溉量为500 m^3/hm^2，注入肥液大约为500 L/ hm²。过量施用可能会使植物致死以及造成环境污染。

（3）灌溉施肥程序。

先用未添加肥料的清水做湿润性灌溉；然后再进行添加肥料溶液的灌溉；施肥过后，再用清水作清洗性灌溉。

12.4 园田小气候及其调节

12.4.1 空气湿度调节

与为了解决植物水分缺乏或土壤干旱等问题进行灌溉相反，在一些常年空气湿度相对较高的地区，则需要对空气湿度做负向调节。最常见的是避雨栽培系统与促进园田上空气体对流的装置。与设施内小气候调节不同的是，露地园田在湿度上的调节力度极为有限。

避雨棚（shelter）与普通的塑料棚不同，这种结构的覆盖目的不再是为了获得温室效应，而仅是在多雨季节，不使雨水直接洒落在主体叶幕层上，通常与高的宽畦配合，雨水集中落在垄沟中间，并能快速排出；这一结构因无完全覆盖，通风条件比普通塑料棚好，且不会出现因温室效应而产生的土壤表层盐渍化问题。因此，避雨棚在一些南方果树和高大的园艺植物上应用较多，如图12-47A所示。

田间排风扇则多用于山地园田种植时，其主要目的在于驱散山谷中的雾气，以此提高产品品质，多用于高山茶、热带香料和一些饮料植物生产中，如图12-47B所示。

关于设施内小环境的湿度调节，将在第13章中再做讨论。

图12-47 园田内常用的避雨、除湿设施
A.果树避雨棚；B.山地驱雾风扇
（A、B分别引自b2b.hc360.com、chihe.sohu.com）

12.4.2 空气温度调节

在开放空间的园田中，如何克服短暂性的因温度引起的伤害园艺植物的灾害性天气的影响是我们所关注的，至于需要在较长期间进行温度调节的园艺植物种类生产，则将在设施一章专门讨论。因此应对突发性的温度性灾变天气引起的损失，则成为露地园艺植物生产中很重要的技术问题，因为其可能调节的温度幅度不大。

1）临时覆盖

与大型固定设施不同，是基于对温度不宜天气的短期间、临时性的覆盖措施，经常用在露地园艺植物的生产上。最为典型的是，园艺植物早春的安全提早定植、夏季酷暑期间的田间高温伤害防止、不合时宜的早霜或高强度寒流入侵等。

（1）小拱棚及不透明覆盖物。

园艺生产者常常期望冒霜害之险而使幼嫩植物种苗能得以提早生长，这可能会提高园艺种植的收益,但是也有很大的气象风险。因此,小拱棚覆盖对于植株并不高大的园艺植物幼苗提早定植而言是一个很好的技术选择。

塑料小拱棚(plastic tunnel),通常可选用6#(ϕ4.88 mm)或8#(ϕ4.06 mm)铁丝等材料作为拱杆,两端横跨定植畦(垄)插入畦沟,上面覆盖塑料薄膜两侧埋入土中压实(见图12-48A)。有些地区也有使用具有良好弹性的竹片等材料作为拱杆的情况。所选用薄膜的厚度通常为60～120 μm,南方地区可薄一些。相邻两组拱杆的间距则需视地区和拱杆规格确定,在风力较小的情况下,拱距可在1.5 m左右,而在风力较大地区,除缩小拱杆间隔外,在其薄膜外侧两个拱杆间,还需加设一道压膜线,以增加其抗风能力。小拱棚覆盖的铺设可用机械作业,但其材料须统一为铁丝拱杆和幅宽一致的薄膜,如图12-48B所示。

图12-48　园艺植物早春定植时所进行的短期小拱棚覆盖模式
A.小拱棚覆盖正午前后的短暂通风;B.铁丝拱杆小拱棚的机械化覆盖,之后再择机定植幼苗
(A、B均引自Mikado官网)

如果拱杆强度允许且昼夜温差过大时,可于夜间在小拱棚外侧加盖草苫或轻质泡沫垫等不透明覆盖物,以强化夜间保温效果,白天则在明显升温后即揭去不透明覆盖物。

需要注意的是,由于小拱棚内空间较小,其升温和降温的速度比固定设施的大型塑料棚要快。因此,在辐射条件较好且风力较小的情况下,正午前后可适当进行局部通风,以防止出现烤苗现象和棚内CO_2浓度过低等问题。

(2)浮面覆盖。

浮面覆盖(floating cover)是指不借助任何材料支撑,将覆盖物直接大面积覆盖在植物冠层顶部的覆盖方式,覆盖物周边垂向地面,可进行简单埋土或固定(见图12-49)。因此,浮面覆盖不受植株大小与行间距影响,可用于各类园艺植物的早春和冬季临时防寒。同时夏季烈日高温时,可作为遮阳降温方式进行浮面覆盖。

无纺布(nonwovens)是一种用塑料母粒加热成细的纤丝后经无序压制而成的薄而耐久的材料,具有透水透气能力,也有一定的透光性。因此,它常用来作为临时覆盖材料,对温度调节能起到很好的缓冲作用。无纺布的规格因其厚薄不是很均匀,因此通常以其单位面积质量(g/m^2)来计量,使用最多的是15和20两种规格。因此在园艺植物生产上,由于其比重极轻,常被用来作为浮面覆盖材料。

2)防寒技术

(1)越冬水。

越冬水也称防冻水,是针对一些越冬园艺植物的保护性措施,通常在土壤冻结之前,彻底地给植株浇水以使其安全过冬(见图12-50A)。冬季时很多区域风力较大,强风易使越冬植物的地上部变干,而且不足的水分常会发生反复的冻结和消融,可能导致对植物的物理伤害。

图12-49 园艺植物冬季防寒保温用无纺布浮面覆盖
A.初冬蔬菜；B.冬季绿化苗木防寒；C.柑橘秋冬防寒；D.花卉秋冬防寒
（A～D分别引自31wfb.com、nb.ifeng.com、youbianku.com、b2b.hc360.com）

图12-50 木本园艺植物上的几种防寒保温技术
A.果园浇防冻水；B.整株或树干包裹；C.树干涂白
（A～C均引自blog.sina.com.cn）

对越冬植物特别是苗木浇防冻水是保证其安全越冬的重要措施。浇防冻水利用了水的比热大之特点，可防止土壤温度快速下降。足量的防冻水易结冰形成保护层，冰面下方的土壤温度就不会再继续降低，从而起到对根系的防冻作用。

（2）包裹、涂白、被膜剂。

粗麻布或多层厚的无纺布常用于木本植物的越冬防护，可单独包裹（wrapping）植株，或作成防风屏障（见图12-50B1、B2）。树干涂白（whitening truck）是针对树木越冬的一项常规管理作业，通常在树干部分用石灰液涂布，有时可在其中加入一些用于强化其附着力和杀菌防虫作用的材料，如黏土、油脂、硫黄粉和食盐等。树干涂白可保持水分、减少病原菌和害虫寄生，同时具有反射阳光降低树干昼夜温差而防止其受冻之功效（见图12-50C）。对于需要越冬的园艺植物幼苗和较大植株的常绿植物，可使用被膜剂（coating agent）。其制品为有机的、生物可分解物质，主要原料来自松香。当其喷射到植株表面时，可形成一层薄而均匀的保护膜，使植物在冬日下水分蒸发变弱。

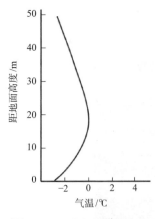

图12-51　近地面逆温特点

（3）熏烟、加热和喷雾。

近地面逆温（near surface inversion）亦称辐射逆温，是指因地面强烈辐射而形成的逆温现象，通常发生于晴朗无风或微风的夜晚，地面因辐射而降温，与地面接近的气层冷却降温最为强烈，而上层的空气冷却降温缓慢，因此出现了低层大气逆温现象（见图12-51）。这种辐射逆温可在翌日日出后逐渐消失。辐射逆温的特点与地形逆温（已在第11章讨论过）类似，这种天气对园艺植物的影响很大，因为冻害会发生于无形中。更多的情况下，我们通过天气预报能够提前对可能到来的寒流和霜冻等天气做好防御准备。

曾几何时，熏烟炉（fuming stove）经常用于果园的防冻上（见图12-52A）。然而，因其对空气质量的影响在很多地区均不合法。它们燃烧廉价的油或其他燃料如植物残体，在树体平面上增加了一些热量，同时烟雾在树木的冠层上方可形成一个稳定层，能够减少树体红外辐射散热损失。现改良传统熏烟炉为更有效的清洁热发生器（heat generator），这将有赖于热量的产出和对流，以减轻冻害危害，其燃料通常用优质的石油类产品，如图12-52B所示。

喷射水雾（spray）也能减轻霜害。当水结成冰时，需要比通常的降温释放更多的溶解热，这足以应对中等霜冻的危害（如图12-52C所示）。如果气温降低不太多，在植物上所形成的白霜能够针对霜害进行保护，气雾也为植物提供了一个覆盖层，可减少通过辐射的热量损失。因此，在寒流侵袭天，日出前喷洒少量的水，植物即使轻微地结霜也是安全的。

一种较新的技术包括用一种喷射泡沫（spray foam）以隔绝植物表面裸露，这种泡沫是无毒性的，通常在随后的几天内即被扩散，其作用机理同前述被膜剂。

图12-52　越冬园艺植物生产中的熏烟和喷雾技术
A. 传统熏烟炉及其在果园中应用；B. 清洁热发生器；C. 加压气雾喷射
（A引自ent.prwenhuamedia.cn；B、C分别引自企业官网）

3）降温防热

农田防护林（shelterbelt），不仅作为防风林障（windbreak）能够对强风进行干扰而减轻冬季对植物的伤害，而且在夏季对周边栽培植物的降温也有很好的作用，防护林本身蒸腾量大，且能有效地改善田间的空气对流，其对园田小气候的降温效应可达1～4 ℃。

露地栽培时利用覆盖进行遮阳是田间降温的有效方法，在大面积园田中，可利用设置混凝土柱等方式，以铁丝连接，上面覆盖网纱、遮阳网或竹帘等进行遮阳；而无纺布则可进行浮面覆盖用于夏季降温。这些方式可使植株冠层温度平均下降3～5 ℃。

利用喷灌设施，可对夏季高温天气时园艺植物的越夏有很好的帮助，通常可根据温度和蒸发情况确定喷雾时刻以及用水量，其最大喷灌量以地面不积水为原则。

12.4.3 光量调节

与夏季高温期间的田间降温相耦合,降低田间太阳辐射量的小气候调节经常可见。

除利用覆盖材料对植物进行有效遮阴外,从耕作方式上利用植物对光的适应性进行间作也是降低田间光照强度的常用方法。通常可利用植株较为高大且需强光的种类与植株较为矮小且不耐强光的种类间进行植物配置,如图12-53所示。

图 12-53　园艺植物的间作模式
A. 林下种植牡丹; B. 果园间作茎用莴苣
(A、B分别引自51chili.com、nipic.com)

12.4.4 气体调节

在田间气体调节上,使用最多的是利用风扇加强空气对流而进行的气流调节,如图12-54所示。这一措施涉及对空气温度、湿度和局部气体成分等方面的调节。从气流间接对温度的作用看,夏季加强对流可有效降低冠层温度,而冬季则可以防止逆温对植物的伤害;加强对流和扩散可使水汽和其他空气成分能回归到区域平均值水平。在更多的情况下,我们对小气候下的气流调节是以减少风力带来相应的影响为目的的。

图 12-54　园田内设置排风扇以改变田间小气候
(引自 m.sohu.com)

区域的大风可能造成如风害、积雪、降温和侵蚀土壤等问题,这些区域可能是近海、开阔而无遮蔽的小山丘,独立的树木所具有的非对称外形是很好的风力指示器,用以指示需要调整的风,而树和草在预防风蚀上非常有效。

防风林障(windbreak barrier)是用于减缓风速和改变风向的障碍物,它们通常由高大树木或灌木组成,但也可由多年生或一年生植物、草、栅栏或其他材料组成。防风林障的结构通常由其高度、密度、列数、材料种类、长度、方位、连续性等组成,共同决定着防风林障在减缓风速和改变小气候方面的效用。

防风林障对园艺或其他建筑上的影响是重要的(见图12-55),暴露于强风下的温室,比起不暴露在风下者需要更大的加热能源投入;防风林障也能用于使风偏转到其他场所,如通过户外的天井可引导夏季的微风。植物的适当配置也用于减少风速,胜过将风偏转到别处。

在确定顺风面设立防风林障时,防风林障的高度是非常重要的因素。在防风林障迎风的一侧,风速改变是可测量的,风向改变的距离在2～5倍防风林障高度范围内。顺风面的保护需要40%～60%的风

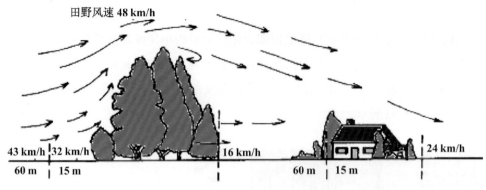

图12-55   防风林障对风速的减缓效应

障密度,可有效控制土壤侵蚀。为得到田间良好的降雪分布,25%~35%的密度大多是有效的,但尚不能满足对土壤侵蚀的保护。

当防风林障与季风风向保持适当的角度时,大多数防风林障是有效的。尽管防风林障的高度决定着顺风面的保护宽度,但防风林障的长度决定着总的受保护面积大小。为获得最大效果,防风林障的连续长度宜是高度的10倍以上,这种长度可减少区域内空气边际乱流影响。

第13章
园艺生产设施

13.1 设施类型的结构及其特点

前面我们已讨论过,园艺植物的生长发育对环境条件有着自身不同的要求,而这些要求与自然的气候及其土壤等条件经常会有很大出入。简单的对策,即是需要人为选择相对适宜的区域,并在一年中选择适当的季节来栽培特定的园艺植物。这也就造成了对于某一种园艺植物均有其适宜的栽培区域,但区域往往极为有限。因此,要想超越此界限,就需要改变植物特性或是改造小气候环境,使植物与环境间能够相互适应,从而扩大适于栽培的地域范围。而对于特定区域,也不是所有的季节都能满足某一种园艺植物的生长需求,而需要选择适宜的生长季节。所以,从园艺植物生产角度看,我们希望一个区域能够生产更多的种类,而且受季节影响相对较小,即能够周年性生产。而这一目标,主要还得依靠园艺设施来实现。

13.1.1 园艺设施的基本类型

狭义的园艺设施(horticultural facilities),是指基于自然环境可进行有限人工调节,并可为园艺植物生长发育提供更为适宜微环境的固定建筑结构体及其配套设备的总称。利用园艺设施可使一些依靠自然条件很难实现的园艺植物生产成为可能,而这些对环境的人工调节或改造,主要包括消除过冷过热的极端温度,保持相对的湿润与充足的光照和CO_2条件,有充足且易于吸收的矿质营养,植物的生物活性具有较高水平等。

广义的园艺设施,除了部分栽培设施外,还包含其他整个园艺产业链中需要用到的设施系统,如水利设施、能源设施、生物质循环设施、产品处理加工设施、冷藏物流设施等。

园艺植物栽培上所用的设施,从不同的角度进行分类,其结果十分复杂。中国各地建材来源、温光资源差异较大,因此在过去很长时期内,设施的建筑结构层次多、代用品多。随着近年园艺设施配套服务商的崛起,在设施标准化方面已迈出了较大步伐,使现有的设施正逐渐向工业标准化方向发展,这将为园艺产业的基础建设提供坚实的物质基础。

(1)从建筑结构的复杂程度分类,有从简易设施到复杂的现代化设施,主要有冷床(cold frame)、温床(hotbed)、中小棚、大棚、温室等。

(2)从主要设施的建筑材料构成分类,有竹木结构、钢架结构、镀锌铝材结构和混合结构等。

(3)从设施的透明覆盖物的种类分类,有塑料薄膜大棚(温室)、玻璃温室、阳光板温室等。

(4)从设施的热量来源及利用状况分类,有日光温室、太阳能温室、加温温室、地源热泵温室等。

(5)从设施结构面的透光状况分类,有全光温室、单侧透光温室、顶部透光温室(大棚)等。

（6）从设施的额外保温（遮阴）层程度分类，有无内外保温（遮阴）层温室（大棚）、具内保温（遮阴）层温室（大棚）、具外保温（遮阴）层温室（大棚）、具内外保温（遮阴）层温室（大棚）等。

13.1.2   主要园艺设施的结构特点

冷床（cold frame），通常设在向阳背风的地方，四周用木结构、砖混凝土结构筑框，或以黏土夯实成框，北侧装有风障，在床框上可覆盖玻璃或塑料薄膜窗扇，夜间或气温低时还可在窗扇外再覆盖草苫或泡沫垫以保温。其常用规格如图13-1所示，畦面宽1.5 m，北侧深0.4 m，南侧0.2 m；床面长7.0 m左右；风障立于床框北侧，高出地面1.0～1.2 m。

冷床在北方地区使用较多，常用来做早春耐寒类蔬菜的育苗、苗木扦插以及秋季叶菜栽培等。

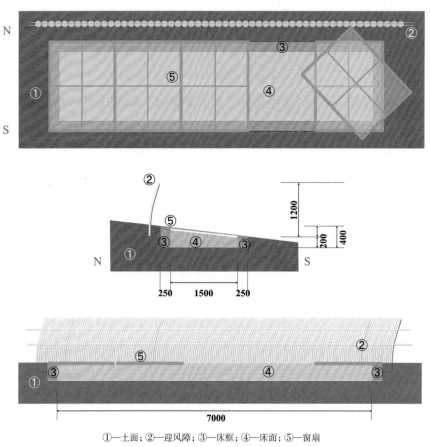

①—土面；②—迎风障；③—床框；④—床面；⑤—窗扇

图13-1   冷床的基本结构及其建造规格

温床（hotbed），其基本结构与原理同冷床，而其不同点在于来自床面下方的隔热与加热机构。典型的温床床面结构如图13-2所示。目前温床的加热方式以电热线加温为主，以10 m² 左右（长7.0 m，宽1.5 m）的温床床面面积计，根据实际加温的温差情况，可选择不同功率规格的电热线，通常情况下，每条以1 000 W（线长100 m）左右即可。电热线的外膜为塑料材料，长时间地加热会加速其外膜老化，因此，需确保电热线外膜无损坏漏电。每次使用完后，应取出用线缆架将其卷起。为了防止电热线的持续加温带来的热伤害，需要配置温控开关，并按植物根系较为适宜的温度进行设定，通常比植物根毛发生的最低温度高2～3 ℃即可，不宜过高。

温床由于采用了根区加热系统，因此可适合于春季喜温蔬菜和其他园艺植物种苗的培育。特别是经移植后的成苗阶段,温床就更具有优势。

中小棚(quonset),亦称矮棚,此处所言是一种设施结构类型,而与前面讲到的临时覆盖用的小拱棚(tunnel)是两个概念。中小棚是指最高处的高度不足以使操作者直立的设施结构类型。中小棚基本具有塑料大棚的结构特点,但棚内空间较小,建造成本较低,更重要的是特别方便于配置外保温(遮阴)材料,同时由于结构件体积小,容易组装和移动,使其适用面更广。这一结构类型事实上用量较多,常用于植株较为矮小的园艺植物的育苗或栽培,如部分叶菜类、花坛苗、草坪、食用菌、香料和药草类植物等。

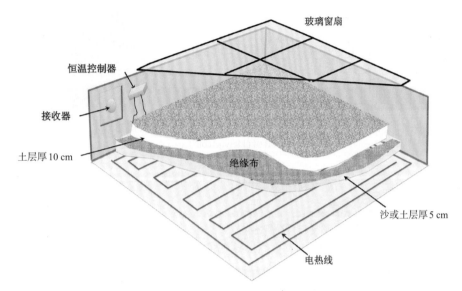

图13-2 电热温床的基本结构示意图

由于中小棚使用目的上的跨度很大,因此在其结构上也有着较大差异。本书只介绍两种可通过预制件进行组合拼装的事例(见图13-3)。其中,A型为拱顶结构,用长4.0 m的三根连接杆分别在其顶部、拱肩部对两组拱杆进行连接,每组拱杆外侧均露出1.0 m距离,组装时用Ω形塑料卡夹将相邻两组间拱杆进行连接,即可对中小棚进行有效延长;B型既可单体使用,也可进行纵向延长组合。A、B两种结构类型均具有很好的可移动性,A型适用面更广,B型通常用于作林下食用菌或药草种植时使用。

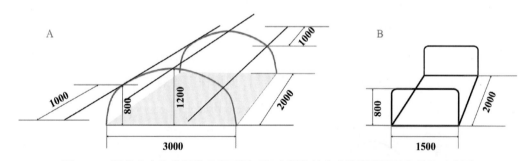

图13-3 园艺生产中常用的几种可用于组合拼装的中小棚预制件基本结构示意图

塑料大棚(plastic greenhouse),具有较大的空间,人员基本可在其中进行站立作业,结构上也极其简单,对拱杆进行连接和结构性加固,外覆塑料薄膜即成。由于各地使用习惯问题,在塑料大棚的规格和材料上也存在较大差别。

稍早期的塑料大棚,有的按照其取材方便和廉价的优势,采用竹木结构,即使用竹片作为大棚的拱架,用竹竿或其他木质材料配合铁丝进行组合式连接,用木柱或混凝土柱作立柱,通常也专门设置用于进出的门（见图13-4）。由于竹片的刚性稍差，因此拱杆间距离通常在60～80 cm，并于两组拱杆中间塑料薄膜的外侧用铁丝进行紧压。这种结构的大棚，高度一般在2.0 m左右，跨度在6.0 m左右。

目前由设施厂家生产的塑料大棚，按照技术标准，主要分为两类：跨度6 m和8 m。在选用材料上通常使用镀锌薄壁铝质管材作为拱杆和连接杆，其基本结构如图13-5所示。

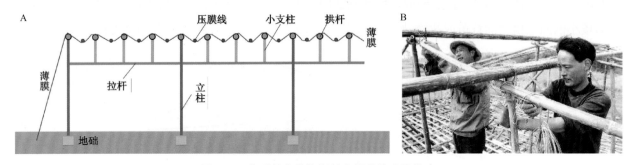

图13-4　典型竹木结构塑料大棚的构造及搭建

（B引自leiyijc.com）

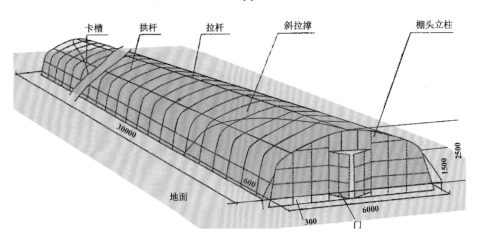

图13-5　GP-622型塑料大棚结构及其参数

基于塑料大棚的建造理念，生产上还发展出很多变异型大棚结构，最为常见的便是藤蔓型果树防雨棚和遮阴棚。

防雨棚（rain shelter）并不需要依靠其空间密闭性发挥其温室效应，而重点在于不让雨水直接洒落在植株上并能及时排水，两侧呈开放型便于通风。如图13-6所示，其单棚覆盖宽度在1.5 m左右，拱顶距地面高为2.0 m，在距地面0.9 m的地方向上作V字形牵引，即植株主要的叶片和果实在空间上分布于顶部的扇形断面中。这一类型可适合于葡萄、猕猴桃等藤本类果树的生产。

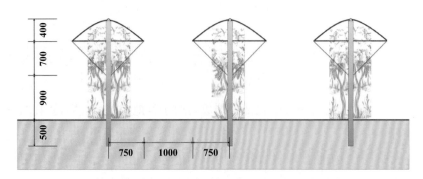

图13-6　藤蔓形果树塑料防雨棚结构示意图

遮阴棚与常规的塑料大棚并无大的区别,主要因用途不同而采取覆盖遮阳网、寒冷纱等透气性材料,并能使植株群体内光照强度有较大程度的降低。因此,遮阴棚在构造上与塑料大棚的区别在于,其肩高与拱高的差距较小,有时甚至可以采取平直的顶部结构,而两侧覆盖材料也不用去埋土紧压,如图13-7所示。

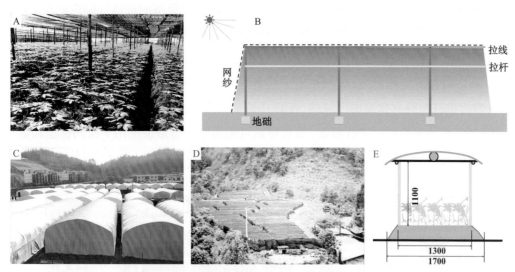

图13-7　园艺植物生产上几种常见遮阴棚结构

A. 云南三七遮阴棚;B. 大跨度平顶式遮阴棚结构示意图;C. 贵州食用菌棚;D. 贵州药材棚;E. 东北参棚

(A、C、D分别引自nipic.com、gzql.gov.cn、gz.people.com.cn)

温室(greenhouse),是园艺设施中结构相对复杂、功能较为齐全的种类,其核心是通过建筑结构、利用太阳辐射形成温室效应,构成独立于大气甚至土壤的自主空间,不但能够实现对小气候和土壤环境的综合调节,甚至可以人为创造特定环境,为园艺植物生产服务。

最简单而造价低廉的是日光温室(solar greenhouse),严格意义上讲,是指完全不依靠人工加热方式的温室类型。与塑料大棚不同的是,日光温室具有较为完善的保温系统配置。日光温室从其结构类型上也有很多类型和规格,值得关注的是两类:中国式日光温室、家庭园艺用日光温室。

中国式日光温室(Chinese solar greenhouse),成型于20世纪80年代,经过40年的发展,已成为园艺历史上重大创举而使全球瞩目(见图13-8)。虽然在建筑材料等方面有一定的差别,但这一类型基本的

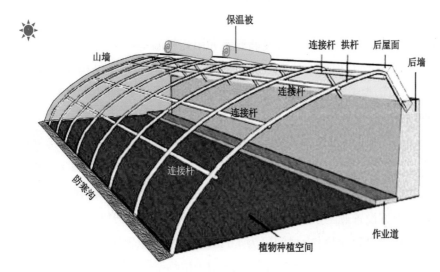

图13-8　中国式日光温室的典型结构示意图

(依mmfj.com)

结构是比较一致的：①3/4全拱式；②有较厚的后墙和两侧山墙；③有不透明覆盖的后屋面；④低温季节夜间可在透光屋面外覆盖保温被；⑤防寒沟用于前沿热量散失阻断。

日光温室可用于光照资源比较丰裕的地区，对这些地区最为基本的要求是晴天率高，冬季连阴天数短。在连续晴天下，即使户外气温平均在−15 ℃时，无加温的日光温室的最低气温也能稳定达到10 ℃以上。日光温室可用于蔬菜、花卉和部分果树等园艺植物的周年性生产。

家庭园艺用日光温室（solar house, sunhouse），也称阳光屋，在国外较为普遍，一般依托于住宅和其他建筑而建立。与屋脊型温室相比较，体积相当于后者的1/4或3/8。由于它依托式的建筑结构特点，建造特别简单，只需将拱杆与既有建筑墙体连接，配以山墙面即成（见图13-9），而室内空间无须任何立柱支撑。室内可根据需要种植的植物进行布置，玻璃屋面可配置电动窗帘系统用于夜间保温和隐私的需要。随着国内别墅物业的兴起，阳光屋在中国也有了较大的发展。

图13-9　用于家庭园艺的阳光屋结构示意图
（A～D均引自Nelson）

商用温室（commercial greenhouse）的结构较为复杂，其透明覆盖材料有塑料薄膜、玻璃和阳光板等，如图13-10所示。

相对而言，薄膜温室造价较为低廉，而玻璃温室和阳光板温室造价要高很多。严格意义上讲，温室与大棚两个概念并无严格界限，但根据约定俗成的观念，其区分在于基本结构件以外的配置水平，也就是说，只有框架结构、简单内保温及其通风系统和外罩式遮阳系统的类型则可称之为塑料大棚；而内外附属配置更高的类型则称之为薄膜温室。

以GP-825型连栋式薄膜温室为例，其结构参数如图13-11所示。骨架及连接材料采用方形铝质管材整体组装而成，薄膜材料则需按面计算好尺寸进行热黏合。温室外围筑以40 cm高的混凝土围裙墙体，每单元间拱形连接处需将薄膜压入雨槽。在温室整体的正中沿中轴线两侧设置大门，供人员和器材等进出。外立柱支架上方设置遮阴系统，在多组拱形的最外侧立面上分别安装风机与湿帘通风系统。其内部则在单元连接处成排设置立柱，立柱间隔为4.0 m，并在肩高位置用连接杆连接成排；排与排之间也以横杆横向连接，构成支撑拱顶以及设置灌溉系统和用于植物牵引等目的的着力框架。这种结构适合于大多园艺植物的生产，其最大缺点是所用薄膜老化破损后更新作业费时费力。

图13-10 不同材质透明覆盖物温室结构
A. 薄膜温室外部；B. 薄膜温室内部；C. 玻璃温室；D. 阳光板温室
（A～D分别引自cntrades.com、b2b.hc360.com、jdzj.com、bbs.tianya.cn）

图13-11 GP-825连栋薄膜温室结构参数
（依detail.net114.com）

玻璃温室（glass greenhouse）是指利用玻璃作为透明覆盖物的温室类型。其特点是透光好，无老化，可清洗，但其比重较大，对温室骨架的承重要求高，成本也相对高一些。通常采用4～5 mm钢化玻璃。玻璃温室的规格很多，除个别特殊设计外，目前在中国以改良的文洛式（Venlo type）使用最多。如图13-12所示，该文洛式温室的单跨为6.4 m，肩高4.0 m，顶高4.84 m，开间宽为4.0 m；外遮阳架5.6 m，电动开闭；侧面安装风机与湿帘系统，顶窗1.0 m×4.0 m，电动开闭。

该温室内部还配置有自走式喷灌、苗床、热水加温、配电系统等。

阳光板温室（hollow sheet greenhouse），是利用聚碳酸酯中空板（polycarbonate hollow panel，也称为PC板）作为透明覆盖物的温室类型，其透光率年度衰减少，重量轻，可在一定范围内弯曲，因此可制作成拱形顶，板材常用厚度为4～8 mm。其造价比玻璃稍高一些。阳光板温室的结构类型较多，此处以屋顶全开型温室（open-roof greenhouse）结构剖析之，如图13-13所示。

图13-12　文洛式玻璃温室结构示意图
（依王沛云）

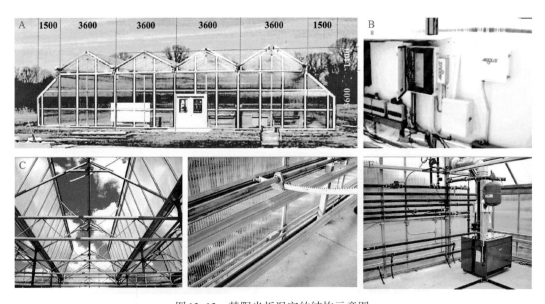

图13-13　某阳光板温室的结构示意图
A. 温室基本规格；B. 微环境控制系统；C. 温室顶窗全开时；D. 侧窗通风时；E. 利用燃气的热水系统，带地热循环
（A～E引自Nelson）

13.2　园艺设施的设计与建造

13.2.1　园艺设施建设计划

园艺生产商配置设施通常有两种情况：一是在现有的园艺产业基地内，辟出一定面积用于改造性扩建，并使所建造设施与现有生产基础条件相配套；另一种情况则是完全重新选择、开辟新的园艺事业基地，并在其中新建部分设施。无论哪种情况，在设施的建设上，均应做以下流程性考虑（见图13-14），须经过深入调研和科学规划、反复论证，以达成建设目的。另外，预算资金的准备需充足并及时，切勿分割实施，否则易造成资金浪费，并给建设质量与配套上增加难度。

需注意的是，在一些区域，农业基础设施的建设可能会涉及政策性扶持。在可资助规模范围内，使用目的清晰者有可能获得相应补贴。大多数情况下，以竣工验收核准后执行。

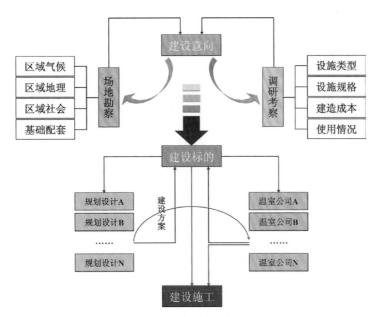

图13-14　园艺设施建设计划与推进工作流程

13.2.2　设施建设的选址

若是在可能选择的前提下新建园艺设施,往往需要与未来园艺场的总体规划一并考虑大的选址区域。在基本确定大的区域范围后,在同一气候背景下如有可能对场地进行选择的情况下,对规模较大的温室(或其他大型设施类型)群的选址是非常值得深入考察的。

多数情况下,温室群(greenhouse range)场地均应适合于温室栽培的基本特性,而需要在此基础上,考虑以下更为复杂的问题。

1)待选场地的可扩展性和地形学

根据建设后运营的实际需要,考虑待选区域是否有充足的土地供应,且最好在区域空间上能够集中连片,即使整个园艺产业区规模较大,需要分设几个自然区域时,温室群往往会作为园艺场的核心区域,必须确保其在地形上完整独立。这就要求地块中间最好不要横跨主干道路或地块中包含村庄及大型墓地。因土地流转问题,无论何种情况下使用土地进行建设,都应与土地辖区政府(有时可能是村民委员会)签署相应承包或租赁合同,并规定最低使用年限,因为园艺设施的投资和回收周期均较长。

在地形走势上,应首选0%～5%坡度的地块,这将会减少因坡度带来的土地平整费用。另外,应考虑待选场地是否有地面沉降现象,不能把温室群建成采空区或重金属矿山周边;同时,考虑是否可能有泥石流和滑坡等地质灾害的发生等。

待选场地还应该远离河道和山谷出口等自然排水泄洪通道,在可能的选址地块北侧有天然林障最为理想,但林带的边缘距温室群地块需有10 m以上的距离。

2)灾害性气候

并不是很多人都关心待选场地的区域气候,但至少应排除冰雹和暴风多发地带。

3)劳动力供给

从园艺经营者的需要来说,劳动力常常是不足的,缺少内行、工作繁重。而这个产业则需要具有责任心强、易于沟通和交际的精练工作者去从事。一些现代化的技术及其设备需要有良好基础的人员并需进行专门的培训。

4）交通状况和水源

出入通畅对产品的进出是很重要的,场地应具有良好的回转空间和好的装卸平台,这在产品热销季节能加速货物周转。

待选场地应具有充裕的地表水或质量良好的其他水源。在高峰时能保证每天提供400 t/hm²的水量,此为高峰用水量。

5）方位与土地利用评估

方位,以南北方向作为温室群的延长线(常垂直于单体温室延长线)或是东西延长略向北侧偏置不超过10°。

另外,需要对区域土地利用进行评估,是否在规划中的功能区范围,并考虑未来可能的重大基础性建设征用地及其他高回报的土地用途。特别需要注意周边的环境管理和相关问题。

13.2.3 园艺温室的设计

相对于温室而言,其他园艺设施类型的设计则较为简单,可参照通用规格自行建造,也无须精密的设计,而如塑料大棚和日光温室也因拱架和其他连接杆的标准化,故不再需要进行调整性设计,其安装和施工也较为简单,普通建筑工人均可胜任。因此,本书只对设计要求较高的温室类别进行专门讨论,并侧重于设计思路而不是设计结果。

在温室设计上,由于既有类型的存在及行业积累,我们完全可以在此范围内做好各种选择,然后进行系统性整合、协调、纠错、计算,即可完成设计工作。其整个设计的思路与工作流程如图13-15所示。

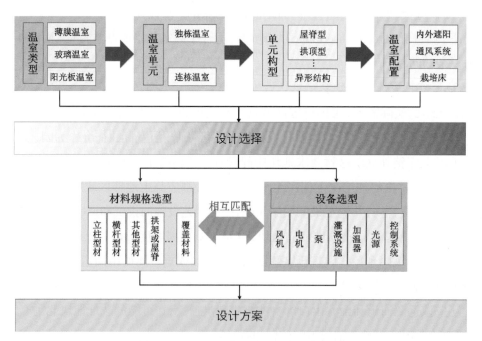

图13-15 温室设计思路及基本工作流程

从温室的单元构型看,常用的截面形状如图13-16所示。值得注意的是,在受地形影响时的温室断面结构有时需做相应调整。

在建筑材料选择上,有钢质和铝质的区分;而型材的规格又分矩形管、圆管、板材和角型材等(见图13-17)。矩形镀锌铝质管材使用最为广泛,规格显示为截面的长×宽×厚,默认单位均为毫米。其常用规格有立柱的100 mm×50 mm×3 mm,檩条、桁架的50 mm×30 mm×2.5 mm,具体视所建温室的荷载情况而定。

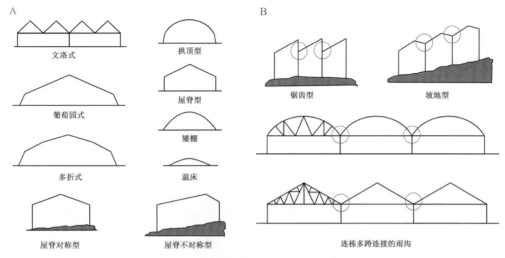

图13-16 温室的各种单体截面形式(A组)及组合方式(B组)

图13-17 温室建筑材料的各种类型
A. 矩形铝管；B. 角铝；C. 铝条；D. 圆形铝管
（A～D分别引自 item.taobao.com、b2b.hc360.com、shyhlv.com、idzi.com）

在透明覆盖物材料选择上，有塑料薄膜、玻璃和阳光板之分，如图13-18所示。

用于温室的塑料薄膜与大棚还是有一定区别的，最主要的是其抗老化性能非常高，使用寿命平均应达到18～36个月；且具有很好的流滴性，光透过性随使用寿命的衰减较小。因此，常需在聚乙烯中加入其他辅助材料可实现其使用需要，如生产上常用的EVA（ethylene-vinyl acetate copolymer）薄膜，则是添加了醋酸乙烯酯制成；也有使用PO（polyolefin）膜者，这种膜的材料为聚烯烃（乙烯和丙烯共聚物），效果比EVA更好，但价格偏高，目前国内已有厂家开始生产。用于温室覆盖的塑料薄膜，其材料厚度以0.08～0.12 mm为主。

用于温室的玻璃，因普通浮法玻璃的易碎性而不适宜作为温室覆盖材料。因此需进行钢化处理，常用厚度为5 mm。利用玻璃的好处是其透光性衰减较小，即使有尘埃等污染，经雨淋或冲洗后无新旧之分，缺点是自身重量较大，局部更换较为费力。

用于温室的阳光板（PC板），多采用聚碳酸酯材料制成，具有中空特性，因此

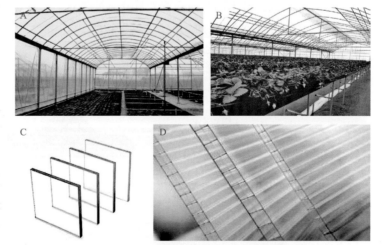

图13-18 园艺温室中使用的透明覆盖物类型
A. PO膜；B. EVA膜；C. 钢化玻璃；D. PC中空板
（A～D分别引自 chuangmeinong.com、cn.made-in-china.com、blog.sina.com.cn、kyxs.bctj.biz72.com）

保温性能较好,且透光性衰减小,有些产品还在其表面有UV涂层。温室常用厚度为4~8 mm,其同面积重量不及同等厚度玻璃的一半。

温室的内外遮阳和保温层覆盖物所用材料主要有无纺布、遮阳网和镀铝珍珠棉类产品,如图13-19所示。

图13-19 园艺温室中常用遮阴和保温材料建筑材料类型
A. 无纺布; B. 遮阳网; C. 镀铝珍珠棉
(A~C分别引自 b2b.hc360.com、chinawj.com.cn、jinanhua.com)

根据使用目的不同,温室内外遮阳用的无纺布,通常使用聚乙烯纤维的白色产品,其规格范围为10~30 g/m²,其数值越高,材料就越厚,遮光率随之提高;遮阳网为高密度聚乙烯制成的纤维丝编织而成,其规格以遮光率表示,常用种类在40%~90%间,密度约在40~50 g/m²。珍珠棉类产品为聚乙烯发泡后制成。EPE(expandable polyethylene),为聚乙烯的物理发泡产品;XPE(cross-linked polyethylene)为化学交联聚乙烯发泡材料,是使用低密度聚乙烯树脂加交联剂和发泡剂经连续高温制成,其泡孔更细。用EPE或XPE材料经镀铝工艺制成的材料,具有很好的防寒保温性,并可用于反射夜间的红外辐射散热。

在温室设计上,选定材料后经常需要考虑材料间的连接问题。材料的连接主要有以下方式(见图13-20):①板材间贴合,常用胶黏结,或用铆钉固定;②管形材的直角或其他角度连接,常采用卡槽式或三角式拉杆形式固定;③板型材的扩展性连接,如玻璃或中空板,常采用夹合式板或铆钉连接;④管材或线材的延长性连接,常采用套筒式或夹片式紧固连接;⑤有些更为复杂的结构连接,则需要做预构件,通过热冷轧并辅以焊接方式处理。

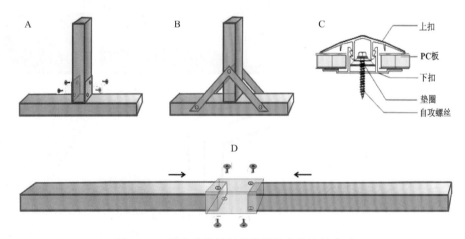

图13-20 温室建筑材料间常见的几种连接方式
A. 直角形连接,卡槽式; B. 直角形连接,三角式; C. 夹合式; D. 套筒紧固式

设施的荷载问题在设计上非常重要,是结构设计与材料选择的基础参数。所谓温室荷载(greenhouse load),是指对温室结构体上施加力的总和。《温室结构设计荷载(GB/T 18622—2002)》中给出了各种结构荷载的计算方法,使用时可根据情况选择参数并代入已给出公式逐项求算验证,本书不再重复。

温室结构荷载(structural load)是指施加在温室结构上的各种作用力,分为永久荷载和可变荷载两类,如图13-21所示。

图13-21 园艺温室中的结构荷载内容
A.外遮阳层、风雨雪等;B.透明覆盖物、内遮阳保温层、牵引、灌溉系统、光源、加热管道等;C.植物牵引等
(A～C均引自baijiahao.baidu.com)

永久荷载,是指其数值不随时间改变或其变化比例可以忽略时的荷载部分,主要包括温室结构、透明覆盖材料及永久设备(如加热、降温、内外遮阳、灌溉管道与电机、通风装置、人光光源及线缆等固定化设备)等项内容。

永久荷载中的材料部分,可按使用量直接计算;而对于设备部分则需根据安装的分布情况计算。如喷灌设备采用水平钢丝绳悬挂时,每根钢丝水平方向作用力可按2 500 N计,而自走式喷灌车情况下每台车按2 kN的运动荷载计算;人工光源可按自重计,通常400 W的高压钠灯组重量约为0.1 kN计;通风及降温系统的自重可由设备供货商提供,湿帘安装在温室骨架上时,需按湿帘过湿状态时的重量计算。当永久设备荷载难以确定(如非一次性安装情况)时,可以按照70 N/m² 的竖向荷载计算。

可变荷载则是指其数值可随时间变化且其变化量较大的荷载部分,主要包括风荷载、雪荷载、植物荷载(牵引等)、竖向集中荷载(人员维修荷载)、可变设备荷载(室内吊车、屋面清洗设备等临时使用设备引起的荷载)等。

竖向集中荷载在计算时需按不利位置进行考虑,对温室主要受力构件,如梁、柱、天沟等,其竖向集中荷载取值在1.0 kN左右。植物荷载以牵引结构竖向取值,并需计算牵引线的横向分布。

无论如何,关于设计上的材料与结构力学相关问题,均需通过专业化的计算与模拟,既要考虑到牢固结实,同时需兼顾承重与材料费用以及安装方便等相关问题,做到方案优化,决不可因降低费用而在材料与结构上不能达到行业标准。

在完成相关选择和计算协调后,所形成的设计方案,应当包括以下部分内容:

(1)建设项目基本概况。

(2)规划设计的限定条件。

(3)温室设计的总体技术指标。

(4)温室的基本规格尺寸。

（5）温室排列方式（地图）。

（6）材料及其规格。

（7）自然通风系统。

（8）门及基础工程。

（9）积露水槽。

（10）配套设施，包括苗床或栽培床、内外遮阳系统、风机湿帘降温系统、供热系统、照明系统、灌溉施肥系统、配电避雷系统、计算机辅助系统等。

（11）报价单。

13.2.4　温室建设及其施工

在温室兴建之前，首先应取得相关建设许可（building permit）。由于各地在农用土地利用上的政策管控尺度有着较大差异，可能在有些区域会出现限制性政策。无论如何，不能因建筑违章而出现相应的麻烦。

另外，对电力、水资源利用等方面也应提出相应的申请，并获得通过后可使建设配套问题不被耽误。

在材料与器材准备妥当后，温室的建设施工即可开始。最好选择在春夏季施工，尽量避开雨季。在土壤有冻结的区域，禁止冬季施工。典型的温室建造基本流程如图13-22所示。按照图中标号顺序，需要进行以下各项施工。

（1）场地准备，包括水平测量、待建场地周边的景观、排水沟渠和地基中的钢构件，构筑一个有效的雨水收集系统，以能够完全控制径流。

（2）利用装在车辆上的螺纹钻用于钻孔，以埋设温室锚柱。

（3）钻孔用混凝土填满，然后在湿的混凝土中插入锚柱。

（4）一个锚柱插入湿的混凝土。黄线用来标记锚柱中心的准确位置。

（5）锚柱插入充满湿的混凝土的孔中。一排锚柱全部装好，混凝土干缩后再进行场地的平整，在顶部可铺砾石层。

（6）温室建筑公司会运送很多建筑材料到建设工地，铲车则用来卸载大型构件。

（7）温室的两根相邻立柱间连接和它们的构架，注意在立柱顶部的水槽支撑。一个锚柱的顶端刚好露出砾石。

（8）在地面上先将温室立柱和连接杆捆绑形成构架，随后需要几个人合力举起立柱和构架组合，并且需确保温室立柱与柱锚的正确对接。

（9）利用可活动、可调整的作业平台，可使在立柱间安装水槽片时更为轻松。

（10）安装拱顶，每一排拱形结构组成温室拱架，需要4组拱架即可覆盖满整个温室，每个温室拱架东西向横跨。

（11）接下来，确保阳光板连接到拱顶，特制的铝材将附在拱顶的上方。

（12）每组温室拱架需要$\phi 1.2$ m的通风扇。

（13）通风扇安装在每个拱架的东侧墙面上。

（14）沿温室四周砌筑围裙墙面（高1.2 m），墙底部需砌入地面，以形成有效的隔热层。

（15）排水管线安装在温室内部，以收集废水。

图 13-22　拱顶式连栋温室建造全过程

（引自 Nelson）

图13-22（续）

（16）全部温室框架搭好后，运送阳光板到建筑工地，每块板材的规格为 $1\,800 \times 3\,600 \times 4.0$。

（17）板条包装的阳光板材被打开，并在框架垫起的地方卸下。

（18）将装有几块板材的拱架举起，并置于支撑结构上，对好位置使其沿温室水槽呈拱形。

（19）将阳光板全部安全地装于温室拱顶上，每块板材冷围成拱形，最后再连接到水槽处，在板材和温室框架之间夹入橡胶带。

（20）阳光板的弯曲半径会因其厚度而不同，其弯曲可使屋面结构强度得到加强。

（21）进风口位于整个温室的西侧墙上，在温室最外侧的框架上则需要安装开关窗体的电机。

（22）安装内遮阴帘幕，可减少太阳辐射量，延长植物在夏季时的生长期。这种帘幕当夜间闭合时也可起到保温作用，同时阻挡暖气流上升并以红外辐射透过阳光板屋面而引起降温。

（23）温室内安装高压钠灯，整个温室内空间平均每 $4.0\,\mathrm{m}^2$ 一盏，从植物冠层到光源底部的距离为 $3.2\,\mathrm{m}$。

（24）安装垂直气流扇可迅速将温室内空气吹向栽培植物，但过度的内部风速会增加植株蒸腾，引起植株对水分和营养的吸收的增加。

（25）在温室的西墙上，沿着整个通风口安装蒸发冷却垫（湿帘），在高温天气，湿帘可通过水分蒸发，使进入温室的空气降温。

（26）安装水泵和水管系统，使水分从贮藏罐泵到湿帘，而过量的水分则会被排出并回流到贮藏罐。

（27）用于盛装蒸发冷却水的贮藏罐安装在温室外面，这个罐只在炎热的夏季使用，在冬季应将水排出并清洗干净。

（28）在温室地面的沙砾层地板灌注混凝土之前，安装铁丝网。

（29）将混凝土从卡车下载并用电动推车运送至温室内倾倒目的地。

（30）在温室的一侧，施工人员散布混凝土并使其水平。为取得最佳效果，铁丝网被仔细地抬高到混凝土床面高度的中间位置。

（31）几个小时后，混凝土变硬，用打磨机打磨地板的顶部，直到确认地面的积水可完全排入各处废水沟。

（32）混凝土温室地板淬水。

（33）温室加温时，可在高处安装加热管。在温室内部，将加热管焊接在一起。

（34）在混凝土上方砌筑栽培床框（$20\,\mathrm{cm} \times 33\,\mathrm{cm}$），此墙体四面围砌成池，用于容纳栽培基质和营养液。

（35）每个栽培床内铺设PVC膜（$30\,\mu\mathrm{m}$），以防止营养液泄漏，注意在沿着温室整个南墙留出的人行道。

（36）每个栽培床需要连接营养液循环系统（用粗的白色PVC管）和加热系统（较细的黑色塑料管盘旋在栽培床的底部）。

（37）与当地电力部分协调，为温室运营提供电力增容及安装等服务。

（38）与当地电力部分协调，地方公共事业公司在温室边上安装煤气管线。

（39）竣工，经测试后可投入使用。

13.3　设施环境调节原理与实践

我们需要弄清设施是如何调节改变结构体内的小气候等环境的；同时，我们也期望对结构体的环境做进一步的完善性调节。前者是设施的结构设计及优化过程的理论与技术依据，而后者则是设施应用管理上常用措施的指导准则。

13.3.1 设施的采光与光调节技术

透过并射入设施内的光量,对设施来说是非常重要的。一方面,透入光量是设施温室效应产生的起因;同时,对设施内生长的园艺植物来说,光量也是不可或缺的环境要素。因此,在设施设计上,采光的好坏直接决定着其性能高低。

由于设施的结构形态差异较大,其结构体中透光面所占的比例直接关系到设施中光强度分布的水平。影响设施内光量结果的因素如表13-1所示。

表 13-1 影响设施内光量的主要因素(Kozai)

大　类	小　类	个 别 因 素	备 注
设施外光量	太阳位置	太阳高度 太阳方位 日照时数	因具体日期、一天中的时刻、地理纬度等决定
	空气透过率、云量	直射光量 散射光量 全天光量 光谱组成	依太阳位置、大气透过率、云量等而发生变化
散射光	绝对温度		
	设施外气温		
温室结构	建筑方位	建筑方位	
	形状	连栋数 延长 跨度 屋面倾斜角 设施周边建筑、设施间隔等	不随时间变化
	建筑材料	配置规格 断面形状	
	辅助设施	通风、保温、加温设施、反光板配置	
覆盖材料透光性	材料透光率与反射率	不同入射角下 不同波长情况下 不同方位	因流滴性、污染、老化等引起的一天中时刻和全年的时期性变化
	散光性	散光率 散光角度分布	
植物群体结构与透光反光特性	群体结构	定植行向 LAI 生物量的空间分布	随日期而变化
	辐射特性	不同波长光的吸收与反射率	

1)采光质量的评价

常用的指标主要有光量与透过率、直射光透过率与散射光透过率。透过率(transmittance)是指设施内光量的绝对值与设施外光量的百分比,用来比较不同设施间采光质量比较方便;通常情况下,散射光与太阳高度角和建筑方位等并无关系,因此在实际应用中并不被看重。

光的透过率在时空上的表达如表13-2所示。

表 13-2　光透过率的时间与空间分布表达（Kozai）

表达领域	表达指标	数量特征
空间分布 （直射光和散射光）	设施内地面平均 延长方向上 跨度方向上 断面分布 设施内地面分布 空间分布	点 线性 线性 面 面 三维
时间分布 （仅为直射光）	定时 时刻变化 全天透过率 全天透过率的季节变化	

2）设施方位与采光

通常在冬季时，特别在高纬度地区，东西栋设施内的全天光照要优于南北栋的，而且不单是光量，也应考虑设施内的光分布问题，结果如图13-23所示。

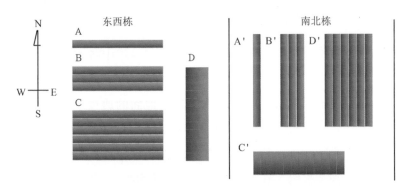
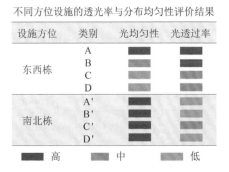

图13-23　东西栋和南北栋设施在光环境上的优劣比较

（依Kozai）

在实际设施建造过程中，并不是所有的设施均能按照南北或东西走向建设。很多情况下，我们可能需要根据场地情况做适当调整，这时，则更加需要比较方位对设施光环境的影响问题。以不同方位的单栋温室在立春和冬至时设施内的直射光透过率比较，结果如图13-24所示，在冬季北纬30°～50°

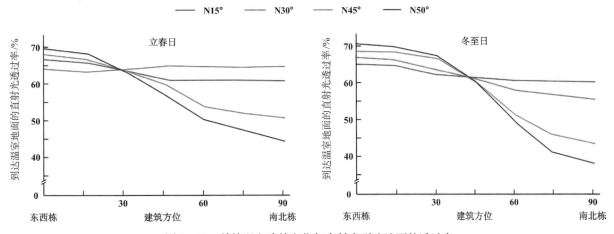

图13-24　单栋温室建筑方位与直射光到达地面的透过率

（依Kozai）

地区,东西栋的直射光透过率要优于南北栋,而且两者之间的差距随纬度增大而增加,在冬至时,北纬30°、45°和50°地区的差距分别在10%、30%、35%。连栋状态下的整体光照情况要弱于单栋时,如图12-25所示。

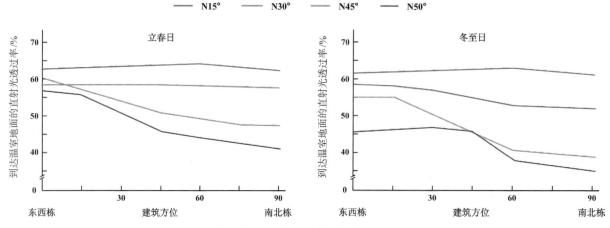

图13-25 连栋温室建筑方位与直射光到达地面的透过率
（依Kozai）

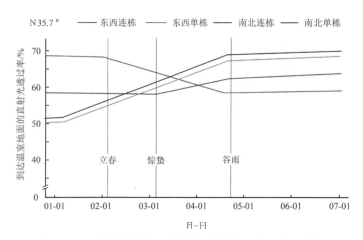

图13-26 不同设施到达地面光的平均透过率的季节变化
（依Kozai）

不同方位设施在一年中各季节的光透过率变化规律如图13-26所示。东西单栋温室在冬季光到达地面的透过率最高值达67%,而从立春后直至谷雨的阶段即逐渐降低至60%左右的稳定值;而东西连栋温室在冬至时透过率仅为58%,直到惊蛰过后开始上升,到谷雨前后达到62%左右并保持稳定;南北单栋的在冬至时最低值为50%,之后直到夏至时逐渐上升至最高值67%,南北连栋的在立春之后其设施内光到达地面的

透过率要比东西连栋的高,而且在春分后甚至高于东西单栋设施。也就是说,东西栋的透光率比南北栋高仅限于冬季时节。

3）屋面角度与透光率

对于如玻璃温室和塑料大棚等透光面积比例极大的设施种类而言,屋面角度带来的影响并不大,如图13-27所示。

对于日光温室而言,特别是非常看重冬季生产的中国式结构,屋面的直射光到达地面的透过率大小,直接关系到其生产性能。对于典型结构的日光温室,生产者希望温室

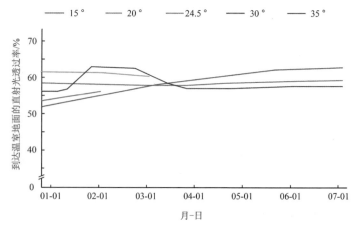

图13-27 不同纬度地区东西连栋温室到达地面光的平均透过率随季节的变化
（依Kozai）

有较大的内跨度（internal span），而在建筑上可能的脊高范围内，这种要求将会使温室屋面角变小。从采光角度，无论太阳高度角如何，我们总希望直射光能沿着屋面法线射入，此时的光反射率最小（见图13-28）。通常情况下，太阳光线与屋面法线间存在一个入射角，于是，我们能够得到

$$\alpha + H_0 + H_i = 90°$$

式中，α 为屋面采光角；H_0 为太阳光入射角；H_i 为特定的太阳高度角。当 $H_0 = 0$ 时，有

$$\alpha_i = \varphi - \delta$$

式中，α_i 为屋面采光角度的理想值；φ 为当地地理纬度；δ 为当时太阳赤纬，冬至时为 $-23.5°$。于是我们即可求算出某一纬度地区在冬季时的理想屋面采光角度（ideal roof lighting angle），但这一角度在建筑和使用上并无多大实用价值（见图13-29B）。基于此，我们必须寻求折中的解决方案。如图13-29A所示，随入射角的增大，不同透明覆盖物材料的透光率呈负指数式递减，我们可以找出可接受的最大入射角约为40°。于是，可得出修正后的屋面采光角度（acceptable roof lighting angle，α_a）计算公式为

$$\alpha_a = \varphi - \delta - 40$$

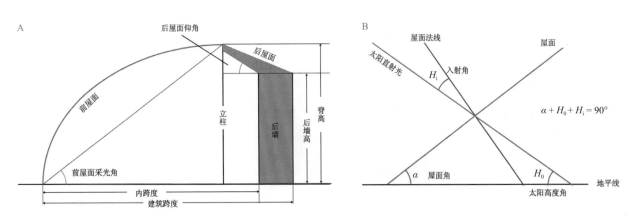

图13-28　中国式日光温室建筑结构与光线透过关系

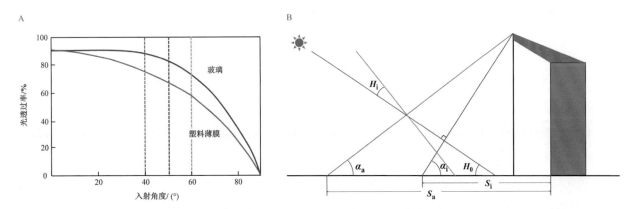

图13-29　不同透明覆盖材料在不同入射角下的透光率（A）及中国式日光温室屋面采光角的理想角度与修正关系（B）

4）园艺设施中的人工光源应用

在园艺植物的光环境中，光除了作为光合作用的能源外，也关系到其形态建成。露地栽培时，基本均以自然光为光源；而在设施环境下，人们不断在探索开发人工光源，并逐渐应用到设施生产中。

（1）植物生长发育光环境评价（evaluation of light environment for plant growth and development）。

McCree最早作出了植物光合作用的平均响应曲线，指出在400～700 nm的范围内并不是均衡的，其响应表现为红光侧高、蓝光侧低的倾向。进一步用PAR（光量子密度，单位为µmol·m^{-2}·s^{-1}）作为评价指标，与400～700 nm的光照强度（单位为W/m^2）相比较，两者间的误差降低到8%。之后便提出了光合有效量子通量（photosynthetic photon flux, PPF）和单位受光面积PPF（PPF density, PPFD）的概念，用于评价光源特征。大多数的研究证明，即使采用不同波长光源，在PPFD一致的情况下，植物的干物质生产未见差异，进一步证明了PPFD评价法的合理性。

从植物光形态建成角度看，现已证明，波长在700 nm以上的光，在同样干物质水平前提下，对于植物的叶面积和植株高度有着较大的影响，即当R/FR降低时，植株的茎和节间会显著伸长，有时也会使茎的干物质数量增加；相反，当R/FR提高时，则会出现叶面积增大，叶的干物质数量增加的趋势。

长期以来，我们都认为，蓝色系光过多会抑制植物的生长发育，并以B/R（蓝色系光与红色系光的光量子能量之比值）来进行评价。在不含有蓝色光的情况下，植物形态常常会发生异常，大多数人认为，其B/R应该在0.1～0.3之间。同时，蓝色光在食用菌子实体形成中的控制作用已被证实。

（2）人工光源及其特性。

人类开发的光源，经历了以下阶段：燃烧真空光源（白炽灯）、放电光源（荧光灯、高辉度放电灯HID等）、固体发光光源（LED、有机EL等）。主要人工光源种类如图13-30所示。

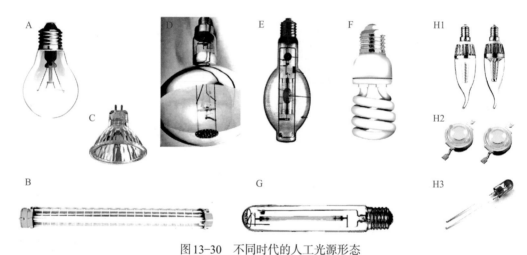

图13-30　不同时代的人工光源形态

A. 白炽灯；B. 荧光灯；C. 卤钨灯；D、E. 高压汞灯；F. 节能灯；G. 高压钠灯；H1～H3. LED灯

（A～G分别引自51yuansu.com、yi7.com、zhishi.hang.com、chinechern.com、Shibata、90sheji.com、b2b.hc360.com；

H1～H3分别引自xiawu.com、xalzzm.com、rsledsz.com）

普通白炽灯在园艺上曾有使用，其使用时散热较高，现已逐渐被其他光源所取代。碘钨灯和溴钨灯辐射强度高，使用寿命长，色温高，且光波成分中除了可见光外，也有紫外光和红外光，其光谱中各波长光比较均衡。荧光灯有管状、环形、细管弯曲、灯泡等多种形态，其色温区间为2 600～7 100 K，其发光需要在较高的温度下以激发汞蒸气，因此在低温下这类光源的启动比较困难。高压钠灯在园艺上应用较多，普通型号的光谱以560～620 nm（峰值589 nm）范围的能量为主，其他成分极少，其R/B值偏高，易引起植株徒长，但这种光源的能量转换效率较高、使用寿命长，因此其光谱改进型在针对太阳光以外的补光时仍有很好的利用前景。

LED（light emitting diode），为发光二极管的简称，是利用半导体P-N结具有的单向导电性。当给发光二极管加上正向电压后，从P区注入N区的空穴和由N区注入P区的电子，在P-N结附近数微米内分

别与N区的电子和P区的空穴进行重组，即可产生自
发辐射的荧光，如图13-31所示。

　　与传统灯具相比，LED灯采用了固体半导体芯片，具
有节能、环保、显色性与响应速度好等特点。迄今已能做
到，在1 A以上电流下使用的LED，其功率可达4～5 W。

　　由于半导体材料组合的不同，可使LED的发光属
性表现出极大差异。常用半导体材料的发光波长如表
13-3所示。这些LED的发光区域较为狭窄，要使其能
形成可见光域全波长的白色光较为困难，目前已开发
由蓝—绿—红三色LED组合或荧光体间的组合来开发
白色光。

　　比较不同光源的能量转换率如表13-4所示。

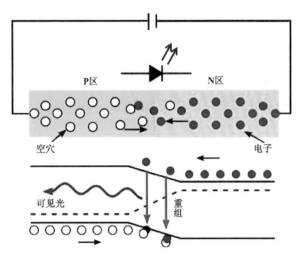

图13-31　LED发光工作原理示意图
（依3g.zol.com.cn）

表 13-3　用作 LED 的半导体化合物种类与发光峰值波长

发光色种类	半导体组成	发光峰值波长/nm	发光色种类	半导体组成	发光峰值波长/nm
红光	Ga As Ga Al As	700 660	绿光	Ga P	555
橙光	Al In Ga P Ga As P	630 610	蓝绿光	In Ga N Zn Te Se	520 512
黄光	Al In Ga P In Ga N	595 595	蓝光	In Ga N Si C	450 470
绿光	In Ga N Al In Ga P	520 570	紫光	In Ga N	382
			紫外光	In Ga N	371

注：依Kawamoto。

表 13-4　各种光源的能量转换率

光源种类	紫外辐射/%	可见光辐射/%	红外辐射/%	对流、传导损失/%
太阳光	2～5	40～50	50～55	—
白炽灯	0～0.2	8～14	80～85	5～8
荧光灯	0.5～1	25	30	44
高压水银灯	2～4	13～16	60	16～22
金属-高压水银灯	2～7	20～40	50～67	7～20
高压钠灯	0.3	27～30	47～63	10～23
白色LED（二色型）	0	12～20	0～0.2	80～88

注：依Kawamoto。

（3）人工光源在园艺生产中的应用。

　　人工光源在园艺生产中的应用主要有两个目的：一是延长光照时间；二是补充（提供）自然光照的
不足。由于在不同园艺植物上的研究进展不一，目前技术已成熟并能实用化的领域如表13-5所示（表中
也列出了尚在研发中的几类应用）。其具体应用情况如图13-32所示。

表 13-5 人工光源在园艺行业的应用现状

应用领域	白炽灯	荧光灯	LED	HID
花卉	● 延长光照时间	● 补光	△ 研发中	● 补光
蔬菜		● 植物工厂、种苗	△ 植物工厂研发中	● 植物工厂
果树		△	△ 研发中	△
食用菌		● 日常、日长兼用	△ 研发中	
园艺植物保护		●	△ 脉冲灯研发中	

注：●—已实用化；△—尚在研发中。依 Tazawa。

图 13-32 园艺生产中的人工光源利用情况

A. 菊花与 LED；B. 花卉与黄色荧光灯；C. 茶树与白炽灯；D. 草莓与紫外光灯；E. 莴苣与单一高压钠灯；F. 滑子菇与荧光灯；
G. 莴苣与荧光灯；H. 莴苣与自然光、高压钠灯的并用
（A、B、D、F 分别引自 Hisamatsu、Yatsuya、Kamifu、Sumida；其余引自 Tazawa）

13.3.2 设施内的光热能量转换与温度调节技术

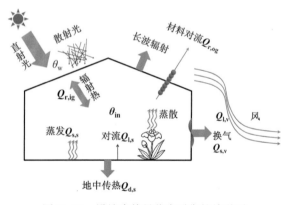

图 13-33 设施内热量收支平衡的关联项
（依 Takakura）

1. 设施内的热量收支

设施的热量状况，就其影响要素而言，主要成分如图 13-33 所示。在不考虑人为加温情况下，设施内的热量来自太阳直射光和散射光两个部分，对设施来说是非常重要的。一方面，透入光量是设施温室效应的本源，与设施内空气进行对流热交换，形成温室内热量；水分的凝结产生潜热交换，而强制性通风则包含有显热（sensible heat）和潜热（latent heat）两类热交换。

对于温室地面，有

$$Q_{r,s} = Q_{d,s} + Q_{s,s} + Q_{l,s}$$

式中，$Q_{r,s}$ 为到达地面的辐射热；$Q_{d,s}$ 为设施内地面向地中的热传导量；$Q_{s,s}$ 为地表的显热散失量；$Q_{l,s}$ 为地表的潜热散失量。

而对于设施内整体,则有

$$Q_{r,og} - Q_{r,ig} = Q_{e,ig} + Q_{e,og} + Q_{l,ig}$$

式中,$Q_{r,og}$为透明覆盖材料外表面的辐射;$Q_{r,ig}$为覆盖材料内表面的辐射量;$Q_{e,ig}$为覆盖材料内表面与设施内空气的对流传热量;$Q_{e,og}$为从覆盖材料表面向户外大气的对流热量;$Q_{l,ig}$为因覆盖材料内表面凝结的潜热传热量。

进一步,我们可以得到如下关系:

$$A_s Q_{s,s} = (Q_{s,v} - Q_{c,ig}) A_w$$
$$Q_{c,og} = h_{c,ou}(\theta_w - \theta_{ou})$$
$$Q_{c,ig} = h_{c,in}(\theta_w - \theta_{ou})$$
$$Q_{s,v} = h_{s,v}(\theta_{in} - \theta_{ou})$$
$$Q_{r,ig} A_w = Q_{r,s} A_s$$

式中,A_s为设施内地面表面积;A_w为透明覆盖材料表面积;$Q_{s,v}$为换气显热交换量;$h_{c,ou}$为覆盖材料外表面的热传导系数;θ_w为透明覆盖材料温度;θ_{in}为设施内气温;θ_{ou}为外界气温;$h_{c,in}$为透明覆盖内表面热传导系数;$h_{s,v}$为换气显热传导系数。

从以上关系示出设施内外的温度差$\theta_{in} - \theta_{ou}$,有

$$\theta_{in} - \theta_{ou} = \frac{h_{in}(Q_{r,og} - Q_{l,ig}) + \beta[h_{ou}Q_{r,s} - (h_{in} + _{ou})(Q_{d,s} + Q_{l,s})]}{h_{s,v}(h_{in} + h_{ou}) + h_{in}h_{ou}}$$

式中,β为保温比(area radio of ground surface to cover surface),即$=A_s/A_w$。

一方面,关于潜热交换,在通常情况下,有

$$\beta Q_{l,s} = Q_{l,v} + Q_{l,ig}$$

式中,$Q_{l,v}$为换气潜热交换量,可由下式求得:

$$Q_{l,v} = h_{l,v}(X_{in} - X_{ou})$$

式中,$h_{l,v}$因换气的潜热传热系数;X_{in}为设施内的绝对湿度;X_{ou}为设施外的绝对湿度。因此,消去$Q_{l,v}$,则有

$$\theta_{in} - \theta_{ou} = \frac{\{h_{in}[Q_{r,og} + h_{l,v}(X_{in} - X_{ou})] + \beta[h_{ou}(Q_{r,s} - Q_{d,s} - Q_{l,s})]\}}{h_{s,v}(h_{in} + h_{ou}) + h_{in}h_{ou}}$$

2. 设施内气温

在白天,以到达设施表面的辐射量为100%时,我们讨论其收支情况(见图13-34)。其中,有19%被覆盖材料反射回大气,12%被覆盖材料吸收,因此透过并进入设施的只有初始辐射量的69%。而这一部分中,又有14%被土壤表面或植物表面反射,潜热损耗38%,只留下17%的部分才真正变成显热,它使设施内空气温度提高。因此,设施中如果潜热消耗过大,其显热减少,会导致设施白天的

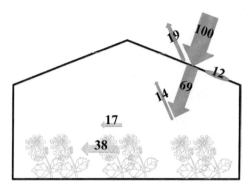

图13-34 设施的热收支示意图
（依Takakura）

升温幅度变小。因此有无栽培植物的设施内,如地面较为干燥时白天应尽可能避免多开窗;而当充分灌水时,设施内的气温很难提高。

而在夜晚,无加温设施的各个屋面会产生放热,这时的热收支方程为

$$Q_{r,ig} + h_{in}(\theta_{in} - \theta_w)] = Q_{r,og} + h_{ou}(\theta_w - \theta_{ou})$$

也就是说,到达覆盖材料内侧表面的辐射和对流热量应该等于从外表面辐射和对流所散失的热量,通常与覆盖材料的种类并无关系。因$Q_{r,og} > Q_{r,ig}$,故有

$$Q_{r,og} - Q_{r,ig} = \varepsilon Q_s(\theta_{ou}) + h_r(\theta_w - \theta_{ou})$$

即内外侧的净辐射差为仅依存于外界气温项的覆盖材料与外界气温差的比例项之和,ε为覆盖材料与外界气温辐射率差;h_r为覆盖材料与外界大气进行辐射交换时温度差的传热系数,于是有

$$(h_r + h_{ou} + h_{in})\theta_w = (h_{ou} + h_r)\theta_{ou} + h_{in}\theta_{in} - \varepsilon Q_r(\theta_{ou})$$

由此可以看出,夜间由覆盖材料引起的辐射量越大,设施内气温出现低于外界的情况发生的可能性越大;而在夜间地面热传导量越大、保温比越大时,逆温现象则难于发生。

设施内气温的日间变化受白天辐射影响较大,在无额外保温的情况下,设施内一日内各时刻的温度与湿度变化与自然光照状况的关系如图13-35所示。

为了保持设施内有一个较为理想的温度,利用不透明覆盖物减少透明覆盖物界面上所发生的辐射和对流散热,在低温期间显得更为重要,这时为保持设施的气密性,需要减少通风甚至不进行通风。但是设施内空气湿度在夜间基本上均处于水汽饱和状态,低温使得水汽结露,对于设施内植物的病原菌繁殖非常有利,因此客观上需要进行通风。针对保温与通风需要的矛盾,必须找出不使设施内温度过快下降的通风方法。

设施内气温的空间分布也是值得注意的特性之一。以东西向3/4式结构温室在不同时间段上的室内气温空间分布看,冬季时即使夜间加温,设施内温度也相当低,只有6 ℃左右;而夏季尽管侧窗全开,其设施内温度也非常高;在一日内不同时刻设施内外气温差上,夏季要小于冬季;而从同一时间内温室不同位置间的温差看,最大约为5 ℃,且夜间相对要低一些,如图13-36所示。

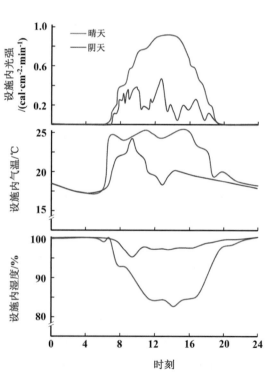

图13-35 设施内随辐射状况改变的气温和相对湿度日变化规律
（依Takakura）

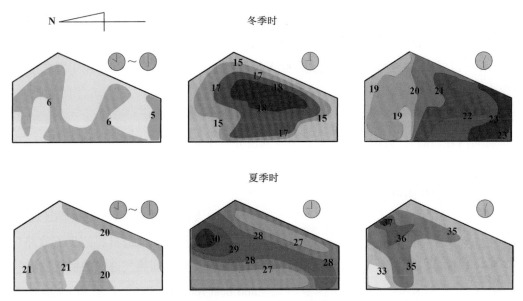

图13-36 3/4式结构温室中部断面日间气温变化的空间分布结果
（依Takakura）

3. 设施内地温

设施内土壤的温度波动幅度是我们所关注的。通常设施内土壤温度的变化可表达为

$$\theta_s(z, t) = \theta_\alpha + \theta_\pi \cdot \exp(-z/D) \cdot \sin(\omega t - z/D)$$

式中，θ_s为土壤温度；θ_α为土壤平均温度；θ_π为土壤温度波动幅度；z为土壤深度位置变量；D为土壤温度衰减度，$D = (2a/\omega)^{1/z}$；ω为$2\pi/24$转换的时间量；t为一日中时刻。

因此，对于一日而言，当$z=D$时，其波动振幅比为$1/e \approx 0.37$；而在一个月或年周期中，即会放大约19倍（$=365^{1/2}$）。其典型性数据结果如图13-37所示。与设施内因太阳辐射引起的温度变化有一个明显的差异，即土壤温度的变化在时间上存在一定的滞后期，土壤越深这种滞后越明显；但随着土壤位置加深，其昼夜间温差逐渐变小，在40 cm深处，昼夜间的温差已接近于0。

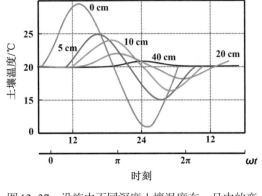

图13-37 设施内不同深度土壤温度在一日中的变化模型
（依Takakura）

4. 设施的保温性

在密闭的单层覆盖的温室或拱棚内，在晴天条件下，设施内的气温平均要比外界温度高15～30 ℃。这种白天温度急剧升高现象，常被解释为温室具有高的保温性，但这种解释并不正确。实际上，单层覆盖的温室或其他设施，其散热量非常大，只不过是射入设施的光照能使其很快逆转而已。如图13-38所示，设施内的气温在13点左右时达到最大值，但在16点前后则开始迅速下降，说明在只有一层覆盖物时设施没有多大保温性。进一步地在傍晚

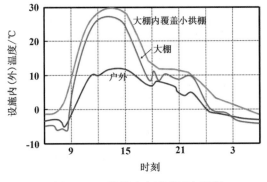

图13-38 设施内急剧升温与降温
（3月17～18日，依Hayasi）

和夜间，气温会进一步下降，单层透明物覆盖不仅不能起到多少保温作用，有时反而会成为降温的助力。图中所列为大棚内连续24 h的温度变化情况，为防止夜间所发生的温度逆转，常需要在大棚内增设小拱棚覆盖。因此，可以看出，在冬季使用的设施，如没有其他加热和保温措施，冬季用于园艺生产会有株植受冻情况发生。

1）设施散热及其形态

在本章前面内容，我们已讨论过内热量转换及其传导的主要方式，主要的过程是由辐射、设施内外空气对流以及热传导三个部分组成。太阳辐射透过透明覆盖物以及覆盖物和其他构造材料对长波辐射的阻碍是温室效应产生的作用机理，如图13-39所示。

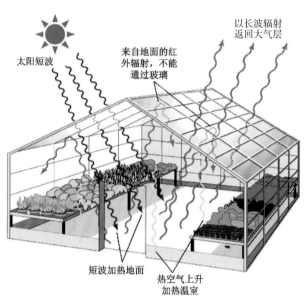

图13-39　设施内的辐射与热传导过程

除了辐射放热外，设施的放热还通过三种形态进行：通过覆盖和构造材料的贯流放热（cross flow heat release）、隙间换气逃逸的换气放热（ventilation and heat release）和向土层内的地中放热（heat release in soil）。地中放热在白天时其方向为向下，而夜间则通常为向上，除非设施内加温过高，地中放热也会持续为向下进行。即使在有加温设备的设施内，地中放热的比例也不会超过10%，因此在讨论其保温性能上，则需要更多地关注贯流放热与换气放热两个部分。

设施透明覆盖物的辐射和对流引起的放热，与其长波反射率ρ、吸收率r和透过率α大小有关。通常，透明覆盖材料的反射率在0.1以下，可忽略不计。各种材料的长波辐射吸收率和透过率如表13-6所示。考虑不同透明覆盖材料间的差距，尽管其具体特征不同，但将其对流传热、放射传热与贯流放热三者统筹计算，可以看出，在其材料间存在聚氯乙烯温室（大棚）>聚乙烯温室（大棚）>玻璃温室的倾向，但其数值差距不大。

表13-6　不同透明覆盖材料的长波光吸收率（r）和透过率（α）

覆盖材料	吸收率（r）	透过率（α）
3 mm玻璃	0.89～0.94	0～0.01
0.1 mm PVC	0.54～0.64	0.32～0.43
0.1 mm PE	0.13	0.75
0.1 mm EVA	0.45～0.60	0.40～0.55

注：引自Hayashi。

为此，常用热贯流率来比较不同材料设施的保温程度。所谓热贯流率（heat breakthrough rate, h_t），是指贯流热量（Q）与设施内外温差（$\theta_{in}-\theta_{out}$）成正比时单位覆盖材料上单位时间内的传热量，其单位为kcal·m^{-2}·h^{-1}（1 cal = 4.19 J），其算式为

$$h_t = \frac{Q}{A_g(\theta_{in} - \theta_{out})}$$

式中，A_g 为设施覆盖材料表面积。

换气放热量与换气次数（或换气率）成正比，而其数值因间隙大小有很大差异。通常情况下，换气放热与贯流放热相比，其数量较小。换气放热量由显热和潜热两部分组成，显热传热量是在设施内外存在温度差时的传热量；而潜热传热量则是在设施内外存在湿度差时的传热量。换气传热量的数值具有正负向，这取决于设施内外的温度和湿度状况。

我们把内外温差为 1 ℃、单位时间单位覆盖材料表面积上的包含显热和潜热两部分的换气传热量，称为换气传热系数（heat transfer coefficient of ventilation），单位为 kcal·m^{-2}·h^{-1}·℃$^{-1}$。通常单层玻璃和阳光板材的换气传热系数为 0.3～0.5；而塑料薄膜则为 0.2～0.4；而添加保温覆盖时，其数值可下降到 0.2 以下，只相当于贯流放热的 10% 左右。

2）保温覆盖的种类

保温覆盖的区分如图 13-40 所示，实际上这些方法常合并使用，形成复杂的多重覆盖，有效地阻止了保温覆盖下设施内夜间气温的急剧下降，起到了减少加温量的作用。

双重覆盖（double coverage）多用两层透明覆盖材料并固定在设施结构上，用玻璃、塑料薄膜或两者的组合均可，其他方式有双层板（中空阳光板）、充气薄膜温室（air-inflated greenhouse）等。最新开发的泡沫球温室（pellet greenhouse）如图 13-41 所示，利用双层薄膜覆盖的温室，

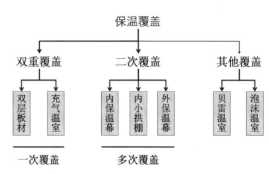

图 13-40 设施保温覆盖的种类与方式
（依 Hayashi）

其北侧内膜具有反光特性，两层膜中间添加了吸收热量与放出热量可进行转换的泡沫苯乙烯小球，并可在不同温度状况下借助泵在南北两侧屋面间移动。

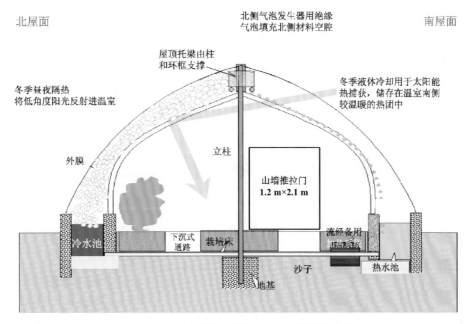

图 13-41 双层薄膜可填充温室典型断面结构图

　　双重覆盖的保温效果强于内保温幕,是因为气密性更好的缘故。实测数据表明,用双层塑料薄膜覆盖的温室,用小型泵将空气充入两层薄膜间的空间内,其厚度为几厘米至数十厘米,与单层玻璃覆盖的温室相比,双层膜温室可省能33%左右,但其白天的光线透过率较低的问题却难以避免;阳光板(见图13-42)作为透明覆盖材料,比单层玻璃覆盖省能32%～38%,其透光率比双层薄膜有较大提升。

　　在薄膜加工中,如混入铝粉或表面与铝箔共压成形或喷涂铝蒸气后,可形成具有一定反射能力的材料,称为镀铝反光膜(aluminized reflective film)。与透明材料相比,其对于长波和短波光的反射率会大大提高。这种膜常用作设施内的内保温帘幕、小拱棚的外覆盖、地膜覆盖和补光等。如图13-43所示,在北方地区日光温室生产中,有时常有温室内侧后屋面和后墙上悬挂反光膜,一方面可增加屋面和墙体的保温性,同时也可对温室栽培植物远离前屋面空间上的弱光带起到补充光照的作用。

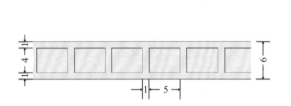

图13-42　阳光中空板结构与规格

图13-43　镀铝反光膜及其在日光温室中的应用
(A～B分别引自 lady.easyfami.com、hd.bjnjtg.cn)

　　无纺布、遮阳网和复合泡沫垫等是设施保温中常用的几种材料。其中复合泡沫垫常作为内保温覆盖,它用经发泡处理的多孔乙烯材料制成,并与镀铝膜热压复合,在反射光的同时,又可阻碍热量的传导散失(热传导率仅为0.03 kcal·m^{-2}·h^{-1}·℃$^{-1}$左右)。

　　不同覆盖材料用作设施内的保温帘幕(thermal curtain)时,以热贯流率计排序如下:无保温覆盖>遮阳网内幕式覆盖>无纺布>塑料薄膜>镀铝反光膜;而且外界风力增加到3 m/s时,其热贯流率会增加10%左右,如图13-44所示。

　　设施内的保温帘幕布置方式有连栋温室下的水平式和倾斜式;其张布方式则多为屋脊或拱顶,设施四壁均增设一层保温帘幕,也有屋脊或拱顶为一层,而四壁为双层保温帘幕的情况,如图13-45所示。

　　设施的内外保温帘幕系统,大多可采用机械或半机械化的开幕和闭合作业,如图13-46所示,日光温室的外保温被重量较大,虽然用手动方式,但效率并不低。

　　中国式日光温室和塑料大棚常用于小规模生产,均呈单栋状态,但其保温覆盖在设施上却更具有优势。

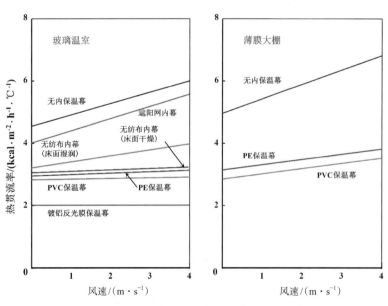

图13-44　风速对设施内覆盖内保温帘幕时热贯流率的影响
(引自 Hayashi)

除了日光温室的外保温外,其余保温覆盖均在设施内部进行,可通过不同材料的组合(见图13-47),形成比玻璃温室等大型温室更加严密的保温覆盖体系,这也是中国式日光温室冬季基本无加温的根本原因所在。

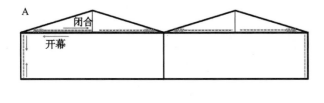
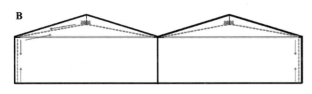

图13-45 连栋温室内保温帘幕系统的张布方式
A. 水平式;B. 倾斜式

图13-46 温室保温覆盖开闭机构
A. 日光温室外张保温被,手动;B. 阳光板温室内保温帘幕,电动

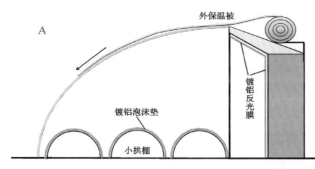
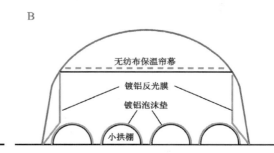

图13-47 中国式日光温室(A)和塑料大棚(B)的组合式保温覆盖示意图

3)墙体的隔热覆盖

泡沫夹心墙(cavity wall filled with pellet)是在空心墙基础上,内置发泡塑料颗粒进行隔热的方法。这种方法在用于墙体时,无须像图13-41所示的泡沫温室那样需要在昼夜间反复抽出或注入泡沫颗粒的作业,而只要一次性填充即可。

5. 设施内加温系统

设施内加温(heating in the facility)是指为了使栽培植物能有一个适宜生长发育的最低限度以上的温度而进行的人为环境调节过程。

1)加温负荷

加温负荷(heating load)是指在具加温设施的温室或大棚内热量损失中,必须用加温方式来提供的热量部分。加温负荷可分为最大加温负荷和期间加温负荷两种,前者是指最为寒冷的栽培期间时消耗的热量值,加温设计常以此为依据;后者为栽培全生育期消耗的热量值,常用于燃料需求量的预测。

如前面讨论过的,设施的热量损失中包括三部分:贯流放热Q_t、换气放热Q_c、地中传热Q_{so}。设施内加温的最低限热量与设施的表面积和内外气温差成正比,因此可以求算出最大加温负荷(Q_g)为

$$Q_g = A_g U (\theta_{in} - \theta_{out})(1 - f_r)$$

式中,A_g为设施表面积;U为加温负荷系数;($\theta_{in} - \theta_{out}$)为设施内外温度差;$f_r$为保温材料的热量节省率。

通常,玻璃和薄膜温室的加温负荷系数分别为5.3和5.7 kcal·m^{-2}·h^{-1}·℃$^{-1}$。而对于热量节省率则需视保温材料利用的组合方式决定,如表13-7所示。

表 13-7　不同保温覆盖方式下的热量节省率

覆盖方式	保温覆盖材料	热量节省率	
		玻璃温室	薄膜温室
双层屋面	玻璃、PVC	0.40	0.45
	PE	0.35	0.40
内保温帘幕	PE	0.30	0.35
	PVC	0.35	0.40
	无纺布	0.25	0.30
	混铝反光膜	0.40	0.45
	镀铝泡沫垫	0.50	0.55
双层帘幕	双层PE	0.45	0.45
	PE+混铝反光膜、遮阳网+镀铝泡沫垫	0.65	0.65
外保温层	保温被	0.60	0.65

注:引自Okata。

因此,设施的最大加温负荷则可由下式算出:

$$Q_g = A_g(Q_t + Q_v) + A_s Q_{so}] \cdot f_w$$

式中,Q_g为设施最大加温负荷;A_g为设施表面积;Q_t为贯流传热量;Q_v为换气传热量;A_s为设施覆盖土地面积;Q_{so}为地中传热量;f_w为有关风速的修正系数,一般区域在有一层保温覆盖时取值1.0,而在风速较大地区则取值1.1。

于是,我们便可求出设施的期间加温负荷量(Q_d)为

$$Q_d = A_g \int_{t_1}^{t_2} U(\theta_{in} - \theta_{out})(1 - f_r) dt$$

式中符号的含义同前。进一步地,人们可按照燃料热值(fuel calorific value, h;是指单位质量或单位体积的燃料完全燃烧,燃烧产物冷却到燃烧前温度时所释放出来的热量),来求算其燃料需求量(V_f):

$$V_f = \frac{Q_d}{\eta h}$$

表 13-8　不同燃料的标准热值

燃料种类	标准热值/(Mcal/kg)
标准煤	7.0
柴油	11.0
天然气	8.7
沼气	4.5
液化石油气	10.8

式中,η为燃料的热利用效率,通常以热空气释放时,平均值为0.7~0.8,用热水释放时则为0.5~0.7。不同燃料的热值如表13-8所示。

2)加温方式及其设备

设施内加温的主要方式按照热量载体可分为暖风、热水、蒸汽以及地暖等几类。

暖风加温(warm air heating)的典型形态如图13-48所示。热风炉可用煤、燃气和石油等燃料通

过燃烧后将热风送出,其特点是成本低,使用维护方便;其缺点在于加热的载体为空气,热容量较小。因此,一旦停机,设施内气温便会很快下降。

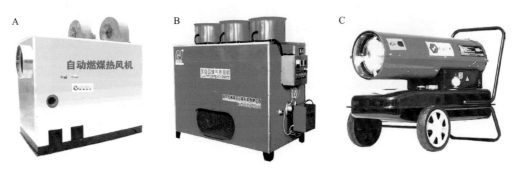

图13-48 利用不同燃料的温室专用热风炉
A. 燃煤型;B. 燃气型;C. 燃油型
(A~C分别引自detail.net114.com、ailaba.org、51aw.cn)

热水加温(hot water heating)通常设置中心锅炉,并利用管道通向设施内。因此其在设施群使用较多,根据水温高低可分为两类:水温在70~100 ℃的低温水暖和利用水温在100 ℃以上加压热水的高温水暖。高温水暖由于受到资质等管理方面原因,使得其应用并不普遍。热水锅炉的中央加热系统,除了以煤为燃料的机组外,也有使用燃气的类型,如图13-49所示。燃煤锅炉因排放问题在一些地区的使用受到限制。在有条件的地区,可以使用沼气或生物质能源,如秸秆压块等,可部分取代燃煤用量。热水加温系统通常可以利用冷热水之间的密度差实现自然的循环,但如输水管道线路长、先后温度差异太大,则需要利用强制循环。这种中央加温体系缺点是投资较大,因此更多用于大型设施园艺企业的连片温室基地中。

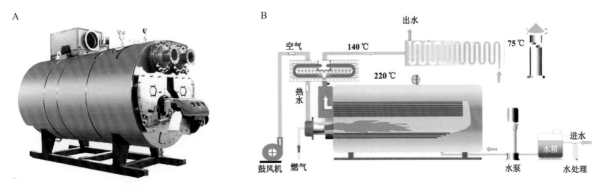

图13-49 温室加温用燃气热水锅炉
A. 锅炉;B. 锅炉工作原理
(A~B分别引自goepe.com、dkcal.com)

蒸汽加温(steam heating)分为低压蒸汽和高压蒸汽两种,都是利用水汽冷凝释放热量进行加温的。其基本方法同热水加温,也有利用热水—蒸汽变换方式进行的体系。蒸汽加温比热水加温的经济性更好,也适应于大规模的设施园艺基地生产。

地暖加温(floor heating)是将用于加热的电缆或散热管预埋在设施内土壤中,通过提高土壤温度的加热方式。在寒冷季节,提升地温或床面温度是比提升气温难度更大的事情。典型的地暖加温方式,并不能提高设施内空气温度,因此其使用既有其优势,也有很大局限性。地暖系统的配置如图13-50所示。

图13-50 温室施工中预埋地中加热线缆
A. 大型连栋玻璃温室；B. 日光温室
（引自 diandinuan.com.cn）

3）加温管线配置

利用热风炉的情况下，在出风口应连接热风输送管，并将热量均匀地分布在设施内。热风输送管通常用塑料薄膜制成，其主管直径为50～70 cm、支管直径为20～30 cm，主管厚度为0.10 m、支管厚度为0.05 mm。在输送管上可均匀分布出风孔。其设施空间的排列方式及实际应用情况如图13-51所示。

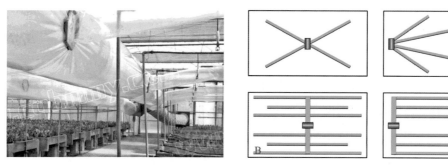

图13-51 温室暖风加温送风管设置
A. 使用实景；B. 设施内送风管主管和支管的空间配置模式
（A引自 b2b.hc360.com）

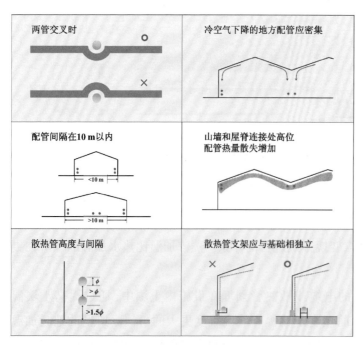

图13-52 设施配置水暖管线时需要注意的若干问题
（依Okata）

利用水暖或气暖加温时，设施内的管线布置上需注意的技术性问题如图13-52所示。为了增加散热面积，有时常采用复式管线配置。布管的基本原则就是尽可能避免横穿作业道路。

在连栋温室的平面布管中，要充分考虑管线散热的均匀性，因此，应避免顺序排列。通常的排管方式如图13-53所示。

一方面，需考虑保证水量循环才能保证进出水的温差，这就要求输送管直径与流速相匹配；另一方面为了提升散热面积，通常在需要强化散热的地方加装散热翅片管，如图13-54所示。

6. 设施内降温

设施由于其温室效应，在夏季外界气

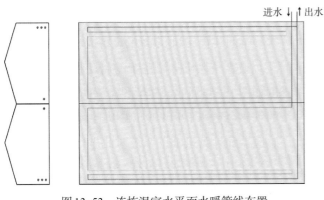

图13-53 连栋温室水平面水暖管线布置
（依Okata）

图13-54 连栋温室内热水系统中的多重散热翅
片管配置
（引自ffq1.tuxi.com.cn）

温较高的季节，其室内往往长时间处于更高温度，这对大多数园艺植物来说并不是适宜的。因此，设施的降温问题成为设施植物能否越夏连续栽培的关键。在很多地区，降温问题解决不好时，只有通过换茬调整而使设施在夏季高温期间的生产中断或结束。

温室降温（greenhouse cooling），是指通过通风或强制性制冷等方法使设施内气温降低至与外界气温相当的温度调节技术。从降温的技术特点看主要有几类：一是利用设施内外冷热空气的对流通过通风（换气）来实现设施内的降温；二是通过降低设施内光照强度，从引起温室效应的源头上进行有效遮阴来实现设施内的降温，但这一途径有其局限性，即在植物生长对光的需求与降温间的协调问题；三是通过水汽的冷凝吸热来降低设施内气温；四是利用一些化学物质的蒸发冷凝开发的制冷机械即冷风空调（cold air conditioning）进行的降温等。

在一些连栋温室中，常使用湿帘—风机组合系统（pad and fan system），集通风与水汽冷凝来实现降温（见图13-55A、B）。通常在设施的外壁上加装湿帘，并需要利用水泵供水；另一侧安装风扇，使外界冷空气导入设施内时，通过水汽凝结实现设施内空气的冷却。湿帘—风机系统以侧向设置风机通风的水平系统为主，其降温效率由湿帘蜂巢结构孔径大小、湿帘厚度、湿帘至风机距离和空气流动速度等共同决定。

作为湿帘-风机系统的改进型，喷雾-风机组合系统（mist and fan system），是一种以在通风进气口外侧的喷雾室取代湿帘的降温系统（见图13-54C）。它将吸入的空气洗净冷却后送入设施内，其雾状水滴直径为

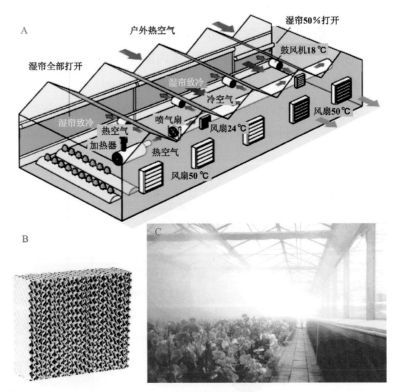

图13-55 两种常用设施内降温系统
A.湿帘-风机系统；B.用作湿帘的蜂巢结构物；C.喷雾通风降温系统
（A引自企业官网；B、C分别引自cnlist.org、info.b2b168.com）

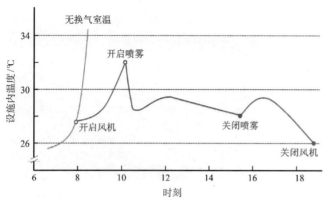

图13-56　设施内喷雾-风机系统降温的开闭温度设定

（引自Okata）

0.1 mm左右。这一系统需要设置专门的排出水雾凝结的装置，因此系统的设备成本比较高。

喷雾—风机降温系统的启动和关闭阈值温度如图13-56所示，喷雾系统一旦开启，设施内的气候会迅速下降4～5 ℃以上，通常可用温度感应器和计算机辅助系统对此进行控制。

除以上方法外，还有一些相对简单的降温方法，如屋面喷雾（流水）降温、冷水降温以及遮阴降温等。

屋面喷雾降温（roof spray cooling）或屋面流水降温（roof running water cooling），是对设施屋面外侧不断地用冷水形成的雾或薄层水流进行设施降温的方法。其效果远不及利用通风和冷凝相结合的方法，所以只适合北方降温需求不是太大的区域使用。

冷水降温（cold water cooling）是利用地下水温度较低的特性，将此从地中抽出并与热水加温管路系统相耦合的降温方式。其特点为过湿冷却，因需水量大，也只适用于小规模园艺使用。

遮阴降温是辅助降温的有效手段，可根据设施内种植植物种类，反射掉40%～50%左右的入射光量。但需注意不要紧贴屋面进行遮阴，因其材料吸收热量的再释放会抵消部分降温效果。

使用氨气或氟等化学冷媒的蒸发冷凝进行设施内的降温，平均每耗能1 kW·h，可在1 h内冷却2 670 Kcal热量。这种方式虽然效果很好，但能耗大，经济上并不划算，因此，只适合于一些特殊的珍贵园艺植物生产上。

7. 地中热交换

通常情况下，地下深处的水温相对恒定，并在夏季时低于地面，而在冬季则高于地面。因此利用地下水的抽出与加注即可实现冬季的设施内加温和夏季的降温。这种利用地下水为交换媒介的系统，称为地中热交换系统（heat exchange system in the ground）。

地源热泵（geothermal heat pump）是一种利用地下浅层地热资源既能供热又能制冷的高效节能环保型空调系统。通过输入少量的电能，即可实现能量从低温热源向高温热源或逆向转移（见图13-57）。在

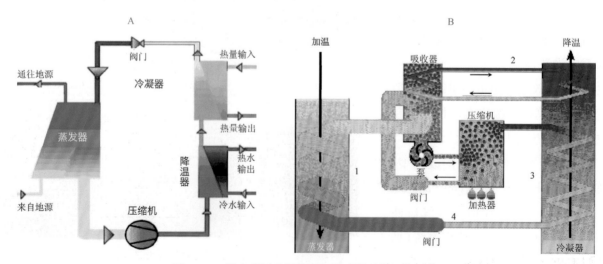

图13-57　温室利用地源热泵加温或降温的工作原理

A、B分别为不同冷凝-蒸发耦联模式

冬季,把地下热量调取出来,用于设施内加温,当水流冷却后再加注到地下;而在夏季,则将设施内的热量交换到地下抽出的冷水中并返注回地下 。其热效率为每投入1 kW·h电能,即可产生4.4 kW·h以上的制冷或加热能量。

地源热泵所进行的热量交换,需通过使液态制冷剂或冷媒不断完成:蒸发(吸取环境中的热量)→压缩→冷凝(放出热量)→节流→再蒸发的热力循环过程,从而将环境里的热量转移到水中。

热泵机组装置主要由压缩机、冷凝器、蒸发器和阀门四部分组成,压缩机(compressor)起着压缩和输送循环冷媒从低温低压处到高温高压处的作用,是热泵系统的心脏;蒸发器(evaporator)是输出冷量的设备,它的作用在夏季时是使经节流阀流入的制冷剂液体蒸发,以吸收被冷却物体的热量,达到制冷的目的;而在冬季时蒸发器则相反,其用来吸收热量;冷凝器(condenser)是输出热量的设备,夏季时从蒸发器中吸收的热量连同压缩机消耗功所转化的热量在冷凝器中被冷却介质带走,达到制热的目的;而在冬季则为释放热量;膨胀阀(expansion valve)或节流阀(throttle valve)对循环冷媒起到节流降压作用,并调节进入蒸发器的循环冷媒流量。根据热力学第二定律,压缩机所消耗的电能将起补偿作用,使循环冷媒不断地从低温环境中吸热并向高温环境放热,周而往复地进行循环。

大部分的地中热交换系统是封闭循环的,所用管道为高密度聚乙烯管。管道可以通过垂直井埋入地下50～100 m深。在冬天,通过管道从地下水中抽取热量,带入设施中;而在夏天则是将设施内的热能通过管道送入地下储存。

在制冷状态下,地源热泵机组内的压缩机对冷媒做功,使其进行气—液转化的循环。通过冷媒—空气热交换器内冷媒的蒸发将室内空气循环所携带的热量吸收至冷媒中,在冷媒循环的同时再通过冷媒—水热交换器内冷媒的冷凝,由水路循环将冷媒所携带的热量吸收,最终由水路循环转移至地下水中。在室内热量不断转移至地下的过程中,通过冷媒—空气热交换器,以13 ℃以下的冷风的形式为设施提供冷量。

在制热状态下,地源热泵机组内的压缩机对冷媒做功,并通过四通阀将冷媒流动方向换向。由地下的水路循环吸收地下水或土壤里的热量,通过冷媒—水热交换器内冷媒的蒸发,将水路循环中的热量吸收至冷媒中,在冷媒循环的同时再通过冷媒—空气热交换器内冷媒的冷凝,由空气循环将冷媒所携带的热量吸收。地源热泵将地下的热量不断转移至设施内的过程中,以35 ℃以上热风的形式向设施内供暖。

目前地源热泵技术在一些大型农业园中使用较多,其初期投资较高,但后续运行成本较低。其使用情况如图13-58所示。

图13-58 温室地源热泵系统配置
A. 压缩机(引自tuhesb.com);B. 室内冷热输送管线(引自ibowen.net)

13.3.3 设施的气体条件及其调节

设施内的气体在良好的通风状态下与外界大气相一致。然而,设施有时会处于一个封闭状态,其室内气体的成分及其含量也与大气有了很大差异。通常,我们非常关注设施内的CO_2及水汽变化。

1. 设施内 CO_2 条件

通常大气中的体积含量约为 380×10^{-6}（体积比），质量含有量为 0.74 g/m^3。植物在其生长过程中，白天吸收 CO_2 进行光合作用，并通过呼吸作用在夜间释放 CO_2；在光照条件较好的天气下，植物对 CO_2 的吸收可达到 $4 \sim 5 \text{ g} \cdot \text{m}^{-2} \cdot \text{h}^{-1}$ 程度，使植物群体内的 CO_2 常低于正常空气中的平均值。通常的设施高度下，每 1 m^2 的气柱中所含的 CO_2 量约为 2 g，只能够维持对应空间上植物 20 min 左右的光合作用需求。因此，在设施条件下补充群体内 O_2 的短缺，在生产上非常重要，特别是利用无土栽培系统时，设施内的来源又少了来自土壤中有机质的分解释放一项。

设施内的 CO_2 浓度日变化可用下式表示：

$$V_h \rho_c \frac{dC_i}{dt} = (r_s - P) + U_v V_h (C_a - C_i) \rho_c$$

式中，C_i 和 C_a 分别为设施内外的 CO_2 浓度；ρ_c 为 CO_2 密度；V_h 为单位设施床面面积上的室内空气量；r_s 为土壤呼吸量；P 为光合消耗量；U_v 为换气率。

2. 设施内水汽条件

设施内的水分平衡方程，可表达为

$$M_{in} = M_t + M_s + M_p - M_c$$

式中，M_{in} 为设施内空气中的水汽量；M_t 为设施内外空气交换时的水汽流入量；M_s 为由土壤表面带来的水汽蒸发量；M_p 为植物蒸腾量；M_c 为被覆盖材料表面凝结的水汽量。

3. 设施的通风

设施的通风（ventilation），是其环境调控中最重要的作业，通常以开窗形式形成设施内外空气交换。

1）设施通风的作用

通风对设施内小气候环境来说，其作用是综合的。

（1）通风最基本的作用是消除高温对植物产生的胁迫。设施最基本的功能便是通过温室效应使设施内空气温暖化而能够使植物越冬。但是即使在冬季晴好天气时，密闭的设施内的温度有时也会过度上升而不适宜于植物生长，而通风则是调节设施内温度的第一选择。通风对于设施降温的效果是有限度的，在夏季持续温度较高的期间内，还必须借助其他方式来实现设施内的降温。

（2）在设施进行通风时，不仅是设施内温度，其他的小气候要素，如 CO_2 浓度、空气湿度、空气流动速度等均会随通风而发生很大的改变。

设施栽培下植物群体内的 CO_2 浓度，在光合旺盛时会比大气平均浓度低 $(50 \sim 150) \times 10^{-6}$（体积比），当对设施进行通风特别是强制通风时，这种浓度差即会变小，这对促进植物生长非常重要。但是以补充 CO_2 为目的的设施通风时，必须使通风不会同步引起温度的下降而造成对植物的负效应为基本原则。因此，当需要补充 CO_2 的通风与保持设施内温度相矛盾时，则需考虑利用 CO_2 发生器进行的设施内 CO_2 补充。

设施内的空气湿度往往大于外界，通风的结果常会引起设施内湿度下降，这种下降会表现在绝对湿度和相对湿度两个方面。低温期间设施内过湿会增加植物病害发生的概率，而植物定植初期的低湿条件，可能造成植株萎蔫。因此，以除湿为目的的通风需要避免设施内温度的超限值下降，否则其除湿只能考虑冷凝除湿等其他方式。

因通风或自然对流所产生的空气流动,会影响到设施内热量、CO_2浓度和水汽的移动量等。通常,植物所适宜的气流速度为0.5～1.0 m/s,当然这也会受到植物气孔特性等生理过程的影响,实际的情况相当复杂。

2)换气率

换气率(air change rate),是指单位时间、单位设施床面面积的外部空气流入量,其计量单位有$m^3 \cdot m^{-2} \cdot h^{-1}$或$kg \cdot m^{-2} \cdot h^{-1}$。以降温为目的的换气率概算参考值如表13-9所示。

表 13-9　为降温进行通风的必要换气率

通风条件		必要换气率/$(m^3 \cdot m^{-2} \cdot h^{-1})$		
外界气象条件	设定室温/℃	设施内床面稍干燥时	床面较为湿润时	人为加湿时
冬季,晴天正午	26	0.2～0.4	0.1～0.2	—
春秋、初夏,晴天正午	30	1.2～1.5	1.0～1.4	—
盛夏,晴天正午	38 35 33 30	1.0 2.5 >10.0 不可能	0.8 2.0 >10.0 不可能	0.4 0.6 1.2 1.5

注:引自 Kozai。

3)通风方式

自然通风(natural ventilation)是指利用设施通风窗或自然孔隙(如出入口)进行内外空气交换的方式。自然通风的原动力主要有设施内外的温度差、外界风力所产生的风压力。当外界风速>2.0 m/s时,以风压力为主;而当外界风速<1.0 m/s时,则以温度差为主。

当设施内外存在温度差时,由于热空气的密度比冷空气的小,外界的空气可以从下方的开口进入并从上部的开口流出,从而实现了设施的通风(见图13-59)。温度差通风可在无风的状况下发生,以下条件可促进自然通风的效果:必须有高度不同的两个以上开口,高度差越大越好;通风量受最小开口面积的限制;通风量与温度差的平方根成正比;设施中央部分的空气被置换的比例较低。

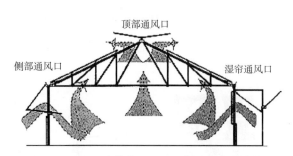

图13-59　温室窗体位置及通风气流方向示意图

风力较大的情况下,开口部分承受着最大的风压,易使天窗遭到破坏,因此强风天气时必须关闭天窗。

强制通风(force-ventilate),是指利用机械进行的设施内外空气交换方式。负压风机向外排出空气,使室内气压下降,形成一个负压区,这样就使得外界空气可进入设施内使负压区得到补充,于是就形成了通风。因此,在风机开启后,风机附近的其他进气口要全部关闭,迫使外界空气只能从风机远端的一侧壁面开口流入。

大型温室的风机常采用扇叶直径1.2 m规格者,其电机功率为0.75 kW,排风量可达400 m^3/h以上,如图13-60所示。

图 13-60 设施强制通风用风机及田间设置
A. 壁面大直径风机；B. 温室内风机的配置
（A、B 分别引自 tbwu.hufu.com、hnnvws.com）

4）CO_2 发生器

设施中常用方法主要有气瓶释放法和化学发生法。

气瓶释放法需要定期更换气源，但使用较为便利。通常可使用 20 L 左右钢瓶，上面连接减压阀等，放气口可连接释放管并分布到设施中，如图 13-61A 所示。

化学法 CO_2 发生器由反应器、净化器和塑料输气管等部件组成（见图 13-61B）。发生器可连接两根塑料输气管，每隔 1 m 有两个平行的放气孔。稀释好的 H_2SO_4 与 NH_4HCO_3 进行反应后，可听到输气管孔中发出咝咝的气流声，表明 CO_2 气体正在释放中，通常在 20～30 min 即可释放完毕。

化学反应生成 CO_2 方法，以 1 000 m^2 设施面积计，每天约用 NH_4HCO_3 5.4 kg、92% 浓度的 H_2SO_4 3.6 kg。可产生约 3 kg 的 CO_2，常压下的释放浓度约为 1 000×10^{-6}（体积比），使用成本较低，且不受充气条件等限制。

5）冷凝除湿器与加湿装置

在不可能利用通风来实现设施内除湿目的时，可使用借助能源驱动的除湿器使水汽凝结以达到除湿效果（见图 13-62）。如配合湿度传感器可对除湿器的开闭进行智能化控制。

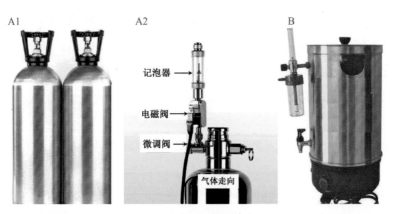

图 13-61 温室内 CO_2 补充装置
A1. 20 L 气体瓶；A2. 气体释放装置；B. 化学发生器
（A1～B 分别引自 800400.net、wadongxi.com、3nong.com）

图 13-62 温室内用 20 L 除湿器
（引自 tmall.com）

设施内的加湿可使用喷雾系统，通过向设施内空气中喷出大量细雾来提高湿度，但这种方法常伴随着设施内温度的降低。

13.4　设施综合环境调控与植物工厂

设施综合环境(facility comprehensive environment),是指设施内各种环境要素的总和。由于环境要素之间的相互关系,因此在环境调控上必须对多种要素间进行协调。

设施环境的综合调控是建立在对各种环境要素的精确计测基础上才能实现的。因此,利用各种环境和生物传感器对设施内环境进行实时监测是非常重要的。在此基础上,通过计算机对实测数据进行逻辑运算,输出结果并以此为各种自动化调控的数据依据。而各种受控设备则通过接口接入控制系统。其工作过程和原理如图13-63所示。

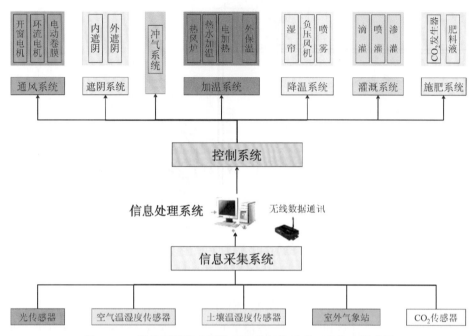

图13-63　设施环境综合调控系统的结构及其工作特点示意图
(依 tipwlw.com)

13.4.1　设施环境信息采集与相应传感器

设施内外环境甚至生物信息均可通过相应的传感器实现实时监测,并按照相应的接口协议将数据传输到计算中心。

主要的环境传感器(sensor)类型如图13-64所示。温湿度传感器通常运用电容式原理;CO_2传感器则根据红外光吸收特性原理;太阳辐射则是运用光敏元件的电流特性进行检测的。

传感器应置于植株高度且在温室的中央处,需防护阳光辐射和避开气流传输管和通风窗,有些还需带有除尘扇。有时为了取得更加可靠的环境信息,需要多点设置传感器。其数据信息在传输到计算机后,根据数据运算逻辑,有些需要做出阈值判别,而有些则需要进行平均化处理。

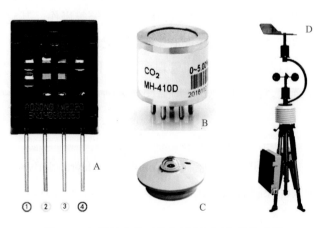

图13-64　设施内外环境实时监测用各种传感器
A.温湿度电容;B.CO_2红外传感器;C.太阳辐射传感器;D.户外气象站
(A～D分别引自 gzlexiang.com、m.sohu.com、china.cn、detail.1688.com)

13.4.2 数据传输及运算

设施环境数据由各个温室采集后,需要将其输送至计算机运算中心。这种数据的传输在距离较短的情况下可借助线缆进行,有时可进行基于4G或5G信号的无线传输并以Modbus协议进行组网,如图13-65所示。

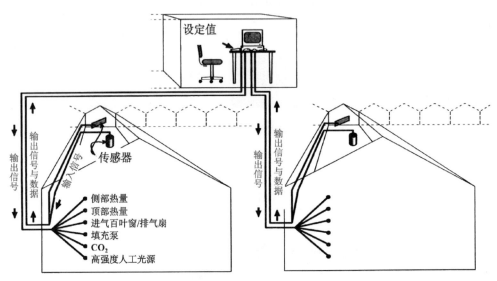

图13-65　设施综合环境控制系统的结构及其工作特点示意图

（依 tipwlw.com）

传感器中的记录包括室内外温度、光照强度、相对湿度、CO_2浓度和户外风速、风向等信息,可按基本格式通过数据协议传输给计算机服务器,存储并形成大数据(big data),可供更进一步的机器学习(machine learning)以作为智能化实现的前提。

计算机从分布在温室每个区域的传感器上收集输入信号,经合成后通过逻辑运算和判断决定启动什么设备来达到设置值,然后把输出信号传给温室中的各项设备并由其实施相应的环境调节性控制。

通常的计算机控制中心需要设置三组服务器:数据服务器、通信服务器和管理服务器。数据服务器用来对实时传回信息进行存储;通信服务器用来数据运算和输出;管理服务器则用于建立控制回路,修改控制策略,设置数据参数和报表、报警等操作。其整个软件系统的开发可以实现温室现场视频画面、分析曲线、报表生成、变量定义和数据记录。

目前较好的计算机管理系统,除利用专家系统定义并设定环境控制阈值的方法外,软件之间与数据库链接,将运算策略、实时监测和数据计算三位一体形成数据库工作平台。

13.4.3 控制系统

比例积分微分控制(proportional-integral-derivative control, PID),是早期发展起来的控制策略,为一种线性控制器,它根据给定值$r(t)$与实际输出值$c(t)$构成的偏差为

$$e(t) = r(t) - c(t)$$

将偏差的比例(p)、积分(i)和微分(d)通过线性组合构成控制量,对受控对象进行控制,其控制规律为

$$U(t) = K_{\mathrm{p}}\left[e(t) + \frac{1}{T_{\mathrm{i}}}\int_0^t e(t)\,\mathrm{d}t + T_{\mathrm{d}}\frac{\mathrm{d}e(t)}{\mathrm{d}t}\right] = K_{\mathrm{p}}e(t) + K_{\mathrm{i}}\int_0^t e(t)\,\mathrm{d}t + K_{\mathrm{d}}\frac{\mathrm{d}e(t)}{\mathrm{d}t}$$

传递函数为

$$G(s) = \frac{U(s)}{E(s)} = K_{\mathrm{p}}\left(1 + \frac{1}{T_{\mathrm{i}}} + T_{\mathrm{d}}s\right) = K_{\mathrm{p}} + K_{\mathrm{i}}\frac{1}{s} + K_{\mathrm{d}}s$$

式中，K_{p} 为比例系数；T_{i} 为积分时间常数；T_{d} 为微分时间常数；$K_{\mathrm{i}}=K_{\mathrm{p}}/T_{\mathrm{i}}$ 为积分系数；$K_{\mathrm{d}}=K_{\mathrm{p}}\cdot T_{\mathrm{d}}$ 为微分系数。

在比例环节，可实时成比例地反映控制系统的偏差信号 $e(t)$，一旦产生偏差，控制器立即产生控制作用以减小误差。当偏差 $e=0$ 时，控制作用也为0。因此，比例控制是基于偏差进行调节的，即有差调节。

在积分环节，控制器能对误差进行记忆，主要用于消除静态误差（static error），提高系统的无差度，积分作用的强弱取决于积分时间常数 T_{i}，T_{i} 越大，积分作用越弱；反之则越强。

在微分环节，控制器能反映偏差信号的变化趋势（变化速率），并能在偏差信号值变得太大之前，在系统中引入一个有效的早期修正信号，可加快系统的动作速度，减小调节时间。

从时间的角度讲，比例作用是针对系统当前误差进行控制，积分作用则针对系统误差的历史，而微分作用则反映了系统误差的变化趋势，这三者的组合是过去、现在和未来的有机结合。

在实际的PID系统中，这三种控制方法是集成在一起的。我们以温室供暖系统为例，在比例控制中，加热器等设备的输出结果与设定值误差成比例，比例控制系统也同样适用于地暖系统；积分控制系统则发挥了时间因素作用，加热系统的输出会随着实际温室温度保持在设定值以下时间的增加而增加；而在微分控制下，需用误差增长率来确定供热系统的输出增长，在给定时间段内，温度从设定点下降得越快，加热系统的输出就越大。

13.4.4　植物工厂

植物工厂（plant factory），是指完全在可控环境下进行工业化生产植物产品的设施系统。它是在具有高度自动化、智能化控制下的现代温室系统，可使设施内的植物生长发育不受或很少受自然条件制约。植物工厂具有高度的技术集成性，它涉及建筑、材料、气象学、环境控制、机械传动、电子与信息化、计算机科学、生物科学和管理科学等诸多领域。

1. 植物工厂的分类

植物工厂的分类可按不同尺度进行。使用最多的是按照光源利用方式的分类，可将植物工厂分为日光利用型、全人工光利用型、日光和人工光并用型等三种类别。其中全人工光利用型植物工厂又称为全封闭植物工厂；日光和人工光并用型则称之为半封闭型植物工厂。

其他分类方式有按照规模大小、使用目的和生产特征等的分类。通常按照工厂规模大小分为几个级别：大型（>5 000 m²）、中型（1 000～5 000 m²）、小型（<1 000 m²）；按其使用目的有叶菜工厂、花卉工厂、种苗工厂、食用菌工厂和药用（香料）植物工厂等，如图13-66所示。

2. 植物工厂的基本特点

从已有案例和植物工厂定义的规定性出发，植物工厂应具有以下基本特点：①有固定的建筑体；②按照生产对象和目的进行建筑内空间布局和生产设备配置，如栽培床、管线、环境调控设备；③基于植

图13-66　不同植物工厂生产现场
（A～D分别引自 lfdjex.com、sohu.com、zwkf.net、hebei.com.cn）

物生长控制系统,利用计算机和多种传感系统实施工厂结构内的综合环境自动化、半自动化控制,对象如光照强度、温度、湿度、CO_2浓度等;④采用无土栽培技术,对植物生产的水分和矿质营养进行精准供给;⑤配置较为完整的自动化、半自动化作业机械,如栽培床移动、基质补充更换、栽培容器摆放、播种或移栽、收获与产品包装等过程中的省力化。

　　3. 植物工厂的控制参数及其设定

　　以散叶莴苣为例,通常其控制参数值可设定为:气温上限25 ℃、下限16 ℃;相对湿度75%～85%;光量子辐射强度500 μmol·m^{-2}·s^{-1};光照时间9 h/d;CO_2浓度500×10^{-6}(体积比)。主要叶菜类的条件设定与之相差不多。

13.5　无土栽培系统

　　无土栽培(soilless culture),是指用人工调配材料代替土壤进行植物栽培的耕作体系。与土壤栽培相比,其植物根系的固定可由固体的人工基质代替土壤粒子,或是由营养液与其他结构性设备(如板材、薄膜、牵引等可帮助植株直立,故为“扶”助手段)进行植物固定;土壤的理化性状由营养液及其栽培基质构成,能够保证矿质营养的可利用状态和根系环境的透气性(营养液的溶氧性);而营养液和基质的生物学性状则比土壤更容易控制和优化。

　　无土栽培实践起源于20世纪30年代,真正开始实用化生产是在二战期间,盟军在海岛和沙漠地带无法及时补充给养时,便就地开展了无土栽培蔬菜生产。到21世纪初,此项技术发展迅速,规模在不断扩大,已成为大型温室现代农业的标志性符号。

13.5.1　无土栽培的特点

　　与通常的土壤栽培相比,无土栽培具有以下优势:①单位面积产量高,目前周年长季节栽培的果菜类蔬菜,产量水平可达45～60 kg/m^2;②节约灌溉用水,水分利用率高;③受地理环境和土壤地质状况影响小,可在自然栽培有困难的条件下进行生产;④无须进行轮作,可实现真正的专一化生产,无须担心土传性病害、杂草等带给植物的不良影响；⑤有脱离地球应用的可能，即成为太空农业（space agriculture）的雏形。

但这一体系也具有非常明显的缺点，如一次性投入和运作成本较高，在产品价格不高的情况下很难实现商业盈利；维护要求高，需定期管理、测试营养液pH和EC值、调节光照等，即使使用自动化控制系统，也需要人员的精心化管理；需配备具有专业知识的技术人员（非普通作业者）和大量专用设备。

13.5.2 无土栽培的体系分类及其设备系统

虽然不同无土栽培系统之间有着较大的差异，但其基本原理与系统组成却有着很多共同点。通常具有营养液系统、供液系统、栽培床系统。营养液系统由母液罐和储液罐组成；供液系统则是由水泵将储液罐中的营养液提供给植物根系，以利于其吸收；栽培床则是固定植株，为根系、营养液和空气提供容纳空间的结构体。具体的不同系统在构建上有很多复杂的分化。

无土栽培，按照其根系所处环境状态特点可区分为水培、基质培和气雾培三大类。

1. 水培

水培（hydroponics），是将植物根系直接浸入营养液并用其他辅助手段固定植株的栽培系统。根据栽培床中营养液数量与根系关系上的特点，可将其进一步细分为营养液膜栽培、深液流栽培和浮板毛管栽培等类别。

1）营养液膜栽培

营养液膜栽培（nutrient film technique, NFT）是一种需要对植物根系进行连续供液的栽培系统（见图13-67）。其营养液在栽培床中的液流深度较浅，栽培床内除容纳植物根系外，尚有大量空腔以保证植物根系的需氧，即植物根系的一部分会直接暴露于床面下的空气中。为了保证栽培床中营养液能从进液端自流到出液端并回流到储液罐，需要使栽培床有一个2%的自然坡降，同时为了保证生长均匀，栽培槽长度一般应在10 m以内。因此除了利用特殊地形外，在较为平坦的区域，为了保证其栽培槽坡降，则需要人为架高栽培槽。

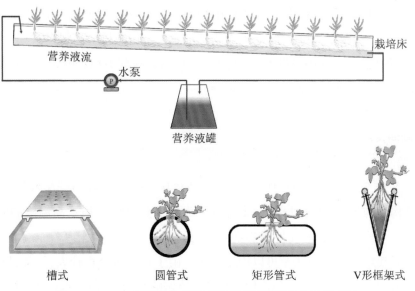

图13-67 NFT系统的构建特点及其不同栽培床类别模式图

根据NFT系统栽培床的截面形态可将其进一步细分为槽式、圆管式、矩形管式、V形框架式等类别。槽式NFT是其最早期的形态，其构建以特制泡沫板材为栽培床底槽，其上覆盖薄膜，并加盖带有定植孔的床盖，其截面较宽，常用于种植多行植物，但其构建受空间限制较大（见图13-68D）；圆管式和矩形管式则分别用工业预构的塑料管材作为栽培床，床上按定植株距开有孔洞，其截面较小，适合于叶菜类和部分观赏植物栽培，并可做成多层式构架（见图13-68A、C）；V形框架式则是利用金属框架内覆盖塑料薄膜并在开口处固定好即构建完成，其截面面积很小，适合于草莓和部分观赏植物的悬架栽培（见图13-68B）。

图13-68　不同NFT系统的栽培床类别及其使用实景
A. 矩形管栽培芥菜；B. V形框架栽培草莓；C. 餐馆利用管培的绿叶菜；D. 多层槽式栽培叶菜
（A～D分别引自hkhydroponics.com、hndt.com、abelog.com、pinvihui.com）

NFT系统具有构建成本低，可在土壤和地质条件较差的区域进行大规模生产，因此在全球较为普及。同时，NFT系统在栽培时植株生长速度加快，所获得的产量较土壤栽培要高很多。

这一系统最大的缺点是不能中断供液，因此在一些电力短缺和不稳定的区域，利用NFT系统会面临较大风险，通常中断供液1 h即可能使栽培前功尽弃。

在具体选择栽培床类别时，必须很好地考虑栽培植物根量问题，虽然NFT系统栽培下的植物根系有着明显的须根化倾向。

2）深液流水培

深液流水培（deep flow technique, DFT）是一种栽培床能够具有容纳较深水位营养液的栽培系统（见图13-69）。其构建与NFT相类似，这一系统的最大特点是克服了根系高温限制问题，植物根系基本都浸入营养液中。为了解决其透气性需要增设专门的空气泵对栽培床内营养液进行加氧处理，由于液位高，通常可降低栽培床的坡降甚至可以用水平床。由于栽培床容积较大，因此其截面以槽式为主，少有像NFT那样的简易结构，但很多情况下用于固定植株的盖板可直接浮在营养液面上，成为悬浮式栽培。

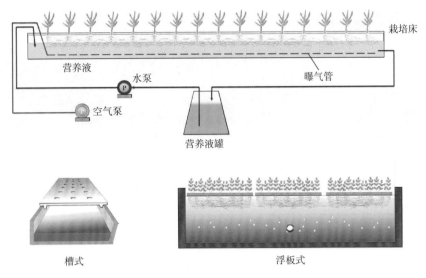

图13-69 DFT系统的构建特点及其不同栽培床类别模式图

3）浮板毛管栽培

浮板毛管栽培（floating capillary hydroponics, FCH）是在悬浮式栽培系统上加以改进而形成的栽培系统（见图13-70）。它兼顾了NFT和DFT两者的优点，栽培床有较深的营养液液位，植物定植在悬浮于营养液面的轻质浮板上，其根系从固定植株的定植杯中向下伸展，有半面的根系直接浸在营养液中；而另一半则平铺于介于两行定植植物根系中间的浮板上，浮板用轻质泡沫板做成，其上覆盖1层规格为50 g/m² 的厚质无纺布，两侧浸入营养液中，依靠无纺布的毛细管作用，植株铺于其上的根系虽然暴露在空气中，但也能从湿润的无纺布中吸收营养液。因此虽然FCH系统也需要气泵，但其根系透气性问题比深液流已有了较大的改善，同时也不用像NFT那样需要连续供液，其适应性和缓冲性均有了较大幅度提高。

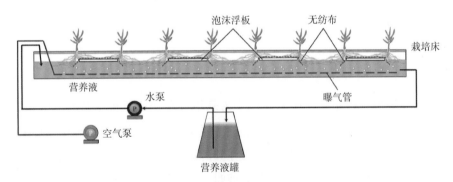

图13-70 FCH系统的构建特点模式图

2. 基质培

基质培（medium culture）是指利用栽培基质代替土壤结构固定植物并容纳根系，并以营养液方式供给植物水分和矿质营养的栽培系统。与水培相比，这一系统无须连续供液，只需根据营养液消耗情况及时补充即可。根据所用基质种类属性及营养液供给方式的不同，又可细分为砾培、岩棉培、袋培和营养液循环基质培等类别（见图13-71）。相对于水培系统，基质培由于固体基质的物料特性，其栽培床即填装基质的容器，既可以作成槽式，也可采用袋、盆、柱等多种形式，只需保证其不漏水即可，也无须用其他构件固定植株；同时因很多基质所具有的蓄水性，因此在营养液供给上也只需根据植株消耗情况及时补充即可。

图 13-71   几种常用基质培类型
A. 用陶土粒进行的花卉砾培；B. 辣椒岩棉培；C. 茄子袋培
（A～C分别引自blog.sina.com.cn、vissiv.com、wtzp.china.org.cn）

1）砾培

砾培（ebb & flow culture）是指利用天然或人工砾石作为基质的栽培系统。常用的砾石种类有陶土粒、鹅卵石、沸石等，与之相类似的还有沙培等。砾培的栽培床设置非常简单，只要能保持固定形状并保证不渗水即可，其营养液的补充以饱和持水量的70%左右为宜，接近饱和时，根系的透气性会变差。砾培由于在基质表面不再加设任何覆盖物，因此要考虑其营养液中水分的表面蒸发量，亦即标准浓度的营养液会因水分蒸发而使营养液发生浓缩，甚至出现盐分的析出、结晶等现象，因此在气温较高的季节里，营养液的供应浓度可稀释到标准浓度的1/2左右。

砾培系统的构建和维护成本极低，且对管理的要求也不苛刻，因而其成为使用较多系统，最适宜种苗培育和观赏植物的栽培。

2）岩棉培

岩棉培（rock wool culture）是指利用塑料薄膜密封的岩棉板（或块）作为栽培容器的栽培系统。将袋装的岩棉板铺设于地面即可形成栽培床，在袋表面开小孔直接定植植物并将滴灌软管插入岩棉内即可供液。由于岩棉本身的保水能力极强，因此对营养液的缓冲性能好，每次供液以补充营养液的阶段性消耗量即可，对营养液不做循环处理。

岩棉培适合于植株较为高大的种类栽培，如茄果类、瓜类蔬菜等。其设置极为简单，在设施内和露地均可进行，且无须维护。

3）袋培

袋培（bag culture）是指将特定基质装入袋中作为栽培容器并向其提供营养液的植物栽培系统。袋培所用基质与砾培的无机基质不同，通常多用单一的有机基质，如椰糠、木屑和植物加工残渣发酵物、膨化鸡粪、草炭、腐叶土或有机堆肥等，基质具有一定有机营养，保水性能和缓冲性能良好，如添加有机营养液时，即可转变为有机栽培体系。如用通常的营养液时，其供应也以补充消耗为主，无须连续供应，也不做循环处理，因此其营养液管理上在特定时期也需要给予浓度上的稀释。

4）营养液循环式基质培

营养液循环式基质培（top feed culture）是指利用填装具有快速渗透能力的复合物料作为栽培基质，并进行营养液循环式供给的栽培系统（见图13-72）。常用于混合的基质材料有陶土粒、砾石、沙子等，在混合比例上应注意物料的粒径问题，太小的基质粒径会影响营养液的重力渗透和植株根系的透气性。

该系统的优势是克服了其他几种基质培在物料选择上的单一性，且由于其营养液处于回收状态，在首次设置后可连续多年使用，因此适合于各种植物的大规模种植特别是多年生植物；但其缺点是系统构建成本相对其他基质培要高。

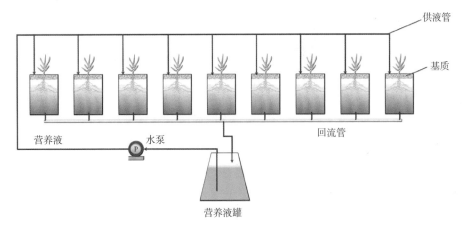

图13-72 营养液循环式基质培系统的构建模式图

3. 气雾培

气雾培(aeroponics)是一种利用特制栽培床结构容纳植物根系并在其更大的空腔内定期喷雾营养液的栽培系统(见图13-73)。其栽培床可设置成三角形架式、槽式、大型圆管式、竖立圆柱式、墙体结构式等类别,因此在空间利用上极具可塑造性,而且还能适合对地下部有特别要求的植物种类种植。

气雾培系统的构建和维护费用极高,但能用于其他系统难以完成的栽培目的,因此更多地用于基于绿化、环境装饰及商业展示等方面。其缺点也非常明显,需要连续喷雾并做循环供液处理。

图13-73 几种不同气雾培类别的系统构建及其应用效果
A. 三角架式;B. 槽式,马铃薯;C. 建筑墙体绿化;D. 大麻根系;E. 槽式,落叶果树;F. 立柱式
(A～F分别引自 blog.sina.com.cn、news.wugu.com.cn、detaill.1688.com、ymc.zwkf.net、kf.zwkf.net、lovehhy.net)

13.5.3 无土栽培的营养液管理

无土栽培作为一种耕作体系,除系统构建之外,其共同的地方即在于水分与矿质养分的耦合——营养液的供给,因此无土栽培亦称为营养液栽培(nutriculture)。

关于营养液的配方在本书第12章已做过详细讨论,本章则主要以营养液的配制及其管理入手进行讨论。

1. 营养液的配制用原料处理

由于大规模的生产上不可能使用去离子水等水源,因此营养液的配制上面临着许多技术问题,包括营养液的肥料盐来源、水质、pH值调整等。

通常在大量使用的背景下,用于无土栽培营养液配制的肥料盐类不可能使用化学纯及其以上级别,而农用级别的固体制品常以桶装或袋装,很多盐类会吸潮而使有效含量发生变化,需要进行实际含量水平的校正,这一点必须注意。同时,当原料为非纯品时还需考虑纯度引起的校正需求。

关于营养液配制时的用水质量,有条件时尽可能用蒸馏水。但事实上出于成本考虑等原因,大规模生产条件下很难实现。因此在一些水质硬度较高的地区,如何减轻水中固有物质则成为无土栽培上难以克服的问题。

通常我们把天然水中($CaCO_3+MgCO_3$)的浓度作为判别水质硬度的指标,并且当其浓度小于50×10^{-6}(重量比)时把水称之为软水,不再做专门的软化处理;而在很多地区所使用的地下水中的($CaCO_3+MgCO_3$)浓度较高,有时其数值均达到100×10^{-6}(重量比)以上,再加上钙和镁的硫酸盐、氯化物以及硝酸盐等,最终用水中的可溶性盐含量(EC值)可达到0.5 mS/cm以上。在这种硬水水质条件下如沿用原配方直接配制营养液,其效果会大打折扣,有时会出现植物对营养液中矿质离子的不均衡吸收,甚至经常会出现营养液的沉淀现象。

对于一些自然降水较为丰富的地区,收集雨水并经物理沉淀后的水是最经济的营养液配制用水(见图13-74A)。而在包括降水量在内的水资源较为缺乏的地区,只能使用硬度较高的水作为营养液配制用水时,则必须进行水体的软化处理。通常的方法是将原水抽入处理池添加生石灰等碱性软化剂后,原水中的形成暂时硬度的HCO_3^-会被转化为CO_3^{2-};而钙和镁的永久硬度则在生石灰作用下最终分别以$Mg(OH)_2$和$CaCO_3$形式沉淀。将处理并去除沉淀后的水抽入另外的储水池中,调节pH值至6.0～6.5即可直接用来配置营养液。使用经软化处理后的水所配置的营养液其盐分平衡状况会得到根本好转。对于用水量不大的小规模无土栽培,也可配置反渗透水质处理机,如图13-74B所示。

图13-74　营养液母液的用水处理和配置管理
A. 荷兰大规模营养液配制用雨水池;B. 5 t反渗透净水系统;C. 母液储液罐及其稀释混合自动控制系统
(A～C分别引自news.163.com、00042.com、showbtli7lanqi.haodewap.com)

2. 营养液浓缩液的配制及储存

由于镁盐和钙盐在一起配制时常会引起沉淀,加之不同肥料盐在水中的溶解度差异问题等,在营养液浓缩液配制时必须分类配制。通常我们将这些营养液配制用肥料盐分成以下3组:

A组为$Ca(NO_3)_2$。

B组,按加入先后顺序,有$MgSO_4$、$NH_4H_2PO_4$、KNO_3和$(NH_4)_2SO_4$,且在配制时需待前一盐类完全溶解后才能加入下一种。

C组为微量元素组,按加入先后顺序,有EDTA-FeNa、H_3BO_3、$MnSO_4$、$CuSO_4$、$ZnSO_4$和NH_4MoO_4。

3组营养液浓缩液分别称之为A、B、C母液,通常情况下A、B母液的浓缩比例为100倍,C母液为1 000倍,较利于后续使用时稀释。待母液中的肥料盐完全溶解后,再进行pH值调整作业。可根据未来稀释用水的pH值进行事先测定和计算,确保混合并稀释后的营养液的最终pH值为5.8～6.5,这对大多数的园艺植物均较为理想。调整好pH值的3种母液分别储存于专门的储液罐中,随用随稀释和混合,如图13-73C所示。

3. 营养液供给及其控制

将A、B、C三种母液按所需数量(根据罐体容量和浓缩倍数计算得出)抽出并注入储液罐后,加水稀释并用潜水泵做高速搅拌后静置即成标准浓度栽培用营养液。实际使用时可根据作物需水特征和气象特点对应做出调整。目前已有控制用于母液稀释和混合的智能化系统,可减轻人工作业的劳动强度。

对于循环式供液体系下的营养液,需要检测回流到储液罐中的营养液的EC和pH值。根据所测值与初始值的差值,确定是否需要修正。通常EC误差率超过20%或pH值超过5%时即需要补充新的标准营养液。智能化管理系统可根据传感器测定数据利用计算机进行控制其补充频率、营养液补充容积和营养液流速等。

在有些栽培系统中,营养液供给系统还需与气泵相配合,通过栽培床中设置的曝气管导出气泡,以维持栽培床中营养液具有适当的溶解氧浓度。

13.5.4　栽培基质处置

不同基质用材料在填装入栽培床之前,有些需要做相应预处理。无机基质在选择上需要注意的是其平均粒径的大小,这直接涉及营养液给液后基质的饱和持水量。从这一点上考虑,不同基质间差异较大,无机类基质材料中,岩棉在饱和持水量下其体积增加量往往超过原基质体积,而沙子在饱持水量下体积增量与基质体积相比只占60%左右,珍珠岩则不足50%;有机基质的饱和持水量相对较高,特别是纤维质较多的材料,而草炭在饱和持水量下体积增量与干的物料体积相比,约占80%。

在无机物料基质的预处理中,需要将其上所混入的细小泥土和材料碎末用水冲洗掉,以免装填入栽培床(容器)后堵塞粒间孔隙,影响植株根系的吸水;而对于有机物料基质,则需考虑其是否有一定的陈化度,作为基质使用时必须有较高的发酵成熟度但又未破坏其物料的结构稳定性。因此,对于新鲜的有机物料,需进行预发酵处理,通常需加入3.2 kg/t的氮素并在15～30 ℃下堆置发酵20 d以上,使其发酵热量散尽后即可用作栽培基质。为了兼顾物料之间在物理性状上的优缺点,则需要进行混合复配,用作基质时理想物料的C/N比在30∶1左右,容重在浇水后保持在640～960 kg/m³间。

对于基质栽培而言,目前最大的困境在于其废弃之后的出路问题。当然,如无机基质的砾石类等,使用后其形状和结构不会改变,可通过冲水洗净后加以再利用;但结构易于破坏的物料如岩棉等则较难直接再利用,只能借助再生等处理。有机基质也较易处理,栽培后结构破坏较严重而不能再直接利用者,可通过与新鲜有机物料的再发酵加以利用或作为有机肥使用。

与此相对应的是废弃营养液的利用问题,通常可稀释后作为液体肥料在土壤栽培上加以利用,或作为有机堆肥的添加物加以利用。总之,无论是废弃基质还是营养液,都不能随意丢弃造成环境污染,这一点在生产上需特别注意。

第 14 章
园艺植物生长发育的过程调控

14.1 生长函数曲线及其特征点

在前面第6章中,我们曾讨论过植物生长函数及其生长过程的表达。在特定生产条件下,我们总是能够建立起在正常生长状态下的各种生长函数,并以此作为判别生长发育正常与否的参照,这些函数称其为标准状态函数(standard state function)。实际生产中当某些方面出现一定问题时,通常可以在其实时函数(real time function)上表达出与标准状态函数间的偏差来,由此我们即可判断植株的生长发育出现的问题并力求找出原因和解决方案。这一思路是园艺植物生产上精细化管理的客观要求。

在大宗的粮油作物上,目前所建立的生长模式可精确到第几天、几片叶、长多高……与粮食作物相比,大多数的园艺植物在生长过程的函数表达上要落后得多,因此从产量和品质提升的角度而言,也更有潜力可挖。

14.1.1 几种常用函数的特征点

在描述生长发育过程中,常用的几种函数中特征点的存在,往往具有重要的生物学与栽培学意义。在传统的以经验为指导的技术体系中,我们常通过物候期来界定生长发育过程中的一些特定变化,虽然其工作理念相同,但精细化程度不够。

由此,我们将就植物生长发育过程中常用的几种函数及其特征点进行讨论。

1. logistic 曲线

通常,logistic 曲线可表达为

$$f(t) = \frac{K}{1 + be^{-\lambda t}}$$

其微分形式为

$$f'(t) = f(t)\left[1 - f(t)\right]$$

因此,我们可以找出当 $f(t)=K/2$ 时的 t_m 值,并建立过 $(t_m, K/2)$ 点的线性方程 $f_1(t)$(见图 14-1),并通过联立方程

$$\begin{cases} f_1(t) = a + \dfrac{\lambda K t}{2\ln b} \\ f(t_1) = 0 \\ f(t_2) = K \end{cases}$$

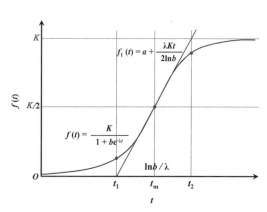

图 14-1 植物生长过程中常用的 logistic 方程及其曲线特征

即可找出 t_1 和 t_2 两个特征点。我们把这两个点看作 logistic 曲线的重要特征点,即将 $(0, t_1)$ 区间视为缓慢增长期;而将 (t_1, t_2) 区间视为直线增长期;而将 (t_2, t_∞) 视为稳定期和衰变期。

通常我们所列的 logistic 方程是其积分形式,因此常用来描述植物生长量随时间的变化规律等。

2. 二次曲线(quadratic function)

通常我们将二次曲线表达为

$$f(x) = ax^2 + bx + c$$

这种函数也可表达为顶点形式,即

$$f(x) = a(x - p)^2 + q$$

其中,

$$p = -b/2a$$

$$q = (4ac - b^2)/4a$$

即顶点 (p, q) 即为二次函数的极值(见图 14-2)。

当 $a>0$ 时,其曲线开口向上,方程有极小值;当 $a<0$ 时,其曲线开口向下,方程有极大值。且开口大小与 $|a|$ 成反比。

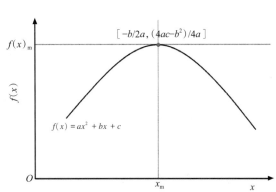

图 14-2   植物生长过程中常用的二次方程及其曲线特征

3. 高次多项式方程(high-ordered equation)

通常,高次多项式方程的表达式为

$$f(x) = a_0 + a_1 x + a_2 x^2 + \cdots + a_n x^n \qquad (n > 2)$$

当 $n = 3$ 时,上述方程则转化变为三次函数

$$ax^3 + bx^2 + cx + d = 0$$

如图 14-3 所示,两边同时除以 a,然后配立方,再令 $y = x - b/(3a)$,即可化为关于 y 的不带二次项的特殊型一元三次方程,即

$$y^3 + py + q = 0$$

利用卡尔丹(Girolamo Cardano)公式求解,其三个根分别为

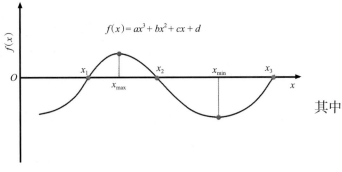

图 14-3   植物生长过程中常用的三次方程及其曲线特征

$$
\begin{cases}
y_1 = \sqrt[3]{Z_1} + \sqrt[3]{Z_2} \\
y_2 = \sqrt[3]{Z_1}\,\omega + \sqrt[3]{Z_2}\,\omega^2 \\
y_3 = \sqrt[3]{Z_1}\,\omega^2 + \sqrt[3]{Z_2}\,\omega
\end{cases}
$$

其中

$$\omega = \frac{-1 + \sqrt{3i}}{2}$$

$$Z_{1,2} = \sqrt{-q/2 \pm \left[(q/2)^2 + (p/3)^3 \right]}$$

$$\Delta = (q/2)^2 + (p/3)^3$$

而曲线的极大值$(x_{max}, f(x)_{max})$和极小值$(x_{min}, f(x)_{min})$,则可通过求导降阶后的二次方程求得。

更高阶的多项式函数的特征值在数学上较为复杂,此处不再做深入讨论。

4. 周期性函数

在确定性时序分析中,常用的处理方法是对季节时间序列分量拟合一个三角函数模型,或求一个固定的季节指数。

对于三角函数模型,通常的表达为

$$u = a\sin(\omega x + \eta)$$

其最小正周期$T = 2\pi / |\omega|$。

设y是u的函数$y = f(u)$,u是x的函数$u = g(x)$,如果$g(x)$的值全部或部分在$f(u)$的定义域内,则y通过u成为x的函数,记作$y = f[g(x)]$,称y为由函数$f(u)$与$g(x)$复合而成的复合函数。

以一个线性函数与周期函数的复合为例,如图14-4所示。

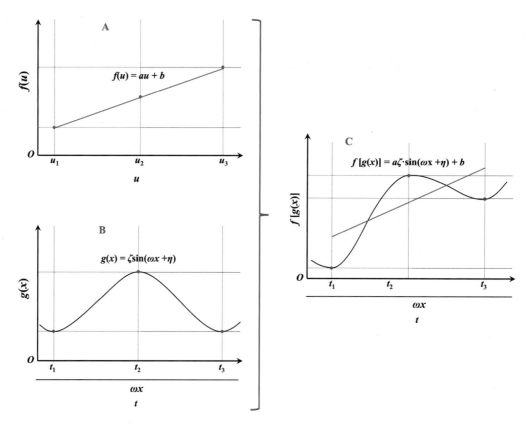

图14-4   由线性函数(A)与周期函数(B)复合形成的复合函数(C)的数学特性

另外的方法是,通过计算周期的平均值以及每个周期内各时间点的季节指数(seasonal index),作为修正系数。其计算公式为

季节指数=(历年同季平均数/趋势值)×100%

14.1.2 函数特征点及其应用价值

就前述常用函数类型,我们分别讨论其特征点所代表的栽培学意义。

1. logistic 曲线

logistic曲线为我们揭示了具有典型阶段性特征的过程描述,常用于生长量与时期相关数量关系。

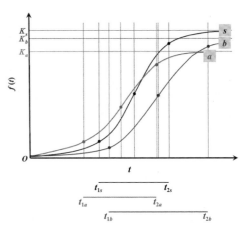

图14-5 植物生长过程中的正常情况(s)和两种异常情况下的曲线特征值变化(a 和b)

如图14-5所示,在正常生长下的曲线 s 中,其特征点 t_{1s}、t_{2s} 分别与生育周期或年度周期的茎叶生长速度相关联,t_{1s} 意味着进入快速生长的起始点;而 t_{2s} 则意味着植株的旺盛生长结束。

与曲线 s 相比,曲线 a 的 t_{1a}、t_{2a} 时间均有提早,并且 $(t_{2a}-t_{1a})$ 也有缩短,k_a 值也小于 k_s,说明植株早期生长启动快,部位间协调并不理想,因而出现了提早成熟而引起的早衰现象;对于曲线 b,其 t_{1b}、t_{2b} 时间均有延迟,且 $(t_{2b}-t_{1b})$ 也延长,即整个生育周期滞后,其 k_b 值并未相应提高,有时可能在正常栽培季节里产品成熟时间不足而影响到产量和产品质量。

2. 二次和高次曲线

在特定的区间内,植株生长的一些过程及指标可以用二次或高次曲线的函数来模拟。这些方程最显著的特点是具有极值型拐点,其极大值或极小值出现的时间早晚,对植物生长管理有非常重要的标志性参考意义,也是我们进行生长调节的重要依据。

如植物生长过程中的NAR和LAI随生长时期分别呈现指数式和logistic曲线式变化(见图14-6A)。对LAI而言,其群体的 L_{max} 并不是我们所追求的,最适的群体叶面积指数(L_{opt})可根据CGR与NAR和LAI间存在的关系表达为

$$CGR = NAR \times LAI$$

于是,我们可以得到在CGR和LAI间存在的一个二次曲线式关系(见图14-6B),并且可以求算出 L_{opt} 的具体数值,找到植物生长过程中 L_{opt} 达到这一数值的时间点 t_u。

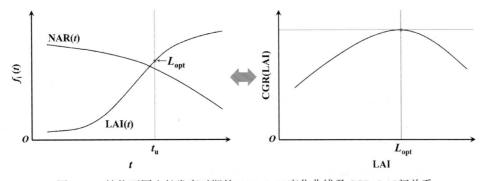

图14-6 植物不同生长发育时期的NAR、LAI变化曲线及CGR-LAI间关系

又如萝卜等一些具有产品器官贮藏特性的植物生产过程中,其冠根比(T/R)随生育时期呈现二次曲线式变化,其极大值出现的时间 T_{max},意味着地上部叶片生长基本停滞,而根部等地下器官的迅速生长将开始。此时间出现的早晚对于这类植物的生产而言则非常重要,T_{max} 过早出现会使物质生产能力不足,

难以获得高产；而T_{max}过晚出现有时会因距离栽培终了的时期过短而影响产量。因此，生产上，常常需要根据生长样态确定T_{max}出现的早晚，并由此确定施肥及植株调整的具体方案。

生长期平均温度与CGR间通常也存在二次曲线式关系，其极大值在最适温度（T_{opt}）下取得；同样我们可以通过二次方程，分别求算得到CGR最大值75%和50%时的温度上下限值$T_{opt} \pm b$和$T_{opt} \pm a$（见图14-7A）。

如果我们可接受的植物生长状况设定为50%CGR（具体情况有时可能有增减），根据多年气象资料即可获得区域特定季节（$T_{opt}-a$，$T_{opt}+a$）温度范围的实际天数，由此判定某一植物的特定品种在特定区域、不同季节生长时的适应性及较适生长发育期的长短，如图14-7B所示，该地区在特定植物可接受温度范围的自然季节为3月12日—5月25日和9月5日—12月3日。

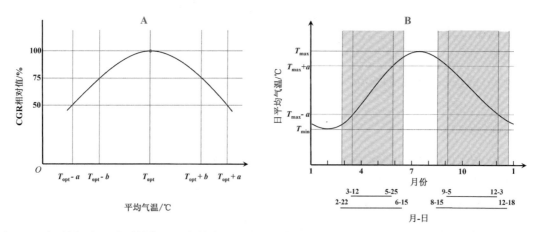

图14-7   在不同生长温度对植物CGR的效应（A）和可接受温度区间对应一年中的季节及其栽培措施调整（B）

而春夏季的提早栽培则需要进行临时覆盖等措施的应用，可使其栽培的开始时间提早到2月22日前后；而初夏以后的延长栽培，则需要依赖遮阴覆盖等措施，可使栽培期延后至6月15日前后；同样对于夏秋季节，采用遮阴等措施可使自然季节的始期提早到8月15日前后；而采取防寒保温等措施可使其延迟到12月18日前后结束栽培期。

这一方法在判断一些多年生园艺植物的适宜栽培区域上也是适用的，我们把其目标温度界限为放宽至其耐受温度即可。

在一些生长时期较长的植物上，植株各个部位间关系变化频繁，常可以模拟为高次方程。对其极值出现的时期，是植物各种生长关系的明确表征。因此我们可以通过与正常生长状态下的极大值和极小值出现早晚来及时做出调整，如进行中耕、追肥、整枝等，协调各个生长阶段的关系是实现优质高产的技术保障。

在进行相关调整时，根据调节措施的作用效应快慢，在其极值点前可有相应的提前量。

14.2   植物生长的相互关系

在植物整个生长发育过程中，存在着不同层次上的相互关联，有些表现为竞争关系，有些则表现为相互依存的关系。这些关系可能影响到植株的生长样态。通常，这些关系存在于同一单株的器官之间，或个体之间，或不同植物之间。在实际的植物栽培过程中，必须协调好植物生长上的相互关系，才能保证植物的整个生长发育保持良好有序的状态，并能提高产量和产品品质；而不适当的生长关系常会导致植物产量和品质的下降。

植物生长的相互关系通常表现为以下几种：植物个体内部关系、个体间关系与植物间关系等层次。

14.2.1 植物个体内各部位间关系

1. 地上部与地下部

植物的地上部和地下部的器官在通常情况下基本是相同的，其地上部包括枝叶、花、果实等；而地下部则为根系。园艺植物中由于复杂的器官特化与异化现象，使得这种关系变得更为复杂。

从总体上而言，根系是植物水分和矿质营养吸收的主体器官，其功能由根量、根活性和根分布区域等因素决定。根的吸收强度直接决定着植物整体生长发育的最终结果，但最佳的吸收量并不只是根量大就能决定的，根系新陈代谢旺盛、吸收区域的水分与矿质水平数量充足且状态上利于吸收也会很大程度地影响植物根系的吸收强度。也就是说，在园艺植物栽培上，除了创造一个有利于植物根系吸收水分和养分的土壤综合环境外，保持植株有一个与地上部生物量相匹配的根量是至关重要的。通常情况下根系的生长常成为整株植物的限制因素，即根系吸收满足不了地上部对水分和矿质的需求，当然也有根系吸收过量的情况发生。

根系生长的好坏，对地上部的光合同化、物质生产分配、再生产等过程的物质基础具有直接的作用；而反过来，正常情况下地上部的生长好坏也会影响根系的生长，这取决于植株同化物质的分配问题，但过旺的地上部生长有时会使根系得到的同化物质比例减少而使其生长受到一定抑制。

在植物栽培过程中，不同生育阶段植株地上部与地下部的理想状态会出现特定的变化，这也正是我们进行栽培管理上对植株进行有效调节的客观依据。我们可根据T/R在不同生育期的变化曲线，在实际生长状态与理想曲线间对照找出其调整位点，如图14-8所示。

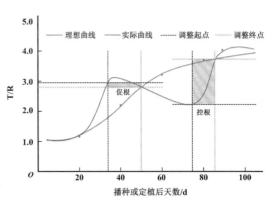

图14-8 基于T/R理想生长曲线的栽培过程调节时期判定模式图

2. 主次关系

从植株整体看，对于同一类器官，由于其发育上的分生早晚关系及其发生位置的不同，决定了其对于植株个体的主次关系。这种主次关系在不同器官上可能均有表达，如主根与侧根、树木主干与多级分枝、顶芽与侧芽、莲状叶与球叶、顶花与侧花、基部果实与上方位果实、同一果穗的近端与远端等。

通常在主次关系上，主的部分常常对次的部分构成了优势，这是由于植株体内生长素（IAA）水平的不均衡分布所造成。一旦顶端优势解除，处于次的部分会在生长上不再处于明显劣势。

1）主根与侧根

在具有主侧根之分的园艺植物上，主根的长度与表面积直接决定着该植物在土壤中的吸收范围，并影响到侧根发生的数量与在主根上的分布。主根发达则侧根数量会随之增加，但其粗度却受主根抑制；如主根生长点被去除后，主根的伸长特性难以恢复，侧根则会比正常情况下发生增粗；而当主根完好而部分侧根去除后，主根上会重新分化产生新的侧根，这一过程往往需要一定时间。通常主根决定着植物在土壤层中吸收范围的深度，而分布于其上的侧根则决定着吸收范围的水平分布。

2）主枝与侧枝

植物种类的遗传特性决定着其分枝特性，因此表现为以下情况：基本上无侧枝，只有主枝；侧枝在主枝上逐层分布,越是远离生长点的枝条生长越旺盛,受顶端优势抑制程度低;顶端优势稍弱,侧枝繁茂且有多级侧枝。

因此主侧枝之间的IAA分布直接决定了各个部分在分享生长资源上的地位及其比例。去除部分侧枝会促进主枝的伸长和增粗生长;而适时地去顶(或摘心)则能促进基部侧枝的增粗与伸长生长,并刺激其上发生二级分枝。主枝与侧枝的生长量决定着植株的物质分配去向及其比例,因此协调主侧枝以及侧枝间比例关系,使地上部的空间分布更加合理并与植株本身的物质供给能力相匹配,是栽培上所追求的。

3) 顶芽与侧芽

芽的主次关系除表达为枝条外,也表现在叶和花等器官上。在不同叶位的叶片生长上,远离生长点的叶片受生长点抑制较轻,往往能形成较大的生长量,越靠近生长点,其叶片的生长量相对越少。在一些高大植株上,我们常常可以看到中下位枝叶的生长量才是最大的,而不是最底层,这是因为最下层叶片的光捕获能力较差的原因所导致。当植株枝叶过于繁茂内部竞争压力过大时,去除部分侧芽可使主芽获得更好的优势而使植株高大或主干花朵硕大化;而摘心则使侧芽生长加速。

3. 营养器官与生殖器官关系

对花器或果实而言,其生长完全取决于它们能够从植株的生长物质资源中获取多大份额,而营养器官自身的生长也需要争夺这些物质。于是两者便形成了一定的竞争关系。相对而言,生殖器官中IAA的水平通常会大于营养器官。当营养器官与生殖器官的生长相平衡时,生殖器官能够得到充足的物质供应而能够正常生长发育;但植株处于枝叶大量发生时期时,过早发生的生殖器官则会面临生长物质供应的缺乏;同时过多的花芽会抑制营养器官的生长。而且生殖器官内部在物质竞争上,也有强弱之分,种子发育在营养物质上的竞争力往往大于果肉。

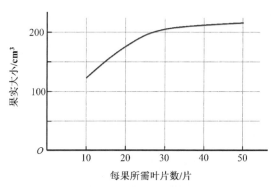

图14-9 平均单果叶片数与果实大小的关系模式图
(以苹果为例,依Janick)

影响果实大小的重要因子是叶果比(leaf fruit ratio),即平均每个果实对应的叶片数,两者的关系如图14-9所示。在尚未成熟的树体中,营养生长仍在继续,而果实的发育会使营养器官的生长发生停滞;而在成熟的树体中,其叶片数基本上为一定数,其营养器官的新生组织较少。

因此要想提高果实的大小,一是增加其树体的叶片数,二是减少果实的数量。因此,在果树栽培上需要对成熟树体进行枝条更新,在开花坐果后进行适当的疏花疏果,以保证果实能够达到商业标准(见图14-10)。

图14-10 苹果植株的疏果过程与要求
1、3为疏果前;2、4为疏果后
(引自Janick)

单果重与产量间的关系如图14-11所示。在植株内部的营养物质竞争未开始时,增加结果数可提高单株产量,且对单果重无多大影响;但植株一旦进行营养物质竞争,在开始时随着果实数增加,单果重降低,但并未影响其果实产量。因此,疏果需及早进行,但需以不降低产量为尺度。

果实与营养器官间的营养物质竞争会对植株造成严重影响。果实在营养物质竞争上优于花芽,因此才会出现一些果树在当年发生花芽却不能发育成花和果实,而需要在次年才能开花结果的现象(biennial bearing);而且当年结果过多,会大大抑制树体的花芽分化,使第

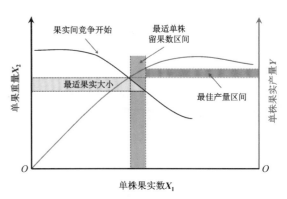

图14-11　苹果单株果实数与平均单果重之间的
理想关系
(依Janick)

二年无花可开,即形成树体在结果上的大小年(bumper and failure years in the fruit harvest)现象。

对于花卉栽培而言,在单朵的花枝上,花朵的大小直接决定着其品质。因此,适当的疏花或摘芽是常用手法,如在玫瑰、康乃馨、菊花和芍药等植物上。

14.2.2　植物个体间关系

在一个由同一种植物组成的群体内,不同个体间存在着生长竞争(growth competition),这将直接影响到植物单株个体的外观和产品器官状态。如果在单位面积内植物株数过多,各个体之间即开始争夺生长发育资源,即在光照、水分、矿质元素和光合产物分配等方面开展竞争。

从商业化栽培的角度看,关心单位面积上的植物器官数量往往比单株更有价值,即通常所说的产量,加之产品的质量约束,使两者成为取得最大经济收益的前提。

在第9章时我们曾讨论过植物产量与质量的形成问题。单位面积产量是由单位面积株数与单株产量共同决定的,当个体间没有多大竞争时,随着单位面积株数的增加,单位面积产量也会随之增长。当单位面积株数达到一定程度后即开始发生个体间竞争,对于不同的园艺植物种类,因其产品器官部位不同以及消费行为对产品质量要求的限定,使得产品器官部位受到株数增加带来的压力,可能使其形态变小或形成数量减少,或两者兼而有之。这些均使其产品质量严重下降,即使产品器官部位的总生物产量增加,但也会面临部分产品无商业利用价值的风险。

通常在计算园艺植物的产量时,我们可得到以下方程:

$$y_t = \frac{1}{ap + b}$$

式中,y_t 为单株生物产量;p 为单位面积株数;a、b 为常数。则单位面积生物产量(Y_t)可表达为

$$Y_t = p \cdot y_t = \frac{p}{ap + b}$$

而单株生物产量与经济产量(y_p)间又存在以下关系

$$y_t = k \cdot y_p^{\sigma}$$

式中,σ 为植物群体的密度指数。因此,单株经济产量即可化简为

$$Y_p = p\left(\frac{1}{a'p + b'}\right)^{\frac{1}{\sigma}}$$

当 $\sigma = 1$ 时，有 $Y_p = Y_t$。σ 值在不同大小时的植株产量状况如图 14-12 所示。

植物的产品器官如果实、块茎、鳞茎、花器等需要适当大小，而不是越大越好，有时还需要一些个体较小的种类。因此，我们可以利用植株个体间的竞争关系来达到所需的特定产品大小。如较小的马铃薯种薯更有利于播种；樱桃番茄、加工用小黄瓜等果实都不希望其长得太大。

虽然不同植物种类间对种植密度的适应性上常表现出较大差异，但肥水条件均能对此造成影响并将改变最适宜的种植密度。在相近的种植密度下也必须考虑耕作习惯，即要使行距的规格能够符合作业机械的需求。

种植密度除影响植物产量和产品器官大小外，也会对产品质量的

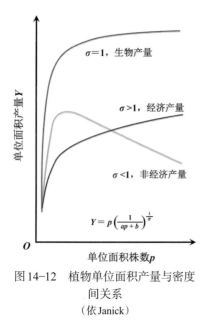

图 14-12　植物单位面积产量与密度间关系
（依 Janick）

其他方面产生一定影响。如一些果实类的园艺植物，当群体较密时可以防止果实发生日烧病；密植能使菊花的茎伸长得更多。高密度种植时，其病虫害的发生通常要比较严重，但却能抑制杂草的繁茂生长。在草坪草生产上，周边如有高大植物造成的遮阴，其杂草会减少很多。

14.2.3　植物种间关系

除了为改善田间生态状况而进行的间作和套作外，园艺生产上多采用单一植物群体方式。在间作、套作模式下，从生产目的而言，通常也是有主次之分的，也就是说间作或套作的植物不能影响主栽植物的生长。最常见的间作和套作模式有高大和矮小植株间、果树与短季节蔬菜、果树与地被草等的组合。

关于间作或套作的他感作用等相关问题已在第 11 章中讨论过，本处只对杂草进行讨论。

杂草与栽培的园艺植物之间的竞争，使目的植物在水分、矿物质的吸收上受到压制。一些高大杂草甚至会在光照上与目的植物竞争。而且杂草常成为一些病虫害的寄主（host）而对栽培植物有害。高强度的耕作会使杂草的发生得到遏制。很多杂草具有强烈的种子休眠特性，有些则具有强大的地下根茎，繁殖能力极强，这也是杂草很难去除干净的原因。

关于园田内控制杂草的具体方法，将在本书第 17 章中再加以讨论。

14.3　植株生长发育状况诊断

在特定生产条件下，与理想生长状态比较，一些植物的生长发育经常会出现各种明显异常，其主要表现可分为两大类：生理性异常和病理性异常。有时两个类别间在其异常表现上可能会很相似，但其原因则差距较大。我们把植物因自身营养条件、栽培环境不适等原因造成的生长异常称为生理障碍（physiological disorder）；而将因病原微生物侵害而引起的植物生长异常称为病理障碍（pathological disorder）。

从其表观症状上,生理障碍和病理障碍有时非常相似,但从细化的症状特征仍然能够对其进行区分,当然也可能存在两者交织在一起的复杂情况。因此,准确区分两者并进行有效诊断,对园艺植物栽培而言是非常重要的。以黄瓜为例,生理障碍和病理障碍的表现在器官层面上的症状如表14-1所示。

无论哪一种障碍,在园艺生产上均需准确诊断并采取适当对策,对植物生长发育状况进行调整,以使其回归到正常状态。

本章主要讨论园艺植物的生理障碍问题,而病理性问题将在第17章再加以专门讨论。

表 14-1　黄瓜不同部位叶片症状表现及其发生原因

发生部位	直观表现	细微表现	发生原因
上位叶	整叶黄化	叶脉间黄白化	缺铁症
		叶色淡绿黄化	缺硫症
	叶缘枯死	叶脉间黄白化	氮过剩
		叶缘黄褐变	缺钙症
		无心、矮小、弯曲	白粉虱
		部分褐变、萎缩	缺硼症
	叶片斑点	由湿润化而褐变(黑粉状)	黑粉症
	花叶	浓淡状花叶、蕨叶	病毒病
	凋萎	整叶凋萎	蔓割病
		凋萎枯死	疫病
中位叶	叶脉间变色	除叶缘外叶脉间黄化	缺镁症
		叶脉间黄化,叶缘黄褐变	缺锌症
		叶脉间黄绿色小斑点	黄化病
	叶脉间病斑	带角小斑点	细菌性角斑
		围绕叶脉的角形病斑	霜霉病
		黄褐色圆形小斑点	炭疽病
	叶缘枯死	从叶缘开始的黄褐变	缺钾症
下位叶	叶脉变形	叶片镶边	硼过剩
		黄褐色斑点	锰过剩
	沿叶脉异常	沿叶脉轴菱形淡褐色	蔓枯病
	叶脉间黄化	除叶缘外叶脉间黄化	缺镁症

14.3.1　生理障碍的基本表现及其形成原因

尽管园艺植物种类众多,其间差异较大,但就其生理障碍的表现而言,却有着许多相似之处。

1. 园艺植物生理障碍的主要表现

生理障碍可以在植株的各个部位上表现出来,集中反映在各个器官生长发育上的异常状况,主要表现如下:

(1)整株异常,如徒长、分枝过多、植株矮化、老化、先期抽薹、生长点扭曲、凋萎等。

（2）叶片异常，如变色、杂色、失绿、叶缘卷曲、整叶干枯、叶薄、色斑等。

（3）花器异常，如落花、不开花、花器结构异常、早花等。

（4）果实异常，如落果、畸形、开裂、化果等。

从发生时期特征看，生理障碍在植物生长早期往往只表现为生长量出现一定迟缓，与正常生长植株相比略有差别，但发展到中后期时，则会出现发育迟缓甚至体内营养缺乏或失调，最终导致植株提早衰老死亡。

2. 生理障碍的形成原因类别

生理障碍的形成原因很多，有些是因为自然条件引起，而更多的是栽培过程中的管理不当所导致。其主要的原因有以下几种。

1）种子或种苗质量

当植物种子在采制部位、时期以及后续的加工和贮藏过程中处置不当，可能造成种子质量低下；即使是正常质量的种子或其他繁殖材料，在育苗过程中环境不适宜或管理不当，也会造成种苗发育不良等问题。与正常种苗相比，质量较差的种苗均会引发其后的生理障碍。

种子或种苗质量引发的植株生理障碍，主要表现为出苗缓慢，出苗后子叶薄且面积小；叶片分化速度较慢；苗期长势弱；有时还会出现叶片失绿、子叶或真叶缺损、无生长点等症状。这些初期症状可能使植株的整个生长期延缓，最终导致定植后的发育不良、生产性能下降。

2）品种遗传特性

每一个品种都具有自己独特的性状，一些长势、产品形态和大小等性状较好的品种，都有其适宜的栽培区域或环境要求范围，当栽培区域自然环境与品种特性不相适应时，植株生长即会出现相应的生理障碍。任何的优良品种也有栽培环境上的局限性。

3）土壤环境状况

不同园艺植物对土壤环境有其自身的要求。土壤环境不适宜于园艺植物生长时，便会出现一系列的生理障碍，如缺素症、过量症和干旱等。土壤除了承载植株水分和矿质营养的吸收外，也是根系生长的空间，不适宜的土壤环境也会造成根毛脱落、根系生长停滞、根系分布范围小、吸收能力弱等问题。

如第11章中所述，无论在物理性状、化学性状还是生物性状方面偏离理想土壤较大的问题土壤，都可能引发所栽培的园艺植物产生相应的生理障碍。

4）施肥不当

即使是土壤肥力水平较高的土壤，栽培不同植物时因其对不同矿质的吸收量不同，经常会出现吸收上的不平衡，因此需要通过施肥来调节矿质元素的余缺。施肥除了考虑各种元素的总量外，还需注意其化学形态，如是否形成不可溶形态、其形态之间转化的稳定性等诸多因素。

一俟某些元素较难以为植物吸收（有时土壤中含量很高，但植物却难以吸收）时，植株即表现为缺素症，伴随这一过程的便是部分元素的过量吸收而引起的过剩症。元素的缺乏与过剩是专一性的，不可能通过其他途径加以克服。

施肥水平必须结合土壤矿质元素的本底进行，而不是定量的。这就造成了土壤及肥料管理上的复杂性，需要通过栽培过程中的土壤分析加以厘清。土壤中某些矿质元素真正缺乏时的施肥补充较为简单，但土壤过剩背景下的施肥组合在平衡各元素时则较为复杂。

5）气候异常

植物在不适宜气候下会出现各种生理障碍,且有些是间接引起的。

当植株幼小时,过强的光照可能导致日伤;而弱光环境下植株生长缓慢;同时一些对光周期反应较为敏感的植物种类,栽培季节不当时会使植物出现发育上的异常。

温度超出适宜范围后,植物生长发育均会受到抑制,过高的气温导致植株呼吸速率提高、植株叶片薄甚至发生徒长,严重影响植物的发育;而低温引起的冷害和冻害则会引起植株部分器官的组织坏死和脱落,即使受害较轻其后也能恢复,但由此仍会造成以后生长发育迟滞。

水分条件不适如干旱下植株生长缓慢,如伴随高温出现时常会引起植株的器官脱落;而过湿或淹水时植物根系透气性差,可能引起植株气孔的关闭,根系有时因无氧呼吸而积累大量有害物质。

风力过大或过小会影响植物群体内的空气扩散,从而使植株的水分蒸腾、CO_2对流受到不良影响,过大的风还可能造成植株机械损伤。

空气中有害成分浓度也常对植物造成伤害,如NH_3、H_2S、SO_2、CO、CH_4等。

6）设施环境管理不善

设施所形成的半封闭空间下的环境条件与自然条件有着很大的不同。由于受空间小且开放度不足的限制,设施内经常会出现比露地气候更为恶劣的条件,如极端的高温、群体内的弱光、不能正常通风时的高湿度、CO_2浓度低下、不当环境管理下的逆温现象等。

由于设施内环境胁迫造成的植物生理障碍较为普遍,而且具有综合性,如过低的生长温度,往往伴随着不能通风时引起的高湿;温湿度不适时植物根系的吸收也同步受到影响。因此,设施环境的管理需要对多种要素进行协调。

7）密度与植物调节不当

目前普遍存在的问题中很多是因密度过大而引发的,同时在一些群体较大的植物上,过高的叶面积指数（LAI）常造成一系列的麻烦,因此需要在植株调整上协调好各种生长关系,以避免出现各种生理障碍。

8）其他管理不当

管理上的随意性和粗放性是导致植物生产过程中生理障碍出现的最重要原因。

14.3.2　诊断方法

植物的生长诊断（growth diagnosis）,是指根据植物生长发育过程中的各种表现,及时准确地对其做出是否存在生理障碍的判断,并进一步找出原因,提出解决对策的过程。

常用的植物生长诊断主要依赖于外部形态和测试等方式进行具体诊断。基于外部形态的诊断（diagnosis based on external morphology）,通常是根据植物的外观形态如长势、长相和叶色等,来判断生长是否正常,并对出现的异常进行系统分析的诊断方法。其方法虽然简单但也需要有较多的经验积累。同时,这一方法还无法精确定量,特别是当多种原因导致特定症状结果时,则难于分辨和准确判断其原因。基于测试的诊断（diagnosis based on tests）是在对整株或部分组织的相关测试基础上,根据其数据结果对所发生的生理障碍进行有效判别的诊断方法。其结果较为准确,但样品的采制、分析费时费力,且需破坏植株,时效性较差,具有较大局限性。这一方法所用的测试项目通常基于初步的判断而有所选择,如特定组织的矿质元素含量、一些与生长指标具有显著相关的酶活性等。除此而外,一些新的方法如显微化学法、解剖法以及电子探针法等也开始应用于植物生长诊断。

植物生长的诊断方法及其流程如图14-13所示。

望,是对植株生长状况进行外部形态上的观察,需要辨别植株发生异常的分布情况,如斑块状分布、均匀分布,以此来判别生长出现的异常属于生理障碍还是病理障碍。进一步地,通过在单株上的发生部位情况以及异常叶片特征,初步确定矿质营养的缺乏与过剩情况。如不属于营养状况原因时,则进入闻和问的环节。

闻,是指听取管理者对发生异常前后的管理过程及异常发生状况进行描述,以了解异常所发生的背景情况;根据异常产生前后的气候及管理作业情况,可初步确定出异常发生的范围。

问,是在闻的基础上,有针对性地发问,了解更多的细节情况,排除一些不可能的原因,逐渐缩小其原因范围。

切,则是指在已初步判定的小范围原因中,找出可以界定其准确原因的相关生理指标或内部形态特征等,进一步通过解剖、检测等方式进行鉴定的方法。

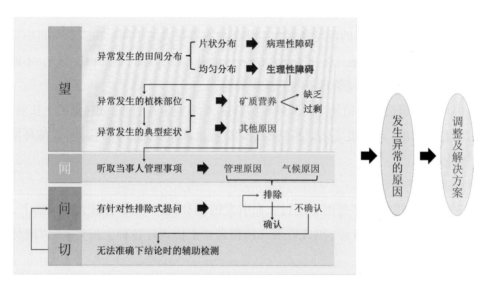

图14-13 园艺植物生长诊断方法及其流程与原理模式图

经过以上步骤后,结合植物生产环境和管理情况,即可准确地判断出植物生长障碍的发生原因,并相应做出调整性解决方案,消除已出现的障碍,促进植物健康生长。

14.3.3 营养诊断

植物营养诊断(plant nutrition diagnosis),是指依据植物在特定生长发育时期外部形态和植株体内矿质元素水平及其与植物生长、产量等关系,来判断其矿质营养的丰缺,并作为确定追肥依据的一整套方法。营养诊断的出发点是确定植物产量形成与植物体或某一器官、组织内营养元素含量之间的关系。

大多数情况下植物生长发育过程中矿质养分是否正常,往往在其形态上能够表现出来,虽然有滞后性,但时间差都不长。因此,可直观地从植物的生长状态上准确地找出矿质元素是否存在缺乏或过剩的症状表现,即形态诊断是最常用的诊断手段。不同元素间的营养状况诊断均有其典型性,因此较易于识别判断。叶片作为地上部的重要器官对大多数矿质元素的缺乏较为敏感,不同元素的缺乏或过剩在叶位上有所区分,并在颜色,叶片内部组织的位置、大小或形状变化等方面具有明显特征,可供诊断时识别,如图14-14所示。

从叶片发生的部位可将缺素症分为以下三类:顶端叶——Ca、B;中上位叶——Fe、Mn、Cu、Zn、S等;下位叶——N、P、K、Mg、Mo。

1. N素缺乏与过剩

植物缺N素时,首先表现在下位叶片的黄化,并逐渐向中上位叶推进。其典型症状为叶片面积小,特别是上位叶变小;最初为叶脉间黄化,叶脉清晰可见,随后逐渐向整叶扩展;上位叶虽小但不黄化(见图14-15)。从开花结果特性看,植株坐果较少,果实膨大速度慢。

N素过剩的主要症状主要表现为叶色发黑、叶形变大;整体植株枝叶过于繁茂,下位叶叶面卷曲明显,部分可见叶脉间黄化;果实发育不良,尻腐果发生增多,如图14-16所示。

即使N素总量适当,但NH_4^+—N占总量比例过高时,也会出现过剩症状。生长初期常表现为叶色变浅,叶缘干焦向内卷曲;中后期新叶叶脉间会出现花叶,上位叶多有褪色和干枯特征呈现。

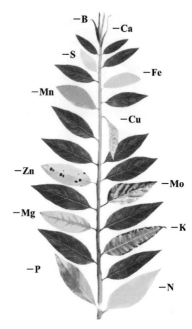

图14-14　植物矿质元素缺乏在叶片形态上的特征表现模式
(依m.sohu.com)

图14-15　不同园艺植物N素缺乏时的典型症状
A. 草莓; B. 苹果; C. 绿萝
(A～C分别引自tanziyuan.icoc.cc、wemedia.ifeng.com、xinyihualan.com)

图14-16　不同园艺植物N素过剩时的典型症状
A. 黄瓜; B. 番茄; C. 柑橘
(A～C分别引自zsbeike.com、51wendang.com、sohu.com)

2. P素缺乏与过剩

植物缺P素时,首先表现在下位叶上,植株在幼小时期叶片呈浓绿色,叶片硬化,整体偏矮小;叶面较小、叶形细长;中后期叶片保持浓绿色,植株开花和坐果均显著迟缓。伴随低温时叶片常会变紫,如图14-17所示。

过多的P素吸收会促使植物呼吸增强,消耗体内贮存的更多营养。因此磷过剩下植株表现矮化,枝叶开度减小,叶色发暗,缺乏光泽。同时P素的过剩将会引起植株Zn和Mo的缺乏。

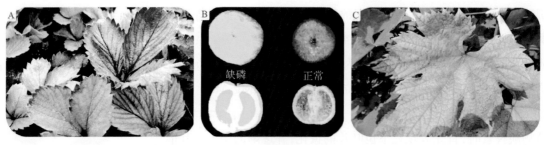

图14-17 不同园艺植物P素缺乏时的典型症状
A. 草莓；B. 柑橘；C. 葡萄
（A～C分别引自haonongzi.com、wohuizhong.com、gengzhongbang.com）

3. K素缺乏与过剩

植物缺K素时，首先表现在下位叶上，植株在生长早期叶缘黄化，逐渐向叶脉间叶肉扩展；在生长中后期在中位叶上可见上述特征。持续时间长后，叶面硬化，叶缘坏死，并影响到植株的坐果和果实的膨大，如图14-18所示。

K素过剩时，植株常表现为叶色异常浓绿，叶缘卷曲，叶脉鼓起，叶片凹凸不平；叶脉间出现花叶，叶鞘硬化。

图14-18 不同园艺植物K素缺乏时的典型症状
A. 番茄；B. 火龙果；C. 柑橘
（A～C分别引自xlgjit.com、shedejie.com、sohu.com）

4. Ca素缺乏与过剩

植物缺Ca素时，首先表现在新叶上，植株上位叶由外向内呈U字形卷曲，在生长点附近叶缘枯萎，常呈伞形；上位叶叶脉间黄化，叶片小型化。生长中后期，缺Ca素症状会明显影响产品质量，使产品器官出现空洞、开裂、组织灰黑变，如叶菜类的干烧心、苹果的苦痘病、番茄的脐腐病等，如图14-19所示。

植物较少发生Ca素的过剩。土壤中的Ca素含量偏高往往与微量元素Fe、Mn、Zn等的缺乏相关联，常表现出叶肉颜色变淡，叶尖有红色斑点或条纹斑等症状出现。

图14-19 不同园艺植物Ca素缺乏时的典型症状
A. 番茄；B. 花椰菜；C. 苹果
（A～C分别引自92child.com、jf258.com、haonongzi.com）

5. Mg素缺乏与过剩

植物缺Mg素时，首先表现在下位叶上，其叶片表现为表面枯萎，叶脉间失绿，进一步发展为除叶脉外叶肉全部黄化，如图14-20所示。植物较少发生Mg素的过剩。

图14-20　不同园艺植物Mg素缺乏时的典型症状
A. 葡萄；B. 草莓；C. 枣
（A～C分别引自360doc.com、ytnky.com、nzdb.com.cn）

6. S素缺乏与过剩

植物缺S素时，通常植株的上位叶到中位叶颜色变淡，发白，如图14-21所示；其过剩发生极少。

图14-21　不同园艺植物S素缺乏时的典型症状
A. 草莓（引自gengzhongbang.com）；B. 苋；C. 女贞（B、C均引自sohu.com）

7. Fe素缺乏与过剩

植物缺Fe素时，中上位叶除叶脉外，叶身呈均匀的黄绿色，腋芽也表现出类似症状，如图14-22所示。其过剩时中下位叶的叶脉间会小的褐色斑点，并从叶片尖端向叶身蔓延；叶色暗绿。

图14-22　不同园艺植物Fe素缺乏时的典型症状
A. 葡萄；B. 女贞；C. 菊
（A～C分别引自mini.eastday.com、sohu.com、jinayan.baidu.com）

8. Mn素缺乏与过剩

植物缺Mn素时，症状首先出现在新叶上，表现为叶片叶脉间失绿，叶脉保留绿色，叶面常出现褐色或灰色斑点,逐渐连成条状,严重时叶色失绿并坏死;植株易变形,茎弱黄老多木质化,花果稀少重量轻(见图14-23)。Mn素过剩时,植株整体生育停滞,叶柄有黑褐变,并沿叶脉扩展,此现象从下位叶开始向中位叶推进。

图14-23　不同园艺植物Mn素缺乏时的典型症状
A. 马铃薯;B. 西瓜;C. 柑橘
(A～C分别引自wfdny.cn、cjyea.com、sohu.com)

9. B素缺乏与过剩

植物缺B素时,症状首先出现在新叶上,表现为生长点附近叶片节间短缩,上位叶向外卷曲;叶缘有褐变,叶脉萎缩;果实渗出油状物,表面可见软木化特征,常发生裂果、畸形,如图14-24所示。

B素过剩时,在生长发育初期下位叶叶缘会出现黄白色,严重时变褐枯焦。

图14-24　不同园艺植物B素缺乏时的典型症状
A. 西瓜;B. 芹菜;C. 葡萄
(A～C分别引自wemedia.ifeng.com、kangzhiyuan120.com、371zy.com)

10. Zn素缺乏与过剩

植物缺Zn素时,以中位叶为中心褪色;与正常叶片相比,其叶脉变得特别清晰;随着叶脉间褪色,叶缘逐渐由黄化发展到褐变,叶片向外卷曲;生长点附近叶片节间缩短、叶片小而拥挤,但新叶不出现黄化(见图14-25)。植株中上位叶表现失绿、黄化;叶片下表皮出现紫褐色等类似缺P素症状。

图14-25　不同园艺植物Zn素缺乏时的典型症状
A. 桃;B. 柑橘;C. 番茄
(A～C分别引自sohu.com、tuxi.com.cn、zhongdi168.com)

11. Mo素缺乏与过剩

植物缺Mo素的共同特征是植株生长缓慢，矮小；中位叶片失绿，且出现黄色或橙黄色斑点，严重时叶缘枯萎；有时会出现叶片扭曲呈穗状，老叶变厚呈焦枯状（见图14-26）。

植物一般不会出现Mo素吸收过剩。

图14-26　不同园艺植物Mo素缺乏时的典型症状
A. 甘蓝；B. 柑橘；C. 番茄
（A～C分别引自sohu.com、tuxi.com.cn、zhongdi168.com）

12. Cu素缺乏与过剩

植物缺Cu素的共同特征是植株中上位叶叶肉发硬，表面有凹凸，并伴有不规则黄化；有时可看到叶片向内卷曲呈匙状，并有枯萎；在一些果实上常出现萎缩等症状（见图14-27）。

Cu素过剩时，根系呈鸡爪状；叶色变暗僵硬，伴有缺Fe素症状。

13. Cl素缺乏与过剩

植物较少会出现缺Cl素现象。缺Cl素时会表现出生长不良，严重时会出现叶片失绿、凋萎等。

图14-27　不同园艺植物Cu素缺乏时的典型症状
A. 柑橘；B. 草莓；C. 黄瓜
（A～C分别引自sohu.com、nst.wugu.com、sohu.com）

14.3.4　生长异常的环境和管理诊断

除矿质营养外，植物发生生长异常还与生长环境及田间管理等作业有很大关系。正常的管理会使植物生长的各方面关系协调，但不当的管理则会造成植物生长出现异常。

1. 药害和其他化学伤害

1）土壤消毒

使用土壤化学消毒剂进行拌土或熏蒸时，除有效杀灭有害病菌和线虫外，其挥发成分会破坏土壤生态系统，使一些有益微生物被杀死，特别是硝化细菌等，于是后茬栽培植物时植株体内易出现NH_4^+–N吸收比例偏高而出现相应问题，如阻碍B等元素的吸收等。如挥发成分在播种或定植后仍有残留性释放，则会对植株造成一定的伤害，常见的症状如植株无生长点、真叶黄化等。

2）农药残留

药害（phytotoxicity），是指因植物种植过程使用农药而产生的对植物自身的伤害作用。药害通常产生于利用农药喷洒、拌种、浸种和土壤处理等作业时。根据发生的早晚，可将其分为慢性和急性两种。施药后几小时到几天内即出现症状的，称之为急性药害（acute phytotoxicity），表现为器官脱落、枯萎、褪色，甚至死亡等；而施药后并未马上出现明显症状，仅表现为植物光合作用放缓、生长发育不良、果实变小或产量降低、品质变差等危害，则称之为慢性药害（chronic toxicity）。

（1）药害产生的原因。

农药对栽培植物造成的药害，从用药特征上可分为错用和误用产生的药害、二次药害、残留药害和飘移药害等四种类型。

a. 错用与误用　错用所产生的药害，是指由于使用不能用于某种植物上的药剂或因混配不当所造成的药害。目前中国对农药实施严格的登录制度，对于同一农药，在登记范围以外使用时便属违规行为。误用所引起的药害，是指以此药当彼药使用而造成的药害，多数情况是因买错、拿错农药等造成，且施药人员并未意识到这种情况，特别是在农药多次转手且遗失商品标志情况下更易发生。

b. 二次药害　二次药害，是指某种农药施用于当季植物上时并未产生药害，而其在土壤或堆肥中的残留物对后茬植物产生的药害。这种药害主要是由于药剂有较长残效期或因其在环境中分解出的有害物质造成的。如一些除草剂或植物生长调节剂，其残效期有的长达1年以上。

c. 残留药害　残留药害，是指由于长期连续使用而在土壤和水体等环境中残留积累性很强的药剂，对种植的敏感植物产生的药害。

d. 飘移药害　飘移药害，是指由于风力作用和雾粒过细，使雾粒飘移偏离施药目标，沉降到敏感植物上而造成的药害。因此，应注意在无风天施药。

（2）药害的诊断方法。

a. 考虑栽培植物出现异常症状是否在施药后短期内发生的，核实所用药剂品种，使用时期、用量、用法是否正确。

b. 调查邻近同植物田块是否有相同的异常症状，以排除病害因素。

c. 熟悉栽培植物病害、药害和营养缺乏的症状及发生规律，加以鉴别。

d. 利用生物培养法和解剖法，检查在栽培植物出现异常症状部位有无病原菌存在和作物组织细胞的变化，这是比较精确的诊断方法。

3）有害气体

来自田野空气或田间的挥发性有害气体主要有NH_3、NO、H_2S、SO_2、CO、C_2H_2、O_3和CH_4等。这些气体对栽培植物的生长会造成一定伤害，其表现症状有叶片黄化或出现褐斑，有卷曲；叶缘枯焦、白化，如图14-28所示。

图14-28　不同有害气体对园艺植物造成伤害的典型症状
A. 受害黄瓜（O_3）；B. 受害草莓（NH_3）；C. 受害苔藓（SO_2）
（A～C分别引自pmume.com、wanggou.fan-pin.com）

2. 环境不适造成的生长异常

1) 土壤环境造成的异常

（1）土壤pH值。

当土壤pH值与植物的适应范围不匹配时,过酸或过碱的土壤常会给栽培植物造成较大的影响,出现生长弱、矿质养分吸收紊乱等综合养分失调现象。通常,过碱的土壤下植物上位叶易出现缺B素现象,叶片展开延迟;而过酸的土壤栽培的植物易出现缺Fe素症状,叶片黄化。

（2）土壤水分。

土壤水分过多或短缺,均会影响植物的正常生长。通常在干旱情况下,栽培植物生长缓慢,叶片黄化、部分叶片枯焦;而在湿涝或淹水条件下,叶片下垂、叶色变淡,有时会伴随出现落花落果等现象（见图14-30）。如排水不及时,植物根系透气性差,根系进入无氧呼吸,会引起根毛大量坏死。

图14-29　土壤水分条件不当对园艺植物造成的伤害症状
A. 核桃干旱; B. 猕猴桃干旱; C. 杭白菊干旱; D. 芥菜湿涝; E. 葡萄湿涝; F. 苹果湿涝
（A～F分别引自smx.wenming.com、sohu.com、nc.mofcom.gov.cn、sohu.com、sohu.comqqzhi.com）

（3）通气性。

土壤因质地或水分关系形成板结时,会对栽培的园艺植物生长产生不良影响。主要表现为植株生长缓慢或出现矮小化症状;叶色发黄、叶片小;根系发育不良,水分和矿质吸收困难等,如图14-30所示。

图14-30　盐渍化土壤中的园艺植物
A. 生长较为正常的盐生植物; B. 番茄; C. 柑橘
（A～C分别引自news.hexun.com、m.sohu.com、m.diyitui.com）

（4）盐渍化。

盐渍化土壤的EC值较高,有时会在0.6 mS/cm以上,对园艺植物的生长影响较大。其典型的特征是矿质营养的吸收变得混乱,部分元素会出现过剩,而一些元素则会有明显缺乏,由此造成植株生长异常,如叶片卷曲、黄化、部分叶片枯焦;生长较弱等,如图14-31所示。

图14-31　土壤板结对园艺植物造成的伤害症状
A. 芫荽;B. 地被草;C. 柑橘
(A～C分别引自5671.info、sohu.com、nst.wugu.com.cn)

2)气候灾害造成的异常

(1)低温与高温伤害。

植物生长过程中,经常会遭受低温冷害和冻害等灾害天气。

冷害是指温度在0 ℃以上的低温对植物造成的伤害;而冻害则是指0 ℃以下低温造成的伤害。冷害是影响园艺植物生长和发育重要原因,尤其是对于一些热带、亚热带植物,如香蕉、菠萝、咖啡、可可等,易受冷害,其生长的下限强度为15 ℃左右,低于此强度植物易受冷害。冷害的发生是由于植物在不同的生长发育时间对下限温度的要求不同,虽然在逐渐的降温中植物可获得一定的耐寒性,但突然的降温常会对植物的生长发育造成伤害。当植物遭遇冷害后,通常叶色会变深,生长放缓甚至停滞,随后则会出现发育上的诸多异常,如果实畸形比例增加等;伤害严重时,还会引起叶片卷曲、褪色、枯萎甚至整株死亡(见图14-32A、B)。

冻害一般发生在早春园艺植物刚定植或多年生植物休眠后的生长初期,有时也发生在秋冬时节的突然降温。植物发生冻害时,其主要的症状表现为植株叶片上出现水浸状斑块,叶肉组织褐变后呈青枯状;根尖变黄或出现沤根、烂根现象。很多草本植物在受冻后很难恢复,可能导致植株死亡;而木本植物的枝条一旦受冻后,其重新抽条依然较为困难,如图14-32C、D所示。

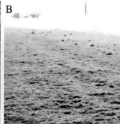

图14-32　低温对园艺植物造成的伤害症状
A. 龙眼冷害;B. 高羊茅冷害;C. 樱桃春季冻害;D. 柑橘冬季冻害
(A～D分别引自lzny.gov.cn、912688.com、blog.sina.com.cn、uic-china.com)

高温对园艺植物的伤害常表现出叶片萎蔫、叶缘卷缩、褐变干枯;严重时相继发生落花落果和落叶现象;在木本植物上则表现为树皮干燥、裂开;果实畸形、果皮出现日灼甚至果实死亡(见图14-33)。若高温与干旱同时发生常导致植株死亡;而高温与高湿度并发时,植株感染有害生物的比例增加。

图14-33　高温对园艺植物造成的伤害症状
A. 辣椒；B. 三七；C. 茶树
（A～C分别引自blog.sina.com.cn、haonongzi.com、m.sohu.com）

（2）日灼与弱光伤害。

夏秋高温季节，日光直射裸露的叶片、枝干和果实时，可使其表面温度达40 ℃以上，持续较长时间后即引起特定部位的灼伤，称之为日灼（sunburn）。日灼通常发生在植物蒸腾降温达不到要求时，其典型特征为受灼伤部位出现水渍状，组织失绿、灰白化，进一步枯焦呈灰褐斑并坏死（见图14-34）。设施栽培时更需注意日灼的发生，高温干旱与强烈日光叠加，会使日灼危害更大。

图14-34　烈日对园艺植物造成的日灼症状
A. 绒毛香茶菜（*Plectranthus*属植物）叶片；B. 猕猴桃幼果；C. 橘柑果实；D. 草莓叶片
（A引自k.sina.com.cn；B、C均引自sohu.com；D引自191.cn）

弱光通常发生在云层较厚或空气洁净度较低的天气时。连续的阴天会对弱植物的生长造成异常，其主要症状为植株徒长，节间伸长、叶片变薄、颜色变淡，枝条机械组织脆弱；植株发育迟缓，有时会出现落花、落果现象，如图14-35所示。

图14-35　弱光下园艺植物生长异常症状
A. 花叶络石叶片绿化、叶纹变色少；B. 未经绿化的架式栽培芽苗菜类；C. 设施栽培番茄
（A～C分别引自douban.com、zaozhuang.baiye5.com、zy.gdmx.gov.cn）

在冬节设施栽培中易发生弱光伤害，遇连续阴雨（雪）天气时如无补光措施，植株生长停滞，甚至出现叶片黄化枯死，进入不可逆衰老状态。

（3）风害。

强度较大的风会对栽培园艺植物特别是高大型植物造成伤害。一方面，大风会使植株倒伏，其中有些是连根拔出，根系撕断，有些会出现茎干折损；大型的木本植物则会出现折枝、落叶、落果（见图14-36）；另一方面，即使经清理、抢救后的植株，在较长时间内会出现生长停滞状况，且由于机械伤害原因，病害会增加。

图14-36　大风对园艺植物生长造成的伤害
A. 甘蔗倒伏；B. 葡萄棚架被推倒，植株失去支撑，枝条有折断；C. 柚子的大量落果
（A～C分别引自 douban.com、zaozhuang.baiye5.com、zy.gdmx.gov.cn）

（4）雨雪、冰霜等伤害。

雨雪和冰霜对园艺植物带来的影响十分普遍，除不期而遇的灾害性天气外，正常出现的降水降温天气，对植物的生长有正负两方面的影响。如冬季里土面的浅层结冰，会减少降温带来的脱水；大雪的覆盖对一些越冬植物的根部生长具有很好的保护作用，对越冬叶菜类的品质提高也有作用，其质地和营养物质均会发生相应变化。但冰雪的快速消融会对植物造成伤害，特别是昼夜反复时情况则更为严重；冻雨情况下也是如此，会使植物叶片受到冻害而脱水死亡，如图14-37所示。

图14-37　雨雪冰霜对园艺植物生长造成的伤害
A. 大蒜田间结薄冰；B. 大雪覆盖后的结球白菜；C. 茶树遭受冻雨
（A～C分别引自 haonongzi.com、news.wugu.com.cn、yeeuo.weather.com.cn）

3）产品器官形态异常

无论是环境及管理原因，园艺植物从产品器官发育到成熟过程中，经常会出现很多的形态异常，生产上必须准确地找出其发生原因，并有针对性地加以调控。

（1）形状。

产品畸形（product malformation）常使得收获器官不能满足商品质量标准而出现浪费。

以营养器官膨大而形成的产品，其器官发育异常的情况有以下方面。

a. 肉质根发育异常　常见有畸形根、杈根、空（糠）心根、开裂根等。萝卜肉质根上有侧根，正常管理下这些侧根均不会膨大；但当气候不适宜、栽培过密或地上部与地下部生长不平衡时，侧根即膨大并形成两条或更多的分权；当耕作层太浅，土壤板结或有石块等时，肉质根向下生长受阻会使其发生弯曲或畸形；裂根是由于栽培过程中水分管理不当，土壤过干过湿交替，使肉质根的生长速度不匀所导致；而空心根则多发生于大型品种上，往往与播种过早、生育期温度过高、行距过宽、N肥过量、水分干湿差距过大等有直接关系，如图14-38所示。

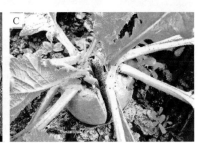

图14-38　常见肉质根发育异常类别
A.胡萝卜权根和裂根；B.萝卜的空心；C.萝卜裂根
（A～C分别引自 zsbeike.com、tuoyang.gotoip2.com、zhongdi168.com）

　　b. 叶球类发育异常　常见的有不结球、干烧心、裂球、中肋鼓出叶球、抽薹球等。不结球现象与植株过早进入花芽分化有关，与其品种的低温适应性和日长有关，幼苗期遇较低温度以及莲座期后的长日条件均可能使花芽萌发而不能结球，而在结球莴苣上则是叶片分化期温度过高且在结球期遇长日条件时也可能不结球（见图14-39C、E）；干烧心与植株Ca素吸收不足直接相关（见图14-39D）；裂球则是在结球期水分管理上的过干过湿交替所导致的（见图14-39A）；鼓肋球有时还会发生芝麻状斑点或出现桃红色，是由于植株缺B素引起的（见图14-39B）；抽薹叶球则是在叶片分化的同时，幼苗遭遇低温使花芽分化开始并解决盘状茎的被抑制使花茎分化，而进入结球期后花茎也随球叶的肥大开始伸长生长的结果（见图14-39F）。

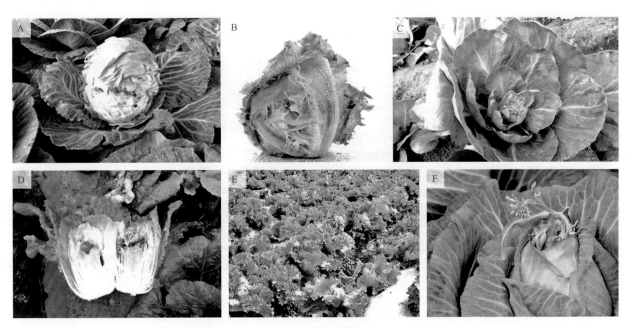

图14-39　常见的叶球类蔬菜发育异常状况
A.结球甘蓝的裂球；B.结球莴苣的鼓肋球；C.结球甘蓝因现花蕾并不能结球；
D.结球白菜干烧心；E.结球莴苣无叶球；F.结球甘蓝球内抽薹
（A、B均引自 huahuibk.com；C～F分别引自 lssp.com、news.wugu.com.cn、qqzhi.com、sannong.cctv.com）

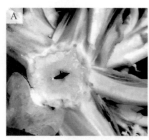

图 14-40 花蕾类产品花茎空心症状
A. 花椰菜；B. 青花菜
（A、B 分别引自 sohu.com、haonongzi.com）

c. 花蕾类发育异常　较常见的有毛球、球面不整、夹叶球、小花球、过熟、表面褐变、花茎空心等。其形态及发生原因可参见第 11 章生长环境相关内容及图例。花茎空心是花椰菜和青花菜栽培和产品贮藏流通中常见的生理性问题（见图 14-40），主要是由于植株 Ca 素缺乏所引起，往往在盐渍化比较严重的土壤中易发。

d. 果实发育异常　其表现形式众多，如瓜类的弯曲果、尖头果、大头果、大肚果、两性果、化瓜、白粉果、空洞果等（见图 14-41）；茄果类的裂果（环裂、顶裂）、空洞果、脐腐果、筋腐果、冻果、僵果等；草莓的白尖果、畸形果、浮籽果等（见图 14-42）；木本植物果实的日灼果、裂果、果锈、僵果等。

图 14-41　瓜类植物上常见果实发育异常状况
A. 黄瓜的过度弯曲果；B. 西葫芦的尖头果；C. 黄瓜大头果；D. 黄瓜大肚果；E. 西瓜白粉果；F. 西瓜空洞果；G. 甜瓜裂果；H. 蛇瓜的弯曲果
（A～H 分别引自 fanmimi.com、haonongzi.com、k.sina.com.cn、sohu.com、wfdny.cn、k.sina.com.cn、zsbaike.com、meishidajie.com）

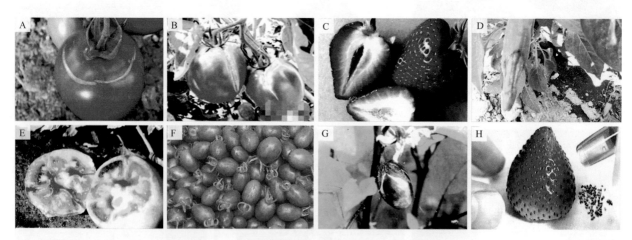

图 14-42　茄果类和草莓上常见果实发育异常状况
A. 番茄环状裂果；B. 番茄的顶裂果；C. 草莓空洞果；D. 辣椒脐腐果；E. 番茄筋腐果；F. 番茄冻果；G. 茄子僵果；H. 草莓浮籽果
（A～H 分别引自 fanmimi.com、haonongzi.com、k.sina.com.cn、sohu.com、wfdny.cn、k.sina.com.cn、zsbaike.com、meishidajie.com）

　　瓜类的弯曲果多发生在生长中后期，植株叶片老化，结果数增多，矿质养分和水分供应不足、果实间发生较强的养分竞争，同时群体内光照不足、水分供应不均衡也会加剧弯曲果实的发生比例。大头果、尖头果、大肚果其发生原因相似，是由于花朵在有昆虫授粉时的不均匀所致，能形成种子的部分果实发育正常，其他部分则膨大缓慢，结果造成了果实的畸形。化瓜则发生在群体密度过大，果实负荷超出叶片养分产量时。白粉果多发生在沙质土壤中，其症状表现为根老化、高夜温、高地温和光照不足时易发。空洞果在西瓜上发生较多，其特征是果实表面深绿条斑的中央稍有凹陷，多由坐果时温度过高、果实膨大过快，水分养分供应在膨大中后期不均衡所致。

果实的裂果多发生于高温干燥期间，品种间差异较大；特别需注意干燥后的突然降水或灌溉均会增加裂果的发生（见图14-43B）。日灼多发生于果实肩部无叶片遮挡的部分，高温烈日下，果实局部温度过高，组织遭受热伤害死亡而出现凹陷而白变。脐腐果是由于植株Ca含量偏低所致，多发

图14-43　苹果的果锈(A)和无花果的裂果(B)
(A、B分别引自haonongzi.com、flashshucai.tuxi.com.cn)

生于有机质含量低的盐渍化土壤中。筋腐病其特征为从果实表面即可看到果肩部分的黑筋，多发生于果实在群体内光照极弱，加之低温、多肥、过湿、地下水位高和土壤板结等条件时。冻果通常发生在植株遭受冷害后。

空洞果多发生在少心室品种上，非正常受精或用植物生长调节剂处理时易发，高夜温、N肥过量、水分充足时会增加果实空洞的发生比例。僵果是由于未得到受精单性结实时的果实、即短花柱花引起的，通常在低温或生理干旱时易发，植株营养生长过旺或坐果过多时也会增加僵果的发生比例。

草莓的白尖果多发生在高温下或用黑色地膜时，果尖受伤受精不完全时则会发生。浮籽果则是在果实膨大后期进行转色期时因高温干燥、植株根系发育不良、结果过多且养分分配竞争时易发。

果锈多发生于盛花后2～3周，幼果表皮毛脱落并未形成角质层前，水分易由此接触果面，加大此处细胞膨压，结果引起幼果表皮细胞破裂，或是果实膨大时因水分供应不均衡果皮与果肉发育速度不适，导致角质层和果皮的龟裂所致，如图14-43A所示。

（2）大小。

果实的过大、过小都会使其商品性降低。通常植株上的果实中，过大、过小果所占比例较小，但栽培密度、植株年龄、留果数量及叶果比分布的均匀度、植株调整、肥水条件等因素均会影响这一比例。

（3）着色、光泽。

果实的色泽是其商品性状的重要组成部分，着色不良或无光泽的果实其商品性较低。在草本植物中，茄果类、草莓和瓜类果皮的色泽常会发生一定问题，如番茄、草莓果实的着色不匀、茄子的转色慢和瓜类的接地部分的着色不良等（见图14-44）。造成果实着色不良的原因，主要是栽培期间的低温、弱光条

图14-44　常见果实的色泽异常状况
A. 番茄果实着色不匀；B. 苹果果实的着色比例不足；C. 草莓果实的着色不匀
（A～C分别引自blog.sina.com.cn、m.sohu.com、wohuizhong.com）

件,以及N肥施用过多、土壤盐分浓度过高等。

4）植株的其他发育异常

（1）徒长（spindling）。

园艺植物植株的徒长多发生于苗期和营养生长期。育苗期间,由于苗床水分、营养充足、N素偏多,单株营养面积较小,再加之夜温高、光照弱时即会引起幼苗的徒长;而在定植后的植株,进入旺盛营养生长后期,地上部和地下部、器官间平衡调整不当,遇土壤N肥过量、高温、多湿和弱光条件时,则会造成植株的徒长。徒长的最典型特征是叶片节间加大,叶色变淡,叶面较薄,植株高大,并伴有营养生长过旺迹象,如图14-45A～C所示。

（2）营养生长过旺（excessive nutrition growth）。

园艺植物的生长过旺多发生在营养生长向生殖生长转化前后,当植株的LAI达到L_{opt}之前即可采取相应措施调整相关比例,以控制植株LAI的增长惯性。营养生长过旺的植株,枝叶茂密,下位枝条和叶片光捕获能力常不足冠层的30%;叶片在群体中密度较高并相互遮挡,果实发育常受到抑制,过量的N素营养会促进这一过程,如图14-45D、E所示。

图14-45　园艺植物徒长和营养生长过旺时状况

A. 黄瓜植株的徒长；B. 番茄徒长苗；C. 月季徒长苗；D. 番茄营养生长过旺；E. 桃树营养生长过旺

（A～E分别引自da-quan.net、haonongzi.com、wiw.cn、haonongzi.com、mt.sohu.com）

（3）少花（less flowering）。

少花是由于植物的花芽分化异常所导致。通常情况下,花芽在完成分化诱导到形态发生期间,温度和营养条件不适宜则会出现少花的情况。多年生或二年生植物在暖冬条件下,植株进入休眠时的冷凉指数不足,则使花芽数变少。这对于包括落叶果树和亚热带果树等在内的木本植物均是如此。

（4）落花落果（blossom and fruit dropping）。

引起植株落花落果的情况可分为两类：一是灾害性天气导致；二是植株生理性调整引起。灾害性天气下的落花落果,是植物对不良环境的应激反应；而生理性落花落果则是植株根据自身营养负荷水平的自我调节。因此,改善植物的水分和营养供应状况,是保持植株具有较多数量花和果实的基本保障。如不从根本上改变植株营养水平,仅依靠生长调节而进行保花保果,其结果必然会造成花器或果实的质量下降,如图14-46所示。

图14-46　园艺植物徒长和营养生长过旺时状况

A. 砂糖橘的生理落果；B. 番茄生理落果；C. 辣椒生理落果；D、E. 樱花生理落花；F. 苹果暴雨后落果；G. 葡萄生理落果

（A～E分别引自cfqn.12315.com、haonongzi.com、admhb.com、huamu.cn、dzwww.com；F～G均引自haonongzi.com）

（5）早衰。

如本章图14-5中曲线 a 所反映的生长情况，植株在生长初期环境条件适宜，肥水供应充足，且栽培管理措施均有助于早期生长速度过快而使各个发育阶段提前，这些情况如果不及时调整，则可能在植株生长的后期出现明显的早衰现象（premature aging）。

早衰从生产的角度并不一定是不可接受的。植物早衰使整个生长周期缩短，从总的产量来看有较大程度的下降，但其收获期却有一定的提前，这在产品季节性价格差较大时，有时是很有经济效益的；但在价格的季节性波动较小的产品上则表现出劣势。

因此为了防止早衰现象发生，需要通过对植物各个器官的生长和发育上的有效更新来维持植株具有持续的活力。如在本书前面谈到的百年葡萄树以及上百年的古茶，至今仍然具有很好的生产能力。

3. 管理不当引起的生长障碍

1）土壤透气性差

因土壤质地、有机质水平、地面覆盖以及水分管理等因素，均会直接影响到土壤的透气性。因此，必须适时进行中耕以保证土壤的透气性，并协调好水汽关系。

园艺生产上的园田土壤管理，除不断提升土壤质量外，根据栽培植物种类及其所处各个生长发育阶段的特点，解决好土壤水汽矛盾，以根系发育质量来调控地上部生长关系，是栽培上的基本要求。

当土壤透气性差时，会造成植物生长缓慢，发育不良，并出现相应的矿质营养紊乱等问题。

2）植株调整不及时

植株自然生长的样态是植物对综合环境条件的响应结果，任何生长异常均以明确的信号指导我们去对植物生长的环境及其管理进行适当调节，以使植物在需求与供给之间缩小差距并能获得较好的生长发育结果。

对植物生长进行相关的调节和控制，是保证在特定生产条件下获得理想收益的客观需要。因此，通过不同的调整手段进行精细化管理是永无止境的。任何粗放的管理与懈怠均会引起园艺植物产出的降低。

3）密度不适

本章前面已讨论过种植密度大小与产量及品质的关系。我们应该看到，生产条件较差、栽培水平较低时，往往从选择策略上多采取密植，但真正的产业化园艺生产必须有适中的栽培密度，否则从产品器官的生物产量来说，取得高产并不是一件值得庆贺的事情。在产能过剩的现在和未来，不断提升的商品标准使高密度种植下产品的商品率会不断下降，即商品产量并未随产品器官产量的增加而增加，反而会有所下降。因此，降低密度提高产品品质是唯一的发展出路。

14.3.5　机器识别与诊断

植物表型（plant phenotype），是由其遗传特征和特定环境表达的共同结果。反映在形态、生长发育特性的表型特征，常通过植物形态表现出来，而这些信息则易于机器采集。随着基因组学和表型组学研究的飞速发展，传统的单纯依赖人工观测的植物表型研究手段逐渐无法满足需求。近年来，人工智能领域不断取得关键性的技术突破，人工智能在图像处理和分析上，相较于传统技术手段表现出无比巨大的潜力和优势，为高通量、高精度、低成本的植物表型研究提供了新思路和方向。

机器学习（machine learning）是人工智能的核心，是研究计算机模拟或实现人类的学习行为，获取新的知识，不断改善、提高自身结构和性能的方法，即从原始数据中提取模式的能力。机器学习可分为有监督学习、无监督学习和半监督学习三类。

有监督学习（supervised learning），是指对学习结果有目标性约束的学习过程，如常见的决策树、人工神经网络、支持向量机、随机森林等算法；无监督学习（unsupervised learning），是指只观察特征、并无结果评估约束的学习过程，如聚类分析、并联规则分析等；而半监督学习（semi supervised learning），则是指利用已标识数据，对未标识数据进行合理的学习过程，如EM算法。

机器学习用于植物生长论断的优势在于能够利用多源的、有潜在关联的数据集，去解决复杂的非线性问题，并可应用于形态识别（与机器识别相耦合）、症状分类、指标定量和逻辑判断等方面，在深度数据挖掘和数据分析、模式识别、生物信息学等诸多领域，均有着可深入研究和实践应用的潜力。

利用机器的深度学习，可使植物的生长诊断与各个特征变量间的关系逐渐形成精准的模型，而不再需要通过大量的田间试验获得其变化规律及其特征参数，将会对园艺生产的智能化产生积极影响。

14.4　植物生长的调节和控制

在弄清楚栽培植物可能达到的理想生长模式与植株生长样态后，我们通常需要根据前述生长关系，对植物的生长状况进行人为干预，即对植物生长的调节与控制。

对植物的生长发育进行调控，对园艺工作者来说是非常重要的手段。这些手段通常可按其属性分为物理调控、化学调控和生物调控三大类。物理调控是其中较为古老的技术，但其至今在园艺上仍有着重要意义，生物调控和化学调控相对较新，其技术在园艺生产上的应用也越来越多。

14.4.1　植物生长的物理调控

生长的物理调控（physical regulation of growth），是指利用机械手法对植物进行形态干预的器官或组织调节过程。它包括整形和修剪等具体内容。

整形（training）是指改变植株大小、形状以及植株生长导向的过程。对观赏植物而言可能更注重其整体的外观形状；对有些植物而言，应用较多的则是局部整形，此类最常见的作业便是整枝。整枝实际上是对植物各部分在空间的再定位，有时需要借助支架、牵引等结构使之改变自然生长的方向与空间位置，有时还包括对植物进行弯曲、扭卷或绑定等作业（见图14-47）。修剪（pruning）则是指去除植物体中的部分器官或组织的过程。

图14-47　不同园艺植物的整枝
A. 日光温室树形番茄；B. 葡萄架；C. 啤酒花牵引
（A引自 baike.baidu.com；B、C均引自 quanjing.com）

物理调控对于植株健康也是必要的，如去除病、死枝叶，以防止植物受到进一步的危害。通常可用物理调控方法来控制植物果实、花和营养体的品质，以及调节果实与花的数量、调节营养器官生长与开花之间的平衡。它们对限定生长是适宜的，通常可采取修剪方式达到这些目的。

1. 整形和修剪的作用

整形和修剪在一二年植物上通常进行不多，只在一些高大植株上进行，因为较小的植株数量众多，难以每株都去处理；而对于多年生植物，特别是木本植物，生长早期时需要靠整形维持植株理想形态，到成熟期后，则需要通过每年不断地修剪以维护植株基本形态并通过更新以保持其活力，如图14-48所示。

植物各个部分的空间分布位置会对植株的生长发育有较大影响。通常果树的分枝与主干呈45°角左右时，能使植株矮化并提早结果。植物对修剪引起的反应主要是由于修剪使植株体内的IAA分布模式得到重新调整的原因。这种改变因植株生长状态和季节等因素而有差异。

整形和修剪会引起植物相应的生理反应，主要表现在以下几个方面。

1）改变地上部与地下部的关系

地上部的枝条经过修剪调整后，可加快枝叶的生长。当然这并不是补偿其修剪引起的损失，而完全是新老枝条更新的过程，其结

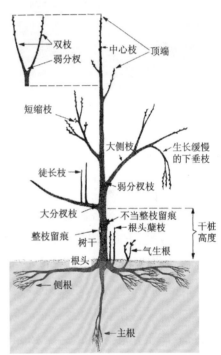

图14-48　本植物整形修剪有关的枝条类别
（引自Janick）

果使得植株矮小化。修剪后地上部枝条的快速生长是因为植株的T/R骤然减小，而根系所能吸收的水分、养分并未减少之故。特别是在冬季休眠时，根和老的枝干中贮藏有大量碳水化合物，这些成分并未因修剪而减少。

2）调整花期

通常，幼嫩的枝条经过修剪可保持旺盛的营养生长；而进行根系修剪（剔根）则会促进生殖生长。这是由于剔根引起提高植株T/R打破原有地上部与地下部的平衡，而使地上部营养生长自行受到抑制之故。

3）调整IAA分布

（1）改变顶端优势。

顶端优势的大小会因植物种类而有较大差异。生长旺盛的竹可以认为基本上无分枝；而如很多灌木则有较多的分枝。分枝数的多寡与主干枝对侧枝的控制能力有直接关系。

　　无论是地上部枝条还是地下部的根系,其分枝现象往往受到IAA水平大小及其分布的影响。通常在茎尖或根尖分生组织内存在有较高水平的IAA,其向下移动时则会抑制侧枝或侧根的发生。因此,对植株进行摘心(去除包含能够产生IAA的分生组织)处理时,则会使植株矮化,分枝增多;同样,断其植株主根根尖,则会刺激侧根生长的加速。相反,除去侧枝而保留生长点时,不仅可以减少侧枝数量,而且能强化主枝IAA水平,进一步限制侧枝的发生。

　　(2)调整分枝角度。

　　分枝的角度也是由IAA的含量与分布决定的,顶端优势较强的情况下,顶芽对侧枝的限制较大,其分枝角度也会变大;而去除顶芽的植株上,侧枝的分枝角度则相对要小些。

　　2. 修剪的目的

　　1)控制植株大小

　　修剪在多年生植物上最明显的影响是调节其大小。多年生植物每年不断生长,需要依靠修剪来保持其大小适当。同样,草坪修剪、树篱修剪、灌木修剪也一样需要维持特定大小,如图14-49所示。

图14-49　需要通过修剪来保持其大小的
园艺景观
A. 高尔夫草坪; B. 绿篱式树木
(A、B分别引自weimeiba.com/huaban.com)

　　维持特定的植株大小在美观和实用方面都有其价值,如保持木本植物的特定高度,可减少作业方面的不便,同时也会减少植物受到的机械伤害;在观赏植物上保持特定的植株大小并对其进行不断地更新,是一些绿篱、行道树等植物的造型需要。

　　2)控制植株形态

　　用整形和修剪来控制植株形态的艺术在园艺上广受重视。所谓植株形态(plant morphology),是指包括了枝条数量、方向、相对大小与开展角度等内容的植株要素集合。许多不同种类的植株均有其自然的形态特征,这些特征可通过整形与修剪加以调整,使其向上或向四周生长,且分枝数量也可以随意增减。

　　木本植物特别是果实较重的果树,必须去除树体上的弱分权,以使树体形成并保留广角的大分枝权,才能使树体结构强健而免于风害等负荷加大而造成的分枝折损。弱的分权其夹角处缺乏连续的形成层,其强度较广角分权要弱很多(见图14-48)。

　　很多园艺植物的特殊整形应以其适合于设立支架和机械作业为原则。

　　3)调整植株生长状况

　　(1)移植。

　　从自然生长的位置将大树移栽到特定地点通常较为困难。幼树在断根或经反复移植时,可促使植株根系形成纤维状侧根,当植株较大时再进行移栽时就比较安全(见图14-50)。

　　适当的根和枝叶修剪在减轻移植和成功缓苗上有辅助效果,特别在露根移植时更为重要。轻度的根系修剪可刺激发根,枝叶修剪使相对于根域的蒸发表面减少,以利于苗木的储藏和定植。

　　(2)生产力与品质。

　　为了使木本的芽健壮,重度修剪可刺激植株营养生长。另一方面,在调节开花和结果上,可选择性地进行修剪以避免植株在开花和坐果上能量的过分消耗。此外,果实和花的品质也受到植物自身活力及其在整个植株上所处位置的影响;同时嫁接砧木上所发生的不定芽应不断去除,以避免浪费养分。

图14-50　几种园艺植物种苗移栽时的根系状况
A. 杨梅；B. 欧洲樱桃；C. 月季
（A～C分别引自1688.com、banli.99114.com、b3b.hc360.com）

3. 理想植株构形

植物的整枝系统（training system）是用来控制整个植物生命过程形态的，因此在其基本树形形成的年度内应特别注意。通过整枝可使植株按照预定的方式生长，以使所生产的产品品质更佳、产出能力更强、耕作更容易以及植株外形更加美观。

1）基于主干和主枝的几何形态

确定外形时需要考虑的主要因素有主干上分枝发生的位置、形态和生长方向等，如图14-51所示。

（1）留干式整枝。

留干式整枝（central leader），是使主干成为中心轴而枝条上下左右分布环绕强化主干，形成一个侧枝分列的主心轴，并围绕于主干上。中心轴（或主干）是树木结构的主要特征，其生长方向以向上为优势。

（2）开心式整枝。

开心式整枝（open-center），是使主干在一定高度上被截断，植株被迫通过附着在主干上的侧枝进行生长的整枝方式。为防止侧枝取代主干并获得顶端优势，必须对枝条进行特别整枝。开心式的树体结构较留干式要低矮，但其分枝间距离较近，因此不太适应于园田内的机械作业。

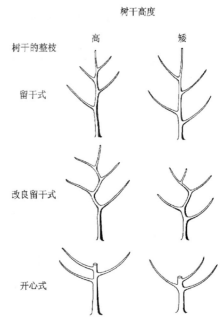

图14-51　木本园艺植物的几种常见整形方式
（引自Janick）

（3）改良留干式系统。

改良留干式整枝（modified central leader），为介于上述两个系统之间的折中方式。

2）树墙的几何结构

树体的几何结构（tree geometry）即空间形态是基于支撑物的构形而成立的，其最佳形态依据植物种类而不同，并受光截获效率、是否易于收获、树枝的结构强度、实施不同整形和修剪方式的成本等实际情况而确定。

树墙（espalier），是指整枝后枝条沿着栏杆或棚架长成平面状的植物几何构形。树墙限于单枝或双枝，双枝的伸展方向相反或呈平行状态。葡萄及一些藤本观赏植物常种植成树墙，如经典的尼芬式整形法（Kniffin system of training）等。经过适当修剪的树墙具有非常吸引人的观赏价值，其构建是植株修剪与幼苗期间的牵引共同作用而成立的(见图14-52、图14-53)。经牵引后的枝条经一定时期的生长后即发生木质化并能保持其原构型,但在早期则需要支架。

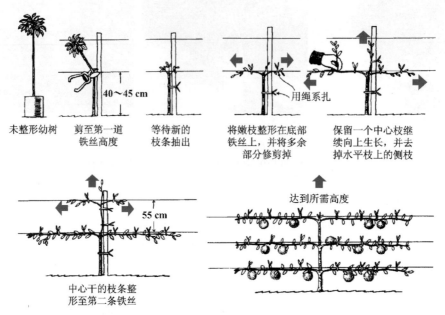

图14-52　尼芬式整形方式的基本操作过程及技术要求
(引自 Janick)

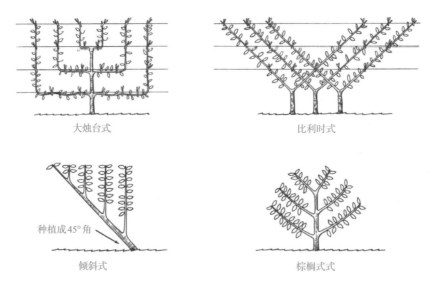

图14-53　园艺植物绿墙的几种植株几何构形示意图
(引自 Janick)

植物选择何种整枝方式,其种类和品种特性是非常重要的决定因素。桃树和杏树通常进行开心式整形,是因为其树体的枝条分杈角度较大,选用留干式整枝法时无法使植株枝条硬化;苹果树和梨树的分枝角度较小,因此不能进行开心式整枝,通常进行留干式或改良留干式整枝;樱桃树和李树则可按照开心式或改良留干式整枝方式进行;柑橘类和其他常绿果树可进行轻微修剪以构成强壮树体结构,以后则不再进行修剪,除非为了去除发生冻害后的枯枝等情况。

一些观赏植物通常结合支架等,可形成具有更好美学价值的整形几何类型,如图14-54所示。

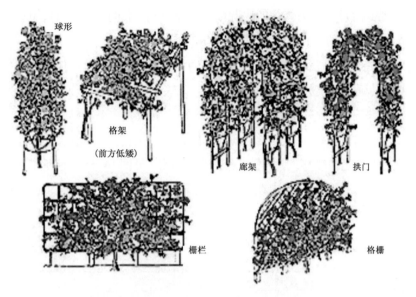

图 14-54 需结构性支撑架的园艺植物几何构形示意图

（引自 Janick）

3）更新修剪

为了使以花或果实为收获对象的多年生植物生长良好，可通过修剪来刺激其保持活力从而达到持续高产的目的。达到最适生产年龄的植株也必须进行更新修剪。通常更新修剪适用于当年生、一年生、二年生或多年生树木上，具体可视其种类而定。

修剪前必须考虑以下的问题：芽分化的时间与开花有何关系；什么树龄的树木能产生最多最好的芽。通常，夏秋开花的植物，如月季与菊花等，其花芽分化均在开花同年才开始分化；而春季开花的植物，如苹果、紫丁香、桃、悬钩子属等，则在开花头一年开始分化花芽，其位置则在开花前两年时形成的新梢或老枝条上，一些种类的芽常发生于老的枝条，如结果短枝（spur）上，这种枝条通常可维持20年左右的生产力，但苹果的结果短枝只能维持2～5年。

当年生的枝条并在当年开花的植物，如月季常在休眠期修剪以促进植株具有旺盛的生产力，如不修剪，大多数的芽会形成劣质的花。修剪的程度视植株的活力而定，植株活力越强则可保留更多的芽；在生长季，徒长的只进行营养生长而不开花结果的枝条应予去顶；而像攀缘植物一样栽培月季时，通常不进行强剪。月季在夏季切花后，其残株的活力较弱，花朵凋谢后必须摘去，以避免形成果实而消耗植株过多的养分。

黑莓等通常在一年生的枝条上结果，虽然其根为多年生，但其茎干则为二年生，且在结果后会迅速衰弱或死亡。因此，植株结果后应除去结果的老的茎干，可促使新枝长出。休眠的一年生枝条根据需要可进行疏枝或去顶，以除去弱芽，促进其分枝。大多数悬钩子属植物在夏季植株长至60～90 cm高时，可进一步摘心以增加分枝。

葡萄的结果习性是在头年发生的结果母枝上的芽，在当年长成新梢而结果，并以第4～8个芽的生产能力为最高。其产量与品质取决于植株的活力与留芽数量两者之间的关系，若留芽太多则果实长不太大且品质较差；若留芽太少则会减少产量。因此，为了控制葡萄的产量与果实的大小及品质，则需每年进行必要的修剪。修剪时剪枝与留芽间有一个计算公式，可表达为

$$B = 30 + 10(A - 1)$$

式中,*B*为植株可保留的芽数量;*A*为修剪时去除的枝条重量(g)数的1/500。即当剪去最初约500 g重量的枝条时,植株可留30个左右的芽;之后每增加500 g的修剪量,植株上可再增加10个芽。

构建树篱藤架能保持植株适度的生长,因而树篱的再生修剪是必要的,但须注意不应在果实成熟期间使植株树篱化,否则会延迟果实的发育和成熟。

4)葡萄叶幕

葡萄在整枝上,每株的留枝数量直接影响到叶幕的密度。当葡萄的树形结构只保留2条具有活力的藤蔓时,其叶幕能透过直射光和喷雾,其藤蔓可长得高大健壮(见图14-55);而继续增加留藤数则会导致叶幕郁密,透光和喷射穿透差,甚至出现遮阴带,会使叶幕中的内侧叶片生长衰弱。

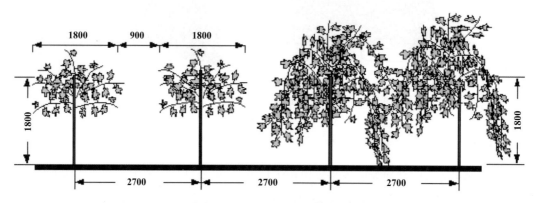

图14-55   葡萄植株留蔓数量与叶幕结构模式示意图

对葡萄而言,除了结果母蔓外,还需要保留一个或两个短枝为更新蔓。这些更新蔓可成为翌年的结果蔓,如此反复。不同的整枝方式间只是植株的几何形态不同,其基本的修剪原则是相同的。

日内瓦双幕式整枝法(Geneva double curtain),是在尼芬式基础上的改良类型,特别是在结合防雨棚栽培时更为适用(见图14-56)。这种整枝方式是将尼芬式的宽顶叶幕变成了两个狭窄的叶幕,即叶片和幼枝形成单一垂直方向上的叶幕结构。尼芬式整枝的叶片与果实之间相互遮挡较为严重,常造成果实成熟延迟,且使藤蔓的生产力下降;而日内瓦式整枝的枝条基部受光较好,果实成熟早,其品质也有提高。因此,尼芬式整枝法在高湿、弱光地区则更有优势。

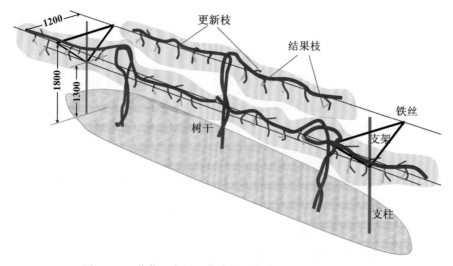

图14-56   葡萄日内瓦双幕式整形方式的特征及其模式图
(依Janick)

4. 园艺植物的修剪作业

1）修剪时期

在定植后2～5年内,木本植物需要进行首次修剪,以后每隔5～7年进行一次。修剪最好在冬季到早春(新的生长开始前)进行,因为在春天开始生长时能很快愈合,同时也能减轻病、虫对植物的危害。

修剪的适宜时间随植物种类而不同,但还是有些共性的地方。通常,落叶树可在晚冬或早春进行修剪,可打破其原有植株体内营养分配上的平衡,使树体营养在进入冬季前为下一个生长季奠定基础;常绿植物可在早春生长刚开始时修剪,如果植株已开花,则可在花后进行;晚开花的落叶灌木可在晚冬和早春修剪;攀缘植株类似于灌木时的处理,其开花时期决定了其修剪时间。

（1）适于春季修剪的植物种类。

主要有紫珠、栾树、茶花、小檗、伏牛花、牡荆、绣线菊、欧洲绣球、含羞草、桃金娘、南天竹、丰花月季、木槿、桂花、石楠、大花月季、大花六道木、夏蜡梅以及树篱等。

（2）适合冬季修剪的植物种类。

主要有杜鹃、马醉木、紫丁香、绣球、绣线菊、铁线莲、火棘、藤本月季、紫荆、月桂、木兰、溲疏、玉兰、山茱萸、金银花、锦带花、灌木忍冬、连翘、紫藤、棣棠、山楂、桃、李、杏、樱桃、榅桲、苹果、梨、葡萄、榛、茶等。

2）修剪作业

修剪并不是一个随意的过程,如果确实需要进行修剪,也必须遵循植株发育规律谨慎作业。对顶端生长枝的修剪,可改变植株根部与地上部间的平衡,除非连根系也一起进行调整;基于形态保持与维护的修剪,会使植物光合生产受到一定损失,新的生长只能做部分补偿,但也仅在叶片形成之后较晚的时期。对植物顶端的修剪,有时可增强植物的童期性,导致植株持续更长的营养生长期。

（1）定干。

植株的定干(heading)是指苗木栽植成活后对植株进行的修剪,以形成直立的、没有侧枝的主枝并使之成为主干的过程。定干通常有抬升和去顶两种策略,如图14-57所示。

抬升(lifting),是将植株主干基部的分枝去除,以促进植株向上生长的整形手段。这种方式的修剪易造成顶部过重,减少了树体的锥形,增加了树枝受损的机会,也会使树体的外观难看;过重的抬高是违反自然规则的。

去顶(topping),是指对植株主干进行短截的整形方式。去顶虽然是经典的修剪方式,但决不轻易给一株植物去顶或允许任何人给幼树去顶。去顶等同于扼杀一株植物,因为去顶后常造成主干或主枝的腐烂,并吸引昆虫钻入主干。为了防止植物过高或对老树进行再生时,才实施去顶。

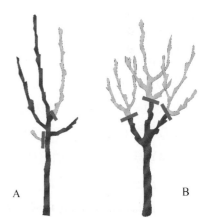

图14-57　园艺植物整形中的抬升（A）和去顶（B）作业示意图

（2）疏枝。

疏枝(thinning out),是指把整个分枝从侧干或主干上去除的整形作业。轻微的疏枝会促成开心型形态的产生(见图14-58),与未经疏枝处理的植株相比,此类植株更易长高(见图14-59,图中浅色部分为需要修剪掉的枝条)。同时,通过疏枝可使老树发生童期化,刺激了保留在树桩中久不活动的生长点。

疏枝时必须注意切除枝条时的位置与断面圈(见图14-60),不当的断面圈常会成为病虫害侵入的门户。

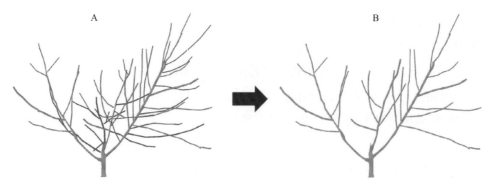

图14-58　园艺植物生长早期的疏枝
A. 修剪前；B. 修剪后
（图中红色部分表示需要通过修剪疏去的枝条）

图14-59　成年园艺植物整形中的
疏枝示意图

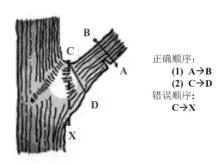

正确顺序：
(1) A→B
(2) C→D
错误顺序：
C→X

图14-60　大型木本园艺植物疏枝作业时的
切口断面圈及作业顺序示意图

（3）短截。

短截（heading back），是指去除植物分枝上的新梢或芽的作业过程。短截可解除枝条范围内的顶端优势，并能刺激留在短枝上的部分芽活动，其顶端优势解除通常取决于植物种类以及从枝条顶端到切口距离长短。短截常导致植株的枝叶密度增加，树篱的剪齐作业是短截化修剪的极端例子（见图14-61）。与短截枝条相比，未经短截的枝条其顶梢会长得更长，但却抑制了侧枝生长。

（4）温室园艺植物的整枝。

以温室番茄为例，其修剪过程需将侧枝全部修剪掉，使植株变成单干，并用高架铁丝或尼龙绳等将其牵引。在特殊情况下，也可采用双干整枝或连续摘心整枝法，如图14-62所示。

图14-61　一些灌木类园艺植物的短截处理前后示意图
A. 短截前；B. 短截后
（引自 Poincelot）

当植株更趋向于小型化果实时，须进行果穗的修剪以使果实尺寸增大，使每个果穗上的果实最少化。通常，在这些中小型果实品种上每果穗上只保留3～4个果。在秋冬季时每个果穗上只保留3个果；而在光线充足的春夏季则可保留4个果。

作业时，为避免植株发生病害交叉感染的可能性，需精细地处理田间清洁。作业人员需戴专用手套，在进行完每一行后，须对其进行消毒后再投入新的使用；温室内应禁止烟草，温室内的用品不交叉搬运，特别在易感染烟草花叶病毒（TMV）的番茄品种上。

图 14-62　温室番茄的整枝与留果处理
（引自 chinaseed114.com）

（5）常绿灌木、花卉的修剪。

使灌木成型需要轻量不定期的修剪，但无论如何，通常需要在每年春季后期才能进行，春季开花的灌木需要在花后进行。等到当年秋季后，修剪过的枝条便可恢复到修剪之前的样子，而且修剪也能使年龄较大的灌木童期化。常绿木均采用短截式修剪方法，这是产生大量新枝条并保持植株茂盛生长的一项常规作业，它看上去很原始，但确实有效。修剪后，应立即给植株施肥。

如对杜鹃花修剪时，需将死的枝梢扭剪除，作业时注意不要碰伤周围的嫩枝；绣线菊修剪时，大型的花枝会被剪去约60 cm长，需3～5个月后重新长回原来高度，并在翌年即可开花。

3）修剪工具

在庭院内的大部分修剪作业是用手工剪完成的，这些工具如手剪、手锯、高枝剪和绿篱剪等，如图14-63所示。

修剪高的分枝时，需能保持自身安全，而且最好能在地面上进行；通用杆剪带有标准螺口的延长杆或伸缩杆，包括36 cm长的修剪锯条和4 cm刀口的长把剪刀；通用折叠修剪锯带有长的延长杆，轻质、强度高，便于携带。

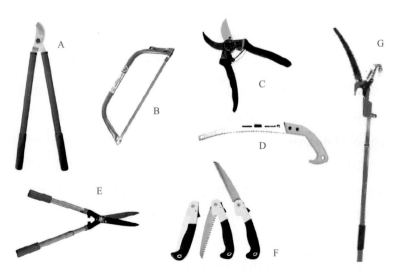

图 14-63　园艺植物整形和修剪常用工具
A. 高枝剪；B. 手锯；C. 手剪；D. D柄修剪锯；E. 绿篱剪；F. 折叠锯；G. 棘轮修剪锯
（A～G分别引自 m.alibaba.com、thatswhatiwant.co.za、cc.banggood.com、aboloxtools.com、jbproduct.com、banggood.com、isp.org.cn）

14.4.2　植物生长发育的化学调控

1. 生根（rooting）

生长素可影响扦插枝条的生根，但生长素并非仅有的关联物质。在很多植物上，添加合成的生长素可明显地促进植物生根。尽管很多化合物被用于生根，但最成功的还是吲哚丁酸（IBA）。

2. 抽薹（bolting）

二年生植物的抽薹是由低温诱导的，如洋葱、胡萝卜等。其诱导强度与成花并不吻合，因此在花茎的发生始期上可能早于或晚于花芽形成。在某些情况下，赤霉素（GA）可取代低温，这一类物质在形态上的效应与茎的伸长有关。而要控制植株不发生抽薹时，可使用脱落酸（ABA）。

3. 性别表达的修正（modification of sex expression）

生长调节剂可以改变植物性别，非常具有戏剧性。性别的改变在植物育种上有大的潜力。黄瓜种植上常用乙烯利（Ethephon）延迟雄花的开花，并使花的性别改变为雌雄同株或全雌花，因此可增加其产量，同时也便于杂交种子生产；同样在甜瓜和南瓜上也有类似效果。

4. 成花反应（flowering）

用乙烯利可以像生长素一样，均可诱导菠萝开花。应用生长素影响菠萝开花已是一个标准的栽培方法，常用的生长素衍生物如2,4-D等。

5. 单性结实（parthenogenesis）

在冬季温室番茄生产中，坐果往往较为困难，可利用生长素衍生物如2,4-D、对氯苯氧乙酸（PCPA）等来促进单性结实。同样在葡萄和无花果上，可采用赤霉素（GA）诱导单性结实，这已完全用于商业化生产。这些无性系需要经过二次处理，第一次是为了不形成种子；而第二次则是为了增加果实大小。

6. 疏花疏果（thinning flower and fruit）

疏花疏果是指去除部分花和果实以减少植株负担，常用的有二硝基甲酚（DNOC）、萘乙酸（NAA）、苯乙酰胺（HPAD）、乙烯利（Ethephon）等，在果树产业中已成为国际通用标准。

7. 催熟（ripening）

在后熟室内可利用乙烯气体以加速香蕉等后熟已成为标准；在菠萝上使用乙烯利（Ethephon），使产品达到与田间成熟一致，这就意味着可以在果实的青熟期进行机械采收；在番茄上也可有类似效果。

而生长素所具有的对离层的抑制效果，对园艺上果实收获前的落果有重要应用意义；而丁酰肼（B9，SADH）处理可增加苹果果实中的红色素，同时也使其在收获前落果延迟。

8. 控制休眠（control of dormancy）

化学控制为种子和植株的休眠拓展了一个新的领域，因为保持休眠在木本植物上可避免春季晚霜的危害而具有大的商业价值。生产上常用ABA来促进植株的休眠；同样，为了控制作为播种材料的营养器官芽萌发，常采用马来酰肼（MH）等处理，ABA也用来避免贮藏种子的过早萌发；而促进营养器官和种子芽萌发的措施仍然需要使用GA。

9. 控制营养生长（control of vegetative growth）

生产上常用矮壮素（CCC）和多效唑（paclobutragole，MET）等生长调节剂抑制植物的营养生长，促进花芽形成，增加坐果。

14.4.3 植物生长发育的生物调控

1. 韧皮部切割

利用环剥、刻伤等韧皮部切割法可控制植物生长,提早结果,其可谓非常古老的园艺技术,但直至今日仍经常使用。

环剥(girdling),即环状剥皮,是指把树干剥去一圈树皮,露出木质部,以暂时中断有机物质向下输送的生物调节方法;刻伤(scoring or spiral cut),是指树干或枝条上用刀做深达木质部的划伤的调节方法。

环剥和刻伤,均能暂时使伤口以上部位产生碳水化合物积累,并使生长素含量下降、乙烯和ABA积累,从而起到抑制伤口以上部位营养生长,有利于顶端花芽形成和提高植株坐果率。这些调节方法经常在老树上采用,会导致果树落叶、枯枝、死树和树势早衰。

1)韧皮部切割的作用

(1)促花。

可在强壮、结果较多的丰产树以及以往开花结果少的树体上进行。

(2)保果。

宜在小年树、开花少的生长过旺树体以及树势强、开花多而坐果少的树体上进行。

(3)壮果。

可在树势强、坐果多的树体上进行,多用于葡萄等。

(4)催熟、增糖。

可在树势强、果实太酸或需要提前上市的果园进行,多用于葡萄等。

2)韧皮部切割的基本方式

柑橘、梨等木本果树,环剥时可在其树体上端和中间的直立大枝以及长势旺的斜生枝上进行,最好不在主干、主枝上进行环剥等处理;葡萄等藤本果树,环剥应在主干、主蔓、结果母枝上进行,但以结果母枝最为安全;桃、李等核果类果树,因环剥后其伤口流胶很难愈合,易造成死枝,故不采用环剥。

常用方式有半圈环剥、螺旋环剥、环状倒贴皮、对错半环剥(见图14-64)。临时枝、结果母枝多采用闭环环剥法。

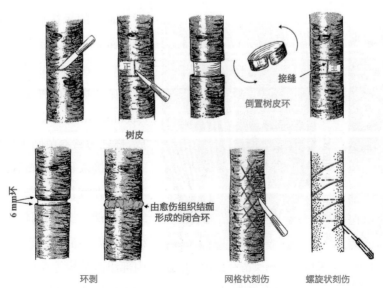

图14-64 木本园艺植物生物调节常用环剥和刻伤方式示意图

(依Janick)

环剥应选择阴天或晴天进行,若不得已在阴雨天环剥,须在剥口处涂抹杀菌剂并用包扎等方式予以保护。环剥时所用刀具要锋利、干净,并用酒精消毒,要求刀口垂直立茬、光滑,深度要达木质部而不伤木质部;切后及时将树皮拿掉或倒贴原处,剥口要保持清洁、不用手触摸,并迅速加以包扎保湿;环剥速度要快,以保证好的效果。

3)韧皮部切割的作业时期

以促花为目的的调节作业,应在新梢旺盛生长期或多数新梢停止生长后进行,具体时间视果树种类而定,如柑橘在9～10月,梨、苹果、葡萄、枇杷、杨梅在6～8月。

以保果为目的的调节作业,多在花期或花前进行。如柑橘类果树可根据花量多少,于蕾期、花期或第一次生理落果期进行。树势强、花少时可在第一次生理落果前的蕾期或花期进行;树势强、花多时,则可在花谢至第一次生理落果末期进行。

在葡萄上,以壮果为目的的调节作业时,可在果实膨大期进行,以增大果粒;而以催熟和增糖为目的的调节,应选在果实着色初期进行,以提高果实含糖量、提早上色和成熟。

4)韧皮部切割的强度

就一株树而言,通常每年只处理全树约50%的枝条,其他枝条可作为辅养枝,实行年度轮换。同一株树的切割期均不超过3年,且在轮换中需休养1年,以使果树根系的正常生长,确保连年丰产。

2. 嫁接

嫁接(grafting),是指利用两种或两种以上植物材料所形成的根、茎干和枝条(芽)的组合,通过植物自身的愈伤形成一个完整植株体的作业方式。嫁接也是一项非常古老的技术,常用于改变园艺植物生长和繁殖之目的。除了在木本的果树和观赏植物等上普遍使用嫁接方式外,草本植物如蔬菜和花卉类的嫁接用于提高植物的抗病性和耐候性的应用也已逐渐普及。

利用嫁接方式获得具有特定繁殖意义的种苗在园艺生产上具有重要意义,有时还可能构建成一些令人匪夷所思的形态效果(见图14-65)。关于其操作技术及繁殖方面的内容将在本书稍后的章节再专门论述,此处只讨论嫁接对植物生长的调节作用。

1)嫁接体系与亲和性

简单的嫁接体系是由砧木(stock)和接穗(scion)构成,有些情况下可能会利用到中间砧(interstock,见图14-66)。

砧木可能由种子长成,称之为实生砧木(seedling rootstock);也可由无性系繁殖而成,称之为营养苗砧木(clonal rootstock)。

嫁接亲和性(grafting affinity),是指砧木和接穗在嫁接后能够正常愈合、生长和开花结果的能力。嫁接体是否能够亲和,往往受砧木、接穗植物遗传、生理机能、生化反应及内部组织结构等在相似性和相互适应能力上的多重影响,也与气候条件和病毒发生有一定关系。嫁接亲和力直接影响到嫁接体的成

图14-65 在大树树干上嫁接多种观赏植物芽所形成的花环效果
(引自Poincelot)

图14-66 海棠苗+M26中间砧+苹果嫁接体苗
(引自 ruijiamp.cn.china.cn)

活、长势、抗性和生长寿命,以及产量和品质等方面。

2)嫁接对接穗的影响

(1)生长限制。

矮化(dwarfing)是园艺植物嫁接的目的之一。造成嫁接体生长上的矮化效果的原因,一方面取决于砧木与接穗的种类的生长特性,另一方面也因嫁接体本身的不亲和性而导致生理上的相互干扰而使植株生长受抑。此目的的嫁接在果树生产上应用较为普遍。

(2)生长促进。

根砧也可用来补偿接穗原植物根系的弱化生长,如用瓠瓜或南瓜嫁接后的黄瓜,其根系吸收能力与耐候性均可得到加强。苹果梨只能用苹果或梨作为砧木嫁接才能生存;北美圆柏(*Juniperus virginiana*)的根系较弱,因此常用白花刺柏(*Juniperus glauca* Hetzi)作为砧木来加以改善。

(3)调整开花与生产力。

一些甘薯常不能开花,将其嫁接至牵牛(*Pharbitis nil* L.)上时,即可诱导其正常开花(见图14-67),此方法可用于甘薯的育种。

根砧能影响接穗的开始结果年龄,通常经矮化的苹果和梨的根砧能使接穗提早进入结果期。

根砧还能影响接穗果实的一些特性,如柑橘嫁接于粗柠檬上时,其果实的含糖量水平会有一定降低;同样根砧的选择会对接穗的开花时期和成熟度等性状有直接影响。

图14-67 将甘薯嫁接于牵牛时可诱导甘薯开花
(引自 roll.sohu.com)

3. 昆虫授粉

授粉昆虫(pollinating insects),是指能够通过在不同花朵间的花粉采集和迁飞过程中,对异花授粉植物起到传媒作用的昆虫,多为蜂类和蝇类。

在设施栽培条件下,自然的授粉昆虫几乎难以见到,因此常利用人工饲养的昆虫进行辅助授粉。如在设施番茄等栽培上释放的熊蜂(见图14-68),其环境适应性和授粉效率均强于蜜蜂。

图14-68 常用授粉昆虫及其对象园艺植物
A. 壁蜂与果树;B. 蜜蜂与桃;C. 蜜蜂与草莓;D. 熊蜂与温室番茄;E. 熊蜂蜂箱释放与温室番茄
(A～D均引自 news.163.com;E引自 club.1688.com)

　　近年来,授粉昆虫的天然数量在不断减少。蜂类中的蜜蜂、熊蜂、壁蜂以及蝇类是常用的人工饲养对象,因其行为习性不同,在植物授粉上也表现出不同的效果。蜜蜂常用于蔬菜亲本繁殖、西瓜、草莓和一些果树等植物的授粉上;熊蜂的适宜授粉植物为茄果类和部分瓜类,如番茄、辣椒、茄子、南瓜等;而壁蜂则适合于梨、苹果、樱桃、杏和李等早春开花果树的授粉。国内目前已开展专业的授粉昆虫养殖,并有相应虫卡的商业性供应,这将为生物授粉的普及提供助力。

　　4. 微生物接种(感染)

　　生产上较为普遍的应用事例如茭白(菰)的孕茭,是指菰在生长过程中叶鞘基部茎端受菰黑穗菌(*Ustilago esculenta* H.)刺激而形成的肥大菌瘿。菰在感染黑粉菌后植株便不再抽穗,且植株毫无病征,其茎部不断膨大的结果,即形成了可食用的肉质茎茭白,如图14-69所示。

图14-69　菰的形态及感染黑穗菌后的茎部膨大形成茭白
A. 菰;B. 叶鞘基部感染;C. 茭白
(A～C分别引自 qnong.com.cn、myzaker.com、wadongxi.com)

图14-70　玉米植株上形成的黑粉菌体
(引自 pinlue.com)

　　与此相类似的还有玉米茎或果穗上感染了黑粉菌[*Ustilago maydis*(DC)Corola]后形成的菌瘿,其本身同样也是非常美味的食物,可做菜用或药用。

　　当黑粉菌寄生在玉米的幼嫩部位后,会刺激植物产生大量生长素,促进植物的局部生长,并与植株争夺营养,当菌体发生多时,常导致玉米不能正常结籽,如图14-70所示。

第 15 章
园艺植物的繁殖

15.1 园艺植物的繁殖体系

繁殖（propagation），亦称为生殖，是指生物为延续种族所进行的产生后代的生理过程，即生物产生新的个体的过程。园艺学上的繁殖（reproduction）概念，是指以自然或人工的方法使植物产生更多个体的现象。

15.1.1 园艺植物繁殖的基本类型

繁殖是所有生命活动的基本现象之一，每个现存的个体都是上一代植物繁殖带来的结果。已知的繁殖方法可分为两类：有性繁殖（sexual propagation）和无性繁殖（asexual propagation）。

有性繁殖的优点是能产生新的变异，通常高等植物多为有性繁殖；而低等植物则多为无性繁殖。某些高等植物，如香蕉、菠萝、甘蔗、甘薯、大蒜等的大多数栽培类型并不能正常获得种子，而且也有许多园艺植物经有性繁殖时其幼苗变异较多，而大部分变异又是我们所不能接受的，因此，生产上对这些高等植物则通常采用无性繁殖方法，以使植物所具有的优良原始性状能够得以延续。

有性繁殖需要经过两性生殖细胞结合成为合子，进一步由合子发育成新的个体；而无性繁殖不涉及生殖细胞，无须经过受精过程，可由母体的一部分直接形成新的个体。园艺植物不同繁殖方式的细分及其类别如图15-1所示。

除图中所列之外，一些低等植物的繁殖及其特性已在本书第7章讨论过，主要涉及真菌、地衣类植物等。

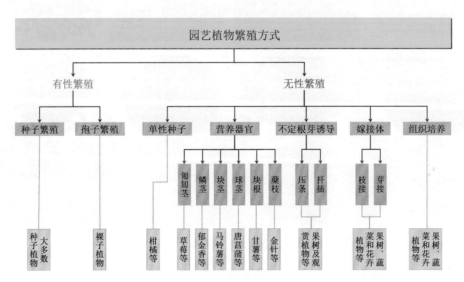

图 15-1　不同园艺植物的繁殖方式的细分及其类别

15.1.2 种子及其繁殖特性

种子繁殖（seed propagation），是指利用植物种子形成新的植株个体的繁殖方式。园艺植物中，大多数的一年生、二年生植物以及一些草本、木本多年生植物都以这种方式进行繁殖。

1. 种子形态

园艺学意义上的种子，与植物学上不同，其特指用于包含种子在内的播种材料，它们常可能带有果皮等附属物，有的种子还具有翅、冠毛、刺、芒和毛等附属物，这些都有助于种子的传播。其个体大小差异较大，有些种子具有厚而坚实的种皮。主要园艺植物的种子特征如图15-2～图15-5所示，对生产者而言，能够准确识别园艺植物的种子是重要的基本功。

图15-2 典型蔬菜类园艺植物的种子形态特征

A～L分别为葱、萝卜、菠菜、辣椒、甜瓜、胡萝卜、紫苏、莴苣、苋菜、甜玉米、菜豆、石刁柏

（A～C均引自 xnz360.com；D～L分别引自 bilibili.com、know.baidu.com、epin.com、cn.treamstime.com、
b2b.liebiao.com、item.jd.com、weimeiba.com、quanjing.com、yswlgs.com）

图15-3 典型观赏类园艺植物的种子形态特征

A～L分别为翠菊、三色堇、紫罗兰、牵牛、石竹、锦葵、虞美人、凤仙花、早熟禾、高羊茅、冰草、孔雀草

（A～L分别引自 inisdg.com、detail.1688.com、china.mekepolo.com、wjhm88.com、jf258.com、1688.com、detail.1688.com、
shop.71.net、cmeii.com、258.com、m.1688.com、ffhhjd.1688.com）

图 15-4　典型果品类园艺植物的种子形态特征

A～L 分别为苹果、桃、山楂、核桃、柿、樱桃、杧果、枇杷、荔枝、番石榴、鸡蛋果、腰果

（A～L 分别引自 cn.dreamstime.com、b2b.hc360.com、qqq.eonddd.com、weimeiba.com、m.jqw.com、huishangbao.com、
detail.1688.com、114pifa.net、gd.sina.com.cn、xiawu.com、b2b.hc360.com、cn.dreamstime.com）

图 15-5　典型香料和饮料类园艺植物的种子形态特征

A～L 分别为花椒、茴香、鼠尾草、罗勒、薄荷、白芷、胡椒、肉豆蔻、皂角、咖啡、可可、茶树

（A～L 分别引自 product.jqw.com、quanjing.com、lynews.zjol.com.cn、t-jiaju.com、b2b.hc360.com、zyccst.com、cn.dreamstime.com、
lyfrjf.com、b2b.hc360.com、tdmz.cn、blog.sina.com.cn、china.alibaba.com）

种子是重要的生产资料。由于其在农林领域的重要性，目前已分化出一个专门的种业（seed industry）行业。中国种业市场的市场容量约为900亿元，占全球总量的10.0%左右。从产品结构来看，其中蔬菜种子约占31%，瓜果及其他种子约占4%。

种子的繁殖特性是由其种子自身的发育及其贮藏期间环境影响等共同作用的结果。关于植物的采种及种子采后加工等问题将在本书稍后的生殖部分再做专门讨论，此处仅讨论商品种子在流通与贮藏期间质量的变化问题。

2. 种子质量与繁殖

种子质量（seed quality），是指种子本身所具有的品种真实性、纯度及其营养成分所形成的生理活动状态能力。广义的种子质量概念则应考虑以下方面：物理质量，包括净度、适播性、外观、水分；生理质量，包括发芽率、活力、休眠状态、性状表达；遗传质量，包括基因及其纯合性；病理质量，即种子的生物情况；商品化质量，包括包装、标签、外观等。也就是说，种子质量实际上包含了两类属性，即品种质量和播种质量，前者主要关注种子的真和纯问题；而后者则包含干、净、饱、健、壮、强等要义。

为此，生产上常需要从种子的若干生理指标去测定其质量因素，并对之进行指标综合来确定种子的质量水平。

1）含水量

种子含水量（seed moisture content, SMC），通常用以下公式计算：

$$SMC = \frac{W_g - W_d}{W_g} \times 100\%$$

式中，W_g、W_d分别表示种子在自然状态和烘干状态下的重量。

种子含水量低，有利于种子安全储藏并保持其发芽率和活力，但过分干燥的种子也易造成种子活力的下降。通常，种子适宜的水分含量在12%～14%，因其种类不同而有所差别。

2）净度

种子的净度（seed cleanliness, SC），是指在一定量的种子内，正常种子与其总重量（常含有一定杂质）的百分比，即

$$SC = \frac{W_t - W_i}{W_t} \times 100\%$$

式中，W_t、W_i分别表示自然状态种子和杂质部分的重量。

在精量播种下，种子的净度直接关系到播种量计算的准确性。因此，质量高的种子，其净度可接近100%。

3）纯度

种子的纯度（seed purity），是指种子在其形态特征与生理遗传特性上的一致性程度，通常用特定品种的种子数占供检本样品种子数的百分率表示。

田间小区种植是鉴定品种真实性和测定品种纯度最为可靠、准确的方法，也是中国植物种子检验规程规定的标准方法。

种子的纯度低，常会导致植物生产的减产，且出现外观参差不齐的产品时，会严重影响其品质。种子纯度低往往是由于生物混杂或人为混杂所引起的。

4）千粒重

种子的千粒重（thousand grain weight），是用来衡量植物种子个体大小及其饱满度的质量指标，以1 000粒种子的重量（g）表示。千粒重除了直接反映种子的饱满度外，也是播种量计算时的重要参数。常见园艺植物种子的千粒重如表15-1所示。

5）发芽率

种子发芽率（rate of seed germination, RSG），是指测试种子的发芽数量占总测试种子数的百分比。具有生活力的种子在测试条件下均可发芽，但我们经常可以看到，有些种子即使能发芽，但其所需时间也

表 15-1 常见园艺植物的种子千粒重范围

植 物 种 类	千粒重/g	植 物 种 类	千粒重/g
白菜类	2.5～4.0	番茄	2.5～4.0
甘蓝类	3.0～4.5	茄子	3.5～5.2
萝卜	8.0～12.0	辣椒	4.0～7.5
芥菜类	2.5～3.5	西瓜	30～140
芹菜	0.5～0.6	黄瓜	20～35
莴苣	0.5～1.5	南瓜	140～320
茼蒿	1.5～2.0	冬瓜	40～60
韭菜	2.5～4.5	甜瓜	20～50
大葱	2.5～3.5	苦瓜	150～180
洋葱	3.5～4.5	菜豆	300～800
菠菜	8.0～9.0	豌豆	150～400
黄秋葵	50～60	球茎茴香	3.5～4.5
蕹菜	30～50	落葵	20～25
胡萝卜	1.2～1.5	丝瓜	100～120
三叶草	0.7～0.8	旱金莲	50～75
美女樱	6.0～8.0	马鞭草	2.3～2.5
三色堇	1.2～1.5	荆条	8.0～10.0
榉	12～16	百日草	6～10
大岩桐	0.03～0.04	紫丁香	15～20
万寿菊	2.5～3.0	刺槐	20～25
蔷薇	12～18	金光菊	0.5～0.7
彩叶草	0.12～0.18	金鱼草	0.12～0.25
蒲包花	0.04～0.08	薄荷	0.05～0.06
矮牵牛	0.06～0.10	剪股颖	0.06～0.08

比正常种子要晚很多,这样在生产上即会出现同时播种的种子,苗期长势大小和强弱差别巨大的问题,因此,我们必须同步考虑种子的发芽势指标。

发芽率的高低是计算播种量的重要依据。

6）发芽势

发芽势(germination potential),是指测试种子的发芽速度和整齐度,其表达方式是计算种子从发芽开始到发芽高峰时段(此时间长短对特定植物来说为定数)内发芽种子数占总测试种子数的百分比。通常我们将发芽时间按需求做出规定,于是可得到在时间 t_1 的发芽势为 GP_1; t_2 的发芽势为 GP_2。

发芽势可反映种子活力的高低。发芽势高的种子,其活力也高,出苗表现整齐而健壮。

7）种子活力

种子活力(seed vigor),是指种子发芽和出苗率、幼苗生长的潜势、植株抗逆能力和生产潜力等要素的总和,是种子质量的重要综合指标。

常用表达种子活力的指标有:发芽指数(GI)、活力指数(VI)、平均发芽时间(MGT),其计算公式分别为

$$GI = \sum \frac{G_i}{D_t}$$

式中,D_i、G_i 分别表示发芽天数、对应天数的发芽率;

$$VI = GI \cdot S$$

式中，S表示一定时间内幼苗长度（cm）；

$$MGT = \frac{\sum (G_i \cdot D_i)}{\sum G_t}$$

式中，D_i、G_i分别表示发芽天数、对应天数的发芽率。

从生理生化指标来检测种子活力，通常采用TTC（3，5-氯化三苯四氮唑）法、BTB（溴麝香草酚蓝）法等。当种胚的活细胞遇TTC时，可使其还原为红色的TTF（三苯甲腙）；同样，种子呼吸产生的CO_2的水合反应并离解后可得到H^+与HCO_3^-，当pH值小于7.1时可使BTB呈黄色。用这些呈色反应即可判断种子活力的大小。

3. 种子贮藏条件对其质量的影响

1）种子寿命与贮藏条件

为了应对未来可能出现的植物大灭绝，一些国家建造了种子库（见图15-6），其中最著名的当属挪威的世界末日种子库。其坐落于北极南部的斯瓦尔巴群岛，耗资900万美元，2008年1月投入使用，可储存450万种约20亿粒植物种子样本。

图15-6   植物种子资源的保藏库
A. 挪威世界末日种子库地道；B. 种子库存放的种子；C. 美国国家基因资源保护中心冷藏罐；D. 种子保藏柜
（A～D均引自roll.sohu.com）

种子的寿命（seed longevity），是把一个种子群体从收获到半数种子存活所经历的时间作为该群体的寿命，也称为种子半活期。其长短除与遗传特性和种子发育质量有关外，还受到贮藏环境的影响。有些植物的种子寿命很短，如巴西橡胶的种子寿命仅1周左右；而莲的种子寿命可长达数百年甚至千年。

常见园艺植物种子的寿命与可使用年限如表15-2所示。实际上，生产上可接受的使用年限往往考虑到其发芽势。对有些发芽势较低的种子，虽然仍具有一定的发芽率，但因其生产性能大大下降而不会再将其用于生产。

表15-2 常见园艺植物种子的寿命和可接受的使用年限

植物种类	寿命/年	可接受的使用年限/年	植物种类	寿命/年	可接受的使用年限/年
白菜类	2～3	1～2	番茄	3～6	2～3
甘蓝类	2～3	1～2	茄子	3～6	2～3
萝卜	3～5	1～2	辣椒	2～4	2～3
芥菜类	2～3	·1～2	西瓜	3～5	1～2
芹菜	6	2～3	黄瓜	3～6	2～3
莴苣	3～5	1～2	南瓜	4～5	2～3
茼蒿	5	2～3	冬瓜	4	1～2
韭菜	1～2	1	甜瓜	5	2～3
大葱	2	1	苦瓜	5	1～2
洋葱	2	1	菜豆	3～5	1～2
菠菜	3～4	1～2	豌豆	3	1～2
金鱼草	3～4		耧斗菜	2	
三色苋	4～5		紫菀	1	
雏菊	2～3		翠菊	2～3	
风铃草	3		美人蕉	3～4	
鸡冠花	3～4		矢车菊	2～3	
菊	3		波斯菊	3～4	
大丽花	5		飞燕草	1	
石竹	3～5		毛地黄	2～3	
非洲菊	1		霞草	5	
向日葵	3～4		麦秆菊	2～3	
凤仙花	5～8		牵牛	3	
鸢尾	2		地肤	2	
五色梅	1		香豌豆	2	
薰衣草	2		一串红	1～4	
万寿菊	4		百合	2	
半边莲	4		羽扇豆	4～5	
剪秋罗	3～4		千屈菜	2	
甘菊	2		紫罗兰	4	
黑种草	3		罂粟	3～5	
矮牵牛	3～5		福禄考	1	
酸浆	4～5		桔梗	2～3	
半支莲	3～4		美女樱	2	
旱金莲	3～5		三色堇	2	
长春花	2		百日菊	2	

注：依yuyi731、吴涤新等。

即使在适宜条件下，种子保存过久也会令其丧失发芽能力，这是由于种子细胞内蛋白质变性的缘故。在高温和潮湿情况下，种子的呼吸作用加强，将会消耗大量营养物质，同时放出的热量也会加速蛋白质变性，从而缩短了种子寿命。

不同贮藏条件下种子的寿命有较大的差异，这主要是由于环境条件对种子生理活动影响的结果。

2）影响种子寿命的因素

影响种子寿命的主要因素有环境温度、湿度、光照和气体条件等。这些因素通过影响种子的呼吸作用而对其寿命产生影响，通常，低温、低湿、黑暗以及降低空气中的 O_2 含量，是较为理想的贮存条件。

温度系数（temperature coefficient, Q_{10}），是指在一定的温度范围内，温度每升高10 ℃所引起呼吸作用速度增加的倍数，即

$$Q_{10} = \frac{V_{t+10}}{V_t}$$

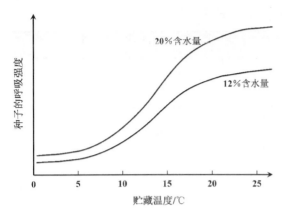

图15-7　贮藏温度及种子含水量对种子呼吸强度的影响

式中，V_t 和 V_{t+10} 分别为在温度 t 和 $(t+10)$ 时的呼吸速度。对大多数的植物种子而言，Q_{10} 的数值范围通常在 $1.5\sim2.5$ 之间，如图15-7所示。

在不同种子含水量背景下，贮藏期间温度对种子呼吸的影响有较大的变化。较为湿润的种子其呼吸强度会随温度的升高而加大其 Q_{10} 水平。

种子贮藏时的空气成分对其寿命有较大影响。当 O_2 浓度在20%以下时，种子的呼吸强度会随 O_2 浓度的降低而降低，但当其浓度低于10%时，会使无氧呼吸加强而对种子的贮藏不利。

当种子贮藏空间内的 CO_2 浓度达到5%时，会使种子的呼吸作用大为降低。一些植物如豆科，受种皮限制，种子内部呼吸作用所释放的 CO_2 难以排出，会在种皮内发生 CO_2 的聚集，并使种子的呼吸作用受到抑制，导致种子休眠。

4. 种子的休眠与繁殖

休眠的种子，其新陈代谢十分缓慢而接近于不活动状态。不同植物种子的休眠期长短有巨大差异，有些植物种子休眠期很长，需要数周乃至数月或数年；也有一些植物种子成熟后在适宜环境条件下即可萌发，无须经历休眠期，而只有处于不利环境条件时种子才会进入休眠状态。

种子的休眠是植物在长期系统发育过程中获得的一种抵抗不良环境的适应性，是调节种子萌发的最佳时间和空间分布的有效方法。

1）生理休眠

生理休眠（physiological dormancy），是指种子因其结构或生理上的原因，在通常适于发芽的条件下仍不能发芽的现象。其主要原因有以下方面。

（1）生理后熟。

一些植物的种子在收获后，其种胚仍需继续发育。这时种子内部的物质代谢及其形态并不稳定，常存在一些发芽抑制物质，当与发芽促进物质之间的一种稳定平衡尚未建立起来时，种子会表现出休眠状态。而生理的后熟有时需要伴随较为苛刻的条件，如桦木属和铁杉属的种子，需要在湿润和光照条件下完成其后熟；而红松、桧柏等则需要湿润和低温环境。

（2）种皮限制。

裸子植物种子外面没有种皮，而被子植物的种皮形态呈现多种结构，一些特殊的种皮结构可对种子产生保护，并使其有较为深度的休眠。这种特殊结构表现为包被在种子外的坚硬果皮、果皮与种皮紧密贴合，以及种皮的角质化和胶状化等。

如桃、杏等种子外面有坚硬的果皮，因而种皮结构简单，薄如纸状；莴苣等种子，其果皮与种皮愈合，当种子成熟时种皮被挤压而紧贴于果皮的内层；有些豆科植物的种子具有坚硬种皮，种皮的表皮下有栅栏状的厚壁组织细胞层，表皮上有厚的角质膜会使种子硬实而不易萌发；番茄和石榴的种皮，其外围组织或表皮细胞肉质化，番茄种皮的表皮细胞柔软透明并呈胶质状，且有刺状突起，石榴种皮的表皮细胞会伸展成为细线状；荔枝、龙眼的种子由假种皮肉质化而成，假种皮是由珠柄组织凸起包围种子而形成。

（3）抑制物质。

有些植物在其种皮中含有萌发抑制物质，因此除掉这类植物种皮，对种子萌发有刺激效应。在不同植物种皮上分离并鉴定得到的抑制物质种类，主要有ABA、乙酸等有机酸类、胺类、醇类、香豆素、酮类、酚类和不饱和内酯类等。

2）强迫休眠

强迫休眠（epistotic dormancy），是指因外界环境条件不适引起的种子休眠现象。在种子贮藏中，延长其寿命的贮藏条件正是基于种子的强迫休眠而形成的。因此，通过人为创造环境可使植物种子处于强迫休眠状态，即可实现延缓发芽的目的。

5. 种子萌发过程的生理变化

1）吸水与水解反应

通常植物种子中的营养物质其结构较为致密，含水量较低。当种子与水分接触或环境湿度较高时，种子会迅速吸湿而膨胀，直至水分达到饱和时其种子体积不再增大。这一吸水过程称之为吸胀作用（Imbibition），其本身属于物理化学过程。由于种子贮藏的内含物种类及其比例不同，吸胀过程中种子的体积膨大倍数也有较大区别，淀粉类种子的吸胀率约为130%～140%；而蛋白质类种子则可达200%以上。

在完成第一个阶段的吸水后，种子进入吸水的滞缓期（见图15-8）。在此阶段，种子内部发生着活跃的物质代谢反应，主要包括一些贮藏营养物质的水解反应，形成种子萌发与生长所需物质合成的原料准备。

2）酶激活与物质合成

在第二阶段的中后期，种子内代谢活动以酶的激活为特征，随后便开始一些功能性物质的合成，如膜结构物、内源激素和功能性蛋白等，如图15-9所示。

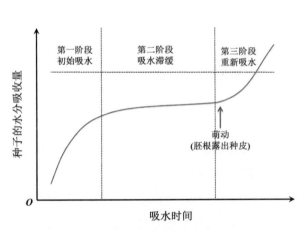

图15-8　种子萌发过程中的阶段性吸水特性
（引自Bewley & Black）

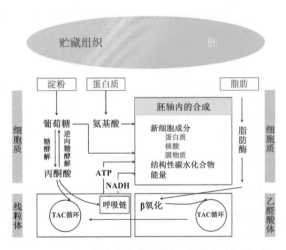

图15-9　种子内贮藏营养的分解、转化与利用方式
（引自Cardwell）

种子吸水后即可激活的酶，包括β-淀粉酶、磷酸酯酶、支链淀粉葡萄糖苷酶等。而有些酶则是在种子中预先已有其mRNA的储备，吸水后很快就可合成；有些则是通过萌发过程中的生理活动，在内源激素作用下才开始合成，后者如α-淀粉酶、蛋白酶等。

伴随着种子萌发的生理活动，吸水后非活性的IAA前体可迅速转化为IAA，随后CTK和乙烯的增加与种子内 ABA 等物质的减少同步发生,GA 含量的提高出现相对较晚。

在种子开始萌动,即胚根开始露出种皮时,基本的物质代谢已完成,种子又重新并始吸水,并借助种子贮藏营养及其转化的物质条件,开始个体的生长。第三阶段的吸水为生理性吸水过程。事实上,种子萌发时的呼吸强度变化与其三个阶段的吸水同步,并表现出类似的变化规律,呼吸作用的强弱也从另一方面反映了种子内部的生理活动变化。

3）需光种子

一些植物种子的萌发过程需要一定的光照。这是由于光敏色素中,红光形态(Pr)可促进种子解除休眠,当种子解除休眠后其萌发即不再需要光照。这些植物包括烟草、莴苣、芹菜、凤眼莲、多种牧草、欧洲落地松、赤松、葱属植物、泡桐等。

与此相反,一些种子在萌发时必须避光,如黑种草、苋菜、鸡冠花等。

种子萌发过程中对光的需求与否,直接决定着播种后种子覆土的深浅。

4）种子萌发生理过程的调控

(1) 渗透调节(osmoregulation)。

植物种子在渗透势较高的溶液中会出现吸水减缓,由此可避免种子快速吸水带来的吸胀伤害。经渗透调节处理后的种子进行播种,其出苗整齐度与发芽速度均会有明显改善。常用的渗透调节剂为 PEG (聚乙二醇)、NaH_2PO_4 等。

(2) 干湿交替处理(alternation of drying and wetting)。

干湿交替处理,是指将植物种子在适温下经短时吸水后,再将其置于干燥条件下,反复进行 2～3 次的处理方式。这种处理可使种子的发芽率提高,幼苗的抗性增强。

(3) 化学处理。

一些化学制剂,可改善种子萌发时的生理状况,促进其出苗。已经用于生产的制剂种类有 H_2O_2、油菜素甾醇(BR)和具有 IAA、GA 和 CTK 活性的植物生长调节剂。

15.1.3　孢子与菌丝体的繁殖特性

用孢子繁殖的植物,主要包括藻类、菌类、地衣、苔藓和蕨类等五类。孢子植物的进化水平较低,大多保留了对地球早期环境的适应性,因此多喜湿喜阴。

1. 地衣

地衣的形态是由共生真菌决定的,地衣中的藻类大多数为绿藻和蓝藻,其中球藻属、橘色藻属和念珠藻属的种类约占90%以上。地衣的繁殖有营养繁殖和有性繁殖两种类型。

1）营养繁殖

是地衣最普通的繁殖方式,通过地衣体断裂和碎裂形成数个裂片,每个裂片再可发育为一个新个体。地衣还可以通过形成粉芽进行营养繁殖,粉芽是由少数菌丝包裹着几个藻细胞形成的特殊繁殖体,脱离母体后,可在环境条件适宜的地方发育为一个新个体。

2）有性繁殖

由共生的真菌独立进行。共生真菌通过有性生殖方式产生子囊孢子或者是担孢子,散布到环境中,如果遇到与该真菌共生的藻类细胞而且环境条件适宜,孢子萌发后就能与藻类细胞不断发育成新的地衣。如果遇不到相应的藻类细胞,真菌的孢子即使萌发,也会很快死去。共生蓝藻主要以细胞分裂方式增殖,共生绿藻则多以孢子进行无性繁殖。

2. 藻类

蓝藻无有性繁殖,通常以细胞的裂殖或丝状体断裂进行营养繁殖。绿藻有无性繁殖和有性繁殖两种,其有性繁殖中重要的阶段为合子。合子可处于休眠态,条件适宜时通过减数分裂后即可形成新的个体。褐藻的有性繁殖是由孢子体和配子体进行世代交替而进行的,配子体受精后产生出的合子具有产生新的个体的能力。

3. 菌类植物

绝大部分菌类植物的营养方式是异养(heterolrophy)的,其方式有寄生和腐生两种。园艺上我们主要讨论的是食用或药用真菌,多分布于担子菌纲,如图15-10所示。

图15-10　几种常见食用和药用真菌的子实体形态
A～H分别为香菇、平菇、木耳、猴头菇、羊肚菌、竹荪、灵芝、茯苓
(A～H分别引自qnong.com.cn、3nong.com、39yst.com、ys137.com、baike.baidu.com、zhongdi168.com、item.btime.com、xyyys.com)

高等真菌的生殖方式有三种:营养生殖、无性生殖和有性生殖。高等真菌的无性繁殖能力非常强,可形成多种孢子。高等真菌在进行有性繁殖时,常形成特殊的菌丝组织结构,其中产生有性孢子,此种组织结构称为子实体(sporophore)。子实体是菌类植物繁殖的重要形态,所形成的担孢子经发育形成菌丝体,进一步又可形成新的子实体。

15.1.4　无性系营养器官的繁殖特性

一些具有营养贮藏功能的营养器官是天然的无性系繁殖材料,它们包括由根、茎、叶等器官异化或特化而形成的材料。

这些异化的器官大多数具有肉质化特征,且器官上分布了较多的芽,因此它们很容易形成完整的单株。与其他无性系繁殖方式相比,这些异化的器官无须复杂的脱分化与再分化,且又能保持其无性系的优良性状,不易变异。因此,其往往用于观赏植物以及以地下部器官为产品的部分蔬菜等植物的繁殖上。

常用的以茎异化形式作为繁殖材料的有匍匐茎、鳞茎、球茎、块茎、根状茎(地下)以及蘖枝等;根的异化繁殖材料有块根等(见图15-11、图15-12)。除此而外,还有一些较为特殊的类别也具有作为繁殖材料的可能,如山药的零余子、大蒜的气生鳞茎、落地生根的叶等。

图15-11 以异化茎为繁殖材料的园艺植物

A～D匍匐茎,依次为草莓、甘薯、吊兰、爬山虎;E～H鳞茎,依次为郁金香、贝母、水仙、大蒜;I～L球茎,依次为唐菖蒲、荸荠、风信子、朱顶红;M～P块茎,依次为马铃薯、山药、菊芋、草石蚕

(A～P分别引自mt.sohu.com、baike.baidu.com、168mh.com、62a.net、mini.heastday.com、zhekdian.com、wqq.bluesky.blog.sohu.com、bk.spdl. com、blog.sina.com.cn、baike.baidu.com、k.sina.com.cn、m.sohu.com、china.mekepolo.com、product.jqw.com、detail.1688.com、baike.baide.com)

图15-12 以根或异化茎为繁殖材料的园艺植物

A～D块根,依次为甘薯、天门冬、何首乌、大丽花;E～H蘖枝,依次为金针、景天、茭白、栀子花;I～L根状茎,依次为芦根、藕尖、竹鞭、鱼腥草

(A～L分别引自tuijianta.com、b2b.hc360.com、39yst.com、blog.sina.com.cn、news.wugu.com.cn、baike.sogou.com、bujie.com、sohu.com、 zixun.jia.com、cnhnban.com、qqzhi.com、yxnihao.com)

15.2 园艺植物的播种

15.2.1 种子的播种前处理

1. 种子包衣

种子包衣（seed coating），是指利用一些包含对植物种子萌发起促进作用的物质作为种衣剂，通过充分搅拌使其在种子表面形成一层被膜的处理方式。

种子包衣剂（seed dressing），是指用包裹在种子外表的物料总称，由以杀虫剂、杀菌剂、植物生长调节剂、复合肥料、微量元素和缓释剂、成膜剂等组成。实际应用时又分为通用型与专用型两大类。以人工或机械方法将种子包衣剂按一定的药、种比例包裹在种子表面，而因此形成的一层药膜的过程叫种子包衣，所形成的种子称为包衣种子（coated seeds，见图15-13）。

2. 种子的丸粒化

种子的丸粒化，实际上是一种特殊的包衣方式。与通常的包衣相比，包衣往往采取在种子表面形成一层较为均匀的被膜，对种子的基本形状并未有大的改变；而丸粒化（seed pelleting）则使形态不规则的种子经处理后形成大小相同的圆球状颗粒。其最大的特征即是完全能适应于机器对种子的精量化识别（见图15-14）。

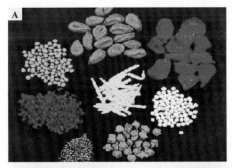

图15-13　包衣种子及其外观
（引自 jnrc2010.com）

图15-14　种子丸粒化机械及加工过程示意图
（引自 epin.com、s.c-c.com、114pifa.com）

3. 种子的刻伤

对于一些种皮透气性差、坚硬的种子，通常需要对其进行种皮（果皮）刻伤处理，如菠菜、莲子、五针松、蜡梅、美人蕉、夹竹桃、凤凰木等种子。

种子破壳技术，是指利用外力破坏种子外壳，使种子壳内物质完全释放出来或部分与外界相通的技术（见图15-15）。破壳时利用电机方式产生的机械力，带动砂轮和金属片上的锥形突起高速旋转，避免了采用滚轴压碾方法完全破坏种子的问题，而且高速旋转的锥形突起对种子外壳进行局部的破坏，从而可使种子壳内与外界相通，易于吸水膨胀，便于提高其种子发芽。

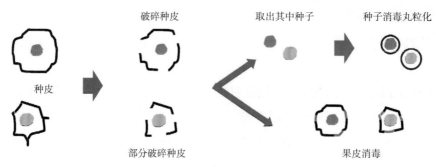

图 15-15　菠菜种子的破壳处理过程示意图

（依山阳种苗）

4. 种子的引发

种子引发（seed priming），是基于种子萌发生物学机理，通过调节种子萌发过程中的内部生理过程，实现促进种子萌发、提高萌发稳定率和整齐度、提高种苗抗性、改善营养状况等目的的处理技术。引发主要通过渗透调节、温度调节、气体调节和激素调节等来实现。

PEG通过改变种子内贮藏营养物质的胶体渗透势，来调控细胞吸水程度和状态，能使种子的吸水趋于稳定和同步化，最终提高萌发率和整齐率。此方法比简单的浸种要有效得多。此外，较为常用的还有一些盐类，如$CaCl_2$、KNO_3、NaH_2PO_4等，通过改变溶液的水势来降低细胞渗透势，使细胞吸水趋于平稳。

与此同时，也可加入一些杀菌剂和植物生长调节剂共同使用，如H_2O_2、$KMnO_4$、过氧乙酸（CH_3COOOH）；青霉素、链霉素、甲基托布津；10×10^{-6}（重量比）的NAA（萘乙酸）、$(10 \sim 50) \times 10^{-6}$（重量比）的6-BA（苄氨基嘌呤）或KT（激动素）。

5. 种子的层积

深度休眠的种子种皮坚硬，常用层积处理来打破其休眠。层积处理（stratification）是将种子埋在湿沙中并置于$1 \sim 10$ ℃温度下，经$1 \sim 3$个月的处理使种子解除休眠的方法（见图15-16）。已知有100多种植物可通过层积处理来打破其种子休眠，常见的如苹果、梨、榛、山毛榉、白桦、赤杨等；一些种皮蜡质或油脂含量高的种子也可用层积来去除其影响，如木兰种子，常用草木灰进行层积处理。

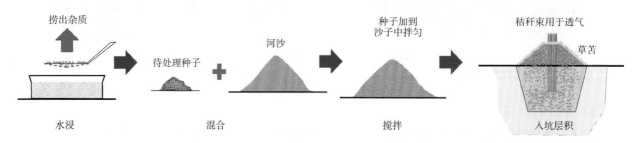

图 15-16　部分园艺植物种子的低温层积以打破种子休眠促进种子萌发

（依 lishucheng_71）

在层积处理期间，种子中的ABA含量下降；而GA和CTK含量则有所增加（见图15-17）。不同园艺植物层积处理参数如表15-3所示。

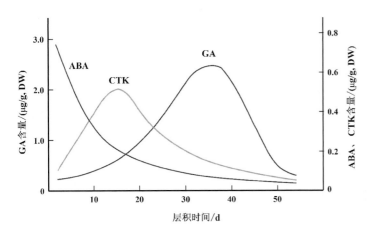

图15-17　种子层积过程中内源激素含量的变化
（糖槭，引自 Poincelot）

表 15-3　常见园艺植物种子层积处理参数

植物种类	层积温度/℃	所需天数/d
海棠		40～50
杜梨		60～80
枣		60～100
山桃		80～100
秋子梨		40～60
山葡萄	2～7	90
杏		100
李		80～120
猕猴桃		60
板栗		100～180
山楂		200～300
核桃		60～80

注：引自 lishucheng_71。

15.2.2　播种期与播种量

1. 确定播种期

播种期是由很多因素共同决定的，包括从幼苗定植到产品成熟所需的天数；生长季节的期间长度，可由晚霜至早霜间的平均天数求得；其他气候因素，如日长、降雨量等；植物生长适宜温度；植物收获或预期出售日期；植物的冷、热耐受极限；种子萌发需要天数以及户外定植预期时间安排等。

播种期的早晚是由定植期决定的，通常按照所需生理苗龄的大小所需充苗天数，从预期定植期向前推算即可求得。而适宜定植期的季节范围需要以完成全生长季所需天数作为限定条件，其本身又由植物对气温和地温的最低耐限所决定。对于育苗种类的播种期，需要考虑育苗场所的小气候效应及其管理水平等因素；对于直播种类，播种期的确定方法同上述定植期。

对于一些生育期较短的植物，还应考虑茬口的接续时间以及前后茬植物的生态相宜性等。

对于一些对日长反应以及水分条件等有严格要求的植物种类，在温度适宜的前提下，需要以其他特定限制条件为最终确定条件。

对于园艺生产而言，与粮油作物相比，常在自然季节基础上，通过人为的环境调节措施来扩展自然生长季的长度范围，但需要明确所使用的环境调节技术措施能够提早和延后的天数及其稳定性。

2. 确定播种量

育苗情况下的播种量多少，需要在确保用苗质量的数量基础上，尽可能减少其数量，这不但可节省用种量、苗床面积，也可节约管理成本。通常的播种量（seed quantity, SQ，其计量单位为 g）的求算方法如下：

$$SQ = \frac{\rho \cdot A_{pc} \cdot P_{hm} \cdot W_{tg}}{1\,000 \cdot P_g \cdot SC}$$

式中，ρ 为播种的安全系数，通常取 1.2～1.3；A_{pc} 为计划种植面积（hm^2）；P_{hm} 为单位面积种植目标株数（株/hm^2）；W_{tg} 为种子千粒重（g）；P_g 为发芽率（≤1.0）；SC 为种子净度（≤1.0）。

苗床面积需求量（A_b，计量单位为 m^2），可由下式求得：

$$A_{\mathrm{b}} = \frac{SQ \cdot A_{\mathrm{gs}}}{10^7 \cdot W_{\mathrm{tg}}}$$

式中，SQ为播种量；A_{gs}为单粒种子所占用苗床面积（cm^2）；W_{tg}为种子千粒重（g）。

直播情况下，通常以播种比（seeding rate）来求算，其计算式为

$$SQ = \frac{S_{\mathrm{r}} \cdot A_{\mathrm{pc}} \cdot P_{\mathrm{hm}} \cdot W_{\mathrm{tg}}}{1\,000 \cdot P_{\mathrm{g}} \cdot SC}$$

式中，S_{r}为播种比，不同植物种类取值差异较大，通常为$3 \sim 10$；A_{pc}为计划种植面积（hm^2）；P_{hm}为单位面积种植目标株数（株/hm^2）；W_{tg}为种子千粒重（g）；P_{g}为发芽率（$\leqslant 1.0$）；SC为种子净度（$\leqslant 1.0$）。

15.2.3　繁殖容器

繁殖过程中常常需要某些容器，除非植物直接在园田育苗床中进行繁殖。这些容器包括黏土、塑料做成的钵、穴盘、泥炭块；金属容器或涂上一层沥青的绝缘纸；泡沫塑料杯；石蜡纸；聚乙烯袋等。

1. 育苗钵（盆）

通常是圆形或方形开口，有多种规格，并由不同材料制成（见图15-18）。黏土烧制的陶或瓷器钵（盆）容易破碎，常在表面积盐毒害植物，其成本较高、自身较重，但可重复使用，并可用蒸汽消毒，其孔隙可以使水分和O_2能较好地分散；塑料钵质轻，易堆垛，价格便宜，可重复使用，颜色各异，容易清洗。因其材料无孔，与黏土制容器相比，需要做一些处理，并需减少给水量和肥料使用量。

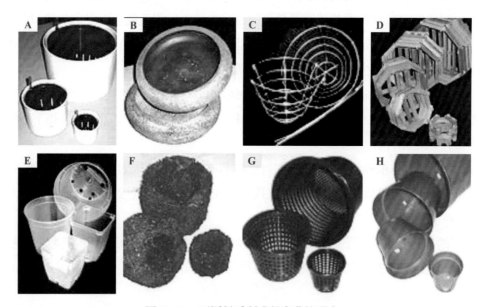

图15-18　不同材质制成的育苗钵形态
（A～H分别为陶制花盆、瓷器花钵、铁丝育苗杯、木质育苗盘、硬质塑料筒、草炭压块、塑料网筒、密胺花盆）

2. 硬质或软质塑料容器

以PE材质或密胺（三聚氰胺树脂）等可制作成软质或硬质容器供园艺植物繁殖使用（见图15-19）。这类物品虽然不易破碎，但不能使用蒸汽消毒，可用化学处理方法杀菌或用70 ℃热水，持续3 min进行巴氏消毒。

3. 穴盘

在蔬菜和花卉等植物的育苗上，规模化的专业育苗场常采用标准规格的穴盘，并配合专用的育苗基质进行种苗的繁殖。这些穴盘均由PE材料制成，其常用规格如表15-4所示。

这些穴盘可重叠收纳，重量轻，易于移动和收藏，其植物根系在有限空间内可沿容器壁面形成盘旋状（亦称塞子苗，plug seedling），定植时不易

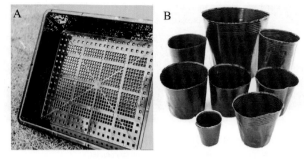

图15-19 硬质塑料育苗箱（A）和软质营养钵形态（B）
（A、B分别引自912688.com、5jjc.net）

伤根。因此，穴盘育苗的使用较为普遍。同时，由于专业化种苗企业正逐渐取代农户自行育苗，可有效提高生产用苗的质量，穴盘规格的统一对于种苗的包装、运输与流通具有相当大的便利性。

表15-4 不同型号育苗穴盘规格（依 SUNRISE100a）

型 号	规格/孔	单孔尺寸/mm	苗盘尺寸/mm	实 物
Q21	3 × 7	62 × 62 × 65	540 × 280 × 65	
Q32	4 × 6	53 × 53 × 58	540 × 280 × 58	
Q50	5 × 10	50 × 50 × 50	540 × 280 × 50	
Q72	6 × 12	40 × 40 × 45	540 × 280 × 45	
Q98	7 × 14	36 × 36 × 50	540 × 280 × 50	
Q105	7 × 15	36 × 36 × 50	540 × 280 × 50	
Q128-1	8 × 16	32 × 32 × 42	540 × 280 × 42	
Q128-2	8 × 16	32 × 32 × 48	540 × 280 × 48	
Q200	10 × 20	25 × 25 × 43	540 × 280 × 43	
Q288	12 × 24	21 × 21 × 36	540 × 280 × 36	

15.3 无性繁殖

无性繁殖（asexual propagation），是指利用植物营养器官等所具有的潜在再生能力进行个体再生的繁殖方式，如由茎切段产生不定根、根切段的不定芽产生新的枝叶系统或直接采用营养器官等。

15.3.1 营养器官繁殖

营养器官繁殖（propagation with vegetative organs），是指利用具有营养贮藏功能的根、茎或叶异化器官，直接作为繁殖材料，使其形成具有完整根茎叶体系的新植株的繁殖方式，如图15-20所示。

由鳞茎发育而成的小鳞茎如鳞芽，长大之后即形成短匍茎。短匍茎从母球上分离后可再生出芽。其

图15-20　利用植物营养器官作为繁殖材料
A. 香雪兰鳞茎；B. 何首乌块根

生长期长短取决于短匍茎长至开花时的大小，并与鳞茎类型等有关。如朱顶花、红百合、蜘蛛兰的鳞茎，常可切分成几个混合片段，小鳞茎由鳞片下的冠状茎发育而来，当小鳞茎移栽后其上的芽可继续发育成新的植株。

具有球茎的植物如唐菖蒲等，可在老的球茎上方产生新的球茎后，母球茎枯萎。这些新出的球茎可从母体上分离并进行越冬贮藏，并在春季定植。新的球茎可在第一个季节开花，但继续产生的小球茎则需要长2～3年的生长才能长到可开花的大小。

块茎(贝母)、块根(大丽花、花毛茛)和根状茎(美人蕉)等均可切分后进行繁殖，每一个切段要带有1个以上的芽。需要特别注意的是，在切分大丽花块根时，应保证块根的冠状茎上必须带有健壮的芽，芽一旦损伤便不会有利用价值。

许多球根类植物可产生种子，且这些种子可萌发生长并形成开花植株。但这种繁殖方式并不受生产者欢迎，因为现在所使用的许多植物种类多为杂种，当其有性繁殖时，其花色和类型会发生高度变异，结果无法预料。

15.3.2　扦插

扦插(cuttage)，是指利用从植株母体上切下的部分茎、根或叶，这些部分在适宜的环境条件下能够发生根系和枝叶系统的繁殖方法。在此过程中切段上的许多细胞会恢复到分生状态(脱分化)，随后开始分化出根或枝叶雏形，这些细胞最终将变为根或枝叶原基，并进一步生长和分化成根和枝叶，如图15-21所示。

在茎切段上，不定根发生的位置通常是维管束内部或近维管束的部分；而在根和叶的切段上则有不同。

图15-21　部分园艺植物扦插床及成苗时情况
A. 枸杞；B. 火龙果；C. 长寿花
(A～C依Poincelot)

1. 生根

利用特定的植物生长调节剂等化合物可促进切段发生不定根。如用0.4‰浓度的IAA浸蘸茎切段可促进产生新的根系，也可在IBA中添加如卡普丹、苯菌灵等杀菌剂处理切段，以防止切口处发生的病菌感染。

不定芽可通过细胞激动素处理根切段来刺激，叶切段上的不定芽和根可通过生长素和细胞分裂素混合来刺激。

2. 扦插的管理

扦插床如有喷雾装置并具苗床加温（24～27 ℃）时，可促进切段提早生根。

扦插期间，苗床上的光照强度因植物种类而不同，光周期对植株再生也有影响。对于母株能够正常生长的光周期，在切段的生根期间也会对其生根和枝叶发育产生积极影响，但并不是对所有的切段，而是依据植物种类表现出一定差异。

有时我们可以利用木本植物整形或草本植物修剪时获得的那些带叶的切段。若当时繁殖不便时，可将剪下的切段置于塑料袋内，在低温（0.5～4.5 ℃）下贮藏数周仍可利用。这一方法可用于杜鹃、女贞、菊花、康乃馨和天竺葵等植物上。

3. 扦插作业

1）玫瑰扦插

典型的玫瑰枝条扦插，其作业过程如图15-22所示。按图中序号顺序，其作业过程要求如下。

（1）仔细地选择初生枝条，将其切下用于繁殖。

（2）将切下部分转移到作业间，整个过程中需保持低温和湿润。

（3）在操作台上对田间切下的枝条再进行切段处理。

（4）先将下位的叶片去除。

（5）将茎段在生根激素类溶液中浸蘸，以促进其生根生长。

（6）将处理好的茎段插入扦插基质中。

（7）将扦插盘置于温室中，并保持扦插床具有较高的湿度并进行床面底部加温；在具有地面加温的温室中，插条可直接置于基质中。

（8）待插条生根后，即可将已完成再生的小植株拔出用于定植。

（9）提前准备好定植床，将扦插苗迅速定植。

图15-22　玫瑰扦插繁殖作业的全过程

（依 Nagamura Satoshi）

（10）定植后的扦插苗须进行灌溉以保持湿润（适度的喷灌）以使其迅速缓苗。扦插苗若需出售时，则需要将扦插苗提前移植到单体钵内。

2）茎段的扦插

通常，需在每个茎的切段上带有2个以上的节，但不应超过6个。节是出叶的地方，有时它们是不光滑的，或有突起。

茎切段的选取通常是在春季或夏季时，需要选择生长健壮的植株。茎切段通常包括带有部分叶的茎段，茎的长度为8～15 cm。在同一枝条上，常选择茎尖，因其能很快形成新的植株；枝条中部或基部的茎切段，在大多数植物中也能被利用。

为剪切成一个整洁的茎切段，需要将茎段上多余的叶去除，只允许保留2～3片。如果选取带花蕾的枝条进行繁殖时，则应将花朵部分去除，以保证茎切段有充足养分用于生根。

在湿润的扦插基质上可用竹签开出扦插孔。茎切段在埋入基质的部分中不带有任何叶片，插入基质部分的深度应在3～8 cm范围（见图15-23）。当然，一些植物如多肉植物、天竺葵、橡胶树等，若茎切段未经愈伤时，不可直接插入生根基质。在待插期间，这些植物可在切段的一端形成愈伤组织，此间需防止病菌感染。待切段愈伤后需在插入生根基质前先浸蘸生根激素。

图15-23 植株茎切段的扦插过程
A. 开扦插孔；B. 将不带叶的茎段部分插入扦插基质上的孔内；C. 插好后将插条周围的基质压实
（A～C均引自 Nagamura Satoshi）

像花叶万年青、龙血树等植物可以用其藤茎切段来繁殖。将5～8 cm的切段垂直或水平地置于较湿的生根基质中，每一个藤段至少带2个节（见图15-24）。垂直扦插时，将茎切段直立（细的一端向上）插于生根基质中，新叶将从暴露的节上丛生，而新根则发生于埋藏于基质部分的节上；水平扦插时，将茎切

图15-24 万年青植株的茎切段处理及不同扦插方式
A. 茎切段，带叶、不带叶、再生苗；B 茎切段的垂直与水平扦插
（A、B均引自 Nagamura Satoshi）

段直接横置于基质表面并向下按压,确认有一半茎切段截面埋藏于生根基质中,新的枝叶从节的暴露部分处发生,而根则发生于节的埋藏部分。

3)叶片切段的扦插

叶片切段包括利用整叶、叶段或叶柄等类型。这些类型的切段与茎切段相比,须经历更长时间才能形成具有茎叶和根的完整植株。

对于具有肉质叶片的植物,可直接将叶切段插入湿润的生根基质中。如很多景天科多肉植物等。其叶片从母体上取下时需注意在断面处保留完整的芽,以保证扦插的成活率(见图15-25)。叶的断面处可用生根激素浸蘸处理。

4)叶芽切段的扦插

带有叶芽的切段包括叶片、叶柄和部分带有叶芽的茎。这一类型的切段通常用于叶片切段不能发生枝叶的情况下,也适用于植物材料被分切成很多数量的切段时,如图15-26所示。

图15-25 多肉植物叶片扦插及成苗情况
A. 叶片在插床上的摆放;B. 扦插过程中在叶的断面部分,
向下生根,向上长出新叶
(A、B均引自帅气小花匠)

图15-26 叶片扦插材料的切取方式
A. 完整叶面切段;B. 带叶柄和部分茎的叶切段;C. 部分叶面切段;
D. 从一个枝条上切分出多个叶切段
(A～D均引自 Nagamura Satoshi)

15.3.3 分株

通常所说的分株(division),实际上包含切分和自然分离两种状态。这两种方式的无性繁殖非常相似,有时甚至可能会相互交替使用其术语。除繁殖目的之外,分株有时也用于植株更新和生育促进。

1. 分株适用的园艺植物种类

分株的利用极为有限,其应用种类如表15-5所示。

表 15-5 可利用分株进行繁殖的园艺植物种类(引自 Okubo Hiroshi)

植物类别	植物种类
花木类	绣球、夹竹桃、栀子、姜、苏铁、南天竹、胡枝子、木瓜、牡丹、木兰、雪柳、竹
温室植物	石刁柏、锦葵、君子兰、蕨类、火鹤、天竺葵、文竹
宿根草本植物	落新妇、菖蒲、非洲菊、风铃草、菊、桔梗、美女樱、芍药、宿根霞草、德国鸢尾、琉璃菊、花菖蒲、萱草、火鹤

2. 分株的适期及其部位

不同园艺植物分株的适宜时期有较大差别,一般落叶树种在落叶之后至翌年萌芽前,避开严寒期进行;常绿树种则需在春枝伸展前或新梢伸展完成的梅雨季节进行;温室植物宜在温度适合的任何时期均可,通常选择春到夏季;宿根草本植物,春夏开花者的分株宜选9—10月份,而夏秋开花者则选择3—4月进行。

在进行分株时,不同的植物种类其切分的位置也有不同。有些植物需切分新芽,如非洲菊、芍药等;有些则利用蘖枝,如风铃草、菊、宿根霞草、刺玫等;有些利用匍匐茎,如吊兰、卵果蕨等;有些则利用地下茎,如美人蕉、蕙兰、酸浆等。

3. 分株的基本作业

典型的分株如图15-27所示,其按照序号其基本作业流程如下。

(1)将小的植株群从根丛上分离下来。

(2)一个植株立即变成两个植株。

(3)将植株植入穴中,用土壤围绕植株压紧。

(4)不受植株限制地施肥和给水。

图15-27　非洲堇的分株繁殖作业全过程
(A～D均引自Nagamura Satoshi)

4. 分球

分球,是分株中特殊的一类,其切分对象包括宿根类草本植物中的块根、根状茎、块茎、球茎和鳞茎五大类。具有这类器官的植物统称为球根类植物(bulbous plant)。

总体而言,其地理分布从低纬度到高纬度,依次为块根→根状茎、块茎、球茎→鳞茎;其休眠深度为热带所产球根低于温带所产球根。

块根从茎上分列而出,可直接将其从茎上切下,而对每一个块根则不再做切分,其单独的块根上所带芽可萌发形成新植株;根状茎通常可切分至上面带有2～3个芽的程度。

仙客来和球根海棠的块茎,芽多集中位于其顶部;而银莲花、马铃薯等则会形成匍匐性的地下茎并在其尖端形成块茎。前者不能进行分球,而后者可切分为每个小块上带有1～2个芽的程度。球茎的情况同马铃薯等,在其母球上可形成子球,如甘薯、嘉兰百合、洋水仙和荸荠等。

鳞茎分为有外皮和无外皮两类,前者如郁金香,后者如百合;有些鳞茎仅在叶片的基部肥大,如朱顶红等;有些则不长叶,仅鳞片肥大,如郁金香、百合等;也有两者兼有的类型,如风信子、洋葱等。鳞茎的发生可分为两类：一类是伴随着母球的养分消耗形成子球，完成更新；另一类则是母球不更新，可每年都发生肥大。

在利用鳞茎进行繁殖时，百合类可用仅1片鳞片进行扦插即可获得完整植株，并在其鳞片的基部形成小鳞茎，如风信子、葡萄风信子；朱顶红、水仙则需要用连带冠状茎盘的2个鳞片扦插，才可形成子球。

刻伤繁殖是风信子自古就沿用的方法，通常可将其鳞茎在其冠状茎底盘均分成4～8份。分球后的带茎鳞片需经过1～4年的生长才能达到开花球的大小。朱顶红和水仙也可用此方法进行繁殖。

15.3.4 压条

压条（layering），是指将植物的枝条埋入土中，以其茎段上的节产生根与新的枝条的繁殖方式。而其枝条却一直连接在母株上，待到压条形成新的茎叶和根系后，可从母枝上将其剪下形成独立的植株。

压条法特别在茎切段难以生根的植物上较为常用。与扦插方式不同的是，压条上发育出的新根一直是从母体中获得养分和水分的。

根据压条的具体情况，可分为水平压条、连续压条、堆土压条和空中压条等种类，如图15-28所示。

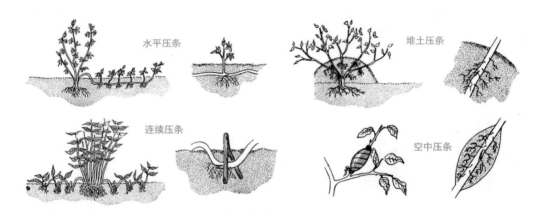

图15-28 园艺植物利用压条繁殖时的不同方式
（引自Janick）

15.3.5 嫁接

嫁接（grafting），是将一个或多个植株的独立部分，接合成一个新的植株共同体生长的技术。它包括两种形式：枝接（scion grafting）和芽接（bud grafting），如图15-29、图15-30所示。

大多果树可用嫁接来进行繁殖；一些观赏植物和蔬菜，如一些矮树丛植物、树玫瑰、山茶、山茱萸、切花月季、黄瓜、茄子等也可通过嫁接方式进行繁殖。

嫁接可用于生产一些新奇的植物，如编成辫子的印度橡胶树、嫁接白化的仙人掌等。

1. 嫁接种类及其方法

除了按照接穗类别的分类外，嫁接按照其方法的特征，还有以下划分。依据接穗在砧木上的位置，可分为高接、腹接和根接；依据接穗和砧木的接合方式，可分为切接、劈接、合接、靠接、舌接、插接、接插等，如图15-31所示。

1）枝接

多用于果树和花木等木本植物上，以具有复数芽的枝条作为接穗。其接穗和砧木接合方式主要用劈

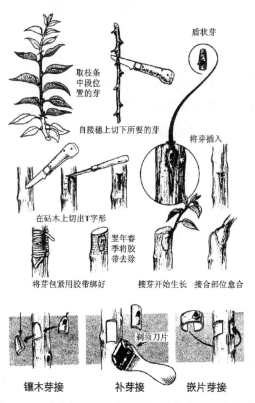

图15-29 木本园艺植物的不同芽接方式及其作业流程
（引自Janick）

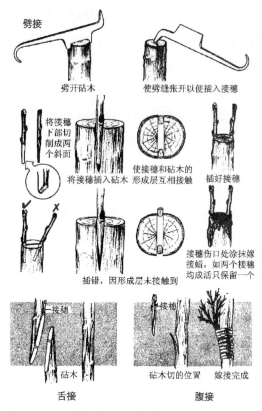

图15-30 园艺植物的不同枝接方式及其作业流程
（引自Janick）

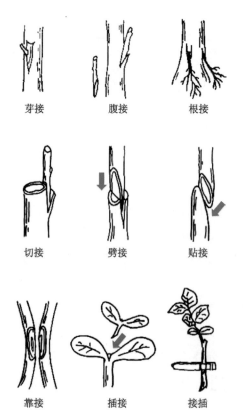

图15-31 园艺植物嫁接时接穗与砧木
的不同接合方式
（引自Oda Masayuki）

接、切接和靠接。

2）高接和腹接

高接（top grafting），即在枝干较高的位置上嫁接的方式。多用于栽培密度较近、定干不当或者品种早期更新的情况下，如柑橘、柿、梨、栗等。

腹接（side grafting），是指不切断枝条，而是在其中部进行的嫁接方式。多用于在其嫁接部位想留枝，但砧木处无有用的芽存在的场合。

3）切接

切接（bark grafting），是指在砧木的一侧切开较薄的片状开口，并使切口与接穗断面接合的嫁接方式，多用于苹果、梨、樱桃、梅、桃、蔷薇、紫藤、牡丹等木本植物。

4）根接

根接（root grafting），是用了与切接相同的手法，将根作为接穗插入茎上开出的斜面切口上的嫁接方式，多用于病株或衰老植株的救助，如柑橘、枫、紫藤、蔷薇、海棠、木槿、芍药等。

5）劈接

劈接（cleft grafting），是指将砧木横向切断并沿纵向中央部劈开一条缝,并与两面切削成楔形的接穗相应接合的嫁接方式,接好后,需要在接合部位用胶带等敷缠。劈接多用于果树、花木和蔬菜上。其特点是作业速度快、操作简单,即使在过大的苗上也可使用。

6)贴接

贴接(splice grafting),是指将砧木和接穗的茎均切断,并将双方的切面直接贴靠在一起进行接合的嫁接方式,其中又包含斜切和直切后的平接两类。这一方法无须特别技术,但其接合面容易裂开。可用于木本植物和蔬菜特别是果菜类的高效嫁接上。

7)靠接

靠接(approach grafting),是指接穗和砧木都带根,双方枝条的切口处互相贴合的嫁接方法,其接合处需要进行缠绕捆扎。这一方法可用于较难成活的植物,如果树类的葡萄、柑橘、花木类的枫、山茶以及蔬菜类的黄瓜、网纹甜瓜等。

8)插接

插接(cut grafting),是指在砧木上开孔,将接穗切断并削成与插孔相适应的形状插入砧木的嫁接方法,多用于瓜类植物特别是西瓜上,可省去使用嫁接夹的手续,但在愈合过程中的管理需要更加精细,否则会影响到其成活率。

9)接插

接插(stenting),是指将砧木的根去除,嫁接接穗后将嫁接体用扦插方式的繁殖。这种方法常用于瓜类蔬菜上,其特点是操作简单,扦插生根后,植株不易徒长,群系密集,定植后伤根少。

2. 嫁接砧木

作为一种繁殖方法,对于果树和花卉等遗传上并不固定的材料而言,嫁接的主要作用在于使特定优良性状能够保留下去,其方法已有3 000多年的历史;而对于蔬菜而言,嫁接则是在20世纪60年代后,为了解决土壤连作障碍而兴起的技术。

不同园艺植物嫁接时所使用的砧木与接穗之间,除考虑其亲和性外,更为看重的是砧木的抗病性与耐候性等性状。常用接穗植物所对应的砧木如表15-6所示。

表15-6 不同园艺植物嫁接所用砧木的类别

植物种类	适用的砧木种类	植物种类	适用的砧木种类
西瓜	瓠瓜	黄瓜	南瓜
网纹甜瓜	南瓜、冬瓜	番茄	半野生番茄
茄子	红茄	柑橘	枳、枳橙、酸橘、酸柠檬、橙子、柚
桃	山桃、李、扁桃、杏	苹果	圆叶海棠、三叶海棠、楸棠、山荆子、M4、M7、M9、M26
猕猴桃	中华猕猴桃、狗枣猕猴桃、软枣猕猴桃		
梨	褐梨、豆梨、杜梨、秋子梨、砂梨、榲桲、S2、S3、S5	梅	野梅
樱桃	山樱桃、樱	葡萄	山葡萄
柿	君迁子	枣	酸枣
樱	山樱	花梅	野梅
花桃	实生桃	蔷薇	实生蔷薇
牡丹	芍药	紫藤	山紫藤
小叶松	黑松	枫	山枫

注:依Oda Masayuki。

3. 嫁接成活与亲和性

嫁接成活，是指接穗和砧木的维管束系统连通，接合部伤口愈合的状态；园艺学上的亲和性是指嫁接体上未见生长势减弱、栽培上未发生任何问题的状态。亲和性首先能够保证嫁接体成活，但有些嫁接体即使长期间未见异常但也会发生嫁接体突然死亡的情况。

关于嫁接不亲和性，Nito Nobumasa归纳了以下原因。

（1）嫁接时生成有毒物质引起嫁接体植物间的不亲和，如榲桲所生成的糖配体 δ-扁桃腈葡糖苷可通过嫁接体进入梨的木质部，在接合界面上受β-糖苷酶作用而产生氰酸（HCN），导致接合面细胞坏死。

（2）不同质蛋白质接触时可能因抗体抗原反应而导致嫁接体出现不亲和现象。如在苹果嫁接体中，砧木和接穗中的蛋白质，经电泳后确认具有同类蛋白质时其亲和性会得到提升。

（3）砧木和接穗在养分需求量上的差异，会导致嫁接体出现不亲和现象。当嫁接体不亲和性增加时，接合部维管束的发育较差，易使接穗获得更多的养分而妨碍养分向砧木移动；接穗中的光合产物蓄积会使接合部附近膨大成瘤状，并抑制根系的发育。如以野生红茄为砧木时的茄子嫁接苗和以黑籽南瓜为砧木的黄瓜嫁接苗均会出现镁吸收障碍。

4. 木本植物嫁接

果树等典型的木本植物的嫁接过程如图15-32所示，按图中序号其作业要求如下。

嫁接体材料准备：将砧木从中间切开，将接穗削成楔形。

（1）将接穗插入砧木，使两者的形成层或维管束部分完全对接。

（2）用具有弹性的防水带裹扎，保持部位的湿润。

（3）嫁接2个月后，已完成愈伤，可见接穗的重新生长。

（4）嫁接4个月后，接穗与砧木间的形成层已完全连通，接口部分仍有空隙。

（5）嫁接1年后，接口处可见疤痕，植株生长健康。

（6）嫁接3年后，嫁接接口处已无明显愈伤伤痕。

图15-32　木本园艺植物嫁接后的愈伤情况
（引自 Nagamura Satoshi）

5. 蔬菜的嫁接

与果树等木本植物不同，由于蔬菜在单位面积上的用苗量较大，而嫁接又是十分费力的工作。因此，在蔬菜育苗中，采用规格整齐的穴盘苗进行嫁接，并寻求作业的省力化，才是推广蔬菜嫁接技术的关键所在。

为此，在具体的嫁接技术上也与木本植物有了较大的区别。

1）简易嫁接法

典型的嫁接方法为日本全农式嫁接法（JAG），是在番茄等穴盘苗上开发出来的嫁接技术。其方法简单，作业效率高；成活率高，且易于搬运，非常适合种苗企业经营。

全农式嫁接法，是将砧木和接穗在茎或胚轴处斜切，两者的切口面接合后用一具有弹性的细管状夹进行支持的方法，如图15-33所示。

这种细管状夹，通常用硅胶制作，并称之为嫁接管（grafting tube）。由于其具有弹性，除能夹紧嫁接接合部外，可随茎或胚轴的增粗而扩大。

全农式嫁接法中，砧木与接穗斜切时的保留角度约为30°。作为上述方法的改进，也有将套管做成简易夹的，使用时更为方便，如图15-33C1所示。

图15-33　番茄用全农式嫁接法后的接合体及支持物
A、B为嫁接苗接合情况；C1～C3为不同规格的嫁接管（夹）
（A、B均引自detail.1688.com；C1～C3分别引自xianshengseed.cn、detail.1688.com、m.sohu.com）

2）自动嫁接装置

为了进一步提高嫁接作业的效率，日本最早在1988年时开发了全自动嫁接机，并于1994年正式投产；中国在近年也相继完成了全自动嫁接机的研制（见图15-34）。使用这些装置时，必须以穴盘苗为基础，砧木和接穗均采用整盘的横切，切口处用瞬时胶接合。瞬时胶用氰基丙烯酸酯（cyanoacrylate）为主

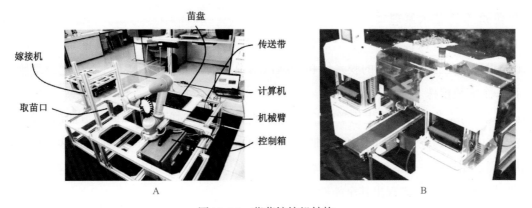

图15-34　蔬菜嫁接机结构
A. 上海交通大学研制机型；B. 日本制机型
（A、B分别引自曹其新等、xiaonongji.nongcundating.com）

要材料,加入聚丙烯二醇(polyalkylene glycol)喷雾后瞬间硬化并自动剥离,可省去每株都需上管或夹的麻烦手续。

6. 蔬菜嫁接苗的苗期管理

嫁接完成后,将苗盘置于25～30 ℃下,并维持较高的相对湿度(90%～95%)和弱光环境(5 klx左右)。若嫁接苗愈伤期间温度变化剧烈,则其成活率会受到较大影响。

7. 蔬菜嫁接苗的驯化

为了增强嫁接苗的成活率,可利用设施进行嫁接苗的驯化处理。通常需要在温室内配置加温和制冷设备、除(加)湿机、强制通风系统等,对嫁接苗进行环境精确化控制,以加速接合面切口的愈合与维管束联通。

15.3.6　组织培养

植物组织培养(plant tissue culture)概念可分为广义和狭义两种。广义的植物组织培养是指在无菌和人工控制条件下,利用特定培养基对离体植物器官、组织或细胞进行培养,使其再生生长、分化成完整植株的技术;狭义的植物组织培养,仅指对植物的组织(如分生组织、表皮组织、薄壁组织等)及培养产生愈伤组织(callus)的培养的技术,而愈伤组织可进一步分化形成新的植株。

利用组织培养技术,在较短时间内繁殖稀有植物和经济价值较高的植物,可避免自然繁殖易受地理环境和季节等的限制,达到快速、高效的生产目的。在园艺领域,较为成熟的应用集中在兰花的快速繁殖、马铃薯、大蒜、草莓、康乃馨等的脱毒苗生产以及一些珍贵植物资源的挽救等方面(见图15-35);同时也使其成为生物技术育种的一个新领域。

图15-35　常见园艺植物利用组织培养进行快速繁殖技术生产种苗
A. 马铃薯脱毒培养; B. 兰花快速繁殖; C. 草莓脱毒苗生产; D. 铁皮石斛快速繁殖
(A～D分别引自detail.1688.com、htgt.99114.com、zjncpck.com、sohu.com)

1. 组织培养的基本原理

1901年,Morgan首次提出:一个全能性细胞应具有发育出一个完整植株的能力。全能性细胞(totipotent cell),就是指具有完整的膜系统和细胞核的生活细胞,在适宜的条件下可通过细胞分裂与分化,再生出一个完整植株。

按照现代发育生物学和细胞生物学理论,细胞分化受基因在时间和空间两个方面的调控,空间就是指细胞在机体内所处的位置。不同位置的细胞其基因的表达结果往往会不同,细胞所表现出的形态结构和行为就不同。如果将一个活细胞从植物体内分离出来,使之脱离开原有环境,那么这个细胞被抑制的功能将有望得以恢复,重新表现出其全能性。

植物组织或细胞,因其在植株母体中的来源部位不同,会表现出全能性上的差异。通常,按照全能性的高低顺序,有受精卵＞胚细胞＞生殖体细胞＞体细胞的特征。

2. 组织培养的类别

按照培养所用外植体的不同,可将植物组织培养分为如图15-36所示的类别。

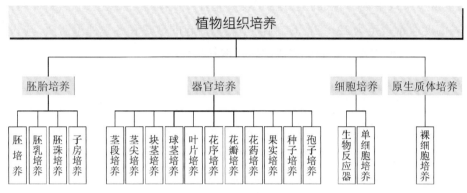

图15-36 依据外植体的不同对植物组织培养进行的细分
(依军焰)

3. 培养条件与培养室配置

植物组织培养的条件要求包含两个方面:一是环境条件,二是培养基条件。

环境条件包含培养室温度、光照、湿度和培养容器内气体条件等。温度对外植体培养具有重要作用,大多数植物的适宜温度在23～27 ℃,有些植物还可能需要在不同培养时间进行变温处理;外植体在形成愈伤组织阶段前往往不需要光照,而此后的绿化及器官分化则必须要有一定强度的光照,大多数情况下培养室的光照应保持在1 000～4 000 lx,并且以12/12 h或8/16 h光暗周期给予;培养室湿度会影响到培养容器内水分的散失,同时培养容器上的封口膜会造成气体交换,为保证容器内的O_2含量,最好使用具有滤气功能的封口膜。

培养基环境除配方本身外,最为关键的是其pH值水平,大多数植物所需的培养基pH值为5.0～6.5;培养基的渗透压受其中糖分浓度的影响,通常适宜的渗透势以1～2个大气压为宜,过高的压力下植物的再生会受到抑制。

培养设施可分为培养基制作实验室、无菌操作室和培养室。

培养基制作实验室包括中央实验台、水槽、燃气、电力、冲淋等基础设施,以及培养基灭菌锅、玻璃器皿、干燥器、吸管洗涤机、电子天平、pH计、冰柜冰箱、蒸馏水制备机、药品架等,如图15-37A所示。

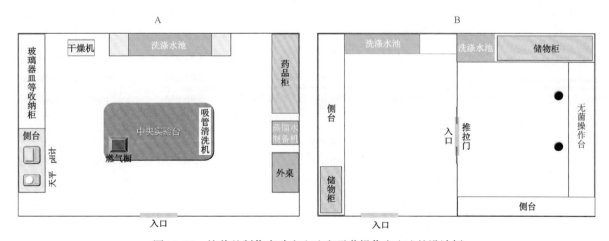

图15-37 培养基制作实验室(A)和无菌操作室(B)的设计例
(依Hosoki Takashi)

无菌操作室除洗涤用水槽外,需要配置有临时保管培养基以及放置手术刀等器具的玻璃柜;室内还需配置无菌通风过滤系统和空调系统,如图15-37B所示。

植物培养室常用架式结构,每层的上方需安装荧光灯,并保证其照度为3～4 klx,每天光照时间为16 h左右;培养温度通常设定为22～26 ℃,为防止照明引起的散热和冬季保温需要,应设置空调装置。在采用液体培养时,需要使用水平式的摇床或旋转式振动机。

4. 培养基配方及其配制

组织培养自开始兴起以来,设计并优化培养基配方,以使其能够供给外植体充分营养并在人工环境下得以充分生长,是这一领域最为基本的研究内容。通常,培养基中包含了多种不同类的化合物,如大量元素、微量元素、有机调节物质(维生素和氨基酸等)、激素、糖类、琼脂等。

其中,激素类包含IAA类、CTK类和GA类;糖类通常为2%～5%的蔗糖溶液,以调节培养基的渗透压;另外加入琼脂,可起到半固相化的作用;这几类物质在配方中变化不大,其他类化合物在不同的配方中的使用量如表15-7所示。

表 15-7　各种常用基础培养基配方及其组成

化合物	配方类别						
	MS	LM	Gamborg	Nitsch	KM	CHU(N6)	SH
KNO_3	18.79 mM	18.79 mM	24.73 mM	9.40 mM	18.79 mM	27.99 mM	24.73 mM
NH_4NO_3	20.61 mM	20.61 mM	—	9.00 mM	7.70 mM	—	—
$(NH_4)_2SO_4$	—	—	1.01 mM	—	—	3.50 mM	—
$NH_4H_2PO_4$	—	—	—	—	—	—	2.61 mM
NaH_2PO_4	—	—	1.09 mM	—	—	—	—
KH_2PO_4	1.26 mM	1.26 mM	—	0.50 mM	1.25 mM	2.94 mM	—
KCl	—	—	—	—	4.02 mM	—	—
$CaCl_2$	2.99 mM	2.99 mM	1.02 mM	1.50 mM	4.08 mM	1.13 mM	1.36 mM
$MgSO_4 \cdot 7H_2O$	1.50 mM	1.50 mM	1.01 mM	0.75 mM	1.22 mM	0.75 mM	1.62 mM
$CoCl_2 \cdot 6H_2O$	0.11 μM	0.11 μM	0.11 μM	—	0.11 μM	—	0.42 μM
$CuSO_4 \cdot 5H_2O$	0.10 μM	0.10 μM	0.10 μM	0.10 μM	0.10 μM	—	0.80 μM
FeNa-EDTA	0.10 mM	0.10 mM	0.10 mM	0.10 mM	0.10 mM	0.10 mM	53.94 μM
H_3BO_3	0.10 mM	0.10 mM	38.52 μM	0.16 mM	48.52 μM	25.88 μM	80.86 μM
$MnSO_4 \cdot H_2O$	—	—	—	0.11 mM	59.17 μM	19.70 μM	59.17 μM
$MnCl_2 H_2O$	0.10 mM	0.10 mM	59.16 μM	—	—	—	—
KI	5.0 μM	5.0 μM	4.52 μM	—	4.52 μM	4.81 μM	6.02 μM
$Na_2MoO_4 \cdot 2H_2O$	1.03 μM	1.03 μM	1.03 μM	1.03 μM	1.03 μM	—	0.41 μM
$ZnSO_4 \cdot 7H_2O$	29.91 μM	29.91 μM	6.96 μM	34.78 μM	6.96 μM	5.22 μM	3.48 μM
甘氨酸	26.64 μM	—	—	26.64 μM	—	26.64 μM	—
烟酸	4.06 μM	—	8.12 μM	40.62 μM	—	4.06 μM	40.61 μM
盐酸吡哆醇	2.43 μM	—	4.86 μM	2.43 μM	—	2.43 μM	2.43 μM
盐酸硫胺	0.30 μM	1.19 μM	29.65 μM	1.48 μM	—	2.96 μM	14.82 μM
叶酸	—	—	—	1.13 μM	—	—	—
生物素	—	—	—	0.21 μM	—	—	—
肌醇	0.56 mM	0.56 mM	0.56 mM	0.56 mM	—	—	5.55 mM

注:浓度单位处的M表示mol/L。

5. 材料的灭菌与消毒

灭菌（sterilization），是指用物理或化学方法，将物体表面和内部存在的微生物或其他生物体杀死的过程。

消毒（disinfection），是指杀死、消除或充分抑制部分微生物使之不再发生危害作用的过程。经过消毒处理的物体，其上所带的许多细菌的芽孢、霉菌的厚垣孢子等仍然不会被完全杀死。

因此，在组织培养过程中，需要对作业空间和所使用器皿、物件等进行严格的灭菌，而对外植体材料则需进行表面消毒处理。在这些条件下进行的全部操作，称之为无菌操作（aseptic operation）。

常用的灭菌方法分为物理和化学两类。物理灭菌方法，包括干热处理（烘烤和灼烧）、湿热（常压或高压蒸煮）、辐射处理（紫外线、超声波、微波）、无菌水反复冲洗等；化学杀菌方法，则是使用如升汞（$HgCl_2$）、甲醛、H_2O_2、$KMnO_4$、来苏尔、漂白粉、$NaClO$、抗生素、酒精等制剂。其具体方法及其试剂的选择需要根据材料特性、培养目的等进行。

培养基在制备后24 h内需完成灭菌工序，通常使用0.1 MPa的压力，其灭菌锅内温度控制为121 ℃。

6. 接种

接种（inoculation），是指将已消毒好的植物根、茎、叶等离体器官，经切割或剪裁形成的小段或小块放入培养基的过程。具体操作时，盛装培养基的容器必然有一个敞口过程，极易引起污染。这一阶段的污染主要是由操作人员以及接种室空气中带菌引起，因此接种室须进行严格的空间消毒。通常，接种室内应定期用1%～3%的$KMnO_4$溶液对设备、墙壁、地板等进行擦洗。除了使用前用紫外线和甲醛灭菌外，也可在使用期间用70%的酒精或3%的来苏尔溶液喷雾，使空气中的灰尘颗粒沉降下来。

接种时的无菌操作，可按以下步骤进行：

（1）在接种前4 h，用甲醛熏蒸接种室，并打开其内紫外线灯进行室内空气杀菌。

（2）在接种前20 min，打开超净工作台的风机以及台上的紫外线灯。

（3）接种员先洗净双手，在缓冲间换好专用实验服，并换穿拖鞋等。

（4）上工作台后，用酒精棉球擦拭双手，特别是指甲处。然后擦拭工作台面。

（5）先用酒精棉球擦拭接种工具，再将镊子和剪刀从头至尾在酒精灯上过一遍火，然后反复过火尖端处，培养皿要过火烤干。

（6）接种时，接种员双手不能离开工作台，不能说话、走动和咳嗽等。

（7）接种完毕后要将工作台清理干净，并用紫外线灯灭菌30 min。若需连续接种，每5 d要高强度灭菌一次。

无菌接种时的操作过程如下：

（1）将初步洗涤及切割的材料放入烧杯，置于超净台上，用消毒剂杀菌后，再用无菌水冲洗，最后沥去水分，取出，放置在灭过菌的纱布或滤纸上。

（2）将外植体材料吸干后，一手拿镊子、一手拿剪刀或解剖刀，对材料进行适当的切分。如外植体为叶片时，可将其切成叶面为0.5 cm^2的小块；而对茎段，则需切成带有一个节的小段；对茎尖时，需将其剥成只含1～2片幼叶的茎尖规格等。在接种过程中，要经常灼烧接种器械，防止作业过程中的交叉污染。

（3）用灼烧消毒过的器械，将切割好的外植体埋入培养基中。

解开包口纸，将试管近水平把持，管口在酒精灯火焰上方转动，使管口里外灼烧数秒钟。若用棉塞盖口，可先在管口外面灼烧，去掉棉塞，再烧管口里面。

用镊子夹取一块已切好的外植体送入试管内,并将其轻轻插入培养基中。若是叶片直接附在培养基上,以放1～3块为宜;放置材料时,除茎尖、茎段要正放(尖端向上)外,其他无统一要求。

接种完后,将管口在火焰上再灼烧数秒钟,并用棉塞塞好后,包上包口纸,包口纸里面也要过火。

7. 培养过程管理

1)培养方法

固体培养(solid culture),是指用琼脂固化培养基培养植物材料的方法。

液体培养(liquid culture),是指用不加固化剂的液体培养基培养植物材料的方法。需要通过搅动或晃动培养液的方法以确保O_2的供给,采用往复式摇床或旋转式摇床进行培养,其速度一般为50～100 r/min。

2)不同类培养的作业要求

初代培养(initial culture),是指接种某些外植体后最初的几代培养。初代培养时,常用诱导或分化培养基,即培养基中含有较多的CTK和少量的IAA。初代培养所建立起来的无性繁殖体系有顶芽、侧芽、不定芽和胚状体等。

图15-38　将培养物转入生根培养基的作业过程
(引自404wx.com)

继代培养(subculture),是指继初代培养之后的连续数代的扩大繁殖培养过程。在快速繁殖过程中,初代培养后,可持续不断地进行而继代培养,当扩大繁殖至相当数量后,则应使其中一部分转入生根阶段。

生根培养(rooting culture),是指当所培养材料增殖到一定数量后,将部分培养物转移到生根培养基条件下发根的培养阶段(见图15-38)。生根培养是使无根苗生根的过程,其目的是使生出的不定根浓密而粗壮。生根培养常采用1/2或者1/4 MS培养基,去掉CTK类成分,并加入适量的IAA类物质(NAA或IBA等)。

多芽球体(green globular bodies)培养,是指通过对蕨类植物根状茎的培养,诱导出多芽球状体并以此进行增殖的培养方式。其培养基中需添加0.5～1.0 mg/L的BA,有助于多芽球体形成;多芽球体在含有BA的培养基上经分割可反复进行继代培养实现其增殖;当多芽球体移植到无BA培养基时便可分化出根和叶,形成小植株。

3)培养中易发生问题及对策

(1)外植体褐变(explant browning),是指在接种后,外植体表面褐变,有时甚至会导致整个培养基褐变的现象。这是由于植物组织中的多酚氧化酶被激活,并在细胞代谢过程中产生带有棕褐色的醌类物质,其扩散到培养基后会抑制其他酶的活性。

通常,可采取以下方式防止褐变:在培养基中加入活性炭或聚乙烯树脂(polyvinyl robilolidone, PVP)等物质吸收培养过程产生的酚类物质;采用液体培养扩散酚类物质;在培养基中加入一定量的柠檬酸、丙烯酸、L-卵磷脂等抗氧化剂,以达到防止酚类物质生成或发生氧化的目的。

(2)在生产上进行大量扩繁时,所产生嫩茎、叶片常会呈现半透明水迹状,称之为玻璃化(vitrification)。其出现会使试管苗生长缓慢,繁殖系数下降。玻璃化实为试管苗的生理失调症,它使得培养体不易生根,是由于培养基中CTK的水平偏高所致,因此可在培养基中加入少量聚乙烯醇(PVA)、ABA加以克服。

4）驯化移植

组培环境下,植物个体所处环境相比植物栽培环境往往有较大的差距,主要体现在组培时所处温度环境为恒温,无昼夜温差,而栽培环境的极限温度在平均值基础上变动的范围较大;组培容器中生活的小植株个体所处环境的湿度为100%左右,远大于田间环境;培养室的光照强度比自然光照要弱很多;培养容器内的气体环境与无菌环境与实际的田间环境也有着极大的差异。

因此,组培苗在实际田间定植之前,需经过一个专门的驯化期,以使幼苗能够逐渐适应栽培环境,提高定植后的成活率,使幼苗健壮化。

8. 微繁殖体系

微繁殖(micropropagation),又称离体繁殖(in vitro propagation),是指利用植物组织培养技术在离体条件下对植物进行的营养繁殖。微繁殖常用于园艺、农学、林学和生物多样性保护等方面,如图15-39所示。

图15-39 植物微繁殖的各个阶段
A. 接种; B. 培养; C. 成苗
(A～C分别引自d.youth.cn、dq.tieba.com、51wendang.com)

成熟的微繁殖技术体系包括了对特定植物快速繁殖的全部解决方案,其核心技术内容受到知识产权保护。因此,在园艺植物的微繁殖上经常会发生技术转让等相关事项。其完整的转让应当包括以下内容:可行性研究、人员培训、实验室和培养室设计、建设和试运行。

1）微繁殖的技术体系及实现策略

离体器官的分化有三种途径:直接分生芽、经愈伤组织再分化、分化成胚状体(embryoid),如图15-40所示。

2）微繁殖的基本流程

Pierik(1987)等人,将微繁殖过程划分为以下几个阶段。

（1）准备阶段:主要对植物材料进行预处理。

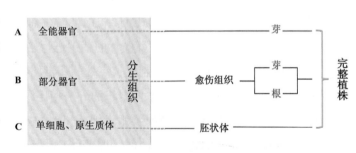

图15-40 依据外植体的不同对植物组织培养进行的培养对象细分
(依军焰)

（2）起始培养:初代培养体系的建立。

（3）增殖或繁殖阶段:在数量上进行扩大,并保证其遗传稳定性。

（4）芽伸长及根的诱导和发育阶段:对之前已获得的大量无根苗进行移栽,实现停止腋芽增殖、启动苗芽伸长生长、根诱导和根发育。

（5）驯化和移栽阶段:将完整植株向温室和大田的土壤进行移栽。

在实际的繁殖过程中,有些步骤对特定植物而言可能需要合并或缺省。

图15-41　兰花培养中的类原球茎形态
（引自lookmw.cn）

3）兰花的微繁殖体系

兰花通常的繁殖方法是利用分株和扦插进行的，从20世纪60年代起，微繁殖体系已逐步建立起来。Morel利用茎尖培养获得了类原球茎（protocorm-like body, PLB，见图15-41）。这些PLB可进一步分割而用于扩大繁殖；一旦停止分割时，其可分化出根和叶，发育成一个小植株。

兰花的采芽或培养用外植体，一般选择从假球茎（pseudobulb）长至10～15 cm的嫩芽，切去其基部，并将其整理成3～4 cm的茎尖，在70%的酒精中浸蘸10～20 s，然后用7%的次氯酸钠上清液进行10 min的表面杀菌，用灭菌水冲洗3次。

在茎尖的初代培养中，有些兰花种类如卡特兰等需要在培养基中加入椰子水（CW）。茎尖的培养适宜温度为22～28 ℃，在12～16 h日长、光强度1～3 klx下，经2个月以上的培养时间即可形成PLB。

PLB的增殖一般采用固体培养基，若采用液体培养可用转速为160 r/min的旋转条件。

4）茎尖培养的脱毒苗生产体系

很多植物的脱毒苗获得均需通过茎尖培养（shoot-tip culture）。Morel等从感染了大丽花花叶病毒的植株上切取含有生长点的茎尖进行培养，获得了并不显示花叶症状的无病毒苗。此后茎尖培养作为获得脱毒苗的培养方法在很多植物上已经被实用化。

脱毒苗获得的流程如图15-42所示。先从田间选取健壮无变异的优良株作为茎尖培养的母株，切取其上的顶芽和侧芽作为培养材料，然后进行消毒处理；接下来，在显微镜下从顶芽或侧芽上取下含有生长点的茎尖，将其在固体培养基中培养；培养基通常在MS配方基础上加入IAA和CTK。在获得小植株后，即可通过驯化获得生产上所需的无毒种苗。

关于茎尖培养为何能获得无毒苗目前尚无定论。有人认为植物生长点细胞分裂的速度比病毒的繁殖速度快；生长点在维管束尚未形成前，病毒难以在细胞间移动；也有观点认为生长点的细胞对病毒呈不感受性等。而事实上，即使用含有病毒的茎尖进行培养也能获得无毒苗。因此，可以证明从母株上切取下来的茎尖用于培养时，能够抑制生长点处的病毒增殖，使其不活化。

茎尖培养与其他外植体经过愈伤组织的方法相比，植株不会发生遗传上的变异，但可能在花色变化、花期延迟等若干方面有变异的情况发生。因此，为了减少这些变异，通常在每个茎尖上只允许发生一个植株，不经由愈伤组织而直接再生植株，可缩短培养期而不进行继代培养，这样需在培养基激素浓度上采取较低水平。

对培养出的种苗进行病毒检查是脱毒苗生产上不可或缺的工作。除用肉眼直观的形态观察外，常用的更为精准的检查方式主要有电子显微镜观察法、ELISA法和DIBA法。

病毒颗粒因其种类而有较大差异，用透射电子显微镜即可直接观察到病毒，特别是纽扣形和棒状病毒。被检植物小叶上的新鲜切口可用磷钨酸（phosphotungstic acid）进行直接反转染色（DN法）观察。

酶联免疫（enzyme-linked immunosorbent assay, ELISA）法是指利用抗原抗体反应，将酶标识为抗体，并以其反应的增幅检查出病毒的测试方法。其方法检测灵敏度高，适合于大量样品检测。利用分光光度计可使测试数量化。一种简易的ELISA法也已开发出来，并用于病毒检测，其测试原理如图15-42所示。

图15-42　间接ELISA法病毒测试原理
（引自Ohki Osamu）

DIBA（dot immunobinding assay）法亦称斑点印迹ELISA，其测试原理基本同ELISA，是将间接ELISA多孔板壁中的溶液反应变为在硝基纤维素薄膜上的反应，其结果在薄膜上肉眼可见。

15.4　苗期管理

繁殖期间的环境管理是育成优质种苗的必要保证。一方面，在繁殖过程的不同阶段植物所需环境条件会有较大差异；另一方面，幼苗的发育状况往往与生长表现不同，在苗期的环境需求上也不统一，因此需要对两者进行兼顾。

苗期（seedling stage），即指植物在生产意义上的整个繁殖期间，亦即从播种（种子或无性系材料）开始到达到商品苗标准的过程；而整个苗期的管理，则称之为育苗（nursery）。

15.4.1　苗期温度管理

植物在育苗期间不同阶段对温度的需求如图15-43所示。

总体而言，播种后种子或无性繁殖材料的萌芽过程所需气温比叶片最适生长温度（T_g）要高5℃左右，地温（T_r）则比根系生长最适温度高2～3℃；而在种子萌发出苗或营养器官芽出土后，则需要迅速降低气温，并逐渐使苗床气温低于叶片最适生长温度3℃左右，而地温则应降低到根系最适生长温度上下。其后的苗早期发育中，应先促根，可进一步提高地温2℃左右，缩小气温与地温间差距，有利于幼苗根系的快速发生；相反，若想促进叶片快速生长，苗床气温应控制在叶片生长

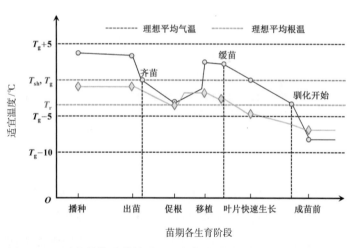

图15-43　园艺植物种苗繁殖过程中各阶段的理想温度控制模式图

最适温度上，而地温则控制在比根系最适生长温度低1.5℃左右的程度；育苗期需要移植时的温度管理同促根时要求，待种苗缓苗后（可见新叶开始重新生长），即可转入叶片生长最适温度。直到种苗即将达到目标生理苗龄大小前，需要逐渐降低温度，到成苗时的气温控制在比叶片最适生长温度低8℃左右的程度；而地温则比根系最适生长温度低4℃左右。

15.4.2　苗期的水分管理

苗期的水分管理基本模式如图15-44所示。

无论是利用种子还是营养器官进行的繁殖，播种床需保持较高的相对湿度，通常以80%为宜，过湿

会导致土壤或基质透气性差,造成沤苗现象(seedling retting)。

相对低的土壤湿度更加有利于植物发根;而水分较为充足时,则有利于茎叶生长。因此,在出苗后,需迅速降低土壤或基质的水分含量;移植时需提高土壤相对湿度,但在缓苗后,即需保持较低的土壤或基质相对湿度水平。

直至成苗前,为了提高种苗定植时的成活率和环境适应性,需要适当控制苗床水分条件,易使种苗更加健壮,并提高种苗的机械强度,以避免茎叶等轻易被折断。

15.4.3　苗期的光环境调控

育苗期间的光照强度会直接影响到植物幼苗叶片中的色素形成,从而影响到幼苗的光合强度。在最适光强下易培育出强壮、生长旺盛的植株,其光合速率较高;但太高的光强会伤害到幼苗,因此在育苗的特定阶段需要遮阴。育苗期间各阶段的光照需求如图15-45所示。

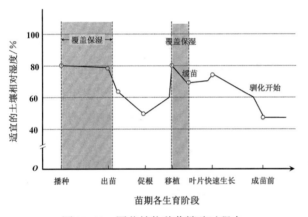

图15-44　园艺植物种苗繁殖过程中
各阶段的理想土壤湿度控制模式图

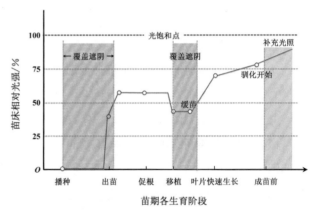

图15-45　园艺植物种苗繁殖过程中
各阶段的理想光照强度控制模式图

15.4.4　苗床土调制及其矿质营养管理

不同园艺植物的育苗体系不同,所用的播种床和移植床所用土壤或基质情况也有所区别。在用土壤作为播种床物料时,常需通过对苗床土的各种性状进行调整,并适当施入苗期所需的各种肥料;而在使用惰性基质时,若育苗床营养面积较大时,可用施肥方法给予苗期所需营养,若使用穴盘进行育苗时,通常需要使用营养液,即实施水肥一体化管理。

1. 苗床土调制

播种床或移植床的床土配制,通常需要考虑协调其保水性与透气性矛盾。因此需要以壤土为主体,并增加有机质水平至5%左右程度,调节土壤pH值至5.5～6.5,视具体植物种类略有调整。而其中的矿质含量则需要在基础检测基础上,进行专项的施肥调整,并充分考虑到肥料的缓释性,注意过量的速效肥料会导致幼苗的伤根,总体检测育苗床土的EC值应保持在0.5～0.7 mS/cm水平。

2. 育苗基质及肥料供应

育苗基质的配制,如本书第11章中已充分讨论过。对于园艺植物的播种、扦插或移植床,除使用调制土壤外,在穴盘苗生产中普遍使用混合基质。对大部分园艺植物的播种或移植床而言,常用的基质种类主要集中在珍珠岩、草炭、椰糠、蛭石上,部分植物育苗上还会使用到透气性能更好的陶土粒、石英砂和泥炭藓等材料。如果3/4的颗粒直径在1～12 mm,那么基质总体质量较高。

在利用再生基质时,除需要对其养分进行重新调配外,更为重要的是需要对基质进行彻底消毒。

在苗期营养给予上,可根据幼苗生长需求,肥水交替进行。营养液除大量元素外,微量元素不可或缺。需要注意的是,在补充营养液时,无论采取底部托盘式上渗还是苗床顶部喷淋,均应精确控制给液量,以免营养液溢出穴盘而造成相应污染。

15.4.5 种苗质量控制与评价

经繁殖过程获得的植物幼苗符合健康标准,具有理想的生产能力时,我们将其称为壮苗(strong seedling)。

种苗质量的优劣直接关系到园艺植物生产的产出结果,为确保商业种苗的质量,对出圃种苗进行质量评价十分重要,同时也会对整个育苗期管理的优化提出指导性意见。

总体而言,优质的种苗,应具备以下条件:根系发达,侧根或须根数量较多,根系有一定长度;茎干粗而直,分枝充分机械组织较发达,枝条分布均匀,芽充实饱满;且全株无病虫害和机械损伤。

1. 草本植物种苗质量

蔬菜和花卉类草本植物,其种苗的质量通常会用到以下指标:单株干重(W_p)、单株叶面积(A_l)、根干重(W_r)、茎粗(Φ_s)、花芽平均级数(av. P_{fb})等。这些指标均在一定范围内从特定侧面反映了种苗的生长发育特性,但其数值并不全面。

因此,通常会采用一些综合指标,如W_p/N_l、$W_p \cdot W_r/W_{sh}$、$W_p \cdot \Phi_s/H_p$、$W_{sh} \cdot C_c/H_p$等,式中,N_l为种苗已展开真叶数;W_{sh}为地上部干重;H_p为株高;C_c为株冠周长(canopy circumference);也有使用苗期平均生长率(av. CGR)作为评价指标的情况,其算式为

$$\text{av. CGR} = W_p / t$$

式中,t为育苗期天数(d);av. CGR的单位为g/d。

2. 木本植物种苗质量

木本植物种苗质量评价上,常用到以下形态指标:苗木胸径、地径、株高、枝下高、冠幅直径、根幅直径等。取样时需保证一定的量,并保持在平均值±10%以内的允许偏差。

胸径(diameter at breast height, DBH),亦称胸高直径,是指苗木从地面至人的胸部间高度处的直径,通常取1.3 m处的苗干直径,其单位为cm;地径(ground diameter),亦称地际直径,指近地面处苗干的直径,其单位为cm;株高(plant height),是指从地面至苗木顶梢的自然高度,其单位为m;枝下高度(live branch height),是指地面至苗木最下一个分枝处的高度,其单位为m;冠幅(canopy width),是指苗木树冠的平均直径,即树冠垂直地面投影的平均直径,其单位为m,一般取树冠东西方向直径和南北方向直径的平均值;根幅(root width),是指在苗木在水平面上根系能够到达范围的直径,其单位为m。

通常,优质的苗木,其根系直径为苗木地径的10～15倍;土球直径为地径10～15倍,土球高度为其直径的2/3;苗木的W_{sh}/W_r和H_p/Φ_s数值较小。

15.5 育苗工厂及育苗标准化

随着园艺生产逐渐走向产业化,越来越多的种植者开始向种苗公司购苗,而不再自行育苗。这种变化的结果,使生产用苗的质量均有所提高,更加适应于生产的标准化。

15.5.1 育苗设施系统

育苗企业在进行种苗生产时,所配置的温室水平较高,对环境的综合调控能力较强,这是普通种植者自行育苗无法与之相比的。

1. 温室的基本配置

不同地区所采用的温室类型上会有一定的差距,但从种业企业的生产需求来看,育苗温室的配置还是以玻璃温室为主体,在个别地区可能会使用连栋薄膜温室或日光温室,以降低育苗成本。总体而言,专业化的园艺种苗生产温室,需具备以下基本条件:

(1)内外遮阳系统、人工补光系统。

(2)电动通风装置、空气加温和床面加温系统、降温系统。

(3)除湿系统和喷雾系统,肥水一体化统筹。

(4)CO$_2$发生器。

(5)气象信息系统。

(6)温室环境自动控制系统。

2. 育苗床

育苗床(nursery bed),按其使用阶段,可分为播种床和移植床(扦插床);按照空间位置,则有地面床和架式床;架式床又可分为固定床、可移动床和多层床等;按照床面的开放性,可分为容器床(坑式、槽式)和网格床等。不同的育苗床类型其特点不同,因此所适用的育苗种类也有相应针对性,如图15-46所示。

图15-46 不同育苗床结构
A. 地面床;B. 架式可移动床;C. 多层架式床
(A~C分别引自 lyghad.cn、image.baidu.com、detail.1688.com)

种子千粒重较小的种类,如部分花卉和蔬菜,在其发芽率并不能充分保证的前提下,通常可采用地面土壤床或箱式容器床;而对发芽率几乎可达到100%、种子个体较大且形状整齐者,则可采用架式床结合穴盘的方式。

对于营养器官繁殖材料以及木本植物的播种床,则普遍采用箱式容器床或育苗钵结合地面床[需覆盖聚乙烯(PE)或聚丙烯(PP)地布]进行。

对于草本植物的扦插床,通常采用箱式容器床、地面床结合钵(盆)等容器进行;而对木本植物,其扦插床则宜采用箱式容器床、地面坑式床或地面土壤床。

草本植物的移植床,可采用架式结合育苗钵,或地面床结合育苗钵进行;木本植物的移植床通常只为扩大幼苗营养面积,适用于地面土壤床、地面坑式床或更换容积更大的盆或钵。

3. 精量播种设备

育苗过程中,精量播种的前提是植物种子形状大小一致,易于机械识别并做出反应。当种粒过小或形状不规则时,则需要将种子进行丸粒化处理,并利用穴盘具有的位置固定特性,机器即可将种子等间隔均匀地播种了。

目前较为常见的精量播种机其主要的适用对象如蔬菜、花卉等植物,按其作业原理可分为两大类:滚筒式和针吸式,如图15-47所示。

无论何种机制,播种机均需实现与基质装盘或播后覆盖基质等与其他工序间的匹配,其传送带走行速度、穴盘孔数、吸孔的吸气与放气时间间隔等需严格匹配。

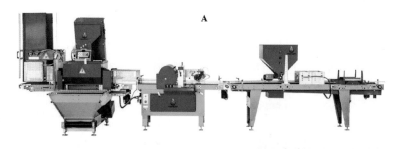

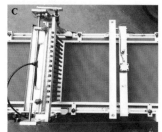

图15-47　不同类型穴盘苗精量自动播种机
A. 滚筒式;B. 针吸式;C. 针吸式局部放大
(A～C分别引自haomachine.com、sgkmr.com、cnhnb.com)

滚筒式播种机(roller seeder)的滚轮上带有特定大小、位置与穴盘相适应的孔眼,可将植物种子依靠机械吸力准确地吸附种粒,在随滚轴与传送带相向运动时,将每个孔眼内的种子准确无误地播于穴盘的苗孔内。

针吸式播种机(needle suction seeder),有的做成滚筒式,有的则为垂直上下结构,按穴盘孔距对应的一排吸管,其管头小孔可将种子吸住,播种时松开即完成一排播种,如此重复。

4. 其他辅助设施

1)搬运车

育苗过程中的物料短距离输送以及播种后的苗盘叠放后的搬运等,通常需要用到小型车作业,如图15-48所示。

2)基质混合机

育苗所用各种混合基质原料,需充分拌匀,通常需要用转送带与搅拌机联合使用,在一些播种流水线中,将包含装盘作业的这几种机械用传送带将其连接,成为一体化机组,如图15-49所示。

图15-48　园艺植物种苗繁殖现场使用的器具搬用车

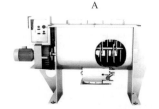

图15-49　园艺植物种苗繁殖物料准备过程中
所使用的搅拌机(A)和基质装盘机械(B)

15.5.2　育苗体系及作业标准化

园艺植物的育苗,涉及的工序繁多,且作业劳动强度较大。因此,实现其省力化是园艺种苗产业发展的必然趋势。

专业化的育苗因植物对象不同,在其形态上表现出高度的差异性,因此其育苗体系也有复杂的变化。

对于蔬菜和花卉类等种子繁殖的情况,其育苗系统需对以下作业环节进行整合:种子丸粒化、育苗基质的混合拌匀、自动装盘、基质湿润化、镇压成型、压孔、播种、覆盖基质并平盘、控制条件下的催芽、出苗后转移等;而进入苗期后,尚有施肥、喷淋、覆盖等环节,如图15-50所示。

图15-50　穴盘苗播种流水线工作过程示意图

对于需要移植或嫁接时的育苗体系,则需在上述过程整合基础上,利用不同条件和育苗温室,并进一步整合嫁接、移植、上钵等作业环节,如图15-51所示。

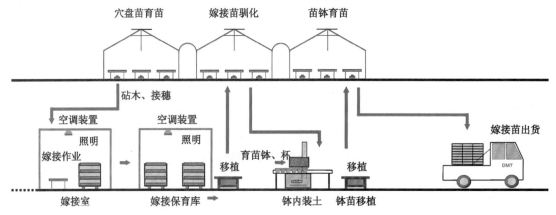

图15-51　专业嫁接苗生产体系及其作业流程示意图

对于木本植物的育苗,目前在体系上还未有较高层次的系统。

中国对园艺植物种苗领域,也先后出台了一批相应标准。其中,有些属于国家标准,如茶树种苗标准(GB 11767—2003)、苹果苗木(GB 9847—2003)、猕猴桃苗木(GB 19174—2010)等;而更多的是行业推荐标准,如荔枝种苗(NY/T 355—2014)、中药材种苗种子(T/CACM 1056.X—2019)等;也有一些地方推荐标准,如橘柑嫁接苗木等级标准(DB 51/T 902—2009)、主要花坛花卉种苗生产技术规程(DB11-T 1352—2016)等。

蔬菜类园艺植物的种苗生产尚缺乏系统标准,目前所沿用的生产技术规程,其定位也只局限于自行育苗,设施和技术标准的起点较低。

15.6　种苗的出圃与流通管理

在种苗产业中,种苗即是最终产品,然而它又是园艺产业中重要的生产资料。种苗质量的好坏,直接关系到园艺生产的收获水平与产品质量。专业化的育苗,使得种苗生产计划与种苗的流通成为新的产业内容。

15.6.1　种苗的成苗标准

即使同一植物的种苗,由于栽培条件与方式的不同也会使对其要求的标准发生大的改变。

1. 草本植物

蔬菜和花卉类种苗,因其种类众多,其种苗标准较难统一。通常多以苗的形态大小进行判断。如采用穴盘苗时,以Q128穴盘为例,所育主要蔬菜的种苗通常在5～6片真叶展开大小(见图15-52),在有些种类上可接受Q200穴盘的小苗,其展开真叶为3～4片,而有些情况下则需要更大些的种苗,如Q72穴盘等,幼苗通常能达到8～10片真叶大小。

图15-52　草本园艺植物穴盘苗成苗规格
A.番茄苗;B.黄瓜苗;C.结球甘蓝苗;D.矮牵牛苗;图中①～⑥为种苗真叶的叶序
(A～D分别依haonongzi.com、trustexporter.com、q1009.com、62a.net)

2. 木本植物

要求其种苗的根系直径为地径的10倍左右,灌木根系直径约为高度的1/3。其他指标则根据植物类别不同而有较大差异。

1)大中型落叶乔木

如杨、槐、枫、合欢等,要求其树干直立,胸径大于3 cm,分枝点在2 m以上。

2)小型落叶乔木及单干灌木

如榆叶梅、碧桃、海棠等,要求其种苗的地径大于2.5 cm。

3)多干灌木

一般要求在根系分枝处,有多于3个分布均匀的枝干;在植株高度上,如紫薇、紫丁香等植物宜高于50 cm;而月季、小檗则高于30 cm。

4)绿篱

通常要求其种苗的冠丛直径大于20 cm,高度大于50 cm。

5)常绿树种

通常要求其种苗的株高大于1.5 m,胸径大于5 cm。

6)攀缘类

通常要求其种苗的株高大于1.5 m,冠层直径大于1.0 cm,地径大于3.0 cm。

15.6.2 种苗的出圃

1. 出圃苗木要求

起苗前要对出圃苗木进行严选,保证质量。

2. 起苗时间

与定植季节、劳力配置及越冬安全有关。蔬菜类由于茬口多样,全年均有可能起苗;而对于花卉类、果树类等其他园艺植物,则多在秋季苗木停止生长或春季苗木萌动前进行起苗。

1）秋季

可在立冬前后进行，应提前灌水，防止根系损伤；冬季寒冷地区应假植（preplanting）以利越冬，秋季出圃适合于落叶树种。

2）春季

宜早进行，此法可免去假植手续，多在雨水至春分之间；春季出圃适合于大多数的园艺植物。

15.6.3　起苗方法

穴盘苗的起苗以根系所带基质成坨而不散时较为适宜，用细尖的小铲从穴孔的一侧可将苗撬起，此方法适合于定植时使用。而出圃销售的种苗则是整盘出售的。

木本植物的种苗从苗圃中起出时，若种苗需要带土，则需从种苗的四周对根系进行切割并带土起出，此方式适合于生长季节起苗或植株较大时；而根系不带土起苗时，则需在苗木的株行间开沟挖土，露出一定深度根系后，斜切掉过深的根系，起出苗木，并抖落泥土，用草绳捆束根部土坨。此方式适合于移植较易成活的类型，如图15-53、图15-54所示。

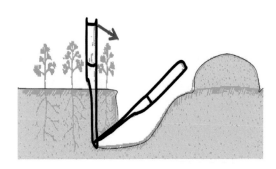

图15-53　园艺植物种苗的起苗作业过程示意图
（依乐乐）

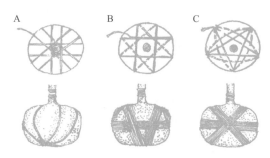

图15-54　木本园艺植物种苗出圃及运输过程中的根系保护及土球包装形式示意图
A～C分别为橘子包、古钱包和五角包式
（依乐乐）

15.6.4　种苗的消毒

如园艺植物种苗的流通范围较大时，必须对种苗进行消毒处理，这也是种苗作为商品在进行质量检疫时的必备性工作。通常种苗在起出后包装前需进行消毒处理，常见的方法主要有使用石硫合剂、波尔多液、$CuSO_4$ 和 $HgCl_2$ 等，切勿使用违规农药，如使用毒性较大且易残留的农药或过量使用农药等。

1）石硫合剂

使用4～5波美度的石硫合剂浸苗10～20 min，然后用清水冲净。

2）波尔多液

通常用熟石灰［$Ca(OH)_2$］、$CuSO_4$ 和水以1∶1∶100浓度配制。使用时将苗木同浸入波尔多液中10～20 min，然后用清水冲净；注意在李属植物上慎用。

3）$HgCl_2$ 溶液

将苗木在0.1%～1.0%的 $HgCl_2$ 溶液中浸20 min，清水冲1～2次，也可用过氧乙酸。

4）$CuSO_4$ 溶液

将苗木在0.1%～1.0%的 $CuSO_4$ 溶液中浸5 min，清水冲洗，可用于休眠期苗木的消毒。

15.6.5 种苗贮藏

草本植物种苗在出圃后通常会迅速定植,但遇不良气候或运输不便时会有短暂性的种苗贮藏问题,其时长一般不会超过3～5 d。若种苗为穴盘状态,则只需保持湿润和自然光照即可;若不带土起苗后待运期延长或种苗到货后田间状态不适定植时,则需集中假植,此期间需保持根系湿润和地上部的自然光照,温度则应与起苗前的种苗驯化阶段保持一致。

木本植物的种苗若在冬季起苗时,需要等到翌年春季才能定植。因此,无论在苗木产地还是待定植地,均需进行长期间的贮藏。在不同地区对不同种类的苗木所采取的贮藏方式有着较大的差异,最为常见的是挖坑露头埋藏,有些需要保温的类别则需要在棚内进行;而耐寒性较强的种类则只需埋根假植即可(见图15-55)。有些地区还有利用窖藏和井藏等。

木本植物春季起苗时,则不需专门的假植,可直接进行包装和运输,在定植地如条件不适时的短暂性贮藏则需要保持湿润和较低的温度(不受冻害程度)即可。

图15-55 不同木本园艺植物种苗的越冬贮藏方式
A.葡萄苗坑式埋藏;B.葡萄苗塑料棚内的保湿堆藏;C.榛子苗埋根假植
(A、B均引自sohu.com,C引自hljszz.com)

15.6.6 种苗的包装与运输

1. 种苗的包装

运输蔬菜和花卉等穴盘苗时,需要用专门的苗架,如图15-56所示。

图15-56 园艺植物种苗运输前的包装保护方式
A.穴盘苗运输装载架;B.待运枸杞苗的保护性包装
(A、B分别引自xibt.gov.cn、nxberry.com)

苗木的运输包装可在其根部加苔藓或湿稻草,卷捆后用绳系扎。
外包装上需加标签,标注树种、品种、苗龄、数量、等级、生产商、包装日期等信息。

2. 种苗的运输

运输车辆厢体较大且无外在覆盖时,可进行专门的设备改造(见图15-57),通过在底盘平板上加装具有卡槽结构的支撑件并以此连接拱杆,其外可覆盖薄膜等材料,可用于大型车辆种苗运输过程的防雨、防寒保温等日的。

　　种苗在运输中应需时检查温度、湿度,注意适当通气;冬季运输时应充分考虑缩短运输时间,并做好保湿保温工作。到达目的地后,应先将种苗浸水,再进行假植。

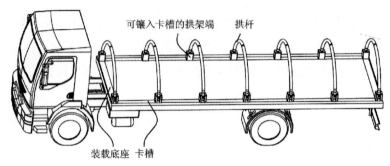

图15-57　植物种苗运输时的车厢简易覆盖机构示意图
（依汪小萍等,专利公告号CN203637960U）

第16章
园艺生产的其他田间作业

16.1 直播及其出苗前后作业

园艺植物中,除了对单株个体较大且千粒重较大的种类多采取育苗外,对一些千粒重小、生育期较短的种类,田间种植密度均比较大,故多采取直播(direct seeding)方式进行栽培。

很多一二年生和某些多年生植物(草本和木本)往往是采取露地直播的,这种方法减少了移植带来的劳动强度增加以及因此产生的缓苗损失。但直播时种子的萌发及播种密度却难以精确控制。露地直播时,实际的出苗数往往会大大多于定苗所需,因此,在出苗后进行间苗是必要的,从经济的角度看,这意味着大量的损失。播种比(sowing rate),是指在可发芽的种子数量基础上,实际播种数量与田间最终留株数的比值。

16.1.1 园艺植物的直播

1. 适合直播的园艺植物种类

通常,基于生产习惯及目前技术条件等,一些园艺植物很少用到育苗,而有些植物则是在比较粗放的栽培条件下也会使用直播方式。

1)蔬菜类

(1)根菜类。

适合直播的主要种类包括萝卜、胡萝卜、牛蒡、甜菜、婆罗门参、芜菁、根芥菜、球茎茴香、姜、草石蚕等。

(2)绿叶菜类。

适合直播的主要种类包括菠菜、叶用甜菜、不结球白菜、大芥、叶用芥菜、豆瓣菜、荠菜、独行菜、芝麻菜、水芹、芹菜、芫荽、茼蒿、芦蒿、莴笋、蒲公英、苦苣、菊花脑、牛蒡、小茴香、罗勒、紫苏、薄荷、苋菜、番杏、落葵、蕹菜、金花菜、蘘荷、食用大黄等。

(3)薯芋类。

适合直播的主要种类包括马铃薯、芋、魔芋、山药等。当然,这种直播所用到的播种材料可能是非植物学意义上的种子,而通常要使用一些营养器官。

(4)豆类。

适合直播的主要种类包括菜豆、四季豆、刀豆、豌豆、蚕豆、豇豆、扁豆、藜豆、四棱豆、菜用大豆等。

(5)葱蒜类。

适合直播的主要种类包括细香葱、分葱、洋葱、韭菜、韭葱、大蒜、薤等。

（6）杂类。

适合直播的主要种类包括甜玉米、黄秋葵等。

2）花卉类

适合直播的主要种类包括翠菊、鸡冠花、一串红、金鱼草、毛地黄、金盏菊、百日草、万寿菊、雏菊、麦秆菊、紫罗兰、凤仙花、石竹、霞草、矮牵牛、旱金莲、长春花、美女樱、飞燕草、风铃草、福禄考、花环菊、波斯菊、矢车菊、蛇目菊、藿香蓟、虞美人、花菱草、月见草、羽扇豆、牵牛花、茑萝、银边草、地肤、三色堇、千日红、锦葵、秋葵、半支莲等。

3）草坪草、地被草类

适合直播的主要种类包括羊胡子草、扁穗莎草、结缕草、野牛草、狗牙根、草地早熟禾、细叶早熟禾、剪股颖、红顶草、紫羊茅、羊茅、黑麦草、假俭草、百足草、地毯草、冰草、白花车轴草、鸡眼草、紫花苜蓿、直立黄芪等。

4）香草、药草类

适合直播的主要种类包括罗勒、柠檬罗勒、薰衣草、神香草、迷迭香、孜然芹、香茅、牛至、鼠尾草、茴香、洋甘菊、马鞭草、百里香、小蓟、马齿苋、甘草、代代花、白芷、决明、香薷、黄芥、紫苏、藿香、半支莲、板蓝根、薏苡、鸡冠花、凤仙花、红花、山茱萸、酸枣、厚朴、乌梅、白术、桔梗、沙参、柴胡、薄荷、玄参、防风、黄芩等。

2. 直播的主要方式

直播有撒播、条播和穴播三类。

1）撒播（broadcast sowing）

撒播多用于生长期短种子出苗率不能充分保证的情况。因其作业需要手工操作，为保证播撒均匀，需要有较为熟练的技术。为了使一些种子体积较小的植物播种更为均匀，有时可掺入沙子并与种子充分拌匀后再进行撒播。

撒播目前多用于家庭园艺场合，或小块田地的畦作（见图16-1）。规模较大的直播常被机械化的条播所取代。

图16-1　园艺植物的田间撒播作业（A、B）及出苗情况（C、D）

（A～D分别引自 zhidao.baidu.com、gansudaily.com.cn、huaban.com、blog.sina.com.cn）

撒播的用种量较大,其播种比常高达10以上,而且,所播种子的发芽率越低、管理水平越低,其播种比数值越大。

2) 条播(sowing in drill)

按照最终定苗后的设定行距,并根据所播植物种子的埋土深度要求,确定条播的作业参数。条播方式在直播中应用增多,是由于机械的应用与减少间苗劳动的共同考虑决定的(见图16-2)。

根据作业场地的特点,应用条播时,可充分考虑种子形态、大小、作业动力需求等因素。但条播所对应的播种比要比撒播低很多,通常为3～5,且对于种子质量及种子千粒重的要求基本同撒播条件。

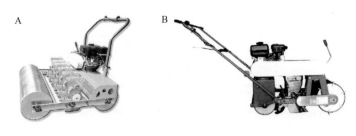

图16-2 园艺植物的条播作业及出苗效果

A～B为不同幅条播机械;C.郁金香人工条播;D.不结球白菜条播出苗效果
(A～D分别引自china.cn、xiawu.com、huaguozhijia.com、detail.1688.com)

通常在小型化农机利用情况下,多用4行或6行机具,播种后有覆土装置。

3) 穴播(hill-drop)

相比于条播,穴盘的播种精度又有所提高,其播种比通常在1～2,对种子发芽率高的植物,可每穴点播1粒即可。

穴播从作业要求来看,并无须开沟和播后的覆土,因此所需机械也较为简单,有插入式或犁沟内间隔式点播两种方式(见图16-3),前者以手动方式居多,而后者既可用自走式小型机具,也可使用大型动力机械。穴播时种子的埋深均可自主调整,但需随时留意种粒是否被插件卡住而发生的漏播问题。

种子较大的木本类植物在直播时往往采用穴播方式,且以手持插入式机具更为实用(类似图16-3D)。

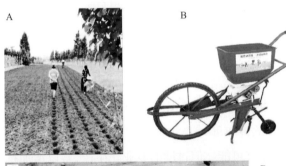

图16-3 园艺植物的穴播作业及其机械

A.人工穴播;B.手推单行穴播机;C.自走式双行穴播机;
D.手持插入式穴播机

(A～D分别引自h5.china.com.cn、wkaifeng.gongchang.com、detail.1688.com、
shunyuan1982.cntrades.com)

3. 直播的适宜季节与整地作业

1) 播期与茬口选择

(1) 季节与物候期。

园艺植物中,除了一些以收获叶片或幼嫩植株为主的种类在生长季节内可随时播种外,其他种类的产品形成往往需要限定在特定的季节。因此,这就造成了收获期的固化。由此可根据植物生长期的长短确定自然的播种期,如图16-4所示。

在温度允许的条件下,一年生植物的播种期往往在春季,其开花期则在夏秋季节,产品器官也在秋冬

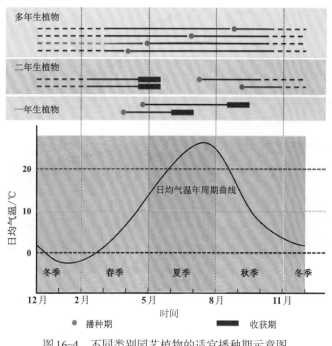

图16-4　不同类别园艺植物的适宜播种期示意图

季到来前形成；而对于二年生植物，则以夏秋季播种者居多，若春季播种可能会在当年提前开花而达不到植物的收获目的。

对于多年生植物，则在温度适宜的季节里随时均可播种，但需注意的是应该在冬季到来前植株应有一定的生长量，可以为植株的安全越冬做好储备。

（2）自然生长期及其微调。

在正常自然播种期基础上，有时为了延长播种植物的生长期，常在一二年生植物上采取相应措施，以提早播种。对于春季播种的提早，往往是以提高田间温度为前提的，通常可用地膜覆盖、无纺布浮面覆盖和小拱棚覆盖等防寒保温措施，因其在不同区域的增温效应有一定差异，但通常可比露地直播提早3～7天。

（3）与前茬作物的关系。

特定的播种植物种类对其土壤前茬情况有着较为严格的要求。在此前的第11章中已对植物生产的土壤环境进行过专门讨论。总体而言，对前茬土地选择的决策需遵守以下规则：产品收获的器官类别不同，避免土壤矿质营养利用上的过度吸收与大量残留；根系特征不同，以确保土壤养分吸收的均衡性；植物种类处于不同的科，以避免病虫害具有相似寄主而使田间危害加重。

需要指出的是，在大规模生产条件下，实现植物的轮作才有可能。但过度的专业化生产，常以增加技术难度为代价而实现连作，一方面会使土壤系统加速崩溃，同时其肥料利用和有害生物防治等方面所面临的压力较大。而在小型农户的非专业化生产背景下，实现目标播种植物与土壤前茬间的生理合理化则更为不易。

2）整地作业

（1）土地整理。

在实施园艺植物的播种前，选定土地的原始状态会存在较大差异，有时可能是园田，有时为种植粮食作物的大田，也有利用林下条件或较为脆弱生境的荒地等情况。

在有前作的农田背景下，播种前的土地整理是在充分清洁田园基础上进行的，其主要作业包括根据播种对象确定地块大小、前作导致的地形再平整需要、耕走走向与种植单元区划等工作；个别情况下，还将涉及土壤pH值的调节、重新配置田间灌排水系统和土壤消毒处理等作业。其具体的作业可对应参照相关章节内容。

（2）施肥与耕耘。

播种前的施肥对露地园艺植物的栽培非常重要，正确的施肥可使植物在一年内不出现养分短缺，无须在生长期间追肥。而实现这一目标的前提是以有机肥作为基础，适当增加部分复合化学肥料，以弥补植物大量吸收时养分供应不及时。有机质水平能对矿质起良好的缓释作用，能均衡且源源不断地为植物提供养分。

因此，完成园田的土地整理后在耕耘前即可施肥。在通常土壤状况下，有机肥施用量可达到

$30\sim40$ t/hm^2。化学肥料可拌入有机肥内。土地耕耘前,需均匀地将肥料铺设在土壤表面,随耕作与耕层土壤混合拌匀。因此,除多年生植物需要较深的翻耕外,一二年生植物的栽培上可利用旋耕方式。

小型的园艺栽培有些采取畦作(平畦)方式,特别在一些较为干旱的地区,如小萝卜、芫荽、芹菜、韭菜等。而在大规模的园艺生产且有着较好的灌溉条件下,播种宜采用垄作(高畦)方式,以便发挥机械作业的优势,对一些植株个体较小且生育期较短的植物种类,如部分绿叶菜类和花坛苗等,常采取宽幅的高畦;而生育期较长且对根系管理有较严格要求的种类,则宜采用单行垄作,如马铃薯、萝卜、胡萝卜等;也有采用双行垄作的,如甜玉米、菜用大豆等,如图16-5所示。

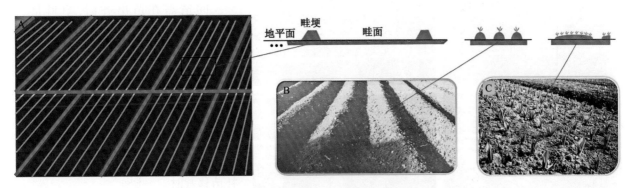

图16-5　园艺植物直播时土壤耕作类型示意图
A. 平畦; B. 单行高垄; C. 多行宽垄
(B引自 amuseum.cdstm.cn; C引自 mt.sohu.com)

(3)灌溉与保墒。

土壤含水量对播种后的种子出苗有很大的影响。由于播种和耕作的需要,很难在播种后再通过灌溉调节土壤水分。因此,必须在耕作前根据土壤水分状况(墒情)进行调整,如耕层内相对湿度不足50%时,可提前进行灌溉,等到土壤表面已干燥时即可进行耕作前的其他准备工作。

在部分水分蒸发较快的地区,播种后为了保证种子萌发和出苗期间的水分,有时会随播种覆盖地膜,以保证土壤墒情。等出苗后,应迅速使苗从薄膜中露出,此方法较适宜于穴播时使用。对于宽垄播种时,也可在畦面覆盖无纺布以保墒增温。

4. 播种与出苗前管理

1)播种密度

园艺露地栽培的播种密度取决于其单位面积定苗株数和播种比,于是可以将其换算成每平方米用种量(撒播时)、单位延长米的用种量(条播时)或每穴的用种量(穴播时)。

在做上述计算时,需根据所采用的播种方式和各地作业机械的基本规格而加以限定,如条播时作业机械的行距等。

2)播种深度及土壤紧实度

有些植物的种子或其他繁殖材料在播种时所需埋深较大,而有些则很浅,这是由种芽萌发时对光的敏感程度所决定的。一些无性系繁殖材料和瓜类、豆类种子,通常的埋深在5 cm以上;而一些种粒较小的蔬菜和花卉类植物的种子其埋深在2 cm左右;一些需光种子如茎用莴苣、菠菜、萝卜等则应小于1 cm。

经深耕并耙磨的耕层土,其容重过小,有时可能在1.0 g/cm^{3}左右,播后需做镇压。过分疏松的土壤,虽然种子萌发时的透气性较好,但种子出苗时的子叶不能很好地从种皮脱离,出苗后需经一段时间种皮才能脱落会引起幼苗发育的迟滞;但过于紧实的耕层土,会使种子出苗时所耗养分较多。对大多数植物而言,土壤容重在1.3 g/cm³左右最为适宜。

16.1.2 出苗后管理

1. 间苗

间苗(thin out seedlings),是指从出土幼苗中去除局部过密或弱小植株,使保留下来的幼苗能有较大的生长空间且植株生长健壮的过程。

图16-6 直播园艺植物出苗后的间苗需求及作业
A. 叶用莴苣未间苗前; B. 桔梗间苗补苗前; C. 不结球白菜间苗中;
D. 不结球白菜间苗完成后
(A~D分别引自sohu.com、99inf.com、dpo.172w.9168.net、blog.sina.com.cn)

1) 间苗时期与次数

间苗需在苗出齐后,真叶展开1~2片时开始。所需间苗次数因植物种类、出苗数量及整齐度因素而不同。最少的间苗通常只进行2次,即出苗后的第1次间苗和定苗;而在很多情况下间苗有可能会增加1~2次,特别是在幼苗生长缓慢、出苗不整齐且需要补苗移栽时。

每次间苗时所留的空间间隔因前次间苗所留生长空间大小而定,当田间幼苗叶片发生相互遮挡时即需进行间苗(见图16-6)。

2) 间苗作业要求

间苗是非常辛苦的田间劳作,需要作业者蹲在地上并不断挪动身体位置;而这一工作又是机械所不能及的。间苗的作业需要非常认真细致,在除去不需要的幼苗时,应尽可能避免伤及相邻需要保留的幼苗根系或造成其茎叶损伤。

间苗作业时必须坚持以下原则:

(1) 宜早进行。不及时的间苗会造成幼苗的徒长,对植株后续发育不利。

(2) 去弱留强。对长势弱、徒长的幼苗应优先去除,保留叶片较大且厚实的幼苗。

(3) 去病留壮。对子叶受伤、子叶发黄的幼苗,应优先淘汰。

(4) 去小留大。对植株较小的幼苗需优先去除。

间苗时须连田间杂草一起清除掉;保证间苗完成后田间植株分布整齐、均匀,并露出一定的地面面积。

间苗时从田间去除的幼苗,在出苗不均匀情况下可作为补苗用。因此,在预计需要补苗的情况下,对拔除的幼苗在操作上需仔细对待,并对其进行部分淘汰,选留部分健壮苗优先用作补苗。

2. 定苗

经间苗和补苗后,最后一次间苗即为定苗。定苗时需要按照最终田间植株分布要求留苗。经过定苗的田间,植株应呈现明显的等行距状况。

定苗时所遵从的行距与株距事先应当经过明确计算,并做成参照工具尺,不可仅靠肉眼测量去操作,这会造成较大误差。定苗后的田间视觉效果应等同于定植苗缓苗后的效果。

16.2 种苗的定植

园艺植物中,对于种子昂贵、植株形体较大、露地环境出苗和苗期生长较差的种类,生产上多以事先育好的种苗进行田间移植而进入真正意义的栽培期。

定植(planting to field),是指将事先育好的植物种苗移栽于生产园田中的作业过程。

16.2.1 田间定植体系

1. 定植场地土地整理

定植场地的土地整理,其基本要求同露地直播时。在定植前的准备阶段,需进行土壤平整、改良、施肥和耕耘,并配合灌溉体系和覆盖系统的设置。

2. 定植穴及其密度等要求

对于单位面积用苗量较大的植物种类,如部分蔬菜和花卉等植物,可按照耕作机械的行距,用先沟植后再覆土的方法进行定植;也可以用特定行距的高垄,在其上按计算好的株距开穴栽苗一次性完成。

目前常用机械的作业行距为60~80 cm,单行沟栽或垄作时,其株距可根据植株收获时的地上部分布范围的直径来确定,通常的株距宜在20~60 cm范围内。而宽垄(畦)情况下,定植时依据的行距与株距与单垄时情况一致,但同一畦面上的植物空间分布样式则有不同,如图16-7所示。

图16-7 草本园艺植物定植规格示意图
A. 辣椒地覆盖栽培的定植;B. 费菜(*Sedum aizoon* L.)露地单垄定植;C. 塑料大棚内番茄高垄双行定植
(A~C分别依sdx.gov.cn、gatv.com.cn、wendangwang.com)

对于木本植物来说,其定植苗形体较大,田间所需行距、株距尺寸会相应增大,且定植穴的松土深度也较深。因此这一部分植物的定植不再采用普通的耕作方法,而需要按照株距和行距的要求,在特定位置凿孔。不同木本植物所需的株行距也有较大差别,其尺寸是由成年后的株幅大小决定的,有时还会增加作业机械通道空间。常见果树的定植密度参数如表16-1所示;以李树为例,通常的定植株行距及其定植穴规格及栽植效果如图16-8所示。

表 16-1 几种常见果树的定植基本参数

植物种类	株距/m	行距/m	理想单位面积株数/(株/hm²)
苹果	3~4	4~5	500~834
矮化砧	1.5~2	3~4	1 250~2 222
山楂	3~4	4~5	500~834
桃、李	3~4	4~5	500~834
杏、梅	4~5	5~6	333~500
葡萄	1~1.5	5~6	1 111~2 000
梨	3~5	4~5	333~834
枇杷	3.5~4	4~5	500~714
柑橘	3	4~5	666~834
柿、板栗	4~5	5~6	333~500

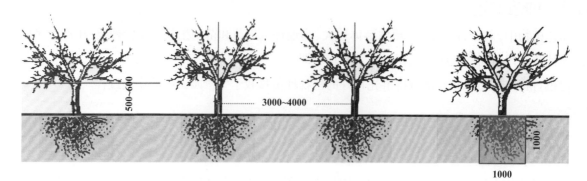

图16-8　李树定植时的基本规格要求示意图
（依 club.1688.com）

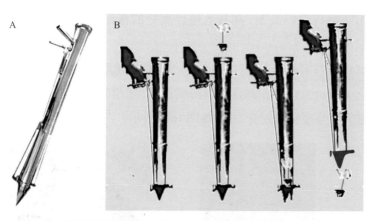

图16-9　园艺植物穴盘或育苗钵成苗定植器及其使用方法示意图
A. 手持插入式；B. 定植操作步骤
（A、B均引自 b2b.hc360.com）

3. 定植穴挖掘机械作业

在定植根系具有成型结构的种苗时，通常其根部土块的直径在10 cm以内，可借助手持插入式定植器进行种苗的定植作业。其基本要求是定植前完成整地施肥等基本准备工作，保持耕层土壤疏松。手持插入式定植器的结构及其作业过程如图16-9所示。其最大特点是开穴、栽苗、覆土一次完成，且可直立作业，其效率和作业质量较高。其定植深度一般在10 cm以内。

对一些种苗根系范围较大的种类，可直接按照定植所需的株距和行距规格，用凿孔机挖土，而不做其他耕作处理（见图16-10）。如场地允许，凿大型的孔可使用拖拉机的动力；而对一些直径在50 cm以下的孔或因地形问题等限制时，常用手持式机械作业。

在定植场所深挖中遇石块可能会损伤凿机的刀片，应先用手工作业将大小石块清理出田园，切记在将挖出的土回填时不要把石块带入。

图16-10　大型园艺植物种苗定植孔及其凿孔机械
A. 大棚内凿好的定植孔；B. 手持式凿孔机；C. 机动式凿孔机
（A～C分别引自 meipian.cn、b2b.hc360.com、jdzj.com）

4. 定植作业过程要求

1）定植深度

定植时所需深度以种苗根颈略高于地面为宜,在浇水下沉后种苗的根颈则与土壤表面平齐,须避免种苗下陷而使子叶(或树木的根颈处蘖枝)痕迹埋入地中(见图16-11)。在使用有嫁接的苗木时,浇水后必须保证嫁接伤口露出地面。大型苗木带土(根)球定植时,挖坑直径须在土球直径的2倍以上,深度至少在土球下超过30 cm(见图16-12);即使是不带土球的苗木,其定植穴的深度也应在种苗所带根系高度的2倍以上。

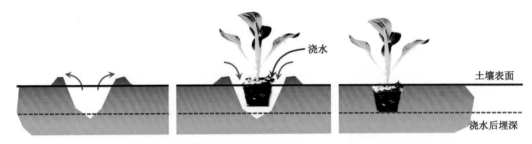

图16-11　穴盘苗定植时的适宜深度示意图

2）定植平面美学

对农业景观的日益重视是园艺业发展的重要的标志,它使得园艺种植不单要生产应有的产品,同时其生产过程也是重要的休闲产品形态。因此,相对于直播而言,定植更容易实现精细的园田景观化(garden landscape)。

关于园艺美学相关原理及其应用将在本书第29章专门讨论。此处仅讨论与定植有关的图案化问题。

如图6-13所示,通过不同的定植方式,园田的景观价值可得到极大的提升。其主要方式如下:

(1)利用地形起伏,避免视觉上的单调。

(2)利用不规则地形的种植行曲线,体现园田的动感与韵律之美。

(3)利用同一植物的不同色系,构筑大地图案。

(4)利用简捷独特外形的群体效应。

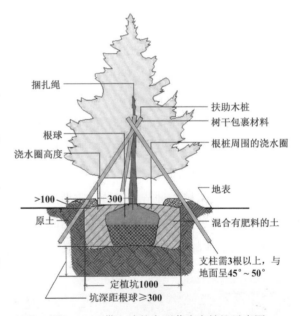

图16-12　带土球的大型苗木定植坑示意图
（依bbs.ahulong.com）

图16-13　通过不同的定植设计方案营造的园田景观
A.北海道带状花田；B.库肯霍夫大规模球根生产形成的规则形花田景观；C.佛山梦里水乡航拍多彩园田；D.多姿多彩的观赏草园田
（A～D分别引自tupian114.com、k.sina.com.cn、www4.freep.cn、gongshe99.com）

3）苗木定植时的种苗处置

无论是自行育苗还是购买的商品种苗，在定植前必须检查其是否成活、是否有不合格苗。在数量控制范围内坚决淘汰不合格苗，特别是在多年生植物上更是如此。

（1）授粉植物的配置。

一些植物在开花后，为了获得果实或种子，需要能确保植株的授粉。然而有些植物种类从遗传特性上存在着自花授粉不良现象而需要进行异花授粉，这时可通过对主栽品种进行授粉品种配置。

授粉品种与主栽品种必须达到花期相遇、花粉数量较多、授粉后结实率高、结果期与成熟期相近等基本要求。通常，两个品种互为授粉株时，可采取等量配置方式，如以相隔3行进行定植；而当授粉株数量不足或其经济价值较低时，可采取4:1的差量式配置，可成行等间隔或隔行间株定植授粉株，如图16-14所示。

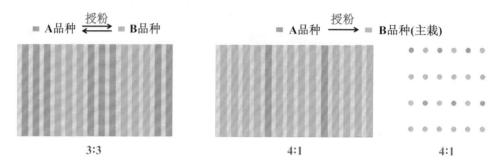

图16-14   一些异花授粉植物需在定植时设施授粉株，以保证植株能够正常结果

（2）与根系调整对应的地上部调整。

对于苗龄较大的园艺植物种类，其种苗形体较大，在定植时可能会弄伤一部分根系，而使种苗的地上部与地下部比例发生了不协调。为此，可适当去除部分下位老叶、黄叶，以使定植后植株能迅速缓苗而进行旺盛营养生长。通常，取出种苗后，可剪掉枯桩，对主根和较长的侧根进行适当修剪，在定植前将种苗放入水中浸泡12～14 h，使其根系充分吸水后，再行定植。

4）苗木定植穴的填土

小型的草本植物种苗在定植穴定植时，其填土过程较为简单，无论是手工栽苗还是用定植器栽苗，其填土过程是将种苗的根系及其土球与田间土壤紧密贴合，定植深度以浇水后根颈处与土面齐平即可。有时，为了考虑成龄后的施肥与浇水，有条件时可设施埋管。

而对于形体较大的木本植物种苗，在定植坑内应先将与肥料拌匀的表土回填到坑高的2/3处，踩紧压实；然后将根系在水中浸泡好的定植苗直立于穴中，使植株的株行对齐，根系舒展地伸向四周，再回填表土，同时向上提动苗木后踏实，确保浇水后根桩周围土面与原地表齐平。

对于矮化砧果树等的种苗，为防止接穗生根，定植时其接合面位置应高出地面10 cm左右。

5）苗木定植的土壤作业

填埋完成后，沿树干周围筑成中间低四周高的树盘（浇水圈），以利浇水（见图16-15）。

图16-15   大型苗木定植后所留浇水坑
（引自 business.fjnet.com）

16.2.2 根域限制下的定植体系

部分园艺植物的生产不单是最终获得什么样的产品形态,而其生产过程也会形成以观赏性和景观为特征的产品形态。因此,对这类园艺植物种苗的定植往往与通常的土壤栽培有着较大的区别。最常见的是利用有限空间的种苗定植。

1. 根域限制体系

根域限制其实很早就已使用,但其概念的提出却是20世纪90年代的事情。根域限制出现的早期形态即为容积育苗和容器栽培。根域限制概念的提出很好地厘清了植株地上部和地下部的关系以及整个生长期(季)的生长调控机制。

因此,根域限制栽培的实质就是利用植物地上部与地下部自行调节的关系,通过控制根系生长量及其分布,来实现其地上部枝条生长强度的控制全过程。

实现根域限制的基本途径,一是可以采用传统的物理方法;二是可能采取相应的生物方法。前者可以理解为使植物的根系在特定容积空间内生长;而后者则可利用对根系生长行为方式的控制而实现,如剔根、断根等方式。

2. 绿墙和立体花坛

绿墙(green wall),是一种特殊的植物栽培方式,是将植物进行高密度定植到一个空间面上形成具有植物性覆盖立面的整体系统,它往往需要借助特定的空间立面作为根系着生的场所。因此,绿墙系统是一种典型的根域限制范例。

绿墙系统在定植后的植株生长过程中,其根系生长空间极为有限,因此往往用一些可紧密固定植物根系且能协调持水和透气的特殊材料作为栽培基质。如图16-16所示,常见绿墙通常采用以下三种方式构建:攀缘支持式、铺贴式和组合式。

攀缘支持式所适用的植物种类有较大限制,多为常春藤、爬山虎、美国凌霄和三叶地锦等植物。通常这种方式需要在墙体上设立支架,植株可种在近墙体的地面上向上攀爬;或是采用在墙面顶层设置定植床,使其植株藤蔓沿墙体垂下。这种方式在墙体立面上不再设置与根系有关的设施。

铺贴式绿墙系统,通常由具有连片网眼结构的材料制成,用其作为根系附着生长空间的毡层,并集成于混凝土层中;组合式绿墙系统,则是由预制模块组合而成的,不同植物类型模块相互组合,共同构成完整的图案。

图16-16 一些典型绿墙的栽培外观及其效果

A. 利用常春藤等植物覆盖的墙体;B. 巴黎Aboukir绿洲,利用不同植物配置的组合方式定植结构;
C. 布鲁塞尔一处住宅墙体,利用铺贴方式将不同植物定植在墙体表面
(A～C均引自baike.baidu.com,B、C为Patrick Blanc的设计案例)

绿墙系统的植物在定植时密度很高,其叶片拥挤在一起时从外面几乎看不到建筑材料的痕迹。在铺贴式和组合式绿墙情况下,其水分和养分的供给往往需要通过墙体内预设的管线来提供,毡层具有较强保水性,因此可通过潮汐式(tidal irrigation)给液来控制绿墙植物的旺盛生长。

与绿墙系统异曲同工的园艺种植方式便是立体花坛了。立体花坛(mosaiculture)是指运用一年生或多年生小灌木、草本植物,将其定植在二维或三维的立体构架上所形成的植物艺术造型。它通过不同植物的形色特性,表现和传达着各种信息和形象,如图16-17所示。

图16-17　立体花坛的造型与植物配置效果
A.孔雀造型花坛;B.居民区立体花坛;C.城市广场立体花坛
(A～C分别引自news.qihuiwang.com、weimeiba.com、nipic.com)

从栽培的角度看,立体花坛其表面的植物覆盖率应达到80%以上,对其根域的限制由此可见一斑;从视觉的角度看,立体花坛亦被称作植物马赛克,而每一个像素即为一株植物,一个好的立体花坛作品的高像素要求直接决定了其必须采取极高的定植密度和根域限制强度。

从构建来看,立体花坛需要有骨架材料作为其所有承载物的重量支持,其骨架内部则由泥土和纤维材料组成,以保持其黏结成型的性能。在这些泥土材料中,需加入植物缓慢生长所需的矿质养分,并且要求植株在对花坛喷水后不会掉落。

无论绿墙还是立体花坛,在对其立面定植植物的要求上均需具备以下条件:叶形细巧、叶色鲜艳、耐修剪、适应性极强。常用植物的配色要求如表16-2所示。

表16-2　绿墙和立体花坛色彩和形态配置常用植物种类

植物色系和形态	常用植物类别
玫红	林地鼠尾草、红花车轴草、紫杯苋、红草、一品红
粉红	四季海棠、非洲凤仙、矮牵牛、粉黛乱子草
紫黑色	半柱花类、五色草、三色堇
银色	银香菊、朝雾草、蜡梅、芙蓉菊
黄色	金叶过路黄、金叶景天、黄草石斛、小黄菊、彩叶草、三色堇
白色	绿苋、三色堇
绿色	羊茅、绿叶柳、玉龙草、佛甲草、三七
各色斑点	嫣红蔓类
线性	芒草、细叶针茅、细叶薹草、蓝薹草

无论是绿墙还是立体花坛,在养护中最大的困难即是保持植株有最低的生长量,而且能够维持其基本造型较长的时期,其间无须经常进行剪切打理。这俨然已成为园艺上难度较高的技术领域之一。

3. 盆栽

盆栽(pot culture)是容器栽培的一种,是将植物定植在装有土或人工基质的容器内生长,主要做观赏用途的栽培方式。盆栽也是最早的根域限制类型,中国自夏商时代起即有盆栽的先例。盆栽所用的容积本身具有一定的观赏性,易于与所栽培植物的形态与文化内涵相呼应。因此盆栽容器并不一定是指通常所言之花盆,但应具备以下特点:可移动性、可更新性、整体与建筑与居室环境相匹配。因此,盆栽有别于其他类型的容器栽培。

1）盆栽的类别

依据容器与所定植植物的关系,可将盆栽分为无造型盆栽和造型盆栽。无造型盆栽又可分为观叶植物、观花植物和观果植物盆栽;造型盆栽则可分为组合盆栽和盆景两类,如图16-18所示。

图16-18　不同类型的园艺植物盆栽

A. 鹤望兰居室内盆栽; B. 樱桃盆栽; C. 用不同园艺植物经艺术造型设计而形成的组合盆栽; D. 组合式多肉植物盆栽; E. 中国传统盆景
（A～E分别引自 huaban.com、51aw.cn、blog.sina.com.cn、wangling-tech.com、m.huahuibk.com）

2）盆栽植物（pot plant）

适合于盆栽的植物种类较多,但基于人们对植物的文化内涵需求,盆栽植物则集中于一些特定的类别。常见盆栽植物及其分类如表16-3所示。

表 16-3　常见盆栽植物及其分类（依藏永胜）

盆栽植物类别		所包含的常用植物
常绿植物	阔叶植物	榕、象牙树、罗汉松、月橘、黄杨、石楠、鹅掌柴、印度榕、棕榈、海桐、八角金盘、酒瓶兰、冬青
	针叶植物	黑松、赤松、锦松、五叶松、杜松、真柏、杉木、桧木、扁柏、木麻黄、云杉、龙柏、黄金柏、红豆杉、南洋杉
杂木类	花木类	梅花、杜鹃、花石榴、紫藤、山茶、木瓜、合欢、日本木瓜、马醉木、海棠、杏花、紫薇、紫叶李、黄连木、紫叶小檗、冷水花、龙血树、野蔷薇、茉莉
	果木类	梨、石榴、黄栀子、佛手柑、桑、毛柿、海红、状元红（桂花）、金豆柑、樱桃、金橘、观叶柠檬
	耐寒树木类	枫、槭、黄栌、玉叶、黄连木、榉、榆、朴、银杏、柽柳、山相思、雀梅藤、瓜栗、金叶女贞、七叶树、元宝枫、枫香
草本类	竹类	墨竹、四方竹、凤尾竹、毛竹、金丝竹、佛肚竹、人面竹、桂竹、斑竹、南天竹、棕竹
	观花类	春兰、寒兰、蕙兰、春兰、虎尾兰、君子兰、文殊兰、鹤望兰、白鹤芋、米兰、一叶兰、蟹爪兰、凤仙花、石菖蒲、彩叶凤梨、辣椒、仙客来、瓜叶菊
	观叶类	金边龙舌兰、苏铁、莕草、知风草、山薹草、红薹草、绿萝、袖珍椰子、散尾葵、鱼尾葵、安祖花、竹芋、孔雀竹芋、彩叶草、万年青、一品红、马蹄莲、吊兰、滴水观音、文竹、芦荟、常春藤、春羽、龟背竹、叶子花、豆瓣绿、铁线蕨、文竹
	多肉植物	

3）盆栽的上盆与换盆

上盆（potting）是指将特定大小的种苗定植到容器内的作业过程；而换盆（repotting）则是对已定植的盆栽植物更换容器再行定植的过程，伴随其过程的显著特征是对植物的根系和地上部进行适当的调整。

（1）容器大小、形状及其与植物间关系。

盆栽时所用的容器大小应与植物的形体大小相适应。从视觉的协调要求出发，在两者的尺寸关系上应基本遵循黄金分割比例原则（见图16-19），否则，从视觉美学角度则会显得有不协调的感觉，同时对于植株地上部与地下部关系也不易协调。因此，上盆时选用容器的大小应基本在一个合理的视觉范围内，如植物生长后有较大改变时，则需要进行换盆处理，并对植株的地上部和根系做相应调整。小苗不能用过大的容器，这在视觉上或是控制植物生长上都没有好处。

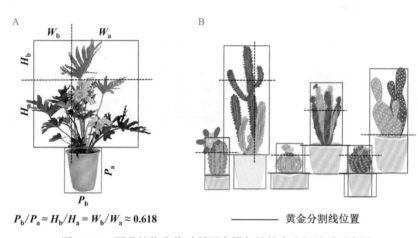

$$P_b/P_a = H_b/H_a = W_b/W_a \approx 0.618$$

—— 黄金分割线位置

图16-19 园艺植物盆栽时所用容器与植株大小间关系示意图

（A、B分别依 m.huahuibk.com、huahuibk.com）

对于养护管理得当的多年生植物，应不断地换盆。这里所言的换盆并不只是意味着由小的容器换成容量更大的容器，而更应强调的是对换盆时的根系生长基质以及植株各部位生长关系的调整。因为在盆栽植物过程中，我们客观地需要植物的生长受到特定的限制，而这种限制使植株通过不断更新而获得的可持续的相对稳定的植株形体大小和活力两方面来实现的。

（2）上盆与换盆的基本作业。

使用新的栽培容器时，应先用水将其洇透；而用旧的容器时则需将容器内的泥土杂物等刷洗干净。关于盆栽容器内土壤或基质的填装以及所定植植株的生物量调整分别将在后面专门讨论，此处仅讨论定植相关流程及其参数要求。

通常，定植植株生长健壮者可适当深栽；而茎或根为肉质时的情况则相反。定植的深度以定植土壤或基质表面（不含苔藓）至容器上端所空出水口的深浅有关，要求水口所容纳的水分刚好能渗透到容器底端为最适高度，如图16-20所示。

换盆时可先用竹片沿容器内壁转一圈，再将盆倒置，用手托住植株和土团，在重力作用下使之完整倒出。

水口高低

盆栽容器

集水托盘

图16-20 园艺植物盆栽时的栽植深度示意图

（引自1688.com）

关于上盆时植株栽植的位置与角度,在通常的情况下应将其根颈处居于容器的正中心;而一些组合盆栽及盆景制作时的定植则服从其艺术设计要求,可能会有高低错落和角度上的倾斜等现象。

(3)上盆或换盆时的植株调整。

结合上盆或换盆,可对所定植的植株进行适度修剪,如过长的须根、病枯枝、过密枝、叶等均应剪去;一些用于观赏的植株调整,可依其植物种类及其观赏要求、植株株型、株(茎干)数、株高等要素进行专门调整。

除了单株定植外,很多园艺植物具有明确的簇生性,如一些灌木和一些由营养器官繁形成的种苗,这些植物的植株会有多个茎干。因此,盆栽时可分为单干和复干定植两种情况。

单干定植是指在单个定植容器内栽植的植株仅有一枝茎干时的情况,根据其定植后样式又可分为直干、斜干和曲干三种造型。

复干定植是指在单个定植容器内栽植具有两个或两个以上茎干植株时的情况,其留干数量随定植植物而异,通常除留两个茎干的情况外,其他均为单数,如3、5、7、9、…,既可能是同一植物的合植、丛生、连根状态,也可以是多种植物的组合。

有些植物在进行盆栽时,为了控制其植株高度,往往采取摘心手法,使其主干变粗后再抽生新枝,这样才能使地上部和地下部关系(T/R)处于稳定的状态,生长时间可得到延长。

在换盆时取出的原植株根球,充分浇水后可用竹签等将根间土粒拨出,并对过于密实的根系进行剔根处理,尽可能去除老根,对经舒展后较长的根,可实施短截;同样对地上部也应按比例进行修整,常用的手法如疏枝、疏叶、短截或去顶等,如图16-21所示。

图16-21　蝴蝶兰换盆作业过程
A.植株原根球;B.开始剔除老根并消毒;C.先植于水苔中;D.再将植株定植到较大容器中
(A~D均引自植萌,baijiahao.baidu.com)

(4)容器内栽培土壤和基质配置。

盆栽时,由于受到强度较高的根域限制,容器内所装填土壤或基质对透气性有更高的要求。虽然不同类型园艺植物盆栽所需根系条件不同,但总体而言,要求其填充物比土壤栽培的有机质含量要高得多,且浇水后不会形成板结现象。因此,通常的做法是,先将容器底部的水孔用瓦片或用纤维质的草绳堵住,再逐层添加土壤或基质。其最底层可用陶土粒、碎瓦片或卵石等作为排水层,填装高度随容器高度和距离植物根球最下方距离决定;在排水层上方垫一层营养土作为底土,其厚度可直接达到根球位置;底土铺设好后,将植株栽入,并在周边用配好的营养土将植株根球包围,最后将填土压实,保持土面与植株根颈处齐平,并留出水口高度;最后在上面覆盖一层水苔沿干茎布满容器表面(见图16-22、图16-23)。

填装时所用营养土主要由洁净肥沃的园土为母质,并在其中添加腐叶土、草炭或有机堆肥,最终可使其有机质含量达到5%~8%。

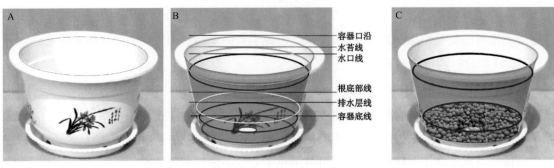

图16-22　盆栽植物上盆或换盆时容器内各层填充示意图-1

（A引自baijiahao.baidu.com）

图16-23　盆栽植物上盆或换盆时容器内各层填充示意图-2

定植完成后，容器四周填入新的栽培土压实，并浇足水。最后在容器顶部可铺设一层苔藓，既可防止土壤散出，又可保湿透气并增加美感。

4. 其他容器栽培

盆栽以外的容器栽培，其基本特征为容器体积较大，具有不可移动性，且多用于非观赏植株的栽培。依据容器特征及位置关系，这些系统可包括以下主要方式。

1）半地下或地面坑槽式

此类系统的特点是，以采取地中开沟、覆膜、阻断的方式形成坑槽状，或由地面向上砌筑构体，底部与地面隔断形成根域限制，在薄膜上方堆置调配好的栽培基质，并配合节水灌溉或水肥一体化措施，进行园艺植物栽培。这类系统的结构往往呈连续的宽畦状（见图16-24D、F）。

2）地面构体式

采用非连续的大型单体结构，其构体容积较大，每个容积内栽植1～2株植物。根据其构体的形态，可分为圆桶式、箱框式、袋式和组合式等几类（见图16-24A～C、E）。

（1）圆桶式。

利用不同高度的围植排水板，根据需要制作成不同直径的圆桶形单体容器（无底），将其直接置于地面，并用无纺布或带孔薄膜在底部与土壤表面隔离，也可以使用与围植板配套的不同规格圆形桶底。圆桶中装填栽培基质，并利用水肥一体化方式供给其水分与养分。围植排水板多用PVC材料制成，其表面带有螺旋状凹槽和网眼，可防止须根缠绕（见图16-25）。

图16-24　园艺植物不同方式的容器栽培模式
A、B. 圆桶式；C. 袋式；D. 半地下坑槽式；E、F. 地上箱框式
（A～F分别引自jxzjol.cn、mm111.net、shangdaobio.com、whhost.net、191.cn、xnz360.com）

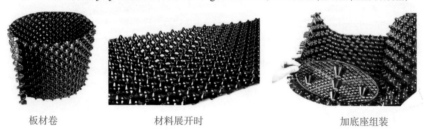

板材卷　　　　　　材料展开时　　　　　　加底座组装

图16-25　围植板及其组装成的圆桶形态
（引自chem17.com）

（2）箱框式。

利用木质材料或砖、水泥等材料构筑的单体结构性容器，其使用方法与其他系统相类似。

（3）组合式。

利用复杂的立体几何构件制成，有些被置于屋顶、阳台或建筑墙体周边、门前广场等处。在不同的分隔空间栽培植物，并形成整体景观构型。

（4）其他容器。

除以上类型外，以基质栽培为特征，比较经典的构型有平袋式和立柱式等多种。

16.2.3　定植后管理

1. 定植水和缓苗水

植物定植完成后应及时浇水。露地栽培条件下，定植水以根系所在土层水量达到饱和为宜，当然在一些气候较为寒冷地区早春定植时，水量可酌情减少些。直到植株出现缓苗迹象前不再给水。草本植物在缓苗之后的浇水则使土壤水分保持在一个合理的范围内即可，可以少量多次给予。大型木本植物定植水的量，以1 m直径的定植穴计，约需水20 kg，浇水后可覆土保墒，春季约10～15 d大多数植物即可缓苗，其后的缓苗水要浇透。秋栽时，苗木待定植完成后灌一次定植水，待水渗下后再覆土。

2. 田间管理作业及农事历

在实际生产中，按照所经营土地的种植对象分区，可形成田间管理的农事计划（见图16-26），并在实际应用中逐日增添数据,如气象和园田小气候数据、作业记录和事项记录等。而对于基本物候期则应提前计划,其内容包括以下方面。

图16-26 园艺植物生产的农事历样式示意图
A. 年历; B. 月历; C. 日历及日志
(A～B分别引自cn.dreamstime.com、ubangzhu.com; C底图依win4000.com)

1) 基本物候期

包括特定地块,一年内的各个季节分别种植哪些植物,其基本茬口的接续时间,以及每一种植物的播种期、定植期、收获始期、栽培终了时间等内容。各个茬口间应留足耕作和休耕时间。

2) 生产资料使用计划

对一个自然年度中,对全部地块所需要的生产资料数量与使用时间做出计划,以便为物资供应与补货提供数据基础,特别是有些生产资料是需要较长预订周期的。这些物资包括生产所需的种子、农药、肥料、覆盖材料、建筑材料、土、基质、有机肥、机械、机具、燃料、育苗盘、绳索、胶带、铁丝、常用工具、容器、光源及灯具和量具等。

3) 作业计划历

根据田间栽培植物的生育阶段及其管理要求,重点关注以下内容的作业及其时间安排:防寒保温、灾害天气对策、耕作、开沟、覆膜、播种、基质准备、有机肥料处理、营养液配制、机械调试、整地作业、挖定植坑、商品苗到货、定植、中耕、培土、追肥、针对特定对象的植保、灌溉、通风、小拱棚(浮面覆盖)覆盖持续及去除、植株调整、CO_2气源、收获、田园清理、休耕、嫁接、搭架、修剪、整形、换膜、遮阴、开人工光源、设备维修、围栏绿篱管护、越冬埋土等项目。

由于工作量可计算,由此对用工也有充分的提前准备,如是否考虑增加临时帮工等。系统的日账数据在积累并形成数据库后,对于园艺企业的生产管理将是一笔巨大的财富。

16.3 园艺植物的支架与隔离围栏

园艺植物中一些具有藤本属性的植物,因其茎干的直立性较差且茎蔓较长,因此需要对其进行支架处理。有些植株虽然其茎干木质化程度高,但因其根系入土浅使根系不足以支撑其庞大的地上部时,也需要进行支架扶持,如一些木本类植物刚定植时。围栏除了用于局部分隔外尚有田园的文化内涵。

支架(trellis)与围栏(fence),均为古老而典雅的园艺表现,不同的支架形式与相应的植物构筑起一个和谐美观的空间分布结构,不但对于植物叶片和花果的分布有利,而且也会极大地提升其美学价值。支架改变的是植物的空间分布格式,其植株调整均服从于不同支架方式这一前提;围栏既界定了地块或不同属性园圃的相互关系,同时也具有重要的文化价值。

16.3.1 支架的类别

园艺植物支架的使用视植物生长习性而不同。茎干的直立性主体是由于植物的遗传性状所决定的,如分枝方式与顶端优势等;同时,栽培条件也会对其蔓性有较大影响,如热带起源的番茄在多年生状态下,其蔓性较强,当我们利用温室栽培时可表现其较强的蔓性,而作为一年生栽培时,其蔓性表现则会变弱。

因此,选择支架类型首先必须满足其能够承担起植株地上部重量的基本要求,如一些瓜类,结果后地上部的重量较大,必须考虑支架的结构强度等问题。在此基础上才能考虑支架所构筑的空间结构的观赏性与休闲方面的可利用性等其他因素。

从支架的构形来区分,园艺上常用的种类主要有单杆架、#字形网格架、Λ字形架、Γ字形架、T字形架、Y字形架、t字形架、干字形架、丰字形架、Π字形架、∩形廊架和拱门式廊架等方式,如图16-27所示。

图16-27 藤蔓类园艺植物的各种支架及其效果

A.#字形网格架牵牛花;B.Λ字形架番茄;C.单杆架辣椒;D.Γ字形架丝瓜;E.Π字形廊架葡萄;F.T字形架紫藤;
G.∩形廊架蔷薇;H.拱门式廊架藤本月季;I.∩形廊架葡萄

(A~I分别引自 itouchtv.cn、1688.com、baike.baidu.com、dstyjg.com、shyyyljg.cn.biz72.com、c505c.com、qun.52fx.cn、sohu.com、blog.sina.com.cn)

1. 蔬菜类支架

需要支架的蔬菜类植物,多集中于茄果类、瓜类和豆类植物等。

1）茄果类

通常,露地栽培的茄果类蔬菜如番茄、茄子和辣椒等,以使用单杆架者为多,也有少数采用字形支架的情况。如采用单杆支架时,其植株高度通常在1.2 m以下,如植株高度超过此界限,则需用字形支架。因此,支架所留出的高度,往往与栽培时的摘心高度相适应。

番茄单干整枝时,每株需要1根立杆,将其直插入土中并需有一定深度以保持支架能够直立,其茎蔓用草绳隔一叶节与支架立杆绑在一起;而双干整枝时则需有两根立杆。

茄子属于二杈分枝,辣椒则为假二杈分枝,其生长进入中后期时,地上部分枝展开幅度很大,形成多级的Y字形结构。因此,在茄子和辣椒的支架上,如用单杆架时,每株需插两根立杆。茄果类蔬菜在进行设施栽培时,通常不再使用支架进行植株扶助,而使用牵引方式。

2）瓜类

在土地资源较为丰裕的地区,一些瓜类采用匍匐栽培,并结合压蔓技术使其形成不定根可增加植株对土壤水分和矿质营养的吸收,如南瓜、冬瓜、西葫芦、西瓜、甜瓜等,而越来越多的瓜类则采用支架方式进行生产。

瓜类植物适宜的支架方式因植物种类不同而有较大差异,常用的支架方式有双Λ字形架、Γ字形架、Τ字形架、Π字形架、∩形廊架等。

露地栽培下,黄瓜通常采用Λ字形支架,并配合双行宽垄方式进行栽培;同样,丝瓜、瓠瓜、节瓜、越瓜、甜瓜、苦瓜等果实重量较轻的种类,均可用双Λ字形支架。而南瓜类、西瓜、冬瓜等单果较重的种类,则适合于带有地础配置的大型支架,如Γ字形架、Τ字形架、Π字形架、∩形廊架等。

设施栽培的瓜类主要有黄瓜、甜瓜和小型西瓜,通常采用加强牵引方式,对大型果实需加挂网兜以减轻果柄和茎蔓受力。

3）豆类

很多豆类蔬菜具有较强蔓性,如菜豆、豇豆、蛇豆、豌豆、扁豆等,常用双Λ字形支架。

4）其他蔬菜

还有一些蔬菜也需要支架,如山药、葛等,通常采用单或双Λ字形支架、Π字形架、∩形廊架等。

十字花科等采种的植株,其花茎分枝性强,易倒伏。因此,需要在种植行的两侧分别设单杆架,并在较高的位置用尼龙绳将每个杆连接,使分枝的生长空间限制在行宽范围内,这在采种生产上非常重要。

2. 其他草本类

1）草藤花卉

主要包括牵牛、茑萝、珊瑚藤、凌霄、地锦、常春藤等。

牵牛、茑萝一般使用#字形架;珊瑚藤、凌霄等可使用Π字形架、∩形廊架;地锦和常春藤等则以建筑立面为支撑,也可使用#字形架。

2）其他草藤类

除作为蔬菜和观赏用途的藤本植物外,比较重要的还有啤酒花、鸡蛋果(百香果)等植物。啤酒花用加高的单或双Λ字形支架、Π字形架;鸡蛋果多用Τ字形架。

3）盆栽支架

很多盆栽植物由于根域限制的原因,根系难以支撑其地上部的直立。因此需要单独为此进行支架。

这类支架与田间栽培时的要求不同,在支撑的同时,更加注重其美观。以蝴蝶兰为例,采用盆内单杆支架;而一些藤蔓性较强的种类,如铁线莲等则可用圆筒架进行支持,如图16-28所示。

4)室内植物壁挂

一些室内容器栽培的观赏植物,其地上部高大细弱时,需要攀缘或扶持支架,通常采用壁挂式#字支架,如图16-29所示。

图16-28 常见盆栽植物的支架形式
A.蝴蝶兰单干架;B.铁线莲环式圆筒架
(A、B分别引自item.m.id.com、t.lrgarden.com)

图16-29 常见室内盆栽植物壁挂式#字形支架
(引自t-jiaju.com)

3. 木藤类

木藤类园艺植物主要包括观赏类、药用类和果树类等的支架方式要求如下。

1)观赏植物

主要有月季、蔷薇和紫藤等。月季、蔷薇中藤本性强的种类,通常可用#字形架,或以拱门式支架为常见搭配;紫藤则基本使用大型Π字形架。

2)药用植物

主要有木香、忍冬等。木香以Γ字形架、Π字形架和∩形廊架、拱门为主;而忍冬则多用T字形支架。

3)果树

主要包括葡萄、猕猴桃和西番莲等。这些果树多采用T字形、Π字形架和∩形廊架等支架方式。

4. 乔木类果树

修剪得当的乔木类果树一般较少使用支架,但在定植早期根系扎得不够深或采取根域限制栽培,以及在一些风力较大的地区,有时会因防风、防雨雪需要而加设支撑架,如图16-30所示。

 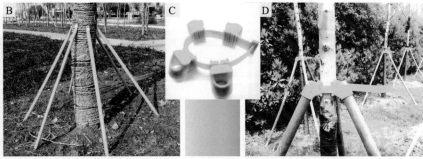

图16-30 乔本类园艺植物特定状态下的支架结构
A.单边式;B.六爪式;C.活动式树干捆扎圈;D.捆扎圈与可插入式支撑杆
(A～D分别引自weimeiba.com、iqoajia8.com、detail.1688.com、3208.net)

16.3.2　不同类型支架的设置

从结构而言,园艺植物主要的支架形式分为平面式、连体固定式、特定断面延长型等。其构筑基本形式及其标准如图16-31、图16-32所示,个别尺寸可能随栽培植物对象的不同生产要求会有所调整。

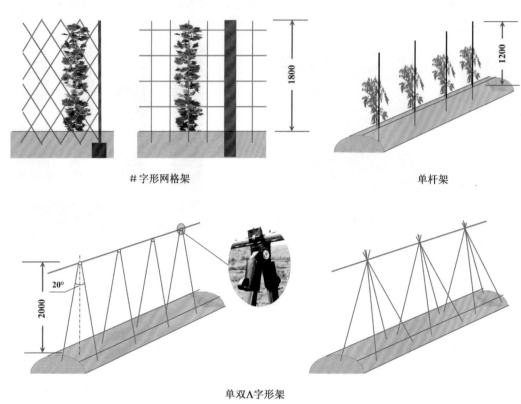

图16-31　藤蔓类园艺植物的各种支架构建示意图1

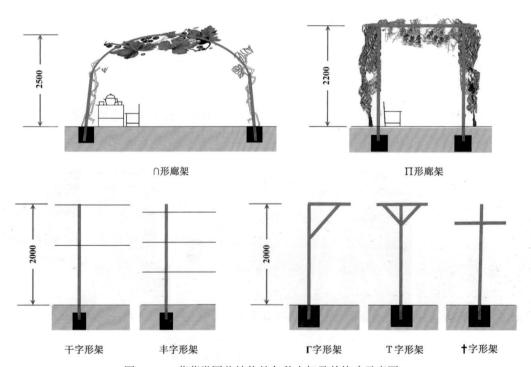

图16-32　藤蔓类园艺植物的各种支架及其构建示意图2

16.3.3 园田隔离围栏

园田隔离围栏的主要作用是防止人或动物有意或无意的践踏破坏,同时增加园田整体的美感。隔离围栏包括园田外围地界隔离、园田内部植物类别区块之间的边界分割以及防止鸟类和昆虫进入的天幕保护系统等。

地界隔离,简易者可用较密的农田防护林来实现其功能,这在大规模的园艺生产区域较为常见;小规模的生产区域也可用竹类及其篱笆作为隔离材料。在投资规模较大的情况下,可沿地界周边砌筑低的矮墙和连接墙(有时以立柱替代),中间以铁丝网或镀塑线材做成的网架进行隔离,如图16-33A所示。

内部隔离往往与道路及水系相结合,可视植物高度及密度而做不同的设置。常用的构筑材料主要有两类:碳化木和塑料类,可按高度设置和以特定形式连接(见图16-33B)。

防护天网式隔离,因其所用覆盖材料为较轻规格的无纺布(10～15 g),因此可在田间行间竖立支撑杆并将覆盖材料顶起,支撑杆近顶端沿植物行间以铁丝相连,覆盖材料的边缘与立杆做一简单固定即可(见图16-33C)。这一方法在果园使用较多,特别是在生态条件较好的地区。

图16-33 园艺场内外的空间隔离方式
A. 边界隔离;B. 种植园内区块隔离;C. 空中隔离
(A1～C分别引自jz58.com、hbzhan.com、detail.youzan.com、m.1688.com、item.id.com、b2b.hc360.com.cn)

16.4 田园清理

16.4.1 田园垃圾种类及其性状

在园艺植物栽培田间,生产过程中会不断产生一定数量的废弃物,亦称田园垃圾(garden waste)。从其特征看,可分为两类:植物残体、废弃资材。

1. 植物残体的来源

植物残体主要包含以下来源:①病枯叶及从植株上自然脱落的部分;②植株调整去除的部分;③产品收获附属物及不合格品;④收获后田间残株等。

2. 植物残体的基本特性

1）产生数量

由于不同植物的产品器官及其经济系数差异较大,加之栽培管理水平的不同,使每个生长周期或自然生长年度内产出的植物残体数量也有着较大差异。通常以干重计,田间每年度的残体量略大于初级产品的量,即每年可产生鲜物残体量约为30～75 t/hm²,有时可能数量更高。

2）物料特性

由于植物残体本身均为有机物,通常自然含水量较高。同时其产生的时间除栽培终了时相对集中外,其他生长期间均会不断产出,这对有机残体的处置又增添了难度。

一些园艺植物如蔬菜、花卉等植物残体往往含水量较高,任其随意堆放和自然发酵时,一方面影响环境整洁,同时也会散发腐败气味,造成一定的环境污染;对于木本类残体除叶片外,其木质部分可经自然干燥后再做处理;而对于病株等已属于有害类物质。因此,在这些具有有机质特征的材料处置上,必须先做好分类,再进行相应对策,如含水量较高、易腐的残体可进行专门的发酵,制作可用于园田使用的肥料;而木质化较高的材料可经粉碎发酵制作栽培基质;对于病害株残体则需进行更为复杂的无害化处理而避免由此发生的生物污染问题。

3）废弃资材及其特性

园田产生的非生物垃圾多为废弃资材,主要有塑料制品和建筑垃圾两大类。前者包括地膜碎片、废旧老化的塑料膜、无纺布、地布、撕裂膜、包装容器等;后者则包括碎玻璃、陶瓷、混凝土块、沙石、木材、金属制品等。这一类废弃物本身在化学上相对稳定,通常并不会对环境化学造成压力,可按照废弃物处置要求进行有效分类和处置。

16.4.2   田园垃圾的处理

1. 清洁生产与资源利用

在整个生产过程中,对于资源的利用及废弃物的处置,国际社会已有共识,而且这些要求都会落实到园艺生产中的整个过程。

2015年9月25日,联合国可持续发展峰会在纽约总部召开,提出了17个可持续发展目标(见图16-34)。可持续发展目标(sustainable development goals)旨在2015—2030年间,以综合方式彻底解决社会、经济和环境三个维度的发展问题,转向可持续发展道路。

对于园艺生产中的资源利用与废弃物处理,需按照3R原则进行。所谓3R原则(the rules of 3R)是指在资源利用和废弃物处理上所采取的减量化(reducing),再利用(reusing)和再循环(recycling)等三种原则的统称。按照其优先顺序为减

图16-34   2015—2030年联合国可持续发展目标
（引自globaleducationmagazine.com）

量、再利用、再循环。

由此可以看出,对园田生产过程中产生的废弃物处置仅是资源利用中的终端环节,而更重要的是从整个生产系统全盘考虑,如图16-35所示。

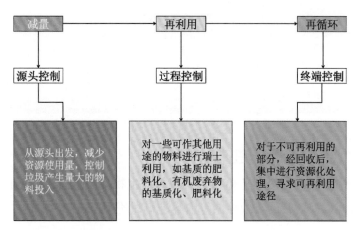

图16-35　园艺生产全过程中资源利用与废弃物处置基本原则

1)废弃物的分类

做好田园垃圾的分类是实现循环农业的基础环节。按照实际需要,至少应将有机和无机垃圾分开,同时在有机垃圾中将病虫害残株作为有害物单独分开。这一工作须形成良好的作业规范,也是体现园艺生产管理水平的一个重要方面。

2)栽培终了时的田园清理

当一个栽培周期结束时,除了直接产品外,田间所产生的一切植株残体须彻底清理,不可有碎渣在未经处理时遗留在田间。有些植物可连根拔出,如拔出有困难的种类,则先将地上部割下,再对根茬进行另外处置。

2. 田园垃圾处置中的几项重点作业

通常,对残留在园田土壤中的根茬,可结合耕作作业,将残根从田间清理出去,如草本植物等;对于木质化较高的植物,如树木的根桩,也可用残根破碎机作专门的粉碎化处理,并结合一定时长的休耕,有时可使用一些微生物如枯草杆菌等制剂,使其碎片在土壤中能够有一定深度的分解。当然对有些树木的根桩进行专门的处理可形成作为园艺上非常有价值的另类产品——根桩(root pile)。

3. 病株处置

田间发病而死亡的植株应随即拔除,并以石硫合剂类进行灌注,同时插牌标记,待栽培终了后再做进一步土壤消毒处理。拔出的病株需单独存放,并集中进行发酵、干燥后焚烧等深度处理。

4. 有机废弃物的生物发酵处理

对未见病害侵染的有机废弃物,可经粉碎后集中堆制发酵处理。有时其物料含水量高而干物质含量较低,可配合其他有机物料进行共发酵,以调整混合发酵时有较为适宜的pH值、C/N等,并可添加一些生物发酵菌剂,以加速发酵进度并控制其分解产物的走向。

第 17 章
园艺生产的有害生物控制

17.1 园田生态系统中的有害生物

在本书前面第 11 章中,我们曾对园艺植物生长相关的生物环境进行过专门论述。本章则是对其有害生物的发生特点、规律,以及对其的有效控制等内容进行讨论。

17.1.1 有害生物的种类

地球上充满了各种生物,它们彼此间竞争食物、阳光与空气来维持其生存。人类为了自己的利益主宰着这种竞争,其控制能力大小依人类文明程度所决定。园艺植物的生长过程也必然要面对来自其他生物与之的关系,园艺一词其本身带有强烈的文化色彩,含有对生物群体竞争和相互作用有强烈的人为干预意味。

我们所关注的与园艺生产相关的生物竞争,主要包含了微生物、食草动物和非目的植物等,其中把对植物生产有损害的生物,称其为有害生物(pest)。控制这些生物竞争对手,称之为植物保护(plant protection)。

1. 有害生物种类

有害生物包括危害植物的各种病原物、有害动物和杂草等。其中,有害动物(predator)是指通过对植物进行取食、践踏或传播病菌等而对植物产生危害的动物种类,包括一些节肢动物门的昆虫、螨类等,同时也包含一些鼠类、鸟类和部分野生动物;病原微生物(pathogenic microbes)则包括真菌、细菌、病毒和类病毒以及线虫等;杂草(weeds)则是指栽培植物以外的其他植物,包括寄生性种子植物和田间杂草等。

2. 有害生物对园艺植物的危害

在植物的生长控制一章中,我们已讨论过植物生长障碍的问题。有害生物是造成植物生长障碍的重要因素。广义地讲,任何对植物生产有害的异常状况均可称其为疾病(disease),我们把由多种生物媒介造成的疾病称之为病理性病害(pathogenic diseases);而把由多种不利因素包括极端的热或冷、土壤肥力、水分有效性和污染、嫁接不亲和、喷洒伤害或其他原因对植物生产造成的紊乱,则称为非病理性病害(nonpathogenic diseases)。

在非病理性病害中,由不同原因所导致植物生理上出现的障碍则称之为生理性病害(physiological diseases),除此而外,一些动物对植物的伤害或杂草的影响最终也会导致植物生长出现紊乱或异常。

而从另一个侧面划分,我们按照造成疾病的原因属性,可分为生物原因和环境原因两大类,而这些生物原因即指有害生物。

有害生物对园艺植物生产造成的危害较大,不但会造成植物生长不良、产量减少、品质降低,有时还会面临绝收的危险,使正常的生产难以为继。有害生物对全球园艺产业造成的损失,保守估计每年至少在300亿美元。

同时由于在植物保护上农药的使用,会引起很多有害生物的抗性增强,使得有害生物控制的难度越来越大(见图17-1)。在国内,2014年监测小菜蛾对阿维菌素、高效氯氰菊酯的抗性倍数均在100倍以上,且对氯虫苯甲酰胺、多杀霉素、溴虫腈、茚虫威处于中等至高水平抗性;烟粉虱对溴氰虫酰胺、螺虫乙酯抗性已发展到中等水平。

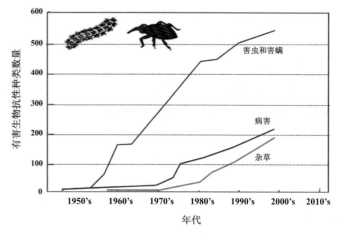

图17-1 不同时期全球已产生抗性有害生物种类变
(引自张帅整理资料)

17.1.2 病原菌引起的病害

植物被害时的特别反应称之为病征(symptom),与病原一起称为症状(symptoms),可用于障碍的诊断。

1. 病原体

植物被病原体侵染,两者间构成营养关系,直到发病状态前称之为感染(infected)。其中,病原体和被害者因侵害而发生了相应的变化,称之为发病(morbidity)。

但是,引起发病的原因可能不是只有一个,通常会存在两个以上原因,而发病几乎都与外因有关,而内因成为病因的情况却非常少。

2. 引起病害的因素

在引起园艺植物病害发生的原因中,以细菌、真菌、病毒和线虫引起的传染性病害所占比例较大,种类多且为害严重。

在这些具有传染性的病害中,如只存在病原体通常还不至于使植物表现出发病,真正决定其是否发病的因素是栽培环境条件、植物对于病害的抗性强弱等要素,如图17-2所示。

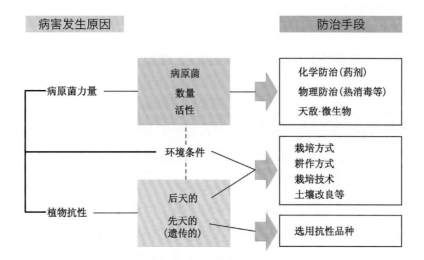

图17-2 基于植物的发病原因所对应的防治思路
(依Kiso Akira)

因此,引起植物发病的要因主要有病原体的数量及其活力、植物的抗性与发病环境。

在栽培植物的周边(空气中或是土壤、水体中)存在病原菌是其发病的前提条件。

3. 植物的抗性

在即使存在病原菌的情况下,植物是否易于发病则取决于植物的抗性。利用抗病品种时,即使存在病原菌,植物也可以不发病或是发病程度较轻。

植物对于病害的抗性分先天和后天两种,先天抗性是由品种的遗传特性所决定的,而后天抗性则因栽培管理水平而异。

4. 与发病环境的关系

1)土壤pH值

不同种类的病原菌所需的适宜土壤pH值有较大差别,如白绢病以6.5～7.5时多发;白纹羽病原以6.5～7.0时发病最为严重;而镰刀菌病则在4.5～6.5时最为活跃。

2)施肥种类与微生物菌群动态

土壤施肥种类及氮素水平,与土传性病原菌的存活及其繁殖有较大关系,通常过量的氮肥下植物的发病较重。

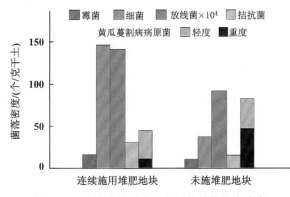

图17-3 土壤有机质水平与园艺植物的发病率
(引自茨城农试)

3)土壤有机质水平

连续施用堆肥时,土壤微生物中细菌总量增加1倍以上,放线菌增加约50%,而发病率降低40%以上(见图17-3)。

4)水旱田轮作

采用水旱轮作时,可使黄瓜蔓割病的发病指数平均每年下降20%以上;线虫则几乎看不到发病,这是其他措施难以达到的效果。

5)温度

在设施栽培条件下,低温多湿时有无加温对田间发病率影响较大,很多在低温高湿下易发的病害经加温后可较大程度地降低其发病率。露地生产时的温度状况对病害的发生影响很大。

6)湿度

很多病害需要在较湿润条件下发病,而黄瓜霜霉病、细菌性斑点病等在相对湿度低于85%时几乎不发病。

17.1.3 有害动物伤害

在有害动物中,危害植物的主要分布在节肢动物和脊椎动物类中。

1. 节肢动物

节肢动物(arthropods)是一个巨大的群体,占了约75%的已知动物种类,其中90%的种属于昆虫纲或六足纲,已知真正的昆虫有70万种。节肢动物可划分为螨类和昆虫两大类,是主要的植物为害者。在幼虫期,它们经常表现得与成虫期有明显的不同,例如毛虫和蝴蝶。节肢动物大多数对植物是有害的。昆虫或螨类危害植物的目的在于它们企图获得食物,它们对植物的直接或间接为害很大,而且常有变化。

昆虫和螨类对植物的破坏,包括咀嚼式昆虫对植株部分或全部的破坏,刺吸式昆虫引起植株的衰弱、传播一些植物病原体如病毒、细菌和真菌,或因腐烂的植株或昆虫的排泄物使植株受到污染。

2. 脊椎动物

在脊椎动物中,鸟类和啮齿动物被认为为害最大。对于许多果实类植物如葡萄、黑莓和樱桃等,鸟类变得非常麻烦,如旅鸫、蓝松鸦、麻雀类、雉鸡等;啮齿动物包括家鼠、野鼠、鼹鼠以及野兔等对于果园为害严重(见图17-4)。

图17-4　危害园艺植物的常见脊椎动物
A. 野鼠;B. 鼹鼠;C. 旅鸫;D. 蓝松鸦;E. 麻雀;F. 雉鸡
(A～D均引自Janick;E、F均引自 image.baibu.com)

17.1.4　杂草危害

农田杂草(farmland weeds)是指生长在农田、危害栽培植物的野生草本植物。大多数的杂草繁殖能力和对不良环境的耐受性极强,因此在田间很难将其根除。杂草在田间以群体优势与栽培植物争夺水分、养分和光照资源,对植物生产有极大的影响,而且除草的成本较高。此外,杂草也是一些病原体及害虫越冬的重要宿主。

17.2　园艺植物病害的正确诊断

正确诊断是做好园艺植物保护工作的基础。植物病害的病原物形体较小,通常用肉眼难以识别,因此需要通过对植物病征进行分析,以达到正确诊断目的。

17.2.1　细菌性病害的病征

1. 细菌性病害的特点

细菌(bacteria,见图17-5)通常在宿主的柔嫩组织细胞隙和导管内进行增殖,起初通过群体效应在组织内生产毒素、酶、植物激素而使其植物细胞和组织产生各种异常。结果使植株表现出因病害种类不同而不同的病征。

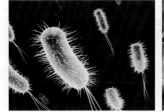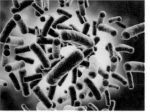

图17-5　细菌形态的扫描电镜图
(引自 learn.foodmate.com)

细菌性病害（bacterial diseases）的病征主要有凋萎、斑点、腐败、畸形、枯死以及在木本植物上发生的增长等，如图17-6所示。

图17-6　不同园艺植物细菌性病害的主要症状

（A～D均引自Kiso Akira）

1）凋萎

由于细菌侵入到维管束使水分通道受阻而出现植物凋萎现象（wilting phenomena）。其通道阻塞所发生的受害远比其他病征要快得多，因此在细菌性凋萎的防治上几乎没有太多的办法。

植物发生凋萎的速度因植物种类而异，以茄果类蔬菜为最快，从初期出现病征到全身凋萎只需几个小时；番茄的溃疡病和马铃薯的环腐病也会出现植株凋萎，但其发生则较为缓慢，多表现出叶片凋萎，只有在沙质土壤上会出现全身凋萎；草莓的青枯病中，植株的导管被阻塞较少，但其维管束组织以及髓部会发生细菌性增殖。

2）斑点

大多数发病情况下，初期表现出水渍状病斑，多在感染后第4～5 d时出现，尤以高湿条件下发生居多。此时，发病植株的细胞间隙内的细菌增殖极为活跃，经常出现白色的细菌黏液并从叶片表面渗出。不久，病斑（scabs）会出现中心部坏死而呈暗褐至白色，并在干燥后呈薄膜状，而且会出现凋萎，这些典型特征在黄瓜细菌性斑点病上均有表现。

从病斑的形状来看，有角斑、近圆形斑、条斑等，可作为植物特有的病征而用于诊断，如黄瓜的细菌性缘枯病、甘蓝的黑腐病开始时均呈V字形病斑，后扩大成大型病斑并沿叶缘继续发展（见图17-7）。

图17-7　甘蓝黑腐病的V形病斑（A、B）和黄瓜细菌性斑点病（叶内型、叶缘型及其果实，C～E）症状

（A～E均引自Kiso Akira）

3）腐败

最初在十字花科蔬菜上出现的软腐病（soft rot）是植物细菌性腐败的代表。这种腐败表现为组织软化而崩溃的特征。植株的导管对软腐病菌在组织内的扩散起着重要作用，最初侵入时只是在导管的垂直方向扩展，不久便会使导管破坏，细菌使周围的分生组织软化，并渗透到最近的导管上下扩散，使植株茎的髓部软化而继续扩散，但其速度较沿导管扩散要缓慢得多。软腐病的发生是细菌产生纤维蛋白溶解酶所致。

腐败病多由假单胞菌属（*Pseudomonas*）、黄色单胞菌属（*Xanthomonas*）、芽孢杆菌属（*Bacillus*）引起。假单菌属引起的腐败较欧氏杆菌属（*Erwinia*）更易在低温下发生，因此晚秋到早春的腐败多由假单胞菌属病原菌引起。常见植物的腐败病症状如图17-8所示。

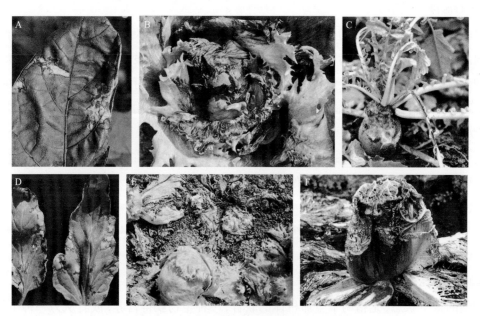

图17-8　常见园艺植物的软腐病及其症状
A～D,F分别为茄子、莴苣、萝卜、茼蒿、结球白菜软腐病；E为结球莴苣腐败病
（A～F均引自 Kiso Akira）

4）畸形

蔬菜上出现的情况较少。菜豆的细菌性晕疫病（bean bacterial halo-blight），在新叶上形成病斑，其后形成不均衡生长发生显著畸形（deformity）。特别在叶脉部分形成病斑时，这种倾向更为明显（见图17-9）。番茄的溃疡病也会有畸形发生。

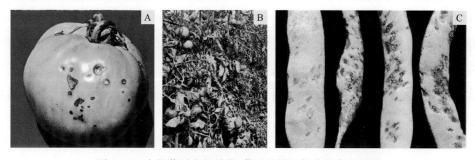

图17-9　由细菌引发的番茄、菜豆植株及部分器官的畸形
A.番茄果实；B.番茄植株；C.菜豆果实
（A～C均引自 Kiso Akira）

2. 细菌性病害的发病与环境条件

细菌性病害具有高度传染性，其发生与植物及病原体所处环境条件有密切关系。通常情况下，环境中存在病原体，但条件不适时并不能引起植物的发病。

1）温度

细菌增殖的温度界限因其种类而有较大差异，其最适发育温度在25～30 ℃间，但大多数细菌性病害多在比此温度低的春秋季发病，这与其间降水量较多有直接关系，而这一时期的温度也能使病原菌活泼而增殖。

2）湿度

细菌的传播主要依靠降水，因此高湿环境对细菌性病害侵染植物最为有利。但植物受感染后的病斑扩展，则与相对湿度关系不大。

土壤湿度对于细菌在土壤中的分散、土壤微生物的活动、根部感染过程、植物–病原菌间相互作用等有较大影响。如结球白菜的软腐病菌在进入结球期前后由地表的细根侵入，在地下水位较高、湿润的土壤中会很快增殖，下部叶片一旦接触到这些细菌便会使发病增加；对番茄青枯病分别在100%、80%和40%的相对湿度下进行比较，发现湿度越高其发病越快且越为严重，因此通常可以见到雨后多发青枯病。

3）风力

风力较大的时候，会造成植物地上部和根系的机械损伤。这些伤口在未愈合前，一旦遭受含有细菌的降水或灌溉水，则会使伤口成为细菌侵染的入口。

4）光照

光照充足时雨天就会减少，细菌性病害的发病必然减轻；相反，光照不足时，植物光合作用下降，使植株成为易感病体质。

3. 侵染过程

病原细菌的寄生状态，是指两个生命机体的联合，一种生物获得营养，或者从另一种生物寄主上受益，则称之为寄生者（parasitism）。寄生者与病原物并非同义词，病原物对于寄主来说在生命周期的某一时期是有害的，而寄生并非都有害。

有些病原物需要有一个特定寄主植物而得以发展，称之为纯寄生；有些病原物的寄主范围非常广，也可能很小，甚至只能局限于一个单独种内的基因型。

园艺植物被细菌性病原物侵染的过程主要有以下几种方式。

1）伤口侵染

植物的各个器官在生长过程中都极易产生大小不同的伤口，如昆虫的食痕、强风引起的叶片裂伤、植株调整产生的伤口、农机具对植物产生的伤口，均可成为细菌侵染的入口。

而且即使肉眼不可见的伤口，也可能成为细菌侵染入口，根部伤口肉眼难以识别，因此对细菌侵入根部往往不够重视，而线虫、昆虫、地上部的震动所引起的细根切断，以及伴随着因侧根发育产生的茎干部龟裂等，都会成为土传性细菌侵入的门户，如十字花科的黑腐病、茄果类的青枯病、草莓青枯病和多种植物的软腐病等。

同时，伤口在发生后也并不一定会产生感染，而抗性的获得则与伤口周围细胞的生理变化有重要关系。

2）自然开口部侵染

健全植物组织中的气孔、水孔、皮孔、蜜腺、茸毛等自然开口均可成为细菌侵入的通道。

（1）气孔。

植物的气孔数量巨大，对引起斑点病的细菌来说是最为常见的侵染入口（见图17-10）。细菌侵入后先在气孔下腔内增殖，逐渐向细胞间隙扩展，如黄瓜的细菌性斑点病，番茄、辣椒的细菌性斑点病，瓜类细菌性褐斑病，十字花科的黑腐病，多种蔬菜的软腐病等，如图17-11所示。

在高湿条件下，叶片某些部位呈水附着状时发病更为剧烈，这是由于气孔与细胞间隙的水分联通而产生的。

图17-10 细菌侵入植物气孔时的扫描电镜图
（引自Janick）

  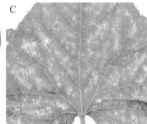 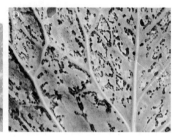

图17-11 常见由气孔侵入的园艺植物细菌性病害症状
A～D.南瓜褐斑病、辣椒斑点病、黄瓜细菌性斑点病、甘蓝黑腐病
（A～D均引自Kiso Akira）

（2）水孔。

水孔是导管在叶的末端对外界开放的器官部位，在导管末端与水孔间有一层薄壁组织所覆盖，在大气相对湿度较高的早晨或雨天时，植株会将体内剩余的导管水从水孔排出，成为细菌感染的最佳条件。其发病后的扩展沿叶脉推进（见图17-12）。

图17-12 园艺植物从水孔侵入的细菌性病害症状
（A～G均引自Kiso Akira）

（3）皮孔。

以皮孔感染的类别如马铃薯的黑脚病和软腐病、疮痂病等。皮孔作为植物在茎上气孔二次发育而形成的永久组织而成为气体通道，由具有不规则分裂细胞壁的幼嫩组织组成，细胞间隙较多，利于气体交换。

图17-13　由茸毛侵入引起的番茄凋萎病
（A、B均引自 Kiso Akira）

（4）茸毛。

如番茄凋萎病多以茸毛为侵染入口，虽然不是必要条件，但茸毛在提高感染率上具有重要作用，特别是在番茄果实上由于缺乏气孔，茸毛便成为唯一的侵染入口（见图17-13）。

4. 病原细菌的越冬

在特定的越冬场所，会成为细菌次年的第一感染源。越冬场所主要有患病植物组织、土壤、杂草、农业资材等，如黄瓜细菌性斑点病菌一旦侵入果实，会在其种子内存活9个月以上，发芽时侵染子叶，形成种子传染；而且黄瓜植株受害的茎叶中的细菌残留于土壤中，一直可生存到下一茬植物生长时，于是形成了土壤传染源。

1）种子越冬

病原不仅可以在种子的外侧，也可以在其内部生存而越冬。

2）土壤越冬

十字花科的黑腐病菌具有很强的腐生能力，可在土壤中长时间存活；茄科植物的青枯病菌能够长期耐受不良环境而在土壤中生存。

3）受害茎叶越冬

以园田垃圾形式在堆放处越冬并可进行传播。细菌可以在干燥条件下长期生存。

4）杂草越冬

很多细菌性病害可以寄生在杂草上越冬。

17.2.2　细菌性病害的诊断

1. 细菌性病害诊断方法

1）显微镜检查

切取一小块新鲜的被害组织，将其置于载物片上滴水数滴后，于100～400倍下镜检。如存在细菌病原侵染，则会在水浸出液中观察到细菌，特别是导管受侵染时，大量细菌会沿导管喷出。软腐病、青枯病、细菌性斑点病、褐斑病等用此方法很容易检出。

2）肉眼诊断

青枯病为导管病害，可见导管内部被细菌充满，若将此切断浸于水中，过不久即会看到清水变得白浊。溃疡病和软腐病也会有逸出，而用肉眼法对此进行准确判别较为困难。

3）依据标志性病征的诊断

当患病植株的细胞间隙或导管内充满细菌时，有时会在其皮孔、水孔等自然开口部有黏的菌液逸出，肉眼可观察到，有些经干燥后会变成白色粉末。

2. 细菌病原鉴定

依据细菌的各种信息对其进行归纳、整理和甄别的方法称之为分类（classification）。当某种细菌被分离出来后，按照分类体系进行检索，可对之前已有记载的细菌正确确认，这一方法称为鉴定（identification）。

1）分离

常将待测材料切碎后在70%酒精溶液中浸蘸数秒，用1% NaClO溶液再浸2～5 min后，用无菌水清洗干净，研磨后并用无菌水稀释10～50倍。取稀释液少量注入在50 ℃下保存的10 mL培养基中，在培养皿中将其混合，并在20～25 ℃下保存。待细菌菌落出现后，移植到斜面培养基上进行分离。

2）主要属的检索法

经分离后的菌液可按照下列方法进行检测。病原性试验，通常以与患病植物同种类的植株，利用针刺法或喷雾法接种，在温室内经2～5 d后确认其是否发病。然后即可进行细菌属的鉴定工作，如图17-14所示。

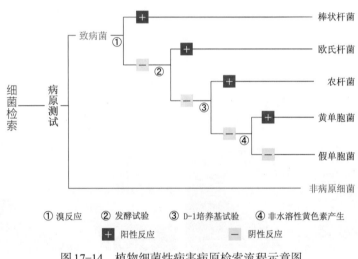

图17-14　植物细菌性病害病原检索流程示意图
（引自 Kiso Akira）

（1）溴反应。用肉汁琼脂培养基做20～48 h斜面培养，用白金勺取出1～2勺，取3%KOH溶液1滴与其混合，观察其是否变黏，用白金勺可拔出细丝者，即为阴性。

（2）发酵测试。蛋白胨2 g、NaCl 5 g、KH₂PO4 0.3 g、葡萄糖10 g、琼脂3 g、0.03% BTB（溴麝香草酚蓝，bromothymol blue）溶解于1 L水中，调整pH值至7.1，干热灭菌后分注于三角瓶内，深度1～2 cm，高压灭菌。以此作为待检细菌进行穿刺培养3～5 d后，培养基变黄色者为阳性（＋），不变色者为阴性（－）。

（3）D-1培养基。甘露醇15 g、NaNO₃ 5 g、LiCl 6 g、Ca（NO₃）₂·4H₂O 0.02 g、MgSO₄·7H₂O 0.02 g、BTB 0.1 g、琼脂15 g，加入1 L水中，调整pH值至7.8，其培养基呈深蓝色。当被检细菌用白金勺与之轻轻摩擦时，若产生新的群落则为阳性。

（4）通常以肉汁琼脂培养基做斜面培养，3～5 d后菌苔呈色而培养基不着色者为阳性。

3）分子检测法

提取菌液做PCR检测，得到细菌的16s rDNA，然后通过基因测序手段得到16s rDNA序列，通过与美国国家生物技术信息中心（National Center for Biotechnology Information, NCBI）数据库比对序列查找相似菌株，再建立系统进化树，从而得出其种属关系。

17.2.3 真菌性病害的病征

1. 真菌病害的特征

真菌（fungi）引起的植物病害种类繁多，其中约80%为丝状菌（filamentous fungus）。

图17-15 真菌在植物上的寄生
（引自Janick）

真菌病原菌，对植物来说为绝对寄生菌。所谓绝对寄生菌（obligate parasite），是指只能依靠寄生于活的生物体获取营养而生存的真菌类别，如锈病菌、白粉病、霜霉病等（见图17-15）；兼性寄生菌（facultative parasite），是指以腐生为主要营养方式，同时也可寄生的真菌种类。

有些真菌的菌丝或孢子会发生细胞膨大变圆、原生质浓缩、细胞壁加厚，从而形成所谓的厚垣孢子（chlamydospore），它可以耐受不良环境而存活，可在低温下越冬。一旦条件适宜时，随时可萌发成菌丝。当很多菌丝聚集在一起时，会组成真菌的营养体，即菌丝体（mycelium）。

植物病害真菌有三大类：藻菌类、子囊菌类和担子菌类。

藻菌类（phycomycets）为原始真菌，其特性为菌丝无隔膜。已知园艺植物中由藻菌导致的疾病如葡萄的霉菌病、种苗立枯病和马铃薯的晚疫病等，如图17-16所示。

图17-16 藻菌类病原在不同植物上的发病病征
A. 葡萄霜霉病；B. 马铃薯晚疫病
（A、B均引自Janck）

子囊菌类（ascomycetes）造成植物病害种类最多，其特性为具有特殊子囊，子囊中含有性孢子。感染子囊菌的病害如苹果疮痂病、桃褐腐病、玫瑰黑斑病等，如图17-17所示。

图17-17 子囊菌病原在不同植物上的发病病征
A. 苹果疮痂病；B. 桃褐腐病；C. 玫瑰黑腐病
（A～C均引自Janick）

担子菌类（basidiomycetes）为高等真菌，所产生的特化有性孢子发生结构称之为担子体（basidium）。

由担子菌引起的植物病害大多为毁灭性病害，它们通常在寄主植物上产生黑色或红色的有色孢子，如洋葱、玉米黑穗病、石刁柏锈病等，如图17-18所示。

图17-18　担子菌类病原在不同植物上的发病病征
A.洋葱黑穗病；B.石刁柏锈病
（A、B均引自Janick）

2. 真菌病害的病征

真菌病害的标志性病征因植物种类、器官、感染时期、环境条件和病原体种类而不同，所出现的主要病征有以下几类情况。

1）变色

是指植物感病后，植株虽然存活，但其本来的颜色会变成褐色或黄色的现象，如番茄黄萎病、洋葱黄萎病和莴苣的黄萎病等，如图17-19所示。

2）凋萎

病菌侵入植物的根、茎、叶等的输导组织，使植株发生局部的或全身的凋萎，进一步发展为枯死。如番茄的凋萎病、茄子的半身凋萎病、瓜类的蔓割病、瓜类的蔓枯病、草莓的根腐凋萎病、炭疽病和疫病等，如图17-20所示。

图17-19　真菌病原引起的植物变色症状
（A～C均引自Kiso Akira）

图17-20　真菌病原引起的植物凋萎病征
A.草莓根腐病；B.番茄黄萎病；C.瓜类蔓割病；D.番茄凋萎病
（A～D均引自Kiso Akira）

3）枯死

是指植株整体或部分出现枯萎而死亡的现象。而且很多真菌病害无论初期出现何种病征，其最后均会发生枯死，如种苗立枯病、姜根茎腐败病、瓜类蔓割病、辣椒疫病和番茄疫病，如图17-21所示。

图17-21 真菌病原引起的植物枯死病征
A. 黄瓜蔓割病；B. 苗立枯病；C. 番茄疫病
（A～C均引自Kiso Akira）

4）腐败

真菌侵入植物组织内部会引起组织或植株整体崩溃腐烂的现象。如莴苣菌核病、草莓疫病、甘蓝菌核病、黄瓜炭疽病、洋葱干腐病、莴苣灰霉病、南瓜腐败病、番茄菌核病、番茄灰霉病等，如图17-22所示。

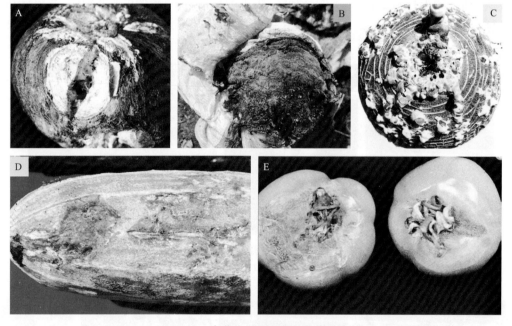

图17-22 真菌病原引起的植物腐败病征
A. 南瓜腐败病；B. 莴苣灰霉病；C. 番茄菌核病；D. 黄瓜炭疽病；E. 番茄灰霉病
（A～E均引自Kiso Akira）

5）斑纹

植物组织部分被破坏而死亡，从其外观上即表现出斑纹状，如黄瓜霜霉病、茼蒿霜霉病、大葱霜霉病、豌豆褐斑病、黄瓜褐斑病、黄瓜炭疽病、白菜白斑病、芥菜白霉病等，如图17-23所示。

6）肿大

真菌侵入会引起植物组织异常肥大或增生，如十字花科根肿病等，如图17-24所示。

图 17-23　真菌病原引起的植物斑点病征
A. 茼蒿霜霉病；B. 黄瓜炭疽病；C. 黄瓜霜霉病；D. 白菜白斑病；E. 黄瓜褐斑病；F. 菜豆褐斑病；G、H. 大葱霜霉病；I. 芥菜白斑病
（A～I 均引自 Kiso Akira）

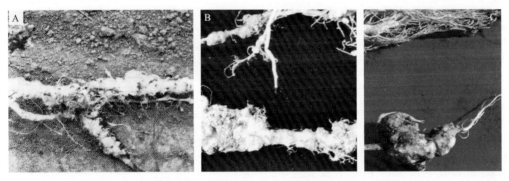

图 17-24　真菌病原引起植物的肿大病征
（A～C 均引自 Kiso Akira）

3. 主要真菌病害的病原

常见真菌病害的病原如表17-1所示。

表 17-1　主要园艺植物真菌病害及其病原

病 害 名 称	病　原
番茄（茄子）疫病 番茄灰色疫病 茄子褐腐病 辣椒疫病	*Pseudoperonospora cubensis*
黄瓜（丝瓜、越瓜、瓠瓜）灰色疫病 西瓜褐腐病 南瓜疫病	*P. capsici*
黄瓜（丝瓜、甜瓜、越瓜、大葱）疫病 西瓜疫病 洋葱（大葱、薤、韭菜、分葱、胡萝卜）白色疫病 芋疫病 草莓疫病 草莓根腐病	*P. melonis*；*P. nicotianae* var. *parasitica* *P. drechsleri* *P. porri* *P. colocasiae* *P. caeterum*；*P. nicitianae* var. *parasitica* *P. fragariae*

（续表）

病　害　名　称	病　　原
黄瓜（越瓜、西瓜、南瓜、丝瓜、瓠瓜、冬瓜、苦瓜）霜霉病	*Phytophthora infetans*
白菜（萝卜、甘蓝、芜菁等十字花科蔬菜）霉霉病	*Peronospora brasicae*
洋葱（大葱、分葱）霜霉病	*P. destructor*
菠菜霜霉病	*P. spinaciae*
甜菜霜霉病	*P. schachii*
山俞菜霜霉病	*P. alliarae-wasabiae*
莴苣霜霉病	*Bremia lactucae*
芹菜霜霉病	*Plasmopara nivea*
番茄（茄子、萝卜）白粉病	*Erysiphe cichoracearum*
白菜（萝卜、甘蓝、芜菁、芥菜等十字花科蔬菜）白粉病	*E. polygoni*
胡萝卜（大葱、分葱）霜霉病	*E. heraclei*
黄瓜（茄子、甜瓜、越瓜、西瓜、南瓜、冬瓜、牛蒡）白粉病	*Sphaerothera fuliginea*
草莓白粉病	*S. humuli*
辣椒（番茄、茄子、黄瓜、黄秋葵）白粉病	*Leveitlula taurica*
番茄炭疽病	*Colletotrichum phomoides*
西瓜（黄瓜、越瓜、丝瓜、瓠瓜、苦瓜）炭疽病	*C. lagenarium*
萝卜（白菜、分葱）炭疽病	*C. higginsianum*
石刁柏（茄子、芜菁等十字花科植物）炭疽病	*C.* sp.
菠菜炭疽病	*C. spinaciae*
牛蒡炭疽病	*C. lappae*
草莓炭疽病	*C. fragariae*
洋葱炭疽病	*C. circinans*；*Physalospora*
茄子炭疽病	*Gloeosporium melongenae*
辣椒炭疽病	*Glomerella cingulata*；*G. nelumbii*
黄瓜（番茄、茄子、辣椒、西瓜、萝卜、白菜、甘蓝、芜菁等十字花科植物、洋葱、芹菜、慈姑、草莓）菌核病	*Scierotinia sclerotiorum*
胡萝卜菌核病	*S. sclerotirum*；*S. intermedia*
大葱（洋葱、薤、大蒜）锈病	*Puccinia allii*
芹菜锈病	*P. oenathes-stoloniferae*
紫苏锈病	*Coleosporium plectranthi*
草莓（番茄、茄子、辣椒、黄瓜、南瓜、石刁柏、莴苣、莲）灰霉病	*Botrytis cinerea*
洋葱锈病	*B. allii*
韭菜锈病	*B. cinerea*；*B. byssoidea*；*B. squamosa*
番茄叶霉病	*Cladosporium fulvum*
黄瓜黑星病	*C. cucumerinum*
芋污斑病	*C. colocasiae*
番茄轮纹病	*Alternaria solani*
番茄黑斑病	*A. tomato*
黄瓜黑斑病	*A. cucumerina*
萝卜黑斑病	*A. brassicae*
甘蓝煤霉病	*A. brassicicola*
洋葱黑斑病	*A. porri*
胡萝卜黑斑病	*A. radicina*
菠菜灰斑病	*A. spinaciae*
莲褐纹病	*A. nelumbii*
草莓黑斑病	*A. alternata*

（续表）

病 害 名 称	病 原
番茄斑点病	*Stemphylium lycopersici; S. solani*
辣椒黑霉病	*S. botryosum*
莴苣灰斑病	*S. botryosum* sp. *lactucum*
芹菜茎枯病	*S.* sp.
番茄煤霉病	*Cercospora fuligena*
茄子褐星病	*C. solani-melongenae*
辣椒斑点病	*C. capisici*
黄瓜斑点病	*C. citrullina*
石刁柏褐斑病	*C. asparagi*
牛蒡角斑病	*C. arcti-ambrosiar*
白菜白斑病	*Cercosporella bras*
茄子煤霉病	*Mycovellosiella nattrassii*

注：内容依 Kiso Akira。

4. 线虫及其引发的病害

1）线虫及其危害

许多种类的线虫（nematode）可寄生在植物和动物上，包括人类。其中大多数自由生活在土壤中，而且成为一个大的土壤动物群。

尽管其大小差异极大，最小的小到不足以引起人们注意，但线虫导致植物疾病的重要性日益明显（见图17-25A）。大多数的线虫危害植物是通过土壤传染病原菌实现的，通常危害植株的根。它们能为害根的表面，或者部分或全部侵入根系组织内。有些线虫种类，也可危害植物地上部分。

有些线虫则非常专一，只危害几种植物种类，而大多数的线虫却有一个较宽的寄主范围。

2）线虫危害的症状

一些线虫属于根瘤线虫属，它们使根系产生根瘤，称为根结线虫（meloidogyne），以此易识别的症状可以用来鉴定线虫危害，并且作为检查种苗质量的标准（见图17-25B）。

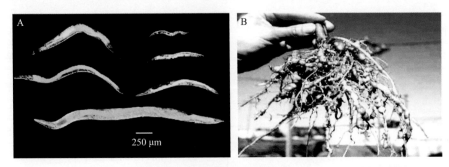

图17-25　线虫及其对植物根系的危害
A. 线虫形态；B. 植物根结线虫症状
（A、B均引自Janick）

其他植物寄生线虫，如根腐线虫属（草地线虫）则不产生根瘤。对根的损伤和地上部症状类似于其他的根腐病。

5. 病原真菌与环境条件

1）温度

大多数真菌的生长适温为20～30 ℃，但其生育和发病的温度并不一致。发芽温度作为病原菌侵入条件之一是非常重要的。

2）水分

霜霉病、疫病病原的游动孢子、分生孢子等在其发芽等过程中，水分为其必要条件，如洋葱霜霉病病原菌必须在90%以上的相对湿度时才能形成分子孢子；而白粉病病原菌的分子孢子一旦进入水中即不发芽，且发芽所需湿度也较低。

3）光照

通常情况下病原菌的孢子形成需要光照，特别是紫外线成为诱发孢子形成的重要因素。其中丝状菌如灰霉病病原菌、黑斑病病原菌，诱导其孢子形成的波长为231 nm和283 nm，这一点可用于紫外滤光膜的开发中。在具紫外滤光膜的设施中，灰霉病病原菌、黑斑病病原菌和斑点病病原菌的分生孢子形成会受阻。

4）化学物质

大多数的菌丝，其最适pH值为偏酸性，如十字花科根肿病、根腐病在酸性土壤中多发；而半身萎病、疮痂病则在微碱性条件下多发。

营养条件对真菌病原的子实体和孢子形成也有着较大关系，六碳糖、NO_3^-—N、NH_4^+—N以及有机氮均可被真菌利用。如前述在紫外滤光膜下栽培的黄瓜其可溶性糖积累会增加，但也会使其霜霉病高发。

6. 真菌病害的传染途径

1）种子传染性病害

如常见的蔓割病、斑点病、立枯病等均为种子传染性病害。

2）土壤传染性病害

（1）病菌的繁殖及其存活能力。

常见土壤传染性（简称土传性）病害的繁殖特性及其存活能力如表17-2所示。

表 17-2　主要土传性病害病原真菌的繁殖器官及其耐久性

病原菌	繁殖器官	耐久性	
		器官名称	可存活时间
十字花科根肿病病原菌	原生质体	休眠孢子	5～6年（<10年）
腐霉菌	游动孢子囊、菌丝	游动孢子囊	2～3年（<12年）
丝囊霉属	游动孢子囊、菌丝	游动孢子囊	2～3年（<12年）
疫病菌	游动孢子囊、菌丝	卵孢子、厚垣孢子	2～3年
白绢病菌	担孢子、菌丝	菌核	1月～5年
紫纹羽病菌	担孢子、菌丝	菌核、厚膜化细胞	2～3年
短杆霉菌	分生孢子、菌丝	菌核	12年
镰刀菌	分生孢子、菌丝	厚膜孢子	4～5年（<11年）

注：引自Kiso Akira。

（2）土传性病害发生原因。

一方面，这类病害的发生与其土壤理化性质、地形、气候、施肥管理等有关，同时也与其病原真菌密度、活性、植物抗性等条件有关。

土传性病害发生的原因主要有土壤中病原真菌密度高、线虫异常发生、植物所需的养分平衡被打破、土壤通气性和透水性较差引起根部腐烂、土壤微生物平衡遭到破坏、根分泌物自毒等。

3）空气传染性病害

与种子和土壤传播的真菌病害相比,以空气作为传播介质的病菌在使用农药时,其防治效果会有所提升,但也必须与农业防治方式很好地结合。

空气传播的真菌病害种类,包含由寄主地上部叶、茎、花、果实等器官上所出现的斑点、斑纹、角斑、轮纹等病害,以及在花、果实等器官上侵入的大部分病害,主要有炭疽病、斑点病、轮纹病、霜霉病、白粉病、疫病、锈病、蔓枯病、黑枯病、黑叶枯病、黑斑病、褐斑病、茎枯病、灰霉病、菌核病等种类。

17.2.4 真菌病害的诊断依据

1. 紫纹羽病

患病植株的根系被红紫色或紫褐色的丝状或膜状的菌丝覆盖,表皮腐朽,且沿地表土壤可见紫褐色网纱状物。如甘薯、马铃薯、萝卜、牛蒡、胡萝卜、魔芋、姜等易发。

2. 白绢病

白绢病由担子菌引起。病原菌由茎与地面相接处向筛管部侵入,常造成生长不良,常出现茎叶黄化、下位叶凋萎后枯死等症状。在接地部分早期可见有白色绢状菌丝,发病植株枯死时其菌丝上会出现灰色至茶褐色粒状菌核(sclerotia)。白绢病在温暖地区发生较多,进入梅雨季后至八月间高发,可使除禾本科以外的大多数植物发病,尤以魔芋、款冬、瓜类和茄果类等植物发生较为严重。

3. 线虫病

患病植株表现为生育不良,叶片小型化,逐渐出现叶片的黄化,遇天旱时开始凋萎最后枯死;在植物根部,可见大小各异、形态不定的灰白色至乳白色根瘤,后腐朽成褐色。

线虫在除冬季以外其他季节多发,且在沙质土壤和温暖地区多发。除禾本科外大多数植物均可为线虫为害,如胡萝卜、牛蒡、马铃薯、甘薯、茄子、黄瓜、甜瓜、西瓜、番茄等。

4. 菌核病

该病由子囊菌类引起,常表现为慢性型立枯症状,发病部位会产生淡褐色湿润状变色,不久围绕此部分中心处变为白色,并产生白色棉毛状菌丝块,侵入导管出现立枯或茎枯症状,之后在菌丝块中即会出现黑色的鼠粪状的菌核,如茄子、番茄、辣椒、豆类、瓜类等(见图17-26)。

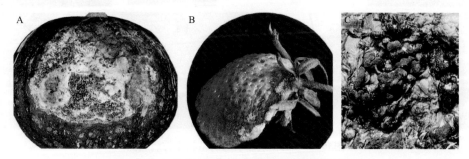

图17-26 真菌病原引起的植物斑点和肿大病征
A. 苗立枯病;B. 黄瓜蔓割病;C. 番茄疫病
(A～C均引自 Kiso Akira)

5. 苗立枯病

患病植株的叶片先出现带湿润状的暗褐色变色,茎呈被热水烫过的暗绿色,随后软化腐烂。

在早春多雨季节的苗床,苗立枯病会集中暴发,如菜豆、豌豆、黄瓜、茄子、西瓜、萝卜、芜菁、白菜等。

6. 疫病

患病植株的叶片出现苍绿色或花褐色的大型斑纹,其后叶背面有白霜状霉斑出现。果实和地下茎发病的情况下,会引起湿润的腐败症状,其表面也会出现白霜状霉斑,甚至被棉毛状的长菌丝所覆盖。这些菌丝至发病后期也不会发生变色,如图17-27所示。

疫病在相对低温多湿、光照不足条件下多发,可侵染除禾本科以外的其他植物,发生较为普遍。

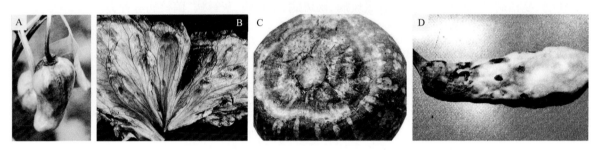

图17-27   真菌病原引起的植物疫病病征
A. 辣椒;B. 莴苣;C. 南瓜;D. 茄子
(A~D均引自Kiso Akira)

7. 霜霉病

患病植株的叶片上出现由叶脉分割的多角形或不明显多角形、黄色或黄褐色小斑点,且发生于叶肉的一面(叶表或叶背),并伴有白粉状或霜状霉斑。其后,叶片全面变黄,出现先期落叶。

在高温多湿下霜霉病发病较重,在叶根类、瓜类上发生较多,如黄瓜、南瓜、甜瓜、菠菜、茼蒿、白菜、甘蓝、萝卜、芜菁等,如图17-28所示。

病菌的担子梗较长,呈白霜状霉斑为其典型特征。

图17-28   真菌病原引起的植物霜霉病病征
A、B、E. 南瓜;C、F. 黄瓜;C. 番茄;G. 辣椒;H. 西瓜
(A~H均引自Kiso Akira)

8. 锈病

锈病在初夏至盛夏多发,最初,在叶或茎的表皮出现淡黄色、黄色、黄褐色、红褐色、锈色圆形或椭圆形肿起状斑点,其后表皮破裂,飞散出不同颜色的粉末,如图17-29所示。

图17-29　真菌病原引起的植物锈病病征
A. 蚕豆；B. 苹果；C. 大蒜
（A～C均引自Kiso Akira）

9. 白粉病

患病植株在茎叶等部位上最初长出具有闪光的白色乃至灰白色的绢丝状斑点，并由固定斑点散布后变为粉末状的分生孢子，其后扩大成病斑遍布全叶，最后其颜色变为灰色或浅灰色，并在孢子上面可见黑色小点（囊壳，见图17-30）。

图17-30　真菌病原引起的植物白粉病病征
A. 草莓；B. 胡萝卜；C. 黄瓜；D. 柑橘；E. 茄子
（A～E均引自Kiso Akira）

白粉病在光照不足、通风不良、高温多湿条件下多发，其白色绢丝状物为菌丝，白色粉末为分生孢子，均可作为繁殖源，在其病斑的黑点上存有子囊孢子，将成为下一茬口的第一传染源。

不同真菌病原在苹果果实上的发病表现如图17-31所示。

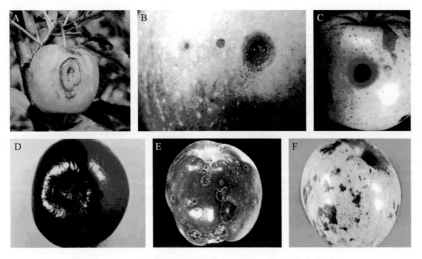

图17-31　不同真菌病原在苹果果实上的发病病征表现
A. 锈病；B. 炭疽病；C. 白腐病；D. 黑腐病；E. 疮痂病；F. 煤斑病
（A～F均引自Janick）

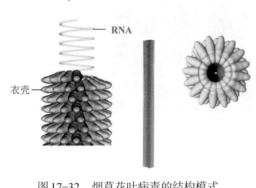

图17-32　烟草花叶病毒的结构模式
（引自 haokan.baidu.com）

17.2.5　病毒病症状

1. 植物病毒及其受害植物

病毒（virus），是一种小而具有传染性的粒子，它以蛋白外鞘包围着一个核酸内核，其大小只能在电子显微镜下才可看到。

粒子可能是严格的长棒状或短棒状、弯曲的线状或其他特别形状（见图17-32）。病毒是有"责任"的寄生者，它们只在寄主的活细胞中繁殖，它们具备离开有机物而保留繁殖的能力。有些病毒在萃取的植物汁液中也能存活数月。

病毒引起的植物病害种类主要有黄萎病、萎缩病、黄萎簇生病、支原体病等，其病原体及危害对象如表17-3所示。

表17-3　主要植物病毒病的病原体及危害对象

病原菌	危害对象（植物）
黄瓜花叶病毒（CMV）	黄瓜、甜瓜、南瓜、丝瓜、番茄、茄子、辣椒、菜豆、豌豆、萝卜、白菜、甘蓝、花椰菜、芜菁、莴苣、芹菜、茼蒿、菠菜
黄瓜绿斑花叶病毒	黄瓜、西瓜、南瓜、花椰菜、甜瓜、丝瓜
南瓜花叶病毒	黄瓜、越瓜、甜瓜、南瓜、西瓜
烟草花叶病（TMV）	番茄、辣椒
马铃薯病毒（PVX）	番茄、辣椒
草莓病毒	草莓
菜豆花叶病毒	菜豆、大豆
菜豆黄斑花叶病毒	豌豆、蚕豆、菜豆、大豆
豌豆萎缩花叶病毒	豌豆、蚕豆
蚕豆坏疽病毒	蚕豆
豇豆花叶病毒	豇豆、小豆
芜菁花叶病毒（TuMV）	萝卜、芜菁、白菜、甘蓝、茼蒿、菠菜
花椰菜花叶病毒	甘蓝、花椰菜、萝卜、白菜
洋葱花叶病毒	洋葱、大葱
牛蒡花叶病毒	牛蒡
莴苣花叶病毒	莴苣
甜菜花叶病毒	菠菜、甜菜

注：引自 Kiso Akira。

2. 病毒的生态特性

防治病毒病，有必要充分了解病毒的生活习性，即寄主要求、病原种类、病名、病征及传染途径等内容。主要植物病毒的生态特性如表17-4所示。

表 17-4　主要植物病毒的生态特性

寄　主	病　名	病原病毒	病　征	传染方式
番茄	花叶病	TMV CMV PVX	叶片上出现黄色至淡黄色花叶、畸形、细叶症状,植株萎缩	种子、土壤、汁液（TMV）,蚜虫（CMV）,蚜虫（PVX）
	卷叶病	Potato leaf-roll virus	叶片卷起	
	黄化坏疽病	Tomato spotted wilt virus（TSWV）	叶片有褐色疱斑,茎、叶柄上有疱状条纹,果实上有褐色疱斑	
	黄化萎缩病	Tobacco yellow leaf curl virus		
	条斑病	CMV, TMV, PVX	果实上有疱状斑点或条斑,茎叶上有疱状条斑	种子、土壤、汁液（TMV、PVX）蚜虫（CMV）
茄子	坏疽斑点病	Broad bean wilt virus（BBWV）	叶脉间上部突起,呈皱缩状,有疱性斑点	蚜虫
	花叶病	CMV, TMV	同番茄	
辣椒	花叶病	CMV, TMV, PVX, YMV-P	轻度花叶,叶小型化,萎缩、畸形,落叶、矮化,茎和叶柄上有疱斑	同番茄花叶病
	病毒病	Tomato spotted wilt virus	同番茄黄化坏疽病	
黄瓜	花叶病	CMV Watermelon mosaic virus（WMV）	叶脉间形成大片黄化,叶脉带绿,果实有肿块	
	绿斑花叶病	Cucumber green mottle mosaic virus（CGMMV）	叶片上有黄色星状斑,叶脉带绿,果实有严重肿块	种子、土壤、汁液
	黄化病	Cucumber yellow mosaic virus	叶脉间黄化,叶缘向叶背卷起	小菜蛾
甜瓜	疱斑病	Melon necrotic spot virus	叶片上有微小斑点,叶脉及其周边坏死,接地部软木化	土壤
	花叶病	CMV, WMV, CGMMV Squash mosaic virus	同黄瓜	种子、土壤、汁液
西瓜、南瓜	花叶病	CMV, WMV, CGMMV	同黄瓜	
萝卜	蕨叶花叶病	Radish enation mosaic virus	叶背有叶状突起	蚜虫
	花叶病	Cauliflower mosaic virus CMV TuMV	叶脉透明,叶脉带绿,茎叶上有疱斑,叶畸形、萎缩,呈花叶状	蚜虫
甘蓝、花椰菜	花叶病	Cauliflower mosaic virus	叶背有叶状突起	蚜虫
芜菁	花叶病	CMV, TuMV	同萝卜	
	病毒病	BMV	同萝卜	
大葱、洋葱	萎缩病	Onion yellow dwarf virus（OYDV）	淡黄绿色条斑化,萎缩,生长不良,下位叶多叶尖开始枯死	蚜虫、汁液
大蒜	花叶病	Garlic mosaic virus	叶片上叶脉透明有疱状条斑	蚜虫、蒜头
莴苣	花叶病	CMV, Lettuce mosaic virus	叶脉黄化带绿,矮化,萎缩,畸形	蚜虫
	粗脉病	Lettuce big vein virus	叶脉突起,叶脉间黄化	土壤
茼蒿	花叶病	CMV, TuMV	叶脉透明,黄斑,条斑	蚜虫
胡萝卜	花叶病	Celery mosaic virus CMV	有黄萎,矮化,增生现象	蚜虫

（续表）

寄　主	病　名	病原病毒	病　征	传染方式
菠菜	坏疽莓缩病	BBWV	叶片上有坏疽状斑点,叶脉透明,植株萎缩,叶缘波状,有缩叶症状	蚜虫
甜菜	花叶病	Beet mosaic virus CMV, TuMV	同黄瓜	蚜虫
芹菜	花叶病	Celery mosaic virus	同胡萝卜	蚜虫
芋	花叶病	CMV Dasheen mosaic virus（DMV）	黄色斑,失绿性斑点、黑色斑点,植株萎缩,叶缘波状、缩叶,有轻度花叶症状	蚜虫、芋头
山药	坏疽花叶病	Chinese yam necrotic mosaic virus	叶脉带绿,畸形,生长不良,叶片上有黄色至茶褐色疱斑	蚜虫、山药段
草莓	病毒病	Strawberry crinkle virus Strawberry mild yellow edge virus Strawberry mottle virus Strawberry vein banding virus TMV	植株矮化,叶柄缩小,小叶不整齐,叶片捲曲状,有坏疽斑、黄色斑	蚜虫

注：引自 Kiso Akira。

3. 病毒的传播途径

植物病毒通常是依靠昆虫特别是蚜虫传播,有时也通过线虫或真菌传播（见图17-33A）。大多病毒不以种子传播,只有当种子的一部分被感染时才可能会以种子形式传播。

有时,病毒可通过感染叶与健康叶的接触方式来传播,也可以通过嫁接组合传播,有时可通过菟丝子在植物之间进行传播,如图17-33B所示。

图17-33　病毒的主要传染方式
A. 蚜虫；B. 菟丝子
（A～B均引自Janick）

4. 病毒病病征

病毒会造成许多生物的疾病,包括许多重要的植物。

植物的病毒症状通常是周身的。通过轻微地阻滞发育引起产量和品质的下降,还有其他不明显的症状,直至植物死亡。

病毒症可能包括一些小的伤害,如斑点或黄绿相间的镶花图案,黄化、发育受阻、叶片卷缩和簇生,分枝过多,色带或全部褪色。其主要症状如下。

1）花叶

叶片上产生不鲜明的黄色斑纹,在各处出现并有浓绿色的叶脉带,叶尖端黄化,如图17-34所示。

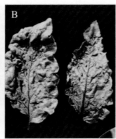

图17-34　植物花叶病毒发病症状
A. 南瓜；B. 茄子；C、D. 黄瓜果实；E. 辣椒
（A～E均引自Kiso Akira）

2）畸形

生长点附近叶片畸形，形似火燎，叶脉扭曲，顶叶萎缩、细长叶，果实有肿块，如图17-35所示。

图17-35　病毒引起的植物畸形症状
A. 番茄；B. 黄瓜；C. 茄子
（A～C均引自Kiso Akira）

3）坏疽

在果实、茎叶、叶柄上出现疽斑，如番茄植株、果实；甜瓜果实、叶片；菜豆；茄子叶片等，如图17-36所示。

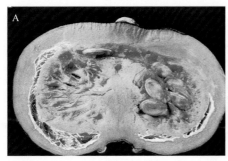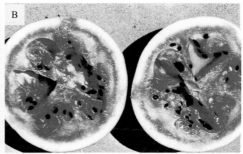

图17-36　病毒引起的植物坏疽症状
A. 南瓜；B. 西瓜
（A、B引自Kiso Akira）

4）凋萎

顶叶枯萎，进入收获期急性凋萎，如图17-37所示。

5）腐败

伴随果肉的坏疽，呈现凝胶状，如图17-38B、C所示。

6）叶脉鼓起

叶脉变粗，增生，如图17-38A、D所示。

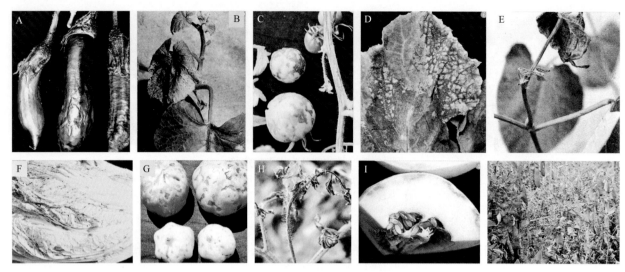

图 17-37　病毒引起的植物凋萎症状
A、B. 茄子；C、G、H. 番茄；D. 结球甘蓝；E. 菜豆；F. 结球白菜；I. 甜瓜；J. 豌豆
（A～J 均引自 Kiso Akira）

图 17-38　病毒引起的叶脉隆起和叶片腐败症状
A. 莴苣叶脉鼓起；B、C. 不结球白菜腐败；D. 西瓜叶脉鼓起
（A～D 均引自 Kiso Akira）

17.2.6　病毒病的正确诊断

病毒的主要诊断方法有以下几种：

（1）媒介昆虫判别法。

（2）指示植物判别法。

病毒病可通过症状的综合来判定：

（1）抗血清鉴别法。

血清学检验，采用来自温血动物的抗体，通常用兔，常利用 ELISA 免疫反应进行鉴别。

（2）电子显微镜检查法。

使用电子显微镜和化学分析进行鉴别与观察。

17.3　危害园艺植物的害虫与害螨

危害园艺植物的有害动物中，昆虫与螨类均属于节肢动物门。节肢动物（arthropods），包括具有外骨骼的无脊椎动物，具成对的肢，有节而左右对称，与身体相连接。

17.3.1　节肢动物的分类及其形态特征

节肢动物的分类特征如图17-39所示。主要的园艺害虫分属于昆虫纲的9个目中,其为害严重者(个别为代表性益虫)形态如图17-40、图17-41所示。

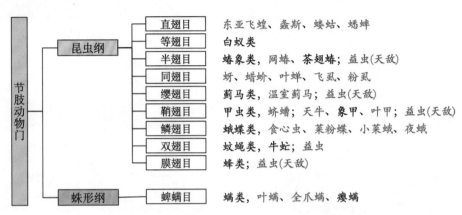

图17-39　危害植物的节肢动物门中的详细分类
(图中红色字体标出者为多发性害虫;蓝色者为有益昆虫)

图17-40　危害园艺植物的主要昆虫及形态
A. 东亚飞蝗;B. 螽斯;C. 蝼蛄;D. 蟋蟀;E. 白蚁;F. 麻皮蝽;G. 茶翅蝽;H. 冠网蝽;I. 大青叶蝉;J. 白背飞虱;K. 木虱;
L. 蚜虫;M. 腊蚧;N. 粉蚧;O. 粉蚧;P. 温室蓟马

(A~P分别引自 dv.163.com、photo.poco.cn、bjylzb98.com、k.sina.com.cn、baike.baidu.com、gengzhongbang.com、gengzhongbang.com、tsg.
tuxi.com.cn、forum.xirek.com、liufuding.com、newsmarket.com.tw、qnong.com.cn、sohu.com、t.lrgarden.com、keknet.com、weimeiba.com)

图17-41 危害园艺植物的主要昆虫及有益昆虫形态

A. 蛴螬；B. 天牛；C. 广肩步甲；D. 瓢虫；E. 二点钳叶甲；F. 食心虫；G. 菜粉蝶；H. 小菜蛾；I. 夜蛾；J. 食蚜蝇；K. 黑蚁；L. 熊蜂（授粉）

（A～L分别引自itsohu.com、nongnuo.com、taieol.tw、dcbbs.zol.com.cn、bbs.fengniao.com、qnong.com.cn、6weidu.cn、nongyezhishi.com、zhidao.baidu.com、itbbs.pconline.com.cn、m.fengbiao.com、sohu.com）

　　螨类（arachnida）及六足类也为植物的主要害虫。蜘蛛有4对足，无翅，头与身体不分开；六足类有3对足，几乎均有翅，虽然有些种类的翅发育不完全或已退化，其身体分为胸、腹和分开的头部，如图17-42所示。

图17-42 危害园艺植物的主要螨类及有益螨虫形态

A. 山楂叶螨；B. 苹果全爪螨；C. 草莓叶螨；D. 茶黄螨；E. 植绥螨；F. 镰螯螨；G. 杧果瘿螨；H. 葡萄缺节瘿螨

（A～H分别引自blog.sina.com.cn、nst.wugu.com.cn、m.sohu.com、kooany.icu、wemedia.ifeng.com、blog.sina.com.cn、k.sina.com.cn、bingconghai.1988.tv）

17.3.2 昆虫和螨类对园艺植物的危害

　　昆虫和螨类危害植物的目的在于它们企图获得食物，这种直接或间接的危害影响很大。不同昆虫和螨类对植物的为害表现也不相同，包括：咀嚼式昆虫对植株部分或全部的破坏；刺吸式昆虫使植株长势衰弱，传播一些植物病原体如病毒、细菌和真菌；昆虫的排泄物使植株受到污染。

　　昆虫对园艺植物的为害方式主要有两种：咀嚼式和吸收式。咀嚼方式是通过撕裂、咬食或舔食进行，而吸收式往往是通过穿刺或锉磨来吸取植物的汁液。

咀嚼式昆虫取食园艺植物后,会在植物上留下特定的孔洞,一些昆虫的取食具有选择性,常将较为粗糙的维管束部分留在植株上,最终形成保留叶脉的叶片骨架;而另一些昆虫则无选择地将特定部位全部吃掉。因此咀嚼式昆虫对植物外部的伤害一目了然。而进入植物组织内部则是昆虫将卵产于植物体内。而其孵化后,会存在于植物组织内部,这些情况比较难以识别,且对防治工作也造成一定困难。桃树木蠹蛾使树干受伤后常可看到分泌一种胶质,为害数年后即可使树体死亡。

吸收式昆虫,如蚜类、蚧壳虫类,所造成的伤害会使植物呈现扭曲、生长受阻、变形等症状,大多数植物的叶片有黄色斑点。小的螨类使植物的表皮出现网状损害时,大多才能被明显识别。

咀嚼式和吸收式昆虫对植物的另外一种伤害形态是形成瘿瘤(gall),是植物受到昆虫的体内伤害或产卵后形成的。

17.4　危害园艺植物的杂草

17.4.1　中国杂草的主要种类

中国农田杂草,按其危害程度及其分布可分为重要杂草、主要杂草等类别。

农田重要杂草计有17种;农田主要杂草计有31种,其包含植物种类如表17-5所示。

表17-5　中国分布较为普遍的杂草种类

发生类别	包含植物种类
重要杂草	旱稗、稗草、异型莎草、鸭舌草、眼子菜、扁秆草、野燕麦、看麦娘、马唐、牛筋草、绿狗尾草、香附子、藜、酸模叶蓼、反枝苋、牛繁缕、白茅
主要杂草	萤蔺、牛毛草、水莎草、碎米莎草、野慈姑、矮慈姑、节节菜、空心莲子草、和田字草、双穗雀稗、狗尾草、棒头草、狗牙根、猪殃殃、繁缕、小藜、凹头苋、马齿苋、大巢菜、鸭跖草、刺儿菜、大蓟、萹蓄、播娘蒿、苣荬菜、小旋花、田旋花、荠菜、菥蓂、千金子、细叶千金子、芦苇

17.4.2　寄生植物

寄生植物(paraphyton),只从活的绿色植物中取得其所需的全部或大部分养分和水分,其主要种类有菟丝子、列当、桑寄生、槲寄生、独脚金、野菰、无根藤等。

17.5　园艺有害生物的控制

有两种方法用于控制病理性疾病:一是控制病原,防止或限制有害生物的侵入;这一技术能成功地阻碍完成有害生物循环的某一时期;另一方面,使园艺植物本身具有抵抗力或至少能忍耐有害生物的侵入。这两种方式均依靠对昆虫生活史的直接知识。

对园艺植物有害生物的控制,其基本策略可归纳如图17-43所示。

17.5.1　综合防治体系

1. 何为综合防治

一个早期的定义——使生物和化学防治结合起来的实用性病虫害防治。

更富内涵的定义(1970):有害生物综合防治(integrated

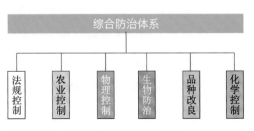

图17-43　园艺植物有害生物控制的基本方式

pest management, IPM），是通过弄清有害生物生活系统之后选择对策以减轻其为害问题，这些对策在能准确预测生态的和经济的效应，更受人们广泛关注。

当今更为全面的定义——是指对有害生物进行科学管理的体系。它从农业生态系统总体出发，根据有害生物和环境之间的相互关系，充分发挥自然控制因素的作用，因地制宜，协调应用必要的措施，将有害生物控制在经济受害允许水平之下，以获得最佳的经济、生态、社会效益。这一定义从生态学方面，考虑到对生态系统和我们期望控制和管理的病虫害的理解，需要重点解决：什么是有害生物的生命循环？它在何时攻击？什么是最佳策略？等相关问题。

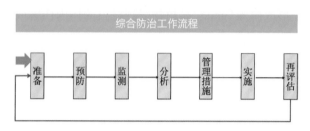

图17-44 有害生物综合防治工作的基本流程

2. 有害生物综合防治的基本流程

综合防治工作的基本流程如图17-44所示。

1）准备

弄清你所面临情况下的潜在问题和机会：

（1）你预期的有害生物是什么？

（2）你打算以何种方式（见图17-45）来防治它？

图17-45 园艺生产中有害生物综合防治的技术体系

（3）你将在什么时候如何监测这些问题？

（4）可接受的预防策略是什么？无论你做何种最大努力，有害生物将如何攻击你的防治体系？

（5）哪些有益物种将会帮助到你？

（6）你所实施的方案中，操作强度和局限性如何（劳力、装备、市场、费用）？

2）预防

预防是一项在植物保护上具有长期性的工作，在其实施过程中需很好地考虑以下问题：

（1）生物控制——保护生物多样性。

（2）轮作——中断有害生物生活循环，通常也能改进土壤适耕性和提高肥力。

（3）卫生——转移并清理残体以及其他有害生物等危害来源。

（4）寄主植物抗性——用于改变对普通有害生物种类的抗性。

（5）场地选择——只种植在适合于植物所需种植条件的场所。

3）监测

对栽培植物的监测，可收集在特定时间上的有用信息，并用其作为一个好的决策数据支持。我们需要考虑以下问题：

（1）在你构筑的防治体系中目标的有害生物有哪些？

（2）有多少种有害生物，它们分别是什么？这时你所需要的正确取样技术是什么？

使用推荐的监测技术，正确有效地使用这些收集到的信息。

4）分析

监测显示了你所要了解的有害生物，它们分别有哪些？你必须判断它们能否被控制。

比较你在目的植物上发现的有害生物样本数，则应该判断行动是否有必要，在经济上是否可行，作业是否有效？

经济上防治体系实施的始点取决于控制有害生物的效应是否大于作业费用；在导致经济损失以前，栽培植物能忍受一定数量的有害生物，因为所有的控制行为都应该是经济有效的，无论正反两方面效应均需充分考虑。

5）具体管理技术的选择

如果需要进行作业，则应从以下方面选择适宜成本和最小化的不利因素，其基本工作思路如图17-46所示。

（1）栽培方面——采用轮作方式，水旱轮作，或不同科、不同植物类别间轮作等。

（2）机械方面——对耕作制度及土壤耕耘方式进行选择，深翻还是破碎，平整还是起垄，是否要覆盖地膜等。

（3）生物方面——判断是否需要应用瓢虫等天敌的释放、是否采用嫁接方式等。

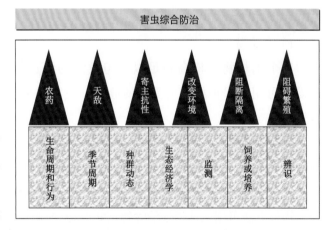

图17-46　在综合防治技术上的选择的依据及其要素优化示意图

（4）遗传方面——采用抗病品种。

（5）化学方面——对除草剂、杀虫剂、杀真菌剂种类、剂型、剂量、使用期间、频度等的选择。

6）执行

控制往往是在症状出现明显之前最为有效，生物制剂的释放必须要在适当的时间和空间上进行。

7）评估

（1）短期。

我们需要考虑的问题是正确的防治方案选择以取得理想的防治效果，从过去一周（天）以来情况有多大改变？

（2）长期。

需要考虑在什么季节处理更好一些,什么时候不行。在田园中的园艺植物未出现明显的有害生物引起的病害症状时,判断危害是否会持续到下一年。栽培植物是否需要更换? 土壤杀虫剂是否有必要? 现行技术措施是否会对产品和环境造成污染?

17.5.2　园艺植物有害动物防治措施

1. 法规防治

法规防治使得一些问题能够被强制执行,因此在综合防治中占有重要地位。

通过法规规范人们的作业行为,以减少有害生物对园艺生产造成更大的危害。其具体做法如下。

1）严格生物检验检疫

此方法可使有害生物与植物生产分离,如检疫可禁止某些特定植物的输入,对货物可能的携带生物进行核查,能有效地排除或至少减轻新的有害生物传入。即便如此,一些输入性的有害生物还有漏网之嫌,但严格的检验检疫会使这种机会大大减少。

在跨国种质资源引进和或区域间种苗调配上,必须严格执行检验检疫制度。

2）采用先进技术标准

通过对园艺领域相关标准的执行,督促提高生产管理水平和新技术的采用,逐渐淘汰一些容易造成有害生物暴发的行业技术,可用来减轻有害生物为害的有效数量和水平。

即使是企业标准,也应从制度上严格规范,如淘汰病株或种子、切除植株被感染部分、清除植物残体以杜绝其成为病原体的栖息或温床、保持生产现场的环境卫生水平等。

2. 物理防治

1）有效隔离

当个别植物价格高到足以承担较高的园田基本建设费用时,物理屏障（围栏和防护天网等）的设置可用于保护植物免受大的危害。天网这种屏障在控制由昆虫带菌传播的微小病原方面非常有效。

以空中覆盖方式将昆虫和鸟屏蔽于栽培的园艺植物外部,可以保护植物枝干免遭鼠害等,且传统的庭院围篱也能有效隔离兔类等动物的取食和践踏（见图17-47A）。

发育中的果实有时可单果套袋以使其免遭昆虫伤害（见图17-47B）。

物理方法可用来选择性消除特定病原物,或避免病原物被带入植物种植现场。

2）加热法

常用热水浸泡种子或一些营养器官繁殖材料。当将其浸于44～50 ℃的热水中5～25 min处理,可破坏受感染种子和鳞茎类中的病原菌; 热水处理可用来控制一些繁殖材料上所带真菌和在球根类器官上休眠的线虫。

利用蒸汽进行苗床或田间土壤消毒也是常用的方法。热处理草莓植株对钝化病毒也有效果,蒸汽处理盆栽土壤处理应用也非常普遍。

3）喷水与噪声

强力水流在减轻住宅或温室植物的螨类感染有一定价值; 利用爆竹或噪声可以成功地驱除小块果园中的鸟类,但其效果极为有限,有时不如传统的稻草人,如图17-47C、D所示。

4）诱捕

可利用特定波长的光源进行诱捕,其可用于控制有害动物密度,设置可诱引有害动物与陷阱成为一体,如利用黑光灯吸引昆虫到陷阱,或具有较强黏着力的色板上,它们被一些有毒物质杀死(见图17-47E)。利用捕鼠器通常对鼠害并不是特别有效。

图17-47　园艺植物保护上经常采用的物理手段
A. 围栏；B. 果实套袋；C. 温室内喷水除螨；D. 稻草人；E. 杀虫灯
（A、B均引自Janick, C～E分别引自m.d17.cc、meipian.cn、nipic.com）

3. 生物防治

1）生物防治机理

对园艺植物进行生物防治,主要基于以下几方面的考虑:

（1）竞争——在应用空间和营养供应上,生物防治制剂更为有效。

（2）抗生——生物制剂能产生一种或更多的有毒混合物。

（3）寄生状态——以食物和繁殖为作用目标,如寄生蜂可在小菜蛾等体内产卵,而食蚜蝇则可捕获蚜虫为食等(见图17-48)。它们利用了生物物种间的相互关系,以一种(类)生物抑制另一种(类)生物,其最大优点是不污染环境,是农药等非生物防治方法所不能比拟的。最常见的是以鸟治虫、以虫治虫、以菌治虫。

图17-48　园艺植物保护上经常用到的蜂类和蝇类
A. 丽蚜小蜂；B. 食蚜蝇
（A、B均引自Janick）

（4）诱导抗性——间接刺激植物产生对有害生物的抗性。

2）生物防治的基本方法

在生物防治上，需要建立物种间新的平衡，许多因素都会影响到增强自然天敌的效果。

（1）利用微生物。

常用的有应用真菌、细菌、病毒和能分泌抗生物质的抗生菌等，如用白僵菌防治马尾松毛虫；苏云金杆菌的各种变种制剂防治多种害虫；病毒粗提液防治蜀柏毒蛾、松毛虫、泡桐大袋蛾等，放线菌5406防治苗木立枯病；微孢子虫防治舞毒蛾等的幼虫，线虫泰山1号防治天牛等。

（2）利用动物。

包括草蛉、瓢虫、步行虫、畸螯螨、钝绥螨、蜘蛛、青蛙、蟾蜍、食蚊鱼、叉尾鱼以及许多食虫益鸟等，对一些园艺植物害虫的控制极为有效。

包括鸭、鹅等禽类也是田间捕虫的能手，可大量用于生态栽培中，大大减少了化学农药的使用量。

4. 化学防治

1）化学农药

农药是所有控制有害物化学品的通用名称，它们通常使有害生物在生命循环的某一时期发生中毒而使其死亡。

农药，按照它们所控制的生物对象进行分类，可分为杀菌剂、杀真菌剂、灭鼠剂和除草剂等，其主要制剂的化学特性及其适用对象如表17-6所示。

表 17-6　不同农药的化学特征与使用对象

制　剂		制剂例	杀虫剂	杀菌剂
无机类	As化合物	退菌特	■	
	Cu化合物	硫酸铜		▨
	S化合物	石硫合剂		▨
有机类	抗生素	链霉素、环己酰亚胺		▨
（天然产品）	烟碱	硫酸尼古丁	■	
	除虫菊		■	
	鱼藤酮		■	
	石化类	柴油	■	
（合成产品）	苯化合物	百菌清		▨
	氯化烃类	DDT、DD	■	
	汞化合物	赛力散		▨
	有机磷酸盐	马拉硫磷	■	
	邻苯二甲酰亚胺	克菌丹		▨
	除虫菊酯	除虫菊酯	■	

注：依 Kiso Akira。

农药的作用通常具有选择性，但杀虫剂有时也可作为杀菌剂，如波尔多液（在100 L水中加入1.2 kg生石灰和0.7 kg $CuSO_4$ 配制而成）就兼具两种效果。

农药通常可分为浸透式（systemics）和非浸透式（nonystemics）两类，前者可被植物吸收并在体内运移，使植物组织本身对有害生物产生毒性，因此这类农药常常会对食用性园艺植物的安全性产生风险，除非它们能够在产品器官长成前自身分解掉；后者比较通用，常在喷洒后，农药覆盖在植物表面来毒杀有害生物。

杀虫剂主要分为胃毒剂（stomach poisons）和接触剂（contact poisons）两类，前者适用于咀嚼式昆式的防治，而后者则适合于吸收式昆虫。

2）化学防治上易发问题

（1）农药在可食园艺产品中的残留。

为了消除农药对人体健康的危害，利用化学品时须进行必要的限制。

解决方案：选择高效、低毒、低残留农药，以使它们在食用之前被分解掉，或依靠机体使其发生无害化代谢，选择适当用药时期和用药间隔，以使其残留农药能完全被消除。

有些化学品在土壤中残留可能会对阻碍后茬植物的生长，如除草剂等。

（2）应用上的技术问题。

用药时期必须精确，这对消除农药的残留非常有效。通常农药必须在有害生物发生前使用，植物一旦出现明显的有害生物伤害症状，对控制来说已经晚矣。同时，化学农药在树木上的实际应用通常需要配合特殊的喷雾器械，否则很难将农药遍布全株。

农药在使用时的稀释，往往需要加入不起防治作用的成分，如对液态农药则用水或其他溶剂稀释后进行加压喷雾（见图17-49）；而对于固体农药，则可加入滑石粉等进行加压喷粉使用。固体农药作用较为方便，但却容易受潮结块而变质。

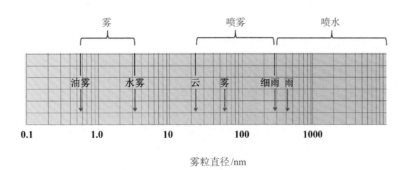

图17-49 喷雾时的水滴大小参照图

使用液体农药时，对一些角质化程度高的植物农药很难附着在其表面，因此需要加入水合剂（wetting agent）或固着剂（sticher）加以克服。

由于化学品相互间会发生反应的缘故，在确定的化学品之间，多种农药混合使用时，必须充分考虑相互间的兼容性。

（3）对植株的喷雾伤害。

必须确保农药不能对病害以外部位造成更大的毒杀性，否则农药会导致有害生物对农药的遗传性抗性增强。有害生物的自然变异所产生的类型也能对农药产生抗性。许多有害生物的繁殖具有极快的速度，农药扮演着一个对抗性类型选择的进化动力作用。

由于农药的使用较为费力，除传统的人工喷洒和熏蒸外，在规模较大的园田内，使用田间喷雾机械和无人机喷药（见图17-50），均会造成一定的环境污染并增强有害生物的抗药性。

图17-50　园艺植物化学防治的基本手段
A. 机械喷雾；B. 背负式喷雾器；C. 无人机喷雾
（A～C分别引自cn5135.com、258.com、0735ceo.com）

（4）生态失衡。

当一种农药取代另外的农药时，过去为害较轻的病虫草害可能变得重新严重起来，虽然以前的农药可防治那些有害生物而新的则不然。

（5）环境污染。

在园田土壤中可检出化学农药的残留，它们可在一些植物中富集，并通过地下水最终进入河流和海洋，使整个生态系统面临污染循环。

许多农学家和园艺学家推论：完全用化学农药防治病虫害是非常危险的概念，是一个不现实的梦想。因此，需要进行病虫草害的综合防治。

17.5.3　针对细菌性病害的综合防治

除利用物理防治和生物防治措施外，细菌性病害在发病后治疗以及预防的药剂很少。因此，作为防治对策，必须从生态环境入手，配合一些农药的使用，会收到较好的效果。

对常见细菌性病害的农业和化学防治措施如表17-7所示。

表 17-7　对于主要细菌性病害的农业和化学防治措施

病　害	农业防治方法											化学防治方法				
黄瓜细菌性斑点病	①	②	③					⑧				⑬	⑭	⑮	⑯	⑰
番茄溃疡病	①	②		④	⑤			⑨						⑮	⑯	
莴苣腐败病							⑧		⑩					⑮	⑯	⑰
青枯病				④	⑤	⑥		⑨		⑪		⑬		⑮		
软腐病								⑨			⑫	⑬		⑮		⑰
黑腐病·细菌性黑斑病	①	②		④			⑦			⑪			⑭	⑮	⑯	⑰

注：① 使用无病种子，② 苗床使用无菌土，③ 不密植，④ 4～5年轮作，⑤ 避免移植时的伤根，⑥ 采用嫁接苗，⑦ 及早去除病株，⑧ 通风，⑨ 垄作避雨，⑩ 防寒，⑪ 防线虫，⑫ 避免N肥过量，⑬ 防止过湿，⑭ 种子消毒，⑮ 苗床和定植土壤消毒，⑯ 铜制剂，⑰ 其他杀菌剂。

17.5.4　针对真菌性病害的综合防治

与细菌性病害一样，对真菌病害的综合防治在农业与化学防治上则采取如表17-8的技术对策。

表 17-8　对于主要真菌病害的农业和化学防治措施

病　　害	农业防治方法														化学防治方法		
疫病	①	②	③	⑤	⑦	⑧	⑨	⑫	⑬		⑯	⑰		⑳
霜霉病		②	③		⑦	⑧	⑨		⑬	⑮	⑯	⑰		
蔓枯病	①				⑦	⑧	⑨		⑬	⑭		⑱		
白粉病					⑦			⑫				⑰		
炭疽病					⑦			⑫	⑬		⑯	⑱	⑲	
菌核病			④		⑦				⑬	⑮	⑯			
锈病							⑨					⑱		
灰霉病		③			⑦	⑧		⑫	⑬		⑯		⑲	
Clodosporium 属	①		③	④	⑦	⑧		⑫	⑬	⑮		⑰		
Alternaria 属、*Stemphylium* 属				④	⑦							⑱		
Cercospora 属、*Cercosporella* 属、*Mycovellosiella* 属				④	⑦	⑧		⑫	⑬			⑱		

注：① 使用无病种子，② 苗床使用无菌土，③ 不密植，④ 4～5年轮作，⑤ 避免移植时的伤根，⑥ 采用嫁接苗，⑦ 及早去除病株，⑧ 通风，⑨ 垄作避雨，⑩ 防寒，⑪ 防线虫，⑫ 避免N肥过量，⑬ 防止过湿，⑭ 种子消毒，⑮ 苗床和定植土壤消毒，⑯ 定植时覆盖地膜，⑰ 铜制剂，⑱ 代森锰锌，⑲ 甲基托布津，⑳ 其他杀菌剂。

利用土壤消毒，可有效降低园田真菌性病害的发病，其处理措施有以下方式：①施用有机肥，②进行有效轮作，③施用石灰氮，④设施内利用太阳能土壤消毒，⑤土壤蒸汽消毒，⑥土壤线虫防治，⑦使用抗性品种和砧木，等。

设施内利用太阳能进行土壤消毒时，其处理时间应选择仲夏时节，选取晴好天气时段（最理想的天气为有15 d左右的连续晴天），对设施土壤进行热处理。先整地并施入未腐熟堆肥原料，与耕层土壤旋耕混匀后起垄，保持土壤水分至80%相对湿度，覆盖薄膜；处理时间维持在20 d以上，可使大部分土传病害、杂草种子和虫卵等被杀灭，如图17-51所示。

当园田土壤利用蒸汽消毒且维持特定温度30 min以上时，可杀死的生物种类如图17-52所示。

归纳对真菌病害的综合防治方法，其技术措施选择上可作如表17-9所示的考虑。

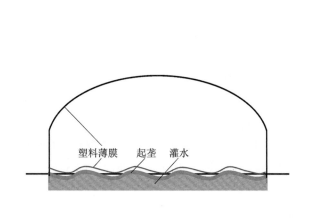

图17-51　设施土壤利用太阳能消毒作业示意图

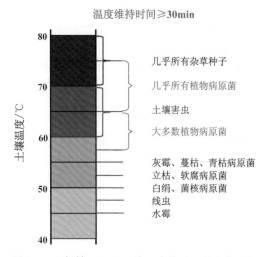

图17-52　保持30 min 土壤温度能杀死的有害生物

表 17-9 土传性真菌病害综合防治技术体系的基本组成

防治方法	防治措施	技术基本点
生态防治	使用抗性品种	考虑其综合抗性
	采用嫁接苗	考虑砧木与植物的亲和性、砧木对病毒病的同步抗性
	适当的肥培管理	合理施肥法、中耕、培土、深耕、除草等
	水分管理	淹水处理、水旱轮作、节水灌溉、垄的高低
	严格的轮作	病害的种类、与土壤线虫间关系等
	改善土壤物理性状	团粒结构、孔隙度、排水、透水性等
	改善土壤化学性状	pH值是否适当、各种养分的供给能力及其平衡、增强土壤的缓冲能力
	土壤病菌钝化作用	优质堆肥与石灰的并用、有机质水平的提升及其使用时期、控制有机肥原料中的低碳氮比、利用轮作与休耕结合
药剂防治	有效药剂的选择	选择有效药剂
	种子、种苗的消毒	处理时间和剂量保证，严格控制参数误差
	苗床消毒	注意：土壤温度、水分、理化性质、地形等；地膜等覆盖期间、蒸汽消毒、放置期间、处理时的气候条件特别是风向及周边环境等

17.5.5 针对病毒病的综合防治

病毒病与细菌性和真菌病害有所不同，目前可用的农药较少。因此其综合防治主要从以下方面入手进行。

表 17-10 种子干热处理所需温度和时间

植物种类	处理温度 /℃	处理时间 /h
番茄	70～73	72
牵牛	73～75	72～96
辣椒	70	72
黄瓜	70～73	72

（1）对虫媒传染病毒病的防治，以控制虫害为出发，减少病毒传播的机会。

（2）对种子传染性病毒病防治时，则从种子的消毒处理开始，如干热处理等，其具体参数如表17-10所示。

（3）对汁液传染性病毒病的防治，需减少作业和强风造成的伤口，并及时拔除病株、认真清理田园等。

（4）对土壤传播性病毒病的防治，则需要从土壤消毒、控制田间杂草方面加以控制。

（5）利用TMV弱毒苗或经组织培养的脱毒苗进行生产等。

17.5.6 针对园田杂草的综合防治

有效控制杂草危害，最常用的方法是认真清理田园，减少杂草种子在田园中的飞散，去除杂草残体在土壤中的存在，结合耕作，将杂草的根茎从土壤中清除掉，这不仅会减少翌年杂草的发生数量，同时也会减轻土传性病害的发生。在一些尚存在其他有害生物威胁的园田地块内，利用蒸汽处理，在75℃下持续30 min以上时可使杂草种子全部杀死。

在目的植物栽培密度较低的园田内，行间可专门种植一些生长迅速并且对栽培植物有益的地被植物，如一些豆科植物，可有效控制果园的宿根性杂草的发生。

利用地布覆盖,可使杂草因长期不得见光而失去生存和繁衍机会;园田土壤地膜覆盖对除草也有一定效果,但其薄膜须为深色且覆盖后能保证较好的气密性,并使薄膜能与垄面贴紧,如此方能起到较好的防治杂草的作用。

结合中耕的除草只能是抑制其生物量,很难起到根绝作用。当然如果人工允许的情况下,反复的高密度人工除草对有效控制杂草的暴发有很好的效果。

利用除草剂,在一些较为特殊的使用条件下,如栽培密度较低、目标植物旺盛生长与杂草的发生时间有错位时,会收到较好的效果。而且近年随着对物种多样性保护需求的日益增长,使用除草剂因其所带来的生态问题而不再成为首选措施了。

第 18 章

园艺植物的遗传改良与种子生产

18.1　园艺植物改良的遗传基础

几乎所有的食用类植物均有漫长的人为驯化历史,很多观赏植物也有较长的自然驯化历史。植物改良(plant improvement)是指人类对某些植物做有计划的特定繁殖并选取优良种。从人类开始驯化、栽培园艺植物以来,这一过程一直在持续着,它包括长期的自然选择(natural selection)和人为选择(artificial selection),其结果是目前栽培的园艺植物在性状上较其野生祖先已发生了相当大的改变。

植物的育种(plant breeding),是指对植物进行的系统性改良。随着遗传学(genetics)和基因工程(genetic engineering)等方面的技术进步,植物育种工作也取得了较大的发展。植物育种已成为一项专门的技术并成为推动园艺学发展的重要因素之一。由于人类对园艺植物的需求总是在不断地改变,因此育种工作也会是一个连续不断的过程。

园艺植物中,品种(varieties)是指经过人工选择而形成的遗传性状比较稳定,种性大致相同,具有人类需要性状的栽培植物群体。因此,品种是种(或亚种、变种)以下层次的基本分类单位,为栽培学概念,在生产上有着重要意义。

18.1.1　植物性状及其遗传与变异

园艺植物间的差异,有些表现得非常明显,如种间、属间的性状差异;而有些差异则较为细微,如由同一营养系繁殖而来的两棵树苗间的性状差异。

从种的级别上看,物种的个体间差异,可能表现为形态、生理、生化以及生长习性等方面的差异,我们常称之为变异(variation)。变异是生物进化和育种的直接依据,它又分为可遗传的变异(autogenous variation)和不可遗传的变异(non heritable variation)。由于环境影响和基因型之间的相互作用,变异可表现为种群的个体间表型变异(phenotypic variation)、环境变异(environmental variation)和遗传变异(genetic variation),这是生物进化的一个主要推动因素。

遗传变异是由生物所含遗传物质即基因上的改变所导致,而环境变异可由具有相同遗传物质的生物因生长在不同环境中而显现出来。在同一环境下生长的植物,其性状间的差异为遗传差异。环境变异的范围较大,但其界限仍由生物的遗传组成决定。

基因型(genotype),是指某一生物个体全部基因组合的总称;表现型(phenotype),亦称为表型,是指生物在特定环境下所表现出的性状特征总和。所谓性状(character),即指生物体的形态、结构和生理、生化等特性。表现型是基因型和环境交互作用的产物,即特定的基因型在一定环境条件下的表现形式。

对于遗传变异和环境变异,具体哪一种变异更为重要,这一问题其实意义不大,我们更多需要考虑的问题是对于特定的环境条件,哪一种基因型是最适宜的,或者可以说,对于特定的基因型,哪些环境能够使其表现出最佳的表型。

奥地利布隆(现在是捷克的布尔诺)的一座修道院里,格雷戈尔·约翰·孟德尔(Gregor Johann Mendel)经过8年的豌豆杂交实验,发现生物的基因型是可以遗传的,并于1866年发表了这一成果。之后,丹麦的 W. 约翰森(W. Johansen)于1903年发现环境变异不能通过遗传方式传递,只有遗传层面的变异所产生的表型才有遗传的可能。

18.1.2　植物的基本遗传规律

当孟德尔进行豌豆的杂交试验时,他从22个豌豆株系中挑选出8个特殊性状(每一个性状都可表现明显的显性与隐性形式,且没有中间等级,如图18-1所示),分别进行了单因子系列试验,在遗传水平上揭示了分离定律(separation law)和自由组合定律(free combination law)。这一系列的试验证明,存在着一种独立的遗传单位,虽然他当时并不知道遗传因子的具体存在形式。

孟德尔遗传规律常用于植物杂交育种上。育种实践中,我们可以有目的地将两个或多个品种的优良性状结合在一起,再经过自交,不断地进行纯化和选择,从而得到一个符合理想要求的新品种。

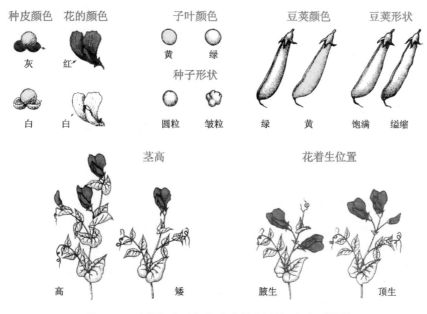

图18-1　孟德尔豌豆杂交试验所选用的8组相对性状

(依 wangfangjie06)

1)基本交配方式

植物的基本交配方式有杂交、自交。杂交按其特性又可分为正交、反交。测交可用于检验基因型的纯合性,而回交则多用于加强杂种个体中某一亲本的性状表现。

(1)杂交(hybridization),是指遗传基因组成不同的个体间相互交配的过程。

(2)自交(selfing),是指同一个体的或遗传基因组成相同的个体间的交配过程。自交是获得纯合子的有效方法。

(3)测交(test cross),是指用杂种(F_1)与隐性纯合子杂交,来测F_1的遗传基因组成的方法。

(4)回交(backcross),是指子一代和两个亲本中的任意一个进行杂交的方法。在遗传学研究中,回交常用来加强杂种个体的性状表现,特别是与隐性亲本的回交。它是检验子一代基因型的重要方法。

(5)正交(orthogonal cross)与反交(reciprocal cross),是一组相对的概念,正交中的父方和母方分别是反交中的母方和父方。

正反交试验结果是否一致,可用来推断控制性状的基因是细胞核基因还是细胞质基因。如纯种高茎豌豆和纯种矮茎豌豆杂交,正交和反交子一代(F_1)均为高茎,说明高茎这一性状是由细胞核遗传的;若正交、反交的子代表型结果与母体相同,并无一定的分离比,则属于细胞质遗传,如紫茉莉的叶色。

在细胞核遗传中,也可利用正反交判断某些性状是属于常染色体遗传还是伴性遗传。若正交、反交的子代表现型一致且与性别无关,遵循遗传定律,则该性状由细胞核遗传且控制基因位于常染色体上,相应的试验有红眼灰身和黑身果蝇的正反交;若正交、反交的子代表型不一致,且与性别有关,遵循遗传定律,则属于细胞核遗传且基因位于 X 染色体上,相应的试验有红眼果蝇和白眼果蝇的正反交。

2)性状及其特性

(1)相对性状(relative traits),是指一种生物的同一单位性状的不同表现类型。

(2)显、隐性性状(obvious and recessive characters),是指具有一对相对性状的两个纯合亲本杂交,F_1表现出来的(亲本)性状叫显性性状,F_1未表现出来的(亲本)性状称为隐性性状。

(3)性状分离(character segregation),是指具有一对相对性状的亲本杂交后,在其F_1代经自交产生的F_2代中同时出现显性性状和隐性性状的现象。

3)基因特性

隐性基因(recessive gene),是指控制隐性性状的基因;显性基因(dominant gene),则是指控制显性性状的基因。

纯合子(homozygote),是指同一位点上的基因相同的个体;杂合子(heterozygote),是指同一位点上的基因不同的个体。

4)分离定律

孟德尔的分离定律揭示了决定生物体遗传性状的一对等位基因在配子形成时彼此分开,随机分别进入一个配子中。在杂交实验中,子二代(F_2)中出现显性性状与隐性性状的比例为$3:1$(见图18-2);而在测交实验中,测交后代中出现显性性状与隐性性状的比例为$1:1$(见图18-3)。

在纯合子中,同源染色体上占有同一基因位置的来自双亲的两个基因,绝不会发生融合而是仍维持其个体性;而在配子形成时,这两个基因便发生分离,结果在杂种第二代(F_2)和回交一代(B_1)中性状即出现分离。

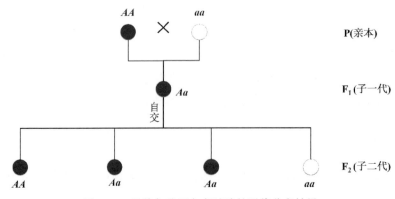

图18-2 孟德尔豌豆杂交试验的后代分离结果

而在杂合子的细胞中,位于一对同源染色体上的等位基因具有一定的独立性,会随着同源染色体的分开而分离,分别进入生物体在减数第二次分裂末期形成的两个配子中,独立地随配子遗传给后代。

5) 自由组合定律

位于非同源染色体上的非等位基因的分离或组合是互不干扰的;在减数分裂的过程中,同源染色体上的等位基因彼此分离,同时非同源染色体上的非等位基因自由组合(见图18-4)。在两对相对性状的杂交试验中,F₂个体的性状分离比例为9∶3∶3∶1。

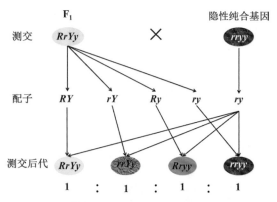

图18-3 孟德尔豌豆测交验证试验的后代分离结果

孟德尔提出的自由组合定律可以解释生物多样性存在的原因。

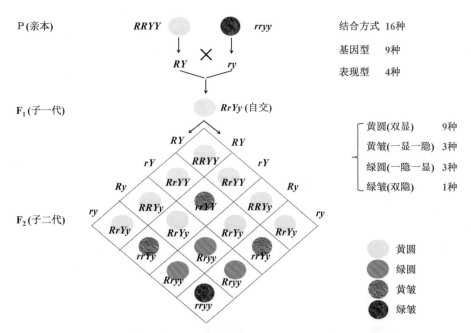

图18-4 孟德尔豌豆杂交试验的性状组合及后代分离结果

6) 连锁和交换定律

1911年,托马斯·亨特·摩尔根(Thomas Hunt Morgan)在果蝇的杂交试验中发现,代表生物遗传秘密的基因的确可存在于生殖细胞的染色体上,且基因在每条染色体内是线性排列的。染色体可以自由组合,而排在一条染色体上的基因不能自由组合。摩尔根把这种特点称为基因的连锁(gene linkage)。

摩尔根在长期的试验中发现,同源染色体的断离与结合,产生了基因的互相交换。不过交换的情况很少,只占1%。他于20世纪20年代创立的基因学说,揭示了基因是组成染色体的遗传单位,它能控制遗传性状的表达,也是发生突变、重组、交换的基本单位。

基因的连锁和交换定律与基因的自由组合定律并不矛盾,它们是在不同情况下发生的遗传规律:位于非同源染色体上的两对(或多对)基因,是按照自由组合定律向后代传递的;而位于同源染色体上的两对(或多对)基因,则是按照连锁和交换定律向后代传递的(见图18-5)。

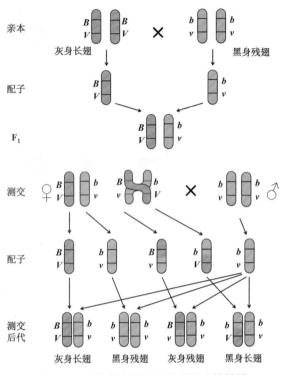

图18-5 摩尔根果蝇试验的基因连锁结果

18.1.3 基因及其作用

在孟德尔之后,1909年,约翰森正式提出了基因(gene)这一概念。带有遗传讯息的DNA片段称为基因,其他的DNA序列,有些直接以自身构造发挥作用,有些则参与调控遗传信息的表现。摩尔根于1911年证实,所谓的遗传单位就是存在于染色体上的基因,实质为一段DNA序列。

20世纪50年代以后,随着分子遗传学的发展,尤其是詹姆斯·杜威·沃森(James Dewey Watson)和弗兰克斯·哈利·康普顿·克里克(Francis Harry Compton Cric)提出DNA双螺旋结构以后,人们进一步认识了基因的本质,即基因是具有遗传效应的DNA片段。

基因不仅仅存在于DNA上,还存在于RNA中。由于不同基因的碱基序列不同,因而其所含的遗传信息也就不同。

1)基因的类别

基因从其作用来划分可分为结构基因和非结构基因两大类。

结构基因(structural gene),是指用于编码蛋白质或RNA的基因。结构基因能编码大量功能各异的蛋白质,其中包括组成细胞、组织和器官基本成分的结构蛋白、各种调节蛋白和有催化活性的酶等。

原核生物的结构基因为连续的,其RNA合成不需要剪接加工。真核生物的结构基因,基本上由编码区(包括能够编码蛋白质序列的外显子与不能编码蛋白质的内含子)和非编码区两部分组成(见图18-6)。

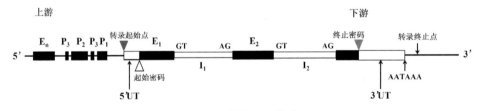

图18-6 结构基因模式

非结构基因(non-structural gene),是指结构基因两侧的一段不编码的DNA片段,即侧翼序列,参与基因表达调控。非结构基因包括顺式作用元件和反式作用因子。

顺式作用元件能影响基因表达,但不编码RNA和蛋白质的DNA序列,包括以下六种:

(1)启动子。

受RNA聚合酶特异性识别、结合后启动转录的DNA序列,具有方向性,位于转录起始位点上游。

(2)上游启动子元件。

TATA盒上游的一些特定DNA序列,反式作用因子可与这些元件结合,调控基因的转录效率。

(3)反应元件。

与被激活的信息分子受体结合,并能调控基因表达的特异DNA序列。

（4）增强子。

与反式作用因子结合,增强转录活性,在基因中任意位置都有效,无方向性。

（5）沉默子。

基因表达负调控元件,与反式作用因子结合,抑制转录活性。

（6）Poly（A）加尾信号。

结构基因末端保守的AATAAA碱基序列及下游GT或T富含区,被多聚腺苷酸化特异因子识别,在mRNA 3′端附加约200个A。

反式作用因子是指能识别和结合特定的顺式作用元件并影响基因转录的一类蛋白质或RNA。

20世纪60年代初,法国的弗朗索瓦·雅各布（Francois Jacob）和雅克·L. 莫诺（Jacques L. Monod）发现了调节基因。他们将基因分为结构基因和调节基因,其划分依据是两者所编码的蛋白质作用不同。凡是编码酶蛋白、血红蛋白、胶原蛋白或晶体蛋白等蛋白质的基因均属于结构基因（structural gene）,而编码阻遏或激活结构基因转录蛋白质的基因则称为调节基因（regulatory gene）。

2）基因的表达过程

基因的表达过程是将DNA上的遗传信息传递给mRNA,然后再经过翻译将其传递给蛋白质。在翻译过程中,tRNA负责与特定氨基酸结合,并将它们运送到核糖体,并在其中将氨基酸相互连接形成蛋白质。这一过程由tRNA合成酶介导。

3）基因的变异

基因变异（genetic variation）,是指基因组DNA分子上突发的可遗传变异。从分子水平上看,它是在基因结构上发生了碱基对组成或排列顺序上的改变。

基因虽然稳定,能在细胞分裂时精确地复制自己,但这种稳定性是相对的。在一定的条件下,在某个位点上,若一个新基因取代了原有基因,这个新基因就是突变基因（mutant gene）。

4）基因突变

基因突变（gene mutation）,是指在一个基因内部可遗传的结构上发生的改变,又称为点突变（point mutation）,通常可引起一定的表型变化。广义的突变包括染色体畸变和点突变,而狭义的突变则专指点突变。野生型基因通过突变成为突变基因。突变一词既可指突变基因,也指包含突变基因的个体。

5）基因调控

生物体内控制基因表达的主要方式在于基因的转录和信使核糖核酸（mRNA）的翻译。基因调控主要表现为以下三个特征：

（1）生物体内普遍存在的DNA修饰上的调节、RNA转录的调控和mRNA翻译过程的控制。

（2）微生物通过基因调控可以改变代谢方式以适应环境的变化,这类基因调控一般是短暂的和可逆的。

（3）多细胞生物的基因调控是细胞分化、形态发生和个体发育的基础,这类调控一般是长期的,而且往往是不可逆的。

基因调控是发生遗传学和分子遗传学的重要研究领域,研究基因调控具有广泛的生物学意义。

6）基因工程在园艺植物育种上的应用

基因技术的突破使育种学家得以用来改良园艺作物,如通过基因技术使园艺植物自行释放杀虫剂成分,或增强园艺植物对环境的适应性,或生产营养更为丰富的食品等,还可开发生产出具有防病功能的生物农药。基因技术也使开发园艺植物新品种的时间大为缩短。

18.1.4 数量遗传与质量遗传

约翰森提出,规定数量性状的表型值(P)等于基因型值(G)和环境值(E)之和。基因型值又由基因的累加效应值(A)、显性效应值(D)和非等位基因间的上位性效应值(I)组成。这样,群体某一数量性状的遗传变异即可用遗传型方差V_G表示,它是累加方差V_A、显性方差V_D和上位性方差V_I之和。如不考虑环境因素与遗传因素间的相互作用,那么计算得到的表型变异的表型方差(V_P)即等于遗传型方差V_G与环境方差V_E之和,公式为

$$V_P = V_G + V_E$$
$$= V_A + V_D + V_I + V_E$$

根据上式,只要能估算出环境方差(可用纯系亲本或杂种一代的表型方差来表示),就可推算出杂种分离世代表型方差中遗传型方差的大小。以此为基础,可进一步估算出在育种实践上一系列具有指导意义的遗传参数,如遗传力、重复力、遗传相关、遗传进度以及选择指数等指标。利用这些参数可以分析和预测数量性状变异的遗传动态,并将其作为植物育种的参考。

1)遗传力

遗传力(heritability),是指一个群体内某种由遗传原因(区别于环境影响)引起的变异在表型变异中所占的比例(百分率)。以此作为选择时的参考指标,可判断该性状变异遗传给后代的可能程度大小。遗传力可分为广义遗传力和狭义遗传力两种。

广义遗传力(generalized heritability,H^2),用遗传方差占表型方差的比例(百分率)表示,则有

$$H^2 = (V_G/V_P) \times 100\%$$
$$= [(V_A + V_D)/(V_A + V_D + V_E)] \times 100\%$$

广义遗传力数值大,则表示该性状的变异主要来自遗传因素,受环境因素的影响较小。

在遗传方差中只有累加方差V_A能够反映出上下代之间可以固定遗传的变异程度,因此在育种上常以累加方差占表型方差的比例(百分率)来表示遗传力,即狭义遗传力(narrow sense heritability,h^2),公式为

$$h^2 = (V_A/V_P) \times 100\%$$
$$= [V_D/(V_D + V_E)] \times 100\%$$

狭义遗传力在育种上有着广泛的应用,育种实践中常需要求出有关数量性状的遗传力作为确定选种方法和时期的参考,以及用来预测选择效果与估计累加效应值等。

2)数量性状

数量性状(quantitative trait),是指个体间表现出的性状差异只能用数量来区分,且其变异呈连续性。它具有以下主要特征:①个体间差异很难描述,需要通过计量来确定;②在同一群体中,性状的变异呈连续性;③数量性状往往受多基因控制;④数量性状对环境影响较为敏感。

数量性状在生物全部性状中占有很大的比重,一些极为重要的经济性状如经济产量、生育期长短等均属数量性状。

1909年，瑞典学者尼尔松·埃勒（Nilson Ehle）提出了多基因学说。其要点有：①同一数量性状由若干对基因所控制；②各个基因对于性状的效应都很微小，而且大致相等；③控制同一数量性状的多个基因其作用一般具有累加性；④控制数量性状的等位基因间一般没有明显的显隐性关系。

1941年，英国学家K.马瑟（K. Mather）把这类控制数量性状的基因称为微效基因（minor gene），相应地把效应显著而数量较少的控制质量性状的基因称为主效基因（major gene）。微效多基因的世代传递也按照基本的遗传规律，既有分离和重组，也有连锁和互换；数量性状在F_2代个体中所表现出来的广泛变异，往往呈正态分布，是微效多基因分离和重新组合的结果。

3）质量性状

质量性状（discrete characters），也称作属性性状，即能观察但不易计量的性状，是指在某一性状的不同表现型之间不存在连续性的数量变化而呈现质的中断性变化的那些性状。

质量性状不易受环境条件影响，它们在群体内的分布是不连续的，在杂交后代个体中可明确区分出来，如某些形态特征的有无、颜色的不同等。

18.1.5 染色体图

染色体图（chromosome map）是指用于标志在染色体上的各基因的相对位置与遗传距离的图谱（见图18-7），根据绘制方法的不同可分为遗传学图（genetic map）和细胞学图（cytological map）。

遗传学图利用基因间的交换值来表示基因间的相对距离，一般是将F_1与隐性纯合个体进行测交来求得基因间的重组值，如有必要需进行校正才能推算出交换值。因而基本上可通过三点测验来确定基因的相对位置。

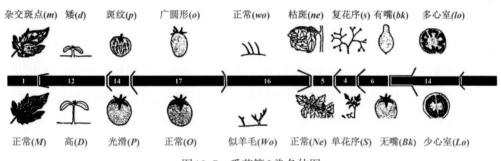

图18-7 番茄第2染色体图
（引自Janick）

连锁可能存在于质量性状与数量性状之间，如桃在小果（数量性状，由多基因控制）与表面平滑（质量性状，为单基因控制）这两个性状之间存在连锁。因此，欲育成大果的油桃，首先须打破这种外表的连锁，将大果的桃和小果的油桃杂交往往需要数量多且表型多样化的种质资源的支持，以获得成功机会较少但更符合育种目标的组合。控制表面光滑的基因还与褐腐病发生有关。在桃的育种中，还有一些如具有弹性果肉（与软性果肉相对）及果肉与核相粘连（与分离核相对）的性状连锁情况。

18.2 杂种优势的原理及应用

某一特定杂交种常表现出的在各种性状上均优于双亲的现象，称为杂种优势（heterosis），如抗逆性增强、早熟高产、品质优良等。不同品种甚至不同种属间进行杂交所得到的杂种一代，往往会比其双亲表现出更强大的生长能力和代谢功能,从而出现器官发达、体型增大、产量提高等优势,或者表现为个体的抗病、抗虫、抗逆能力及成活力、生殖力、生存力等均有提高。杂种优势是生物界普遍存在的现象。

18.2.1 近亲繁殖的遗传结果

有些植物在性状非常相近的个体间连续杂交的结果是该种植物的个体生活力下降。近亲繁殖(inbreeding coefficient)在遗传上所造成的结果,以极端的例子(自交)来解释即可明了。

自交对于同质者没有影响,表现为

$$AA \times AA \to AA$$
$$aa \times aa \to aa$$

若一植物的某一对基因为异质(Aa),其自交所产生的后代中会有一半含同质基因(AA 和 aa)。这种现象可推广至其他性状。每自交一代,就有50%的异质性状变为同质(见表18-1),连续自交,多代之后会产生所有性状近乎为同质基因的植物单株。这种植株所形成的品系,称为自交系(inbred line)或纯系(pure line)。由此,近亲繁殖被认为是可增加植物同质基因程度的育种方式。

表 18-1 自交代数及植株不同性状发生比例的关系

世代数	所 占 比 例					
	杂合子	纯合子	显性纯合子	隐性纯合子	显性性状个体	隐性性状个体
F_n	$\dfrac{1}{2^n}$	$1-\dfrac{1}{2^n}$	$\dfrac{1}{2}-\dfrac{1}{2^{n+1}}$	$\dfrac{1}{2}-\dfrac{1}{2^{n+1}}$	$\dfrac{1}{2}+\dfrac{1}{2^{n+1}}$	$\dfrac{1}{2}-\dfrac{1}{2^{n+1}}$

近亲繁殖对植物的影响视植物的异质基因比例及授粉方式而定,对含同质基因的植物(在自然杂交或自交授粉的情况下)不会产生任何影响,但对含异质基因的杂交授粉植物则有使其生活力丧失的弊端,其活力降低的程度与同质基因比例的增加相同步。不过,这种情况会因植物种类及品系的不同有很大的差异。异花授粉植物含异质基因的个体可用不同的含同质基因的品系进行人工杂交来获得,当这些含异质基因的品系自交时,一般不会发生像杂交植物因自交而降低活力的现象。

18.2.2 杂种优势的形成机理

杂交两个无关系的杂交授粉植物的自交,可恢复其因近亲繁殖而降低的生活力,这种杂交所产生的后代称为 F_1 杂交种(F_1 hybrid)。产生 F_1 杂交种的两个自交系是由自然授粉品种分离而来。

目前对杂种优势的产生机理有两种假说:显性假说和超显性假说。

1)显性假说

显性假说(dominance hypothesis),最初由 D. F. 琼斯(D. F. Jones)于1917年提出。他认为:异花授粉植物在异质的情况下,隐藏有大量的隐性基因,这些基因因缺乏某些必要的基因功能,大部分对植物是有害的。当近亲繁殖使基因变得同质后,植株生活力降低,此时将不同来源的自交系进行杂交即可恢复子代的活力。通过杂交,其中一个自交系所含隐性基因被另一个自交系所含显性基因或部分显性的等位基因覆盖,在成功组合两个自交系的同时弥补了两者在某一性状上的缺点。简单的例子如

$$aaBB \times AAbb \rightarrow AaBb$$

杂交后代$AaBb$较其同质亲本具有更强的活力,乃是两个显性基因兼而有之之故,而亲本则缺乏A或B基因。

根据显性假说理论,杂种优势因亲本含有多种显性基因而表现出来,至于高异质性,只是一种伴随物,与杂种优势关系不大。按照这一理论,通过多代自交及筛选,应该能获得使含某一个异质基因的后代最终携带同质显性基因的结果,这样所获得的基因型在其植株表现上应等同或优于异质基因型。但目前尚无法得到生产性状表现相近于F_1代杂种的同质纯系,这可能与植物所有性状所涉及的基因数太多,以及有害的与有利的等位基因间有连锁等原因有关。

近亲繁殖出现的衰落依其族群、不利环境因素的强度、自然授粉方式与显性基因所占比例情形而定。在自然自花授粉植物中因没有隐藏任何不利的隐性基因,所以没有出现显著的近亲繁殖衰落与杂种优势。任何不利的隐性基因,通过自交能很快地表现出来,随后经自然选择的力量而淘汰。

2）超显性假说

超显性假说（over-dominance hypothesis）,由 G. H. 沙尔（G. H. Shull）在1911年首先提出。他认为,杂种优势是基因型不同的配子结合后产生的一种刺激发育的效应。E. M. 伊斯特（E. M. East）于1918年进一步指出,处于特定位点的不同等位基因（如A_1和A_2）在杂合体（A_1A_2）中发生的互作,具有刺激生长的功能。因此,杂合体（A_1A_2）比起两种亲本纯合体（A_1A_1及A_2A_2）能显示出更大的生长优势,而优势增长的程度与等位基因间的杂合程度有密切关系。

按照超显性假说,杂合体A_1A_2、A_1A_3、A_2A_3等始终具有较高的适应性,因此A_1、A_2、A_3…基因可以一定的比例保存于这个群体之中,出现一种平衡的多型性,而使群体蕴藏着最大的适应能力。这样的杂种优势亦称为平衡性杂种优势（balanced heterosis）。

18.2.3　杂种优势在园艺生产中的应用

根据杂种优势的原理,育种手段的改进和创新可以使植物生产性能获得显著增长。这方面以杂种玉米的应用为最早,成绩也最为显著,通常可增产20%以上。之后,杂种优势在植物生产和园艺领域得到进一步应用。

获得杂种优势的方法因不同物种的繁殖特点和可用的遗传特性而异。由于雄花不育及恢复基因的发现和利用,园艺植物均可实现杂种种子的大量生产。从20世纪70年代中期开始,中国育种工作者首创杂种水稻并在生产上大面积推广利用,产生了巨大的增产效益,为杂种优势利用开辟了新途径。

杂种优势从F_2代起就会大为减退,因此很多育种者曾设想利用无融合生殖原理把种子植物的F_1代优势固定下来,即可省去每年配制杂交种子的麻烦,但迄今为止未获成功。目前,只有像甘薯、马铃薯等具备无性繁殖能力的种子植物才能先通过有性杂交,再靠无性繁殖体来保持某种程度的杂种优势。随着植物组织培养技术的发展,利用体细胞无性增殖、分化成苗的手段有望在简化杂种制种程序方面取得突破。

18.3　多倍染色体及其利用

一个物种细胞中染色体形态结构和数目的恒定性是这个种的重要特征。二倍体个体中能维持配子或配子体正常功能的、最低数目的一套染色体称为染色体组或基因组（genome）。通常许多植物只含有两个完全的染色体组,即为二倍体。生物体内细胞染色体组数达到3组或3组以上者,称为多倍体（polyploidy）。

在一些情况下,多倍体中会出现非整组的染色体变异即组内染色体数的变异,其结果称为非整倍体(aneuploid)。

多倍体可自然发生或由人为诱导产生,如创伤会使番茄形成愈伤组织。这是诱使番茄产生四倍体的一个有效方法。0.1%~0.3%浓度的秋水仙素(colchicine)可使许多植物染色体加倍,这种物质可在减数分裂时干扰纺锤丝的形成,使得只有染色体加倍而细胞并不产生分裂。用秋水仙素处理植物种子24 h,即可获得5%存活率的四倍体幼苗。人工诱导形成的四倍体植株,较正常二倍体植株的叶片要厚,但其生长较为缓慢,细胞和花粉体积较大,受精率较低。

18.3.1　多倍体的染色体行为

四倍体与二倍体不同,每个染色体有4条姐妹染色单体,因此其行为依减数分裂时成对的情况而定。若为两个一组配对则分离正常;若四条染色单体未两两组合配对,则可能以3∶1分离,导致形成染色体数量不平衡的配子,这种染色体分离形式即为四倍体受精率低的原因。

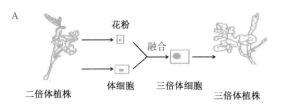

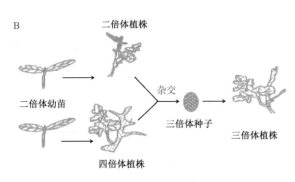

图18-8　三倍体西瓜的两种获得途径(A、B)
(依1010jiajiao.com)

四倍体与二倍体杂交,可产生三倍体(见图18-8)。每组染色体配对时,通常均包含3条,当减数分裂时,其中1条走向一端,而其余2条则走向另一端。以菠菜(n=6)为例,三倍体在减数分裂时,染色体可能分离成6/12、7/11、8/10和9/9几种类型,其产生的配子具有7种不同染色体数(6、7、8、9、10、11和12),并呈二项式分布,发生比为1∶6∶15∶20∶15∶6∶1,配子染色体数为n或2n的概率变小,仅有2/64。当植物的染色体数量较大时,n和2n配子出现的概率则更小。三倍体大都具有不稔性,如苹果和桃需要进行无性繁殖,而无籽西瓜则须每年由四倍体和三倍体进行杂交制种。

18.3.2　多倍体的遗传

在二倍体生物中,单基因比例是以等位基因的每一个基因分配为基础的,但在四倍体中,每一个染色体组具有4个等位基因,同质基因有2种($AAAA$和$aaaa$),异质基因有3种($AAAa$、$AAaa$、$Aaaa$),这些基因型杂交所产生配子的数量比为$AA∶Aa∶aa=1∶4∶1$。若A为完全显性,则对应为$A\_\_\_$表型,因此四倍体自交后代的表型比例最高时为$A\_\_\_∶aaaa=(1+8+18+8)∶1=35∶1$,这种比例视基因在染色体上的位置所造成的显隐性而定。总之其隐性基因的性状表现发生的概率很小,等于被隐藏起来,结果使多倍体的遗传变得难以分析。

18.3.3　非整倍体及其应用

非整倍体的组成与通常的多倍体结构不同,常表现为在多倍体基础上因染色体单体的缺失而出现的染色体组数量不再是单倍体的整数倍。常见有以下5种类型:

（1）超二倍体。

染色体数目多于二倍体。

（2）假二倍体。

染色体数目虽与二倍体相等,但存在某些染色体的增减。

（3）亚二倍体。

染色体数目少于二倍体。

（4）嵌合体。

个体中同时存在两个或两个以上染色体数目不同的细胞系。

（5）异源嵌合体。

个体中同时存在两个染色体数目不同的细胞系,且两个细胞系分别来自两个受精卵。

形成非整倍体的原因可能是一对或多对同源染色体不产生分离;非整倍体个体表型可能是不正常的,也可能是正常的。

在真核生物的细胞核中,若染色体数目发生变异,即增减一条或几条,则该个体不再是整倍体,如二倍体中的某一对染色体缺一条染色体时为单体（$2n-1$）,而多一条染色体则为三体（$2n+1$）。

非整倍体植物在遗传学研究和育种上有广泛的应用。如以其幼叶作为蔬菜榨汁原料的大麦（*Hordeum sativum* L.）是雌雄同花植物,一般为闭花授粉,要进行杂交育种较为困难。研究发现,大麦的三体品系,其自交后代中仅少数仍为三体,多数为雄性不育,这在配制杂种时可作为母本利用,如有合适的花粉授粉,可获得有明显增产和耐病性的杂种。

18.3.4 多倍体在育种上的应用

在自然条件下,机械损伤、射线辐射、温度骤变以及化学因素刺激,都可能使植物的染色体数加倍,形成多倍体种群（见图18-9）。

细胞核内染色体组加倍以后,常带来一些形态和生理上的变化,如表现出植物个体的增大、抗逆性增强等。一般多倍体细胞的体积、气孔的保卫细胞都比二倍体大,叶子、果实、花和种子也随染色体组的增加而变大。从内部代谢来看,由于基因数量加大,一些生理生化过程也随之加强。这些改变均与基因的数量有关。多倍体的产生及其自然分布区多在气候恶劣区域,常伴随着植物抗逆性的增强,如报春花原产于温带,原始种为二倍体,其异源四倍体分布在海拔更高的山地上,三倍体和八倍体分布在纬度更高的高山上,而十四倍体则生长在极地。

多倍体现象在园艺植物中广泛存在,如香蕉、草莓、菊花、马铃薯等都有多倍体,苹果、梨、葡萄、柑橘、大丽菊、郁金香、山茶、百合、报春花、鸢尾等植物中都存在着较多的多倍体种。多倍体在裸子植物中特别少见,在苏铁科、银杏科中均未发现有多倍体存在。

图18-9 芸薹属自然及人工诱导的复二倍体

（引自 Nishi Sadao）

育种家们在植物倍性育种方面已进行了许多探索,一些人工培育的多倍体商业品种已普遍应用于生产。在花卉方面,矮牵牛、金鱼草、百合、鸡冠花等多倍体植物多表现为叶片肥厚、花色艳丽、花期长、花瓣多

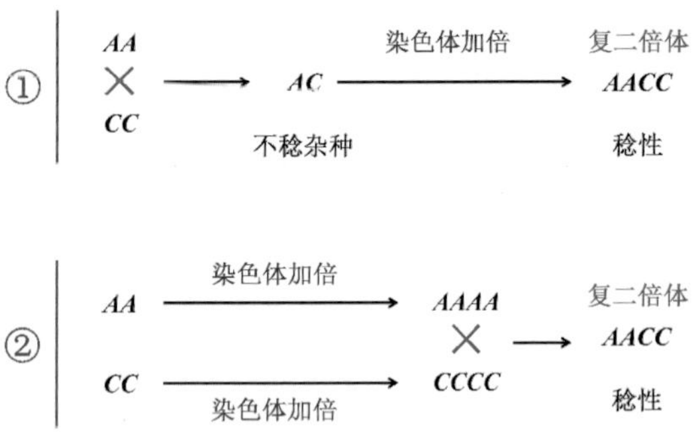

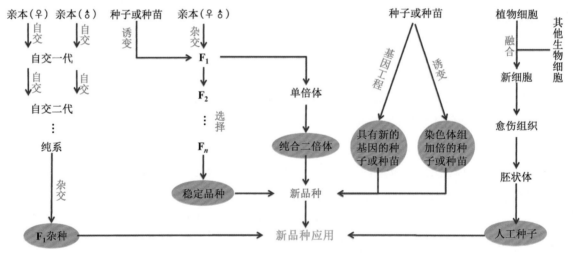

図 18-10　利用染色体倍性克服杂种不稔性

等特点,观赏价值普遍得到了提高;在药用植物方面,四倍体板蓝根的有效成分含量比普通二倍体高出约40%。

用秋水仙素诱导生成的多倍体植株往往是同源四倍体,如果将其与二倍体杂交,便可获得三倍体的植株,如三倍体的西瓜、香蕉等,无籽或少籽是其最为显著的特征。

恢复稔性的方法:将不稔杂种的染色体组倍数增加或是用两种植物的四倍体进行杂交,其原理如图18-10所示。

另外,在倍性育种的过程中,一些规律值得借鉴:

(1)在一些远缘杂交不亲和的组合中,如果将亲本之一的染色体组加倍,远缘杂交会变得容易进行,而且所获得的异源多倍体在生长量及抗逆性方面,往往会有突出表现。

(2)在用各种射线诱变育种时,多倍体材料的诱变率大大高于二倍体。因此,在人工诱导植物多倍体的基础上,结合其他育种手段,多倍体植物的培育对园艺植物新品种选育有大的助力。

18.4　园艺植物育种方法

园艺植物的育种方法,主要有以下类别:诱变育种、杂交育种、单倍体育种、多倍体育种、基因工程育种、细胞工程育种等,其过程及相互关系如图18-11所示。

图 18-11　园艺植物育种技术及其路线示意图
(依 koolearn.com)

18.4.1　变异的来源

具有可遗传变异的植株是植物育种家所需的材料。许多园艺植物的栽培品种均可作为育种材料,因此收集被广泛栽培的植物种质资源必须在更广域的范围内进行。

植物变异(plant variation),是指由于环境变化引起的植物生态、形态甚至遗传特性上的变化,这种变异是植物为了适应新的环境而产生的。植物的不同变异及其特性,如图18-12所示。

1)芽变

芽变(bud sport),是体细胞突变的一种,是由植物芽中分生组织的体细胞发生的突变。芽变所产生的变异在性状上往往表现为枝、叶、花、果等器官的特征及物候期、成熟期等的改变。选择突变芽及其成长的枝条,经过无性繁殖创造出新品种的方式称为芽变选种。理想的芽变对无性繁殖植物来说,可以立即使植物的经济性状得到改良,如苹果、咖啡树和茶树的突变等(见图18-13)。

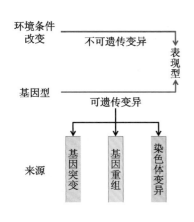

图18-12 植物性状的变异类型及其来源

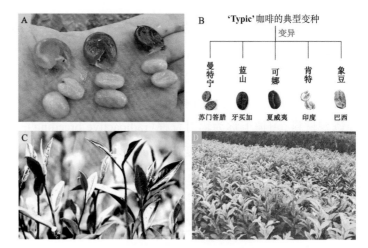

图18-13 因植物芽变形成的品种
A、B. 咖啡; C. '紫娟' 茶; D. '黄金芽' 茶
(A引自 gafei.com; C、D均引自 m.sohu.com62a.net)

体细胞突变可发生于一段组织,这段组织称为嵌合体(chimera),在无性繁殖时会变得不稳定。该组织所形成的芽可能继续发生突变,也可能不再突变,如白芯康乃馨为红芯康乃馨的芽条变异。日本土桥红蜜柑是扇形嵌合体,在红色果皮上镶嵌有艳丽的黄色条纹。园艺植物上的嵌合体通常不能依靠有性繁殖来保持其性状,需采用组织培养等繁殖方式进行保种(见图18-14)。

图18-14 一些园艺植物中的嵌合体品种
A. 双色郁金香; B. '二乔' 牡丹; C. 五彩苏; D. 扇形嵌合体柑橘
(A～D分别引自 dcbbs.zol.com.cn、bbs.lyd.com.cn、share.renren.com、b2b.hc360.com)

在不同环境下,研究各种自然变异的直观性状并进行选择即可获得品种的改良。然而对于性状稳定的植物,这种方法则很难对其加以改进。许多植物的单个理想性状可以顺利表现出来,但其他性状的表现并不一定理想,因此就有必要用杂交的方法来合并多种性状,如此才有可能获得尽可能含有更多理想性状的植物。

有些植物虽然也具备一些优良性状,但在园艺生产上并不被重视,如一些材料抗病性较强,但其果实个体很小,食用风味也差,因此较难加以利用。

一个理想的栽培品种必须同时满足不同界别所需的条件:①种植者重视产量、成熟期及抗病性;②消费者则关注产品的外观和品质;③种苗生产者关注繁殖便利性;④采后加工与运销者则对产品的保鲜及质量变化更为关注。

综合这些不同性状需要多系列的多代杂交,再辅以严格的田间选择,如此才可能将众多优良性状加以整合,这也需要有较多数量的个体单株作为培育基础。因此,育种工作必须综合考虑经济性、土地、时间和人力等条件,在此背景下组合目标性状。

2)人为创造变异

诱变(mutation),是指通过人为措施诱导植物的基因产生变异的过程。诱变育种(mutation breeding),则是指用物理、化学等因素诱导植物的遗传物质发生变异,再从变异群体中选择符合人们某些要求的单株(个体),进而培育成新的品种(或种质)的育种方法。

诱变育种常用的有物理因素和化学因素。物理因素包括各种射线、微波或激光等,利用这些因素处理诱变材料,习惯上称为辐射育种(radioactive breeding);化学因素则是指能够导致植物遗传物质发生改变的一些化学药物——诱变剂(mutagens),以此来处理诱变材料促使其发生变异,常称为化学诱变(chemical mutation)。

(1)辐射诱变。

常规杂交育种依靠的是染色体的重新组合,一般并不引起染色体的变异,更难以触及基因组层次(见图18-15A)。

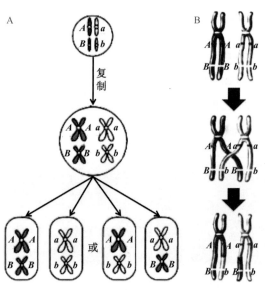

图18-15　基因重组的两种类型
A. 自由组合型；B. 交叉互换型

而辐射则不同,它们有的会与细胞中的原子、分子发生冲撞,造成电离或激发;有的则是以能量形式产生光电吸收或光电效应;还有的能引起细胞内的一系列理化变化过程,这些都会对细胞产生不同程度的伤害,也会对植物染色体的数目、结构等产生一定影响,如断裂、丢失、倒位和易位等(见图18-15B)。当然,射线也可作用在染色体核苷酸分子的碱基上,从而使基因发生相应突变。

以高纯He_2等为工作气体,利用射频辉光放电原理,在常温常压下即能产生具有高能量的常压室温等离子体(atmospheric and room temperature plasma, ARTP)。其富含的高能化学活性粒子能够使生物细胞产生高强度遗传物质损失,进而利用细胞启动的高容错率SOS修复机制,产生种类多样的错配位点,最终形成遗传稳定、种类丰富的突变株。ARTP在遗传育种上的应用较为广泛。

(2)化学诱变。

诱变剂中,有些可以其烷基置换染色体分子中的氢原子;有些则本身是核苷酸碱基的类似物,可造成DNA复制中的错误。这些无疑都会使植物的基因发生突变。

化学诱变剂主要有以下几个种类:

①烷化剂。这类物质通常含有1个或多个活跃的烷基,此基因能够置换核酸分子中的氢原子而使碱基的化学结构发生改变。常用的诱变剂有甲基磺酸乙酯(EMS)、乙烯亚胺(EI)、亚硝基乙基脲(N-nitroso-N-ethylurea, NEU)、亚硝基甲基脲(nitrosomethylurea, NMU)、硫酸二乙酯(DES)等。

②核酸碱基类似物。这是一类与DNA碱基相类似的化合物,当其渗入DNA后,可使DNA在复制时发生配对上的错误。常用的有5-溴尿嘧啶(BU)、5-溴脱氧尿核苷(BUdR)等。

③抗生素。平阳霉素（PYM）、重氮丝氨酸（Azaserine）、丝裂毒素C（Mitotoxin C）等都具有破坏核酸（DNA和RNA）结构的能力，可造成染色体断裂。

④其他诱变剂。叠氮化合物的NaN_3，染料类的吖啶橙（Acridine orange）、溴化乙啶（EB）以及无机盐类的LiCl等是常用的诱变剂。

化学诱变主要用于处理种子或植株。处理种子前，须将种子在水中先浸泡一定时间，也可以将干种子直接浸在一定浓度的诱变剂溶液中进行处理，完成处理后经水清洗即可播种；也可以将处理好的种子进行干燥后贮藏，以后再行播种。植株处理时，通常可在株干上切一浅口，用脱脂棉将诱变剂溶液引入植物体，也可以直接将诱变剂注射或涂抹到器官部位。其处理时间以使被处理器官、组织完成水合作用或能被诱变剂浸透为度。诱变剂大都有毒，使用时必须谨慎对待。

物理和化学因素所产生的诱变作用，使得植物细胞的突变率比平时高出千百倍，且有些变异是其他手段难以得到的。当然，由此所产生的变异绝大多数不能遗传。因此，对辐射后的早期世代一般不急于进行选择。

18.4.2　园艺植物的授粉方式

授粉方式是园艺植物育种及繁殖上重要的生理特性。授粉（pollination），是指植物花粉由花药向柱头移动的过程。

异花授粉的比例因植物种类不同而差异较大，自花授粉植物如豌豆的杂交授粉率几乎为0，雌雄异株及自花不亲和植物的异花授粉率甚至可高达100%。植物根据授粉类型不同分为三种：自花授粉植物（self pollinating plant），其异花授粉率低于4%；天然异花授粉植物（cross pollinated plant），其授粉率高达40%以上；介于两者之间的则为常异花授粉植物（often cross-pollinated plant）。

自花授粉植物的遗传基因是同质的，其例外往往是由偶然杂交或突变引起的。由于天然近亲繁殖的弊端，任何异质型基因很快会被消除，这样虽然两个不同形式的亲本杂交而成的杂交种有很多异质基因，但经6～7代的天然自交后，其后代的不同个体中均会含有同质基因。因此，自花授粉植物遗传改良上的主要问题在于，从众多的不同基因型中选出最好的基因型。一俟中意的同质植株被选出，其遗传性状的保持问题比异花授粉植物要小很多。

具有异花授粉属性并用种子繁殖的植物，其遗传基因会逐代重新组合。一个异花授粉的栽培种，其表型并不以一个遗传背景为基础，而是综合了多种异质化性状。因此，改良异花授粉植物时最主要的问题是维持看得到的一致性状，避免因同质而造成种性衰减（退化）。产生一致并能维持的异质型基因的唯一方法为配制F_1杂交种，然而按目前的技术水平，并非对所有的异花授粉植物均能做到这一点。

很多异花授粉植物，如苹果、玫瑰和唐菖蒲等通常可进行无性繁殖，其品种的改良靠单一理想基因型，其遗传性状的保持可通过无性繁殖加以解决。

根据植物的授粉方式不同，可分为自然授粉和人工辅助授粉两类。

自然授粉（natural pollination），又可分为风媒、虫媒、水媒、鸟媒等情况。靠风力传送花粉的传粉方式称风媒（wind-pollinated），借助这类方式传粉的花，称风媒花（wind-pollinated flowers），如禾本科植物及部分木本植物；依靠昆虫为媒介进行传粉的方式称为虫媒（entomophilous），借助这类方式传粉的花，称虫媒花（entomophilous flower），大多数有花植物依靠昆虫传粉，常见的传粉昆虫有蜂类、蝶类、蛾类和蝇类等。除此而外，一些水生被子植物可借助水力传粉；还有一些植物可借助鸟媒授粉。

人工授粉（artificial pollination），是在生产上使用较多的辅助授粉方法，以克服因条件不足而使传粉得不到保证的缺陷，达到预期的种子产量。在植物品种的复壮工作中，也需要采取人工辅助授粉以达到预期目的。人工辅助授粉可以增加植株柱头上的花粉粒数量，使其所含激素总量增加，酶促反应也相应加强，可促进花粉萌发和花粉管生长，从而提高植物的受精率。

18.4.3　选种

常规育种（conventional breeding），通常包含自然变异选择育种法和杂交育种法。

在一个或若干个品种或群体中，选择优良的自然变异，从而培育成新品种的方法称为自然变异选择育种法（natural variation selection breeding），它又分为个体选择育种法（或系统育种法，individual selection breeding）和混合选择育种法（mixed selection breeding）。

选择育种法具有悠久的历史，简单易行，收效快，但只有在自然界出现优良变异时才可以采用；杂交育种法（hybrid breeding），是一种最基本有效的育种方法，它通过人工有性杂交途径创造杂种群体，产生变异，再经过选择培育出新品种。

许多优良品种是通过杂交育种法育成的，但杂交育种法也有其局限性。一般种内杂交容易进行，但种间杂交就比较困难，属间的杂交就更为困难，需要经过长时间努力才有可能成功。

常规育种法在实践的基础上，通过人们不断地总结经验，得到了改进和创新。人们对植物遗传变异的规律认识得越来越透彻，对选育出新品种的把握也就越大。虽然目前有很多新的育种方法出现，但常规育种法依然在育种工作中发挥着十分重要的作用。

1）自花授粉植物的选种

自花授粉植物的后代有两个基本形式：一种是多种同质基因的混合体，另一种则是不同异质基因的复合体。

多种同质基因的复合体在收集的栽培种中即可发现。其选种工作是通过田间试验筛选出最好的基因型。如果每一栽培种均为同质基因型，即在性状遗传保持上不存在任何问题，那么最优的基因型可以通过自交进行繁殖。含不同异质基因的复合体则出现在不同的同质品种杂交后的第二代中。一些完全同质的基因型为理论上的存在，且当杂交所涉及的基因增多时，完全同质基因型出现的概率即会大为减少，因此改良时的首要问题即是如何选择最好的基因型并转变它，使其尽量接近于同质型。

（1）系谱选择法。

自花授粉并以种子繁殖的植物，其后代的表现较为平均，从第二代进行选择往往颇为困难，因为从其单株个体的性状表现上仍无法区分遗传变异和环境变异。因此最理想的基因型选择是以单株连续自交后代的表现为基础进行的，此选择方法称为系谱选择（pedigree selection）。其理论基础在于，最好的同质基因型是由能产生最理想后代的异质植物得来。

系谱选择从杂种的第一次分离世代开始，其后各代均以入选单株为单位分系种植，经过连续多代单株选择直至特定株系的性状稳定一致时，才将入选株系混收作为新品系，如图18-16所示。

假设第二代植物的自交种子种出第三代系统，由于每增加一代，每一次自交带来的同质基因型个体约占总量的50%，则在第三代中的变异性植株数量只有第二代的一半，这样第三代中的特殊植株表现基本上与第三代群体的植株较为相似。因此，在选种时应在特定株系中进行选择，而不是进行广泛株选，前者混淆遗传影响与环境影响的概率更小。

从第三代选出表现最好的系统植株,以其谱系的种子再进行第四代的选择……到第六至第七代时,在单株选出的系统中同质基因的比例通常能达到95%左右,即可认定该系统属于纯合种,便可以此作为园艺生产的栽培种。

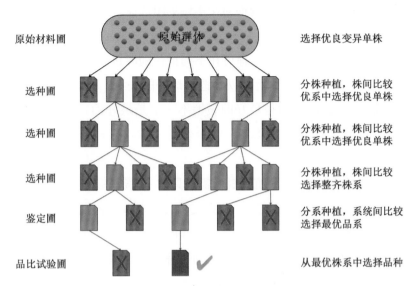

图18-16　自花授粉园艺植物的系谱选择法示意图

系谱选择必须有统一严密的试验记录作为取舍的依据,有些在前面几代的分离中往往不会有太明显的优势,因此需要综合多代的表现最终确定所需保留的理想株系。

（2）集团选择法。

另外一种选择方法即集团选择法（mass selection）,是选择表现最好的单株,且维持最大的集团而不做后代分离试验的选择方法。每代仅淘汰不理想的植株,收获留下来的植株。经过6～10代的选择,其后代即成为表现得类似于同质基因型的异质混合体（见图18-17）。

系谱选择与集团选择可合并使用,如在第二代到第三代时做系谱选择,将便于把遗传上差异较大的植株分辨出来,此后将系统进行混合并做集团选择,直至选择出同质纯合体时再恢复系谱选择。

2）异花授粉植物的选种

系谱选择中重要的是对杂种分离世代所选出的单株进行近亲繁殖后结果表现的评价,但这种选择法对异花授粉植物并不理想,因为近亲繁殖会使其失去优势,除非利用自交系杂交才可能恢复优势。集团选择能使杂交育种的后代在某些可看到的性状上表现得相当一致,并能保持足够的变异性以维持其杂交优势,因近亲繁殖引起的种性退化可以通过天然的异花授粉加以避免。

集团选择可使异花授粉植物获得快速的改良,然而有时其效果（遗传优势）在达到一定程

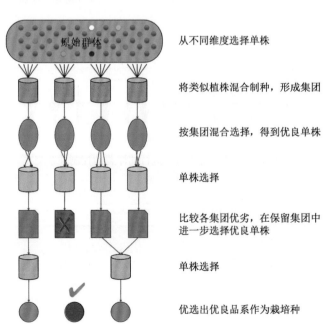

图18-17　自花授粉园艺植物的集团选择法示意图

度后便再难以提升了。为了使杂种分离世代中所选出的单株避免连续自花授粉以产生异花授粉后代,系谱选择与集团选择可合并使用。通常可以先单株植物自交,其后代在进行系谱选择后,用异花授粉的方式恢复至异质纯合体状态。这一步骤往往需要重复多次。当评价的对象为果实或种子时,授粉后即须进行选择,常用的选择策略是对母本做系谱选择而对父本做集团选择。

3)无性繁殖植物的选种

无性繁殖的园艺植物的优良性状个体选择可在不同世代随时进行,因为无性系对任何基因型均能实现完整的保持,其核心的问题在于:试验可以筛选出最好的表型,如果对最理想的选择结果仍不满意则需进一步做杂交改良,但需注意的是最好的表型不一定是最好的亲本。在选择用于杂交的亲本时,应以其后代的表现为基础进行亲本试验。

4)利用杂交优势

以产生F_1代杂种作为繁殖异花授粉植物的来源,需要具备一些条件:首先是必须能够获得并维持可繁殖的自交系;其次,必须能使两个自交系杂交并产生杂交种;最后,其制种生产在经济上具有可行性。

有些植物自交不亲和,不能进行自花授粉,其不亲和的等位基因出现在花柱上,抑制了花粉管的生长。有些植物如甘蓝等可在开花前进行授粉以克服其不亲和性(也称蕾期授粉,bud pollination),有些植物可利用其单倍体的自然加倍而产生出同源二倍体。

对于完全花植物,两个自交系杂交并形成杂交种是较为困难的,除非每一个人工授粉植株能产生足够多的种子。对此,通常可采取的策略是,利用雄性不育株,将植株改造成雌性系统(见图18-18);另一种策略则是利用花粉的不亲和性。

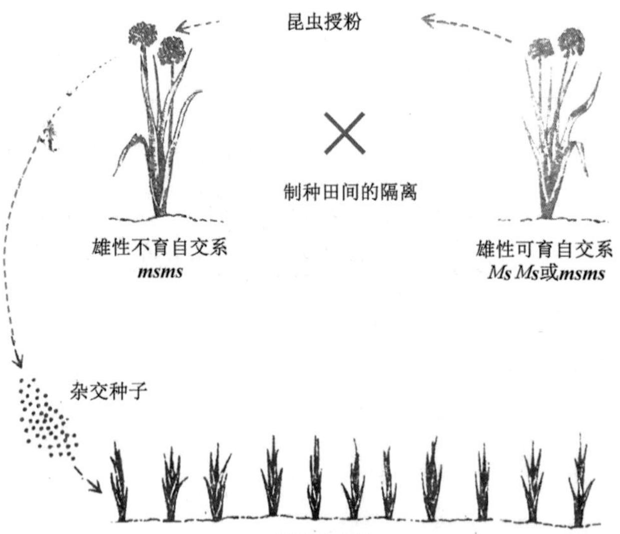

杂交授粉植物的F_1代的优点在于其具有非常一致的优势,而对于可利用营养体进行繁殖的植物,则不需要用两个自交系进行杂交繁殖。

目前生产上常用杂交蔬菜种子的有青花菜、抱子甘蓝、结球甘蓝、花椰菜、芜菁、白菜类、菠菜、石刁柏、胡萝卜、番茄、茄子、辣椒、黄瓜、南瓜、甜瓜、洋葱、甜玉米等;用杂交花卉种子的则有藿香蓟、金盏花、秋海棠、荷包花、仙客来、天竺葵、大岩桐、罂粟花、三色堇、矮牵牛、金鱼草、百日草等。

当杂交优势推广至少数的自花授粉植物时,培育其F_1代杂交种对这些植物而言并非最佳的育种方法。F_1代杂交种虽然能为生产快速地提供特殊组合,但对自花授粉植物而言作用有限。

虽然杂交优势可由两个自交系杂交获得,但有时也常会出现优势不大的情况,可通过其他杂交方式加以改变。一些特殊的杂交方式如表18-2所示。

常用的杂交方式为单杂交(single crossing),

图18-18　利用雄性不育系进行的洋葱的控制性杂交
(引自Janick)

表18-2　一些复杂杂交方式

杂交类型	杂交种名称
自交系×自交系	单交种
F_1杂交种×自交系	三交种
F_1杂交种×F_1杂交种	双交种
自交系×栽培种	顶交种

是指两个纯系品种间的杂交,可用 A×B 表示,其杂种后代称为单交种(single cross hybrid)。

此外还有复合杂交,包括三交、双交等。复合杂交(compound hybridization),是指用两个以上的纯系品种,经两次以上杂交的育种方法。

当单杂交不能实现育种所期待的性状要求时,往往采用复合杂交,其目的在于创造一些具有丰富遗传基础的杂种原始群体,以便能从中选出更优秀的个体。

三交(three-way cross),是指一个单交种与另一纯系品种的再杂交,可表示为(A×B)×C;双交(double cross),是指两个不同的单交种间的再杂交,可表示为(A×B)×(C×D)。

顶交(top cross),则是指一个自交系或一个单交种与另一个纯系品种的杂交。

18.4.4　回交方法

回交(backcross),是指 F_1 代与其亲本之一进行的杂交。回交除用于测交检验外,也是将单一性状转移到另一个栽培种的育种技术,如对某种抗病性、雄性不育等特性均可通过这种方法进行遗传转移。

用杂交种与带有理想性状的亲本(轮回亲本)进行重复回交,并从其回交后代中对单一性状进行多代选择,即可获得一种基因型,它携带了回交亲本的所有基因。

回交育种时,轮回亲本的选择非常重要,我们希望在回交中其基本性状所涉及的基因不会丢失。回交能够将非轮回亲本目标性状所涉及的基因增加到后代中。计算轮回亲本导入基因的重合体比率(r_{RP})的公式为

$$r_{RP} = \left(1 - \frac{1}{2^t}\right)^n$$

式中,t、n 分别为回交次数、差异基因对的数量。而非轮回亲本目标性状基因导入的重组率(P_R)的大小则由目标性状基因和不利基因间的重组率(c)决定,有

$$P_R = 1 - (1 - c)^t$$

式中,t 为回交次数。

比较杂交、回交和自交时基因纯合间比例,有

$$杂交——AA \times aa \to Aa$$
$$回交——Aa \times AA \to Aa : AA = 1 : 1$$
$$Aa \times aa \to Aa : aa = 1 : 1$$
$$轮回亲本自交——Aa \times Aa \to AA : Aa : aa = 1 : 2 : 1$$

回交与自交的结果均有50%的基因为同质,这一点普遍适用于任何数目的基因。

当所转移的目的基因为显性,则回交可持续进行,最终回交之后再进行自交即可使目的基因成为同质;如所转移的基因为隐性,则每代无须试验即可以确定所选回交植株是否为异质及是否含有理想的隐性基因。

回交法最多的是应用于自花授粉植物及改良杂交授粉植物的自交系,它对杂交授粉植物无太大用处,因为此类回交在异花授粉时等于自交,可使其基因同质化。

18.4.5　控制杂交

园艺植物育种与控制其有性繁殖关系极大,在两个植物杂交之前,必须诱导双方自动开花,然而这种情形并不总能自然发生(花期不遇现象)。因此,必须对植物生长过程中的环境因子加以调控,使双方能同时开花。

1)克服花期不遇

在进行异花授粉前,必须对父本、母本的花期进行调节,常用的方法有调节父本、母本的播种期,使用生长调节剂延迟或提早植物开花期,进行人工授粉,等。

通常以母本早于父本开花3～5天为正常,两者相差太多时,则需要调整播种期。春季播种时,其播期差距应为花期差异的1.5～2.0倍,夏季播种则是1.5倍左右。

2)花粉寿命及其保藏

花粉的贮藏及运输技术使人工杂交变得较为便利,且在某些情况下可节省很多的育种时间。花粉活力的保持情况在不同植物间差别很大,如瓠瓜花粉的活力仅能保持3 h;而苹果花粉在低温(-1～2 ℃)低湿条件下,其活力可维持两年以上。

目前,已有一种冷冻干燥花粉的贮藏法应用在生产上,其过程是先将花粉置于-60 ℃低温下冰冻,然后减压至7～33 kPa,使其中的水分升华,干燥花粉。冻干的花粉可在室温下真空贮藏或充入氮气后贮藏。需要特别注意的是,经冷冻干燥贮存的花粉在使用前须将其再度回潮,否则会影响花粉的萌发率。这种方法不适用于禾本科植物。

利用液氮将花粉贮存在-170 ℃以下的超低温贮藏法,对贮藏西洋梨、杜鹃、马铃薯及番茄等植物的花粉均表现出良好的效果。

3)人工杂交方法

人工杂交需要注意:①授粉前避免污染;②授粉操作的规范性;③授粉完成后进行套袋等隔离保护以使其不受污染。

去雄(emasculation)常被用来避免完全花因自交而产生的污染,一般在花粉成熟以前将花粉除净。去雄需在开花前进行,其技术依植物花器的构造而异。雌雄同株异花时,雌花需在授粉前以纸袋、粗沙布网等进行套袋(bagging)保护,以免受风媒或虫媒影响而出现花粉污染的情况;至于虫媒花植物则可将花瓣除去以防止昆虫造访。如图18-19所示为豌豆的授粉方式及杂交时的作业过程。

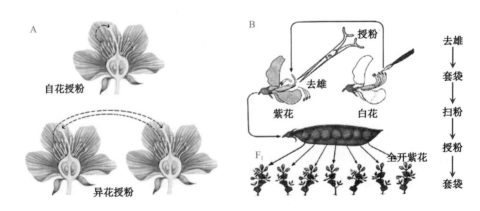

图18-19　豌豆的授粉方式及杂交时的作业过程
A. 授粉方式;B. 杂交授粉作业
(A、B分别引自 tupian.baike.com、zhishi.xkvn.net)

授粉有几种方式可供选择使用。授粉前应提前采集花药,然后使其干燥。授粉时可用毛笔或毛刷将花粉涂于柱头上,其用量宜大,以使授粉完全。对有些植物,可采用空间隔离的方法控制杂交;而在有些植物上则采用装上防止授粉昆虫进入的网罩进行花器隔离的办法(见图18-20A)。

授粉完成后,套以纸袋(见图18-20B)进行保护可避免交叉污染。选择保护方式时,应注意勿使其内部温度过高以影响结实;对于柑橘、苹果等植物,需将花瓣去除以避免昆虫来访。

图18-20 园艺植物授粉时所用隔离方式
A. 单株网罩隔离;B. 授粉后的套袋
(A、B分别引自 blog.sina.com.cn、weimeiba.com)

4)利用特殊的育种材料

在异花授粉操作中,除人工辅助授粉外,为了提升作业效率,育种及制种上经常会利用一些特殊的育种材料来达到控制杂交的目的。

(1)雄性不育系。

雄性不育系(male sterile line),是指一类雄蕊退化(主要是花粉退化)但雌蕊处于正常状态的植株。其因自身花粉无活力,不能自花授粉并结实,只有依靠外来花粉才能完成受精和结实过程。借助雄性不育系,并通过人工辅助授粉办法,可大量生产杂交种子。

(2)保持系。

保持系(maintainer line),本身为正常植株,然其花粉授给不育系后,所产生的后代仍然具有雄性不育特征。因此制种上常可借助保持系使不育系的特征逐代传递下去。

(3)恢复系。

恢复系(restorer line),是指作为父本与雄性不育系杂交时,能使F_1代恢复为雄性可育且能正常结实的植物品系。如该品系具有优势性状的话,此杂交种即可直接用于生产。

18.4.6 保持遗传

当遗传目的达到后,仍须关注其性状的维持及改进情况。突变、杂交、基因污染以及无性繁殖材料的病虫害特别是病毒危害,常会导致栽培种退化或失去应用价值。

1)品种退化

品种退化(variety degeneration),是指品种在栽培过程中逐渐丧失其原有的优良性状,并能遗传给下代的现象,其表现有产量降低、品质变劣、抗性减弱等。

(1)退化的原因。

一般认为,品种退化是植物品种生活力逐渐衰退的结果,是品种特性与生产条件间出现矛盾所导致。因此,可采用人工辅助授粉、异地换种等方法来提高品种的生命力,以达到防止品种退化的目的。

也有观点认为,品种的种性退化是植物适应环境条件的结果,是必然的自然现象,但人类可以延缓品种退化过程,延长品种利用时间。其主要方式是强化人工选择,完善良繁体系,改善栽培条件,做好品种管理工作。

（2）引起品种退化的机理。

个体迁移(individual migration)是影响群体基因频率改变的一个重要因素,外来基因一旦迁入即可引起基因频率上的变化。用公式表示则有

$$\Delta Q = Q_{迁} - Q_{群}$$

即迁入个体后,群体基因频率的变化率(ΔQ)等于迁移个体数(M)与迁入个体的基因频率($Q_{迁}$)和本群体基因频率($Q_{群}$)间差异的乘积。

因此,迁入个体数愈多,基因频率差异愈大,所引起的基因频率的变化愈大。这就是机械混杂和生物学混杂会加速品种退化的原因所在,同时也说明,异花授粉和常异花授粉植物较自花授粉植物更容易出现品种退化。

（3）防止退化。

引起种子生命力衰退的内、外因素错综复杂,因此提高种子生命力的措施也应是考虑到多种因素的综合办法。

首先是提高种子的收获质量。制定种子繁育技术规程并严格执行,防止人为造成的机械混杂。

然后是严格隔离留种。自花授粉植物要进行严格隔离,方式有机械隔离、花期隔离和空间隔离等。

最后是合理选种与留种。每代均需进行定向选择,分阶段对留种株进行选择和淘汰。留种株需有一定的群体,以防其品种种性退化。

2）品种的提纯复壮

一个优良品种在使用若干年后,因机械混杂、自然杂交等原因,往往就会由纯变杂,由优变劣,这是一种自然现象。

复壮(rejuvenation),是指使已经退化的品种基本恢复其原有生产能力的过程。通常的复壮方法是除杂去劣。采用适当的选种措施,把符合本品种原有性状的植株选拔出来并进行繁殖,提高品种纯度,并实行严格的制种管理且在最为适宜的植物种植条件下进行种子繁殖,替换掉已发生混杂退化的种子。

提纯是实现品种复壮的重要措施,是人们不断用人工选择来克服自然选择的影响,以使优良品种能较长期地保持其优良种性的作业。各类植物均会在自然选择中出现品种退化现象。因此,提纯复壮是品种使用过程中必须连续进行的工作。

品种在提纯复壮时必须选择出具备该品种原有典型性状的单株,并在其群体内进一步进行株选优化(株系选优提纯法)。这可以促使这个品种向人们所需的方向转化,使其种性逐步提高(见图18-21)。

株系选优提纯法的基本技术内容如下:①选择优良单株;②株行比较鉴定;③株系比较试验;④混系繁殖。

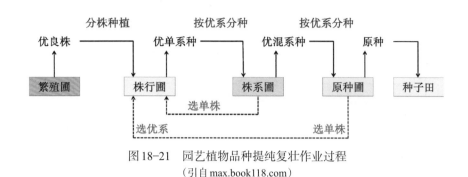

图18-21 园艺植物品种提纯复壮作业过程

（引自 max.book118.com）

18.4.7 制种技术及品种管理

园艺植物的制种，包括自交制种和杂交制种两大类。

1）三系法杂交制种

目前大多杂交制种是通过三系配套实现的。所谓三系，包括不育系、保持系和恢复系。

（1）不育系。

不育系（male sterile line），严格讲是一类雌雄同株的植物，其雄蕊不能形成花粉或仅能形成败育的无生活力花粉，但雌蕊发育正常，能接受外来花粉，受精并结实，由这种雄性不育性植株组成的群体（品种或品系）即雄性不育系。

雄性不育性可分为可遗传的雄性不育性和不可遗传的雄性不育性两种。可遗传的雄性不育性是指由遗传基因决定的雄性不育，这种雄性不育性可以遗传给后代，在育种上可以连续使用。目前生产上广泛应用的杂交种绝大多数是以这类雄性不育植株为母本配制的。不可遗传的雄性不育性是指那些由引起生理变化的环境因素（如高温、干旱或化学药剂处理以及某些强烈的辐射处理）导致的雄性不育性。这种雄性不育性不能遗传给后代，因此在育种上不能连续使用。

（2）保持系。

保持系（maintainer line），自身雌、雄蕊都正常，以此作父本与不育系母本杂交，所得后代的育性和不育系母本一致，也不能产生具有功能性的花粉，但雌蕊仍正常。换言之，此类植株可将母本的不育特性保持下来，保持系便因此得名。

保持系的作用在于为不育系提供正常的但在遗传上具有雄性不育特性的花粉，以便保持不育系的稳定性。

（3）恢复系。

恢复系（restorer line），此类植株本身的雌、雄蕊都正常，具有杂交时使不育系恢复育性的特性，是制种时给不育系提供花粉并生产杂交种的父本。

恢复系可从原有的品种中筛选，也可以有目的地通过有性杂交选育而成。

（4）三系配套。

对于三系配套的育性关系（见图18-22），学界多认为雄性不育性是由细胞核和细胞质共同作用的结果。细胞核中有不育基因（r）与育性恢复基因（R）之分；细胞质中有不育基因（S）和可育基因（N）之分。细胞核中的基因R可以使细胞质中的不育基因S恢复育性。当控制育性这一性状的基因组成为$S(rr)$时，就表现为雄性不育；如果为$N(rr)$，就表现出保持系特点；而作为生产上使用的恢复系，因要求它与不育系杂交的子代（即F_1）育性100%得到恢复，所以该恢复系育性基因组成应是$N(RR)$或$S(RR)$。

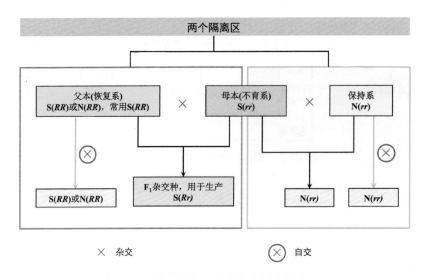

图18-22 园艺植物三系法杂交制种原理

2）两系法

两系法指不用保持系雄性不育系制种方法，其特点是利用光周期敏感或温度敏感的核不育品系。该种雄性不育性是由核基因引起，且其育性会因日照时间或温度（或两者兼有）的变化而在可育与不育之间相互转换，通常在长日照（高温）条件时表现为雄性不育，而在短日照（低温）条件下表现为可育。因此，利用这一特性，可在杂交育种中建立一套新的制种程序——两系法，即在长日照（高温）条件下，利用光（温）敏核不育系作母本，恢复系作父本，配制杂交种子；而在短日照（低温）条件下，则利用光（温）敏核不育系的自交繁殖特性，生产下一年制种所需母本种子。这样，与三系法相比，两系法可以不再需要保持系，也因此会节省大量人力和物力。

用光（温）敏核不育系的自交不育系作母本，用加显性标记基因的恢复系作父本，把不育系和恢复系分行种植制种，在后代中就可以根据显性标记性状来区分不育系自交后代和不育系与恢复系的杂种子一代。在杂交种生产田中把无标记性状的不育系自交株除去，不育系自交种子可繁殖不育系，杂交种子可供生产用。两系法制种过程如图18-23所示。

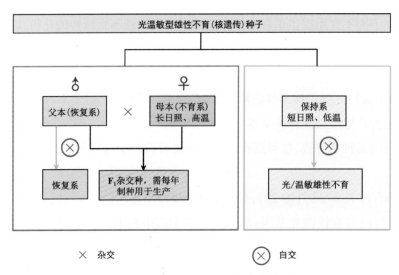

图18-23 园艺植物两系法杂交制种原理

（引自 mt.sohu.com）

3）其他杂交制种方式

（1）简易制种法。

又称人工去雄杂交制种法，是指人工去掉雄蕊或雄花、雄株或部分花冠，再任其与父本自然授粉或人工辅助授粉，最后从母本植株上采收一代杂种种子的方法。原则上说，这种人工去雄杂交制种法适用于所有的有性繁殖植物，但实际上仅用于茄果类、瓜类、菠菜等蔬菜植物中。

人工去雄制种法的局限性主要与去雄授粉的难易程度、种子生产成本、繁殖系数以及种子纯度（杂交率）等有关。

对于雌雄异株的异花授粉植物，如菠菜等，通常可采用拔除雄株的方式进行杂种种子生产。将选好的两个亲本种植于同一隔离区内，在雌雄株可辨时将母本株系内的全部雄性花株拔除，再任其自然杂交，以后从母本植株上采收杂种种子。对于瓜类蔬菜，这种雌雄同株异花的异花授粉植物，在杂种种子生产上主要采用人工卡花（使其无法正常开放）并人工授粉的方式。其中，甜瓜多为雄花、两性花同株，需对母本的两性花去雄后授粉。

对于自花（或常异花）授粉的茄果类，最常用的制种方法是人工去雄杂交法，在蕾期将母本花朵上的雄蕊去除后用父本的花粉进行授粉，然后从母本杂交果实中获得杂交种子。雌雄同花的异花授粉植物，如大多数的十字花科蔬菜，因其花器较小、单果种子数少，采用人工杂交时的结果率低、种子成本较高，一般不采用此法制种。但在花椰菜杂种种子生产上，作为一种过渡形式，常采用人工蕾期授粉的方式生产杂种种子。

（2）自交不亲和系制种法。

自交不亲和性（self incompatibility），是指两性花植物的雌、雄两性器官及其配子在形态和功能上均正常，可在不同的基因型品种间授粉并能正常结实，但在花期自交时不能结实或结实率极低的现象。

利用自交不亲和的单株经过蕾期授粉获得的后代株系，如果在系内株间交配也不亲和，则这样的株系即是自交不亲和系（self incompatibility line）。目前，结球甘蓝、结球白菜、青花菜等植物主要以此方法生产一代杂种种子。利用自交不亲和系生产杂种种子应在隔离区内进行，父、母本宜采用隔行种植，父本与母本植株的数量比通常为1∶1。

（3）杂交制种田间管理要求。

要求一：制种区域选择。

在杂种种子的生产上应注意选择适宜的制种区域，并调节父、母本的花期，使之有较长的花期相遇时间，有条件的地区可在制种田内放养蜜蜂，以提高杂种种子产量。由于自交不亲和系的亲本自己不能自交繁殖，故植株上采收的种子就是两个亲本彼此杂交形成的杂交种。

要求二：自交不亲和系的繁殖。

在利用自交不亲和系制种时，自交不亲和系的繁殖是关键之一。十字花科蔬菜自交不亲和系原种的繁殖一般采用蕾期授粉的方法。自花期开始选择大小合适的花蕾进行剥蕾（用镊子或其他专门用具剥去花蕾上部1/3的花被，露出柱头），并立即用同系的混合花粉授粉，之后即从授粉株上采收自交不亲和系种子。将自交不亲和系种株定植在温室或塑料大棚内，是为了与其他近缘植物或品种隔离，利用这种栽培设施还具有促进提早开花和防雨等作用。

一般选择开花前2～5天的花蕾授粉效果较好。但对于结球甘蓝等来说，通常在其强壮枝条上选用第5～20个花蕾为宜,在较为瘦弱的枝条上则宜选用第3～15个花蕾。

(4) 杂交制种的基本作业。

第一,选择父、母本。

父、母本的选择取决于育种的目标和目的。亲本植物必须从当地种植群体中选出。

第二,去雄。

自交系材料在正常生长的过程中需要去雄,将母本的雄蕊在花药成熟开裂并散落花粉之前去除。单性生殖的植物不需要去雄,但双性生殖或自花授粉植物则必须进行去雄作业。

第三,套袋。

对去雄后的雌花或花序应立即套袋,以避免任何外来花粉对其造成授粉污染。套袋所用材料可以是纸或细布。

两性植物去雄的同时即需套袋;单性植物的套袋则在其花药柱头具有接受性和花药开裂之前进行。雄花和雌花要分开套袋,以防止雄花上的污染和雌花上的异花授粉。

第四,授粉或授精。

亲本自交或人工自花授粉时保持基因纯合是其关键,由此可以消除不良性状,获得优质的自交系。

第五,标注。

去雄后的花朵在套袋后应贴上标签。常用直径约3 cm的圆形标签或长、宽约3 cm×2 cm的矩形塑料标签,用线系在花或花序的基部。标签上要用油性记号笔标注以下信息:去雄日期、杂交日期,母本名称后加叉号(×),然后是父本名称。例如,C×D表示C为母本,D为父本。

第六,收获和种子储存。

收获杂交后的果实,待其完全干燥后进行脱粒并做进一步的分选。将获得的种子随原始标签妥善保存后即可进入种子的加工环节。

18.5 园艺植物的种子生产及其管理

现代园艺对种子的要求非常严格,质量低劣的种子不仅会造成生产资源的极大浪费,而且耽误农时,影响市场供应。生产上采用的优质种子表现为具有品种典型的优良性状,纯度高、种子质量好,健康而不带病虫害,等。优良种子是实现园艺生产优质高产的基础。

18.5.1 种子生产基地及其建设

种子生产基地是实现园艺植物种子生产有序化与质量保证的前提。由于其对生产条件的要求与常规的园艺生产有较大的不同,因此需要在基地的选择与建设上满足更高的目标要求。

1) 种子生产基地的选择条件

满足种子生产基地所要求的条件,需从以下几方面进行综合考虑。

(1) 针对不同植物类别选择最适宜的种子生产区。

种子生产田所在区域,必须在自然的气候条件上满足生产要求,在全生育期无需过多投入于环境控制,既可保证种子质量,同时也可有效降低种子生产成本。特别需要重点考虑的是,在植株进入开花期后,必须有相对较低的空气湿度,同时降水频度低,雨量少,而且区域温度适宜、光照充足,无强风和台风之虞(见图18-24)。因此,极端温度过高和过低的地区,往往均不在种子生产基地选址范围内。

图18-24　园艺植物种子生产基地适宜的区域环境
A. 茄果类蔬菜,甘肃张掖; B. 十字花科植物,河南济源
(A、B分别引自 wbnet.net、k.sina.com.cn)

（2）选择具有与种性相匹配的土壤条件的地块。

在适宜区域内,还需根据种子生产的对象植物类型来进一步确定适宜地块。土壤的理化性状需要与种子的主要推广应用生产区域的环境相一致,并不是土壤质量越好就越适宜选作种子生产田。

（3）种子生产田应在固定区域,不同地块间进行轮作。

轮作对种子生产而言,不单是保障采种植株生长及产量上所必需,还因为连作时常会造成生物学混杂与机械混杂,并可能导致有害生物难以控制。因此,需要在种子生产基地内不同地块间进行合理的轮作并配合以认真的田园清理,以有效避免种子生产过程中机械混杂等问题的发生。

（4）地块应尽可能避免有害生物的存在。

土壤作为有害生物的侵染载体之一,地块的土壤生物环境好坏对种子的生产过程顺利与否及其质量高低有着重要影响。因此,在选择地块时,应避免可能出现有害生物暴发的地块。

（5）易于隔离,作业便利。

种子生产地块要求与周边有足够的隔离空间,并且地势开阔平坦便于作业。这样可有效地保证种子生产的纯度,降低因使用其他隔离方式而增加的生产成本。

2）种子生产基地建设

其主要内容包括种子生产田基本建设和配套服务体系建设两个方面。

在种子生产田的基本建设上有如下四点要求。

（1）土地的平整、区划。

根据生产植物种子的对象,在选好的地块上进行农田基本建设。首先需要平整土地,并构筑道路、水系。每个单元地块间设置边行隔离,并按照种植习惯配置耕作行、作业过道及给水、排水渠,确保田间不会积水。

（2）针对一些特定植物采种习性,设置不同保护设施。

一些园艺植物,当其开花结实时,由于植株较为高大且有较多的分枝,常会造成植株倒伏,因此可在田间设置扶助拦索或支架;一些植物在果实膨大成熟期,易受鸟类和昆虫影响,可在田间设置简易天网进行隔离或加装反射条进行驱除（见图18-25）。

（3）完善种子干燥、脱粒及贮藏设施。

在专业种子生产基地,一般均需配置晾晒场设施及烘干脱粒设备,有配套的加工厂,能够对种子进行清选、处理和包装等加工作业,并配置具有通风、降温等功能的仓库。

图18-25 园艺植物采种时的部分辅助设施
A. 果实承重网；B. 防虫网温室；C. 防鸟反射条
（A～C分别引自 nipic.com、pig66.com、174545.shop.52bjw.cm）

（4）配备专门的实验室用于种子质量的检验检测。

从种子生产基地的管理建设上，必须做好以下工作：加强检验检测人员的技术培训；落实作业规范与标准，执行严格的管理制度；建立健全种子生产销售的配套服务体系。

18.5.2 种子生产计划与管理规范

园艺植物的种子是具有独特属性的商品，其市场性具有很大的行业局限性，而且种子质量受贮藏期时间的影响较大。即使是优质的种子，因贮藏条件限制，一旦不能在其存有生活力的时候使用，其使用价值便会丧失殆尽。因此，无论是种子生产企业还是园艺种植者，对种子的生产、采购和储备等均需有一个合理的计划。

1）种子生产计划

种子企业的生产计划直接关系到企业产品的商业信誉与经济效益，所有的业务活动均是以生产计划开始的。一个科学合理的生产计划即是种子生产全部工作的指南。完善的计划需要在充分掌握市场需求与自身生产能力的前提下，基于全面预测与评估，方能最终形成。一般而言，计划主要包括以下几个方面的内容。

（1）育种计划。

作为种子企业，应考虑知识产权保护与自身的可持续发展问题，在开展种子生产的同时，必须同步开展引种和自主的育种工作，重点对准具有良好市场潜力且相对具备优势的领域进行突破；在育种尚未形成大的格局时，不宜全面铺开。

（2）繁殖生产计划。

无论是自有产权品种的繁殖还是通过商业合作进行的园艺植物种子繁殖，根据市场需求及其动态变化，宜在直接获取园艺种植企业和农户的品种选择信息（需求区域、适用栽培模式及茬口等）后，调整不同植物种类及相应品种的种子生产量。

（3）销售与库存管理。

对过去的历史销售数据需要做专门的动态分析，并能准确地回答"未来种植者将有何需求上的变化？"这一问题。生产上固然需要以销定产，但事实上每年的生产量应稍大于销售量，即余出部分视为储备量（reserves），可作为特殊情况下的补种和重播之需。储备量所占比例则可根据生产企业实际情况及市场波动大小决定。

2）生产计划的要求

具体的生产计划书应包含以下必备内容。

（1）目的与定位。

虽然长远目标可能在年度间变化不大，但对于种子更新周期日益缩短的当下，年度计划的目标在分解细化时，往往可能与前一年度有一定的差异。而新的目标确立则需要对行业背景及动向有十分准确的把握，并以此为基础而做出。

定位可细分为技术定位、产品定位、市场定位等，需要对制种设施及其技术条件给出明确选择，同时进一步明确种子产品的综合水平高低以及明确定位是做区域市场，还是专门市场或全国市场，种子是否能出口等相关问题。

（2）任务的内容分解及相应指标。

对年度生产计划可按不同业务板块分设不同的任务而展开（此即任务的可拆分性），并明确每项工作所对应的工作目标及考核指标，如品种、面积、种子产量、质量等。

（3）实施条件及其创造。

对不同工作内容所依据的工作条件进行比对，个别需要增加或改善设施条件者，须从资金、技术和人员等角度做出具体论证与安排。

（4）技术路线及工作流程。

生产计划包括一系列技术文件，内容涉及基地总图及地块分布平面布局图、隔离条件及设施、不同种类所采取的采种方法、种子田间收获及加工设施的利用、其他配套设施的配置情况等。

对程序性问题，宜按工作流程及管理规则，细化而形成技术路线图，给出实现工作目标的规定路线。

（5）生产进度安排。

由于种子生产的对象植物种类众多、要求不一，因此对不同植物有不同的工作安排，宜在实施流程中明确各个节点所对应的作业时间的起始范围以及完成标准，以便于过程评估。

（6）生产过程管理及质量控制。

对照工作流程，制定相应的管理制度与规范，落实种子生产中的各个质量控制关键节点，确保种子的产品质量达到预期目标。

（7）经营计划与客户管理。

需要对新品种的展示、交流与宣传，已推广品种的应用市场巩固与售后服务，市场拓展与新品导入，传统客户的定向服务与新客户的跟踪性合作意向寻求等相关内容进行全方位的工作安排。

18.5.3 良种繁育制度

良种繁育制度（seed breeding system），是指种子生产中必须遵循的特定规范和法则，它包括种子生产体系、技术规范、管理制度等内容。

1）良种繁育体系

良种繁育体系，是指关于品种选育、繁殖、遗传保持、种子加工、产品推广等一系列工作的组织、领导、资源配置及工作方式的总和。中国园艺植物种子繁育体系已基本形成，并在逐步发展成熟中。中国的良种繁育体系基本上围绕"四化一供"进行重点提升，即种子生产的现代化、加工机械化、质量标准化、生产布局区域化以及以县为基本供应单位。

2）良种繁育程序

良种繁育程序，是指根据品种繁育的世代关系而确定的生产流程和工作方式。

通常的繁育程序包括原原种、原种、生产用种的分级繁殖程序。

（1）原原种，育种者直接生产与控制的质量最为纯正的繁殖用种，主要用来进行遗传保持，其隔离与授粉条件极为严格，常采用一次繁殖多年使用的方法。利用原原种繁殖的后代即为原种。

（2）原种，在质量上次于原原种，往往是由各级原种场和由育种者授权的原种基地负责生产。通常自花授粉植物可通过露地空间隔离进行原种的生产；而一些异花授粉植物则必须利用网室或温室进行隔离。

（3）生产用种，是由原种场生产的原种进行繁殖得来，此类种子可用于通常的商业种植。生产用种的生产可由专业基地或农户承担，其质量标准略低于原种，但仍须满足优良种子质量的全部规定。生产用种的生产一般需要在条件较好的区域进行，以获得更高的种子产量和播种品质。

3）品种审定和登记制度

品种审定（variety approval），是由品种审定委员会对新育成的品种或新引进的品种进行育种过程、品种特性审核（进行区域试验和生产试验鉴定，按规定程序审查），对其可推广性（是否推广以及可推广范围等）做出综合评价的工作程序。品种登记（variety registration），则是指对一些非主要农作物品种进行管理的制度。

在中国，除国家级审定和登记外，国家主管部门授权各省、自治区、直辖市等地方政府和新疆生产建设兵团可对区域性品种进行审定和登记。

（1）品种审定。

育成的新品种须经品种审定合格后方可在种植生产上推广应用。其品种育成者在获得品种权（variety right）后享有品种保护权益，这是对知识产权的法定认可。

实行品种审定制度有利于品种的管理，并在加强种子生产、销售和推广方面的行为规范，提高种子应用的计划性等诸多方面有积极的推动作用。

目前，园艺植物中除少数指定植物外，其余均不需要进行审定，其生产责任由育种者承担。在园艺植物上扩大品种审定制度管理范围将是必然趋势。目前因园艺植物涉及种类众多且不同种类生产规模大小相差较大，加之之前的工作基础较差等原因，园艺植物品种审定尚无法整体实施，当下主要按照农业部（现农业农村部）于2017年颁布的《非主要农作物品种登记办法》进行品种登记。

品种审定所依据的事实基础是品种试验。农业部（现农业农村部）发布的《主要农作物品种审定办法》（2016年修订版）中规定，申请审定的品种必须经过不少于2个生产周期的多点区域试验和不少于1个生产周期的生产试验，掌握其特征特性，从中选出合乎要求的优秀者，经过审定方可在适应的地区推广。因此，品种试验是新品种从育种到种植生产应用的基础工作，其内容包括：区域试验、生产试验和品种特异性、一致性及稳定性测试；而品种审定则是对该新品种做出是否符合推广要求的审核和决定过程。

（2）园艺植物品种登记。

品种登记制度（variety registration system），是国家依据种苗法制定的对非主要农作物进行的旨在保护植物新品种育成者权利的管理制度。新品种登记后，其品种登记者便获得了繁殖、销售该种子、种苗的专利权（见图18-26A、B）。

国家农业部（现农业农村部）不定期会对品种登记信息进行公告，其内容包括登记编号、作物种类、品种名称、申请者、育种者、品种来源、特征特性、品质、抗性、产量、栽培技术要点、适宜种植区域及季节等。一些木本观赏类植物的品种登记原归属林业局负责，现归口到国家林业和草原局。

图18-26　植物品种审定与登记证书

A. 西瓜品种国家登记证书；B. 木兰品种国家登记证书

（A、B分别引自pig66.com、174545.shop.52bjw.cm）

4）育繁推一体化

园艺植物种子行业涉及植物资源与遗传学研究、育种技术创新与应用开发、种子生产与加工、种子的市场推广销售与售后服务等领域，即研、发、产、推。研究与开发已在一些科研单位和院校等机构逐步系统化，这些机构便成了机构育种的主力，同时民间育种工作也在向研究领域渗透；而作为种子生产加工企业，面向市场实施推广销售也已成为企业运作中的主体工作之一，即繁与推结合。

但现有种子企业大多在育的方面能力不足，除买断一些潜在品种的使用权并用于繁殖和销售业务外，企业自身对引种、资源收集、种质遗传及性状调查等基础性工作投入不够，且专业人员力量薄弱，难以在短时间内建立起自身的育种工作体系。从另一方面看，科研单位和高校等机构，其优势在于育，若使其产业链延伸，兼顾繁育与推广，恐难以形成可持续发展态势。原因有二，一是战线拉长，相应要投入更多人力物力；二是种子生产和销售等业务与科研院所和高校的主体业务有较大差别。

为此，国家开始倡导以企业为主体，推进种子行业的育繁推一体化，将原本属于不同机构的工作一体化于有能力承担的企业主体上，去除了环节间的对接。此举将利于中国种业逐渐摆脱过于分散且单一、企业积累深度不足、可持续发展能力弱的困局。

18.5.4　种子采制加工技术

园艺植物种类众多，不同种子形成的过程及特点差别较大，大多数植物的开花期较长，果实和种子成熟期不一，这给种子采收带来诸多困难。种子采收的早晚与种子质量及其后的加工过程有着密切的关系。

1）种子的收获

对园艺植物的采种植株而言，为了保证采种质量，并不是所有的果实均被留作种子生产。因此，在栽培上需要进行适当的植株调整，以防开花结果过多而影响种子质量。同时，当植株有相对一致的成熟期时，实现一次性采收可大大节省制种成本。

（1）采收适期。

种子采收过早，经常会出现部分种子发育不完全的情况，其后的清选加工中剔除劣质种子的难度也会加大；而采收过晚时，采种量会因为部分早已成熟的种子发生脱落而遭受损失。不同采收时间对园艺植物种子产量的影响如图18-27所示。理想的种子采收期应为大多数种子已基本成熟时，种子脱落现象

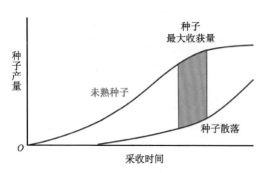

图18-27　园艺植物采收时间与种子产量的关系
（引自 R. L. Agrawol）

发生较为严重的种类宜适当早收；而脱落较少的种类则可待整株成熟时收割。当然，在适宜收获期内，必须视天气情况而确定具体日期，应避免雨天采收，即使在雨后也应及早采收，以降低种子的质量损失。

（2）防止倒伏。

很多园艺植物在果实膨大与种子形成过程中，因其分枝和果实较多，整株常呈倒立伞形，重心较高，因此极易形成倒伏。同时，种子发育过程中较高的肥力水平（特别是氮肥）也会造成植株生长过于繁茂，整株高大而枝条较弱，大风和降水等不良气候均会增加采种植株的倒伏问题。

倒伏后的植株均难以恢复正常直立状态，且其果实接近地面，正在成熟的种子受较大湿度的影响易发芽和霉变，而未成熟种子的发育也会因此延缓。倒伏导致种子质量有较大程度的降低。

为了防止植株倒伏，通常需要增加扶助措施，如拦索、支架等（见图18-28）。

图18-28　园艺植物的常用防倒伏措施
A. 十字花科拦索；B. 高大藤蔓类植物活动棚架；C. 苹果支架
（A～C分别引自 dz.cppfoto.com、haixi.fenlei265.com、dz.jjckb.cn）

（3）采收作业。

园艺植物采种时的收获对象主要有鲜果、干果两大类。以鲜果为主要收获对象的园艺植物有果树类、蔬菜中的茄果类和瓜类等，其中有些为肉质果实，需要去除新鲜果肉后获得种子；以干果形态为对象的收获植物则包括大部分的蔬菜、花卉和草坪植物等。如图18-29所示为几类园艺植物采种植株收获时的样态。

对于草本植物，通常的采收作业以切割为主，收割后经晾晒再进行脱粒作业；对于木本植物，少数采取切枝收获的办法，大多数则直接采摘果实。

2）脱粒

田间收获后的果实，在成熟度上存在较大差异，因此需要进行后熟作业。种子在果实内自然后熟，有助于提高种子质量。

鲜果后熟后对种子发育的作用非常明显。一些不经过后熟而直接采种获得的肉质果内的种子，发芽率和发芽势均低，有时根本不具备作为商品种子的条件。

有些园艺植物的种子需要从果实内将其分离出来，而有些则是种子连同果实一起作为繁殖材料。将种子从果实内分离出来的过程，称为脱粒（threshing）。脱粒分为人工脱粒与机械脱粒两种。

人工脱粒主要有以下几种方法。

图18-29　不同园艺植物采种植株收获时样态

A. 辣椒的机械采收；B. 采收后的大葱果实与种子；C. 待采花椒果实；D. 黄瓜老熟果实；E. 待收获核桃果实；F. 待收割草坪草种子

（A～F分别引自amic.agri.gov.cn、blog.sina.com.cn、mts.jk51.com、mp4cn.com、detail.youzan.com、mygoo.com）

（1）碾压、击打法。

如图18-30所示，在处理植株数量较小的情况下，当果实较为干燥时，可用连枷或木棍击打种株，使种子从植株上脱落下来，去除杂质后即可获得种粒，随后可进入清选作业环节。

图18-30　园艺植物种子的人工脱粒作业

A. 连枷击打；B. 木棍击打

（A、B分别引自m.sohu.com、sohu.com）

（2）水洗法。

水洗法是利用种子与其他混杂物组织的不同比重而进行分离的办法，通常用流水冲洗并结合手搓等，将种子所带杂质去除。

（3）发酵法。

对于一些肉质果，果肉往往含有胶质成分并与种子粘连在一起，用水洗法很难将黏质部分除尽，因此可采用发酵方法，使果肉在1～2天后实现自然脱离，用水冲洗即可获得洁净种子。

（4）剥离法。

有些含有种子的果实在老熟后果皮干缩而不腐烂，用连枷等均不能将其中种子完全脱下。对这类果实，通常会采用手工将果皮剥离而收集种子的方法。

图18-31 园艺植物种子脱粒机械
（引自detail.1688.com）

机械脱粒往往借由脱粒机械（见图18-31）的滚轴快速转动而使果肉破碎露出种子，然后再利用重力或风力将种子与果肉碎渣分离。

3）干燥

种子的生活力保持与其水分含量有直接的关系，而种子的含水量又直接影响其生理过程及寿命。因此，合理降低种子的水分含量是种子贮藏与保持生活力的基本要求。种子干燥时，需将其中的自由水去除。

（1）种子水分含量与其生活力之间的关系。

新收获的种子，尚处于后熟阶段，因此代谢活动较为旺盛，水分在其中具有重要作用，未完成后熟过程而迅速降低种子内的水分含量实际上是有害的。因此，生产上应在前期使之缓慢失水，并且不可直接用高温将水分蒸发掉。

（2）种子干燥过程中主要成分的变化。

碳水化合物常以淀粉形式存在，其中结合水的含量不高，对干燥温度要求不敏感。蛋白质是种子内重要的化学成分，亲水性较强，失水易使其结构发生变化而难以恢复，因此不可以用高温烘干种子。含脂肪较高的种子，亲水性差，水分容易散失，且高温会使脂肪游离而导致种子活性受到不良影响。

（3）种子的晾晒。

晾晒一般不宜摊开在地表或水泥面上，前者会因地面的返潮而效果不佳，后者则容易造成高温伤害。通常应将种子置于苇席、竹帘等具有透气结构的材料上，并及时用工具翻动，以散发水汽。有时可利用通风装置，加速种子晾晒时所蒸发水汽的转移。

（4）人工干燥。

利用风扇等加速空气对流，且控制环境温度高于户外温度7℃左右即可。不同园艺植物种子贮藏的安全含水量上限值如表18-3所示。

表18-3 不同园艺植物种子贮藏的安全含水量上限值

单位：%

植物种类	含水量上限值	植物种类	含水量上限值	植物种类	含水量上限值
番茄、辣椒	12	莴苣、茼蒿	11	柏树	9
茄子	11	芥菜、白菜、萝卜	11	山定子、黄海棠	13
葱、韭菜	11	甘蓝	10	桃、李、杏（带核）	20
黄瓜、甜瓜	11	豆类	12	柑橘	24
南瓜	11	菠菜、芹菜	11	板栗	30
丝瓜、冬瓜	9	苋菜、蕹菜、甜菜	8	咖啡、油茶	24

（5）强制干燥。

通常使用热风干燥机，开始时控制温度在38℃左右，然后逐渐降至33℃左右，干燥时间随植物种子种类不等，一般在8～16 h。

4）种子的加工

收获后经后熟和干燥的园艺植物种子，在成为最终产品被收储前，往往需要进行进一步的加工处理，其目的是使种子质量整齐一致。种子加工作业主要有清选与分级、种子处理与包装等。

（1）清选与分级。

种子的清选（seed cleaning），是指对收获脱粒后的种子利用机械等方式将其中混杂的秸秆、果肉、碎叶、石粒、泥沙及劣质种子等去除的作业。

种子清选主要利用物理特性如种子和混杂物在形状、大小、比重等方面的差异来进行分离，其区分方式则主要有依靠风力的风选、依据比重差原理的水选与依靠震动和筛网的筛选等几种。如图18-32所示为三款不同的园艺植物种子清选机械。

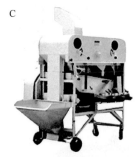

图18-32　园艺植物种子清选机械
A. 较为古老的手摇式风机；B. 利用种子自身重量的震动式清选机；C. 风力清选机
（A～C分别引自meipian.cn、hebeibaocang.com、blog.sina.com.cn）

种子分级（grading of seeds）的最主要依据是种粒的大小或单粒重量。同一品种的种子，饱满度越高，种子体积越大，单粒重越高，表明该种子的质量较高。由此进行的分级在生产上具有普遍意义。一些种粒较小、重量较轻的种子，应当在清选过程中就淘汰。

种子的分级，还可以品种纯度、净度和发芽率为依据，其中应用较多的是以品种的纯度分级。在蔬菜和花卉种子管理上，可参照《蔬菜种子》（GB 8079—1987）和《瓜菜作物种子　第3部分：茄果类》（GB 16715.3—2010）以及《主要花卉产品等级　第4部分：花卉种子》（GB/T 18247.4—2000）等。

（2）种子的商品化处理。

经清选后的种子，常须进行必要的商品化处理，包括种子的消毒、包衣和种皮刻伤等作业。

种子的消毒处理是生产中常要遇到的。

通常采用的处理方法包括物理方法和化学方法两类。其主要目的是通过处理使种子表面和内部所带有的病原微生物和虫卵被杀灭，切断有害生物后续发生的通路，控制种植后的田间病虫害发生。

物理方式又分为热处理与药剂处理两种。热处理包括以55～75 ℃的高温来处理种子和利用热水进行浸种处理。（可参阅本书第17章相关内容）

化学处理主要采用的药剂有$CuSO_4$、福尔马林、福美双、多菌灵、托布津、磷化铝等。在处理时必须严格掌握科学的处理浓度与处理时间。

种子的包衣处理多在消毒后进行。

与种子包衣处理相关的内容，已在本书第15章中有过讨论。

（3）种子的包装。

种子经过加工处理后，需要进行严格的包装。这一过程可给种子的贮藏、流通与使用带去极大便利，同时也能够更多地保护种子少受机械伤害，避免混杂等污染发生。

种子包装根据使用目的可分为运输包装和零售包装两类。运输包装的主要目的是便于运输过程中的装载、托运和贮藏（见图18-33）；而零售包装（见图18-34）则是为了便于销售与使用，故其单位体积与重量较小，以增加标识、便于携带为特征。

图18-33　园艺植物种子的运输包装
A. 纸箱包装；B. 编织袋包装
（A、B均引自shop.71.net）

图18-34　园艺植物种子的零售包装
A. 铁罐包装；B. 混铝薄膜包装；C. 纸-薄膜双层包装；D、E. 薄膜包装
（A～E分别引自metaobao.cn、b2b.hc360.com.cn、b2b.hc360.com.cn、xiawu.com、1688.com）

种子的包装物须具备以下特性：防潮、坚固耐磨、不易碎、自身重量较轻、易印刷与粘贴等。

在利用密封性能好的包装方式时，种子的水分含量须严格控制，通常要比库藏安全含水量低4～5个百分点。

5）种子的贮藏

关于种子的贮藏条件与种子寿命的关系，本书第15章已有过讨论。此处仅就其贮藏设施与过程管理进行阐述。

种子在完成其整个生产过程后，在流通与待播过程中，必须在特定条件下进行贮藏，如此种子的质量方能得到保持。运输和贮藏过程中管理不当，常会使种子出现混杂、发热受潮而霉病、提前发芽、受虫蛀鼠害等问题，这些情况均会影响种子的质量及商品性。

对于种子销售企业，库存量的大小与其经营有着直接的关系，库存过小会丧失市场；过大则易发生种子滞销甚至报废的问题。因此，合理的库存量（reasonable inventory）必须建立在科学的调查与预测分析基础上。

种子的合理库存包括常规库存和应急库存两种。常规库存量（regular stock），是指正常情况下保证种子销售的最低限量，亦称必要库存量（necessary stock）；应急库存量（emergency stock），是指为了应对自然灾害、市场变化等突发情况而作为应急处置的库存量。某品种子合理库存量的计算方法为

$$种子必要库存量=种子的销售期间×平均日销售量$$
$$种子应急库存量=储备系数×销售周期的实际销售量$$

式中,储备系数(reserve coefficient)需根据企业销售历史数据与市场状况加以确定。

(1)贮藏设施。

根据种子的物理状态和对贮藏条件的要求,种子库可分为常温库、除湿库和低温除湿库等类别,如图18-35所示。

图18-35 园艺植物种子贮藏库
A.常温库;B.除湿库;C.恒温除湿库
(A～C分别引自redflagseed.com、chinazedo.com、bj.58.com)

建造种子贮藏库,需很好地考虑地势(较高,不积水)、地质(坚固)、交通(距离干线近便)等因素,同时考虑周围是否有充足的空间,以便配备晾晒场、备品仓库与检测实验室等必要设施。

常温库,通常只配置通风、防雨防潮、防鼠隔离等设施设备,适用于种子水分在11%～14%的种子贮藏。除湿库需要设置风机,并将湿空气冷凝成水排出库外,以保证库内相对湿度在25%左右。低温除湿库除设置冷凝机外,还需配置冷气机,保持库内温度在0℃左右,相对湿度在30%～50%。

种子贮藏时的包装方式主要以麻袋装、金属桶装、陶制容器装为主。

(2)仓库管理。

种子仓库在管理上首先要做好出入库登记,以随时能够掌握库存量,其次要做好入库种子的分类摆放,以使出入库能快速准确地进行,并且要做到整洁、卫生。如图18-36所示为园艺植物种子的仓储管理模式。

第一,清仓与消毒。

清仓与消毒需要定期进行,将仓库内的杂物、垃圾全部清除,整理库具,修补、粉

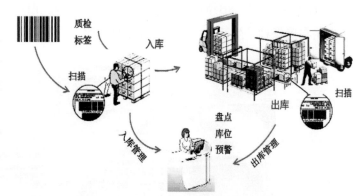

图18-36 园艺植物种子的仓储管理模式
(依bjtw.com.cn)

刷墙面,修缮地面,杜绝虫窝和鼠洞,然后做彻底消毒,通常以喷洒或熏蒸方式进行。

第二,种子的码堆。

种子的堆放并不是随意的,需要按照种子的种类及位置分区进行精确定位;同时,单体种子货件的空间摆放也有很多的讲究。

对袋装种子进行码堆时,在仓库地面上必须放置货物板台用以防潮,搬运过程中需要使用叉车托盘,码堆时可借助升降叉车减少人工劳动量。物件在码堆时常用横竖交替法,此法可增加种子堆的牢固程度。堆高以1.5 m为宜,以防下层种子承受不住较大的压迫而出现机械损伤。每组种子堆间需空出方便人员作业的通道,最根本的目的是利于种子的通风。如图18-37所示为园艺植物种子搬运码堆时的工具及种子袋码堆方式。

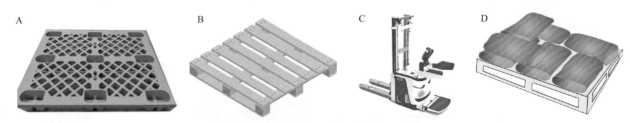

图18-37　园艺植物种子搬运码堆工具及贮藏样态
A. 叉车托盘板;B. 货物板台(防潮);C. 升降叉车;D. 大袋装种子码堆方式
(A～C分别引自t-chs.com、cn.dteamstime.com、zcool.com.cn)

第三,仓库内的通风。

常温库因未配置库内温度和湿度的调控系统,因此在管理上难度更大。这种仓库在建造时必须设置通风口与通风窗,库内再配置风扇等强制通风设备。当库内温度和湿度高于室外时,可进行通风,反之则不可轻易通风。

第四,仓库内的温湿度控制。

对于装有温度和湿度调控设备的贮藏库,首先应做好门窗的管理工作,当依靠自然通风无法维持仓库内的合适温湿度时,则需要启动室内温度和湿度调节系统。

第五,病虫害防治。

为应对种子贮藏过程中发生的虫害及霉变问题,通常在入贮前即用磷化铝熏蒸种子库内器具并密闭数日,并在入贮前通风换气;也可配合使用一些杀虫剂进行喷雾防治。如图18-38A所示为种子库内的通风处理,如图18-38B所示为种子库内的熏蒸处理。但就根本而言,入库前最重要的是将种子内的含水量控制在确保种子生活力的安全贮藏最低水平。

图18-38　园艺植物种子库内的通风与熏蒸处理
(A、B分别引自rongbiz.com、chinagfjd.com)

第六,管理规范。

种子贮藏的过程中,必须落实经常检查的制度规范,实施专人专区负责制,及时发现情况并早做对策。检查内容包括温湿度、种子水分含量、发芽率、虫霉鼠雀危害情况等。

18.5.5　种子质量控制

在种子的整个生产、加工、流通过程中，始终贯穿一个重要的议题即种子的质量。而要对种子质量进行控制，客观上需要专业机构对种子的形态和生物学指标进行测量鉴定并以此作为判断种子质量优劣的依据。通过对种子的检验，工作人员能随时掌握种子质量的变化状况，这为全产业链中关键的管理作业提供了基础。

1. 种子检验

种子检验（seed test），是指利用规定的程序对种子样品的质量指标进行分析、鉴定，判断和评价种子批利用价值的活动。

1）种子检验的基本内容及工作流程

种子检验主要分为田间检验与室内检验两类，其检验对象及流程如图18-39所示。

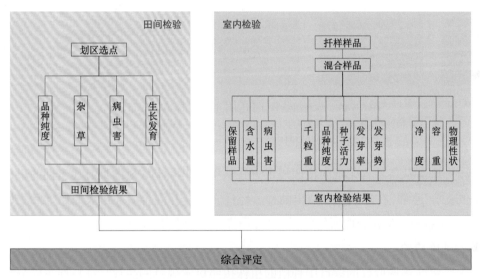

图18-39　园艺植物种子检验的基本程序
（依赵国余）

品种的真实性检验（authenticity test），是指对种子批所属品种、种属与说明文件是否相符进行查验的检验过程。其目的在于防止张冠李戴形成的用种谬误。

品种纯度（variety purity）是种子质量中最为重要的指标，是指品种的一致性程度，即在检测样品中本品种植株或种子占供检总量的百分率。不同质量级别的种子均有其最低的纯度限值。纯度高的种子在种植时田间表现非常整齐，便于作业，且能收获更高的产量与产品质量。

种子净度（seed cleanliness），是指种子的纯净程度，即种子样品中除去杂质及非本品种种子后的种子数占供检种子总数的百分率。

种子发芽力（germinating ability of seed），是指种子在适宜发芽的条件下形成正常幼苗的能力，通常可用发芽率和发芽势表示。发芽率（germination percentage），是指在发芽试验结束时全部正常发芽的种子数占供检种子总数的百分率；发芽势（germination potential），则是指在发芽试验中某一时间前的累计发芽种子数占供检种子总数的百分率。

种子生活力（seed viability），是指种子发芽的潜在能力或种胚所具有的生命力强弱。种子生活力因种子成熟度、饱满度以及贮藏条件、贮藏时期的影响变化较大。有时，种子甚至会丧失其生活力，这一部分种子即使处于种子萌发的适宜条件中,也不会形成正常幼苗,这一现象称为种子失活(seed inactivation)。

种子的物理特性通常用含水量和千粒重表示。其测定均需在统一的规定条件下进行。

种子的健康状况(seed health condition),常用种子内微生物、虫瘿、孢子、害虫等有害生物的存在密度来表达。

2)种子检验的具体作业

(1)取样规则。

田间检验时的取样,应先划定取样区。品种背景完全一致、种植条件相同的连续地块可作为一个样区,其规模在1~3 hm²。在样区中,选大于总面积5%的面积作为样地,样地中再均匀地选择代表株。通常,样地面积在1 hm²以下时,取样点数应在5~15点,每点植株数在80株以上。如图18-40所示为几种样点的选取模式。

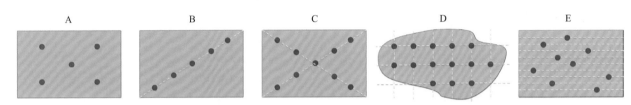

图18-40　园艺植物种子田间检验的取样植株分布模式
A. 梅花状;B. 单对角线均匀状;C. 双对角线均匀状;D. 网格状;E. 耕作随机状
(依浙江农业大学种子教研组)

室内检验时,则需从待检种子批中按照规定方式从中取出一定数量的具有代表性的供检样品,即扦样(seed sampling)。通常,在每个样点取出的种子经过充分合并混合后才形成原始样品,按照检测所需的最低量从原始样品中均匀化分取所得的样品(平均样品)即可用于测试。

(2)种子的纯度检验。

田间检验时,将前述选取好的样点中种植的植株按照科学规范的品种特征特性逐株分析鉴别,记录结果,然后分别计算出下列各项指标。各指标计算公式为

$$品种纯度=(本品种株数/供检植物总株数)\times100\%$$
$$异品种率=(异品种总株数/供检植物总株数)\times100\%$$
$$异植物率=(异植物总株数/供检植物总株数)\times100\%$$
$$病虫害感染率=(病虫害感染总株数/供检植物总株数)\times100\%$$

室内检验种子纯度时,主要的方法有利用放大镜或实体解剖镜的形态学鉴定法、利用紫外光照射的荧光分析法、化学鉴定法和同工酶鉴定法等。

常用的化学鉴定法,主要有愈创木酚法、碱液处理法等。前者是利用愈创木酚与种子内的过氧化物酶作用,通过产生的棕红色的4-邻甲基苯酚来鉴别种子纯度;后者则用NaOH溶液浸泡种子后出现的呈色反应来进行鉴别。

(3)种子的净度检测。

种子净度常于室内检测。因种子中所混杂质的种类不同,再加上种子批中可能存在有无效种子的情况,因此可根据国际种子检验协会(ISTA)编写的《国际种子检验规程》(2012版)中对好种子、废种子、有生命或无生命杂质的界定进行鉴别(见表18-4)。

表18-4 待测种子中不同类别物质及其区分

待测种子批内物质类别	主要的存在特征
好种子	发育正常的种子
	用规定孔径筛子未能筛出的种子
	幼根或幼芽开始突破种皮,但幼根或幼芽尚未暴露于种皮外面的种子
	胚乳或子叶虽有损伤,但仍保留2/3以上的种子
	种皮破裂的种子
	复粒种子中只有1粒发育正常的种子
废种子	无种胚种子
	用规定孔径筛子筛出的小粒和瘪粒种子
	无法筛选的种子,饱满度不足正常种子1/3者
	幼根或幼芽已露出种皮的种子
	腐烂、压扁、压碎及残损程度达到1/3及以上者
	种皮完全脱落的种子
	复粒种子中2粒种子的饱满度均不及正常种子1/3者
有生命杂质	杂草及其他植物种子
	活的害虫(包括幼虫、卵、蛹)
	菌核、菌瘤、孢子团、线虫瘿、病毒
无生命杂质	土、沙、石块、鼠雀粪、虫粪、碎的植物残体
	异植物的无种胚种子
	已死亡的害虫虫体

注:本表依《国际种子检验规格》(2012版)编制。

净度检验时,应从平均样品中先挑出直径在6 mm以上的大型杂质,如土块、石块、碎的植物残体等,并求算出大型杂质率。随后将样品均匀分成两份,分别进行筛理,将种子样品中的小粒、瘪粒、尘芥等杂质分离出来,进一步鉴别好种子、废种子、有生命杂质和无生命杂质,并称重记录。最后,用下式求算种子净度。

$$种子净度(\%)=100\%-[大型杂质率(\%)+试样全部杂质率(\%)+废种子率(\%)]$$

(4)种子发芽力的检测。

检验发芽力时,对大粒种子,取其样品中的好种子200粒,小粒种子则取400粒,均分为4份用于检验。

大粒种子的检测需用特定容器,其内铺设经消毒处理的沙子作为发芽床,而对小粒种子则用培养皿中铺设吸水纸或滤纸作为发芽床。前者加水量应保持在饱和持水量的60%～80%,而后者则需达到饱和持水量但不宜积水。

发芽试验的温度对于不同种子在要求上有所差别,可根据相应标准给予。通常情况下以20～30 ℃

为宜。

（5）种子生活力的检测。

在测定种子生活力时需要先对种子进行预处理。这是由于有些种子虽然具备潜在发芽能力，但有时其种皮会限制（影响）种子吸水透气，进而阻碍种子发芽。这种情况对常规发芽试验的结果真实性有较大影响。这些预处理包括干热处理、低温处理、温汤浸种、变温处理、剥除种皮或果皮、种皮刻伤、过氧化氢及硝酸处理种子等。

实验室生化检测时，通常采用四唑染色法或靛红染色法。这两种方法已列入国际种子检验规程。四唑法，其基本原理为胚中的活细胞所含有的脱氢酶可使白色或淡黄色的四唑（2，3，5-氯化三苯基四氮唑，2，3，5-triphenyltetrazolium chloride, TTC）还原成红色的三苯基甲膳（TTF），因此可根据胚被染色的情况判别种子的生活力。靛红染色法，是基于靛红（isatin）不能渗透到活细胞中而使其染色的原理，相反死种子则会被染成蓝色，以此可区分种子是否有生活力。

（6）种子含水量的检测。

测定种子含水量时，先从平均样品中取出30～40 g的种子，去除杂质后称重并磨碎，再将其置于铝质盒中。在通风干燥箱中于105 ℃下烘8 h后取出，盖好盒盖，随后在硅胶干燥箱中冷却至室温。从铝盒中取出种子并进行第二次称重。两次重量之差即为种子的含水量。由此可求得种子的含水率为

$$种子含水率=（试样烘干前重-试样烘干后重）/试样烘干前重 × 100\%$$

对于含水量较高的植物种子，可采取两次烘干法。此时，种子含水量可用下式求得

$$种子含水率=100\%-W_1 \cdot W_2 × 100\%$$

式中，W_1、W_2分别表示20 g整粒种子烘干后的重量和5 g研磨试样烘干后的重量。

（7）种子的千粒重计算。

取1 000粒种子称重，再用种子含水量进行标准校正，即规定含水量下的种子千粒重可用下式求得

$$千粒重（g）=实测千粒重（g）×［（1-实测含水量\%）/（1-规定含水量\%）］$$

（8）种子健康检验。

以400粒种子的样品量进行该批种子的健康检验。常用的方法以培养检验和生长测试最为可靠。

培养检验，是将种粒植于固体培养基上培养（注意种粒间间距不可过近，以避免交叉污染），待种子携带的微生物和虫卵等在显微镜下可清晰地检测时便进行鉴定。

生长测试，是将种子播种后培育成幼苗，观其症状，然后确定病虫害的感染情况。

最终以感染的种粒数占样品总数的百分率来表达受病原体和虫害污染的种子的数量。

2. 种子认证

种子认证（seed certification），是指种子生产和流通过程中所实行的质量管控制度。它通过在种子培育、检验、加工、销售等各个环节实施有效的行政管理和技术监督，保证了种子的安全可靠和质量。

种子认证的目的，就是保证购买者能得到具有品种真实性且质量优良的种子。因此，一个严密的种子认证制度体系是对优质种子的有效保障。如图18-41所示为园艺植物种子认证所涉及的环节及业务关系。

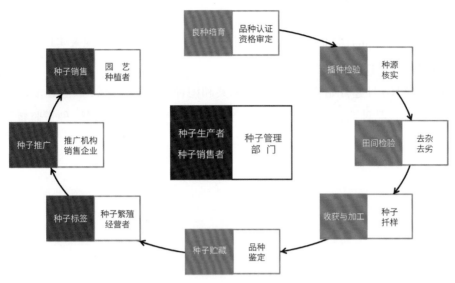

图18-41 园艺植物种子认证所涉及的环节及业务关系

（依小猪进社会,wenku.baidu.com）

1）认证机构及工作流程

中国的种子认证制度体系尚在完善中。1989年,国务院颁发的《中华人民共和国种子管理条例》对"种子生产认可证"和"种子经营许可证"的核发进行了明确规定。

目前,中国的园艺种子认证工作由国家农业农村部（国家级认证）及其授权的省级政府及新疆生产建设兵团（省级认证）负责,常设机构为"品种审定委员会",具体业务由农业部门的种子管理局（处）协同其他部门联合执行。

种子认证中的扦样、试验和检测工作的基本程序如图18-42所示。流程中所提出的要求均按照既有行业标准与规范进行审核。

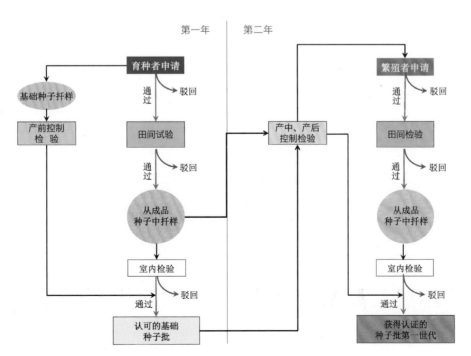

图18-42 园艺植物种子认证中扦样、试验和检测的工作流程

（依 J. R. Thomson）

2）种子管理法规

种子立法（seed legislation），是指通过建立和制定与种子有关的法律法规来实现政府对种子生产、经营各个过程的管理与控制目的的制度性工作。

中国于2000年12月1日起开始实施《中华人民共和国种子法》。此后，该法经多次修订完善，对植物种子的种质资源保护、品种选育及审定与登记、新品种保护、种子生产经营、种子监督管理、种子进出口和对外合作以及法律责任区分等内容进行了明确规定。这部法律是种子生产、经营与管理中的执法依据。

第 19 章
园艺产品采收与采后处理

19.1 园艺产品的采收

收获及其后的作业对园艺产品质量的形成有着极大的关系。产品收获在生产过程中是一项较费力的事情,而且采收时间也会直接影响园艺产品的品质以及耐贮运性等。

19.1.1 产品成熟及其采收期

成熟(mature),是一个发育学概念,泛指生物体或其部分发育到完备状态的阶段,特指果实或籽实生长至可以收获的程度(ripe, mature);也可以指某种发育过程完成(maturation)。

从园艺学意义上看,产品的成熟意味着园艺植物的目标器官及部位达到了人们所要求的发育程度即产品收获标准(product harvest standard),它并不等同于植物学上的成熟概念。事实上,大多数园艺产品经常是产品在生物学上尚处于未熟阶段时即收获上市的,即需要在成熟前收获,以避免种粒脱落引起其他伤害,或产生果实暗伤、软化等问题。收获过晚可能会导致产品质量下降,如味道变差、质地及外观表现不良。而产品在贮藏中的后熟作用则可能会进一步改善其品质,同时增加价格上的优势等。

1)收获适期

收获时期(亦作采收期, harvest date)的确定,必须考虑多种因素,如维持有秩序的生产过程,使设施与劳动力获得最大程度的利用;建立一个科学合理的运销顺序,以获得理想的品质和外观等。有许多园艺植物,必须在极短的时间内完成采收,因为其鲜活程度变化是一项较难捉摸的过程,经常需要考虑一些矛盾的因子。

苹果的贮藏品质会因延迟采收而出现不利转变,但另一方面,果实的转色(体现为红色的比例与色泽度等)却随着其在树体上的时间的延长而逐渐完成。因此,适当的采收期的确定并不是由哪个单一因子决定的。

果品在成熟时期收获时可获得最好的品质,但如香蕉等的商业收获时期往往是基于果实大小而定,并不是完全依据其成熟度,未成熟时采收的果实在最终销售前须用烯类物质处理以使其成熟。市场标准规定了不同产品收获时的大小和成熟度,如番茄需在转色期的中后期采收,此时果实基本变红且能保持一定的硬度,更有利于产品的运销,同时兼顾了食用时的营养及观感需求。如图 19-1 所示为番茄果实的发育过程及过程中的大小、形状和颜色变化。

车前草常种植于小型农场,其收获期完全取决于市场需求量和农户的资金情况。农户可能在其完全成熟时收获,以自食或上市;也可能降低成熟度标准,提前收获后销往远距离的市场。

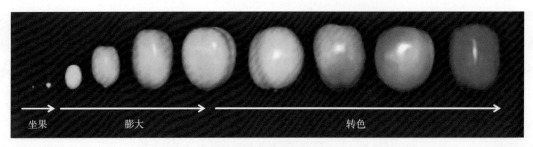

坐果 膨大 转色

图19-1 番茄果实的发育过程及过程中的大小、形状和颜色变化
（依personalbio.cn）

影响园艺植物采收期的因素常包括产品种类的遗传特性、种植和开花时期及生产季节内的环境因素。甜玉米的采收时期因栽培品种不同而有较大差异。同样是木本果树，有些种类因采用多样化的品种，其采收期往往可持续一段时间，而桃等植物因可采用的品种较少而使采收期过于集中，增加了鲜食产品的销售难度。

园艺植物在种植期内达到收获标准所需的时间，可用有效积温来进行估算。有效积温（heat units）可表达为日平均气温高于最低限气温的数值与持续天数的乘积。最低生长季长度（D）根据植物年生长季内所需有效积温（Hu）加以确定，则有

$$D = \frac{Hu}{\sum_{i=1}^{D}(T_i - T_0)}$$

式中，T_i和T_0分别表示第i天的平均温度和该植物生长所需的最低温度。因此，在春天气温逐渐升高的情况下，早春种植的产品达到所需积温要比晚春时种的花费更多天数。

植物能生长的最低温度又称零温度。零温度随植物种类而异。如豌豆为喜冷凉植物，其零温度为4 ℃；甜玉米为喜温植物，其零温度为9 ℃；马铃薯的零温度为7 ℃；大多数落叶果树和坚果类果树的零温度为5 ℃。当某天的日平均温度为9 ℃时，对豌豆、甜玉米、马铃薯和落叶果树或坚果类果树而言，其当天的生长有效积温分别为5 ℃、0 ℃、2 ℃和4 ℃。

利用有效积温来进行收获期的估算有一定局限性，如在生长早期，利用土壤温度可比利用空气温度估算得更准确，且即使日平均温度相同时，日照长度等也对植物不同时期的生长有不同的影响，也会影响收获期的最终结果。此外，高于最适温度的温度对生长的效应并非线性关系。因此，根据某一地区以气候背景值来计算积温及种植期的经验值，可较为准确地确定产品的收获期。

年生育期较长的植物，如苹果等，其收获期的计算最可靠的指标是从盛花期开始累计的天数，据此得出的结果更为准确。

物候学资料的缜密使用有利于制订适合于当地气候条件、劳动力资源和鲜加工能力的最佳定植和采收计划，也有利于安排园艺植物茬口，使其避开季节性的不利天气、病虫害高峰期和灌溉高峰期。

不可低估物候学资料对于采收和产品加工的重要性。如果采收高峰集中在一个有限的时间段内，常会造成工作人员加班和使用较多的机械化设备等不良后果。田间的植物因来不及采收会变坏，加工厂可能因工作量加大而超负荷运转，而且需要工人加班。由于采收延迟，有些植物的待收获产品将变坏或作为加工原料加工时出现品质下降的问题。因此，根据物候学资料，将某种园艺植物排开播种、分批采收，可以提高栽种和采收时劳动力和机械设备的使用效率。这样，其采收、加工和上市等环节所需的劳动力和设备

就不会紧缺,可以在较长的一段时间内有效地利用,加工规模亦无需太大。这对于那些采收期集中的园艺植物而言尤为重要。通过将同一品种排开播种或将不同熟期的多个品种同时播种,均可实现连续采收。如果因异常气候因素出现预测的采收期发生偏离的话,其田间收获产品作为采后处理、加工原料的供应时间会相应发生变化。因此,实际采收期仅是在日期早晚上平移了一下,具体加工操作几乎不受太大影响。

2）采收标准

对许多园艺产品而言,当其适于采收时,产品部分(或整株)往往具有良好的指示性状(indicative character),表现在形状、大小、色泽、紧实度、离层、气味以及内含物等方面。如梨的收获适期可由果压、表皮底色、种子颜色、果肉的可溶性固形物百分率等混合标准来确定;有些植物则适用于其他标准,包括离层的形成(如甜瓜)、可见的发育阶段特征(如玫瑰花蕾的紧实度)、果实颜色(如番茄等)、糖酸比(如茶藨子属果实)、果声(敲击时所发生的声音,如西瓜等)。通常可将多种方法综合起来以确定果实成熟度。

同一利用部位的园艺植物类群,往往表现出相似的收获标准。如绿叶菜类的普通白菜、菠菜、茼蒿、苋菜、番杏等,尽管这些植物分属不同的科属,但它们在采收标准上具有很大的相似性;黄瓜、西葫芦、茄子、辣椒等均以未熟果为产品;很多食用菌均在其菌伞未完全展开时为最适采收形态,这与很多花卉特别是切花的采收标准相类似;而一些果实类产品在收获标准上也具有极高的相似性。

虽然园艺产品的收获标准往往对应一个时间范围,但尺度的掌握(采收时间的早晚),对产品收获后的市场性和贮藏寿命有较大影响。因此,针对不同的采后处理与运销过程,人们采取的产品收获标准也会随之发生相应变化。

19.1.2　园艺产品的采收

园艺产品的采收(harvest),是一件非常费工费力的工作,占整个种植成本的比例较高。虽然目前在很多植物上已开始采用机械收获,但对一些对机械伤害极为敏感的许多高价值园艺植物而言,人工收获仍是最为实用的方法。如表19-1所示为一些主要园艺植物的人工采收占比情况。

表 19-1　主要园艺植物人工采收占比

人工采收平均比例/%	蔬　菜	果　品
76～100	朝鲜蓟、石刁柏、青花菜、结球甘蓝、哈密瓜、花椰菜、芹菜、黄瓜、莴苣、洋葱、茄子、叶用甘蓝、黄秋葵、花椒、食用大黄、西葫芦、芜菁甘蓝、芜菁、豆瓣菜	樱桃、椰枣、无花果、榛子、越橘、扁桃仁、阿月浑子
51～75	甘薯、叶用芥菜、欧芹、叶用甜菜、叶用芜菁	李子、山核桃、黑莓、澳洲坚果、红树莓、黑树莓、蓝莓
26～50	四季豆、南瓜、番茄	
0～25	胡萝卜、马铃薯、刀豆、甜玉米、豌豆、菠菜、辣根、根甜菜、大蒜、抱子甘蓝、萝卜	苹果、杏、鳄梨、香蕉、咖啡、欧洲樱桃、葡萄、番石榴、猕猴桃、杧果、油桃、桃子、梨、柿子、菠萝、石榴、木瓜、醋栗、草莓、柚子、柠檬、酸橙、橙子、橄榄、番木瓜、鸡蛋果、橘子、腰果、椰子、栗子、油蜡树 [*Simmondsia chinensis* (Link) C. K. Schneid.]

注:引自Janick。

园艺产品采收的目标:从田间聚集适宜成熟度的一定产品,并使其少损伤、尽快收获以及成本最小化。主要的收获方式有人工采收、机械采收和消费者采收(自选自采)等。

1）人工采收特点

对于小规模的园艺种植者而言,其产品用于鲜活销售时,多采用人工采收。同样,对于产品形态具有严格选择性的产品种类,人工采收也是其主要的收获方式(见图19-2)。

图19-2　通过人工采收的园艺植物
A. 茶叶；B. 玫瑰；C. 草莓
(A～C分别引自bbs.zol.com.cn、duitang.com、travel.gog.cn)

人工采收的优点:①人能正确地判断产品的成熟度并对所采收的产品进行分级,以便多样化地采收和多次采收;②产品受到的伤害小;③通过雇佣大量工人可增加收获量;④耗费资金较少(尽管有些栽培者提供员工宿舍和其他福利,如工人的保险、休假开销等)。

但其缺点也十分明显,主要表现在以下几点:①采收人员的费用问题常使劳动力供应变得严峻,园艺种植者找不到能长期受雇的工人时只能找临时工;②集中收获期的劳资纠纷和罢工问题;③因管理临时员工而增加的成本;④需要训练新的员工以满足收获品质量的需要;⑤此类收获品多须及时处置,减少田间滞留时间,以保持良好的采后品质。

2）人工采收作业

人工采收作业,根据采收对象的不同而有着较大区别。部分园艺植物的人工采收方法如表19-2所示。

表 19-2　部分园艺植物人工采收的基本方法

植　　物	收　获　技　术
绿叶菜类(菠菜)	用手掘断叶柄或根颈
结球类(抱子甘蓝、结球甘蓝、结球莴苣)	用刀切下主茎,并在田间整理
鳞茎类(洋葱、大蒜)	用手将植株从土中拔出,或用铁锹将鳞茎从土中掘出
肉质根、块茎类(胡萝卜、马铃薯)	用手将土壤疏松后将产品拔出
花蕾类(花椰菜、青花菜)	用刀割下或用手折断花茎
未成熟果实(南瓜、佛手瓜)	手工采摘或整个枝条采摘
未成熟果实(黄秋葵、辣椒、西葫芦)	用镰刀切割或用手折断果柄
未成熟种子[豆类(带荚)]	折断花梗处的自然断裂点(离层)或用剪刀、小刀切割
成熟果实(番茄、苹果)	在自然断裂点(离层)处通过"升降—扭转—拉动"一系列动作使果柄断裂
成熟果实(柑橘、杏)	从茎上剪下带1 cm花梗的果实

通常,对果实类和嫩叶类产品,需要从枝蔓上将其剪切下来,完成采摘过程;对于需要将地上部分从茎干基部切下的产品,如切花、甘蔗和一些多年生草本植物等,则需要进行刈割作业;一些整株利用或以地下部为产品的植物则需要连根拔出或用工具进行挖掘。

（1）果实采摘。

采摘时,手指施力,伴随着提升、拉动和转动果实的动作,将果实从枝蔓上摘取下来。很多果实在果柄与枝蔓连接处有明显的离层结构,这时只需将果柄在离层处折断即可（见图19-3A）;而对于无离层形成的果实,则应借助小刀或剪刀将果实从果柄处切下,并需注意不能扯拉植株茎蔓以防造成其撕裂。

手工采收高大木本植物果实时,直接采收或借助梯子（见图19-3C）而不能采到的地方,可使用采摘杆（见图19-3B）。在一些地形复杂、坡势较为陡峭的地方进行高大树木上果实的采摘时,应特别注意作业安全。

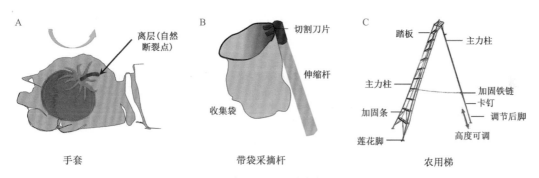

图19-3 果实类的人工采收方法及用具
（C引自b2b.hc360.com）

（2）嫩叶（花蕾）采摘。

对于一部分常以嫩叶或花蕾等作为产品的植物,市场上对其产品的大小、形态要求较为严格,因此采收时多用人工采收方式。通常,用手将嫩芽（花）在叶（花）柄处直接折断即可,如茶叶、香椿、白菊、玫瑰、田七芽（或花）、韭菜花等（见图19-4）的采收。

图19-4 以嫩叶（花）为产品的园艺植物
A. 田七芽;B. 枸杞芽;C. 野韭菜花;D. 杭白菊
（A～D分别引自ddmeishi.com、wanglingtech.com、bm.pxinfo.cn、news.enorth.com.cn）

（3）刈割。

很多园艺植物在采收时,需要将地上部从根颈处切割下来,然后对地上部再进行二次整理和收获,如甜玉米、辣椒（干制）、迷迭香、柠檬草、鲜切花等;有些浆果或其他枝条带刺的果实有时也采用刈割方法进行采收,如沙棘、花椒等。

人工刈割时往往使用镰刀等工具（见图19-5）,对低矮植株,用普通镰刀或双柄弯刀;对高大植株则采用长臂镰刀。

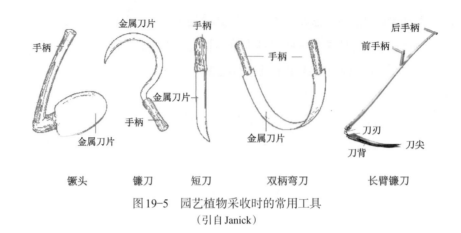

图19-5　园艺植物采收时的常用工具
（引自Janick）

（4）挖掘。

对一些以地下部分为产品的园艺植物，人工采收时常用镢头（见图19-5）或铁锹（见图19-6A）将产品从土壤中挖出。

作业时，需预先估计出产品部分在地下的分布深度及范围，以避免在不当位置的贸然挖掘造成产品的破损与机械伤害。

一些地下根茎类产品（如山药、牛蒡、莲藕、甘草、人参等）的挖掘，非常费工且需要十分小心地操作。一旦将其主根系挖断，其商品性将大打折扣。以山药的采收为例，先在栽种行旁平行开沟，找出断面，然后用铁锹逐步沿栽种行垂直方向慢慢向下清理土层，将山药从断面表面完整撬出（见图19-6B、C）。挖掘时应尽量保持块茎完整，并减少山药表面的碰伤，尽量避免山药被折断。

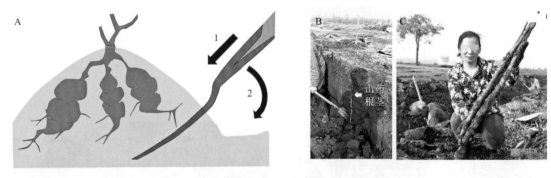

图19-6　地下根茎类产品的采收作业
A.浅层分布时的采收；B、C.山药的采收
（1、2表示动作顺序；B、C分别引自sohu.com、k.sina.com.cn）

3）机械采收

与人工采收不同，机械采收有很多限制，主要表现在栽培植物的行距及作业道路应与机械的外形参数相匹配；还要求植株的株形较为直立且分枝少，植株生长整齐一致，成熟度较为集中且需一次性采收，等。

机械采收具有效率高、省时省力、作业成本低的优点，但它需要可靠的训练有素的人来操纵机械方可实现。机械采收并不会马上用于大多鲜食类和需鲜活利用的园艺植物产品的收获上，因为机械的智能化程度对选择收获方面的要求尚无法完全满足。此外，机械采收会造成产品质量方面的损害，目前较适宜加工原料的产品采收。

某些园艺植物，在特定时期其商品性已基本定型，且受机械损伤的影响较小，更能适应机械采收，如马铃薯、洋葱和其他根类作物（见图19-7）。简单的拖拉机深翻或拔出地下部产品并使其离开土壤表面后，产品将被集中于运输工具厢体内，送往下一个流程。

图19-7　园艺产品的机械采收作业
A. 马铃薯薯块机械采收；B. 马铃薯田间集运；C. 郁金香花朵机械采收
（A～C分别引自info.machine.hc360.com、bdh.dbw.cn、cn.dreamstime.com）

目前，一些果树植物已有大量的机械采收应用，如柑橘类、苹果等（见图19-8A～C）。其使用条件较为苛刻，如场地平坦、开阔；植株行间距较大，机械在行进和作业缓冲时有充裕空间。普通白菜幼体也可采用机械采收（见图19-8D），而人工采收的菜薹产品形态则如图19-8F所示。

对于虽能适用机械收获但目前仍用人工收获的园艺植物，可能需要培育新的适于机械采收的品种，这将是一个漫长的过程。

虽然机械收获极大地改善了工作条件，但其缺点也十分明显，主要表现在以下几点：机械设备费用昂贵，需要大面积的经常性作业来分摊机械的成本；一种规格的机械尚无法完成多种植物的采收，即使是植株及产品形态相类似时；对产品造成潜在伤害和机械损伤，作业后常使一些组织含水量极高的产品看上去比较狼藉（见图19-8E），且难于整理；需要对操作工人进行良好的作业培训，此举会增加生产成本；必须定期检查设备，排除故障，有充足的配件库存；在木本植物上应用时需要对树体进行高强度修剪，以使对果实等的伤害最小化；对草本园艺植物，必须在植株生长达到最大时且种植标准化程度较高时方可应用；无论对哪类园艺植物，一旦计划采用机械收获，其耕作模式必须能对应可利用的设备。

图19-8　果树、蔬菜的收获作业
A～C. 柑橘类采收机及其作业过程；D. 普通白菜幼体机械采收；E. 机械与人工采收的产品比较；F. 人工采收的菜薹产品形态
（A～C引自Janick；D～F分别引自sh.eastday.com、sucai.redocn.com、blog.sina.com.cn、mofcom.gov.cn）

目前在果树类植物上采用的采收机械的工作原理是利用权式插杆晃动植物枝干，使果实脱落。这种机制会对枝干造成一定伤害，如伤害树皮，造成枝条的组织撕裂，等。而且对大多数园艺植物而言，目前机械采收的采收质量较差，尚缺乏处理复杂收获作业和收获高标准产品的能力。

因此，机械采收目前适用于坚果、加工用果品和部分蔬菜。这种情况下，机械不具备选择性收获的能力，仅能全部一次性收获，然后再配合产品的选择、整理、分级等加工作业，使收获品的机械损伤被最大化地消除。

图19-9 消费者自助式采收草莓
(引自 meituan.com)

4）消费者采收

园艺产品的采收作为一项农事体验活动正在普及，因此一些园艺场地也开始推出消费者采收项目（consumer harvesting projects），特别是在一些时令果品和蔬菜的生产上。

消费者采收，是传统人工采收方式在高劳动成本条件下的替代，栽培者在此形式下也省下了产品分级的时间，而消费者也可以合理的价格获得产品，同时享受自助收获的乐趣。如图19-9所示，消费者自助式采收草莓。

这种采收方式的成功往往是基于靠近人口中心，并且种植和田园景观都经过认真规划等条件。种植规划必须充分考虑季节及产品质量。如表19-3所示为上海及其周边地区的园艺采摘园在不同月份的适采产品。从场地要求看，采摘园的进出口检查需要在停车场和田野间设立，并需要有一定的封闭隔离条件。采摘园还需为消费者提供采摘工具和产品包装物（或袋）。

表 19-3　园艺采摘园不同月份的适采产品（上海及其周边）

采摘产品	采摘期间											
	1月	2月	3月	4月	5月	6月	7月	8月	9月	10月	11月	12月
温室草莓	■	■	▒									
塑料棚蒲公英/马兰头/菊花脑			■	■								
茶叶				▒	▒							
枇杷					■							
塑料棚甜瓜/西瓜						▒	▒					
欧洲樱桃						■						
桃							■	■				
蓝莓							■	■	▒			
杨梅							■					
葡萄							■	■				
梨								▒	▒			
猕猴桃									■	■		
食用菊										■		
柑橘类										▒	■	
温室小番茄											■	■
冬笋	▒											

消费者在自助采收时,因其动作的熟练程度不高与采收方式粗暴等原因,可能会对植株后续的生长造成一定影响,甚至对植株造成机械损伤等。这个问题对于多年生植物来说,往往需要配合较高强度的整形修剪加以克服。同时,采摘园的种植方式与植株调整方式等也会因此改变,如控制植株的高矮与行间密度以及改善枝条的分布等。

19.1.3 采收过程中的产品伤害

采收过程是实现植物已形成的经济产量的先决条件,而事实上,不当的采收往往会对经济产量造成一定程度的损害。

采收过程中的产量损失主要表现在水分流失、机械伤害等方面。

刚收获的园艺产品在进行采后处理及贮藏之前,如其水分含量控制不当,常会造成昆虫和真菌危害。因此,采收必须视天气而行,尽可能避免阴雨天和烈日下的作业,即使在较好的天气条件下也应选择适宜的时间段进行。

产品品质是园艺产品成功销售的重要方面,无论是应用人工采收还是机械采收,让产品具有较小的机械损伤是采收作业时最为重要的,否则将使产量遭受更大的损失。

19.2 园艺产品品质及其影响要素

19.2.1 产品品质及其影响因素

消费者期望优质的产品,而园艺产品的品质(product quality)是由该产品的外观、产品状态和产品内容物特性等多种因素决定的综合性状。园艺产品的零售店铺往往设置于商业区或居民区,顾客会很容易关注到这些品质因素。

园艺产品种类众多且其利用价值有别,因此在反映产品品质的尺度上也会有较大不同,但其共性的品质要素是从产品外观、产品状态、产品内容物特性等方面构成(见图19-10)。

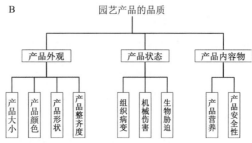

图19-10 园艺产品的品质特性及其构成因素

1)外观特性

产品的外观样态是重要的感官品质(sensory quality),是影响消费的最重要的因素,它直接决定消费者是否有购买欲望。其包含的基本特性有大小、形状、颜色和整齐度等(见图19-11)。对于观赏植物而言,这些外观特性与气味等其他感官特性的总和即构成其观赏品质(ornamental quality)。

2)产品状态

产品状态涉及园艺产品的物理、生理和病理特性,主要表现为产品质地以及由此产生的耐贮运性、产品的物理状态及生物学状态等方面。这些特性与外观特性不同,虽然它们也会对消费者的购买过程产

图19-11　园艺产品感观品质的特性示例

A1～A5. 柑橘类；B1～B5. 番茄；C. 郁金香；D. 月季；E. 翁兰；F. 吊兰

（A1～F分别引自 serengeseba.com、mp.itfly.net、huishangbao.com、zcool.com.cn、90sheji.com、wap.koudaitong.com、24hf.cn、weimeiba.com、qianqianhua.com、serengeseba.com、shancaoxiang.com、southmonev.com、tuku.jia.com）

生影响，但更为重要的是影响购买以后的保质期及可利用性。因此，产品的状态事实上包含了贮运品质（storage and transportation quality）和加工品质（processing quality）等。

产品的质地依据园艺植物的种类、品种、栽培条件和成熟期（采收季节）以及采收条件等有不同表现。质地又包括产品硬度、脆度、致密性、韧性、弹性等。

产品的物理状态是指由产品的机体温度等引起的质量表现，这一要素直接关系到产品的耐贮运性和品质保持的时间长度，同时也会对口感、触感以及色泽等要素产生影响。因此，产品的物理状态是其贮运品质和加工品质的重要组成部分。

产品的生物学品质则包括了生理品质和病理品质两个方面。

生理品质（physiological quality）是指产品因机械损伤而产生的组织特性变化及由产品自身代谢形成的质量特征；病理品质（pathological quality）则是指因微生物对产品的侵染而造成的品质变化特征。

3）内含物品质

产品内含物所涉及的品质特性主要包含水分含量、营养素种类及其含量水平、粉质感、纤维感、黏稠度、色素、生理活性成分、挥发性物质，以及由这些要素形成的口感、风味；内含物中的有害成分、污染物及其程度等。

内含物的品质常涉及产品的加工特性，即以加工适应性表现出来，这种特性称为加工品质（processing quality）；而其成分对人体有提供营养的作用，故具备营养品质（nutritional quality）。

产品的风味（flavor）在园艺产品销售时扮演的角色显得较为次要，因为消费者在产品购买过程中并不是主要以口感作为判别标准的。由于消费者在味觉上的差异性（differences in taste）与嗜好性（preference），他们更喜欢具有其已经习惯了的风味的产品。

产品的安全性（safety）是消费者非常关注的品质性状。影响产品安全性的物质，一方面来源于产品本身固有的一些化学成分,另一方面则是来自种植、采收及采后各个环节可能产生的生物的或化学的污染。关于这一内容,本书将在此后的第21章中加以讨论。

19.2.2 园艺产品采后的品质变化与生理特点

园艺产品大多以离体的鲜活状态存在,其组织含水量较高,且代谢反应(见图19-12)仍然处于活跃状态,但却失去了来自土壤的水分、养分的补给,只能依靠呼吸作用来维持其生命过程所需的能量。

与此同时,采收后的园艺产品通常会在收获时受到机械创伤。产品组织所进行着的代谢活动是为了适应其生理上的变化和维持生命体而必不可少的,故其伤口处会形成新的组织,以防止微生物从外部入侵。

1. 园艺产品品质的构成要素

园艺产品的品质通常由以下几个方面共同决定:品、地、时、态(合并简称为VPSC)。所谓"品(varieties)",是指产品的种类,在影响其品质的各要素中,产品种类是最为重要的。从遗传角度看,特定种类的不同品种间的产品质量差异较大,这使得新的育种目标正在朝以品质育种为主导的方向发展。"地(place of production)",则涉及园艺植物的产地环境,产地的土壤、气候以及栽培过程中的施肥、管理等方面,均会对产品的品质产生影响,一些名特产的形成并不是偶然的。"时(season)",是指产品的收获时令,无论是食用类还是非食用类园艺产品,其采收时期合乎时令才

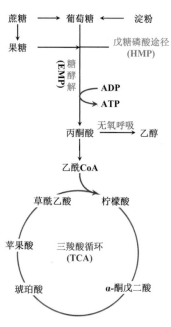

图19-12 园艺产品采收后的呼吸代谢过程

能最大程度地发挥出产品的品质特性。"态(condition)",则是指产品状态的保持,使其从田间到末端消费的这一流转中最大限度地保持优良的品质状态,因此就涉及产品的采后处理、包装及贮运等采后技术。

2. 园艺产品采后品质变化的主要表现

园艺产品在采后所发生的各种生理变化会直接影响产品的品质,这些变化及其对品质的影响如表19-4所示。

表19-4 园艺产品采后组织发生的生理变化及其对品质的影响

变 化	原 因	对产品品质的影响
水分损失	蒸腾、蒸发	外观欠佳,质地变化,体重减轻,萎蔫
碳水化合物转化	酶促反应	淀粉变糖:对马铃薯有害,对香蕉和梨有益 糖变淀粉:对甜玉米有害,对薯类等有益
风味变化	酶促反应	通常有害,但对柿子、梨和香蕉有益
软化	果胶酶作用、失水	通常有害,但对梨、香蕉等有益
变色	色素合成或破坏	对一些产品有害,对一些产品有益
坚韧化	纤维发达	对芹菜有害
维生素C含量变化	酶促反应	可能会增加维生素A的含量或减少维生素C的含量
发芽、生根或伸长	生长和发育	对马铃薯、洋葱和芦笋等有害
腐败	病理的、生理的	有害

注:引自Janick。

3. 园艺产品的呼吸作用

如本书第8章所述,产品组织内所含的多种成分在参与呼吸作用的同时,一方面产生ATP(能量);另一方面,其中间产物也进行着活跃的代谢,以此维持生命所需的能量与物质供给。

1)呼吸与品质的关系

采后园艺产品呼吸作用的主要底物是糖类和有机酸,其他的产品内含物则在酶促反应下进行分解、转化。产品的呼吸作用是在细胞质中进行,而液泡中则蓄积了大量的糖类与有机酸,呼吸消耗过大时便会使产品的品质下降。对于有机酸含量较高的果实类产品,与糖类相比,其有机酸会被更早地消耗,这将直接导致产品的糖类与有机酸的比例变化,影响产品的品质。对于甜玉米等产品而言,产品中的还原糖会因呼吸作用而转化成淀粉而使其产品品质下降。

表 19-5　蔬菜在不同温度下的 CO_2 释放量

产品种类	CO_2 释放量/[mg/(kg·h)]		
	0 ℃	4.5 ℃	21 ℃
石刁柏	44	82	222
青花菜	20	97	310
结球甘蓝	6	10	38
芹菜	7	11	64
甜玉米	30	43	228
莴苣	11	17	55
干皮洋葱	3	4	17
鲜洋葱	16	25	117
马铃薯	3	6	13
菠菜	21	46	230
南瓜	12	16	91

注:引自 Ashrae。

和仁果类的则较小。

2)园艺产品的呼吸特性

不同园艺植物产品的呼吸强度有着较大的差异。如表19-5所示为几类蔬菜产品在不同温度下的 CO_2 释放量。即使是同一植物产品,由于其产地环境、成熟度、收获时间、收获过程及其后的贮存环境等因素的不同,产品的呼吸强度也不同。

总体而言,对于蔬菜类产品,一些初期采收的产品(如石刁柏、青花菜、菠菜、芫荽等茎叶类蔬菜以及黄秋葵、甜玉米等未成熟果实),其呼吸强度较大;而如番茄等需要在稍成熟后才采收的果菜类,产品的呼吸强度中等;以贮藏器官为对象的根茎类产品的呼吸强度则相对较小;同一种中,结球类亚种(或变种)的产品比不结球类呼吸强度低。

对于果品类,产品的呼吸强度表现总体上呈现以下规律:热带和亚热带果品的呼吸强度大于温带果品;浆果类产品的呼吸强度较大,而柑橘类和仁果类的则较小。

而对于观赏植物,不同产品的呼吸强度表现不同,例如月季>康乃馨>菊花,其保鲜寿命则反之,即菊花的保鲜寿命最长。

3)呼吸类型及其变化

不同类园艺产品采收后的呼吸作用的特点表现为三种类型:渐减型、末期上升型和呼吸跃变型(见图19-13)。前两类均为非呼吸跃变型(non respiratory climacteric),渐减型的产品,其呼吸强度在采收后呈持续降低趋势,这类产品比较耐长期贮藏;末期上升型产品,则随着产品采后时间的延长而在后期出现呼吸强度的提升,随即其使用价值大为降低甚至丧失。呼吸跃变型(respiratory climacteric)的产品,在采收初期其呼吸强度有降低趋势,

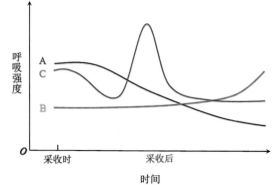

图 19-13　园艺产品采收后的呼吸特性类别
A. 渐减型;B. 末期上升型;C. 呼吸跃变型

随后表现为突然加剧并出现峰值,之后再度下降。

呼吸跃变的出现,与其产品的成熟过程相同步。因此,从产品保鲜的需要看,延迟呼吸跃变峰值出现的时间或有效降低峰值大小,均可抑制产品的成熟(后熟)及衰老过程,从而能获得更好的品质保持。呼吸跃变的抑制手段按抑制时间的长短分为两种,短期可采用包装和预冷处理等,而长期则需要采取冷藏特别是气调贮藏(CA贮藏)或减压贮藏等方式。

园艺植物中,具有呼吸跃变特性的产品种类主要有苹果、梨、香蕉、猕猴桃、杏、李、桃、柿、鳄梨、荔枝、番木瓜、无花果、杧果、番茄、甜瓜、西瓜、康乃馨、霞草、香豌豆、月季、唐菖蒲、风铃草、金鱼草、蝴蝶兰、紫罗兰等。非呼吸跃变型则较为普遍,如柠檬、柑橘类、菠萝、草莓、葡萄、黄瓜、辣椒、石刁柏、菊花、千日红等。

园艺产品的呼吸强度往往受其所处环境及处置作业的影响,影响因素主要有温度、湿度、气体成分以及化学制剂、机械损伤和震动等。

(1)温度。

在某个温度界限值以下,温度越高产品的呼吸强度也越大。这种界限温度因园艺产品种类和其他条件的变化而不同,大多数情况下在32～35 ℃。当产品所处温度超过这个界限时,呼吸强度反而会降低。

在界限温度内,呼吸的温度系数(Q_{10})是反映温度对产品呼吸强度影响效应的重要参数。如表19-6所示,园艺产品的Q_{10}水平通常在2～3之间,有时甚至更高。虽然Q_{10}随产品种类在数值上的变化会有例外,但就其总体规律来看,产品温度越低其Q_{10}值越大。主要园艺产品在0～5 ℃时的Q_{10}水平通常在5～6 。因此,降低产品温度可通过抑制其呼吸来实现保鲜目的。

如表19-6所示,不同园艺产品贮藏时所适宜的低温范围有较大差异。

表 19-6　几种园艺产品在不同温度下的Q_{10}水平

产品种类	产品温度		产品种类	产品温度	
	10～24℃	0.5～10℃		15～25℃	5～15℃
菜豆	2.5	5.1	青柠檬	2.3	13.4
菠菜	2.6	3.2	熟柠檬	1.6	2.8
胡萝卜	1.9	3.3	青柑橘类	3.4	19.8
豌豆	2.0	3.9	熟柑橘类	1.7	1.5
辣椒	3.2	2.8	未完熟桃	2.1	—
番茄	2.3	2.0	完熟桃	2.25	—
黄瓜	1.9	4.2	苹果	2.6	—
马铃薯	2.2	2.1			

注:引自Dilley。

(2)湿度。

在相同的环境温度下,相对湿度越低,园艺产品的呼吸强度会表现得越弱,但从保鲜的角度看,干燥条件对产品品质的保持有不良影响。

(3)气体。

园艺产品所处环境的气体成分对其品质保持有较大影响。通常情况下,降低环境中的O_2浓度或提高CO_2浓度,均可有效抑制产品的呼吸强度。

低O_2浓度、高CO_2浓度环境下的呼吸作用会引起产品代谢系统的变化,如O_2浓度过低或CO_2浓度过高,均会导致呼吸异常,造成品质下降。不同产品对于低O_2浓度、高CO_2浓度环境的耐受性有着较大的差异,而且温度条件对这两种气体浓度组合的影响呈现复杂的关系。因此,必须按照不同产品对最适气体组成的要求来进行产品的包装与贮藏作业。

除O_2和CO_2浓度条件外,来自成熟产品中的乙烯对园艺产品的品质有着极大的影响。不同产品种类的乙烯生成量及其自身对乙烯的敏感程度均是影响其品质保持的非常重要的因素。当产品对乙烯敏感时,乙烯会加速产品品质的劣变,而有些产品种类则对乙烯的影响表现得并不敏感,这是在采后过程中是否需要除乙烯剂的依据。主要园艺产品的贮藏适温及贮藏时的乙烯生成量水平与其对乙烯的敏感性如表19-7所示。

表 19-7 主要园艺产品的贮藏适温、贮藏时的乙烯生成量与对乙烯的敏感性

产品种类	最适贮藏温度/℃	乙烯生成量*	乙烯敏感性**	产品种类	最适贮藏温度/℃	乙烯生成量	乙烯敏感性
石刁柏	0～2	VL	M	马铃薯	2～5	VL	M
黄秋葵	10～12	L	M	欧芹	0	VL	H
花椰菜	0	VL	M	甜椒	10	L	M
南瓜	10～13	L	L	青花菜	0	M	H
结球甘蓝	0	VL	M	菠菜	0	VL	M
黄瓜	10～13	L	H	莴苣	0	VL	M
山药	13	VL	H	草莓	0	L	L
菜豆	8	L	H	西瓜	10	L	M
姜	14	VL	L	甜瓜(厚皮)	4～5	H	H
萝卜(秋)	0	VL	L	甜瓜(薄皮)	8～10	M	L
洋葱	0	VL	M	无花果	0	M	H
番茄(成熟)	2～7	M	H	柿	0	M	L
番茄(绿熟)	13～21	VL	H	梨	0	L	M
茄子	8～12	L	M	香蕉	13～14	M	H
韭菜	0	VL	M	桃	0	H	H
胡萝卜	0	VL	M	苹果	0	H	H
大蒜	0	VL	L	蜜柑	2～5	VL	H
结球白菜	0	VL	H	青梅	10～15	VH	H

注:1. 引自Okubo。
2. 乙烯生成量的VH代表极高,H代表较高,M代表中度,L代表低($0.1～1.0\ \mu L \cdot kg^{-1} \cdot h^{-1}$),VL代表极低。
3. 乙烯敏感性的H代表高,M代表中度,L代表低。

（4）机械伤害。

园艺产品在采收及采后的处理过程中所受到的切伤和压伤,均会引起其呼吸强度的增大,机械采收情况下,更需要留意这一点。采收后的分级作业中应更加注意防止产品跌伤,以避免产品品质劣化。

（5）震动。

园艺产品在装箱后的流通过程中因道路颠簸或装卸作业时的粗鲁操作等易受到震动,这也会使产品

的呼吸强度增大。因此需要考虑流通过程中的减震对策。关于此内容,本书第21章将做详细讨论。

（6）化学制剂。

一些化学物质,如乙烯利（MH）、短壮素（CCC）、6-苄基腺嘌呤（6-BA）、赤霉素（GA）、2,4-二氯苯氧乙酸（2,4-D）、重氮化合物、脱氢醋酸钠、CO等,对产品的呼吸作用均有不同程度的抑制作用,有些可作为园艺产品的保鲜剂成分。

4. 产品含水量与品质

1）产品种类与水分蒸发

通常,同一重量下产品的表面积越大,其水分蒸发就越剧烈。因此,叶菜类、鲜花等比起果实类、根茎类产品,其水分蒸发更快;叶菜类中,结球类比散叶类的蒸发要慢很多。而且,呼吸强度较高的产品,其水分蒸散速率也越快。

叶菜类水分蒸发量较大是因为叶面上含有较多气孔。而果实类产品大多具有较厚的角质层（cuticular layer）,可减缓水分蒸发,但有的产品如黄瓜、茄子等未熟果实,其发育时间较短,角质层较薄。

切花的水分平衡（water balance）,是指切花的水分吸收、运输以及蒸腾之间保持数量上的相互匹配的状态。切花收获时因种类和品种不同以及采收时产品发育程度的差异,具体的处理方式不能一概而论。以月季为例,按照商业标准采收后,其在整个流通与消费过程中,需要经历蕾期、初开、盛开和衰老的过程。切花产品必须保持有较高的膨胀压,枝条中有充足的水分储备,以满足花叶、花茎的蒸腾失水需要,否则易出现僵蕾、僵花等现象。切花在经过较长时间的流通后,其花茎末端易因失水而使导管内充满气泡,不能正常吸水;用于瓶插时须高强度短截,这样既影响切花的观赏价值又会缩短其瓶插寿命。

切花花茎基部的吸水阻塞（water absorption block）是切割时引起的伤流反应的结果,本身属于自我防御机制反应,常会在花茎切口处形成木栓质、单宁等物质并堵塞切口,导致切花吸水能力下降,花朵萎蔫。例如,月季会分泌多酚类物质,夹竹桃科、百合科、罂粟科和大戟科等植物分泌白色乳汁,裸子植物中的松柏类和蔷薇科、漆科等植物分泌树脂类物质,锦葵科、椴树科等分泌黏液。

导管内的细胞分泌物质沉积,常会造成切花花茎木质部的内部阻塞（block of vessel）及导管空腔化（cavitation）。同时,暴露在空气中进行切割,产品切口处很容易吸入空气,随着水分蒸腾的拉力,气泡易向花朵方向移动。此时即使将切花枝条浸入水中,也无法使花茎内的导管腔中形成连续水柱,这导致切花的花茎不能正常吸水。

2）环境因素对产品水分的影响

通常情况下,较低温度可抑制产品中的水分蒸散,但也有一些种类的低温抑制效果并不理想。

环境湿度越高,产品中的水分蒸散速率越慢。因此很多情况下,园艺产品的冷藏库常通过加湿作业或气密性包装物来保持高湿条件。

空气流动越剧烈,产品中的水分蒸散也会随之加快。因此,一些水分含量极高的园艺产品并不适用于通风预冷。

5. 产品的变质生理

1）酶促反应与代谢过程

园艺产品中所含有的酶受环境温度、pH等因素的调节,而且这些酶在产品组织和细胞内并不是均匀分布的,被这些酶所利用的底物也表现出同样的特性。

从产品保鲜的角度,大多数情况下人们希望创造低温、低湿度、低O_2浓度的环境,但这并不一定是最适条件。

低温虽然能够抑制园艺产品中酶的作用,防止因各种代谢反应引起的组织软化和成分分解,但对于有些产品种类来说,在比某一界限低温更低的温度下,其代谢反应会发生变化,进而出现因异常代谢引起的品质劣化。

在鲜活状态下的园艺产品,当其含水量低至一定程度时,便会出现萎蔫、黄化、变色等致命的品质劣化现象。因此,通过低湿条件来抑制酶活性达到产品保鲜的目的是难以实现的,但对于冻干加工品,在低湿条件下其保藏期则会延长。

园艺产品所处的气体环境也会对酶的活性产生影响,如在低O_2浓度和高CO_2浓度环境下,产品内的酶活性通常会被抑制。但过低的O_2浓度条件或过高的CO_2浓度条件会打乱正常的糖酵解体系而使产品呼吸异常,组织出现软化并促进褐变,导致品质变劣。

2）产品中含有的主要的酶的种类

园艺产品中所含有的酶种类较多,有些还具有多歧性特点。与产品品质和鲜度保持相关联的酶类主要有以下类别。

（1）脱氢酶。

脱氢酶（dehydrogenase）为一类接受氢并进行氧化还原的酶类,亚甲基蓝（methylene blue）可作为脱氢酶的氢受体,用来测定其活性。

通常,糖酵解（又称EMP途径）均以己糖激酶的催化反应开始,TCA循环（三羧酸循环）中的α-酮戊二酸脱氢酶、苹果酸脱氢酶等均与呼吸作用相关联,对维持园艺产品的生命非常重要。

（2）抗坏血酸氧化酶。

抗坏血酸氧化酶（ascorbic acid oxidase）是一种含铜的酶类,广泛存在于水果和蔬菜等园艺植物产品中。在有氧条件下,它能氧化 *L*-抗坏血酸生成水和脱氢抗坏血酸。这种酶与产品内维生素C含量的消长有很大关系,直接关系到园艺产品的品质。

（3）过氧化氢酶。

过氧化氢酶（catalase）以铁卟啉（iron porphyrin）作为作用基团,可还原H_2O_2为H_2O和O_2。因此,这种酶可将园艺产品生物氧化过程中产生的H_2O_2分解掉以避免其积累而对有机体造成毒害,从而确保产品内的代谢正常。

（4）多酚氧化酶。

当园艺产品受到创伤后,经常可以看到其组织发生褐变或黑变,这种现象即是酚或多酚类成分在多酚氧化酶（polyphenol oxidase）作用下发生氧化的结果,其产物可进一步形成黑色素（melanin）。

多酚氧化酶的作用在园艺产品加工及其产品的保鲜过程中极为重要,防止氧化褐变,保持产品固有色泽,是技术上需要重视的工作议题。

（5）果胶分解酶。

果胶质是园艺产品中构成细胞壁的重要物质,主要包括原果胶（protopectin）、果胶酸（pectic acid）、果胶酯酸（pectinic acid）等形态,常与纤维素（cellulose）相伴存在。

果实的成熟过程往往伴随着果胶分解酶（pectin decomposition enzyme）的作用而发生,在未熟果中这种酶的含量较成熟果要高。

（6）叶绿素酶。

叶绿素酶（chlorophyllase）可分解园艺产品中的叶绿素生成叶绿素酸酯（chlorophyllide）和叶醇（phytol）。这种酶的活性在高 CO_2 浓度下会被抑制，因此用密封包装可防止园艺产品中的叶绿素被分解。

6. 采后的产品成分及其变化

伴随着园艺产品的代谢活动，其内含物成分也在发生着变化。这些成分会影响园艺产品的风味、外观性状和产品组织机能等方面，从而造成品质的变化。

1）风味物质

决定食用类园艺产品风味的风味物质（flavor substance）包括糖、酸、氨基酸、淀粉、香气成分等。

（1）糖类。

糖类特别是还原糖是影响食用类园艺产品风味的重要因子。园艺植物中所含的糖类主要有葡萄糖、果糖、蔗糖等还原糖和淀粉。这些糖类的含量及其构成比例受植物种类、品种和成熟度等因素影响而表现出较大差异。

大多数园艺产品在采收后其还原糖的含量无太大变化，有些会逐渐降低，但有些种类的降低会很快发生。豌豆、菜用大豆、蚕豆等未熟豆类作为蔬菜利用时，采收后产品内的糖会急速减少而有损于风味，常温下存放1天后，其还原糖的含量可由原来的1/2减至1/5（见图19-14A）。采收后的甜玉米也是还原糖含量会急剧减少的种类之一，产品内的还原糖在1天时间内将减少1/2左右。因此这类产品必须在低温下流通。

（2）有机酸。

有机酸对于多数园艺产品不会造成太大问题，但对果实类产品而言则直接影响其风味，果实的还原糖与酸的不同构成将形成不同的风味。

（3）氨基酸。

园艺产品中的游离氨基酸含量较低，其本身在营养上的贡献不大，但却显著地影响着产品风味。如豌豆、番茄有鲜味是因其含有一定数量的谷氨酸（glutamic acid）。在西餐中番茄常作为调味料来使用。

如蚕豆、豌豆等产品，在采收后其游离氨基酸含量会急剧降低（见图19-14B），相对于糖含量的变化，氨基酸含量的减少更容易引起其产品风味上的劣质化。

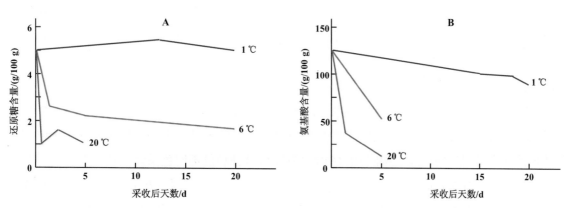

图19-14 粒用豌豆采收后在不同贮藏温度下产品内还原糖和游离酸含量的变化
（引自Iwata）

（4）淀粉。

一些根茎类蔬菜如马铃薯、芋等，其产品内含有较多的淀粉，在低温下，部分淀粉会变为还原糖。在0～5 ℃下长期贮藏时，马铃薯的还原糖含量增加会导致油炸时制品的褐变问题。

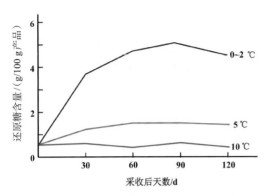

图19-15 马铃薯在不同贮藏温度下产品内的还原
糖含量变化
（引自Komochi）

马铃薯在收获时其薯块中的还原糖含量在0.5%左右，在0～2 ℃下贮藏时其还原糖含量会急剧增加；而在5 ℃下还原糖的增加幅度较小，在10 ℃下则几乎无增加（见图19-15）。还原糖含量较高的薯块经法式油炸或炸薯片时，加热后发生反应而产生褐变。

因此，在0～2 ℃下贮藏能够有效防止马铃薯的发芽和品质劣化，这样的薯块可作为鲜食商品出售；当作为加工品使用时，经低温贮藏的薯块在20 ℃条件下处理3周，即可使其还原糖含量再度降低到0.5%左右的水平，油炸时便不会再出现褐变的问题。

（5）香气成分（aroma components）。

园艺产品中很多产品具有其特有的香味，成分主要涉及一些酯类、醇类、醛类、酮类等化合物。能够产生香味的成分具有挥发性，所以大多能够通过嗅觉识别。

具有香气的物质种类繁多，且不同组合所形成的香味相当复杂。以苹果为例，其香气中的成分有上百种，含量较高的有1-己醇、(E)-2-己烯醛、乙酸丁酯和乙酸己酯等。由于种类与化学结构不同，香气成分可分为酯香型与醇香型两类。

茉莉等产品的香气中主要有乙酸苄酯、苯甲酸苄酯、邻氨基苯甲酸甲酯和吲哚等；薄荷的气味中则有薄荷脑、薄荷酮和乙酸薄荷酯等；香草的气味中主要成分为香草醛；紫罗兰花香的主要成分为紫罗香酮；风信子香味中的主要成分为苯乙醛。

梨香味中的主要成分为乙酸乙酯和乙酸异戊酯；草莓的则为丁酸乙酯和丁酸异戊酯；菠萝的为丁酸乙酯、丁酸丁酯、丁酸异戊酯和异戊酸异戊酯等。

（6）涩味成分。

涩味成分在一些未熟果实和芽中多有存在，其主体是一类属于多酚类的物质，有些具有可溶性，有些则无。不溶性成分在食用时不会令人有涩味的感觉。

常见的多酚类成分含量较高的园艺产品有石榴、柿、柠檬、李、梨、青苹果、番茄等。涩味成分一般不为人喜欢，但近来的研究发现其可以作为功能性成分，对此需进行重新审视。

2）外观关联物质

（1）色素。

园艺产品的色泽是重要的外观品质性状，本色以外的变色往往是其色素分解转化所致，会引起产品商品性的变差。园艺产品所涉及的色系非常丰富，从明亮的白色到黑色都有，中间居多的绿色、黄色、红色、蓝紫色等亦有其对应的产品。如图19-16所示为月季（玫瑰）的不同色系。

在这些色素中，含量较高的要数叶绿素和类胡萝卜素，而在花卉等植物中花青素含量也相对较高。

叶绿素（chlorophyll）在绿色类产品中含量较高，其分解会引起品质的下降；而一些果实类产品的成熟过程往往伴随着叶绿素的分解，这使其果色能正常显现。因此，产品中叶绿素含量的高低及其变化直接影响园艺产品的外观品质。采后采用低温贮藏、气调贮藏（controlled atmosphere storage, CA）或自发气调贮藏（modified atmosphere storage, MA）包装能抑制产品内的叶绿素分解，而乙烯的释放则会促进其分解。

图19-16 月季(玫瑰)的不同色系

A. 深红；B. 红；C. 粉红；D. 橙黄；E. 柠檬黄；F. 白；G. 草绿；H. 墨绿；I. 天蓝；J. 湖蓝；K. 紫；L. 黑

（A～D分别引自sccnn.com、kaoyan.xue63.com、blog.sina.com.cn、nipic.com；E～F均引自sixflower.com；G引自16pic.com；H～K均引自huaban.com；L引自leyijc.com）

类胡萝卜素(carotenoid)由胡萝卜素(carotenes)和叶黄素(xanthophyll)组成，颜色显示为红色、橙黄色、黄色，不溶于水。类胡萝卜素广泛存在于果实类产品中，原本的颜色因叶绿素的屏蔽而不直接表现，只有当果实渐渐成熟而叶绿素分解时，类胡萝卜素的颜色才得以显现。因此，果实的颜色也被用来作为判断其成熟度的依据。

番茄在后熟时的温度不同使产品呈现的色泽也有差别。当果实在30 ℃以上后熟时，表现为红色的番茄红素(lycopene)的生成被抑制而有利于黄色的胡萝卜素生成，因此其果实颜色整体变黄。

花青素(anthocyanin)在观赏植物和一些蔬菜、果品中均有存在，为水溶性色素，其本身受pH影响而使颜色在红和蓝之间变化；温度对花青素的呈色也有影响，如青花菜在某一时期经历意外的低温时，其绿色的花蕾会带有紫色，但对其他品质性状不会有太大影响。贮藏过程中，光照和温度条件也会影响产品中的花青素含量变化。

（2）多酚类。

多酚类物质结构差异较大，如前述之单宁和马铃薯中的绿原酸等都属于多酚类物质。很多园艺植物产品中均含有多酚类物质。

多酚类物质多在园艺产品受到伤害后的生理异常时出现变色反应，变色的原因是其被多酚氧化酶作用形成了稳定的褐色物质。除红茶加工之外，大多数情况下这种变色均被认为是品质劣化的表现。

莴苣切割后的褐变与牛蒡、山药切割后的变色，多为多酚类物质被氧化而导致。因此，产品中多酚类物质含量高，多酚氧化酶活性高，则易发生变色。但莴苣与牛蒡等产品上发生的黄变现象则为其他原因所导致，与多酚类无关。

3）调节人体健康的功能成分

园艺产品中所含有的与人类健康机能相关联的成分中，最重要的是抗变异原成分，其具有抑制引起突变、致癌、衰老等发生的原因物质（变异原物质）的机能。具有这些功能的抗变异原物质在不同园艺植物中的活性和热稳定性如表19-8所示。

如菠菜、结球甘蓝、茄子、牛蒡、姜、青花菜等产品中含有的维生素类物质和半胱氨酸、胱氨酸等含硫氨基酸，结球甘蓝、青花菜、欧芹、牛蒡、萝卜和杏等产品中含有的可食纤维、异黄酮(isothiocyanate)等，牛蒡汁、茶叶、咖啡中含有的木质素类化合物、儿茶素(catechin)、绿原酸(chlorogenic acid)、咖啡酸(caffeic acid)等多酚类物质，均因显示出具有抗变异原功能而广受关注。

表 19-8   不同园艺产品提取液的热稳定性及其对 Trp-P-2 变异原活性的抑制效果

单位：%

产品种类	产品状态		产品种类	产品状态	
	无加热时	有加热时		无加热时	有加热时
青花菜	79.5	74.0	菠菜	76.7	74.2
牛蒡	67.8	64.6	番茄	46.1	26.8
结球甘蓝	35.3	21.7	黄瓜	75.5	58.3
胡萝卜	24.5	26.3	茄子	82.5	82.3
普通白菜	77.6	75.7	苹果	58.0	35.4
洋葱	35.8	12.1	夏橘	20.0	14.4
甜椒	73.0	52.0	蜜柑	50.4	53.2
马铃薯	25.3	12.3	蜜柑果皮	61.2	61.9
萝卜	48.3	39.3	蜜柑（套袋）	41.8	37.2

注：引自 Shinohara。

园艺产品中的抗氧化成分因为具有防止脂类的氧化与酶的失活等机能而被关注，如蔬菜、果品等园艺产品中的 β-胡萝卜素、α-生育酚（tocopherol）和番茄中的番茄红素（lycopene）等。

园艺产品中，除营养素外，所含有的数量较少的与抗变异原、抗氧化、抗肿瘤、促进抗体产生、抑制癌细胞增殖等相关联的物质，正在不断地被挖掘解析，人们将会对园艺产品的利用有更新的认识。

19.3   园艺产品的采后商品化处理

园艺产品自田间采收后，需就地处理或就近运输至加工厂进行适当处理以维持其品质，保持收获产品的水分含量和组织内营养物的含量，并延长产品的寿命，提高商品性。为此而进行的一系列作业，称为园艺产品的采后处理（postharvest treatment of horticultural products），通常包括以下各项作业：洗净、整理、预冷、分级、包装等（见图 19-17），以实现由初级产品到商品的转化。因此，采后处理也被称为商品化处理。

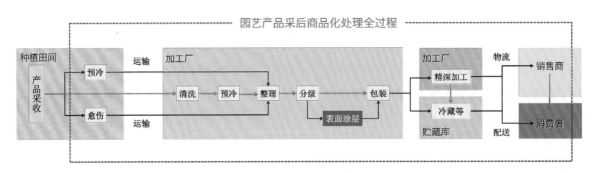

图 19-17   园艺产品采后的商品化处理作业流程

19.3.1   清洗与杀菌

来自田间的园艺产品运输至加工厂被接收后需立刻进行清洗作业（cleaning）。

采收后的园艺产品上往往会有一些尘土、泥渍、农药、微生物等附着，均需要在清洗作业中将其去除。这不仅是产品作为商品销售时的外观（appearance）需要，也是产品品质维持和利用上的卫生安全性方面所要求的。

关于生产过程中的质量与安全管理方面的内容，本书将在第 22 章中做专门讨论。本章则主要就清洗方法、杀菌方式等内容展开。

1）清洗方法

园艺产品的清洗方式主要有浸渍式（soakage）、搅拌式（stirring）、传送带刷滚式（brush roll）、滚筒式（drum-type）和冲水式（flushing）等（见图19-18）。

浸渍式，通常在清洗槽内进行，清洗时无物理冲击，需配合曝气、超声波和洗净剂等辅助手段进行。

搅拌式，是在水槽内利用搅拌装置使水流运动以提高清洗效果的清洗方式。产品在水槽中的平均滞留时间与水流的搅动速度间需要匹配，以保证清洗干净，同时也要避免产品的机械损伤。有些产品（如根茎类）表面所带的泥土用此方法很难洗净，故可与刷滚式配合使用。

传送带刷滚式，最适于根茎类产品的清洗，利用传送带将产品送至清洗槽时，伴随有旋转的毛刷将产品洗净。此法常与喷淋式并用。

滚筒式，是将产品装入滚筒内依靠其旋转并喷淋水的方式将产品洗净。需注意筒式的设计、旋转速度必须与产品相匹配。

喷淋式，通常是在清洗槽上加装喷淋装置的洗涤方式，常与其他处理方式联合使用。

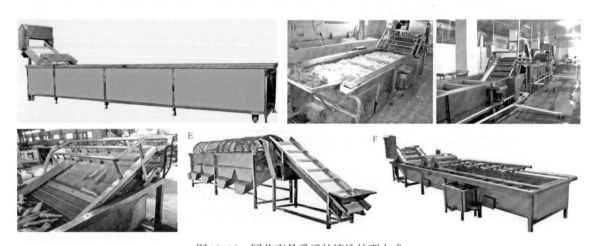

图19-18　园艺产品采后的清洗处理方式
A. 超声波式；B. 曝气式；C. 搅拌式；D. 传送带式；E. 滚筒式；F. 喷淋式
（A、B均引自 b2b.hc360.com.cn；C～F分别引自 jdzj.com、sdhuadu.com、foodix.com、weimeiba.com）

清洗作业，对于提高产品的商品性是非常重要的过程，同时也是采后流通过程中有效维持产品品质所必需的。对不同园艺产品而言，洗涤过程必须注意不损坏其产品表皮，否则会令产品的商品性下降。

以胡萝卜为例，洗净后的产品在20 ℃、90%的相对湿度下保藏时，9天内的累积呼吸量比无清洗时增加10%左右，而且其重量减少率也由无清洗时的3%增加至5%；即使装入纸箱内并在5 ℃下贮藏时，30天内的累积呼吸量还是比无清洗时约增加20%。作为商品的园艺产品经清洗作业后其外观质量会有大的改善，但要求这些产品尽可能在冷链环境下流通并缩短时间以最大限度地保持商品的综合质量。

洗净后沥水不充分时，产品上所沾的水分会使包装纸箱的强度大为降低，当纸箱堆叠时易造成箱体变形，其内的产品将受挤压而被损伤。而且容器内处于过湿状态时，会促进微生物的增殖。因此，产品洗净后必须将其表面所带水分充分沥尽。而且，真空预冷时若产品表面的水分未沥干，会造成一些产品的冷却不彻底，但根茎类产品表面带有一定水分时，若采用真空预冷则能有效地保持其外观品质。

2）切花的采后吸水处理

浸水（water infiltration），是指切花在采收后，迅速将花茎切口处浸入清水中使其充分吸水并呈饱和

图19-19   切花采收后的花茎浸水作业
（引自damicyd.99114.com）

状态的作业（见图19-19），其后的产品整理也应在水中进行，特别是花茎在短截时。进行预冷、分级、包装前的浸水作业，对整个流通过程直至消费阶段的切花品质保持具有决定性作用。

3）杀菌方法

园艺产品商品化处理时的杀菌，与其产品的品质保持时间有着极大的关系。通常所采取的方法有加热杀菌、杀菌剂和紫外线处理等。除以上方法外，近年来一些新的杀菌方法已开始在园艺产品的杀菌中加以利用，如利用O_3、活性水、天然无机抗菌剂、低能辐射等杀菌。

（1）加热杀菌。

加热杀菌（heating sterilization）通常用于园艺产品的加工过程中，如以鲜活状态的产品形态作为商品时，则不能采用这种方法。此部分内容将在第20章与加工相关联的内容中再加以讨论。

部分果实类园艺产品可使用加热杀菌方法，如杧果等果实可用热水进行表面杀菌。加热杀菌方法除对呼吸跃变型果实具有杀菌作用外，还具有抑制后熟的作用，如香蕉果实可用52 ℃热水处理10 min，苹果果实在38 ℃下处理4天，其后即使在常温下贮藏，其货架期也会大大延长。

（2）杀菌剂处理。

必须按其安全性标准进行。园艺产品上通常使用的杀菌剂有强力漂白粉、漂白粉、次氯酸（HClO）、次氯酸钠（NaClO）等；H_2O_2、$NaNO_2$也有一定杀菌效果，但这2种物质由于安全性问题被限制使用。

（3）紫外线。

该波段的波长在10～400 nm范围内，而波长为220～380 nm的紫外线具有杀菌性，其中又以波长为250～260 nm的紫外线杀菌力最强。紫外线的能量极低，因此由其激发分子或原子电离时几乎不需要多少能量，但其能够引起DNA损伤，阻碍细胞分裂，从而能杀死微生物。紫外线杀菌时需要特别注意的是其保护效应和遮蔽效应。前者是指对菌体以外的物质，紫外线的穿透率较低时杀菌效果将大为降低。因此，用紫外线杀菌时通常只能杀死产品表面所带微生物。而后者则是指在菌落密度高、个体集聚的情况下，紫外线常会对不直接暴露在光线下的菌落出现漏杀。

（4）臭氧（O_3）。

O_3（ozone）通常会以气体或水载气体的形式被利用（见图19-20）。当其被用于杀菌时，O_3会破坏微生物的细胞壁等表层结构，或者使其关键酶失活、核酸失活。在细菌细胞壁中的主要组成部分肽聚糖层（peptidoglycan layer）上，革兰氏阳性菌比阴性者要厚。因此，属于革兰氏阴性菌的大肠杆菌（*Escherichia coli*）、沙门氏杆菌（*Salmonella*）等，比起属于革兰氏阳性菌的芽孢杆菌（*Bacillus*）来说，更容易被O_3杀死。

利用O_3杀菌的最大优势在于其没有残留的弊病，不会生成有害物质，且杀菌所需时间较短。在实际应用上，保

图19-20 O_3水发生器
（引自Ibozone.com）

持清洗槽内O₃的有效浓度是最为重要的。因此，臭氧水槽往往需要接续在清洗槽的最末端并单独设立，以保证其杀菌效果。与此同时，需要留意因O₃的高度氧化作用而造成产品的褐变或脱色问题。

臭氧水发生装置，有自来水管连接式，还有采取喷射式、喷气嘴式、混入式和直接电解式等与清槽连接的形式。

（5）活性水（activated water）。

活性水，是指经物理处理后发生异态化的水形态。其主要形式有电磁场处理水、添加特定物质的水、去除某些物质的水三大类，又可细分为磁化水、电解水、超声波水、臭氧水、脱氢水和加氢水等形态。

目前这类方法虽然有一定的杀菌抑菌效果，但总体而言效果不够稳定，还有待进一步开发完善。

（6）天然提取物（natural extract）。

有一些天然提取物作为抗菌剂被人们所关注，其中应用较多的是壳聚糖（chitosan）、丝柏硫醇（cypress mercaptan）、芥菜提取物等。丝柏硫醇除杀菌外，还具有抑制乙烯生成和抑制呼吸的作用；芥菜提取物中含有异硫氰酸烯丙酯（allyl isothiocyanate），兼有防止产品组织褐变和抑制乙烯生成的作用。

（7）低能辐射（soft electron）。

此法在香料、干燥产品原料以及一些易发芽产品的杀菌上应用较多。利用高能量的X射线、γ射线等进行产品辐照会使一些园艺产品发生不良的变化。如香辛料、豆类等产品上所带的病原微生物往往存在于其表面，一般的杀菌方法即可将其杀死。低能辐射就能满足这种要求，且杀菌成本也比高能辐射低。

（8）无机抗菌剂。

将Ag、Cu、Zn等元素的金属单质或离子用沸石、陶粒、硅藻土、硅胶等多孔材料进行吸附、离子交换后制成的粉末状物质可作为抑菌剂使用。这些物质具有抗菌性但不具备杀菌能力，因此常用于产品包装中。

4）切割蔬菜的清洗与杀菌

对于切割蔬菜（minimally processed vegetables）而言，产品清洗是其最为重要的作业环节，目的是保持产品的品质。

采收后的蔬菜产品，其微生物菌落总数通常在 $1 \times 10^7 \sim 1 \times 10^8$ cfu/g，当其进行切割加工时，需要将此数量控制在 1×10^3 cfu/g 级别以下。切割蔬菜的细胞内的营养物质与酶原来并不存在于同一位置，其褐变反应表现较为迟缓，但由于切割过程使组织和细胞受损伤，其营养物质与酶的分区性即会被打破，从而使褐变发生得更为迅速，微生物的繁殖也被强化。因此，为了保持切割蔬菜的品质，清洗的同时尽可能使微生物细胞质快速去除是非常必要的，即杀菌后需用流水冲洗，并将杀菌时的次氯酸或O₃成分除尽。如图19-21所示为切割蔬菜的清洗及杀菌、产品整理作业流水线。

图19-21　切割蔬菜的清洗及杀菌、产品整理作业流水线
A. 清洗及杀菌；B. 产品整理
（A、B分别引自detail.1688.com、chihe.sohu.com）

19.3.2　产品的整理与分级

1）园艺产品的采后整理

园艺产品在收获时,其采收对象除真正可作为产品的部分以外,不可避免地会带有一些非产品形态的部分,而这一部分并不是无效的、多余的。它们对田间待运和运输期间的产品质量维护有较大的帮助,但这一部分在进入商品化处理后则需要去除。

同时,收获物因田间生长状况或采收、运输时受到伤害等原因,产品的外观受到影响,在进行产品整理时,也应对此进行必要整修(renovation),如图19-22所示。例如,去除部分老黄枯叶、过长的茎、带有病斑或较大面积虫孔的叶片或其他组织、刺突、裂伤、腐烂部分等。有些产品经整修后能够达到商品质量要求,可作为正常商品,有些达不到特定标准的可作为等外品,用作加工原料或其他用途。

图19-22　园艺产品的整修
A. 普通白菜整修; B. 叶菜类整修; C. 甜椒整修; D. 菊花整修; E. 玫瑰整修; F. 葡萄整修
(A~F分别引自coleact.cc、fisen.com、news.sina.com.cn、news.china-flower.com、sdnyhendeagri.com.cn、sichuan.scol.com.cn)

需要注意的是,进行园艺产品的整修时部分形态的去与留的尺度问题。例如,大葱在葱白上面需留3片叶,长度约在10 cm内,超过3片叶的外皮(鳞片)应剥除,保持葱白的洁净整洁;石刁柏、芥蓝等以及切花产品,每捆内各个体保持长度相近,切口平整;切花花茎上所带的叶尽可能保留,但须将基部的老黄叶以及轮茎上的残损叶、病叶等去除,而对于花茎则应尽可能地留得长一些;一些果实的果柄均应在与果面最顶端齐平以下切断,以防装箱时刺破其他果实,但对番茄有例外,一般不会摘除其果柄与花托部分;一些成串的果实则应保持整体性,葡萄应将脱落果粒后的外露果柄去除。如图19-23所示为几类园艺产品整修后的形态。

园艺产品的整修主要靠人工作业,是较费工且需要精心操作的工作。作业时,工作人员须佩戴手套和口罩,并使用如剪刀、菜刀等工具。对于食用类产品的作业车间及人员卫生方面,行业内有专门的要求与规范,本书将在第22章中讨论。

2）园艺产品的分级

分级(grading),是指按照商品质量标准,对采后产品进行的基于外观、品质等的划分。

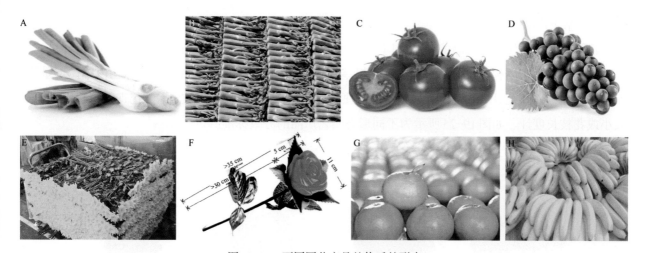

图19-23　不同园艺产品整修后的形态
A. 大葱；B. 芥蓝；C. 鲜食番茄；D. 鲜食葡萄；E. 切花菊；F. 切花月季；G. 柑橘；H. 香蕉
（A～H分别引自js.hc360.com.cn、b2b.hc360.com.cn、dd02.vipces.cn、serengeseba.com、windmsn.com、tuxi.com.cn、gzjzyg.com、item.btime.com）

园艺产品要求在品质、大小、形状、颜色、状态和成熟度方面整齐一致，是基于以下原因：吸引消费者购买，产品免遭病害和便于自动化操作。因此，园艺产品须按照特定标准进行分级，这也是产品定价的基础。

（1）分级的依据与判断逻辑。

事实上，分级是十分复杂的事情，特别是对众多品质性状进行综合考量时，其逻辑关系不同会导致分级结果上的较大差异。

分级时将按照商品最低标准，综合判断产品是否符合商品标准，其中有一项不符合就必须淘汰；在合格品中，进一步利用外观或最为重要的品质指标进行分级作业。如图19-24所示为园艺产品分级作业的运算逻辑示意图。每个级别均存在一定的容错率，通常在$x_i \pm 5\%$以内（x_i代表i项指标的平均水平）。

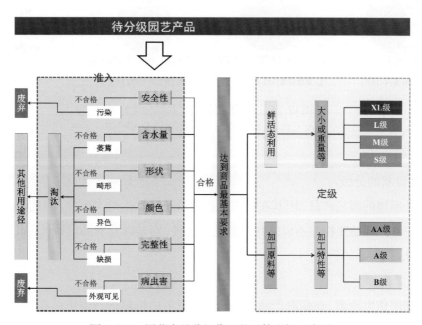

图19-24　园艺产品分级作业的运算逻辑示意图

（2）基于产品大小的分级。

最常见的分类依据是产品的大小，其具体尺度有时可按直径、长度等计量，也有用单体重量计量的方式。如直根类以肉质根长度计，块茎、鳞茎、根茎则多以重量计；普通的散叶类和叶球均以单体重量计，而花球则以球面直径计；果实近于圆球形的往往以果径计，其他形状则以重量计；花卉等植物则以花径大小或花枝长度计。如图19-25所示为不同形态园艺产品的分级标准。

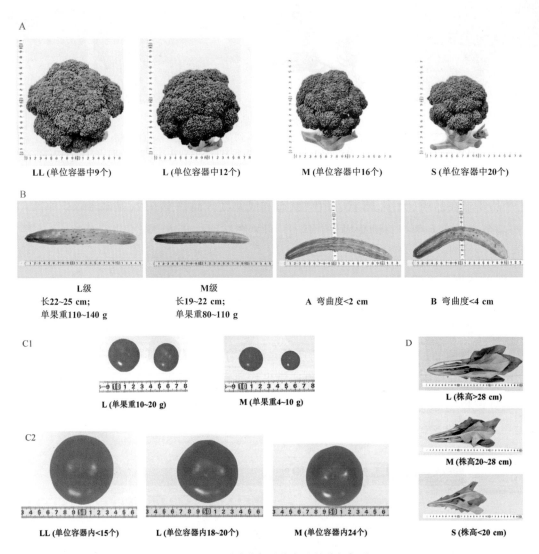

图19-25 不同形态园艺产品的分级标准
A. 花球；B. 棒状果实；C. 圆形果实；D. 多叶体
［A～D均引自野菜供给安定基金《野菜出荷規格ハンドブック》］

（3）基于其他性状的分级。

对于用作加工原料的园艺产品，因其在加工过程中形态会发生重大改变，因此商品的最终外观与原料差异较大。这一部分产品往往并不以外观品质进行分级，而是以营养品质特性，如含糖量、精油含量、色素含量等进行分级。

（4）机械分级。

机械分级是利用仿生原理，在获取产品的综合性信息后由机器进行逻辑运算，通过控制系统进而对产品实现归类，如是否淘汰以及达到商品最低标准产品的基本定级等。

分级所用机电设备必须满足无损获取信息（nondestructive detection）的基本要求。按照其工作原理,可分为光学、电学两类。前者依照光反射与传播、颜色识别原理进行,其方法包括叶绿素荧光（chlorophyll fluorescence）法、光谱分析法（spectral analysis）;后者则是利用近红外光（near infrared ray, NIR）、X射线衍射（X ray computed tomography, CT）和核磁共振（nuclear magnetic resonance, NMR）等原理进行。如图19-26所示为园艺产品的自动化分级系统的界面及工作原理。

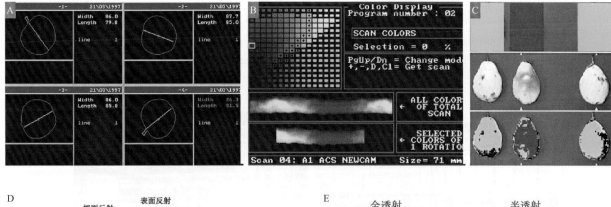

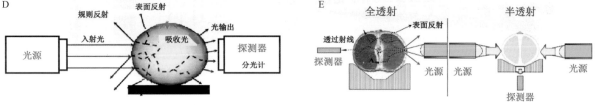

图19-26　园艺产品的自动化分级系统的界面及工作原理

A.果实大小与形状判别; B.产品色泽分析; C.果实表面颜色及斑痕判别; D.依靠表面反射信息的探测; E.透射信息探测

（A~E均引自高军福,wenku.baidu.com）

19.3.3　产品预冷

预冷（precooling）,是指对刚收获的园艺产品迅速除去其热量的处理过程。这使生产者能在产品完全成熟时进行采收,并能保证产品以优良的品质到达消费者的手中。

预冷是一个耗能过程,如果在夜间或清晨收获产品,由于此时的温度最低,可使预冷的成本降为最低。

园艺产品在进行预冷后,其后尚要面临临时置留、贮藏、运输及销售等流程,其间仍需要保持连续的适度低温才能维持产品最初的鲜度和高品质。因此,预冷事实上是采后低温链的开始,其在园艺产品流通领域是非常重要的技术环节。

预冷具有如下作用:抑制产品的呼吸,防止产品后熟和老化,防止产品水分损失、萎蔫,防止有害生物繁殖,阻止产品发芽,等。

1）预冷方式

在园艺产品上常用的预冷方法有冷水预冷、加冰接触预冷、通风预冷和真空预冷等。这些方式的特点如表19-9所示。

（1）通风预冷。

通风预冷（ventilation cooling）在园艺产品的预冷中所占比例较高,其中大部分为强制通风预冷（forced ventilation cooling）,常以冷库形式应用（见图19-27）,而且对产品种类的要求低,适合于大多数的园艺产品。有时也可使用可移动式强制通风预冷装置（成本低、使用便利）,可于冷藏区的不同作业区轮换使用。

表 19-9 园艺产品的预冷方式及其特点

预冷方式		方　　法	优　　点	缺　　点	适用园艺产品
通风预冷	强制	将冷气吹入进行冷却	设备费用较低	冷却时间长,有温度斑	全部保鲜产品
	差压	利用压力差将冷气吸入	制冷速度快,温度斑较少	单位空间处理量少,码堆较费时	全部保鲜产品
真空预冷		通过减压使产品内水分蒸发,带走潜热,实现制冷	制冷速度极快,无温度斑	设备费用较高,冷库使用较多	叶菜类
冷水预冷		用冷水淋洗或浸渍制冷	制冷速度极快,设备费用低	造成产品及容器的交叉污染	对湿润敏感的种类

注:引自 Hasegawa Yoshinori。

图 19-27 园艺产品的通风冷却库
A. 外部; B. 内部
(A、B分别引自 rollnews.tuxi.com.cn、hzlengku.com)

通风预冷可用于草莓果实的预冷上,其他预冷方式则不能胜任。采取强制通风预冷,产品从自然温度降至 5 ℃时所花费的时间约为 12～24 h;同样情况下,差压通风预冷(differential pressure ventilation cooling)则只需要 4～8 h,其预冷库的周转率较高。差压通风预冷时,产品若已装箱,必须科学考虑箱体上的开孔大小、密度及箱体朝向等因素,否则空气流动通路不畅时会发生降温不均匀等问题。

（2）真空预冷。

当园艺产品减压至 665 Pa 左右时,其内的水分即可被汽化并蒸发出来,与此同时会将蒸发潜热带走,从而使产品急剧冷却。这一方法能够实现快速冷却,即使在不浸湿产品的条件下,在只用塑料袋包被但未封口时也可实现产品的冷却,但对于根茎类和果实类产品不太适用。真空预冷能用于莴苣、茼蒿、青花菜、芹菜和其他叶菜类产品的预冷。

一些产品通过进行预冷前湿润化处理,再使用真空预冷的方法并加大真空度,可实现不破坏产品组织的预冷目的,同时减少了产品的水分损失。这使真空冷却的适用面有所扩大。

真空预冷时,将产品从自然温度降至 5 ℃只需要 20～30 min,因此可使流通时间大为缩短,对产品保鲜有较好的效果。如图 19-28A 所示为真空预冷设备。

（3）冷水预冷。

冷水预冷(cold water chilling),是指以冷水或冰水从产品周围流过并将产品中的热量带走的冷却方式。适宜于冷水预冷的园艺植物有石刁柏、甜菜、青花菜、胡萝卜、花椰菜、芹菜、甜瓜、豌豆、桃、荔枝、杏、猕猴桃、枣、萝卜、胡萝卜、西葫芦和甜玉米等。如图 19-28B～D 所示为用于水冷、冰冷和常温水冷时的设备。

图19-28 园艺产品的不同预冷设备

A. 真空预冷设备；B. 水冷设备；C. 冰冷设备（制冰机）；D. 常温水冷设备

（A～D分别引自sohu.com、sell.d17.cc、b2b.hc360.com.cn、fujian.huangye88.com）

　　冷水预冷从很早以前便有应用，至今仍有一些企业在沿用。这种方法采取淋洗方式来实现园艺产品的降温，通常30 ℃以下的产品温度用时18～20 min即可降至10 ℃以下。预冷后的产品，即使常温运输，在2 h车程范围内到达目的地时也比无预冷的产品温度要低3～10 ℃。如果配合泡沫隔热箱进行运送，产品温度上升较少，能较好地起到保鲜作用。与真空预冷不同，冷水预冷较适合于产品表面积较小的果实类产品，同时也可以与真空预冷系统并用。

　　可移动式冷水预冷可用于已包装的朝鲜蓟、豆类、抱子甘蓝、青花菜、花椰菜、胡萝卜、甜瓜、黄瓜、豌豆、小萝卜、芜菁、球茎甘蓝、根芹菜、韭菜、洋葱、石刁柏、甜玉米、樱桃、荔枝、蓝莓、李、油桃等产品的田间预冷。

　　加冰预冷（ice cooling），是指在包装好的产品中或在其周围或顶部加入碎冰或袋装冰块的预冷方式。这种方法较为简单（见图19-29），产品的预冷作业、包装和流通中的低温保持等不同环节的温度控制问题可一体化解决。由于这一方式对包装物有限制，一般使用自身重量不大且可回收的泡沫箱，其保冷性较好，也耐水渍。但目前泡沫箱引起的资源和环保问题尚无法妥善解决，因此其适用面有一定局限性。加冰预冷也可以提前到田间收获时同步进行，但需要借助可移动的制冰机来完成。

图19-29 园艺产品包装箱内直接加冰的预冷方式

A. 苦瓜预冷；B. 芹菜预冷；C. 青花菜预冷；D. 欧洲樱桃预冷

（A～D分别引自xns.315.com、news.ifeng.com、finance.qq.com、lzjygguwen92.dginfo.com）

2）预冷作业及其相关问题

　　预冷作业可以在分级后包装前完成，也可以在分级、包装后再进行。对于有些采后处理较为简单的生产方式，预冷作业也可提前到田间收获时完成。具体选择视生产条件与产品的市场定位而决定。

　　产品预冷后,在其后的运输过程中也应保持冷藏状态,常用冷藏卡车、冷藏列车车皮和冷藏空运货柜进行运输。需要贮藏时,则进入冷库贮藏。

　　夏季时,经过预冷处理的园艺产品进入销售或交付环节的温度通常在10～20 ℃。但事实上,从批发市场到零售店的运输中多以普通货车进行,其中存在着较大问题。而且,对产品预冷做得不到位,待运和装卸期间产品升温,保温车的厢体隔热不充分,城市道路的交通堵塞使运输时间比预期延长,运输与卸货前提前关闭车辆制冷机,冷藏库因频繁开闭而使设定温度提高等问题也值得重视。

　　在差压式预冷上,由于有的操作人员对其原理不熟悉,很多情况下并没有使用帘幕系统,使其制冷效果变差。而在真空预冷时,需要注意以下问题:预冷后的产品温度与库内温度不协调,有时甚至有10 ℃以上的温度差;预冷时设定的最终压力过高,产品未被彻底冷却;夏季时产品处理量大,为了增加处理频次,单次处理时间不足,产品温度未降低至需要水平;等。

　　另外,对于预冷产品在运输前后的温度变化,应当重视以下问题:若运达后的产品温度保持在13～20 ℃的程度,则等到产品交付后,产品温度将几乎回归到常温;同时,运输厢体内包装单元的装载码堆的位置与码堆方式也会影响厢体内的温度均匀分布;冷库为了节约电费有时会调高设定温度。

19.3.4　园艺产品的其他商品化处理

1）愈伤

　　愈伤处理(callus treatment),是指针对一些球根类园艺产品在收获时受到的机械伤害进行特定处理使其自我完成愈伤的作业过程。这些产品涉及多种根茎类蔬菜、观赏植物繁殖材料和药用植物等。

　　愈伤处理,不仅可以使一些产品的伤口迅速木栓化(suberization),而且可利用一种脂质物质在伤口表面形成良好的屏蔽结构,同时表皮的细胞分裂能够形成一层“新皮”,这些变化均可以提高产品的贮藏性能。如图19-30所示为马铃薯和洋葱愈伤处理前后的对比。

图19-30　园艺产品愈伤前后对比
A1、A2. 马铃薯愈伤前后对比;B1、B2. 洋葱愈伤前后对比
(A1、A2、B1、B2分别引自 m.jqw.com、tbw-xie.com、ivguo.net、shucai123.com)

　　愈伤不仅对于产品的伤口有修复作用,它也起到了减少产品水分损失、防止采后腐败微生物侵入产品等方面的作用。愈伤可在田间进行,也可在专门的愈伤室或愈伤传送带上进行。

　　大部分根茎类园艺产品的愈伤处理,均需在特殊温度和湿度条件下完成。马铃薯块茎通常需在采后的2～3周内,在12～15 ℃的条件下进行愈伤,处理时的环境湿度在90%左右(以防过度失水引起产品萎缩);洋葱、大蒜和郁金香等鳞茎类产品,收获后只需进行晾晒,使外层鳞片干燥、膜质化,进而促使鳞茎的叶鞘部和茎盘部的伤口愈合即可;而甘薯等块根则需要在27 ℃左右的温度下进行愈伤。

　　愈伤完成后的园艺产品,即可在较低的温度下进行贮藏,愈伤处理可有效延长其贮藏期。

2）表面涂层

表面涂层（surface coating），亦称打蜡（waxing），是指利用能生成被膜的物质对一些果实类园艺产品进行表面涂布的处理作业。此操作不仅能增加产品外观光泽，同时也能形成对果实的保护，有效降低产品呼吸并阻碍微生物的侵入，从而延长产品保质期。

对于贮藏时期较短的产品，通常不使用表面涂层处理，即使对长期贮藏的产品，通常也只有在上市前才进行作业。适于表面涂布的园艺果实类产品主要有梨、苹果、柑橘、杧果、香蕉、杏、李、油桃、柠檬、樱桃、枣、芜菁、胡萝卜、甘薯、黄瓜、结球甘蓝、南瓜、番茄、辣椒和茄子等。如图19-31所示为苹果、杧果的表面涂层处理前后对比。

图19-31 果实类园艺产品的表面涂层处理前后对比

A1、A2. 苹果表面涂层处理前后对比；B1、B2. 杧果表面涂层处理前后对比

（A1、A2、B1、B2分别引自tao.52jscn.com、bi-xenon.com.cn、china.makepolo.com、blog.sina.cn）

用作涂布的被膜剂属于食用添加剂范畴，中国的《食品安全国家标准 食品添加剂使用标准》（GB 2760—2014）中规定，可以在水果表面使用的食用蜡主要有巴西棕榈蜡（使用量≤0.000 4 g/kg）、聚二甲基硅氧烷及其乳液（使用量≤0.09 g/kg）、紫胶（仅限柑橘类和苹果，使用量分别为≤0.5 g/kg和≤0.4 g/kg）等。这些材料一般均不溶于水。符合安全使用规范的被膜剂在国际上是被允许的，但须注意不可随意或过量添加。

在进行表面涂层时，不得在涂剂内添加色素；有时为了保持产品的质量，防止微生物侵入，壳聚糖也被用作被膜剂。还需要注意被膜剂的使用量与液化、雾化的温度。过高的喷涂温度有时会损害果实的品质。

3）后熟

后熟（postripeness），是指对提前采收的果实类产品，在可控条件下使其完成后续的成熟过程的作业。需要注意，后熟与植株上进行用于生长调节的催熟（ripening）不是一个概念。

一些果实类产品只有在完全成熟时其品质才能达到最佳状态，但在田间采收时对果实的生长状况指标及贮藏运输要求的限制下，其往往在未熟阶段即被采收。而这些果实需在采后的特定时间内进行人工后熟。

例如，坚果类的脱果肉与脱涩，可促进果实的成熟化。大多数园艺产品须在植株上自然成熟，而一些产品只有从植株上摘下后使其后熟才能达到最好质量，如梨、香蕉和鳄梨等；番茄既可在植株上催熟，也可脱离植株后后熟，由于成熟的番茄不易运输和贮藏，因此多提早采收后进行人工后熟。

人工采后催熟，需要在特定的环境下进行，有时还要借助一些含有乙烯成分的制剂（催熟剂，ripening agent）促进果实的发育，但需掌握好处理时期、使用浓度及使用方法等要素。如图19-32A所示为催熟剂，图19-32B、C、D所示为柿、脐橙、香蕉的催熟。后熟时所需温度相对较高，与冷库的冷藏环境要求不同，需接近果实发育的最适温度。应注意的是，在使用催熟剂时，需要有单独的处理空间，以避免引起对其他产品的乙烯伤害。

图19-32　果实类园艺产品的催熟
A. 催熟剂；B. 柿；C. 脐橙；D. 香蕉
（A～D分别引自tao.52jscn.com、bi-xenon.com.cn、china.makepolo.com、blog.sina.cn）

19.3.5　园艺产品的包装

我们生活的周围，几乎到处都充斥着包装物。《包装术语　第1部分：基础》（GB/T 4122.1—2008）中对包装（packaging或package）进行了定义，即为在流通过程中保护产品、方便贮运、促进销售，按一定技术方法而采用的容器、材料及辅助物等的总体名称（package）；也指为了达到上述目的而采用容器、材料和辅助物的过程中施加一定技术方法等的操作活动（packaging）。

对园艺产品而言，从独立的个体包装、集合包装到运输包装，种类较多，而且随着电子商务和物流服务的快速发展，已逐渐显现出过度包装（over packaging）的趋势。

1. 包装的作用

包装的作用并不只局限于防止水分损失，园艺产品的包装主要具有以下作用：使产品与外界隔离，保持产品的品质；防止污染；防止搬动、运输过程中产品遭受机械损伤；传达与产品相关的信息；使作业更便利等。

其中，与外界隔离以保持园艺产品品质的作用最为关键。一方面，包装可防止微生物、害虫和其他有害物质的侵入及避免人员与产品直接接触；另一方面，从防止脂肪氧化、维生素分解、产品变色等由产品中内含物成分变化引起的品质劣化，以及因产品中的水分和香气的散失引起的产品风味等的降低等方面考虑，也是需要严密包装的。

2. 包装物设计及其视觉表达

园艺产品所涉及的包装要素主要有包装对象、材料、造型、结构、防护技术及视觉传达等。

（1）包装物形态。

包装形态，是由园艺产品种类、包装材质及其结构等要素决定的。通常，适宜的包装形态须有利于产品的贮运、搬运和陈列，并有利于产品销售。

最小单元包装（minimum unit package），通常为零售包装，其容量大小与消费者单次利用数量的习惯有关，而在实际作业过程中则需要从包装的设计上对形状加以规整统一，以便其能被集合并装入更大体积的运输包装（transport package）中。这对于流通和销售来说是非常重要的。对于运输包装而言，它将进一步组合并与运载厢体形成模数化关系（此部分具体内容将在第21章中讨论），因此其基本形状多为长方体。而对于单体包装或最小包装，无论所盛装产品的自然形态为何，其最终的包装形式应类同于长方体或其他近似形状，单元包装间的空隙则可用衬板、缓冲物等填充并使之相互紧挨着且平整化（见图19-33）。

（2）包装的美化。

包装的设计及制作，则是通过其形态进行视觉传达的具体表现，也是出于方便消费者使用、保存和强化感官印象，增加园艺产品商品价值的需要。

图19-33 不同形状园艺产品最小单元包装的集合样式

A. 果实防擦缓冲网和网纹甜瓜；B. 瓜类包装托衬；C. 单体包装形状；D. 集合后的最小单元包装盒；E. 加防擦网及每层间加隔板的产品集合包装；F. 具有定位隔离结构的集合包装

（A～F分别引自 detail.1688.com 和 t-chs.com、dttt.net、zcool.com.cn、b2b.youboy.com、blog.sina.com.cn、shop.99114.com）

　　选择具有良好印刷界面的材料与形状，充分利用包装在视觉上的质感、色彩及图案，并配合必要的商品信息，这些要素共同构成了园艺产品包装的基本美学需求。

　　颜色是包装中最具感官刺激作用的构成元素。突出商品特性的色调组合，不仅能够强化品牌特征，而且会对消费者有强烈的感召力。包装图案的设计则组合了重要的视觉符号元素，体现出其内在的文化内涵与审美情感，并以此传达给消费者。这一系列的信息均需通过优质的印刷与制作加以体现。如图19-34所示为园艺加工产品的常用最小单元包装材料及设计范例。

图19-34 园艺加工产品的常用最小单元包装材料及设计范例

A. 纸筒装熟咖啡豆；B. 塑料瓶装果汁；C、D. 玻璃瓶装迷迭香精油、碎末罗勒；E. 锡罐装红茶；F、G. 硬质纸板盒装铁皮石斛、茶饼

（A～G分别引自 cndesign.com、zcool.com.cn、zcool.com.cn、wap.koudaitong.com、m.tta.cn、duitang.com、zcool.com.cn）

（3）包装附带信息。

　　园艺产品附加的商品价值常可以用品牌（brand）体现出来，此内容将在本书第23章详细讨论。品牌的权益维护需要通过注册商标（registered trademark）来实现。商标或品牌是包装中重要的构成要素，须在包装整体版面中占据突出的位置。

此外,需在包装上加注标签(label),其信息包括产品名称、质量等级、产品企业、生产日期和质量保证期以及二维码(QR code)等。

3. 包装材料及制式

用作园艺产品的不同材质的包装材料,主要有木质、纤维或人造纤维、纸板或纸张、硬质塑料、软质塑料和各种薄膜、玻璃、陶瓷、金属等。作为运输包装的材料多以纤维袋、木质箱、瓦楞纸板箱、塑料箱(框)和泡沫箱为主(见图19-35);而最小单元包装则多为纸板盒、木片盒、软质塑料、塑料薄膜等材料;如包装对象为园艺加工品,有时会用到金属、玻璃、陶瓷等材料的包装(见图19-34)。选择不同的包装材料,不仅需要考虑包装成本,而且也应注意包装对园艺产品市场竞争力所产生的影响。

图19-35　园艺产品的运输包装
A. 木板箱;B. 强化纸浆冲压箱;C. 化纤纺织袋;D、E. 可堆积硬质塑料箱;F. EPS泡沫箱
(A~E分别引自tonysfarm.com、blog.sina.com.cn、detail.1688.com、chihe.sohu.com、detail.1688.com、yanmei.99114.com)

一些传统的包装材料,虽然性能稳定,但可塑性较差。随着材料科学的进步,以化工产品为原料的多种新材料以其特殊的性能被越来越多地应用到园艺产品的包装中来。

1) 塑料薄膜的种类与特性

适用于园艺产品包装的塑料材料的主要种类有聚乙烯(polypropylene, PE)、聚丙烯(polypropylene, PP)、聚氯乙烯(polyvinyl chloride, PVC)、聚苯乙烯(polystyrene, PS)、乙烯-醋酸乙烯共聚物(ethylene-vinylacetate copolymers, EVA)、聚丁二烯(polybutadiene, BR)、尼龙(nylon, ON)、醋酸纤维(cellophane acetate, CA)、聚偏二氯乙烯(polyvinylidene chloride, PVDC)和聚对苯二甲酸酯(polyethylene terephthalate, PET)等。常见塑料类包装材料的特性如表19-10所示。

2) 功能强化薄膜

塑料材料在单体最小包装上的应用越来越多,但大多数产品用薄膜包装后会出现包装体内O_2供给少的情况,产品有窒息的危险;而且塑料材料的水汽阻断性使包装内的水汽易凝结产生水滴,增加了产品腐烂的发生,造成产品质量的下降。

目前开发出的一系列旨在改善水汽和空气透性的薄膜材料有聚乙烯保鲜膜、聚丙烯膜、聚氯乙烯膜、聚丁二烯膜等。而从长远的需要出发,一些具有后熟功能、抗菌功能、水分控制功能等效用的功能强化膜也相继开发成功并开始应用于园艺产品的包装中。

（1）后熟控制薄膜。

是在薄膜中加入石英质石粉和黏土类物质制造而成，此包装材料自身具有强的吸附功能，可以吸附乙烯气体。这类功能膜可用于猕猴桃、康乃馨等水果及鲜切花的包装上，以取代传统的KMnO$_4$（高锰酸钾）和STS（硫代硫酸银）的使用。

表 19-10　常见塑料类包装材料及其特性

特　性		薄 膜 种 类					
		PE	CA	PP	PET	ON	EVA
阻断性	水汽	○	△	◎	○	×	×
	O$_2$	×	○	×	△	○	◎
强度	拉伸强度	○	△	○	○	◎	△
	破裂强度	○	◎	○	◎	○	○
	低温下	○	×	○	△	◎	△
	高温下	○	○	○	○	◎	
透明性		○	◎	◎	◎	◎	○
用途		食用品包装 包装袋 防擦缓冲网	胶带 贴体包装 加工品 茶叶包装	硬质高透明度包装盒	种子袋 腌渍加工品包装 即食品包装	液体加工品包装 冷冻产品包装 切割蔬菜包装	液体加工品包装
特征		廉价 易粘贴性 强韧性 耐水性 耐化学品性	防裂性 透明性 黏着性 手撕性 耐热性	防湿防雾性 耐弯曲性 高透明性 耐油性	尺寸稳定性 保香性 耐油性 紫外线阻断性 可蒸加工性 耐热性（可在微波炉中加热）	高韧性 耐冲击性 耐摔性	气体阻断性非常强

注：1. 引自 Hasegawa Yoshinori。
　　2. 性能由强变弱：◎＞○＞△＞×。

（2）气体调节薄膜。

很多的园艺产品会在CA条件下贮藏，为确保其中O$_2$和CO$_2$的浓度能稳定地控制在2%～10%范围内，需用能对气体成分进行调节的薄膜包装。普通薄膜透气性差，易使包装内产品出现厌氧反应，为了改善这一问题，通常可在薄膜上增设一定密度的数微米级的微细孔隙，即制成微孔薄膜（microporous film）。这种薄膜在小葱、豆芽等产品上的应用取得了理想的效果，其O$_2$的透过率为普通PE膜的2～4倍。

（3）防雾薄膜。

防雾薄膜具有正反面，通常在制造时需在其内侧添加非离子系界面活性剂（nonionic interfacial agent），如甘油脂肪酸酯（glycerol fatty acid ester）、聚甘油脂肪酸酯（polyglycerol fatty acid ester）、脂肪酸钠（sorbitan fatty acid ester）等多价脂肪酸酯（fatty acid esters）。

其处理方法有表面涂布和混入两类，防雾效果以混入式为佳。这些界面活性剂的加入使本来具有疏水性的薄膜具备了亲水性，可使包装内的水滴被薄膜吸附，从而具备防雾功能。使用这种薄膜包装也有其缺点，即内部湿度变化较大，且容易出现过湿障碍。

（4）水分抑制薄膜。

水分抑制薄膜，是将用于纸尿布等的高分子吸水聚合物与薄膜重叠后复合压延制成，可吸收固定包装内的水分。这种复合膜用于柑橘类的长期贮藏收到了良好的效果。

（5）抗菌薄膜。

防止产品腐败是园艺产品鲜度保持上重要的目标。在普通薄膜的基础上，向其原料中混入银沸石（silver zeolite）、丝柏硫醇（hinokitiol）、辣根中所含辛辣成分的异硫氰酸烯丙酯（allyl isothiocyanate）和来源于虾蟹壳的壳聚糖（chitosan）等具有抗菌性的物质，即可使该薄膜具有一定的抗菌性能。这类薄膜在苹果和香蕉的包装上均表现出较为理想的防霉变效果。

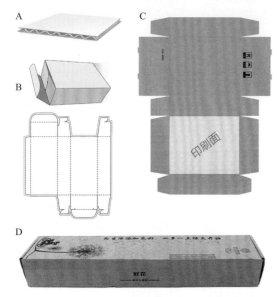

图19-36　园艺产品的纸板箱包装
A. 瓦楞纸板的断面结构；B. 纸板箱的折叠与拼装；C. 纸板箱的材质与印刷特性；D. 切花包装箱示例
（A～D分别引自m.hc360.com、xs.freep.cn、zcool.com.cn、b2b.hc360.com）

纸板箱成本较低，且材料能够回收再生，使用较为广泛。通常使用瓦楞板纸，经一次性印刷后切割、拼装而成。瓦楞纸比重较小且具有一定形态弹性，对所包装的园艺产品具有较好的防摩擦碰撞功能，且纸质的印刷适墨性较好。如图19-36所示为园艺产品的纸板箱包装。

为了保持通风，可在箱体上加设一定大小的孔洞；为了保持水分，也可内衬塑料薄膜材料；有时为了防止上下层产品相互挤压，中间可加隔板。

（2）袋式包装（bag packaging）。

利用织物纤维制作的袋式包装物，可用于填装根茎类、带苞片甜玉米、带荚豆类、坚果等产品。大型袋以麻类或化纤为材料，可作为运输包装。产品盛装后可封口，单体盛装容量在30 kg左右。此类包装物具有较好的透气性（见图19-35C）。

用于销售的单体袋式包装，材料多为塑料薄膜或由纸、塑料复合而成，单袋重量在250 g左右（见图19-37）。

4. 包装的类型与制式

园艺产品的包装，除了前面已叙述过的按照使用阶段和目的可划分成运输包装和销售包装外，其他尺度的分类则更加突出材料及其形状等特性。主要有以下类型：箱式（木质、纸板、硬质塑料、泡沫）、大袋式（麻布、化纤、丝网）、捆束式（绳带、胶带、橡皮筋）、小袋式（纸袋、塑料袋）、盒式（纸盒、塑料盒、木片盒）、容器式（不同材质的瓶装、罐装、筒装）、托盘式（塑料软质托盘+保鲜膜）、贴体式（薄膜、防水纸）等。

（1）箱式运输包装（box package）。

其特点是对产品的保护性较好，且尺寸固定，便于装载，包装物可回收和周转，便于重复使用（见图19-35A、B，图19-35D～F）。箱体大小通常在30 cm×50 cm×25 cm左右，单件承重量在30 kg以下，以便于人员作业，且在强度上能够适应堆叠。

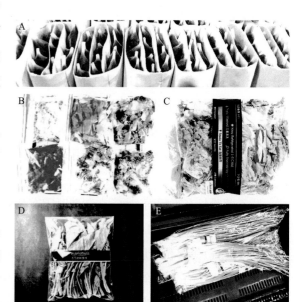

图19-37　园艺产品的小型袋式包装
A. 纸袋装切花月季；B. 塑料袋装冷冻产品；C. 塑料袋装切割莴苣；D. 塑料袋装菠菜；E. 塑料袋装细香葱
（A～F分别引自p.bi-xenon.cn、m.cheng-nuo.com、zhuzong.com、lxsgmlmv8f.cpooo.com、xiachufang.com）

小型袋式包装多用于形状不规整且个体较小的园艺产品种类,如一些小型叶菜、冷冻类加工品、切割(即食)蔬菜和切花产品等。

(3)盒式包装(box packaging)。

园艺产品中以软质塑料、木片或纸板盒盛装的销售包装适用于小型果实、叶菜类、根茎类和茶饼等(见图19-38A~C和图19-34F、G)。单体较大的纸质礼品盒装(见图19-38D),也是市场上较为常见的包装类型,一般用作团体销售或自助式采摘产品的包装。

(4)捆束包装(bundled packaging)。

对于一些形态细长的产品,常需要通过捆束方式进行集合。大捆式捆束可用于大葱、山药、芹菜等产品的包装;小型销售式捆束包装则用于产品形体较小的种类。其捆扎可用天然植物纤维或印刷胶带等材料(见图19-38E、F)。

图19-38　不同形状园艺产品的捆束包装与盒式包装

A.果实类纸盒装;B.香菇的木片盒装;C.叶菜类透明塑料盒装;D.蔬果礼品盒装;E.叶菜类捆束包装;F.切花月季捆束包装
(A~F分别引自 huaban.com、shop.m.71.net、62a.net、b2b.hc360.com、sohu.com、b2b.hc360.com)

(5)托盘式包装(palletizing)。

用软质塑料制成的托盘盛装产品,待填装完成,其封口可用具有自黏性的贴体膜与托盘紧密贴合(见图19-39A)。这种包装方式对于单体形状不规则且不宜切分的产品较为便利,而且因托盘为长方形,其包装后易形成较为统一的外形结构,便于集合后装入运输包装。

(6)贴体式包装(body fitted packaging)。

对于一些自身结构紧凑、形状整齐的园艺产品,如甜玉米、结球类、形体较大的根茎类等产品,可采用具有自黏性的薄膜或拷贝纸(也称雪梨纸,copy paper)将其包起,作为单体包装,也可以装入袋中,利用抽真空的方法,使膜完全贴附在产品表面(见图19-39B~E)。

(7)容器式包装。

一些经加工后的园艺产品,其物理属性较为稳定,或呈固体颗粒状,或呈黏液状等,常可借助容器对其进行包装。

图19-39　不同园艺产品的托盘式包装作业及产品的贴体包装样式

A. 托盘式包装作业；B. 甜玉米的真空包装；C. 结球莴苣的贴体包装；D. 拷贝纸；E. 结球白菜的贴体包装

（A～E分别引自shop.99114.com、info.b2b.168.com、dy.163.com、dgshtzydgushtzy.cn.biz72.com、534911.fun）

5. 包装作业要求

包装作业可能发生在田间收获并做简单产品整理后，也可能需要在采后处理加工厂对产品进一步商品化处理后进行。通常，销售包装和集合包装往往是在将产品预冷后进行，有时也会先包装后预冷。包装完成后，可在设定环境条件下进行短暂的待运贮藏或进行长时间的贮藏。

园艺产品的包装作业主要有以下过程。

（1）计重。

即使同一等级的产品，其个体间在重量上也有一定的差别，而且在整个采后贮运及销售过程中，这些产品的重量也会因水分和气体的散失等发生变化。因此一个基本包装的产品净重并不可能是一个定值。在产品销售中，必须充分考虑产品的包装及贮藏、运输环境，使最终的重量不低于某一标准（允许有一定误差，但总体平均值应大于最低限值）。事实上，最初填装时产品的重量会比销售时的目标重量多出若干比例。当然这一比例应控制得当，否则易造成生产者或加工者的经济损失。

（2）填装。

一个特定规格的包装物在填装特定园艺产品时，两者在尺寸上的匹配是包装设计时即应提前考虑的。单体的销售包装在填装时，在包装容器与装入数量上应有相应的企业标准，不能过量填装以避免包装的整体形状与尺寸发生改变以及由此产生的集合包装时出现的相应问题；同时也应避免在产品与包装物之间存在过多的空隙而使产品受到震动时发生相互碰撞。小的空隙可用一些辅助填充物加以抵消，如弹力泡沫网罩、隔板等。当填装果实类产品时，须注意果柄对其他果实表面的刺伤问题，因此通常不采用混装方式，而应做定位，并加硬质隔板进行分层处理。填装作业时，对产品最重要的表面的保护需格外注意。因此，有些产品的立装与横装方式反映在产品的保护效果上时是有一定区别的（见图19-40A、D）。

（3）小型包装的集合。

集合（assembly），是指将体积较小的产品销售包装进一步组合形成大的适合于运输过程的较大单元包装的作业过程。

同规格、体积较小的包装须进行集合包装，最终形成适宜搬运作业的运输包装形态。单体纸板箱的封口常用金属质码钉将顶盖紧固,也有使用透明胶带封口者,但后者美观度有所下降。单体包装集合时其主要方式为叠装,如图19-40B、C所示。叠装时的箱体固定则主要有以下几种方式:用紧固包装条固定,用透明或半透明胶带粘贴固定,用箱体结构设计上的榫卯结构(见图19-40B2)固定,等。

(4)包装的其他要求。

集合后的运输包装尺寸应与标准的运输工具厢体尺寸存在较好的模数化关系,以节省运能,且这种设计与产品的防震有着较大关系。将给定数量的集合包装产品装入运输厢体时,应按习惯的填装方式排列码堆。

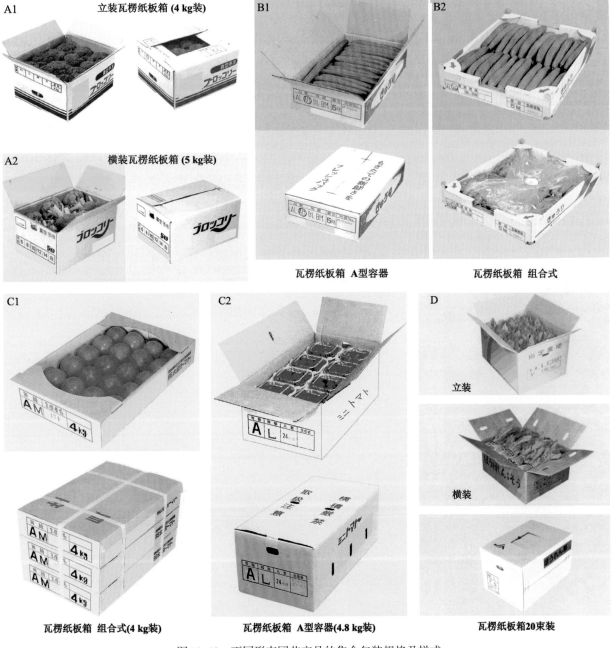

图19-40 不同形态园艺产品的集合包装规格及样式

A.青花菜的立装与横装;B.黄瓜的叠装;C.番茄大果与小果的不同包装;D.菠菜的立装与横装

[A~D均引自野菜供给安定基金《野菜出荷規格ハンドブック》]

园艺产品中有很多种类比重较小且产品个体间常会有自然的间隙,这使集合后的包装总体比重较低。因此,集合包装进一步码堆时的最大堆高会受到较大制约。一方面,制约来自包装材料的弹性限度与最大载压力;另一方面,堆高与底层包装体内的产品受压迫机会相关。因此,即使所使用的包装材料刚性较强,但通常情况下,园艺产品运载时的码堆高度不超过1.5 m。关于这一问题,本书将在第23章运输与物流的有关内容中加以详细讨论。

另外需要说明的是,在包装设计时必须充分考虑目标消费者的宗教与文化习惯等,如在一些色彩、图案等的使用上要慎重,特别在产品出口时的包装上更须注意这一点。

第 20 章
园艺产品的贮藏与加工

20.1　园艺产品的贮藏

　　园艺产品在经过商品化处理后,一般都需要经历一段贮藏(storage)过程,尽管其时间长短相差很大。鲜销的产品,如一些叶菜类、切花等产品种类,其待运期间的贮藏时间较短,可能只有几个小时,即使贮藏时间较长的话,也不过两三天;而有些园艺产品,如果品、根茎类蔬菜及其他园艺加工品等,由于收获的季节性问题,并不可能在一年中有持续较长时期的收获期,要满足其周年市场供应则需要有气候差异较大的产地和能够较长时间的贮藏作为保证。

　　贮藏对于园艺产品本身而言,是其已经形成的产品使用价值得以持续保持的需要,也可以看作是其产品价值在时间和空间上发生置换的需要。

　　一方面,随着园艺生产的专业化与产地化,一些重点的专业产地正在形成,并与主要的消费集中区域拉开了极大的空间距离,即园艺产地的分布并不再围绕主要消费区域的城市就近布局(这一问题将在第Ⅳ编相关章节中做专门讨论)。这使得园艺产品的贮藏问题更为重要。试想,若贮藏技术及贮藏管理不能与生产、消费相匹配,进入消费市场的产品质量将难以保证更不必说有所提升,这对种植和采后处理技术的进步也会造成打压。

　　另一方面,贮藏过程本身也是在种植生产与消费需求间于时间分布上相对平衡的有效调节手段。在较低生产水平下,园艺产品的收获期集中且贮藏能力不足时,必然会出现产品的上市期过分集中,产品的上市量远超消费需求量的情况。如此,必然会导致产品市场价格的异常跌落,使生产者正常的利益得不到充分保证,这将对园艺生产的可持续发展产生根本性的消极影响。与此同时,在集中上市期以外的其他时间,市场供应量会明显不足。因此,有效的产品贮藏对于维持全年相对稳定的产品市场价格有着重要的作用。

　　研究并配置适宜的园艺产品贮藏技术体系及管理模式,则需要先充分了解不同园艺产品的贮藏特性、产品对环境的要求及其适应性。在此基础上提升贮藏基础设施的配置水平,着力创造园艺产品的经济、有效的整体化贮藏条件,强化贮藏过程中的技术管理,方能保证所贮藏的园艺产品实现其较大的质量保持能力。

20.1.1　园艺产品贮藏所需的条件

　　园艺产品在适宜的贮藏条件下,才能保持其品质维持较长的时间。对于不同的产品种类,其贮藏的适宜条件有着较大的差别。这种差别主要由以下因素共同作用而决定:产品器官类型、组织含水量、产品内含物的种类及代谢特点等。

　　贮藏条件（storage conditions）包括温度、湿度、光照、通风及气体状况等。在农产品种类中，园艺产品所需的贮藏条件与谷物、油料和动物性产品相比有其独特性，大多数的园艺产品不可能像谷物类一样依靠控制较低的产品含水量来抑制呼吸作用而延长贮藏期；同时也不可能如畜禽产品和水产品一样进行冷冻贮藏。因此，园艺产品从贮藏特性而言，大多数属于极其易腐类型（extremely perishable groups），当然也有一些园艺加工品的贮藏相对容易些。

　　易腐产品为了实现其保持原状的贮藏，则必须采取有效的环境控制办法。延长园艺产品生命的基本原则是减缓其呼吸作用以抑制微生物活动，同时防止过度失水。因此，在贮藏条件的调控上，前者可由对温度、气体的控制而得到调节，而后者则主要通过控制湿度进行调节。

　　对于贮藏条件而言，温度和湿度的组合才是各种园艺产品贮藏条件中最为根本的要素。我们可将适宜贮藏的温度与湿度条件进行二维分类，结果如图20-1所示。按此分类所对应的植物（产品）以表20-1列出。

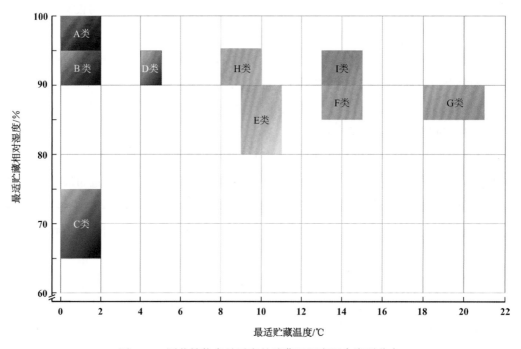

图20-1　园艺植物产品适宜的贮藏温湿度组合类群分布

表20-1　园艺产品贮藏所适宜的温度与湿度组合类型

类群	最适条件		包含的产品种类		
	温度/℃	湿度/%	蔬菜类	果品类	其他植物类
A类	0～2	95～100	甜玉米、苋菜、菠菜、芹菜、欧芹、根芹菜、胡萝卜、菊芋、朝鲜蓟、茴香、石刁柏、菊苣、苦苣、豌豆、豆芽、叶甜菜、羽衣甘蓝、结球甘蓝、花椰菜、青花菜、抱子甘蓝、韭葱、西洋菜、绿洋葱、分葱、结球白菜、食用大黄、荸荠、食用菌	雪梨、猕猴桃	

（续表）

类群	最适条件		包含的产品种类		
	温度/℃	湿度/%	蔬菜类	果品类	其他植物类
B类	0～2	90～95	美洲防风、辣根、甜菜、萝卜、芜菁、球茎甘蓝	甜橙、无花果、油桃、橙椤、李子、石榴、桃、龙眼、樱桃、椰子、苹果、小浆果（除蔓越橘外）、梨、桃、杏、葡萄、柿、枇杷、梅子	小苍兰、牡丹花蕾、紫菀、栀子花、水仙、菊花、番红花、百合、郁金香、风信子、香豌豆、球根鸢尾、月季、康乃馨、地生兰、铃兰、花毛茛、铁线蕨、杜鹃花、冬青、越橘、刺柏、雪松、山月桂、槲寄生
C类	0～2	65～75	大蒜、干洋葱		
D类	4～5	90～95	普通甜瓜、茄果、树番茄	红橘、荔枝、柠檬、苹果、甜橙、柑橘、仙人掌果、仙人掌叶、金橘、蔓越橘	丝兰根、金合欢、兰花、水仙百合、小白菊、银莲花、勿忘我、罂粟、冬青、龙血树、金盏花、毛地黄、非洲菊、水芋、报春花、唐菖蒲、丝石竹、金鸡菊、金鱼草、矢车菊、波斯菊、大丽花、紫罗兰、丁香、蜡菊、雏菊、万寿菊、羽扇豆、三色堇、铁线蕨、草木樨、海桐花、百日草、天门冬、黄杨、山茶、金雀花、常春藤
E类	9～11	80～90	菜豆、扁豆、黄秋葵、西葫芦、佛手瓜、茄子、辣椒、芋、马铃薯、黄瓜	四季橘、柚子、油橄榄、酸角（Tamarindus indica L.）	
F类	13～15	85～90	苦瓜、南瓜、红熟番茄、厚皮甜瓜	鳄梨、西番莲、番木瓜、香蕉、葡萄柚、番石榴、凤梨、菠萝蜜、柠檬、鸡蛋果、面包果、香蕉、莱檬、阳桃、杧果、番荔枝、山竹、椰子、红毛丹	
G类	19～21	85～90	葛、甘薯、西瓜、绿熟番茄、薯蓣	梨、人心果（Manilkara zapota L. van Royen）	
H类	8～10	90～95			银莲花、安祖花、朱蕉、罗汉松、卡特兰、棕榈、油加律
I类	13～15	90～95			姜花、万代兰、一品红、花叶万年青

注：依K. Lisa等。

　　在适宜贮藏的条件下，不同园艺产品能够保持其良好品质的贮藏寿命（storage life）及易腐性分类如表20-2所示。产品的贮藏寿命长短不但受制于贮藏条件，同时也受其自身的呼吸特性、生理状态（如成熟和休眠程度），以及病理和生理所产生的不利变化等因素（如呼吸作用的变化、变色、机械伤害引起的腐烂等）的影响。

表 20-2　园艺植物产品的易腐性及贮藏寿命分类

易腐性	贮藏寿命/周	产 品 种 类
很高	＜2	红熟番茄、半加工蔬菜和果品、豌豆、甜玉米、菠菜、苋菜、普通白菜、马兰头、豆芽、芫荽、石刁柏、食用菌、叶用莴苣、黄瓜、西瓜、普通甜瓜、花椰菜、青花菜、绿洋葱、黑莓、覆盆子、草莓、越橘、蔓越橘、无花果、樱桃、杏、鳄梨、杨梅、桃、冬枣、部分切花及切叶产品

（续表）

易腐性	贮藏寿命/周	产 品 种 类
高	2～4	芹菜、结球甘蓝、结球白菜、结球莴苣、黄秋葵、茄子、辣椒、西葫芦、绿熟番茄、朝鲜蓟、菜豆、抱子甘蓝、油梨、香蕉、葡萄、番石榴、枇杷、柑橘、杧果、厚皮甜瓜、油桃、番木瓜、李
中等	4～8	胡萝卜、甜菜、马铃薯（未愈）、苹果、梨、葡萄（部分）、甜橙、葡萄柚、莱檬、猕猴桃、柿、石榴
低	8～16	苹果（部分）、梨（部分）、柠檬、干洋葱、大蒜、南瓜、甘薯、马铃薯（愈伤）、山药、球根类植物繁殖体
很低	>16	坚果、干制蔬果、茶、咖啡、干制花卉、香料、药材

注：引自 A. A. Kader。

20.1.2　贮藏设施

从全球的园艺生产格局来看，除了大规模的具有较好产业基础的产地化生产外，大多数仍为小型零散的园艺生产。因此，反映在园艺产品的贮藏设施上也有着较大的差异。专业化的园艺生产其贮藏设施配置较为先进，而一些处于发展中的经营者的贮藏设施配置则相对简单，这也是后者产品市场半径较小的客观原因。

贮藏设施（storage facilities）有较多的种类，不同种类的设施其环境调控能力差异较大。贮藏设施的种类可分为简易贮藏设施、小型通风窖（库）和冷藏冷冻库三大类。

1）简易贮藏设施

一些根茎类和果实类园艺产品，在小规模生产背景下，会经常用简易的贮藏设施（见图20-2）贮藏。这些设施的结构极为简单，通常就地搭建，多为地上式或半地下式结构，空间内的通风设计体现了其最重要的技术环节。这些简易设施通过遮阴、避雨来有效降低贮藏产品的温度，尽管其降低程度较为有限。

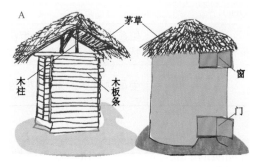
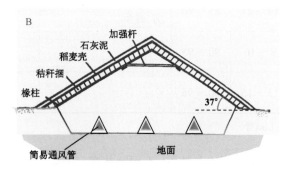

图20-2　简易园艺产品贮藏设施及其结构
A. 板条仓及圆筒形通风仓；B. 半地下式矮架屋脊仓
（A、B分别依 L. Kotinoja 等、Idaho university）

这些简易贮藏设施所起的作用不容低估，它们可使不便于马上上市销售的园艺产品不至于在短时间内出现品质上的大幅度下降。因此，对大多数园艺产品而言，此类设施的使用时间较短，通常多用于经过愈伤处理的根茎类、耐贮果实类等园艺产品的贮藏。

一些贮藏时对温度与湿度控制要求不高的园艺产品，在自然贮藏过程中依靠良好的通风与水分的扩散，就能使自身在干燥过程中得以保持良好品质。这类自然贮藏设施也较为简单（见图20-3）。在吐鲁番市，大规模用于葡萄贮藏的设施称为晾房（air-drying shelter），通常用砖或土坯搭砌而成，在其四面墙上留有许多孔洞,可有效地遮阴和保持通风。晾房内用木柱搭成支架,可将成熟的无核葡萄成串搭在其上,经过热风的吹拂,很快就能得到高质量的葡萄干。辣椒的贮藏与此相类似,通常用线将新鲜的辣椒串起并悬挂于贮藏空间的横梁上。避免直射光并有良好的通风时,不会引起产品腐败,且可使产品的颜色保持在较理想的状态。同样,对于一些利用全株的香料类植物产品,贮藏时不能自然堆放,而须将其成把捆束后倒悬于遮阴、通风的空间内进行自然贮藏,如此方能使其香气成分得到最大化的保持。因此这类自然干燥其核心还是产品的贮藏,而非加工上的干制。

图20-3　贮藏过程中自然干燥的园艺产品贮藏设施
A.吐鲁番葡萄晾房外观;B.晾房内的葡萄串搭架;C.红辣椒的干燥贮藏;D.部分香料植物的贮藏
(A、B均引自m.d17.cc;C、D分别引自cn.dreamstime.com、dy.163.com)

这类简易贮藏设施虽然结构简单,造价也比较低,但其所起到的作用,对特定的园艺植物核心产区的产业支撑而言是极为重要的。

2）通风窖

通风窖(ventilation cellar)作为简单的贮藏设施,对贮藏空间内温度和气体的调节是通过其窖体结构设计来实现的。

通风窖的基本特点:设施中的地下建筑设有自然或强制的通风通道,地上部分的通风口则以土堆包围,形成对空气温度的有效缓冲;地上部分建有进出门房,以台阶连接地下空间(见图20-4)。

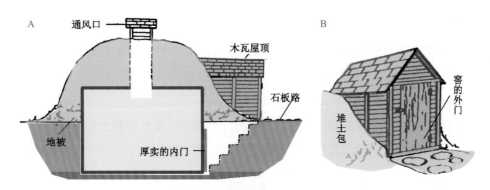

图20-4　园艺产品贮藏用通风窖的内外结构示意图
(A、B均引自M. Bubel等)

通风窖位于地下的深度直接关系到窖内常年的平均温度。当窖体的深度达到一定程度时,窖内常年温度基本恒定,因此比较适合于贮藏一些贮藏期较长且对低温要求不是太高的园艺植物产品种类,如甘薯、马铃薯、南瓜、洋葱、萝卜、胡萝卜、结球甘蓝、结球白菜、蒜薹、葡萄、苹果、猕猴桃、枣,以及葡萄酒等部分加工产品。如图20-5所示为通风窖的结构及贮藏样态。

在一些土层较黏重的干燥地区,通风窖上方的土层较为紧实时窖内墙壁只需简单强化即可;而在地下水位较高的湿润地区,窖内墙面须进行防水涂层处理,且在结构上也须加厚加固以防坍塌。

图20-5 部分园艺产品贮藏所适用的通风窖结构及贮藏样态
A. 大型甘薯窖藏;B. 葡萄酒窖藏
(A、B分别引自qnong.com.cn、xiujukoo.com)

通风窖内部的空间高度以2.5～3.0 m为宜,产品堆放时堆高一般在1.5 m左右,每排之间留出作业通道,排内各组间也应间隔5 m留出空隙,以利于产品的通风。除露出地面的风道上设置排风扇外,窖内可定期打开固定式或可移动式风机进行强制通风,通常使用轴流式或离心式风机(见图20-6)。

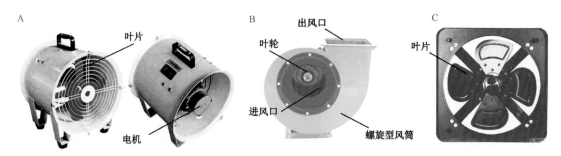

图20-6 园艺产品贮藏用通风窖的强制通风设备
A. 轴流式风机;B. 离心式风机;C. 排风扇
(A～C分别引自3g.xici.net、cn5135.com、shushi100.com)

3)冷藏(冻)库

与通风窖等简易贮藏设施相比,冷藏库最大的特点是其库内温度能够根据需要进行人为控制。尽管如此,冷藏库也同样需要有良好的隔热结构,这是节省冷藏库能源消耗的重要基础。因此,选择适宜的建筑材料无论对于简易贮藏设施还是冷藏库均具有同样重要的意义。

(1)贮藏库的建筑要求。

常用的建筑材料的热阻值如表20-3所示。热阻值(R)越高,建筑材料的隔热性能就越好。热阻值的大小与材料的热导率及厚度有关,其关系式为

$$R = d/k$$

式中,d为材料厚度,单位为cm;k为热导率,单位为W/(cm·K)。

表20-3 常用建筑材料的热阻值

建 筑 材 料	热阻值/(W·K⁻¹)	建 筑 材 料	热阻值/(W·K⁻¹)
玻璃纤维、岩棉毡	1.40	喷涂发泡脲烷板	2.50
木质纤维	1.40	实心混凝土	0.03
玻璃纤维、岩棉碎	1.00～1.20	20 cm混凝土空心砖	1.11

（续表）

建 筑 材 料	热阻值/(W·K⁻¹)	建 筑 材 料	热阻值/(W·K⁻¹)
蛭石	0.90	20 cm轻质混凝土空心砖	2.00
刨花、锯末	0.90	20 cm含蛭石混凝土空心砖	5.03
发泡聚苯乙烯板	2.00	原木（松杉）	0.50
发泡橡胶	1.92	1 cm金属夹板	0.50
发泡聚苯乙烯颗粒	1.42	1.3 cm金属夹板	0.50
发泡聚亚安酯板	2.50	纤维板	0.42
玻璃纤维板	1.60	2 cm隔热夹层板	2.06
聚异氰酸酯板	3.20	1.3 cm石板	0.45
木纤维板	1.00	1.3 cm木线	0.81

注：引自Boyette。

（2）贮藏库的配套系统要求。

冷藏库多以单层钢结构为主，并以拼装式库体、卸货平台、氨或氟制冷系统、控制系统和管路系统等组成，形成基本的冷藏库建筑体。其再与制冷管路系统和控制系统耦合即可组成一个完整的冷藏库。

冷藏库的卸货平台处空间应设置为低温区域，其温度可控制在0～10 ℃；多层式冷藏库常采用砖混钢结构，库体材料有时使用拼装式库板，或采用现注发泡喷涂进行保温。拼装式库板以聚氨酯硬质泡沫为材料，配合双面彩钢板或不锈钢板，板体中需预埋偏心钩。冷藏库建筑部分完成后，库内还需进一步添加贮藏底座、货架、库内运输小型叉车、射频识别（radio frequency identification, RFID）条码标签管理系统、监控系统等设备及软硬件配套设施。

（3）贮藏库的制冷要求。

冷藏库的制冷系统，可分为风冷和冰冷两大类型。不同的贮藏产品类型、目标温度和使用目的等因素，共同决定着冷藏库的制冷系统配置需求。

冷藏库采取风冷时可在其顶部安装冷凝器，冷藏空间内的蒸发器及温度传感器的位置分布如图20-7所示。当库内堆放包装箱较高时，距离出风口较近的顶端产品（见图20-7中A、B点等）极易遭受低温冷害。而当调高控制温度时，距离冷风出风口稍远的产品（见图20-7中C点和下方框内位置等）其温度常常达不到所需的低温。

在冷藏库内，不同空间位置之间通常会有2～5 ℃的温度差。因此，冷藏库的设定温度往往会比理想温度高出3～5 ℃。如图20-8所示为冷藏单元的外观结构及内部温度设定。

通风冷藏库中的产品堆放及强制通风设施的安放均需按照其贮藏空间内预定的气流运动方向而设置，并且根据空间大小与风机风量大小，可按单侧或双侧设置空气流动通道，且这一空气流通区域不再堆放产品，以使成排的产品从多个侧面能受到冷空气的影响，从而使库内贮藏产品的温度能够保持相对均衡。如图20-9所示为园艺产品风冷型贮藏库的空气流动通道。

同时，在设计能够使库内各空间位置的温度更加均匀的冷藏库时，主要的解决方案为改变既有的通过冷风吹出而实现降温的方式，采用利用冷藏（冻）库壁面进行冷却的方式实现降温（见图20-10）。但这种冷藏库的降温过程较为缓慢，产品在进入冷藏库前须提前做好预冷工作。

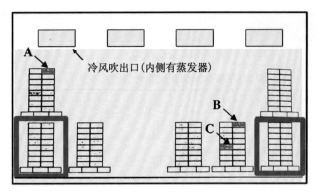

图20-7　园艺产品冷藏库内的蒸发器及温度传感器设置位置
（A～C均引自 Iba Yoshiaki）

图20-8　冷藏单元的外观结构及内部温度设定
［引自企业官网］

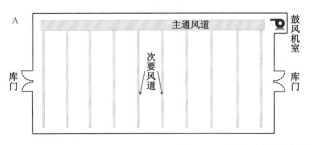

图20-9　园艺产品风冷型贮藏库的空气流动通道
（A、B依 K. Lisa）

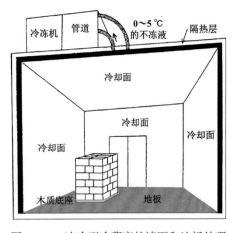

图20-10　冰冷型冷藏库的墙面和地板处理
（引自 Nissaka）

这一类型的冷藏库相对于通风冷却类型（air cooling type）的冷藏库，可称为冰冷型冷藏库（ice-cold type）。其由于空间内的通风能力较差，往往保持着较高的相对湿度，故对于一些失水敏感的园艺产品的保鲜是有利的。但是，库内空间一旦出现腐败，则很容易蔓延，形成恶臭。这种冷藏库在冷却面与外墙面间需设置隔热层，且对地板也有特殊要求，需做防水涂层处理，以防止产品冷凝时引起贮藏空间的地面积水。

4）制冷系统的配置

冷藏（冻）库无论采取风冷还是冰冷模式，其都需由功率与制冷量相匹配的制冷系统来完成。设计上的最大制冷量，可由产品温度与冷藏（冻）目标温度差、呼吸热、贮藏空间大小、贮藏空间的隔热性能等进行估算。通常，贮藏的园艺产品以纸箱包装时，其货物密度约为280～330 kg/m³，库内空间利用率在50%～60%，库内有时会安装货架，留有运输和作业通道、顶部制冷设备和通风风道等，因此其最终的可能贮藏量在0.2 t/m³左右。

冰冷型冷藏（冻）库所配置的制冷系统，是以冷热交换的方式制冰，并使由冰吸热融化而形成的冷水再通过管道进行回流的循环式冷却（见图20-11）。在库内的空气与冷水直接接触，因此空间内的湿度常保持在95%～98%，需借助风扇进行库内空气循环。

在一些冬季寒冷的地区，可利用冰雪与库内进行热交换而节省空调制冷时的能源消耗。当然，冷藏库与种植用温室的加热过程相耦合也是值得期待的能源高效利用模式，值得大型生产基地应用。

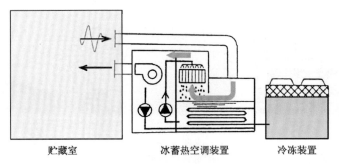

图20-11 冰冷型冷藏（冻）库的制冷系统配置及工作原理示意图
（引自Miyasaka）

对风冷型制冷系统，主要以氨和氟两类制冷剂及相应的制冷机为主，CO_2制冷机组的市场应用还不太普及。

氟制冷剂（fluorine refrigerant），目前已改进为环保型制冷剂，无毒，不易爆炸，但制冷效率相对较低。小型冷藏库采用氟制冷系统较多，大型冷藏库则通常使用氨制冷系统（ammonia refrigeration system）。氨制冷剂效果较好，也更经济，但氨本身为有毒气体，遇明火可燃烧或爆炸，配置时审批颇为严格。

风冷型贮藏库的制冷系统工作原理示意图如图20-12所示。压缩机将制冷剂压缩；冷凝器通过与水或空气的热交换，使制冷剂液化；随后再经电磁阀、膨胀阀使高压液化制冷剂逐渐减压膨胀而实现气化，最终在蒸发器中获得冷气。制冷剂可反复被吸入压缩机而循环利用，贮藏空间内的制冷过程通过电磁阀的开关装置控制。

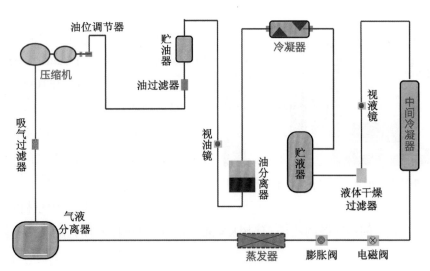

图20-12 园艺产品风冷型贮藏库的制冷系统工作原理示意图
（依hzlengku.com）

当需要贮藏冷冻产品时，冷冻库常采用蒸发温度为−35 ℃的低温系统；而在冷藏库中，则可选用蒸发温度为−3 ℃的中温系统，其压缩制冷机组的功率在50～70 kW范围，其制冷设备可有多种选择（见图20-13）。冷冻机主要分为以下类型：压缩式、离心式、往复式、螺杆式、吸收式和蒸汽喷射式等。

5）气体调节系统配置

贮藏过程中所进行的气体调节主要分为两种：气调（controlled atmosphere, CA）贮藏和自发气调（modified atmosphere, MA）贮藏。气体调节系统并不能取代贮藏库中控制温度和湿度的调控系统，而是作为一种辅助手段存在。

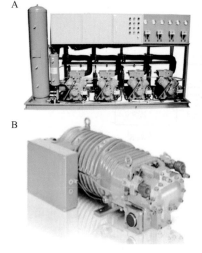

图20-13 冷藏(冻)库制冷系统的多种可选设备
A. 风冷并联机组；B. 半封闭螺杆式压缩机；C. 冷藏(冻)库缓冲区间样态
(A、B均引自 hzlengku.com；C引自 kelamayi.chemcp.com)

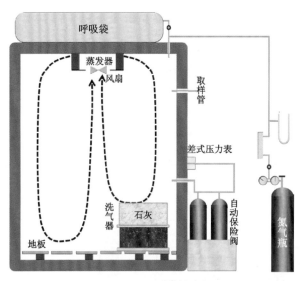

图20-14 小型气调冷藏库的系统配置及工作原理示意图
(引自 Lougheed E.)

（1）气体调节的实现方式。

气体调节的基本对象为O_2、CO_2和乙烯。

对O_2而言，通常需要在大气成分的基础上降低其浓度。通常的做法是依靠液氮蒸发器，利用N_2发生的膜系统或分子筛系统，将N_2释放到贮藏空间内，以达到降低空气中O_2浓度的目的。如图20-14所示为小型气调冷藏库的系统配置及工作原理示意图。

对于贮藏空间空气中的CO_2，则需根据实际用途确定是增加还是减少其浓度。为了增加空气中CO_2的浓度，通常可用干冰或使用储气高压钢瓶释放添加的方法；而为了降低CO_2浓度，则可采用分子筛洗涤、活性炭洗涤、石灰水反应等方法。

对于一些会释放乙烯气体的贮藏产品，可通过以下方法来减少贮藏空间内逸散的乙烯：使用$KMnO_4$、活性炭吸附，利用光触媒剂催化乙烯分子使其氧化，等。

（2）气调贮藏下产品的生理变化。

无论是MA贮藏还是CA贮藏，通过控制O_2和CO_2浓度可降低贮藏产品的呼吸强度。因此，通常所采用的贮藏温度可维持在比理想温度稍高的程度。如图20-15所示，从气体调节对生理过程的影响看，适度抑制产品的糖酵解，对品质保持有一定效果，但过低的O_2浓度或过高的CO_2浓度，均伴随着发酵过程的活化，会造成果实后熟过程的不均化，使组织呈现水渍状，风味变劣且有恶臭产生。

与气调贮藏相关的另一个概念，是利用具有某种程度透气性的塑料包装材料进行包装后的产品冷藏，即气调包装（modified atmosphere packaging, MAP）。因包装膜的气体透过性与包装内产品的生理活性的关系，包装内气体的成分时刻发生着变化（见图20-16），较易引起产品的乙醇或乳酸发酵等结果，并使其产生生理障碍。

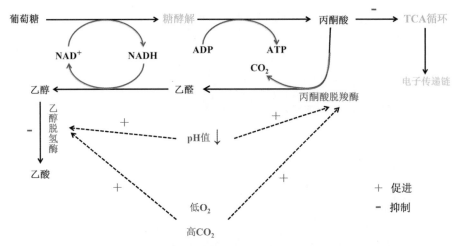

图 20-15 园艺产品在低 O_2 和高 CO_2 浓度条件下的代谢过程及其特点
（引自 Chajin Kazuo）

作为一种减压式贮藏系统，MAP 也常与加湿调控配合使用。当包装体内产品周围的 O_2 浓度降至大气成分的 1/5～1/4 时，MAP 可促进乙烯等有害挥发气体逸出包装膜，对保持产品的新鲜度和品质有较大作用。因此，MAP 膜材料的开发与相关容器的研发与应用已成为新的热点。

青花菜的花球体中，萼片和花蕾体均含有大量叶绿素，且花蕾体中已发育出花芽，这使青花菜的生理活性较花椰菜高。在常温常压下，叶绿素分解较快，易出现花球表面的黄化。在低温和低 O_2、高 CO_2 浓度的条件下，这种黄化会被抑制，但与之相伴的是产品在密封状况下会产生异臭。原因如下：开始

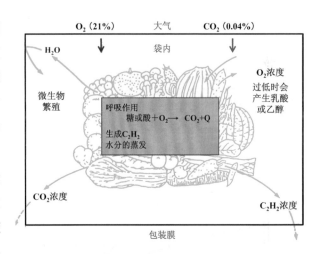

图 20-16 薄膜包装内园艺产品的生理活动及气体变化模式图
（引自 Chajin Kazuo）

时无氧发酵会产生乙醇，继而会出现渍物味的乳酸，并使 S-甲基-L-半胱氨酸亚砜（S-methyl-L-cysteine sulfoxide）在 L-半胱氨酸亚砜裂解酶（C-S 裂解酶）的作用下释放出带有恶臭气味的含硫挥发气体。

同样，对于低温贮藏的柑橘类产品，当其转移至常温下时，产品中的含硫挥发成分便会急剧增加，其原因是产品内所含的甲苯-S-甲基磺酸生成为硫酸二甲酯（DMS）。草莓、苹果的气调贮藏中也有类似情况发生而使其固有的香气成分遭受损失。

近年来，切割加工品（fresh cut products）的利用变得越来越多。其加工过程中，通常在清洗、杀菌和脱水等作业后进行薄膜包装，由于此时产品与空气的接触面增加，呼吸强度提高，易引起褐变和微生物二次污染。当进行充气包装或抽气包装后，一旦温度上升太多，包装内产品便会迅速发酵而散发臭味。

（3）塑料大帐贮藏库设置。

利用成本较为低廉的 PE 薄膜大帐，可进行部分果品类产品的气调贮藏，如图 20-17 所示。

用一个小型鼓风机使贮藏室内的空气能循环流通。大帐内的气体成分设置为浓度 2% 的 O_2 和 5% 的 CO_2，并使气体通过一个装有吸附过 $KMnO_4$ 的氧化铝箱体。这种设置可将空间内产品释放出的乙烯吸收掉，可有效减缓果品在贮藏中的后熟进程。如利用塑料大帐贮藏香蕉，可在室温下贮藏 4～6 周。

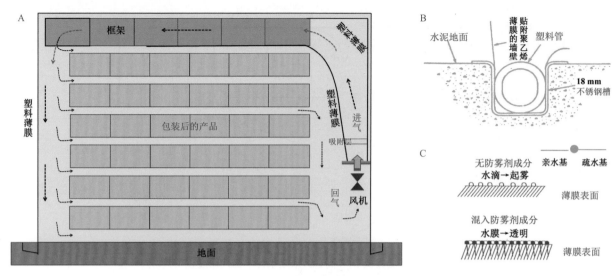

图20-17　气调贮藏时采用的塑料薄膜大帐

A. 塑料薄膜大帐的设置；B. 贮藏库地面设置；C. 所用膜的防雾性

（A、B引自B. McDonald；C引自Totsuka）

20.1.3　贮藏的过程管理及问题对策

1）温度控制

贮藏库内的温度控制面板上的设定与库内温度有时会出现一定的差异，从而造成库内温度与产品温度不一致的现象。有时，为了避免贮藏产品发生低温伤害而将设定温度调高，产品便未能在理想的低温环境下贮藏。而且由于作业等多种原因，库内的温度变化起伏较大，也值得实际操作时重视。

（1）贮藏库内的温度变化及其计测。

产品的降温需要将其所带热量进行转移，而吸收热量的物质的热容量又有所差别，其中以水的热容量为大，约为空气的3 000倍。同时，贮藏空间气温与产品体温间的温差越大，其制冷速度就越快。因此，如未经及时预冷而将产品直接放入贮藏库时，产品会有受冻的危险，而且即使在同样的温度背景下，处于库内不同位置时产品温度也会出现较大差异。如图20-18所示为冷库内不同位置产品的温度随时间的变化结果。

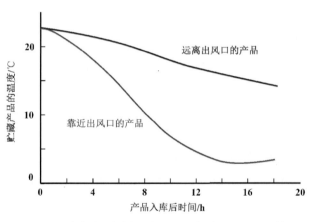

图20-18　冷库内不同位置产品的温度随时间的变化结果

（引自Iba Yoshiaki）

贮藏库的蒸发器承担着降低温度的功能，当库内湿度较大时，水汽附着在蒸发器上会成为水滴，并冻结成霜，常会造成空气流通受阻而影响热交换，使库内产品难以冷却。因此，在实际生产管理上，需要定期除霜（defrost）。在进行除霜时，冷冻机并不运转，会造成库内温度上升，并高出设定温度。因此，需要用另外的温度计来监测、校准除霜期间库内温度的变化情况。

贮藏库的隔热也是生产上需要注意的问题。当库门开闭频繁时，冷冻机的制冷能力将变差，有时会出现库内温度不能降至设定温度的情况。因此，用固定位置的温度计并不能准确地反映产品的实际体温，需要另外使用活动温度计进行校正。

为了准确地计测贮藏库内空气和产品的体温,需要对温度计进行选择,并进行系统间的校正测试,否则不同温度计间天然存在的误差会对实际工作带来影响。同时,有些种类的温度计,其感应系统会有一定的正常使用期间限定,需要做定期的维护或更换,这一点特别重要。如一些温度计感应器的使用时间已超出使用期限,则其在温度测定时可能出现大的偏差。

常用的温度计可分为接触型和非接触型两大类(见图20-19)。在接触型中,按其所使用的原理可分为热膨胀式、压力式、电阻式、热敏电流式、变色式、变形式等种类;而非接触式的原理则以辐射感应为主。

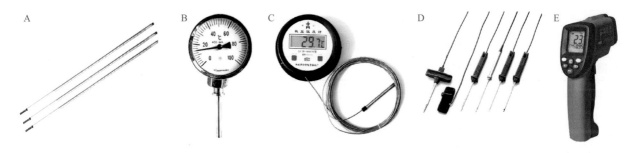

图20-19 不同类型的温度计
A. 棒状水银温度计; B. 压力式温度计; C. 数显式温度计; D. 热敏电流式温度计; E. 红外辐射式温度计
(A～E分别引自51aw.com、chem17.com、t-jiaju.com、mumuxili.com、x0431.com)

玻璃温度计,以其管形内部封入水银或酒精者为主,成本较低,但易破损,也不便于自动化操作。压力式温度计则是在金属管内充满气体或液体时,根据其管内压力变化进行计测,这种温度计不具备信号传递功能。电阻式温度计是利用白金细线随温度变化出现的电阻值变化而进行测定的,此种类适合多点温度计测时使用。数显式温度计通常也运用电阻式测定原理,并将温敏元件与相应的电路耦合进行信号转换从而实现数字读取。此类温度计灵敏度高,对水分的绝缘力低,易造成误差,在高湿条件下使用时须注意。热敏电流式温度计则是利用两种金属在不同温度下的热敏电流差异进行测定的,常用的材料为铜镍合金。红外辐射式温度计为非接触式测定,其原理服从斯特藩-玻尔兹曼(Stefan-Boltzmann)定律,即单位时间内从黑体表面单位面积辐射的电磁波的总能量与黑体绝对温度的四次方成正比。不同材质的反射率有差异,需要对辐射式温度计进行校正。

(2)产品冷害及防止。

贮藏温度过低会对不同产品特别是果实类造成较大伤害(见表20-4),伤害发生的界限温度因产品种类不同有着较大差异。通常处于未熟阶段的产品较成熟阶段者对低温敏感性高,而且如蕹菜、苋菜等耐热性叶菜的低温敏感性较高,其低温伤害症状常表现在新叶和茎的褐变上。

表20-4 不同园艺产品在贮藏期间发生低温伤害时的界限温度及症状表现

产品种类	界限温度/℃	冷害症状	产品种类	界限温度/℃	冷害症状
菜豆	8～10	水渍状凹陷	橄榄	7	内部褐变
黄秋葵	7	水渍状斑点	柑橘	2～7	凹陷、褐变
南瓜	7～10	内部褐变、腐败	葡萄	8～10	凹陷
黄瓜	7	凹陷、水渍状软化	黄熟柠檬	0～5	凹陷
西瓜	4	内部褐变、风味丧失	绿熟柠檬	11～15	凹陷、褐变

（续表）

产品种类	界限温度/℃	冷害症状	产品种类	界限温度/℃	冷害症状
普通甜瓜	2～5	凹陷、果实表面腐败	夏柑	4～6	虎斑症
厚皮甜瓜	7～10	凹陷、不能正常后熟	夏橘	3～7	虎斑症、褐变
甘薯	10	内部褐变、腐败	香蕉	12～15	果皮褐变、不能正常后熟
完熟番茄	7～10	水渍状软化、腐败	菠萝	5～7	果芯褐变、不能正常后熟
绿熟番茄	12～13	不能正常后熟、腐败	热带水果	6～7	风味丧失
茄子	7	凹陷、软熟	成熟木瓜	7～9	凹陷、风味丧失
辣椒	7	凹陷、萼和种子褐变	未熟木瓜	10	凹陷、不能正常后熟
鳄梨	5～11	不能正常后熟、果肉变色	苹果	2～3	内部褐变、软熟
果梅	5～6	凹陷、褐变	杧果	7～11	不能正常后熟

注：引自 Murata Takuo。

园艺产品低温伤害的发生原因主要可归结为以下几点：原生质的流动性异常，以呼吸作用为首的物质代谢异常并产生和积累了有害物质（如草酰乙酸、乙醛等），生物膜变性，等。如图20-20所示为园艺产品贮藏温度过低时引起的低温伤害的生理表现。

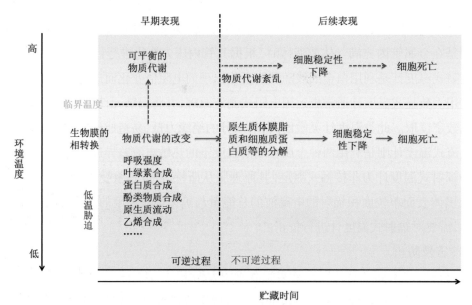

图20-20　园艺产品贮藏温度过低时引起的低温伤害的生理表现
（依 Raison 等）

为了避免贮藏产品的低温伤害，首先必须做到不在低于引起低温伤害的临界点温度的情况下保存产品。这就需要使贮藏温度略高于理想温度，并使产品的贮藏寿命有一定的缩短，而且在贮藏中间可临时升温以除去低温贮藏过程中生成的有害物质；或采取阶梯性的降温，使产品逐渐产生低温耐性；或者可采用防止水分损失的包装措施，以减轻因失水而造成的低温伤害加剧。

2）贮藏过程中产品的防雾

湿度与许多园艺产品的质量直接相关。一方面，较低湿度可能导致产品萎蔫和脱水；另一方面，当贮藏温度很高时，高湿度容易使贮藏产品产生腐烂。

温度与湿度的组合一旦在贮藏过程中不相协调,则会经常出现出库时或除霜时的产品结露现象(condensation)。作为对此问题的主要防范对策,可考虑使用防雾功能膜作为包装材料。如图20-17C所示,在PP(聚丙烯)材质的塑料薄膜内侧添加非离子型表面活性剂如甘油脂肪酸酯(glycerine fatty acid ester)、聚甘油脂肪酸酯(polyglycerine fatty acid ester)、脂肪酸钠(sorbitan fatty acid ester)等,可使薄膜内侧表面发生亲水化,将水滴变为水膜,从而达到防雾化效果。

3)气体调节

气调贮藏时易出现的恶臭问题,在不当的包装与温度管理下发生更多。从作业的角度看,可通过抑制气体扩散、提升CA和MA贮藏效果、推进产品标准化和作业规范化、减少产品机械损伤等举措,来减少问题的发生。虽然采用塑料薄膜进行密封包装可有效抑制水分和气体的扩散,但却易形成包装内的结露促进腐败微生物的增殖,从而出现包装内因呼吸代谢而加剧的CO_2浓度过高和O_2浓度过低的情况,促进厌氧反应。因此,对包装材料的改进成为解决这一问题的又一方向。

对于贮藏过程中园艺产品自身产生的乙烯气体所引起的一系列问题,需要通过使用乙烯去除装置或乙烯去除剂加以解决。

乙烯去除剂(ethylene remover),市售的产品较多,通常可分为物理去除剂、化学去除剂(见图20-21)和生物去除剂三类。物理去除剂主要有活性炭、多孔矿物质、蚕茧、甘蔗渣、树皮粉末等材料,可利用材料的微孔结构来吸附乙烯,这类材料对其他挥发性物质也具有吸附作用,但在湿度较高时其吸附能力会减弱。化学去除剂有$KMnO_4$、$KBrO_3$等,此类材料本身具有较强的氧化性,可对乙烯气体进行吸附、分解,作用效率较高,使用最多。除此而外,一些触媒型物质如铂(Pt)、钛(Ti)、钒(V)等也被用作乙烯去除剂。生物去除剂则主要利用微生物对乙烯的分解作用实现目的,但由于贮藏过程中产生乙烯时的温度较低,会影响微生物对乙烯的去除效果。

图20-21 常用乙烯去除剂
A. 物理去除剂;B. 化学去除剂
(A、B分别引自 b2b.hc360.com.cn、longgang.1688.com)

作为大型冷藏库中的乙烯去除设施,其工作原理为利用臭氧或臭氧水以及光触媒等对乙烯进行氧化使其丧失活性,该设施常与冷藏系统相耦合进行设置。

从贮藏管理实际出发,由于可能贮藏的种类众多且周转较快,以小型包装并辅以MA贮藏保鲜技术的方式是防止乙烯扩散的重要措施。同时从管理的角度看,定期更换库内空气是良好的工作习惯。

果实成熟过程中能产生大量的酸、醇、酯、醛及酮类有机挥发物。这些物质的释放比例会随果实的种类及成熟度变化,可通过果实的香气和食味等形式表现出来。在贮藏过程中,需通过抑制果实的代谢活性,并控制乙烯等促进果实成熟的气体产生及作用,即通过调节果实的后熟过程来调节这些香气成分的产生过程。

4)贮藏过程中的脱色问题

贮藏过程中,产品的脱色和变色主要表现为由于叶绿素的分解产生的黄化以及酚类物质经氧化而产生的褐变或黑变等。

对于果实类园艺产品,其叶绿素的分解往往与叶黄素的显色化相伴随,因此决定了该过程的黄化特性;对于绿叶类产品,叶绿素的分解过程则与抗坏血酸的减少相同步。叶绿素的分解可以认为是酶和光存在下所产生的特定酶对叶绿素的氧化过程(见图20-22)。

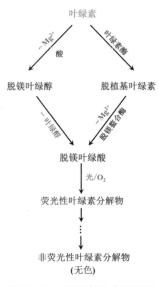

叶绿素

$-Mg^{2+}$　酸　　叶绿素酶

脱镁叶绿醇　　　脱植基叶绿素

$-$叶绿醇　　　$-Mg^{2+}$　脱镁螯合酶

脱镁叶绿酸

光/O_2

荧光性叶绿素分解物

⋮

非荧光性叶绿素分解物
（无色）

图20-22　叶绿素的分解过程
（引自 Chajin Kazuo）

以青花菜的贮藏过程为例，采用30 μm厚度的微细孔PE膜包装时，产品贮藏1周后未出现黄化现象，也未产生恶臭。

对于产品的褐变，常出现在低温敏感性高的果实类和一些叶菜类产品的贮藏中，伴随着低温障碍，产品易出现褐变或黑变。而在20～30 ℃的高温下，随着黄化的加剧，产品上将出现伴有皱缩的变色。

以蕹菜为例，低温下其机体内的酚类代谢会被活化，体内的绿原酸等酚类物质被转化为二聚体酚类，其效应会使细胞内原有的酚类及多酚氧化酶活性间的平衡崩溃，多酚类物质遂被氧化而生成褐色物质。又如，伴随着低温障碍的发生，罗勒的叶身和茎尖部会发生褐变，为了保持其香气和外观品质，常可采用薄的低密度PE膜或收缩膜进行产品包装，并在12 ℃下进行贮藏；薄荷叶、茄子和辣椒的种子以及黄瓜果肉的褐变均被认为是因低温障碍而引发的。

莴苣的中肋在贮藏过程中易发生锈状斑点，这是由于其包装内所产生的乙烯刺激莴苣产品中肋部位中的酚类物质氧化而形成，如在包装内加入乙烯去除剂则可使这种锈斑现象得到遏制。

5）贮藏中防止产品的发芽

一些具有花穗、嫩茎、新芽和具有繁殖属性营养体的产品器官，其自身具有伸长、弯曲以及变形等潜在生长能力，甚至一些果实在贮藏条件不当时会出现内部种子发芽的现象。例如：马铃薯、甘薯、洋葱、大蒜、胡萝卜等的发芽，结球蔬菜的球内抽薹，石刁柏茎尖的羽化；番茄果实内的种子发芽；等。

为防止这些产品在贮藏过程中发芽，通常可采用30 μm厚的PE膜作密封包装，配合其包装内的MA贮藏下的气体环境调节来抑制芽的生长。此类薄膜的O_2和CO_2透过度选择参数分别为70～80 L·m^{-2}·d^{-1}（1 atm）、26～29 L·m^{-2}·d^{-1}（1 atm）。　.

6）切花保鲜及其保鲜液

对切花而言，无论栽培者、批发商、零售商还是消费者都会对其进行必要的保鲜处理。切花的采后商品化处理及运输、贮藏过程中的保鲜与其他园艺产品相类似。在其零售阶段，一方面需要将产品置于目力所及的空间内，并有效调控其温度，且保持一定的光照强度；另一方面，其茎段应处于保鲜液中以维持较长的待售时间（见图20-23）。

图20-23　零售店内的花卉类产品保鲜设施
（A、B分别引自jdzj.com、shop.99114.com）

为了延长切花的瓶插寿命（vase life of cut flowers），经常会用到保鲜液（preservation solution），如图20-24所示。这种溶液可增加切花体内的营养物质的有效利用性，同时减轻微生物大量繁殖引起的维管束堵塞；保鲜液可使切花花茎中气泡大量产生的时间延迟，保持连续的、旺盛的蒸腾吸水能力。

在包装和运输时切花的花朵常处于未开放的花苞状态，但它们必须具备能正常开放的能力。保鲜液处理可用于未成熟的唐菖蒲、康乃馨、菊花等产品的运输过程中，有时甚至可在单枝上使用。

图20-24　鲜切花保鲜剂及其在零售店内花材贮藏中的应用
（A、B分别引自h5.koudaitong.com、nj.zhuangyi.com）

保鲜液的开发，直接关系到近年来的园艺领域的创新成果。虽然不同保鲜液在配方上有较大不同，且不同切花植物在其生理效应上也会有较大差异，但保鲜液配方的基本组成及开发思路有其相似性。保鲜液的主体成分通常包括能量物质、杀菌剂、抗乙烯剂、表面张力剂和水等。

（1）能量物质。

典型的切花可用5%～40%的糖溶液浸蘸处理20 h。花瓣内的糖类成分积累，可提高其吸水能力和组织含水量，因此可预防后来的水分胁迫。增加切花缓冲期的糖类成分浓度，也可使花瓣细胞维持较高的呼吸活性。一些氨基酸、壳聚糖等也可作为保鲜液的能量源。

（2）杀菌剂。

常用200～600 mg/L的苯甲酸钠或75～200 mg/L的柠檬酸作为杀菌剂，也可使用水杨酸、链霉素、8-羟基喹啉硫酸盐等。通过使用杀菌剂和氧化剂可避免保鲜液中微生物的大量繁殖。

（3）抗乙烯剂。

Ag^+经常用于保鲜液中，具有渗透性的Ag^+可消除乙烯和其他来自贮藏区域空气中的挥发性污染，从而延长花卉的寿命。通常可使用25～50 mg/L浓度的$AgNO_3$、硫代硫酸银（STS）等。虽然$KMnO_4$具有较好的去除乙烯的作用，但其会使切花枝条染色而不便使用。

（4）表面活性剂。

为了增加切花枝条的有效吸水能力，需要增强其溶液的表面张力。因此，可使用一些非离子型表面活性剂，根据其亲水基的不同主要分为两类：聚氧乙烯基类、多醇类。经常使用的表面活性有吐温T80（聚氧乙烯脱水山梨醇单油酸酯）、司盘S60（山梨醇酐单硬脂酸酯）等。

（5）水分。

利用优质水源，并使保鲜液的总可溶性固形物不超过100 mg/L。当配制切花保鲜液时，必须避免盐分、氟和其他物质造成溶液污染。

7）贮藏库的卫生管理

无论采用何种类型的贮藏设施，对于其生产管理而言，必须定期检查贮藏产品和清扫贮藏库，清除杂草，加设防鼠装置，控制病虫害传播，从而减少贮藏产品的损失（见图20-25）。

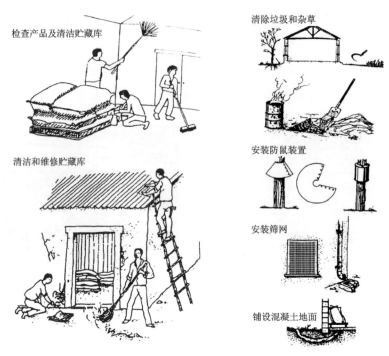

图20-25　园艺产品贮藏库的清洁管理与防鼠作业
（引自FAO）

在检查产品时，若发现有些产品有不健康的迹象，须及时挑出，如发现仍有利用价值可酌情处理，损伤严重的当直接销毁。在贮藏库的混凝土地面、窗户以及通风口、排水口处应设置筛网隔离，并加设防鼠设施。对贮藏库内所用的器物如周转箱、包装材料以及码堆底座等，若循环使用时，必须定期进行彻底的消毒，并对贮藏空间进行定期通风和清洁。

20.1.4　园艺产品的市场病害及其控制

园艺产品的市场病害（market disease），狭义上是指产品在采后的处理、加工、贮藏、运输和销售等整个过程中因被病原菌侵染而发生的病变现象；而广义地讲，也包括了在此期间内因环境管理不适而造成的产品生理性障碍。关于生理性障碍，本书在与贮藏过程相关的内容中已有充分讨论，此处仅就病原菌侵染的病理性过程进行阐述。

园艺产品作为加工原料使用时，漂烫、蒸煮、高压和高渗透压处理等措施均可有效地抑制产品所带病原菌的存活，起到积极有效的杀菌作用。但对于以鲜活状态利用的园艺产品而言，因其含水量极高，且组织易损伤，属于高度易腐类物品，病原菌的侵染常导致此类产品的生产因采后环节的处理不当遭受巨大经济损失。

1）市场病害种类

病原菌引起园艺产品病害的情况，从侵染时间上分为两类：一类是产品在田间被侵染采后才发病，另一类是产品在采后阶段被侵染而发病。确切地了解产品发病的这一特点，对于有效控制园艺产品市场病害的发生有着极其重要的意义。

（1）造成田间感染采后发病的病原菌种类。

田间收获时产品可能携带的病原菌种类的特性及危害情况如表20-5所示。几种主要侵染园艺产品并造成市场病害的病原菌的形态特征如图20-26所示。

表 20-5　引起园艺产品市场病害的病菌种类、特性及其危害的主要产品

市场病害种类	病原菌分类	病原菌特性	危害的主要产品
真菌性病害			
灰霉病	*Botrytis*（灰霉属）	子实体从菌丝或者菌核生出,孢子为丛生,初灰色后转为褐色,具有潜伏侵染和低温致病优势	果菜类、果品、花卉等
疫病	*Phytophthora*（疫霉属）	寄生或腐生,菌丝有分枝,发病快	茄果类、瓜类、十字花科蔬菜、芹菜、草莓等
黑斑病	*Alternaria*（链格孢属）	腐生,菌落絮状,生长迅速,初期暗白色后变暗;背面为褐色	豆类、茄果类、瓜类、葱蒜类、芋、萝卜和果品等
腐烂病	*Penicillium*（青霉菌属）	菌落呈蓝绿色,扫帚状,多腐生或弱寄生,以孢子传播	柑橘类、苹果,茄果类等
炭疽病	*Colletorichum*（刺盘孢属）	寄生,分生孢子单孢,萌发后产生附生孢	葡萄、橙、柑橘、苹果、香蕉、甘蔗、豆类、甘蓝、瓜类、茄果类、甜菜、茶叶、烟草等
软腐病	*Rhizopus*（根霉属）	菌丝无隔、多核、分枝状,有匍匐菌丝和假根	甘薯、瓜类、球叶类、胡萝卜、茄果类、果品
腐烂病	*Fusarium*（镰刀菌属）	菌丝有隔,分枝;分生孢子梗分枝或不分枝,有些可产生果胶酶	茄果类、瓜类、郁金香、鸢尾、水仙等球根类
菌核病	*Sclerotinia*（核盘菌属）	菌丝体可以形成菌核,长柄的褐色子囊盘产生在菌核上,寄生	以十字花科、豆科、茄科、芸香科等植物多发,寄生范围广
细菌性病害			
细菌性软腐病	*Erwinia*（欧氏杆菌属）	杆状,周生鞭毛,兼性厌氧菌,可发酵碳水化合物,分泌果胶酶	茄果类、瓜类、十字花科蔬菜、根茎类、球根类、果品

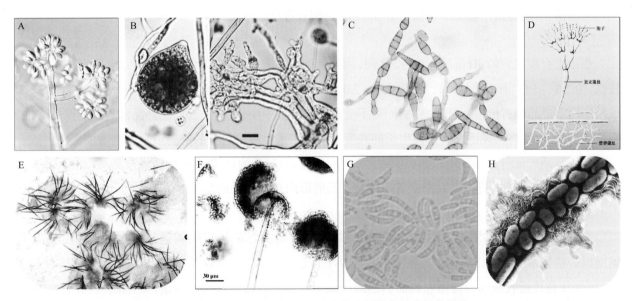

图 20-26　主要侵染园艺产品并造成市场病害的病原菌种类
A. 灰霉属；B. 疫霉属；C. 链格孢属；D. 青霉属；E. 刺盘孢属；F. 根霉属；G. 镰菌属；H. 欧式杆菌属
（带红色框线的几种亦为采后侵染发病类型,A～H 分别引自 baike.baidu.com、link.springer.com、baike.baidu.com、sohu.com、ic-teachingaids.com、tupian.baike.com、leyijk.com）

（2）造成采后感染而发病的病原菌种类。

园艺产品在采后进行处理时,虽经清洗、消毒等过程可除去部分由田间携带到产品中的病原物,但采

后过程中产品仍不可避免地会受到来自空气中病原菌的侵染。这些病原菌常以孢子形式在空气中悬浮存在，其种类主要有灰霉属（*Botrytis*）、青霉菌属（*Penicillium*）、根霉属（*Rhizopus*）和镰刀菌属（*Fusarium*）等霉菌类（见图20-26A、D、F、G）。一旦产品有机械伤口，这些病原菌更容易侵入并引起产品的腐败。

2）贮藏环境与微生物增殖

（1）温度。

病原微生物的生长与温度的关系，在总体上呈现以下规律：以其生长适温为界限，在偏低温一侧，其生长量（Q）与温度（t）的微分值 $dQ/dt>0$；而在偏高温侧则为 $dQ/dt<0$。

总体上，霉菌的生长适温通常在 $20\sim30\ ℃$，比细菌类的生长适宜温度偏高一些。但是即使是同一属的病原菌，不同种之间在生长的温度三基点上也常常会有所差别。

对于霉菌，其孢子较菌丝对高温有较强耐性，如灰霉菌的菌丝在 $40\ ℃$ 下仅能存活数分钟，但其孢子却能存活 $1\ h$ 左右。因此，在 $40\ ℃$ 下处理数分钟即能够有效抑制蔬菜产品中的大部分霉菌。抑制柑橘褐霉病则需要将果实在 $46\sim48\ ℃$ 的热水中浸渍 $2\sim4$ 分钟，用同样温度的热空气处理草莓果实也可抑制灰霉菌的发病。这种高温处理虽然能够抑制病原菌，但同时也会对产品品质带去不良影响。

在低温下，微生物的生育较为缓慢，但并不是完全停滞。因此，对于田间受侵染的产品，即使在 $1\ ℃$ 低温下贮藏数月后仍能检测到病原菌的存在，如在柑橘类、猕猴桃等长期低温贮藏的果实中能检测到田间携带的病原菌。但对于茄果类的果实，在 $5\sim8\ ℃$ 的长时间贮藏中，产品易受低温伤害，而对病原菌侵入的抵抗力下降，因此通常需要在 $10\sim15\ ℃$ 条件下进行贮藏。

（2）湿度。

对于细菌而言，干燥的环境下增殖较为困难，但一旦其侵入产品，便可利用自身的纤维素分解酶、果胶分解酶等的作用，破坏产品的细胞壁并使产品脱水，从而为病原菌生育创造适宜环境。

与细菌相比，霉菌虽然能够在低的湿度下生长，但在湿度高时更容易侵染和生长。

（3）pH。

霉菌生育所适宜的pH范围在 $3\sim7$ 之间，而细菌则可在较高的pH条件下生长。通常果品类的pH值较低，为 $2.5\sim5.0$；而蔬菜的则较高，为 $6.0\sim7.0$。因此，果品类易感染霉菌，而蔬菜类则易感染细菌。未成熟的蔬菜产品中有机酸含量较高，病原菌不适宜在此环境中生长，而收获后的产品随着成熟度的增加，有机酸含量减少，将出现适宜病原菌生长的酸度。因此在采收数日后产品的腐败会急剧增加。

利用气调贮藏时，低的 O_2 浓度可抑制病原菌的生长，但过低的 O_2 浓度也会造成产品品质的下降。将 CO_2 用于气调贮藏的改进方案对抑制病原菌对产品的影响有着良好的发展前景。

3）市场病害的无害化防治

要想有效控制园艺产品的市场病害引起的损失，需要从多个方面入手，可通过强化作业管理规范，并辅助以一些技术手段加以实现。其主要的要求如下：①在田间进行有效彻底的病原菌防除，但这种控制宜早，须注意接近收获期时使用农药而引起的产品中农药的残留水平超标问题；②选用抗病品种；③适期收获，在不影响商品品质的前提下可适当早收；④避免雨中和雨后收获，利用设施栽培或简易防雨棚栽培便可体现出其优势所在；⑤避免产品不必要的机械损伤，养成良好的作业操守能带来的好处不言而喻；⑥提高采后各环节的设施水平，控制严格的贮藏、运输环境；⑦正确使用保鲜剂和杀菌剂，如丝柏硫醇（hinokitiol）、异硫代酸丙烯（isocyanic acid allyl ester）、ClO_2（chlorine dioxide）泡腾片等杀菌剂和抗霉剂以及 O_3 产品及技术的开发与应用将有效提高市场病害的无害化防治效果；⑧严格作业场所的卫生管理,定期检查并挑出罹病产品。

20.2 园艺产品的加工

用于鲜食的园艺产品通过科学贮藏可以延长供应期,然而,当它们用于加工时亦可采用多种方法。这些方法包括制罐、速冻、脱水、腌渍和发酵等。加工处理可使产品的保质期得到较大幅度的延长,且有时可以在常温条件下实现,这对于产地与消费区域在空间上有较远距离的情况则显得更为重要。

20.2.1 适于不同加工的园艺产品种类

部分蔬菜、水果和坚果所适宜的加工类型如表20-6至表20-8所示。除用于加工外,这些原料当然也可直接用于鲜食或经历一段时间的贮藏。如香蕉虽能用于脱水加工,但更多的是用于鲜食。表中未列入的一些产品主要是用于鲜食的种类,它们或者不耐运输,或者容易擦伤,或者加工后品质不佳,如鳄梨、巴西坚果和澳洲坚果、莴苣和苦苣等。另有多种产品可用于制取食用油或加工成淀粉,如橄榄、椰子和杏仁、马铃薯、木薯、山芋和山药等。有些产品加工后的废料可进一步加工成非食用的副产品,如纤维、香水、医药品和树脂。

表 20-6　部分蔬菜类原料适宜的加工方法

蔬 菜 名 称	制　罐	速　冻	脱　水	腌　渍
石刁柏	●	●	○	○
菜豆	●	●	●	●
甜菜	●	○	○	●
青花菜	○	●	○	○
抱子甘蓝	○	●	○	○
结球甘蓝	○	○	○	●
胡萝卜	●	●	●	○
花椰菜	○	●	○	●
芹菜	○	○	●	○
黄瓜	○	○	○	●
茄子	○	○	○	●
大蒜	○	○	●	○
韭葱	○	○	●	○
刀豆	●	●	●	○
黄秋葵	●	○	●	○
洋葱	○	○	●	●
欧芹	○	○	●	○
豌豆	●	●	○	○
青椒	○	○	●	●
马铃薯	○	●	●	○

（续表）

蔬菜名称	制　罐	速　冻	脱　水	腌　渍
南瓜	●	○	○	○
芜菁甘蓝	○	●	○	○
菠菜	●	●	○	○
西葫芦	○	●	○	○
甜玉米	●	●	○	○
甘薯	●	○	●	○
番茄	●	○	●	●
芜菁	○	●	○	○

注：引自 Janick，●代表适合，○代表不适合。

表 20-7　不同水果的加工方法

种　类	加 工 方 法	种　类	加 工 方 法
苹果	果汁、果酒、果酱、果片	枣	脱水、糖果
杏	制罐、脱水、蜜渍	无花果	脱水、制罐
香蕉	脱水	树莓	蜜渍
黑莓	速冻、蜜渍	葡萄	发酵、脱水、果汁、蜜渍
蓝靛果	速冻、制罐	杞果	蜜渍
樱桃	制罐	木瓜	蜜渍、果汁
橘	果汁、制罐、蜜渍	桃	制罐、脱水、速冻、蜜渍
柠檬	果汁	梨	制罐
酸橙	果汁	菠萝	制罐、蜜渍
葡萄柚	果汁、制罐	柿	脱水
穗醋栗	脱水、蜜渍	李	脱水、制罐

表 20-8　多类坚果的加工方法和用途

种　类	加工方法和用途	种　类	加工方法和用途
巴旦杏	制糖果、烤制	山核桃	制糖果、烤制
阿月浑子	炒制	花生	椒盐、炒制、制糖果
板栗	水煮、炒制、蒸煮	美洲山核桃	制糖果、烤制
椰子	脱水	松子	椒盐、炒制
欧洲榛	炒制、制糖果	核桃	制糖果、烤制

20.2.2　园艺产品加工方式及其作业

将园艺产品作为加工原料，可采用以下几种基本加工方法：制罐、速冻、脱水（干制）、腌渍和发酵等。在此基础上，可进一步做复杂加工，如萃取及发酵后的饮品调制等。

1）制罐

制罐（canning），是将产品密封在容器内，经加热杀菌的保藏方法。

加热可杀死致病与破坏食品的微生物，并可破坏贮藏期间分解食物的酶；密封容器可防止杀菌后的食品再被感染及阻隔气体交换。制罐往往局限于容器的大小，杀菌则需要足够的热量，但它又会破坏酶的结构，引起产品颜色、风味、质地、营养成分的改变。

（1）制罐产品的原料特性。

品质是制罐的限制因子，对每一种产品来说，制罐时需要精确地控制时间和温度。基于不同原料，加工后的产品按酸度不同可分为低酸类型和高酸类型两大类。低酸类型包括大部分的蔬菜，而高酸类型则包括较多的果实类产品和发酵、腌渍产品等。

对于果品而言，通常需做去核处理，对个体较大者还需切分，并在装罐前调整其含糖量，即形成糖水罐头（syrup can），如山楂、黄桃、橘子、甜瓜、荔枝、草莓等罐头；对于蔬菜和食用菌产品，其加工形态则为清水罐头（no modulation can）或酱制罐头（canned sauce）等，如清水笋、清水荸荠罐头，番茄糊、番茄酱、调味食用菌酱等罐头。如图20-27所示为4种制罐加工的园艺产品样态。

图20-27　制罐加工的园艺产品样态
A. 玻璃瓶装黄桃；B. 玻璃瓶装山楂；C. 马口铁罐装去皮番茄；D. 玻璃瓶装蘑菇酱
（A～D分别引自 item.id.com、u-s-u.cn、issp.com、79tao.com）

（2）制罐容器。

用于制罐的原料产品应具有尽可能好的品质和状态，因为制罐过程会使产品品质下降。其原因是制罐过程中需要用足够高的温度来阻止产品内的酶降解以及杀死对人和对罐制品品质保持不利的病原菌。

罐装容器，通常有金属罐或玻璃容器。此类容器必须经灭菌后，才能装入加工品，并加盖密封。这样可防止罐制品被病原菌再次感染。

（3）制罐作业过程。

制罐的过程可分成两种类型：沸水浴和高压沸水浴。前者的处理温度为100 ℃，而后者温度可达112 ℃或更高。梭状芽孢杆菌，其适宜生长的pH值下限为4.5。对酸性产品而言，产品的pH值通常均低于4.5，仅需在稍低的水浴温度下加工即可，梭状芽孢杆菌对产品所产生的威胁可忽略不计。这些产品原料包括大多数水果、浆果、番茄、腌渍品或发酵品。对于中性偏酸性（pH范围为4.5～7.0）产品，为了有效抑制其中梭状芽孢杆菌的生长，须在较高温度下进行加工。这些产品原料则包括大多数的蔬菜等。罐制品的贮藏时间因加工温度而异，在温带气候条件下，货架寿命为3～5年的罐制品并不少见。

2）速冻与漂烫

速冻（quick-frozen），是指相对于自然的缓慢冻结而言的处理方式，即在尽可能短的时间内，将原料温度降低到其冻结点以下的特定温度，使原料中所含的游离水分随热量向外扩散而形成微小的冰晶体，能够最大限度地抑制加工品中的微生物活性,有效降低使产品营养成分发生变化所必需的液态水含量,从而保留产品原有的天然品质。

在速冻之前,通常要进行一些热处理,如在沸水中处理数分钟,称为漂烫(blanching)。此项作业可使酶失活,以避免速冻产品因酶的作用而导致风味损失和色泽变化。

漂烫后应使产品迅速冷却,可在冷水中浸一下,防止因高温处理导致的品质变劣。冷却后,将产品装入塑料袋是为防止速冻或贮藏过程中产品因失水而发生冻枯现象(freeze to shriveled)。冻枯后的产品品质会严重下降。园艺产品的最适速冻温度通常为−40～−29 ℃。如图20-28所示为园艺产品速冻处理的加工机械、作业及产品样态。

图20-28　园艺产品速冻处理的加工机械、作业及产品样态
A.漂烫、冷冻流水线；B.漂烫作业；C.速冻混合蔬菜；D.速冻蚕豆；E.速冻混合浆果
(A～E分别引自foodjx.com、foodjx.com、quanjing.com、b2b.hc360.com、c-c.com)

速冻后的产品可在−12～0 ℃条件下进行长时间贮藏。虽然速冻保存期的长短随产品种类而异,但货架寿命超过1年的速冻品是较为常见的。

速冻产品复水后的产品颜色及内在营养成分等均与鲜食产品接近,速冻加工品是欧美地区常见的食用类产品利用形式。除大量生产出口外,近年来国内对速冻园艺产品的消费量也在持续增长。用作速冻的园艺产品原料的种类及形态主要包括甜玉米、豌豆粒、带荚菜豆、扁豆粒、蚕豆粒、黄秋葵圈、蒜薹段、青花菜块、胡萝卜丁、南瓜片、甘薯片、马铃薯块(条)、食用菌块、细香葱末、芹菜碎、菠菜碎、结球甘蓝碎、白菜碎、草莓、树莓、越橘、樱桃、醋栗、苹果片、香蕉片、杞果片、柑橘瓣、猕猴桃片、黑橄榄圈等。

3)脱水

除去水分的过程称为脱水(dehydration)。脱水会破坏细胞的生理功能,使能够造成产品品质下降的多种酶失活。脱水后,产品中的含水量降低,含糖量提高,可有效抑制腐败微生物的生长。

脱水的主要工艺方式有日晒、热烘干和冻干等。为了使脱水时的组织变化均匀,在加工时往往需要配合切分和漂烫等作业。

(1)日晒法。

日晒法(sun drying),是在夏季较热时利用空气干燥的场所对产品进行晾晒处理的方法,操作简单,较为经济,至今仍在使用。日晒法受季节和天气状况的限制较大。日晒法较多用于野生蔬菜、食用菌、海产蔬菜和药用植物等产品的加工上。如图20-29A、B所示为辣椒、陈皮的晒干处理。

（2）烘干法。

烘干法（hot air drying），不受自然天气状况限制，更加方便、快速，同时也可有效改进品质，降低病原菌的危害，减少空间占用。与日晒法相比，烘干法需要消耗一定的能源。但对水分含量较高且易因日晒在脱水时伴随着脱色与轻微发酵等过程发生从而造成品质下降和腐烂现象的园艺产品，烘干则具有较大的优势。适于烘干的产品主要有各种叶菜、香料、食用菌、方便食品及休闲食品等。

园艺产品的烘干，常须结合漂烫与切分，如此既起到护色作用，也可缩短烘制时间，并保持产品质地均匀。烘干所采用的热风温度通常在60～70 ℃，烘干间可利用架式结构，并进行强制通风，将产品中的水分快速转移。脱水后水果产品的含水量为15%～25%，而蔬菜类的含水量可低至4%。如图20-29C、D所示为制备苹果片、香蕉干的设备。

图20-29　晒干处理及烘干设备
A. 辣椒晒干（新疆焉耆）；B. 陈皮晒干（广东新会）；C. 苹果片烘干架；D. 香蕉烘干设备
（A～D分别引自m.sohu..com、sohu.com、21food.cn、912688.com）

（3）冻干法。

冻干（freeze drying）是近年来兴起的产品脱水方法，即把产品速冻后移入真空状态直到除去所有游离水分，此加工过程通过高压快速制冷而实现产品的脱水。冻干法所生产的产品品质更佳，虽然目前的应用尚未普及，但发展前景较好。

脱水产品需在低温和干燥的条件下进行贮存。低温下干制品的寿命得以延长，但在高湿条件下此类产品易受到由霉菌引发的危害。

4）发酵与腌渍

在某些条件下，部分微生物对水果和蔬菜的贮存是有益的。控制环境条件，使有益微生物生长，促进碳水化合物的厌氧分解，即发酵（fermentation）。发酵过程中，通过酵母菌中酶的作用将产生乙醇，通过乳酸菌、双歧杆菌等微生物中的酶的作用能产生乳酸和乙酸。当乙醇或酸的浓度达到某一临界值时，产乙醇或产酸微生物的生长就会受抑制，并能抑制有害微生物的生长。葡萄酒是葡萄经乙醇发酵的产物，而果醋则是苹果汁等经果糖的酵解、脱氢转化的产物（见图20-30）。食盐可抑制除有益微生物以外的所有微生物的生长，盐渍结合发酵的过程称为腌渍（pickling）。

图20-30　以园艺产品为原料经发酵工艺生产的加工产品
A. 葡萄酒；B. 果醋
（A、B分别引自mt.sohu.com、baike.soso.com）

腌渍结束后,通过脱盐可降低腌制品中盐的浓度。腌制品制罐后可长期保存(封坛窖藏)。腌渍和发酵是某些蔬菜和水果(见表20-6和表20-7)加工的重要方法。

在园艺产品的腌渍加工上,由于各地气候特点和自然资源上的差异性,很多地区都有各自较丰厚的在腌渍、发酵等食品加工方法上的历史沉淀。

20.2.3　主要园艺加工品及其生产工艺流程

园艺植物产品类别众多,其作为原料时的加工适应性有着较大差异。因此对于不同的原料种类所采取的加工方式也会有所不同,同时,即使是对同一种原料,采取不同的加工技术及组合,加工品的最终形态及品质也将呈现出较大差异,从而使加工品类别更加丰富化。

1. 蔬菜(含食用菌)产品加工

以蔬菜作为原料的加工品,主要有以下形态:切割蔬菜,如结球莴苣丝(片)、马铃薯片(块)、辣椒丝(片)等;已熟化的即食蔬菜,包括各种经中央厨房烹制的产品;脱水蔬菜;罐制蔬菜,包括清水蔬菜和酱(糊)类;菜(果)汁类;腌渍类,包括盐渍制、酸渍、糟渍和糖渍。不同类别加工品的工艺配置如图20-31所示。除此而外,一些用到提取工艺的产品加工也在发展中。

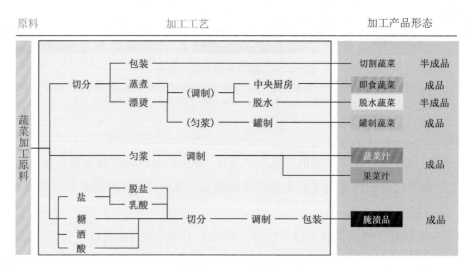

图20-31　蔬菜加工的不同类别及其工艺配置

(1) 干制。

适于进行干制的蔬菜种类有西葫芦、南瓜、丝瓜、甘薯、山药、葛、辣椒、茄子、萝卜、百合、菜用苜蓿、菜豆、豇豆、豌豆、大豆、莲子、姜、大蒜、细香葱、胡萝卜、普通白菜、菠菜、结球甘蓝、菜用苜蓿、叶用芥菜、莴笋、贡菜、蒲公英、马兰头、苦苣、芫荽、欧芹、罗勒、蕨菜、紫萁、竹笋、金针菜、木耳、银耳、石耳、蘑菇类、发菜、地耳、海带、紫菜、石花菜等。

干制的工艺较为简单,其主要流程如下:

原料切分→(漂烫)→脱水→成品

需要特别指出的是,一些经干制并调味的方便食品,如方便面菜干包、即食菜汤料、炸制薯片(条)、调味紫菜片、海苔(紫苏油调制)以及干制香辛蔬菜(罗勒、欧芹、芫荽、细香葱……)等的市场需求量在逐年增长,有较好发展前景。

（2）腌渍品。

大多数蔬菜腌渍品以盐渍为主，腌渍时保持盐浓度在12%以上能有效抑制发酵过程中的乳酸或乙酸发酵，并可保持快速脱水而使组织脆嫩，如叶用芥菜、萝卜、球茎甘蓝、结球甘蓝、根用芥菜、茎用芥菜、芜菁、菊芋、草石蚕、嫩姜、小（乳）黄瓜、水茄、韭菜花、香椿芽、紫苏等皆可用此法加工；有些材料则采取低盐水平（盐浓度在5%左右）腌渍或漂烫后乳酸发酵的办法，如白菜、萝卜、抱子甘蓝、结球甘蓝、叶用芥菜、大芥、黄瓜、叶用甜菜、番茄、辣椒、大蒜、豇豆、蚕豆、竹笋等；另有部分原料可采用糖渍或酒（糟）渍，如甜瓜、冬瓜、莲藕、大蒜、甘薯等的糖渍以及扁豆、毛豆等的糟渍。

蔬菜腌渍加工品中，较为著名并在全国被普遍食用的产品有绍兴霉干菜、襄阳大头菜、涪陵榨菜、郫县（现郫都区）豆瓣、东北酸菜、潮汕橄榄菜和韩式泡菜等（见图20-32）。

泡菜由于腌制原料及后续调制方式的不同，可分为四川泡菜、韩式泡菜和日式泡菜等种类。以韩式泡菜为例，其主要原材料除结球白菜外，常加入的园艺产品原料还有萝卜、姜、辣椒、葱、蒜等，有些甚至会加入一些动物性原料，特别是一些海产品。如图20-33所示为韩式泡菜的基本工艺流程：

图20-32　几种著名蔬菜腌渍加工品及其加工过程

A. 绍兴霉干菜；B. 襄阳大头菜；C. 涪陵榨菜；D. 郫县豆瓣；E. 东北酸菜
（A1～E2分别引自k.sina.com.cn、djcyw.99114.com、baike.baidu.com、
baike.baidu.com、davost.com、food.mgpyh.com、tta.cn、mala.cn、sohu.com、
k.sina.com.cn）

图20-33　韩式泡菜制作工艺

A. 浅渍原料；B. 渍好的主原料；C. 辅助原料
及调味料；D. 调制作业；E. 成品
（A～E分别引自m.sohu.com、douguo.com、
sohu.com、blog.sina.com.cn、dmyzw.com）

主要原料浅渍→辅料配制→涂布→二次发酵→切分→包装→成品

其成品的最佳风味期为加工后第5天时。加工品需在低于10℃的环境下冷藏。

一些腌渍蔬菜的处理,在基本的加工工艺基础上常会有多种复杂的变化,如增加蒸制和日晒等环节,有些则在调制和二次发酵中加入一些海鲜产品、香料或药用材料,使其风味发生较大变化。

(3)菜汁(酱)。

蔬菜汁的加工工艺也较为简单,其工艺流程如下:

原料选择→(切分)→匀浆→(过滤)→调制→(混合)→杀菌→包装→成品

常见产品有甜玉米汁、胡萝卜汁、菠菜汁、西瓜汁、甜瓜汁、苦瓜汁、石刁柏汁、番茄汁、黄瓜汁、冬瓜露、芹菜汁、莲子汁、紫甘蓝汁、玫瑰茄汁、茼蒿汁、番茄酱、芥末酱、辣根酱、辣椒酱、食用菌酱、复合菜汁、复合果菜汁等。

菜汁(茸)除了作饮品和调味料外,其中有些产品是以其色素利用为主要目的的,可用于食品加工时的自然染色,此类产品包括菠菜汁、芹菜汁、茼蒿汁(绿色)、胡萝卜汁(橙色)、紫甘蓝汁(紫色或桃红色)、玫瑰茄汁(绛红色)等。如图20-34所示为几款常见蔬菜汁类加工品。

菜汁类产品为了防止干物质沉淀,有时需加入在食用安全许可限量内的乳化剂以保持其物理形态。为了保持其口感细腻,匀浆时的刀头转速通常在6 000 r/min以上。作为食用色素利用的蔬菜汁,在不同pH条件下会发生颜色上的强烈变化(见图20-35),可根据需要进行调配利用。

图20-34　常见蔬菜汁类加工品
A.石刁柏汁;B.冬瓜露;C.玉米汁;D.胡萝卜汁;E.复合蔬菜汁;F.复合果菜汁
(A～F分别引自zcool.com.cn、t.chs.com、t.chs.com、b2b.hc360.com.cn、huaban.com、7net.com.tw)

图20-35　蔬菜汁在不同pH条件下的颜色变化
(引自 huaxi100.com)

2. 果品加工

除了鲜食果品外,大部分果品均可作为加工原料生产各类加工品,这样既可解决贮藏问题,又能对果品的部分品质及风味有所改进。果品类的加工品形态主要有果干、罐头、果汁、果酱、果脯和果酒等类别,不同类别及对应的加工工艺如图20-36所示。

(1)干制。

果品的干制因果实特性的不同,其加工工艺与产品形态也有着较大的不同。

干果类通常均采取干制加工,常见的产品如核桃、山核桃、桃仁、扁桃、杏仁、阿月浑子、香榧、美洲核桃、巴西坚果、榛子等。其产品形态分为两类:一类是干制果实,通常作为食品加工原料,如作为糕点、饮料、巧克力等产品的辅助原料;另一类则通过炒制或烘制而做成休闲食品。

水果类原料的干制加工品种类有干枣、银杏、干椰枣、板栗、苹果干、猕猴桃干、葡萄干、无花果干、柿饼、金橘干、龙眼干、荔枝干等。水果因含糖量较高,在脱水较多时表面会形成一层白色的果霜,产品处于

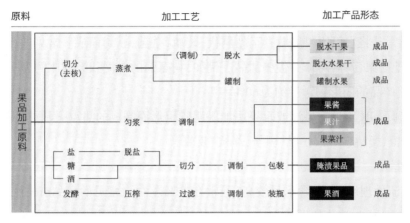

图20-36 果品加工品的不同类别及其工艺配置

半干状态时有些果肉表面则会出现具有黏性的糖浆,继续干燥便可使之硬化。水果的干制与蔬菜等不同,一般不做漂烫处理。

(2)罐装。

多数水果可进行罐制加工来改进贮藏和增加其风味,常见的以糖水罐头为主。与清水罐头工艺相比,制作糖水罐头时须在装罐前的煮制环节调整糖分至35%左右,其他作业两者基本相同。

(3)速冻。

一些浆果类原料常可进行速冻加工,基本工艺同蔬菜的速冻。经低温速冻深度脱水后的浆果干,可用来生产粉末状的果珍类产品。

(4)果汁。

果汁(fruit juice)类的加工是以果品的果肉部分为原料,经压榨而成。如图20-37所示为几类常见的果汁类加工品。常见的产品有非浆果类的苹果汁、梨汁、桃汁、橘子汁、橙汁、柚汁、杧果汁、木瓜汁、猕猴桃汁、椰汁、石榴汁、番石榴汁、番荔枝汁、西番莲汁、葡萄汁、甘蔗汁等和浆果类的山葡萄汁、醋栗汁、越橘汁、草莓汁、树莓汁、杨梅汁、沙棘汁、枸杞汁、桑椹汁等。

需要区分的是,果汁与果味饮料完全是两种加工形态。果汁制作的主体工艺为压榨;而果味饮料的制作即使使用果汁为原料,其工艺的重点在调制上。果汁经低温机械匀浆后过滤,一旦接触空气,其产品颜色会随多酚氧化酶作用而发生褐变,因此在制作中需加入抗氧化剂,同时为了防止固液分离而引起的沉淀,有些种类还需加入可食用的乳化剂成分。

与果汁相类似的加工品还有果露和果汁汽水等。果露多由干果的种子等加工而成,常见的如杏仁露、核桃露、椰奶等。

图20-37 常见果汁类加工品
A. 苹果汁;B. 番石榴汁;C. 桃汁、复合果蔬汁、杧果汁;D. 橙汁;E. 椰子水;F. 沙棘汁
(A~F分别引自womai.com、t-jiaju.com、item.jd.com、51aw.cn、gz.womai.com、womai.com)

（5）果酱、果冻。

果酱（jam），通常是将水果原料加糖煮至黏稠状，装瓶，杀菌，密封而成。常见的产品有柚子酱、草莓酱、蓝莓、树莓、黑穗醋栗酱等，可作为佐餐甜品。例如，树莓酱的果泥和糖的比例为1∶1，真空浓缩时保持压强为87 kPa，此产品的固形物含量约为60%。

果冻，也称啫喱（jelly），是将果汁或水果块加入明胶定形而制成的甜点。常见的果冻产品的制作原料有哈密瓜、桃、柳橙、樱桃、木瓜、杧果、椰子、荔枝、菠萝等。

（6）腌渍和发酵。

果脯通常由糖渍处理后制成，含水量较高（通常在20%左右），常见的产品有桃脯、银杏脯、杏脯、山楂脯（果丹皮）、山楂片等。盐渍的果脯产品主要有盐渍橄榄、盐渍梅子、盐渍橘皮等，加工时还需经蒸制等复杂调制。果品类腌渍品是重要的休闲食品之一。

果实类经自然发酵后的主要产品有果酒和果醋。常见的果酒种类有葡萄酒、猕猴桃酒、火龙果酒、梅子酒等；常见的果醋种类有苹果醋、沙棘醋、柠檬醋等。

葡萄酒的加工工艺极为复杂，有利用鲜果或冰冻果实发酵者，有利用半干葡萄或干制葡萄者。其酿制因原料（酿酒品种）的风味与色泽不同，加之工艺上的差异，所得产品的最终表现差异较大。

3. 茶叶加工

1）茶叶的类别

发酵茶（fermented tea）是以发酵为茶叶制作工艺，将茶的芽叶经过萎凋、揉切、发酵和干燥等初制工序制成毛茶后再精制而成的茶。根据茶叶原料发酵程度的不同，可将成品分为轻发酵茶、半发酵茶、全发酵茶和后发酵茶。如图20-38所示为几款茶叶产品。

未经发酵制作的茶叶，称为绿茶（green tea）。其特点是气味天然，口味清香，茶色翠绿。绿茶的加工工艺又可分为利用蒸汽蒸制（蒸青）后干燥而成的煎茶，如宇治煎茶等，以及以铁锅炒制（炒青）而成的茶叶，如碧螺春、龙井茶、珠茶等。宇治抹茶（Uji Matcha）是由蒸青、烘干处理后再经粉碎流程而制成。在绿茶工艺基础上以工艺精简版制成的茶则称为白茶（plain tea），如安吉白茶、福鼎白茶等。

在对茶叶原料进行制作的过程中，采取中度发酵而成的产品称为半发酵茶（semi fermented tea），如乌龙茶、铁观音、武夷岩茶和黄茶（yellow tea）类等。半发酵茶在制作过程中，要经过二次萎凋、炒青、揉捻（助其发酵）和干燥等工艺，其成品兼具绿茶的清香、甘醇以及红茶的色泽、果香，极具特色。

全发酵茶（full fermented tea），即发酵度在100%的发酵茶叶，成品冲泡或煎制后汤色红润，此类茶的成品称为红茶（black tea），如祁门红茶、滇红茶、乌瓦（Uva）红茶、阿萨姆（Assam）红茶、大吉岭（Darjeeling）红茶、伯爵（Earl Grey）红茶等。英式红茶的制作工艺中，增加了复配调制和粉碎等程序，产品有添加橙片、茉莉花等的公爵红茶（Duke's black tea）、茉莉红茶（black tea of jasmine）、果酱红茶（black tea of jam）、蜜蜂红茶（black tea of honey）等。

采摘的茶叶原料经杀青、揉捻后，还需进一步进行渥堆（pile fermentation）等作业。渥堆是将已发酵并成块的茶叶直接存放而不解堆的再度发酵处理。这样生产的茶叶成品即为后发酵茶（post fermentation tea），也称为黑茶（dark tea），如普洱茶、安化黑茶等。

如图20-38、图20-39所示分别为不同茶叶类别及其加工工艺的比较。

2）茶叶加工工艺及其特点

以普洱茶的加工工艺为例，从刚采摘好的茶叶开始到成品制成，其所经历的加工流程如图20-40所

图20-38　常见的茶叶产品
A. 龙井茶；B. 宇治抹茶；C. 珠茶；D. 铁观音；E. 武夷岩茶；F. 祁门红茶；G. 川宁红茶；H. 普洱茶
（A～H分别引自blog.sina.com.cn、lovehhy.net、shop.99114.com、b2b.hc360.com、62a.net、baike.ipa361.com、51aw.cn、baijiahao.baidu.com）

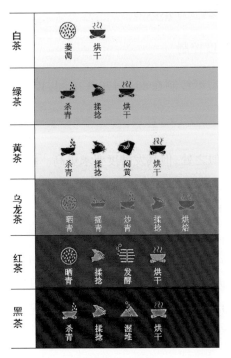

图20-39　不同茶叶类别的加工工艺比较
（依dwz.cn）

图20-40　普洱茶砖制作工艺流程
（引自m.163.um）

示。其中有几个重要环节是制茶工艺中最为关键的作业过程，如杀青、揉捻、发酵、烘焙等。

（1）杀青。

杀青，是茶叶加工中较为多用的初制工艺，其主要原理是通过高温破坏茶叶内的酶活性，抑制多酚氧化反应，减少产品内水分，使茶叶软化，便于后续加工。杀青以炒青和蒸青两种方式为主。绿茶在炒青时常以手工方式进行，而需要继续揉捻处理者则多用机械滚筒进行杀青处理。

（2）揉捻。

揉捻是对杀青后的茶叶进行揉搓以使其整体成球状而茶叶单体蜷缩成茶条的过程。揉捻时会适当破坏其组织，促进茶叶内的物质转变。揉捻分为热揉和冷揉两类，前者是在杀青后不待冷却即进行的揉捻，而后者则在稍冷却后才进行。乌龙茶的揉捻作业工序较为复杂，流程如下：

揉捻→初烘→初包揉→复烘→复包揉

不同产品在揉捻作业时的破碎率要求不同,绿茶通常在50%左右,乌龙茶在65%左右,而红茶则须达到80%以上。

除特别制作的加工仍需使用手工揉捻外,大多数的作业由揉捻机完成。通常采取的转速为50 r/min,需揉捻3～5 min。

（3）发酵。

此处的发酵仅指红茶制作时的一个工艺过程,是指将揉捻好的茶胚经紧压后覆盖温水浸过的发酵布,增加发酵茶坯的温度和湿度而进行的发酵过程。通常需要持续5～6 h,发酵完成后的茶叶叶脉呈现红褐色。

（4）烘焙。

烘焙是乌龙茶制作中特有的工艺,是指利用高温抑制茶叶内的酶活性,并进一步排除茶叶中的水分,同时使茶叶中的香气成分形成的过程。

传统的烘焙以手工进行,通常用炭焙方式。其操作过程繁复,工序依次为

炭焙起火→燃烧→覆灰→温度控制

耗时费力,且需操作经验。目前多用电热方式进行机械烘焙,温度控制在80～120 ℃之间,以较低温度的短时间烘焙为宜。

（5）渥堆与陈化。

渥堆是普洱茶等黑茶生产的特有工艺,与红茶的发酵有类似之处,但其发酵度要求更高。渥堆时,将经过前处理的茶坯堆置成70 cm的高度,洒水后覆盖麻布,在湿热条件下发酵24 h左右。经过渥堆的茶叶,随着渥堆程度的差异,颜色会转变成黄、栗红、栗黑(见图20-41A)。

当黑茶制作基本完成后,茶叶被压块成饼状或砖块状。此后,若将其置于湿热的陈化库内,茶块上有时会生长出一种金黄色的真菌——冠突散囊菌(*Eurotium cristatum*),俗称金花。此菌为发菌科散囊菌属真菌,菌落由子囊壳和菌丝组成,能产生一些酶来催化黑茶中内含物质的氧化、水解、聚合、转化等过程,可使茶品的品质有进一步的提升。此菌生长的适宜温度为20～24 ℃,在有孢子体存在的情况下,需历经20～30天才出现明显黄色菌落(见图20-41B)。含有此菌的典型茶叶种类有茯砖茶等。

图20-41 黑茶加工过程中的渥堆及发花
A. 渥堆作业；B. 茶砖发花
(A、B分别引自 tdcheml.com、m.sohu.com)

3）其他调制类茶叶产品

茶叶本身具有极强的吸附能力,因此无论在加工过程中还是成品的包装贮藏,均须避免与其他有挥

发性的物品接触。但是，也可以利用其吸附特性，在基本的茶叶加工品形态上进一步拓展出其他产品类型，如常见的花茶、小青柑、菊花普洱等即是依据这一理念而制成的加工品。

花茶是将经过揉捻后的茶坯与具有香气成分的鲜花在完成吸附后共同干制而成，其主要品种有茉莉花茶、桂花茶、菊花茶、柠檬茶、陈皮茶（小青柑）等。英式的红茶中则用薄荷、肉桂、丁香、豆蔻、胡椒、罗勒、欧芹、青柠檬、玫瑰、迷迭香等材料进行调制，其工艺特点与花茶相类似。

此外，利用萃取工艺制成的茶珍（tea extract）也开始有了一定市场，其便利性使得冲泡变得非常简单，而且这种加工品还被用作食品加工原料。

4. 花卉的干制

鲜花的开放即使在植株的正常栽培条件下也只会持续一个花期，然后即凋萎、枯死，因此离体状态下的切花，即使辅助以保鲜条件，其瓶插寿命也较为短暂。

花卉经脱水处理后通常情况下其体积将缩小，且其花瓣会变薄，组织变脆；同时脱水处理也会使花卉原本的颜色发生较大的改变。因此花卉的干制，应以护色为主要限制条件。

目前花卉的干制主要采取真空干燥法，其基本流程如下：

原料花材→清洗→蒸制→熏制→真空干制→贮存液浸泡→防腐液处理→真空贮存

一般的蒸制在使细胞失水后即可转入熏制。熏制时间大约持续5～6 min。干制前需恢复花卉加工之前的基本形态，随后倒垂悬挂进行真空干燥，经1～2天即可完成。干燥室可用真空泵抽气来实现，而使用真空冷冻干燥机干燥的处理时间则可大大缩短。如图20-42A、B所示为真空冷冻干燥设备及以此制成的永生花产品。

经如此处理的花材，称为永生花（immortal flower），在常温下容易保存，且花色鲜艳。但永生花在利用时需注意环境的空气湿度，过干或过湿均会影响其寿命。同时，永生花组

图20-42　真空冷冻干燥设备及永生花产品
A. 花卉真空冷冻干燥设备；B. 永生花半成品；C. 永生花商品

织较脆弱，应避免震动和撞击引起的机械损伤（见图20-42C）。

通常的贮存液是用50%醋酸溶液配置的醋酸铜饱和液或用50%甲醛水溶液配置的硫酸铜饱和液。使用时加蒸馏水稀释1倍。以此浸渍花材，处理时可加热至80 ℃左右。配方中的Cu^{2+}可取代叶绿素中的Mg^{2+}，且能更加稳定地呈现绿色。

防腐液配方为50%亚硫酸水溶液加50%甲醛水溶液，以1：1的体积比混合，或以50%硼酸（氯化镁也可）水溶液与其10倍重量的50%亚硫酸水溶液混合。使用时用蒸馏水稀释1倍即可。

5. 香料和色素加工

1）香熏材料及其干制

一些香料植物的干制与观赏植物的不同，通常不再关注其色素的分解，但是需要控制干燥过程中的香气成分的挥发。因此，香料植物原料通常需要捆束后倒垂悬挂在晾干架上自然干燥处理。常见的干制

香料产品有香茅、薰衣草、迷迭香、马鞭草、九里香、罗勒、鼠尾草、玫瑰、紫罗兰、薄荷、紫苏、香叶天竺葵、艾草、玉兰花、万寿菊等以及其他药用类植物。通常，这些干制香料产品经过切分或轻度磨碎后即可装入织物袋中，供日常使用，这类成品也称为香囊（sachet）（见图20-43A、B）。

与香料干制品相关联的加工品还有线香（joss stick），其可通过燃烧释放香味，不但可以改变空气气味，也具有一定健康调理功能。线香通常由黏结料、香料、色素等组成，将原料加水搅拌成面团状，挤出后烘干即成。黏结料可使用如榆树皮等天然材料，色素则有玫瑰红、大红、嫩黄、品绿、金色等。不同香型线香的配方用料差异较大，如藏香及印度香中往往含有肉豆蔻、竹黄、藏红花、丁香、草豆蔻、砂仁、麝香、红白檀香、黑香、冰片、当归、雪莲、红花、红景天等，而东南亚风格香型的线香中则会添加檀香、沉香等原料（见图20-43C、D）。

图20-43　香料植物干制类产品的形态及利用方式
A. 干制香草（花）；B. 香囊；C. 藏香；D. 焚香
（A～D分别引自cn.dreamstime.com、china5080.com、b2b.hc360.com.cn、wadongxi.com）

2）精油与色素的提取

植物精油（essential oil），是指从植物中萃取出的芳香物质的总称。它与通常所言的以脂肪酸为成分的油类概念不同，植物精油中的主体成分包含醇类、醛类、酸类、酚类、丙酮类、萜烯类等。以保加利亚玫瑰为例，由该花提取出的精油中有33%～50%的香茅醇、30%～40%的牻牛儿醇和橙花醇、16%～22%的硬脂脑、1.5%～2%的苯乙醇、0.2%～2%的倍半萜环状醇以及一些其他微量成分。

值得一提的是，虽然可以通过化学分析将各种植物精油的成分及其比例分析出来，但以化学品重组后的化学物质却达不到天然产物的应用效果。因此，植物精油的价格才一直居高不下。植物精油的生产成本也比较高，通常薰衣草精油提取时的得率为5‰左右，而玫瑰精油则低至0.2‰～0.4‰。此外，精油提取时所用的植物必须是有机产品，任何农药等成分的存在都会使精油质量大打折扣甚至丧失其价值。

用来提取植物精油的植物产品种类甚多，应用较为普遍的植物原料有玫瑰、薰衣草、迷迭香、百里香、薄荷、罗勒、香茅、鼠尾草、茴香、菊类、葛缕子、胡荽、青蒿、艾草、海索草、牛膝草、马鞭草、康乃馨、风信子、水仙、茉莉、夜来香、玉兰、栀子、依兰、米兰、桂花、金合欢、茶花、肉桂、丁香、广藿香、柑橘类等。如图20-44所示为几款植物精油产品。

图20-44　不同种类的植物精油产品
A. 玫瑰精油；B. 迷迭香精油；C. 复方精油；D. 艾草精油；E. 洋甘菊精油；F. 橙花精油
（A～F分别引自yizhefengqiang.com、bujie.com、image.baidu.com、detail.1688.com、tbw-fuhu.com、product.kimiss.com）

植物产品中普遍含有天然色素（natural pigment），其提取物可作为食品添加剂和化妆品原料使用。植物色素按其溶解特性可分为水溶性和脂溶性两大类。水溶性色素主要包括花青素类，其在不同pH条件下颜色会发生改变，且能为活性炭吸附，遇醋酸铅会沉淀；脂溶性色素则包括叶绿素、叶黄素和胡萝卜素以及一些具有抗氧化功能的红色素等，除胡萝卜素外，其他大多能够为乙醇所溶解，叶绿素遇氧化铝或碳酸钙能发生沉淀。很多天然色素除可利用其颜色特性外，大多也可用作保健品和化妆品的原料。

植物原料所表现出的颜色与所含色素的颜色并不完全统一，这是其呈色反应条件不同及色素作用间相互影响的结果。植物色素所呈现的颜色几乎能涵盖整个可见光区域。

植物精油和色素的提取工艺，通常可用到以下几种方式。

（1）蒸馏。

蒸馏法（distillation method）是最为古老也是使用最广泛的精油提取方法。操作时，在蒸馏容器中以水或蒸汽将植物材料加热，排出的水汽经冷凝后可得精油初液。这种液体是精油与水的混合液，因此需要进行油水分离。精油的比重大小不一，或低于水，或高于水，较易分离。如图20-45A所示为蒸馏设备。

（2）萃取。

萃取（extraction method）分为三类：无机溶液萃取、有机溶剂萃取和CO_2超临界萃取。

对一些水溶性成分，可利用水或酸液等进行萃取。

用有机溶剂浸提所得的产物，再经过滤、减压浓缩、真空干燥精制等工艺过程，即可获得最终产品。根据所提取产物的特性，可采取不同的溶剂，如乙醇、丙酮、烷烯烃、苯、油脂类等。

超临界CO_2萃取法（supercritical CO_2 extraction），是指利用高于临界温度、临界压强的流体作为溶剂的萃取方法。通过调整提取不同物质时对应的不同临界温度和临界压强，即可实现物质的选择性分离。此法中用到的CO_2可实现循环利用，且其本身的临界温度与临界压强较低，便于使用。此方法可用于精油和色素的提取。如图20-45B所示为超临界CO_2萃取法的设备。

（3）榨取法。

榨取法（squeeze method），是指利用机械压榨而获取精油的方法。此法多用于柑橘类植物精油的加工，柠檬、橙、佛手柑、葡萄柚和红柑等以果皮中精油的含量为高。榨取工艺现已基本上都用机械完成，手工作业已很少应用。

（4）吸附法。

吸附法（adsorption method），是指利用大孔树脂进行吸附并使有机物质得到分离和纯化的方法。大孔树脂（macroporous resin）是有机物中一类具有浓缩、分离作用的高分子聚合物。吸附法多用于提取花青素类色素。吸附法基本工艺流程：以酸性溶液浸提植物材料后进行过滤，滤液用大孔树脂吸附后再用一定溶剂洗脱，该洗脱液经浓缩或喷雾干燥即可获得最终产品。如图20-45C所示为低压树脂吸附法的设备。

6. 食用调味品的加工

园艺植物中很多带香气的成分往往同时兼具特定药用和保健功能。此类带香气的产品中有一大类则专门用于改变食品风味，这类产品被称为食用调味品（edible flavouring）。

调味品的原料通常均采取干制方法进行初加工，通过进一步再加工可复配成各种复合调味料。

1）植物调味品的干制

植物调味品原料的干制过程与前述其他园艺产品相类似。常用的调味品原料包括图20-46中所列的多种植物。

图20-45　提取植物精油和色素所用的机械设备

A. 蒸馏法设备；B. 超临界CO$_2$萃取法设备；C. 低压树脂吸附法设备

（A～C分别引自dginfo.com、cn.made-in-china. com、18show.cn）

2）调味品的复合加工

（1）咖喱。

咖喱（curry），狭义概念是指以姜黄为主料添加各种香辛料（如芫荽籽、桂皮、辣椒、白胡椒、小茴香、八角、孜然等）配制而成的复合调味品；印度和巴基斯坦地区则把咖喱定义为用咖喱调制做成的各种菜肴。广义地讲，咖喱是指所有加入含香料成分的酱料后烹制而成的菜肴或带有南亚和东南亚风格的菜肴。

现代咖喱的加工比之传统加工发生了较大改变。传统的咖喱需要对原料进行干制，然后经粉碎、混配和调味而成，而现代加工则将其进一步添加了油脂、豆粉等制成可热融的块状以便于食用。而且，其色系也由白、黄、绿直至褐色皆有生产，其辣味的强弱也分出很多梯度，因此形成了极为复杂的产品体系。如图20-47所示为咖喱原料及不同制品。

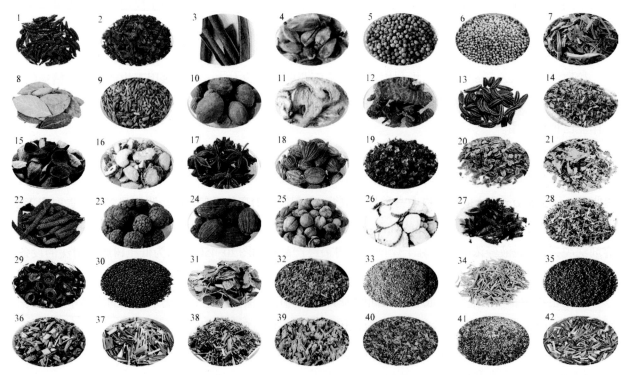

图20-46　调味用植物干制类品种及其形态

（按图中数字序号，分别为辣椒、丁香、桂皮、辛夷、胡椒、芥末子、龙蒿、香叶、孜然、豆蔻、干姜、良姜、葛缕子、牛至、陈皮、砂姜、八角、砂仁、花椒、莳萝子、欧芹、荜芨、草蔻、草果、肉豆蔻、白芷、紫草、鼠尾草、黑橄榄、紫苏子、薄荷、罗勒、百里香、迷迭香、薰衣草、藿香、香茅、马鞭草、细香葱、芫荽、野韭菜花、荆芥；图片素材均引自xyccst.com）

图20-47 咖喱原料及不同制品
A. 各种咖喱配制原料；B. 红咖喱酱；C. 绿咖喱酱；D. 咖喱块
（A～D分别引自sohu.com、yilongshijia.com、global rakuten.com、leyijc.com）

（2）卤煮料。

用不同调味品原料进行复配可形成不同用途的卤煮调味料产品，著名的有十三香、川式卤煮料和日式七味唐辛子等。十三香的原料包括草豆蔻、砂仁、肉蔻、肉桂、丁香、花椒、八角、小茴香、木香、白芷、山奈、良姜和干姜等，将干制原料磨粉即成最后产品；川式卤煮料中包含八角、桂皮、小茴香、山奈、甘松、花椒、砂仁、草豆蔻、草果仁、丁香、生姜、大葱等成分，通常用纱布袋包好，使用时还可再配合绍兴黄酒、冰糖、味精、精盐和精炼油等调料；七味唐辛子则是加入了绿海苔、陈皮、花椒、芥子、麻子、黑芝麻和白胡椒等七味成分的辣椒产品，除用作烹调外，也可用来拌饭食用。

（3）火锅底料。

火锅底料是在色拉油中加入郫县（现郫都区）豆瓣、红辣椒、葱、蒜、姜、花椒、白酒、冰糖及其他香辛料，煮制后用牛油将其固定成块加工而成。不同火锅底料中所用的香辛料则因个人口味喜好不同而有较大差别，常用的有山奈、白芷、草果、良姜、陈皮等。

（4）色拉酱。

传统的色拉酱（salad dressing）多用蛋黄酱（mayonnaise）为主要原料，是由蛋黄、色拉油加入糖和白醋制成，口味较简单且热量较高。如今的色拉酱经过不断发展已形成众多口味，如加入了番茄酱、洋葱粉、甜菜粉、柠檬汁、沙棘汁、胡椒粉、辣椒粉、大蒜粉、姜粉、芥末等。泰式色拉酱则加入椰汁和鱼露；日式则加入梅子、辣根和抹茶等。

7. 药材的加工

药用植物种类较多，入药的部分以植物的根茎居多，也有一些以其他器官入药的情况。除一些个别种类采取深度加工外，大多数原料通常采用干制法，并进行切片加工，有些还会利用高温蒸煮、腌渍等工艺进行药材的炮制。如图20-48所示为药材加工用的切片机及切片产品、炮制产品。

图20-48 药用植物产品加工的工具及产品
A. 药材切片机；B. 黄芪饮片；C. 九制熟地
（A～C分别引自b2b.baidu.com、baike.soso.com、trip.lshou.com）

（1）饮片。

饮片（decoction pieces），是指按照中药需求，对药材进行炮制处理而形成的供配方用的中药，或可直接用于中医临床的中药形态。

中药饮片是中医药的精华所在。一味中药经过不同的方法炮制，其药性和功效会变得不同，在不同变化的背后，有着深刻的科学内涵。

经过特殊炮制之后的中药饮片，其药性相对于中草药而言变得更为温和，副作用和不良反应减轻，大多可适用于各个年龄阶段的人群。饮片除可泡汤饮用外，其与不同食材配合所形成的药膳，是中华传统文化的精华之一，越来越受到养生人士的欢迎。如图20-49所示为按不同使用目的分类的常用中药饮片及其形态。

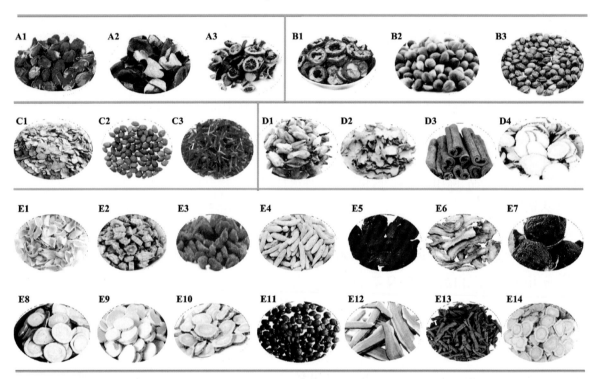

图20-49　按不同使用目的分类的常用中药饮片及其形态

A1～A3. 温经理气类，玫瑰、陈皮、枳实；B1～B3. 消食润肠类，山楂、郁李仁、火麻子；C1～C3. 活血调经类，丹参、桃仁、红花；D1～D4. 温里祛寒类，辛夷、附子、肉桂、白芷；E1～E14. 补虚安神类，百合、党参、枸杞、麦冬、熟地、当归、桂圆、甘草、山药、黄芪、酸枣仁、灵芝、远志、西洋参
（A1～E14均引自jianke.com）

（2）药材的炮制。

炮制对药用植物产品的药性具有多种影响，体现在性味、升降浮沉、归经和毒性等方面的变化。实际上广义的炮制总体上又包含了对药材的反制、从制和炮制处理。反制，是过药物进行纠偏的过程；而从制往往是促进药物效果提升的过程；炮制则用于改变药性，扩大应用范围。

根据药材特性及使用目的不同，炮制有以下多种方法：盐制、酒制、醋制、蜜制、炒制、漂制（飞水）、蒸制等。总体上炮制工艺有以下基本规律：酒制引药上行；盐制引药下行入肾经；醋制引药入肝经；蜜制引药入脾经；而热制（炒、炙等）则主要用于降低药材毒性。

8. 其他重要产品加工

（1）咖啡。

咖啡树属典型热带植物，在中国只有云南和海南等少数区域有种植。咖啡树的浆果在成熟时，果实变红且软化,此时可进行采收。目前实际作业以机械收获为主,但在一些地区仍保留着手工收获的传统(见图20-50A)。收获后的咖啡果实即要进行初制加工,以取出果实中的种子部分,即咖啡豆。通常初制加工的方法有水洗法、日晒法和半洗法三类。浆果的日晒、水洗及干燥处理如图20-50B～D所示。图20-50E、F所示则为咖啡豆的选别及生豆成品。

图20-50　咖啡浆果的采收、初制加工及生豆成品

A. 人工采收;B. 浆果日晒;C. 水洗去果肉;D. 咖啡豆的干燥;E. 咖啡豆的选别;F. 生豆成品
(A～F分别引自baijiahao.baidu.com、baijiahao.baidu.com、dy.163.com、gafei.com、douban.com、jingyan.baidu.com)

水洗法是将浆果浸泡在水中并除去果肉的加工方法,后续需要发酵去除生豆外侧的黏膜,如哥伦比亚的阿拉比卡(Arabika)豆等即是用水洗法进行加工的。

晒干法是将浆果直接置于太阳下暴晒,待脱水后经碾压去壳(干燥后的果肉)分离出生豆的加工方法,如阿拉伯的摩卡(Mocha)豆、巴西的山多士(Santos)豆即用此方法加工。

半洗法,是介于水洗和日晒两者间的加工方法,如印度尼西亚的曼特宁(Mandheling)豆等即用此方法加工。

咖啡豆的初制加工过程如图20-51所示。

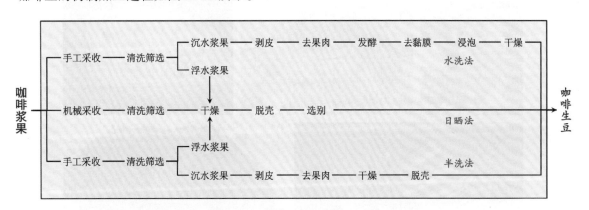

图20-51　咖啡豆的初制加工过程

经初制形成的咖啡生豆是没有任何香味的,只有在炒熟或烘焙后,咖啡豆才能散发出其独特的香味。因此,从贮藏角度讲,饮用时现焙现煮才能更好地保持其香气,即生豆更易于贮藏。烘焙程度直接关系到咖啡的味道。生咖啡豆的烘焙程度及特点如表20-9所示。

表20-9　生咖啡豆烘焙的程度及特点

烘焙程度	原 料 变 化	温度/℃	适用的咖啡类别
极浅烘焙	香味不足	195～205	不宜饮用
浅烘焙	外观呈肉桂色,青涩味已除,酸度强	205	美式咖啡
微中烘焙	香气、酸度、醇度适中,常用于混合咖啡	205～215	美式咖啡
中烘焙	出现少许浓茶色,苦味变强,味道酸中带苦,香气风味皆宜	210～220	日式咖啡、中欧咖啡、蓝山咖啡
中深烘焙	标准的烘焙度,苦味和酸味达到平衡,常用于法式咖啡	215～225	巴西咖啡、哥伦比亚咖啡
深烘焙	颜色变深,苦味较酸味强,属中南美式烘焙法	225～230	适于调制各种冰咖啡
极深烘焙	色呈浓茶色带黑,酸味尽失	230～235	维也纳咖啡
极深烘焙	烘焙度在炭化之前,有焦糊味	>240	意式咖啡、卡布奇诺咖啡

注：依Internet_train制成此表。

（2）可可。

可可为热带植物,原产于中美洲地区,在中国海南和云南等地有少量栽培。

可可的收获对象为该常绿树种的核果,形状为椭圆形或长椭圆形,未熟时表面呈淡绿色,随着果实不断成熟,其果皮颜色可逐渐变为深黄色或近红色（见图20-52A）,干燥后为褐色。每个果实内有30～50粒卵形种子,即可可豆（cocoa bean）,如图20-52B所示。种子外面有白色胶质覆盖,可用发酵法将其去除。

去除果实外壳的可可豆,可进一步进行发酵、热处理（烘烤）、粉碎去皮等工序,形成可可仁。烘焙时原料温度约为120～125 ℃,烘焙用时约20 min；粉碎脱壳时宜保持原料温度在60～70 ℃。

可可仁经进一步磨碎即成巧克力酱（chocolate cream,见图20-52C）,相关文件（GB/T 20706—2006）中要求其细度（通过孔径为0.075 mm标准筛的百分率）≥99.0%。巧克力酱可进一步分离、干制成可可脂和可可粉（见图20-52D）。

图20-52　可可加工过程中不同期间形态
A. 果实形态；B. 果实内部及种子；C. 巧克力酱；D. 经脱脂处理后的可可粉
（A～D分别引自baike.baidu.com、xn--fig4m90g.com、weibochem.cnreagent.com、nipic.com、cn.made-in-china.com）

21.1 园艺产品的运输

园艺产品采收后通常需要马上进行商品化处理或加工,之后大多数将上市销售,只有部分产品根据市场需求关系在贮藏一定时期后才进入市场流通环节。

园艺产品的市场流通,包含了两个过程,一是商流,二是物流。与商流相关的内容将在此后的章节中作专门讨论,本章重点讨论物流。

所谓物流(logistics),是供应链活动的一部分,是指为了满足客户需要而对商品、服务、消费以及相关信息从产地到消费地的高效、低成本流动和储存所进行的规划、实施与控制过程。物流以满足一定的经济、军事、社会要求为目的,并通过创造时间价值和空间价值来实现其目的。无论产品的销售半径有多大,都需要物流作为支持,物流则以产品的运输为核心。

运输(transport),是指用特定的设备和工具,将物品从一个地点向另一个地点运送的物流活动,它是在不同地域范围内,以改变物品的空间位置为目的对物品进行的空间位移。这种位移能创造商品的空间效益,实现其使用价值,满足社会的不同需要。运输是物流过程的中心环节,也是现代物流活动中最重要的功能。

21.1.1 园艺产品运输的基本特性

在实现园艺产品的空间转移时,产品所处环境由冷藏库变成了运输车辆的货仓厢体,但其存贮需求并没有发生变化。因此可以认为,运输过程实际上所表现出来的特征是移动着的产品贮藏库。

1. 运输的基本分类

1)依据空间位置关系

运输是基于人类活动的经济运行状况和社会发展水平而实现的。因此,对于同样的空间距离,实现运输所需的路程及时间的长短可能会有较大差异。依据起始点与目的地之间的空间距离远近,可将运输分为两个系统:城际运输系统和国际运输系统。这里所指的城市通常以地级市为最小单位。

城市运输(urban transport),是指在城市区域范围内的运输,包括城乡间运输。运输时间在 2 h 以内的,从空间距离上看属于短距离运输;城际运输(intercity transportation),属于中、长距离运输,运输所需时间的范围分别在 2~4 h 和 4 h 以上。以郑州市为例,城市内和城际运输的所需时间与对应距离关系如图 21-1 所示。

2)依据产品保鲜特性

从运输的角度看待货物的性质时,园艺产品的分类属性为特种货物类(special goods)中的鲜活货物(fresh and live goods)。园艺类产品,其中大多数为易腐产品,其品质保持的适宜温度及湿度条件,已在本

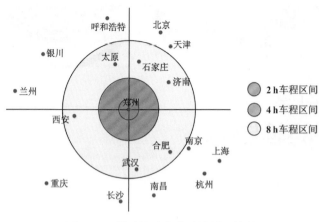

图21-1 （郑州）城市内及城际运输所
需时间与对应距离关系

2 h车程区间
4 h车程区间
8 h车程区间

书第20章中有详细的讨论。基于园艺产品对环境条件的需求，并兼顾生产中的实际情况，通常有以下分类：常温运输、冷藏运输和冷冻运输。

对于收获后的产品，从田间直接运输至加工厂以及从批发市场到团体消费者或由零售店到个体消费者等过程中，由于空间距离较短，运输所需时间较短，通常情况下均采取常温运输。同时，对于一些特定季节内上市的少数产品，如秋冬季的叶球类、根茎类、茄果类蔬菜以及大部分水果等，在运输时间少于8 h的情况下，有时也会在采取一定的保护措施后进行常温运输。

然而并不是所有季节和多数产品都可用常温运输。在运输距离较长，且产品贮藏所需温度和湿度与当前物流所涉及地域的天气状况差距较大时，必然会采取冷藏运输。冷藏运输的温度通常控制在0～20 ℃范围内，这就要求其运输工具必须配备环境调控系统，此类运行所耗成本较高。

对于冷冻加工的园艺产品，其运输必须在保证产品处于冷冻状态的条件下进行。

另外，无论采取何种运输方式，长距离运输需要有连续的冷链系统作支持。

3）依据产品包装与形体特性

从运输货物的包装状况看，长距离运输均需采用一定规格的运输包装，即属于包装货物运输（transportation of packed goods）；而短距离运输有时则可能为散装或裸装运输（transport in bulk or nude）。

从货物的重量和体积情况看，园艺产品大多为轻货（亦称轻泡货，bulky cargo），即货物重量与包装体积的容重小于1.0 t/m³。轻货在运输时，通常按货物的体积计收运费，反之则按货物重量计收。一些果实类和根茎类产品经包装后容重在1.0 t/m³左右，其他园艺产品包装后的容重大多不足1.0 t/m³。

4）基于运载工具

用于园艺产品运输的运输工具可分为农用车、汽车、火车、船舶和飞机等类别（见图21-2）。这些运输工具的差异，主要体现在行驶速度及使用便利性等方面。

图21-2 园艺产品运输所采用的不同运载方式
A. 火车；B. 汽车；C. 农用车；D. 集装箱；E. 火车（集装箱）；F. 船舶（集装箱）；G. 飞机
（A～G分别引自blog.sina.com.cn、jdzj.com、cn.dreamstimw.com、china.com.cn、rail.ally.net.cn、jiaxing.pipew.com、sohu.com）

与运输工具相对应的是装载方式。根据运输工具的装载特点，又可分为一体式、承载式（分离式）或厢式、集装箱拖车式、舱式等。

以汽车为例，短距离的少量产品运输常常会选用拖斗式农用车或一体化的厢式货车；而在进行较大数量的中长距离运输时，常会采用承载式货柜型卡车、拖头半挂式卡车或可整体装卸的承载式集装箱卡车等（见图21-3）。

图21-3　园艺产品公路运输时不同车辆的运载空间结构
A. 一体化厢式轻型卡车；B. 一体化货柜型卡车；C. 承载式集装箱卡车
（A～C分别引自news.qihuiwang.com、news.qihuiwang.com、wed-wx.7mo.cc）

5）基于运输线路特征

按园艺产品运输的空间转移轨迹特征，可将运输方式分为公路运输、铁路运输、江河运输、海洋运输和航空运输等。

这五种运输方式的性能及有效性评估结果如图21-4所示。

公路运输的最大优势在于其灵活性，并且其他运输方式也需由公路运输衔接，但其运输费用相对较高，因此多用于短距离接驳、城市内配送，以及城际供求关系存在较大差异时的大批量中长距离运输等。近年来，随着中国高速公路建设的快速发展以及鲜活农产品运输绿色通道政策的实施，城际园艺产品的公路运输比例有较大提升。

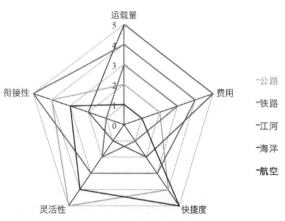

图21-4　不同运输方式的性能及绩效评估（按数值大小，大者为优）

在中国，铁路运输是长距离运输的主角，其在跨区域大流通中起到了极其重要的作用。"南菜北运"和"西果东运"就是主要依靠铁路运输而实现的。园艺产品铁路运输的最大特点是，其为陆地上运输中最廉价的方式，但由于铁路既定的线路和时间与货物吞吐需求间的矛盾较大，除大型运输的专列直达式编组外，整节货列的接续性编组多需要较长的运输时间，与园艺产品需要保持鲜活和流通快捷的运输要求相差较大。原有的铁路运输由于运行速度并不高，加之中转编组花费时间，其最后的平均运输速度与今日之公路运输相比略逊一筹。

利用江河的水上运输，作为河网密集区域的短距离运输有其一定的优势，但需要配置码头等设施，并需与公路运输做好衔接。除利用自然的水路外，专门开凿的运河也是非常重要的水上运输通道。此外，内河运输中的船只行驶较慢，且易受吃水深浅的制约。

海洋运输，单体运载量大，成本极低，是国际贸易中常见的形式，但也受制于港口、航线和航行速度。

就园艺产品而言,一些贮藏期较长的种类可选择海洋运输,但对大多数园艺产品而言,选择局限于船期在5～15天以下的近海运输,洲际远洋运输也只适用于一些较易贮藏的新鲜园艺产品和经冷冻或其他方式加工处理的产品。

航空运输分为两类,一类是利用专门的货机运输,另一类即是客机配重时可利用的机舱空间运输。航空运输在距离较远的大型城市间进行时,在时效性方面具有其他方式无可比拟的优势,相对而言其运输成本也更高。对于一些保鲜要求极高的区域性特色园艺产品而言,如昆明、广州运往各地的鲜切花和成都、昆明运往各地的鲜松茸、鸡枞等,航空运输是其他方式所不能取代的。此外,重要园艺产品的国际贸易也是通过航空运输实现的。

2. 运输中的产品温度控制

冷链(cold train),是指从产地采收后的预冷开始,在其后的产品处理、加工、贮藏、运输、分销和零售,直到送达消费者手中的整个过程的各个环节上,园艺产品均处于其品质保持所必需的低温下,以实现减少损耗、防止污染目的的过程链。因此,在冷链条件下,从产地到市场、从批发市场到零售店的园艺产品所发生的空间转移过程,称为冷链物流(cold chain logistics),而实现冷链物流所依靠的方式即为冷藏运输(refrigerated transportation)。运输过程的冷藏只是整个冷链系统中的重要环节之一。

冷藏运输包括园艺产品的中长途运输及短途配送等物流环节。冷藏主要涉及铁路冷藏车、汽车冷藏车、冷藏船、冷藏集装箱等几种运输工具,其中以汽车为冷藏运输的主要工具。在冷藏运输中,温度波动是引起园艺产品品质下降的主要原因之一,所以运输工具应具有良好的保温性能,在保持规定低温的同时,更要保持稳定的温度,长途运输时尤其重要。

从园艺产品运输过程中的温度控制出发,冷藏运输按目标温度不同分为两类:保鲜运输和冷冻运输。前者所需的运载空间温度调控范围为0～20℃,而后者则为-20～0℃。运输行业将冷藏对应的温度范围进行了类别划分(见图21-5),对园艺产品而言,使用较多的为A类、B类和D类冷藏(冻)。在实际运输生产中,必须根据所运输园艺产品的种类、处理手段、加工状态等对运输工具的类别进行准确选择。

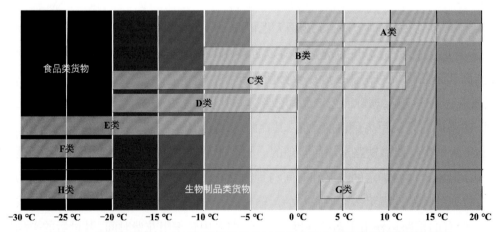

图21-5　不同类别(A～H)冷藏(冻)运输时运载空间内可实现的温度调控范围

3. 运输中的震动、冲击与装载

1)震动冲击强度

在采收后的很多作业(如分级、装箱、货物装卸及运输)中,园艺产品均可能受到各种震动和冲击(vibration and shock)。产品震动与冲击的强度,通常以震动和冲击发生时其所产生的物体加速度大小

（常用重力加速度G的倍数）来表示。物体加速度大小小于1.0G时表示该物体所处状态是稳定的，即对其施加1.0G以下的外力冲击时，物体并不会产生运动；但物体受到1.0G以上的外力时，会产生运动，并受到二次或多次的冲击与摩擦。因此，在园艺产品整个采后阶段的各个环节中，一旦产生大于1.0G的震动、冲击时，产品便会受到一定的机械损伤。

震动和冲击的影响尤以运输过程中最为突出，陆地上运输时，铁路的震动、冲击强度通常在1.0G以下；而公路运输则在2.0G～3.0G，且在1 km的距离内，物品所受到的震动、冲击次数有时可高达300次以上。卡车或农用车的震动、冲击强度受道路条件、通行状况、车辆大小、装载数量等影响而有较大差异。即使同一运输工具，在采取不同的装载方式时，其震动、冲击强度也会不同，甚至相差较大；从装载位置看，厢体内的前方与下部受到的震动、冲击强度较小，而后方、上部受到的则较大。在整体震动、冲击强度较小的状态下，不同装载位置间的震动、冲击强度差异会缩小。

在长距离的海洋运输中，在无风浪的情况下，船体的震动、冲击强度约为0.2G，且多由船只发动机震动引起；但在风浪较大时，船只的颠簸所带来的对物品的压迫性影响则不可忽视。

航空运输时，飞行中的震动较小，其冲击可忽略不计，但空港装卸作业时的粗暴操作会对产品造成意外的震动和冲击。

在装卸作业中产品受到的震动冲击强度的大小与卡车运输时的情况相类似。装卸作业的不同情况下，园艺产品（包装体）所受的震动、冲击强度与次数的统计结果如表21-1所示。在包装箱体受到水平方向的冲击或垂直方向的震动的情况下，包装体所受震动冲击强度通常会大于5.0G。

表21-1　园艺产品在不同装卸作业时受到的震动、冲击强度与次数

震动方向		包装时		放至传送带	传送带卸出	传送带转速		撞击时		横倒	包装绳断裂	包装体跌落高度	
		精细	粗暴			慢	快	撞击方	被撞方			10 cm	50 cm
上下	最大震动、冲击强度/G	2.0	3.0	2.0	3.0	1.5	1.0	1.5	1.5	5.0	6.0	10.0	20.0
	次数/次	37	58	130	138	94	101	143	58	1	1	6	3
前后	最大震动、冲击强度/G	1.5	1.5	1.0	1.5	1.5	1.0	5.0	6.0	1.0	5.0	2.0	3.0
	次数/次	63	86	68	60	66	71	60	60	19	1	4	12
左右	最大震动、冲击强度/G	1.0	1.5	1.5	2.0	1.5	1.0	2.0	1.5	10.0	1.0	1.5	6.0
	次数/次	16	142	299	212	180	300	53	88	46	34	17	65

注：引自Nakamura等。次数取通常作业中动作的平均值。

2）产品在震动冲击时受到的伤害

不同的震动冲击强度可造成园艺产品个体间的摩擦、压迫和个体变形等结果。当其程度达到一定大小时，产品便会出现组织破坏，形成擦伤、摔伤、压伤、断裂伤等。当出现致使产品破坏的临界以上的震动冲击强度时，即使仅有一次，也会造成对产品的机械伤害。采取不同的运输包装与装箱方式时，箱内的产品所受震动冲击的情况相当复杂，实际作业中需要了解其总体影响规律。

（1）静态单包装体装入量的影响。

即使在同一个包装体内，下部的产品也一直承受着上部产品的重量，这种影响因包装箱体的高度增加

而变大。而且在码堆时,因堆积状况以及箱体材质的强度不同,顶层的箱体对底层的重力压迫也是需要考虑的。因此,在受到上下方向的震动时,底层的箱体除受到顶层的静态重力外,还受到动态的重力影响。

（2）包装体内的二次运动。

当包装体受震动产生一定的震动加速度时,其内部的园艺产品是否产生与包装体同样程度的加速度尚不太明确。通常,所发生的震动可被包装体、缓冲材料和包装材料吸收,或是其中一部分转化成滑动作用,而使内部产品所受的冲击减弱。但如包装体内装填不满,其顶部有空隙时,部分产品遇到冲击后会在包装体内做一个特别的二次旋转运动,承受突发的冲击与摩擦作用。当包装体与产品间、包装体之间、包装体与车辆装载空间之间所具有的固定震动特性相协调时便会产生共振现象（resonance）,包装体内上部的产品以及车厢内顶部的包装体会受到异常的强烈震动而发生颠簸。这种现象随着包装体码堆层数的增多而变得更为剧烈。

（3）反复运动。

单次并不足以引起伤害的震动反复出现,也会造成园艺产品强度的急剧下降,随后一旦再有较强烈的震动、冲击出现时产品受到的伤害便会累加。

当小的震动反复出现时,运输中的园艺产品会出现材料学上的疲劳破坏现象（fatigue failure phenomenon）,随着时间的推移,这些震动引起的结果便是园艺产品的软化和腐败。如图21-6所示为特定震动强度下震动次数X（单位为次）与单次震动强度Y（数值取1G和2G）的双对数对照关系。该图反映了反复震动下的伤害累计效应。以包装的结球莴苣为例,当给予2G/次的单次震动强度时,48次的震动作用即会使包装内的莴苣产品失去商品性（极限耐受震动强度以4G计）;而单次震动强度在1G/次时达到此伤害程度的反复震动次数约为226次。

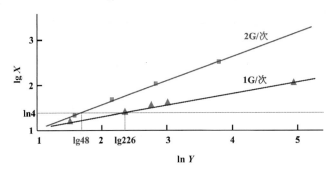

图21-6   不同的单次震动强度下反复震动时的伤害累计效应
（依Iwamoto等的实验数据）

3）震动冲击对产品造成的影响

园艺产品受到压迫与摩擦时,无论是否受到直接的伤害,均会引起产品的生理活性增强,表现为一些酶的活性增大、呼吸作用加强、乙烯生成反应被活化等。其结果是园艺产品在形态上和生理上均出现相应变化,产品的品质下降,并对同一包装体及其所在空间内的其他健全产品产生不良影响。

不同的园艺产品所能耐受的震动冲击强度大小不一,其结果如图21-7所示,可分为A～E五个类型。这一分类对配置包装及选择装载方式、运输方式等有着重要的指导意义。

伤害乙烯的生成会改变产品的成熟度,如黄瓜和南瓜在健全状态时几乎不产生乙烯,但当其受到伤害时,乙烯生成的诱导时间通常在3～4h。同时,运输过程中的腐败微生物作用也会使乙烯的生成加剧,造成产品品质的严重下降。

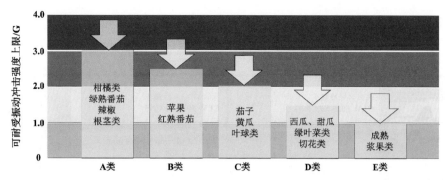

图21-7 不同种类（A～E类）园艺产品可耐受的震动冲击强度上限

园艺产品对于震动冲击所引起的物理胁迫，从生理上讲具有一定的耐受阈。在此范围内，刺激量增大，产品的生理反应也随之增强；当停止刺激后，产品便会慢慢复原。但当刺激量超过其生理阈值时，产品的生理反应即会变得异常，特殊代谢系统被活化，这时将出现不可复原的问题，即在生理上产生一种疲劳破坏效应。

震动冲击引起的物理性或生理性疲劳破坏，可由产品外在表现出来，且其内部的生理变化随之发生。以番茄为例，对处于转色期的果实以3G震动强度处理1 h和5 h时，与1G震动强度的对照处理相比，前者的果实甜度下降，酸度增加，果实肉质软化，品质综合评价变差，且处理时间越长，这种劣化越明显。不同成熟度的果实对震动的反应以转色期时最为敏感。要提高产品对震动冲击的耐受性，还需要从植物的品种选育以及栽培过程等多个方面去改进，这并不只是流通时的局部性问题，需要全方位考虑对策。

21.1.2 运载设备的配置

1）运输车辆

对于物流企业而言，园艺产品的运输多以公路运输为主体，并配套一些专业公司如航空公司、船运公司等进行的更为复杂的运输业务。从公路运输所使用的卡车配置出发，可以看到整个运载系统的配置情况。

公路运输所使用的车辆，除短距离的产品田间转运的农用车外，大多采用具有较大载重量的卡车，并且以柴油为燃料者居多，一些城市内为配销而使用的轻型车辆则以汽油车或混合动力车为主（见图21-8）。

图21-8 公路运输所采用的不同燃料及动力的车辆类型
A. 小型农用车；B. 柴油卡车；C. 电动厢式货车
（A～C分别引自 nongji.huangye88.com、sh.eastday.com、blog.sina.com.cn）

在运输车辆配置选择时，须重点关注以下参数：车体外观尺寸（包括轴距）、装载厢体尺寸、底盘和后桥连接类型、动力输出功率及油（电）耗水平、额定载货量大小等。

由于园艺产品运输车辆属于专用车类型，因此可根据实际使用需求，选择适合的型号，而不是自行改装。定型的批量式专用车,其性能、配件等保障性较强。几种不同载重量的常用冷藏车的主要参数如图21-9所示。

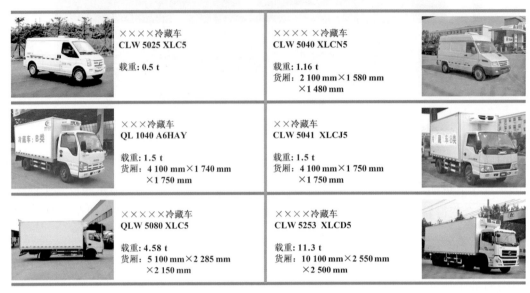

图21-9　不同载重的园艺类产品冷藏运输用车的基本参数
(依 hbjbccj.com)

　　轻型面包车载重低,适合于市内交通条件下产品的配送运输;1.0～1.5 t载重量的一体化轻型厢式货车,则适于城市内、城乡间穿梭运输;4 t以上载重量的冷藏车则适合于城际长距离运输。

　　按控制厢体温度的制冷引擎与车辆的关系,冷藏车可分为直驱式和外驱式两类。

　　直驱式用车辆发动机驱动制冷,而外驱式则具有单独制冷引擎。小型冷藏车多采用直驱式,而大型冷藏车则往往采用外驱式。直驱式制冷时,在车辆行驶速度较低甚至停车怠速状态下,厢体内的冷藏能力便会迅速降低;因此在长距离运输中,一旦停车时间过长,相应的发动机关闭时间过长,会对厢体内的园艺产品造成极大的质量损失。而外驱式制冷则在价格、运载能力与装载空间上不如直驱式占优势。

　　以大量的能源消耗来换取厢体内的制冷会加重环境负担。因此近年来也开发出利用太阳能板作为辅助能源的大型冷藏运输车辆,用于减轻燃油负担且绿色环保。如图21-10所示为太阳能辅助电力冷藏运输车的外形规格。

　　这种车将太阳能电池板(36片×60 W)安装于运载厢顶部,其发电机与车辆引擎的曲轴皮带轮相连接,发电机所用电力以太阳能电池所蓄电力优先。车内还需要配置大容量蓄电装置(24个×12 V)来控制其输出电压和电流的强度,变压器将转换后的220 V三相交流电供给冷冻机。此类冷藏车多用于A类产品的冷藏运输。如图21-11所示为太阳能辅助电力冷藏运输车的电力系统部件配列位置。

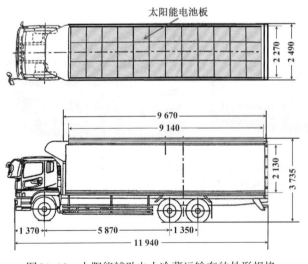

图21-10　太阳能辅助电力冷藏运输车的外形规格
(引自Katakura Yasumasa)

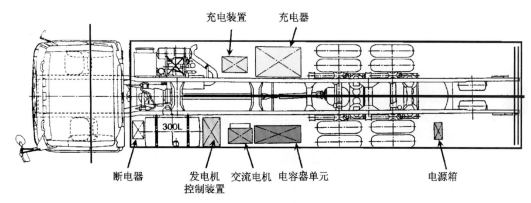

图21-11　太阳能辅助电力冷藏运输车的电力系统部件配列位置
（引自Katakura Yasumasa）

2）运载厢体

冷藏车厢体的内夹层隔热材料通常采用聚氨酯喷涂泡沫成形，其热导率为0.018～0.023 W/(m·K)。隔热材料的常用厚度为8 cm，此时的材料抗压强度不小于0.2 MPa。厢体的内外表面材料则采用玻璃钢板材，此材料具有无腐蚀、无污染、防气雾、耐酸碱等特点，材料强度高，可靠性强，抗冲击，不易变形，且表面光滑易于保持清洁。厢内底板采用浅花纹铝合金花纹板，可起到防滑作用，或采用T型材铝合金通风槽以利于厢体内温度均匀化（见图21-12A、B）。

在厢体与门体间可加装耐低温的隔热密封条，并在厢体后部加装橡胶防撞缓冲块。载重量较小的厢体（长度＜5.0 m）通常配备后侧双开门，而较长的厢体除后门外可增设右侧侧门。

3）辅助设施设备

冷藏车要控制运载厢体内的温度，需要配置一些辅助设施与设备，如安装在驾驶舱内或厢体内的厢体温度设定装置（见图21-12C）与记录（监控）设备（见图21-12D），以及外置的不间断电源（见图21-12E）等。

4）装卸设备

园艺产品的装载及卸载是运输过程的起始与终结作业，操作要求非常精细。一方面，要求产品从贮藏库中取出后直接暴露在常温下的时间要尽可能短；另一方面，整个作业过程中要严格避免包装内的产品受到强度较大的震动和冲击。

产品装卸时会用到一些设备，以便利于装卸作业，减小劳动强度。

（1）小型叉车。

无论是自走式还是人力推拉式，通常叉车（见图21-13A、B）提供了可升降的载物平台，便于开展将货物从贮藏库内转移至运输车厢体内的作业，减轻劳动强度，同时也可有效避免产品受到大的震动和冲击。

图21-12　冷藏运输车的厢体内外结构及温度调控辅助设备
A.厢体内外材料及门结构；B.厢内底板的通风槽；C.驾驶舱内的厢体温度设定装置；D.厢体内的温度记录设备；E.装于车辆底桥外侧的不间断电源
（A、B分别引自b2b.hc360.com.cn、clxs.czx.com；C～E均引自china.cn）

图21-13　园艺产品运输时装卸货物所用的机械设备
A.人力移动式液压升降叉车；B.小型电动叉车；C.活动式传送带；
D.集装箱吊车
（A～D分别引自5jjc.net、detail.1688.com、dy.163.com、
wemedia.ifeng.com）

（2）传送带。

在利用火车车皮和飞机货舱运输时，从小型搬运车上卸下的货物可置于传送带上传送到舱门处再卸下。这种设备适合在作业空间较大、运载货物较多的情况下使用（见图21-13C）。

（3）吊车。

对于铁路运输或海洋运输，要把包装好的箱体装入集装箱，可通过吊车来实施从卡车到火车车皮或船舱的转移。大型码头有时使用龙门吊进行作业（见图21-13D）。

5）集装箱

对运输而言，集装箱（container）是一种特殊的运载厢体；对产品贮藏而言，它也是一个可移动的贮藏库。在运载量大的情况下，集装箱具有明显优势，因此多用于国际贸易的海洋运输和铁路运输等。

集装箱最基本的功能是将零散的货物集成到一个整体中，形成更大的集合包装，在运输工具转换时无须进行多次装卸作业，便于实现门到门运输（door to door transportation）的目的（见图21-14）。

图21-14　园艺产品运输中的集装箱
A.带制冷驱动的冷藏集装箱；B.加载冷藏集装箱后的车辆
（A、B分别引自gz58.com、c-chain.baidu.com）

为了便于在各种运输工具以及不同背景下使用，集装箱的标准化是非常重要的。对于园艺产品的运输而言，通常需要使用冷藏集装箱（reefer container, RF），其基本类型有保温集装箱、外置式冷藏集装箱、内藏式冷藏集装箱、液氮和干冰冷藏集装箱、冷冻板冷藏集装箱等。对集装箱类型的选择，必须考虑产品特性、运输时间及运输条件等因素。最为通用的类型为机械式冷藏集装箱，其本体设有制冷装置（如压缩式制冷机组、吸收式制冷机组等）。

冷藏集装箱采用镀锌钢结构，箱内壁、底板、顶板和门分别由金属复合板、铝板、不锈钢板和聚氨酯材料制造。根据国际标准化组织的第104技术委员会集装箱技术委员会提出的有关规定，集装箱可以分成长度为10′（3.048 m）、20′（6.096 m）、30′（9.144 m）、40′（12.192 m）和45′（13.716 m）的几种，其中使用最多的为20′和40′两种。此两种的基本规格如表21-2所示。

利用冷藏集装箱运送保鲜类园艺产品时，应定期打开箱上的通风口进行通风换气，以保持箱内空气新鲜，防止集装箱内货物包装箱外表面出现凝露。

表 21-2　ISO 冷藏集装箱箱体规格参数

项　目	20′ RF			40′ RF		
	长/m	宽/m	高/m	长/m	宽/m	高/m
箱外	6.058	2.438	2.591	12.192	2.438	2.896
箱内	5.425	2.275	2.260	11.493	2.270	2.197
开门尺寸	—	2.258	2.216	—	2.282	2.155
容积/m³	28.300			57.800		
自重/t	2.900			4.600		
最大载重/t	26.000			54.000		
1.8G 冲击下可码堆重量/t	208.000			432.000		

铁路冷藏车厢（皮）（见图 21-15）一般采用集成的自带动力制冷机组，其送风系统和集装箱拖车的送风系统相类似，制冷系统将强冷空气送到车厢的顶部，冷空气流经货物，从车厢底部返回。冷藏车皮可用于长距离运输，可运输较易贮藏的园艺产品，如苹果、柑橘、马铃薯、洋葱和胡萝卜等。通常单节的冷藏车皮最多可运载 113 m³、45 t 的货物。

图 21-15　园艺产品的铁路冷藏车厢
（引自 hnrb.hinews.cn）

21.1.3　运输时产品的包装与装载

1）运输包装

园艺产品在常温运输时，其包装形式以透气性能较好的编织袋等为主，而进行冷藏运输时，则多以瓦楞板纸箱和泡沫箱作为包装。瓦楞板纸箱具有很好的回收性，但与其内包装的产品价值相比，有时显得成本较高。目前，该种材料的使用尚未普及，但园艺产品的电子商务业的发展使瓦楞板纸箱和泡沫箱作为园艺产品包装的应用越来越广泛起来。

（1）瓦楞板纸箱的强度。

关于瓦楞板纸箱的利用，其尺寸、组合方式、材料物理特性等均由相关国际标准给出了依据。中国在这一领域的发展较为落后，目前在园艺产品的专用包装上还未有相关的标准出台。

纸箱的强度取决于其原料的物理性能，其中最重要的参数即为材料的密度。同样厚度的纸板，其重量大小直接决定着其对不同压力的耐受程度，同时纸板的结构也会对其强度有较大影响。

瓦楞纸板（corrugated board），是一个多层的黏合体，它最少由一层波浪形芯纸（也称坑纸）夹层及一层平整的纸板构成。这种材料具有较高的机械强度，能抵受搬运过程中一定强度的震动和冲击。其实际表现则取决于以下因素：芯纸和纸板的特性及纸箱本身的结构。

瓦楞纸板的结构主要有一层芯纸及牛皮面组成的露瓦楞的纸板，通常作为包装箱内的垫层、间隔及包裹形状不规则物体的包装使用。一层芯纸及上下两层牛皮面组成单坑纸板，两层芯纸分夹于三层牛皮面的是双坑纸板（见图 21-16）。

瓦楞纸板的坑径越大，其刚性就越强，而纸板的韧度则源于芯纸层。芯纸可由半化学浆及回收纸料

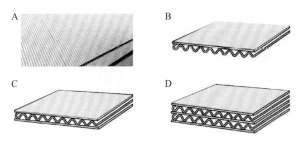

图21-16　不同瓦楞纸板的结构
A. 瓦楞纸芯；B. 露瓦楞纸板；C. 单坑纸板；D. 双坑纸板
（A引自 whjxzc.booksir.com.cn；B～D依 szhailun.com）

制作,后者因成本较低,故多有采用,其纸质强度不如半化学浆,但可通过添加淀粉质原料进行改造。《瓦楞纸板》(GB/T 6544—2008)中规定:箱板面纸分为250 g/m²、280 g/m²、300 g/m²、320 g/m² 和360 g/m² 五种,其瓦楞坑纸则有125 g/m²、150 g/m² 和180 g/m² 三种规格。

根据瓦楞的高低及密度特性不同有不同的纸板规格,如表21-3所示。使用较多的A、B、C三种规格中,A型瓦楞纸板瓦楞较高,数量较稀,适于包装轻质产品,耐较大缓冲力；B型瓦楞纸板则相反,适合包装重且硬的物品；C型瓦楞纸板介于A、B型两者间。同时每一种楞型的U形瓦楞较V形的弹性要强。

表21-3　不同类别瓦楞的基本参数及特点

楞　型	楞高/mm	楞宽/mm	楞数/(个/300 mm)
A型	4.5～5.0	8.0～9.5	34±3
B型	2.5～3.0	5.5～6.0	50±4
C型	3.5～4.0	6.8～7.9	41±3
E型	1.1～2.0	3.0～3.5	93±6
F型	0.6～0.9	1.9～2.6	136±20

注：引自GB/T 6544—2008。

（2）纸箱的耐水性。

通常的纸浆做的瓦楞纸板箱耐水、耐湿性较弱,而园艺产品在包装后其自身的代谢持续伴随着水分的散失。初期,相对湿度每提高1个百分点,瓦楞纸板箱的压缩强度会下降10%左右(见图21-17)。

为此,一方面可在纸箱包装内用保鲜膜覆盖产品,同时考虑在箱体上增加通气孔；另一方面则是采用有拒水、耐湿性能的纸板材料。

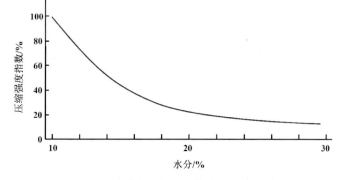

图21-17　水分与瓦楞纸板箱压缩强度的关系
（引自 Uchida Hiroshi）

这种耐水纸板,其材料中往往添加有塑料成分,或其纸面上喷涂了防水胶膜。如此一来,均会增加纸箱的制作成本。

（3）包装箱及其内的产品。

运输包装与销售包装不同,其最大的作用在于保护产品免受伤害,同时便于码堆集合。因此,运输包装单体不可能太小,这将带来两方面的问题:一种是对于圆形的果实类产品,当个体相互紧贴在一起时,个体间受到的震动挤压并不可能通过包装箱体得到缓解；另一种情况是包装内产品的空间紧实度有差异,即箱体内的局部会有果实排列后的空隙,导致运输时一旦受到震动,包装箱体内产品的运动幅度将较大,极易造成产品的物理损伤。

因此,在进行园艺产品的运输包装时,必须根据产品的形状进行填装时的适当调整。常见的缓冲包装材料如图21-18所示。气泡膜、露瓦楞纸板通常作为产品分层排列时的间隔垫；泡沫网袋则用于包裹单体产品；充气袋用于填充包装箱内的自然空隙；泡沫块常用来铺设在纸箱顶部，以尽量避免纸箱码堆时来自箱体上方的重力压迫造成箱体变形；固定底座（蜂窝稳定座等）用于包装个体较大的果实，避免其在包装箱内滚动；拉菲草丝多用于包装瓶装加工品或对震动冲击特别敏感的果实类产品；纸护角则用于强化纸箱的四角，防止因重力引起箱体变形而造成产品崩溃。

同时，需要指出的是，一些带有生长点的产品，如整株的叶菜类、肉质茎类，其装入包装时的横竖状态与产品在贮运过程中的代谢情况有很大关系。由于其向地性，横装时往往表现出胁迫增强、乙烯生成增加的趋势。

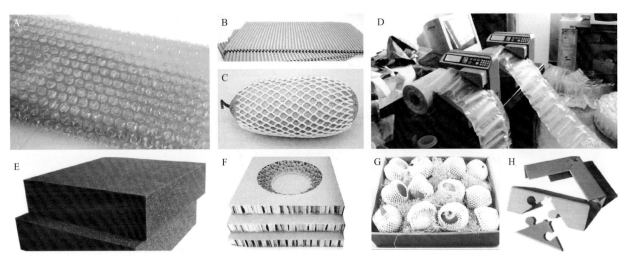

图21-18 园艺产品运输包装作业时常用缓冲材料

A. 气泡膜；B. 露瓦楞纸板；C. 泡沫网套；D. 充气袋；E. 聚氨酯泡沫块；F. 蜂窝稳定座；G. 拉菲草丝；H. 纸护角

（A～H分别引自chinawj.com.cn、b2b.hc360.com.cn、jdzj.com、suliao.huangye88.com、detail.1688.com、jscl.99114.com、detail.1688.com、china.cn）

纸箱式运输包装的封口方式也决定着包装的抗压强度。通常的封口方式有金属码钉封口、紧压式打包带封口、胶带封口和别插式封口等。别插式封口弹性较好，但刚性强度较差；胶带式封口有时会因气温和湿度的关系，在受到挤压后脱胶而使包装松散。因此在进行国际贸易和长距离运输时，通常会用金属码钉或紧压式打包带封口。

运输包装虽然无须像销售包装一样印刷精美，但也有其特别的要求，即在包装物上须印刷相关的运输标志。在园艺产品运输包装上，常用的标志图形及其意义和适用对象如图21-19所示。

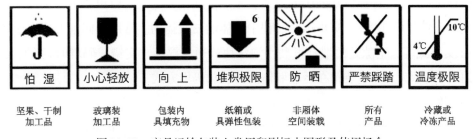

怕 湿	小心轻放	向 上	堆积极限	防 晒	严禁踩踏	温度极限
坚果、干制加工品	玻璃装加工品	包装内具填充物	纸箱或具弹性包装	非厢体空间装载	所有产品	冷藏或冷冻产品

图21-19 产品运输包装上常用印刷标志图形及使用场合

2）运输厢体内的装载方式

前面已分析过，产品在运输过程中所受的震动冲击强度与其装载方式有较大关系。因此，在进行运输作业时，必须从包装箱与装载厢体的相关关系出发，进行必要的优化。

（1）园艺产品运输装载与包装箱体。

包装箱体材料的压力极限，是根据其纸板所能承受的最大弹性恢复强度决定的。其数值的大小直接决定了厢体（贮藏库）内的最高码堆层数。因此，在选择包装箱体时，可参考表21-4所列的参数。

表21-4　单坑瓦楞纸箱的型号及性能参数*

内装物最大质量/kg	最大综合尺寸/mm	1类纸箱		2类纸箱	
		纸箱代号	纸板代号	纸箱代号	纸板代号
5	700	BS-1.1	S-1.1	BS-2.1	S-2.1
10	1 000	BS-1.2	S-1.2	BS-2.2	S-2.2
20	1 400	BS-1.3	S-1.3	BS-2.3	S-2.3
30	1 750	BS-1.4	S-1.4	BS-2.4	S-2.4
40	2 000	BS-1.5	S-1.5	BS-2.5	S-2.5

注：1.内容引自《运输包装用单瓦楞纸箱和双瓦楞纸箱》（GB/T 6543—2008）。
　　2.综合尺寸是指瓦楞板箱内尺寸的长、宽、高之和。
　　3.1类纸箱主要用于贮运流通环境较恶劣的情况，2类纸箱主要用于贮运流通环境较好的情况。
　　4.当内装物最大质量与最大综合尺寸不在同一档次时，取其较大者为准。

瓦楞纸板箱抗压强度的下限值可用公式计算，则有

$$P = \frac{9.8KG(H-h)}{h}$$

式中，P为抗压强度值，单位为N；K为强度安全系数，内装产品能起到支撑作用时取1.65，否则取2.00以上；G为瓦楞板箱包装件的质量，单位为kg；H为码堆高度，单位为mm；h为瓦楞纸箱箱高，单位为mm。

（2）装载方式。

装载时，应充分考虑运载厢体内温度分布的不均衡性。通常在靠近冷藏厢体前方顶部位置的出风口，温度偏低，而厢体门一侧的温度稍高一些；在其中部下层，尽管有通风槽及通风扇等辅助设施，但温度也要偏高。如厢体内装置同一产品，则不存在部位优化问题，当所装载产品不同时，可根据厢体内的温度分区合理安排，如此将收到更好的效果。

在实际码堆过程中，应选择适宜的码堆方式。重点是在箱体之间要留出空隙作为通风通道，而且需用缓冲材料或装置将其局部挤紧，防止运输过程中箱体的二次运动。常用的码堆方式有旋转式、上下层交错式、3-2-1交错式等。空隙处的填补可利用泡沫块或通风框等。交错式码堆时，可加入护纸角强化箱体。如图21-20所示为几类包装箱在运输厢体内的装载码堆方式。

（3）分批卸载。

在进行城市内的配销运输时，需要多次打开厢门取出部分货物，直到全部取出。由于频繁开闭厢门，产品的品质状态会因此受到较大影响。因此必须树立良好的作业规范。

对于有分批卸载需求的运载厢体装载，应按照运输线路规划确定需要卸载货物的先后顺序，然后按与之相反的顺序将货物装载入厢体中。这样，一方面可避免卸载中查找货物包装件时的物品搬动作业，另一方面也能缩短开门时间，对维护厢体内较为均衡的温度有很大的好处。

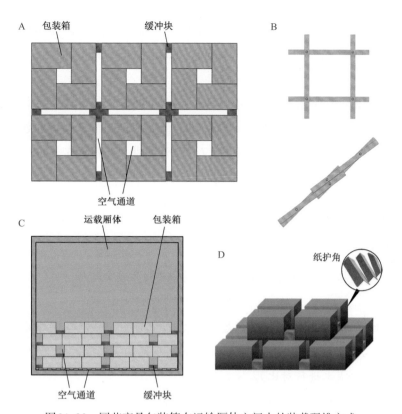

图21-20　园艺产品包装箱在运输厢体空间内的装载码堆方式

A. 包装箱码堆单层俯视图；B. 用于箱体单元固定和单元间通风的折叠式通风框；C. 厢体内上下层的3-2-1式包装箱交错码堆；
D. 上下层箱体等间隔交错式码堆

21.2　物流的过程管理

在园艺产品的物流过程中，除了需要很好地解决相关技术问题外，其整个作业也涉及诸多管理学问题。如何进行物流资源的优化配置是非常重要的内容。

21.2.1　运输计划与线路规划

1. 流通过程及其物流体系

物流管理的好坏，直接关系到企业的经营水平及其可持续发展。

《物流术语》(修订版)(GB/T 18354—2006)对物流(logistics)这一术语给出了定义："物品从供应地向接收地的实体流动过程。根据实际需要，将运输、储存、装卸、搬运、包装、流通加工、配送、信息处理等基本功能实施有机结合。"美国物流管理协会(CLM)对物流管理(logistics management)的定义如下：物流管理是以满足客户要求为目的，对产品、服务和相关信息从生成点到消费点的有效果的正向和逆向流动和储存进行计划、执行和控制的供应链过程。

因此，在园艺产品的物流管理上，必须根据物流生产中的实体流动规律，充分应用现代管理学的基本原理和科学方法，如此才能对园艺产品的整个物流活动进行有效的计划、组织、指挥、协调、控制和监督，使各项物流活动能够实现最佳的协调配合，从而实现降低园艺产品物流成本、提高物流效率和经济效益的根本目的。

2. 运输计划

运输计划是物流管理中最为基本的工作内容，这也是极其重要的。大型园艺企业有时采取自建物流的方式,而小型农户生产者则主要通过合作社或运输联盟以及采用第三方物流的方式实现产品的运输。而从园艺产品经销商的角度看,其供应链管理(supply chain management, SCM)的很多内容与园艺企业的运输管理相重合。

运输计划(transport plan),是指对未来一定时期内货物运输数量、距离等的指导和安排。其目的在于有效管理特定货物的运输,最终实现"及时、准确、安全、经济"的目的。运输计划的内容将规定货物运输量、港口吞吐量,这既是运输业的基本生产任务,又是物流企业进行运输工具组织、设备维修、劳动工资安排、物资供应和财务成本计算等计划的基本依据。

园艺产品运输计划书的格式及需要明确的具体内容如下。

一、货物分析

(1)货物规格(包括数量、重量、形状、体积)分析(初步确定运输方式、车辆种类、载重、容积、装卸设备等)。

(2)货物性能(包括物理性质、化学性质)分析(初步确定运输加工、包装和冷藏需要)。

(3)货物价值分析(对货物的总体价值进行评估,确定购买保险时的险种及等级选择、运输跟踪情况,还可与运输成本进行对比)。

(4)货主货运要求(包括时间、地点、数量、批次、交货方式等)。

二、运输路线分析与选择

基于时间的选择——最短路线法,基于成本的选择——最低费用法。

三、运输方式分析与选择(给出具体方案)

四、运输工具配置与需要量

五、成本预算和运价确定

(1)变动成本(包括人力资源成本、燃料费、维修保养费等)。

(2)固定成本(包括运输设施、运输工具等的设立和购置费用等)。

(3)联合成本(回程费用)。

(4)市场询价与计费方式(确定计费是以重量还是体积为标准,并根据货物的市场运输价格和路线运输价格确定货物运价)。

六、运输方案整合与优化

(1)托运与接货(向托运方签订托运单据,办理货物进出口批文,确认货物规格、收发货人地址、联络人及其电话等信息以便编制详细的承运凭据)。

(2)运输合同(包括运单的签发日期和地址、发货人的名称和地址、承运人的名称和地址、货物接管地点和日期、指定的交货地点、收货人的名称和地址、货物品名和包装方法、冷藏冷冻特性要求、货物件数、特征标志和号码、货物毛重或以其他方式表示的量化指标、运输的费用明细、办理报关和其他手续所必需的托运人的身份、企业(个人)信用资质、是否允许转运的说明、发货人负责支付的费用、货物价值、发货人关于货物保险给予承运人的指示、交付承运人的单据清单、运输起止期限等信息)。

(3)报关(涉及进出口产品的运输)。

(4)货物加工处理。

（5）货物跟踪与反馈。

（6）货物交接。

（7）费用结算。

七、购买保险

（1）风险评估。

（2）保费计算。

（3）赔偿额度。

八、理赔纠纷处理

（1）出现原因与受损情况。

（2）责任确定。

（3）损失核算与理赔办法。

九、运输合同版式

十、运输效益预估

3. 运输绿色通道

按照《关于进一步完善和落实鲜活农产品运输绿色通道政策的通知》（交公路发〔2009〕784号）精神，"绿色通道"政策要求：各收费站应尽可能开辟"绿色通道"专用道口；免收整车合法装载运输鲜活农产品的车辆通行费（见图21-21）。《鲜活农产品品种目录》（部分）如表21-5所示。

图21-21　鲜活农产品运输绿色通道

（A～B分别引自sohu.com、weibo.com）

表21-5　《鲜活农产品品种目录》（部分）

类　别		常见品种示例
新鲜蔬菜	白菜类	大白菜、普通白菜（油菜、小青菜）、菜薹
	甘蓝类	花椰菜、芥蓝、青花菜、结球甘蓝
	根菜类	萝卜、胡萝卜、芜菁
	绿叶菜类	芹菜、菠菜、莴笋、莴苣、蕹菜、芫荽、茼蒿、小茴香、苋菜、落葵
	葱蒜类	洋葱、大葱、香葱、蒜苗、蒜薹、韭菜、大蒜、（生）姜

（续表）

类　别		常见品种示例
新鲜蔬菜	茄果类	茄子、青椒、辣椒、番茄
	豆类	扁豆、（荚）菜豆、豇豆、豌豆、四季豆、菜用大豆、蚕豆、豆芽、豌豆苗、四棱豆
	瓜类	黄瓜、丝瓜、冬瓜、西葫芦、苦瓜、南瓜、佛手瓜、蛇瓜、节瓜、瓠瓜
	水生蔬菜	莲藕、荸荠、水芹、茭白
	新鲜食用菌	平菇、香菇、金针菇、滑菇、蘑菇、木耳（不含干木耳）
	多年生和杂类蔬菜	竹笋、石刁柏、金针菜、香椿
新鲜水果	仁果类	苹果、梨、海棠、山楂
	核果类	桃、李、杏、杨梅、樱桃
	浆果类	葡萄、草莓、猕猴桃、石榴、桑椹
	柑橘类	橙、橘、柑、柚、柠檬
	热带及亚热带水果	香蕉、菠萝、龙眼、荔枝、橄榄、枇杷、椰子、杧果、阳桃、木瓜、火龙果、番石榴、洋蒲桃
	什果类	鲜枣、柿子、无花果
	瓜果类	西瓜、甜瓜（哈密瓜、香瓜、伊丽莎白瓜、华莱士瓜）
鲜活水产品（仅指活的、新鲜的）		海带、紫菜

注：已改正原表中部分不规范名称及用字。

　　园艺产品中，不列入鲜活农产品范畴的种类主要包括以下几类：非新鲜食用菌，如干木耳、干香菇等；坚果类产品，如核桃、山核桃、栗子、银杏、香榧等；调味类产品，如花椒、八角等；冷冻、冷藏加工品；种苗、鲜花、盆栽植物、草皮、药材；等。

　　为了保证鲜活类园艺产品的安全快捷运输，减少运输损失，提高运输经济效益，更好地满足市场供应需求，根据中共中央和国务院的要求，交通部（现交通运输部）会同公安部、农业部（现农业农村部）、商务部、发展改革委、财政部、国务院纠风办制定了《全国高效率鲜活农产品流通"绿色通道"建设实施方案》。

　　到2010年底，中国的高速公路通车里程已达7.41万km，包括于2006年1月15日起全部开通的全国"五纵二横"鲜活农产品流通"绿色通道"网络。"五纵"分别指银川—昆明、呼和浩特—南宁、北京—海口（含长沙—南宁连接线）、哈尔滨—海口（含天津—北京连接线）、上海—海口（含鹰潭—常山连接线）；"二横"则为连云港—乌鲁木齐（含西宁—兰州连接线）、上海—拉萨。

　　4. 承运

　　无论园艺企业还是物流企业，在进行产品的运输前，确立明确的商业协议是必要的过程。严格的合同包括前面计划书中所列的众多要素。最为简单的协议则至少包含如图21-22所示的内容，以作为承运关系的基本依据，协议书一式三份。

园艺产品运输协议(合同书) 样式

甲方：(货主名称，盖章)
乙方：(承运车属单位，盖章)

驾驶员住址：＿＿＿＿＿＿＿＿＿＿＿＿＿＿　驾驶员姓名：＿＿＿＿＿＿
驾驶证号：＿＿＿＿＿＿＿＿＿＿＿＿＿＿＿　车牌号：＿＿＿＿＿＿＿＿

　　甲方委托乙方将货物从＿＿＿省＿＿＿市运往＿＿＿省＿＿＿＿市。经协商共同达成以下协议：
　　1. 甲方负责审核驾驶员的一切证件，人、证相符，才能交货，确认无疑后办妥发收货文件手续，并承担由此产生的全部责任。
　　2. 乙方必须做到安全行驶，且须保证货物的完好无损，如发生货物丢失、货差、腐烂损坏以及事故引起的货物损坏，均由乙方负全部经济责任。
　　3. 开单后＿＿＿小时到达装货地点，＿＿＿＿日内到达卸货地点，因故不能到达须向甲方电话说明，并承担由此引起的责任。
　　4. 协议签字生效，甲、乙双方须共同遵守，不得单方毁约，否则负责一切的经济损失。

　　　　甲方(签字)＿＿＿　乙方(签字)＿＿＿　收货方(签字，盖章)＿＿＿

　　　　　　　　　　＿＿＿年＿＿＿月＿＿＿日

图21-22　园艺产品运输协议书样式
(依51wendang.com)

5. 运输线路优化及智能化管理

运输线路的优化(optimization of transportation routes)，是指在特定运输工具前提下，在不同线路方案中，依据行驶时间、行驶距离及路况条件等进行的多目标决策过程。

1) 不合理运输及其表现

(1) 迂回运输。

迂回运输(roundabout transport)是指本可以选取短距离运输而实际却选择路径较长的线路进行的运输。实际运输生产中有时因考虑路况及收费等情况，并不是最小距离者即最优线路，这一点需特别注意。但在路况等条件相差不大时的绕路是不可取的。

(2) 对流运输。

对流运输(convective transport)，亦称相向运输或交错运输，是指同一种货物，或彼此间可以互相代用而又不影响市场供应的货物，在同一线路上或平行线路上做相对方向的运送而与对方运程的全部或一部分发生重叠交错的运输。对运输企业而言，对流运输并不会造成损失，但对园艺企业或销售商而言，对流运输的发生，事实上是区域市场信息极不对称的体现，是对社会资源的浪费，同时他们在经济效益上也要承担相应损失。

(3) 无效运输。

无效运输(invalid transportation)，是指所运输货物中包含的无使用价值的那部分杂质的运输。因此，在进行园艺产品的运输时，无论是从田间到加工厂，还是从贮藏库到市场，必须经过相应的商品化处理，去除不具商品性的部分，以减少无效运输。

2) 最短路径与最短时间

最短路径问题(shortest path problem)是图论研究中的一个经典算法问题，旨在寻找图(由结点和路径组成)中两结点之间的最短路径。

　　Dijkstra算法是典型的最短路径算法,计算时的基本C++编程如图21-23所示。

```
1   #include<iostream>
2   #include<vector>
3   using namespace std;
4   void dijkstra(const int &beg,//出发点
5                 const vector<vector<int> > &adjmap,//邻接矩阵,通过传引用避免拷贝
6                 vector<int> &dist,//出发点到各点的最短路径长度
7                 vector<int> &path))//路径上到达该点的前一个点
8   //负边被认作不联通
9   //福利: 这个函数没有用任何全局量,可以直接复制!
10  {
11      const int &NODE=adjmap.size();//用邻接矩阵的大小传递顶点个数,减少参数传递
12      dist.assign(NODE,-1);//初始化距离为未知
13      path.assign(NODE,-1);//初始化路径为未知
14      vector<bool> flag(NODE,0);//标志数组,判断是否处理过
15      dist[beg]=0;//出发点到自身路径长度为0
16      while(1)
17      {
18          int v=-1;//初始化为未知
19          for(int i=0; i!=NODE; ++i)
20              if(!flag[i]&&dist[i]>=0)//寻找未被处理过且
21                  if(v<0||dist[i]<dist[v])//距离最小的点
22                      v=i;
23          if(v<0)return;//所有联通的点都被处理过
24          flag[v]=1;//标记
25          for(int i=0; i!=NODE; ++i)
26              if(adjmap[v][i]>=0)//有联通路径且
27                  if(dist[i]<0||dist[v]+adjmap[v][i]<dist[i])//不满足三角不等式
28                  {
29                      dist[i]=dist[v]+adjmap[v][i];//更新
30                      path[i]=v;//记录路径
31                  }
32      }
33  }
34  int main()
35  {
36      int n_num,e_num,beg;//含义见下
37      cout<<"输入点数、边数、出发点: ";
38      cin>>n_num>>e_num>>beg;
39      vector<vector<int> > adjmap(n_num,vector<int>(n_num,-1));//默认初始化邻接矩阵
40      for(int i=0,p,q; i!=e_num; ++i)
41      {
42          cout<<"输入第"<<i+1<<"条边的起点、终点、长度(负值代表不联通): ";
43          cin>>p>>q;
44          cin>>adjmap[p][q];
45      }
46      vector<int> dist,path;//用于接收最短路径长度及路径各点
47      dijkstra(beg,adjmap,dist,path);
48      for(int i=0; i!=n_num; ++i)
49      {
50          cout<<beg<<"到"<<i<<"的最短距离为"<<dist[i]<<", 反向打印路径: ";
51          for(int w=i; path[w]>=0; w=path[w])
52              cout<<w<<"<-";
53          cout<<beg<<'\n';
54      }
55  }
```

图21-23　Dijkstra算法求算最短距离的C++程序
(引自Jipengzhang, baike.baidu.com)

　　运输的最短时间路线(shortest time route for transportation),是指对运输或配送区域的线路进行划分和搭配,设定各种参数后求得的运送时间最短的路径。这一问题与前面的方法相关联,只是用两个相邻节点间的耗时取代两节点间的距离。两个节点间的用时,可依据大数据背景下特定车辆类型的平均速度与两地间的实际路线距离求得。

　　3)基于GPS系统的线路规划

　　目前有多家地图机构均可提供基于GPS及实时路况的线路规划服务。在实际导航时,系统给出的推荐方案较多,可通过设定最短距离、最少用时、最低费用以及地面道路或高速优先等限制条件规划最佳路线。

　　在利用这些软件作为工作参考时,需特别注意其系统的版本,即需要不断更新版本,尽可能使用具有反馈实时路况功能的系统。因为路况的不确定性,诸如路面维修、道口关闭、特别限行以及交通堵塞等情况,会直接影响运输过程的线路选择结果。

21.2.2　物流自动化和信息化管理

现代物流管理是建立在系统论、信息论和控制论的基础上的。物流管理包含以下众多内容：物流战略管理、供应链管理、物流企业管理、仓储管理、运输管理、采购与供应管理、库存管理等。

1）物流系统的特点

物流系统具有三大效用：空间效用、时间效应和形质效应。空间效用是指同一商品在不同地域体现出的商品价值差异；时间效用则是指同一商品在不同时间上其价值的差异；而形质效应是指货物的商品化处理所引起的价值变化，如采后处理、贮藏、包装等引起的产品质量的变化等。在物流系统的各项功能中，运输配送、存储管理、流通加工为其主体功能，这与其他辅助功能一起构成复杂的物流系统功能网络（见图21-24）。

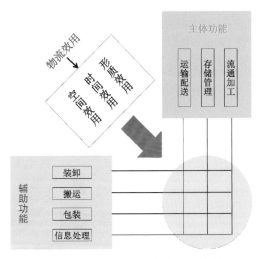

图21-24　物流系统的功能内涵及其效用

物流系统包含两类活动：一个是以运输为核心的线路活动（line activity）；另一个是在物流中心、配送中心和车站码头等物流据点上进行的节点活动（node activity）。两者共同构成物流网络。如图21-25所示为园艺产品物流系统网络类型及其基本结构。

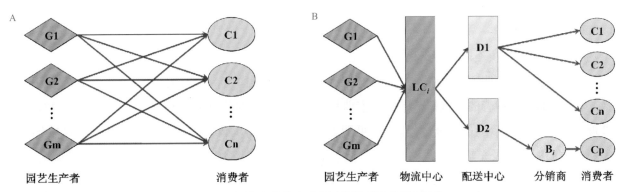

图21-25　园艺产品物流系统网络类型及其基本结构
A. 直送式物流；B. 中转式物流

2）物流自动化

物流自动化（logistics automation），是指物流作业中的设备和设施自动化，如自动识别、自动检测、自动分拣、自动存取、自动跟踪等系统的应用。

物流自动化是集光学、机械、电子学于一体的系统工程。它将物流、信息流用计算机和现代信息技术集成在一起，涉及激光导航、红外通信、计算机仿真、图像识别、工业机器人、精密加工、互联网等高新技术。

3）物流信息化

物流信息化（logistics Informatization），是指物流企业运用现代信息技术对物流过程中产生的全部或部分信息进行采集、分类、传递、汇总、识别、跟踪、查询等一系列处理活动，以实现对物流过程的控制，从而降低成本，提高效益。

物流行业的过程管理简单地说可以分成如下几个部分：业务受理、仓储管理、配送管理、客户管理和决策支撑等,另外还涉及人事、部门、分公司、代办点、配货、车辆、货运调度、仓库调拨,有的公司在管理中还会用到条形码、GPS定位、自动分拣等物联网手段,所以物流行业的过程管理是比较复杂的。其管理系统所涉及的要素如图21-26所示。

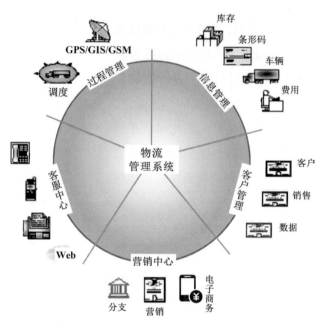

图21-26　物流管理系统所涉及的要素

4）物流管理与安全配送的优化

根据园艺企业的物流管理需求,利用SOA（面向服务的架构）标准的构件化技术、云计算等关键技术,开发出面向管理者的冷藏运输车辆动态监控系统,该系统的信息采集与交互过程如图21-27所示。管理终端可全面显示配送的全过程监控（见图21-28）,可看到从园艺产品出库到交付用户的各个环节中厢体内温湿度以及车辆行驶线路等信息,便于实现对园艺产品物流路线与货运车辆配置的调度。

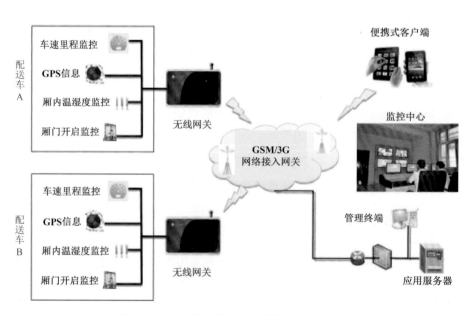

图21-27　物流管理软件系统的信息采集及交互
（引自顾明飞等）

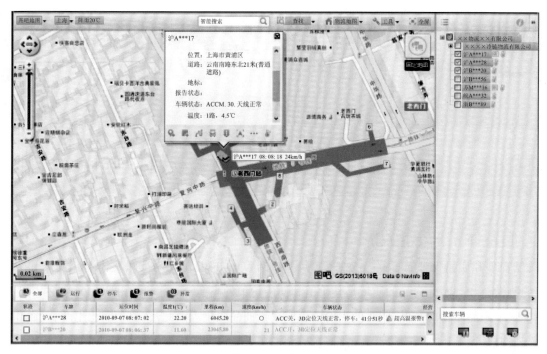

图21-28 园艺产品物流运输车辆运行状态管理终端界面
(引自顾明飞等)

应用物流管理系统,可对每部配送用冷藏车都设定唯一车辆编号和标识,分别用车载终端号和条码标表达。企业调度人员可根据任务通过GPS车载终端、移动短信息将调度安排下达给就近车辆和人员,如此还能实现配送车辆的识别和跟踪。

第22章
园艺商品的质量控制

22.1 质量体系与标准化

《质量管理和质量保证》(GB/T 6583—1994)将质量(quality)定义为反映实体满足明确和隐含需要的能力的特性总和。园艺商品的质量是其价值和使用价值的高度统一,价值在商品交换过程中的体现最直观地反映了商品质量的高低,同时使用价值也取决于商品质量。因此,在整个园艺生产、流通和消费过程中,园艺种植者、贮运加工再生产者、营销人员和消费者均对商品的质量保持着高度的关注。

在园艺产品的生产、流通及消费全过程中,质量问题已不是一个出现在单一环节的偶然发生的问题,而已逐渐演变成一个影响整个系统运作的基本问题,这一切均取决于园艺行业整个产业链的质量体系建立及行业内相关标准推行的结果。

22.1.1 标准与标准化

关于标准(standard),国际标准化组织(International Standardization Organization, ISO)给出了定义:由有关方面在科学技术与经济的坚实基础上,共同合作起草并一致或基本同意的技术规定或其他公开文件,其目的在于获取最佳的公众利益。这些文件应由国家、地区或国际公认的机构所批准。

《标准化工作指南 第1部分:标准化和相关活动的通用术语》(GB/T 2000.1—2014)也给出了对标准的定义:通过标准化活动,按照规定的程序经协商一致制定,为各种活动或其结果提供规则、指南或特性,供共同使用和重复使用的文件。该文件经协商一致制定并经一个公认机构的批准。它以科学、技术和实践经验的综合成果为基础,以促进最佳社会效益为目的。

在园艺领域,围绕其质量问题,中国已逐步推出了一系列的相关标准,旨在有序推进园艺生产领域的整体技术和管理水平,提高产品质量和经济效益。建立完善的商品质量保障体系的核心工作还需从标准的建立与应用出发。

1)标准的特性

(1)标准的内涵。

一个标准是否能够成立,关键在于它的确立是否能在逻辑上具备重复性。

(2)标准产生的基础。

标准是非常严谨的,其制定所依据的内容必须是已经由科学技术研究和实践经验验证了的综合成果。标准的制定不是随意和盲目的。

(3)标准产生的程序。

一个标准会涉及与其内容相关的多方利益关联者。因此在标准的制定上需经有关方面协商一致,由主管机构批准,使其具有民主性与权威性。否则会产生一系列问题,如曾经发生过的三鹿奶粉事件即是一个例证。

（4）标准的形式。

一个标准,其本身具有特定格式,在编写、幅面、格式、印刷等方面均有严格规定;其内容缩写所使用的术语、涉及的方法、实现途径及标识等均有明确界定。

（5）标准的作用。

标准作为行业内各方共同遵守的准则和依据,是园艺产品在种植加工生产、基本建设、流通、质量检验及监督、合格认证、产品定价等方面应遵循的基本依据。园艺产品的质量标准是强制性的,而一般栽培技术等的规范性标准多为推荐标准。

2）标准化

标准化（standardization）的ISO定义:标准化主要是对科学、技术与经济领域内重复应用的问题给出解决办法的活动,其目的在于获得最佳秩序。一般说来,包括制定、发布与实施标准的过程。《标准化工作指南　第1部分:标准化和相关活动的通用术语》（GB/T 2000.1—2014）对此的定义如下:为了在既定范围内获得最佳秩序,促进共同效益,对现实问题或潜在问题确立共同使用和重复使用的条款以及编制、发布和应用文件的活动。

3）标准形成的基本原则

（1）简化原则（principle of simplification）。

对具有同种功能的标准化对象,当其多样性的发展规模超出了必要的范围时,即应消除其中多余的、可替换的和低功能的环节,保持其构成的精炼、合理,使总体功能最佳。

简化作业可有效地减少资源和社会生产力的浪费。而只有在多样性的发展规模超出必要的范围时,才允许简化,即存在必要性界限（limits of necessity）。当对象具备简化的必要时,应及时去掉其中多余的、可替换的和低效能的环节,使其在一定时期内满足适应一般的需要,并保持简化后的精炼合理,使总体功能最佳,即满足简化的合理性界限（limits of rationality）。

（2）统一原则（principle of unity）。

在一定时期、一定条件下,需要使标准化对象的形式、功能或其他技术特性具有一致性。通常情况下,需要把同一事物的两种以上表现形态归并为一种或限定在一定范围内,即选择统一对象,并确定统一时机、范围。从其作业的特征看,统一是标准化对象发展到一定规模、一定水平时,人为干预的一种形式。

被统一的对象应具备以下特性:多样性——某一事物的表现形态,相关性——事物内部和外部的相互联系,重复性——某一事物具有的反复发生的性质。

统一的范围并不是随意的,应根据标准化的对象特性,结合自然状况,合理地确定统一范围,并掌握好统一的前提条件。

（3）协调原则（principle of coordination）。

在标准系统中,只有当各个局部的功能彼此协调时,才能实现整体系统的功能最佳。因此,通常均需要以系统的观点来处理标准内部和标准之间的关系,并使之协调。

农业系统是一个大系统,包括经济、生态、技术、社会等各个子系统。在农业生产过程中,每一个子系统都相对独立,并且相互制约,因此从技术上需要进行多方面的协调。例如,水土保持涉及工程措施、植被、耕作措施等子系统;而园艺植物生产则涉及栽培品种,还有施肥、灌溉、育苗、田间管理等一系列的工作,在此过程中的技术选择均需相互协调,才能发挥出最大生产潜力。

(4) 优化原则(optimization principle)。

按照特定的目标,在一定的限制条件下,对标准系统的构成因素及关系进行选择、设计或调整,使之达到理想效果。

被优化的对象是标准系统的构成因素及相互间的关系,即可对标准系统中各相关标准之间的关系或某一标准中所出现的具体内容进行优化。

优化必须有明确的特定目标,可能表现为整体功能目标,或单项标准所要达到的目标。在进行优化工作时,存在一定的限制,如针对标准系统的外部条件限制,针对某项标准或相关标准的来自科技水平、自然条件等的限制。

22.1.2　ISO 9000体系

ISO 9000体系,于1987年被提出,是指由ISO/TC 176(国际标准化组织质量管理和质量保证技术委员会)制定的所有国际标准。中国的国家标准与之对应的是GB/T 19000系列。

ISO 9000系列标准,可以帮助组织建立、实施并有效运行质量管理体系,是质量管理体系通用的要求或指南。它不受具体的行业或经济部门的限制,可广泛用于各种类型和规模的组织,并在国内和国际贸易中促进了贸易双方的相互理解和信任。

因此,ISO 9000系列标准也称为质量管理体系标准。质量管理体系(quality management systems, QMS),是指在质量方面指挥和控制组织的管理体系,是为促进产品和服务质量的稳定性提高和组织内部管理体系规范化而建立的。目前ISO 9000系列标准已更新至2018版。

1) 基本结构

(1) ISO 9000·基础与术语。

这一文件主要指出描述质量管理体系的原则及规定质量管理所用术语。因此,这一标准是实施ISO 9000系列标准的基础。

其中,最为基本的术语陈述如下。

质量管理体系(QMS): 在质量方面指挥和控制组织的管理体系。

质量方针: 由组织的最高管理者正式发布的该组织总的质量宗旨和方向。

质量目标: 在质量方面所追求的目的。

质量计划: 对特定项目、产品、过程或合同,规定由谁及何时应使用哪些程序和相关资源的文件。

质量保证: 品质管理的一部分,致力于提供质量要求会得到满足的信任。

产品: 过程的结果。

要求: 所陈述的需要和期望,通常为隐含或必需的。

过程: 一组将输入转化为输出的相互关联或相互作用的活动。

程序: 为进行某项活动或过程所规定的途径。

可信性: 用于表述可用性及影响因素(可靠性、维修性和保障性)的集合术语。

可追溯性: 追溯所考虑对象的历史、应用情况或所处场所的能力。

记录: 阐明所取得的结果或提供所完成活动的证据的文件。

预防措施: 为消除潜在不合格或其他潜在不良情况的原因所采取的措施。

纠正措施：为消除已发现的不合格或不良情况的原因所采取的措施。

（2）ISO 9001·QMS要求。

这一系列标准规定了对质量管理体系的要求，目的在于使组织必须展现其能力，以提供符合顾客要求及法规要求的产品，达到吸引顾客的目的。

其审核标准着重于有效性，可用于组织内部、验证或签约时。

（3）ISO 9004·一种质量管理方法。

本标准提供了持续使组织成功的一种质量管理方法，其目的为改善组织绩效，使顾客与其他利害相关团体满意。

2）ISO 9000·管理思想的原则

ISO 9000系列标准所提供的用于实现企业质量管理的思想与方法，主要强调了以下原则。

（1）以顾客为中心。

组织必须了解自身现在和未来的需要，以满足并超越顾客期望。

（2）领导。

领导者制订组织内统一的目标与方向，他们必须创造及维持内部环境，使员工能够完全投入以达到组织的目。

（3）全员参与。

员工是组织的基本要素，为了组织的利益，他们应完全参与并贡献其能力。

（4）流程导向。

管理所有的活动及相关资源，有效地达到所需的结果。

（5）系统化管理。

鉴别、了解和管理内部相关流程，使之成一系统，保证在实现组织目标时的有效性与效率。

（6）持续改善。

组织整体绩效的持续改善必须是组织永恒的目标。

（7）事实决策。

有效的决策是以资料与数据分析为基础的。

（8）互利关系。

组织和其供应商是依存互利的关系，通过增强这种能力，组织将创造更多价值。

3）机构和组织如何导入ISO 9000系统

ISO 9000系统对于园艺企业而言，其重要性越来越明显。机构和组织要想导入ISO 9000系统需要从以下几个方面着手考虑。

（1）体系方面。

结合企业状况，开发新概念流程，注重信息传递；全面修订质量手册；考查实施质量体系文件的适用性；开展检查管理评审；确认生产流程；完善过程检测、分析与改善方案；对相关制度进行认真的内部审核。

（2）管理方面。

从企业管理角度看，需要开展以下工作：审查质量方针；鉴别和设定详细目标；确保人员责权的设置科学合理；强化系统内人员的有效沟通；开展顾客对产品与服务的满意评价；对既有资料进行全面分析，进而实施持续改善计划；对现有制度的有效性进行审查，其后确保其资源配置。

（3）企业流程方面。

从执行力建设方面，企业或组织须开展以下工作：强化能力建设；加强基础设施建设，改善工作环境；对企业产品实施规划；制订与客户关系相关的流程；开展生产工艺设计与技术研发；建立完善的采购制度；对整个管理流程行检测与监督。

22.1.3　危害分析和关键控制点（HACCP）

危害分析和关键控制点（hazard analysis and critical control point, HACCP），是指为了确保产品在其生产、加工和使（食）用等过程中的安全，在危害识别、评价和控制方面进行的一种科学、合理和系统的分析。此方法最早由美国的皮尔斯柏利（Pillsbury）公司、美国宇航局（NASA）和美国陆军Natick研究所共同开发，于1971年首次被提出，迄今已发展到较为完善的阶段。HACCP体系可与ISO 9000质量体系很好兼容，即ISO 9000系列标准能够作为HACCP的文件并提供有效的实施模式，两者在过程控制、监视和测量、质量记录的控制、文件和数据控制、内审等方面的内容基本重合。

1）HACCP体系及其特点

HACCP建立在良好生产规范（good manufacturing practices, GMP）和卫生标准操作程序（sanitation standard operating procedure, SSOP）基础上，并使此二者构成一个完备的体系。HACCP更重视对企业经营活动的各个环节的分析和控制，使之与食品安全相关联。如从园艺生产前的生产资料采购、运输到储藏，到生产中的管理作业过程、采收和采后加工、包装、贮藏，直至产品运输、配销，在产品的整个生产经营过程中的每个环节，均需经过物理、化学和生物三个方面的危害分析（hazard analysis），并确定出其流程的关键控制点（critical control points）。

图22-1　HACCP 国际认证标志
（引自 ecooking.com.tw）

通过危害分析和关键控制点的优化调整，园艺产品才能确保其在生产、流通、经营等各项活动中可能产生危害的各个环节上使（食）用的安全。如图22-1所示为HACCP国际认证标志。

2）HACCP的工作流程

利用HACCP系统对整个园艺产品的生产流通全产业链进行有效管理工作的流程如下：

（1）进行危害分析和提出预防措施。

（2）确定关键控制点。

（3）建立关键界限。

（4）关键控制点的监控。

（5）纠正措施。

（6）记录保持程序。

（7）验证程序。

3）HACCP体系认证

HACCP体系认证，通常分为四个阶段：企业申请阶段、认证审核阶段、证书保持阶段和复审换证阶段。认证机构将对申请方提供的认证申请书、文件资料、双方约定的审核依据等内容进行评估。申请所需文件包括卫生标准操作程序（sanitation standard operation procedure, SSOP）计划、良好生产规范（good manufacturing practice, GMP）程序、员工培训计划、设备保养计划、HACCP计划等。

22.1.4 戴明环（PDCA环）

PDCA环（plan-do-check-action cycle），也称戴明（Deming）环，是指按照计划、执行、检查和行动这样的顺序进行质量管理，并使之循环地进行下去的科学程序。每个阶段的工作任务如表22-1所示。

表22-1 PDCA各环节的主要工作任务

plan	制订改善目标及成立专案小组与授权 分析现有流程及提出改善的机会
do	实施改善
check	查证及确认改善之流程 评价改善是否达到预期效果
action	改善流程与制度化 专案完成，评估持续绩效，提出新的问题

1）各阶段的基本工作内容

（1）计划阶段。

这一阶段，首先是需要根据组织或机构的生产经营实际状况找出问题。所选择的活动主题应以满足产品的市场需求为前提，以提高企业经济效益为目标，充分挖掘企业既有资源、技术等优势和发展需求等，确定工作方向。

随后，在潜在的活动主题背景下，通过收集资料、信息及有针对性地现状分析，充分利用鱼骨图（fishbone diagram）、5W2H（what, why, when, where, who + how, how much，也称为七问分析法）、4M（men, machine, material, method，也称为丰田工作法）等逻辑分析法，梳理与主体问题关联的各种要素，比较其影响力大小，最后确定出最为紧迫、意义重大的活动主题，并明确其目标。

在此基础上，拟定实施计划，对实施中可能存在的问题进行影响因素分析，提出预案。

（2）执行阶段。

按照既定方案开始执行，并记录过程及实施效果。即使遇到一些意外，也不要随意更改执行方案。

（3）检查阶段。

根据执行情况进行结果的比较分析，找出针对特定问题的优化方案。

（4）处理阶段。

根据前面的工作，形成新的执行标准并开始实施。在新的运行过程中发现新的问题，对这一循环中出现的失败，须认真总结经验与教训；未解决的问题等将放入下一个PDCA循环中。

处理阶段是PDCA循环的关键，其主要工作即是为了解决存在的问题而总结经验和吸取教训，重点在于修订标准，包括技术标准和管理制度等。离开这些具体的成果，PDCA循环便不能前行。

针对具体企业的质量管理，PDCA环中每一步的工作内容如图22-2所示。

2）PDCA管理思想及其应用

通过应用PDCA循环原理，相关人员的思维方式和工作程序上将表现得更加条理化、系统化和科学化。因此，PDCA程序的应用不仅是整个组织或机构需要做的事，而且是每个人、每个岗位需要做的事，应按此流程思考。各部门（岗位）均会有自己的PDCA，其将与组织机构的PDCA目标相嵌套，形成复杂的大小循环联动。当每一个循环完成时，便会出现明显的进步，而这一循环将按照发展的驱动持续下去。如图22-3所示为PDCA循环的工作原理模式图。

因此，应该明确ISO 9000系列与其他体系之间的关系。总体而言，ISO 9000系列确立了产品与服务的质量标准及相关制度原则，在具体实施中，形成标准和修订标准所涉及的基本方法由HACCP体系作为支撑，而其又以GPM和PDCA制度及工作方法提供实施办法的思路。几者之间相互关联，各有侧重。

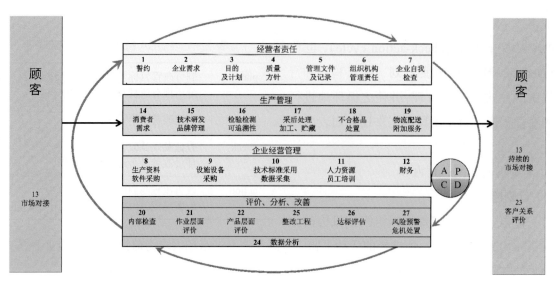

图22-2 依据PDCA环工作原理进行的质量分析及管理

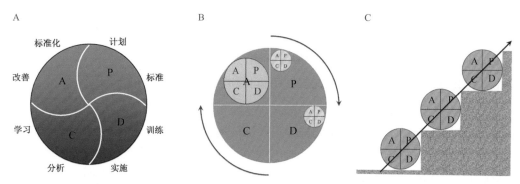

图22-3 PDCA循环的工作原理模式图
A.单循环；B.大小循环及其联动；C.不断循环中的进步

22.1.5 园艺产品相关的标准

中国于20世纪末在全面解决园艺产品的数量短缺问题之后，陆续推出了一系列的园艺产品标准，开始向产品质量型生产转变。随着在全国范围内开展无公害生产、绿色产品生产和有机产品生产等一系列推广活动，不少企业在新一轮的竞争中不断提升自身的产品标准，收到了较好的效果，也推动了中国园艺产品食用安全性水平的全面提升。在新的形势下，园艺生产企业也不断适应新常态，寻求绿色生产发展途径，降低生产能耗、节约资源与高效利用、保护环境、降低农业面源污染、提升园艺产品综合质量等方面越来越成为企业竞争的焦点所在。

1）采用标准的分类

中国在园艺领域所采取的相关标准，总体来讲涉及国际标准、国家标准、行业标准、地方标准和企业标准等。对于产品质量与安全性方面的标准从属性上看均为强制性标准；而其他相关的作业规范等则多为推荐标准，在实际应用时可作为工作中的参考。

（1）国际标准。

国际标准（international standard），是指某些国际组织如国际标准化组织（ISO）、国际电工委员会（IEC）等规定的质量标准，也可以是某些由有较大影响力的机构规定并被国际组织所承认的质量标准。ISO、IEC国际标准可分为六类：国际标准、可公开提供的技术规范（PAS）、技术规范（TS）、技术报告

（TR）、工业技术协议（ITA）和指南（guide）。

积极对接国际标准或国外先进标准是中国当前提升行业整体技术水平的重要举措，这有助于国内各行业提高产品竞争力与提升国际贸易总量。因此，一些发展水平较高的企业，其企业标准均超越相关国际标准水平，使得其产品在国际市场上具有较强的竞争力。

（2）国家标准。

国家标准（national standard），是指一些在全国范围内统一使用的产品质量标准，主要针对某些重要产品而制定。由于其强制性，加之区域发展不平衡等问题，国家标准的领域范围较小，具体技术指标也相对较低，属于入门级标准。

（3）行业标准。

行业标准（trade standard），也称部颁标准，是指对没有国家标准而又需要在全国某个行业范围内统一执行的操作标准或技术要求所制定的标准。就从属性而言，除一些强制标准外，行业标准中尚有大量的推荐标准。

（4）地方标准。

地方标准（local standards），是由地方（省、自治区、直辖市）标准化主管机构或专业主管部门批准并发布，在某一地区范围内统一的标准。地方标准对于园艺产品而言，是其主要的标准形式。凡有国家标准、行业标准的领域，均不得制定地方标准。

（5）企业标准。

企业标准（enterprise standard），由企业自主制定，并经上级主管部门或标准局审批发布后使用。对于一切正式批量生产的产品，凡是生产上没有国家标准、部颁（行业）标准的，都必须制定企业标准。企业可以制定高于国家标准、部颁标准的产品质量标准，也可以直接采用国际标准、国外先进标准。但企业标准不得与国家标准、部颁标准相抵触。

把产品实际达到的质量水平与规定的质量标准进行比较，凡是符合或超过标准的产品称为合格品，不符合质量标准的称为不合格品。合格品中按其符合质量标准的程度不同，又分为一等品、二等品等。不合格品包括次品和废品。

2）园艺产品的质量标准

本书第21章已对产品质量的几方面属性做过讨论。因园艺产品种类众多，而且同一种类的不同产品在产品外观和营养以及加工品质方面往往存在较大差异，故对园艺产品这么多种类的外观及营养品质等制定的国家和行业类标准均无统一的可能，但作为企业标准则可逐步完善之。

为了鼓励区域特色园艺产品的生产发展，农业农村部开展了地理标志农产品保护工程，将一些地方名特优园艺产品纳入此项计划之中进行管理。

对于一些特定的产品种类，生产实践中有相关的国家和行业标准可以依据，如GB/T 18247.1～7—2000系列中的第1～第7部分，分别对鲜切花、盆花、盆栽观叶植物、花卉种子、花卉种苗、花卉种球、草坪产品的等级进行了统一规定。同时，原卫生部于1992年出台了《中华人民共和国卫生部药品标准：中药材（第一册）》，对第1批的101种常用药用植物产品的标准进行了明确，该标准一直沿用至今。

在园艺产品的食用安全方面，国家和行业均有统一的强制性标准和推荐标准。从对产品要求的严格程度出发，食用类产品被分为无公害产品、绿色产品和有机产品三大类别。从全球而言，满足较为常用的标准，如国际有机农业联盟（International Federal of Organic Agriculture Movement, IFOAM）标准、欧盟标准、美国和日本等国的标准和马来西亚清真标准等,是园艺产品进行国际贸易时重要的通行证。如图22-4所示为基于不同标准的园艺产品认证标识系统。

图22-4   基于不同标准的园艺产品认证标识系统

A. 中国无公害农产品;B. 中国绿色食品;C. 中国有机产品;D. 国际有机食品运动联盟(IFOAM)有机产品;E. 欧盟有机产品;F. 美国有机产品;G. 日本有机产品;H. 马来西亚清真食品

(A~C引自sohu.com;D引自dy.163.com;E~F引自hy1956.com;G、H分别引自nipic.com、weyes.net.cn)

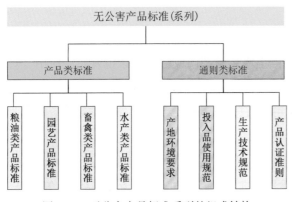

图22-5   无公害产品标准系列的组成结构

无公害产品的相关标准为部颁(行业)强制性标准,其标准序列号为NY5000,涉及园艺产品中的蔬菜和果品两类。无公害产品系列标准的基本结构如图22-5所示,目前已发布实施的有部分产品类标准和产地环境条件标准、投入品使用标准、生产技术规范、产品认证准则等通则类标准。

绿色食品标准,是指应用科学技术原理,结合绿色食品生产实践,借鉴国内外相关标准所制定的在绿色食品生产中必须遵守、在绿色食品认证时必须依据的系统性技术性文件。根据绿色食品生产条件和过程进行生产,并获得认证的产品即为绿色产品,可分为两个等级,即AA级和A级,分别以白底绿色图文和绿底反白图文为标识。

绿色食品标准包括《绿色食品   产地环境质量》(NY/T 391—2013)、生产技术标准、产品标准、绿色食品标志使用规范、包装及贮运标准几类。

国际农业有机联盟(IFOAM)为其成员间交流和开展生产、加工贸易提供了标准,制定了认证机构使用的公共标识,并建立了有机农业运动仲裁院。IFOAM的有机生产与加工基本标准(IBS)以及IFOAM的有机生产与加工认证机构认可准则统称为IFOAM规范(NORM),该规范是有机保障体系(OGS)的基础。IFOAM还每年在德国纽伦堡(Nuremberg)举行全球有机产品交易展售会(biofach)。IFOAM的IBS及认可准则被普遍公认为是各国制定国家有机标准和有机认证检查体系的国际性指南。与之对应,中国也出台了有机产品国家标准(目前已修订至GB/T 19630—2019版本)。

3)园艺产品所适用的相关标准特点

在无公害产品标准中,重点需要防止来自以下三方面的污染:农药、化肥和生产环境。该标准规定了不同类产品允许检出的限值。其指标涉及农药、硝酸盐含量、"三废"和病原微生物几类。因此,结合无公害产品标准,从病虫害防治、施肥方式和环境保障几方面入手,可从体系上使产品符合标准要求,较易实现标准。

绿食食品标准中,在产地环境条件方面,分别采用《环境空气质量标准》(GB 3095—2012)中所列的一级浓度限值、《农田灌溉水质标准》(GB 5084—2021)、《生活饮用水卫生标准》(GB 5749—2006),土壤评价则按该土壤类型背景值的算术平均值加减两倍标准差的范围执行;在评价标准方面,采用《绿色食品 食品添加剂使用准则》(NY/T 392—2013)、《绿色食品 农药使用准则》(NY/T 393—2020)、《绿色食品 肥料使用准则》(NY/T394—2021)及有关地区的《绿色食品生产操作规程》的相应条款;在农药使用方面,检测项目包括六六六、DDT、敌敌畏、乐果、对硫磷、马拉硫磷、杀螟硫磷、倍硫磷等有机农药以及砷、汞、铅、镉、铬、铜、锡、锰等有害金属及添加剂和细菌三类,并增设了黄曲霉毒素、硝酸盐、亚硝酸盐、溶剂残留、兽药残留等内容,其具体指标须达到绿色食品产品行业标准(NY/T 268—1995至NY/T 292—1995和NY/T 418—2014至NY/T 437—2012)要求。

有机产品标准中,对生产环境及生产过程投入品的管控极为严格,实施有机转换制度,并要求通过轮作、休耕和施用有机肥等来维持地力;通过生态农业途径控制病虫害发生,禁止使用有机合成化学农药。在《有机产品 生产、加工、标识与管理体系要求》(GB/T 19630—2019)中所列出的《有机植物生产中允许使用的土壤培肥和改良物质》《有机植物生产中允许使用的植物保护产品》和《有机植物生产中允许使用的清洁剂和消毒剂》分别如表22-2至表22-4所示。

表 22-2 有机植物生产中允许使用的土壤培肥和改良物质

类 别	名称和组分	使 用 条 件
植物和动物来源	植物材料(秸秆、绿肥等)	—
	畜禽粪便及其堆肥(包括圈肥)	经过堆制并充分腐熟
	畜禽粪便和植物材料的厌氧发酵产品(沼肥)	—
	海草或海草产品	仅直接通过下列途径获得: 物理过程,包括脱水、冷冻和研磨; 用水或酸和/或碱溶液提取; 发酵
	木料、树皮、锯屑、刨花、木灰、木炭	来自采伐后未经化学处理的木材,地面覆盖或经过堆制
	腐殖酸类物质(天然腐殖酸,如褐煤、风化褐煤等)	天然来源,未经化学处理、未添加化学合成物质
	动物来源的副产品(血粉、肉粉、骨粉、蹄粉、角粉等)	未添加禁用物质,经过充分腐熟和无害化处理
	鱼粉、虾蟹壳粉、皮毛、羽毛、毛发粉及其提取物	仅直接通过下列途径获得: 物理过程; 用水或酸和/或碱溶液提取; 发酵
	牛奶及乳制品	—
	食用菌培养废料和蚯蚓培养基质	培养基的初始原料限于本附录中的产品,经过堆制
	食品工业副产品	经过堆制或发酵处理
	草木灰	作为薪柴燃烧后的产品
	泥炭	不含合成添加剂。不应用于土壤改良,只允许作为盆栽基质使用
	饼粕	不能使用经化学方法加工的

（续表）

类　别	名称和组分	使　用　条　件
矿物来源	磷矿石	天然来源，镉含量小于或等于90 mg/kg五氧化二磷
	钾矿粉	天然来源，未通过化学方法浓缩。氯含量少于60%
	硼砂	天然来源，未经化学处理、未添加化学合成物质
	微量元素	天然来源，未经化学处理、未添加化学合成物质
	镁矿粉	天然来源，未经化学处理、未添加化学合成物质
	硫黄	天然来源，未经化学处理、未添加化学合成物质
	石灰石、石膏和白垩	天然来源，未经化学处理、未添加化学合成物质
	黏土（如珍珠岩、蛭石等）	天然来源，未经化学处理、未添加化学合成物质
	氯化钠	天然来源，未经化学处理、未添加化学合成物质
	石灰	仅用于茶园土壤pH值调节
	窑灰	未经化学处理、未添加化学合成物质
	碳酸钙镁	天然来源，未经化学处理、未添加化学合成物质
	泻盐类	未经化学处理、未添加化学合成物质
微生物来源	可生物降解的微生物加工副产品，如酿酒和蒸馏酒行业的加工副产品	未添加化学合成物质
	微生物及微生物制剂	非转基因，未添加化学合成物质

表22-3　有机植物生产中允许使用的植物保护产品

类　别	名称和组分	使　用　条　件
植物和动物来源	楝素（苦楝、印楝等提取物）	杀虫剂
	天然除虫菊素（除虫菊科植物提取液）	杀虫剂
	苦参碱及氧化苦参碱（苦参等提取物）	杀虫剂
	鱼藤酮类（如毛鱼藤）	杀虫剂
	茶皂素（茶籽等提取物）	杀虫剂
	皂角素（皂角等提取物）	杀虫剂、杀菌剂
	蛇床子素（蛇床子提取物）	杀虫、杀菌剂
	小檗碱（黄连、黄柏等提取物）	杀菌剂
	大黄素甲醚（大黄、虎杖等提取物）	杀菌剂
	植物油（如薄荷油、松树油、香菜油）	杀虫剂、杀螨剂、杀真菌剂、发芽抑制剂
	寡聚糖（甲壳素）	杀菌剂、植物生长调节剂
	天然诱集和杀线虫剂（如万寿菊、孔雀草、芥子油）	杀线虫剂
	天然酸（如食醋、木醋和竹醋）	杀菌剂
	菇类蛋白多糖	杀菌剂
	水解蛋白质	引诱剂，只在批准使用的条件下，并与本附录的适当产品结合使用
	牛奶	杀菌剂
	蜂蜡	用于嫁接和修剪

（续表）

类　别	名称和组分	使用条件
植物和动物来源	蜂胶	杀菌剂
	明胶	杀虫剂
	卵磷脂	杀真菌剂
	具有驱避作用的植物提取物（大蒜、薄荷、辣椒、花椒、薰衣草、柴胡、艾草的提取物）	驱避剂
	昆虫天敌（如赤眼蜂、瓢虫、草蛉等）	控制虫害
矿物来源	铜盐（如硫酸铜、氢氧化铜、氯氧化铜、辛酸铜等）	杀真菌剂，每12个月铜的最大使用量每公顷不超过6 kg
	石硫合剂	杀真菌剂、杀虫剂、杀螨剂
	波尔多液	杀真菌剂，每12个月铜的最大使用量每公顷不超过6 kg
	氢氧化钙（石灰水）	杀真菌剂、杀虫剂
	硫黄	杀真菌剂、杀螨剂、驱避剂
	高锰酸钾	杀真菌剂、杀细菌剂，仅用于果树和葡萄
	碳酸氢钾	杀真菌剂
	石蜡油	杀虫剂、杀螨剂
	轻矿物油	杀虫剂、杀真菌剂，仅用于果树、葡萄和热带作物（例如香蕉）
	氯化钙	用于治疗缺钙症
	硅藻土	杀虫剂
	黏土（如斑脱土、珍珠岩、蛭石、沸石等）	杀虫剂
	硅酸盐（如硅酸钠、硅酸钾等）	驱避剂
	石英砂	杀真菌剂、杀螨剂、驱避剂
	硫酸铁（3价铁离子）	杀软体动物剂
微生物来源	真菌及真菌制剂（如白僵菌、绿僵菌、轮枝菌、木霉菌等）	杀虫、杀菌、除草剂
	细菌及细菌制剂（如苏云金芽孢杆菌、枯草芽孢杆菌、蜡质芽孢杆菌、地衣芽孢杆菌、荧光假单胞杆菌等）	杀虫、杀菌剂、除草剂
	病毒及病毒制剂（如核型多角体病毒、颗粒体病毒等）	杀虫剂
其他	二氧化碳	杀虫剂，用于贮存设施
	乙醇	杀菌剂
	海盐和盐水	杀菌剂，仅用于种子处理，尤其是稻谷种子
	明矾	杀菌剂
	软皂（钾肥皂）	杀虫剂
	乙烯	—
	昆虫性外激素	仅用于诱捕器和散发皿内
	磷酸氢二铵	引诱剂，只限于诱捕器中使用
诱捕器、屏障	物理措施（如色彩/气味诱捕器、机械诱捕器等）	—
	覆盖物（如秸秆、杂草、地膜、防虫网等）	—

表 22-4　有机植物生产中允许使用的清洁剂和消毒剂

名　称	使 用 条 件
醋酸（非合成的）	设备清洁
醋	设备清洁
乙醇	消毒
异丙醇	消毒
过氧化氢	仅限食品级的过氧化氢，设备清洁剂
碳酸钠、碳酸氢钠	设备消毒
碳酸钾、碳酸氢钾	设备消毒
漂白剂	包括次氯酸钙、二氧化氯或次氯酸钠，可用于消毒和清洁食品接触面。直接接触植物产品的冲洗水中余氯含量应符合 GB 5749* 的要求
过氧乙酸	设备消毒
臭氧	设备消毒
氢氧化钾	设备消毒
氢氧化钠	设备消毒
柠檬酸	设备清洁
肥皂	仅限可生物降解的，允许用于设备清洁
皂基杀藻剂/除雾剂	杀藻、消毒剂和杀菌剂，用于清洁灌溉系统，不含禁用物质
高锰酸钾	设备消毒

注："GB 5749"即《生活饮用卫生标准》。

　　比较不同标准之间的差别，各标准在产地环境要求、投入品管控及产品质量要求间的差异如图 22-6 所示。从总体品质水平看，有机产品≈AA 级绿色食品 > A 级绿色食品 > 无公害产品。由于中国人口众多与土地资源分配不均的关系，目前在园艺产品质量管理上，国家最为关注的是市场准入级别的无公害产品，而对绿色食品和有机产品的生产持鼓励支持态度，但此两种却不适于全面推行。

标准所要求技术尺度提高 →

生产类型	常规生产	无公害生产	绿色食品生产	有机产品生产
产地环境要求	无标准	标准化 较少污染	净化功能 微量污染	净化生态环境 无污染
投入品管控	无标准	有限制	严格限制农药 和化肥使用	禁止使用合成类有机 农药和化肥
产品质量要求	无标准	较优质	优质	特优质

图 22-6　不同技术标准下园艺植物生产的产地环境要求、投入品管控和产品质量要求的差异

4）不同质量标准的产品认证

　　无公害产品认证的目的是保障基本安全，满足大众消费，是政府推动的公益性认证。其产品认证采取产地认定与产品认证相结合的模式，前者主要解决生产环节的质量安全控制问题，是对园艺生产过程的检查监督行为；而后者则以解决产品安全的市场准入问题为目的，是一个自上而下的产品质量安全监

督管理行为。申请人可直接向所在县(区、市)级农产品质量安全工作机构提出无公害农产品产地认定和产品认证一体化申请。应提交的材料有《无公害农产品产地认定与产品认证申请书》、申请者资质证明文件复印件、《无公害农产品内检员证书》《无公害农产品生产质量控制措施》《无公害农产品生产操作规程》《产地环境检验报告》和《产地环境现状评价报告》或者符合无公害农产品产地要求的《产地环境调查报告》、符合规定要求的《产品检验报告》,以农民专业合作经济组织作为主体和"公司+农户"申报的须提供《组织明细》及《农民合作经济组织(社)章程》《无公害农产品产地认定与产品认证现场检查报告》《无公害农产品产地认定与产品认证报告》等。

绿色食品认证由中国绿色食品发展中心开展。在满足申请人资质、认证产品条件、认证程序的前提下,申请认证企业可着手进行认证的申请,基本程序如图22-7所示。企业提交申请和相关材料,经过文件审核(必要时省级绿色食品办公室到现场指导)、现场检查,同时安排环境质量现状调查和产品抽样,文件审核检查结果、环境检测和产品检测报告汇总后,经审核对合格者颁发证书,证书有效期是3年。

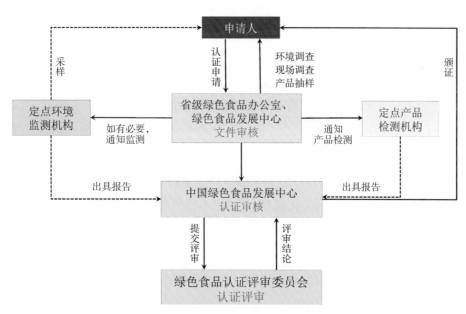

图 22-7 绿色食品认证的基本程序
(依金永成,baike.baidu.com)

国内有机产品的认证程序,通常包括认证申请和受理(包括合同评审)、文件审核、现场检查(包括必要的采样分析)、编写检查报告、认证决定、证书发放和证后监督等主要流程。申请者需要提供的材料如下:①申请者经营资质文件,如营业执照、土地使用证、租赁合同等;②申请者相关信息及有机生产、加工的基本情况;③产地(基地)区域范围,包括地理位置图、地块分布图、地块图;④申请认证的有机产品生产、加工、销售计划;⑤产地(基地)、加工场所有关环境质量的证明材料;⑥有关专业技术和管理人员的资质证明材料;⑦保证执行有机产品标准的声明;⑧有机生产、加工的质量管理体系文件;⑨其他相关材料。

22.2 质量形成的过程规律

22.2.1 商品质量的基本性质

商品质量(commodity quality),是一个综合性概念,它受商品自身(由产品品质决定的)及商品流通过程中诸多因素的影响。因此,从市场学角度看,商品质量是该商品的内在质量、外观质量、社会质量和经济质量等方面的综合体现。前两者共同构成了产品品质(product quality);后两者则强调了其作为商品时的经济性与社会属性。

商品的内在质量,是指商品在生产(栽培和采后处理、加工等)过程中形成的商品本身所固有的特性,包括商品实用性能、可靠性、寿命、安全与卫生性等,这些要素构成了商品的使用价值,是商品质量中最基本的要素。商品的外观质量,则是指商品所具有的外表形态,包括外观形态、大小、整齐度、质地、色泽、气味、手感、表面状况(有无伤害、虫卵、病斑等)、包装和商品温度等,这些要素均会影响人们选择商品时的喜好程度。

园艺类产品作为重要的商品类别,其具有的商品特性主要体现在以下方面。

(1)商品质量具有针对性。

商品的质量是针对一定使用条件和一定的用途而言的。各种商品均须在一定使用条件和范围内按设计要求或食用要求合理使用。若超出它的使用条件,即使是优质品也很难反映出它的实际功能,甚至会完全丧失其使用价值。

(2)商品质量具有相对性。

商品质量相对于同类商品(使用价值相同)的不同个体而言,是一个比较的范畴。对一般商品来说,可以通过简单的比较和识别来判断,而对某些商品则要有严格的质量指标规定。

(3)商品质量具有可变性。

商品的特性会随着科技的进步而发展,而且人们因为消费水平的提高和社会因素的变化,对商品质量也会不断提出新的要求;即使在同一时期,因地点、地域、消费对象不同,人们对商品的要求也不一样;职业、年龄、性别、经济条件、宗教信仰、文化修养、爱好等不同的消费者,对商品的质量要求也不同。

22.2.2　园艺产品质量的形成过程

产品质量的形成,是其价值和使用价值凝聚的过程。通常用J. M. 朱兰(J. M. Juran)的质量螺旋模型来说明此过程的规律性。质量螺旋(quality spiral)是用于表述影响质量的相互作用的概念,它将此过程表达为一条呈螺旋式上升的曲线。整个过程由各项质量职能依据其逻辑关系串联起来形成一个过程链,用以表征其过程规律性(见图22-8)。因此,对园艺产品而言,其质量螺旋主要包括市场调查研究、产品设计和开发、栽培技术开发、生产资料采购、农业设施建设、采收和采后处理技术开发、加工技术开发、产品检验、包装和贮藏、产品运输配销以及售后服务等重要环节。

在朱兰质量螺旋中,产品质量从产生、形成到实现的各个环节都存在着相互依存、相互制约、相互促进的关系,并不断循环,周而复始。每经过一次循环,产品质量就提高一步。产品质量形成过程中的各个环节相互依存,相互联系,相

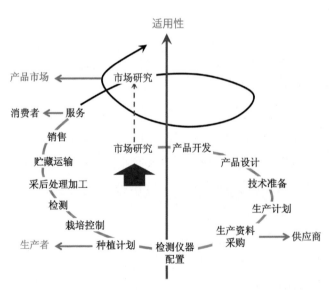

图22-8　园艺产品质量形成过程的环节与朱兰质量螺旋
(依金城第一居士,baike.baidu.com)

互促进。

因此,要想获得令人满意的园艺产品质量,需要关注整个质量环中的所有阶段。从园艺产品的商品质量管理角度来看,可以将商品质量形成的过程概括为技术开发质量、种植生产质量、采后生产质量、检验质量和使用质量等几方面形成过程的总和。这五个方面应完全统一和协调。但事实上,由于生产过程链的各个环节上所涉及的条件及技术、管理与实践等方面的水平存在一定差异,因此由此形成的整个体系中常常会出现较多的矛盾,从而因一个环节的问题而影响整个产品的使用质量(即商品价值)。这也就体现出在园艺产品质量控制的标准化推进中,必须做好体系性的协调和统一的重要性。

22.2.3 影响园艺商品质量的因素

1)产地环境与生产设施条件

产地环境状况(environment of producing area),是园艺产品质量的先决条件。从产品质量和食用安全角度看,若产地环境不符合生产条件要求,后续的过程无论做任何努力,其质量均不可能达到既定标准。因此,质量标准越高的园艺产品,其对产地环境条件的要求就越严苛。

在20世纪,中国的园艺生产在整个体系上对产地环境质量建设不够重视,盲目地追求产量,且在投入品管控上的法规制度不健全,对园艺生产资源与环境造成了极大的破坏,主要表现在土地质量退化、土壤和水体污染、大气污染和生态系统质量下降等方面,并形成了恶性循环。进入21世纪以来,中国加大了环境治理力度,绿色发展、可持续发展已深入人心,整个农业领域也加强了产品质量管控并取得了长足的进步。

从园艺产品的质量与产地环境的关系看,一些产品生产所需的最适条件可能在某些地区能够实现完全的匹配,使这一特定区域成为某一类产品的优质产地。这一产区(规定地理经纬度区域)所生产的特定产品在质量上与其他区域的产品有着较为明显的质量差异,这种差异是栽培品种与产地环境双重作用的结果。2007年,农业部(现农业农村部)正式发布了《农产品地理标志管理办法》,开始对区域农产品进行登记认定工作,其标志和证书(样张)如图22-9所示。2015年,农业部(现农业农村部)优质农产品开发服务中心正式发布《2015年度全国名特优新农产品目录》,该目录包括了粮油、蔬菜、果品、茶叶及其他5大类别共741个产品和1 000家生产单位。

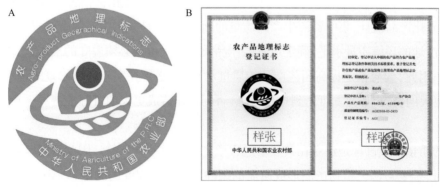

图22-9 农产品地理标志及登记证书(样张)
(A、B分别引自 luobei.gov.cn、aghuinong.com)

产地环境对园艺产品质量的影响,从全球来看则更为明显。例如:不同产地生产的葡萄原料直接决定了酿成后的葡萄酒的质量,全球著名的葡萄酒产地主要分布在纬度为30°～60°的河谷地区;同样在咖啡、茶叶等产品上,产地几乎成为其产品质量的代名词。

从食品安全角度看,园艺植物生产地的环境条件与该区域的污染状况有直接的关系。因而,对一些因土地、水质和大气环境不能满足产品产地环境要求的区域,必须通过系统的生态修复,才能实现其产品标准级别上的提升。从无公害产品生产来看,在实施农药和化肥减量施用,并对危害进行有效管控后,产地环境可逐步得到恢复;而要做好绿色食品和有机产品的生产,则必须实施土壤的转换与修复工程并配合相应的环境治理,如此才能使产地环境恢复至完全满足该标准的要求,否则其余的努力都是无效的。

2) 品种及其繁殖材料

对于特定的园艺产品种类,栽培类型及品种(cultivation types and varieties)对产品质量的影响往往是决定性的。园艺植物品种以其特有的遗传特性直接关系到产品的外观品质和营养品质,同时对其食用安全性也有一定影响。因此,在优质产品的产地,那些园艺植物品种很好地适应了当地环境,一些优良的品质性状在长期的进化过程中得以形成,这是环境与种质协同演进的结果,造就了众多的名优产品。关于这一话题,本书第6章中种质资源部分已有详细讨论。

一些优质的园艺植物品种,其种子或种苗等就具备了日后成为园艺产品时应有的最原始的物质基础,在同样的栽培环境下,这些品种所表现出的产品质量特性有时会大于栽培技术带来的影响。

3) 生产过程

从园艺产品的生产过程(production process)看,产品质量在品种和特定产地环境的影响下最终表现为什么样的结果,往往能通过园艺植物的栽培过程加以体现,同时生产技术的水平高低,对其质量潜力表达得充分与否也有着重要的影响。这一过程环节较多,任何的不当作业均会使产品质量遭受重大损失。

(1) 产品设计。

产品设计(product design)在园艺产品质量控制上具有非常重要的地位。基于不同的地域环境条件、生产水平和生产能力,选择不同的产品种类及其质量定位,是园艺生产上非常重要的决策性工作。产品的设计直接规定了所生产的产品的质量取向与管理目标。

针对特定的生产区域,对园艺植物产品进行设计,属于经营规划范畴,这部分内容将在本书第Ⅳ编相关章节中做详细讨论。产品设计对园艺产品质量的重要性在目前产量过剩的背景下则更为突出,一些不具优势的非优质产区的低端产品在市场上竞争力极差,常常无法实现正常销售。因此,根据产地条件的独特性,开展差异化产品设计,集中资源生产高质量的园艺产品,是减少生产浪费的根本所在。

同时,依据产地的环境质量水平,确定适宜的产品质量层次也是必须遵守的准则,切不可盲目将质量标准定得太高。因此,要想稳定提高园艺产品的质量水平,就必须在实施环境修复工程和推进更高的标准化方面做出更大的努力,如此方可达到理想目标,否则只能造成更大的资源浪费。

(2) 栽培技术。

园艺产品的质量形成过程是建立在其栽培过程中产量形成基础上的。因此,在特定产地背景下生产既定产品种类时,需要对园艺植物产品形成所需的条件给予最大程度的满足,以获得较高的产量与良好的品质。因此,在整个栽培过程中,必须在选择茬口、栽培季节、设施条件及耕作方式、施肥、灌溉、植物保护、生长发育调节等方面进行系统的栽培技术(cultivation techniques)配置。

(3) 采后处理技术。

适时采收的园艺产品,经过采后的商品化处理,其质量水平往往可以得到进一步的提升。因此,采后处理技术（post-harvest treatment technology）的配置与应用关系到产品销售时的最后品质。

（4）加工技术。

一些加工技术（processing technology）往往可以改变初始园艺产品的基本形态以及综合质量水平，并使加工后的产品呈现新的产品质量特点，如更易保藏和利用时更加便利等。这些变化均使产品的商品质量得以提升。

（5）贮藏技术。

经处理及加工后的园艺类产品，在进入流通和消费阶段之前所形成的质量属性受限于产品寿命，因此妥善贮藏并保持其质量状态使其顺利进入后续的流通和消费过程，是保证其价值和维持使用价值链的关键。贮藏技术（storage technology）应用不当，会使已形成的产品质量在后续过程中快速下降而使整个产业链崩溃。

（6）产品检验。

在正式进入市场之前的产品检验（product test），是保证园艺产品质量的重要手段。通过必要的检验，杜绝不合格产品进入市场，才能有效保障进入消费环节的全部产品具有特定的质量标准。

（7）生产人员的素质和技术水平。

在整个生产阶段的所有作业中，生产人员的素质和技术水平直接决定着这一阶段园艺产品质量控制的执行力水平。任何的不规范操作与随意而为的工作态度，均会导致整个流程的输出错误，使产品因质量达不到既定标准而被淘汰。因此，生产阶段合格品率（加工成品率）的高低直接反映了园艺生产管理水平的好坏。

4）流通过程

流通过程（circulation process），是指园艺产品离开生产过程进入消费过程前的整个区间。流通过程中的园艺产品受多种因素影响会出现质量下降甚至失去使用价值的情况。因此流通环节中的产品包装、运输及产品保护对维护园艺产品的质量具有重要意义，确保运输过程的快捷与产品安全是该作业的核心。

5）销售服务

园艺产品在销售过程中的交付验收、短期周转、搬运、上柜、产品整理与再包装、配送服务、产品咨询、售后服务等内容的工作质量，均会影响消费者对商品质量的认可程度。因此整个销售环节前、中、后的全程服务（sales service），已被消费者视为评价商品质量的一个影响因素了。

6）消费过程

消费体验（consumer experience）对园艺产品的质量评估有着巨大的影响，无论从产品众多的指标检测中得出多好的质量结果，若消费体验较差，人们将由此失去对该产品的信心，即在消费者心目中该产品因质量较差而不值得购买。因此，在现代园艺产品营销上，必须重视消费环节的产品质量表现。

同时，必须重视通过科学普及引导健康消费，建立良好的消费风尚（consumption fashion），如减少垃圾产出、践行包装回收、减少浪费等。

22.3 产品质量及安全性检测

园艺植物无论处于生产环节还是产品流通过程中的任一环节，对植物（产品）的质量与安全性均需按照所采用的标准进行相关检测，并做出综合评判。

22.3.1　检测内容及要求

1）产品质量构成的指标体系

园艺产品的质量由其物理、化学和生物学性状共同组成。从检测角度看，由于不同的指标属性上差异较大，因此必须根据检测内容选择适当方法，以确保测试的准确性。

2）物理属性

园艺产品的物理属性包括单体质量、长度或直径、体积、硬度、密度、黏度、温度、光谱特性、色谱特性等。这些属性常作为产品质量等级划分的依据。

3）营养成分与风味物质

从园艺产品的化学性状看，检验产品品质的指标包括营养物质、风味物质以及有害物质的种类及含量等方面。

园艺产品的营养物质（nutrients）包括水、碳水化合物、脂肪、蛋白质及氨基酸、维生素、矿物质和纤维素等七大类。这些物质的种类、形态及含量水平，直接决定了产品的营养品质，是产品使用价值的物质基础。这些物质的品质指标通常在测定上较为常用。

园艺植物除了有含量较高的营养素外，一些含量甚微但关乎产品的食用性或以其他利用方式影响嗅觉、味觉的风味物质（flavor substance），也是产品质量中特异化的存在，是为人们所关注的重要质量指标。

这些指标中，常见的有有机酸类、色素（胡萝卜素、叶绿素、花青素等）、生物碱、糖苷类、游离氨基酸、酯类、醇类、醛类、酮类等。这些成分除影响食用类园艺产品外，对观赏类、香料或药用类园艺产品的质量保持更为重要。目前，当园艺产品作为加工原料时，生产上对这些次生代谢产物的含量水平多有测定和评价，而在其他情况下的系统性测定则相对较少。

4）有害物质

（1）农药最大残留限量值及计算依据。

农药最大残留限量（maximum residue limit, MRL），是指按照良好的农业生产规范，直接或间接使用农药后，在食品和饲料中可检出的农药残留物的最大浓度。

国际上通行的有害物质最大残留限量标准，是根据农药的毒理学和残留试验结果，结合人们的膳食结构和消费量情况来确定的。其过程包括以下程序：根据毒理学试验所得出的最大未观察到有害作用剂量（no-observed adverse effect level, NOAEL）计算出特定农药的每日允许摄入量（acceptable daily intake, ADI），对有些农药则取急性参考剂量（acute reference dose, ARfD），以规范残留试验中值（supervised trials median residue, STMR）和最高残留量（maximum residue, MR）；进行膳食摄入评估（包括长期和短期膳食摄入评估），根据人体平均体重和每日平均食用量推算推荐的NOAEL数值。

每日允许摄入量可由下式求得

$$每日允许摄入量（ADI）=最大未观察到有害作用剂量（NOAEL）\div 安全系数（SF）$$

式中，SF为安全系数（safety factor），对人类的安全系数多取值100，对个别毒性，其数值有时可达1 000以上；ADI和NOAEL的数值对应的单位分别为mg/（kg·d）和mg/kg。

（2）固有有害成分。

园艺产品的代谢产物中常包含一些对人体健康有不利影响的成分，如亚硝酸盐（nitrite）及一些具有药物作用的成分。一些叶菜类等产品特别是腌渍类加工品中含有较高的硝酸盐,当其在特定条件下转化为亚硝酸盐时,较高的含量会使人体组织器官缺氧。

一些药用成分对人体健康具有双重影响。虽然它可调节人体生理机能,但对于不同的人群及身体状况,有些成分则会使人产生一定的不良反应,如很多园艺植物所含有的马兜铃酸、生物碱类等;甚至一些有香味的成分,对特定人群也可能造成其昏迷、恶心、呕吐等不良反应。因此,对于这一品质特性需在利用上多加注意:绿化出芽的马铃薯因含有大量龙葵素而不能再食用;豆类、金针菜等产品均须煮熟后食用,目的是破坏其中的有毒蛋白、皂苷和秋水仙碱等;木薯等在食用前需要充分浸泡以去除含有的氰苷类物质。正确地利用这些产品,才能使其产品质量得到正常表达。

这一领域的各种成分的限量标准可参考医学上的相关指标,目前在农产品中未以标准形式逐一列出。

（3）化学污染物。

园艺产品中可能存在的化学污染物,通常由植物生产过程中植物保护、生长调节、食品加工及机械使用等过程引起,也可能由已污染的土壤、灌溉水和其他生产用水及大气沉降等进入植物体内。其中,农药（pesticides）残留的基本分类如图22-10所示。

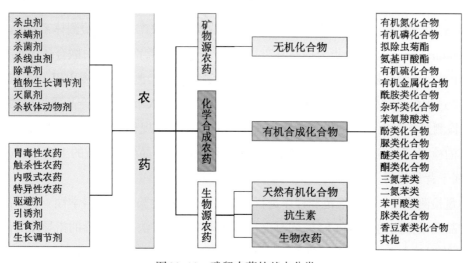

图22-10　残留农药的基本分类
（引自《中国农业百科全书·农药卷》）

值得重视的是由环境污染而引发的重金属（heavy metal）在产品中的富集（enrichment）问题。园艺产品受到的重金属污染,通常来自土壤、灌溉水和农药等,涉及的元素种类较多（见图22-11）。一些重金属污染较严重的地区所生产的园艺植物产品,往往在相关指标的测评中有较明显的重金属超标情况。因此,这一类物质也是需要监控的重点污染物对象。

此外,园艺产品还面临一些受石油类物质污染的可能。

（4）影响健康的微生物类。

即使在园艺产品采收后的商品化处理过程中进行必要的杀菌作业可有效降低产品中的微生物总密度,但事实上,由于水源、空气、用品用具等到处都可能受微生物的污染,产品携带一定量的微生物是必然的事情。倘若一些霉菌类微生物在产品中的存活数量较少,那么在园艺产品的贮藏、流通等过程中产品腐烂的发生率即可大大降低,可有效维护产品质量。因此,控制微生物密度是必要的处理过程。

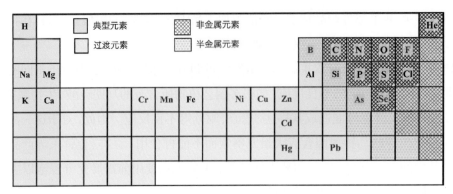

图22-11　广义的主要重金属元素（红字部分标出者）

除引发产品市场病害的微生物种类外，另一类微生物会危害人体健康，如大肠杆菌、沙门氏菌、葡萄球菌等，通常统称其为食源性致病菌（foodborne pathogens）。这类微生物从产品质量控制的角度看，是食用类产品生产过程中重点监控的对象。

22.3.2　产品质量与安全检测体系

1）农产品质量检测体系

园艺产品质量检测属于农产品检测体系的重要组成部分。农产品质量检测体系（quality inspection system of agricultural products），是指为提高农产品质量，由农业主管部门管理，联合各类具有农业专业技术和检测能力的检验、测试机构（第三方机构）组成的监测网络。检测内容主要由以下三方面构成：产品质量检测、生产过程检测和生产环境检测。农产品质量检测为进入市场时的产品质量检测，属于终端检测；生产过程检测是指对农产品的生产流程中所采用的具体操作规程及技术以及投入品的使用等是否合乎规范进行的检测，属于过程检测；生产环境检测主要检测农产品生产区域的土壤、大气、水质等因素的污染状况，属于背景检测。

农产品质量检测应按一定的规范和程序进行，这样才能确保检验结果的科学性。农产品质量检验规程规定了农产品质量检测的内容和方法，同时也是对检测内容和方法提供指导的指导性文件。

2）农产品检测的分类

（1）按检测对象所处阶段分类。

按照待检产品样品来源所处的过程阶段不同，可将检测分为产田间（收获前）检测、入库检验、加工检验、出库检验和市场检验等类别。

（2）按采样和检测者关系分类。

园艺产品的质量检测，按照采样和检测者关系，可分为自检、送检、抽检几类。大多数企业或生产者通常都不具有较强的实验室配置，因此自检（self inspection）往往只局限于某产品的部分指标，检测结果通常作为产品自我评估用；生产企业如需要对产品质量有一套准确的检测结果，往往需要将自行采集的产品样品委托具有专业检测资质的第三方机构进行全面系统的测试分析，此过程称为送检（entrusted inspection）。抽检（spot test inspection）则不是生产者行为，通常是由行政和执法部门为主导进行，其采样过程由抽检机构负责，样品的检测分析可由指定机构负责执行。

（3）按检验工作特征分类。

农产品的质量检测，一般采用感官检验法和理化检验法。感官检验是由一定数量的消费者按照特定规则进行的直观评判;而理化检验法则需要借助检测仪器设备,对产品的物理、化学和生物学特性进行定量或定性检测。

3)采样规则

目前已发布的采样规则主要有《蔬菜抽样技术规范》(NY/T 2103—2011)、《农药残留分析样本的采样方法》(NY/T 789—2004)、《蔬菜农药残留检测抽样规范》(NY/T 762—2004)、《无公害食品 产品抽样规范 第4部分:水果》(NY/T 5344.4—2006)等。

样品的采集直接涉及被检产品的质量结果。因此,在样品采集时务必坚守以下基本原则:①采集的样品应具有代表性(representativeness),以使所采样品的测定结果能代表样本总体的特性;②样品采集过程中,采样人员应及时、准确地记录采样的相关信息,保持样品的真实性(authenticity);③采样人员应亲自到现场抽样,任何人员不得干扰采样人员的采样,以保证样品的公正性(impartiality)。

采样是技术性很强的工作,也对从业人员的责任心有很高要求。为了减少随机误差,需要有较大的重复数;而对于系统性误差,则需要采样人员用丰富的经验去辨识,尽量降低此类误差。

采样的同时,必须对样品做好记录、标签、封装等工作,避免错样等失误。抽样时须做好样品确认签字等流程性工作。在样品交接时,双方应当面确认,认真核对样品的包装、标识、外观等信息。如有问题,可拒绝接收。

原则上,所采样品不准邮寄或托运,应由抽样人员随身携带。通常,样品应在24 h内运达实验室,否则应对样品进行冷冻。在高温季节,样品的运输应选择良好的保温容器。样品在运输过程中,应采取相应的措施保证其完整、新鲜,避免被污染。除非征得实验室同意,样品不宜在周五或法定节假日前一天送达。

4)感官检测法

园艺产品的感官检测(sensory evaluation),也称官能检验,是依靠人的感觉器官对产品质量进行评价和判断的方法,如对产品的形状、颜色、气味、质地等性状进行评价,通常可依靠人的眼睛、耳朵、手和鼻子等感觉器官进行检查,并由此判断产品质量的好坏或是否合格。通常,感官检测又分为两类:专业评价员小组评价和消费者评价。感官检测是理化检测所不能取代的。

评价小组法(evaluation group),是指由具备专业素养且专门从事评价工作的工作人员对产品进行检测评判。该方法从评价员选择(评价小组建立)、试验环境、方案设计,到结果处理的整个流程都有其科学体系,结果需要用统计方法加以分析。最常用到的检测方式有两点检验法、排序检验法、评分法、定量描述分析法(quantitative descriptive analysis, QDA)等。这类检测方法在实际使用中易受检测环境、样品制备、评价过程和评价员状态等因素的影响。如图22-12所示为一款萝卜泡菜的QDA检测结果。

消费者测试是园艺产品感官检验中常用的测试方式。通常以随机形式选择消费者进行测试,测试人员需要是规模较大的一个群体,而且应增加重复数。由于消费者的主观喜好、认知能

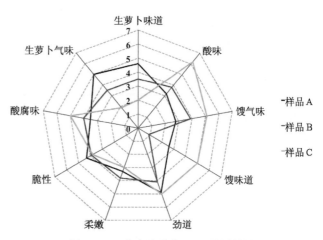

图22-12 萝卜泡菜的QDA检测结果
(依罗云波)

力等方面的差异性,结果的离散度相对较大,但此大数据结果对与产品质量相关联的市场占有率大小有很大影响,值得重视。

5) 检测实验室建设

农产品质量分析测试实验室需要有特定的软、硬件条件作为支撑。其建设内容包括具有专业检测能力的检测人员队伍、配置检测分析的仪器设备。较为全面的检测实验室的仪器配置如表22-5所示。

表22-5 农产品质量分析测试实验室仪器配置推荐清单

序号	名 称	常用型号	功 能 特 点
1	便携式pH计、酸度计、酸度检测仪	PHB-4	精密测量溶液pH和电极电位
2	便携式电导率(EC)仪	DDBJ-350	测量电导率、TDS、盐度和温度
3	液相色谱仪(HPLC)	LC600B	定性、定量分析
4	气相色谱仪(HPGC)	JC-2011	定性、定量分析
5	自动电位滴定仪	ZD-2	按设定电位控制滴定终点,具手动、自动、恒pH值(电位)滴定模式
6	扫描型紫外可见分光光度计	UV759	高分辨率(适合微量测试),数据处理功能强大
7	可见分光光度计	721、722、722N、722S等	测量物质对不同波长单色辐射的吸收程度,定量分析
8	火焰石墨炉一体机原子吸收分光光度计(AAS)	JC-YZ-600	根据被测元素的基态原子对特征辐射的吸收程度进行定量分析
9	全自动微量水分测定仪	JC-SF-1	适用于大部分液体、气体、固体物质中水分的测定
10	傅里叶变换红外光谱仪	FSM1201型	测量各种气体、固体、液体样品的吸收、反射光谱等,而且可用于短时间化学反应测量
11	手持式色差计	SPH900	依照 DIN EN ISO 9000标准测量记录,对生产中的颜色进行客观的质量控制
12	离子色谱仪(ICS)	IC-700	单、双通道工作站两种模式,可以同时完成阴、阳离子数据采集及处理
13	全自动微量水分测定仪	JC-SF-1	适用于大部分液体、气体、固体物质中水分的测定
14	原子吸收荧光光度计(AFS)	JC-YG-200	三灯三通道(一次进样可同时获得3个元素的检测结果),主要用于农产品中重金属含量的测定
15	自动旋光仪	JCX-1	具有旋光度、比旋度、浓度、糖度四种测试模式,可自动复测6次并计算平均值和均方根,可测深色样品
16	酶标分析仪	JC-1181	可适用于终点法、两点法、动力学法,具单、双波长测量模式,能快速测量样本吸光度;酶标板可模具化制造
17	微量移液器	Research plus (0.1~2.5 μL)	实验室配套用具,用于移取液体,精度较高
18	马弗炉	JC-MF-7 3300	分为箱式炉、管式炉、坩埚炉,为一款通用的加热设备,可用于元素的分析测定
19	全自动折光仪	JCZ-200	高效、高精度测量透明、半透明、深色、黏稠状等各类液体的折射率和糖溶液的质量分数

（续表）

序号	名　称	常用型号	功　能　特　点
20	全自动脂肪测定仪	SE-A6	测定农产品中脂肪的含量；萃取土壤中的半挥发性有机化合物，如杀虫剂、除草剂等；为气相、液相色谱法做固态样品的消解预处理
21	氨基酸自动分析仪	JC-12A	氨基酸含量测定
22	分光测色仪	JC-NS800	重复精度在0.04以内，台间差在0.2以内，测试性能稳定
23	便携式单参数比色计	PCII	用未知浓度样品与已知浓度标物比较的方法进行定量分析
24	电脑水分仪	JC-LS-5S	快速测定
25	全自动凯氏定氮仪	JC-QN-04C	测定土壤、农产品、沉淀物和化学品等物质中的含氮量
26	卤素水分快速测定仪	JC-LS-5S	快速测定物质内的水分含量
27	黄曲霉素测定仪	JC-300Z	测量黄曲霉素值
29	重金属快速检测仪	JC-12C	可快速检测食品中的铅、砷、铬、镉、汞等金属
30	便携式浊度仪	JC-BZ-1T	测量悬浮于水或透明液体中的不溶性颗粒物质所产生的光的散射程度，并定量表征这些悬浮颗粒物质的含量
31	手持糖度计	PAL-1	测量各类果汁、食品、饮料以及某些化学品或工业溶剂（如切削油、清洗液和防冻剂）的糖度
32	便携式农残快速检测仪	JC-NB	用于快速检测水果、蔬菜中有机磷和氨基甲酸酯类农药的残留状况
33	食品温度计	TP300……	测定产品组织与环境温度
34	多功能食品检测仪	JC-12D	便于现场检测
35	色度仪	JC-XZ-S	微电脑光电子比色检测原理
36	纤维测定仪	JC-CXC-06	测量纤维含量及分析
37	索氏提取器	JC-ST-04	利用索氏提取技术研制而成的提取器，用于实验室测定脂肪含量
38	其他常规设备	—	天平、冰箱、冰柜、低温冰柜、通风干燥器、蒸发器、离心机、纯水机、洗涤机、粉碎机、匀浆机、显微镜、玻璃器皿等

注：依qdjchb.com。

22.3.4　产品质量检测方法

除了对产品进行感官检测外，大多数指标均需依据理化和生物检测法进行。

1. 物理属性指标

园艺产品单体的质量（weight）、长度（length）和直径（diameter）等指标的测定较为简单，采用常规称量的测量方法即可获得；硬度（hardness）测定可采用硬度仪；较为准确的体积（volume）测量方法为排水法，在测得其体积后进一步可计算其密度；黏度（viscosity）的测定通常可使用全自动黏度仪；产品的色值（color value）需要用分光测色仪测定。如图22-13所示为园艺产品物理指标测定时常用的黏度仪、果实硬度计、分光测色仪。

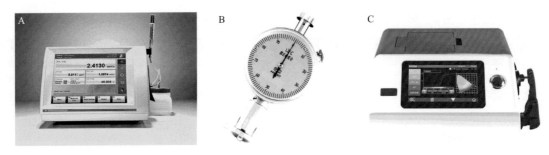

图 22-13　几种用于园艺产品物理性状测定的仪器
A. 黏度仪；B. 果实硬度计；C. 分光测色仪
（A～C 分别引自 anton-oaar.cn、baike.baidu.com、3nh.com）

2. 化学成分指标

园艺产品质量检验中所涉及的化学成分分析，通常涉及以下内容的测定：水分、无机成分（盐分、亚硝酸盐、重金属）、有机成分（碳水化合物、糖类、纤维素、脂肪酸、蛋白质及氨基酸、有机酸、维生素类、色素、香气成分、次生代谢产物、残留农药、石油污染、有害物质等）。由于不同产品的内含物质之间差异较大，故在测试方法上不可能有较为简单的通用方法。因此，在测试仪器选择上，必须重视检测仪器的灵敏度和数据的稳定性。不同化学成分在检测时所对应的方法及所需仪器可对照表 22-5 合理取舍。相对而言，大多数的化学成分分析中，色谱分析及气相色谱-质谱技术的应用更加广泛。

1）高效气相色谱法

高效气相色谱法（high performance gas chromatography, HPGC），是以气体作为流动相，液体或固体作为固定相，经色谱柱对组分进行分离后再以检测仪进行测定的检测方法。HPGC 具有应用范围广、检测速度快、分离效率高等优势；但其缺点是无法测定大分子物质、热不稳定性物质、无挥发性物质和解离性物质，而且对每一种成分需要单独分析。

高效气相色谱仪通常由以下五个部分组成：载气系统、进样气化系统、色谱柱、检测仪、记录系统。样品进入气化室，在高温下瞬间即可实现气化，这些气体会随着载气进入色谱柱并得到分离，各组分依次流入检测仪检测，经记录形成色谱图。如图 22-14 所示为用于茶叶品质分析的色谱图。不同的物质组分在相同的色谱条件下均会呈现出其固有的色谱保留值，即在色谱柱中流动的时间，以此可对组分进行定性分析；而特定组分所对应的色谱峰高和面积，则是对其进行定量分析的依据。

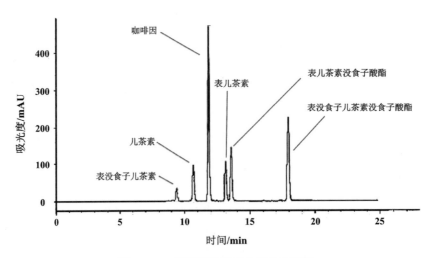

图 22-14　用于茶叶品质分析的色谱图
（引自李家华等，m.sohu.com）

2）高效液相色谱法

高效液相色谱法（high performance liquid chromatography, HPLC）与HPGC相类似，但该系统是以液体为流动相，液体或固体为固定相。流动相的流动需靠高压输压泵作用而实现。HPLC与HPGC相比，其本身不受试样挥发性的限制，因此对于HPGC所不能分析的大分子量组分、热稳定性差的成分等，此法均可进行检测。

通常，HPLC的检测器可选择紫外（UV）检测仪和荧光检测仪（FD）两种类型。荧光检测仪的灵敏度高于紫外检测仪，更加适用于残留农药的分析。

3）气相色谱–质谱联用仪

气相色谱–质谱联用仪（gas chromatography-mass spectrometry, GC-MS），兼顾了色谱与质谱两者的优势，利用色谱对样品中的成分进行分离，并按照一定顺序进入质谱仪进行测量。

当多组分的混合样品进入色谱柱后，由于吸附剂对每个组分的吸附力不同，经过一定时间后，各组分在色谱柱中的运行速度也就不同。吸附力弱的组分优先被解吸下来，最先离开色谱柱进入检测器，而吸附力最强的组分被解吸较晚，因此最后离开色谱柱。如此，各组分得以在色谱柱中彼此分离，并按顺序进入质谱检测器。进入质谱检测前，各组分在离子源中发生电离，组分失去电子后生成具有不同荷质比的带正电荷的离子化分子。经加速电场的作用，这些离子形成离子束后进入质量分析器。在质量分析器中，利用电场和磁场使离子束中不同质量的离子按荷质比大小分离而依次进入离子检测器，采集离子信号后放大，经计算机处理这些信息后得到质谱图，从而确定各组分的质量。如图22-15所示为GC-MS设备及其工作原理简图。

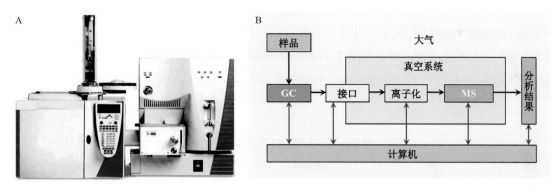

图22-15　GC-MS设备及其工作原理简图
（A、B分别引自b2b.hc360.com.cn、m.antpedia.com）

3. 生物学性状指标

检测内容涉及产品中的菌落总数、霉菌、大肠杆菌、李斯特菌、沙门氏菌、志贺氏菌、铜绿假单胞菌、大肠埃希氏菌、副溶血性弧菌、金黄色葡萄球菌、溶血性链球菌、产气荚膜梭菌、芽孢杆菌等多项指标。

1）微生物计数测量

常用的平板菌落计数法（plate count）是根据每个活的细菌能长出一个菌落的原理设计的。取一定容量的菌悬液，进行稀释，然后将定量好的稀释液进行平板培养。为防止菌落蔓延，通常需要在培养基中加入0.001%的2,3,5-氯化三苯基四氮唑（TTC）。根据培养出的菌落数，结合显微镜观察，可得出活菌数。此法灵敏度高，是一种检测污染活菌数的方法，也是目前国际上通用的检测方法。

比浊法（turbidimetry）是根据细菌悬浮液的透光量间接地测定细菌数量的方法。通常，细菌悬浮液的浓度在一定范围内与透光度成反比，与光密度成正比。因此可用光电比色计测定菌液，以光密度（OD

值)表示样品菌液浓度。此法简便快捷,但只能检测含有大量细菌的悬浮液,并得出相对的细菌数目。

2)微生物的分离与鉴定

(1)基于表型的鉴定方法。

通常使用的Microstation和Omnilog自动微生物鉴定系统,是基于微生物中多种碳源或化学敏感物质的不同而进行的鉴定,可鉴定2 650种细菌、酵母和霉菌;也有基于脂肪酸的鉴定方法。

(2)基于基因型的鉴定方法。

如基因测序法及基因条带图谱法。这类方法较为常用,且已建立起的数据库非常强大。通过DNA测序对微生物进行物种鉴定的方法对所有菌种均可使用,与传统生物学鉴定相比,其具有快速、准确的优势。

鉴定方法包括细菌16s rDNA鉴定、真菌26S/28S rDNA鉴定和真菌ITS鉴定等。通过大量实验优化得到的通用引物,适用于99%以上的微生物鉴定,鉴定成功率可达95%以上。

进行此项工作的实验室,需要配备PCR(聚合酶链式反应)仪、高速冷冻离心机、电泳仪、凝胶成像系统、紫外控温分析系统等设备,以及DNAMAN、BIOEDIT、CLUSTALX、TREEVIEW等序列分析软件。

(3)基于蛋白质的鉴定方法。

此法采用MALDI-TOF-MS(基质辅助激光解吸电离飞行时间质谱),获取微生物的质量图谱,并通过VITEK-MS数据库对其进行分析,从而完成微生物的鉴定。如图22-16所示为基于蛋白质进行鉴定的梅里埃微生物质谱分析仪。

4. 快速检测

园艺植物产品中的农药超标现象,大多集中在有机磷农药和氨基甲酯类杀虫剂的残留上。利用胆碱酯酶抑制法(cholinesterase inhibition)可对这些农药进行快速检测。

毒理机制:有机磷类和氨基甲酸酯类农药能够抑制胆碱酯酶的活性(其测定机理涉及的反应见图22-17)。正常情况下,产品内的乙酰胆碱可为乙酰胆碱酯酶分解;有相应农药残留时样品内的乙酰胆碱分解

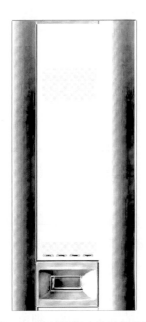

图22-16 梅里埃微生物质谱分析仪
(引自 sohu.com)

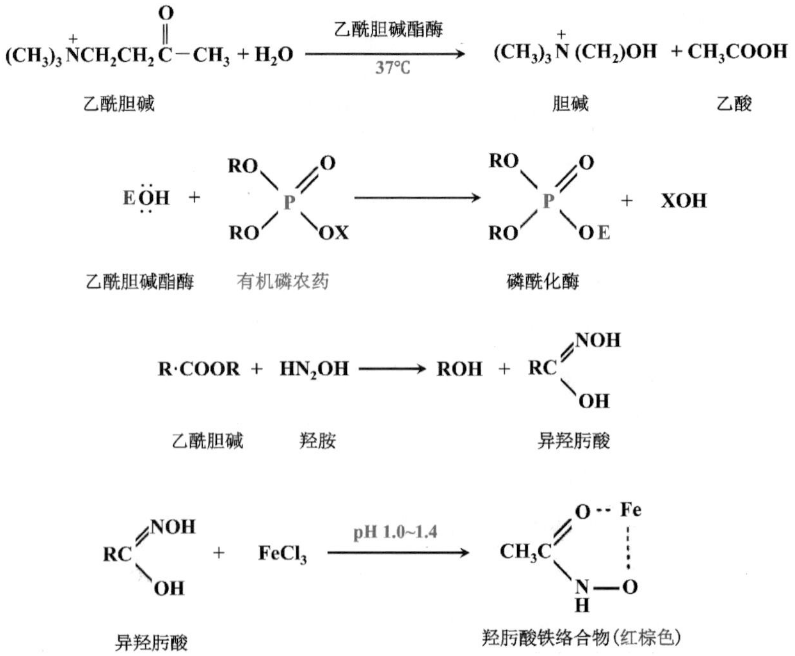

图22-17 利用乙酰胆碱酯酶的抑制反应检测有机磷类农药的化学原理

减少。乙酰胆碱与 $FeCl_3$ 反应可产生红棕色络合物,通过比色法进行测定,即在有农药(有机磷类、氨基甲酯类)残留时,样品的吸光度(OD)数值会变大。这一反应有较高的灵敏度,其具体的操作方法可按《蔬菜上有机磷和氨基甲酸酯类农药残毒快速检测方法》(NY/T 448—2001)进行。

利用酶抑制原理的这一检测方法(见图22-18)的特点是快速、便捷、可移动。但其测定范围有局限性,并非对所有农药均有效,且测定的准确性与稳定性常受酶制剂活性的影响。因此,此方法仅在快速筛查时使用,更具体的定量判别仍需要依靠色谱法等定量检测方法。

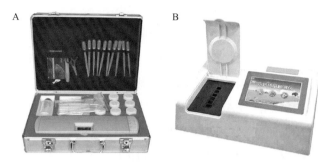

图 22-18　有机磷和氨基甲酯类农药快速检测系统
A. 试剂盒;B. 检测仪
(A、B分别引自 b2b.hc360.com.cn、app17.com)

22.4　质量追溯体系

成熟的质量管理体系是以一个透明的、可追溯的系统来实现对产品的质量管理,该体系的受重视程度应该至少不低于财务管理系统。

22.4.1　质量追溯体系

质量追溯体系(quality traceability system),指在生产全过程中,每完成一个工序或一项工作,都要记录检验结果、存在的问题、操作者及检验者的姓名、作业时间/地点及情况分析,并在产品的适当部位处加注质量状态标志。这些记录将与带有标志的产品同步流转。如此,需要查询时很容易就能明确责任者的姓名、作业时间和地点,使整个流程中人员职责分明,查处有据。这可以极大地增强企业和员工的质量责任感。园艺产品溯源系统流程图如图22-19所示。

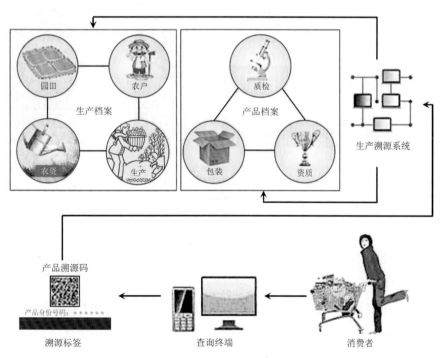

图 22-19　园艺产品溯源系统流程图
(依 scjgj.gz.gov.cn)

22.4.2　追溯实现与技术支持

目前用于追溯的技术体系主要有条码技术（bar code technology）、射频识别技术（RFID）等。

1）条码技术

条码技术是将一组规则排列的条和空及相应数字组成的编码（即条码），通过机器进行识读并转译成二进制数和十进制数的技术。这些条码可以有各种不同的组合方法，构成不同的图形符号。

目前中国使用较多的码制为EAN码、39码、交叉25码、UPC码（通用产品代码）、Codabar和EAN-128条码等。EAN码（欧洲商品编码）是国际通用符号体系，它们是一种定长且组成条码的码符无特定含义的条码，主要用于特定商品标识；EAN-128条码是由国际物品编码协会（EAN International，现改名为GS1）和美国统一代码委员会（UCC）联合开发、共同采用的一种特定的条码符号，这些组成代码是一种连续型、非定长且码符元素具有特定含义的高密度代码，可用于表示生产日期、批号、数量、规格、保质期、收货地等多种商品信息。这些条码均为一维条码，能表达的信息量极为有限。

二维条码技术是在一维条码基础上发展起来的，其能够表达的信息量较大。二维条码可分为两类：一类由矩阵代码和点代码组成，其数据是以二维空间形态编码的类型；另一类包含重叠的或多行条码符号，其数据为以成串的数据行显示的类型，重叠的符号标记法有CODE49、CODE 16K和PDF417等。

如图22-20所示为依据不同编码规则生成的一维条码和二维条码。

图22-20　不同编码的一维条码和二维条码
（引自 lebelmx.com）

2）射频识别技术

射频识别技术是通过无线电波进行数据传递的自动识别技术，为非接触式，其识别过程无须人工干预，可工作于各种恶劣环境下。

与条码识别、磁卡识别和IC卡识别技术等相比，RFID具有无接触、抗干扰能力强、可同时识别多个物品等多项优点，逐渐成为自动识别中应用最为广泛的技术。RFID不局限于视线，其识别距离比光学系统的更远，且其卡片具有信息存储功能，可为专用设备读取信息，但数据写入是受限的，系统信息将无法更改。

RFID在园艺产品生产的各过程中皆易进行数据的采集,并可通过标签记录这些信息,实现打印、信息读写与识别等功能。这些来自不同时期和状态的工作数据通过数据通信进入数据网络。

这些涉及产品信息的数据按特写格式存放于溯源平台和防伪验证平台的服务器中,而用户则可以通过扫码进行公共查询,联网后即可调取产品相关信息,进行产品的真伪验证或对产品质量进行投诉。如图22-21所示为RFID技术在园艺产品质量追溯系统中的应用模式。

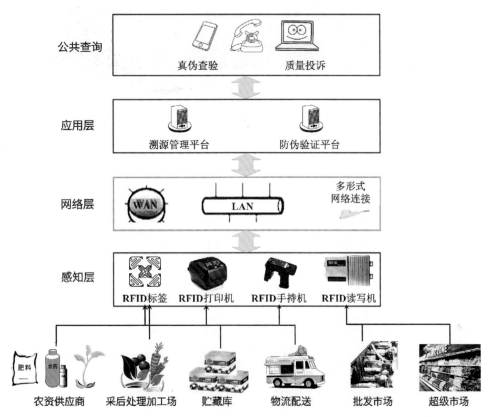

图22-21 RFID技术在园艺产品质量追溯系统中的应用模式

因此,利用RFID技术所建立的产品质量追溯系统的逻辑如下:系统通过对园艺生产资料,包括供应商物料信息、栽培过程中的5M1E[man/manpower, machine (facilities and equipment), material, method, measurement, environment]信息、产品采收及采后处理加工时的作业信息、贮藏及产品检验信息、产品运输的发货和物流信息等的采集,实现从客户订单号到产品生产批次号及装载产品批号的全面贯通,进而实现产品追溯信息的动态查询。

22.4.3 农产品质量安全追溯平台的建设

"十三五"期间,国家农业农村部已建成"国家农产品质量安全追溯管理信息平台",该平台于2017年起上线运行,开始与各省(直辖市、自治区)逐步开展平台对接,采集数据。其登录界面如图22-22所示。

国家农产品质量安全追溯管理信息平台,是由数据采集终端、数据中心及支持系统和追溯平台三个部分组成,其基本逻辑架构及内容体系如图22-23所示。在完成数据整合后,可实现绿色食品、有机农产品、地理标志农产品系统及农垦质量管理系统与国家追溯平台的对接。

图22-22 国家农产品质量安全追溯管理信息平台登录界面

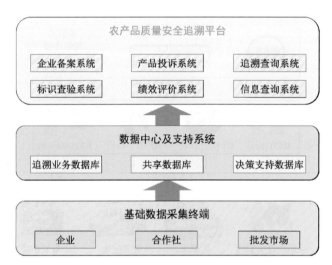

图22-23 农产品质量安全追溯管理信息平台结构
（依 moa.gov.cn）

在搭建完成平台的基础上,后续的完善化建设包括以下三个方面:

（1）推动相关行业、部门的追溯平台及国内主流电商、大型商场、超市的追溯平台与国家追溯平台数据互通共享。

（2）建立市场化拉动机制,加强与线上线下销售平台、超市的合作,推动追溯产品进入大型超市、电商的业务范围,推进产销对接,促进优质优价,提高农产品生产经营主体参与追溯的积极性。

（3）加强与市场监督管理等部门在追溯工作上的衔接和沟通协调,推动建立追溯部门协作机制,以入市索取追溯凭证为手段,建立倒逼机制,推动追溯管理与市场准入相衔接。

22.5 园艺企业的品牌建设

22.5.1 品牌及其作用

1）品牌概念

广义的品牌（brand）概念,是指具有经济价值的无形资产,也是一种用抽象化的、特有的、能识别的心智化概念来表现其差异性,从而在人们意识当中占据一定位置的综合反映。

狭义的品牌(trademark)概念,是指一种拥有对内、对外两面性的标准或规则,是通过对理念、行为、视觉、听觉四方面进行标准化、规则化,使之具备特有性、价值性、长期性、认知性的一种识别系统总称,也被称为企业形象系统(corporate identity system, CIS)。

市场营销学家菲利普·科特勒(Philip Kotler)也给出了他对品牌的定义:销售者向购买者长期提供的一组特定的特点、利益和服务。

Amazon创始人杰夫·贝佐斯(Jeff Bezos)则认为品牌就是指企业与客户间的关系。品牌所起的作用并不是企业在广告或其他宣传中向消费者许诺了什么,而是消费者反馈了些什么以及企业对此做出了何种反应。因此,可以认为品牌就是人们私下里对企业的评价。

2)农业品牌的必要性

2016年,国务院办公厅发布《关于发挥品牌引领作用推动供需结构升级的意见》,其中提出设立"中国品牌日"(后定为每年的5月10日)。这表达了政府对推进品牌建设的坚定决心,标志着品牌建设进入了新时代。目前,中国的农业品牌建设虽然已取得诸多成效,但总体看,仍然呈现产品多、品牌少,普通品牌多、知名品牌少,尤其是国际品牌更少的基本局面。除了极少的知名品牌外,大多数品牌的影响力还仅限于局部地域。

那么,我们为何要发展农业品牌建设? 这一问题需要从以下几方面来进行判断。

(1)从中国农业产业的整体发展水平的提升出发。

在进入21世纪前,中国的农产品除标示产地信息外,并不注重产品的品牌建设及商业信誉保护,加之经营分散的客观原因,有些地区甚至连产业化都未能实现。离开产业化这个基础平台,后续的标准化事实上也就难以推进,这直接限制了农业生产上的基础性投入和技术水平提升。面对未来的国际竞争,单靠拼数量的日子可能快到头了,真正的竞争在过剩状态下则完全要拼质量、拼信誉。这些均促使中国从现阶段起必须狠抓农业品牌建设,也只有这样,才能系统地提升中国农业的整体发展水平。

(2)从局部的、数量的过剩背景下产业的淘汰机制出发。

从目前中国农业的从业人员情况看,一是老龄化现象加重,二是从业者的知识结构与水平跟不上发展要求,因此迫切需要职业化的新型农民。基于目前的状况,生产者离品牌化的最基本要求相距甚远,致使所生产的初级农产品只是经过简单加工就直接流入市场,产品品质良莠不齐,产品质量无法稳定。如此状况也很难得以改善与提高。近年所发生的园艺产品找不到市场的情况正是对这一问题的客观反映。因此,必须通过品牌农业的建设,逐步淘汰低水平的生产,使农业生产资源得到更好的利用。

(3)从产品质量提升的需求出发。

从供给侧来看,随着国家经济和社会的发展,人们对农产品的需求提升的同时更加注重其质量。而这一需求与分散式的低水平生产了极大的矛盾。通过品牌化建设,分散的农业过程能够纳入有序的质量管理体系下,这一方面是提高现有农业生产产出的需要,另一方面也是推进全社会农产品质量提升的必然举措。

3)推进品牌建设的意义

当前,中国的农业生产能力得到了长足发展,基于数量化的生产能力开始出现局部过剩态势。但其最大的问题是农业产品虽然种类众多,但低水平的同质化(low level homogeni-zation)日趋严重,低端产品占比高,高端产品则严重不足。一些特定的农产品种类因没有品牌可区分,不同质量的产品在市场上极易造成混乱,给消费者真假难辨的感觉,而使一些优质农产品无法通过标识来实现自我保护。

因此,在企业进行优质生产的同时,借助品牌的力量,可将产品信息及时准确地传达给消费者;而消费者通过对农产品品牌的认知,即可实现放心购买;当企业、品牌与消费者达成默契之后,对企业而言,其营销成本必然会大大降低,优质产品便不会遭遇"劣币驱逐良币(bad money drives out good)"的困境。品牌的形成既可为农业企业保持相对稳定的销售渠道,又能给消费者带来产品选择的便利。

同时可以看到,在特定区域生产的农产品或个别产品一旦能够形成品牌,其往往会成为该区域的支柱性产业(pillar industry),由此可带动某类产品在一特定区域内的规模化生产,进而在产供销一体化的生产模式下促使农业产业化加快发展,实现产业整体水平的极大提升。

当农业品牌的参与者——农民或农业企业开始注重产品的品牌建设时,通过一系列的在品牌营销与产品质量内涵式提升这两方面上的努力,产品的知名度(popularity)可迅速提高,以确保产品在激烈的市场竞争中获得先机。

4)品牌农业

品牌农业(brand agriculture),是指经营者通过取得相关质量认证,得到相应商标权来提高产品的市场认知度,并在社会上获得了良好口碑,从而能够获取较高经济效益的农业形态。

品牌农业所具有的特点,主要表现在以下几个方面。

(1)生态化(ecologization)。

品牌农业必须坚持尊重自然、循环发展的理念来从事农产品的培育和生产加工,销售安全、健康、优质的农副产品。

(2)价值最大化(value maximization)。

品牌农业的经营实体需引入品牌营销模式,通过品牌定位、品牌形象设计、产品创新、产品核心价值打造以及传播推广等手段,提升产业、企业和产品的附加值,实现企业的增收增效和可持续发展。

(3)标准化(standardization)。

经营实体需引入现代管理理念和手段,对企业产品的种养、加工过程的各环节进行规范化、系统化改造和建设,改变传统农业经营的粗放、随意和人为性,形成可量化、可控制和可复制的生产管理格局。

(4)产业化(industrialization)。

经营主体致力于在第一产业(农业)与第二产业、第三产业间实现高度融合与产业整合,形成完整的农业产业链,进行良性联动和互动式发展格局。

主要的组织形态有以下种类:公司+基地;公司+合作社+农户;农户+合作社+超市。

其融合的形式则包括三类:农村+金融;农场+家庭;互联网+家庭。

(5)资本化(capitalization)。

根据农业投资风险大、利润回报市场前景广的产业特点,农业经营主体应积极主动先期导入现代投资和资本运营理念、模式和路径,用资本的杠杆和力量撬动、助推现代农业实现跨越式发展。

22.5.2　企业形象系统及其设计

1. 企业形象及其要素

企业形象设计(corporate image design, CI设计),是指从文化、形象、传播的角度进行筛选,找出企业具有的潜在力,找出其存在价值及美学价值并加以整合,使企业在信息社会环境中转换为有效标识的过程。

设计的目标在于使企业内部的自我识别与企业外部对企业特性的识别认同相一致,也就是说,CIS是企业为了获得社会理解与信任,将其宗旨和产品所包含的文化内涵传播给公众而建立起来的。

在具体的设计表达上,CIS由以下三方面的要素构成:理念识别(mind identity, MI)、行为识别(behavior identity, BI)和视觉识别(visual identity, VI)。其中,MI为设计的核心,它由领导者对企业制订设计理论基础与行为准则,并通过BI和VI展现出其个性化的表达。

2. CI设计的基本要求

CI设计最为重要的是辨识度,从设计理念及方法本身而言两者有共同点,表现在以下五个方面。因此,设计过程不仅是设计人员单方面的工作,更重要的是在其中体现企业领导人的思想与态度。

(1)同一性。

要求产品与其logo保持理念上的一致,这就需要通过简化,去除与主流理念、业态和产品关系不大,甚至完全不相干的东西,使各要素保持高度的统一性。但其logo可在同一类产品的系列中通用。

(2)差异性。

差异性是有效避免雷同,提高企业及其产品辨识度的根本性要求,因此在设计的基本理念上应树立与行业内其他产品的差异性,这将在视觉传达(visual communication)中直接体现出来。

(3)民族性。

在CI的表达上,应充分体现深层的文化概念,强调产品的地域性和民族性等独特的文化基因(gene of culture),这也是其差异化实现的最好方式。

(4)有效性。

有效性是指企业的CI战略须符合其自身条件与社会发展实际,在具体执行过程中具有可操作性,而不是好高骛远的设计行为。企业领导人与CI策划间必须形成良好的共识,如此才能使最终的设计具有较好的有效性。

(5)象征性。

CIS主要由一些特定符号构成,其所表达的内涵需要依靠高度的概念抽象来实现,因此在表现方式上,对图形、文字及符号的选择与应用必须准确、简洁,并为常人读懂。

3. 企业标志

logo指的是商品、企业、网站等为自己的主题或者活动等设计的标志。为了在最有效的空间内实现所有的视觉识别功能,其往往通过特示图案及特示文字的组合达到对被标识体的出示、说明,便于企业与受众间的沟通与交流,从而引导受众的兴趣,达到提升美誉、加深记忆等目的。

1)Logo表达的组成要素

logo的表现形式通常由图案、字体及合成字体等组成。这些标志形式一经注册即受法律保护,称为商标(trademark)。国内目前较有影响力的农产品品牌数量较少,其中很多园艺产品甚至连商标都没有注册。从已有的注册商标看,综合性的企业较少,针对单一农产品的居多,且有些还属于区域性商标。

(1)图案。

属于表象符号,易于区分、记忆。logo通过隐喻、联想、概括、抽象等表现手法来表征被标识体,并在图案和被标识体之间构成高度的关联关系。图案被受众认识和逐渐理解后就能被受众记住,令人印象深刻的 logo 则能使受众对被标识体的记忆更为持久。

（2）文字。

属于表意符号，其特点在于比图案在表达上更加明确和直接，易于理解。但由于许多文字在字身变形后相互之间的相似度较高，因此文字类标识，特别是以文字为标识主体的易出现辨识度不高、不利于受众理解与记忆等问题，会影响受众对被标识体的长久与深度记忆。

（3）合成文字。

合成文字为表象、表意相结合的符号体系，即由文字与图案相结合形成 logo。这种设计较为多见，但设计难度更大，其中较为出彩的组合对受众的理解与记忆影响较大。

2）logo 的设计手法

在企业的 CI 设计上，常用的表达手法主要有以下五个种类。

（1）表象性。

表象性（representative），是基于受众在头脑中对已知事物的感性形象而进行的象形化设计，即看到特定符号便可准确知道它所对应的事物。因此，表象性表达具有直观、概括和抽象性的特点，在代表性符号背后，常有一类能够使人联想到的特定事物。表象可通过人的不同感觉映射，包括视觉、味觉、嗅觉、触觉等感受方式。因此，表象性是使受众的 CI 感知与其思维之间产生联系的一种形式。

色彩是表象性表达时最为重要的方式。不同的颜色带给人们的情感体验差异较大，对所表现的事物起的作用也不尽相同。不同色彩的表达情感及表象效果如表 22-6 所示。

表 22-6　不同色彩所表达的情感及表象效果

颜 色	意 义	表 现	搭 配 效 果
蓝色	永恒、博大，联想如天空、大海等	清爽、清新、消极、冷淡	与白色搭配，可营造淡雅、浪漫氛围；给人平静、理智之感
红色	灼热、有力、激烈、喜庆	刺激感强烈，引发冲动之情，如愤怒、热情、豪放、雄壮	—
橙色	激奋感、温馨、欢欣	时尚感、勇敢、成熟	—
黄色	温暖感、辉煌	阳光、快乐	—
绿色	和睦、健康、安全	宁静	与金黄色、淡白色搭配，体现优雅、舒适、宁和之感；与灰褐色搭配，象征衰老和终止
紫色	梦幻、神秘	典雅、庄重、高贵	与红色搭配，有华丽、和谐之感；与蓝色搭配，则显华贵、低沉；与绿色搭配，有热情、成熟之意
黑色	隐秘、寂静、悲哀、压抑	深沉	与白色搭配，想象感十足，对比强烈
白色	洁净、明快、纯真	协调	与各种颜色搭配，形成对比、衬托
灰色	中庸、平和	中立、高雅	纵深感

（2）表征性。

表征性（representation），是以可观察到的事物现象为直接起点而进行的一种初始抽象。它与表象性之间的区别在于，表象性往往是直观的，而表征性则更为抽象，往往用于一些看不见、摸不着的并非直观属性的认识。这种属性更接近于对象的本质。

（3）借喻性。

借喻性（metonymy），是指用喻体代替本体来表现的手法，本体在设计中并不直接出现。因此其表达更为深厚、含蓄。与其他象征性手法不同，表象与表征需要以物示意，以其具体形式来表示抽象事物；而借喻则为以物喻物，以具体形式比方具体的事物。

（4）标识性。

标识性（identification），是指CI设计所具有的独特性，其显著特点在于易于辨认。

（5）卡通化。

卡通化（cartoonish），是指为了有效地提升品牌的识别力，以卡通形象特有的亲和力与软性广告力来进行CI设计的手法。

3）logo设计上的一些具体要求

虽然，设计工作最讲究个性，但一些基本的手法则是大家常常使用的。因此，在设计实践中，更加需要注重以下问题：

（1）保持视觉上的平衡，讲究线条的流畅、简洁，突出整体效果。

（2）用反差、对比或边框等强化设计主题。

（3）选择恰当的字形、字体，或对文字进行变形处理。

（4）画面不要过满，注意留白，给人以想象空间。

（5）充分运用色彩，激发受众情感。

（6）能够利用要素的系列化，使其在相关的CIS中成为通用要素。

22.5.3 品牌建设与品牌维护

1. 品牌建设的作用

品牌建设（brand building），是指品牌拥有者对品牌进行的规划、设计、宣传、管理等行为。而品牌拥有者（即品牌建设母体，brand owner），则是指品牌建设的利益表达者和主要组织者。

按照企业的战略规划，品牌建设虽然有其明确的导向，但却不可能具体化为一定的目标。因此，要更加注重建设的过程，也就是说品牌的建设是一直向前的，没有终点。有效的品牌建设过程能促进实现以下目的：不断提升企业的产品质量，提升企业品牌的知名度、美誉度，培养起具有偏好度和忠诚度的客户群，增强企业在市场中的竞争力。

因此，品牌建设本身具有以下作用：

（1）增加企业内部的凝聚力（cohesion）。

（2）增强企业的吸引力与辐射力（social influence），有利于企业美誉度与知名度的提高。

（3）凝练和践行企业文化，使其成为品牌中的重要组成部分——文化基因（genes of culture）。

（4）使企业形象与行业公益活动的社会正能量间的联系更加紧密，体现企业的社会责任（social responsibility）。

2. 品牌建设的基本内容

品牌建设的基本内容包括以下方面：品牌资产建设、信息化建设、渠道建设、客户拓展、媒介管理、品牌搜索力管理、市场活动管理、口碑管理、品牌虚拟体验管理等。

根据这些建设内容,可将建设过程分为四个阶段:品牌规划、品牌发展、方案执行和评估与调整。

(1)品牌规划(brand planning)。

一个好的品牌规划,对品牌建设来说至关重要。因为规划一旦有偏差,可能使企业发展方向完全跑偏,企业甚至会因此自我毁灭。

因此,在做企业的品牌规划时,必须充分对企业现状进行一个深刻的品牌诊断(brand diagnosis),找出建设中需要解决的根本问题,并需对企业整体运营做出准确评估。

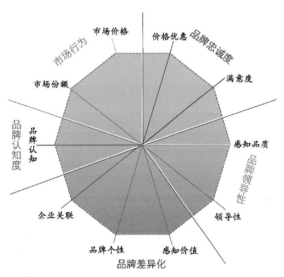

图22-24   戴维·阿克品牌诊断体系

用于品牌诊断的基本指标及其模式,多出自戴维·阿克(David Aaker)提出的评估体系(见图22-24)。这一模式基本上是从消费者的角度出发对企业的品牌价值进行判断,它共按照5个维度及10个指标进行。

在充分评估的基础上进行品牌系统研究时,须明确以下几个问题:产品范围的准确界定;市场定位(目标客户选择);品牌产品和服务的范围及终极范畴;选择品牌建设合作商,研究并确立品牌名称、视觉表达图像(商标)以及品牌策略;研究品牌间的差异性及自身企业与其他企业的关联度、竞争策略的异同等。

(2)品牌开发(brand development)。

这一阶段的主体工作是在策划基础上进一步调整、完善与形成执行方案。主要的工作内容包括以下方面:对品牌属性进行充分调研、论证;确认所制订的品牌策略与企业的产品和服务宗旨、顾客群定位及顾客对品牌的认知相吻合;进行充分预测,论证发展计划,确定分工与预算,明确目标;选择合作媒体或公关公司;等。

在此过程中,需要注意的是确立一个正确的品牌价值观(brand values)。健康的价值取向(value orientation)、企业社会责任(corporate Social Responsibility, CSR)及人文关怀(humanistic care for society)是必须坚守的东西。

(3)方案执行(programme implementation)。

在经历前面两个阶段后,企业的品牌建设就可全面展开了。如图22-25所示为品牌建设的基本切入点。按照既定方案,便可开始执行以下内容:注册新的商标,启用带有品牌商标的产品包装,全面改善产品的质量及视觉形象;全面展开企业的广告及促销计划,开展消费者体验、互动等活动;开展品牌推广活动与社会活动,树立企业形象;布局企业的经营规模,加强品牌合作与品牌延伸;开展全程的围绕产品的各项服务,维护良好社会声誉;等。

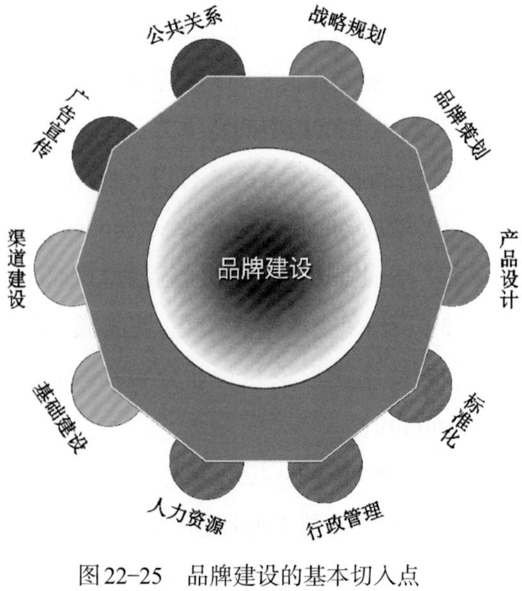

(4)评估与调整(assessment and adjustment)。

在建设过程中,根据品牌发展阶段,进行必要的过

图22-25   品牌建设的基本切入点

程评估,检查企业执行力以及建设中存在的问题,并能有效整改,及时调整资源配置。

这一阶段的主要工作:衡量受众对企业品牌及广告的认知程度;评估竞争者以及顾客对企业产品的反映;基于大量数据进行系统分析,对照建设目标进度,寻找差距,发现问题,提出整改措施,然后再返回执行阶段。

3. 品牌建设中的若干理念

(1)品牌建设应在企业的发展战略规划中得到充分体现,企业的生产、营销与品牌建设应同步发展。

(2)品牌建设需要媒体宣传,但宣传只是其一个部分。如果不重视企业自身的内涵建设,开发更好的产品,提高产品质量,为消费者提供更好的服务,而只是试图依靠媒体的力量发展,则品牌的生命力不会长久。

(3)企业所有人员珍爱自己企业的品牌,是品牌建设最基本的要求。用心呵护是品牌传播中的重要力量。

(4)品牌建设是一个长期而复杂的过程,不可能靠做几件事就收到明显效果,需要不断地积累,厚积薄发。而且企业必须在发展中不断适应和引领时代的变化,使其产品和服务能够在行业竞争中取得一定优势。

(5)企业对产品、对消费者、对社会的承诺是品牌的基本要义,诚信是品牌内涵中最核心的要素。企业形象需要以品牌标志其社会信用,因此品牌才可能成为企业重要的无形资产。一旦出现问题,勇于承担责任的企业不但能够化解危机,而且会提高自身的社会认可度。

(6)在扩大生产规模,实施合作经营时,内部的品牌意识必须落实到位,任何不当的授权使用企业品牌的行为都有可能使之前为品牌建设所做的努力全部清零。而且注意不要在领域扩张上跨度过大,这会影响品牌的核心产品形象。

4. 提升品牌力的各项活动

(1)充分利用特色文化提升品牌。

农产品的利用承载着厚重的历史文化,因此,对食材的挖掘、打造、提炼和传播与产品相关联的文化价值将成为农业品牌建设的重点。以此为中心的各项活动将有助于消费者认知品牌,重视消费习惯、饮食习俗以及人文历史资源。

(2)知识产权。

品牌之间竞争的很多方面会体现在企业的技术水平及其产品呈现上。因此,建立超越其他企业的技术标准,形成具有自主知识产权的核心技术,是品牌建设中不可以其他要素取代的事务。企业作为创新主体,其所形成的创意思维、技术及产品(线),是企业品牌领导力的集中体现。

(3)杂交创新。

大胆借鉴、叠加、学习和融合其他行业的优秀思想、资源、技术、模式和方法,从而催生出全新的产业、产品品类或者营销思路,以获得竞争优势,实现突破。

(4)热心公益事业。

有选择地主办或协办一系列公益活动,推动社会慈善、救助、危机处理等事业,其效果有时会超过纯广告宣传,也由此能够体现企业的社会责任担当,加深员工和消费者对品牌内涵的认识深度。

5. 品牌维护与管理

(1)始终保持品牌理念和风格的一致性。

无论在产品升级、推出新品、拓展系列产品时,还是在生态治理、绿色生产、产销流通和售后服务的各个环节,不管是企业内部还是向外面对消费者、公众,企业作为一个整体须保持思想和行为上的统一性。

（2）始终以严格的管理、优质的产品、诚信的做事风格立足。

在品牌维护上,必须有相应的制度保障,规范员工的行为,并使之成为其自主的行为。同时,在产品的研发、创新上花足工夫,使其成为别人模仿的对象。随时注意处理产品防伪及品牌辨识度强化等一系列工作,让假冒者无法生存。对于因其他原因引起的损害消费者利益的行为,企业应有承担一切责任及后果的魄力和担当。

（3）与旗鼓相当的竞争对手共同进步。

在发生竞争时更加需要彰显企业的品牌影响力,不可出现一切负面竞争行为,那无疑是在断送企业的前程。企业与合作者共赢,与竞争者共同发展,才是企业品牌持久深入人心的正道。

第 IV 编

园艺产业经营实务

第 23 章
园艺生产体系

23.1 园艺产业体系的历史演变

今日之园艺生产体系（horticultural production system），亦即整个种植业在历史过程中发展起来的完整生产体系。这些生产体系的实际利用情况是由园艺植物种类、人口密度、社会文化、技术水平以及传统的模式等因素所决定的。其由原始的混植庭园发展到如今高度专业化的生产，前后差异非常大。在新几内亚地区，原始的园圃是那些传统的部落遵循石器时代的文明，以他们对植物的熟识为依凭，在原始森林实施长期的轮作生产，利用刀耕火种法来开垦山区的结果，种植过后即废弃，且不受外界经济的影响；而中美洲的香蕉生产事业则形成了高度资本化的生产体系，由北美洲的两家大公司所垄断，他们拥有广袤的土地、运输系统、外销运输设备，技术人员来自美国，而劳工群体却由当地原住民所构成，这些劳工多居住在以公司为中心而形成的市镇中；在荷兰，主要的温室作物已实现高度的机械化种植，其栽培主要由一些小型家庭企业承担，他们依靠高度的联合体把持着北欧市场。

各时期园艺植物生产的经济复杂性，大体上与当时的农业状态有关联。目前农业的整体发展状况被世界上许多经济发展较为缓慢的地区所限制。而通过农业上的科技进步来大幅度提高生产力水平，并没有造福所有的国家或地区。在许多地区，农业的进步并不是视其技术应用的增加而定，主要是依当地乡村的脱贫减贫、农田所有权以及合理有效的信用贷款等情况而决定。在有些地区，因为农产品价格极不稳定，农民不敢大规模投资于需要较高投入的产业。另外就是受限于市场渠道，很多生产者无法对一些易腐的园艺植物产品进行有效处理。

在过去的几十年里，许多园艺植物的产量均有显著增加，这不仅反映出世界人口的增加，同时也显示出园艺产品国际贸易及加工事业的发展。尤其是在一些园艺产业较为发达的国家，通过发展设施栽培，当地的园艺生产者利用品种选育技术，选择以及改进园艺产品的配销方式，使园艺产品的市场供应季节得以延长，增加了其周年供应的有效性。

与一般的大宗农产品所不同的是，几乎所有园艺品的价格都不被限制。然而，许多国家对于进口园艺商品的配额则有其严格的规定，以保护国内的园艺生产。

如本书第4章中讲到的，园艺的历史非常久远，且在其发展过程中沉淀了许多灿烂的遗产。在此，将从历史的角度来分析园艺产业的形成及其生产体系的结构演变，以寻求未来全球园艺生产格局的优化及发展之路。

从古至今，园艺生产共经历了迁徙式生产、庭院生产、种植园、专业化生产和现代园艺生产等若干阶段。

23.1.1　迁徙式生产

迁徙式生产（moving production）或临时性耕作，是一种原始的以维持生存为特征的生产体系，生活在热带潮湿地区，尤其是在非洲、印度尼西亚、美洲的热带丘陵中的一些独立的部落现仍有采用。迁徙式耕作是利用砍伐及烧毁天然森林的方式开垦土地进行耕种，长期的休耕、缺乏工具、劳役动物、区域内人口密度低、消费量少等均是这种农业系统的显著特征。这种耕作类型被认为是由采集生产演变为持续性栽培的耕作系统发展中的早期象征，它往往在一些并不适合于持续性集约性农业生产的脆弱土地上进行。因而在这种条件下，它虽然原始，但却可被视为一种高度发展的系统。如图23-1所示为几例当代现存的迁徙式园艺生产事例。

图23-1　当代迁徙式园艺生产事例
A.肯尼亚的芦荟生产；B.缅甸果敢自治区开荒自给式生产；C.俄罗斯远东地区的开荒种菜
（A～C分别引自blog.sina.com.cn、mt.sohu.com、blog.sina.com.cn）

这种生产体系，在砍伐烧山（也称为刀耕火种）之后所需的劳动很少，仅需简单地整地，虽然有些地区还需要设置围篱。园圃是一个多种类的混植区，其中生长着不少一年生植物和多年生植物，通常也种植着一些像山药、芋头、香蕉、甘薯、马铃薯以及木薯等的短期作物。一个种满的栽培园地看起来是多种不同高度、不同外形的作物散漫地生长在一起的样子。其特征是可避免杂草生长，当所种植的植物收获了之后亦可继续播种，经过两三年后一旦园圃废耕，其将恢复为森林或草地。

对于迁徙式农业，不同学者有不同的看法。一方面，许多农学家否定这种系统，认为它是一种浪费、奢侈的形式，并阻碍了农业的发展。其原因是烧山这种方式（对世界上大多数地区而言是不适宜的）浪费了大量的木材，且土地的滥用、落后的原始耕种方式及工具等不利于农业发展。于是一部分人产生了对此系统的怀疑态度。而另一方面，对农业有兴趣的人类学家，却从生态学理论的角度赞赏这种方式。事实上，适度发展迁徙式耕作能有效地改善环境状况。由于缺乏劳役的工具和动物，土壤的紧固性不高，混植及长期的植被覆盖又减弱了土壤的冲蚀作用，此类园圃能模拟出原始森林的复杂和多层次性以及生物多样性。被固定在有机质循环内的养分亦因燃烧而临时释放。相对的短时间耕作使一些陡峭山坡可恢复其原来的森林面目，而在长期（有时多达25年）的休耕中，土壤构造亦可得到恢复。

农业学家与人类学家的不同看法，反映了他们不同的专业眼光。人类学家所重视的是一种高度进化、有着复杂仪式及禁忌的社会结构体系，其中人与所处环境之间的关系保持着平衡。例如在巴布亚新几内亚的一些地区，保留着不杀生的象征性狩猎，以维持生态平衡。在这一地区，迁徙式耕作配合养猪，成为积累生存所需的蛋白质的手段。这就是迁徙式耕作适应于森林环境的一个明显例子。原始森林相对于将其转变为森林公园，对人类更为有利。如果以生产单位面积产量的能量输入为标准来计算比对的话，这种系统是非常有效的。

按其生产力水平计，迁徙式耕作每平方千米的人口可承载容量仅为40人。如果人口数量超出此限，该区域的生态平衡可能就会崩溃,而维持社会(或部落)生存的经济系统将被打破。此时往往会出现人口迁徙(population migration)。当人口远超可承载容量时,耕种负担加重,与之前的社会相比,食物已无法自足,原有的安定被打破,社会发生剧变,这也往往是暴乱产生的源头。为了养活新增加的人口,土地休耕的时间随之减少,同时这种迁徙式耕作须适当扩展到低湿地带,而落叶性森林由刀耕火种中缓慢恢复的过程则是很难控制的。

集约使用土地的增加,通常伴随着混作向单作的转换。大范围的砍伐引起生态平衡的破坏,也使土地冲蚀加重。热带地区的生态平衡是非常脆弱的,这从美军在越南毁坏的森林植被的恢复中即可清楚地看到。在印度尼西亚被砍伐过的山地上,后来却长出了成片的白茅草(cogon grass),这情形就像是一片绿色的沙漠。亚马孙雨林长期以来都在遭受乱砍滥伐。过去50年来,人类为了开发已砍伐了较大面积的连片雨林,并将砍伐后的树木就地焚烧,以其灰烬来维持土壤养分平衡。如图23-2所示为南美洲某区域的部落开展农耕活动的现状。

图23-2 南美洲某区域的部落开展农耕的现状
A. 亚马孙雨林的砍伐情况;B. 亚马孙流域出现的部落居所;C. 玻利维亚某部落的种植园田
(A~C分别引自 baijiahao.baidu.com、meipian.cn、cn.dreamstime.com)

由于迁徙式耕作的低承载量与世界上发达地区的文明不协调,因此这种体系将会逐渐消失。然而它对于全球农业的发展仍具有很大贡献,如种质的保存、栽培植物(许多仍是未被认识的)的发现、大多数自然区的保持等。而且这种体系暗示着,通过发展天然森林园艺而开发利用湿热区域这一路径,其结果较为惨痛。

23.1.2 庭院式生产

从园艺业的形式看,以人类住宅为依托的庭院式园艺生产,促成了园艺产业内部的细分化。直到现在,这一体系仍然具有其独特的存在价值。无论国内还是国外的庭院式园艺生产,从生产目的的不同可将其分为景观主体型、景观食用兼顾型、自给生产型、自给商品化兼顾型,如图23-3所示。

图23-3 不同利用目的下的庭院式园艺生产模式
A. 景观主体型;B. 自给生产型;C~D. 景观食用兼顾型
(A~D分别引自 huaban.com、k.sina.com.cn、dianping.com、zh-t.airbnb.com)

景观主体型庭院（courtyard with landscape as the main purpose）园艺，以美化住宅外围环境为目标，通常铺设有草坪，种植着一些观赏性植物，其状态的保持有赖于所有者的打理，他们通常会寻求园艺劳作过程中及收获结果时的满足感。因此，此类园艺被越来越多地用于具有较大庭院面积的居住环境中，如乡间别墅、城郊房产等，其更适合于具有较多闲暇的人士调养身心健康之用。

兼顾型庭院（courtyard for both landscape and food purposes）园艺，通常在养花、植草等美化庭院的基础上，留一定的面积栽植少量果树，或者规划出一片菜田、药圃（herb garden），可满足家庭的日常食用性消费。这一类型在城乡各地应用较为普遍，特别是在具有较大庭院面积时。在农村地区，房前屋后的空闲地上往往在种植观赏类树木、花卉等植物以外，还种有数株果树并留有一定面积的土地用于种蔬菜，收获的果蔬可满足一年中大多数时间的家庭消费需求；而对于在城市及城郊有独立庭院式房产的人而言，他们在打造住宅景观环境的同时，也进行蔬菜等的自给性生产，这是一些具有农耕情怀的人所追求的。周末和假日的园艺劳作，成为现代都市人调节身心、享受园艺疗法的时尚选择，且这一生活方式受到不少人的追捧。

值得一提的是，在一些城市楼宇中利用阳台、天台进行园艺生产的方式变得越来越大众化，如图23-4所示。其种植方式以盆栽等容器栽培为主，有些则以无土栽培的形式进行，其种植对象以花卉等盆栽植物和部分蔬菜为主。

图23-4　城市楼宇中利用阳台和天台等空间进行的园艺生产
A. 阳台与屋面的园艺生产；B. 阳台盆栽架；C. 阳台结合容器栽培
（A～C分别引自 duitang.com、blog.sina.com.cn、gkngwuyuan.tuxi.com.cn）

自给型庭院（self supporting courtyard）园艺生产，多以菜园形式出现，其特点是弱化了景观功能，在有限的土地面积上进行粗放的生产。其产品的收获量在收获季内较难均衡，收获数量大时亦可赠予其他人共享；此形式下所种植的植物种类往往较多，茬口也较为复杂。

自给商业化兼顾型庭院（courtyard of self-sufficiency and commercialization）园艺生产，往往是在一些有较大庭院面积且有闲暇劳动力的背景下采用，以老年人和妇女利用碎片化时间（fragmentation time）打理居多，其管理作业等也较为方便，属于一种半专业化生产。

社会经济的发展使庭院园艺的生产功能随着专业化生产的发展在不断弱化，取而代之的是人们对趣味性园艺的兴趣日益增长，这表现在种植对象的非食用化与其背后的文化内涵上。趣味性园艺与传统的庭院园艺有较大的不同，而这种新的庭院园艺形态也成为推动人们生活质量提升的重要部分。

23.1.3　种植园

种植园（plantations）式园艺，曾盛行于热带地区，并以集中管理及外销园艺植物产品的大规模生产为特征,其产品有很大部分需要进行加工。它将热带园艺企业联合体与其他地区的加工业结合在一起。传统的种植园雇佣劳工的数量不在少数,但随着世界政治和经济格局的变革,这些惯例均已改变,机械操作及化学品的投入取代了密集的用工。

种植园体系具有持续性连年单作的特征,一些典型的种植园属于以营利为目的的财团法人组织,具有高度资本化特色并通常配置有较发达的内外运输系统,包括由种植园到海洋运输码头的延伸铁路线。

种植园体系起源于16世纪并伴随着殖民统治而建立,殖民者依靠其强大的军事力量和对被殖民地区域的压榨使种植园获得了丰厚的利润。之后,种植园体系迅速传播到其他的热带地区,种植的植物几乎都完全符合园艺植物的标准定义,所得的产品有非洲的棕榈油、苏门答腊及马来西亚的橡胶、斯里兰卡(锡兰)的茶叶、菲律宾的椰子(椰肉干)、中美洲及加勒比地区的香蕉以及夏威夷的菠萝等。

种植园体系的专一化园艺生产破坏了当地农业的多样性,造成了当地社会粮食无法自足的现象。加勒比海地区在17世纪时即能生产大量的蔗糖,但作为食品的鳕鱼却须由美国、加拿大及芬兰等国家供给。此外,殖民帝国的上层阶级更是蓄意阻止种植园当地管理阶级的发展,这种情况在东印度群岛尤为明显。在种植园所在区域内有些则采取双重经济形态,一方面发展蔗糖及橡胶种植园,而另一方面则种植水稻为食粮,两者几乎是独立运作。

种植园体系最大的优点在于对技术及资源的有效利用。因为这种生产方式所需资本大,而热带国家往往在农业开发上又缺少必要资金,因此种植园多为外国人把持经营,有时甚至会漠视当地人民的利益。这种系统即便运行良好,但却给热带国家的发展造成了巨大阻碍。种植园虽增加了热带地区的财富,但却与热带国家的利益及尊严相违背。第二次世界大战后,许多国家纷纷独立,因而造成这一体系的衰落,甚至崩溃。

在许多地区,种植园体系已发生了改变并展现出其有效利用土地的区域优势。由于这些区域国家独立且农业生产方式有了改进,原有殖民区的土地所有权已收归已独立国家并为部分当地人所拥有,但种植园产品的加工、营销等环节仍需集中管理,而这必须由当地的农业发展机构来提供技术支持。如图23-5所示为南美洲和非洲地区摆脱殖民统治后仍然在进行的专业化园艺生产现状。

图23-5　南美洲和非洲地区摆脱殖民统治后的园艺生产现状
A.安哥拉的木薯生产;B.肯尼亚的香蕉生产;C.牙买加的咖啡生产
(A～C分别引自 baijiahao.baidu.com、meipian.cn、cn.dreamstime.com)

当代的种植园已成为许多发展中国家重要的经济支柱,国家可以此来换取外汇。很多国家(地区)的单一园艺产品即可占全国(地区)总出口量的一半以上,如安哥拉、埃塞俄比亚、科特迪瓦、卢旺达、乌干达等国的咖啡,斯里兰卡的茶叶、贝宁的椰子、加纳的可可,利比里亚、马来西亚的橡胶,马提尼克岛(法属)、圣卢西亚及圣文森特和格林纳丁斯等国(地区)的香蕉,等。

种植园体系事实上也被扩展至温带地区,也就是更令人熟知的合作农场(cooperative farm)。受较低税率的刺激,美国的许多公司开始在温带地区建设大面积连片的干果和柑橘生产基地;机械化及农业劳动力的联合,迅速消除了地区产业间的差距。合作农场体系在温带地区的成功运作,也促进了热带、亚热带地区传统种植园体系的地区产业改革。夏威夷的菠萝产业即是改革后的现代种植园系统成功的一例,从种植到加工的全部作业完全机械化,劳工成立工会并按照产业规模支付个人工资。由于夏威夷劳动力的成本上涨,菲律宾的种植园因劳动力价格低廉而得以迅速发展。同时,技术进步也使每吨果品加工的劳动量持续减少。目前菠萝仍用手工采摘,采摘好的果实则用自驱动输送带送到包装棚。生长调节剂的应用使果实成熟期趋于一致,不久的将来可能完全用机器采收。技术进步带来的用工量减少会使夏威夷等传统产地仍然保持其产品竞争力。

虽然香蕉的生产方式因地区而异,但是大规模的合作生产体系仍占有优势,特别是在中美洲。厄瓜多尔、哥伦比亚及多美尼加等国有中等规模的香蕉产业,而在墨西哥、加勒比海地区、西非及太平洋群岛地区的合作生产体系则产业规模较小。

中美洲的香蕉种植园体系呈垂直一体化(vertical integration),私人公司拥有从种植地到消费国的销售通道,其生产规模在 4 000～12 000 hm² 并按一定规则进行排列配置。它们又被分为 320～400 hm² 规模的单元农场,每一单元均有自己的作业设备及相应劳动力,运行成本较高。有的种植园内还建有专用铁路。此类农场一般配备有灌溉设备,以农用飞机喷洒杀虫剂来防治害虫,运输及销售设备甚至生产瓦楞板纸箱的工厂均由公司掌管。收获的整串香蕉,由悬挂式单轨传送机传送至清洗区,选择好的果实成串切下,然后进行分级,其后则用托盘或瓦楞板纸箱包装好,经由公司的专用铁路运送至码头,并用公司自己的或特许的冷冻船进行海洋运输。

在20世纪末,中国园艺产品的生产相对而言处于劣势,虽然劳动力成本较为低廉,单位园艺产品的成本相对较低,但生产效率也不够高。以蔬菜为例,不同时期的多个国家、地区及团体的蔬菜产品竞争指数如表23-1所示。产品的动态竞争指数(dynamic competitive index, DCI)可由下式求得

$$动态竞争指数 = \frac{(X_{ih}/X_i)}{(W_h/W)}$$

式中,DCI表示第 i 国(地区或团体)的第 h 品目的竞争指数;X_{ih} 为第 i 国(地区)第 h 品目的出口额,X_i 为第 i 国(地区)的总出口额;W_h/W 为第 h 品目在全球贸易额中所占比例。

表23-1　多个国家、地区及团体的蔬菜产品的动态竞争指数比较

年　代	中国	日本	韩国	东南亚	澳大利亚和新西兰	加拿大和墨西哥	美国	欧盟
20世纪70年代	3.14	0.31	0.70	3.51	2.45	1.11	1.11	0.74
20世纪80年代	2.24	0.16	0.56	2.12	2.34	1.49	1.58	0.84
20世纪90年代	1.86	0.10	0.41	1.56	2.08	1.18	1.16	0.95
21世纪10年代	1.54	0.11	0.38	1.66	1.84	1.28	1.24	1.07

由表中可以看出,中国的蔬菜产品在20世纪90年代以后,由于受劳动力成本上升等因素的影响,其动态竞争指数较之前有了较大的降低,在进入21世纪后数值又进一步减小。因此,对园艺生产这类典型的劳动力和技术双重密集型产业来说,只有提高技术投入,增加机械化自动化应用,减少人工依赖,才能使其生产效率及产品竞争指数得到提高。

由于20世纪末中国园艺产品动态竞争指数较高，因此一些园艺进口大国曾纷纷在中国投资进行园艺生产、加工，并将其产品出口至特定国家。该生产体系实际上就是改良版的种植园——合作农场体制（cooperative farm system）。这些农场历经20余年的发展，目前的经营状况远不如当初，致使部分合作农场的投资方开始退出中国而选择生产成本较为低廉的东南亚诸国另起炉灶。而且，随着中国园艺事业的快速发展，结合自身实际而逐步建立起来的中国式生产体系对全球发展中国家而言，有着极其重要的指导意义。因此，从21世纪初开始，国内已开始对外输出园艺劳务，一些公司也开展起跨国园艺贸易，并有扩大趋势。随着中国"一带一路"倡议的不断推进，中国园艺企业依靠自身技术及管理经验开始较大规模地开展对外合作与技术援助，受到很多发展中国家的大力欢迎，此举也促进了合作和受援国家的经济社会发展。

23.1.4　专业化生产

专业化生产（specialized production），是指一个地区或生产单位由经营多个农业生产部门或多种农业生产项目转变为专门（或主要）经营少数农业生产部门或少数农业生产项目的生产体系。其产生和发展经历了漫长的历史演变过程，是社会分工和商品经济发展的结果和标志。在前资本主义社会，农业生产多为自给或半自给性的，即一个地区或一个生产单位要生产出供自己消费的全部或大部分物质资料，因而这种生产只能是小麻雀式的。资本侵入农业以后，农业商品经济才得到蓬勃发展，这时一个地区或农业生产单位的农业生产（主体）不再是为了直接满足自己的消费，而是为了通过市场交换满足他人的消费，于是自给或半自给性的农业生产方式转变成为具有较大经营规模的商品化生产。与此同时，农业中的社会分工也日益发达，生产者之间越来越要求相互交换产品，农产品也就越来越多地以其交换价值来实现再生产。社会分工越细，商品经济越兴旺。

农业专业化是农业生产分工的一种形式，主要包括以下三种类型：区域专业化、生产单位专业化及生产技术专业化。

区域专业化（regional specialization），是指在某一地区专门生产某一种或某几种农产品的状况。在特定地区，其土壤、气候等自然条件适宜种植某种植物，通过充分利用自然条件，可获得较高质量的该类产品，其经济效益也较为可观。

生产单位专业化（specialization of production units），是指某个生产单位专门生产某种植物的状况，如中国改革开放初期开始涌现的蔬菜专业村、茶叶专业户、果树专业户等。

生产工艺专业化（production process specialization），亦称分段专业化或作业专业化，是指一个生产单位完成全部生产过程中的一个环节的状况，即一个地区或企业专门完成产品生产过程中的某一阶段或某一环节的生产活动。此形式主要分为两种类别：一是专门或主要生产中间产品，如种苗企业只完成种苗阶段的生产而不进行后续的栽培，大多数企业则专门进行园艺产品的栽培而获得初级产品，有些企业则专门实施产品的采后处理与加工，有些企业则专门从事园艺商品的运输物流；二是专门提供生产过程中的物质和技术服务，如提供农业机械作业服务、植物保护服务等。

随着农业整体水平的提高与全球一体化的发展，农业生产也承受着越来越大的市场冲击，从而大大推动了农业的技术改造和社会生产力的发展。因此，农业专业化的意义即表现为以下几点：有利于发挥各地区、各农业生产单位在自然资源和经济资源方面所拥有的优势；有利于采用先进的生产工具（设施与机械等）和农业技术；有利于提高农业劳动者的作业熟练程度和技术水平；有利于节约投资和提高投资效益；有利于提高经营管理水平；有利于提高土地生产率和劳动生产率，降低农产品成本，改善产品质量,增加经济收入。

农业专业化的发展水平和方向受社会生产力状况的制约和多种因素的影响,例如自然经济资源条件、科学技术水平、交通运输业的发展状况、市场供求状况以及经营管理水平等。一个地区、一个生产单位在评估农业专业化的水平、确定发展方向时,须综合考虑这些因素。

23.2　现代园艺产业体系构建

在进行园艺生产时,必须根据自身条件对生产体系进行顶层设计。这就需要充分了解和掌握不同农业形态的特点,充分协调好产业间的关系,以充分发挥自身优势。不当的体系与方式选择,会限制生产水平的提升,造成产品市场竞争力上的低下。

23.2.1　主要农业形态及其特点

农业类型(types of agriculture),是指农业结构和经营方式在时间和空间上的表现方式,是在一定地域范围内和一定历史发展阶段,受自然、技术、经济条件影响而形成的地域农业生产体系,具有相对稳定性。同一类型的农业形态,有着类似的生产条件、结构特点、经营制度、土地利用方式、发展方向与途径。

不同农业类型的划分,着重于体现农业地域结构的形成,是农业客观现实的反映。其分类结果在空间分布上往往不连片,但可重复出现。特定农业类型的连片地域单元可作为基层农业区,是农业区划的基础;较高层次的农业区是若干农业类型的地域组合。关于农业地理及农业区划的具体内容将在第24章中再做专门讨论。

根据农业过程的内在特点,农业类型从不同侧面划分分别有以下几种:生态农业、有机农业、集约农业、现代农业、设施农业、精准农业、智慧农业、都市农业等。

1)生态农业

生态农业(ecological agriculture),是指按照生态学原理和经济学原理,整合传统农业与现代的技术成果和管理手段,使经济效益、生态效益和社会效益相协调的农业形态。

生态农业本身具有以下几个特点:

(1)综合性。

生态农业着重强调发挥其农业生态系统的整体功能,对农业过程的各要素进行整合、协调,形成物质与能量的循环和资源再生、综合利用的生产格局,使内外部、内部产业间等各个层次的要素间互相耦合,形成综合性优势。

(2)基于生物多样性。

生态农业充分利用生物多样性原理,构筑其稳定的生态关系,充分延长其产业链,并使过程多样化,以强化其生态系统结构的稳定性。

(3)高效性。

生态农业通过物质循环和能量多层次综合利用使资源利用最优化,既可增加系统的稳定性,同时也可降低农业生产的成本,提高生产的综合效益。

(4)持续性。

生态农业能够保护和改善农业生态环境,防治污染,维护生态平衡,提高农产品的安全性,使得农业过程得以可持续发展而不会产生较大的生态风险。

2）有机农业

有机农业（organic agriculture），是指遵照有机农业生产标准，利用天然物质和自然力量，在良好的生产环境下控制其投入品的种类与数量而开展的可持续发展的农业生产方式。

有机农业具有以下特点：

（1）以生态农业为基础，强调物质循环与自然转化以维持生态系统的持续生产力。

（2）按照环境承载力进行耕作，不使用人工合成的肥料、农药、生长调节剂等投入品，充分体现农业生产的天然性。

（3）其产品是完全按照有机体系所规定的程序和标准加工成的有机食品。

3）集约农业

集约农业（intensive agriculture），是指在单位土地面积上投入劳动力和生产资料等要素数量较大的农业形态。

与粗放经营的农业形态相比，其所需的基础条件较高，资金和劳动力投入多，所需技术准入的门槛较高，但其单位生产规模的收益也较大。

4）设施农业

设施农业（facility agriculture），是指通过人为的固定化构体和相应设备来改变自然的生产环境，使生物生产条件更加接近于所需理想状态的集约化生产方式。其特点如下：利用温室等覆盖设施，对灌溉、施肥进行控制，对温度、湿度、光照与气体条件进行有限调节，等。

5）精准农业

精准农业（precision agriculture），是以信息技术为支撑，根据空间变异，对农业过程采取定位、定时、定量地作业与控制的现代化农业方式。

通常，以生物生长状况、土壤环境、气象条件为数据基础进行系统诊断，并以此进行肥水管理优化、技术配置优化的科学管理输出，进而提高各类农业资源的利用率与管理的有效性。

精准农业由以下系统组成：全球定位系统（GPS）、农田信息采集系统（farmland information collection system）、农田遥感监测系统（farmland remote sensing monitoring system）、农田地理信息系统（GIS）、农业专家系统（agricultural expert system）、智能化农机具系统（intelligent agricultural machinery system）、环境监测系统（environmental monitoring system）、网络化管理系统（network management system）。与此同时，精准农业将这些系统进行了系统集成（system integration）。

6）智慧农业

智慧农业（smart agriculture），是指应用物联网技术的农业形态，即运用传感器和软件通过移动平台或者电脑平台对农业生产过程进行控制，使农业作业过程具有科技赋予的"智慧"。除了精准感知、控制与决策管理外，广义地讲，智慧农业也包括农业电子商务、食品溯源防伪、农业休闲旅游、农业信息服务等方面内容。

智慧农业主要包括以下系统：数据采集系统、数据传输系统、数据运算决策系统、自动控制系统等。

7）都市农业

都市农业（urban agriculture），是指地处都市及其延伸地带，紧密依托并服务于都市的农业形态。

都市农业具有以下特点：重视农业生态，强化农业的观光性与休闲性；以高度机械化的农业设施装备为标志；以大都市市场需求为导向；融生产性、生活性和生态性于一体。

23.2.2　园艺生产体系的结构及其功能

园艺生产体系的功能取决于其结构形式,而生产体系的结构是由系统构成要素及其组合关系共同体现。

1）生产体系的结构

园艺生产体系是由生产结构、生产关系及生产力水平三个方面构成,基本结构如图23-6所示。各组成要素则可分为结构化要素和非结构化要素两大类。

结构化要素(structural elements),是指生产体系中的硬件及其组合关系,是构成生产体系主体框架的要素,主要包含生产技术、生产设施、生产能力和生产系统的集成等。

非结构化要素(unstructured elements),是指在生产系统中支持和控制系统运行的软件性要素,主要包含生产组织、生产计划及运营管理等。

结构化要素及其组合形式决定着生产体系的结构形式,而非结构化要素及其组合形式决定生产体系的运行机制。

2）园艺生产体系的功能构建

具有某种结构形式的生产体系需要特定的运行机制与之相匹配,才能使系统运转顺畅,充分发挥其功能。因此,在构建园艺生产体系时,首先应根据所需的功能选择结构化要素及其组合形式,确定系统结构;进而根据系统对运行机制的要求选择非结构化要素及其组合形式,即确定管理模式。

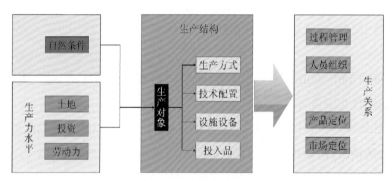

图23-6　园艺生产体系的基本构成要素及相互关系

3）不同生产体系建立所须解决的问题

宏观层面上,需要解决好园艺产业的空间布局问题,即要合理区划。为此需要处理一系列涉及政策法规及发展理论等的相关问题,如农业与其他产业之间的结构关系,园艺产业与其他农业产业之间的关系,具体涉及土地使用属性、资源配置不平衡等问题。在一些地区,园艺产业与粮食生产争地的现象较为严重,盲目扩大园艺生产规模已导致较大的结构性偏差。而一些多年生园艺植物的生产布局,一俟完成就不宜再做过多调整,贸贸然的改动是对社会资源的极大浪费。因此,在园艺产业的布局上,必须有整体统一的思想,过分强调局部区域的大规模无序扩张会使整个产业发展走向畸形。

从区域发展层面上,必须结合实际,挖掘自然资源优势,推进产业化,不要盲目学习别人的经验,进行产业结构复制,此举所带来的危害极大。一个与当地条件(包括自然资源、经济发展水平等)相适应的园艺生产体系才可能有较大的市场竞争力。

在一些经济条件相对落后、自然资源独特的地区,推进其园艺产地区域化是发展壮大区域经济的良好选择,但也必须以维护良好生态作为前提和约束条件。而在一些自然资源简单但经济较为发达的地区,则可重点推进园艺的专业化生产。

从经营层面上,必须协调好用地矛盾。目前分散的土地使用与园艺产业发展需求间存在着巨大的矛盾,因此在实现联合经营或土地流转上必须处理好相互的利益平衡关系,过分强调哪一方利益都将使园艺产业的生产要素结构出现更大的不稳定性,从而导致生产体系的功能缺陷。

政府对产业的扶持,其重点应放在加强园艺产业基础建设和公共服务上面,产业化不能实现时,其他的扶持效果便不能得到充分发挥。

科技进步是强化园艺生产体系的重要手段,在产业化背景下,培养专业化园艺工人和提高劳动者的技能与水平是产业升级的核心问题。

23.2.3 园艺生产体系的建立

园艺生产体系是园艺产业结构及其经营方式在地域上的表现,其形成是在一定地域范围内和一定历史发展基础上的,受自然、技术、经济条件影响而形成的地域农业生产体系具有相对稳定性。

因此,前面所讲到的不同生产体系均是在长期的历史发展过程中自然形成的。在充分掌握生产体系形成规律、特点的基础上,按照事物发展的客观规律,通过人为的条件创造与定向的改造,园艺产业发展可向特定生产体系转换,并可实现缩短形成时间的目的。因此,在目前中国经济社会发展水平地域性不平衡状态下,如何运用管理手段和技术手段,快速建立起园艺产业化发展的通道,是宏观层面上的重大问题。

1. 园艺生产体系建立的目标指向

1)生产体系建立的工作内涵

园艺生产体系的建立,需要依据其体系内容分别建立以下子体系。

(1)产业体系。

园艺产业并不可能孤立存在,它必须与其他相关产业进行协同与整合,以形成强大的新业态,并打造成农业全产业链结构,进而促进种植业、林业、畜牧业、渔业、农产品加工流通业、农业服务业等业态的转型升级和融合发展,从而进一步提高园艺产业的整体竞争力。

调整优化园艺产品结构、产业结构和空间布局结构,挖掘园艺产业的生态价值、休闲价值、文化价值,与其他相关产业一起,共同推动并加快发展乡村旅游等现代农业特色产业。延长产业链,提升价值链,是当下农业产业调整的核心内容。

(2)生产体系。

构建现代园艺生产体系,主要是用现代物质装备武装园艺产业,用现代科学技术服务园艺产业,用现代生产方式改造传统园艺业,推进农业科技创新和成果应用,提高园艺产业的良种化、机械化、科技化、信息化、标准化水平,从而增强园艺产业的综合生产能力和抗风险能力,这是构建新的园艺生产体系的核心内容。

(3)经营体系。

经营体系是使园艺生产体系中生产关系与生产力相协调的重要结构。基于生产条件,发展多种形式、适度规模的经营,大力培育新型职业农民和新型经营主体,健全园艺产业社会化服务体系,通过这些构筑起完善的经营体系是提高园艺产业经营集约化、组织化、规模化、社会化、产业化水平的途径。

2)生产体系的结构优化

生产结构(production structure),是指在一定区域内,园艺产业各部门、各生产项目的组成情况,包括各生产要素的比例关系、结合形式、地位、作用和运行规律等。园艺生产结构具有多层次性和多样性。

此结构可分为产业内部结构、土地利用结构、劳动力配置结构、农业资金投入结构等。园艺生产结构常受自然资源条件、生产力水平、经济发展水平、人口、体制和政策等背景条件的影响而发生改变。

因此,对于不同的生产条件背景,实际中采用的生产体系在结构上会有较大的区别。同时,即使体系已经明确,具体生产时也会因社会经济条件出现新的变化而需要做出相应的调整与改变。这些影响因素包括消费需求的阶段性变化、技术发展水平、产品竞争形势国际贸易中的政治和法律因素以及社会价值观念等方面的变化。

2. 园艺生产的组织化

生产的组织化是园艺生产体系建立中重要的工作。特别是在土地使用权属关系较为复杂的情况下,整合生产资源成为最为重要的问题。小型分散的自耕式园艺已很难满足现代园艺市场的需求,在产业竞争中处于极端的劣势,因此产业的组织化在园艺产业体系建立中很多时候已成为限制性因子。

按照现有生产单元,园艺生产的组织化过程可分为以下几种整合方式。

1) 农户间联合—— 合作社

农业合作社(agricultural cooperative),是指农业相关者因自愿联合起来进行合作生产、合作经营而建立的一种合作组织形式或经营实体。

在经历早期的合作社和人民公社后,进入新时代以来,一批新的合作组织在不断涌现,并且不断融合了现代企业制度理念,形成农业行业重要的组织形式而焕发出新的活力。农业合作经济组织的出现和发展壮大,是生产关系的重大调整、变革和完善,对于解放和发展生产力具有强大的推动作用。

2006年10月31日,第十届全国人民代表大会常务委员会通过了《中华人民共和国农民专业合作社法》。依据此法,在组建农业合作组织时,通常需要进行以下程序:发起筹备;制定合作社章程;推荐理事会、监事会候选人名单;召开全体设立人大会;组建工作机制;向工商行政管理部门提交文件,申请设立登记;等。目前,国家对此项工作有财政支持、税收优惠和金融、科技、人才的扶持及产业政策引导。

2) 农户和企业或企业间联合——产业联合体

产业联合体(industrial consortium),是指由一家龙头企业牵头,多个农民合作社和家庭农场等参与,以生产资料、资本等劳动力要素和收益分配制度进行各方联合的一体化产业新形态。

长期稳定的合作关系和要素的相互融通,是联合体与传统农业体系的重要区别。联合体各方不仅通过契约实现产品生产与销售的联结,更通过资金、技术、品牌、信息等融合渗透,实现"一盘棋"式配置资源要素。尽管联合体不是独立法人,但仍需有共同章程,成员也相对固定,实质上便结成了长期稳定的联盟。这让各成员获得了更高的身份认同,有助于降低违约风险和交易成本。因此,联合体在市场上具有较大的话语权,在竞争关系上具有一定优势。

产业联合体的建立,分为以下几种状态。

(1) 垂直一体化。

垂直一体化(vertical integration),是指在整个产业链中,处于相邻环节的两个或两个以上部门或企业所实行的紧密结合。垂直一体化体系的结构如图23-7所示。垂直一体化的联合过程可分为前向一体化和后向一体化两类。前向一体化(forward integration),是指处于产业链特定位置的联合主体,通过兼并和收购若干个处于产业链下游的企业而实现联合体扩张式的联合过程;后向一体化(backward integration),则是指处于产业链特定位置的联合主体,通过收购一个或若干个处于产业链上游的供应商或机构业务,增加联合体盈利或强化其控制的联合过程。

根据垂直一体化时联合的企业或部门所具有的业务领域特点及联合方式的紧密程度,可将其分为

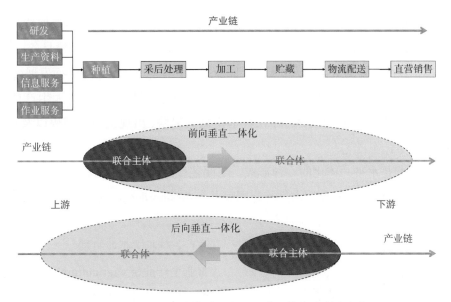

图23-7 园艺产业联合体建立中的垂直一体化业务内容体系

完全垂直一体化和不完全垂直一体化两种。完全垂直一体化（full vertical integration），是指将农业生产连同相关的生产资料的生产、供应以及农产品加工、销售等各个环节，纳入同一经营体制内，即全产业链（whole industry chain）的联合形式；不完全垂直一体化（incomplete vertical integration），则是指通过业务合同方式，使得上下游各环节结合在一起的合作方式，其联合的各方均保持业务运营上的相对独立。

垂直一体化因产业链的延长，其上、下游间的连接变得更加通畅，有利于联合体节约成本，提高效益，减少市场风险。但随着联合体的体量扩大，管理难度将加大，且上、下游间的产能平衡是较难解决的问题之一；同时，结构的固化常会带来发展上的动力下降等问题，值得注意。

（2）水平一体化。

水平一体化（horizontal integration），是指处于特定产业链位置的企业通过收购或兼并同类生产企业以扩大经营规模的成长战略（见图23-8）。

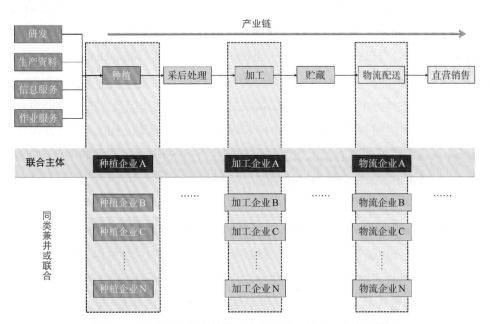

图23-8 园艺产业联合体建立中的水平一体化业务内容体系

水平一体化的实施,通常可实现扩大企业生产规模、降低成本、巩固企业的市场地位、提高企业竞争优势、增强企业实力等目的。实施水平一体化时,往往需要满足以下条件:企业规模具备可扩大空间;具备成功管理更大规模企业所需要的资金和人才储备;同业态的其他竞争者经营不善而发展缓慢或停滞等。

水平一体化战略的实施也会存在一定风险,例如:过度扩张所产生的巨大生产能力对市场需求规模和企业销售能力都提出了更高要求,存在技术扩散的风险,出现组织化障碍以及文化不融合现象(cultural incoherence),等。

企业的国际化经营是水平一体化的一种形式。与园艺产品的国际贸易相比,在具有一定生产资源的背景下,利用中国过剩的园艺产能及技术进行跨国兼并(cross-border mergers),是园艺企业扩大规模,提升综合国际竞争力的有效途径。

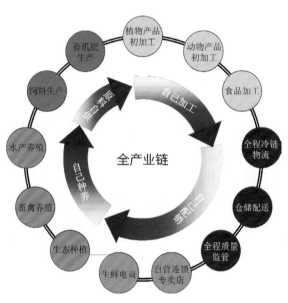

图23-9　农业全产业链的基本结构及联合理念

（3）全产业链企业打造。

农业全产业链(agricultural whole industry chain),是一种垂直一体化和水平一体化有机结合的新型农业产业化经营模式。如图23-9所示为农业全产业链的基本结构及联合理念。在新的产业布局调整过程中,一些资本雄厚的工商企业不断进入农业领域,或建立种植基地,或拓展产品加工和物流业务,这将会对现有农业生产和产品供给产生重大影响。

3. 园艺经营主体的企业化与专业化

园艺生产的区域化(regionalization)指某地区利用本地优势,专门从事某种或某几种园艺产品的生产,形成园艺商品的集中产区。它体现了农业生产在地域上的分工,是农业专业内化(internalization of agricultural specialty)的重要表现形式。

园艺的专业化(specialization)是推进行业标准化生产的重要保障,既要因地制宜地集聚优势园艺产业,形成专业化的产业布局,又要把产业链、价值链等现代产业发展理念和组织方式引入园艺产业,延伸产业链(industrial chain)、打造供应链(supply chain)、形成价值链(value chain),完善其利益联结机制(benefit affiliating mechanism)。

对于一些园艺经营主体为个体农户的情况,其因为经营规模小,所能投入的资源极为有限,故而其生产水平的提升受到了极大的限制。为此,这类个体农户可通过土地流转、土地入股等方式,向种植大户和合作社方向发展,并逐渐发展成具有较大规模的园艺企业(enterprising),在发展中壮大。这是园艺产业发展的客观要求,否则弱小者未来必然会被社会淘汰。

4. 社会化服务体系的建立与完善

社会化服务体系(socialized service system),是指由政府职能部门、行业协会、经济合作组织和其他服务实体组成的,集政府公共服务体系和社会自我服务体系于一体的综合性服务体系。

在园艺生产体系构建与完善上,必须加快建立"以公共服务机构为依托,合作经济组织为基础,龙头企业为骨干,其他社会力量为补充"的新型农业生产社会化服务供给体系,促进公益性服务和经营性服务相结合,专项服务和综合服务协调发展,增强农业生产社会化服务的有效供给能力,以解决园艺事业发展中的相关问题。

农业社会化服务,主要表现为生产、金融、信息、销售等领域的服务。

(1)生产服务。

生产服务(production services),又可以分为产前服务、产中服务、产后服务三个类型。

产前服务包括农业生产资料购买服务、良种引进服务、环境检测和培训服务、推广服务等;产中服务包括集中育苗育秧服务、机械化作业服务、肥料统配统施服务、灌溉排水服务、有害生物统防统治服务等;产后服务则包括农产品加工服务、农产品运输及储藏服务、产品质量检测检验服务等。

从整体上看,目前农业生产社会化服务的普及程度不高,处于较低发展水平。

(2)金融服务。

金融服务(financial service),是指金融机构运用货币交易手段融通有价物品,向农业从业者提供的共同受益、获得满足的活动。农业金融服务的提供者包括保险及相关服务机构、所有银行和其他金融服务机构等。

金融服务所开展的业务活动包括融资投资、储蓄、信贷、结算、证券买卖、商业保险和金融信息咨询等多方面的服务。

金融服务体系主要由政策性金融、合作化金融、商业化金融和农业保险等内容组成。

金融机构的资金主要来源于政府提供的资本金、预算拨款、贷款周转资金和部分商业拆借。资金主要用于向农业从业者发放一些商业银行和其他贷款机构不愿提供的贷款,为农业生产及其相关活动提供信贷资金和服务,并通过信贷活动调节农业生产规模和发展方向,贯彻实施农村金融政策,控制农业发展规模等。

农业金融保险体系通常采取低成本、差异化的经营战略,宜多种保险形式,如各种风险的作物保险、团体风险保险、收入保险、特定灾害保险等共存。政府对参险的农场提供一定的保费补贴,可使受惠农场的抗风险能力得以提升。

目前在金融服务上,不同类型的新型农业经营主体所能够获得的金融服务存在着显著差异,龙头企业与农民专业合作社均以私人借贷和商业银行借贷为主。因此,由中国人民银行、银保监会、证监会、财政部和农业农村部联合发布的《关于金融服务乡村振兴的指导意见》指出,到2050年,全面建立现代农村金融组织体系、政策体系、产品体系;城乡金融资源配置合理有序,城乡金融服务均等化全面实现。

(3)信息服务。

农业信息服务(agricultural information service),是指通过计算机网络和其他信息传播手段,把农业科研成果、农业生产技术、农产品供求信息、农业和农村发展政策、国内外农业发展形势以及经济政治形势等知识和信息传递给农业生产者、经营者和消费者,以指导农业生产经营、农产品流通和消费的服务过程。

从其供给模式上,可分为政府主导型、市场主导型和第三方部门信息型。信息化服务需要基于信息的生成、编辑处理、发布与传播等才可以实现,因此必须解决好信息质量管理、信息平台维护与可持续运营等几大难题。从信息质量来看,分类的多种信息的来源、信息的梳理及处理加工大数据的形成都直接关系到信息的质量(有用性);除政府主导型信息服务平台外,其他社会性信息平台如何实现营利并可持续经营,也是目前需要进一步探索的问题。

我国商务部所建设的"全国农产品商务信息公共服务平台(新农村商网)",提供农业政策、涉农新闻、价格行情、电商兴农、区域农产等相关信息。农业农村部信息中心建设的"中国农业信息网"则提供政策法规、气候预报、病虫害预测预报、生产技术、市场价格、行业动态等相关信息。与此同时，从国家、地方直到县级基层，目前正在形成农业信息的服务体系。

（4）销售服务。

农产品销售服务（agricultural products sales service），是指通过为农业生产者提供商流、物流与信息流等以促进其产品销售的服务过程。

对于园艺产品，除传统的销售服务外，"互联网＋"模式与生鲜产品物流建设正在快速发展，并成为销售服务的主要方向。其主要的服务模式有以下两种类型。

第一种："基地＋城市社区"直配模式。

建立鲜活农产品产销网络对接平台，采集生鲜采购者（生鲜电商、超级市场、社区店、餐饮店、团体用户等）的采购信息，并与生产基地进行对接，制订鲜活农产品销售计划；设立农产品体验店、自提点和提货柜，加强与传统鲜活农产品零售渠道的合作，开展农场会员宅配、农产品众筹、社区支持农业等探索模式，建立农产品社区直供系统等。

第二种："批发市场＋宅配"模式。

电商企业与农产品批发市场合作，充分发挥农产品批发市场集货、仓储的优势，依托社区便利店、水果店设立自提点，建立城市鲜活农产品配送物流体系。

随着社会化物流企业的成长，一批经营生鲜产品的物流企业应运而生，并逐渐与产品交易平台相结合，有效地促进了农产品的销售。

第 24 章
园艺生产区划

24.1 区域生态与园艺产业布局

园艺植物的生产并不是均匀地分布在所有农业地区,而是集中在全球的某些特定地区。园艺产业的地理分布与工业布局、区域自然环境、经济社会发展等因素有着密切关系。

农业区划(agricultural division),即是根据特定地域的农业自然资源、社会经济状况和农业生产特征,按照区别差异性、归纳共同性的方式,将全球农业按照不同区域尺度划分成若干在生产结构上各具特点的农业区的过程。园艺生产区划属于农业区划中的一个重要组成部分。

农业区划既是对农业空间分布的一种科学分类方法,又是实现农业合理布局和制订农业发展规划的科学手段和依据,是科学地指导农业生产,实现农业现代化的基础工作。

园艺生产具有强烈的地域性,地区差异十分明显,一般按区内相似性和区际差异性来划分园艺产业区,其目的在于充分、合理地开发利用农业资源,扬长避短,发挥区域优势,因地制宜地规划和指导园艺生产,为实现合理的园艺产业地域分工提供科学依据。

园艺植物生产所需的环境条件包括许多因子,同时也需要考虑各因子间的相互作用。气候(climate)是一个区域的天气构成,通常包含温度、湿度和光的作用等,它决定着某个区域在什么时期能够适于哪些园艺植物生长。因此,在不同区域生长的植物往往有着较为明显的区别。气候是环境条件的基本组成,也是形成土壤及塑造地球表面形状的动力之一。地球上的气候分区图也可以看作是植物分布图。

太阳辐射在热带地区比两极区域要多,从而使赤道区域的空气变暖,热空气向两极流动,同时使两极的冷空气沿地面向赤道回流。然而,气流运动并不是在赤道和两极之间的直线式流动,还会受到以下多种因素的影响而出现流动方向的偏离:地球的自转、季节的影响、陆地与海洋的温度差、海拔高度及陆地地形、大量冷/热气流相互作用所形成的风、地球以外的因素等。

24.1.1 小气候

较小范围的气候称为小气候(microclimate)。小气候要素一方面受当地大气候条件的影响,另一方面也会因局地条件的不同而表现出差异。在地理条件比较复杂的区位,局地条件的影响更大,如在一些山地地形区域,在湿度较大且有雾的天气里,小气候与大气候背景间的差别更为明显。

区位(location)是指具有同一类型地理特点和相同大气候背景气候条件的地区,而场所(site)则代表一个特定的小气候条件相似的区域。小气候的变化往往因方位、坡度、植被、土壤蓄热能力及传导性等因素而异,关于此,本书已在第11章中有过讨论。

园艺产业是否能够成功,取决于选择的是不是适当的区位与场所。即使区位条件满足要求,由于该区域内场所所表现出的特性不同而出现的不同小气候,也会对园艺生产带来较大的影响。

24.1.2 气候要素

1)温度

地球上任何一处的温度均与其地理纬度、海拔高度、季节、光照时长及影响小气候的要素有关。

其中,决定性因素为太阳辐射的吸收量,它又与辐射强度与光照时长有关,光照时长又会受日照长度及云层覆盖度的影响。

空气温度随海拔高度的增加而降低,海拔每升高100 m,空气温度会下降0.6～0.7 ℃,这一变化程度几乎是纬度方向上空气温度变化的1 000倍,即向北(或向南)100 km,平均温度的下降也在0.7 ℃左右。海拔超过一定高度后,即使在赤道地区,山顶上也会有终年的积雪存在,如位于赤道上且海拔高度为5 895 m的乞力马扎罗山(Kilimanjaro)的山顶就有积雪。

不同区位的地表温度差异也比较大,如有历史记录的西伯利亚维尔霍扬斯克(Verkhoyansk)的−36 ℃和利比亚埃尔阿兹兹亚(El Azizia)的57 ℃。

一年生植物所要求的温度平均值与极端值应与其生长季节相匹配,而多年生植物则会在全年的每一天均受到温度背景的影响。季节的变化及日平均温度均与植物的生长有关。以桃树为例,其栽培需要有较长的生长季以及冬季时较寒冷和夏季有温暖的气候,它们在南北的分布受成花需冷量和物种耐寒性的限制。

(1)霜。

霜(frost),是一种薄层的白色冰结晶,由接近地面的水汽遇冷后在地面或物体上凝结而成。通常,在强烈辐射放热或大量冷空气侵入的条件下,近地面易出现冰点温度进而易于霜的形成。霜往往发生于晴朗无风时,相反在云层较厚且有风的情况下的降温则容易出现结冰(freeze)现象。虽然霜与结冰均发生于冰点及以下温度,但霜有时会发生在区域温度高于冰点时。

降霜对园艺植物在生长上的限制是很大的,一年中霜期出现时间的早晚与一年生植物的生长受限情况有关,同时也严重地影响到多年生木本植物的春季开花。

(2)降霜条件。

急剧扩散的低温是辐射霜形成的有利条件,如在无云、干燥、无风的夜晚,大量冷空气侵入时易造成热量的向上辐射,生成辐射霜(亦称黑霜);而有云和空气潮湿时这些辐射将反射回地面,从而能阻止辐射霜的形成。雾的作用是形成一个人工的再辐射表面,虽然在雾(水汽)变成冰晶状霜(白霜)时会有热量的损失;雨后强烈的蒸散会加快近地面的降温速度,冷空气便易留在地面。

不同类别的霜形成所需的条件差异较大,小气候作用会改变空气中热量的辐射状况,特别在山地地形中。如图24-1所示为温度沿山坡的垂直分布示意图。因冷空气的密度较热空气大,故冷空气易下沉,向山谷运动,因而山坡是相对较为理想的植物栽培地带。在山地条件下利用人工设立的风扇所产生的气流运动,可防止霜害的发生。

大量的水可避免霜害的发生,是因为水具有较土壤和植物而言更大的比热容。在秋季时,大量的水分会形成热量的蓄积库,有利于缓冲急剧的大幅度降温。因此在早春和晚秋时,向小环境中供给充足的水分常用于防止霜的发生。

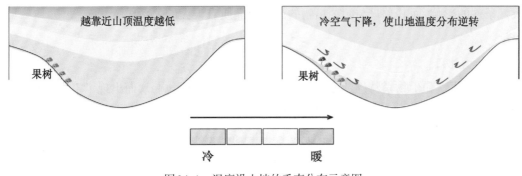

图24-1 温度沿山坡的垂直分布示意图
（依Janick）

当有地被植物覆盖时，地面吸收太阳辐射形成的蓄热量会减少，因此草地和园圃较裸地更易结霜。

2）水分及湿度

（1）降水量。

降水量（precipitation）常作为衡量大气湿度的重要参考指标，包括降雨量和降雪量等部分。降雨和降雪均与大气中水汽的循环有关。潮湿空气受气流、地形等影响，被迫上升后冷却凝结形成降水。全球各地的年平均降水量变化范围较大，从25 mm到2 250 mm不等。由于地形的不同，即使相邻的两地，降水量也会有较大差异，特别在靠近沙漠的雨林地区这一对比尤其明显。

（2）有效雨量。

在植物生产上，较年平均降雨量更为重要的是年有效降雨量（effective precipitation），是指年降雨量中除去流失（土壤径流）及土壤表面蒸发量之后的剩余量，也可视作植物可利用的降雨量。空气湿度对年有效降雨量占年降水量的比例有直接的影响，空气湿度越大，该比例越大；反之越小。一些沙漠地区，常年空气干燥，水分的直接蒸散比例很大。因此，寒地植物所需的水量较暖地植物要少，从某地自然分布的植物可以看出当地年有效降水量数值的高低。

（3）水分条件与园艺植物生产。

雨量过大和过小会分别导致水灾和干旱。

除了一些湿生植物外，水灾（flood）对大部分园艺植物均会造成危害，其中大部分植物均出现根部缺乏土壤空气的情况；过高的湿度也会造成园艺植物的病害问题，高湿常有利于许多真菌的生长，同时高湿条件会增加一些园艺植物在果实成熟期的裂果风险。水灾通常可由科学的排水工程加以克服，合理耕作及适宜的土壤管理也有助于减小水灾的影响。

干旱（drought）在某些区域可能以一定的季节性循环的形式出现，在有些地区则出现的周期较长。过于干燥的气候条件将大大地限制园艺植物的生产，虽然目前已有有效存储水资源的方法，但对于集约化的生产而言，充足的水量是其他条件不可替代的。同时，要注意园艺植物较其他植物（如粮油植物和牧草等）在栽培上需要更丰富的水量。

3）光照

太阳辐射是重要的气候资源，也是推动地球生态中物质循环的主要能源。不同气候带间最明显的差别便是日照长度不同。在热带气候区，常年的日照长度均接近于12 h，而在两极区，每年的春分、秋分过后，北极和南极地区分别出现极昼，各自在夏至及冬至时范围最大，极昼时的日照长度可达到24 h。因此，长日照植物很难在热带地区种植。植物对光周期的反应直接影响了全球的植物分布。此外，光量的多寡受大气条件的影响,而其总量与园艺植物的产量与品质有极大的关系。

24.1.3   土壤状况

土壤的物理、化学和生物学特性的变化,均受长期的气候条件影响,从而出现了不同地域间土壤的差异。气候对土壤形成时的分化作用是直接的,而植物对土壤形成也有间接的影响。

分化作用与植物的作用促进形成了目前的土壤群(soil group)分布。因此,可以通过气候型对土壤类群进行划分,结果主要包括以下类型:①炎热和潮湿气候带内,热带雨林中的强烈淋溶性红土;②炎热沙漠气候带内,不淋溶的浅色土;③半湿润温带气候区内,草甸黑土;④冷凉湿润气候区内,针叶林中的酸性浅色土。

然而,即使在气候最适合植物生长的区域,不同地方的土壤生产能力水平还有相当大的差异。

24.1.4   植物生态系统

植物在全球的自然分布与栽培上的限制,受气候、土壤和生物之间的相互作用影响。植物对区域生态的反应决定着其在该区域的生活能力状况。某些区域在支持一些特殊植物生长的同时也限定了特殊的土地利用和栽培管理方式。

从地形学的角度看,气候环境尤其是其中的温度、降水量和光照条件决定着植物发展的前途。在边际气候(小气候差异)较大的地区,不适当的农业利用会造成生产的不稳定,且不能使其气候资源得到充分利用。如图24-2所示为按生长所需温度划分的主要果树植物类群情况。

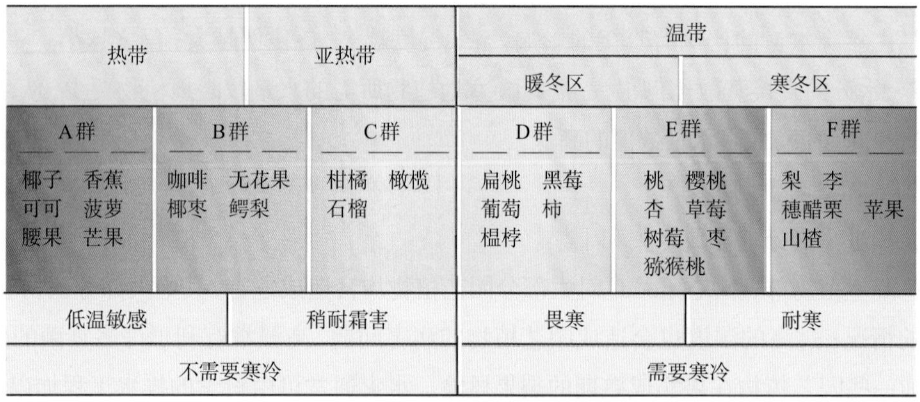

		温带		
热带	亚热带		暖冬区	寒冬区
A群	B群	C群	D群	E群	F群
椰子 香蕉 可可 菠萝 腰果 芒果	咖啡 无花果 椰枣 鳄梨	柑橘 橄榄 石榴	扁桃 黑莓 葡萄 柿 榅桲	桃 樱桃 杏 草莓 树莓 枣 猕猴桃	梨 李 穗醋栗 苹果 山楂
低温敏感	稍耐霜害		畏寒	耐寒
不需要寒冷		需要寒冷		

图24-2   按生长所需温度划分的主要果树植物类群的全球分布情况
(依Janick)

在园艺主产地,气候对产品品质及外观的影响非常重要,如充足的光照有利用苹果果皮红色的形成,故一些重要的苹果产地多为气候较为干燥的地区,较高的海拔及山地气候使其可整个夏季处于少云的天气情况。

24.2   气候区与园艺产业布局

气候区(climatic region)的分类方法有多种,通常根据温度状况可分为热带、亚热带、温带与寒带,而更为有用的分类则是将温度与水分状况同时考虑的分类方式,天然植被的分布结果可更有效地表达这种复合型的气象指标。根据大量观测记录,以某些气候要素在不同季节(日、候、旬或月)内的多年平均值进行区域划分者,称为柯本(Koppen)体系;而结合自然界的植被分布、土壤水分状况等进行区域气候划分者,则称为桑斯威特(Thornthwaite)体系。

桑斯威特体系,以区域所特有的植物种类与气候条件的关联情况,将植被的气候类型分为沙漠气候区、大平原气候区、草原气候区、森林气候区、雨林气候区等。如图24-3所示为天然植被分布与温度、降水量的关系。

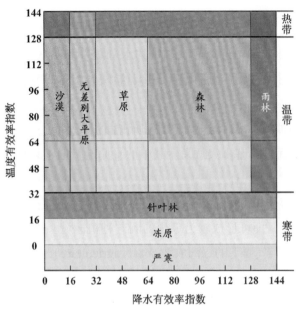

图24-3　天然植被的分布与温度、降水量的关系
(依Janick)

而使用更为普遍的柯本体系,是基于温度和降雨量的多年平均值来进行划分的,其温度与降雨量的分界线是依据自然植物的种类和植物对气候条件的响应而确定的。

此外还有特里沃塞(Trewartha)体系,是基于柯本系统而有所改进的气候区分类体系。它将全球各地分为热带多雨气候区、干燥气候区、湿润暖冬气候区、湿润寒冬气候区和极地气候区五大类。

24.2.1　热带多雨气候区

热带多雨气候区(tropical rainy climate area)为横跨赤道、在南北纬10°之间的不规则带状区域。其最典型的特征是没有冬季,区域内的日昼夜温差和全年平均气温的日较差通常小于5 ℃,日平均气温的最低值在18 ℃以上。

此区域虽然年平均降雨量充沛(>750 mm),但因为全年降雨量在季节上的分布不均衡,所以又可将该区域的气候型分为两个亚型:雨量均衡型和雨季旱季交替型。雨量均衡型区域,降水的季节性差别较小;而雨季旱季交替型区域则在降雨量的时间分布上差异特别明显。

热带区域的土壤经过连续耕作后易丧失生产性能,这是由有机质的快速分解和过度的集约化利用所致。不断的淋溶作用造成土壤肥力变差,因此植物对施肥很敏感。

在热带多雨区,其天然植物生长茂盛且种类繁多,这是其他区域所不能比拟的。其中主要的植物为阔叶植物和常绿植物,且植物全年无须休眠。在热带地区,树木的多寡与此处雨季持续时间的长短有直接关系:在雨量均衡型区域,树木较多;在雨季旱季交替型区域,占优势的则为旱季时可休眠的草本植物,因此此类型亦称为热带草原气候区(tropical savanna climate area)。

热带区域的重要园艺植物都可以连续生长,且不需要休眠,因此它们对于持续时间较长的干旱(旱季)都表现得极为敏感。热带园艺植物的种植从水分条件上通常只局限于气候湿润区域;而从温度条件出发,这些园艺植物只能集中于热带和亚热带区域种植。

24.2.2　干燥气候区

干燥气候区(dry climate area),是指水分的表面蒸散量甚至可超过年降水量的地区。其特征是降水量稀少且无法预测,经常性缺水。近地面空气中的水分蒸发和蒸散量随温度提高而增加时,便会使空气相对湿度降低。持续保持这一状态时便会形成干燥气候。这一气候区常分布在热带多雨气候区的附近。

虽然此区域的天然植物种类不多,但这一气候区所占面积较大,约占全球陆地总面积的41%,因此干燥气候区的农业开发对全球而言具有重大意义。其中的平原地带通常只长有矮小的浅根性草类,主要用于放牧。

因为降水稀少,缺乏淋溶作用,因此此区域内的土壤盐分含量普遍较高。虽然沙漠土壤并不适于农耕,但平原土壤配合有效的灌溉即可形成较为理想的园艺种植区域。因此,干燥气候区一旦通过水利设施引水进入后,即可造就在干燥气候下的绿洲农业(oasis agriculture)形态。

24.2.3　湿润暖冬气候区

中纬度地区的气候以明显的季节变化为其特征:春、夏、秋、冬四季有明确区分。在这一区域影响植物休眠的主要因子是低温而不是干旱。在湿润暖冬气候区(humid and warm winter climate area),一年中的最低月平均温度在0 ℃以上。此气候区多出现在纬度相对较低以及大陆架靠近海洋的区域。这一气候区又可分为以下三个亚型。

1) 地中海气候区

此区域具有亚热带的夏季干燥气候,为全球重要的园艺生产区域。其特征为夏季干燥且温暖,冬季温和而有适当的降雨量。沿海地区夏季常有雾,而内陆则较为炎热。

地中海地区、美国的加州中部和海岸区、智利中部、南非南部和澳大利亚南部等区域属于地中海气候区,其总面积约占全球陆地总面积的2%。地中海气候区适宜大部分的园艺植物,特别是亚热带水果类,如柑橘类、无花果、葡萄和橄榄等生长。

地中海气候区的土壤差异较大,其天然植被包括各种乔木和矮小灌木,植物叶片多宽厚且有光泽,可有效防止过量的蒸腾,植物生长期可持续整年。但该区域冬季会出现霜害,因此会对该地区生长的边缘植物造成一定的风险。冬季的低温和夏季的高温均会造成一些植物的休眠。在发达的灌溉技术下利用这种气候可生产花卉种子、蔬菜和果实类产品,如帝王谷(Imperial Valley)可生产供应全美冬季用莴苣的绝大部分。

2) 亚热带湿润气候区

典型的亚热带湿润气候区位于亚洲大陆的东南部、北美洲南部、南美洲和大洋洲的东部地区等,年平均降水量在750 ~ 1 600 mm,且全年分布均匀;夏季炎热而湿润,冬季较为温和,有时也会出现冰点。

该区的天然植被类型包括森林和草原。其森林多为针叶阔叶混交林,包含落叶树和常绿树种。由于这些森林区域的植被种类不断分化,该区的土层较为深厚,但受长期淋溶作用影响,土壤肥力不高。与此相比,这一区域的草原则具有较强生产力。

湿润的亚热带土壤较适宜种植蔬菜,如美国的西南部地区、中国的东南和华南地区和南亚地区等都有此类土壤。这些区域也是园艺植物,特别是观赏植物种苗、柑橘类和浆果类等的重要产区。

3)海洋性气候区

该区域从中纬度各大陆的两侧一直延伸到较高纬度地区,其分布范围依区域地形而变化。在很多沿海地区,山脉会与海岸线几近平行存在,因此其海洋性气候带往往呈狭长形;而在一些海拔较低的沿海区域,海洋性气候的范围可直达内陆。

有别于地中海气候和湿润亚热带气候,海洋气候的特点是夏季较为凉爽,最温暖时期的月平均气温为18~21 ℃,冬季则比同纬度其他地区的温度要高。海洋气候区的一年四季均有充沛的雨量,阳光少、雾多,全年有半数以上天气为阴天。

该区域的天然植被类型为森林,以落叶针叶林为主,土壤虽然深厚但易硬化,肥力中等但较其他森林土壤为高。

在海洋性气候区,园艺并不是当地主要的产业,但这一区域却非常适合一些温带落叶果树和冷季蔬菜的生长。虽然这一区域的气候资源对园艺植物生产有一定限制,但也刺激了温室园艺的发展,如荷兰、比利时、西班牙、英国等国的温室蔬菜和球根类花卉在全球有较大影响力。

24.2.4 湿润寒冬气候区

该区域最显著的特征是夏季较湿润暖冬区要短,全年较为湿润,夏季气候温暖,冬季则较为寒冷。此区域包括北美大陆的高纬度地区和欧亚大陆的高纬度内陆地区,区域北部与极地气候区相邻。这一区域适合大多数喜冷凉的园艺植物,如部分瓜类、番茄、马铃薯、豌豆、苹果、梨等的生长。

该区域的天然植被由最北部的针叶林和近内陆的高原大草原所组成,土壤较为贫瘠。

24.2.5 极地气候区

极地气候区主要出现在近地球两极的高纬度(70°~75°)地区,区域的年平均气温在0 ℃以下,全年最热的月份其月平均气温也不超过10 ℃。这一区域不适合园艺事业发展。中国科考队在南极科学考察站区域内的冰原上,成功地利用温室种植了蔬菜,受到广泛关注。

24.3 经济社会发展水平与园艺产业布局

除了气候和土壤等环境因素外,许多社会经济原因也强烈地影响着园艺生产的布局,其中包括土地费用、劳动力供应及其成本、产地与市场的距离、运输条件以及区域经济发展水平等。发达的区域经济能消耗更多的园艺产品,同时因许多园艺产品具有易腐性,较高的区域经济发展水平也能提供园艺生产所需的发达的技术以及与栽培相配套的运输、贮藏与加工条件。

由于园艺植物自身的生长特性,不同的园艺植物只能分布在那些具有适宜其持续生长的气候的地区,这大大限制了它们可能的生产场所,尤其是在面对高度竞争的市场时。而有较短生长季的一年生植物或作为一年生栽培的二年生园艺植物的适应范围则相对较广。

长期以来,很多地区均在当地适宜的季节内进行园艺植物的生产,并将其产品供应本地市场。虽然产品种类有限,全年供应也不均衡,但生产效益较为可观。然而,随着园艺产品长距离运输事业的发展,园艺产业的发展正逐渐摆脱"就地生产,就近供应(local production and nearby supply)"的限制,开始变得将特定园艺植物种植在最适宜的气候区内,而不再强调反季节栽培(off season cultivation)。这在一定程度上使得园艺生产对当地经济效益的促进作用在减弱,如在一些特大城市的郊区只保留了部分不耐贮运蔬菜种类的生产来供应当地市场。

24.3.1　经济因素

1)土地成本

土地成本不单包含土地租金,也包含与土地相关的税金。园艺植物的生产通常需要尽可能集约化,以便充分利用成本不低的耕地资源。处于城市区域范围的园艺产业多数承受着较高的土地成本而难以为继,城郊型的园艺产业则在进行着产业梯度性转移(gradient transfer)。

2)劳动力资源

园艺产业较其他农业形态而言对劳动力的需求更具有集约性,特别是在定植和收获时。尽管行业内在提高作业的机械化程度,但大多数的作业仍是需要依靠人工来完成的。

园艺产业需要较为廉价的劳动力的大量供应,因此一些大规模的园艺生产决定了工人的流动路线,迁徙的工人随季节变化从一处种植园转到另一处种植园来保持工作。在某些地区则有跨国性的劳动力的流动,如由东欧向西欧、墨西哥向美国的劳动力流动。

由于各地法律和劳工组织规定的最低工资标准的限制,园艺生产中的劳动力成本有所增加。同时园艺作业对短期劳工的季节性需要也会导致较大的供应问题。这些因素促使了某些园艺作业如定植、除草和采收等操作的自动化,但总体而言园艺产业对劳动力仍然有较大的依赖性。

设施园艺的发展使园艺产业更可以迁往远离城市的地区,但其中多数是迫于劳动力成本和其他费用的压力而为。与此同时,廉价的劳工是不可靠的:一方面在劳动力技能培养及工作效率上存在较大问题;另一方面从从业的选择倾向上看,这部分劳动力具有很大的不稳定性。

3)市场利益

从园艺历史上看,商品化园艺发源于靠近人口集中区域的地区,这主要是受限于园艺产品的易腐性。因此越是靠近市场的区域发展园艺事业越能得到较为可观的收益,其产品的品质也较其他地方要好。然而,当运输和贮藏事业发展起来后,此类模式下原有的利益便会逐渐减小。从全球园艺事业的发展来看,规律均是如此。对于一些价格较高的园艺产品,如花卉、鲜食浆果等,目前在流通上也普遍使用航空运输的方式,这使得特大城市周边的园艺生产所固有的近市场利益更加减少。

对同一市场的不同产品供应地而言,决定其市场准入比例的因素是特定品质下的产品市场价格、运输季节和生产成本。一些区域的生产成本较低,可抵消过高的运输成本。如图24-4所示为五个不同产地销往上海市场的番茄成本构成(含产地成本及运输成本)的比较。

影响市场利益的主要因素是跨区域联动式生产(cross regional linkage production),如冬季的番茄等喜温蔬菜生产,在山东等地需要依靠日光温室栽培,而在海南虽然土质较差且温度也比适温偏低,但生产成本较低。同样,北半球夏季高温时期的半耐寒蔬菜(如莴苣)的全球化供应,往往需要依靠南半球的新西兰等地的生产,而北半球在圣诞节和中国春节期间所需的节日花卉等产品除依靠全球热带、亚热带地

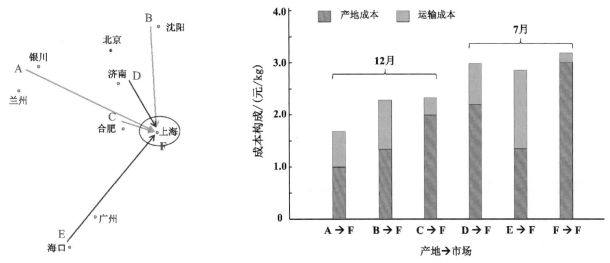

图24-4 不同产地销往上海市场的番茄成本构成比较

区提供外,南半球(如南非等地)的市场供应也是一大助力。

24.3.2 文化因素

除了环境和经济因素外,许多文化因素对园艺产业的布局也有着重要影响。在很多情况下,全球园艺产业的发展与文化传承有很大关系。例如:美国中西部的设施园艺最初即是由荷兰移民引进的,时至今日也多由荷兰裔在经营;芝加哥周边的洋葱生产和西海岸的花卉种植多由日本裔的家族企业在经营;多伦多周边的日光温室蔬菜生产则多由华裔经营。从中国国内的情况来看,在设施蔬菜生产上,具有蔬菜种植传统的山东对西藏、新疆、海南和上海等地有较多的劳务和技术输出;而在花卉和茶等的生产上,台湾对云南、广东、福建和浙江等地的技术输出相对较多。

同样移民也会给城市消费带来新的文化特色,如北京、上海和广州等超大城市外籍侨民聚集的国际社区及涉外酒店对一些西餐食材有小众化需求,这会刺激周边地区进行一定规模的生产;同样在美国东、西海岸的几个城市,亚裔族群的消费习惯刺激了加利福尼亚州等地的结球白菜和大葱等蔬菜的生产。

24.4 园艺产业区划

园艺产业区划(division of horticultural industry),是农业区划的一个分支领域,是指对一定区域范围未来一段时期内产业发展、农业生产资源开发和生产力布局所做的总体部署。

园艺产业规划并不是一劳永逸的,需要根据园艺生产与消费的阶段性变化及时地进行调整,特别是在经济发展迅速的时期更是如此。

从全球的园艺消费需求与生产布局及产品的市场供应来看,首先需要满足数量上的总体平衡,而在区域布局上则需要进行优化与平衡。事实上,不同国家和地区间很难进行生产配置方面的统筹,毕竟各国的总体发展水平存在着较大的差异。因此,当产品质量在国际上具有一定竞争优势时,园艺的生产便很难半途而废,即使在非适宜区域。由此可能会出现生产规模大于实际的产品需求的情况,形成不同区域间在产品贸易上的相互竞争关系。从整体的解决方案来看,通过贸易规则来平衡这种关系是有其效果的,但过程中也常常受到各种贸易保护措施的限制,这不仅是一个经济学问题。

　　而从中国园艺产业的发展现状来看,其在主要产品上均存在严重的生产过剩问题,与此同时,园艺产品的结构及质量水平并不均衡。因此,随着整体产业技术的进步与社会需求的提升,需要更新全局性区划并重塑产业布局,提高产业准入门槛,淘汰落后产能,优化产品的适地区域化布局。

24.4.1　产业区划的内容与要求

　　产业区划是指根据国民经济发展需要和农业地域差异,确定园艺生产的区域分工,有效利用农业资源,合理配置生产力,发挥区域优势,改善农业生态环境,统筹安排园艺及其他农业产业形态的开发和建设,使园艺产业同整个国民经济以及农业产业内部业态间的相互协调。

　　1）区划的具体内容

　　对园艺产业进行区划时,需要统筹考虑以下几个方面内容:

　　(1)全面分析评价农业自然资源与社会经济技术条件。

　　(2)研究确定区域的发展方向、重点和战略目标。

　　(3)提出合理调整农业生产结构与布局的方案。

　　以上内容中,需要重点把握好园艺在整个农业产业内部的地位和不同产业形态间的比例关系等。

　　(4)确定可资利用的农业资源禀赋、园艺产业综合开发的目标与内容。

　　(5)提出建设园艺商品化生产基地和增强园艺产业基础建设、配套设施设备、改善生态环境的方案。

　　(6)综合协调园艺与相关产业特别是产品贮藏加工业、物流业、园艺资材业、种苗业以及区域社会经济发展的关系。

　　(7)进行区域产业变换(园艺及其他产业形态的变换)的机会收益(opportunity income)与其对区域社会综合影响的比较,进行针对特定季节和特定市场的产品竞争力分析(product competitiveness analysis),并做出有效决策。

　　(8)梳理实现区域开发与建设的政策与措施,对初步区划结果进行相应调整。

　　2）区划的基本要求

　　园艺产业区划的范围有不同尺度,可分为全球、洲际、全国、省区、市等。较小尺度的区划因涉及的内容较为具体,已不再是总体的产业布局分区问题,其具体内容将在稍后的第25章中再做专门讨论。

　　较大尺度的区域产业规划需要在园艺产业区的空间分布上做到整体优化,而在区域内则相对保持其同质性,并达到以下具体要求:

　　(1)有利于充分、合理地利用农业自然资源和社会经济资源。

　　(2)有利于包含园艺产业在内的农业整体生产结构的优化。

　　(3)能够促进区域社会生产力水平的全面提高。

　　因此,在园艺产业布局上,必须做到以下几点:

　　(1)因地制宜,扬长避短;趋利避害,发挥优势。

　　(2)社会、经济与生态效益的统一。

　　(3)生产布局与工业、交通布局的结合。

　　(4)按照生产指向布局最优配置区位。

　　(5)正确处理高产与低产、先进与落后地区的关系。

24.4.2　园艺生产区的划分方法

在园艺生产区的划分方法上,有许多不同做法。按其空间分布的结构形式不同,可分为均质性生产区和异质性生产区两种。均质性(homogeneity)生产区泛指农业生产条件和特点大体相同的区域单元,而异质性(heterogeneity)生产区是指以城市消费市场为核心的郊区园艺地带。

从园艺生产区(地带)划分的依据来看,通常可分为较为单一的主导指标和综合的多指标。

1)主导指标划分法

主导指标又有以园艺生产环境条件为主的和以园艺植物本身特征为主的区别。前者主要的划分指标包括气候、土壤等自然条件,而后者则以园艺植物配置、经营方式和生产水平等作为划分依据。也有主张以专业化和集约化程度作为指标来反映园艺产业分布特征的。

2)综合指标法

用多种指标进行综合分区,以地理学家惠特尔西(Whitlesey)的工作为例,可选用以下五个要素进行分区:

(1)农业内部产业的组合。

(2)土地利用的集约化程度。

(3)园艺产品的处理和销售情况,即商品化程度。

(4)农业机械化的方法和程度。

(5)农业设施的类型及其装备水平。

这些要素虽比较客观,反映了园艺生产的主体方面,但综合处理时的区域划分仍会带有一定的主观性,应运用多变量的数学分析和系统工程方法来进行优化和统筹。

第25章
园艺生产基地的规划与建设

25.1 园田的选择

从人类历史发展进程来看,园艺植物的生产从生产力较低的阶段发展起来:较为原始的、落后的阶段,其生产力水平较低,社会分工不发达,生产规模狭小,经营分散,表现出自给自足(provide for oneself)和有限商品交换(limited commodity exchange)的特征;现代化的专业生产则是以更为细致的专业化分工、生产力投入上的高度集约化和经营管理上的现代化为显著特征。因此,在园艺生产上,要想有效提高产品的供给水平,协调好市场关系,则必须形成一个可持续的、规模合理、布局合理、建设和装备良好的园艺生产基地,并配置有数量充足的专业从业人员。

园艺生产基地(horticultural production base),是指对园艺全产业链而言,在空间上有较好且完善的生产资源、硬件设备、技术力量和人员配置,并能大量提供优质园艺产品的产业单元。园艺生产基地的建设是有效保障产品市场供应、发展区域经济的必要保证。

在特定的大尺度园艺产业发展区划内,如何根据企业的发展需求找到其所需的产业基地,是极其重要的一项工作。

25.1.1 产业布局区位理论

1)杜能的农业区位理论

农业区位理论(agricultural location theory),是通过抽象的方法假设一个与世隔绝的孤立城邦,以此来研究如何布局农业才能从每一单元面积土地上获得最大利润的问题而建立起来的规划理论。

从农业土地利用的角度来看待园艺生产基地的区位选择问题,主要考虑园艺产品从产地到消费地的距离对土地利用所产生的影响,这便是约翰·海因里希·冯·杜能(Johann Heinrich von Thünen)的"孤立国"理论。

杜能模型所设定的假设前提:在一大规模的区域中只有一个孤立国(the isolated state),其土地为均质平原并呈圆形分布,无外在影响力;区域内只有一个位于城市中央的市场,城市向周围农业地区提供工业品,农业地区向城市提供农产品,排除外来竞争的可能;城市与郊区之间只有陆路交通,交通费用与距离呈线性关系;区域内各地在地质、气候特点上完全相同;等。杜能模式的主要观点:市场(城市)周围土地的利用类型以及农业集约化程度都是随着距离带的远近发生变化的,以城市为中心可划出若干不同半径的圆周,从而形成不同半径的若干个距离带(同心圈)。在不同的同心圈里,根据产品性质、运输成本等因素来安排生产不同的农产品。

因此,在农业布局上并不是某个地方从气候条件上适合做什么就为之,起决定作用的是级差地租

（differential rent）。特定地域距离城市（消费市场）的远近反映了其级差程度，地租水平的高低与该区域距城市中心的距离成反比，由此构成围绕城市的圈层分布（circle distribution）。如图25-1所示为杜能圈的圈层结构及形成机制。

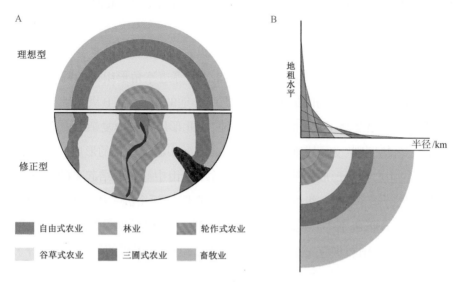

图25-1　杜能圈的圈层结构及形成机制
A. 杜能圈结构；B. 形成机制

2）韦伯的工业区位理论

杜能理论虽然简化了实际的生产状况，但这一理论至今仍有其重要意义。阿尔弗雷德·韦伯（Alfred Weber）在杜能理论的基础上进行了引申。他认为，运输费用对产业布局起决定性作用，产业的最优区位通常应选择运费最低的点（区位）。同时，韦伯还考虑了以下其他两个影响产业布局的因素：①对劳动力成本在整个生产成本中所占比重较大的劳动密集型产业如园艺产业而言，运费最低点（区位）并不一定生产成本最低。当存在一个劳动力成本最低点（区位）时，它同样会对产业区位的选择产生影响。②产业聚集度（industrial agglomeration）的影响，是指企业规模扩大及其关联配套产业处于同一区域并相对集聚时，可能带来区域的规模经济效益和区域内主导产业的外部经济效益双重增长。

3）胡佛的运输区位论

埃德加·M. 胡佛（Edgar M. Hoover）提出，运输成本由两部分构成：线路运营费用（line operation cost）是距离的函数，而站场费用（station expenses）则与距离无直接关系。由此，胡佛对韦伯理论又进行了修改，并指出：①若企业生产某一产品后在一目标市场销售，在原料与产品市场之间如有直达运输，则基地的位置选择在交通线的起点时最佳，而在生产资料与市场中间设厂将增加站场费用；②如果生产资料地和产品市场之间无直达运输线，且生产资料又不可能靠当地解决时，距离港口或其他转运点较近的地点即为最小运输成本区位。

4）克里斯塔勒的中心地理论

沃尔特·克里斯塔勒（Walter Christaller）创立了中心地理论（central place theory），亦称市场学派理论，是用于阐述一个区域中各中心地的分布及相对规模的理论。该理论的基本概念"中心地（central place）"，是指可以向居住在它周围地域（尤其是农村地域）的居民提供货物和服务的地方，中心地具有等级性；由中心地生产的货物与提供的服务即为中心地职能（central place function），其也具有等级性。

一个地点的中心性（centrality）可以指该地点对围绕它的周围地区的相对意义的总和。中心地提供的每一种货物和服务都有其可变的服务范围，其上限是消费者愿意去一个中心地得到货物或服务的最远距离，以此为半径的圆形区域即为中心地的最大腹地，而服务范围的下限则是保持一项中心地职能经营所必需的腹地的最小距离，此距离即以此为半径的腹地的需求门槛距离（threshold）。门槛距离与货物的最大销售距离之间的关系决定了经营者是否能够获得利润。

由此，克里斯塔勒推导了在理想地表上的聚落分布模式，即假设理想地表上均匀分布着一系列的B级中心地（圆形区域），将所有B级中心地连接，即可得到由等边三角形组成的网；同时将B级市场区的圆形修改为六边形后消除了圆形市场间的重叠。根据中心地的级别，在B级基础上，又增加了级别较低的K级、A级和M级中心地以及高于B级的G级中心地，由此形成了更为复杂的中心地网络。

克里斯塔勒认为，市场原则、交通原则和行政原则会支配中心地体系的形成。按照市场原则，高一级的中心地应位于低一级中心地所形成的等边三角形的中央；由中心地联结起来的道路其运输效率不高，因此根据交通原则可进行修正：次一级的中心地应分布在联结两个高一级中心地道路的中点位置。在中心地级别较少时，会出现低级别中心地辖区被割裂的问题。根据行政原则，当行政级别增加到7级时，中心地体系的行政从属关系则与供应关系的边界线相吻合，但由此形成的运输系统效率较差。

5）俄林的一般区位理论

伯蒂尔·俄林（Bertil Ohlin）的一般区位理论（general location theory）指出：运输便捷的区域能够吸引大量的资本和劳动力，并能成为重要市场，因此这些区域可大规模生产难以运输的产品；而运输不便的地方则应专门生产易于运输、小规模生产可以获利的产品。

6）梯度转移理论

梯度转移理论源于雷蒙德·弗农（Raymond Vernon）的产品生命周期（product life cycle, PLC）理论。产品生命周期理论认为，产品从进入市场到退出市场都会经历一个过程，这个过程包括四个发展阶段，即导入期、成长期、成熟期和衰退期。区域经济学家将这一理论引入区域经济学中，便产生了区域经济发展梯度转移理论。梯度转移理论认为：产业结构状况取决于区域主导产业在生命周期中所处的阶段；创新活动是决定区域发展梯度层次的决定性因素，创新活动大都发生在高梯度地区；随着时间推移及生命周期阶段的变化，生产活动逐渐由高梯度地区向低梯度地区转移。

7）艾萨德的区位指向理论

沃尔特·艾萨德（Walter Isard）运用替代原理分析区位均衡，提出了区位指向理论。该理论认为：输送投入与资本、土地、劳动投入及企业经营能力等生产要素具有类似性，都是按照利润最大化原理投入，为此必须找到各类投入的区位均衡点。根据运费和劳动投入的替代关系，如果最佳区不是运费最低点，则会产生从运费最小点向劳动力廉价地点进行产业转移。

25.1.2　区位条件评估

在可供选择的区位范围内，要想对不同区域的生产条件及其对产业发展的满足程度进行有效评估，需要依靠科学的综合论证工作。

1. 需要考虑的要素

对于区位选择时不同区位可选场地的评估，需要综合考虑以下条件（见图25-2）。从企业对园艺产业投资的实际出发，在进行评估分析（evaluation analysis）时，某区域的经济社会发展水平可作为必要条件加以考虑,而自然资源状况则可作为实现产业投资的充分条件被看待。

1)区域经济发展状况

(1)土地价格。

特定质量的土地租赁价格,是园艺产业布局时最基本的成本之一。在做区位评估时,需要知悉用地成本的高低、土地租用(流转)期限以及租赁法律等相关内容,通常还会与当地政府或村集体就部分事宜进行沟通,同时须注意土地价格的变动性条件。

(2)生产资料价格。

对于园艺生产而言,其生产资料(production materials)包括建设及维护期间使用的玻璃、塑料薄膜、无纺布、塑

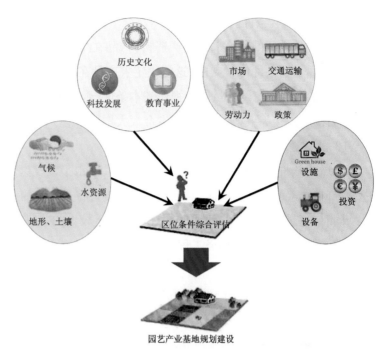

图25-2　产业区位选择时需要考虑的各种要素

料管材、水泵、铁丝、木杆、金属材料及农用设备等,以及生产过程投入品如种子、种苗、农药、肥料、授粉昆虫、包装材料等。

这些材料在所选择农业区域是否能够保证供应,其生产资料的采购价格与相邻的中心城市市场间有多大差距……这些都是需要考虑的。如当地无法供应,一些生产资料不得不到较远的其他城市订购时,需要保证一定库存量,而且此举会增加生产成本。

(3)劳动力供应及其成本。

劳动力(labor force)对产业布局的影响包括两个方面:劳动力成本(labor cost)和劳动力质量(labor quality)。不同地区间的劳动力成本差异较大,这与各地经济发展水平、消费水平、社会保障制度的健全程度和工业化水平等因素均有关系。

雇佣劳动力的难易程度即区域劳动力供给水平也是产业布局中需要考虑的限制性因素。大城市往往有着大量的劳动力储备,雇用成本相对较低;反之,在中小城市的企业可能会面临劳动力不足的问题。但近年来随着城镇化建设的推进,一些大城市的生活成本过高致使部分劳动力向中小城市回流。

某地区拥有大量劳动力是吸引如园艺产业等劳动密集型产业投资于该地区的重要因素,然而其中存在着较大的劳动力质量差异,如劳动者的技能不足、工作态度消极和道德水平较低都很可能会抵消这个优势。因此,在欠发达区域进行产业布局时,需要从邻近中心城市的位置逐渐转移,并须论证劳动力通过技能培训的可能性。

2)区域社会发展水平

(1)政策条件。

政府对产业布局产生影响主要通过以下三种形式:宏观产业政策,用以刺激特定区域的经济发展(以某种激励或补贴形式),为自上而下制定并实施的政策;国际合作交流政策,包括贸易政策、关税政策与国际政策;地方性投资政策,用于吸引投资、发展当地经济。各地的政策往往有较大不同,由此常造成产业空间布局上的差异化效果。

（2）区位配套条件。

要实现从较远的地区采购生产资料，产品在生产基地内的短距离运输以及运输到目的市场，均需有良好的交通运输条件作为支持，这将决定着产品在市场竞争中的物流成本。在选择园艺产业区位时，可以把涉及的区载物流网质量较高视作基本条件，否则靠企业一己之力去完善，进行道路建设、水利设施兴建、电力设施连接等事项，其投资成本会大大增加。

（3）区域发展水平。

区域的软件条件包括当地的科技、教育发展水平以及区域文化特色等相关内容。一些商业文化先进、人口整体素质较高的地区，对产业发展的支持将是持久的。

同时，区域工业的发展水平与园艺产业有着较大的关联，现代农业对材料、建筑、设备器材和通信等领域的依赖性较高，且对环境工程需求较大，需要就地解决，而不可能依靠其他区域。

（4）区域社会稳定性。

作为海外事业拓展时，选择园艺产业投资地时必须很好地考证当地的社会稳定性及其与中国的政治、军事和外交状况等。

3）区域可利用的自然资源状况

（1）地形、地质和水文条件。

对园艺产业而言，植物在种植时对土地的要求是最为直接的。一个区域的地形、地势及水文条件的好坏，对园艺植物是否能够正常生产将产生直接影响。这些条件涉及区位的纬度、海拔、土地平坦程度（或坡度）、土层厚度与紧实度（是否有滑坡和下沉风险）、地表水分布及流量，以及该区域地下水的储量及深度、出水量、水质（硬度和pH）等要素。

（2）区域气候资源。

根据既定的目标园艺植物类别，结合其生长所需的气候条件验证拟选择区域气候条件的满足情况，包括光热资源，全年和各季节平均温度、最高及最低温度，降水情况，气象灾害发生状况，等。

（3）区域土壤质量。

如本书第7章所述，对拟选择区域的土壤质量进行综合评估的主要指标包括土壤的物理性状、化学性状和生物性状。在化学性状中，除考虑土壤pH、肥力水平外，还须重点考虑土壤是否有严重污染等问题。对拟选地域的土壤质量须进行多点采样和系统检测。

（4）区域植被与生态质量。

对拟选区域的植被生长情况与产业开发目标进行比较，寻求吻合度高的区域不但可使园艺产业的生产成本降低，同时也容易生产出质量极为优良的产品。同时，应对拟选区域的生态环境质量进行严格鉴别，明确以下几类情况：是否有季风影响下的大气污染、降尘、雾霾问题；土壤是否受原生性地质重金属污染、人为的灌溉水源污染或因长期过度使用农药而造成的化学污染；是否出现过度耕作后的土壤沙漠化、石漠化、板结等物理性问题，以及区域生态失衡引起的毁灭性病虫害高发等问题。

对虽然有一定生态问题，但发生不是很严重的区域，须考证修复过程对增加生产成本带来的影响。

2. 评估的基本逻辑与方法

（1）区域生产条件的评估逻辑。

对一些明显有重大缺陷的指标，可以直接否决的方式进行排除。而对介于极限值之间的具体性状指标，因涉及要素较多且分值高低不等，难以直观进行比较，所以可引入数据标准化方法进行评估，即对于某一具体指标X_i,根据其取值的可能范围$(X_{i\min},X_{i\max})$,可求得其标准化后的数值X_i',记为

$$X_i' = \frac{X_i - X_{i\min}}{X_{i\max} - X_{i\min}}$$

X_i'的取值范围在$(0,1)$区间内,结果的数值越大,说明该指标与理想状态的吻合度越高。

（2）各类指标的加权评估法。

首先可按照评估指标的类别（A组）进行一次综合评估,即在一组指标$(X_1,X_2,\cdots,X_n)$内,按照评估的实际需要,分别给定这n个指标对于评价目标的权重系数,进而求得其一次综合值X_A,记为

$$\begin{cases} X_A = \displaystyle\sum_{i=1}^{n}(\rho_i X_i') \\ \displaystyle\sum_{i=1}^{n}\rho_i = 1 \end{cases}$$

以此方法进行的不同区位的多要素生产条件综合评估的结果如图25-3所示。

同样地,可分别求算得到B, C, $\cdots$, M组（共m项）评估指标所对应的一次综合值$X_B,X_C,\cdots,X_M$。

（3）总体指标的综合评估法。

在假设A～M组指标权重相同的背景下,分别对拟选区域 I、II、III $\cdots$ P所对应的二次综合值(X_k)进行求算,计算公式为

$$X_k = \frac{\displaystyle\sum_{j=1}^{m}X_{A,j}}{m} \quad (j = A, B, \cdots, M; k = I, II, \cdots, P)$$

比较不同区域$X_k(X_I,X_{II},\cdots,X_P)$的大小,取其最大值即可得出最优区位方案。

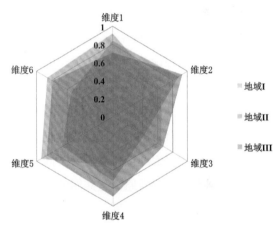

图25-3 不同区位的多要素生产条件综合评估

25.2 园艺产业基地的规划

对于新建的园艺生产基地,在已经初步选择好的场地基础上,必须先进行前期的规划,再进入建设阶段。而对于已有园艺生产基地的改造、升级和扩建,也应进行相应规划。

园艺生产基地的建设规划（construction planning of horticultural production base）,是指针对特定区域生产条件与基地的功能定位,明确目标,提出细化的产业空间布局方案,论证其可行性,在此基础上明确产业配置的建设规模、标准及支撑条件,对建设投入、预期效益进行核算,提出关于建设及运营的整体思路与模式的一系列计划性工作。

25.2.1 产业规划的基本原则

对于规划而言,其与区划的不同点在于规划的空间尺度相对较小,且在生产力要素的安排上更为具体。因此,从规划间的相互关联与对接上看,必须使基地建设规划与大尺度的区划相吻合,以便能充分利用区域内的公共设施资源并形成有效的产业集群。如图25-4所示为区域产业布局中的集群化过程及其作用机理。

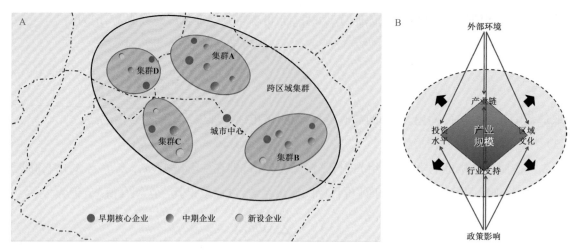

图25-4　区域产业布局中的集群化过程及其作用机理
A.集群化过程；B.作用机理

产业规划应遵从以下几个基本原则。这些原则从宏观上要求园艺生产基地的空间布局应符合生态学原理，并在其建设和运营方式上也给出了特别的指向。

1）可持续发展理论

可持续发展理论（sustainable development theory）的出发点在于既满足当代人的需要，又不损害后代人满足其发展需要。其内涵体现了以下原则：公平性原则，即人际公平和代际公平；持续性原则，人类经济和社会发展不能超越自然资源和环境的承载能力；共同性原则，要实现可持续发展的总目标，必须采取全球共同的配合行动。不同国家和地区由于其历史文化、经济自然条件和经济发展水平各异，可持续发展中所考虑的因素的重要性也会不同，其发展目标、模式和实施步骤也不是唯一的，但全球发展目标所体现的公平性和持续性原则是共同的。

2）循环经济理论

循环经济理论（circular economy theory）由肯尼思·艾瓦特·博尔丁（Kenneth Ewart Boulding）提出，它强调经济系统与生态系统之间的和谐，着眼于资源的节约和循环利用，实现以最小的资源消耗、最小的污染获取最大的经济效益。其基本原则是3R原则——减量（reduce）、再利用（reuse）和再循环（recycle）。

3）城乡一体化理论

弗里德里希·恩格斯（Friedrich Engels）在其著名的《反杜林论》一书中提出了城乡融合理论（theory of urban and rural integration）。他认为在人类社会发展的早期，城市脱离乡村而独立出来，但随着社会的进步，城、乡必将从分离到融合，必然产生城乡经济融合、产业融合、劳动力融合，最终完成城乡一体化。

25.2.2　产业布局的基本模式

产业布局（industrial layout），是指在特定地域内依据具体条件对目标产业进行科学的规模、质量和空间配置。同一时期不同地域和同一地域不同发展阶段的具体情况各不相同，因此必须根据规划所处的实际情况采取不同的产业布局模式。

根据产业空间发展不同阶段的不同特点，产业布局的理论模式可以分为增长极布局模式、点轴布局模式、网络（或块状）布局模式、地域产业综合体模式、田园综合体模式，以及区域梯度开发与转移模式等。其中，前三种布局模式均从产业分布结构角度出发，重点考虑了区域处于不同发展阶段时的产业布局问题，其间有着密切的内在联系，共同组成了一个完整的布局过程。

1）增长极布局模式

增长极布局模式（growth pole layout mode）由弗朗索瓦·佩鲁（Francois Perroux）提出，其主要观点如下：在一个区域的经济增长过程中，不同产业的增长速度不同，其中增长较快的是主导产业（prime mover industry）和创新企业（innovative enterprise），这些产业和企业一般都是先在某些特定区域或城市集聚，并取得优先发展，然后再对其周围地区进行扩散，依靠其强大的辐射作用，带动周边地区发展。这种集聚了主导产业和创新企业的区域或城市被称为增长极（growth pole）。

城市群（city group），是城市发展到成熟阶段时的最高空间组织形式，是指在特定地域范围内，以1个以上特大城市为核心，3个以上大城市为构成单元，依托发达的交通、通信等基础设施网络所形成的空间组织紧凑、经济联系紧密，可实现高度同城化和高度一体化的城市群体。在城市群中，核心城市对区域经济所产生的带动作用更大，辐射范围更广阔。中国城市群的基本空间分布已初现并开始出现集聚态势。

2）点轴布局模式

点轴布局模式（point-axis layout mode），是增长极布局模式的延伸。从产业发展的空间过程来看，很多产业总是首先集中在少数条件较好的城市发展，并呈点状分布（见图25-5A）。这种产业点（point），即为区域增长极（growth pole），也是点轴布局模式中的点（point）。

随着经济的发展，产业点逐渐增多，由于生产要素流动的需要，需要建立各种流动管道将点和点相互连接起来。这些管道包括各种交通道路、动力供应线、引水线路等，构成了轴线（axis）（见图25-5B）。轴线一经形成，其两侧区域的生产和生活条件便会得到改善，从而可吸引周边地区的人口、产业开始向轴线集聚，并产生新的产业点（见图25-5C）。点轴贯通，就形成了点轴系统。实际上，中心城市与其吸引范围内的次级城市之间相互影响、相互作用，会形成一个有机的城市系统，这一系统能有效地带动整体区域经济的发展。

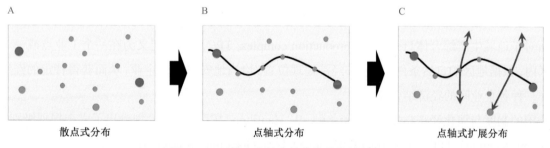

A	B	C
散点式分布	点轴式分布	点轴式扩展分布

图25-5　区域产业的点轴式布局发展过程

3）网络（或块状）布局模式

网络布局模式（network layout mode）是在点轴布局模式上延伸而来的。一个发达的经济区域的空间结构具备三大要素：节点（node），通常由各类城镇构成；域面（domain surface），是指各节点辐射力的范围；网络（nets），是指由商品、资金、技术、信息以及劳动力等各种生产要素形成的流动网。

网络布局的建设，需要提高区域内各节点间、各域面间，特别是节点与域面之间生产要素交流的广度和密度，使其点、线、面组成一个有机整体，从而使整个区域得到有效开发，从而促进这一区域的经济向一体化方向发展。

同时通过网络的向外延伸,加强与区域外其他区域经济网络的联系,并将本区域的经济、技术优势向四周扩散,将在更大的空间范围内调动更多的生产要素进行优化组合。如图25-6所示为一幅区域内各点间因交通连接产生的网络式关系的示意图。这是一种比较完备的区域开发模式,它标志着区域经济开始走向成熟阶段。

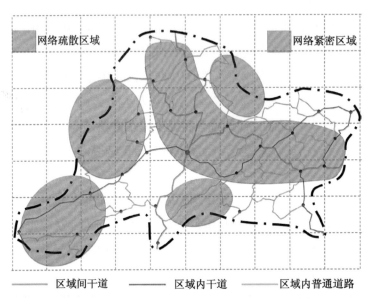

图25-6　区域内各点间因交通连接产生的网络式关系示意图

4)地域生产综合体模式

地域生产综合体模式(territorial production complex mode, TPC mode),是苏联广泛采用过的一种产业布局模式。其理论基础为N. N. 科洛索夫斯基(N. N. Kolosovsiy)的生产循环理论(production cycle theory)。该理论提出:各产业的生产均是在特定原料和生产资源相互结合的基础上发展起来的;每个循环都包括过程的全部综合,即从原料的采选到获得成品的全过程;某个产品之所以能在某个地域生产,是因为该地具有生产力基础并能对其进行有效利用,特定的生产是按照其工艺链进行的稳定的、反复的活动。

而对于地域生产综合体(territorial production complex, TPC),其被定义为在一个工业点或一个完整的地区内,根据地区的自然条件、运输和经济地理位置,恰当地安置各个企业,从而获得特定的经济效果的这样一种各企业间的经济结合体。

美国的制度与演化经济学家W. 汉密尔顿(W. Hamilton)按区域尺度,划分出了六个规划级别:经济区(economic region)、TPC、地带(tract)、带(zone)、区位(location)和地点(site)。

5)田园综合体模式

田园综合体(rural complex),是集现代农业、休闲旅游、田园社区为一体的乡村综合发展模式,是目的为通过旅游助力农业发展,促进三产融合的一种可持续性模式。可以认为,田园综合体是结合现阶段中国农业农村发展的改进版TPC,张诚提出的这个概念在无锡阳山的田园东方项目中率先付诸实施(见图25-7)。

2017年2月5日,"田园综合体"一词被写入当年的中央一号文件。文件指出:支持有条件的乡村建设以农民合作社为主要载体,让农民充分参与和受益,集循环农业、创意农业、农事体验于一体的田园综合体,通过农业综合开发、农村综合改革转移支付等渠道开展试点示范。

图25-7　田园综合体发展模式（无锡田园东方项目）

（引自 baike.baidu.com）

6）区域梯度开发与转移模式

区域梯度开发与转移模式（regional gradient development and transfer mode）的理论基础是梯度转移理论。

梯度转移理论（gradient transfer theory）指出，由于经济技术的发展是不平衡的，不同地区客观上存在经济技术发展水平的差异，即经济技术梯度，而产业的空间发展规律是从高梯度地区向低梯度地区推移。20世纪的国际产业转移就是从发达国家向新型工业国（或地区）再向发展中国家进行梯度转移的。

根据梯度转移理论，在进行产业开发时，要从各区域的现实梯度布局出发，优先发展高梯度地区，让有条件的高梯度地区优先发展新技术、新产品和新产业，然后再逐步从高梯度地区向中梯度和低梯度地区推移，从而逐步实现经济发展的相对均衡。

迄今为止，在众多经济区划中，目前最被广为接受的是于20世纪80年代国家"七五"计划中提出的"东中西三大地带"经济区划。该规划按经济技术发展水平和地理位置相结合的原则把全国划分为三大经济地带，即东部沿海地带、中部地带和西部地带。随着近些年中国产业水平的整体快速发展，利用国内的产业要素优势，通过"一带一路"（the Belt and Road）倡议释放过剩产能，并帮助一些发展中国家提高其经济社会发展水平，是一项有很大潜力可挖的巨大工程，也是一个推动园艺产业国际大洗牌的重要契机。

25.2.3　基地（产业园区）规划的建设定位与规划目标

1）规划对象的建设定位

在规划实践中，通常会碰到两种情况：一种是基于已知区域地点的产业规划，另一种则是有明确发展目标的企业投资类产业开发。这两种情况的出发点不同，决定了各自规划的基本路线也有着较大的不同。

（1）基于区域的产业规划。

基于区域的产业规划介绍以西藏自治区日喀则市农业产业基地规划为例。这一区域的平均海拔在4 000 m以上，多山，河谷地带较为狭窄，但却是当地发展农业的理想地带。白朗县位于日喀则市的东南侧，紧邻市区，其北侧即为日喀则和平机场，且日喀则机场快速路及拉日铁（公）路均从此县城北侧穿过。因此，铁路线与县城形成的T字形谷区域即成为当地发展园艺产业的土地资源，其他区域的土地由于地势原因，只能进行适当的牧草生产。由于此区域旅游业的兴盛，市场对新鲜园艺产品的需求与日俱增，促使当地在现有条件下发展园艺产业。

基于拉日铁（公）路和白朗县城间的区域土地现状进行的区域园艺产业规划，共布局了四个功能板块：沿拉日铁（公）路两侧的枸杞产业园和有机产业园，以及沿东南向河谷的沿江林卡（藏族休闲林卡）和现代农业博览园。

（2）基于特定目标的产业规划。

基于特定目标的产业规划介绍以巴哈马新普罗维登斯岛（首都拿骚所在岛域）农业产业园的规划为例。巴哈马是一个位于大西洋西岸的岛国，陆地总面积为 13 878 km²，虽然其经济发展水平较高，但国内农业基础薄弱，主要农产品的消费大多依靠进口。由于发达的旅游业需要，巴哈马从2000年开始规划建设国家级农业产业园（目标定位为综合性产业园），并拟在新普罗维登斯岛上选择地块。

最终选定在拿骚的莱登-平林国际机场附近进行建设。这一区域远离商业区和居民区，但离机场东侧的淡水湖距离较近，原址为一片自然林地，是所在岛域范围内非常理想的一处规划区域。这一园区的建设和运营，满足了巴哈马本国对鲜活园艺产品的需要，也缓解了台风天气时蔬菜、花卉市场供应上的短缺问题。

2）规划对象的建设目标

无论是前述的哪一类规划，在规划前充分梳理清晰建设目标是共同要面对的重要议题。因此，从建设规划的主体方来看，必须先有一个清晰的运营目标和思路，然后再进入规划阶段，否则其规划很可能是无效的，甚至会带来经营上的困局。有时可以看到，一些包含园艺类建设的产业（园区）规划，在尚未完成全部建设时就不得不中断的情况，这很可能与建设规划目标不清晰有关。

（1）产业开发目标的确立。

通常，园艺产业基地的规划总目标表述都比较简练，其中涉及以下关键词：建设期限、产业基地名称及其所开发土地的规模、产业基地的总体定位、所要实现的经济目标、发展水平及社会影响力等。

细化后的目标，则可从基地生产、运营管理等多个侧面进行可量化指标的体系性描述，其将作为项目建设和运营时的重要依据。

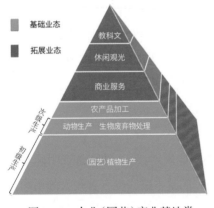

图25-8 农业（园艺）产业基地类别的功能性结构组成

（2）不同形态基地（园区）的功能定位差异。

园艺产业基地最为根本的功能是其产出园艺产品的功能。对于农业自身而言，植物生产为生态系统中的初级生产，动物生产及生物废弃物的处理则为次级生产，这两者再加上农产品加工则形成了传统的农业基础形态。

从产业生态结构关系来看，在基础的产品功能（production function）之外，商业服务、依托农业产业而进行的休闲观光，以及与之相关的科普教育、技术创新、农业推广等产业功能则是对农业功能的进一步拓展。因此，园区的不同定位只是对这些功能进行比例上的结构性调整的结果。如图25-8所示为农业（园艺）产业基地类别的功能性结构组成。

25.2.4 基地（产业园区）规划的具体作业

1）区域土地利用

新修订（第三次修订）的《中华人民共和国土地管理法》（以下简称《土地管理法》）于2020年1月1日正式实施。

新版《土地管理法》，更加强调对耕地的保护制度；强调永久基本农田概念，一经划定，任何单位和个人不得擅自占用或者改变用途，此类农田必须落实到地块，纳入国家永久基本农田数据库严格管理。同时，新法也破除了农村集体建设用地进入市场的法律障碍，规定可以通过出让、出租等方式交由农村集体经济组织以外的单位或个人直接使用,这对于园艺企业而言是一个极大的好消息。

新版《土地管理法》中提出了土地总体规划的编制原则:①落实国土空间开发保护要求,严格土地用途管制;②严格保护永久基本农田,严格控制非农业建设占用农用地;③提高土地节约集约利用水平;④统筹安排城乡生产、生活、生态用地,满足乡村产业和基础设施用地合理要求,促进城乡融合发展;⑤保护和改善生态环境,保障土地的可持续利用;⑥占用耕地与开发复垦耕地数量平衡、质量相当。

按照《土地利用现状分类》(GB/T 21010—2017),将土地分为3大类、12个一级类和57个二级类。其分类结果如表25-1所示。

表25-1　土地利用现状分类的地类

土地利用大类	一级类	二级类
农用地	耕地	水田、水浇地、旱地
	园田	果园、茶园、橡胶园、其他园地
	林地	乔木林地、竹林地、红树林地、森林沼泽、灌木林地、灌丛沼泽、其他林地
	草地	天然牧草地、沼泽草地、人工牧草地、其他草地
建设用地	商服用地	零售商业用地、批发市场用地、餐饮用地、旅馆用地、商务金融用地、娱乐用地、其他商服用地
	工矿仓储用地	工业用地、采矿用地、盐田、仓储用地
	住宅用地	城镇住宅用地、农村宅基地
	公共管理与公共服务性用地	机关团体用地、新闻出版用地、教育用地、科研用地、医疗卫生用地、社会福利用地、文化设施用地、体育用地、公共设施用地、公园与绿地
	特殊用地	军事设施用地、使领馆用地、监教场所用地、宗教用地、殡葬用地、风景名胜设施用地
	交通运输用地	铁路用地、轨道交通用地、公路用地、城镇村道路用地、交通服务场站用地、农村道路、机场用地、港口码头用地、管道运输用地
	水域及水利设施用地	河流水面、湖泊水面、水库水面、坑塘水面、沿海滩涂、内陆滩涂、沟渠、沼泽地、水工建筑用地、冰川及永久积雪
未利用地	其他土地	空闲地、设施农用地、田坎、盐碱地、沙地、裸土地、裸岩石砾地

注:整理自《土地利用现状分类》(GB/T 21010—2017)。

2)土地利用率

以区域国土资源管理部门的数据为准,对需要规划的区域地块进行深入的实地勘探,掌握拟规划区的土地利用现状,明确既存建筑、产业设施、配套设施的土地利用合法性,违规部分需要在规划中加以更正。如图25-9所示为某地区一例拟规划区域的土地利用现状示例。

在进行实际的土地流转时,一个园艺生产基地(或相关产业园等)的区域面积(area)与其真正可利用的土地面积(available land area)之间一般有较大差距,前者通常以卫星数据为准,而后者则需要剔除道路、水系等相应面积。可利用土地面积与区域面积之比,称作土地有效利用率(effective land use rate of the base),该比值的高低可反映园艺产业在区域土地利用上的占比程度。在不同地区、不同土地利用现状的条件下,不同园艺生产基地的土地有效利用率水平相差较大。对于一些平原地区的连片农田,这一比值可达70%以上(见图25-11);而在一些地形复杂、原有土地利用多样化的情况下,这一比例有时可能低于60%。

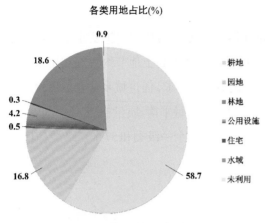

各类用地占比(%)

图25-9　用地类型比例结构图

一个完成后的规划,在其既定目标及解决方案形成后,该产业区的土地利用规划也相应形成,而规划好的用地方案需要经所在地国土资源管理部门审批通过方可进行建设。若有土地利用上的违规,应提前做出相应调整。

3)产业基地的单元规模优化

一个园艺生产基地的单元规模大小,可以依据经济规模优化理论加以确定。经济规模优化(optimization of economic scale),是指以产业经济效益为目标,通过调整其生产规模,实现规模经济效益和最佳经济规模的过程。

在技术条件保持不变情况下,生产要素总投入(各要素间保持协调时)与产品产出之间的关系,也即短期成本和长期成本变化曲线如图25-10所示,图中SAC、LAC分别为短期和长期平均成本曲线。从LAC函数可看出:从O至Q_3,随经济规模扩大,LAC值明显下降,反映出规模收益的递增;从Q_3至Q_4,随经济规模扩大,LAC变动不明显,体现为规模收益不变;从Q_4至Q_6,随经济规模扩大,LAC上升,规模收益递减。总的来说,Q_4代表的经济规模对应的LAC值处于最低点,Q_4是最佳的经济规模。基于基准收益率的LAC、经济规模和成本的关系如图25-11所示,其中[S,M]是规模效益产生的区间,以MES为最适经济规模。

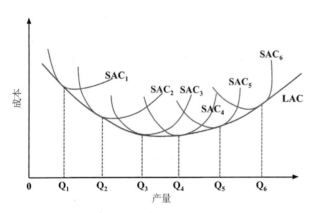

图25-10　不同经济规模下的短期成本(SAC)和长期成本(LAC)变化曲线

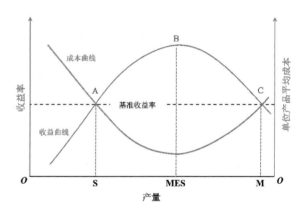

图25-11　经济规模与产品成本和收益率关系曲线下的最优化规模(MES)

事实上,对于不同的园艺植物,因基地所处的地理位置及当地的经济社会发展水平等方面的差异,其最适规模在土地面积上会有一定差异。通常,蔬菜类基地的单元面积在80~150 hm²为宜;而果品类基地的单品面积宜在30~40 hm²,同一基地的种类在3~4种时更有利于生产和营销;对花卉、茶及其他园艺植物,经营规模宜在20~60 hm²。

4)空间美学

关于园艺美学(horticultural Aesthetics)相关理论的话题,本书将在第29章专门讨论。从规划角度而言,园艺的视觉美更多是从平视(look at the front horizontally)和俯视(look down at)两个视角来充分展示的。平视时,有时需要视觉遮挡,有时则需要有开阔感,有时还需要有由近至远、由低到高甚至起伏不定的层次感。而俯视时,整个产业区表现为一幅平面图,因此可进行大地景观图案式(landscape pattern)布局处理。如图25-12所示为三个园艺产业空间布局的美学效果案例。

图25-12　园艺产业空间布局美学效果案例
A.荷兰羊角村花田；B.新加坡兰芝乡村农场；C.法国维兰迪花园
（A～C分别引自相关园区官网）

5）产业板块及其组合

基于园艺植物的生长特性及土地使用性质的限制情况，通常在永久基本农田（permanent basic farmland）内只可种植如蔬菜、花卉等草本植物，这些植物根系较浅易于常年耕作，不会破坏农田土壤的基本结构。果树等其他木本类园艺植物则不可占用永久基本农田，此类木本植物宜利用坡地、林地和未利用地等进行配置。

对于一个连片的园艺生产基地，根据地形和产业的实际需要，可将其平面抽象成一个规则的椭圆形来进行演绎。根据产业所涉及的内容类型进行分类后，即可梳理出用于组合的要素板块（element plate）。常用的板块空间布局模式如图25-13所示。

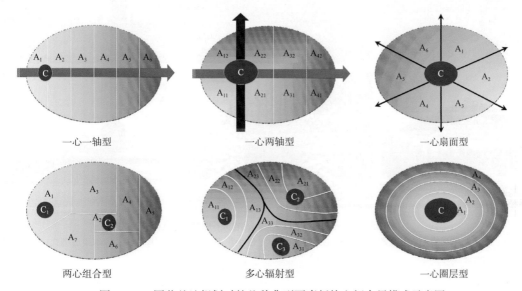

图25-13　园艺基地规划时的几种典型要素板块空间布局模式示意图

6）围栏、大门配置

通常园艺生产基地在其场区边界须设置围栏，以防止人员或动物肆意侵入，造成破坏。在有些含特殊地形的场地，可据天然屏障如山崖、较深的河沟等省去部分围栏。常用的围栏形式如图25-14所示。

图25-14 园艺产业基地边界常用的隔离围栏形式
A.密林障式；B.竹篱式；C.塑铝栅栏式；D.铁丝网式

园艺基地的大门（gate）较为重要，其既是车辆及人员通行的关卡，同时也是企业重要的形象标识（image identification），因而受到重视。

具有不同功能的园艺产业基地的大门，在设计风格的体现上也有着较大差异。这主要是根据基地功能及文化内涵的实际需要而做出的针对性选择，大门的风格应与其园区风格保持一致，以更好地彰显其视觉形象功能。不同风格的园区大门如图25-15所示。

图25-15 不同农业（园艺）基地大门的配置风格
A.树石景观式；B.简易木栅式；C.山地果园围墙式；D.田园牧场式；E.大漠果园式；F.花田屋脊式；G.木质造型式；H.滨海木柱式
（A引自 metaobao.com；B～H均引自 mp.sohu.com）

7）道路及建筑物配置

（1）道路系统。

无论园艺生产基地所确定的功能定位简单与否，最基本的生产资料运输、产品运输均需要良好的道路质量保证。因此，在主出入口外部与公路相连并延伸到基地内形成的主干道路甚至次干道均应采用硬化路面标准，而作业道采用沙石路面即可。不同级别的基地内道路系统的规格（断面结构）如图25-16所示。通常路面略高于路基,并在道路两侧或单侧设置排水沟。主干道和次干道可单侧留出绿化带及人行道,避免人车混杂。

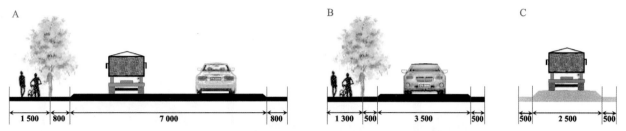

图25-16 园艺产业基地中三类道路的断面结构图
A. 出入主干道; B. 园内次干道; C. 田间作业道

比作业道更低一级别的人员通行便道,通常可结合园田田埂自然形成,不做单独配置,但对一些开展消费者采摘业务(consumer picking service)的园艺生产基地,或是布置有共享菜园(sharing vegetable garden)等商业化项目时,为了方便消费者与业主在园田中的进出,往往需要特别考虑较窄的人行通道布置问题。结合平整度、渗水性、与周边环境协调并富于美感等要素考虑人行道的线路与铺设方式时,可采用塑胶、石板、鹅卵石、瓦片等材料,从使用者角度进行最优设计。人行步道的幅宽通常为50~80 cm。如图25-17所示为几例园艺产业基地内由不同材料铺设的道路类型。

图25-17 园艺产业基地内由不同材料铺设的道路类型
A. 观光用瓦片式人行道; B. 采摘园的石板草坪人行道; C. 观光或共享菜园的鹅卵石步道; D. 高尔夫园区的水泥路面; E. 花圃中的田埂步道; F. 产业园中不同板块间的沙石作业道
(A~F分别引自 quanjing.com、cn.dreamstime.com、quanjing.com、tuxi.com.cn、baike.baidu.com、you.ctrip.com)

对于园区内的道路布局问题,如在一片未开发土地上新建道路时,更多地需要考虑各级道路与园区内各产业板块间的匹配来逐级配置。如图25-18所示为园艺产业基地内外各级道路布局的基本结构类型。规则式的道路配置在作业时较为便利,同时也有利于布置地下灌溉管道和开展机械作业;而对于以改建为主体的道路建设,则不得不采取另外的规划策略,通常应尽可能保留原有路基和路面,根据需要对其进行拓宽、重新铺设等处理,当部分道路对场地利用影响较大时则采取改道处理。原有道路撤除后,须进行细致的复垦，确保土壤中不再残存建筑垃圾，并对这一部分土壤进行必要的改良处置。若园内原有的硬化路面较为蜿蜒，在其中进行果树、花卉等植物生产时道路对作业的进行影响不大，而在开展蔬菜栽培时，由于要频繁耕作，蜿蜒路面使划区和机械作业十分不便。

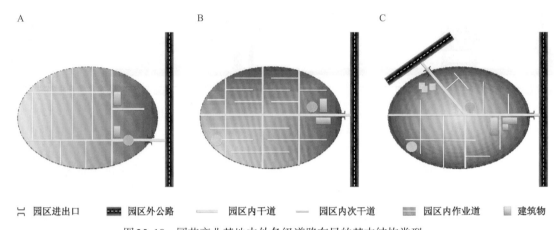

图25-18 园艺产业基地内外各级道路布局的基本结构类型

A.唯一进出口，规则型道路Ⅰ；B.唯一进出口，规则型道路Ⅱ；C.主次进出口，不规则道路

（2）物资用具仓库。

同前所述，在进行基地地块选择时，必须使园区在土地利用上满足最基本的需求，即有充分的可供生产的建设用地，否则会给园艺生产造成很大困扰。

不同生产对象的园艺生产基地所需配置的必备品及器具有较大区别。通常的备用物质包括燃料、覆盖材料（棚膜、地膜、地布、无纺布、遮阳网、铁丝网卷、保温被等）、用于维修的部分建筑材料（如玻璃、木材、金属型材、塑料管、铁丝、螺丝、焊接材料、绳索等）、种子（有时须按年度采购）、种苗、育苗容器、包装材料（薄膜、纸箱、胶带等）、产品周转容器、化肥、常用农药、五金机电工具、标签标牌、其他投入品等。农业机械和设备包括水泵、备用电机、备用发电机、大（小）型拖拉机、钻孔机、开沟机、悬耕机、中耕机、叉车、托盘、喷雾机、物料搅拌机、山地小型运输车、小型电动搬运车、运输车辆、冷藏运输车。日常作业工具则包括梯子、铁锹、镐铲、耙子、修剪工具、水桶、量具、采收整理用刀具等。消耗品的备用量应能至少满足3个月的生产需求，而机械类的备用量则为正常需要数量的120%。

因此，可根据园艺生产基地的规模来确定仓库（不包括园艺产品）的面积大小。通常，100万 m^2 左右规模的基地配置的仓库面积应不小于2 000 m^2，不同情况下可做增减。

仓库的建筑结构通常以钢架屋脊、彩钢板顶、泡沫层墙体等为主，地面需硬化处理，并达到防水防潮、通风、防火等目标。

（3）商务办公设施。

在园艺生产基地内，通常需要配置与管理人员办公（人力资源、财务、技术管理等）、商品展示及销售业务等相关的设施。

建筑面积和建筑规格可根据实际需求进行选择。在很多地方，这些建筑物被划入临时建筑（temporary building）范畴，并受总面积基础上的一定比例的使用限制，而且对建筑物有限高要求（最高为两层，地上部分限高8.0 m）。因此，对这一部分设施的配置规模需要统筹安排，常用的临时建筑风格及建筑结构如图25-19所示。

图25-19 园艺产业基地内的临时建筑结构
A. 彩钢板房; B. 集装箱房
（A～B分别引自bj.58.com、new.qq.com）

（4）研发、教育设施。

无论所规划的园艺产业基地或园区的研发需要有多大,从目前和未来的发展趋势看,实验设施的配置是必要的。目前作为硬件要求,大型企业或产地均须配备实验室并用于产品检测。随着园艺企业总体水平的提升,与研发配套的基础建设也将不断受到重视。企业级研发中心的实验室配置可参考表25-2所列的配置规格进行。

表25-2 大型园艺生产基地研发实验室推荐配置规格

测定对象类别	实验室面积/m²	仪器设备配置要求
品质分析	25	气相色谱仪、ELISA（酶联免疫吸附测定）仪、冷冻离心机、磁力搅拌器、强度计
土壤、水、大气	50	定氮仪、紫外红外光度计、液相色谱仪、原子吸收光度计、pH计、EC计
微生物	50	干燥柜、通风橱、接种箱、培养架、光照培养箱、灭菌锅、电泳仪、移液器、离心机、显微镜、土钻
常规	125	温湿度自记仪、电子天平、冰箱、冷冻柜、烘箱、粉碎机、研钵、离心机、摇床、药品柜、实验台

8）基础生产设施配置

（1）育苗设施。

有些园艺生产基地中的技术团队若擅长园艺种苗的生产,除自行育苗供基地内部栽培使用外,同时也可向周边小型企业或农户提供优质商品种苗。一些园艺生产联合体（horticultural production consortium）更需如此,以确保其产品的标准化。

不同区域各季节所使用的园艺植物种苗,除少量可采取露地或简易设施（如冷床、温床等）育苗外,多数情况下需要依靠温室等育苗设施培育。关于育苗温室及其相应配套设施的介绍已在本书第13章中有过专门阐述,此处仅就其配置要求进行讨论。

蔬菜和花卉的培育目前多采用穴盘苗,其根系营养体积较小,因此每100 m²的苗床45天左右即可产出种苗4万株以上;而对于果树和大型花卉苗木,在利用露地或简易苗床进行繁殖时,每100 m²苗床面积在150天内平均可生产种苗1 500株。这些参数可用于确定育苗设施的配置面积。如育苗设施（特别是温室）,除在目标定植期繁殖园艺植物种苗以外,其他季节往往处于空闲期,则可考虑设施的综合利用。

（2）栽培设施。

关于栽培设施的种类及特点,本书第13章已有论述。

园艺植物的设施栽培固然有其优势,但建设及维护成本较高。通常塑料温室(棚)的平均使用年限约为8～10年,玻璃温室则为12～15年,相对而言,其设施成本较高。因此,在实际的产业化生产中,必须根据各地的生产特点,充分利用设施,并在不同设施和露地栽培间进行有效配套和衔接,使园艺产品的总体生产成本得以控制,并能实现周年性有效生产,获取稳定的市场订单。

（3）产品处理加工厂。

大型的园艺生产基地,均需配备相应的产品商品化处理场,有时根据产品开发需要还会配置加工厂。其配置规模需要根据园艺产业基地的产品数量来确定,果品和蔬菜的粗略产量估算并不相同,果品的年产量在$2～4$ t/hm^2(1 hm^2=1万 m^2),蔬菜则平均为$4～8$ t/hm^2(1 hm^2=1万 m^2)。季节性分配后的单日最高收获量,可作为计算处理加工厂规模的依据。通常,每$1\,000$ m^{2}厂房的产品原料最大日处理量为10 t左右。

园艺产品处理加工厂的建筑要求通常按照食品企业的相关标准执行。

无论是鲜销还是错季销售,园艺产品多需要有相应的产品贮(冷)藏库作为营销和物流配套上的保证。贮藏库的配置面积通常以堆高1.5 m及成品平均密度为1.0 t/m^{3}计,并考虑有效贮藏面积的问题,则每100 t成品所需的冷藏面积约为120 m^2;而从库容的实际贮藏需要看,蔬菜类产品需要考虑7天的周转总量,果品、切花则分别需以30天、3天的最大日产量计。

9）园艺产业基地建设规划的通用文本格式

无论基地的类型与定位如何,在进行规划时需要研究和编制形成的文本的格式却相差不大。通常可根据所需内容深度进行增加或删减的处理。通用的文本格式示例如图25-20所示。

图25-20　园艺产业基地建设规划方案的文本格式示例

25.3 园艺生产基地建设

在充分论证基础上形成的园艺产业基地建设规划,经审批后即可付诸施工。通常情况下,不得对审批后的建设方案做随意调整。

园艺生产基地建设的主要内容包括硬件建设和软件建设两大类。农业建设与工业建筑等有较大不同,前者在生产基地建设的施工中有其特殊的作业要求,以使基地在功能上发挥出其应有的作用。

25.3.1 地形整理

地形的整理是园田基本建设中最为基本的工程。

1)土地平整

因种植植物类别的不同,园艺产业基地对地形的要求也有较大差别。对于蔬菜和部分花卉类植物,因耕作较为频繁,需要对地形进行平整处理;而对于果园、茶园等通常则基本保持原地形。

在进行土地整理时,如原来是农田,则需要先将表土层用推土机进行剥离,再对犁底层土壤进行平整处理。土地平整作业并不是将土壤整理成水平状态,而是适当保留一定的倾斜度,通常其坡降在1.0%~1.5%范围,高低走向应与灌排水方向保持一致。完全水平的地表在采用沟灌时,水流缓慢,易使土壤表层含水量过高;同样,此类地表在多雨季节也会出现园田内排水不畅、积水的问题,从而使园艺植物受涝受淹。当土地平整完成后,可将预先剥离的表层土均匀地覆盖在整理好的地面表层(见图25-21)。

图25-21 园艺产业基地建设时的土地平整作业
(引自 yn.people.com.cn)

在土地整理过程中,常常会遇到对建筑拆迁后的遗址、大树迁移或砍伐后的林地、原作为池塘的养殖场地等一系列非农田地形进行复垦的问题。

对于有石块、建筑垃圾的建筑遗址土地,需要反复进行旋耕和耙磨并清理掉遗留的水泥、砖石块,必要时还应将混有垃圾的表层土用推土机剥离后做过筛处理,并加入较大量的有机质混匀,待全部土地整理完成后再回覆。

平整有树根和树蔸残留的土地时须进行不同处置。对于砍伐留下的树蔸,可先用钻头直径略小于树桩直径的电动凿孔器将粗的树蔸部分破碎;而对于挖树后留在土壤中的断根部分,因其体积不是太大,可在表土剥离后,待土地平整作业时进行深翻后拣出。

对于原有利用状态下不太平整的特殊地形,处理方法同前,其核心的问题是将犁底层部分变为平整状态。

2)坡地的利用

对于大多数木本类园艺植物,其生产基地应尽可能利用山区或半山区地带的缓坡地,如此可使基地的土地成本大大降低。这些坡地的平均坡度不超过20°时,完全可以作为园艺基地进行开发。

当坡地原有状态为少乔木的草坡或灌木疏林时,需要按定植规格挖凿鱼鳞坑(fish-scale pit),但不需要对坡地进行全面的土地整理。鱼鳞坑的密度依据种植的园艺植物个体的大小确定(见图25-22A、B)。

一般可在鱼鳞坑的外侧构筑夯实过的坝状结构,在其内侧则开凿定植孔并按照根域限制栽培技术要求进行定植坑土壤的物理隔离和施肥、灌溉等作业。

对坡度较大的山地,可采用建设梯田的办法(见图25-22C),除种植果树、茶叶等木本类园艺植物外,在其株间或行间可种植地被草类。如此,既可保持水土,又有良好的景观效果。

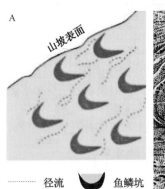

图25-22   山区坡地园艺产业基地建设时的土地利用
A～B. 鱼鳞坑结构;C. 梯田果园
(A、B分别引自gzdl.cooco.net.cn、amuseum.cdstm.cn;C引自meipian.cn)

25.3.2   水利设施

虽然园艺植物中有一些植物具有一定耐涝和耐旱能力,但对大多数植物而言,栽培时期的水分供应问题是产业发展中最为重要的资源性问题。一些干旱地区在发展园艺产业时,即使采取节水灌溉的方式,其必要的供水也需得到充分保证,否则此区域将不适于园艺植物生产。无论在何种水资源背景下进行区域的园艺生产基地建设,均要有完善的水利设施加以配套,以充分满足园艺植物生产需要,同时应注意提高水资源的有效利用率。

1)需水量及供排水

在地表水资源丰富的平原地区,通常以河流、池塘作为水源,配合输水工程,可将水就近引入园艺生产基地,作为灌溉之用;排水则依靠田间自然坡降的汇流,从田垄、明沟、排水渠排至河网或池塘。而在水资源不丰富的山区,则需要从河流或水坝通过引水泵站逐级引水上山,将灌溉水引至需要的海拔高度,并通过园艺生产基地的灌溉渠道或管道输送。如图25-23所示为园艺产业基地中节水灌溉设施的配置及利用。

在一些干旱地区,地表水资源相对短缺且分布密度较低,这些远离大江大河的区域在园艺植物的灌溉上无法利用有限的地表水。因此,受客观条件限制,这些地区的园艺生产基地的供水往往需要依靠地下水(groundwater)来实现。由于长期汲取地下水且从表层土壤下渗的水量补充不足,这些区域的地下水位连年下降。因此,出水井深在不断加大。按照单口井的出水量与种植园艺植物的平均需水量进行计算,即使使用节水灌溉方式,在用水量较多的季节里,平均的灌溉量折合降水量约为10 mm时,每天的用水量为100 t/hm²。因此,如按每天10 h连续工作计,出水速度为50 t/h的水井,也只能覆盖5 hm²的园田面积。在水井布置及田间配管上可按此参数标准配置灌溉系统。

出水井、泵房、地中埋管以及滴灌软管的连接模式如图25-24所示。每口出水速度为50 t/h的深井,所能覆盖的园田面积约为240 m²,其支管间隔约为30 m,支管上安装能向地面出水的软管并有开关控制,连接软管后可保持出水的相对均匀。

图25-23 园艺产业基地中节水灌溉设施的配置及利用
（A. 平原河网地区菜田滴灌；B. 果园喷灌；C. 山区的太阳能提灌站；D. 山地间作果园滴灌
（A～D分别引自sz.sorthcn.com、zhuanlan.zhihu.com、detail.1688.com、detail.net114.com）

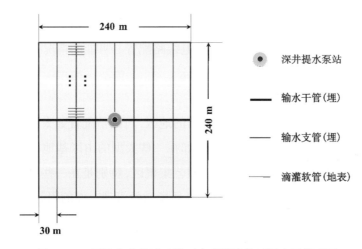

图25-24 园艺产业基地建设时水利设施的田间布置模式图

在一些干旱山区的园艺基地，除有引水上山的设施外，还可修筑一批集雨池（窖），地表径流经沉淀净化后汇入贮水池（窖）可供旱季时灌溉使用。

在降水量大且集中的地区，其排水需求也颇为重要。因此在这些地区的园艺产业基地建设中，必须在田间留有专门的排水沟渠，具体情况可参见本书第12章相关内容。

用作产品清洗等处理的水通常为饮用水，可与当地生活用水管网相连接。

2）水质及其用水处理

园艺产业基地的生产用水由于来源不同，其水质也有着较大的差异。有些地下水，水质指标中的硬度往往会超出标准，需做软化处理；加工更自不待言，节水灌溉时若不对水源进行处理，其矿质离子会结晶化而堵塞出水孔。有些水源中水的pH值偏高或偏低，均会对土壤生态环境产生重大影响，而处理这些水体除特殊背景下的需要外，大多数时候在经济上是不能够承受的。因此，这种情况往往在选择基地时就应加以规避。

利用地表水作为水源时，因区位关系，在特定的季节会出现水源的季节性化学污染问题，如重金属离子及一些有机化合物等的污染。一旦出现这种情况须密切监控并在必要时采取替代水源方案；如此类情况为常年性存在，则不宜选择与之相关的区域作为生产基地。

更多的情况是，虽然实际用的水质总体上未超出生产用水的最低标准，但进行有机生产时的用水的质量标准会比常规生产要高，这时可考虑利用基地靠近地表水水源处的边角地构筑人工湿地，或利用集雨净化设施建设大型防渗贮水池以供生产需要。其具体要求与作业可参见本书第12章相关内容。

25.3.3　能源配置

1）基地的电力配置

即使园艺生产基地远离居民点，因生产需要，也应通过电力增容（power capacity increase）接入电网，以此满足园区内生产、生活对电力的需求。通常园区的用电项目包括办公和生活用电、场区道路照明、加工厂及冷藏库、灌溉系统、电动运载车辆充电、温室内电机及补光、作业机械设备用电等。在配置时，需统计总的电力负荷需求（power load demand），并考虑临时增加的负荷问题。

2）基地内的电力配置

除了接入周边最近社区的电力系统外，在园区接入点处须单独设置变压器（transformer），并在园区内部进行输电线路排布。因此，可按照园区空间内的用电负荷的不规则空间分布情况，在确定接入点变压器的优化位置后，进行主要用电区的短程内部输电线路配置。可能的情况下，最好使用地缆接入主要用地建筑或场所的配电室（power distribution cabinet）。

3）清洁能源利用

在一些可利用清洁能源（clean energy）资源丰富的地区，可酌情配置如太阳能、风能以及地源热泵产热等形式的应用，以减少园艺产业园的能源成本。如在一些大型的山区基地，清洁能源的配置可满足其灌溉、照明和部分机械设备的动力用电；而在设施园艺集聚区，特别是在一些冬季较寒冷的区域，温室的加温成本较高，采用燃煤供暖有时会有来自区域空气环境质量管理方面的限制，条件允许的话，可考虑利用地源热泵或温泉资源等解决基地内的供热问题。

25.3.4　基地内的区隔绿化

由于功能与视觉上的不同，常常需要对园艺基地内各板块间相连接的区带以及因地形形成的小面积边角地进行区隔绿化处理。

如规划得当，园艺产业区自然形成的空间格局的景观视觉效果便可大大提升；基于产品生产功能的园区如不刻意去打造景观，则其观光休闲及文化功能的发挥便不充分。因此，利用有限的空间，根据园区的功能定位要求去打造其景观是基地建设中经常需要考虑的问题。

1）区隔条带

在板块边界处，根据实际需要可进行条带形的绿化配置，这些条带所包围的产业形态在平面上形成方正形规则区域时将更加利用耕作的进行。

通常，这种条带形配置往往靠近作业道，因此在路基侧可种植行道树，下方可配植地被草坪。而向着远离道路侧的方向，其绿化配置可呈梯度式分布，近道路绿化带部分可配置藤本围栏、廊架或绿篱绿墙（见图25-25）。当条带较长且靠近园区外沿时，也可沿平行于该条带延长线的边界配植色彩鲜艳的芳香植物或多年生草本花卉等（见图25-26）。

2）边角地及人员汇集区域

根据与周边板块的功能配合情况，边角地及人员汇集区域可配置部分景观小品，加设篱架、拱门、绿植造型、花坛、小憩设施、草坪等（见图25-25）。

植物种类	植被颜色	表现质感
薰衣草 *Lavandula angustifolia* Mill.		
洋甘菊 *Matricaria recutita* L.		
精油玫瑰 *Rosa rugosa* Thunb.		
茴芹 *Pimpinella anisum* L.		
迷迭香 *Rosmarinus officinalis* L.		

图25-25　园艺产业基地强化观光休闲功能时　　　图25-26　园艺产业基地中利用芳香植物形成
　　　　　的绿化及景观配置范例　　　　　　　　　　　　　的景观及色彩配置

25.3.5　废弃物处置及环境保护

1）园艺产业基地的废弃物类别及数量

在园艺产业基地的规划与建设中，必须配置相应的废弃物处理系统，这既是环保方面的要求，也是企业挖掘内部潜力、提高效率的有效保障。

园区内主要的产业废弃物包括废旧建筑材料和淘汰易耗品（如老旧塑料薄膜、不织布等）、非产品性植物残体（如修剪时切下的枝叶、收获结束后的残株、产品整理加工时的淘汰部分）、废弃基质、废水（产品清洗加工时形成）、废液（无土栽培时经多次循环利用后的残液）等。

这些废弃物年产生的数量与园区规模大小及其运营时长有关。对于固体的生物废弃物，其平均年产出量与产品产量之间的比例在0.8∶1至1.2∶1；年废水量与产品产量的比例则为2∶1左右；其他形态的废弃物产量变化较大，不易估算。

2）不同类废弃物的处置方式

对非生物类的固体废弃物，通常将其按建筑废料进行处置。

对于生产过程中产生的废水，则可根据内容物的情况，分别处理。产品清洗时产生的废水中，主要的固形物为泥沙、植物碎渣，经沉淀后，其上层清澈部分可作为灌溉水使用；蒸煮漂烫后产生的废水，除含有类似于清洗时产生的固形物外，其溶解物中还有少量的植物色素和极少量的有机成分，经沉淀池过滤与人工湿地耦联后，获得的中水可用于灌溉使用，也可用于固体有机废弃物生物发酵。

对于植物残体类废弃物，则须根据含水量情况，采取不同处理方法。含水量高的菜叶等经匀浆后，可直接生产有机液肥；干物质含量较高的材料如树枝等，待简单自然晾晒后，经粉碎处理再配合其他固体有机物后可进行生物发酵，制成有机肥为园艺生产所用。对于发酵过程中产生的废气，可通过调整发酵原料配比或改变发酵方式（兼性厌氧方式）来减少NH_3、CH_4和CO_2等的产出。

25.3.6　智能化管理系统

在园艺生产基地和企业层面,如何于建设和发展过程中导入智能化管理,并与其上下游贯通接入,在技术上解决相应软件和硬件的配置问题,是当今和未来园艺业发展的重点方向。其建设目标及技术支持思路如图25-27所示。

图25-27　农业产业不同层面的信息化管理及其应用的实现途径概念图
(依刘佳)

25.3.7　人才队伍建设

1)园艺产业对人才的需求

近年来,由于大量资本注入投资园艺产业,出现了一系列的新业态。这种背景下的新型园艺企业,与传统的园艺场和小型园艺农户的生产根本不能同日而语,其降维打击式的冲击正在改变着整个园艺产业。因此追求高品质的现代新型企业所具备的优势是传统园艺企业和个人根本无力赶超的。在这样的大环境下,农业企业必须改变思路,在进行产业化的同时不断提升经营水平,其核心是培养并发挥人才优势,以便在新一轮的产业洗牌中占据一席之地。

未来在不断淘汰小型分散化、资金投入不足、设备技术力量落后、产品质量低下的落后园艺产能过程中,核心的竞争要素之一便是人才队伍及其建设。

2)人才队伍建设

(1)选人。

为了更好把握园艺产业新的发展契机,企业必须重视人才规划。在现有管理层、技术人员、销售人员等人才基础上,根据发展需求,从专业分工和合理配置的要求出发,做好企业人才队伍建设规划,对现有薄弱环节加大人才引进力度,通过有效增量形成数量充裕、结构合理的人才队伍。

人才队伍的结合合理性,一方面表现在专业间的相互配合、交融,另一方面也涉及年龄和籍贯等要素的合理安排。一些本地出身的人才对企业而言,则更加属于珍贵资源。

作为企业人才增量的有效通道,与特定高校建立产学研合作平台的方法可帮助企业成为高等院校学生交流与实习、推广试验和研究的平台;而高校则可为企业提供校园招聘、校园直通车等人才选拔平台,使人才的选拔、输送更加直接有效。

(2)用人。

对于企业现有人才力量,宜做到学用结合,特别是对一些负有较大责任的管理人员和技术人员,需要为其提供较多的行业调研、学术交流、高端培训等机会。在企业内部,必须改变旧的用人观念和管理模式。在实际工作中,逐步建立起由不同类型的人才组成的平行团队,负责独立的业务板块。

管理团队的理想结构是成员专业搭配合理,可以互补或适当重叠,并在专长、知识技能、年龄层次、个体特征及工作条件等方面全方位实现科学配置。只有构建好这样的团队,才不至于浪费人才,并能使人才的群体效能得到充分发挥。

(3)人才制度。

吸引并留住人才的关键,不单是企业有一个良好的平台,还要能使人看到美好的发展前景并使其相信自身的判断。优越的激励制度是现代企业维系优质员工的一个良性手段,对于一些已上市或"新三板"挂牌的园艺企业来说,以股权、期权进行股权激励对提升和稳定企业人才队伍尤为重要。

第26章
园艺企业管理与生产计划

26.1　园艺企业的管理理念

中国的市场经济体制于20世纪90年代开始,由原有的计划经济模式(planned economy model)过渡到市场经济模式(market economy model)。进入21世纪,特别是在2001年加入WTO(世界贸易组织)之后,历经20余年时间,中国在履行WTO规定的义务方面得到了WTO绝大多数成员的充分肯定和普遍认可。

英国著名经济学家亚当·斯密(Adam Smith)于1776年在他的《国富论》中提出:个人在经济生活中只考虑自己利益,受"看不见的手(invisible hand)"驱使,即通过分工和市场的作用,可以达到国家富裕的目的。

之后有学者提出均衡价格理论,并对完全竞争市场机制做出了更为细致的分析。该理论要点如下:在完全竞争条件下,小规模的生产由不同企业主经营,而这些生产者对其所生产产品的市场价格不会产生影响,消费者用货币作为选票,决定着产品的产量和质量,生产者追求利润最大化,消费者追求效用最大化。价格自由地反映出产品的供求变化,引导着社会资源的配置,供给自动地创造需求,储蓄与投资保持平衡。在这种供求关系中,政府对国际贸易不进行管制。

市场经济模式具有以下特点:自主性、平等性、竞争性、开放性、有序性。由此说明:生产企业需要自主安排生产;不同企业在产业内部处于彼此平等的地位;企业的收益水平受同类企业产品的竞争影响而表现出大的差异;企业生产只是社会经济系统中的一个小型单元,并受相关产业的影响;企业经营状况受市场需求和价格的调节而实现生产与供应过程的有序性。

因此,在市场经济背景下,企业如何根据全球经济社会发展需求,有效地组织和利用各类生产资源,开展园艺产品的生产,并追求其利益的最大化,这一问题已成为重要的行业共性问题。

一个园艺企业,在市场经济条件下更加需要科学有效的管理。企业经营的好坏与管理理念和水平所起的积极或消极的作用尤为相关。

26.1.1　企业经济增长与管理现代化要求

1) 经济增长动力

关于经济发展原动力(driving force of economic development)这一问题,不同的学者给出的答案有着较大的区别。亚当·斯密(Adam Smith)强调了社会分工、专业化生产与国际贸易的绝对优势;大卫·李嘉图(David Ricardo)强调了比较优势与自由贸易;卡尔·H. 马克思(Karl H. Marx)、弗里德里希·恩格斯(Friedrich Engels)以及约瑟夫·A. 熊彼特(Joseph A. Schumpeter)强调了创新对经济发展的驱动作用;罗伯特·M. 索洛(Robert M. Solow)等人则强调生产要素的重要性;加里·S. 贝克尔(Gary S. Becker)和西奥多·W.舒尔茨(Theodore W. Schultz)则强调教育与人力资本；在新经济增长理论中，保罗·M.罗默(Paul M. Romer)和罗伯特·卢卡斯(Robert Lucas)强调企业的内生性技术创新；道格拉斯·C.诺斯(Douglass C. North)等人强调制度创新；威廉·J.鲍默尔(William J. Baumol)则强调自由市场机制。

有人将这些理论进行综合，并用总生产函数[$f(x)$，x为要素变量]来表达其经济量(Y)，则有

$$Y = A \cdot f(L, K, R)$$

式中，K、L、A、R分别代表资本、劳动力、技术、自然资源状况。这四大要素可以归结成两类，即管理和技术。因此，也有人把科学管理和现代技术喻为经济高速增长的"两个车轮"。

2）市场经济背景下的企业管理

所谓管理(management)，就是对企业所从事的生产经营活动进行决策、计划、组织、制约与激励等活动，其目的在于能够合理、充分地利用企业现有的人力、物力和财力等资源，并取得最大的经济收益。

（1）管理的基本职能。

亨利·法约尔(Henri Fayol)提出管理的基本职能有以下五种：计划、组织、指挥、协调和控制。五者的关系如图26-1所示。

计划是其最为基本的职能，法约尔认为，管理意味着展望未来，预见(foresee)则为管理的基本要素，其目的就在于制订行动计划。

组织即是指为企业经营提供必要的原料、设备、资本和人员的职能。除物质组织(material organization)外，社会组织(social organization)

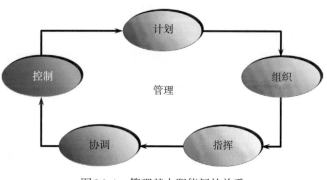

图26-1　管理基本职能间的关系
（依法约尔）

负责企业的部门设置和人员职位安排等工作。相似企业的资源大体相同，但若采取不同的组织架构(organizational structure)，其经营状况也会有很大差异。

当社会组织建立以后，就应当让其发挥指挥作用。科学的指挥能使团队内全体人员做出最好的业绩，实现企业的利益目标。

协调就是指企业的所有人员保持步调一致，相互配合，以便于企业生产经营的顺利推进。协调通常表现为使事物和行为在整体中占有特定的比例，即使相关联的事物与行为保持其结构上的平衡状态(quilibrium)或过程输入和输出间接口上的匹配(interface matching)。

控制就是要确认企业执行的各项工作是否与计划相吻合，从中找出缺点和偏差，并及时纠正。控制的对象可以是人或事物，具体的实施类型则包括事前控制、过程控制和事后控制。事前控制即制订预案(reserve plan)，其往往会成为计划的一个部分。

（2）实现管理目标的基本手段。

管理过程中常用的手段包括以下几类：行政、法规、经济和思想教育。

行政手段(administrative means)，通常采用命令、指令、决议和通告等形式，自上而下进行。用行政手段直接控制组织和个人的行为，其本身具有权威性、强制性，能够快速灵活、高效地解决问题，但容易抑制基层员工的积极性。企业发展常受限于领导人的素质，管理不良的组织中易滋生形式主义和官僚主义，并造成内部沟通上的困难。

法规手段（legal means），是指综合运用各种法律、法规和企业规章制度等进行的管理方式。其本身具有强制性、规范性、稳定性和可预测性等特征，适宜处理一般的共性问题。这一手段的使用不利于调动员工积极性，缺乏灵活性与弹性。

经济手段（economic means），是通过调节利益关系而刺激员工行为动力的管理方式。其具体内容包括对价格、税收、信贷等的宏观调节以及企业内部对工资、奖金、罚款、福利等的微观调节。经济手段本身具有调节性、灵活性和平等性，可造就巨大的向心力，促进健康的企业文化（healthy corporate culture）形成，但也容易产生矛盾并引起其他经济关系和管理制度上的连锁反应，具有一定的盲目性和局限性。

思想教育手段（ideological education means），是通过有效沟通的形式将管理意志（management will）传达给被管理者，以求得响应与配合的管理方式。其具体形式包括报告、讨论、谈心、典型示范等。这一手段具有很大的灵活性，是其他手段的有力补充。

（3）管理的主要对象。

管理的对象主要包括人、财、物、时间和信息。

企业管理的目标：使企业的运作效率增强，让企业有明确的发展方向；使每个员工都能充分发挥其潜能；使企业的财务工作清晰，资本结构合理，投融资恰当；向顾客提供优良的产品和服务；树立企业形象，为社会做出更大贡献。因此，企业的管理需要在管理对象方面加以充分协调，以使其运营保持较高的效率。

（4）企业管理内容的细分化。

企业管理的具体业务按照其属性，可划分为以下几个分支：人力资源管理、财务（投资、价格与成本）管理、生产管理、物控（质量）管理、营销管理和研发管理等。

为了实现这些领域的现代化管理，需要建立科学的企业管理系统（enterprise management system），包括企业发展战略（enterprise development strategy）、业务模式（business model）、业务流程（business processes）、企业构架（enterprise structure）、企业制度（enterprise system）和企业文化（enterprise culture）等。

26.1.2　企业定位与管理决策

对园艺企业而言，合理的定位与正确的决策，是企业取得发展的前提。因此，根据自身条件和发展诉求，在复杂的竞争环境下确立企业发展上的清晰定位，选择并制订出具有鲜明特色的企业发展战略是园艺产业企业管理上的基础性工作。

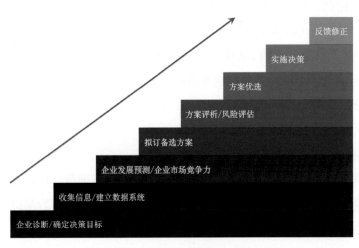

图26-2　企业决策的基本过程

1）企业决策

企业决策（enterprise decision），是在特定约束条件下，为实现企业目标，按照一定程序和方法从可选方案中择优的过程。企业决策的基本过程如图26-2所示。

（1）决策机制。

现代企业决策过程中普遍采用典型决

策机制——以分散决策机制为基础的层级决策型机制（hierarchical decision-making mechanism based on decentralized decision-making mechanism）。此机制既保留了分散决策机制在信息收集、资源控制等方面的优势，同时也兼顾了层级决策机制的分权（decentralization）和低成本（low cost）优势。

（2）企业决策系统及其结构。

企业必须建立并完善的决策系统，包括决策支持、决策咨询、决策评价、决策监督和决策反馈等子系统，以使决策者在实际应用时能够更加科学且便利地做出选择。

（3）市场和技术信息。

正确、详细、全面的信息系统是正确决策的工作基础。信息系统（information system）是一个由人、计算机及其他外围设备等组成的，能够进行信息收集、传递、存贮、加工、维护和使用的工作系统。

要想利用计算机及网络通信技术最大限度地强化企业的信息化管理，就要做到建立正确的数据库并做加工处理，编制成各种信息资料及时提供给管理人员，以此作为其决策的依据。因此，企业信息系统俨然已成为企业技术改造及管理水平提升的重要手段。

2）园艺企业的定位

企业定位（enterprise positioning），是指企业通过其产品（服务）及品牌（brand），基于顾客（消费者）需求，将该企业独特的个性、文化和良好形象塑造于消费者心目中，并在市场上占据一定位置。

园艺企业定位需着重考虑以下几方面内容。

（1）消费群体。

虽然园艺产品多为大众消费品，但产品细分后的具体种类及特定的产品形态所对应的消费群体却有着较大的不同。正是基于这一点，园艺企业需要有针对性地选择消费群体（consumer groups），从年龄段、职业特点、消费能力、文化类型等属性加以区分。企业所生产的不同产品对市场的定位完全可能做到差异化，因此必须很好地考虑消费者群体的取舍问题，以避免产品在市场选择上的模糊性（fuzziness）。如图26-3所示为在无锡市进行的一例有关消费者购买园艺产品时关注点的调查结果分析。

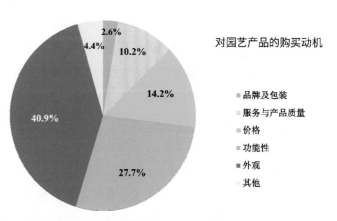

图26-3 消费者购买园艺产品时的关注点（比例）
（数据依 blog.sina.com.cn）

（2）盈利模式。

一个园艺企业要生存和发展需要对其盈利模式（profit model）有准确界定与选择，即要深刻考虑以下问题：企业从哪里得到回报？如何通过提供园艺类产品及相关服务，为客户（消费者）创造价值，从而获得其中的一部分作为企业利润？如何更好地实现盈利？

（3）战略控制。

园艺企业战略定位（strategic position）层面所需重点考量的核心是与同类企业的相互竞争问题。企业应对以下问题给出答案：消费者为什么要选择本企业的产品与服务？如何保护企业的利润流？本企业的自我价值判断与竞争对手间有何异同？企业的具体战略控制方式是否能够通过创新更好地满足消费者需求并提高企业产品的综合竞争力？

（4）业务范围。

此部分需要确定的是,园艺企业所能提供的产品及服务涉及多大范围,分属于哪些类别? 清晰并聚焦的产品定位和服务定位(position of products and services)将有助于企业集中资源,打造产品和服务的市场竞争力。

例如:一个园艺企业的栽培对象涉及哪些类别,是同一类别中的较少数种类,还是跨类别? 只做栽培和产品处理,还是延伸到加工、贮藏和物流配送? 除生产功能外,是否兼具观光和休闲功能? 在商务、研发和科教方面是否有接受服务的市场? 企业所拟定的产品和服务是否需要外协(采购)? ⋯⋯这些均需有一个明确的定位。

有时从企业的名称可见一斑,例如:以栽培类为主体的企业,企业名称中可能涉及蔬菜园艺场、果园、花圃、药草园、茶园等;业务可能拓展到处理加工的,企业名称则可能表达为园艺有限公司、蔬菜公司、果品公司⋯⋯进一步拓展出去,还有观光果园、采摘园、休闲园艺场、园艺科技开发公司、园艺技术中心、园艺产品物流公司、园艺产品专营店等。当然,有些大型企业可能会独立设置园艺业务板块,其与别的业务间有较大的跨度。

26.2　园艺企业的生产计划制订

一个园艺企业,生产哪些种类的产品,产品质量及产品标准定位如何,事实上不单是一个生产计划的问题,它也涉及企业的市场定位、企业标准及竞争策略等相关的一系列情况。因此,基于准确的信息基础,在正确决策的前提下制订出适合于企业执行的生产计划,是一项关系到全局的核心性工作。

生产计划(production plan),是企业对生产任务做出的统筹安排,即具体拟定生产产品的品种、数量、质量和进度的计划。园艺企业的生产计划既是实现企业经营目标的重要手段,也是有计划地组织和指导企业生产活动正常进行的依据。

26.2.1　企业生产计划制订的依据

1）生产计划的必要性

园艺企业所生产的产品与工业化产品有着极大的不同,这不仅与其独特的生物学特性有关,更重要的是此类产品的利用方向与特点所促成的需求规律具有独特性。设想一下,一些依托节日而集中消费的花卉类产品,在节日来临前的销售会出现一个高峰,但一旦过了这个节日,市场对该产品的需求将出现一个明显的大幅回落。由于园艺产品多以鲜活状态利用,因此需要每日均衡供货,而不可能集中生产后持续供应一个较长周期。还有一些园艺产品的收获季节局限于一个短暂的季节,其通过贮藏后所能带来的销售期也较为短暂。这些特点使得园艺产品的订单存在常年性订单和临时性订单两大类。前者需要不间断均衡供货,而后者虽然具有一定偶然性,但也以习惯性订单为主。

由于市场对园艺产品的需求有这些特点,因此园艺企业制订生产计划的难度会大大增加。同时,如果没有一个严密而完善的生产计划作为保证,企业面对已拿到的订单也很可能会在交付时产生意外,从而失去稳定的客户。

正因如此,园艺企业的生产计划首先应当保证客户订单的按期、保质、保量交付,达成企业对客户的承诺。与此同时,通过积极的销售,获取更多的临时性订单,并尽可能将其转化成相对稳定的客户群,将实现企业生产规模的有序扩大。

处于不同成长期的园艺企业,在产品的市场占有率、生产能力和销售能力方面会表现出较大的差别,会出现企业自身生产能力低于或高于可能的订单需要的情况,而有时则涉及向其他企业或组织调入园艺产品原料或委托其他企业进行加工贮运,甚至为其提供(调出)产品原料等情况。因此,通过企业生产计划,可充分利用企业的各种生产资源,最大限度地减少生产资源的闲置和浪费,从而降低产品的生产成本,实现利益最大化。

同时,企业的生产计划是其他所有计划制订的依据,涉及企业的人、财、物、公共关系等资源配置。因此,企业的生产计划可以说是牵一发而动全身的管理工作核心。

2)企业生产计划的基本要求

一个详尽而客观的企业生产计划对企业的经营管理是非常重要的,其基本要求主要体现在以下方面:①统一性,要求生产计划中的每一项相关领域的业务活动之间完全配套,不但要有总体计划,还要有具体的实施方案;②连续性,要求生产计划必须在长期计划、年度计划和专项计划之间贯通;③灵活性,要求计划制订时对可能发生的情况留有余地以便能应对生产过程中随自然因素而产生的正常波动(如种植时的产量变化)以及意外事件的发生(如自然灾害、生物灾害风险等);④精确性,要求计划时须保持对事物的客观性,避免因主观随意而造成计划与实际生产过程的脱节现象。

26.2.2　生产计划的制订作业

1. 企业生产计划的过程管理要求

编制计划人员在进行计划作业时,首先需要对企业的经营状况有整体的了解,并需要对客户及订单等产品销售信息进行逐年统计和预测工作;企业的各部门负责人也需对所在部门的工作进行回顾性总结和预测,并对自己部门的计划负责。高层管理人员主要负责计划的制订,而基层管理人员则主要负责计划的执行。如图26-4所示为园艺企业生产计划制订中的要素及其关系。

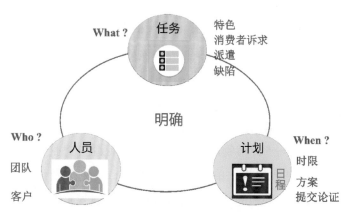

图26-4　园艺企业生产计划制订中的要素及其关系
(依 Spasvo.com)

对于企业领导人来说,如果他没有时间来制订计划或者认为这项工作太费心思而不参与其中的话,实际上他便是一个不称职的领导人。

奥尔加·库齐纳(Olga Kouzina)认为企业管理过程中的计划工作需要遵守以下原则:流程优先,工具次之;开发的流程须可重复使用;一些正确的做法亦可复制。

2. 计划编制工作程序及其主要内容

1)计划编制的基本程序

计划编制的基本程序分为以下几个步骤:

(1)调查研究,掌握社会对本企业产品的需求情况。

(2)预测企业外部环境条件。

(3)分析企业内部生产状况;总结、整理、综合分析各种资料和信息。

(4)做生产决策,确定生产计划指标。

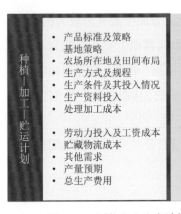

图26-5　园艺企业生产计划中所需包含的具体板块
及内容要求

（5）计算和验证生产能力并使之平衡。

（6）安排产品的生产计划，确定各项目的生产任务。

（7）全面平衡，正式制订生产计划。

2）生产计划书内容

生产计划书的编制内容主要包括种植-加工-贮运计划、销售计划和客户计划等方面，其具体内容如图26-5所示。

生产计划书，是企业最重要的工作文件，且具有一定的商业保密性。生产计划中各个内容板块多数时候相互关联，但有时其参数也不完全匹配，差值部分需考虑通过企业外的协作予以弥补，如委托种植、委托加工或借单销售等，这些内容均应在生产计划中明确。

26.2.3　园艺植物种植计划

1）种植基地的地块属性及耕作区划定

如第24章和第25章所述，对园艺产业基地的具体场所所在位置的自然、地理等状况进行地块级细分，可得到同一基地内的耕作级别上的不同单元。同一单元内，在地形、高程、土壤属性、设施配置、轮作茬口等要素上要求具有一致性，且地块面积规模应与基本的轮作要求相匹配，即同一属性功能区块应满足3～5种植物间的轮作要求。某园艺企业整个种植基地的耕作单元地块（unit plot）的划分及编号（按生产基地的功能板块对各单元地块进行编号）如图26-6所示。

图26-6　某园艺企业种植基地的单元地块划分及编号

2）不同种植区的耕作模式

下文以图26-6中所述基地的情况为例，说明不同种植区的耕作模式。特定地块单元的耕作模式因种植的园艺植物种类而异。

（1）多年生木本植物。

以果树类等多年生植物为主栽植物时，其地块单元的耕作模式可设置如下：落叶果树/蔬菜（含食用菌）‖其他季节性草本植物（如花卉、药用植物、香料植物等），常绿果树‖其他园艺植物，观光果树‖地被植物，林木‖牧草（畜禽放养），等。通常，在表达间作和套作时，所用符号分别为"‖""/"，且主栽植物在前；既涉及间作也涉及套作时，则可用"（）"区分，括号外为主栽植物。

间作时可利用木本植物与间作植物在高度上的差别进行配置；同时，在主栽植物为落叶果树的耕作中，在秋季落叶并修剪之后到翌年叶片未达到最大叶面积前的一段时期内，可利用植物生长势上的季节差（seasonal differences in plant growth performance）进行单元地块行间的套种。如图26-7所示为一个园艺企业的种植计划工作图示例，内容包括地块、植物种类、茬口安排及主要物候期。

一些观光果园,在不同季节还需要有针对性地关注果园在花期时的田园景观组成及质量。因此,往往需要在早春花期时保持行间有生长适度的地被植物作为衬托,在采收期也需如此。

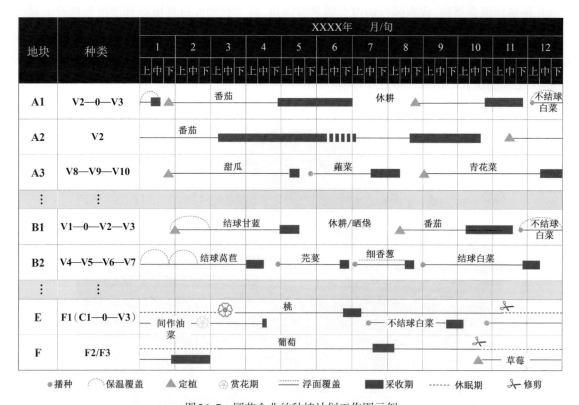

图26-7 园艺企业的种植计划工作图示例
(V、F和C分别表示蔬菜、果树和粮油作物,其后的数字用来区别植物种类,0表示休耕)

套作(relay cropping),是指在主栽植物的特定生长时期(如木本植物的落叶期、蔬菜等植物接近栽培结束前),其植株行间在一定时间内栽培其他植物,并使两种或两种以上植物在某一时间段内共同生长的种植方式;而间作(row intercropping),则是指在同一块田地上,在同一生长季节内,分行或分带相间种植两种或两种以上植物的种植方式。如图26-8所示为间作和套作模式所涉及植物在时间和空间上的配置特点。有时一些杂模式可能既包括套作的优点,同时也有间作的特点。

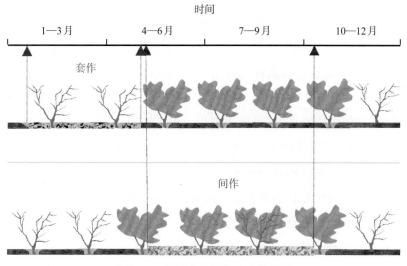

图26-8 果园内的间作和套作模式

除间作、套作外,轮作体系中的另外一种类型为混作(mixed cropping),是指在同一块田地上,同期混合种植两种或两种以上植物的种植方式(见图26-9)。与间作不同的是,混作通常在田间并无规则性分布,即可几种植物混合播种,或在同行内混合播种或定植,或主栽物成行种植而其他植物播种于其行内或行间。因混作后的植物间距分布不规则而使田间管理不便,且混种植物间需要有相对一致的生态适应性,因此目前混作的应用趋于减少,特别是在采取精细化管理的园艺生产基地更是如此,但其在包含园艺植物生产的生态园体系中仍有一定存在价值。

图26-9　生态园中的园艺植物混种模式
(引自 amuseum.cdstm.cn)

(2)草本植物。

对于多年生草本园艺植物,由于其生产上使用土地的连续性,通常不设置复杂的茬口安排;而对于一、二年生草本植物,其生产周期均比较短,因此在一年中可安排其于适宜的季节进行生产,即使某些植物有一小段时期会出现气候上的不适应,也可利用特定栽培设施加以适当调节而使其能够正常生产。因此,通常情况下,多会出现一个自然年度内生产一种以上园艺植物的情况。

茬口(crops for rotation),是指进行轮作时的植物种类和轮作次序;茬口安排(crop arrangement),是指在同一块田地上,安排前后不同的植物种类、品种,使其在时间和空间上合理搭配和衔接的种植计划模式。通常前、后茬之间的关系以在植物名称之间加"—"表示,而在混作的情况下,不同植物间可用"+"号联结。

在某些地区,对一、二年生植物来说,可能表现为一年多熟制(one year multiple cropping system),即在一年内接续生产出多种类园艺植物产品。因此,在这些地区种植一、二年生园艺植物时的茬口安排较为复杂,如图26-7中Ai、Bi地块的种植计划所示。

轮作(crop rotation),是一种用地、养地相结合的耕作制度,不仅利于均衡利用园田土壤养分,防治病虫草害,还能有效地改善土壤理化性状,调节土壤肥力,最终达到增产增收的目的。轮作的核心即为茬口安排,包括植物配置和适度的休耕期(fallowing)。

有效的茬口安排使得在一个自然年度中可以种植多个茬口的园艺植物。生产上将在同一田地上一年中可种植并收获超过一茬植物的种植方式,称为复种(multiple cropping)。由于植物生产在季节上的连续性,有些植物的整个生产周期可能横跨两个年度。因此,通常将一定时期内在同一地块田地面积上种植植物的平均次数,即平均在一年内特定田地范围上种植植物的平均次数,称为复种指数(multiple-crop index),则有

$$复种指数 = \frac{全年播种(或定植)植物的总面积}{田地总面积}$$

复种指数反映了复种程度的高低,可用来比较不同年份、不同地区和不同生产单位之间田地的利用情况。一些地区的复种指数可能高达3.0以上。但是过高的复种指数常常会导致土壤生态质量的下降,因此需要在轮作制度上安排适度的休耕期,以恢复地力,保持园田的可持续利用性。

3）园艺植物的观赏应季性

对于非食用类别的园艺植物,其观赏性及群体的景观功能是较为重要的生产目的。而这一部分园艺植物的生产,也涉及其观赏期的周年均衡性(annual equilibrium),如一个观光果园,为了保证客流的季节均衡性,需要从赏花期及采摘期两方面统筹考虑,形成较长的观赏期和均衡的采摘期。同样,对于一些花圃、花园等,规划设计时也应遵循观赏期的季相搭配,使景观期充分延长。因此,在田间种植上,必须科学合理地安排观赏植物的色相(hue)、季相(seasonal phase)变化,尽可能使观赏期的分布做到均衡化。

观赏植物产品的形成或观赏价值形成的时间早晚直接影响产品的销售利用情况。如春季时由南向北的开花时间的梯度性变化及秋季时色叶植物由北向南的呈色反应等,直接影响了相关产品(作观赏用)的上市时间和品质质量。

与此相类似,不同果树及观赏植物的自然花期的分布时间等均可作为生态园、观光园生产计划制订时最为重要的参考因素;同样,果树等植物的适宜采摘期在对应季节上的差异,也使生态园等的服务时间在长短上会表现出明显的不同,不同的植物配置模式直接决定着全年的观光和采摘客流量。举例来说,一个单一树种的果园一年中可能开放的时间极为有限,而较多种类的配置可使果园的观赏期和采摘适期得到延长。如图26-10所示为一例上海某观光采摘果园综合赏花、踏青、采摘的错位运营方案。

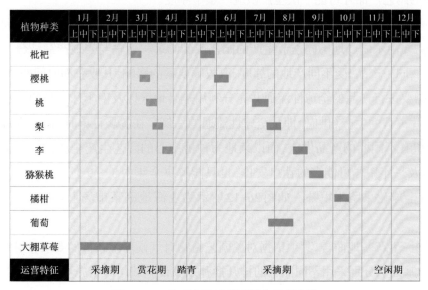

图26-10　某观光采摘果园错位运营方案

唐代诗人白居易在其诗作《春风》里有这样的描述:"春风先发苑中梅,樱杏桃梨次第开。荠花榆荚深村里,亦道春风为我来。"事实上,同一植物在不同地区的花期有别,且不同品种间的花期差异有时会改变固有的开花顺序。因此,在配置赏花期时应以当地的气候背景和适用品种为基础进行不同植物花期的先后顺序确定。如图26-11所示为山东沂蒙地区部分落叶果树春季开花时间的早晚顺序(A→F)。

图26-11 山东沂蒙地区部分落叶果树春季开花时间的早晚顺序
A. 梅;B. 杏;C. 李;D. 桃;E. 李;F. 苹果
(顺序依次为A到F,A～F均引自m.sohu.com)

4) 均衡性订单条件下的园艺企业的市场供应方案

虽然对一个区域而言,有些园艺植物可能并不适合在当地种植,即使能够生产,有时也往往局限于一年中较为短暂的季节内,或者说其收获期时间范围较短。因此从市场需求的角度看,仅靠一个区域的生产,即使采取贮藏方式,对每一种产品可能的上市期来说,也只能覆盖全年中的几个月之久。只有少部分以加工方式利用的园艺产品才可能一次生产供应一整个年度。

为了解决一个地区园艺产品的市场周年均衡供应(annual balanced market supply)问题,在便利的交通条件下,首先需要由不同产地不同季节生产的园艺产品的远程运输与当地产品结合,构成特定产品的周年性均衡供应。同一产品,受不同产地的纬度、海拔等要素的影响,其收获期时间的早晚会出现梯度性错开,有时甚至需要进行产品的全球性流通并充分利用热带地区以及南半球产品的集成,如色拉及快餐中大量使用的切片莴苣的生产(供应)即是全球性流通的一例。在签署订单时,需求方(经销商或大型餐饮集团)往往希望有不间断的产品供应,而以某地为种植中心的园艺生产企业,即使利用国内不同区域的上市期差别以及一年中尽可能多的茬口安排,也只能解决全年中8～9个月的市场供应,空缺的季节内往往需要进行全球化采购来填补。如图26-12所示为上海地区某市场上切割莴苣的周年性均衡供应情况。

其次,对于同一生产基地而言,其须依据对象园艺植物对气候环境条件的要求,选择适于露地生产的季节;最后,在此基础上分别采用不同品种的排开播种以及设施栽培等措施可实现一定程度的提早与延后收获,使同一区域生产基地内产品的供应季节尽可能拓宽。

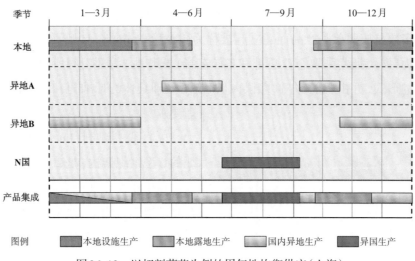

图26-12 以切割莴苣为例的周年性均衡供应（上海）

5）时令性消费的园艺产品

在园艺产品中，有些种类的消费具有特定时令性（seasonal consumption）。以花卉为例：元旦、春节（年宵花）——水仙花、大花蕙兰、蝴蝶兰、金橘，情人节——玫瑰，清明节——菊花，母亲节——康乃馨，父亲节——非洲菊，教师节——剑兰、文竹，重阳节——菊花，圣诞节——一品红、圣诞伽蓝菜，等。这些产品在市场上具有明确的消费时间，因而也决定了其可能的流通期间，相应地在观赏品质形成上需要控制花朵的开放程度。因此，这类产品的生产必须按照其所对应的节令，控制植株大小和花器官发育的节奏。

26.3 企业的执行力与计划落实

在充分研究的基础上形成的企业生产计划实施后的完成情况直接反映出企业的执行力（executive power）。离开强有力的执行力，再好的计划也等同于一叠废纸。

26.3.1 企业管理架构的类型选择

按照企业管理中组织结构层次及相互关系的不同，可将企业管理架构分为U型、M型、H型及其他结构。前三类组织架构的特性如表26-1所示。

表26-1 企业不同组织架构的比较

特 性	U 型	M 型	H 型
管理权限	集权	分权	分权
运营单元	职能部门	事业部	子公司
总部功能	决策权高度集中	决策权分层	协调功能
部门利益	高	低	高
产品或服务	较为单一	多样化	多样化
应用企业类型	中小型企业	大中型企业	大中型企业

注：依陈广磊，finance.sina.com.cn。

1）U型组织架构

早期的企业多数是按照单一产品而建立起被称为同一型（unitary，U型）的组织架构。这种架构以实现规模化经营为目标，通常采取企业总部和各园艺场（或基地）等部门间所建立起的垂直沟通、集中控制和统一指挥的形式，并由职能部门（参谋人员）负责处理具体的标准化和程序化事务，来实现其管理要求。

以直线参谋制（line-stuff authority）为基本特征的U型组织架构，是20世纪企业的主流形态，至今仍在中小型企业中有较多的应用（见图26-13）。在U型组织架构下，主要运营单位是职能部门（如生产部门、销售部门和财务部门等）。

图26-13   某中小型园艺公司的组织架构内涵图

2）M型组织架构

多部门结构（multidivisionalization，M型），即以半自治的运营板块（或经营分部）取代职能部门，并在其内部再按照职能分设部门的组织架构形式。在运营部门按产品、区域或者品牌划分时，可视其为小规模的、特殊的U型组织架构。

3）H型组织架构

一些持股公司（holding company）常采取另外类型的多部门结构——持股公司架构（H型）。这类企业相对于集权的U型架构，其组织结构显得更为松散，总部的指挥、协调和控制能力仅为相对有效，甚至可能缺失。

4）其他形式的架构

多部门架构也会随新市场、新技术和全球化等因素的变化而发生演化，并出现了如联合企业、财团（conglomerate corporation）或跨国企业（multinational enterprise，MNE）等组织形态。这些均可视作M型组织架构在产品、客户或地域上扩大化的结果。

同样，企业经营上的多元化扩展，也出现了一些特殊的组织架构，如适用于特定项目的团队型（team structure）、矩阵型（matrix-project structure）和无边界型（boundaryless structure）。但这些类别并没有从根本上修正现代架构，而多为对现代企业架构所采取的局部调整。

26.3.2   企业管理架构与效率

在法约尔的组织理论中，在金字塔结构中，随着企业职能的增加，其结构上的变化表现为水平方向的机构数量和规模上的增加。这是因为随着企业各级组织所承担工作量的增加，各部门所配置的人员数量必然增多，而且企业规模的扩大也客观地需要增加管理层次来指导和协调下一层的工作，所以在纵向等级上也会发生逐渐增加的情况。

法约尔模式中，职能和等级序列的发展进程的基本规律为每个工头管理15名工人，往上各级则以4∶1递进。例如，60名工人需要有4个工头，而每4个工头则需要有1名部门管理人员，组织就是按这种几何级数发展的。为了组织的管理架构优化，需要将管理层次控制在最低的限度内。

受制于企业内部的管理能力的局限性，企业的增长不可能无限地发展下去。根据企业组织架构的纵向和横向结构特点，可将管理结构模式分为层级化管理（hierarchical management）和扁平化管理

（flat management）两大类。企业结构的横向幅度太大时，即采取扁平化管理时，企业容易出现管理失控；而纵向幅度太大即采取层级化管理时，企业内部的信息传递速度太慢，组织系统的反应较为迟缓（见图26-14）。

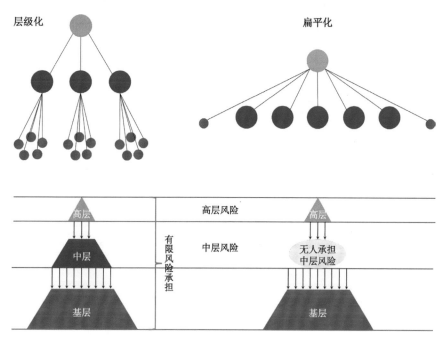

图26-14　企业组织架构的层级化与扁平化管理的差异

26.3.3　计划实施中的人员管理

执行力的主体是企业中的每个人。因此，一个计划的全面实施，需要有出色的人员管理（personnel management）作为保证。企业对不同属性的人员所采取的管理措施也有着较大差异。

1）企业骨干人员

以参谋人员（staff）为例，法约尔认为应该让一批有能力、有知识、有时间的人来承担，使管理人员的个人能力能得到延伸。参谋人员只听命于总经理，他们和军队中的参谋人员是差不多的。他们不用去处理日常事务，其主要任务是探索更好的工作方法，发现企业内外部客观条件的变化，以及关心长期发展的问题。

企业的骨干人员必须具有强大的执行力，并且对企业领导人具有高度的忠诚。

2）岗位责任制

一个企业执行力的强弱体现在是否有明确的岗位责任制作为员工行为约束的保障。不同能力的人配置于不同的岗位上，每个部门都应由有能力且积极的人来领导，而团队内的每个员工都应该在其岗位上发挥出最有效的作用。

岗位责任制（post duty），是指根据机构（企业）中各个不同岗位的工作性质和业务特点，明确规定岗位职责、权限，并按照规定的工作标准进行考核及奖惩而建立起来的管理制度。园艺企业内实行岗位责任制，有助于企业管理的科学化与制度化。

无论是何岗位，均须培养起员工对企业和社会的责任感，并鼓励他们在不同的岗位上创新，而企业则须对员工所做的工作给予公平而合理的薪酬，并对其工作过失与错误实行惩罚。所有员工均须自觉遵守企业制度与工作纪律。

3）企业文化及其建设

企业文化（corporate culture），是企业在长期的生产经营、建设和发展过程中形成的管理思想、管理方式、管理理论、群体意识以及与之相适应的思维方式和行为规范的总和。企业文化通常是由企业领导层提倡、企业全体共同遵守的文化传统和不断创新的行为方式，它体现在企业价值观、经营理念和行为规范等方面，渗透于企业的各个领域。

企业文化是一种新的现代企业管理理论，企业要真正步入市场，走出一条发展较快、效益较好、全员整体素质不断提高、经济协调发展的路子，就必须普及和深化企业文化建设。

企业文化的具体内容可能涉及以下七个方面。

（1）经营哲学。

经营哲学（business philosophy），是指一个企业特有的从事生产经营和管理活动的方法论原则，它是指导企业行为的基础。

（2）价值观。

价值观（sense of worth），是指企业基于某种功利性或道义性的追求而对其自身的存在、行为和行为结果进行评价的基本观点。

（3）企业精神。

企业精神（enterprise spirit），是指企业基于自身特定的性质、任务、宗旨、时代要求和发展方向，并经过精心培养而形成的企业成员群体的精神风貌。

企业精神需要通过企业全体员工有意识的实践活动才能体现出来。因此，它又是企业员工观念意识和进取心理的外化。企业精神是企业文化的核心，在整个企业文化中起着支配性地位。

（4）企业道德。

企业道德（corporate ethics），是指调整本企业与其他企业间、企业与顾客间、企业内部职工间相互关系的行为规范总和。从伦理关系的角度讲，企业可以借鉴约束公民的一些道德规范——爱国守法、明礼诚信、团结友善、勤俭自强、敬业奉献等来评价和规范自身行为。

（5）企业形象。

企业形象（corporate image），是指企业通过外部特征和经营实力表现出来的并被消费者和公众认同的企业总体印象。

企业形象通常包括表层形象和深层形象两类。由外部特征表现出来的企业的形象称表层形象（surface image），如招牌、门面、徽标、广告、商标、服饰、作业和营业环境等，这些都给人以直观的感觉，容易形成印象；通过经营实力表现出来的形象称为深层形象（deep image），它是企业内部要素的集中体现，包括企业社会责任、人员素质、生产经营能力、管理水平、资本实力、产品质量等。表层形象以深层形象作基础，没有深层形象作基础，其表层形象就是虚假的，也不能长久保持。

（6）团体意识。

团体意识（group consciousness），是指机构（或企业）中各成员的集体观念表现。

团体意识是企业内部凝聚力形成的重要心理因素。企业团体意识的形成使企业的每个职工把自己的工作和行为都看成是实现企业目标的一个组成部分，使他们对自己作为企业的一员而感到自豪，对企业的成就产生荣誉感，从而把企业看成是自己利益的共同体和归属。

（7）企业制度。

企业制度（enterprise system），是在生产经营实践活动中形成的，规范人的行为并带有强制性，且能保障一定权利的各种规定。从企业文化层次结构看，企业制度属于中间层次，它是企业精神的表现形式，是物质文化实现的保证。

企业制度作为员工行为规范的模式，使个人的活动得以合理进行，内外人际关系得以协调，员工的共同利益得以保护，从而使企业能够有序地组织起来形成强有力的执行力。

26.3.4　计划实施中的协调

协调（coordinate），是指为使企业全体人员间保持和谐配合，工作流程的各环节接口间实现通畅匹配，以保障企业经营的顺利进行而实施的管理行为。

在企业生产计划的执行过程中，往往需要进行多方面的有效协调。

1）协调对象及内容

（1）企业资源的合理分配。

在园艺企业的管理中，经常需要对各职能部门或业务板块之间的资源分配进行协调，并使其保持适当比例，同时使企业各项业务的收入与支出平衡，材料的消耗与产出保持理想的比例。

（2）组织架构及流程上的配合。

由于企业在管理上经常采取目标管理模式，因此要对部门（业务板块）之间、部门内部、生产流程的上下游之间以及部门与企业整体间的相互配合进行有效疏通。

2）常用的协调手法

（1）例会制度。

例会制度（regular meeting system），常被用于企业各级别处理内部不协调的问题上。例会通常不涉及企业行动计划的制订，而多用于执行过程中。例会有利于决策者根据事态发展情况完成特定计划。

（2）组织协调。

组织协调（organizational coordination）是通过组织系统，利用行政方法直接干预和协调组织的各个环节和方面，使整个执行过程保持良好秩序的一种协调方法。

组织协调是以权力为保障的，因此必须强调权威的作用。

（3）经济协调。

经济协调（economic coordination），是通过经济利益使组织或个人的行为向实现目标的方向发展的一种协调方法。

其作用机制是利益诱导，运用工资、奖金、福利等经济手段，以及规定相应的经济合同、经济责任，从物质利益上处理各种关系，调动各方面的积极性。

第 27 章
园艺产品的市场流通与贸易

27.1 园艺产品市场

受全球产业分工和各国历史文化等的影响,不同国家的园艺消费情况表现出如下三种类型:有的生产量远大于消费量而需要进行出口贸易;有的则在生产、消费和进口、出口的数量间相对平衡;还有的则生产数量偏少,需要大量依靠进口解决自身的消费问题。无论处于何种状况,园艺市场的供应问题均涉及园艺商品的流通。

从全球园艺产品市场的变化趋势看,目前和未来的主要议程包括以下几个方面:①一些发达国家的园艺生产相对保持平稳,有的则呈现缓慢的减少趋势,而一些新兴国家和发展中国家出现了园艺产业发展的增长点;②进一步完善全球市场机能,加快园艺产业链形成,在WTO多边贸易体制下,整合全球园艺产销格局;③大型国际化企业以及互联网的介入,促使行业内的不同企业在全球不同地区采取差异化市场策略,推动着园艺产业的持续发展。

园艺产品的市场供求上的变化,直接影响着全球园艺植物的生产及产品的流通、消费,而且随着新兴园艺生产区域生产能力的提升和物流运输体系的完善与进步,园艺产品的国际竞争也将进一步加剧,同时贸易保护主义(trade protectionism)也有抬头。这些均使园艺产品的全球生产和供应表现出一定的不确定性,也可能成为新的发展机遇。

27.1.1 园艺产业的发展趋势

在研究园艺产品的市场关系及商品流通时,必须宏观地从全球市场关系角度来把握,并需要及时准确地了解整个产业发展的趋势变化规律,以此作为企业局部产业发展的导向。

1) 产品的来源及贸易竞争

园艺产业及其关联产业的发展,使全球的园艺产品市场供应进一步被细分。其结果表现在以下几个方面:生产领域与流通领域趋于分离,除一些市场经济较不发达的区域外,其他大部分地区的园艺生产者在商品交付后将后续的销售和物流等作业转给商业机构来专门从事;大型园艺产地和主要消费地分别进行着园艺商品的集散活动,此外还有拍卖会等场合用于园艺商品的批量交易(见图27-1);出现由流通企业主导产销关系的趋势。这一变化,使得全球不同产地的园艺生产企业所面对的贸易竞争(trade competition)变得更加激烈。

2) 更高的消费者需求导向

随着全球经济社会的发展,人们的文化水平及消费能力不断在提升,反映在园艺产品消费方面则表现为对此类产品的要求持续提高,特别是对产品的营养、安全性和满足心理需求的文化性需求方面的要

图27-1 园艺产品批发交易市场

A. 东京丰洲中央御卖市场；B. 上海西郊国际农产品交易中心；C. 荷兰爱士曼花卉拍卖市场

（A～C分别引自 sohu.com、paper.people.com.cn、lq.lcxw.cn）

求越来越高。消费者的需求将成为园艺生产的导向。其中，以下两个趋势值得更加重视。

（1）多样化的园艺产品开发。

专业化的园艺生产往往以占有市场份额较大的园艺产品为对象，更加集中于少数大宗产品种类上。然而，不断提升的消费需求却总是"希望"有更多的产品种类选择余地。因此，一些区域性的、小众的消费种类也逐渐进入园艺生产者的视野而成为新的产业增长点。相对而言，一些市场份额较小的园艺产品，因生产地域局限且总的产量较低，往往在市场上因供应不足而表现出较高的产品价格。

增加产品种类，一方面需要增加植物种类（通过引种、驯化、人工栽培等方式），并使其在形态变化（形状、颜色、大小、色泽等）上更为丰富；另一方面则是需要在加工方面做进一步的产品提升。在更加发达的社会体系下，利用个体需求上的差异化来实现订制化产品服务（customized product service）将是一个长久的发展追求。

（2）园艺产品的工业化。

社会的发展使人们的生活节奏在加快，从食用类园艺产品的消费需求来看，总体趋势是加工产品的比例（proportion of processed products）在不断提高。即使在习惯于鲜食和自制美食的中国国内，半成品的园艺食材（如中央厨房产品等）也越来越受年轻一代的追捧，而这一比例在国外则明显更高。而从观赏类产品的消费趋势看，除盆栽和鲜切花外，永生花（preserved fresh flower）因其利用期较长而受到更多人的喜爱。因此，通过工业途径生产出的园艺产品在未来或将成为市场产品结构中的主体。

3）产业兼并

随着大型企业特别是互联网企业和社会资本对园艺产业表现出青睐，以生鲜类农产品的供应链构建（supply chain construction）为特征，一些新的企业正在对原有产业形态开始降维打击（dimension reduction）。这类新企业凭借雄厚的资本和长期战略性眼光，通过向前（生产端）、向后（销售端）的一体化整合，引入更多的工业控制元素（industrial control elements）和互联网概念（internet concept），打造出新型的园艺企业模式。这些动向，将产生鲇鱼效应（weever effect），促使一些小型园艺企业发生产业兼并和联合。

同时，除了国内企业的纵向和横向拓展外，随着中国更加深入地坚持改革开放，园艺产业领域的国际合作将变得更加常态化。利用国内强大的园艺产能，采取走出去战略，实施跨国兼并，将促使中国园艺产业加速其自身的发展并可能出现国际化大型企业。

4）信息技术的应用

由于全球园艺产品生产、流通和销售方面的不均衡，未来的竞争均需以相关信息作为决策基础。因此，以园艺产品市场为核心，加强互联网及信息技术的更广泛应用，将是提升行业竞争力的必要手段。

5）对供应者要求更多

对园艺生产者而言，社会经济的发展使其需要考虑更多的问题，而不是仅仅实现园艺产品优质和高产的目标。他们需要了解更多的社会经济发展背景并准确地把握，对投资和市场机会有灵敏的嗅觉，从而做出正确的生产决策，找到商机。企业的成功均建立在对市场的良好判断与开拓上。

27.1.2   市场及其经济活动

市场（market），是指各方参与交换的多种系统、机构、程序、法律强化和基础设施之一。尽管交易的各方可通过易货交换产品和服务，但大多数市场需要依赖卖方提供货物或服务（包括劳力）来与买方的货币进行交换。

市场可以看作是产品和服务价格建立的过程，市场活动促进了贸易并左右着社会中的产品和资源分配。市场是社会分工和商品生产的产物，哪里有社会分工和商品交换，哪里就有市场。

同时，市场是某种产品的现实购买者和潜在购买者需求的总和。园艺产品的市场规模还可表示为以下函数关系

$$园艺产品市场规模 = f（消费人口，购买力，购买欲望）$$

27.1.3   市场调节及其机制

1）市场调节

市场调节（market regulation），是指价值规律自发地调节经济运行的过程或机制，即因产品（或服务）供求变化引起的价格涨落，调节着社会劳动力和生产资料在各个部门的分配，调节着商品的生产和流通。

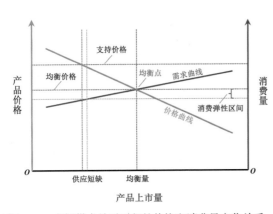

图27-2   市场供求关系引起的价格和消费量变化关系
（依baike.baidu.com）

市场通过信息的反馈，影响企业生产哪些种类、生产量及上市时间、产品销售状况等方面。市场连接着商品经济中产、供、销各方，为产、供、销各方提供交换场所、交换时间和其他交换条件，以此实现各方经济利益的协调。

园艺产品由于其种类间的利用特点存在着巨大差异，故其价格所引起的消费量上的弹性变化较大。对于蔬菜类和饮料植物类产品，其消费弹性受价格影响较小；果品等受影响的程度居中；而观赏类植物产品受价格影响具有较大的消费弹性。如图27-2所示为市场供求关系引起的价格和消费量变化关系。

2）市场调节的基本特性

（1）自发性。

市场经济条件下，所有经济活动都是在价值规律的自发调节下追求着自身利益，即根据价格变化决定自己的生产和经营活动。因此，价值规律（law of value）的首要作用，即是自发地调节着生产资料和劳动力在各领域和各部门的分配并使其趋于合理，但也容易引发个人或企业的不当行为，同时引起社会阶层的两极分化（polarization）。

（2）盲目性。

市场经济条件下，个体的生产者和经营者不可能掌握社会各方面信息，也无法控制经济变化趋势。因

此，他们在进行经营决策时就只能通过观察市场上哪些类别价格较高、有厚利可图，由此来决定生产、经营对象，这显然具有一定盲目性（blindness）。这种盲目性会造成社会的失序，也会出现经济波动和资源浪费。

（3）滞后性。

市场经济条件下的自我调节属于事后调节（post-regulation），即经济活动参加者是在某种商品供求不平衡导致价格上涨或下跌后才做出扩大或减少这种商品生产的决定的。

这样，供求平衡的调节过程表现如下：

采取调节后达到供求平衡所需经历的时间会因植物种类的生产周期长短而不同。调节时生产量减少或增加的行为常常会引发群体的过度调整结果：在过饱和供应的情况下，整体的减产行为会引发当季及其后一段时期内产品价格的上涨；在市场供应不足时，一窝蜂式的增产行为经历一个生长季后必然会导致严重的产品过剩结果，而这一个生长季则为调节供求平衡时的时间滞后期（lag phase）。

3）市场调节机制及其理论

市场调节机制（market regulation mechanism），是指市场内在的诸因素间的相互联系、作用方式和作用过程，如产品或服务在供求、价格、利息、利润等要素间存在相互制约的关系，调节的动力来自市场需求。

亚当·斯密（Adam Smith）以满足个人需求将促进社会福利为逻辑起点，推演出市场应呈"自由放任"秩序，而无须政府干预企业或个人追求财富的活动。这一理论被称为古典经济学理论。

以价格为自变量所建立起的模型进一步拓展了古典经济学理论，价格的作用称为价格机制（price mechanism）。当市场供求达到一般均衡时，价格便会指引社会资源发生流动。因此，价格机制调节着社会资源的配置。

约翰·M. 凯恩斯（John M. Keynes）对古典市场理论进行了反思后认为：对市场的完全放任是行不通的，事实上看不见的手有时并不存在，单独靠市场调节有时会失灵，而政府则应对经济活动进行总量上的干预和调节。由此诞生了宏观经济学。

同样面对市场调节的失灵，罗纳德·H. 科斯（Ronald H. Coase）却给出了截然相反的回答，他认为：市场的外部效用缺陷无须政府干预，可通过产权关系即企业的私有化与公平的市场竞争来解决。张五常（Steven N. S. Cheung）进一步提出：根本就不存在所谓的外部效用，只存在产权状态不明确的问题。

27.1.4　市场的分类及其属性

通过对市场进行不同角度的分类，企业可以更加明确所面对市场的特性，从而有助于其掌握园艺产品市场的需求变化。

1）市场主体

（1）购买者目的和身份。

园艺产品的消费几乎涉及每一个人，而不同的人群对园艺产品的消费行为习惯又有着较大的差异。因此，生产者必须研究所面对的潜在消费者的这些习性，从而更为准确地细分园艺产品市场（市场细分，

market segmentation)。

根据消费者特性,可将园艺产品市场进一步明确为消费者市场(consumer market),即为满足个人消费而购买产品的个人和家庭所构成的市场。

(2)参与角色。

园艺产品市场根据参与者身份的不同,可分为购买市场和销售市场两大类。

购买市场(buying market),是指园艺产品经销商、加工企业等通过市场向种植企业购买所需要的产品或原料的经济活动。

销售市场(sales market),是指生产企业或中间商在市场上出售自己所有的园艺产品的经济活动。

(3)市场竞争状况。

根据园艺产品在特定市场的供给来源、数量及其形成的竞争关系,可将此市场分为完全竞争市场、完全垄断市场和垄断竞争市场。

完全竞争市场(perfectly competitive market),是指行业内有非常多的生产企业,它们均以同样方式向市场提供同类的、同一标准(同质化)的园艺产品的市场结构。买卖双方对园艺商品的价格均无影响力,只能是价格的接受者,企业对市场价格的任何提价行为均会招致本企业产品需求的骤减或利润上的不必要损失。因此,处于这种市场条件下园艺产品的价格只能随供求关系而决定。

完全垄断市场(perfect monopoly market),是指在市场上只存在一家供给者和多家需求者时的市场结构。这种市场往往存在于园艺产品流通和消费不发达的区域或领域,园艺产品供给者具有定价权。

垄断竞争市场(monopolistic competition market),是一种介于完全竞争和完全垄断之间的市场组织形式。在这种市场中,既存在激烈的竞争,又存在垄断的现象。垄断竞争市场通常具有以下特征:市场中存在着较多的园艺产品供给者,彼此间有着较为激烈的产品竞争;供给者所提供的园艺产品间出现异质化(heterogeneity);企业或商家进入或退出市场均较为容易,资源流动性较强。尽管在垄断竞争市场上园艺产品的平均成本与价格较高,资源有浪费,但消费者可以得到差异化的园艺产品,从而可满足他们不同的需求。而且当垄断竞争市场的产品供应量高于完全垄断市场时,产品在垄断竞争下的市场价格常常相对更低些。因此,垄断竞争市场的存在从总体上仍然是利大于弊的。

(4)地理特征。

园艺产品市场按所处地域条件的不同,可分为城市市场和农村市场两大类。

城市市场是园艺产品集中且消费量大的市场;而农村市场则覆盖的范围较大,区域相对分散,消费人口密度低,单一市场的消费总量较小。

(5)市场范围。

依据园艺产品销售范围的大小可将市场分为国内市场和国际市场两大类。相对于国际市场而言,中国的园艺产品中大多数种类具有由生产成本加运输成本所形成的价格优势,但对于一些国内生产较少且质量要求较高的园艺产品,虽然进口商品的价格较高,但仍有一定的市场规模。

(6)经营对象的专门化和综合性。

园艺产品需求上的普遍性使得其市场的时空范围较大。园艺市场按其经营属性的不同可分为专业性市场和综合性市场两大类,且具体形式多样。此部分内容本章将稍后再做细述。

(7)市场规模。

按照园艺产品市场交易规模的大小,可将其分为小型市场、中型市场和大型市场类别。即使在消费人口集中的城市地区,因园艺产品消费上的近便性(close and convenient)要求,市场发展过程中出现的网点,也须与人口和市场规模进行有效匹配。

2)消费客体的性质

(1)商品用途。

根据商品属性进行科学的分类,可进一步明确园艺产品在生产体系中的位置,从而能够使产品的生产和流通过程更科学、规范,并提高行业管理的便利性。

国际上通行的商品学分类体系,采用"门类→大类→中类→小类→品类→种类→亚类→品种→等级"的多级体系,以便更好地表征商品特性。以脐橙、康乃馨为例的不同园艺商品在国际通用商品学分类体系中的分类位置示例如图27-3所示。

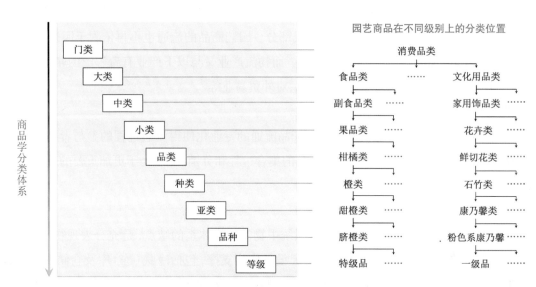

图27-3 国际通用商品学分类体系及不同园艺产品的分类位置示例

(2)生活资料市场。

园艺商品作为生活资料时,其分类可参考图27-3所示的体系。不同产品在人们生活中的重要性直接决定着这些产品的消费需求情况:当经济活跃时,非生活必需品、高等级产品的市场规模加大;而经济低迷时,除生活必需品外,其他园艺产品的市场会受到波及。

(3)交易对象的具体内容。

从园艺产品的市场交易的时间性上考虑,可将市场分为现货市场(spot market)和期货市场(futures market)两大类。现货市场受生产波动的影响会出现一定的价格变化,往往难以准确预测;而期货市场则以事先签订订单的方式确立购销关系,对稳定市场供应数量及产品价格具有重要意义。

27.2 园艺产品的集散与流通

园艺产品一旦完成栽培和采后处理加工的过程,其本身便完全具有了商品特性。由于产品本身的保质期限制约,这些被称为生鲜产品的园艺产品的流通更加需要注重其时效性。因此,园艺产品的流通过程较普通商品具有其独特的属性及要求。

园艺产品涉及的种类繁多,产地和企业众多且空间上很分散,同时从需求角度又必须保持持续生产和均衡销售。因此无论从信息流、商流和物流的哪方面看,均需要反馈及时准确,以确保园艺产品使用价值的充分实现,否则过量的生产及时间与空间上的不平衡供求关系,均会导致产品的滞销或廉价销售,进而出现生产与消费上的诸多问题。

27.2.1　园艺商品的流通

1）流通的基本特性

商品流通(commodity circulation),是指以货币为媒介的连续不断的商品交换。商品的生产过程(production process)是劳动过程与价值(value)形成过程的统一;而流通过程(circulation process)则是价值实现和使用价值(use value)替换的统一,也是商品价值流通(商流)过程与商品实体流通(物流)过程的统一。

随着全球社会经济的发展,各类商品的流通开始脱离原有的行业而独立发展成为一个新型的产业——物流业,并成为现代服务业中的重要组成部分。园艺商品的流通也不再依附于园艺产业,而成为物流产业(logistics industry)中的重要组成部分。而物流产业又与以下产业有着广泛的联系,如仓储业、交通运输业、邮电通信业、快递配送业、国内商业、对外贸易业等。

2）流通与园艺生产的对接

园艺产业对物流的依赖程度相对更强,其产品流通的专业化使得流通过程的参与者必须有效配合,顺利构成流通过程中的产业链。其中,园艺产品的集合过程和分销、配送处于更加重要的地位,这三者构成了市场的集散功能(collect and scatter)。

（1）集散市场。

集散市场(distribution market),是指物流系统中物流网络体系的结点,是充分表现物流的基本功能的场所。园艺商品的集散需要相应的基础设施、设备作为支撑,包括冷藏(冻)库及仓储设备,装卸、搬运、分拣和商品二次整理的作业场地,运载包装及货物的堆场和运输车停车场,办公设施、服务系统及辅助性设施,等。

园艺商品所需的集散中心的核心功能是货物集散,其主要的作业包括现场货物集散、物流信息处理、物流运行和控制等。

集散市场对于商品的销售而言,主要体现了市场商品的批发特征并与零售相分离。批发商业(wholesale business)在19世纪后期又发展起从事期货交易(futures trade)的市场,即商品交易所(commodity exchange)。期货交易进一步完善了流通当事人的风险规避机制(risk aversion mechanism),促进了商品的流通。

（2）零售商机。

继菜(农贸)市场、百货店、连锁店之后,超市成为园艺产品零售的主要形式。这完全得益于条形码的开发和POS机(point of sales)终端的应用,由此形成的数据可以帮助超市调整和优化经营品种及数量。之后,二维码(2-dimensional bar code, QR code)技术的兴起使园艺产品的零售更加便捷,利用手机终端扫码,通过互联网即可实现无现金支付和大数据生成。

随着网店的兴起,线上零售(配合线下的物流配送)模式为园艺产品的销售提供了一种新的模式,并且在较短时间内迅速取代了部分传统零售功能。然而,网店的发展已遭遇新的问题,即线上购物体验始终不及线下购物的,因此便发展出新零售模式来强化消费购物体验。

新零售(new retail)概念的提出和实践,为园艺产品的终端销售提供了新的商机。新零售也称为零售新模式,是指个人或企业以互联网为依托,运用大数据(big data)、人工智能(artificial intelligence, AI)

等先进技术手段,对商品的生产、流通与销售过程进行升级改造,进而重塑业态结构与商业生态圈,并对线上服务、线下体验以及现代物流进行深度融合的零售新模式。

(3)园艺生产企业的市场策略。

从消费需求看,未来的园艺商品销售必须体现低价、便利的特点,并使商品特性能够保持较长的一段时间。这将引导园艺生产企业朝着这一方向努力。

为了适应这一需求上的变化,园艺生产企业必须考虑以下问题:种植和加工品种的选择(即产品结构优化)、企业的持续高效运作与低成本化,以及实现更高的产品标准(企业标准)和更强的市场竞争力。

3)流通渠道

商品的流通过程(circulation process),实际上是商流、物流和信息流三者的统一。各商业组织是商流与物流的主体。从纵向商品流通角度看,这些商业经营组织串联起不同的商品流通环节,而流通环节的不同组合则形成了若干商品流通渠道(commodity circulation channel)。园艺商品的不同流通渠道如图27-4所示。

对于园艺商品流通过程的参与者和消费者来说,流通渠道的空间布局至关重要。在商业发达的区域,可能会出现不同渠道相互重叠的现象,并形成相对稳定的市场瓜分格局。

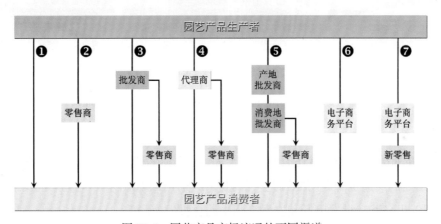

图27-4 园艺产品市场流通的不同渠道

(图中❶～❼分别表示产销合一、产销挂钩、地产地销、产代结合、产销结合、电商平台、电商新零售等不同渠道)

正确了解园艺产品流通的商业环节、流通渠道的本质,对于合理地设置商业经营关系的结构,落实渠道分布具有决定性意义。

27.2.2 园艺产品市场交易空间及方式

园艺产品通常在以下空间内进行市场交易:集市、贸易货栈、农贸市场、集散(批发)市场、商品交易所(期货市场)、店铺或专卖店、超市、店铺等;在电子交易或其他非实体空间内,商品的交付则采取线下直送和生产者配送等形式。这些交易空间及方式可能会在特定地域多样并存,虽然相互间在园艺产品流通上表现出较大的差异。

1)直营、加盟及专卖店

直营店(direct-sale store, RC),是指由园艺企业直接投资、经营、管理的连锁店,通常采取纵深式管理方式,由品牌效应强、实力雄厚的园艺企业直接掌管所有直营店,并以一定密度分布在商业黄金地段,或在大商场以设置专柜的方式进行,具有统一的企业识别系统(CI)。如图27-5所示为分布在社区的园艺产品直营店和专卖店。

直营店的流通方式属于渠道经营(channel management),即通过经营渠道的拓展(开发连锁形式并深入商业中心)从消费者手中获取利润。在直营店的开设中需要特别考虑的是店面网点的覆盖密集度,店面太少根本不能构成"销售战车",太多又需要考虑初期投入成本。有时企业为了渠道布局上的考量,可通过加盟店和专卖店的形式进行授权合作。

加盟店(franchise store)又称特许经营店,是指加盟者与品牌园艺企业之间通过正式的合同关系进行的销售合作。特许人(企业、公司)应具备法律主体资格,且须经营自设直营店(旗舰店)两家,经营时间在一年以上。

专卖店(exclusive shop),也称专营店,是指专门经营或被授权主要经营某一品牌商品(园艺生产企业品牌或中间商品牌)的零售形态。

图27-5 分布在社区的园艺产品直营店和专卖店
A.北京昌平某生鲜直营店;B.浙江瑞安某蔬菜直营店;C.某水果专卖店
(A～C分别引自 image.baidu.com、m.sohu.com、image.baidu.com)

2)批发市场

园艺产品所处的批发市场中通常还有其他农产品,后者以农副产品批发的形式进行流通过程中的交易。在一些大型产地的周边也有专门的园艺产品批发市场存在,如山东寿光蔬菜批发市场、昆明斗南花卉批发市场、福州五里亭茶叶批发市场和安徽亳州中药材批发市场等。

(1)批发市场。

农副产品批发市场(wholesale market of agricultural and sideline products),是指为买卖双方提供经常性、公开、规范地批量集散农副产品,形成价格并具有信息沟通、结算等配套服务功能的场所。因其所处的地域位置不同,可分为产地批发市场(origin wholesale market)和消费地批发市场(consumer wholesale market)两大类。参与园艺产品市场批发交易行为的人员及组织主要有园艺生产企业、园艺生产者协会、产品托运人、包装业者、经纪人、批发购买者及配套服务业从业人员等。

园艺产品的批发市场有时会采用现货拍卖(spot auction)方式进行交易。园艺产品拍卖,是指在公开场合对园艺产品所有权进行竞价转让的一种现代交易方式,其实现需要以严格的标准化体系为支持。现货拍卖市场在一些国家较为常见,中国也在部分园艺产品销售上启用了这一形式(见图27-6)。

随着经济社会的发展,在长期存在的农副产品批发市场体系中,集市贸易式现货流通市场(spot market)逐渐在整体萎缩,以现代物流企业集中配送网络(centralized distribution network)为主干的供应链(supply chain)正支持无形市场成为主流形态,且期货市场将得到充分发展,其对稳定园艺产品的供需关系及市场价格具有更加强大的作用。原有的区域市场、全国市场、国际市场的层次划分的界限,将在无形市场和期货市场的发展下变得越来越模糊。

图27-6 园艺产品现货拍卖中心
A. 韩国可乐洞市场（农产品）；B. 荷兰阿斯米尔拍卖市场（花卉）；C. 山东栖霞市场（果品）
（A～C分别引自image.baidu.com、m.sohu.com、image.baidu.com）

（2）期货市场。

期货市场（futures market），是指商品交易双方达成协议或成交后并不立即现货交割，而是在未来规定时间内进行实物交割的市场形式。成熟的期货市场属于完全竞争市场，是一种理想的市场形态和较高级的市场组织形式，是市场经济发展到特定阶段后的必然产物。

园艺商品的期货交易涉及以下从业者（组织）：园艺生产企业或生产联合体、交易员、结算员、经纪人（捐客）、购买者等。期货交易须遵守以下规则：保证金制度、每日结算制度、涨/跌停板制度、持仓限额制度、大户报告制度、实物交割制度和强行平仓制度等，以防止交易过程中出现欺诈或打击扰乱市场秩序的行为。

期货市场需要有真实规范的市场背景，否则将失去存在意义。利用现代信息化手段开展的园艺产品的期货交易市场与传统交易形式相比具有更多优势，在一些国家已存在多年，在国内则仍处于发展阶段。如图27-7所示为两家拍卖中心的拍卖会情形。

图27-7 园艺产品期货拍卖会
A、B. 山东栖霞某果品拍卖会；C. 荷兰某花卉拍卖会
（A、B均引自haokan.baidu.com；C引自kaoyan.xue63.com）

3）电子商务

随着快递业务的蓬勃发展，园艺产品的电子商务业态也因此方兴未艾。电子商务具有快捷便利的商流优势，为解决产销信息不对称而导致的流通不畅做出了积极的贡献。

电子商务（electronic commerce），是指以网络和信息技术为手段，以商品交换为中心的商务活动，是传统商业活动各环节的电子化、网络化、信息化。在开放的网络环境下，基于客户端、服务端的应用方式，买卖双方无须见面即可进行各种交易活动，实现了消费者的网上购物、商户间的网上交易和在线电子支付及其他商务活动等。

电子商务的商业运营模式（business operation mode）主要有企业对企业（business to business, B2B）、企业对消费者（business to customer, B2C）、个人对个人（consumer to consumer, C2C）、企业–消费者–代理商互通（agent-business-consumer, ABC）、线上对线下（online to offline, O2O）、团购（business to team, B2T）等形式。

（1）网店（B2C/C2C）。

网店（online shop）是指企业或个人商品持有者利用电子商务平台为购买者提供商品交易信息，在线支付完成交易的商业形态。

园艺产品主要可利用的网络平台有×宝（C2C）、××巴巴（B2B）、×东（B2C）、×多多（B2T）、×咚（O2O）等。随着各种电子商务模式流程的完善，更多的软件研发人员投入其中，网店管理软件能够更好地贴近买卖双方的实际操作。

（2）电子商务平台。

目前，作为生鲜商品类重头的园艺类产品出现较活跃的电子商务平台主要是×宝（×猫）、×多多、××拼购、××鲜生、××田、××生活、××优鲜等。这些电商平台在打开园艺产品销售市场的同时，也正在使园艺产品的供应链逐渐缩短，并从中获得市场份额。

不同商务平台所采取的商业模式有较大的不同，其经营特点如表27-1所示。

表27-1 不同电子商务平台在园艺类产品流通中的商业模式特点比较

平台种类	与生产者关系	仓储	物流	实体门店
×多多	促成合作社与消费者的对接	生产者仓储	借助第三方物流	无
××拼购	直接与生产者合作	自建仓储	自建物流	无
××鲜生	建立合作基地定向开发产品	自建仓储	自建物流	有实体综合体验店
××田	为其产品销售提供交易服务	无	无	无
×××鲜	直接采购或合作	自建仓储	自建物流	供应商入驻

（3）线上线下结合（O2O）。

以××鲜生为代表的新零售模式（new retail model），采取"线上电商+线下门店"的经营模式，门店的功能也由传统的零售扩展为"超市+体验店+物流配送"。因此，形成了以"电商平台（销售）+商家门店（前置仓）+即时达物流"为特点的新零售模式，并在包含园艺产品的生鲜类商品中开始快速布局。这种模式是未来发展的趋势之一。

与传统的电商模式相比，前置仓（warehouse ahead）被突出出来，前置仓的加入促成了线上、线下的结合。前置仓是指将商品仓库（配送中心）从城市远郊的物流中心（中心仓）前移到离消费者更近的位置设立，并使商品配送更快的解决方案。中心仓与前置仓的特点对比如图27-8所示。

图27-8 中心仓与前置仓的特点对比
（引自 baijiahao.baibu.com）

27.3　园艺产品的市场营销

对园艺生产企业而言,产品的销售需要依赖市场营销来实现。整个园艺市场的参与者有着不同的诉求,但起决定性作用的是产品的最终消费者。因此,满足消费者需求是市场营销的核心问题。

27.3.1　市场营销及其基本特性

营销(marketing),指企业发现或发掘准消费者需求,并让消费者了解特定产品进而实现购买的过程,也指企业针对生产计划、价格制订、促销和配送产品给目标市场制订的总的商业活动规划。

营销学(marketing science)则是关于企业如何发现、创造和交付价值以满足一定目标市场的需求,同时获取利润的学科。营销学可用来辨识未被满足的需要,定义、量度目标市场的规模和利润潜力,找到最适合企业进入的市场细分(市场定位)和适合该细分市场的供给品(产品定位),满足用户需求甚至为用户创造需求。

1)营销及其内容

市场营销是一项有组织的活动,它包括创造"价值"并将其通过沟通输送给顾客以维系企业与顾客间关系,从而使企业及相关者受益的一系列过程。因此,可以认为营销是一项使企业在满足顾客需要时能够比其他竞争对手留有更多利润空间的系列工作。

市场营销的过程及主要环节如图27-9所示。

图27-9　市场营销的工作过程及其主要环节

2)市场营销的"6R策略"

在进行市场营销策划的过程中,须根据园艺产品特性及市场环境背景等诸多要素回答好以下问题:如何在恰当时间(right moment),以恰当价格(right price)、恰当方式(right way),将恰当的产品(right product),销售给恰当的顾客(right customer),并提供恰当的服务(right service)？以上六点合称"6R策略"。

27.3.2　园艺产品市场营销的基本策略

为了加强园艺企业自身的营销能力,有关人员需要熟练掌握营销的基本策略并将其灵活运用。

1. 营销的指向及主要方式

营销是一项有计划的系统性工作,在实施过程中必须考虑以下要素:企业目标、产品的目标市场、产品规格、理想价格与保证价格、市场空间及其消费细分、销售模式(仓储、物流配送)、竞争关系、营销方案的优化和企业资源配置等。

在园艺产品的营销上,除采用通用的方式外,还可以结合园艺生产所形成的自然田园和产业景观开展系列活动,如体验式活动、田园艺休闲、企业文化节庆或嘉年华(carnival)等,以此提升企业整体的营销能力。常规的营销活动则包括企业活动、城市活动、媒体活动和社会公益活动等类别,具体方式有商业推介、广告、网络媒体、热点搜索、公益活动等(见图27-10)。

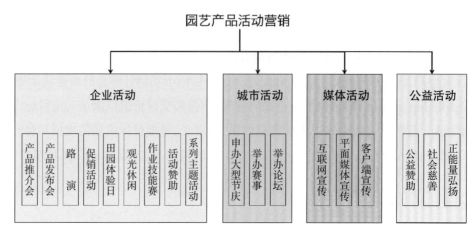

图27-10　园艺产品市场营销中常用的活动形式及内容

2. 园艺企业自身营销基础建设

1)优质、高附加值产品

营销的基础是必须有优质的产品,因此根据园艺生产企业的长远发展战略,要确立主要生产对象、产品形态及其质量标准,确保产品在市场上具有某些方面的竞争优势。有些优势表现在外观形态上;有些则反映在产品的独特性上;有些重在品质或产品安全性上的高标准;有些则表现在产品的附加性状如包装及冷藏状态上。总之,企业只达到国家强制标准或地区推荐标准还远远不够,这会使该企业的产品与其他众多企业的产品无差异化(no differentiation),其市场竞争力将弱于生产更优质产品的企业。园艺产品的质量及其附加值状况会直接影响其在市场竞争中的价格水平。

2)拓展企业生产基地的附加功能

在以园艺生产功能为主体的企业生产基地内,精心的规划与设计可将其田园打造成为别样的产业组成部分和文化景观区,并承载以下几项功能:

(1)生产过程的远程可视化。

借助高科技设备,企业管理人员及消费者能够通过固定位置的摄像头及时了解生产管理中的每一个环节,做到对企业所生产的产品真正地放心。此功能同时也拉近了企业与消费者的情感距离。

(2)亲子乐园和科普基地。

开辟专门区域,以展示园艺生产过程中的科学知识,提升全社会对园艺知识的认知水平,同时增进企业的品牌形象。

(3)园艺体验与园艺疗法实施地。

设立小规模的共享园圃(家庭级),与特定人群结成固定的租赁和代管关系,为社会提供体验园艺劳作和园艺疗法的场所。这也是园艺企业营销的一个独特方式。

(4)田园观光和休闲地。

以园艺基地的产业景观为背景,添加一些可供游客休憩、娱乐、健身和健康调理的设施,为消费者提供融合了特色区域乡土文化的田园酒店式度假地。此举可促进企业产品的销售。

由此,可带动消费者对企业产品的直购量,起到扎实的传播作用。

3)更完善的服务

在园艺企业注重产品质量和其他建设的同时,提升其市场营销过程中的服务也会使消费者对企业有更多的认同。网络直销多使用制冷包装和产品小型单体包装,包装材料绿色环保及具备可循环利用性,产品相关信息的迅捷查询以及购买时附送小工具及小工具的适用性等都是可加以利用的加分点。融入更多的服务性内容对企业产品的营销有积极的帮助。

园艺生产企业的着眼点,应该不仅仅是产品能满足消费者的基本需求,而且消费者能够在消费、利用产品的过程中获得更多的愉悦。后一项服务产生的积极效果往往会超出企业的期待。

4)生产协作、产业联盟

通常,园艺企业的生产因受规模所限,单一企业很难有较为全面的产品目录,且规模较小的企业产品对象相对较少且专一。在这种情况下,面对复杂的市场需求,单单依靠一家企业的力量,很难形成稳定而全面的市场供给能力。从营销的理想状态而言,采购商或消费者均希望能够一站式购买并且能够周年均衡而稳定地供货。因此,企业间的相互结盟、企业的跨区域生产便成为解决这一问题的有效途径而得以发展。

即使在订单化的园艺行业内部,有时单个企业也需要寻求与生产其他不同园艺产品的企业合作(实现产品的互补)才能完成任务,这对于协作双方均有益处。更为完善的形态是多家园艺企业结成产业联盟(industrial alliance),共同开发市场,实施营销战略。

3. 针对批量订单的市场策略

对园艺企业而言,无论采取何种营销措施,能够获得事先的批量订单(batch order)均会使其产品销售变得更加轻松。而对于大宗采购者(bulk buyer)而言,能够根据市场需求有效组织生产的企业也是其所钟爱的。

大宗采购者对消费者的接触更加直接,特别是电子商务的发展使其对园艺产品销售的大数据可进行系统积累与分析,从而能够准确地预测市场需求规律与趋势,并将订单分解、传递给园艺生产企业。而对于不断变化的批发商机,园艺企业自身则应当具备一种快速响应消费者需求的能力,充分展示企业的产品特性及供货能力,并使自身能够成为一个被首选的供应商(preferred supplier),能够真正回答好"给经销商一个和你做生意的理由"这一基本问题。

27.3.3　园艺产品的市场推广

在当今的经济社会背景下,对园艺产品的市场推广仅通过传统的单一方法往往很难收到预期效果。因此,在产品推广上,企业通常使用整合营销的方法,并做到与互联网应用有更紧密的联系,这是今后的一种发展趋势。

1)整合营销

整合营销(integrated marketing),指将企业的各种传播方式(如广告、客户直接沟通、促销、公关等)加以综合集成,对分散的传播信息进行整合的过程。

整合营销理论于20世纪90年代由唐·舒尔茨(Don Schultz)提出,其目的在于根据企业的目标设计战略,支配企业各种资源以达到战略目标。如图27-11所示为整合营销的基本工作思路。

整合营销包含以下两个层次的工作:水平整合包括信息、传播工具和传播要素资源的整合,而垂直整合则包括市场定位、传播目标与根据产品的市场定位设计统一的产品形象、品牌形象等领域的整合。如图27-12所示为整合营销可利用的基本手段。

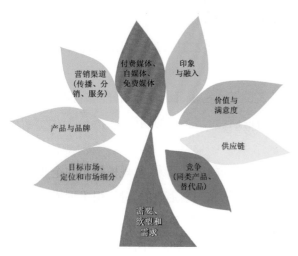

图27-11　整合营销的基本工作思路
（依baike.sougou.com）

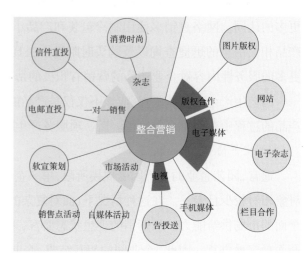

图27-12　整合营销可利用的基本手段
（依baike.sougou.com）

2）整合营销的传播方式

整合营销传播（integrated marketing communication, IMC），是指管理与提供给顾客或者潜在顾客的产品或服务有关的各种信息的流程，以驱动顾客购买企业的产品（或服务）并使顾客保持对企业的忠诚度。

对消费者的需求反应最优化，把精力浪费降至最低。整合营销应该和消费者有关，也就是需要全面地观察消费者。整合营销必须考虑如何与消费者沟通。

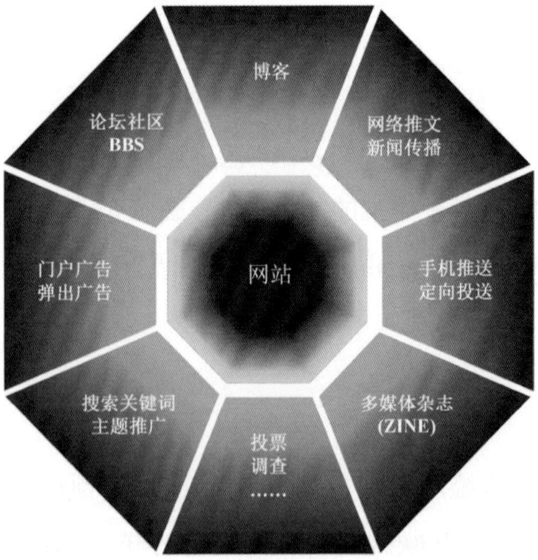

在整合营销传播中，消费者处于核心地位；对消费者深刻全面地了解，是以建立客户（消费者）数据库为基础的。

整合营销传播的核心工作是培养真正的"消费者价值观"，因此园艺企业必须与那些最有价值的消费者保持长期的紧密联系，并以客观准确的产品信息为支撑点进行营销传播。

无论企业利用什么媒体，介绍产品或服务的信息一定得清楚一致，并能以多种传播媒介的整合运用作为手段进行传播。

凡是能够将品牌、产品类别和任何与市场相关的信息传递给消费者或潜在消费者的信息载体，均被视为可以利用的传播媒介（见图27-13）。

图27-13　整合营销可利用的传播方式
（依baike.sougou.com）

3）SoLoMo营销模式

于2012年兴起的SoLoMo营销模式（SoLoMo marketing model），其含义包括社交的（social）、本地的（local）、移动的（mobile），连起来就是SoLoMo（索罗门），它代表着未来互联网营销发展的趋势。SoLoMo营销模式，是指企业为了促进产品销售而利用互联网等手段开展的一系列营销行为，是基于Web3.0的互联网营销，以用户价值驱动、强调与用户的沟通互动等交互式的营销手段传播。

27.4　园艺商品价格形成机制

商品价格（commodity price），是指商品价值的货币表现形态。在市场经济条件下，园艺商品的价值是由生产这种商品所耗费的社会必要劳动时间所决定的。最初园艺商品的价格是在物物交换过程中体现出来，而其后的商品价格则以货币形态来表现。因此，价格体现了商品和货币的交换关系，是商品和货币交换比例的指数。

27.4.1　影响商品价格的因素

1）价值规律

卡尔·H. 马克思（Karl H. Marx）就商品价格有以下著名论断："商品的价格只是物化在商品中的社会劳动量的货币名称。"商品价值量是由生产商品所花费的社会必要劳动时间决定的，商品价值是商品价格的本质，商品价格只是商品价值的货币表现。生产商品花费了无差别的抽象劳动，才形成价值；商品有了价值，才能用货币形式来表现，从而产生价格。

随着社会经济发展和技术进步，园艺生产的劳动生产率不断提高，单位商品所包含的社会必要劳动时间相对缩短，从而降低了商品价格，使商品变得更加便宜。

2）价格构成原理

价格构成（price composition），是指形成商品价格的各种要素及组成情况。总体而言，商品价格由生产成本（production costs）和利润（profit）两大部分组成。园艺商品的生产成本则包括了生产所需的土地、消耗的水资源及能源、过程中投入的生产资料、设施设备折旧以及劳动力成本等，而其商品利润则指园艺生产者为社会所创造价值的货币表现。

在价格构成中，生产成本应当是生产商品的社会平均成本或行业平均成本，利润也为平均利润。按照社会平均成本（或行业平均成本）加平均利润所制定的价格，即为商品的市场价格。通常情况下，园艺商品的生产成本会随着社会发展和技术进步逐步降低，同时其平均利润也会随之下降。因此，园艺生产经营者在制定商品价格时，还应考虑价格构成要素变动趋势带来的影响。

在不同的生产条件下，园艺产品的生产成本有着较大的差异，由此促成了园艺产品国际贸易的盛行。这是由处于不同发展阶段的国家在园艺产业上的行业成本差异所致，其中劳动力成本对行业成本的影响较大。对于园艺生产这种劳动密集型产业，若进行大规模的产业化生产且依靠机械取代大部分人工作业时，其产品价格可大幅度降低。

3）供求状况

园艺产品的供求关系（supply and demand situation）虽然不是价格的决定因素，但的确会对商品价格产生重要影响。当市场供给大于消费需求时，园艺商品的市场价格便会下降；当供给小于需求时，价格即会上涨。因此，园艺生产经营者必须参考大市场的供求状况来确定商品市场价格。

4）市场同类商品的竞争状况

生产经营者根据生产成本、利润和市场供求状况所拟定的价格，只是自己主观预估的价格，而现实的市场价格必须通过市场竞争（market competition）才能形成。一个特定市场内，园艺市场参与者的多少和强弱，都会对最终的商品价格产生重要影响。企业对市场规模的预测可从产品、时间和规模三方面进行（见图27-14），从而能够为其生产和产品价格制定提供有效数据支持。

产品持有者需要根据市场的竞争关系在原拟定价格基础上对所拥有的园艺商品进行价格调整。同

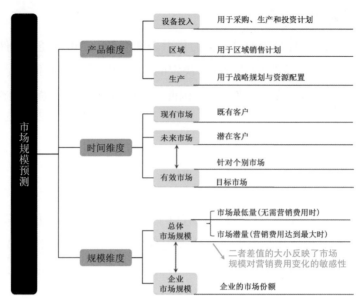

图 27-14   园艺产品市场规模预测的工作思路
（依 rollnews.tuxi.com.cn）

时,消费者也会受竞争关系的影响而对产品持有者拟定的价格做出反应,并采取相应的行为对策。

5）货币供求和币价变动状况

当流通中的货币供应量（money supply）超过货币需求量（money demand）即发生通货膨胀（inflation）时,必然会引起居民消费价格指数（consumer price index, CPI）的提升,这时商品价格必然上涨;反之,商品价格必然下跌。而园艺产品消费的日常性使其在货币供求方面的响应较为快速,体现为园艺产品的市场价格波动较大。特别需要注意的是,在进行园艺产品的国际贸易时,人民币对其交易货币的汇率（exchange rate）常会发生不对称的起伏,因此在进出口商品的定价上必须考虑产品货值的变化状况。

27.4.2   园艺商品的价格体系

园艺商品及相关服务作为全社会所有商品和服务中的一环,其价格水平必然会受到其他商品价格变化所带来的影响。园艺商品的市场价格体系（market price system）主要由比例价格、差别价格和特殊价格等组成。

1）比例价格

皮埃尔·布阿吉尔贝尔是劳动价值论的最初奠基人之一,他用个人劳动时间在各个特殊产业部门间分配时所依据的正确比例来决定“真正价值”,并且把自由竞争说成是造成这种正确比例的社会过程。这一比例在商品价格上的反映即为比例价格（proportional price）。

不同商品间的价格差异,主要由不同商品的社会必要劳动时间差异所决定,商品价格间相互依存。因此,经常可以看到,当园艺产品价格发生变化时,往往其他类别的商品（如消费品和生产资料等）的价格也会有相应变化,反之亦然。

2）差别价格

差别价格（differential price）,亦称差价,是指企业在不同情况下销售某种产品时所采用的两种或两种以上与其成本不成比例的差异价格。园艺产品的差价幅度是由多方面影响所致,在园艺商品充分流动的前提下,其差价主要表现为以下五个方面。

（1）品种差价。

品种差价（price difference based on variety），主要是由生产不同的园艺产品所花费的劳动力及土地成本等的不同所致。例如，单莳的绿叶菜类与结球类蔬菜的生长期、单位产量和生产成本相差较大，因此这两种产品的价格存在着一定差距。同样，一年生栽培的蔬菜与多年生的果品及其他园艺植物之间也存在类似的品种差价。

（2）质量差价。

质量差价（price differentials based on quality），是指同一品种的园艺产品，由于产品的综合质量级别不同所表现出的价格上存在的一定差距。如不同质量等级的苹果，优质品价格为每千克18.0元，而普通品价格则为每千克8.0元。

（3）季节差价。

季节差价（seasonal price difference）在园艺产品上则更为常见，大多数的园艺产品难以在一个地区完全实现周年生产，即使能够实现，有些季节也须借助设施条件来完成。因此，同样品种的园艺产品会在不同季节表现出不同的价格，如西瓜在7月份的平均价格约为每千克2.0元，而在1月份时则高达每千克10.0元左右。

（4）地区差价。

地区差价（regional price difference），是指园艺企业在不同的销售地区销售同一种商品时采取不同的价格。例如，同一类园艺产品在城市中的社区超市、商业中心区的大超市和乡镇上的小超市里的销售价格分别为每千克2.4元、3.6元和3.2元。

（5）服务差价。

园艺产品在不同的销售方式下所附带的服务差异较大，表现出同一种产品有不同的价格，这种差别即为服务差价（service price difference）。例如，某类园艺产品在农贸市场自购、超市自选、网店送货时的价格分别为每千克4.5元、6.4元和9.0元。

3）特殊价格

特殊价格（special price）主要包括政府主导的利用补贴（subsidy）、税率（tax rate）、利息率（interest rate）等经济杠杆形成的价格。特殊价格机制是政府在对市场的调节中用到的特殊手段，政府可通过杠杆作用（leverage）激发或抑制特定产品或产业的生产规模大小，从而使相关的市场价格平稳，供求关系平衡。因特殊价格会导致垄断或不公平竞争而造成国家（或经济体）间的贸易纠纷（trade disputes），所以WTO规则对特殊价格有严格的限制。然而，各成员国几乎均会有有限的特殊价格政策在执行。

27.4.3 园艺商品的定价模式

园艺企业在确定产品的定价时会依据不同的内容导向进行，通常先以某要素为主体进行计算，再综合其他因素来确定产品的最终价格。定价方法主要有成本导向定价法、竞争导向定价法和需求导向定价法等几类。

1）成本导向定价法

成本导向定价法（cost oriented pricing），是以商品的平均成本为基础，再考虑其他情况进行综合定价的方法，又包括以下几种具体方法。

（1）完全成本加成法。

完全成本加成法（full cost plus method），是在商品的平均成本上加上企业所期望的平均利润而制定出商品价格。其成本除产品的生产成本外,也包含了税务成本(tax cost)以及由销售费用、管理费用和财务费用组成的期间费用(period cost)和机会成本(opportunity cost)。

（2）边际成本定价法。

边际成本定价法(marginal cost pricing),是根据企业商品的边际成本大小而确定产品价格的方法。边际成本,是指增加(或减少)一个单位商品产量而产生的成本差值。园艺企业想要获取最大化的利润,需要满足的价格限定条件为

$$
\begin{cases}
\text{必要条件——商品价格}=\text{边际成本} \\
\text{充分条件——}\dfrac{\text{d边际收益}}{\text{d产品数量}}<\dfrac{\text{d边际成本}}{\text{d产品数量}}
\end{cases}
$$

（3）盈亏平衡定价法。

盈亏平衡定价法(break-even pricing),是指以产品盈亏平衡点(break even point)作为定价依据的方法。盈亏平衡点价格可由下式求得

$$
\text{保本价格}=\frac{\text{固定成本}}{\text{损益平衡时的销售量}}+\text{平均可变成本}
$$

2）竞争导向定价法

竞争导向定价法(competition oriented pricing),是指企业根据自身产品在特定市场中竞争时所处的地位决定其价格的方法。在完全竞争市场、垄断市场和垄断竞争市场等不同情况下,企业所能采取的价格方案会有较大差异。

3）需求导向定价法

需求导向定价法(demand oriented pricing),是以消费者的好恶作为园艺产品定价的主要依据,按照消费者意愿进行定价的方法。其本身又包含以下两种方式。

（1）理解价值定价法(understanding value pricing)。

理解价值定价法是根据消费者理解的商品价值即买主的价值观念来制定商品价格的方法。企业采用这种定价法的目的在于运用营销策略特别是一些非价格因素来使消费者形成一种价值观念,然后企业根据这种价值观念来制定价格。

（2）区分需求定价法(differentiated demand pricing)。

区分需求定价法也称为差别定价法或价格歧视(price discrimination),最早由英国的福利经济学家阿瑟·C. 庇古(Arthur C. Pigou)提出。价格歧视分为三个级别:一级歧视价格用于售卖极少量未售出的园艺产品(尾货,tail goods)时的情况,往往由采购者决定此价格;二级歧视价格则是由采购者的购买数量决定,如少量购买时番茄的价格为每千克4.2元,而批量购买时则每吨为3.0元;三级歧视价格为同一产品在不同市场标定的不同价格,表现为内、外销时的价格差异,以及城市中心和郊区、乡镇市场间的价格差异。

27.4.4　价格弹性

价格弹性(price elasticity),又称供需价格弹性,是指某一种产品销量发生变化的程度与相应的价

格变化程度间的比率,是衡量由价格变动引起数量变动的敏感度指标。价格弹性系数(price elasticity coefficient)可由下式求得

$$\varepsilon = \frac{\mathrm{d}Q/Q}{\mathrm{d}P/P} = \frac{P \cdot \mathrm{d}Q}{Q \cdot \mathrm{d}P}$$

式中,ε、P和Q分别表示价格弹性系数、市场价格和商品需求数量。

当$\varepsilon=1$时,表明园艺产品的销售量上升和价格的下跌幅度是相当的;当$\varepsilon<1$时,则意味着产品价格的上涨将使得收益上升,而价格跌落会使得企业收益下降,市场对这类商品的需求相对而言是缺乏弹性的,或者说消费者对价格不敏感。一般来说,食用类园艺产品的价格弹性较非食用性产品要小得多,说明消费者对食用类产品具有较强的刚性需求;而在食用类产品中,不同品种的价格弹性强弱存在着如下的规律: 大宗蔬菜<小众蔬菜<果品<饮料植物产品<药用植物产品、香料。

27.5 园艺产品市场信息

市场信息对于园艺产品的生产和营销而言是最为根本的开展工作的依据。离开准确有效的市场信息而安排的生产计划或盲目的市场营销,往往会导致产品与市场需求的脱节而出现销售不畅,严重影响园艺企业的生产效益其至生存。因此,市场信息作为园艺企业经营活动中的主要决策依据,是影响企业管理的最为重要的因素。现代园艺企业必须设立专门的信息收集、加工机构或部门,来为企业管理决策提供有效服务。

27.5.1 市场信息的基本特征

市场信息(market information),是指市场中所产生的各种情报、消息和数据资料的总称,反映了商品流通运行中物流、商流的运动变化状态及其相互之间的联系。

1. 市场信息的内容

直接市场信息(direct market information),是指对园艺产品市场经济活动的各种变化特性的直接描述,主要包括生产性信息、市场需求信息、商品销售情况、消费者情况、消费信息、销售渠道与销售技术、产品信息、体制性信息、结构性信息和管理性信息等内容 。

间接市场信息(indirect market information),是指对园艺产品市场经济活动特性的间接描述,主要包括社会经济背景、政策法令、社会制度、文化教育水平、消费风尚、自然资源状况、气象和自然灾害情报、产品开发情报、竞争者数据、技术应用状况及发展动向等。

由于市场信息本身具有分散性,所以需要企业在收集与加工市场信息时必须使相关信息连续、完整,以提高它们的有序化程度。

2. 市场信息的基本分类

(1)产品信息。

这类信息包括园艺产品的名称、种类、生产企业及品牌、产品样态及采用标准、产品包装及保鲜状态、规格及系列、价格体系、特点(卖点)、未来发展趋势等一系列的内容。

(2)渠道信息。

主要包括不同园艺产品流通时的渠道构成、渠道特点、利润分配、渠道冲突和渠道成本等信息。由于园艺商品流通渠道的多样性和复杂性,获取此类信息时需要有更强的系统性。

（3）消费者信息。

这类信息是需求信息的核心所在，主要包括以下内容：消费者对特定产品（或品牌）的认知及满意度、区域市场内消费者的构成情况，以及对消费者的购买心理（消费心理）及消费行为的调查和分析等。此信息是园艺企业做好产品定位和市场细分的主要依据。

（4）策略信息。

同类企业在园艺产品生产和营销上的总体策略，是实施商业计划时不可或缺的基础信息。这类信息主要包括面向市场竞争时的企业生产计划、销售计划、借贷与库存金额应控制的标准以及季度（或月）财务收支等信息。企业需对此类信息进行判断、分析，通过与竞争企业间的比较制定出有效的市场策略，从而在竞争中争得先机。

（5）战略信息。

主要涉及整个行业内的各种重大资讯，如国际市场的变化、大量资本对园艺产业的投资行为，园艺及相关行业内重点企业的破产、兼并、重组、上市等重大变动，国家的政策法规变化带给行业的影响，行业所面临的机遇与挑战，等。

3. 市场信息的形式

市场信息以一定载体形式被记录或传播，如语言文字、符号与数据、照片或视频、凭证与报表以及广告等均为市场信息的具体表现形式。这些信息表达方式间经常可以进行转换，但有时会出现一定的失真（distortion）。

4. 市场信息源

园艺商品的市场信息来源主要有政府行业管理和服务平台数据库（database）及其公报（bulletin）、市场价格公报、第三方咨询公司行业调查报告（industry survey report）、上市公司财务年报（financial report）、企业网站（enterprise website）、产品目录（product catalog）、产品样本（product sample）、产品说明书（product description）、有关媒体的宣传报道、文献资料、行业性期刊等。其中，有些信息是公开的，有些为有条件的公开，而有些则会作为商业机密存在。

5. 市场信息的特征

开展企业的信息工作时，必须很好地了解待掌握市场信息所具有的各种特性，以便在信息收集、加工和使用中不会出现基本的失误。市场信息的主要特征，可以通过以下几方面来体现。

1）市场信息的自然属性

（1）时效性。

市场信息对时效性的要求较为严格，所面对的信息只在特定的时间段内才能保有最大效用。因此这类信息的收集、加工和传递必须在有效期内完成，过时的信息只可能作为历史性的大数据而发挥一定的作用。信息的第一时间获得，会对企业的经营带来极大的便利。

（2）分散性。

市场信息具有数量大、涉及面广、信息内容种类复杂等基本特点，因此其来源也较为分散。这就需要园艺企业广辟信息渠道，从繁杂纷乱的各类信息中甄选出对自己有用的信息，并能对分散的、不系统的信息进行归纳、整理分析。

（3）需要特定的载体。

市场信息内容不能脱离信息载体（information carrier）而存在，同时其传播也需要特定载体。然而，信息本身又是相对独立的,同样的信息内容不会因载体、传播方式、传播空间和时间的不同而发生变化。

2)市场信息的限定性

(1)真实性。

各种资讯的泛滥以及信息制作加工过程的特性决定了企业所采集到的市场信息常常会失真,甚至有极高的失实性。因此,在信息收集和加工过程中,必须对有些虚假信息进行有效辨别,甚至做进一步的调查、验证,真正做到对信息的去伪存真,否则便会使企业掉入虚假信息的泥潭。

(2)可压缩性。

为了满足人们的不同诉求,在对市场信息进行收集、筛选、整理、归纳和加工时,需要对信息进行多次加工,形成不同版本及格式。但压缩过程通常会引起一定的信息失真,这一点需特别注意,避免关键信息的错漏。

(3)可存贮性和可传递性。

通常,市场信息可通过体内存贮和体外存贮两种方式被存贮。体内存贮(human-body accumulation)指人通过大脑的记忆功能把信息存贮起来的方式。除非经过特殊训练,否则以这种方式存贮的信息在传播时将由于不同的表达和理解出现较大的失真问题。体外存贮(out-of-human-body accumulation)则是指通过各种文字性的、音像性的、编码性的载体把信息存贮起来的方式。

不同存储方式的信息可以以其特定的传播方式进行传递。

(4)系统性。

企业在市场活动中往往会受众多因素的影响和制约。因此,企业必须能够连续地、多方面地收集并加工有关信息,分析它们之间的内在联系,提高信息的有序化程度(degree of ordering),如此才能提升这些信息的可用性。

3)市场信息的应用特性

(1)竞争性和保密性。

无论谁占有了信息并将其转化成市场优势,那么他就可能获得巨大的经济效益。在激烈的市场竞争下,信息的增值功能意味着对其他竞争者的排他性(exclusiveness)和保密性(confidentiality)。一些市场信息一经公开或传播就会损害信息拥有者的利益,如企业行动方案、生产计划、经营制度、客户名单、产品情况、购销渠道以及企业财务报表等,均为企业要妥善对待的涉密信息。

(2)信息源、存储载体和传播载体的多样化。

目前的园艺市场早已经成为卖方市场(seller's market),而信息产生、传播的方式方法的多样化使产品市场信息更加复杂。在市场中,买方和卖方常会发生角色转换,而从信息的产生和利用上看,市场参与者既是市场信息的发送者,也是市场信息的接收者。

而且,对于同样的信息,其信息源也可能多样化,既可能是管理部门,也可能是咨询机构或是其他机构。

同源的信息,其载体也呈多样化,有报刊、文献、网络、广告等,并以正式或非正式渠道发布。由于信息载体和传播方式的多样性,常会有失实信息存在,企业需要在信息接收时对不同来源的同一信息及相关联信息进行相互考证。

(3)价值性。

市场信息的价值性表现为它可以为人们带来不同程度的效益。对园艺产业而言,市场信息的合理使用常常可以促使其降低产品成本,提升生产效率,并有效控制经营风险。

27.5.2 信息的收集

收集市场信息需要细致入微和不厌其烦的敬业精神,把相关的、看到的、听见的和自身感受到的信息,通过特定的方法记录、整理并存储起来,以供进一步的信息加工使用。常用的市场信息收集方法有以下五类。

1)表象观察法

表象观察法是根据市场迹象和现象来获取、判断市场信息的方法。此方法需要业务代表有很强的洞察力,是靠长期的工作经验、业务技能、用心程度以及预先准备来支撑的。

2)客户访谈法

客户是业务代表最佳的情报员,往往企业的第一手信息都是由自己的客户反馈过来的。来自客户的信息往往系统性差,有关人员对这些内容需要加强自我把握。同时,企业还可能从非直接客户那里获取一些竞争对手的信息。

3)业务代表闲聊法

同一领域的业务代表往往会在一起聚会并保持沟通,闲聊的内容可能会隐藏着一些看似无关实则可深入挖掘的信息。对于想获取的信息,一些有心人也可能从朋友那里无意中获得。

4)导购汇报法

在各个商业网点中,直接参与产品交易的导购和营业员对各种产品及相关情况了解得较为深刻。企业可专门安排自己的专职导购,负责收集、汇报特定市场的相关信息,也可通过营业员获取市场信息。

5)大数据应用

有些信息可由大数据生成,其获得需要通过商业途径。专业的咨询公司往往会充分利用这些信息并给用户做咨询服务。

27.5.3 信息的加工与传递

信息加工(information processing),是指按照一定的程序和方法,对收集到的原始信息进行分类、计算、分析、判断、编写等作业,使其成为一份真实准确的信息资料,以便使用、传递和存储。

1. 市场信息加工的基本工作

对经收集得到的各种市场信息,须按照以下流程进行整理、加工,这样才能使原始信息集中地反映更为系统和有价值的内容,便于后续利用。

(1)原初信息的简单分类。

对杂乱无章的原始状态的市场信息,可按照问题、时间或目的(要求)等主线分门别类,排成序列。

(2)类似信息间的比较。

按照时间及其他维度把数据分类成组将便于进一步比较。在信息数据较完整的前提下,通过比较找出市场经济活动的变化趋势及其特征可为预测等工作提供有用的信息结果。

(3)数据计算。

按特定方法对数据状态的市场信息进行加工运算,从中获得二次或多次运算后的综合数据。数据计算包括统计方法中的数据剔除、分布、检验,一些数量化指标求算,数据的趋势回归及预测,等。

(4)综合分析。

在对信息进行比较、计算的基础上,进一步围绕特定议题深入发掘,以严谨的逻辑分析从纷繁的信息资料中形成明确的概念或结论。

（5）判断。

对处理过程中所涉及的信息进行准确性、可信度鉴别，通过对个别数据的剔除，对信息的价值及时效性等做出判断。

（6）编写。

对全部加工过程的结果按照使用目的编制专项报告，形成完善的信息产品（information products），使其后的利用更便利和有效。

2. 市场信息加工方法

1）文字信息加工

对于用文字记录的市场信息，可采用以下方法进行具体的加工。

（1）汇集法（pooling method）。

将许多处于初始状态的信息，按照特定的目的有选择性地汇集在一起，通过分析明确某一经济活动的概况与问题。汇集时经常需要注意的问题：当所面对的信息按照特定的逻辑进行汇集时，可能存在一些内容上的信息缺失，需要专门补充收集。

（2）归纳法（induction）。

将反映同一主题的信息集中在一起，系统地进行综合归类，以便清晰地说明某一经济活动过程的全貌。

（3）纵深法（depth method）。

从经济活动的纵深方面，按一定的主题层层逼近，弄清某一经济活动的来龙去脉。

（4）连贯法（coherence method）。

按照某一主题，把若干个在不同方面或时期上有内在联系的信息按照横向维度连接在一起，进行比较分析。

（5）推理法（reasoning method）。

依据问题的内在联系和发展规律，对收集到的信息进行逻辑判断与推理，得出新的结论。

2）数量信息加工

对数量化信息，更多地可借助数学方法进行处理，常用的一些方法如下。

（1）对比法（contrast method）。

将有可比性的数量信息进行对比，形成强烈反差，以增强信息的鲜明性。

（2）化小法（reduction method）。

将信息中数值大而不直观的信息以缩小特定倍率的方式化为较小数量的数字，充分浓缩，给人以清晰易辨的印象。

（3）转换法（conversion method）。

对人们不易理解、生僻的数字，通过找到一个合适的转换对象，使其变成人们熟知的数字。如此，信息将更易于传递、使用。

（4）替代法（substitution method）。

对一些数据，可用其他数据进行替代，以便于有关人员理解其所表征的经济活动中的数量关系特点。

（5）延伸法（extension method）。

对数据进行推论演算后，得出新的数量化信息。

3. 信息的传递

信息传递(information transmission),是指按照一定的渠道,沿着一定方向,将特定格式的信息由一个点传输到其他点的过程。

信息传递分为时间和空间上的传递两大类。信息在时间上的传递,即为存储(information storage),其形式有文字记录、印刷品、电子化文字、图像录入、录音等;信息在空间上的传递,解决了信息的物理空间障碍,其主要形式有电话、E-Mail、短信、微信(即时通话、视频通话、文件传输)等。对信息量较大的文件,通常分别以文件属性为*.doc,*.xls,*.jpeg,*.pdf,*.mpeg,*.mov等的文件格式进行传输。

27.6　贸易自由化与贸易壁垒

从20世纪80年代开始,全球化浪潮出现。世界银行(The World Bank)、国际货币基金组织(The International Monetary Fund)和以关贸总协定(GATT)为前身的世界贸易组织(World Trade Organization, WTO)三大机构的成立及一系列的活动,都对此起到了推动作用。

中国既是全球化浪潮的受益者,也是推动者,因此有必要努力维护这种方向和趋势。从世界发展的主流看,全球化更有利于各国的发展,而不是相反。虽然全球化也存在着各种问题,但问题需要大家一起努力解决,使它更加完善,而不是反对和倒行逆施。

自由贸易(free trade)是指国家取消对进出口贸易的限制和阻碍,取消对本国进出口商品的各种特权和优惠,使商品自由地进出口,在国内外市场上自由竞争。就国际贸易理论层面而言,有一个比较优势理论认为各地区应致力于生产成本低、效率高的商品,来交换那些无法低成本生产的商品。因此,任何限制贸易的措施和政策都有损于本国,也有损于他国的福利最大化。

27.6.1　WTO及自由贸易、全球经济一体化

1. 自由贸易体系

全球自由贸易(global free trade),是指国家消除对商品进出口贸易的限制和阻碍,取消对本国进出口商品的各种特权和优惠,使商品自由地进出口,在国内外市场上自由竞争。与此相对的是保护贸易(protecting trade),其政策即为贸易保护主义政策(trade protectionism policy)。

2. 全球经济一体化

全球经济一体化(global economic integration),广义的概念是指世界各国和地区之间的经济活动相互依存、相互关联,形成互相开放又相互影响的世界范围内的有机整体。其狭义的概念是指区域内两个或两个以上的国家或地区,在一个由政府授权组成的并具有超国家性的共同机构内,通过制定统一的对内对外经济政策、财政与金融政策等,消除国家(地区)之间阻碍经济贸易发展的障碍,实现区域内互利互惠、协调发展和资源优化配置,最终形成一个经济政策高度协调统一的有机体的过程,也称为区域经济一体化(regional economic integration)。

1)全球自由贸易通道

全球园艺产品的流通多以海洋运输进行,其线路将全球各大重要港口联系在一起,并以苏伊士运河和巴拿马运河横贯大西洋-印度洋、太平洋-大西洋,构成了全球园艺产品国际贸易的主要通道。由于所经区域的地缘政治、航行安全保障等方面的原因,这些贸易通道有时会处于不稳定状态,这将直接干扰园艺产品的物流而对产业发展产生严重影响。

园艺产品全球贸易所依赖的主要通道有北大西洋线、北太平洋线、苏伊士运河线、巴拿马运河线、南大西洋线、印度洋线、南太平洋线、环墨西哥加勒比海线。

由于运输条件的改善与冷藏技术的进步,全球园艺产品的自由贸易在WTO框架下的多边贸易体制中得以进行。然而,世界主要经济体间的贸易摩擦与争端不断,直接影响着园艺产品的全球贸易。

2) 区域经济一体化

区域经济一体化已成为国际经济关系中最引人注目的趋势之一。区域经济一体化,是指同一地区的两个以上国家逐步让渡部分甚至全部经济主权,采取共同的经济政策并形成排他性的经济集团的过程。

从20世纪90年代起,区域经济一体化组织在全球不断涌现,形成了一股强劲浪潮。

全球的区域一体化组织有欧洲联盟(EU)、北美自由贸易区(NAFTA)、亚太经济合作组织(APEC)、独联体经济联盟(CISEU)、东南亚国家联盟(ASEAN)、跨大西洋联盟(TAA)、南美共同市场(SACM)、欧盟-南美共同市场(EU-SACM)、上海合作组织(SCO)、澳新自由贸易区(ANFTA)等。

3) 一体化的基本形式

根据各参与国(地区)的具体情况及诉求,经济一体化主要有以下几种类型:自由贸易区、关税同盟、共同市场和经济联盟等,其相互间的开放程度及特点如图27-15所示。

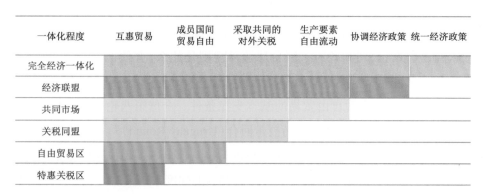

图27-15　不同开放程度的经济一体化形式及其特点
(依 baike.baidu.com)

(1) 自由贸易区。

自由贸易区(Free Trade Area)是指签订自由贸易协定的成员国相互彻底取消商品贸易中的关税和数量限制,使商品在各成员国之间可以自由流动的一片区域。在中国,上海、广东、天津、福建、辽宁、浙江、河南、湖北、重庆、四川、陕西等地已陆续获批设立自由贸易试验区。自由贸易港(Free Trade Port)是指设在国家与地区境内、海关管理关卡之外的,允许境外货物、资金自由进出的港口区。进出港区的全部或大部分货物可免征关税,并且在自由贸易港内还可开展货物的自由储存、展览、拆散、改装、重新包装、整理、加工和制造等业务活动。自由贸易港通常被视为开放程度更高的自贸区。

(2) 关税同盟。

关税同盟(Customs Union),是指国家之间就关税问题所缔结的双边或多边协议。关税同盟的主要特征是成员国相互之间不仅消除了贸易壁垒,实行自由贸易,还建立了共同对外关税。关税同盟在一体化程度上比自由贸易区进了一步。

(3) 共同市场。

共同市场(Common Market),是指在关税同盟基础上实现生产要素的自由流动,在同盟内建立关税、贸易和市场一体化。其最终目标是实现完全的经济联盟。

（4）经济联盟。

经济联盟（Economic Union），是经济一体化的最终发展目标和最高级的形式。它要求其成员方在实现关税、贸易和市场一体化的基础上，建立一个超国家的管理机构，在国际经济决策中采取同一立场，行使统一的货币制度和组建统一的银行机构，进而在经济、财政、货币、关税、贸易和市场等方面实现全面的经济一体化。

图27-16　WTO机构标识

3. WTO及其多边贸易框架

世界贸易组织（World Trade Organization, WTO），是一个独立于联合国的永久性国际组织，总部位于瑞士日内瓦。截至2022年1月，WTO已有164个成员国、25个观察员国。其组织标识如图27-16所示。

WTO的职能是调解纷争，加入WTO并不算是签订一种多边贸易协议。它是众多贸易协定的管理者、各成员贸易立法的监督者。它的规则是贸易体制的组织基础和法律基础，它还为贸易提供解决争端和进行谈判的场所。

1）多边贸易框架构建

WTO采取多边贸易体制，其最大的目的是使贸易尽可能自由流动。这一方面意味着消除壁垒；另一方面则意味着让个人、公司和政府了解全球贸易规则是什么，并使他们相信，政策不会发生突然的变化。

多边贸易谈判的达成，是实现自由贸易的基本支撑条件。全球第八轮多边贸易谈判于1986年9月15日在乌拉圭的埃斯特角开始举行，称为"乌拉圭回合（Uruguay Round）"。这次谈判至1993年12月15日在瑞士日内瓦完成，并于1994年4月15日在摩洛哥马拉喀什草签了乌拉圭回合最后文件。该最后文件的总体目标是在1986年9月的税率基础上平均降低33%的幅度。

2）共同准则

（1）互惠原则（reciprocity）。

亦称对等原则，是指两成员方在国际贸易中相互给予对方贸易上的优惠待遇。它明确了成员方在关税与贸易谈判中必须采取的基本立场和相互之间必须建立一种什么样的贸易关系。

（2）透明度原则（transparency）。

是指WTO成员方应公布所制定和实施的贸易措施及其变化情况，同时还应将这些贸易措施及其变化情况通知世界贸易组织，没有公布的措施不得实施。此外，成员方参加的会影响国际贸易政策的国际协定，也应及时公布和通知世界贸易组织。

（3）市场准入原则（market access）。

国际贸易是可见的和不断增长的，它以要求各国开放市场为目的，有计划、有步骤、分阶段地实现最大限度的贸易自由化。市场准入原则的主要内容包括关税保护与减让、取消数量限制和透明度原则。WTO倡导最终取消一切贸易壁垒，包括关税和非关税壁垒。虽然关税壁垒仍然是世界贸易组织允许的合法保护手段，但是关税水平必须是不断下降的。

（4）促进公平竞争原则（promoting the principle of fair competition）。

WTO不允许缔约国以不公正的贸易手段进行不公平竞争，特别禁止采取倾销和补贴的形式出口商品,对倾销和补贴都做了明确的规定,制定了具体而详细的实施办法。WTO 主张采取公正的贸易手段进行公平的竞争。

(5)经济发展原则(principles of economic development)。

本原则是以帮助和促进发展中国家的经济迅速发展为目的,针对发展中国家和经济接轨国家而制定,是给予这些国家的特殊优惠待遇,如允许发展中国家在一定范围内实施进口数量限制或是提高关税;仅要求发达国家单方面承担义务而发展中国家无偿享有某些特定优惠,明确了发达国家给予发展中国家和转型国家更长的过渡期待遇和普惠制待遇的合法性。

(6)非歧视性原则(principle of non discrimination)。

这一原则包括两个方面:一个是最惠国待遇,另一个是国民待遇。WTO 成员一般不能在贸易伙伴之间实行歧视;给予一个成员的优惠,也应同样给予其他成员。

3)贸易争端解决机制

WTO 为解决全球贸易争端创造了新的机制和程序,包括设置争端解决机制及其上诉机构,确立具有国际法强制执行效力的裁决机制,因此被称为带"牙齿"的国际组织。

27.6.2　贸易壁垒

贸易壁垒(trade barriers),是指某一国对他国商品和劳务进口所实行的各种限制措施。贸易壁垒又分为非关税壁垒和关税壁垒两大类。

1)非关税壁垒

非关税壁垒(non tariff barriers),是指除关税以外的一切限制进口措施所形成的贸易障碍,又可分为直接限制和间接限制两类。

(1)直接限制。

直接限制(direct import restriction),是指进口国采取某些措施,如进口配额制、进口许可证制、外汇管制、进口最低限价等,直接限制进口商品的数量或金额。

发达国家甚至发展中国家越来越多地采用的反倾销手段(anti dumping means),即是非关税壁垒。中国采取的进口配额制度(import quota system)和进口许可证制度(import license system)也属于此列。2018 年以来的中美贸易战中,美国频繁使用反倾销调查对中国的出口产品进行限制,而中国则通过设置配额、提高技术标准等组合措施加以应对。

(2)间接限制。

间接限制(indirect import restriction),是指通过对进口商品制订严格的条例、法规等间接地限制商品进口,如歧视性的政府采购政策,更高的技术标准、更严的卫生安全法规,更严格的商品检验制度和包装、标签规定以及其他各种强制性的技术法规。

值得注意的是,国际上非关税壁垒的作用有上升的趋势。一些发达国家利用自身的技术优势阻碍其他国家产品的认证,极大地限制了欠发达地区和发展中国家制成品的出口;而只能出口资源性的初级产品,加剧了发达国家和发展中国家在经济及贸易发展上的差距。

由一些技术标准等形成的对产品进口的限制,也被称为"技术壁垒(technology barrier)"。例如 20 世纪末,中国对日本出口蔬菜的数量剧增,引起了日本国内的恐慌。2003 年 5 月日本出台了新修订的《食品卫生法》,极大地提高了食品的检测标准,使当时产自中国的蔬菜中有很大部分因产品安全质量不达标而被拒入日本。

贸易补贴（trade subsidies），是指国家政府或者公共机构采取直接或间接的方式向本国出口企业提供现金补贴或者财政优惠政策，以降低企业出口的成本从而提高竞争力的制度。补贴制度容易引起进口国的反倾销抵制（countermeasures）。

2）关税壁垒

关税壁垒（tariff barriers），是指进出口商品经过一国关境时，由海关向进出口商征收关税而形成的一种贸易障碍，主要形式有以下两种。

（1）财政性关税（revenue tariff）。

其主要目的是增加征税国的财政收入。

（2）保护性关税（protective tariff）。

其主要目的是保护本国经济发展而对外国商品的进口征收高额关税。保护关税愈高，其保护作用就愈大。它一般用于商品进口时，并规定了较高的税率，以削弱进口商品在国内市场的竞争能力。有些国家为确保国内生产的需要，对某些原材料也征收税率较高的出口税。

名义保护率（nominal protection rate, NRP）被用来表现某一国家对自身贸易的保护程度。世界银行对其下了定义：对一商品而言，是由于实行保护而引起的国内市场价格超过国际市场价格的部分与国际市场价格的百分比。

名义保护率往往只考虑关税对某种商品成品价格的影响，而未考虑对其投入材料的保护。有效保护率（effective protection rate, ERP）则既注意了关税对成品价格的影响，也注意了投入材料由于征收关税而增加的价格。其计算公式为

$$有效保护率 = \frac{国内加工增值 - 国外加工增值}{国外加工增值} \times 100\%$$

27.7 园艺商品的国际贸易

国际贸易（international trade），是指跨越国境的商品和服务的交易，由进口贸易和出口贸易两部分组成，因此也称为进出口贸易。进出口贸易可以调节和优化国内的生产要素利用率，改善国际层面的供求关系，调整经济结构，增加财政收入，等。

如本书第5章所述，世界各国在园艺产品的生产和贸易上有着不同的诉求。对以农业为支柱产业的国家，其园艺产品常被用于大量出口，以换取国家经济建设所需的外汇；而对一些工业化程度很高的发达国家而言，虽然其中的一些也保有一定的园艺生产规模，但有相当大的部分需要通过进口来满足国内的消费需要。

27.7.1 国际贸易关系

1）发展园艺产品国际贸易的意义

发展园艺产品的国际贸易，对消费者、园艺企业及其所在国家，乃至全球经济都有重要意义。

（1）消费者角度。

增加国民福利，满足国民不同的需求偏好；国际贸易能提高国民生活水平；国际贸易影响国民的文

化和价值观；提供就业岗位。

（2）园艺企业角度。

强化企业的产品质量管理，提高企业效益，使自家产品在竞争中能立于不败之地；有利于国际层面的经济合作和技术交流；有利于企业自我改进能力的提高；有利于企业产品标准与国际接轨。

（3）国家角度。

调节各国市场的供求关系；促进社会再生产；促进生产要素的充分利用；发挥比较优势，提高生产效率；提高生产技术水平，优化国内产业结构；增加财政收入；加强各国经济联系，促进经济发展。

（4）全球经济角度。

国际贸易是各国参与国际分工，实现社会再生产顺利进行的一个重要手段；是各国间进行科学技术交流及政治、外交交流的一个重要途径；是各国对外经济关系的核心之一；也是国际文化交流的一个重要渠道。

2）国际货物贸易的特点

国际货物贸易与国内贸易在本质上并无不同，但因其是在不同国家或地区间进行，故存在以下特点：

（1）涉及不同国家或地区，交易双方可能在政策、法律体系、语言文化以及社会习俗等方面有一定差异，所面对并需要解决的问题远比国内贸易要复杂。

（2）交易数量和金额一般较大，运输距离较远，履行时间较长，因此交易双方所承担的风险远比国内贸易要大。

（3）容易受到交易双方所在国家（地区）的政治、经济等方面的变动，双边关系及国际局势变化等条件的影响。

（4）除了交易双方外，贸易中还涉及运输、保险、银行、商检、海关等单位的协作、配合，过程较国内贸易要复杂得多。

3）国际贸易条件

国际贸易条件（terms of international trade），是出口商品价格与进口商品价格的对比关系，也称进口比价。它表示出口单位商品能够换回多少单位的进口商品。换回的进口商品越多，则越为有利。

贸易条件在不同时期的变化可用贸易条件指数来表示。贸易条件指数（terms of trade index）是指出口价格指数和进口价格指数间比值的100倍数，其算式为

$$贸易条件指数 = \frac{出口价格指数}{进口价格指数} \times 100$$

当报告期内的贸易条件指数>100时，说明贸易条件较基期有所改善；而报告期的贸易条件指数<100时情况则相反。

4）全球园艺产品的国际贸易地理方向

国际贸易地理方向（direction of international trade），亦称国际贸易地区分布，是指国际贸易的地区分布和商品流向，反映了各个地区（国家）在国际贸易中所处的地位。通常用该地区（国家）的出口（进口）额占世界出口（进口）贸易总额的比重来表示。

27.7.2 国际贸易业务

1）国际贸易业务流程

园艺产品在进行国际贸易时通常所采用的业务流程如图27-17所示。办理商检前所需的文件包括出口合同、出口商业发票和装箱单等；交单前所需准备的文件则包括商业发票、Form A 原产地证书（普惠制原产地证书，generalized system of preferences certificate of origin）或一般原产地证（certificate of origin，CO）、装运通知、装箱单等。面对不同方式下的收汇条件，交单时的操作有较大区别。

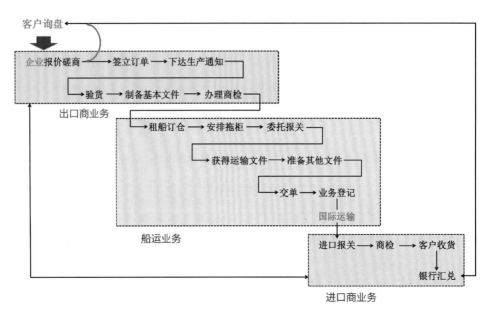

图27-17 园艺产品进出口贸易的业务流程

2）贸易关系建立

（1）调查。

中国的园艺企业无论是出口产品，还是进口国外园艺产品，在确立贸易关系时，必须对贸易对方的企业征信（enterprise credit investigation）等重要信息进行多方调查。通常的做法是从中华人民共和国商务部发布的商业机构指南中进行筛选。

（2）询盘与磋商。

对可能的贸易对象，开展询盘。询盘（enquiry），是指买方（或卖方）为了购买（或销售）特定商品，向交易对方询问有关的交易条件。多由买方主动向卖方发出询盘，可以询问价格，也可询问交易条件以引起对方发盘，目的是试探对方交易的诚意和了解其对交易条件的意见。询盘可采用口头或书面（包括电子邮件）的形式进行。

当接到询盘时，则需要分析客户及客户所在行业、所在国的市场情况。通常可在数据库里查询，判断是否是老客户、同事的客户；查阅客户官网，分析客户的需求量及意向价格；通过 LinkedIn、Meta（Facebook）、Skype、WhatsApp、Instagram、Twitter、Pinterest 等平台，搜索客户的相关信息，了解该客户的贸易活跃度等。

发盘（offer），也称报盘、报价，法律上称为"要约"，是指交易一方欲购买或出售某种商品而向对方提出交易条件，表示愿意按此达成交易的行为，通常会有实盘和虚盘两种。

一个完整的实盘需包括以下肯定性内容：商品名称、规格、数量、价格、支付方式、装运期。实盘须明确有效期限（term of validity）。而虚盘则表示发盘人有保留地愿意按一定条件达成交易，不受发盘内容约束，不作任何承诺，通常会使用"须经我最后确认方有效"等语句以示保留。

在实盘的有效期内，一经受盘人无条件接受，合同即告成立，发盘人承担发盘条件中履行合同义务的法律责任。发盘可以是应对方询盘的要求发出，也可以是在没有询盘的情况下直接向对方发出。

（3）商品价格及价格术语。

在长期的国际贸易实践中，逐渐形成了把某些和价格密切相关的贸易条件与价格直接联系在一起的若干种报价模式（quotation mode）。每一模式都规定了买卖双方在某些贸易条件中所承担的义务。用来明确这种义务的术语，称为价格术语（price terms）或贸易术语（见表27-2）。如图27-18所示为园艺产品进出口贸易中主要贸易术语的责任关系示意图。

表 27-2　不同价格术语的适用条件

价格术语及缩写	中文名称	交货地点	风险划分	出口报关	进口报关	适用运输方式	标价注明
ex works /EXW	工厂交货	卖方处所	买方接管货物后	买方	买方	各种运输方式	指定地点
free carrier/FCA	货交承运人	合同规定的出口国内地/港口	承运人接管货物后	卖方	买方	各种运输方式	指定地点
free alongside ship /FAS	船边交货	装运港船边	货交船边后	卖方	买方	海运、内河运输	装运港名称
free on board/FOB	船上交货	装运港船上	货物已上船	卖方	买方	海运、内河运输	装运港名称
cost & freight/CFR	成本+运费	装运港船上	货物已上船	卖方	买方	海运、内河运输	目的港名称
cost insurance and freight /CIF	成本+保险+运费	装运港船上	货物已上船	卖方	买方	海运、内河运输	目的港名称
carriage paid to/CPT	运费付至	合同规定的出口国内地/港口	承运人接管货物后	卖方	买方	各种运输方式	目的地名称
carriage & insurance paid to/CIP	运费、保险费付至	合同规定的出口国内地/港口	承运人接管货物后	卖方	买方	各种运输方式	目的地名称
delivered at frontier/DAF	边境交货	两国边境交界地	买方接管货物后	卖方	买方	多用于陆运方式	边境指定地
delivered ex ship/DES	目的港船上交货	目的港船上	买方在船上接管货物后	卖方	买方	海运、内河运输及目的港船上交货的多式联运	目的港名称
delivered ex quay/DEQ	目的港码头交货	目的港码头	买方在目的港收货后	卖方	买方	海运、内河运输及目的港船上交货的多式联运	目的港名称
delivered duty unpaid/DDU	未完税交货	进口国指定地	买方在指定地收货后	卖方	买方	任何运输方式	目的地名称
delivered duty paid/DDP	完税后交货	进口国指定地	买方在指定地收货后	卖方	卖方	任何运输方式	目的地名称

注：引自白DDXX，baike.baidu.com。

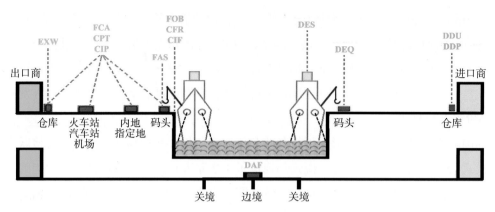

图27-18　园艺产品进出口贸易中主要贸易术语的责任关系示意图
（引自 baike.baidu.com）

《2000年国际贸易术语解释通则》（Incoterms 2000）中共列出4组（E组、F组、C组和D组）13种贸易术语，其卖方义务随E组到D组逐渐加重。园艺产品的冷藏条件较为严格，运输过程中风险较高，因此，对中国的出口企业而言，最为有利的常用贸易术语为FOB、CIF、CFR等。

（4）贸易合同。

贸易合同（trade contract），也称契约或合约，是指进口、出口双方当事人依法通过协商就各自在贸易上的权利和义务所达成的具有法律约束力的协议。而协议（agreement）的本质是双方就签订合同的事项表示一致。

中国园艺生产企业或贸易企业对外签署贸易合同时需有政府批准的进出口权限，同时由法人或法人授权委托人签署，且进出口产品必须在其营业范围内，否则不予通过。贸易合同的样式如27-19所示。

图27-19　农产品国际贸易合同样例
（引自 lawinnovation.com）

3）运输业务

大宗的园艺产品国际贸易在签署合同时必然涉及货物的运输业务，这远比国内物流的情况要复杂。

（1）运输方式。

运输方式根据工具的不同，分为海洋运输、铁路运输、航空运输和国际多式联运等。在一些边境贸易中,多采用公路运输。

大多数情况下,国际贸易以海洋运输为主,并辅以公路联运等方式。其基本的运输包装为标准集装箱,对园艺产品,运输时多数需要使用冷藏货柜。

（2）运输保险。

运输保险随运输方式而不同。在船运的情况下,其保险险种通常有基本险和附加险。基本险中包括平安险（free of particular average, FPA）、水渍险（with particular average, WPA）和一切险（all risk insurance）。不同险种的费率差异较大,理赔条件也有不同,因此在实际的园艺产品贸易中,需要根据产品类别和航线情况具体确定险种,有时还需用到附加险。

4）海关业务

园艺产品在国际贸易中的海关业务主要包括出口、进口报关和商检等方面的工作。出口时先商检后报关,进口时在程序上则正相反。

（1）报关。

报关（declare at customs）,是指进（出）口货物的收（发）货人、进出境运输工具的负责人、进出境物品所有人或其代理人向海关办理货物或运输工具的进出境手续及相关海关事务的过程,包括向海关申报、交验单据证件,并接受海关的监管和检查等。其基本流程如图27-20所示。

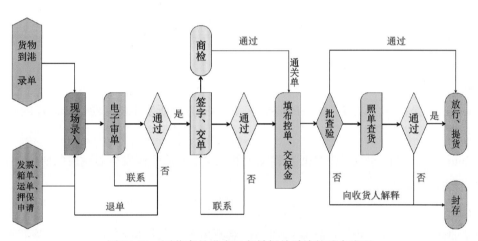

图27-20　园艺产品进出口贸易报关手续的基本流程

（2）商品检验。

商品检验（commodity inspection）,简称商检,是指商品检验机构对卖方拟交付或已交付的货物以及买方已到关的货物,从货物的品质、规格、数量、重量、包装、卫生、安全等项目进行的检验、鉴定和管理工作。

因园艺产品多属于活体生物,因此就其食用安全和环境安全以及生物检疫方面的检验便会特别严格审慎,否则即可能发生如食品安全风险以及生物入侵等灾难性后果。

5）结算与汇兑

国际贸易结算（international trade settlement）,是指结清买卖之间的债权债务关系的业务,通常是以物品交易、货钱两清为基础的有形贸易结算。

（1）结算方式。

主要的结算方式有信用证结算、汇付和托收结算、银行保证函结算,以及多种结算方式的结合使用,其中用到的票据包括汇票、本票、支票等,以汇票的使用为主。

（2）汇票。

汇票（money Order），是由一人向另一人签发的书面无条件支付命令，要求对方（接受命令的人）即期或定期或在可以确定的将来时间，向某人或指定人或持票来人支付特定币种的一定金额。汇票的种类较多，分类如下：

按出票人的不同——银行汇票、商业汇票。

按有无附属单据——光票汇票、跟单汇票。

按付款时间——即期汇票、远期汇票。

按承兑人——商号承兑汇票、银行承兑汇票。

按流通地域——国内汇票、国际汇票。

6）国际贸易纠纷

国际贸易纠纷（international trade disputes），是指不同国家（地区）间在商品（和服务）的交易过程中在合同履行、货物运输与保险、知识产权保护等方面所产生的纠纷。

国际贸易中，发达经济体承受的风险的特点是商业风险显著上升，主要表现为进口商拖欠货款、拒收货物和破产等引起的纠纷。

解决国际贸易纠纷最常用的方法主要有以下四种。

（1）协商。

协商（consult），由有纠纷的当事双方就争议进行商谈，找到解决问题的办法以及能令双方接受的处理方式。

（2）调解。

调解（mediate），是指在争议双方同意的前提下，由第三方对所发生的纠纷进行调停的解决方案。

（3）仲裁。

仲裁（arbitration），是指仲裁机构根据当事人在争议发生前或争议发生后达成的协议，对争议进行审理，并做出判断或裁决的过程。

（4）诉讼。

诉讼（litigation），是指在国际贸易纠纷案件中，对不属于仲裁机构仲裁的案件以及不服行政机关复审裁决的案件，当事人可以依法向法院提起诉讼。

国际贸易合同中如有约定管辖地的，可在约定地起诉；在没有约定的情况下，可以向国内合同签订地、履行地或者国外客户在中国的办事机构所在地、财产所在地的法院起诉。

第28章
园艺产品利用价值及其实现

28.1 园艺产品的营养价值

园艺产品作为一类内涵较为复杂的类群,所包含的多个种类在用途上极具差异性。

商品的利用价值,即经济学中所言的使用价值(use value),是一切商品都具有的共同属性之一,是指能满足人们某些特定需要的商品效用。任何物品要想成为商品都必须具有可供人类使用的价值;反之,毫无使用价值的物品是不可能成为商品的。使用价值是商品的自然属性。马克思主义政治经济学认为,使用价值是由具体劳动创造的,并且具有质的不可比较性,比如人们不能说牡丹和香蕉哪一个的使用价值更多。使用价值是价值的物质基础,使用价值和价值一起构成了商品二重性(commodity duality)。

如在本书第1章中所讨论的,园艺类产品所包含的亚类的使用价值上的界限往往是可以跨越的,但衡量是否具备基本利用价值的尺度却是较为明确的。例如,蔬菜类(vegetables)的使用价值是佐餐,与粮油等产品以提供热量为主相比,其主要以补充非热量营养素为特征,并是日常饮食生活之重要构成成分。果品类(fruits)则被定义为作为餐后甜点而被利用的一类佐餐食品,除具备一定的蔬菜可替代性外,其因糖分含量较高,且与其他有机酸一起形成的独特风味与口感是蔬菜所不能比拟的,能给人们带来食用后的愉悦感。花卉等观赏类植物(ornamental plants),因其形态、色彩等能带给人们感观上的美好体验和其挥发出的香味给人以嗅觉上的满足,因此其主要的利用价值是日常观赏品鉴和作为材料的美学再创造。地被植物(ground cover plants)除其生态功能外,主要的利用价值与观赏植物类似。香料植物(herbs and spice plants)大多数可食、可观赏,其最重要的使用价值在于含有的辛香成分。能自然挥发的香料植物的用途与花卉的相通,同时更多的是经加工萃取后的色素及精油成分在医学和保健上的深层利用;其中包含了一个小类即调味品(condiment),它被有效地利用以促进食欲,改变食物风味,杀菌防腐。以中药材为主体的药用植物(medicinal plant),其有效成分是调节人体机能的重要物质,有些也兼具色素、香料的使用价值。饮料植物(beverage plants)的利用价值与药用植物颇为类似,其有效成分可刺激中枢神经兴奋的作用被更加凸显出来,这类产品除被用于饮用外,也是重要的调味食材,可用于制作菜品和糕点等。

总之,园艺商品的利用价值包括了食用价值、医用价值和观赏价值等几大类。在本章中,主要讨论前两者,而与观赏价值相关的问题,接下来将在第29章中做专门论述。

食用类园艺产品最基本的使用价值即是营养价值。不同产品的营养价值水平有较大差异,这在选择上带来了更大的复杂性与可能性。

因此,我们每日的饮食生活,都将面对选择不同食材的问题。在充分满足人体健康所需的营养标准基础上,改变食材的种类及其在餐食中的比例将创造出许多新意,使人获得更多的美食体验,从而使生活变得更加丰富多彩。

28.1.1　营养素及其健康价值

1. 营养素及其对人体的作用

营养素（nutrient），是指为维持机体繁殖、生长发育和生存等一切生命活动和过程而需要从外界环境中摄取的物质。人类必须从食物中获得营养素，才能够满足自身机体的最低需求，即人类生存（human survival）的需求。

1）营养素的种类及内涵

对人体而言，来自食物的营养素种类繁多。根据化学性质和生理作用的不同，可将营养素分为七大类：蛋白质、脂类、碳水化合物、矿物质、维生素、膳食纤维和水；根据人体对各种营养素需要量的多寡，也可将营养素进一步分为宏量营养素（macronutrients）和微量营养素（micronutrients）两个种类。

除水外，这些营养素大类的每一类均包含了众多的种类（见图28-1）。

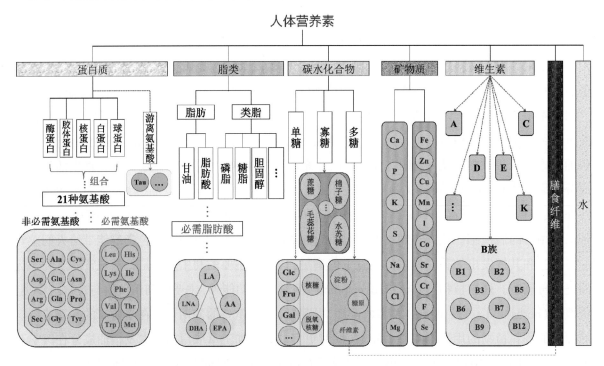

图28-1　人体营养素的组成种类及其细分

2）不同营养素种类在人体上的生理作用

（1）蛋白质及氨基酸。

人体虽然能够合成蛋白质，以维持身体的代谢与正常机能，但作为其生物合成原料的氨基酸则主要来自食物中。人体能够对摄入的蛋白质成分进行生物分解，并按照实际需求去重新合成所需的各种蛋白质。从人体所需的21种氨基酸来看，其中的8种是人体不能合成的，称为必需氨基酸（essential amino acid），对婴幼儿而言，必需氨基酸的种类还要加一种（组氨酸）。人体内能合成的氨基酸，称为非必需氨基酸（nonessential amino acids）。必需氨基酸对人体的生理作用如表28-1所示。

人体内除有合成蛋白质时作为原料的氨基酸外，还有一些不以合成蛋白质为存在的非蛋白质氨基酸（nonessential amino acids），它们大多是基本氨基酸的衍生物，也有一些是D-氨基酸或β、γ、δ-氨基酸。

这些氨基酸通常会以游离状态存在,与其他由蛋白质降解而来的氨基酸一起,被称为游离氨基酸(free amino acid)。这些氨基酸中有些是重要代谢物的前体或中间产物,如瓜氨酸和鸟氨酸是合成精氨酸的中间产物,β-丙氨酸是泛酸、辅酶A的前体,γ-氨基丁酸是传递神经冲动的化学介质。牛磺酸(taurine, Tau)是一种与人体健康关系较大的游离氨基酸,人体虽然能合成,但合成能力较低,因此常需要额外摄入,其作为游离氨基酸在人体心脏中所含的比例常可超过50%。

虽然园艺产品的主要特色并不在其蛋白质含量上,但游离氨基酸在产品中的含量会直接影响食用时的口感风味。豆类和食用菌类产品中游离氨基酸含量普遍较高。

表28-1 必需氨基酸对人体的生理作用

氨基酸种类	对人体的生理作用
赖氨酸(Lys)	促进大脑发育,是肝及胆的组成成分,促进脂肪代谢,调节松果体、乳腺、黄体及卵巢功能,延缓细胞的退化
色氨酸(Trp)	促进血清素和褪黑激素的分泌,调节人体生物钟
苯丙氨酸(Phe)	参与消除肾及膀胱功能的损耗
蛋氨酸(Met)	参与组成血红蛋白、组织与血清,可软化血管,缓解有害物质入侵肝脏
苏氨酸(Thr)	具有缓解人体疲劳、促进生长发育的功效
异亮氨酸(Ile)	参与对胸腺、脾及脑下腺的调节以及代谢,控制血糖水平
亮氨酸(Leu)	平衡异亮氨酸体内水平
缬氨酸(Val)	促进人体生长发育,调节血糖水平
组氨酸(His)	包裹神经细胞的髓鞘,确保将大脑的信息传递到身体各个部位,可减少贫血和心血管疾病发生

蛋白质是一切生命的物质基础,没有蛋白质就没有生命。正常成人体内,蛋白质含量约占体重的16%~20%。一个体重为70 kg的健康男性,其体内约有11.2~14.0 kg的蛋白质。人体内的蛋白质处于不断地分解又不断地合成的动态平衡之中,以此达到组织蛋白不断地更新和修复的目的。肠道和骨髓内的蛋白质更新速度则更快。因此,我们必须通过食物摄入补充每天所消耗的蛋白质成分。

(2)脂类。

脂类(lipid),包括脂肪和类脂,是一种不溶于水而溶于有机溶剂的化合物。脂肪是甘油和脂肪酸组成的甘油三酯;而类脂则是磷脂、糖脂、胆固醇等的总称。脂肪的主要成分为脂肪酸(fatty acids)。脂肪酸中存在着一类人体不能合成而必须由食物供给的物质,即必需脂肪酸(essential fatty acids, EFA),如n-6系的亚油酸(LA)和n-3系的亚麻酸(LNA)。亚油酸可衍生出多种n-6系不饱和脂肪酸,如花生四烯酸(arachidonic acid, AA),亚油酸在人体内又可转变成亚麻酸和花生四烯酸,因此亚油酸是最重要的必需脂肪酸;亚麻酸则可衍生出多种n-3系不饱和脂肪酸,包括二十碳五烯酸(EPA)和二十二碳六烯酸(DHA)。

脂类的生理功能主要体现在如下几方面:是人体重要的能量贮藏形式,脂类物质的产热是同样质量蛋白质或碳水化合物的2.25倍;提供必需脂肪酸,特别是EPA和DHA已成为婴幼儿食品中的重要营养评价指标;是构成人体组织的重要成分之一,以磷脂和胆固醇为主体;可促进脂溶性维生素的吸收;维持体温;使食物产生香味。

园艺植物产品中的豆类和坚果类往往含有大量的脂类物质,而对大多数的食用性园艺产品而言,其所含的脂肪量极少,因此食用性园艺产品是很多减肥人士食材中的首选。

如果摄入过多的脂肪,会引起人体消化不良。体内储存脂肪过多,会增加心脏与其他器官的负担,诱发冠心病、高脂血症等疾病。因此,在食物丰富的今天,控制脂肪摄入量是健康饮食中重要的一点。在人体严重营养不良时,首先消耗的必然是脂肪。人体内脂肪含量过低会引发一系列健康问题。

（3）碳水化合物。

碳水化合物（carbohydrate）,是一类含醛基或酮基的多羟基碳氢化合物及其缩聚产物和某些衍生物的总称,是为人体提供能量的主要物质之一。碳水化合物是生物世界三大基础物质之一,也是自然界中最丰富的有机物。根据其单体数量上的聚合度（polymerization）可分为单糖（monosaccharide）、寡糖（oligosaccharide）和多糖（polysaccharide）三大类。

单糖是指不能再水解的糖类,是构成各种寡糖和多糖分子的基本单位。重要的单糖主要包括葡萄糖（Glu）、果糖（Fru）、半乳糖（Gal）、核糖（ribose）和脱氧核糖（deoxyribose）等。脱氧核糖是DNA的组成成分;葡萄糖等则是生物代谢中的基本物质之一。人体血液中含有的葡萄糖被称为血糖（blood sugar）,是维持血压的基本物质,其正常值在 $389 \sim 555$ μmol/L范围内。当人体胰岛功能受损,糖代谢酶类异常,人体血糖含量较高时,人体将表现出糖尿病（diabetes）病症。

寡糖又称低聚糖,是由 $2 \sim 10$ 个相同或不同的单糖单位,通过糖苷键连接起来而形成的直链或含分支链的糖类化合物。例如蔗糖为双糖,棉籽糖为三糖,水苏糖为四糖,毛蕊花糖为五糖。这类寡糖的共同特点是甜度低、热量低,难以被胃肠消化吸收,基本不增加血糖和血脂含量。寡糖中的非消化性寡糖（non digestible oligosaccharides, NDOs）,如低聚果糖（FOS）、半乳低聚糖（GOS）和甘露低聚糖（MOS）等,均不为胃酸所分解,但在肠道内可作为双歧因子（bifidus factor）被利用,因此它们也具有调节血脂和机体免疫功能等作用。

多糖是由超过10个的单糖以糖苷键结合而成的聚合糖类。由相同的单糖组成的多糖称为同多糖（homopolysaccharide）,如淀粉、纤维素和糖原等;以不同的单糖组成的多糖称为杂多糖（heteropolysaccharide）,如阿拉伯胶等。多糖中有些是作为养分的贮藏形式存在,如糖原和淀粉;有些则具有特殊的生物活性,如肝素具有抗凝血作用。

（4）矿物质。

矿物质（mineral）,是人体内除去碳、氢、氧、氮以外其他元素的总称,包括常量元素和微量元素两大类。其本身并不供给能量,主要在构成人体组织结构和调节体内生理、生化功能等方面发挥着重要作用。

人体内矿物质中的常量元素,按含量比例从大到小依次为Ca、P、K、S、Na、Cl、Mg这7种;而微量元素则包括Fe、Zn、Cu、F、Mn、I、Co、Sr、Cr、Se这10种。

Ca通常以羟基磷酸钙形式存在于骨骼和牙齿中,Ca^{2+} 可促进凝血酶原转变为凝血酶（thrombin）,使伤口处的血液凝固,并在肌肉伸缩运动中活化ATP酶。乳制品、海参、虾皮、蜂蜜、豆类和甘蓝类产品中的Ca含量较高。

P大多以不溶性磷酸盐的形式沉积于骨骼和牙齿中,少量集中在细胞内液中。它参与了骨质、核酸的构成,又参与了肌体内代谢过程中能量储存和释放的载体（ATP和ADP）的组成,也是细胞代谢时主要缓冲剂的组成元素之一。人体每日摄入的钙、磷以 $Ca : P \approx 1.0 \sim 1.5$ 为宜,更有利于两者的均衡吸收。

Mg和Ca一样具有保护神经的作用,具有很好的镇静作用。Mg^{2+} 是血液中胆固醇的生物合成抑制酶的激活剂,也是人体内多种酶的激活剂,它在蛋白质的合成、脂肪和糖类的利用及上百组的酶系统中均发挥着重要作用。

Na^+在体内起钠泵的作用,调节着细胞的渗透压,为全身输送水分、养分。K^+和Cl^-对细胞液的离子平衡与pH值稳定同样起着重要作用,K^+有助于神经系统传达信息,Cl^-则用于形成胃酸。这三种离子每日均有部分随尿液、汗液排出体外,健康人群对此三者的日摄取量应与排出量大致相同,以保证其在体内具有稳定的含量,特别是人体内的K^+和Na^+间必须相互均衡。通常K^+主要由蔬菜、水果和其他食材提供,而Na^+和Cl^-则由食盐供给。

Fe在人体中的功能主要是参与血红蛋白的形成而促进造血,其在菠菜等绿叶菜类、瘦肉、蛋黄和动物肝脏中含量较高。Cu的主要功能是参与造血过程,增强抗病能力,参与色素的形成,其在动物内脏、果汁中含量较高。Zn具有参与多种酶的合成、加速生长发育、增强创伤组织再生能力、增强机体抵抗力和促进性机能等作用,并以鱼类、虾类和动物肝脏中含量较高。F是骨骼和牙齿的必要成分。Se具有抗氧化、保护红细胞的作用,且能预防癌症发生,其在结球白菜、南瓜、大蒜和海产品中含量较为丰富。I是通过人体的甲状腺素发挥其生理作用的,如促进蛋白质合成,活化100多种酶,调节能量转换,加速生长发育,维持中枢神经系统结构,等;其在海带、紫菜、海鱼、海盐等中含量丰富。Co是维生素B_{12}的重要组成部分。Cr可协助胰岛素发挥作用,防止动脉硬化,促进蛋白质代谢合成,促进生长发育。

（5）维生素。

维生素(vitamin),是一类维持人体正常生命活动所必需的营养素的总称。根据其溶解特点可将其分为脂溶性维生素(fat soluble vitamins)和水溶性维生素(water soluble vitamins)两大类。脂溶性维生素包括维生素A、维生素D、维生素E、维生素K等;水溶性维生素则包括维生素B族(维生素B_1、维生素B_2、维生素PP、维生素B_6、维生素B_{12}、叶酸)和维生素C等。如图28-2所示为几类维生素及其对应的部分含量较高的食物。

虽然维生素是食用性园艺产品的营养特色之一,但是有些维生素种类在园艺产品中的含量却不高,如维生素B_{12}、维生素D在动物性产品中居多。

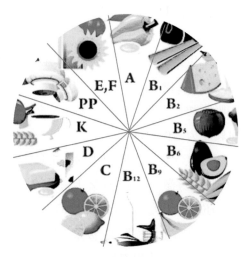

图28-2 维生素的种类及其对应的部分
含量较高的食物
(引自 baike.baidu.com)

胡萝卜素可在小肠黏膜内变为维生素A。维生素A为脂溶性维生素,它包含视黄素(维生素A_1)和脱氢视黄素(维生素A_2)。其具有促进人体生长、繁殖,维持骨骼、上皮组织结构和功能正常,保护视力等多种生理作用。维生素A及其类似物还有防止癌变的作用。胡萝卜素在红黄色、深绿色蔬菜和水果中含量较多。

维生素B族是一个很大的族群,它通常包括维生素B_1、B_2、B_3、B_5、B_6、B_7、B_9和B_{12}等种类。

维生素B_1即硫胺素(thiamine),是糖代谢中辅羧酶的重要组分,其主要作用在于维持碳水化合物的正常代谢,维持神经正常活动,增进食欲。

维生素B_2,亦称为核黄素(riboflavin),为体内黄酶类辅基的组成部分,在生物氧化还原中发挥递氢作用,其以豆类和绿叶蔬菜中含量较高。

维生素B_3(PP),也称烟酸(nicotinic acid),在人体内可转化为烟酰胺(nicotinamide)。烟酰胺是辅酶Ⅰ和辅酶Ⅱ的组成部分,可参与体内脂质代谢、呼吸作用氧化过程和糖类无氧分解过程。维生素B_3在十字花科蔬菜、蘑菇及一些水果中有较高含量。

维生素 B_5（D 泛酸钙，D–Calcium pantothenate），参与抗体制造，在维护头发、皮肤及血液健康方面亦扮演着重要角色。

维生素 B_6，又称吡哆醇（pyridoxine），是人体中很多酶系统的辅酶，可参与氨基酸的脱羧作用、转氨基作用、色氨酸的合成、含硫氨基酸的代谢、氨基酮戊酸形成和不饱和脂肪酸的代谢等。维生素 B_6 能帮助糖原由肝脏和肌肉中释放能量，参与烟酸的形成和氨基酸的运输等，同时具有抑制呕吐、促进发育等功能。

维生素 B_7（维生素 H，辅酶 R），也称为生物素（biotin），是生物体内羧化酶和脱羧酶的辅酶，参与脂肪与糖的代谢以及蛋白质、核酸的合成等。

维生素 B_9，又称叶酸（folic acid）或蝶酰谷氨酸。其作为体内生化反应中一碳单位转移酶系的辅酶，参与嘌呤和胸腺嘧啶的合成，参与氨基酸代谢，参与血红蛋白及甲基化合物如肾上腺素、胆碱、肌酸等的合成。

维生素 B_{12}，又称钴胺素（cobalamin），是人体内唯一含金属元素的维生素，其以辅酶形式参与体内一碳单位的代谢与胆碱的合成，可提高叶酸的利用率，从而促进红细胞的发育和成熟。

维生素 C，亦称抗坏血酸（ascorbic acid），作用非常广泛，如促进抗体及胶原形成，修补组织（包括某些氧化还原作用），促进苯丙氨酸、酪氨酸、叶酸的代谢，强化人体内铁元素和碳水化合物的利用，促进脂肪、蛋白质的合成，维持机体免疫功能，促进羟化 5-羟色胺生成并保持血管的完整，促进非血红素铁吸收，是多种生理过程所必需，同时还具有抗氧化、清除自由基、抑制酪氨酸酶形成的作用，因而能起到美白、淡斑功效。

维生素 D 为一组结构类似的固醇类衍生物的总称，在人体内起作用的主要有维生素 D_3（胆骨化醇、胆钙化醇）和维生素 D_2（骨化醇）。其生物活性体现在刺激肠黏膜上的钙结合蛋白（CaBP）合成，促进钙的吸收和骨质钙化。人体内的 7-脱氢胆固醇（7–dehydrocholesterol）常贮于皮下，在日光或紫外线照射下可转变为维生素 D_3。

维生素 E，脂溶性维生素，是最主要的抗氧化剂之一，其水解产物为生育酚。维生素 E 对人体的作用：促进性激素分泌，使男子精子的活力和数量提高；使女子雌性激素浓度增加，提高生育能力，预防流产；还可用于美容，防治男性不育症、烧伤、冻伤、毛细血管出血、更年期综合征等方面。植物种子的胚芽油以及果蔬中的猕猴桃、菠菜、结球白菜、青花菜、羽衣甘蓝、莴苣、甘薯、山药、杏仁、榛子和胡桃等产品中有较高含量的维生素 E。

维生素 K，是一系列萘醌的衍生物的统称，具脂溶性，包括来自植物的维生素 K_1、来自动物的维生素 K_2 以及人工合成的维生素 K_3 和维生素 K_4。其作用为凝血，在菠菜、苜蓿、白菜和动物肝脏中含量较高。

（6）膳食纤维。

膳食纤维（dietary fiber）是植物性食品中不能被人体内的消化酶完全分解的部分。膳食纤维由非淀粉多糖和其他植物成分组成，分为可溶性纤维和不溶性纤维两类。可溶性纤维通常在结肠中发酵生成气体和具有生理活性的副产物，例如其在肠道细菌的代谢作用下变成短链脂肪酸。有些可溶性纤维本身具有黏性，可延缓胃排空。不溶性纤维对上消化道的消化酶呈惰性，且会刺激胃肠中黏液的分泌。

（7）水。

水对人体的作用是显而易见的，它不仅是人体组成中的重要成分，也是一切代谢过程和物质运输的介质条件。人体水分含量过低会导致血液黏稠度升高，容易使人感到恶心、头晕、乏力，同时也会造成人体免疫功能下降等。

2. 人体缺素症及营养过剩症

（1）矿物质缺乏与过量。

人体缺乏Ca时，神经就会变得紧张，脾气暴躁、失眠。

正常饮食的情况下不会出现缺乏P的情况。

严重缺Mg会使大脑的思维混乱，丧失方向感，产生幻觉，甚至精神错乱。若同时缺乏Mg和维生素B_6，则会因体内Ca和P的结合而形成结石，或导致动脉硬化。

当K不足时，Na会带着许多水分进入细胞内使细胞胀裂，形成水肿；缺K还会导致血糖降低；没有充足的Mg会使K脱离细胞被排出体外，进而导致细胞出现缺K的情况，严重时将使心脏停止跳动。

缺Fe时，人体造血功能受影响会发生贫血；缺Zn将引起生长不良，儿童缺Zn易发侏儒症。

当体内含F量过多时，可产生氟骨病，引起自发性骨折。过量的Cr可诱发肺癌。

（2）维生素的缺乏与过剩。

人体在缺乏维生素A时有如下表现：生长迟缓；暗适应能力减退而形成夜盲症（night blindness），同时在眼部表皮和黏膜上皮出现细胞干燥、脱屑的情况，过度角化而使泪腺分泌减少，从而发生眼干燥症，重者将造成角膜软化、穿孔而失明；呼吸道上皮细胞角化并失去纤毛；抵抗力降低，易于被感染。

维生素B_1摄入不足时，轻者表现为肌肉乏力、精神淡漠和食欲减退，重者得脚气病（beriberi）。

维生素B_2摄入不足时，可导致物质代谢紊乱，表现为唇炎、口角炎、舌炎、阴囊皮炎、脂溢性皮炎（seborrheic dermatitis）等症状，也会影响维生素B_6和烟酸的代谢，出现继发性缺铁性贫血（secondary iron deficiency anemia）。

体内维生素B_6缺乏时，会引起呕吐、抽筋等症状。

体内维生素B_7缺乏时，会出现食欲不振、舌炎、皮屑性皮炎、脱毛等症状。

人体缺乏维生素B_9时的损害广泛而深远，缺乏维生素B_9可使DNA合成受阻，细胞分裂停止在S期，细胞核变形增大，引起巨幼红细胞性贫血、舌炎和腹泻，造成新生儿生长不良；同时，还会导致儿童神经管畸形、心血管疾病和癌症的发生。

人体缺乏维生素B_{12}时，会产生脂肪肝，并造成巨幼红细胞性贫血、神经系统损害和高同型半胱氨酸血症。

维生素B族是可溶于水的，很容易被代谢，在体内几乎无法长时间蓄积，必须每日补充。维生素B族主要通过汗液和尿液排泄。夏天喝水多，流汗和排尿都增多，所以在夏天人更容易缺乏维生素B族。

体内缺乏维生素C时，胶原蛋白不能正常合成，会导致细胞连接障碍，从而引发维生素C缺乏病（scurvy），表现如下：微血管容易破裂，产生淤血、紫癜；疼痛和关节胀痛；胃、肠道、鼻、肾脏及骨膜下面有出血现象；牙龈萎缩、出血；诱发动脉硬化，贫血。体内维生素C过量时，会产生多尿、下痢、皮肤发疹等副作用，对小儿则容易产生骨骼疾病；长期服用过量维生素C补充品，可能导致草酸及尿酸结石；如果极端过量（2 500～5 000 mg）地一次性摄入，可能会导致红细胞大量破裂，出现溶血等危重现象。

体内缺乏维生素D时，成人易患软骨病，小儿易得佝偻病。如血钙浓度下降，人体会出现手足搐搦、惊厥等情况，也会影响牙齿发育。

人体缺乏维生素E时，男性睾丸萎缩不产生精子，怀孕女性胚胎与胎盘萎缩引发流产，脑垂体调节卵巢分泌雌激素等的功能受阻，诱发更年期综合征、卵巢早衰。同时，维生素E缺乏时，人体还会出现免疫力下降、代谢失常、机体衰老加快或溶血等症状。

人体缺少维生素K时,凝血时间会延长,严重者会流血不止,甚至引起死亡。

28.1.2 食用性园艺产品的营养评价

1）不同人群的膳食营养素标准

不同的人由于年龄、性别、生理状态等条件不同,对食物中营养的摄取需求也有着较大的差异。

中国营养学会推荐的《中国居民膳食营养素参考摄入量》(2013版)给出了不同人群每日膳食能量需要量,膳食蛋白质、碳水化合物、脂肪和脂肪酸参考摄入量,膳食维生素推荐摄入量(或适宜摄入量)和膳食矿物质推荐摄入量(或适宜摄入量)(见表28-2、表28-3、表28-4和表28-5)。推荐摄入量(RNI)是基于人体的平均需要量(EAR)制定的,当需求量呈正态分布时,取标准差(SD)为0.1 EAR,即有

$$RNI = EAR + 2SD = 1.2 EAR$$

在个体需要量的研究资料不足,不能计算EAR,因而不能求得RNI时,可设定适宜摄入量(AI)来代替RNI。

2）营养摄入与肥胖

随着生活水平的提高,肥胖人群的比例在逐渐增加,肥胖引发的健康问题已成为很多国家和地区重要的社会现象。引发肥胖的主要原因除了遗传因素外还包括饮食、作息的不规律,激素分泌失调等。肥胖症(obesity),是指因能量摄入过多并超出人体消耗,其多余部分便会以脂肪形式在体内进行积累而引发的一种代谢性疾病。

表 28-2 中国居民膳食能量需要量

年龄（岁）/生理阶段	能量/（MJ/d）					
	轻体力活动水平		中体力活动水平		重体力活动水平	
	男	女	男	女	男	女
0 ～	—	—	0.38 MJ/（kg·d）	0.38 MJ/（kg·d）	—	—
0.5 ～	—	—	0.33 MJ/（kg·d）	0.33 MJ/（kg·d）	—	—
1 ～	—	—	3.77	3.35	—	—
2 ～	—	—	4.60	4.18	—	—
3 ～	—	—	5.23	5.02	—	—
4 ～	—	—	5.44	5.23	—	—
5 ～	—	—	5.86	5.44	—	—
6 ～	5.86	5.23	6.69	6.07	7.53	6.90
7 ～	6.28	5.65	7.11	6.49	7.95	7.32
8 ～	6.90	6.07	7.74	7.11	8.79	7.95
9 ～	7.32	6.49	8.37	7.53	9.41	8.37
10 ～	7.53	6.90	8.58	7.95	9.62	9.00
11 ～	8.58	7.53	9.83	8.58	10.88	9.62

（续表）

年龄（岁）/生理阶段	能量/（MJ/d）					
	轻体力活动水平		中体力活动水平		重体力活动水平	
	男	女	男	女	男	女
14～	10.46	8.37	11.92	9.62	13.39	10.67
18～	9.41	7.53	10.88	8.79	12.55	10.04
50～	8.79	7.32	10.25	8.58	11.72	9.83
65～	8.58	7.11	9.83	8.16	—	—
80～	7.95	6.28	9.20	7.32	—	—
孕妇（早）	—	+0	—	+0	—	+0
孕妇（中）	—	+1.25	—	+1.25	—	+1.25
孕妇（晚）	—	+1.90	—	+1.90	—	+1.90
乳母	—	+2.10	—	+2.10	—	+2.10

注：未明确参考值者用"—"表示，1 MJ ≈ 239 kcal。（内容有删减）

表 28-3 中国居民膳食蛋白质、碳水化合物、脂肪和脂肪酸的参考摄入量

年龄（岁）/生理阶段	蛋白质				总碳水化合物EAR/（g/d）	亚油酸AI/（E%）	α-亚油酸AI/（E%）	EPA+DHA AI/mg
	EAR/（g/d）		RNI/（g/d）					
	男	女	男	女				
0～	—	—	9（AI）	9（AI）	—	7.3（150 mg[a]）	0.87	100[b]
0.5～	15	15	20	20	—	6.0	0.66	100[b]
1～	20	20	25	25	120	4.0	0.60	100[b]
4～	25	25	30	30	120	4.0	0.60	—
7～	30	30	40	40	120	4.0	0.60	—
11～	50	45	60	55	150	4.0	0.60	—
14～	60	50	75	60	150	4.0	0.60	—
18～	60	50	65	55	120	4.0	0.60	—
50～	60	50	65	55	120	4.0	0.60	—
65～	60	50	65	55	120	4.0	0.60	—
80～	60	50	65	55	120	4.0	0.60	—
孕妇（早）	—	+0	—	+0	130	4.0	0.60	250（200[b]）
孕妇（中）	—	+10	—	+15	130	4.0	0.60	250（200[b]）
孕妇（晚）	—	+25	—	+30	130	4.0	0.60	250（200[b]）
乳母	—	+20	—	+25	160	4.0	0.60	250（200[b]）

注：a为花生四烯酸，b为DHA，未明确参考值者用"—"表示，E%为占能量百分比，AI为适宜摄入量。

表 28-4　中国居民膳食维生素的推荐摄入量或适宜摄入量

年龄(岁)/生理阶段	VA/(μgRAE/d)		VD/(μg/d)	VE(AI)/(mg α-TE/d)	VK/(μg/d)	VB₁/(mg/d)		VB₂/(mg/d)		VB₆/(mg/d)	VB₁₂/(mg/d)	泛酸(AI)/(mg/d)	叶酸/(μgDFE/d)	烟酸/(mgNE/d)		胆碱(AI)/(mg/d)		生物素/(mg/d)	VC/(mg/d)
	男	女				男	女	男	女					男	女	男	女		
0~	300(AI)		10(AI)	3	2	0.1(AI)		0.4(AI)		0.2(AI)	0.3(AI)	1.7	65(AI)	2(AI)		120		5	40(AI)
0.5~	350(AI)		10(AI)	4	10	0.3(AI)		0.5(AI)		0.4(AI)	0.6(AI)	1.9	100(AI)	3(AI)		150		9	40(AI)
1~	310		10	6	30	0.6		0.6		0.6	1.0	2.1	160	6		200		17	40
4~	360		10	7	40	0.8		0.7		0.7	1.2	2.5	190	8		250		20	50
7~	500		10	9	50	1.0		1.0		1.0	1.6	3.5	250	11	10	300		25	65
11~	670	630	10	13	70	1.3	1.1	1.3	1.1	1.3	2.1	4.5	350	14	12	400		35	90
14~	820	620	10	14	75	1.6	1.3	1.5	1.2	1.4	2.4	5.0	400	16	13	500	400	40	100
18~	800	700	10	14	80	1.4	1.2	1.4	1.2	1.4	2.4	5.0	400	15	12	500	400	40	100
50~	800	700	10	14	80	1.4	1.2	1.4	1.2	1.6	2.4	5.0	400	14	12	500	400	40	100
65~	800	700	15	14	80	1.4	1.2	1.4	1.2	1.6	2.4	5.0	400	14	11	500	400	40	100
80~	800	700	15	14	80	1.4	1.2	1.4	1.2	1.6	2.4	5.0	400	13	10	500	400	40	100
孕妇(早)	—	+0	+0	+0	+0	—	+0	—	+0	+0.8	+0.5	+1	+200	—	+0	—	+20	+0	+0
孕妇(中)	—	+70	+0	+0	+0	—	+0.2	—	+0.2	+0.8	+0.5	+1	+200	—	+0	—	+20	+0	+15
孕妇(晚)	—	+70	+0	+0	+0	—	+0.3	—	+0.3	+0.8	+0.5	+1	+200	—	+0	—	+20	+0	+15
乳母	—	+600	+0	+3	+5	—	+0.3	—	+0.3	+0.3	+0.8	+2	+150	—	+3	—	+120	+10	+50

注：未明确参考值者用 "—" 表示；AI 为适宜摄入量。

表28-5　中国居民膳食矿物质的推荐摄入量或适宜摄入量

年龄(岁)/生理阶段	钙/(mg/d)	磷/(mg/d)	钾(AI)/(mg/d)	镁/(mg/d)	钠(AI)/(mg/d)	氯(AI)/(mg/d)	铁/(mg/d) 男	铁/(mg/d) 女	锌/(mg/d) 男	锌/(mg/d) 女	碘/(μg/d)	硒/(μg/d)	铜/(mg/d)	钼/(μg/d)	氟/(mg/d)	锰/(mg/d)	铬/(μg/d)
0 ~	200 (AI)	100 (AI)	350	20 (AI)	170	260	0.3 (AI)	0.3 (AI)	2.0 (AI)	2.0 (AI)	85 (AI)	15 (AI)	0.3 (AI)	2 (AI)	0.01	0.01	0.2
0.5 ~	250 (AI)	180 (AI)	550	65 (AI)	350	550	10	10	3.5	3.5	115 (AI)	20 (AI)	0.3 (AI)	3 (AI)	0.23	0.7	4.0
1 ~	600	300	900	140	700	1 100	9	9	4.0	4.0	90	25	0.3	40	0.6	1.5	15
4 ~	800	350	1 200	160	900	1 400	10	10	5.5	5.5	90	30	0.4	50	0.7	2.0	20
7 ~	1 000	470	1 500	220	1 200	1 900	13	13	7.0	7.0	90	40	0.5	65	1.0	3.0	25
11 ~	1 200	640	1 900	300	1 400	2 200	15	18	10	9.0	110	55	0.7	90	1.3	4.0	30
14 ~	1 000	710	2 200	320	1 600	2 500	16	18	12	8.5	120	60	0.8	100	1.5	4.5	35
18 ~	800	720	2 000	330	1 500	2 300	12	20	12.5	7.5	120	60	0.8	100	1.5	4.5	30
50 ~	1 000	720	2 000	330	1 400	2 200	12	12	12.5	7.5	120	60	0.8	100	1.5	4.5	30
65 ~	1 000	700	2 000	320	1 400	2 200	12	12	12.5	7.5	120	60	0.8	100	1.5	4.5	30
80 ~	1 000	670	2 000	310	1 300	2 000	12	12	12.5	7.5	120	60	0.8	100	1.5	4.5	30
孕妇(早)	+0	+0	+0	+40	+0	—	—	+0	—	+2.0	+110	+5	+0.1	+10	+0	+0.4	+1.0
孕妇(中)	+200	+0	+0	+40	+0	—	—	+4	—	+2.0	+110	+5	+0.1	+10	+0	+0.4	+4.0
孕妇(晚)	+200	+0	+0	+40	+0	—	—	+9	—	+2.0	+110	+5	+0.1	+10	+0	+0.4	+6.0
乳母	+200	+0	+400	+0	+5	—	—	+4	—	+4.5	+120	+18	+0.6	+13	+0	+0.3	+7.0

注：未明确参考值者用"—"表示；AI为适宜摄入量。

园艺产品中大多数种类由于热量比较小,因而是减肥人群或素食者在食物选择时的首选对象,特别是一些色拉蔬菜和水果,在这部分人群的膳食中比例会比较高。

国际上,通行的肥胖判别指标主要有以下两种:体质指数(BMI)、腰臀比(WHR)。

(1)体质指数。

体质指数(body mass index, BMI),是以人体身高和体重的比例关系为衡量一个人是否过瘦或过肥的指标,其计算公式为

$$体质指数 = \frac{W}{h^2}$$

式中,W、h分别为人体体重值和身高值,单位分别为kg、m。

当BMI小于18.5时,意味着体重过轻,人体在某些疾病和癌症上的患病率增高;BMI介于18.5～23.9时,表明体重处于正常水平;BMI介于24.0～27.9时,代表体重超标;BMI大于28.0时,则意味着个体肥胖。肥胖会增加乙型糖尿病、血糖过高症、血胰岛素过高症、高脂血症、冠心病、高血压、癌症和痛风症等疾病的发生风险。

(2)腰臀比。

腰臀比(waist-to-hip ratio, WHR),是腰围和臀围的比值,是判定中心性肥胖的重要指标。腰围(waist circumference),是指经脐部中心的水平围长,或是肋最低点与髂嵴上缘的两水平线间中点线处的围长,需在呼气之末、吸气未开始时测量;臀围(hip circumference),是指臀部向后最突出部位的水平围长。

当男性的WHR大于0.90,女性的WHR大于0.80,可判定其为中心性肥胖(central obesity)。但该分界值随年龄、性别、人种不同而异,亚洲男性和女性的平均WHR分别为0.81、0.73;而欧美人则分别为0.85、0.75。

3)不同食物的营养价值综合指数

(1)营养价值表。

营养价值表,又称为综合营养质量指数(ONQI),是根据食物中营养成分与人体健康需要之间的加权分值体系而确立。该系统利用一系列算式给多种常见食物的营养价值划分出等级(见表28-6)。从表中可看出,按照ONQI分值对食材进行的排序有

蔬菜类>果品>豆类(干)>禾谷类>水产品>奶蛋类>肉类>食用油

深绿色叶菜类>普通叶菜类>新鲜水果类>豆类蔬菜>坚果菜>根茎类蔬菜

鲜品>加工(干制)品

粗加工品>精加工品

表28-6　常见食物的综合营养质量指数(ONQI)比较

参考分值	食物类别	包含食材
100	深绿叶蔬菜	甘蓝、芥菜、芥蓝、散叶莴苣、豆瓣菜、菠菜、芝麻菜、芹菜叶、叶用芥菜、芫荽、苋菜、韭菜
95	其他绿叶蔬菜	莴苣、白菜类、青花菜、抱子甘蓝、芦笋、芹菜、茼蒿、苦苣、蒲公英、小葱、洋葱、番杏、落葵、蕹菜、豆苗
50	非绿叶蔬菜	食用菌类、甜菜、花椰菜、番茄、茄子、辣椒、黄瓜、冬瓜、西葫芦、苦瓜、节瓜、丝瓜、瓠瓜、大蒜、甜玉米、黄秋葵、萝卜、胡萝卜、豆芽

（续表）

参考分值	食物类别	包含食材
45	新鲜水果	草莓、蓝莓、树莓、桃、李、杏、苹果、梨、柑橘类、樱桃、猕猴桃、葡萄、杨梅、柿、枣、西瓜、甜瓜、香蕉、菠萝、杧果、荔枝、龙眼
40	豆类	扁豆、菜豆、四季豆、豇豆、毛豆、蚕豆、豌豆、红小豆、鹰嘴豆
30	坚果类	瓜籽、南瓜籽、核桃仁、山核桃仁、腰果、扁桃仁、开心果仁、芝麻、亚麻籽、巴西坚果、板栗、榛果
25	淀粉类蔬菜	南瓜、甘薯、玉米、马铃薯、芋头、葛根、魔芋、豆薯、菊芋、荸荠、藕
20	全麦	燕麦、大麦、糙米、荞麦、小米、藜麦、全麦
18	鱼虾类	鲤鱼、鲫鱼、草鱼、鳕鱼、鲑鱼、草虾、对虾、基围虾、龙虾、蟹、鳝、泥鳅、螃蜞
15	脱脂奶	脱脂牛奶
15	蛋类	鸡蛋、蛋、鹌鹑蛋
8	全脂奶	全脂牛奶
6	肉类	猪肉、牛肉、羊肉、兔肉、驴肉、鸡肉、鸭肉、鹅肉
6	精制谷物	大米、小麦面粉、糯米粉
3	奶酪	芝士蛋糕、乳酪类甜品、比萨
1	食用油	葵花籽油精制、大豆油精制、玉米油精制、亚麻油、菜籽油、茶籽油、橄榄油、动物油脂

注：依meipian.cn。

（2）营养质量指数。

营养质量指数（INQ），是指一定量食物中，某营养素含量占该营养素供给量标准的百分率同该一定量食物所产生的热能占供给量百分率之比。这个指标是美国学者针对公众普遍存在的营养问题而推出的评价食品营养质量的一种简便实用的指标，此计算方法对开展中国公共营养工作也有一定的积极作用。

INQ>1，说明该食物满足人体营养素需要的能力大于满足热能需要的能力，该食物为优质营养食物；INQ<1，则意味着该食物的营养素供给少于能量供给，此类食物为劣质营养食物。

对于承受不同劳动强度，有不同生理条件的人，营养素供给量标准不相同。计算INQ时采用单一供给量，这种单一供给量主要用于评价食物的营养质量。

在评价食材的营养质量时，可参考其INQ的大小，进而选择合理的互补性食物以平衡膳食。

INQ主要作用：①帮助人们选择食物，改善和评价膳食；②指导食品加工和食品强化；③作为食品的营养标志，指导消费者按营养需要而不完全凭主观爱好来选购食物。

种类多样的食品中包含的人体所需要的营养素可达40多种。营养学上主张的合理膳食、平衡膳食或健康膳食，是指全面达到营养素推荐供给量（recommended dietary allowance, RDA）时的膳食（包括质和量），也就是指使摄食者在能量和各种营养素的数量上达到生理需要量。根据不同人群的需要，各种营养素之间应有一个恰当的比例或者说达到生理上的平衡。例如：①三大生热营养素碳水化合物、脂类和蛋白质作为生理热能来源的比例；②能量消耗量和与代谢调控密切相关的维生素 B_1、B_2、B_6 之间的平衡；③蛋白质中各种氨基酸特别是必需氨基酸之间的恰当比例；④脂肪中饱和脂肪酸和不饱和脂肪酸的比例；⑤可消化碳水化合物和食物纤维的比例；⑥无机盐中的钙、磷比例；⑦成酸性食物和成碱性食物的比例；⑧动物性食品和植物性食品之间的比例与平衡；等。

任何一种食物在单独利用时,都很难满足机体的全部能量和营养素的需要。因此,人们需要吃多种食物以满足合理的膳食需要。日本的厚生劳动省在20世纪80年代制订的饮食生活指南中就倡导民众每日尽量吃30种食物;中国发布的居民膳食指南也提出食物要多样化。

28.2　园艺产品中的特质成分及其药用价值

除了既有的七大营养素之外,有些植物产品中还含有一些微量的特质成分,有时因此会表现出不同的产品颜色、香气等。这些成分的种类比较复杂,而且很多物质具有功能上的特异性,因此使不同产品在其食用风味和药用价值上表现出较大差异。有时即使是同一植物,不同部位的微量成分也会有较大差异,使其药用价值表达迥异。虽然目前的食品和药物化学发展很快,但人们对植物药用价值的构成基础及原理的认知仍然处于较为片面的阶段。

28.2.1　药用价值的化学基础

1)香辛料

香辛料(spices),是指一类具有芳香和辛香等典型风味的天然植物性制品,或从植物(花、叶、茎、根、果实或全草等)中提取的某些香精油。因此,它实际上包括了两类物质:一类是食用时会用到的调味品,即调味料;另一类是外用的香料。两者的共同点在于它们所含的香辛物质均可在人体健康维护上表现出一定的有用性(见表28-7)。

表28-7　香辛类产品的特质成分及主要功效

产品种类	特质成分	主要功效
大蒜	大蒜素(二烯丙基二硫醚,DADS)、大蒜新素(二烯丙基三硫醚,DATS)	调味料,药用可止痛、止咳、杀菌、健胃、降压、降脂、抗癌
生姜	姜油酮[4-(4-羟基-3-甲氧基苯基)-2-丁酮]、姜醇[1-(3′甲氧基-4′羟基苯-7-4(羟基苯-5)-羟基-3-庚酮)、龙脑(双环萜烯类,$C_{10}H_{18}O$)	调味料,药用则温中祛寒、通脉;姜炭可化瘀止血
洋葱	丙基硫化物	食用;药用有平肝、润肠、杀菌、利尿、降血脂和抗癌作用
辣椒	辣椒素(反式8-甲基-N-香草基-6-壬烯酰胺)、辣椒玉红素[(3S,3′S,5R,5′R)-3,3′-二羟基-κ,κ-胡萝卜素-6,6′-二酮]	调味料,药用可温中散寒、健胃消食、活血消肿
胡椒	胡椒碱{(E,E)-1-[5-(1,3-苯并二氧戊环-5-基)-1-氧代-2,4-戊二烯基]-哌啶}、蒎烯、石竹烯{(4Z)-4,11,11-三甲基-8-甲叉二环[7.2.0]十一碳-4-烯}	调味料,药用有温中健胃、散寒止痛功效,用于肠胃寒凉的腹冷痛、呕吐、泻泄、寒痰食积、食欲不振
花椒	生物碱、香豆素、佛手柑内酯(5-甲氧基补骨脂素)	调味料,药用性温、味辛,具温中止痛、杀虫止痒功效
芫荽	蒎烯(2,6,6-三甲基双环[3.1.1]-2-庚烯)、芳樟醇(3,7-二甲基-1,6-辛二烯-3-醇)	调味品,入药有健胃消食功效
肉桂	肉桂醛(3-苯基-2-丙烯醛)、乙酸肉桂酯(乙酸3-苯基烯丙酯)、香豆素	调味品,药用具驱寒暖胃、祛风除湿、生津止渴、通经活络、健脾胃、强身益精功效
桂花	紫罗兰酮[(E)-4-(2,6,6-三甲基-1-环己烯-1-基)-3-丁烯-2-酮]、芳樟醇	用作腌制、泡酒、花茶;种子可榨油

(续表)

产品种类	特质成分	主要功效
小茴香	大茴香脑{1-甲氧基-4-[(Z)-1-丙烯基]苯}、大茴香酸(4-氨基-3,5-二硝基苯甲酸)、茴香苷($C_{14}H_{18}O$)	食用、提取香精、调味品;果实和根入药,具温肾和中、行气止痛功效
紫苏	芳樟醇、柠檬醛(3,7-二甲基-2,6-辛二烯醛)、香茅醇(3,7-二甲基-6-辛烯-1-醇)	食用,种子榨油可食用;种子入药性温、味辛,归肺经,有降气消痰、平喘润肠功效
薄荷	薄荷醇(2-异丙基-5-甲基环己醇)、薄荷酮[反-5-甲基-2-(1-甲基乙基)环己酮]、薄荷酯(1-异丙基-4-甲基环己基-2-醇乙酸酯)	茎叶可食,提取精油;入药性凉、味辛,归肺、肝经;用于风热感冒、头痛、目赤、喉痹、口疮、风疹、胸闷等症
罗勒	草蒿素(倍半萜内酯类)、芳樟醇	食用、调味品;果实入药,具明目功效
八角茴香	大茴香脑、大茴香醛(4-甲氧基苯甲醛)	调味品、食用香精;果实入药,具开胃下气、暖肾散寒之功效
香荚兰	香兰素(3-甲氧基-4-羟基苯甲醛)、香荚兰酸(4-羟基-3-甲氧基苯甲酸)	食品添加剂,用于烘焙、冷饮、烟草、酒类、香水等中
迷迭香	蒎烯、莰烯(2,2-二甲基-3-亚甲基降菠烷)、桉叶素[1-甲基-4-(1-甲基乙基)-烷,$C_{10}H_{18}O$]	精油作调味、食品添加剂
甘草	甘草酸($C_{42}H_{62}O_{16}$,三萜类化合物)、甘草苷{(S)-7-羟基-2-[4-(2S,3R,4S,5S,6R-3,4,5-三羟基-6-羟甲基四氢吡喃-2-氧基)苯基]铬-4-酮}	提取物作为甜味剂,用于食品加工;是重要的药材,常用于矫味、缓冲药性、解毒等,具清热解毒、润肺止渴、调和诸药的功效
可可	芳樟醇、可可碱(3,7-二氢-3,7-二甲基-1H-嘌呤-2,6-二酮)、可可酯($C_{31}H_{23}BrO_3$)	作露酒原料和饮料用,也可作为食用剂
姜黄	姜油酮、郁金二酮($C_{15}H_{22}O_2$)	用于咖喱配方、食品添加剂、提取黄色素;入药有破血、行气、通经和止痛功效
草果	柠檬醛、香叶醇($C_{10}H_{18}O$)	用于肉类增香,精油可作食品添加剂;药用具除燥湿、健脾散寒、除痰截疟功效
芥菜	异硫氰酸烯丙酯(C_4H_5NS)、芥酸(二十二碳-13-烯酸,$C_{22}H_{42}O_2$)	食用,精油作调味品或添加剂;种子入药,可利气、化痰、散寒、消肿、止痛
莳萝	香芹酮(5-异丙烯基-2-甲基-2-环己烯-1-酮,$C_{10}H_{14}O$)、柠檬烯[(R)-1-甲基-4-异丙烯基-1-环己烯,$C_{10}H_{16}$]、莳萝脑($C_{12}H_{14}O_4$)	其精油可为肉类和烘焙加香,调味品
旱芹	柠檬烯、芹子烯($C_{16}H_{26}O_{79}$)、岩芹酸(十八碳-6-烯酸)	食用,提取精油作调味品或添加剂;全草入药,有利尿、止血、降压功效
荆芥	葛缕酮(2,6,6-三甲基-2,4-环庚二烯-1-酮)、柠檬烯、罗勒烯($C_{10}H_{16}$)	提取精油,用作食品添加剂和化妆品原料;药用有祛风、发汗、解热、散瘀消肿、止血止痛功效
大高良姜	肉桂酸甲酯(苯丙烯酸甲酯,$C_{10}H_{10}O_2$)、桉叶素、蒎烯	酊剂用于苦艾酒、啤酒;精和添加剂;果入药(豆蔻)具散寒、消食功效;根入药味辛、性热,散寒暖胃
丁香	丁香醇(4-羟基-3,5-二甲氧基苯甲醇)、苯乙醇($C_8H_{10}O$)、芳樟醇、大茴香醛	用于食品调香和肉类调味料
藿香	广藿香醇($C_{15}H_{26}O$)、草蒿素、柠檬烃类	用作香料定香剂和提取精油
胡卢巴	胡卢巴碱($C_7H_7NO_2$)、半乳甘露聚糖	制作精油和酊剂、食用添加剂,可用于咖喱增香及药用
鼠尾草	侧柏酮($C_{10}H_{16}O$)、蒎烯、桉叶素、乙酸龙脑酯($CH_3COOC_{10}H_{17}$)	用作调味品与食品添加剂,提取精油;根及全草入药,具清热解毒、活血祛瘀、消肿、止血功效

2）色素类

园艺植物中很多产品富含色素，其中很多色素成分不但能够用于染色和食品调色，同时也颇具药用功能。目前，在植物资源利用方面开展的大多数工作仍局限于色素的提取与制备及其理化性质的鉴定。这些工作将为进一步的色素植物的药物利用奠定基础。

常见并且研究较为透彻的园艺植物产品中的天然色素及其药用价值如表28-8所示。

表28-8 园艺产品中的天然色素及其药用价值

产品种类	特质成分	主要功效
栀子	吡啶衍生物的栀子黄色素（$C_{16}H_{11}N_2NaO_4S$）、酚类色素中的藏红花酸乙酯（$C_{12}H_{18}O_2$）	性寒；用于清热泻火、清心肺之热；主治热病心烦、目赤、黄疸、吐血、衄血、热毒、疮疡等症
蓝莓	酚类色素中的飞燕草色素（$C_{21}H_{21}O_{12}$）、矢车菊色素（$C_{21}H_{28}O_8$）	清除自由基，抗生物氧化，防止衰老，增强人体免疫力；抗炎；保护视力
黑莓	花青苷色素中的黑莓红色素	同蓝莓
多穗石柯	酚类色素中的多穗柯棕色素	根入药，补肝肾，祛风湿；叶入药，清热解毒、化痰、祛风、降压；果入药，和胃降逆
辣椒	多烯类色素中的辣椒红素（$C_{40}H_{56}O_3$）、番茄红素（$C_{40}H_{56}$）	药用可温中散寒、健胃消食、活血消肿；具强抗氧化功能
玫瑰茄	花青苷色素中的玫瑰茄红	味酸、性凉，归肾经；敛肺止咳、降血压、解酒
桑椹	花青苷色素中的桑色素（$C_{15}H_{10}O_7$）、酚类色素中的矢车菊色素（$C_{21}H_{28}O_8$）	味甘、性寒，入心、肝、肾经；有滋阴补血作用，能治阴虚津少、失眠等症
蓝靛果	花青苷色素中的蓝靛果红色素	同蓝莓
番红花	酚类色素中的藏红花素（$C_{43}H_{44}O_{24}$）	有镇静、祛痰、解痉作用，用于治疗胃病、调经、麻疹、发热、黄疸、肝脾肿大；其色素也常作为食品添加剂
苦瓜	叶绿素类	消炎、抗菌
麦草		
根甜菜	吡啶衍生物的甜菜红苷（$C_{24}H_{26}N_2O_{13}$）	抗氧化、消炎、排毒
柑橘类	黄酮类的芸香苷黄色素（芦丁）	维持毛细管正常抵抗能力，防止动脉硬化
槐花		

注：依张卫明等。

3）食（药）用菌类

多数食用菌内广泛存在着大量的游离氨基酸，这些氨基酸不但与食物的风味关系较深，而且也是人体非常容易吸收和利用的形态，特别是一些必需氨基酸。

羊肚菌中必需氨基酸的含量约占总游离氨基酸的50%，且还有若干种特殊氨基酸，如顺-3-氨基-L-脯氨酸、α-氨基异丁酸、2,4-二氨基异丁酸等，这是其味道鲜美的根本原因。

食用菌中所含的一些非蛋白质氨基酸在生物体内可参与储能，形成跨膜离子通道和充当神经递质，并在抗肿瘤、抗菌、抗结核、降血压、护肝等方面发挥极其重要的作用。非蛋白质氨基酸还可以作为合成其他含氮物质,如抗生素、激素、色素、生物碱等的前身。

有些非蛋白质氨基酸本身具有良好的药用价值,如L-多巴用于缓解帕金森病的发抖、僵化及行动缓慢等症状,D-青霉胺用于治疗风湿关节炎,D-环丝氨酸具有抗菌作用,等。同时,非蛋白质氨基酸也是一些药物的重要组分,如广谱抗生素的氨苄西林和阿莫西林中的D-苯基甘氨酸、D-4-羟基苯甘氨酸,那法瑞林的D-2-萘基丙氨酸,依那普利中的L-高苯丙氨酸,抗肿瘤药物泰素(紫杉醇注射液)中的(2R,3S)-苯基异丝氨酸,等。

除氨基酸外,很多食用菌中也含有较多的多糖(polysaccharide),均可起到提高人体免疫力、抑制肿瘤、抗辐射的作用。羊肚菌、香菇、木耳、桑黄中多糖的含量分别可达14.9%、3.7%、2.2%、1.9%。

4)多酚类物质

植物多酚(plant polyphenol),是一类广泛存在于植物体内,具有多元酚结构的次生代谢物,主要存在于植物的皮、根、叶、果实中。狭义的多酚是指单宁(tannins);而广义的多酚还包括小分子酚类化合物,如花青素、儿茶素、栎精、没食子酸、鞣花酸、熊果苷等天然酚类。

关于色素类的药用价值,本书在前面已有讨论。此处将详述几类园艺植物产品中广泛存在并且具有重要药用价值的成分及其作用。

(1)白藜芦醇。

白藜芦醇(resveratrol)及其衍生物,主要存在于葡萄属、蓼属、花生属、藜芦属等多种植物中,其中以虎杖、决明、桑、葡萄和花生中含量较高。

白藜芦醇具有特殊的生物活性。在保健方面,其有较强的抵制细胞衰老的功效;在医药方面,白藜芦醇可用于预防癌症,反式白藜芦醇可用于治疗血液高胆固醇等疾病。

(2)茶多酚。

茶多酚,是茶叶及其他饮料植物产品中普遍含有的一类多羟基类化合物的总称,其主要组分为儿茶素类(catechines),约占总量的80%,此外还有如黄烷醇类(flavanols)、黄烷酮类(flavanones)、酚酸类(phenolicacids)和花色苷及其苷元等成分。

茶多酚具有较强的抗氧化作用,能降低心血管疾病的发病风险,此外还有抗菌作用,对预防感染性疾病有一定作用。

(3)果蔬中的多酚类。

苹果中含有较多的多元酚类物质,包括花青素类、黄烷醇类、酚酸类及儿茶素等。用作酿酒的品种中多酚类物质的含量可达7 g/kg,而普通鲜食品种中也含有0.5~2.0 g/kg的多酚类。果蔬内的多酚类物质具有抗氧化、消臭、保鲜、保香、护色、防止维生素损失等作用,可以防止食品品质劣变;其对人体的生理效应表现为预防龋齿、高血压、过敏反应,抗肿瘤,抗突变,阻碍紫外线吸收,等。

葡萄中的多酚类物质主要分布于果梗、果皮和果核中,尤以果核中含量最高,约为3%~7%。红葡萄酒的涩味与苦味多源于多酚类物质;其所呈现的红宝石色泽,也与多酚类物质的含量密切相关。葡萄果实的多酚类物质具有明显的抗氧化功效,而发酵制成葡萄酒后,多酚类物质的含量则能进一步提高且成分稳定,抗氧化能力亦有大幅提升。这些多酚类物质通过抑制低密度脂蛋白(LDL)的氧化而有助于防止冠心病、动脉粥样硬化的发生。

啤酒中的多酚类既来自大麦又来自啤酒花。啤酒花中的多酚类物质对啤酒的质量(包括非生物稳定性、口味、气泡产生情况、色泽等)有着重要影响。啤酒花的多酚类物质可抑制肌肉萎缩,有利于强直性脊椎炎的恢复。

　　5）护肤保健类

　　一些植物类产品含有与人体皮肤健康状况密切相关的物质,能够起到以下作用:消炎止痒、软化保湿、收敛(毛孔)和调理、防色斑形成、防晒、防裂、防腐、抗氧化和抑汗防臭等,因此这些植物源材料可以作为化妆品原料而被利用。

　　(1)消炎止痒。

　　具有此功能的物质来源于芦荟、甘草、川芎、紫草、当归、接骨木、龙胆、苍耳、地榆、丹参、射干等。

　　(2)软化保湿。

　　具有此功能的物质来源于芦荟、黄檗、甘草、杏、益母草、连翘、常春藤、绞股蓝等。

　　(3)收敛。

　　具有此功能的物质来源于芦荟、金缕梅、杨梅、老鹳草、牡丹、芍药、石榴、杏、梅果等。

　　(4)调理作用。

　　具有此功能的物质来源于七叶树、薏苡、茶、油茶、芦荟、尾草、当药(*Swertia pseudochinensis* Hara)、人参、绞股蓝、接骨木等。

　　(5)防色素斑。

　　具有此功能的物质来源于当归、桔梗、菟丝子、射干、麻黄等。

　　(6)防晒。

　　具有此功能的物质来源于当归、薏苡、紫草、芦荟、母菊(洋甘菊)、鼠李等。

　　(7)防裂。

　　具有此功能的物质来源于米糠油、橄榄油、红花油、椰子油、野漆树油、茶籽油、乌桕油等。

　　(8)防腐与抗氧化。

　　具有此功能的物质分为三类:甾醇类、醌类、酸类,分别来源于黄芩、黄檗、牛膝、白花蛇舌草等,虎杖、大黄、决明等,以及白芍、牡丹、连翘、徐长卿[竹叶细辛,*Cynanchum paniculatum*(Bunge)Kitagawa]等。

　　(9)抑汗防臭。

　　具有此功能的物质来源于多种可提取芳香精油的香料植物及薄荷、白及、蒲公英等。

　　通常的利用方式是将这些具有护肤保健功能的植物材料进行提取处理,然后再制备成香水(露)、香皂、精油、护理膏等使用。常用的提取方法有CO_2超临界萃取、微波辅助萃取、膜分离提取、常温提取等。

28.2.2　传统中药材产品的药用价值

　　李时珍在《本草纲目》中将主要的食用材分为若干部,其中包括菜部、果部、木部等,记述了多种园艺植物产品的药用价值。这些产品很多可直接食用,有的也兼具药用效果,而有些种类则专门用来入药。这一典著,对今日人们在园艺植物药用价值的开发上,仍然有着极其强大的指导作用。

　　如表28-9所示为多种传统中药材的主要药用价值,根据李时针的《本草纲目》整理。这些产品除直接被配伍成汤剂或制成饮片使用外,有些也是药膳中的重要食材。

表 28-9 传统中药材的主要药用价值

产品名称	主 要 功 效	产品名称	主 要 功 效
黄芪	补气固表,托疮生肌	茉莉	清热解表,利湿
黄连	清热燥湿,泻火解毒	芍药	养血调经,敛阴止汗,柔肝止痛,平抑肝阳
当归	补血和血,调经止痛,润燥滑肠	三七	散瘀止血,消肿定痛
淫羊藿	补肾阳,强筋骨,祛风湿	紫花地丁	清热解毒,凉血消肿
积雪草	清热利湿,解毒消肿	车前子	祛痰,镇咳,平喘
牡丹皮	清热凉血,活血化瘀	人参	补气,固脱,生津,安神,益智
牵牛子	泄水通便,消痰涤饮,杀虫攻积	沙参	清热养阴,润肺止咳
菊	散风清热,平肝明目,清热解毒	丹参	祛瘀止痛,活血通经,清心除烦
马兰	凉血,清热,利湿,解毒	玄参	凉血滋阴,泻火解毒
苦参	清热燥湿,祛风杀虫	川芎	活血行气,祛风止痛
射干	清热解毒,消痰,利咽	川芎叶	祛脑中风寒
黄精	补气养阴,健脾,润肺,益肾	半边莲	利尿消肿,清热解毒
玉竹	养阴润肺,益胃生津	蛇床	温肾壮阳,燥湿杀虫,祛风止痒
肉苁蓉	补肾阳,益精血,润肠通便	藁本	祛风,散寒,除湿,止痛
知母	清热泻火,生津润燥	白芷	散风除湿,通窍止痛,消肿排脓
白豆蔻	行气,暖胃,消食,宽中	木香	行气止痛
天麻	平肝,息风,止痉	豆蔻	化湿和胃,行气宽中
白术	补脾,益胃,燥湿,和中,安胎	高良姜	温胃散寒,消食止痛
苍术	燥湿健脾,祛风散寒,明目	益智仁	温脾止泻摄涎,暖肾缩尿固精
胡黄连	清湿热,除骨蒸,消疳热	三叶木通	疏肝理气,活血止痛,利尿,杀虫
远志	宁心安神,祛痰开窍,解毒消肿	威灵仙	祛风除湿,通络止痛
地榆	凉血止血,解毒敛疮	白及	收敛止血,消肿生肌
防风	解表祛风,胜湿,止痉	补骨脂	补肾助阳
独活	祛风胜湿,散寒止痛	莎草	行气解郁,调经止痛
升麻	清热燥湿,祛风杀虫	姜黄	破血行气,通经止痛
秦艽	清热解毒,消痰,利咽	零陵香	祛风寒,辟秽浊
山慈姑	补气养阴,健脾,润肺,益肾	羊蹄	清热通便,凉血止血,杀虫止痒
菘蓝	养阴润肺,益胃生津	莨菪	镇痛解痉
细辛	补肾阳,益精血,润肠通便	泽兰	活血化瘀,行水消肿
杜衡	清热泻火,生津润燥	石韦	利尿通淋,清热止血
及已	行气,暖胃,消食,宽中	无心草	止咳平喘,降血压,祛风湿,祛痰
白茅	平肝,息风,止痉	夏枯草	清肝明目,散结解毒
藿香	补脾,益胃,燥湿,和中,安胎	香薷	发汗解表,和中利湿
贝母	燥湿健脾,祛风散寒,明目	荆芥	解表散风,透疹
狗脊	清湿热,除骨蒸,消疳热	旱莲草	补益肝肾,凉血止血
徐长卿	宁心安神,祛痰开窍,解毒消肿	连翘	清热,解毒,散结,消肿
郁金	凉血止血,解毒敛疮	耆草	益气

（续表）

产品名称	主 要 功 效	产品名称	主 要 功 效
白薇	泻实火,除湿热,止血,安胎	艾草	温经,去湿,散寒,止血,消炎,平喘,止咳,安胎,抗过敏
白前	解表祛风,胜湿,止痉	茵陈蒿	清湿热,退黄疸
白蒿	风湿寒热邪气	沿阶草	养阴润肺,清心除烦,益胃生津
忍冬	清热解毒	紫菀	化痰止咳
海金沙	清利湿热,通淋止痛	女菀	温肺化痰,健脾利湿
益母草	活血调经,利尿消肿	商陆	通二便,泄水,散结
奇蒿	破血通经,敛疮消肿	苎麻根	清热利尿,凉血安胎
青箱	燥湿清热,杀虫止痒,凉血止血	萱草	清热利尿,凉血止血
鸡冠	收敛止血,止带,止痢	鸭跖草	清热解毒,利水消肿
大蓟	凉血止血,祛瘀消肿	败酱	清热解毒,活血排脓
小蓟	凉血止血,祛瘀消肿	款冬花	润肺下气,化痰止嗽
续断	补肝肾,续筋骨,调血脉	决明	清肝,明目,降压,润肠
马蔺根	清热解毒	地肤	清热利湿,祛风止痒
马蔺子	清热利湿,解毒杀虫,止血定痛	瞿麦	利尿通淋,破血通经
牛蒡子	疏散风热,宣肺透疹,消肿解毒	麦蓝草	活血通经,下乳,消肿
苍耳	祛风散热,解毒杀虫	延胡索	活血,利气,止痛
灯心草	清心火,利小便	虎杖	祛风利湿,散瘀定痛,止咳化痰
天名精	祛痰,清热,破血,止血,解毒,杀虫	黄独	凉血,降火,消瘿,解毒
豨莶	祛风湿,利筋骨,降血压	蒺藜	平肝解郁,活血祛风,明目,止痒
木贼	散风热,退目翳	谷精草	疏散风热,明目,退翳
麻黄	发汗散寒,宣肺平喘,利水消肿	蓖麻根	祛风活血,止痛镇静
地黄	清热生津,凉血,止血	菟丝子	补肾益精,养肝明目,固胎止泄
牛膝	补肝肾,强筋骨,逐瘀通经,引血下行	甘遂	泄水逐饮
半夏	燥湿化痰,降逆止呕,消痞散结	仙茅	补肾阳,强筋骨,祛寒湿
旋覆花	消痰行水,降气止呕	鳞毛蕨	清热解毒
使君子	杀虫消积	石斛	益胃生津,滋阴清热
木鳖子	解毒,消肿止痛	骨碎补	补肾强骨,活血止痛
马鞭草	活血散瘀,截疟,解毒,利水消肿	景天	清热,解毒,止血
蔷薇	清暑和胃,利湿祛风,和血解毒	石胡荽	通窍散寒,祛风利湿,散瘀消肿
乌蔹莓	清热利湿,解毒消肿	酢浆草	清热利湿,解毒消肿
栝楼	清热化痰,宽胸散结,润燥滑肠	地锦	祛风止痛,活血通络
天门冬	滋阴,润燥,清肺,降火	鬼臼	祛痰散结,解毒祛瘀
葛根	升阳解肌,透疹止泻,除烦止温	萆薢	利湿通淋,祛除风湿
百部	润肺止咳,杀虫灭虱	鼠尾草	清热解毒,活血理气止痛
何首乌	解毒,消痈,润肠通便	前胡	散风清热,降气化痰
菝葜	解毒,除湿,利关节	白鲜	祛湿疹、疥癣、风湿热痹

（续表）

产品名称	主 要 功 效	产品名称	主 要 功 效
防己	行水,泻下焦湿热	石蒜	消肿,杀虫
山豆根	清热解毒,消肿利咽	龙胆	清热燥湿,泻肝胆火
茜草	凉血,止血,祛瘀,通经	山奈	行气温中,消食,止痛
紫草	凉血,活血,解毒透疹	荜茇	温中散寒,下气止痛
大黄	泻实热,破积滞,行瘀血	蒟酱	温中,下气,散结,消痰
白头翁	清热凉血,解毒	肉豆蔻	温中,下气,消食,固肠
络石	祛风通络,凉血消肿	莪术	行气,破血,消积,止痛
泽泻	利水渗湿,泄热通淋	荆三棱	破血行气,消积止痛
石菖蒲	开窍,豁痰,理气,活血,散风,去湿	紫苏	散寒解表,理气宽中
桔梗	开宣肺气,祛痰排脓	水苏	疏风理气,止血消炎
紫萍	发汗,祛风,利尿,消肿	荠苧	冷气泄痢
马兜铃	清热降气,止咳平喘	红蓝花	活血通经,散瘀止痛
马藻	去暴热,热痢,止渴	漏卢	清热解毒,排脓消肿,通乳
海藻	软坚散结,消痰,利水	大青	清热解毒,凉血止血
昆布	软坚化痰,利水泄热	芦根	清热生津,除烦,止呕,利尿
甘蔗	清热解毒,利尿消肿,安胎	陟厘	强胃气,止泻痢
石龙刍	利水,通淋	卷柏	活血通经
向日葵	平肝祛风,清湿热,消滞气	石松	祛风除湿,舒筋活络
酸浆	清热,解毒,利尿	马勃	清肺利咽,解毒止血
葶苈	泻肺平喘,行水消肿	韭菜	补肾,温中行气,散瘀,解毒
狼毒	泄水逐饮,破积杀虫	葱白	发汗解表,散寒通阳
防葵	降逆止咳,清热通淋,益气填精,除邪镇惊,行气散结	薤白	理气,宽胸,通阳,散结
大戟	泄水逐饮	大蒜	温中行滞,解毒,杀虫
云实	清热除湿,杀虫	生姜	解表散寒,温中止呕,化痰止咳
藜芦	涌吐风痰,清热解毒,杀虫	干姜	温中散寒,回阳通脉,燥湿消痰
七叶一枝花	清热解毒,消肿止痛,凉肝定惊	白菜	通肠利胃,除烦解渴,益肾填髓
玉簪	清热解毒,散结消肿	芥菜	宣肺豁痰,温中利气
凤仙	祛风,活血,消肿,止痛	萝卜子	消食,下气,化痰,止血,解渴,利尿
杜鹃	祛风寒湿	胡萝卜	健脾,化滞
醉鱼草	祛风解毒,驱虫,化骨硬	茴香	温肾散寒,和胃理气
莽草	祛风,消肿	菠菜	养血,止血,敛阴,润燥
石龙芮	消肿,拔毒散结,截疟	鱼腥草	清热,解毒,利水
香蒲	利水,解毒	白芥	温中散寒
水烛香蒲	止血,化瘀,通淋	苋菜	清肝明目,通利二便
菰根	除烦止渴,清热解毒	马齿苋	清热解毒,凉血止血
萍蓬草	退虚热,除蒸止汗,止咳,止血,祛瘀调经	莴苣	利尿,通乳,清热解毒

(续表)

产品名称	主 要 功 效	产品名称	主 要 功 效
莼菜	清热,利水,消肿,解毒	蕨菜	清热,滑肠,降气,化痰
瓦松	通经破血	茄子	清热活血化瘀,利尿消肿,宽肠
冬瓜	利尿,清热,化痰,生津,解毒	荜澄茄	温中散寒,行气止痛
丝瓜	清热,化痰,凉血,解毒	杨梅	生津止渴,健脾开胃
苦瓜	清暑涤热,明目,解毒	樱桃	益气,祛风湿
黄瓜	除热,利水,解毒	枇杷	润肺下气,止渴
竹笋	清热化痰,益气和胃	榧实	杀虫,滋补
杏	止渴生津,清热去毒,主咳逆上气,惊痫	胡桃	补肾,固精强腰,温肺定喘,润肠通便
芜菁	消食下气,解毒消肿	甜瓜	清暑热,解烦渴,利小便
莳萝	健胃,祛风,催乳	西瓜	清热除烦,解暑生津,利尿
山药	补脾胃,生津,补肾	葡萄	补气血,强筋骨,利小便
芋	宽胃肠,破宿血,去死肌,调中补虚,行气消胀,壮筋骨,益气力	银杏	敛肺气,定喘嗽,止带浊,缩小便,消毒杀虫
瓠瓜	利水,通淋	芸薹	散血,消肿
荠菜	利肝和中	橄榄	清肺利咽,生津止渴,解毒
芹菜	清热除烦,平肝,利水消肿,凉血止血	槟榔	下气宽中,行水
苜蓿	清脾胃,清湿热,利尿,消肿	椰子	补脾益肾,催乳
百合	养阴润肺,清心安神	莲藕	清热凉血
蒲公英	清热解毒,消肿散结,利尿通淋	秦椒	温中,除风邪,去寒痹,坚齿发
李	清热解毒,利湿,止痛	胡椒	温中散寒,下气,消痰
梅	敛肺止咳,涩肠止泻,安蛔止痛,生津	蜀椒	水肿,崩中带上,眼生黑花
桃仁	活血祛瘀,润肠通便	榛子	健脾和胃,润肺止咳
栗	滋阴补肾	阳桃	清热,生津,利水,解毒
柿	清热,润肺,止渴	吴茱萸	散寒止痛,疏肝下气,温中燥湿
橘	润肺生津,理气和胃	茶叶	强心利尿,抗菌消炎,收敛止泻
柑	清热止津,醒酒利尿	芡实	固肾涩精,补脾止泄
橙	止呕恶,宽胸膈,消瘿,解酒,解毒	乌芋	治便血,赤白痢,妇女血崩,小儿口疮
山楂	消食积,化滞瘀	梨	生津,润燥,清热,化痰
柚	消食,化痰,醒酒	红松子	养液,熄风,润肺,滑肠
枣	补脾和胃,益气生津,调营卫,解药毒	波罗蜜	益胃生津,止渴
荔枝	生津,益血,理气,止痛	无花果	润肺止咳,清热润肠
龙眼	补心脾,益气血,健脾胃,养肌肉	香樟	通窍辟秽,温中止痛,利湿杀虫
木瓜	平肝和胃,去湿舒筋	柏子仁	养心安神,润肠通便
油松	祛风除湿,活络止痛	梓叶	清热解毒,杀虫止痒
槐花	凉血止血,清肝泻火	降香檀	理气,止血,行瘀,定痛
柳叶	清热,透疹,利尿,解毒	没药	散瘀止痛,外用消肿生肌
白杨树皮	祛风,行瘀,消痰	合欢皮	安神解郁,活血消痈

(续表)

产品名称	主要功效	产品名称	主要功效
榆白皮	利水,通淋,消肿	皂荚	祛风痰,除湿毒,杀虫
竹叶	清热除烦,生津利尿	诃子	敛肺,涩肠,下气,利咽
棕榈	收涩止血	阿魏	消积,散痞,杀虫
女贞子	滋补肝肾,明目乌发	大风子	祛风,攻毒,杀虫
安息香	开窍清神,通气活血,祛痰,镇痛	红豆树	理气活血,清热解毒
木兰皮	清热,利湿,行水	桑叶	疏散风热,清肺润燥,清肝明目
紫玉兰	祛风,通窍	栀子	清热,泻火,凉血
沉香	行气止痛,温中止呕,纳气平喘	酸枣	养心,安神,敛汗
丁香	温脾胃,降逆气	金樱子	固精缩尿,涩肠止泻
檀香	理气,和胃	枸杞	益精明目,滋补肝肾
楠	和中降逆,止吐止泻,利水消肿	五加	益气健脾,补肾安神
郁李仁	润燥滑肠,下气利水	巴豆	泻寒积,通关窍,逐痰,行水,杀虫
乳皮树	活血止痛	紫荆皮	活血通经,消肿解毒
龙脑香	开窍醒神,清热止痛	木槿皮	清热利湿,杀虫止痒
石楠	祛风湿,止痒,强筋骨,益肝肾	木芙蓉	凉血,解毒,消肿,止痛
芦荟	清肝热,通便	接骨木	祛风利湿,活血,止血
厚朴	燥湿消痰,下气除满	茯苓	利水渗湿,健脾宁心
杜仲	补肝肾,强筋骨,安胎	猪苓	利水渗湿
漆树	破瘀,消积,杀虫	桑寄生	补肝肾,强筋骨,祛风湿,安胎

28.3 烹调方式对食材的影响

烹调(cooking),是通过加热和调制,将切分、配比好的烹饪原料熟制成菜肴的操作过程,包含两个内容:烹和调。烹就是通过加热方法将烹饪原料制成有独特形式的菜肴;而调即是对这些烹制中的菜肴进行视觉、嗅觉和味觉上的调整作业,使其滋味可口、色泽诱人、形态美观。

食材在烹调过程中,通过加热和其他调整方法,发生了一系列的物理和化学变化,包括材料的凝固、软化、溶解等。这些变化一方面对食用是有益的,如易为人体吸收,使食用时的嗅觉、味觉感受更佳;但同时也会有部分营养成分的转化与分解破坏,如很多类维生素在加热过程中会损失掉大部分。

28.3.1 食材原料的前处理与搭配

1)食材状态与前处理

(1)干制品的复水。

有些园艺产品的利用状态为干制品,使用时必须提前进行复水处理。不同材料复水时的复原性与复水性与材料的种类及其干制状态有很大关系。通常泡发时所用的水温宜控制在室温程度,而不使用温度较高的水以防食材中的部分养分分解、渗出。

干制品的复原性(recovery),是指干制品重新吸收水分后在重量、大小、形状、质地、颜色、风味、结构、成分以及其他可见因素等各方面恢复至原来新鲜状态的程度。干制品的复水性(rehydration),则是指新鲜食品干制后重新吸回水分的程度,一般用干制品吸水增重的程度(泡发比)来表示。有些食材组织内的持水性能较强,复水后的增重可达干重的5倍以上。

(2)冷冻品的复水。

冷冻品复水(rehydration of frozen products)时应将材料放入冷水(<10 ℃)中进行,以防止复水融化时食材基本形态的变样与养分流失。

(3)食材的整理与清洗。

一些产品在进行切分前需要进行整理与清洗。

整理是指对食材进行去皮、去杂、去除不能食用部分的作业过程,如马铃薯、萝卜等根茎类产品及南瓜、菠萝、木瓜等果实的去皮,瓜类的去瓤,叶菜的去根、去损,等等。待整理完成后,即可进行食材的清洗。

通常情况下,应先清洗后切分,以防止食材中部分成分的渗出。但也有一些情况,需要在切分之后清洗甚至浸在水中待用,如一些食材受多酚氧化酶的作用容易引起食材表面的褐变,因此用水将食材浸没可有效防止氧化的发生。此类食材包括茄子、山药、丝瓜、莴苣、苹果等。而对另一些食材则是为了将其中的淀粉浸出以防止加热时发生的糊化,如马铃薯、莲藕等。

(4)切分。

切分(cutting),是将食材依据食用时的便利性要求分割成较小体积的作业,切分也有利于烹调时的熟成和入味,同时也须考虑菜品的外观形态。

通常切分后的形态包括片、丝、条、块、丁、粒和球(用特制小勺挖出)。有时也会使用其他物理方法,将材料预制成汁、浆、泥或糊等形态。这些切分手法在烹饪上被称为刀功或刀法,虽然可借助一些道具,但有些手法需长期练习才能有成,如蓑衣切法、片切等。

2)前处理加工

(1)挂糊、上浆。

一些产品组织较为幼嫩,含水量极高,在进行烹制时,直接的热处理会使该原料形态崩溃。因此可用淀粉或特制面糊作糊,将其裹在材料表面,如此烹制时既可保持原料形状,同时又能使食材中的水分不流失,食用时口感上佳。一些肉类、叶菜和食用菌在过油前均须做挂糊等处理,如日本料理中的天妇罗(てんぷら)在油炸之前即需用专门的面粉进行挂糊处理。如图28-3A所示为挂糊处理后油炸的天妇罗。

(2)腌制、入味。

有些食材在烹制前,需要对材料进行腌制及调味处理,以改变材料的口感,使内部更入味。例如:用盐(糖)渍方法去除食材中部分水分;以食用油、酒或料酒、姜汁、洋葱等调味料对食材做去腥、软化处理,可使烹制食物在口感和食味上保持其特色。如图28-3B所示为腌制好的牛肉柳,以备后一步处理。

(3)冷冻。

有些食材在进行烹制前需要经过轻微冷冻处理,以保持该食材的质感,如在汤包馅料中加入的肉皮冻,必须在包制前保持固体形态(见图28-3C)。

(4)镶。

通常是以蔬菜或去瓤的果品为包裹材料,镶入动物性食材的预处理手法,有时也可能反过来处理。这类处理后的食材,通常经蒸制或油煎最后成菜。镶的做法,是为了中和菜品中各材料间的反差,使色和味呈现得更完美,从而创造出一种形式上很独特的材料配伍风格(见图28-4)。

图28-3　不同食材在烹制前的预处理
A.挂糊的天妇罗虾；B.腌制好的牛肉柳；C.汤包馅料中的肉糜和肉皮冻
（A～C分别引自ddmeishi.com、sohu.com、gray.douguo.com）

图28-4　烹制前预处理的几种镶制形态
A.桂花糖藕；B.虾粒肉末镶苦瓜；C.蒜茸开背虾
（A～C分别引自sohu.com、nb.cutv.com、china-10.com）

（5）包、卷。

包或卷，是以面皮、豆皮、蛋皮等薄形材料为外皮，包裹以蔬菜、食用菌、动物性食材等剁制并调好味的馅料，做成包子、饺子、馄饨、烧卖和夹心饼等形态，进行继续烹制的前处理手法（见图28-5）。

图28-5　以包和卷为前处理的菜式
（A、B分别引自whhost.net、freep.cn）

28.3.2　基本烹制方式

1）一次加工

（1）炸、过油。

槐花、榆树钱、蒲公英、紫苏叶、辣椒、南瓜片、茄盒、藕夹、马铃薯片、芦笋等材料挂糊后经油炸即可直接成为菜品。一次成型的油温不可过高，通常在四五成油温（150 ℃左右）即可，否则材料易出现焦煳且颜色变黑，好的成品应呈金黄色（见图28-6）。

在低油温下对材料定型的作业称为过油，此时材料因外表的挂糊而变硬，其内部却并未熟透。这种处理下的材料往往需要二次复炸（七成以上油温，约200 ℃）或做其他二次烹调用。

图28-6　以炸为技法制成的常见菜品
A. 炸槐花；B. 炸薯条；C. 炸茄盒；D. 什蔬天妇罗
（A～D分别引自item.btime.com、jingyan.baidu.com、xw.qq.com、dianping.com）

（2）煎。

煎，是用少量油将较大块的食材以小到中火进行表面处理的方法，可为食材塑形并使其表面呈金黄色。煎制好的食材有时已完全熟化，可直接食用；有时则需加以二次烹调。

（3）焯、烫、氽。

焯，是将切分好的食材在沸水中稍煮片刻，待材料变色但未发软前捞出的处理手法，特别是对较嫩的材料使用较多。经焯水后的食材，可直接进行调制或做二次烹调处理。焯后直接调制的菜品有焯菠菜、焯豆芽、焯木耳、焯海带和炝拌莲藕等。

图28-7　国宴名菜之开水白菜
（引自aminoacid-jirong.com）

烫，是将切分好的食材在沸水或高汤中煮沸变熟的处理手法，食用时加入蘸料即可。其常见形式有麻辣烫、冒菜、串串香等，也有如名菜开水白菜（以烫为前处理）者（见图28-7）。

氽，是将生料加工调味后，放入沸水锅中煮熟的方法。氽菜简单易做，重在调味，一般会用到鸡汤、骨肉汤，同时加入配料增味。特点是清淡、爽口，菜、汤共食，更适宜于冬季食用，其典型菜品有氽丸子、酸菜氽白肉等。

这几种方式的共同特点是烹饪时不加食用油，处理简单，保持原色。处理时间以氽最长，烫次之，焯最短。

（4）蒸。

蒸，是将生料或半熟（动物性食材）原料，加调料调味后上笼屉蒸熟的方法。蒸可分为清蒸、干蒸和粉蒸。原汁原味，形状完整，质地鲜嫩。典型的菜品有清蒸鸡块、清蒸鱼、粉蒸肉、梅干菜扣肉等。植物性食材的芋、梅干菜与动物性食材所渗出成分之间可形成互补；南瓜、薯类、甜玉米、藕盒、菱角、芋等富含淀粉的食材常在一次蒸制后食用（见图28-8A）。

（5）煮、卤。

煮，是将切分好的材料冷水入锅，直接将其煮熟的烹制过程。煮制时通常不做任何调味处理，多数是将煮好的食材取出后进行二次烹调。有些食材煮熟后可直接食用，如煮毛豆、煮玉米以及关东煮中与海鲜、肉丸同煮而入味的海带结、萝卜、魔芋、豆腐、竹笋等（见图28-8B）。

卤，是在食材煮制过程中加入特别的卤制材料（调味品和香料等），使其在煮制中不断入味、着色的烹制手法。卤制好的菜品可直接食用，其味道浓厚，香气宜人，以肉类和动物内脏的卤水菜品居多，园艺产品中常见的有五香蚕豆等（见图28-8C）。

图28-8 以蒸、煮和卤技法制作的常见菜品
A. 大丰收；B. 日式关东煮；C. 五香蚕豆
（A～C分别引自 mt.sohu.com、baike.baidu.com、sohu.com）

（6）熬、炖、煲、煨。

熬，是将切分成形体较小的新鲜食材碎块（粒）放在清水中煮熟后再用文火将其浓缩成酱、糊状物的烹饪方法，成品有菜粥（见图28-9A）、果酱、蘑菇酱等。熬制的食物呈软烂糊状，易为人体消化吸收，一些老年人和病人的流食即以此法烹制而成。

炖，是先将主料切块煸炒，再兑入汤汁，用文火慢煮的方法。此类食物的特点是有汤有菜，菜软烂，汤鲜香，有清炖鸡（汤中常加入鸡毛菜等）、牛肉炖萝卜（见图28-9B）、排骨炖山药、猪肉炖豆角、鲇鱼炖茄子、雪里蕻炖豆腐、小鸡炖蘑菇等经典菜品。

煲，在原料与水按1：1.5的量处理时最佳，加热1～1.5 h可获得比较理想的三个煲汤（见图28-9C）的营养峰值，此时的能耗和获得的营养价值的比例较佳。

图28-9 以熬、炖和煲技法制作的常见菜品
A. 什锦菜粥；B. 牛肉炖萝卜；C. 竹笋老鸭煲
（A～C分别引自 pai-hang-bang.com、zhidao.baidu.com、xs.freep.cn）

煨，是食品与冷水一起受热，既不直接用沸水煨汤，也不中途加冷水，以使食品的营养物质缓慢地溢出，最终达到汤色清澈的效果。

（7）炒、爆。

炒，是指锅内放油，油烧熟，下生料炒熟。一般用旺火快炒可减少菜的维生素损失，炒肉多用中火。典型菜品有青椒肉丝、番茄炒蛋、韭菜炒豆芽、清炒时蔬等（见图28-10A、B）。

爆，用旺火热油，原料下锅后快速操作。要求刀工处理粗细一致，烹前备好调味品，动作要麻利迅速。其代表菜品有葱爆羊肉、酱爆鸡丁、芫爆鸡丝等（见图28-10C）。

图28-10　以炒和爆技法制作的常见菜品
A. 番茄炒蛋；B. 韭菜炒豆芽；C. 芫爆鸡丝
（A～C分别引自 jf258.com、hongquan.org、duitang.com）

（8）烤、熏。

烤，在中餐中也有使用，而在西餐中则为主要烹制手法。烤制时，将食材置于热辐射下进行加热使食材熟化。烤制时所用的工具有烤箱、烤炉、烤架、旋转烤架等，同时为了便于使食材均匀受热，常辅助以烤盘、烤串、烤夹、烤叉和烤钩等盛装和固定食材。烤制菜品的表面可形成一层硬化的脆皮，而内部则质地软烂。此类经典菜品有北京烤鸭、烤带皮土豆、烤茄子、烤辣椒、烤全羊、烤乳猪等（见图28-11）。

图28-11　以烤制技法制作的经典菜品
A. 果木吊炉烤鸭；B. 奶油烤土豆；C. 烤茄子；D. 烤辣椒；E. 烤全羊；F. 烤乳猪
（A～F分别引自 cq.meituan.com、quanjing.com、item.btime.com、fzwzxx.com、hyzc.net、wap.pctowap.com）

熏，是以特定植物材料如松柏树枝、迷迭香、橘皮、木屑、茶叶和红糖等为燃料，利用不完全燃烧时产生的烟气对食材进行熏制的过程。熏制可使食材形成独特风味，常以肉类原料为主，也有使用如竹笋、豆腐干类和植物性产品为原料者。为了避免因直接熏制造成食材产生致癌物质等问题，现大多采用间接熏制法或液熏法。著名的熏制产品有培根、井冈山烟笋（炒腊肉）、沟帮子熏鸡、哈尔滨松仁小肚、湘西熏腊肉等（见图28-12）。

图28-12 常见的熏制菜品
A. 井冈烟笋炒腊肉；B. 沟帮子熏鸡；C. 哈尔滨松仁小肚
（A～C分别引自dianping.com、h5.youzan.com、jd-lp.com）

（9）盐焗。

盐焗，是将食材直接或用锡纸包裹后埋入加热过的食盐中并继续加热进行烹制的手法，多用于动物性食材。著名的菜品有广东的盐焗鸡、盐焗花螺等（见图28-13A、B）。

（10）酒灼（炙）。

以酒作为加热媒介，锅内的乙醇成分经加热后燃烧，使锅内食材处于明火的灼烧中，其后的制作类似于炖。以此法所制成的菜品，酒香浓郁，菜质爽滑。代表菜品有酒香牛尾（其主料为南瓜），如图28-13C所示。

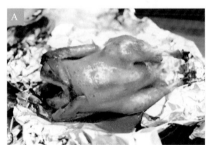

图28-13 以盐焗和酒灼技法制作的常见菜品
A. 盐焗鸡；B. 盐焗花螺；C. 酒香牛尾
（A～C分别引自detail.youzan.com、mt.sohu.com、baike.baidu.com）

2）二次及多次加工

熘，是将预先经挂糊等处理后并炸制的半成品食材再经勾芡、调味后入锅烹制的二次加工过程。熘菜通常具有香脆、鲜嫩、滑软等特点，熘炒时宜用旺火，快速翻炒出锅。常见菜品有焦熘肉片、熘肉段、醋熘白菜等（见图28-14A）。

焖，是把主料先过油后炸至半熟，再加汤用文火焖至熟烂的烹制法，特点是软烂不腻。常见菜品有黄焖鸡块、油焖大虾、油焖笋等（见图28-14B）。

烧，是将事先经油炸或焯水的食材，加入辅料，兑入汤汁煨至熟烂的烹制方法。其特点是汁浓、汤少，菜质软烂，色泽美观。常见菜品有红烧海参、干烧鱼、红烧肉、红烧萝卜等（见图28-14C）。

复炸，是将低油温下定型并晾凉后的初炸材料再次下入七成油温（约200 ℃）中炸制得到成品的技法。其特点是菜品外焦里嫩，如干炸里脊、炸丸子、天妇罗等。

酥，将已经煮熟或蒸熟的食材继续用油炸至香酥的方法。其特点是外焦脆、里嫩软，鲜香可口，常见菜品有香酥鸡、香酥肉、洋葱圈、香酥土豆饼等（见图28-15A）。

图28-14　以熘、焖和烧技法制作的几种常见菜品
A. 醋熘白菜；B. 油焖竹笋；C. 红烧萝卜
（A～C分别引自 itangyuan.com、m.sohu.com、baijiahao.baidu.com）

　　烩，是将事先经油炸或煮熟的原料切分后，放入锅内，加辅料、调料、高汤进行烹制的技法。其菜品具有香、鲜、嫩及味道浓厚的特点。烩制时要注意控制火候，一般用中火收汤。常见菜品有烩三鲜、大烩菜（见图28-15B）、烩鸡丝等。

　　扒，是锅底加少量油烧热，然后加汤，放入主料及调料，用文火扒烂，勾芡收汁的烹制法。特点是鲜软、汁浓、易消化。常见的有酱扒茄子（见图28-15C）、香菇扒油菜等。

图28-15　以酥、烩和扒制作技法的几种常见菜品
A. 香酥土豆饼；B. 大烩菜；C. 酱扒茄子
（A～C分别引自 slf58.com、mt.sohu.com、nipic.com）

　　拔丝，是将糖加清水（或油）熬成糖稀后挂在主料上的烹调方法。拔丝菜要有丝，其口味香甜不腻，重在掌握炒糖稀的黏度，早了、晚了都不行，操作时动作要快。主要菜品有拔丝地瓜、拔丝苹果和焦糖类甜点等（见图28-16）。

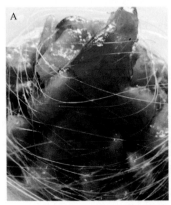

图28-16　以糖稀制作为基础的几种常见菜品
A. 拔丝地瓜；B. 焦糖苹果杏仁米糊；C. 焦糖布丁
（A～C分别引自 douguo.com、baike.baidu.com、duitang.com）

3）直接调制

色拉（salad），是将可直接食用的生鲜食材切分后直接加入调味品（沙司或冷调味汁、酱等）进行拌制的加工方法或菜肴形式。如图28-17所示为几种常见的色拉菜品和色拉酱。

色拉可采用的原料范围较广，各种蔬菜、水果等是最为常用的食材，但原料必须新鲜爽口，符合卫生要求。色拉通常具有色泽鲜艳、外形美观、鲜嫩爽口、解腻开胃的特点，制作简单，易于营养搭配，更加符合当代年轻人和减肥人士的健康需求。

图28-17 几种常见色拉菜品和色拉酱
A. 蔬菜色拉；B. 香醋色拉酱；C. 各种风味色拉酱；D. 水果色拉
（A～D分别引自sohu.com、t-chs.com、t-bb.net、news.suning.com）

28.3.3 食材的搭配

1）菜肴的材料搭配要求

一个好的菜品设计，需要兼顾形、色、味、营养以及文化内涵等几个方面。而在食材的色、形和味的搭配上，通常应满足以下几种要求。

（1）食材间的搭配。

食材间的搭配是按照菜品的总体设计要求进行的，通常会出现1～2种主食材，再辅以较少数起调色、调味或满足其他目的的食材进行搭配。辅助食材用量较少，其种类多寡则依主食材的种类及对最终菜品的要求而确定。当然，这一规律也有例外，多种材料在一起而形成的菜品，若以多层次感展现或强调材料与味道上的重度复合也颇有特色，如

麻婆豆腐→豆腐＋（郫都区豆瓣＋葱姜蒜＋调味料）；

鱼香肉丝→里脊肉丝＋（木耳丝＋玉兰片）＋（郫都区豆瓣＋葱姜蒜＋调味料）；

葱烧海参→海参＋（葱白段）＋（葱姜蒜＋调味料）；

香菇菜心→不结球白菜＋（香菇）＋（葱姜蒜＋调味料）；

排骨炖豆角→不结球白菜＋菜豆＋（葱姜蒜＋调味料）；

五分熟牛排→牛排＋（黑胡椒酱汁）＋（薯泥＋西兰花）；

冬阴功汤→（海虾＋蛤蜊＋草菇）＋（姜＋香茅＋香叶＋辣椒＋青柠檬）＋（冬阴功酱＋鱼露＋椰浆）。

以上例示中，主料、配料分别以红字、蓝字标出。

（2）食材切分形状间的搭配。

通常根据主辅食材特性，采取以下搭配方法：主、辅材同形；突出主食材，辅材异形；多食材形状近似。

　　当主、辅材同形时,讲究块对块、丁对丁、丝对丝。例如:排骨炖土豆中薯块大小与排骨块相当;马兰头香干中,焯水后的马兰头与豆腐干均须切分成茸状并混匀(见图28-18A);扣三丝中火腿、鸡肉、冬笋均须切成等长、等粗的细丝(见图28-18B)。

　　当要突出主食材并且辅材异形时,则完全根据材料特性决定,如在牛肝菌烤猪扒配西兰花薯泥中,140 g重的整块肉扒与茸状的牛肝菌同烤,青花菜与马铃薯则匀浆成泥,最后经造型搭配装盘(见图28-18C)。

　　多种主、辅食材搭配时,不同食材的形状宜大致保持一致,如宫保鸡丁中的鸡肉、黄瓜、胡萝卜、葱白均切丁,再配以花生米,其大小虽不相同,但却相差不大。

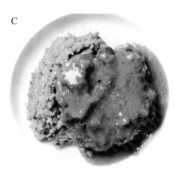

图28-18　几种常见菜品中食材的搭配方式
A. 马兰头香干; B. 扣三丝; C. 牛肝菌烤猪扒配西兰花薯泥
(A～C分别引自 yougee.cn、baike.baidu.com、blog.sina.com.cn)

　　(3)食材颜色间的搭配。

　　在主、辅食材超过两种的菜品中,原料之间的颜色搭配将直接影响菜品成品的外观形态。因此,即使按照前述搭配方法已对原料进行了初步选择,仍然需要在已知的食材种类中,从不同色系中选择所需要的材料。当菜品中原料较多时,通常可选择将多种色系的材料进行搭配,展现缤纷的观感,这将有助于提升食欲;而菜品所涉及的原料种类较少时,如果不区分主次,两者既可选成协调色,也可选成对比色系;如有主次之分时,为了突出主食材的地位,主、辅材料间色差宜大,而辅材之间则可按协调色配置。关于菜品的色彩搭配,可参阅本书第29章园艺美学中的相关内容。

　　(4)食材味觉上的搭配。

　　好的菜品不但要好看,更要好吃。因此,需要在菜式设计上充分考虑材料的挥发气味和成品给人的味觉感受。通常,对一些动物性原料食材所带有的腥味可通过搭配一些具有除腥功能的材料加以克服,如加入一些调味品或香辛料。有时也可使用具有类似作用的葱蒜类蔬菜进行搭配,如青蒜炒猪肝中,青蒜和猪肝两者均为主材,不但在颜色上形成对比色,同时在味觉上也做到了互补(见图28-19A)。而对于某些食材所具有的特殊且不太受人欢迎的味道,则需要配佐其他食材以消弭前述味道,从而使成品菜的口感变得更适宜食用,如辣椒炒苦瓜、茶香臭豆腐等即是如此处理的(见图28-19B、C)。

　　2)菜肴材料营养搭配原则

　　最理想的食物应该是其所含营养素的INQ均为1.0,即营养素的密度和热能密度均在最适条件,可惜这种情况并不存在。因此,必须选用多种食物,用INQ>1的食物来补充INQ<1的食物。

　　然而,人体所需要的营养素的含量水平并未在所有食材中都有规范的检测值可供参考,只能以人体最易缺乏的几种营养素来考查一种食材的优劣。如人体所需的大量元素有K、Na、Ca、Mg、P、S和Cl等7种,其中最容易缺乏的便是Ca;而在人体所必需的14种微量元素中,Fe的缺乏又是最常见的。

图28-19 几种常见菜品中食材的搭配方式
A.青蒜炒猪肝;B.辣椒炒苦瓜;C.茶香臭豆腐
(A～C分别引自home.ecook.cn、home.meishichina.com、m.meishij.net)

因此,在利用INQ衡量一种食材的优劣(即营养素密度和热能密度的相应情况)时,通常只须考查其中的几种营养素即可。

3)菜肴材料搭配上的禁忌

(1)食材与药用植物食材间的搭配禁忌。

总的搭配规则:发汗药忌生冷;调理脾胃药忌油腻;消肿理气药忌豆类;止咳平喘药忌鱼腥;止泻药忌瓜果。

对于动物性食材与药用植物食材的搭配,需注意以下禁忌:

猪肉⊗乌梅、桔梗、黄连、百合、苍术;

羊肉⊗半夏、菖蒲、铜质锅鼎、朱砂;

狗肉⊗商陆、杏仁;

鲫鱼⊗厚朴、麦冬;

猪血⊗地黄、何首乌;

猪心⊗吴茱萸;

鲤鱼⊗朱砂;

雀肉⊗白术、李子。

(2)调味材料与药用植物食材间的搭配禁忌。

对于常用的调味材料,在与药用植物食材搭配上也应注意以下禁忌:

葱⊗常山、地黄、何首乌、蜂蜜;

蒜⊗地黄、何首乌;

醋⊗茯苓;

茶⊗土茯苓、威灵仙等;

萝卜⊗地黄、何首乌(萝卜与人参不得同时入锅)。

(3)食物间的搭配禁忌。

不同食物的配伍上也有一些忌讳,以下可作参考:

猪肉⊗荞麦、鸽肉、鲫鱼、黄豆;

羊肉⊗醋；

狗肉⊗蒜；

鲫鱼⊗芥菜、猪肝；

猪血⊗黄豆；

猪肝⊗荞麦、豆酱、鲤鱼肠子、鱼肉；

鲤鱼⊗狗肉；

龟肉⊗苋菜、酒、果；

鳝鱼⊗狗肉、狗血；

雀肉⊗猪肝；

鸭蛋⊗桑椹、李子；

鸡肉⊗芥末、糯米、李子；

甲鱼⊗猪肉、兔肉、鸭肉、苋菜、鸡蛋等。

28.3.4　食物的调制方式

烹饪的整个过程中，除了利用加热使食材熟成的烹制之外，调制是以调整菜品的色、香、味为主要目的。调制对一个菜品在制作过程中的作用是显而易见的。多数情况下，烹与调的两个过程是交织在一起进行的，当然有时也可能分离，如一些食材焯水或油炸后才调味，有些调制也可能在烹制前发生，如清蒸和食材的腌制等。一般来说，有些复杂的菜品在制作时可能需要多次的调制过程。

1）人类的味觉与感觉反应

人体的味觉以舌部味蕾及其生理反应的感受为基础，基本味觉有酸、甜、苦、咸、鲜五种，而"辣""麻""涩"则是人体对刺激的感觉，其实不属于味觉。

（1）酸味。

食物中的酸味，通常来自其成分中的有机酸。当需要增加食物的酸度时，通常可添加食醋、果醋和乳酸来达到目的。

食醋通常由粮食酿制而成。著名的食醋在中国有山西陈醋（省内多地均有生产而以清徐产最为著名）、镇江香醋（江苏）、保宁醋（四川）和永春老醋（福建）；国外的粮制醋最为著名的是英国的麦芽醋和日本黑醋（见图28-20A、B）。值得一提的是，陕西窖醋的初制醋品须经窖藏，二次发酵后才为成品；而青海的湟源黑醋则是在初制醋中加入草果、豆蔻、八角茴香、枸杞、党参等香料制成，这与欧洲香草醋（加入迷迭香、鼠尾草等种类，如图28-20C所示）的加工极为类似。

图28-20　国外几种著名醋制品

A. 英国麦芽醋；B. 日本黑醋；C. 法国香草醋；D. 摆盘时用的意大利黑醋

（A～D均引自沧海一粟1951, 360dc.com）

果醋在国外较为流行,国内也有消费增加的趋势。果醋的原料包括苹果、葡萄、柿、柑橘、柠檬、椰子、猕猴桃等,其中以意大利摩德纳的葡萄醋最为著名,其形态较为浓稠,色深,是西餐摆盘时最为常用的材料(见图28-20D)。

有时,乳酸发酵的酸汤及其腌渍品可直接用于烹制食材的调味,如贵州的酸汤鱼、重庆的酸菜鱼以及陕西、甘肃等地的浆水面等都以此类方式调味。

各种酸味在利用时,可通过改变食物的pH而使其中的营养成分的分解与稳定发生相应的变化。无论酸味的来源如何,除改变味道之外,有机酸、乳酸等均对人体有益。

(2)甜味。

除糖分外,食物中的很多成分均能让人感受到甜味。甜味能够给人带来愉悦感,同时对菜品的口感还可起到增鲜和去腥的作用。但过多的糖分摄入会影响人体健康,减糖饮食也成为一种流行趋势,因此一些多糖被大量作为食品调味剂使用。

(3)苦味。

很多食材中的一些成分具有苦味。苦味素(bittern)是一类具苦味的化合物的通称,在中草药成分中主要指除了生物碱、苷类以外具有苦味性质的物质,其多数属于萜类化合物或者是内酯衍生物。这些具有苦味的物质通常都具有药用功能,所以受到了人们的重视。因此,对于一些苦味食材,尽管其味道并不受人喜欢,但人们还是会充分利用其特性,并通过食材的搭配来消弭苦味造成的不悦感。苦瓜、白果等均是较常用的带苦味的食材。

(4)辣味。

具有辛辣味的食材种类较多,造成辛辣感的成分大多数为一些含硫化合物。此类重要食材包括姜、葱、洋葱、蒜、辣椒、胡椒以及芥菜等十字花科的食材等。不同的人群对这些辛辣味具有不同的适应性与嗜好性。

从其产生的辣味物质的化学性质来看,辣味随分子中非极性尾链的增长而加剧,在C9左右达到最高峰,然后陡然下降,此即C9最辣规律(C9's hottest rule)。

(5)咸味。

属于基本味觉,且会与其他味道相互作用。由于咸味的存在,其他味道才更加真实,彼此具有相互的促进性,但其与酸味则呈相反的作用。

咸味主要由食盐来提供,盐能激发食材内很多物质的转化与释放而使其食味发生一系列重大改变。除作为基本调味外,盐也是食材腌制时的常用原料,可起到脱水、护色、保持质地等作用。

(6)鲜味。

主要来源于游离氨基酸,很多低等植物食材大多具有特别的鲜味,如羊肚菌、香菇、黑松露、竹荪、松茸、鸡枞、地耳、发菜、海带等。一些富含蛋白质的食材,在烹调时,经食用油、食醋、食盐和加热条件的激发,可使其中一部分氨基酸游离出来而呈现其鲜味,如豆粒、肉类和水产类经烹制而口感鲜美。

(7)涩味。

涩味主要来自食材内的单宁类物质,往往与一些酸味成分相伴。在果实未成熟时,此类物质相对含量较高,如未经后熟脱涩的柿、青苹果、梨、李、杏、油桃、柠檬、柑橘、木瓜、石榴、核桃、番茄等涩味较重。涩味并不受人欢迎,需要对食材进行后熟或烹调时的专门处理来使其成分发生转化。

(8)麻味。

这是一种非常特别的刺激性感受,通常的利用原料为花椒。其可由食用油制成花椒油或经炒制粉碎后作为调味剂使用。麻味既可以单独成为食物的特色,也可以与辣味进行组合,表现形式有北方地区的椒盐里脊、椒香排骨以及川渝地区的各种以麻辣风格见长的菜品等。

(9)复合味。

在通常的菜品中,各种单一的味道时常会综合在一起并相互有较大影响。如咸味可受酸味和甜味的影响而弱化;酸味也可用甜味来中和;而盐对甜味和鲜味有增益效应;甜味和辣味能减轻人对苦味、涩味的感受性;酸味可减轻麻辣引起的刺激感。

因此,在实际的食材调制过程中,对基本呈味物质的调整会引起一系列复合性反应。

2)嗅觉的形成

嗅觉主要有辛、酸、腥、臭、香、醇等类别。气味本质的嗅感学说(olfactory theory)大多是针对嗅感物质(olfactory substances)与鼻黏膜之间所出现的反应来进行解释。

嗅感物质可由酶反应或非酶反应形成,其基本途径有热处理方式、组分间相互作用、组分的热降解、非基本组分的热降解等,射线和光照作用也能形成嗅感物质。

(1)腥臭、腐臭味。

腥味的产生与一些胺有关,通常是氨基酸在脱羧酶的催化下,脱去羧基产生CO_2和胺,而这些胺类(如腐胺和尸胺)往往会散发出腥臭味。因此,一些游离氨基酸或蛋白质含量较高的食材,如水产品、肉类以及食用菌、鲜豆类等,在常温下放置一定时间后即会散发出腥臭或腐臭味(分解反应中有NH_3释放);同样一些含硫氨基酸的腐败也会散发出如H_2S的臭味。

非常有趣的是,一些食材的腥味和臭味虽然为人所熟知,但食材给人的嗅觉与味觉感受并不统一。因此,便出现了多种闻起来臭却吃起来香的美食,徽菜中著名的红烧臭鳜鱼、法国的老布洛涅(Vieux Boulogne)奶酪、德国的斯第尔顿蓝纹(Blue Stilton)奶酪、北京小吃臭豆腐以及宁波三臭(臭冬瓜、臭苋菜梗、臭菜心)等均属此列(见图28-21)。

图28-21　几种常见的臭味食材及其菜品
A.红烧臭鳜鱼; B.法国老布洛涅奶酪; C.德国斯第尔顿蓝纹奶酪; D.北京小吃臭豆腐
(A～D分别引自 tcmaoxin.org、m.sohu.com、sohu.com、szbaidi.com)

(2)香味和醇味。

食材中能发出香味的主要是一些芳香族化合物酮、醛以及多种低级酯类化合物。例如:茉莉油是由乙酸苄酯、苯甲酸苄酯、邻氨基苯甲酸甲酯和吲哚等组成,薄荷油是由薄荷脑、薄荷酮和乙酸薄荷酯等组成,香草的主要成分是香草醛,梨香的主要成分是乙酸乙酯和乙酸异戊酯,草莓香味的主要成分是丁酸乙酯和丁酸异戊酯,菠萝香味的主要成分是丁酸乙酯、丁酸丁酯、丁酸异戊酯和异戊酸异戊酯,等。

除了食材中天然存在的具有香味的物质外,在烹调过程中,加热以及有油脂作为媒介时,可激发食材内一些成分的分解与释放,并在天然有机酸等的作用下发生酯化反应,使菜品形成特殊的香味。这正是烹调之魅力。

醇类物质是形成食物香味的重要成分,它常与食物中的酸、醛、酮、肟、胺等化合物中的羧酸发生酯化反应而呈现醇香的味道。因此米酒、白酒和葡萄酒等常被用作烹制时的重要材料,借助其溶解性,很多成分被分解而释放出来,并与醇类反应而形成特别的味感物质。

3)调味品及其作用

食材一经搭配即具备了形成菜品味感的物质基础,但这些均需要通过烹、调这两个过程进一步去激发与平衡。特别是烹制后食材所释放的物质,经过调制,这些物质会相互作用,彼此影响,其结果是形成了许多复杂到难以描述的复合香味(compound fragrance)。而且不同的食材组合、同一菜式的不同烹调方式所呈现的香气也会有很大不同。

4)色拉酱(salad dressing)

一些食材不经过烹制也可直接用调制的方法做成菜品直接食用,其中就包括色拉(salad)。

色拉的取材非常广泛:中餐中的生拌食材以叶根菜类中的白菜、球茎甘蓝、结球甘蓝、水萝卜、胡萝卜、芹菜、芫荽、莴苣、菊苣、苦苣、莴笋、番杏、甜菜、鱼腥草、芝麻菜、豆瓣菜、莲藕以及果实类中的番茄、辣椒、黄瓜、佛手瓜、梨、苹果、草莓、树莓、沙棘等为主;另有部分食材经轻微焯水后再凉拌,故其可用的食材范围可进一步扩大,加上各种叶菜、海带、豆芽、马铃薯、苦瓜等。除植物性材料外,中国国内一些区域也有生拌鱼片(黑龙江等地)、生拌牛肉(内蒙古等地)和炝活虾(江浙等地)的食用方式。

国外的色拉,除各种叶菜类和部分果菜类外,比中国的色拉拌菜增加了以下诸多种类:紫甘蓝、蒲公英、橄榄、叶用甜菜、水芹、独行菜、樱桃番茄,豌豆、青花菜、甜玉米、洋葱碎、越橘等冷冻蔬果粒,鲜食或罐制苹果、桃、梨、猕猴桃、甜瓜、西瓜、菠萝等水果;也更多地用到一些香料植物产品如薄荷、紫苏、香芹、罗勒等。此外,国外的色拉中还经常添加如鲑鱼、鱼子、培根、火腿粒等动物性食材。

无论如何,这些生食材料均须用良好的调味酱汁来激发其独特的味道。色拉酱按原料不同可分为浅色拉酱与深色拉酱。

(1)浅色拉酱。

浅色拉酱也称作油醋汁,是由白醋与橄榄油、花生油或大豆油等植物油按比例调制而成,调制过程中可加入盐、胡椒和芥末等调味料,也可加入新鲜的香草等。

(2)深色拉酱。

深色拉酱除了以植物油、白醋为基料之外,还必须添加新鲜蛋黄。调制深色拉酱时也可与不同香辛料搭配,调制成具有不同风味的乳脂型色拉酱(mayonnaise)。

以蛋黄酱为主料,再加上其他配料或调味料进行拌和,就可以变化出其他色拉酱或调味汁,如千岛酱等。通常的色拉酱以奶白色为主,有时可添加辣椒和番茄汁而使其为橙红色。

不同地域文化下,以蛋黄酱为基础可分化出许多各具特点的色拉酱,如日式酱中加入抹茶、辣根汁和梅子,泰式酱中则添加椰汁和鱼露等,意大利酱中则添加紫苏、牛至、迷迭香和甜牛至汁等。

(3)果汁或果泥酱。

由于蛋黄酱的成分中有油脂的原因,一些倾向于清淡口味者将选择的视线转移到果汁色拉酱上,即以复合果汁、鳄梨取代蛋黄酱再与其他原料进行配制,做成果泥酱。

(4)芥末酱、辣根酱(青わさび)。

意大利风格的恺撒色拉,即是由芥末酱加意大利黑醋进行调制的,中式的凉拌菜中也常用黄芥子酱汁进行调味;而在一些日式色拉中,特别是在有动物性食材的色拉中则常使用辣根或山葵泥加白醋调制成的酱汁。芥末、辣根和山葵根的辣味成分是完全相同的，但却有风味上的些许变化。这些以芥辣为特色的酱汁在色拉以外的食物中也有广泛利用（见图28-22A、B）。如图28-22C所示为鲜制山葵酱。

图28-22　黄芥末酱和辣根酱的其他应用及鲜制山葵酱
A. 煎鳕鱼配黄芥末酱、柠檬汁；B. 美式汉堡中的黄芥末酱；C. 鲜制山葵酱
（A～C分别引自wp.me、zhishi.xkyn.net、news.makepolo.com）

5）其他调味酱汁

各国饮食的调味风格虽然存在较大差异，但很多调味酱汁制品的流通，使人们能够轻易地享受带有异域文化的饮食。

（1）各式辣酱。

中式风味的老干妈各式辣椒酱、湖南剁椒酱、蒜蓉辣酱、郫都区豆瓣酱、陕西油泼辣子等（见图28-23）都是辣酱中使用频率较高的种类，有些甚至在海外也颇为流行。由于所选用的辣椒种类及配比不同，这些辣酱在口味上存在较大差异。炒制型辣酱所用辣椒原料多为二条筋类型的干红辣椒碎片，不同口味分别辅以其他肉类、蘑菇等炒制而成；剁椒酱通常以鲜红辣椒经剁碎后进行低盐腌制而成，略带乳酸发酵味；蒜蓉辣酱则是以鲜红辣椒和大蒜瓣为材料经匀浆处理调制而成；郫县（现郫都区）豆瓣酱则是由鲜红辣椒和鲜蚕豆瓣经发酵而成；油泼辣子是多种干红辣椒片经配比后用沸油熬制而成，红油明亮，辣椒略带焦香。

这些辣椒酱虽然形态和风味各异，但均可用于菜品调制，也可直接佐餐食用。

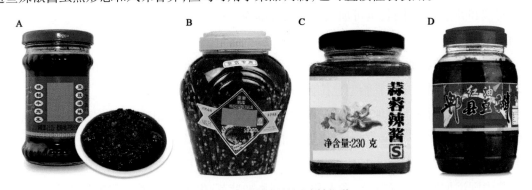

图28-23　几种常见的调味辣椒酱
A. 炒制辣椒酱；B. 剁椒酱；C. 蒜蓉辣酱；D. 郫都区豆瓣
（A～D分别引自t-chs.com、21food.cn、51shopjuan.com、51.sole.com）

（2）韭菜花酱。

韭菜花经绞碎加盐等调制后即可装瓶冷藏待用，有一定发酵度时，色泽黄泛褐，其味道较最初也会有所变化，以野生韭菜花为原料的酱汁（见图28-24A）香味更浓郁。韭菜花酱对牛羊肉类食材的味道激发有着强大的作用，是涮羊肉、手把羊肉、北派火锅、豆花等菜品的最佳搭档之一。

（3）腐乳、虾酱。

两者均为蛋白质降解发酵产物，具有特殊的腐臭味，但却是令菜品增香增鲜的重要调味佐料，既可作烹饪材料，也可直接食用。腐乳在中国有很多不同流派的做法，腌制过程中的添加物也有着较大差异。按照制作工艺及成品色泽可分为青方、红方（见图28-24B）与白方三类。除颜色外，有些腐乳中还加了一些特殊成分，如辣椒碎、芋泥、玫瑰、虾子、芝麻、茶油等。

虾酱则是用绞制后的小河虾，经调制装坛腌制而成，盐分较高，有一定的黏稠度。

（4）芝麻酱、橄榄菜。

芝麻酱以白芝麻或黑芝麻炒熟磨制而成，食用时根据需要加入温水并充分搅匀成汁即可，既可用作蘸料，也可作为色拉类调味剂用。芝麻酱在冷食鸡丝拌面以及东北大拉皮的制作中都是重要的调味原料（见图28-24C）。

橄榄菜是由芥菜和橄榄果腌制而成，是潮汕地区的特色佐餐佳品，也受到东南亚国家不少人的喜爱（见图28-24D）。

图28-24　几种常见的传统调味制品
A. 野韭菜花酱；B. 红方腐乳；C. 芝麻酱；D. 橄榄菜
（A～D分别引自t-cha.com、jwegou.com、ghs.net、thguohuo.com）

（5）番茄沙司（酱）。

此产品是番茄经匀浆后加入食糖、白醋等熬制而成，可用于菜品及糕点的烹制、调味、调色等，并深受各类人群喜爱（见图28-25A）。与此相似的产品是番茄汁和罐装去皮番茄，这两者是制作一些汤品菜式（如意式蔬菜浓汤、罗宋汤等）时常用的原料。

（6）辣椒仔。

辣椒仔是一种美式辣椒汁，以鲜辣椒与番茄匀浆后加入白醋调制而成，是西餐中常用的餐桌调味品，可与意大利通心粉、烤肉等配佐（见图28-25B）。

（7）喃咪汁。

喃咪，傣语意为像酱的糊状食品或调味汁。常见的喃咪汁类型有番茄喃咪、酸笋喃咪、菜花喃咪等，通常以新鲜食材不经任何烹制直接用臼捣碎制成（见图28-25C）。东南亚风格的喃咪汁与之相类似，是以酸柠檬、罗勒、辣椒和大蒜等为原料，臼碎后直接使用的调味料。

（8）酱油、鱼露、蚝油、鱼子酱。

酱油是豆类发酵的产物，使用非常普遍，其作用在于调色、增香、提鲜。而鱼露和蚝油则是动物蛋白发酵的产物，其使用与酱油相类似。

鱼露是闽菜、潮州菜和东南亚菜品中常用的水产调味品，是用小鱼虾为原料，经腌渍、发酵、熬炼后得到的一种味道极为鲜美的汁液，色泽呈琥珀色，味道偏咸（见图28-25D）。通常可将鱼露和柠檬汁、砂糖、红辣椒碎、蒜泥放入碗中混拌均匀,作为蘸料使用。蚝油,是用煮生蚝的汤水经过滤浓缩熬制而成,在烹调上以能增加菜品鲜味而著称,常见菜式有蚝油生菜等。

图28-25   几种常见的调味酱汁2
A. 番茄沙司;B. 辣椒仔;C. 喃咪汁;D. 鱼露
(A~D分别引自home.7quw.com、m.sohu.com、baike.baidu.com、dttt.net)

鱼子酱,是以冷水鱼类鲟鳇鱼或鲑鱼的卵腌制而成的调味品,一般认为产于伊朗和俄罗斯之间的里海的鱼子酱质量为佳,味道腥咸,色泽乌亮。鱼子酱价格昂贵,其地位相当于植物中的松露。鱼子酱可用于色拉,也可直接配面包、奶酪和香槟酒食用。

(9)咖喱酱。

咖喱酱是将各种干制香料(姜黄和其他香料)磨碎后,经烹煮而成的成品调味品,与咖喱粉和咖喱油脂块不同,咖喱酱可直接食用。其实,通常所说的咖喱在泰米尔语中指以不同香辛料制成的酱汁,而咖喱粉与咖喱脂块则是传播过程中出现的便利品形式。咖喱酱通常可配米饭、薄饼与煮熟的肉类、蔬菜等,起到蘸食调味的作用。

28.3.5   烹调方法对食材营养的影响

1. 烹调方法对味觉的激发

(1)温度的影响。

食材在烹制过程中,经常要经受高温处理。较高的温度可使其中更多的呈味物质得以分解、释放,如要使一些氨基酸游离出来产生鲜味,则需要对食材进行较长时间的熬煮。温度对各类营养素的相对数量有较大影响,物质的此消彼长使得综合营养质量指数(ONQI)出现较大程度的变化,但更为重要的是温度彻底改变了食物中营养素的可利用程度。

(2)油脂的应用。

中式餐饮中利用食用油来处理食材的做法,一方面能使食物中的呈味物质和色素物质更好地释放出来,同时也可缩短材料的熟制用时,减少食物中一些营养素的持续分解与转化,另一方面还能起到增加香气的作用。

(3)调制的作用。

调制食物时采取的改变食材pH,增加各种基本呈味物质和香气成分,改变颜色等一系列的作业,同样也会影响食材在烹制过程中营养物质转化时最后的稳定形态,从而获得不同的口感与营养素利用结果。

2. 烹调过程中食材的营养损失

尽管食物中既存的营养物质在烹制过程中会有一定比例的彻底分解,但从数量而言该比例并不是很高。因此,烹调过程中的营养损失主要是因为营养物质的形态转化。

1）烹调引起的营养素损失

烹调过程中容易造成损失的物质主要是维生素类,其损失率可达30%左右,有时甚至更高。

2）烹调手法对营养素损失的影响

（1）加醋。

在调制食物时,加入食醋可有效保护食材的维生素类不被分解转化。

（2）有针对性的食材前处理。

食材的前处理得当与否和其烹制过程中营养素流失、分解的多少有关。通常采取的先清洗后切分的顺序、挂糊保护等措施,均是有效的方法。

（3）烹调时间。

中餐提倡用旺火急炒,可使食材迅速熟化并减少其营养物质的损失,如肉类和蔬菜中的维生素B_1含量较高,切丝并急炒时其损失率仅在16%左右,而切块慢炖时,其损失率在65%以上。因此,一些蔬菜作色拉使用或经沸水轻焯后直接调制的方式,从维生素保护的角度看是非常积极有效的。

3）烹调时可能产生的有害物质

食材中的蛋白质和碳水化合物类,在煎炸中会因为高温变性而产生多环芳烃类致癌物质,而且烹制引起的物质转化也会使一些对健康有益的物质（如磷脂、DHA类）失去生物活性。磷脂在与Ca^{2+}相遇后会发生皂化反应随后流失,其碳链越长对Ca^{2+}的结合能力就越强,也越易流失。

28.4 食疗与保健

食疗（diet therapy）,是指利用食物来改善机体各方面的功能,以保持健康、预防疾病的一种方法;而保健（healthcare）,意即对健康的保护,是指为保护和增进人体健康、预防疾病而采取的综合性措施。

28.4.1 药食同源理论

中国传统医学典籍《黄帝内经》中的《素问·五常政大论》即主张:大毒治病,十去其六;常毒治病,十去其七;小毒治病,十去其八;无毒治病,十去其九。谷肉果菜,食养尽之,无使过之,伤其正也。该书高度评价了食疗养生的作用,是食疗养生理论上的一个重大进步。

东汉名医张仲景在《伤寒论》中提到,服桂枝汤后啜热稀粥一升余可助药力。唐代医学家孙思邈的《千金要方》中也有一方专论食治,他主张:"夫为医者,当须先洞晓病源,知其所犯,以食治之,食疗不愈,然后命药。"这体现了以人为本的原则。

此后的《食疗本草》和《食性本草》等专著都系统记载了一些食疗品及药膳方:宋代的《圣济总录》中专设食治一门,介绍了多种疾病及对应的食疗方法;陈直所著的《养老奉亲书》,专门论述了老年人的卫生保健问题;元代饮膳太医忽思慧编撰的《饮膳正要》一书,继承食、养、医结合的传统,对健康饮食做了很多论述,堪称中国第一部营养学专著。

明代李时珍的《本草纲目》中收载了谷物、蔬菜、水果类药物300余种、动物类药物400余种,多数均可供食疗使用。

随着近些年人们对中医药理论的重视不断提高,通过重新审视,这些光辉灿烂的文化传统,这些瑰宝又得以继续光大。丰富的历史文化积淀对当下膳食保健理论与实践的发展仍然有着重要的指导作用。

图28-26　保健茶饮的煮制道具
（引自62a.net）

28.4.2　制作及食用方法

1. 保健茶饮

保健茶饮（health tea），是以中药饮片配合一些其他材料制成的饮品，可冲泡（或煮制）后于日常饮用，这类饮品越来越受到大众青睐。有些材料虽然可直接冲泡，但其中有效成分的提取效果稍差；采用煮制时，可将总量分成每杯的等分量，每次饮用前煮制即可。保健茶饮的煮制器具如图28-26所示。

基于不同功能需求的茶饮配方如表28-10所示。

表 28-10　各种功能性茶饮及其配方

茶饮名称	所用材料	功效
茵陈茶	茵陈50 g，土银花50 g，夏枯草50 g，大生地50 g，土茯苓50 g，绿豆100 g，水13碗	清热，解毒，祛湿热，湿毒
银杏甘草蜜糖	去芯银杏100 g，甘草15 g，蜜糖适量，开水3碗	止咳润肺，清热解毒，治疗小儿夜尿和尿频
木瓜生姜糖水	木瓜1片，生姜50 g，洋薏米50 g，冰糖适量，水8碗	开胃健脾，增加食欲并迅速恢复体力，适合于儿童
降眼火汤	大海榄10粒，罗汉果1个，甘菊花50 g，水8碗	适合眼睛长期偏红和带血丝者
杞子明目茶	枸杞子10～15 g，白杭菊10 g，水4碗	缓解视力衰退、夜盲、白内障等目疾及肝虚
补肾气汤	田七15 g，巴戟25 g，杜仲25 g，党参50 g，云苓25 g，蜜枣3粒，水6碗	补肾气
白花蛇舌草	白花蛇舌草250 g，半枝莲250 g，片糖4片，水15碗	有抗癌功效，并消炎解毒；加盐的白花蛇舌草水有减肥功效
甘苦茶	绿茶叶少许，红枣15粒，当归5片，黑眉豆3汤匙，水5碗	可助消化及抑制糖尿
圆肉茶	桂圆肉20 g，何首乌10 g，当归5 g，红枣6粒，水4碗	适合贫血、面色无华、腰膝酸痛、头晕眼花者
玫瑰提子茶	玫瑰花10余朵，提子干3汤匙，水3碗	补血减肥又易被身体吸收，适合工作过劳者
莲藕增颜汤	莲藕500 g，红枣50 g，圆肉50 g，水适量	补血养血，缓解贫血病、心律不齐、失眠，适于面色无华，特别是产后贫血者
红枣茶	红枣15粒，当归5片，黑眉豆3汤匙，水5碗	养血补脾，补中益气，强身平胃气
木瓜茶	宣木瓜3片，桑叶7片，红枣4粒，水1碗	缓解风湿关节炎痹痛，舒筋活络，缓和肠胃平滑肌痉挛等
茯神核桃糖水	茯神20 g，核桃肉100 g，龙眼肉10 g，冰糖少许，水适量	补血养心，治失眠
桂圆茶	桂圆肉20 g，何首乌10 g，当归5 g，红枣6粒，水4碗	适合贫血、面色无华、腰膝酸痛、头晕眼花者
补血祛湿茶	天麻10 g，当归20 g，川芎15 g，首乌20 g，南枣4粒，水4碗	补血祛湿
	茯神25 g，云苓25 g，党参3枝，淮山药4片，红枣10粒，水4碗	
乌梅洛神茶	乌梅30 g，陈皮10 g，山楂20 g，甘草5 g，玫瑰茄干5 g，桂花干适量，水1.5 L，冰糖适量	消除疲劳，平降肝火，助脾胃消化，滋养肝脏

注：依m.baotang5.com。

2. 煲汤

煲汤(stew soup),往往选择富含蛋白质的动物原料,最好用牛羊肉、鸡、鸭和猪骨等,再配合一些功能性材料,经文火慢煨而成。以不同原料制成的汤品,不但口味有差别,而且其功效也有着较大的不同,须根据季节和每个人的身体状况选择合适的食材进行调制。如图28-27所示为几种常见的药膳汤类菜品。

图28-27 药膳汤类菜品
A. 广东煲制靓汤;B. 江西瓦罐煨汤;C. 各式沙县炖罐(排骨、牛肉、乌鸡、鸽子、猪肚、猪脑)
(A～C分别引自hzlhsw.com.cn、91jm.com、detail.1688.com)

1)主料与辅助材料的搭配

以动物性食材为主料时,常见的搭配辅助食材如下。

(1)排骨。

可选择搭配的食材有冬瓜、黄花菜、萝卜、玉米或节瓜、苦瓜、海带、海带或黄豆、海带或马铃薯、胡萝卜或玉米、虫草花、红豆、牛蒡、薏米或山药、海带结或白菜、慈姑、莲藕、莲藕和红枣等。

(2)鸡汤。

可选择搭配的食材:香菇、茶树菇、鹿茸和黄芪,甲鱼(可配乌鸡)、虫草花、首乌、当归和木耳,海参、竹笋和北菇(搭配老母鸡),竹荪、木耳和山药,莲子和红枣,枸杞和黄芪,虫草和山药,沙参和麦冬,人参、花椒和松茸,当归和黄芪(搭配乌鸡),羊肚菌、淮杞和红枣(搭配乌鸡),等。

(3)牛肉汤。

可选择搭配的主要食材有萝卜、番茄、萝卜、海带和金针菇(搭配肥牛、肉片)等。

(4)鱼汤。

可选择搭配的主要食材:鲫鱼和豆腐,粉葛、芡实、丝瓜、苦瓜、枸杞、木瓜、人参、茵陈、天麻和鱼头,香菜、豆腐和鱼头,川芎、白芷和鱼头,酸菜和鱼头,等。

此外,还有不少无动物性原料的煲汤,多以食用菌和时蔬为原料。

2)保健型靓汤的基本材料

基于不同的需要,在动物性原料基础上,加入一些具有普遍保健功能而无副作用的中药等材料,可煲制具有独特风味的靓汤。这种靓汤是药膳中最普遍的形式。

保健型靓汤的种类、材料配置及功效如表28-11所示。

3)常用煲汤药材及功效

按照各种汤品中所添加药材的种类不同,其健康调理功效也有较大的差异(见表28-12)。通常情况下,煲制的汤内所含药材的种类以单种为主,即使有复用也宜控制在三种以内。

表 28-11 保健型靓汤的种类、材料配置及功效

汤的种类名称	材料配置	功效
人参附子汤	高丽参25～50 g, 熟附子15 g, 炖肉4块, 生姜3片, 水8碗	缓解四肢冰冷、面色无华, 驱寒补阴
黑豆独活汤	黑豆200 g, 独活300 g, 炖肉4块, 水13碗	缓解腰膝酸软, 肢体乏力, 风湿痹症, 并可益气养血, 散寒止痛, 祛风活络
杜仲汤	杜仲25 g, 北芪15 g, 党参15 g, 栗子200 g, 炖肉1块, 水8碗	补肾, 温肺润肠, 固阳益精, 补养气血
醒脑宁神汤	花旗参50 g, 淮山药100 g, 桂圆肉100 g, 炖肉4块, 水10碗	适合气血消耗过度、精神衰弱或疲劳者
咸柠薏米汤	咸柠檬3个, 生薏米200 g, 炖肉4块, 水8碗	去湿, 醒胃, 助消化吸收, 防癌
玉米须水	玉米须100 g, 水4碗	降低血糖, 利尿减肥. 糖尿病可长期饮用
莲藕汤	莲藕500 g, 红萝卜250 g, 花生200 g, 冬菇10只, 水14碗	消除疲劳, 净化血液, 养颜润肤
猴头菇炖北菇	猴头菇4只, 冬菇4只, 当归8片, 红枣15粒, 开水4碗	固本扶正, 强身健体, 抗癌, 补血, 强胃, 缓解十二指肠溃疡
田七片煲炖肉汤	田七片15 g, 炖肉4块, 红枣10粒, 姜50 g, 水8碗	活血祛风, 防止瘀阻肿瘤硬结, 孕妇忌
补血明目汤	素羊腩4粒, 桂圆肉1汤匙, 枸杞子1茶匙, 淮山药4片, 南枣4粒, 开水3碗	润燥利肠, 养血, 止血
红枣红糖煮南瓜	南瓜500 g, 红枣15粒, 红糖适量, 水适量	补中益气, 健肺气, 缓解支气管哮喘、慢性支气管炎
清肺火祛痰止咳汤	玉竹25 g, 沙参5枝, 百合50 g, 银耳1只, 黑枣5粒, 炖肉1块, 白胡椒1茶匙, 水6碗	清肺火, 补气, 祛痰止咳润心肺, 对有慢性支气管炎、精神疲劳和胃寒且有痰者有益
黄耳炖鲜奶	黄耳(浸软发大)3朵, 鲜百合1个, 鲜莲子10粒, 鲜奶1瓶, 冰糖适量, 开水1碗	润肺, 滋阴, 养颜, 清心安神, 滋润肌肤
银耳桂肉鸡蛋茶	银耳50 g, 桂圆肉25 g, 鸡蛋4只, 冰糖适量, 水适量	润燥养颜, 补脑益智, 宁神安心, 缓解心悸失眠、记忆力减退、肾虚耳鸣、肺阴虚燥热、咳嗽、便秘
木瓜薏米玉竹汤	木瓜500 g, 生熟薏米150 g, 玉竹15 g, 淮山15 g, 炖肉4块, 水10碗	利水去湿去暑, 滋润中气, 健脾胃, 润肠通便, 皮肤光滑, 缓解湿疹, 益皮肤
田七参枣汤	田七片150 g, 党参25 g, 炖肉1块, 红枣5粒, 滚水3碗	适于虚不受补者饮用, 对妇女有益
首乌黑豆素肉汤	首乌300 g, 黑豆200 g, 桂圆肉15粒, 红枣10粒, 生姜3片, 炖肉3块, 水8碗	补血养血, 防头发变白, 使面色红润
雪耳辣椒炖肉汤	雪耳八钱, 红辣椒3只, 炖肉4块, 红枣10粒, 水9碗	祛风散寒, 活血祛瘀, 增加血液循环
鸡蛋川芎汤	鸡蛋3只, 川芎25 g, 水5碗	活血, 宜月经不调、经痛或闭经的妇女和身体虚弱及贫血者饮用
南瓜海带汤	南瓜500 g, 海带200 g, 炖肉3块, 姜4片, 水10碗	减肥, 去脂肪胆固醇, 降血压
补血气汤	党参25 g, 枸杞子1汤匙, 淮山药8片, 炖肉3块, 果皮1片, 开水3碗	补血行气
炖肉当归汤	炖肉4块, 当归50 g, 红枣10粒, 黑豆100 g, 生姜3片, 水10碗	
红枣鸡蛋汤	鸡蛋3只, 红枣15粒, 黑豆100 g, 水6碗	滋阴养血补虚, 缓解妇女产后风痛风寒, 强身平胃气, 助十二经
宣木瓜炖肉汤	宣木瓜50 g, 炖肉4块, 花生200 g, 眉豆150 g, 姜3片, 水适量	祛风湿, 舒筋活络, 缓解脚气病、水肿、腰膝酸痛、四肢乏力

表28-12 煲汤时常用药材所产生的功效

材料名称	功 效	材料名称	功 效
川贝	润心肺、清热痰	无花果	润肺清咽、健胃清肠
玉竹	滋阴润肺、养胃生津	白茅根	生津止渴、清热利尿、止血、止呕
百合	补肝肺、清热、益脾	土茯苓	清热去湿、解毒利尿
支竹	清肺补脾、润燥化痰	当归	补气和血、调经止痛
夏枯草	清肝热、降血压	天麻	祛风、缓解头目眩晕、肢体麻木
生地	凉血解毒、利尿	冬虫夏草	补损虚、益精气、化痰
罗汉果	清肺润肠	茉莉花	提神醒脑,清虚火、去寒积
老苋菜梗	解毒清热、补血止血、通利小便	雪蛤	滋肾、补肺、健脾
白果	益肺气	芡实	补肾固精、健脾止泻
淮山药	补脾养胃、生津益肺、补肾涩精	三七	益气养血,滋阳,减轻盗汗
枸杞	滋补肝肾、明目益精	黄芪	补气固表、久溃不敛
山楂	消食健胃、行气散瘀	石斛	养阴生津、清虚热、强筋骨
南沙参	养阴清肺、化痰益气	芡实	益肾固精、健脾止泻、除湿止带
北沙参	养阴清肺、益胃生津	陈皮	调中化滞、顺气消痰、宣通五脏
甘草	补脾益气、清热解毒、祛痰止咳、缓急止痛	玉米须	利尿水肿、平肝利胆,对胆囊炎、胆结石、高血压、糖尿病有缓解
红豆	健脾利湿、散血解毒	杏仁	滋润养肺、通便,利阴虚肺热、咳嗽
罗汉果	清热润肺,止咳通便	紫苏	辛温发散、理气,缓解胸闷
人参	安神、健脾补肺、益气生津	桂圆	补益心脾、养血安神
莲子	养心健脾、补肾固涩、清泻心热	红枣	补中益气、养血安神
绿豆	清凉解毒、利尿明目	竹荪	补气养阴、润肺止咳、清热利湿
猴头菇	促进食欲、强健大脑、降低血糖	锁阳	补肾助阳、润肠通便,益精血
苁蓉	补肾阳、益精血、润肠通便	雪莲	散寒除湿、调经止血、补肾壮阳

注:依 m.baotang5.com.。红字标出者为使用频率较高者。

4)煲制时的注意事项

制作好一道合宜的靓汤,除了需要根据自身身体状况和饮食喜好进行原料选择外,制作过程也有很多技术要素要注意,如选择适宜的用具,掌控好火候、煲制时间等,主要应注意以下几个方面的事宜。

以选择质地细腻的砂锅为宜;煲汤时,火不宜过大,火候以水烧开后保持汤汁处于适度沸腾为宜,中途不要打开锅盖,也不能中途添水;在冷水时下料比较好,因热水会使蛋白质迅速凝固,不易释出鲜味。煲鱼汤技巧:先用油把鱼两面煎一下,待鱼皮定结后加沸水易煲出奶白色的鱼汤。如此处理也可去除动物食材中的腥味。

5)四季饮食宜忌

四时调食,即顺应自然界的四季变化,适当调节自己的饮食。四时调食的观点是建立在中医养生学的整体观念基础上的。饮食是人体与外界联系的一个方面,因此,人们在饮食上也应该配合自然界四季的气候变化而做相应的调整。

春天,人体肝气当令,所以饮食宜减少酸味并适量增加甜味,以免肝气过旺,特别是肝阳偏亢者,春季最易复发。因此,除了注意饮食调节外,最好以具有败火功效的中成药调肝,并用甘味食物颐养脾气。

夏季,暑热难耐,人体消化机能下降,故宜食清淡、易消化之食物,特别要注意多吃些营养丰富的蔬菜和水果等。夏天出汗较多,津液相对匮乏,故适量饮用绿豆汤、凉茶等冷饮,可补充水分,清热解暑,但冷饮不宜过量,否则有害无益。

秋季,是肠胃疾病的多发季节,此时尤应注意饮食卫生,以防病从口入。此外,立秋之后,不可贪吃冷饮凉食,以免损伤脾胃。

冬天,阴盛阳衰,是身体虚弱者进补的较好时机。冬季进补的关键是食补,此时可选的补益之品甚多,可因人而异。

6) 不同体质人群的进补食材选择

气虚者,表现乏力、气短、头晕、出虚汗等症时,可用人参炖鸡汤调养;血虚者,表现面色萎黄、头晕眼花、手足麻木时,可以吃红枣、桂圆以及动物血和肝脏加以滋补;阴虚者可吃甲鱼、乌龟和淡菜等;阳虚者可进补牛羊肉及狗肉等温中补虚、和血暖身的食品。

3. 药粥

中医认为,粥能补益阴液,生发胃津,健脾胃,补虚损,最是养人。粥煮好后其上层的米油极富营养,也易于人体吸收。在粥中加入一些药材及其他辅助食材后所得的药粥不但在味道上有所调和,也更有利于药效的发挥。如图28-28所示为三款药膳粥。药粥更适合于老人食用,在食疗中占有重要地位。常见药粥的用料、适用人群及功效如表28-13所示。

图28-28　常见药膳粥品
A. 菠菜猪肝粥；B. 参附桂枝粥；C. 草芪龙苓粥
(A～C分别引自sohu.com、jingyan.baidu.com、jingyan.baidu.com)

表 28-13　常见药粥的用料、适用人群及功效

粥品种类名称	使用材料及配置	适用人群及其功效
薏米粥	薏米75 g,粳米50 g,水适量	祛风湿,清水肿,缓解脚气、水肿、风湿、关节痹痛
参苓粥	人参8 g(或党参20 g),茯苓15 g,生姜5 g,粳米100 g,适量水	健脾补气,宜体弱易倦、乏力及食欲差者食用,有高血压时不宜用人参
人参糯米粥	人参10 g,山药粉50 g,糯米50 g,红糖适量	具有补益元气、兴奋中枢神经、抗疲劳、强心作用,缓解慢性疲劳综合征;感冒和高血压者禁食
鸡归粳米粥	乌骨鸡1只,粳米50 g,黄芪45 g,当归、大枣各15 g,肉桂3 g,食盐适量	具有滋补强身、调整内脏功用

（续表）

粥品种类名称	使用材料及配置	适用人群及其功效
鳗鱼山药粥	鳗鱼1条去内脏，山药、粳米各50 g，各种调料适量	具有气血双补、强筋壮骨功用，使肌肉结实，消除疲劳
核桃粥	核桃肉20 g，米100 g	补肾，预防阳痿、遗精、抗衰老
芝麻粥	芝麻50 g，米100 g	可缓解眩晕、记忆力衰退、须发早白等问题
十米养生粥	莲子、麦片、燕麦、黑糯米、小麦、芡实、红薏仁、荞麦、小米、糙米等量，可选择加入龙眼、葡萄干、黑豆或红枣等	日常养生
银耳粥	糯米100 g，银耳9 g，冰糖150 g，水1 L	益于咳嗽、痰中带血、阴虚口渴者
沙参银耳粥	沙参50 g，银耳50 g，小米50 g，冰糖10 g	
雪梨银耳粥	雪梨150 g，银耳50 g，小米50 g，冰糖10 g	
燕窝冰糖粥	燕窝3 g，冰糖适量，小米50 g，甜杏仁5 g	美容
菊花粥	粥中拌入菊花末10 g	排毒养颜，除热明目
四神粥	莲子25 g，芡实20 g，薏仁50 g，新鲜山药75 g，茯苓20 g	强健脾胃，促进食欲及增强免疫力
草芪龙苓粥	炙甘草、黄芪、龙眼肉各10 g，茯苓粉、大米各50 g，白糖少许	补气安神，适用于慢性心功能不全、心悸怔忡、胸闷气短（活动后加剧）、面色淡白者
生脉粥	党参、麦冬、五味子各10 g，大米50 g，冰糖适量	补气养阴，适用于慢性心功能不全、心悸怔忡、疲乏无力、失眠多梦、五心烦热、潮热盗汗者
菠菜猪肝粥	猪肝、菠菜、大米、盐适量	补铁、养肝明目，幼儿可食用，预防贫血、夜盲症
参粉归芪粥	高丽参粉5 g，当归、黄芪、大枣各10 g，大米100 g，白糖适量	益气养血，适用于心悸健忘、面色无华、头晕目眩、食欲不振、浮肿尿少、腹胀恶心者
三七三子粥	三七5 g，苏子、白芥子、莱菔子各10 g，大米100 g，白糖适量	除痰化瘀，适用于慢性心功能不全、心悸怔忡、胸闷心痛、头晕气短者
参附桂枝粥	红参粉5 g，附片、桂枝各10 g，大米30 g，冰糖适量	温肾通阳，适用于心悸胸闷、头晕头痛、面色苍白、畏寒肢冷、神疲乏力者
小米红枣粥	小米、红枣、红糖适量	补气、清热除湿、养胃健脾、安神，适合于身体虚弱、睡眠不好、贫血的儿童
山药瘦肉粥	铁棍山药、猪肉、大米、盐适量	滋补脾肾、促进消化、敛汗止泻，适合于体质虚弱、消化不良、容易腹泻的儿童食用
山药枸杞粥	铁棍山药、枸杞、大米适量	益肺止咳
桂圆莲子粥	桂圆、莲子、大米适量	增强记忆，消除疲劳
海参小米粥	辽参8只，小米100 g，葱白100 g	提高免疫力，恢复造血功能，抗衰老，抗疲劳
八宝粥	大米、小米、糯米、高粱米、紫米、薏米等谷类，黄豆、红豆、绿豆、芸豆、豇豆等豆类，红枣、花生、莲子、枸杞子、栗子、核桃仁、杏仁、桂圆、葡萄干、白果青丝、玫瑰等自选搭配	和胃、补脾、养心、清肺、益肾、利肝、消渴、明目、通便、安神

4. 菜肴

很多非传统意义上的草本植物，也可被当作蔬菜使用而起到预期的药膳作用。这些食材包括以下种类。

（1）香辛类植物。

此类产品包括薄荷、紫苏、柠檬草、鼠尾草、荆芥、小茴香、迷迭香、野蒜、罗勒、马鞭草、蘘荷、桂花、青花椒等。

（2）药用植物。

此类产品包括大黄叶、田七苗、枸杞芽、茶叶、菊花、火麻叶、当归、天麻、黄芪、人参、党参、玄参、麦冬、银杏、甘草、枇杷、杏仁、乌梅、陈皮、橘皮、柿霜、桃胶、皂角米、竹叶、车前草、败酱草、酸模、蓼、忍冬、槐花、五味子等。

第 29 章
园艺美学价值及其创造

29.1　美学原理及审美

人类文化（human culture）是在人与植物共存的环境下发展起来的，植物供给人类以食品、纤维、庇护和遮阴。对植物的其他依赖影响着我们对它们的感官认识。

我们需要植物，它不仅是有用的，而且在文化层面也不失公认的美。

我们都有依恋植物材料的习惯，园艺在我们的全部生活中具有重要地位。

除了利用价值（utilization value）外，植物对人而言还有感官价值（sensory value）。最直接的体现就是自然界的美。美的感受因人而异，它没有规范，不可称量，它仅是一个价值判断（value judgment）。

每个人都能做这种判断而且也能传达这种体验。这种判断又是文化传统的反映，继承不同文化遗产的人，对于什么是美，什么是丑，会有截然不同的意见。

审美（taste），是人类理解世界的一种特殊形式，指人与世界（社会和自然）形成一种无功利的、形象的和情感的关系状态时人的形象思维过程。审美是在理智与情感、主观与客观上认识、理解、感知和评判世界上的存在。

审美的范围极其广泛，包括建筑、音乐、舞蹈、服饰、陶艺、雕塑、饮食、装饰、书法、绘画、摄影等层面，审美过程存在于我们生活的各个角落。研究审美，应从更高层次上进行探讨，即着重审视人性之美、自然之美。我们不断实践、探索，才能不断提高自己的审美情趣和修养。

29.1.1　美的基本属性

人们的美的概念的形成主要是通过以下两类刺激：感官刺激以及一些极具个性化的和具有文化内涵的刺激。

曾有人类学家认为，美的标准属于社会学范畴，是人类文明进化的结果。然而，心理学家科伦·艾皮瑟拉（Coren Apicella）对几乎与外界隔绝的坦桑尼亚哈扎部落（Hadza tribe, Tanzania）人群进行审美研究时提出，人类的审美并不全是由文化决定的，其背后有很深的生物学基础。

（1）美的共同性。

美（beautiful），是指能引起人们美感的客观事物的一种共同的本质属性。审美活动中美的存在形式有情象、意象和境界三类，美只能在审美主体与审美客体的相互作用之中产生与存在。在美的存在和美的感受之间存在着主、客体的统一（unity of subject and object）问题。当我们对特定存在的美进行感受时，人体感知会依赖于某种神经模式的高度局部化激活而对美产生响应，并由此产生一系列的情感变化。

对人类而言，有些知觉是天赋的，而很多知觉的反应则是靠后天的学习获得的。通常来说，我们只能"意识"到我们能够解释的事物，如当我们听见一种鸟叫时，可通过对其音色、声调、频率等特征的辨别，分辨出是哪一种鸟的鸣叫，然而在没有听过这种声音或虽然听过但却没有准确认知时，我们对所听到的声音的意识是可以忽略的。不过，即使是一个初生婴儿也能意识到突然拔高的声调，并能轻易地分辨出轻柔的声音和粗暴的声音间的区别，这种能力即是先天的（congenital）。我们对某些特殊文化（special culture）的理解往往是受成长的经历影响的，并对其产生了某种归属感。

从古到今，从西方到东方，人们对美的解释是复杂的。古希腊的柏拉图（Plato）认为"美是理念"；中世纪的圣奥古斯丁（Saint Augustine）则认为"美是上帝无上的荣耀与光辉"；俄国的尼古拉·车尔尼雪夫斯基（Николай Г. Чернышевский）对美的解释为"美即是生活"；中国古代道家则归纳为"天地有大美而不言"。

（2）美的基本特性。

从美的构成与审美倾向两个维度，可进一步揭示美的内涵。美除其所具有的普遍性、主客体统一性外，它还具有个体性、形象性等。

个体性（individuality）体现为因个体审美环境、审美需求、审美观念、审美能力以及审美趣味的差异而出现的不同个体的美感差异。这种个体性被特定文化所集聚时，则会形成具有特色的民族性（nationality）。

美虽然在特定背景下会被表现得抽象化，但其基础仍然离不开事物的具象性（concreteness）。形式美（formal beauty）是所有美的形象（包括具象和抽象）必须具有的普遍性因素，无论是抽象还是具象，均须有形式美的因素。任何形象的形式构成最终均可概括为形和色。

美的形态（the form of beauty），是指美的具体存在形式。从其表现形态来看，可分为内在美和外在美；从其存在范围来看，则可分为生活美和艺术美两类，而生活美又可进一步分为自然美和社会美。

（3）中国传统文化中的美。

早在诸子百家时期，一批哲人已从哲学高度审视美，并将此作为规范人们理想、行为和社会道德的基础。这一时期思想的外放与发展和其间所出现的几大学派从不同侧面支撑起中国的传统文化。其中，儒学、释家和道家对美的追求特点分别可概括为和谐、空灵与飘逸，这些都深刻地影响了其后的文化传统。汉唐之后的文化交融，在宋代达到了顶峰，形成了流传至今的审美风格。

（4）自然之美。

自然之美（beauty from nature），是指具有审美价值的自然事物和自然现象所表现出的美。人们对自然的审美是在认识自然的过程中不断发展起来的。自然之美虽然是自然事物本身所固有的属性，但只有当人们用审美的方式去欣赏时，才能发现其中的自然之美。

自然之美具有其生活属性，它是通过自然带给人们的心理暗示而体现的，人与自然的关系包括了人的自然化和自然的人格化。

自然之美更加侧重于形式美，往往以其感性形式引起人们的愉悦，并以形取胜。其美的判断标准不是道德理性，而是直观感性。

自然之美，很大程度上取决于生物的多态性；植物本身因生命规律而体现出的自然形态和变化，为审美活动提供了丰富的物质基础。无论是原生态的自然美，还是人们凭借对自然的模仿和创造而营造出的园林、植物艺术之美，均在人们的生活中占据着重要地位。如图29-1和图29-2所示为植物景观的自然美和植物个体中细节（叶片）的自然美。

图29-1　植物景观的自然美　　　　　　图29-2　植物叶片的自然美
A. 色；B. 形

29.1.2　美学的基本原理

美学（esthetics），是人类关于美的本质、定义、感觉、形态及审美等问题的认识、判断、应用的科学，是哲学的一个分支。尽管美学领域范围较大，但其共性的原理已被人们归纳出来，并能在感受美及创造美的过程中被很好地运用。这些原理主要包括以下10种形式。

（1）平衡（balance）。

平衡，意味着稳定，是指两个或两个以上的力作用于一个物体上，各个力互相抵消，使物体呈相对静止状态。在一中央垂直轴周围对称地放置同样的物体，即可自动达到平衡。在非对称排列（利用水平原理）时，可通过对不同质感、造型、材料等元素组合的聚集度、距离设置和空间分布进行调整以达到整体平衡，如此画面中的事物虽然不同，但能在视觉感受上给人以匀称的感觉（见图29-3）。

对称的形式必属于平衡，但相对于对称而言，平衡可有弹性变化，易予人以活泼、优美而具动势的感觉。

（2）律动（rhythm）。

律动，指有节奏地跳动，有规律地运动，是自然界中的一种基本现象，如四季变化的循环、日出日落、每月的潮汐变化等。听觉上的律动涉及声音的节拍；视觉空间艺术上的律动，表现为画面中的构成元素，如形状、色彩、线条等进行的周期性交替变化。它能够予人一种既有抑扬变化，又有和谐、统一的美感；它又能在视觉上产生波动的运动感，随之引发心理上或愉悦、或激昂、或悲伤的情绪。如图29-4所示为自然界中动植物形态表现出的律动感。

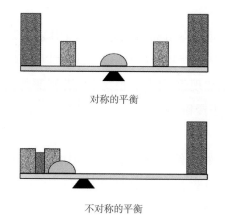

图29-3　平衡的两种状态
（依Janick）

图29-4　自然界中动植物形态表现出的律动感
A. 张开翅膀的燕；B. 文心兰
（A、B分别引自 sohu.com、baa.bitauto.com）

律动包括交替性律动和渐进式律动两大类。在律动变化中,当相同的元素在一个规律的状态中重复交替出现,则称为交替式律动,渐进式律动则是借助于某些元素的连续改变而形成,这些变化的元素包含形状、颜色、质感等。在渐进式律动中,视觉焦点成了其变化的关键。

（3）对称（symmetry）。

对称能使杂乱无章的形状变得整齐,是所有美学原理中最为安定的形式之一,且在自然界也普遍存在。人类对于对称表现出普遍的关注,它们被习惯地认为是生物学形态上的通常表现。虽然所有的植物都表现为某种对称类型,但很多植物的生长会产生出不对称图案,与对称形成视觉上的差异化表现。

对称依其属性可分为点对称、轴对称两种。点对称又称为放射对称或旋转对称,是以一点为中心旋转排列时所能形成的放射对称图案；轴对称又称为线对称,若设置一条假想的轴线,则有左右对称或上下对称,也有上下左右均呈对称的形态。如图29-5所示为几例中国传统纹样中的对称型图案。

（4）对比（contrast）。

有时在众多重复或相近的要素中需要突出重点,即通过对比方式引导视线和吸引注意力至某一特别的部分。对比的安排方式与协调正相反,对比是将两种性质不同甚至完全相反的构成要素并置在一起,试图达到两者之间互相抗衡的紧张状态。形状、色彩、质感、方向、光线、力量等层面,可分别形成大小、浓淡、粗细、前后、明暗、强弱等的对比效果。如图29-6所示为茶山中盛开的樱花在颜色上与背景构成的强烈对比。

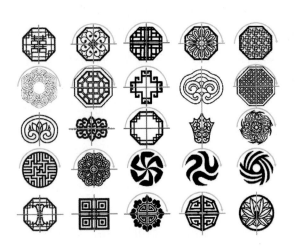

图29-5　中国传统纹样中的对称型图案
（依 sydiaocha.com）

图29-6　茶山中盛开的樱花在颜色上与背景构成的强烈对比
（引自 travel.sohu.com）

对比的意义在于,可区分两个或两个以上元素之间的不同,或是区分宾与主、群体与个体。若是想要突出主题,通常其主体部分（视觉焦点）所占空间较小,而客体部分（背景暗衬）则较大,产生以小显大、以多衬少的情形,或表现为色彩上的这种关系,即视觉感官上的聚焦现象。例如,植物中的花器颜色在与其他器官的绿色的对比中往往更为显眼（易吸引昆虫注意而有利于授粉、繁殖）。

（5）协调（harmony）。

协调是指将性质相似的事物并置一处的安排方式。这些事物虽然并非完全相同,但由于差距微小,仍给人以相互融洽的感觉。以形状、色彩而言,则分别有形状和色彩上的协调（见图29-7）。

由于构成物间的性质类似,差别不大,具有协调感的事物易予人以和谐、愉悦的感受。

（6）重复（repetition）。

重复是指将同样的形状或色彩重复安排放置。这些形状或颜色的性质并无改变,只是在量的方面有增加,彼此之间并无主从关系。从规格整齐的垄(行)上所栽的大小相差无几的植物,到田野、草地、同一植物的花圃等均以重复为表现形式。通常,重复带给人的视觉上的印象是有秩序性,给人以单纯而有规律的感受(见图29-8)。

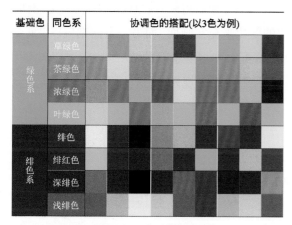

图29-7 以绿色和绯色为基础的多种协调色的配置效果

图29-8 以植物形态为对象的中国传统纹饰中的重复形式效果

(依sohu.com)

(7)渐变(gradation)。

渐变是指将构成元素的形状、材质或色彩做次第性改变的层次性变化。如同一形状的渐大或渐小、同一色彩的渐浓或渐淡、空间距离的渐远或渐近、光线的渐明或渐暗等,均属于渐变的形式变化。

渐变能体现出画面的活泼性,予人以生动轻快之感受(见图29-9)。

(8)比例(proportion)。

比例在造型艺术上的特性有两种:一种是在一个物体内的各个部位的相对视觉比例;另一种是整体构图间的相对视觉比例,即在一个画面中,部分与部分之间的关系,无论是在长短尺寸还是颜色表现上都属于比例的范畴。

比例,是指同一结构内,部分与部分或部分与整体之间的关系。比例的形式不仅符合对称、平衡、协调和渐变等,涉及整体稳定性与平衡原理,也反映出远近、大小、高低、宽窄、厚薄等个体与整体的相对关系。

比例关系广泛地存在于植物形态中,黄金比例(golden radio)是其中最美的形态比例(见图29-10)。

图29-9 植物器官中的渐变色

(A～C分别引自item.jd.com、588ku.com、xiaosue.tuxi.com.cn)

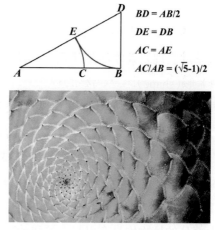

$$BD = AB/2$$
$$DE = DB$$
$$AC = AE$$
$$AC/AB = (\sqrt{5}-1)/2$$

图29-10 植物形态中存在的黄金比例

(引自dy.163.com)

（9）统一（unity）。

是指在一个复杂的画面中，寻找一个各部分间的共同点，以此来统合画面，使画面不致七零八落，散漫无章。一个画面中无论使用了多少种构成形式，最后均须顾及整个画面使其趋于统一。

具有变化性的对象，其视觉效果必然较为丰富。如果缺乏变化，则显得呆板；但若仅顾及变化，有时又会显得紊乱。因此，在安排画面时，一方面需要以多样化的变化来充实画面，而另一方面则应以"寓变化于统一"的手法照顾全局，统筹画面。如图29-11所示为景观配置中多要素间的统一。

统一有整理、综合的意思，是将各种零散的元素或形式作一个排序与规划，将这些原本不相统属的元素整合为具备特殊美感的整体。

（10）简约（simplicity）。

简约主义是一种时尚潮流或文化倾向。

简约的意义在于将内容以简化的形式呈现出来，忽略其他次要的多余的陪衬与装饰，以简单的形式表现内容（见图29-12）。

简约形式中最主要的概念即是以简洁、单纯、抽象的形式表现，来表达人类内心不可言说的思想（情感）。西方式的纯朴和东方式的空灵，都是以简约形式出现的，它们可以激发想象力与联想力，促成感观以外的更深刻的体验与领悟。

图29-11　景观配置中多要素间的统一
（引自 mt.sohu.com）

图29-12　简约风格的干花瓶插
（引自 wadongxi.com）

29.1.3　美学的表现要素

美学的表现要素体现在以下三方面。

（1）形（shape）。

园艺中对于视觉因素的响应最为重要的是植物的构造和形状，也就是它的外形。外形不仅可以整体地看，还可以分开看（见图29-13）。植物的外形多种多样，不同规则的构形使它们趣味各不相同，但不同形状的石块不规则的堆砌看起来就不那么有趣。植物形态的多种多样，是由各部分间有序排列而成的，它由枝干及分枝系统构成外形轮廓主体，并和分布在枝条上的叶或花、果等器官共同构成植物的基本外形。

（2）色（color）。

大部分的植物均具有引起人类和动物刺激反应的特性，其中最为显著的特征是它们所具有的缤纷的颜色：不仅花、果具有明亮而多变的颜色，有些叶也极具色彩感，还有茎和树皮那种独特的色调。绿色是

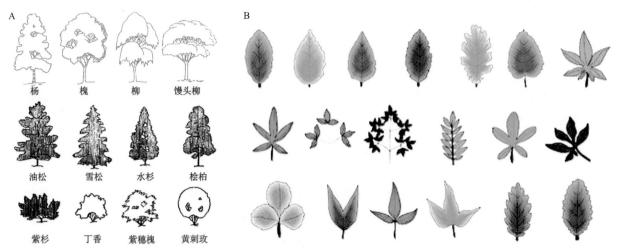

图 29-13　整株植物和植物叶片的形状美学
（A、B 分别引自 51wendang.com、zhidao.baidu.com）

植物中最普通的颜色，它也是最能使人获得心理宁静的颜色，而这些植物颜色给人类造成的刺激作用，可通过颜色对比和质地差异而增强。

（3）质地（texture）。

广义的质地包括了事物所表现出的材料特性，如表面光泽度、肌理和结构密度等。这些特性可通过人的视觉和触觉而被感受到，从而体现出植物的自然之美。植物的各个不同部位之间表现出丰富的质地差异（见图 29-14），有些会使人联想到沧桑、玲珑、细致、圆润、丝滑、粗糙、纤弱、稚嫩、刚劲、密集、凹凸、明亮，也有些会让人联想到肉质、革质、绒质等。

图 29-14　植物不同部位表现出的质感差异
A. 杜仲树皮；B. 水晶叶番杏；C. 多肉植物的叶；D. 印度蓉叶片；E. 垂丝海棠的花；F. 翠雀花的花；G. 合欢花
（A～G 分别引自 432520.com、xingqu.baidu.com、xiawu.com、cdhmyj.com、casart.cn、sxhhxh.org、dp.pconline.com.cn）

29.2　园艺美的设计与表现

自然界中的园艺植物蕴含着美。我们通过对其进行观察，了解了园艺美的存在形式，再进一步发掘并理解其内涵后，即完成了"观→品→悟"的审美过程，可总结出园艺植物作为载体所具有的美学要素，以供美的创造（the creation of beauty）所用。

观（observation），主要从园艺植物形态的群体特征、个体形态及结构组成入手，重点关注植物存在状态上的形状、颜色和质地，以及其结构的线与面等要素关系。

品（tasting）的过程重在按照美学的形式规律，找到园艺植物对象中的形式逻辑关系，如平衡、对称、律动、重点、协调、对比等人类价值判断上的美学存在点。

悟（realizations），是在利用植物塑造美的境界和表现技法的过程中形成自己的哲学。

运用基本的美学原理及其表现形式，以特定背景下对美的需求为界定，用植物作主要材料，通过精心的设计，并通过施工来达到创造美（creating beauty）的目的，即为园艺设计。

29.2.1　园艺美再创造的设计

这里所讨论的并不是简单的园艺植物种植时园田里所展示出来的美。园艺之美的再创造（recreation of the beauty of gardening），是以植物为材料，通过材料间的相互组合，进一步升华整体美的表达境界来实现的。无论规模多大，园艺之美再创造的设计和制作有其共性的规律。

1. 设计原则

园艺之美的再创造，是以合适的植物为基本素材，经过进一步的艺术加工来提升美学效果。虽然此再创造过程中还涉及植物以外的其他美学要素材料，但植物在其中占有重要地位。植物的生命力及其变化是其他非生物所不能比拟的。因此，在充分挖掘乔木、灌木和草本植物的自身特性外，通过艺术手法，积极发挥材料本身在线条、形体和色彩等方面的自然之美，并在生态上相得益彰，使植物之间、植物与周遭环境之间能够协调，才能表达出更为复杂深刻的意境，以供人们欣赏与体验。无论其表现形式如何，规模多大，在园艺之美的设计上，应遵循以下三点基本原则。

（1）一般性原则。

园艺之美的再创造，在设计上应以功能为导向，并突出以下基本理念：以人为本，尊重人的生活和行为准则，并使再创造符合人们的心理、生理和感性、理性需求，以服务和舒适作为设计的根本所在；设计应充分考虑应用场景及营造成本方面的制约条件。

（2）科学性原则。

设计必须符合科学要求，所有植物都是生命有机体，因此在植物材料的选用和组合上必须使其与所处生态条件相吻合，否则植物不能很好地存活，也就谈不上设计所预期的美学效果了。

在植物配置（植）选择时，尽可能多地使用乡土植物，如此可提升系统的稳定性，而且更能反映区域文化特色。

在设计手法上，应师法自然，从自然群落的稳定性中汲取设计灵感并加以应用，这样可使再创造的设计更加具有生态稳定性，也能提升其美学价值。

（3）艺术性原则。

形式美是以植物为主体的美的再创造过程的表现形式，因此需要遵从美学基本原则，如此才能真正提升设计对象的美学价值。

充分考虑空间上的要素配置，并构想出具有明显季相变化特点的设计方案。层次性的搭配，可造就再创造作品表现力上的丰富度。

在利用植物材料进行美的再创造时，应有一个明确的设计主题，区分想表达的思想内涵及层次，避免混乱无理性的堆砌。也就是说，再创造的过程必须充分突出再创造作品的意境之美（the beauty of artistic conception）。

同时，在设计时应充分运用人们赋予不同植物的文化符号特征。

2. 设计表现及手法

1) 表达的空间尺度

根据再创造所使用的空间范围规模大小,可将园艺美的应用类别分为以下多种形式:区域景观(regional landscape)、城市公园(city park)、庭院(courtyard)、花境(flower border)、室内植物装饰(indoor plant decoration)、插花(flower arrangement)、组合盆栽(景)(combination potted plant)。

(1) 区域生态景观。

区域生态景观是指在区域尺度规模大于10 km²的地方进行的生态景观配置。其特点是基于区域地形、气候和原生态植物群落(plant community)分布规律,进行人为的适度干预,聚焦主题要素,形成基于背景的大尺度美学效果。这种区域生态景观的营造,往往会因为打造出具有特色的观赏地而展示出其极大的社会价值和生态价值。如图29-15所示为中国国内几处大型区域生态景观。

图29-15　国内几处大型区域的季相生态景观
A.腾冲樱花谷(早春); B.伊犁杏花沟(春); C.毕节百里杜鹃(春夏之交); D.婺源油菜花(春); E.太白秋色(晚秋); F.呼伦贝尔秋色(初秋)
(A～F分别引自sohu.com、93966.com、bj.tuniu.com、dy.163.com、sohu.com、sohu.com)

(2) 城市公园。

城市公园是城市建设的主要内容之一,是城市生态系统、城市景观的重要组成部分,是满足城市居民的休闲需要,提供休息、游览、锻炼、社交功能,以及举办各种集体文化活动的场所。其设计和建造尺度在1 km²左右。城市公园在设计上往往需要按照功能进行分区,即以多个小型林地、植物花境等组合而成,并以道路、水系、草地和广场等贯穿其中,形成疏密有致、高低错落、季相变化明显的布局形态。如图29-16所示为北京某公园的局部景观与整体公园的设计效果图。

图29-16　某公园的局部景观与公园整体设计效果图
A. 堆山瀑布及水池; B. 草地林带; C. 林荫步道; D. 北京某公园整体设计效果图
（D引自 baijiahao.baidu.com）

（3）庭院。

庭院是指围绕建筑物(包括亭、台、楼、榭)或被建筑物包围的场地,而庭院景观则是对一组建筑的所有附属场地及植被的总称。由于建筑的体量大小与风格不同,庭院景观的配置受建筑的限制作用较大。在空间上表现为景观的小型化、被建筑分割得碎片化的特点;而从文化角度,则完全体现了建筑功能与建筑所有人的审美倾向。

不同庭院的规模跨度较大,常在100～10 000 m²之间,有些大型建筑的庭院可能更大。

（4）花境。

花境,是指以树丛、树群、绿篱、草地、矮墙或建筑物作为背景的带状自然式花卉布置,是模拟自然界中林地边缘地带多种野生花卉交错生长的状态,运用艺术手法提炼、设计成的一种花卉应用形式。花境通常用于城市道路、空地较多的地方,可起到美化和隔离效果,也可作为庭院景观的单元部分而存在。其规模通常在0.6～3.0 m的宽度。

在植物配植上,花境宜以耐寒宿根花卉为主,并以地被植物作为基底,可适当配置少量的花灌木、球根花卉或一二年生花卉进行搭配。

(5)花坛、草坪和绿篱。

花坛(flower bed)多用于复杂道路、城市广场等对视觉开阔度有强烈要求的场地,主要表现形式为组合使用多种不同植物,有时也可以是同一植物的不同色系的搭配,是以图案化和形象化形式进行的美学表达方式。其规模在100~10 000 m²之间,形状以圆形居多,也有其他几何形状者。小规模花坛多强调其平面性表达,而大型花坛因场地范围较大,与相对较矮的植物间不相协调,因此往往会在其中心等位置配置较为高大的造型性结构,并以植物覆盖之(见图29-17A)。

草坪(lawn)对于有视觉上开阔性需要的场地是一种重要的表现手段。无论是在平整的场地还是地形有起伏的区域(如高尔夫球场),大片的草坪都是极有视觉张力的。通常其规划尺度在1 000~20万 m²范围(见图29-17B)。

绿篱(hedgerow),是由灌木或小乔木以极近的株行距种植,使其个体间紧密排列的规则型、几何化的表达形式。其表现形式以条形为主,通常宽度在1.0 m以下;高度则视所用植物种类而不同,通常在0.8~2.0 m;长度在10~100 m(见图29-17C)。

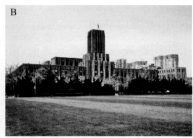

图29-17 花坛、草坪和绿篱
A. 上海浦东某花坛; B. 大连斯大林广场草坪; C. 巴黎战神广场草坪
(A~C分别引自home.fang.com、ykjck.com、cn.dreamstime.com)

(6)室内植物装饰。

室内植物装饰(indoor plant decoration),是指按照室内环境特点,利用室内观叶植物、耐阴植物和切花等植物材料,通过特定的艺术表达形式,给人们的生活提供美的享受的装饰方法。常用的形式包括插花和盆栽(景)两大类。此类规划的尺度较小,通常在1.0 m²以下。

2)变化性要求

(1)空间变化。

对植物景观中的个体(individuals),园艺师可以通过调节其生育时期控制植株大小,并以整形和修剪手法来改变其自然形态,使其彰显美学特色。同样,当利用植物群体(group)进行表现时,这些方法仍然适用,并可表现出整齐一致的群体美。如在一些空间较大的区域经常使用的绿篱(墙)即是依靠人为改变而呈现的(见图29-17C)。

当我们利用不同植物的相互组合进行美学创造时,往往多强调植物间的形态差异性,并使植物间相互协调,使其在大小、远近、高低和疏密等方面符合美学比例方面的形式要求,具有群落(community)之感。这样即可呈现富于空间变化而不机械呆板的视觉形象,从而有效地提升景观的美学价值。如图29-18所示为三处国内外公园景观示例,从中可看到设计时的层次安排。

图29-18　公园景观示例
A.库肯霍夫(初夏)；B.济南大明湖(早春)；C.洪江(初冬)
(A~C分别引自mt.sohu.com、china.eastday.com、travel.qunar.com)

（2）季相变化。

由于植物在不同生长阶段所表现出的形态及色彩直接反映了自然季节的变化，因此，通过不同植物的选择和配植，可强化这种因季节变化带给人们的视觉上的差异，使景观的表现更加丰富多彩。春日里的新绿、万物复苏时的生机勃勃与温带果树等营造的壮观花海、花雨，夏季时的碧绿和姹紫嫣红，秋日里的落叶萧萧、万山红遍，冬季时零星的色彩点缀和枯草瑟瑟等，都是极其有美学意境的存在。

3）要素间的呼应

在整个景观和意境的营造过程中，为了使其表达在整体风格上保持一致，形式上做到统一、和谐，在设计时必须很好地考虑美学要素间的相互呼应问题。

其一，是植物材料在空间布置上的问题或与其他要素之间在位置上的配合问题。如与不同的建筑物进行组合时，经常需要考虑植物在空间位置、视觉方位方面的设计要求，巧妙地配植攀缘植物以对建筑立面进行遮蔽和补白处理，或在建筑物周边利用植物高矮不同形成错落的形态等；而对于容器及台架等，则须选择适宜位置，处理好彼此间的比例关系，并在材质与颜色搭配上进行优化，同时注意摆放形式、器形选择及植物选择等方面的问题。

其二，是植物材料间的搭配关系。在注重其高矮、色彩间的对比和调和等设计要求外，还必须考虑植物间的生态适宜性，如对光线、温度和水分等条件的要求是否能够协调，以及植物根系分泌物所带来的相生相克现象等。

3. 设计要素及单元

（1）空间。

无论是何尺度上的美学创造活动，植物配置（植）均是在特定的场所空间内进行的。因此，在设计上，需要考虑的是以三维空间为对象的形状与结构。然而，有时观者在一个特定的位置进行观赏时，它们往往似乎是两维空间上的形态。这就要求有关人员在设计时，必须根据展示的需求，不仅要注意各个对象的形态，而且必须注意由它们排列结合成的大形态及其与场地背景所形成的空间关系。

（2）点、线、面。

面，通常用来划定形状和形态构造，其表面的轮廓则可用线来描述。在设计上，线条有着引导视线的作用。线条是外形在一维空间上的解释，通过改变线条的疏密和形状完全可以直接表现出创作者的情感。点，则往往为了聚焦视线的需要而存在，事实上为规模较小的面。

（3）色。

色是由不同波长的光线所产生的视觉感受，它可以用色调、亮度、强度或饱和度等指标来描述。在设计上，通过色彩的对比，明暗、层次的搭配，可形成丰富的表现力。从不同的植物个体来看，它们所呈现的色彩各具特色,因此为植物美的创造提供了无限的可能。不同的色彩及其变化,在美学上赋予了整体景观不同的含义,对人的情感影响也颇为复杂(可参见本书表22-6)。

29.2.2 园艺植物美学符号与情感传递

当人们在不同文化背景下逐渐认识植物,并从中深度挖掘其存在的美之后,通过对植物美的拟人化处理,可为不同园艺植物赋予各自的美学符号,并由此传递出对应的情感信息。这种美学符号即花语(flower language)。因此,花语是人们深入挖掘植物中的美,并用于传达时的情感表现模式。

常用植物的花语如表29-1所示。了解不同植物的花语,对人们在再创造园艺美时能够很好地进行植物配植与整体情感表达等工作有着重要意义。

表 29-1 常用植物的花语

植物名称	对应花语	植物名称	对应花语	植物名称	对应花语
玫瑰	美丽纯洁的爱情	百合	纯洁、富贵,婚礼祝福	康乃馨	伟大,慈祥圣洁的爱
紫玫瑰	珍惜的爱	白百合	纯洁、庄严	红康乃馨	热烈的母爱
绿玫瑰	纯真、简朴的爱	粉百合	清纯、高雅	粉康乃馨	母爱常青
白玫瑰	纯洁与高贵	黄百合	高贵,财富	黄康乃馨	感谢母恩
黑玫瑰	温柔真心	金百合	艳丽高贵中的纯洁	白康乃馨	纯洁,真情
粉玫瑰	初恋,特别的关怀	火百合	热烈的爱	郁金香	勇敢,永恒的爱
黄玫瑰	道歉,祝福	野百合	永远的爱	白郁金香	纯洁,纯情
红玫瑰	热恋,火热的爱	香水百合	纯洁高贵	紫郁金香	最爱
野玫瑰	爱情	虎皮百合	庄严	粉郁金香	美人
蓝玫瑰	无法得到的,青春气息	圣诞百合	喜庆	黄郁金香	财富,高贵
麝香玫瑰	善变	水仙百合	喜悦,期待重逢	红郁金香	爱的告白
约克玫瑰	温暖	幽兰百合	迟来的爱	羽毛郁金香	情意绵绵
红白玫瑰	共有	菊	高洁,怀念,成功	双色郁金香	喜相逢
橙红玫瑰	初恋的心情	黄菊	飞黄腾达	非洲菊	兴奋,刚毅,适应力
玫瑰花苞	美丽和青春	白菊	哀悼,坦诚	红色天竺葵	在脑海中难以挥去
粉红玫瑰	亲切,有涵养	红菊	我爱你	粉色天竺葵	很高兴在你身旁
风信子	倾慕,浪漫,幸福	翠菊	可靠的爱,相信我	蔷薇	爱的思念
红风信子	让人感动的爱	春菊	为爱占卜	红蔷薇	热恋
桃色风信子	热情,期望得到友谊	冬菊	别离	粉蔷薇	爱的誓言
白风信子	恬适,不敢表露的爱	万寿菊	友情	黄蔷薇	永恒的微笑
蓝风信子	贞操,高贵,恒心	金盏菊	悲伤,嫉妒	野蔷薇	浪漫的爱情
紫风信子	悲伤,忧郁,妒忌	富贵菊	繁荣昌盛	狗尾草	暗恋
薰衣草	等待爱情	矢车菊	优雅,单身的幸福	樱	等你回来
时钟花	爱在身旁	麦秆菊	永恒的记忆	黑色曼陀罗	复仇,绝望,死亡
向日葵	沉默的爱	瓜叶菊	快乐	仙人掌	刚强
姬向日葵	财富,运气	六月菊	别离	三叶草	启示,希望,爱情,幸福

植物名称	对应花语	植物名称	对应花语	植物名称	对应花语
水仙	自恋	太阳菊	热情、活力	石蒜	悲伤的回忆
栀子花	永恒的爱,守候	波斯菊	野性美	昙花	刹那间的美丽
鸢尾	绝望的爱、破碎的心	大波斯菊	少女纯情	龙舌兰	为爱付出一切
迷迭香	回忆不想忘却	法国菊	忍耐	含羞草	自卑
夜来香	在危险的边缘寻乐	雏菊	美人,纯真,希望	木棉花	珍惜眼前的幸福
茉莉	你是我的	蝴蝶花	相信就是幸福	紫藤	为你执着,幸福时光
杨柳	依依不舍	牵牛	爱情永固	紫云英	没有爱的期待
仙客来	你真漂亮	山茶花	你的爱让我漂亮	雪莲花	祈愿后成功的慰藉
铃兰	幸福即将到来	风铃草	温柔的爱	茶花	你值得敬慕
连翘	预料	大岩桐	一见钟情	紫罗兰	感情的监禁
薄荷	美德	红三色堇	思虑	银莲花	失去的希望
彩叶草	绝望的恋情	黄三色堇	喜忧参半	小苍兰	纯洁、幸福
虞美人	安慰	紫三色堇	沉默不语	大丽花	华丽、优雅
蓍草	安慰,占卜	玉簪	恬静、宽和	刺槐	友谊
萱草	忘记忧愁	石竹	奔放,幻想	红枫	热忱
香雪兰	纯洁	红豆	相思	安祖花	幸福,吉祥,自由
石楠	孤独与背叛	松柏	坚贞,四季常青	竹	虚心、谦让
梅	高洁,自律	兰	高风亮节,忠诚	荷	高洁、朴素
白玉兰	清丽、典雅	凌霄	仗势欺人	桃	好运将至,长寿
牡丹	富贵,吉祥	海棠	喜悦、快乐	秋海棠	苦恋
石榴	多子,实惠	杜鹃	千丝万缕的乡愁	含笑	多情
石竹	慈母之爱	迎春(报春)	鼓励	一品红	博爱
梧桐	恩爱,白头偕老	榆	招财进宝	榉	中举
银杏	文明,昌盛,长寿	君子兰	国运昌盛	桂	永伴佳人
鼠尾草	善良可爱,爱家	白桦	生死考验	桑	故乡

注: 依lw5212010,摘自wenku.baidu.com; 表中所列的花语为相关植物较为人所知的花语。

29.3 庭院的园艺美化

以植物为表现材料,将家居环境作为整个塑造体系中的一个存在要素,以整个庭院空间为表现域所打造出的庭院美景、美境是园艺美的再创造形式之一。

庭院园艺(courtyard gardening),是指以建筑为背景,以植物为主体要素对庭院空间进行有效配置的园艺形式,通过日常的植物管护,形成植物与建筑物相协调的景观,既能提升整体庭院的装饰美感,又能增加生活的舒适度。

29.3.1 风格与文化

关于庭院最早的历史记载见于埃及和中国的古代文物中。在庭院起源上有两个不同传统的文明,分别表现为形式主义风格和自然主义风格。随着文化的交流，这两种文明出现过一定的交融，且为后世所传承，并影响着当代庭院的设计、营造风格。

1）东西方差异

（1）西方传统和形式主义。

埃及庭院所表达的是人类征服自然的胜利，这种美学思潮影响了其后的形式主义风格的发展。到文艺复兴时代，庭院设计更加讲究形式的对称，包括天井、花坛、雕像、楼梯、飞瀑和流泉的对称设计，重点则表现在长而对称的绿廊和步道（见图29-19A～D）上。

（2）东方庭院的自然主义。

庭院上的自然主义概念，可以解释为人类试着与自然共处而不是去征服它。这种风格所期望的效果是凭借其外观使人陶醉在自然中（见图29-19E、F），虽然自然主义风格也要像形式主义一样通过人为的方法去达到。在形式主义风格中，庭院和景观是有严格区分的；而在自然主义风格中，两者的界限却是模糊的。

图29-19 不同文化背景下的现代庭院风格
A. 埃及式庭院；B. 英国式庭院；C. 意大利式庭院；D. 法国式庭院；E. 日本式庭院；F. 中国式庭院
（A～C均引自cn.dreamstime.com；D～F分别引自qqzhi.com、dy.163.com、huaban.com）

2）现代庭院

现代庭院的设计趋势是更加注重生活情趣，且摆脱了自然主义或形式主义风格的限制，通过抽象能力，延伸美的表达，与传统相一致，使植物与人相伴。人们对庭院表现出需求不仅仅因为庭院是美的载体。

3）建筑风格与美学背景

（1）中国传统建筑的美学特色。

特点一：易数的运用。

中国哲学对建筑的影响之一体现于一些数量在设定时常以奇数数字为首选等方面。

特点二：阴阳合德。

中式建筑在风格上非常注重对阴柔美、阳刚美的刻画及两者的和谐呈现，传统建筑唯有含刚蕴柔、寓刚于柔，方为妙品。通常：以刚为阳，柔为阴；明为阳，暗为阴；凸为阳，凹为阴；硬为阳，软为阴；等。建筑特性直接决定了庭院景观在配置时与之协调、统一的附属性地位。

建筑为实，主阳，庭院为虚，主阴。这一虚一实组合而成的前庭和后院，按中轴线有序地层次式推进，大大增强了传统建筑阴阳合德的艺术魅力。主体建筑在设计时多与围廊、门楼、亭阁、隔墙等结构有机地组合在一起，形成虚实相济的建筑群（见图29-20A）。

陶渊明在其《归田园居》中写道："方宅十余亩，草屋八九间，榆柳荫后檐，桃李罗堂前。"从诗中可以看到他对田园生活美的自得之情。

（2）欧式建筑风格。

欧式建筑按其艺术风格可分为典雅的古典式（见图29-20B）、精致的中世纪式（见图29-20C、D）、富丽的文艺复兴式、浪漫的巴洛克式、柔媚的洛可可式，以及庞贝式、帝政式（Empire style）的新古典风格等。这些风格在建造形态上表现出的共同特点是表现手法简洁、线条分明、注重对称，运用色彩的明暗、浓淡强化视觉冲击，强调表现雍容华贵、典雅和浪漫主义的色彩。

（3）阿拉伯建筑风格。

外观上多取浑厚的穹顶式，并且大小、主次配置分明；布局上并不讲究平面的对称，更为重视垂直轴线；装饰以淡雅为主，注重整体色彩的把握（见图29-20E）。

图29-20　不同风格的建筑样式
A. 中国式四合院；B. 欧洲古代式建筑；C. 哥特式建筑；D. 拜占庭式建筑；E. 阿拉伯风格建筑
（A～E分别引自 cgmodel.com、blog.sina.com.cn、duitang.com、xiujukoo.com、daimg.com）

29.3.2　植物配植

1）造园历史

庭院的出现与人类渴望用植物在空间上围绕自己的初衷有关。种类繁多的植物方便了人们进行多种选择。除了考虑用途外，选择时还可以考虑使植物在美学方面满足令人愉快的需求。它们令人心怡的芳香以及所表现出的个体或群体之美，在这些选择中起到了重要作用。

广义的造园术（landscape architecture）与人类和景观之间的联系有关，同样也与土地利用有关。这一工作涉及土地开发、建筑物布局、利用或创造起伏的缓坡、筑路、种植植物以及建造公园、运动场、水池等诸多领域，也关系到园区所在地附近生活着的人们。

如果说造园师(landscape gardener)应是一个艺术家,他们首先也必须是园艺家和土木工程师。造园师的目标是使人与建筑物及庭院空间能成为一体,其设计时考虑的重点则是植物的空间配植问题。

2) 植物材料及其在设计上的应用

虽然造园师用到的材料也包括石料、水泥和木材,但最主要的材料还是园艺植物,由园丁繁殖、栽培和养护它们。

与其他艺术表现所用的材料不同,植物并不是静态的,而是随着季节和时间变化的。因此庭院在设计时用到的植物均为有生命的材料,设计完成后对形成的植物配植方案仍需进一步完善。这些植物与结构要素(步道、廊架、水池、建筑立面、阳台、屋顶等)一起,构成景观的设计要素。

植物材料(叶子、树皮、花和果实)变化着的颜色,是因为季节变化而出现的。虽然材料是固定的,但它呈现的形态和颜色对比却不是长久的。园艺植物的色彩呈现是丰富多样的,其变化可带来许多趣味和审美效果。开放场地中颜色搭配的乐趣,可以通过草本植物的空间配置来实现,如通过巧妙搭配鳞茎、一年生植物和多肉植物等,营造丰富的色彩层次;而家居景观设计时可布置切花等进行装饰。

植物之间的质地特性差别很大,选择合适的植物添加到结构要素(砖、石、木材等)中可形成令人侧目的对照,如砖前面的树、石板边上的草、石墙内的花枝,或覆盖在石质路面上的地被植物等创意设计。落叶的乔木和灌木间的配置,可营造出从冬天到夏天的景观效果上的复杂变化。

植物材料可自然地表现很多呈立体几何形的形状或更复杂、更有趣的生活中的形象(地被植物能构成两维空间的图案);多种植物的集合可构建出丰富多样的形态,但是必须在搭配时注意考虑植物的重要自然形态发生的时期,如花期、果期等。如表29-2所示为春、夏、秋季开花的不同观赏植物。

表 29-2　不同开花期的观赏植物

开花季节	主要的观赏植物
春季	金盏菊、飞燕草、桂竹香、紫罗兰、山楼斗菜、荷包牡丹、风信子、花毛茛、郁金香、蔓锦葵、石竹类、马蔺、鸢尾类、铁炮百合、大花亚麻、雏叶剪夏萝、芍药、木棉、含笑、梅、迎春、白玉兰、大叶冬青、泡洞、元宝枫、紫荆、瑞香、郁李、桃、紫叶李、杏、火棘、梨、樱、白兰、樱桃、西府海棠、苹果、黄刺玫、绣球绣线菊、棣棠、黄馨、连翘、红花檵木、溲疏、茶藨子、金丝梅、牡丹、白车轴草
夏季	蜀葵、射干、美人蕉、大丽花、唐菖蒲、姬向日葵、萱草类、矢车菊、玉簪、鸢尾、百合、卷丹、宿根福禄考、桔梗、晚香玉、葱兰、四季海棠、美女樱、三色堇、雏菊、蒲公英、紫罗兰、忍冬、薜荔、长春花、木香、紫藤、流苏、暴马丁香、四季桂、茉莉、紫穗槐、凤凰木、木莲、石榴、蒲桃、月季、玫瑰、柽柳、芍药、天目琼花、荚蒾、夹竹桃、杜鹃、栀子、菖蒲、半支莲、石竹、一叶兰、韭兰、飞燕草、虞美人、女贞、合欢、金橘、九里香、蜀葵、木槿、扶桑、粉绣线菊、五色梅、紫薇、彩叶芋、矮牵牛、百里香、孔雀草、玉簪、香雪球、铁线莲、睡莲、荷花、国槐、木香、天人菊、夜来香、一串红
秋季	菊、三色苋、乌头、百日草、鸡冠花、凤仙花、万寿菊、醉蝶花、麦秆菊、硫华菊、翠菊、紫茉莉、桂、虎刺梅、木芙蓉、野菊、凤尾兰、油茶、山茶

线条和整体形状一样是由排列所产生的。树木可构成明显的垂直线条;水平线则是利用地面本身(大多数情况下是斜面)。还可以利用个别植物自身有趣的线条特点,构成景观设计上的焦点,即视觉中心。

3) 植物美学特性及其利用

(1) 地被植物(ground cover plants)。

草类、灌木、乔木甚至藤本均可担任成功的冲蚀抑制者,特别是在坡度较大的斜坡地带,即使地面较为平整,地被植物也可使雨后的地面不再泥泞。

或许地被植物中得到更多赞美的是用作景观材料的草坪。草坪像活的"地板",美观且相对易于养护,但需要经常刈割。在难于养护的区域如斜坡地或难以接近的区域,则可选择在地面种植如大戟、桃金娘和八角金盘等植物覆盖地面,而在其边缘可设置绿篱,并配合常春藤等攀援植物进行视觉上的隔离。

一年生草本植物也可作为地被材料,但在温带地区它们仅有半年时间是有效的。

（2）围篱（fence）。

灌木类植物材料中植株高大而密集者,能够限制人或动物的走动和视线,保证隐秘性。在需要限制进入的地方,可利用植物和建筑上的围墙,将两者结合设置能防止非法侵入。

用植物屏蔽不相干的区域,能使区域的景观受到相应约束。庭院围篱是造园时常用的一种方式,它同样能创造空间感,通过不同的组成和排列,在起到隔离作用的同时还能营造艺术美感。

（3）遮阴（shade）。

阻断来自太阳的刺眼光芒和酷热成为植物利用的一个重要功能,遮阴植物不仅对室外生活是重要的,而且会极大地影响室内温度。需要注意的是,树木并不会对建筑构成危险,如果位置得当,它们能充当室外的"天花板"。落叶树在夏天能提供荫蔽之利,在冬日里又不会阻断阳光。

庭院中另一种遮阴的形式即为廊架（veranda）,通常可设置在室外通道上,并配植藤蔓类植物,形成天然隧道状（Π字形）结构,也可使用单侧开放的Γ字形廊架（见本书第16章相关内容）。

29.4　休闲园艺与健康

29.4.1　园艺劳作的享受

园艺在早期的发展中较为强调休闲,而在未来的发展中这一功能的体现也仍将继续。在有庭院的地方,种植园田可能是真正的全国性消遣项目。因为园艺可在许多层面上被有效享受,年轻力壮的人和年迈体弱的人都乐于享受其带来的乐趣。在自家庭院这属于自己的一片天地内忙碌的可能是改革家、精巧机件的发明者、艺术家和时尚追求者等（见图29-21）。幽静的乐趣是忙碌之人所追求的,园艺劳作与其

图29-21　园艺劳作的人们享受其乐趣

A. 劳作也不忘休闲; B. 闲时打理家里的花花草草; C. 庭院里种的蔬菜要收获了; D. 小朋友也喜欢种点植物满足一下好奇心
（A～D分别引自qq.com、yili.gov.cn、m.baidu.com、blog.sina.cn）

成果可使人暂时忘却生活中的不快,产生甜蜜的期望,很多时候只要一点点的付出就能收获不错的回报。这一回报会随技能、耐心程度成比例地增加。

多数享受到园艺乐趣的人,将会对生命、生长、死亡等词有更多的体会。既能欣赏又能锻炼,休闲园艺的乐趣使得人们更乐于参与其中。

29.4.2　共享园圃模式

随着共享经济模式的兴起,在园艺经营上也出现了共享园圃(shared garden)的新模式。这一模式使很多城市居民在没有自家庭院的情况下,也能利用闲暇时间来获得园艺劳作的快乐,并实现自身对园艺美的理想与追求。

为了保持田园的美感,通常划出的小块园圃地形较为规则且规模一致,单元间留有较宽的通道,边界处则可分类设置美观而整洁的围栏,以增添情趣。各个小单元内园田的使用与规划则为业主保留。如图29-22所示为共享菜园的田间布置示意图。

图29-22　共享菜园的田间布置示意图
(引自 zcool.com.cn)

29.4.3　园艺疗法

园艺疗法(gardening therapy),是指借由实际接触和运用园艺类材料,维护及美化植物或盆栽和庭园等,通过接触自然环境而缓解压力与康复身心的一种辅助性治疗方法。园艺疗法通常可运用于一般医疗和复健医学方面,适合于智力障碍者、残障人士等放松身心,接受训练,也可用于老人和儿童中心、强制戒毒(或戒其他成瘾性顽疾)中心、医疗院所或社区。研究发现,园艺疗法能够减缓人体心跳速度,改善情绪,减轻疼痛,对病人康复具有较大辅助作用。

园艺疗法的作用是通过以下方面达成的:心理上的减压和注意力转移,消除烦躁不安的情绪;生理上的感官刺激,吸入植物的挥发性物质以调整人体的机能,满足社会性的交际需要等。

其具体的方法可在医生指导下开展,根据不同的病征需要,分别采取不同的科学疗法,如香草疗法(aroma therapy)、药草疗法(herbs therapy)、花卉疗法(flower therapy)、园作疗法(gardening therapy)(见图29-23A)和花艺疗法(floral art therapy)等。为此,可专门开辟以不同植物搭配种植的药草园(herbs garden)(见图29-23B、C),来实现上述需要。

图29-23　园艺疗法中常见的园作疗法和药草园
A. 园作疗法；B、C. 药草园
（A～C分别引自 hunker.com、tripadvisor.com.ph、cn.dreamstime.com）

29.5　花艺设计与装饰

花艺设计与造园设计具有同样的关系，就像弦乐四重奏和交响乐队演奏的关系。两者的设计原则是相同的，只是花艺设计的规模小些。花艺设计同绘画、雕刻一样同为装饰艺术。

花卉布置既可以是私人化的艺术表现方法，又可以是商业花艺的基础。商业花艺构成了园艺企业生产的一大板块。所有切花的最终利用，都是围绕着花进行的布置。它可能是花瓶里插一打花的简单布置，也可能是一整个花车的创作。

29.5.1　盆栽（景）

盆栽（potting），是指利用特定容器种植植物的表现形式，既适合摆放在室内，也可安置在室外的庭院和广场。适于盆栽的植物，视体量大小不同，可利用的种类非常多，包括常绿灌木、球根植物和一年生植物等。为了不使容器内的基质裸露，通常需要利用水苔藓（duckweed）覆盖容器的开口部分，形成一种微型地被层（vessel cladding）。此举不但可增加美观度，而且对基质的水分保持也有积极作用。

1. 家用盆栽

用于室内装饰的盆栽，因不能充分利用户外光线，在种类选择上通常以光照需要不敏感的观叶植物（如蔓绿绒、虎尾兰、吊兰、绿巨人、滴水观音、绿萝、文竹、米兰、万年青、豆瓣绿、君子兰、竹芋、文殊兰、彩叶凤梨和榕树等）和耐阴植物为主。除增加装饰的美感外，家用盆栽也是净化室内空气的良好选择。

2. 商用大型盆栽

大型盆栽可置于室内，作为走廊、办公室、餐厅等场所的内部陈设，通常选用的植物有巴西木、光瓜栗（发财树）、菜豆树（幸福树）、富贵竹、印度榕（橡皮树）、夏威夷椰子、兰屿肉桂（平安树）、雪铁芋（金钱树）、散尾葵、龟背竹和棕竹等。

3. 组合盆栽

组合盆栽（potting plants composition），是指通过艺术配置的手法，将多种观赏植物同植在一个容器内的园艺艺术形式（见图29-24）。组合盆栽的观赏性强，有"活的花艺、动的雕塑"之美誉。

组合盆栽所用容器与生产用盆栽有较大不同，需强调容器材料及造型与成品之间的风格（色彩、质感和形状等）相协调，同时两者之间的比例宜符合视觉要求。因所装填基质数量有限，需充分注意容器的物理特性，盆栽植物的营养供应以稀释后的营养液为宜。

在植物配置上，除注意艺术搭配效果外，还需兼顾植物间的生态相宜性，特别是避免相互间的根系分泌物所引起的他感作用，否则当全部定植后，盆栽植物的存活率会出现问题而影响作品的艺术欣赏寿命。

图29-24　组合盆栽作品

（A～C分别引自 baike.baidu.com、huajuibk.com、shop.11665.com）

定植时所选植物幼苗的大小，须根据植物生长速度和不同植物在作品中的主次关系等统筹确定。

4. 盆景

盆景（bonsai，ぼんさい），是指以植物和山石为基本材料在盆内表现自然景观的艺术品。盆景是微缩的景观造型，通过修剪和控制营养而使植株矮化，是园艺艺术引人入胜的一类范例。有些活的盆景中的植物，从其植株年龄而言可在百岁以上，仍保持着矮小的形态，长在容器中并被布置成自然景观的一部分。

盆景源于中国，通常可分为树桩盆景和山水盆景两大类。

1）树桩盆景

多选用枝叶细小、盆栽易成活、生长缓慢、寿命长、根干奇特的树种，兼有艳丽花果者尤佳。可用作树桩盆景的植物已超过100种。除人工繁殖外，也可从山野林地选取伐木后仍保留在林地中尚未被清理的树桩，经人工精心培养成活、雕琢造型后利用。

树桩盆景的造型千姿百态，具体可归纳为直干、斜干、曲干、卧干、垂干、枯干、连根、附石、丛林等多种形式。如图29-25A、C～F所示为不同流派的盆景作品。

培养基质以疏松透气、排水良好，又能保肥的配制土为最佳。在整个制作养护过程中，有以修剪为主的整形法和用金属丝或棕丝扎缚枝干使其弯曲成一定形状再经逐年细致修剪成型等方法。不同流派间在技法上存在较大区别。

树桩盆景成型后须精心养护。其中，修剪是促进或控制树桩生长，使之保持一定姿态的重要措施。凡枝叶成片，层次分明的树桩，要经常疏剪或短截，以控制扰乱姿形的枝条。松类可摘去全部或部分主芽，使梢变短；阔叶树类的修剪，因树种及开花结实习性的差异而不同。

2）山水盆景

山水盆景的制作须事先选定主题，并精心设计。根据主题进行选石、加工，也可因石制宜，独运匠心。山石材料有松石和硬石两类。松石可用特制的小锤在石上琢出沟壑、洞穴、峰峦、岗岭等形态；硬石则可用切割、锯、截、雕等手法达到设计造型之目的，并可通过拼接胶合来弥补材料的不足。石上可留有种植穴，便于栽植植物。

盆中景物布局须主次分明，层次丰富，富于变化而不杂乱。同一盆中宜石种相同，石色相近，纹理相顺。同时运用近大远小、低大高小、近实远虚的透视原理，配以大小相宜的草木、亭桥、鸟兽、人偶等，用浅盆衬托，达到小中见大、意蕴丰富的艺术效果（见图29-25B）。

3）盆景的主要流派

（1）海派。

海派盆景选材丰富，其树桩上的枝条讲究片层状造型，而枝片不但数量较多，没有固定规格，而且大

图29-25 不同流派风格的盆景作品

（A～F分别引自 lhsr.sh.gov.cn、dp.pconline.com.cn、dy.163.com、h.sos110.com、mt.sohu.com、baa.bitauto.com）

小不等、形状各异、疏密相间、聚散自由。设计时以整体造型欣欣向荣为首要目标。

海派山水盆景有两大类型：一种是用硬石表现近景，盆内奇峰峻峭，林木葱茏；另一种是用海母石、浮石等软石，细致雕琢出山纹石理，种上小树小草，来表现深远的意境。

（2）岭南派。

多选用榆、雀梅藤、榕、九里香和福建茶等植物为盆景树种，并创造了截干蓄枝为主的制作技法，先对树桩截顶，以促进枝叶生长，再经反复修剪，形成干老枝繁的特色，体现出挺拔自然或超逸豪放的风格。

（3）川派。

川派树桩盆景，以虬曲多姿、苍古雄奇为特色，同时体现悬根露爪、状若大树的设计风格，讲求造型和制作上的节奏感和韵律感。塑形时以棕丝蟠扎为主，剪扎结合。

其山水盆景多展示巴蜀山水的雄峻、高险，以"起、承、转、合、落、结、走"的造型组合为基本法则，在气势上构成了"高、悬、陡、深"的大山大水景观。

（4）苏派。

苏派盆景以树桩盆景为主，造型古雅质朴、灵巧入微、气韵生动，整体情景相融，耐人寻味。苏派盆景不同于传统的造型手法，采用粗扎细剪的技法，力求顺乎自然，避免矫揉造作。

（5）扬派。

依据中国画"枝无寸直"的画理，该派创造了11种棕法（利用棕丝绑扎植物枝条以塑形）组合而成的扎片手法，使不同部位寸长之枝能有三弯，将枝叶剪扎成枝枝平行而列、叶叶俱平而仰的样式，如同飘浮在空中的极薄"云片"，形成"层次分明、严整平稳"，富有工笔细描装饰美的艺术特色。

29.5.2 插花

插花（flower arrangement），是指把花材插在瓶、盘、盆等容器内来维持其生命特征的利用形式。通常所插的花材,或枝,或花,或叶,均不带根,只是从植物体上切取下来的一部分,除鲜花材料外还可使用干花。插花时的手法不能随意,而应根据一定的构思来选材,遵循一定的章法,创造出一个优美的形体(造型),借此表达主题,传递感情和情趣,使人赏心悦目,获得精神上的美感和愉快。

在日本,花卉布置或插花(生花)具有悠久的历史。15世纪时,花道与茶道一起,成为日本人家庭生活中的重要部分。中国的插花虽然历史悠久,但长期多为文人、士大夫等所独有,在民间并不普遍,直到1980年以后才有了大的发展,需求量也在稳步提高。

1)插花及其艺术流派

与西方花卉设计(floral design)的概念不同,东方传统的插花对线条的强调要胜过形态和颜色。东方式插花崇尚自然,讲究优美的线条和自然的姿态。其结构布局常高低错落,俯仰呼应,疏密有致,作品以清雅流畅见长。从花材的布置形态看,设计时意在模仿植物的自然生长状态,有直立、倾斜和下垂等不同的花材走向。

日式的花艺布置,分出了很多流派。池坊流(ikenobo school)以古典式为特色;立花流(rikka school),是以花卉和植物体为材料,再现大景观、华丽的风格,构形时主干弯曲的较少。而从作品的造型特点而言,投入型(nageire type)是单独的、自然主义式的布置,盛花型(noribana type)是富于表现的,较多地利用观叶植物和花卉的景观布置法。不同风格的花艺流派(flower art school)在植物材料的利用上虽然存在较大差异,但对艺术基本原理的运用却高度一致。

2)切花材料

尽管不同地区的人们在切花材料的选择上有一定差别,但从总的消费量来看,排在前十位的切花种类为菊、玫瑰、康乃馨、兰花、金鱼草、非洲菊、球根类(如百合、郁金香、大丽花、鸢尾、番红花、孤挺花、风信子等)、唐菖蒲、土耳其桔梗、丝石竹。

3)插花的辅助材料与工具

插花的辅助材料主要有花器、花泥、剑山、铅丝、水苔等(见图29-26),使用的工具以剪刀、丝带为主。

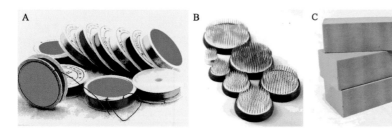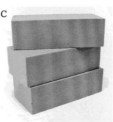

图29-26 插花所用的辅助材料

(A～D分别引自t-chs.com、9subi.com、t-chs.com、t-chs.com)

中国式插花常用的花器有瓶、盘、缸、碗、筒、篮等六类(见图29-27)。容器的作用在于盛装水或保鲜液,支撑花材,烘托和陪衬造型。容器是插花作品立意中的重要组成部分,对烘托主题、强化意境有举足轻重的作用。

4)花材配置及其比例关系

(1)三才理论。

《易经·说卦》中指出的"是以,立天之道曰阴与阳,立地之道曰柔与刚,立人之道曰仁与义。兼三才而两之,故《易》六画而成卦",说明了万物的相互关系的辩证统一法则。《三字经》中也提道:"三才者,天地人。"上有天,下有地,人在其中。老子的"三生万物"更是中国哲学的基本思想之一。三才之道影响深远。这些思想深刻地影响着中国文化的形成与发展,渗透在方方面面。因此,插花这种艺术形式中亦充分融入了三才理论。

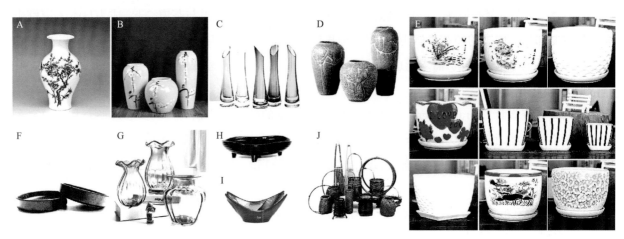

图29-27　中国式插花常见容器

（A～J分别引自t-chs.com、9subi.com、t-chs.com、t-chs.com、5jjc.net、432520.com、lukou.com、product.suning.com、t-jiaju.com、tbw-xie.com）

（2）黄金比例。

东方式插花非常注重枝条间的线性关系以及花材与容器之间的比例关系,以三才理论为指导,由天枝、地枝和人枝构成整体画面的基本框架,并且在尺寸上保持黄金比例,表示为

$$L_人/L_天 = L_地/L_人 \approx 0.618$$

$$H_容/H_花 = W_容/W_花 \approx 0.618$$

式中,L、H和W分别表示插花中的枝条直线长度以及植株或容器的高度和宽度。如图29-28所示为东方式插花中三才理论的应用及黄金比例关系的示例。

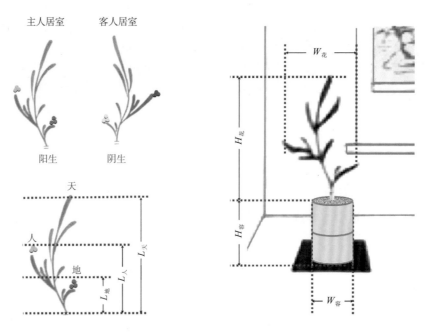

图29-28　东方式插花中三才理论的应用及黄金比例示例

5）东方式插花的基本形式

针对插花使用场合的不同，插花的制作技术也有着极大的差别。花材组合的基本形式主要可分为以下七个种类。

（1）阶梯式。

整体造型好似一阶阶的楼梯，每朵花之间留有一定距离，但无须相等，从上而下呈比例性缩减，视觉上便有疏密的层次性分布感觉。此形式取点状花材较适合，如玫瑰、康乃馨、菊花、火鹤、郁金香等均可。可从底部开始以阶梯方式向上留花，每组选两朵以上，盛开者、大朵的置于最低，含苞的、较小的置于最顶部（见图29-29A）。

（2）重叠式。

表面形状表现为平整的叶片或花朵者均可以此技法设计。如银河叶（*Galax urceolata*）、瓜类植物叶片、龟背竹、木鞭蓉叶、姬向日葵、向日葵等均可重叠，每片间空隙较小为宜，也可单独表现叶片重叠的美（见图29-29B）。通常可在最底层覆盖海绵或花泥。

（3）堆积式。

堆积式的特色是花材数量较多或者色彩复杂，可将花材有规则地起伏状排列，花材的花梗宜短，花朵之间几乎不留空隙。此形式采用的花材以头状花序或总状花序者为佳，如玫瑰、康乃馨、丝石竹、非洲菊、菊花等。水苔甚至石块皆适合作底座部分加以利用（见图29-29C）。

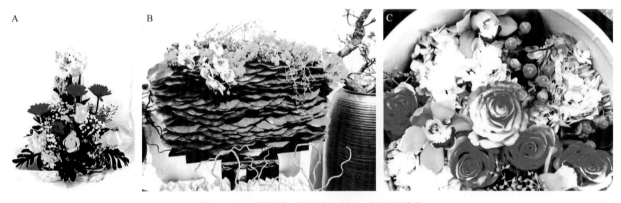

图29-29　阶梯式、重叠式和堆积式插花样式
A. 阶梯式插花；B. 重叠式插花；C. 堆积式插花
（A～C分别引自 item.btime.com、detail.1688.com、kaoshi.china.com）

（4）焦点式。

焦点是插花作品中最明显突出的点，从正面或侧面看都极其醒目。焦点只有在单面花中才有，以形状特殊、色彩艳丽、花朵较大者为佳；如果花朵小则需加大花材数量，方能形成焦点。适合作焦点的花材有香水百合、姬百合、朱顶红、天堂鸟、竹蕉、蝴蝶兰等。如图29-30A所示为焦点式插花作品。

（5）组群式。

此技法可用到多种花材，设计时将同种类、同色系的花材进行分组（两枝以上）和分区（一区内可有两种以上不同的组群表现），且每一组之间需保持一定距离。花材可长可短，视造型而定（见图29-30B），以点状或线状花材较常用，如玫瑰、康乃馨、姬向日葵、安祖花、绣线菊、绣球、夜来香等。

（6）群聚式。

将三朵以上的花或叶，以绑捆等技法集合成一束，可表现各花材集中后所形成的更有力度的线条和花朵的团状之美（见图29-30C）。此形式不适合取花朵呈点状或雾状且花梗挺直的花材，如玫瑰、康乃馨、姬向日葵、向日葵、丝石竹、芦笋枝等。

（7）平铺式。

平铺式所表现出来的形态是花朵处于一个平面上，没有任何高低层次区分，其底部需要覆盖海绵。为求变化，可使用多种不同的花材，只要看起来在一个平面即可（见图29-30D）。

图29-30 焦点式、组群式、群聚式和平铺式插花样式
A. 焦点式插花；B. 组群式插花；C. 群聚式插花；D. 平铺式插花
（A～D分别引自 yy.yuanlin.com、zhihu.com、lohasi.pclady.com.cn、baijiahao.baidu.com）

6）西方式插花的基本形式

与东方式插花相比，西方式插花并不强调意境，但对其几何形状的营造颇为讲究。主要的构型有半球形、三角形（对称与非对称）、水平形、扇形、瀑布形、弯月形等，此外还有圆锥形、椭圆形、球形、垂直形，以及字母造型的S形、T形和L形等。

（1）半球形。

将花材剪成相同长度插在花泥中，形成一个半球形状（见图29-31A）。半球形花是一个四面观的花形，造型柔和、浪漫，适用于婚礼、节日等很多场合。

（2）三角形。

三角形又分为对称和不对称三角形两类。在古埃及等古文明中，三角形插花常作为装饰应用。对称三角形较稳定（见图29-31B），但都是单面观的花形，常用于墙边、桌面或角落家具等位置。

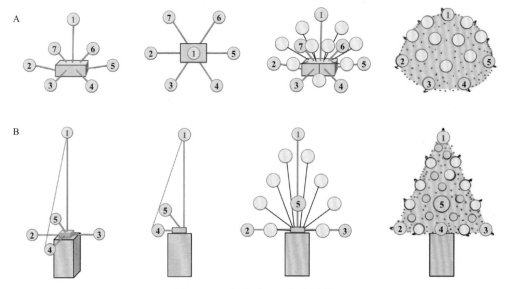

图29-31 半球形和三角形插花
A. 半球形插花；B. 三角形插花

（3）水平形。

水平形插花也是四面观的花形，源自古希腊祭祀坛上用的装饰花传统，现在常用到会议桌、餐桌、演讲台上。同半球形相似，水平形插花也是四面都可观赏的花形，显得豪华富丽。

（4）扇形。

扇形插花为放射性的半圆花形，豪华美丽，就像是孔雀开屏（见图29-32A），设计灵感源于宫廷贵妇手中拿着的用羽毛、蕾丝做的扇子。扇形插花摆放在玄关和靠墙摆设的桌面都很合适。

（5）瀑布形。

瀑布形的花由上而下地插制，具有流动感，显得柔美浪漫（见图29-32B）。这也是除了球形插花以外最常用的新娘手捧花花形。

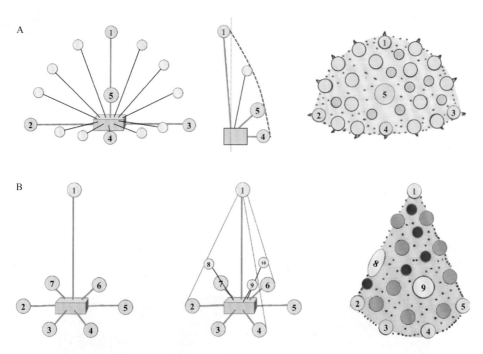

图29-32 扇形和瀑布形插花
A. 扇形插花；B. 瀑布形插花

（6）弯月形。

弯月形插花形似弯月，是能表现曲线美和流动感的花形（见图29-33），适合作室内摆设，可借助花篮进行造型设计。设计时，除主焦点外还须在其垂直方向上强化两侧辅助焦点，以克服单薄的观感缺陷。

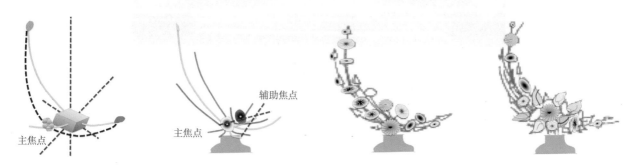

图29-33 弯月形造型插花的样式及其效果

7）胸花与钮孔花

婚礼和庆典花饰中,使用较多的有肩部花环、胸花、腕饰和钮孔花等。其设计往往强调样式的时尚和花色的鲜艳,且根据使用目的来选择花材,常用的如兰花、玫瑰和一些形状较小而质地较硬的叶片等。花的基部用丝带紧密缠绕固定。如图29-34所示为庆典中常用的胸花、钮孔花和花卉腕饰。

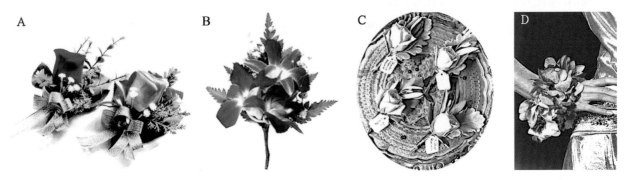

图29-34　庆典中常用的胸花、钮孔花和花卉腕饰
A. 带丝带的胸花；B. 无丝带胸花；C. 钮孔花；D. 花卉腕饰
（A～D分别引自 xplian.net、mp.itfly.net、beautifully.sinaapp.com、wpmen.sohi.com）

8）葬礼花饰

葬礼上用到的各类花饰,色彩以白色、淡黄色和绿色的搭配为主,以示沉痛、深切的怀念之情。

9）庆典车饰

车饰是以花辫或平面团花形式在车辆机顶盖、行李箱盖、倒车镜和门把手等处进行的装饰(见图29-35),根据活动主题与寓意设计图案。这些材料通常需要事先组合,其后用可清除的胶带固定在特定位置。有时为了突出飘逸等效果,在花材捆扎时会大量使用丝带等材料。

图29-35　婚庆花卉车饰布置
（引自 xiawu.com）

第Ⅴ编

主要园艺植物及其产品

第 30 章
园艺植物及其产品

30.1 主要蔬菜

本书最后要研究的是单个的园艺植物,这也是园艺产业发展的基础。园艺植物虽然涉及的种类繁多,但在传统习惯上,通常分为蔬菜、果树和观赏植物三大部分;而从全球化的角度看,它还包括饮料植物、香料植物、药用植物等类别。

完整的全球园艺植物生产数据并不常见,主要是国际上数据交换的不协调及不正确的统计所致。在一些以自给自足为主要生产模式的种类上,更是缺乏有效可靠的统计数据。尽管如此,人们仍然能够通过一些数据看到园艺事业在近20年的发展。

园艺植物个体的生物学特性及其在生产和消费中的地位,是人们更好地组织生产的工作基础。因此,本章的主要出发点在于梳理植物的个别特性,为生产和流通提供理论依据。

园艺产业中的蔬菜植物包括了根茎类、球叶类、叶菜类、豆类、茄果类、瓜类、薯芋类、葱蒜类、食用菌、水生蔬菜和杂类。

虽然大多数的蔬菜只是区域性作物,但它们对区域经济而言却有较大的经济价值与社会价值。有些种类的蔬菜是世界性的,因而它们在全球贸易中成为重要的物资之一。蔬菜加工业的发展,使全球的物流变得更加容易,因此也正在改变着蔬菜的全球贸易格局;而且随着国际经济与文化交流的频繁化,一些过去属于区域化生产的蔬菜种类的消费地也变得多了起来。

因此,本章在兼顾蔬菜的重要性和通用性的基础上,对主要的蔬菜种类及其特征做了讨论。

30.1.1 根茎类

根茎类蔬菜以地下和地上部变态的肥大根和茎为主要食用对象,其中包括肉质根、块根、块茎、球茎、根状茎、肉质茎等。相对而言,根茎类蔬菜具有较多的碳水化合物积累,贮藏期较长,在生产条件较差的区域以及产品流通范围较小的地区常有较多栽培。

根茎类蔬菜主要涉及藜科、十字花科、菊科、襄荷科、百合科、伞形科、茄科、旋花科、大戟科、薯蓣科、豆科、睡莲科、天南星科等类别(见图30-1)。其主要种类对生活环境的要求如表30-1所示。

1)马铃薯

马铃薯是一种全球性蔬菜,也是重要的粮食作物。虽然其起源于美洲,但其生产中心是在中国和欧洲。马铃薯的贮藏比较容易,在4 ℃下可贮藏较长时间;其块茎在10 ℃以上时容易发芽,通常可使用马来酰胼(MH)等进行抑制。在中国广大山区,马铃薯的栽培面积较大,而且从南到北形成了从初夏到秋冬的连续收获期。

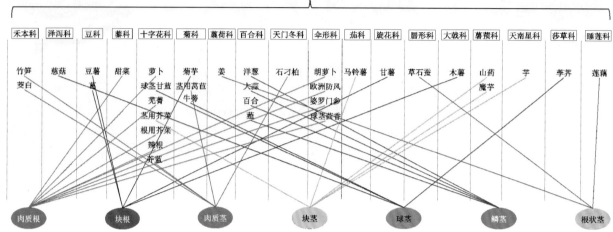

图30-1 根茎类蔬菜的植物学分类

表30-1 主要根茎类蔬菜生长所需的环境条件

蔬菜种类	生命周期	全球分布状况	生长温度/℃		产品形成的光周期特性	水分要求	适宜土质
			最低	最高			
马铃薯	一年生	全球	7	35	短日植物	较耐旱	深厚沙质土
甘薯	一年生	热带、亚热带	16	35	短日植物	耐旱,喜湿	各种土壤
木薯	一年生	热带、亚热带	16	40	日中性植物	喜湿	沙质土
胡萝卜、球茎茴香	二年生	全球	3	27	长日植物	较耐旱	深厚沙壤土
欧洲防风	二年生	欧洲	0	25	长日植物	较耐旱	各种土壤
婆罗门参	二年生	欧洲	5	30	长日植物	喜湿	各种土壤
牛蒡	二年生	欧亚	−20	30	长日植物	较耐旱	深厚沙壤土
菊芋	多年生	东亚	−25	35	日中性植物	喜湿	各种土壤
萝卜	二年生	亚洲	3	27	长日植物	较耐旱	各种土壤
球茎甘蓝	二年生	欧亚	2	25	长日植物	较耐旱	各种土壤
芜菁	二年生	欧亚	1	25	长日植物	较耐旱	各种土壤
茎用芥菜	二年生	中国	5	25	长日植物	喜湿	各种土壤
根用芥菜	二年生	中国	5	25	长日植物	喜湿	各种土壤
辣根	二年生	亚洲	5	30	长日植物	喜湿	各种土壤
莴笋	一年生	亚洲	0	25	短日植物	喜湿	各种土壤
根甜菜	二年生	欧亚	0	25	长日植物	较耐旱	各种土壤
百合	二年生	中国	5	25	长日植物	较耐旱	深厚沙壤土
石刁柏	多年生	欧亚	−30	30	长日植物	较耐旱	深厚沙壤土
大蒜	二年生	全球	−5	25	长日植物	较耐旱	各种土壤
洋葱	二年生	全球	0	25	长日植物	较耐旱	各种土壤
薤(藠头)	多年生	中国	5	30	长日植物	较耐旱	沙壤土
草石蚕	多年生	欧亚	−20	30	日中性植物	湿生植物	各种土壤

（续表）

蔬菜种类	生命周期	全球分布状况	生长温度/℃		产品形成的光周期特性	水分要求	适宜土质
			最低	最高			
山药	一年生	热带、亚热带	10	35	短日植物	喜湿	各种土壤
豆薯	一年生	亚洲	15	35	短日植物	喜湿	各种土壤
魔芋	一年生	亚洲	5	35	日中性植物	喜湿	各种土壤
粉葛	一年生	亚洲	−30	40	日中性植物	喜湿	各种土壤
芋	一年生	热带、亚热带	12	40	日中性植物	湿生植物	各种土壤
姜	多年生	亚洲	12	28	日中性植物	喜湿	深厚壤土
荸荠	一年生	热带、亚热带	5	35	短日植物	水生植物	各种土壤
慈姑	一年生	热带、亚热带	5	35	日中性植物	水生湿生植物	各种土壤
莲藕	多年生	亚洲	15	35	日中性植物	水生植物	深厚壤土
竹笋	多年生	亚洲	−10	35	日中性植物	喜湿	各种土壤
茭白	多年生	中国	5	30	日中性植物	水生植物	各种土壤

马铃薯通常以块茎进行无性繁殖，但连续就地留种时常会因块茎携带病毒而使生产力下降，因此需要进行异地留种或用脱毒种薯进行繁殖。马铃薯栽培时，很多品种均会正常开花并结果，从而消耗额外的营养，因此可进行疏花处理以提高块茎的产量。耕作方式上，马铃薯栽培通常采用单垄式，中耕时需结合培土作业以促进块茎的形成。

马铃薯产品的加工量较大，为了防止去皮后食用前的产品褐变，需要在加工前于25 ℃左右温度下存放数天，使块茎中的还原糖更多地向淀粉转化。

2）胡萝卜

胡萝卜在全球利用较广，以中国和欧洲栽培面积较大。胡萝卜容易栽培且较耐贮藏和运输，除作烹制外，也可生食。栽培时，通常采用种子直播的方式，出苗后需要进行多次间苗。植株较耐寒，但春季栽培时苗期易受低温影响，若处理不当，在生长后期会出现抽薹现象而使肉质根发育不良。

3）洋葱

洋葱也为全球性蔬菜，其栽培以亚欧地区为主，产品收获后经愈伤处理即形成干皮洋葱，易于贮运，是烹制和色拉制作的常用食材。其主要品种分为红皮、黄皮和绿皮三大类。鳞茎的膨大需要长日照条件和日平均气温超过15 ℃。播种期选择不当时会造成未熟抽薹，因此秋季定植时不宜过早，苗龄也需控制。栽培时，通常用种子繁殖进行育苗，定植行距20 cm，株距在16 cm左右。

4）姜

姜虽然有全球性的消费，但其生产却只局限于亚洲地区，产品易于贮运且有较大的国际贸易量。姜通常用其根状茎无性繁殖，母姜上的侧芽萌发可形成子姜，而子姜上的侧芽继续抽生即可形成孙姜……最终形成母姜与各级姜共生的块状根茎。在姜的生产上，连作障碍是一个令生产者较为头疼的问题。

5）萝卜

萝卜为亚欧地区的重要蔬菜作物，相对较易贮运，其中的小型种类常作为色拉蔬菜利用。萝卜的生态型分化差异较大，较为耐寒，栽培期与品种特性配置不当时易发生未熟抽薹，且其在肉质根膨大期间对水分供应特别敏感,过快地生长易发生空心或糠心现象。生产上以种子直播进行,须多次间苗。

6）大蒜

大蒜的消费是全球性的,其生产主要集中在中国、印度、阿根廷、美国、法国、西班牙等国家。大蒜产品经愈伤处理后在常温下即可贮运,国际贸易量较大。大蒜除蒜头外,其蒜苗和蒜薹也是重要的产品。生产上利用鳞茎进行无性繁殖,选择播种期极为重要,越冬前既要控制个体大小,又需使蒜苗长到一定程度以防低温伤害。

7）石刁柏

其产品称为芦笋,因出土前后的软化与否,分为白色和绿色两类。石刁柏的主要产地为中国、秘鲁、德国、法国等。通常以种子育苗后进行定植栽培,可连续生产10年以上,而且有自我增殖变密的特点,需做疏苗处理。石刁柏极其耐寒,夏秋季地上部生长过旺时可做刈割处理,以协调植株地上部与地下部的营养关系,为翌年的出笋奠定基础。芦笋采收后需要做预冷处理,在常温下贮藏会使产品迅速木质化和叶芽羽化而降低品质。

8）甘薯、芋

甘薯在全球的种植面积较大,以亚洲、非洲和美洲为主要生产地。甘薯喜温而耐旱,植株繁殖能力极强,因此也可进行分株繁殖。其产品经愈伤后较易贮藏,是较为重要的淀粉类植物。

芋,以中国、印度和东南亚地区栽培较多,其块茎富含淀粉,可粮菜兼用。芋喜温喜湿,通常以种芋进行繁殖,管理也较为简单。其产品较耐贮运。

9）芥菜类、芥蓝

芥菜［*Brassica juncea*（L.）Czem. et Coss.］是一个非常大的种群,其产品中有分别以根、叶和茎变态者,主要有根用芥菜、包心芥菜、茎用芥菜和抱子芥菜（*B. juncea* var. *gemmifera* Lee et Lin,儿菜）（见图30-2A～C）。根用和茎用芥菜主要栽培在中国和南亚地区,用作腌渍原料。

芥蓝（*B. oleracea* var. *albiflora* Kuntze）为甘蓝的一个变种,是中国华南地区的特色蔬菜之一,其花薹形成需要15～25 ℃的温度条件,长日照条件可促进开花。

图30-2 芥菜的根茎类变种和芥蓝
A. 根用芥菜；B. 茎用芥菜；C. 抱子芥；D. 芥蓝
（A～D分别引自sohu.com、baike.baidu.com、wlkgo.com、detail.youzan.com）

30.1.2 叶菜类、花球类

叶菜类是蔬菜中包含种类最多的类别,通常可进一步分为叶球类和绿叶菜类。

叶球类,主要包括一些以球叶为营养贮藏器官的蔬菜,如结球白菜、结球甘蓝、抱子甘蓝、包心芥菜、结球莴苣等。相对于绿叶菜类而言,结球类蔬菜更容易贮运,虽然有时会有较大程度的重量（质量）损失。绿叶菜类具有综合的高营养价值,是亚洲地区日常饮食中消费量较大的类别,且由于产品形成所需生长日数较短及对生活条件要求不严格的原因,全年大多数时间均有时令的新鲜产品可供食用。绿叶菜类产品通常具有含水量高、易腐烂的特点,对采后处理与贮运的技术要求很高,所以新鲜产品的长距离运输会存在很大的质量隐患,因此往往采用区域生产、就近流通的方式。

1)叶球和花球类

(1)甘蓝类。

甘蓝类除了普通甘蓝、羽衣甘蓝和球茎甘蓝外,其叶球状变态包括结球甘蓝、抱子甘蓝以及花球类的青花菜和花椰菜等。

这些甘蓝的变种均为全球性蔬菜种类,种植广泛。除青花菜外,其他种类大都较易贮运,国际贸易量较大。这些种类的蔬菜较耐寒,适应性广,均以种子育苗后进行栽培。生产上当品种与气候条件不适应时,常会发生先期抽薹或现蕾的普遍性问题。

(2)结球白菜。

结球白菜是典型的中国蔬菜,在亚洲有普遍种植,其生态型分化多样。种子直播栽培,苗期需要多次间苗。春季栽培时易发生先期抽薹现象。其产品较耐贮运,鲜食与腌渍均可。

(3)结球莴苣。

结球莴苣(*Lactuca sativa* L. var. *capitata* L.)普通为莴苣的一个变种(见图30-5A～C),其消费具有全球性,是西餐中重要的生食原料,种植较为广泛。生产上采用种子育苗的方式,植株不耐高温,且在长日照条件下易发生未熟抽薹。因此为确保此类产品的周年均衡供应,需采取多地联产的模式。

2)普通白菜

普通白菜(*Brassica campestris* L. ssp. *chinese*)是芸薹的一个亚种,其中几乎包括了所有不结球的各种变种类型,种类分化非常复杂多样,主要有青菜、乌塌菜、菜薹、薹菜和京水菜等(见图30-3)。

青菜的品种类型也非常多,按其形态可进一步分为青梗菜、鸡毛菜、油菜和半结球的杭白菜等类别,以中国华东地区种植最为普遍。乌塌菜、菜薹和京水菜等虽然外观差距较大,但其栽培习性与青菜完全相同。

普通白菜类的栽培,均采用种子直播方式进行,生育期短,栽培茬口多,为实现周年生产需要选择与不同季

图30-3 普通白菜的不同变种及其种类分化
A. 青菜;B. 鸡毛菜;C. 青梗菜;D. 黑油菜;E. 油菜;F. 杭白菜;G. 乌塌菜;H. 红菜薹;I. 京水菜
(A～I分别引自chachaba.com、item.m.jd.com、cnhnb.com、vipveg.com、k.sina.com.cn、detail.youzan.com、62a.net、mux5.com、detail.youzan.com)

节生产条件相对应的栽培品种。这类蔬菜的栽培管理较为简单,但管理较费人工,特别是在育苗和收获环节,机械采收虽已应用,但采得的产品外观较差。同时,这类蔬菜非常容易腐烂,因此其对采后处理、包装及贮运的要求较为严格。普通白菜类产品的销售多在以产地为圆心的300 km半径范围以内,且需要冷链系统支持。

3）普通芥菜

以叶或整株为食用对象的芥菜种类包括雪里蕻[*Brassica juncea*(L.)Czem et Coss. var. *multiceps* Tsen et Lee]、大叶芥[*B. juncea*(L.)Czem et Coss. var. *foliosa* L. H. Bailey]等变种和黑芥(*B. nigra* L.)等(见图30-4)。这些种类仅在亚洲地区的局部范围内有种植和消费。雪里蕻、大叶芥等常被用作腌制原料。

图30-4　普通芥菜
A. 大叶芥；B. 黑芥；C. 雪里蕻
（A～C分别引自 mmny.maoning.com、detail.tmall.com、w.dealmoon.com）

4）普通莴苣

莴苣(*Lactuca sativa* L.)是主要的色拉蔬菜,是由原产于中亚细亚的野生种*Lactuca serruola*驯化而成的。其栽培种共分为五个类型:包头型(crisp head)、软球型(butter head)、直球型(cos或romaine)、松叶型(loose leaf或bunching)和茎用型(asparagus lettuce)(见图30-5)。

松叶型包含所有散叶类型的莴苣种类,不同种类间形态差异较大,有皱叶、尖叶之分,在颜色上则有深绿、黄绿和带紫色者。其栽培和利用上的特性同结球莴苣。

图30-5　莴苣种内的不同变种类型及其形态特点
A. 包头型；B. 软球型；C. 直球型；D. 散叶型(皱、紫)；E. 尖叶型；F. 茎用型
（A～F分别引自 pchouse.com.cn、m.quanjing.com、fspinge.cn、shop.99114.com、sohu.com、beijing.lshou.com）

就一地而言,散叶莴苣的周年生产需做到排开播种、分期收获。这对于选择品种和配置栽培设施及其他栽培要素有很高的要求,需要有严密的生产计划才能保证正常实施。如图30-6所示为莴苣的不同茬口配置及周年生产模式。

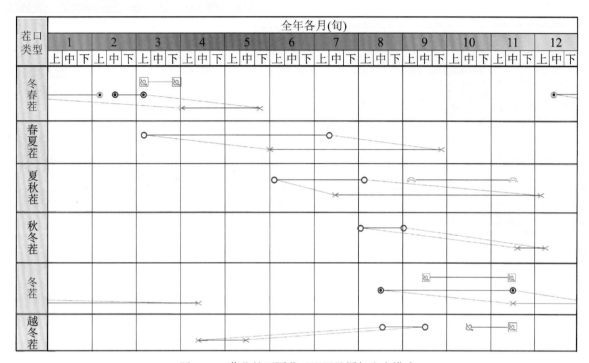

图30-6 莴苣的不同茬口配置及周年生产模式
(○ 露地播种, ⊙ 覆盖下播种, ◉ 设施内播种, ⬚ 露地定植, ▦ 小拱棚内定植, ▣ 大棚内定植, ⌢ 临时覆盖, × 收获)

5) 其他色拉蔬菜

蔬菜色拉中,除了莴苣外,常用的还有以下种类:与莴苣同属菊科的茼蒿、蒲公英、苦苣、菊苣、番杏,伞形科的芹菜、欧芹、三叶芹、水芹,十字花科的豆瓣菜、独行菜、叶用萝卜和樱桃萝卜等(见图30-7)。

这些蔬菜在对环境条件的要求上颇具共性,适宜生长的温度在0～27 ℃,以10～20 ℃时生长迅速,且均属于二年生植物。栽培上,只要温度条件适合,全年均可生产,且栽培技术简单。这些蔬菜采后处理同莴苣,需要做预冷处理,并进行包装和冷藏贮运。

6) 芽苗菜

芽苗菜是叶菜中特殊的一类存在,是以其植物幼苗为食用对象的蔬菜种类,主要包括萝卜芽、豌豆苗、荞麦芽、香椿苗和麦草等种类。随着工厂化栽培的发展,人们对这一类蔬菜的需求量也在逐渐增加,其产品主要用作色拉原料使用。

7) 香辛蔬菜

一些香辛植物直接作为蔬菜而食用的种类,包括葱蒜类的细香葱、分葱、韭菜、韭葱,伞形科的小茴香以及唇形科的薄荷、紫苏和罗勒等。这些种类均为多年生草本,可以种子繁殖或分株繁殖进行栽培。其适宜的生长温度范围均在5～28 ℃,植株的根系在-20 ℃下仍然能够越冬存活。

这类蔬菜的栽培较为简单,只要保留其根系进行有限的刈割,茎叶可再生发出,供持续采收,而且其产品在规格上也无特别的大小要求。产品在采后需要进行预冷和冷链贮运。

图30-7 部分色拉蔬菜种类及其产品形态

A. 茼蒿；B. 蒲公英；C. 苦苣；D. 菊苣叶、根；E. 菊苣根出叶球；F. 番杏；G. 本芹；H. 西芹；I. 欧芹；J. 芫荽；K. 水芹；L. 豆瓣菜；M. 独行菜；N. 樱桃萝卜

（A～N分别引自90sheji.com、items.bi-xenon.cn、product.suning.com、168mh.com、feixuebook.com、3208.net、hxkfh.com、cnhnb.com、114my.cn、cnotec.cn、baiyangzuo.xkyn.com、jiankang.5axd.com、quanjing.com、qianqianhua.com）

8）其他绿叶蔬菜

除前述的绿叶菜类蔬菜外，还有一些以叶及全株为食的蔬菜，除菠菜外，其他种类均为局部零星种植和消费。此部分蔬菜包括的种类如表30-2所示。

表 30-2 其他绿叶类蔬菜所含种类及其基本特性

科	藜科	十字花科	豆科	落葵科	旋花科	菊科	蓼科	三白草科	苋科
蔬菜种类	菠菜、叶用甜菜	荠菜、芝麻菜	金花菜	落葵	蕹菜	芦蒿、红凤菜	食用大黄、酸模	鱼腥草	苋菜
生活周期	二年生	一二年生	一二年生	一年生	一年生	多年生	多年生	多年生	一年生
生长温度范围/℃	−5～30	−5～30	0～30	12～30	15～35	−5～35	−20～30	−5～25	12～30

菠菜是全球消费量较大的绿叶菜之一，虽然其新鲜产品的贮运较为困难，但经漂烫处理后即行冷冻的处理办法为这一产品的国际贸易奠定了基础。

9）杂类

还有一些种类，专门的种植较少，其产品可作为绿叶菜利用，大多数情况下属于兼用型产品或是对野生状态的产品再加以利用。这类产品中也包括一些木本植物的新发嫩芽及水生、海生植物产品。

杂类的绿叶菜类包括以下几类：①来自植物的副产品，如甘薯叶、南瓜藤；②一些药用植物的幼嫩植株，如襄荷芽、款冬叶、三七［*Panax notoginseng*（Burkill）F. H. Chen ex C. H.］苗、问荆（*Equisetum arvense* L.）苗等；③一些野生植物，如菊花脑、马齿苋、马兰头、车前草、藜（*Chenopodium album* L.）、诸葛菜［*Orychophragmus violaceus*（L.）O. S. Schulz］等；④一些野生状态的低等植物，如蕨菜、紫萁、地耳、发菜等；⑤一些木本植物的幼芽或幼体，如龙芽楤木、香椿、榆树钱、枸杞叶、地肤等；⑥水生、海生植物，如莼菜、海带、石花菜等。

30.1.3　果菜类

以果实为食用部位的蔬菜种类主要涉及茄科、葫芦科和豆科等类别。

1）茄果类

茄果类蔬菜主要包括番茄、辣椒、茄子、酸浆和香瓜茄（*Solanum muricatum* Aiton）等种类。其中以番茄、辣椒和茄子在全球的种植面积和消费量较大。

（1）番茄。

番茄从被人们接受至今只有300余年历史，是重要的温室蔬菜，其主要产地分布于中国、美国、意大利、埃及和西班牙等国。除鲜食外，番茄的加工品，如番茄汁、酱、浓汤和糊等在国际贸易中占据更重要的地位。番茄虽为多年生植物，但在温带地区通常只作一年生栽培。普通番茄的品种类型繁多，常见的有大果型和樱桃番茄两类，其颜色则有大红、粉红、黄色、绿色、紫黑色等。番茄为喜温植物，其生长的温度范围为8～35 ℃，具有一定的耐旱性。生产上采用播种育苗的方式，温室栽培时需要进行辅助授粉和整枝、搭架（或牵引）处理。

（2）辣椒。

辣椒是在大航海时代传播到世界各地的，是亚洲地区主要的调味料之一，也是韩国泡菜和印度咖喱的重要原料。辣椒的生产以亚洲和美洲居多，其出口贸易量以中国、印度和泰国较大。辣椒的种类较多，且命名也较混乱，事实上辣椒属包含了两个种：一年生草本的辣椒（*Capsium annum* L.）和多年生的树椒（*C. frutescens* L.）。而辣椒种内又包含两个类别：甜椒和辛味椒。

甜椒果实有多种颜色：紫、黑、绿、黄、橙、红等；辛味椒成熟后均为红色，常干制后用作调味料或以嫩果制作辣椒酱。树椒的果实呈簇生状，个体较小，有时可作为盆栽用于观赏。树椒果实的辛辣程度较高，常醋渍后用作调味品。

辣椒的生长温度范围与番茄相当，表现为不耐湿涝，通常采用种子育苗方式栽培。当环境不适时，辣椒的落花现象较为严重。

（3）茄子。

茄子起源于印度而在中国驯化成功，是亚洲地区的一个主要蔬菜种类，可分为圆茄、线茄、长茄、蛋茄等。除作鲜食外，小型的水茄（见图30-8E）在日本和中国东南地区常作为腌渍材料。同时，一些品种也极具观赏性，具有受人喜爱的外观、大小及颜色（见图30-8A～D）。而一些近野生种的红茄（*Solanum integrifolium* Poir.）往往被用作番茄嫁接育苗时的砧木，其栽培特性与番茄相似。

2）瓜类

瓜类是一种食用果实的蔬菜种类，又可分为以嫩果为食和以成熟果为食两个大类，前者包括黄瓜、西葫芦、节瓜、苦瓜、瓠瓜、丝瓜等，后者则包括西瓜、甜瓜、冬瓜、南瓜等。

（1）西瓜。

西瓜是原产于埃塞俄比亚的物种，其栽培以亚洲和欧洲为主，全球消费市场较大。

西瓜是耐热植物，其生长温度范围为12～40 ℃，不耐湿涝，有一定耐旱性，在昼夜温差大于10 ℃的区域产品品质较佳。西瓜植株的蔓性强，做露地栽培时需要压蔓，以使其生出不定根并控制瓜蔓徒长。

图30-8　一些形状较为奇特的茄子
A. 五角茄；B. 红茄；C. 蛋茄；D. 紫色露滴茄；E. 一口茄
（A～E分别引自womai.com、rgzz.tw、90sheji.com、bd.tuniu.com、bzw.315.com）

植株通常雌雄同株异花，生产上为了保证果的质量，需要确定适宜的留果节位与间隔。

西瓜忌连作，否则易造成生产上的病害多发，因此在育苗时可用黑籽南瓜等作为砧木进行嫁接，以提高种苗的抗病性和耐候性。一些小型种类的生产多以设施栽培进行。

西瓜虽然可在常温下贮运，但采收后的保质期在夏季时通常不超过一周，否则会造成过熟而使其失去商品性，特别是一些薄皮类型品种应尽快上市以保证质量。

（2）甜瓜。

甜瓜也是重要的全球性蔬菜，以亚洲和欧洲栽培面积较大。甜瓜又分为厚皮种和薄皮种两大类型（见图30-9），厚皮种中有的会出现果皮开裂后愈伤而形成的网状纹理。

除露地爬蔓栽培外，利用设施的牵引栽培也是常用的甜瓜生产方式，此种栽培方式既可调整植株的收获期又可改善果实品质。甜瓜的生长温度需求与西瓜基本相同，在栽培时均采取种子育苗方式，在水分管理上，进入结果期后适度的干旱更有利于果实的发育。

甜瓜的适宜贮藏温度在5 ℃左右，相对湿度为90%，最长可贮藏90天左右。

图30-9　甜瓜的类型及其品种形态
A. 绿宝石（薄皮）；B. 羊角蜜（薄皮）；C. 黄河蜜（薄皮）；D. 白兰瓜（厚皮）；E. 伊丽莎白（厚皮）；F. 网纹甜瓜（厚皮）；
G. 哈密瓜（厚皮）；H. 迦师瓜（厚皮）
（A～H分别引自womai.com、rgzz.tw、90sheji.com、bd.tuniu.com、bzw.315.com、detail.youzan.com、ruzhipincy.99114.com、detail.koudaitong.com）

（3）黄瓜。

黄瓜是瓜类蔬菜中全球消费量最大的种类，其生产分布于全球各地，以亚洲和欧洲为主。新鲜的黄瓜在欧洲地区主要用作色拉材料，而小型种则多用于酸渍加工。

黄瓜的生态型较为复杂，主要有欧洲型、南亚型、中国华北型、华南型等类别。其生长温度范围在5～35 ℃，需水量大，喜湿而不耐涝。通常采取种子育苗的方式，移植时要防止根发生伤害。为了强化其抗病性，常采取嫁接育苗的方式。在温度不适的时期可利用乙烯利促进雌花的发生比例，降低雌花发生节位。生产上需要注意种植不得过密，且需要及时清除老叶、病叶和侧枝。

黄瓜适宜的贮藏温度为8～12 ℃，湿度在95%以上。

（4）南瓜。

南瓜在全球的种植较为普遍，以亚洲居多，欧洲、美洲和非洲也有栽培。南瓜属有中国南瓜［*Cucurbita moschata*（Duch. ex Lam.）Duch. ex Poiret］、印度南瓜（*C. maxima* Duch.）和美洲南瓜（*C. pepo* L.）等三个种。南瓜通常采取露地支架栽培或爬蔓栽培，其生长温度在12～40 ℃，一些美洲南瓜可耐受8 ℃左右低温。南瓜根系发达，耐旱性强，为短日照植物。其雄花和叶柄在有些区域也被作为蔬菜利用。有的美洲南瓜品种类型（winter squash）在果实成熟时，果皮变硬且有蜡质，因此贮藏期较长，在12～15 ℃的温度和75%的湿度下，果实可贮藏60～150天；而另外一类美洲南瓜品种类型（pumpkin）则通常以嫩果为产品，贮期较短。南瓜中碳水化合物含量较高，且以多糖为主，因此其保健价值较高，粮菜兼用。

值得一提的是，南瓜果实在形态上变化很大，因此一些外形奇特的种类常可用于赏玩，是休闲农业中可利用的重要园艺植物（见图30-10）。

图30-10 观赏类南瓜

A. 飞碟；B. 鸳鸯；C. 金童玉女；D. 疙瘩；E. 龙凤瓢；F. 皇冠；G. 五福；H. 小橘；I. 佛手瓜（非南瓜属的另外种）

（A～D均引自 huabaike.com；E～I分别引自 qqkjkl.com、detail.1688.com、dttt.net、63a.net、snhuike.com）

（5）其他瓜类。

除前述瓜类蔬菜种类外，尚有其他区域性栽培和利用的瓜类，包括冬瓜、节瓜、苦瓜、佛手瓜、瓠瓜、丝瓜和蛇瓜等（见图30-11）。

这些种类均具有较强的耐热性，栽培上需要做搭架处理。这些瓜类植物均以嫩果为产品：冬瓜除可炒食、烧汤外，也被用作馅料；苦瓜果实可炒食或烧汤；瓠瓜、丝瓜和蛇瓜以炒食为主；佛手瓜常用作凉拌材料。栽培上,有时采取直播的方式进行,精细栽培时可育苗移栽,对于冬瓜等大型果实的搭架栽培,在果实达到一定大小后通常需加网袋进行辅助悬挂,以防断蔓而造成果实跌落。这类产品的贮藏温度均在12 ℃以上。

图30-11　其他瓜类
A. 冬瓜;B. 节瓜(冬瓜的变种);C. 苦瓜;D. 佛手瓜;E. 瓠瓜;F. 丝瓜;G. 蛇瓜
(A~G分别引自 admhb.com、gg163.net、qmenww.com、nieyou.com、detail.1688.com、6qzhi.com、2a.net)

3)豆类

豆类也是重要的果实类蔬菜。其作为蔬菜使用时,有些可带荚一起食用,如菜豆、刀豆、豌豆、豇豆、扁豆、四棱豆等;而一部分则只食用新鲜的或经冷冻的豆粒,如豌豆、蚕豆、扁豆、菜用大豆(毛豆)和鹰嘴豆等(见图30-12)。

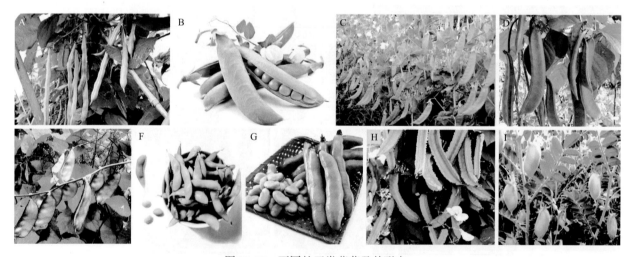

图30-12　不同的豆类蔬菜及其形态
A. 菜豆;B. 豌豆(粒用);C. 食荚豌豆;D. 刀豆;E. 扁豆;F. 菜用大豆;G. 蚕豆;H. 四棱豆;I. 鹰嘴豆
(A~I分别引自 360doc.com、ymimm.tw、4950993.shop.52bjw.cn、ttta.cn、kangzhiyuan.120.com、k.sina.com.cn、dwz.cn、bi-xenon.com.net、upian.baike.com)

豆类植物按生长时对温度条件的要求不同,可分为两类:喜温豆类,其生长温度范围在10~35 ℃,包括菜豆、刀豆、四棱豆等;喜凉豆类,其生长温度范围在5~30 ℃,包括扁豆、蚕豆、毛豆和鹰嘴豆等。

不同豆类蔬菜的生长习性及分布区域如表30-3所示。这些植物的根系均可产生根瘤,生产上忌连作;一些蔓性豆类的植株可以长得很高大,有的高度可在2.0 m以上,栽培时需要搭架,可用多组单元的∧字形架并将其顶部相连接以方便植物生长、结果。豆类果实的采收应及时,以保持豆荚的新鲜和豆粒的饱满。常温下的豆类极易变质,荚用豆类蔬菜产品的贮藏温度应控制在10 ℃左右,而粒用产品则为5 ℃左右。豆类产品除作鲜食外,一些食荚产品还可进行制罐、干制或冷冻加工,粒用豆类如豌豆、毛豆、扁豆和蚕豆均可采取冷冻加工。因此,豆类蔬菜也是全球园艺产品贸易中流通量较大的种类之一。

表 30-3 多种豆类蔬菜生长习性及分布区域

种类	菜豆	豌豆	刀豆	扁豆	蚕豆	四棱豆	鹰嘴豆	菜用大豆
蔓性	蔓性/矮生	蔓性/矮生	蔓性	蔓性	矮生	蔓性	蔓性	矮生
生活周期	一年生	一年生	一年生	一/多年生	一年生	一/多年生	一/多年生	一年生
光周期	短日照植物	长日照植物	日中性植物	短日照植物	长日照植物	短日照植物	短日照植物	短日照植物
栽培区域	全球	亚洲、欧洲	中美、东南亚、非洲	中国、南亚、非洲	中国、北非	中国、东南亚、非洲	地中海、南亚、北非	东亚

30.1.4 食用菌

食用菌是蔬菜中特殊的一类,属于真菌,其分类关系及基本生物学性状如表30-4所示。

食用菌在全球的市场规模较大,以其干制品及其他加工品进行国际贸易。其主要生产国为中国、荷兰、波兰、英国、法国、日本、韩国、越南和印度等,其中中国的食用菌产量约占全球的50%以上,贸易量占40%左右。在全球消费市场上,中国、日本、韩国、意大利、法国、德国和中北美国家为主体。

在目前已实现人工栽培的食用菌中,主要的栽培方式为代料栽培,通常可利用一些林业和农业废弃物作栽培基质,在消毒发酵后装袋备用。所用菌种经扩大培养后,即可接种于代料中。栽培期间须严格控制菌丝生长所需的温度和湿度条件,并注意通风和遮阴。

食用菌采收后,如以新鲜产品销售,需迅速进行预冷处理。大多数产品的预冷温度为1~4 ℃;草菇等则为10~12 ℃。如进行干制加工,可使用自然干燥或机械干燥法。自然干燥法适合于竹荪、银耳、木耳、金针菇等种类,作业时需注意通风和适时翻动;机械干燥又可分为热气对流式干燥、热辐射式干燥和电磁感应式干燥等方式。

在干燥处理前,需对产品进行整理作业,去除杂物及破碎产品,有时还进行专门的分割处理,如切柄等。烘干过程中的温度应缓慢升高,从开始的40 ℃经18 h后逐渐达到60 ℃并持续至烘干完成。

30.1.5 杂类蔬菜

除前述以植物根茎、叶、果实和子实体为食用对象的蔬菜种类外,尚有部分食用种粒、花器和水生类产品的蔬菜种类,这部分归于杂类中进行讨论。杂类中,较为重要的种类有以下数种:甜玉米、黄秋葵、朝鲜蓟、黄花菜,野生状态下的桔梗根、槐花、柠条花,水生植物中的莲藕、水芹、荸荠、慈姑、茭(茭白)、香蒲叶柄、菱角,等。其中以甜玉米的生产和消费具有全球性,其他种类的生产都有较大局限性。

甜玉米(*Zea mays* L. var. *rugosa* Bonaf),原产于美洲,是玉米的一个变种,种子内富含糖分。玉米属于暖季植物,但其产品在高温下难以维持品质。因此,甜玉米产品大多为加工用原料,冷冻时的温度约在−45 ℃左右,鲜食者需在采收后迅速预冷至0~4 ℃。

黄秋葵原产于印度,在热带、亚热带地区栽培较多。植株耐旱、耐湿但不耐涝,生长的低限温度在15 ℃以上。其嫩果在种粒开始膨大时即可采收,且需迅速预冷至8 ℃左右,并在0~5 ℃下进行贮运。

表30-4　食用菌类蔬菜的分类关系及基本生物学特性与其对栽培条件的要求参数

生物学分类	茶渍纲	担子菌纲										伞菌纲	核菌纲	盘菌纲
		木耳科	银耳科	口磨科	侧耳科	红菇科	牛肝菌科	猴头菌科	类脐伞科	光柄菇科	球盖菌科			
食用菌种类	石耳	木耳	银耳	香菇、双孢菇、口蘑、松茸、姬松茸、蘑菇、大肥菇、金针菇、青冈菌	平菇、杏鲍菇、白灵菇、秀珍菇、榆黄蘑、鸡枞	红菇、正红菇、血红菇	牛肝菌	猴头菇	茶树菇	草菇	滑菇	鸡腿菇、伏苓、长裙竹荪、短裙竹荪	北虫草、冬虫夏草	羊肚菌、松露
菌丝生长温度范围/℃	6~36	15~32	15~32	15~25	5~35	15~32	18~30	10~33	5~35	10~42	5~32	5~32	6~30	21~24
菌丝生长所需空气湿度/%	90~95	90	90	85	90	90	85	85	90	90	90	85	70~90	75
栽培基质质要求含水量/%	70	50	50	55	60	50	60	65	60	70	70	60	65	50
通风与光照要求	好气、避光	好气、避光	好气、避光	好气、需光	好气、避光	好气、避光	好气、避光	好气、弱光	好气、避光	好气、弱光	好气、避光	好气、弱光	好气、避光或弱光	好气、弱光
栽培基质原料类	锯木屑+麦麸	段木/木屑+麦麸	段木/木屑+麦麸	段木/代料	段木/代料	代料/代料	代料/床栽	代料	段木/代料	棉籽壳+草屑	代料	代料/床栽	液体培养/代料	腐叶土
从接种到子实体形成所用的时间/d	20~35	55~60	55~60	65~80	25~35	50~55	90~100	45~60	55~60	12	90~110	120~135	50~60	40

注：红色椭圆圈内种类为迄今尚未实现人工栽培者。

朝鲜蓟原产于地中海地区,为菊科多年生草本。全球以意大利栽培较多,中国有零星种植,其在欧美地区的消费需求较大。朝鲜蓟喜冬暖夏凉气候,耐轻霜,忌干热,现蕾期需要充足的光照。其产品以花蕾为食用部分,收获后即进行盐渍或直接制罐加工。

黄花菜为多年生草本,耐寒耐旱耐瘠薄,生产管理简单,通常以分株繁殖方式栽培。产品采收后,因其花内含有秋水仙碱而不能鲜食,一般经蒸煮后进行干制加工使秋水仙碱分解。

30.2 主要果品

与蔬菜相比,果品的种类相对要少一些。果品主要源自多年生植物的果实,因其具有特殊的芳香风味而被人们视作佐餐食物或休闲食物。人类与植物间以果实为纽带建立起了一种特殊的关系。

除了部分果品外,大多数果品并不是提供热量、蛋白质的主要来源,然而它们仍然是具有生产前途的一类作物。果园的经营在园艺行业中已成为非常专业化和技术化的一个重要部分。

果树植物的分类方法有很多种,但就园艺学而言,最基本而清晰的分类是以气候带为依据,即将果树分为温带果树、亚热带果树和热带果树三个大类。因为果树为多年生植物,所以其种植不可能在一年中只选适宜的季节进行,有些植物(如番茄)在热带地区为多年生植物,而移栽至温带后即变为一年生植物。多数果树迁移至不同的环境后往往会因不能改变其生活习性而致死。

热带果树(tropical fruit trees)种类虽多,但多具区域性,因此有很多特性被研究甚少。热带果树具常绿性(evergreen),且对低温极为敏感。温带果树(temperate fruit trees)虽然种类较少,但都很重要,它们多为落叶性(deciduous)果树,通常在生长的年周期中都需要一段低温期。亚热带果树(subtropical fruit trees)则介于两者之间,或为常绿性果树,或为落叶性果树,通常只能耐受轻微霜害,也有些需要一段低温期以促进果实的发育。

大多数的果实是以鲜果为产品进行销售的,而这些果实一过转色期(color changing period)即可收获并进行冷藏保鲜。也有部分果实或是需要干制后常温贮藏(如椰枣、无花果等),或是利用防腐剂延长贮藏期(如制成果冻、果酱等形态),或是经过制罐、冷冻(菠萝、草莓)等加工后才能呈现更好的产品形态。

随着航空运输、冷冻贮藏和包装技术的发展,一些大城市都能有全球性的果品供应,而一些小城镇的一年一度的地方性水果丰收的情形正在消失中。这一发达国家曾经有过的经历也正在快速发展中的国家上演。

30.2.1 仁果类

仁果类是温带果树中的主要种类,均为蔷薇科植物,主要包括苹果、梨、海棠、沙果、山楂、木瓜、枇杷等。

1)苹果

苹果(*Pyrus malus* Mill.),是世界上最重要的果树,其起源尚存在争议,过去人们普遍认为中亚和西亚为其起源中心,而苏联植物育种学家瓦维洛夫的研究认为其起源中心地应为中国的伊犁地区。

苹果普遍栽培于有明显低温期的温带地区。全球苹果的主要生产国有美国、中国、法国、意大利和土耳其等国,而相对出口量较大的国家则为法国、意大利、匈牙利、阿根廷、智利、南非和美国等。中国的苹果产量约占全球的50%,苹果产地主要分布于辽东半岛、胶东半岛、陕北延安、新疆阿克苏、河南灵宝和甘肃天水等地。

苹果的主要栽培品种随着人们对果实口感和质量要求的选择上的变化也在发生着变化。虽然一些老的品种如国光、嘎拉在全球还保有较大的栽培面积,但近20年随着红富士及元帅系列的全球种植面积的扩大,苹果的品种结构发生了巨大变化。同时,美国蛇果和青苹果也逐渐受市场热捧,其栽培面积也在增加。如图30-13所示为几种苹果的主要品种及果实形态。

图30-13　苹果的主要品种及果实形态
A. 红富士; B. 黄元帅; C. 蛇果; D. 青苹果; E. 国光; F. 嘎拉
（A～F均引自 dolovely.net）

苹果栽培时所适宜的温度范围为年平均气温9～14 ℃,冬季极端低温不低于−12 ℃,夏季最高月平均气温不高于20 ℃;4—9月间的降水量在450 mm以下的地区则需要考虑灌溉问题。

苹果在栽培上普遍使用矮化砧进行苗木的嫁接,当然也有使用实生苗砧的情况。常用的乔化砧有楸子[*Malus prunifolia* (Willd.) Borkh]、西府海棠、山荆子[*M. baccata* (L.) Borkh]等;矮化砧则主要为由英国引进的M系和MM系。苹果的自花结实力差,栽植时必须配植授粉树。

定植后为实现其矮化而配套的开心形整枝修剪技术,以及为了提高果实品质而采取的疏花疏果、果实套袋、果实局部遮光引起不同转色而形成图案的措施等均在生产上有较普遍的应用;同时为了改善苹果园的综合生态环境质量,果园内的套种、林下植草和适度动物放养等管理模式也在推广中。而一些新建果园则从规划上综合考虑了植株栽培密度、地形整理和植物配置(植)等具体事项,以便能适应观光果园的采摘需要。

气调贮藏的应用,使苹果能实现高质量产品的周年供应。苹果的加工产品主要有果干、脆片、果酒(cider)、果汁等,在果品加工品中占有较大比重。

2)梨

梨(*Pyrus communis* L.)的全球总产量约为苹果的40%,其原产地被认为有欧洲、中国及北非等区域。梨的全球主要产区在东亚和西欧。梨的类群主要包括东方梨和西洋梨两大系统。

亚洲梨的栽培类型主要有以下三种:①白梨系统,有鸭梨、莱阳茌梨、雪花梨、黄县长把梨、栖霞大香水梨、秋白梨、金川雪梨、苹果梨;②秋子梨系统,有京白梨、鸭广梨、南果梨;③沙梨系统,有苍溪梨、威宁大黄梨、宝珠梨、严州雪梨、黄花梨等（见图30-14A～C）。

西洋梨的栽培种可分为四类：①巴梨系统，有巴梨、茄梨；②新疆梨系统，有香蕉梨、香梨；③褐梨系统，有糖梨、麦梨；④软肉型系统，有啤梨、北丰梨、冬蜜梨、伏香梨等（见图30-14D～F）。

图30-14　梨的主要类群及品种的果实形态
A. 白梨；B. 秋子梨；C. 沙梨；D. 巴梨；E. 新疆梨；F. 褐梨；G. 啤梨
（A～G分别引自quanjing.com、gz.womai.com、m.1688.com、pchouse.com.cn、womai.com、234info.com、m.quanjing.com）

低温并不是梨生长的限制因子，梨对低温的耐受能力较强。梨树适宜的年平均温度对不同的种类稍有不同，如秋子梨约为4～12 ℃，白梨及西洋梨约为7～15 ℃，沙梨约为13～21 ℃。当土温达0.5 ℃以上时，根系开始活动，6～7 ℃时则可长出新根。梨的耐寒力也因种类不同而有异，秋子梨类、白梨类和沙梨、西洋梨类分别可耐受-30～-35 ℃、-23～-25 ℃和-20 ℃左右的低温。

梨的苗木繁殖多采用嫁接法，常用的砧木有杜梨、山梨、豆梨、沙梨等，其矮化砧表现较好的是云南榠楂。梨树的绝大多数品种有自花不结实特性，虽然部分品种具有一定自花授粉结实能力，但异花授粉效果更好。因此，定植时需配植适宜的授粉组合并保证授树的数量，通常按主栽品种与授粉品种3∶1～4∶1的比例为宜。

梨树栽培上很重要的技术环节是修剪和套袋。夏季修剪时多采用除萌芽、疏新枝、摘心、环剥、扭梢和拉枝（改变枝条伸展方向）等方式；冬季修剪则是选留骨干枝和结果枝。在谢花后15～20天时实施套袋，需注意应使袋膨胀开来，不与果实表面发生接触。

梨的最适贮藏温度为1～5 ℃，库内相对湿度在90%～93%，并须定期换气，检查果实，将腐烂果及时清理出去。

3）其他仁果类果品

除苹果和梨外，其他的蔷薇科仁果类果品海棠、沙果、山楂、木瓜、枇杷等的分类所属及栽培特性如表30-5所示。这些果树的分布具有区域性，其果实以山楂和枇杷的消费量较大，两者除作为果品利用外，均可入药并为常用种类。

表 30-5　其他蔷薇科仁果类果树植物的栽培特性

属	山楂属	苹果属		木瓜属	枇杷属
种	山楂 *Crataegus pinnatifida* Bunge	沙果 *Malus asiatica* Nakai	海棠 *Malus prunifolia* (Willd.) Borkh	木瓜 *Chaenomeles sinensis* (Thouin) Koehne	枇杷 *Eriobotrya japonica* (Thunb.) Lindl.
果实形态					
生长温度范围/℃	−36～43	−20～32	−10～38	5～35	年均温12～15℃,冬季最低温度>−5℃
繁殖方式	播种和扦插	扦插、嫁接	嫁接	嫁接、压条	播种和嫁接

30.2.2　核果类

核果类包括蔷薇科的一组果树植物,如桃、李、杏、樱桃、果梅等,以及橄榄、枣等种类。这些蔷薇科植物最基本的特点是需要有低温来打破其休眠状态,但也因此易受冻害和霜害。所以其栽培只能被限定在一定地区。

1）桃、扁桃

桃（*Amygdalus persica* L.）,是起源于中国的果树植物,汉代开始经丝绸之路向西传入伊朗和印度,其后又传播到法国、德国、西班牙、葡萄牙。公元9世纪,欧洲的桃树栽培才开始多起来。

桃有多个重要变种：离核毛桃（var. *aganopersica* Reich. FL. Germ. Excurs）、黏核毛桃〔var. *scleropersica* (Reich.) Yu et Lu〕、黏核光桃〔var. *scleronucipersica* (Schiibler & Martens) Yu et Lu〕、蟠桃〔var. *compressa* (Loud.) Yu et Lu〕、碧桃（f. *duplex* Rehd）等,其中碧桃主要作观赏用。

食用桃的品种可分为五个类群：北方桃、南方桃、黄桃、蟠桃和油桃。如图30-15所示为六种常见桃的果实形态。

桃树的繁殖以嫁接为主,也可采用播种、扦插和压条等方法。嫁接时使用山桃或实生桃苗作为砧木,

图 30-15　常见桃及其果实形态
A. 平谷桃；B. 肥城桃；C. 水蜜桃；D. 蟠桃；E. 油桃；F. 黄桃
（A～F分别引自 club.autohome.com.cn、qiaoxun.org、nieyou.com、x0431.com、jnjs.dq.cn、fucha.99114.com）

进行枝接或芽接。定植密度在每公顷500～840株为宜,并采取自然开心形整枝办法。桃为异花授粉植物,通常需要设置授粉树。

转色期后的桃子果实,随成熟度变高其硬度减小,且极易受机械损伤影响而引起褐变和腐烂。其适宜的贮藏温度为-0.5～0 ℃,相对湿度为90%;若采取气调贮藏,应提高CO_2浓度至5%(体积比),O_2浓度小于1%,如此可使贮藏期延长至6周。因桃子果实在贮藏过程中有乙烯释放,可在气调袋中加入浸过高锰酸钾的砖块或沸石进行吸收,贮藏效果会更好。

桃属的另一个种是扁桃(*Amygdalus communis* L.),原产于亚洲西部,在全球大多数地区均有栽培,以西亚和希腊的栽培面积为大。扁桃有三个变种:苦味扁桃(var. *amara* Ludwig)、甜味扁桃(var. *dulcis* Borkh.)和软壳甜扁桃[var. *fragilis* (Borkh.) Ser.]。扁桃具有较好的耐候性,因此可作为桃树的嫁接砧木,其果仁是一种重要的温带坚果,也可入药。

2）李子、郁李

李(*Prunus salicina* Lindl.),原产于中国,现世界各地均有栽培。除了普通李外,还有一个变种——毛梗李[var. *pubipes* (Koehne) Bailey]。李属的另一个重要果树种为欧洲李(*Prunus domestica* L.),而不同属的郁李[*Cerasus japonica* (Thunb.) Lois var. *nakaii* (Levl.) Yu et Li]则与樱桃有很大的相似性。

栽种李子时宜选择年平均气温在15～20 ℃的地区,并要求土壤具有良好的排水性。

李子的繁殖方法较多,可扦插、嫁接、分株育苗,也可采用播种方式。嫁接所用砧木为李、桃或樱桃等。定植密度在每公顷450～820株。通常采用自然开心形整枝或双层疏散开心形修剪,夏季修剪的主要作业有摘心、扭梢、环剥等。对自花不结实或结实率低的李子品种,需设置授粉树,并保证两者的花期一致,主栽品种与授粉品种的配植比为3∶1。

李子在采收后3 h内应冷却到4～5 ℃以下,随后贮藏在温度为0～1 ℃、相对湿度为85%～90%的条件下,并保持通风良好;在温度为0～1 ℃、CO_2浓度(体积比)为7%～8%、O_2浓度(体积比)为1%～3%的条件下,李子可贮藏70天。

3）杏

杏(*Armeniaca vulgaris* Lam.),原产于中国新疆,现全球温带地区多有栽培。除普通杏之外,杏属还包括西伯利亚杏[*A. sibirica* (L.) Lam.]、东北杏[*A. mandshurica* (Maxim.) Skv.]、藏杏[*A. holosericea* (Batal.) Kost.]、杏梅(*A. mume* Sieb. var. *bungo* Makino)、紫杏[*A. dasycarpa* (Ehrh.) Borkh.]、志丹杏(*A. vulgaris* Lam. var. *zhidanensis* L. T. Lu)、政和杏(*A. zhengheensis* J. Y. Zhang & M. N. Lu)、李梅杏(*A. limeixing* J. Y. Zhang Z. M. Wang)和法国杏(*A. byigantina* Vill.)。杏的几个重要变种的果实及其加工品形态如图30-16所示。

图30-16　杏的几个重要变种的果实及其加工品形态
A. 大黄杏;B. 杏干;C. 法国杏;D. 青梅;E. 梅酒;F. 话梅
(A～F分别引自 mp4cn.com、szthks.com、fspinge.cn、shop.99114.com、sohu.com、beijing.lshou.com)

杏树在萌芽期和花期时对低温的耐受能力较低。若花蕾期的环境温度低于−3.9 ℃,花期低于−2.2 ℃,幼果期低于−0.6 ℃,且低温时间超过30 min时,则植株容易发生冻害。

杏树的繁殖方法以层积播种和实生苗嫁接为主,整枝时采用纺锤形树形,定干70 cm。

杏是严格的异花授粉植物,因此定植时必须设置授粉树并做好花期人工辅助授粉。当坐果率较高时应进行人工疏果,而疏花则可结合人工授粉进行。

杏子低温储藏的最适温度为−0.5～0.5 ℃,相对湿度为90%以下,最多可存放2周;若采用气调贮藏,控制温度为0 ℃,CO_2浓度(体积比)为5%,O_2浓度(体积比)为3%,可使果实的储藏期延长至50天。

4)樱桃

樱桃(*Cerasus* spp.),为蔷薇科樱属几种植物的统称。樱桃属的果树种类主要有中国樱桃[*C. pseudocerasus*(Lindl.)G. Don]、欧洲甜樱桃[*C. avium*(L.)Moench.]、欧洲酸樱桃(*C. vulgaris* Mill.)和毛樱桃[*C. tomentosa*(Thunb.)Wall.]四种(见图30-17)。

图30-17 樱桃属的几个主要种及其果实形态
A. 中国樱桃;B. 欧洲甜樱桃;C. 欧洲酸樱桃;D. 毛樱桃
(A～D分别引自 quanjing.com、m.quanjing.com、booksir.com.cn、aitp.com.cn)

樱桃的原产地为中国和西亚,现全球樱桃的主要产地有中国、美国、加拿大、智利、澳洲及欧洲等地。对于欧洲系樱桃而言,低于7.2 ℃的低温持续时间在900～1 400 h方可达到其发育需求,因此在一些较为温暖的地区难以栽培此种。樱桃的根系呼吸能力较强,对土壤的通气性要求较高。

樱桃的繁殖以嫁接育苗为主,并以其实生苗、山樱、樱花等为砧木,其他的种子繁殖、扦插和高空压条等方式也可使用。樱桃在栽培时,应尽量选择霜冻高发期过后才萌芽开花的品种,同时配合树干涂白、早春浇水等措施来延迟萌芽期和花期;也可在萌芽前全树喷涂250～500 mg/kg的萘乙酸(NAA)溶液或0.1%～0.2%的马来酰酐(MH)溶液用于抑制芽的萌动,此举可使花期推迟3～4天。

樱桃除鲜食外,还被用于加工制作成酱、果汁、罐头、果脯和露酒等,同时也可作为配料入馔。

贮藏时温度为0～1 ℃,相对湿度在90%左右,可使樱桃果实的保质期达30～40天;若进行气调贮藏,其库内的O_2和CO_2浓度(体积比)应分别保持在3%～5%和20%～25%。除此之外,有时会用到一种由糖和酸组成的保鲜液,并在其中加入适量防腐剂。保鲜液用于维持贮藏期间樱桃果实内外的渗透压平衡。其所采用的糖可以是蔗糖、葡萄糖或果糖,浓度则根据樱桃产品的含糖量确定,即使保鲜液中的糖分浓度与果实的持平;酸的部分则可使用柠檬酸或食用磷酸,既要实现抑制微生物生长目的,同时也需防止樱桃产生不良酸味。通常情况下,此类保鲜液的pH值在3.0～3.5。另外可加入适量的苯甲酸钠和山梨酸钠,但总量不超过溶液重量的0.1%。

5)油橄榄

油橄榄(*Olea europea* L.),为木樨科木樨榄属植物,原产于地中海地区,是此区域早期的文明的象征性载体。其主要产区有西班牙、意大利、希腊、土耳其、摩洛哥。油橄榄果实除用于榨油之外,成熟果和未熟果均可用于腌渍或生食。油橄榄中含有带苦涩味道的配糖体(glycoside),须用碱水或盐水浸泡使其溶解,使果实脱涩。

具有常绿特性的油橄榄在树龄达到六年时才可结果,有的在几十年后可达到盛产期,其生产期可维持百年以上,但树体具有隔年结果的特性。

油橄榄属亚热带植物,虽可耐轻霜,但环境温度低至-10 ℃时则会造成树体的死亡。油橄榄具有喜温暖且抗旱能力强的特点,其适宜栽培的地区的年均温度应在18～20 ℃,年降水量1 200～1 600 mm的地方较适合油橄榄生长。

在油橄榄的整形上,通常需要削弱顶端优势,以轻剪、疏剪为主,配合适当短截,促使各级分枝形成均匀紧凑的树冠结构。

油橄榄贮藏的最适温度为5～10 ℃,湿度为85%～90%,冷害阈值低于5 ℃,贮藏期可达30～40天。

属于橄榄科橄榄属的橄榄[*Canarium album*(Lour.)Raeusch.]与油橄榄是不同的两种植物。橄榄主要分布在中国南方及东南亚地区,其果实除鲜食外也可用于腌渍或入药。

6)枣

枣(*Ziziphus jujuba* Mill.),为鼠李科枣属植物,包括一个变种酸枣[var. *spinosa*(Bunge)Hu ex H. F. Chow]。枣原产于中国,全球的主要产地位于亚洲和非洲,中国的枣主产区为黄河中下游和新疆等地。与枣相类似的同科鼠李属植物——鼠李(*Rhamnus davurica* Pall.)的果实多用来入药。

枣生长于海拔1 700 m以下的山区、丘陵或平原。春季气温在13 ℃以上时枝条开始萌芽;枝条迅速生长和花芽分化时要求环境温度为18 ℃左右;果实成熟期需要18～22 ℃的气温条件;气温降到15 ℃时,树叶变黄并开始落叶,植株进入休眠期。枣树在休眠期时对低温的适应性较强,-30 ℃以上的地区也能安全越冬。

枣的繁殖以分株和嫁接为主,有些品种也可直接播种。枣的栽植密度宜控制在每公顷330～500株。枣树的修剪需在冬、春两季进行,前三年以轻剪为主,促控结合,多留枝,使其尽快形成树冠;结果树修剪时则主要以控制徒长枝,保留正常枝,剪除病枯枝为要点;夏季修剪以摘心、疏枝、除萌蘖、调整枝位为重点。

鲜枣气调贮藏时需维持-1～0 ℃的温度,保持空气湿度在95%以上,O_2和CO_2浓度(体积比)分别为3%～5%和低于2%,最长可贮藏3～4个月。

枣除鲜食外,还可制成蜜枣、红枣、熏枣、酒枣及牙枣等果脯,也可以作为食品原料被利用。

30.2.3 浆果类

浆果类水果是园艺上的一种分类,它包括植物学意义上的浆果(由多心皮合生雌蕊发育而成)和部分的聚合果、瓠果和柑果等类别,分属于不同科属的多种植物。主要的浆果类水果种类如表30-6所示。沙棘将在本章内专门叙述,部分热带和亚热带水果将在此后单独讨论。

温带的浆果类水果,其特点是果实汁多,种子小,果实除作鲜食外,也可作为加工原料。这类果品大多不耐贮运。

1)葡萄

木质藤本植物,起源于中亚的里海地区和地中海沿岸,在全球有广泛的栽培,除鲜食外,更多的是用于酿制,即分为酿酒葡萄和食用葡萄两大类。全球栽培的葡萄品系有欧洲品系(european grape)和美洲

表 30-6　主要的浆果类水果种类

科	葡萄科	猕猴桃科	蔷薇科		虎耳草科
属	葡萄属	猕猴桃属	悬钩子属	草莓属	茶藨子属
种	葡萄 *Vitis vinifera* L.	猕猴桃 *Actinidia chinensis* Planch.	红树莓 *Rubus idaeus* L. f.	草莓 *Fragaria* × *ananassa* Duch.	醋栗 *Ribes rubrum* L.
果实形态					

科	杜鹃花科		桑科		石榴科
属	越橘属		桑属	榕属	石榴属
种	越橘 *Vaccinium vitis-idaea* L.	笃斯越橘(蓝莓) *Vaccinium uliginosum* L.	桑 *Morus alba* L.	无花果 *Ficus carica* L.	石榴 *Punica granatum* L.
果实形态					

品系(fox grape)两大系统；根据其原产地不同，则可分为东方品种群及欧洲品种群。

　　葡萄生长时所需的最低气温为 12～15 ℃，最低地温为 10～13 ℃，花期和果实膨大期的最适温度分别为 20 ℃和 20～30 ℃。昼夜温差大时，葡萄的着色和糖度表现较好。葡萄对水分要求较高，在生长初期或营养生长期时需水量较多，而在生长后期或结果期，根量相对较少（冠根比 T/R 变小），需水量亦减少，此时水量过多易伤根并会影响果实品质。葡萄坐果后，过强的光线会对果实造成灼伤，因此需要对其进行套袋。

　　葡萄通常以分枝、压条和嫁接的方式繁殖。嫁接时多采取劈接方式。葡萄栽培的棚架搭建与整枝可参阅本书第 16 章相关内容。葡萄的适宜栽培密度为每公顷 2 500～3 700 株。

　　葡萄在秋冬季落叶后需进行冬季防寒，通常采用埋土的方式。在冬季气温低于 15 ℃的地区，将植株地上部修剪后捆缚枝蔓，缓缓压倒在地面上，然后用细土覆盖严实，覆土厚度应在 20～25 cm；也可以在葡萄植株行间挖凿深度和宽度各 50 cm 的沟，将枝蔓压入沟内后再行覆土。在特别寒冷的地区，覆土前可先覆一层塑料薄膜、干草或树叶等。

　　葡萄采收后对其鲜果进行贮藏的适宜条件为温度 0～1 ℃，相对湿度 80%～90%。

　　2）猕猴桃

　　原产于中国，现全球主要产地有中国、新西兰、智利、意大利、法国和日本等国，而全球贸易中以新西兰的出口量较大。中国的猕猴桃栽培主产区位于秦岭山区、伏牛山地区、湘西和贵州东部等。

　　猕猴桃的主要品系有中华猕猴桃、美味猕猴桃两大类。猕猴桃为雌雄异株植物，因此生产中实际上还会用到一个雄性系。

　　猕猴桃的大多数品种均要求温暖湿润的气候，中华猕猴桃所需的年均温度在 4～20 ℃，而美味猕猴桃则在 13～18 ℃。当气温在 12 ℃左右时，猕猴桃会进入落叶休眠期。猕猴桃喜水又怕涝，属于生理耐旱性弱、耐湿性弱的果树。因此，猕猴桃栽种时对土壤和空气湿度的要求严格，如在年均降水量 500 mm 以下地区栽培时，必须考虑设置灌溉设施。

　　猕猴桃的定植密度与栽培架式密切相关：利用篱架时，其密度为每公顷 1 250 株；T 形架为每公顷 840 株；Ⅱ 形棚架为每公顷 660 株左右。授粉雄株与雌株一般按照 1∶6 或 1∶8 比例配植。虽然猕猴桃可以利用蜜蜂和风力进行自然授粉，但其效果常受限于气候条件。因此，生产上会采用人工授粉。剪下花丝后用筛子筛出的花粉，常温下可保存 18～36 h，而在 6 ℃下可保存 1 周左右的正常生活力。

　　猕猴桃果实采收后需尽快进行预冷。其方式有冷库预冷、强制通风和差压式通风预冷。猕猴桃果实适宜的贮藏温度为 0～1 ℃，相对湿度在 95% 以上；当利用气调贮藏时，控制库内的 CO_2 和 O_2 浓度（体积比）分别为 5% 和 3%～5%。猕猴桃对乙烯敏感，在贮藏过程中需严格控制乙烯含量（可使用乙烯吸附材料），同时避免对果实造成机械伤害。

3）悬钩子属

　　树莓原产于美洲，为多年生落叶小灌木。全球的主要产地有波兰、智利、美国、加拿大、英国、日本、缅甸等国。中国树莓在多地均有分布，但栽培规模不大。

　　悬钩子属果树植物除树莓（raspberry）外，还有黑刺莓（blackberry）和露珠莓（dewberry）两个类群。树莓类群和黑刺莓类群在俄罗斯、美国、加拿大等国有很长的栽培历史，中国原先仅黑龙江省有少量栽培，20 世纪 90 年代以来栽培面积开始有了较大提升。

　　树莓耐贫瘠，适应性强，属阳生植物。树莓类果树的耐寒性较强，其地下部分可忍受 −30～−20 ℃ 的低温，不同品种的耐寒能力从强到弱依次为红树莓、紫树莓、黑刺莓、露珠莓。树莓喜土质深厚、质地疏松的土壤，且不耐湿涝。

　　树莓的繁殖分有性繁殖和无性繁殖，无性繁殖通常会用到扦插法、分株法和压条法等。树莓的定植密度在每公顷 5 000～8 300 株。北方地区冬季埋土防寒时，行间需留出适宜空间。

　　虽然树莓类大多能够直立生长，但其枝条过长时容易下垂，因此枝条长度通常都不超过 1.5 m。初次修剪时以去顶促进新枝发生为目的；而第二次修剪时，则着重于从底部去除新枝。

　　树莓产品极易腐坏，其鲜果的贮藏温度应控制在 4 ℃左右，能满足 1～2 天的流通需要；而产品量大时则需要通过冷冻处理，并长期保存在 −18 ℃环境下。

4）草莓

　　多年生草本植物，原产于南美地区，现全球均有栽培，其主要产地为美国、中国、西班牙、波兰、日本、意大利和韩国。

　　草莓为冷季型植物，其根系生长的适宜温度在 5～30 ℃，茎叶的生长适温为 20～30 ℃，花芽分化所需温度为 5～15 ℃。因此草莓在越夏时，当气温高于 30 ℃且光照强烈时，需对其采取遮阴降温措施。草莓的根系分布浅而植株蒸腾量较大，因此其对水分要求较高，不耐旱更不耐涝。

　　草莓可用种子和分株繁殖进行育苗。由于连续的无性繁殖容易使种苗携带病毒，因此在大型生产基地常用脱毒苗进行繁殖，具体方法可参阅本书第 15 章相关内容。

　　草莓苗定植时的适宜密度为每公顷 9～12 万株。为了保持果实表面的洁净，通常采用地膜覆盖栽培技术，此时其密度可适当降低。

图30-18 茶藨子属的两种重要果树植物的果实形态

A. 醋栗；B. 黑穗醋栗

（A、B分别引自mlcscs.com、360doc.com）

草莓采收时，果实应避免相互挤压，并须迅速预冷至贮藏适温。其最适贮藏条件为温度0～1 ℃，空气湿度85%～95%。除保鲜运销外，更多的是采取冷冻和榨汁加工。

5）醋栗类

醋栗为多年生落叶灌木，植株丛生且矮小、开展，新梢上常布满锐利的刺。醋栗原产于东欧地区，全球的主要产地为新西兰、法国、波兰等国。中国北方地区多有分布，但栽培面积不大。

茶藨（读音pāo）子属果树植物主要包含两大类群：醋栗（R. rubrum L., 英文名gooseberry）和黑穗醋栗（R. nigrum L., 英文名Currant）。两者的基本特性相近（见图30-18）。

醋栗类均为冷季型植物，其生长所需的最低温度在5 ℃左右，开花的适宜温度在15～20 ℃。当根系温度大于25 ℃时，其生长活动将减缓甚至停止。醋栗的树体可耐-40 ℃低温和42 ℃高温。

醋栗的树体抽生及生枝能力较强，通常在定植后第二年即可开始结果。同时因其枝条极易产生不定根，故可以扦插、压条等方式繁殖。醋栗的定植密度在每公顷5 000～6 700株。

醋栗的修剪可分为休眠期修剪和夏季修剪。休眠期修剪时需要淘汰部分老弱基生枝，并选留部分强势新生枝；而夏季修剪时则以除去萌芽、间疏枝条为目的。

醋栗产品的采后处理与贮藏加工要求与树莓类产品相似。

6）越橘（含蓝莓）

越橘为多年生低矮灌木，原产于北美和东亚地区，其栽培遍布全球，且以美洲的栽培面积最大。越橘属果树植物包括三大类群：高丛越橘、矮丛越橘和兔眼越橘（见图30-19）。

图30-19 越橘属的三个类群及其植株形态

A. 高丛越橘；B. 矮丛越橘；C. 兔眼越橘

（A～C分别引自baike.sogou.com、detail.1688.com、blog.sina.com.cn）

越橘的生长要求酸性土壤，年降水量800 mm以上，冬季时500 h的7.2 ℃以下低温累积量方能满足休眠期的花芽分化需求。在一些土壤pH达不到要求的地区，需要对土壤进行酸化处理。高丛越橘和矮丛越橘的土壤适宜pH值为4.0～5.5；兔眼越橘的则为3.9～6.1。

在越橘的繁殖上，兔眼越橘易生根蘖，可用分株法，而矮丛或高丛越橘则可用扦插法。越橘具半自交不孕性，因此需要配植授粉树，授粉树与结果树的植株比例为1：2。定植密度为每公顷2 000～

6 700 株。

在定植后的前三年需对植株进行整形,去除花芽和水平枝,以形成良好树冠。修剪宜在休眠期进行,主要作业为去弱及更新枝条和调节枝条密度。在有条件的区域,在果实成熟前的 1 个月前可设置防鸟网进行保护。

越橘采后 6 h 之内必须完成全部处理,包括分拣、预冷和包装等,前 2 h 须预冷至 8～10 ℃。在温度 0～2 ℃、湿度 85%～95% 的情况下,其鲜果可贮藏 30～40 天。运销期间产品温度应控制在 2～5 ℃。

越橘的初级加工包括生产干果、冷冻果和纯果浆等,其深加工产品主要有面膜、口红等化妆品及其他保健品。

7) 石榴

石榴在温带地区为落叶灌木或小乔木,而在热带地区则为常绿植物。石榴原产于西亚的伊朗、中亚的阿富汗地区。其栽培遍布全球,主产地分布于中国、伊朗、美国、印度、以色列、埃及、土耳其、西班牙、阿富汗和比利时等国。

石榴喜温暖向阳的环境,具耐旱、耐寒性,同时也耐瘠薄,不耐涝和荫蔽。其对土壤的要求不严,以排水良好的夹沙土栽培为宜。适宜的生长温度为 15～20 ℃,冬季温度应不低于 -18 ℃。

石榴通常采用扦插或压条方式进行繁殖。其定植密度为每公顷 840～1 670 株。定植后的整形可采用留干式或短截式定干方法,修剪时则以摘心和短截为主。无性繁殖的树体,通常在 3 年以上即可进入结果期。

石榴果实宜在 2～5 ℃ 的低温下,保持 85%～90% 的相对湿度进行贮藏,贮藏期可达 100 天以上。石榴果实常用于加工饮料、酒和果醋,也可用来提取红色素。

8) 果桑

果桑是一类以采摘桑椹果实为主要利用目标的桑树的统称,多为落叶乔木。果桑原产于中国,目前在全球多地均有栽培,其主产地为中国、日本。

桑属植物主要的类群有白桑 (*Morus alba* L.)、鲁桑 [*M. alba* var. *multicaulis* (Perrott.) Loud.] 和山桑 [*M. mongolica* (Bur.) Schneid. var. *diabolica* Koidz.] 三大类。

果桑为喜光植物。果桑生长适宜的温度范围较广,当土壤温度高于 5 ℃ 时,其根系即开始活动,气温超过 12 ℃ 时,冬芽开始萌动;树体适宜生长的温度为 25～30 ℃;35 ℃ 以上气温对果桑生长有抑制作用,而温度低于 12 ℃ 时,果桑便会停止生长。其植株在进入休眠期后,枝、芽可抗 0 ℃ 的低温,而树体则可耐受 -15 ℃ 左右低温。果桑树体较为抗旱。

果桑的繁殖方法有种子直播以及扦插、嫁接等无性繁殖方式。育苗时需在距离地面高度 25 cm 处进行短截定干处理。其适宜的定植密度为每公顷 5 000～8 300 株。定植后的果桑需及早进行连续摘心处理,以促使其尽早形成树冠。其后的修剪则主要以短截和摘心为主要作业。

桑椹采收后,若作鲜果利用则须尽快进行产品预冷,在 0～1 ℃ 温度下可贮藏 2 周左右。桑椹还可用于榨汁和干制加工。黑桑椹干可入药,性微寒,味甘酸,入心、肝、肾经,是传统的滋补中药材。

9) 无花果

温带、亚热带落叶小乔木,原产于西亚的也门、沙特阿拉伯等地,目前在全球各地均有种植,其主要产地分布于西亚、北非和南欧等区域,中国新疆有较大面积的栽培。

无花果在种植当年即可结果,为多年生植物。植株喜温暖湿润气候,具耐瘠、抗旱、不耐湿涝等特点,易于栽培。在年均温度13 ℃以上,冬季最低温-18 ℃以上和年降水量400 mm以上的地区,无花果可正常生长结果。

无花果通常可用扦插、分株或压条方式进行繁殖。定植密度宜在每公顷630～1 100株。无花果在栽培上常采用多主枝自然开心形整枝方式,全株保留3～5条主枝即可。

无花果鲜果的贮藏适温为-1～0 ℃,相对湿度在90%～95%为宜;若进行气调贮藏,可控制O_2和CO_2浓度(体积比)分别为3%～5%和1%～2%。除鲜食外,更多的利用形式是进行干制。

10) 柿属

柿属果树植物主要包括柿(*Diospyros kaki* Thunb.)和君迁子(*D. lotus* L.),两者均为柿科落叶乔木。与之相近的果树还有同科枳椇属的拐枣(*Hovenia acerba* Lindl.)。如图30-20所示为柿、君迁子的果实及产品与拐枣的果实形态。

图30-20　柿、君迁子与拐枣
A. 柿、柿饼;B. 君迁子、黑枣;C. 拐枣
(A～C分别引自 mjmj8.net、quanjing.com、tupian.baike.com、baiyanzuo.xkyn.com、zuocaimiji.com)

柿原产于中国黄河流域,其生产主要集中在东亚地区。其品种类群可分为完全甜柿、不完全甜柿、不完全涩柿和涩柿四大类。

柿树为深根性树种,阳生植物,适于在土层深厚、肥沃、湿润且排水良好的地区栽培,具一定耐寒性,但不耐盐碱。其对温度的要求为年均气温在9～23 ℃,冬季气温在-20 ℃以上。

柿树通常采用嫁接繁殖,以君迁子、野柿和华东油柿等为砧木,主要采用劈接、腹接。每公顷定植密度宜在320～500株。柿树为雌雄异株,因此无须设置专门的授粉树。对一些主枝层次明确的品种,可采取主干疏层形整枝;而对于分枝能力强的品种则采取自然开心形整枝。其修剪以摘心和短截作业为主。

柿子的果实在脱涩后可作鲜食水果利用,其贮藏适温在0～1 ℃,湿度为85%～90%。若作气调贮藏,可控制O_2和CO_2浓度(体积比)分别在2%～5%和3%～8%。冷冻贮藏时,可于-20 ℃条件下速冻后在-18 ℃条件下长期贮藏。柿子也可加工成柿饼利用。

君迁子的果实称为黑枣。成熟果实可食用或入药,具止渴、去烦热功效;也可作为制糖、酿酒和制醋原料。拐枣的果肉多浆,少籽,甜中略有甘涩,亦可做汤,其味独特有醇香。君迁子与拐枣的栽培面积较少,两者的栽培特性与柿相类似。

30.2.4　柑橘类

柑橘类,是对芸香科柑橘属果树植物的总称,包括橘子、柑、柚、枸橼、甜橙、酸橙、金橘、柠檬等种类。柑橘类植物除枳之外,均为亚热带植物(subtropical plants)。

柑橘类植物起源于中国云贵高原,唐代开始传入日本,15世纪才开始传到欧洲。目前全球柑橘类植株的栽培较为普遍,除中国外,其生产国主要有巴西、美国、日本、地中海周边国家、墨西哥、阿根廷、印度、澳大利亚等。

柑橘类果树进一步细分后包括宽皮柑橘、金橘、橙类、柠檬类、柚类和枳类(见图30-21)。宽皮柑橘(*Citrus reticulata* Blanco)包括主要的橘类和柑类,如蜜柑、红橘、卢柑、砂糖橘等;橙类(*C. sinensis* L.)则包括脐橙、甜橙、血橙等;柠檬[*Citrus × limon*(L.)Osbeck]包括尤利克、酸柠檬、香柠檬等;柚类[*C. maxima*(Burm.)Merr.]则包括沙田柚、文旦柚、蜜柚、葡萄柚等。除此之外,还有很多天然杂交和变异的类型,这使柑橘类果树的分类关系变得更加复杂。

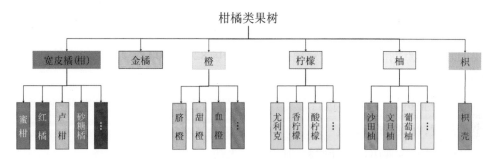

图30-21 柑橘类果树的细分及其种类在中国南方的分布状况

柑橘类果树的生长温度范围在12.5～37 ℃。秋季花芽分化时所要求的昼夜气温分别为20 ℃和10 ℃左右,对地温的要求与地上部的大致相同。冬季低温会使柑橘树体受冻:甜橙在-5 ℃,温州蜜柑在-6 ℃时会出现枝干的冻伤;而甜橙在-6.5 ℃以下,温州蜜柑在-9 ℃以下时,则会发生植株因遭受冻害而死亡的情况。

1)温州蜜柑

温州蜜柑(*Citrus unshiu* Marc.),原产地在浙江温州,明代被引入日本栽培,到1876年再由萨摩国(Satsuma,在今日本鹿儿岛一带)传入美国,故其英文名为Satsuma orange。

温州蜜柑果实无核,品质较好。其植株适应性强,较为耐寒,容易栽培,不同的品种差异较大,在中国南部地区有广泛的种植。其品种按照熟期可分为四类:特早熟品种,坐果至收获需130～140天;早熟品种需150～165天;中熟品种需180～190天;晚熟品种需200～210天。

温州蜜柑对地形的要求不严格,坡度25°以下的山地、平地和滩涂地均可栽培,土壤pH值要求在5.5～7.0,土层深厚、排水良好的土壤较为适宜。从小气候特性看,大面积水体周边的区域更适宜温州蜜柑栽培。

生产上通常采用嫁接方式进行育苗,选用枳树作砧木。定植密度为每公顷840～1 680株。嫁接苗定植后2～3年开始挂果,第5～6年即进入盛产期。栽培期间如发生干旱会增加裂果率,需要交替进行叶片喷灌和土壤灌溉。其整形一般采用自然开心形,使树冠呈三角形结构;进入结果期后,则可采取开窗式整枝方法(见图30-22),提高中下层枝条内部光照透入比。其修剪则主要以疏枝、短截和摘心为主。

温州蜜柑的冬季防霜防寒非常重要,虽然它可以耐受短

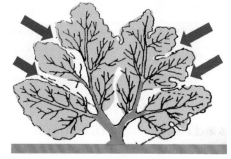

图30-22 温州蜜柑结果树开窗式整枝的冠层结构示意图

(依 baijiahao.com)

时间-9 ℃的低温,但过低的温度会对植株造成伤害。因此,在幼树期间,入冬前可在根桩处向上培土20～30 cm,并在树体顶部搭设棚架,覆盖草苫等进行保温。在寒流来袭前3～5天进行灌溉对植株更好。即使对结果期的树体,也应在树干上进行涂白或包裹作业。

温州蜜柑采后即需进行保鲜液浸果处理,并在1～5 ℃温度、80%～90%湿度和O_2、CO_2浓度分别为10%和2%的条件下进行贮藏。

2)红橘

红橘(*C. reticulata* Blanco),原产于中国福建和四川,现主产区为巴西、中国和美国等国。其也有宽皮柑橘类品种,果皮薄易剥离,橘络较多,树形较高大。

红橘的环境适应性强,具有较强耐寒性。红橘需要生长在年均气温15 ℃以上地区,能适应的最低生长温度在-9 ℃以上;喜光但不耐强光,喜湿而不耐旱涝。

红橘主要的栽培特点同温州蜜柑。定植密度为每公顷820～900株。整形以自然开心形为主,修剪则以短缩、环剥、去芽为主。

红橘的采收须分批进行,采后即进行预冷处理。红橘不耐贮运,其适宜的贮藏条件为2～3 ℃的低温和85%的空气湿度,有良好的通风。

除鲜食外,红橘果实也常用作榨汁原料,其果皮可入药。

3)甜橙

甜橙[*C. sinensis* (L.) Osbeck],原产于中国闽粤地区,16世纪初被引入欧洲并传入美洲、北非和澳大利亚等地。甜橙在全球范围内以美国、巴西、中国、西班牙、南非、澳大利亚和摩洛哥等国为主产地。

甜橙的果实为圆球形,果形较大,果皮较难剥离。甜橙的耐寒性比宽皮柑橘弱,生长的最低温度为12.5 ℃,耐寒的临界温度为-5 ℃,最适温度在23～29 ℃。甜橙多分布在亚热带区域,喜光,喜湿,不耐旱,适宜在偏酸性的土壤上栽培。

甜橙多以嫁接方式进行育苗,以芽接和腹接为主,砧木可用枳树或红橘。甜橙的定植密度为每公顷750～900株。

甜橙的栽培管理与温州蜜柑类似。生产上需要进行疏花疏果作业,使单株留果数量与植株的养分供给能力匹配并在空间上分布均匀。同时,为了保证果面整洁,在坐果后可进行果实的套袋。

甜橙采收后即需进行一系列的商品化处理,包括清洗、打蜡、分级、包装等作业,使果实外表整洁美观,达到特定规格标准。其适宜的贮藏条件为4～9 ℃的低温和85%～90%的空气湿度,贮期可达60～90天。除特选果实作为鲜食外,其他果实可直接榨汁利用。

4)柠檬

柠檬[*Citrus × limon* (L.) Osbeck]为原产于东南亚地区的小乔木,全球有较普遍的栽培,主要以美国,南欧的意大利、西班牙、希腊,东南亚诸国和中国的栽培面积为大。

柠檬喜温暖湿润,耐阴而不耐寒暑,适宜在冬暖夏凉的亚热带地区栽培。其栽培区的年均气温在17～19 ℃,极端最低温不低于-3 ℃,年降雨量为1 000 mm以上,年日照时数在1 000 h以上。

柠檬通常采用无性繁殖,嫁接、压条和扦插均可,有时也用组织培养方式繁殖。其定植密度在每公顷800～900株。其整枝修剪及其他栽培管理同温州蜜柑,果实膨大期需要做套袋处理。

柠檬需要在0～4 ℃低温、90%～95%的相对湿度下进行贮藏。其果实除以鲜果利用外,还可作为果醋及饮料加工的原料。

5）柚

柚［*C. maxima*（Burm.）Merr.］，原产于东南亚地区，现全球热带和亚热带地区有普遍栽培。全球的主要产地分布于美国、中国、东南亚等地区。

柚喜温暖湿润气候，不耐旱涝。其生长最适温度为23～29 ℃，冬季可耐−7 ℃低温。栽培时以pH值为5.5～7.5且土层较厚的土壤为宜。

柚树通常用嫁接育苗进行繁殖，以酸柚或高橙为砧木。定植密度为每公顷400～450株。栽培上需通过有效补充钾肥和控制水分供应的稳定性来防止裂果。

柚果收获后可使用薄膜贴敷的方式进行保鲜，防止水分散失，短期内可在常温下运销。长期贮藏时则需要保持2～5 ℃的低温以及90%以上的空气湿度。

柚果为特大果型，果皮易剥离，果皮中因含有黄酮类物质和芳香油类，可作综合利用。

6）金橘

金橘［*Fortunella margarita*（Lour.）Swingle］，为芸香科金橘属果树植物，多年生常绿小乔木或灌木，起源于中国东南部。金橘的栽培较为局限，在中国的生产面积也相对较小。金橘果实为小果型，果皮可食。除利用其果实外，金橘也被用于制作盆景。

金橘喜温暖、湿润，不耐涝、不耐旱，喜光但应避免强光，稍耐寒，除在华南地区栽培外，北方地区也可利用季节性设施条件进行栽培。金橘在秋末气温低于10 ℃时应及时搬入室内，温度过低易遭受冻害。金橘所需的土壤pH近中性。

金橘通常采用嫁接繁殖，用其他柑橘类植物的实生苗作砧木，定植密度为每公顷1 670～3 330株，具一年多次开花特性，因此生产上应综合协调水分和肥力供给，防止过多落果。定植苗的高度约30～35 cm，保留4～5个健壮枝条并使其在空间内均匀分布即可，其整形和修剪则以冠层外部造型和去枝、去芽为主。

金橘除鲜食外，主要用来作为糖渍原料，其深加工可用于提取精油。果实也可入药。

30.2.5 亚热带和热带水果

亚热带水果除最为普遍的柑橘类外，也包括橄榄、无花果、石榴、椰枣、甘蔗、杨梅和鳄梨等种类，这些果树植物也在暖温带和热带地区有栽培。

热带果树种类繁多，具有较大的地域限制性。亚热带及热带果树的主要种类的植物学分类及果实形态如表30-7所示。

表30-7　主要（亚）热带水果种类、植物学分类及果实形态

科	芭蕉科		棕榈科		
属	芭蕉属		椰子属	刺葵属	槟榔属
种	香蕉 *Musa nana* Lour.	芭蕉 *M. basjoo* Siebold	椰子 *Cocos nucifera* L.	椰枣 *Phoenix dactylifera* L.	槟榔 *Areca catechu* L.
果实形态					

（续表）

科	漆树科	番木瓜科	无患子科		
属	杧果属	番木瓜属	荔枝属	龙眼属	韶子属
种	杧果 *Mangifera indica* L.	番木瓜 *Carica papaya* L.	荔枝 *Litchi chinensis* Sonn.	龙眼 *Dimocarpus longan* Lour.	红毛丹 *Nephelium lappaceum* L.
果实形态					
科	凤梨科	锦葵科	桑科	番荔枝科	仙人掌科
属	凤梨属	榴梿属	波罗蜜属	番荔枝属	量天尺属
种	菠萝 *Ananas comosus* （L.）Merr.	榴梿 *Durio zibethinus* Murr.	波罗蜜 *Artocarpus heterophyllus* Lam.	番荔枝 *Annona squamosa* L.	火龙果 *Hylocereus undatus* (Haw.) Britt. et Roset
果实形态					
科	西番莲科		桃金娘科		酢浆草科
属	西番莲属		番石榴属	蒲桃属	阳桃属
种	西番莲 *Passiflora caerulea* L.	鸡蛋果 *P. edulia* Sims	番石榴 *Psidium guajava* L.	洋蒲桃 *Syzygium samarangense*（Bl.） Merr. et Perry	阳桃 *Averrhoa carambola* L.
果实形态					
科	藤黄科	山榄科		大戟科	
属	藤黄属	神秘果属	铁线子属	下珠属	
种	山竹 *Garcinia mangostana* L.	神秘果 *Synsepalum dulcificum*（Schum. & Thonn.）Daniell	人心果 *Manilkara zapota* （L.）van Royen	余甘子 *Phyllanthus emblica* L.	西印度醋栗 *P. acidus*（L.）Skeel
果实形态					

1）鳄梨

鳄梨（*Persea americana* Mill.），为樟科鳄梨属常绿乔木，属亚热带植物，其果实营养价值较高（见图30-23），富含叶酸和纤维成分，作为色拉材料使用较多，特别受减肥人士喜爱。

图30-23　鳄梨的植株与果实形态
（A～B分别引自 product.11467.com、zhishi.xkyn.net）

鳄梨原产于中南美洲，其全球主产区有墨西哥、美国、多米尼加、巴西和哥伦比亚等国。中国广东、云南、台湾、福建、广西、海南和四川等地有少量栽培。

鳄梨品种有三大系：墨西哥系统、危地马拉系统和西印度系统。

鳄梨的理想生产区需有1 200 mm以上的年降水量，并有明显的干季、雨季区分，年均温度在20～25 ℃。个别品种可忍耐短期0 ℃左右低温。

其繁殖可用直接播种或嫁接育苗的方式，实生苗需6～7年才开花结果。嫁接时通常采用芽接、劈接和腹接，多以墨西哥系统的实生苗为砧木。其定植密度为每公顷260～275株。整形时通常需要去除徒长枝、水平枝，使枝冠有较好的通风性、透光性。

鳄梨的未软化果实可在5 ℃左右温度下贮运，食用时，可于常温下软化。

2）甘蔗

甘蔗（*Saccharum officinarum* L.），是禾本科甘蔗属一年生或多年生热带和亚热带草本植物，起源于印度，是热带、亚热带地区的重要经济植物。全球的主要产地为巴西、印度、中国、泰国、巴基斯坦、墨西哥、哥伦比亚、印度尼西亚、菲律宾、美国等国。

图30-24　果蔗的植株与产品形态
（A、B分别引自 m.sohu.com、zixun.ymt.com）

专门用作鲜食的甘蔗称为果蔗（Badila），通常具有易撕、纤维少、糖分适中、茎脆汁多、茎粗节长、茎外形美观等特点（见图30-24）。

甘蔗种植所要求的条件中，区域温度是最为重要的。根据其对产地年积温（AAT，>10 ℃）和最低温度（T_{min}）的要求，可将产地分成以下4类：①最适种植区，AAT >5 000 ℃，T_{min}≥-2 ℃；②适宜种植区，4 000 ℃ < AAT <5 000 ℃，-5 ℃≤ T_{min} ≤-2 ℃；③次适宜种植区，3 000 ℃ < AAT <4 000 ℃，-5 ℃≤ T_{min} ≤-2 ℃；④可种植区，AAT ≥3 000～4 000 ℃，-8 ≤ T_{min} ≤-5 ℃。因此，果蔗也可于温带地区进行设施栽培。

甘蔗的繁殖通常采用带根的茎段再生芽种苗的方式进行，通常多从新植茎段上采取。种植密度宜在目标株数上增加15%左右，保证其有效茎达到每公顷6.8万～8.3万支。栽培过程中需要进行多次培土，以助根系发育和早期分蘖。

甘蔗需水量大，特别是在生长中期。但甘蔗不耐涝，生产上应注意地面排水。随着茎的伸长，其基部老叶应及时去除，此举可增加蔗田内的通风，并减少植株的养分损耗。

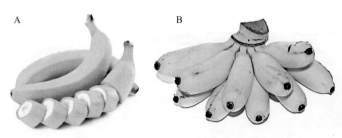

图30-25 香蕉(A)和芭蕉(B)
(A、B分别引自mt.sohu.com、3g.xici.net)

3)芭蕉属

芭蕉属果品(见图30-25)在热带水果中占据很大的比重,是全球果品贸易数量中仅次于柑橘类的第二大种类。芭蕉属植物原产于东南亚地区,现全球热带地区种植普遍,以中美洲、东南亚、南美洲和非洲地区为主要产地。

香蕉与芭蕉均为具有地下茎(块茎)的大型草本植物,地上部的茎为假茎(pseudostem),是由多组叶片紧密组合而成,并由此长出花苞。每一假茎只能长出一枝果梗。因地下茎可不断发生吸芽(sucking bud),因此假茎虽是一年生,但植株可不断进行生产。

香蕉与芭蕉是以地下茎或吸芽来进行分株繁殖。在果实收获后将假茎伐除,即会有新的吸芽生成。若无重大病害侵袭,其生产周期可达5～20年之久。栽培密度为每公顷2 300～2 600株。

香蕉喜高温多湿,生长适宜温度为20～35 ℃,最低温度宜在12 ℃以上。其假茎常容易遭受台风伤害。

用于贸易的香蕉往往需要在其果皮开始转色时即采收,并在11～13 ℃的温度和90%～95%的空气湿度下贮藏。若进行气调贮藏,贮藏空间内的O_2和CO_2浓度(体积比)应分别控制在2%～8%和2%～5%,并需要控制乙烯的释放量。

4)棕榈科

棕榈科果树主要包括椰子、椰枣和槟榔等种类。植株单干直立,不分枝,叶大且集中在树干顶部,多为掌状分裂或羽状复叶,多为常绿乔木。

这些种类分布于热带、亚热带地区,其主产地为热带亚洲及美洲,少数产于非洲。

(1)椰子。

椰子原产于东南亚地区,全球主产地为亚洲的菲律宾、印度、马来西亚、斯里兰卡、泰国等国,中国华南地区有少量栽培。

椰子栽培所需的年均温度在26～27 ℃,以季节温差小,年降雨量1 300～2 300 mm且分布均匀,年光照时数2 000 h以上,海拔50 m以下的沿海地区最为适宜,土壤以冲积土为佳。

椰子通常采用催芽播种育苗,苗龄1年左右即可定植。定植密度为每公顷165～180株。

椰果内的汁液可直接作为饮料利用,其果肉可入馔,也可制作椰奶、椰蓉、椰丝、椰子酱。因其内果皮木质坚硬,故剥除外果皮和中果皮的椰果可在常温下运销(见图30-26)。

(2)椰枣。

椰枣原产于北非地区,其主产地为伊拉克、伊朗、沙特阿拉伯等中东国家和北非的一些国家,是沙漠干热地区的重要作物。其植株为木质化多年生草本。

椰枣具有耐高温、耐水淹、耐干旱、耐盐碱、耐霜冻(能耐受-10 ℃的低温)特点;喜阳光,对土壤要求不严,但以土质肥沃、排水良好的壤土最佳。

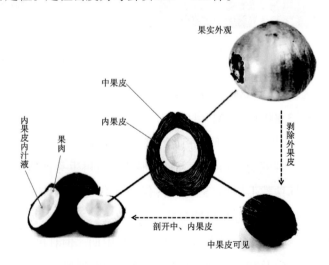

图30-26 椰果的结构及其产品利用
(依zhihu.com)

椰枣可利用种子或分蘖枝进行繁殖，分蘖苗在5年以后即可结果。处于盛果期的枣椰树，每株可年产椰枣60～70 kg。每个椰枣团的果实数量很多，通常会用纸袋或篮筐罩起来。

（3）槟榔。

槟榔原产于马来西亚，属热带雨林植物。在东南亚和中国南方地区的一些人有咀嚼槟榔果实的嗜好。槟榔的主要产区分布在东南亚、南亚、东非、太平洋地区及欧洲部分区域。槟榔对土壤质量要求不严格，喜高温、湿润多雨的气候环境。栽培上采用种子繁殖。

槟榔果实内含有大量多酚类物质和生物碱，可入药，但槟榔对某些人群会产生不良反应，而且常食之会导致口腔疾病。

5）无患子科

本科的果树植物主要包括荔枝、龙眼和红毛丹等种类，其特点是喜光，稍耐阴，不耐湿涝，较耐旱，耐寒能力较强，对土壤要求不严格。除果实鲜食外，龙眼果肉（假种皮，也称桂圆）和荔枝核可入药。

荔枝在中国南部地区有较多栽培，以广东省的栽培面积最大。荔枝栽培上用种子繁殖或嫁接育苗，砧木培育过程中需要通过环剥促进根系生长，栽培早期应注意增施有机肥促其菌根形成。荔枝的栽培密度为每公顷200～250株，前期可进行套种。定植后即需控制树干高度，留3～4条均匀的一级分枝，其后将树冠修剪成圆球形。在果实成熟至五成时需要进行套袋处理。

荔枝采收后，对需要较远程运输者，宜将产品加碎冰包装后及时发货。

龙眼也为原产于中国的果树种类，其栽培特性与荔枝相近，可采用直播、压条或嫁接方式进行繁殖，栽培密度为每公顷300～360株。

红毛丹起源于东南亚，需在全年气温高于17 ℃的地区栽培，喜湿。红毛丹为雌雄异株植物，因此在繁殖上以嫁接和空中压条为主。其栽培管理同荔枝。

6）杨梅

杨梅［*Myrica rubra*（Lour.）S. et Zucc.］，为杨梅科杨梅属小乔木，雌雄异株，果实为核果。杨梅的栽培区域基本同柑橘类，除中国外，东南亚和印度也有栽培。其果实除鲜食外，还可加工成罐头、蜜饯、果酱、果汁和果酒等食品。

通常以种子繁殖，用层积法打破种子的休眠状态，也可采用嫁接等无性繁殖方法进行育苗。定植密度在每公顷220～600株。

杨梅果实极易腐坏，因此采收后随即应进行预冷并加冰包装，因保鲜时间短，非常不耐运输，因此其鲜果的销售多局限于产地周边较小范围内。

7）凤梨属

凤梨属水果主要指菠萝［*Ananas comosus*（L.）Merr.］。菠萝原产于南美亚马孙流域，并于16世纪传入亚洲。全球的主要产地有中国、泰国、美国、巴西、墨西哥、菲律宾和马来西亚等国。

菠萝为多年生草本植物，其果实为聚花肉质果，叶片多为莲座分布，叶丛基部有贮水的叶筒。菠萝的生长温度范围为5～40 ℃，具有一定耐旱性，不耐涝，喜光但惧强光。

生产上常通过植株上发出的顶芽、托芽和吸芽进行离体培育，或用组织培养方法进行繁殖。定植密度为每公顷6.7～7.5万株。

菠萝果实内含有菠萝蛋白酶（bromelain），它能分解蛋白质，帮助消化，溶解阻塞于组织中的纤维蛋白和血凝块。

菠萝果实的贮藏条件：未完熟果，10～15 ℃；成熟果，6～8 ℃；空气湿度为85%～90%。

8）杧果

杧果为原产于印度的常绿大乔木，全球的主产地有印度、巴基斯坦、孟加拉国、缅甸、马来西亚、坦桑尼亚、扎伊尔、巴西、墨西哥、美国等，中国南部地区有少量种植。

杧果生产区的年均温度应在20 ℃以上，温度低于10 ℃时，叶片、花序会停止生长，近成熟果实会受到寒害。杧果喜光，因此在树形修剪上应避免枝叶过分繁茂；喜湿，但雨水过多时会增加发病率，并影响次年的枝条生长。

杧果可以实生苗和无性繁殖方式进行育苗，无性繁殖以嫁接、扦插和空中压条为主。定植密度为每公顷500～830株。定植后在80～100 cm处定干，留3～5条一级分枝，通过修剪呈扇形树冠。果实收获前1个月时需进行套袋。

杧果采收后，在温度27～28 ℃、湿度85%～90%的条件下，经杀菌剂处理后，可贮藏10～14天。其果实对低温敏感，不宜作冷藏。

9）番木瓜

番木瓜为软木质小乔木，在热带地区为多年生植物，在温带地区可利用日光温室做一年生栽培，原产于中美洲地区，全球主产区在巴西、墨西哥、秘鲁、委内瑞拉、哥伦比亚、古巴、印度等国。

番木瓜通常用种子繁殖，定植密度在每公顷2 800株左右。番木瓜的生长温度在12 ℃以上，喜光但惧强光，喜湿而不耐涝。

番木瓜果实中的木瓜蛋白酶（papain）能助消化，番木瓜碱（carpaine）则具备非常重要的药用价值。

转色期采收的番木瓜果实，在10～15 ℃条件下可贮藏16天左右。

10）番荔枝

番荔枝为半落叶性小乔木，原产地为中南美洲地区。除中美洲加勒比海地区外，印度、印度尼西亚、菲律宾、越南、泰国等国栽培较多；中国台湾和广东等地有少量栽培。

番荔枝的果实为聚合浆果，适于榨汁，其根可入药。

番荔枝喜光耐阴，其生长温度范围在0～32 ℃，冬季较低的温度可引起植株休眠，果实成熟期间温度不得低于13 ℃。番荔枝对水分比较敏感，干旱和湿涝均会影响其正常生长。

通常可采用实生苗或嫁接苗进行繁殖。定植密度在每公顷750～1 650株。

11）桃金娘科

桃金娘科热带果树包括番石榴（芭乐）和洋蒲桃（莲雾）等种类。

番石榴原产南美洲，洋蒲桃原产于马来西亚、印度地区，两者均为常绿乔木。

这些植物的产地年均温度应在15 ℃以上，可用空中压条和嫁接的方式进行繁殖。其定植密度在每公顷500株左右。通常在50～60 cm高度定干，经修剪形成圆头形树冠。

除鲜食外，番石榴可用于榨汁和调味，洋蒲桃还可入馔。

12）榴梿

榴梿原产于马来西亚，是东南亚地区著名的热带水果。榴梿是一种很矛盾的水果，气味难闻而口感却细腻香甜。

榴梿产地的年均温应在22 ℃以上，即终年高温地区，因此其分布在东南亚及太平洋地区。其繁殖多采取嫁接、扦插或空中压条育苗的方式，定植密度在每公顷1 350株左右。

13）波罗蜜

高大的常绿乔木，原产于印度高海拔地区，现主要产地有中国、印度、中南半岛、南洋群岛、孟加拉国和巴西等。

其植株为雌雄同株，老树常会出现板根，适生于年均温在22～24 ℃以上，低温期气温大于0 ℃，且年降水量在1 000 mm以上的地区。通常用种子繁殖，实生苗在6～8年后开始结果。其定植密度在每公顷100株左右。

14）火龙果

多年生攀缘性的多肉植物，原产于中美洲地区，全球栽培面积较为广泛。火龙果的品种分为白肉和红肉两大类型。

火龙果耐0 ℃低温和40 ℃高温，生长的最适温度为25～35 ℃，在温带地区可利用相关设施进行栽培。其繁殖可以嫁接或扦插进行。定植密度为每公顷7 600～13 200株，需要配合不同的搭架方式操作。生产上需注意不能有浸水、湿涝的情况发生。

火龙果是一种低热量水果，果实中含有大量花青素和植物蛋白。在15 ℃左右温度下，其果实可贮藏15天。

15）山竹

原产于印度尼西亚，常绿小乔木。山竹是典型的热带雨林型植物，要求年降水量在1 300～2 500 mm，在25～35 ℃、80%湿度的环境下生长旺盛，生长极限温度大于5 ℃。耐阴，惧强光直射。

山竹通常采用扦插、嫁接、压条和分株的方法进行繁殖，其定植密度为每公顷330～420株，定植时同步搭架以遮阴。

山竹果实可在0～8 ℃、90%空气湿度下贮藏。若采用气调贮藏，通常O_2和CO_2浓度应分别控制在2%～3%和2%～5%。

16）西番莲属

西番莲属热带果树植物，主要包括西番莲和鸡蛋果（百香果）两种，均为草质藤本植物，原产于中南美洲地区。除食用鲜果和用作加工原料外，西番莲全草、鸡蛋果果实均可入药。

这些植物的适宜生长温度为20～30 ℃，最低温度需在0 ℃以上，喜湿且常年表现出均衡性需水性。采用种子或分株繁殖，栽培时需要搭架，定植密度为每公顷750～1 050株。

17）阳桃

阳桃为原产于马来西亚、印度尼西亚地区的乔木，广泛种植于热带地区。阳桃为喜温、喜湿植物，适于在年均温20～26 ℃，最低气温2～7 ℃，年降水量1 000～2 400 mm的中低海拔地区栽培。

阳桃以种子或嫁接育苗繁殖，定植密度为每公顷500～600株，需进行适当遮阴。果实定形后需做套袋处理。

18）山榄科

山榄科下属植物中较为常见的果树植物有神秘果和人心果。神秘果、人心果分别原产于西非和中南美洲地区。

神秘果为常绿灌木，其果实本身酸甜适度，但食此后再食酸味水果只会觉得甜，能在8～10 ℃条件下安全越冬。通常以播种、扦插、高空压条等方式进行繁殖，定植密度为每公顷1 600～3 200株。

人心果为多年生常绿乔木。其栽培特点同神秘果，栽培密度在每公顷3 000～4 500株。

19）下珠属

下珠属包括的水果植物有余甘子和西印度醋栗。

余甘子为常绿乔木，原产于印度和东南亚地区。全球主要产地在菲律宾、马来西亚、巴西、印度、斯里兰卡、印度尼西亚、中南半岛和中国。其果实可食并可入药，具解毒功效。余甘子以播种或扦插的方式进行繁殖，定植密度在每公顷1 200株左右。

西印度醋栗为乔木或小灌木，原产于加勒比海地区。其果实味酸，可作腌渍品或调味品，因其抗氧化性能远超石榴、越橘等，故被用作化妆品原料，具美白效果。

30.2.6　坚果类

人们所食用的坚果其实是木本植物的种子，种子外带有与核分离的坚硬的壳，通常也算作果品。虽然这些植物为果树，但其栽培并不普遍，迄今仍有部分坚果还是由野生的树上采集而来。

坚果极富脂类物质：不能食用的桐油可用于制作油漆、绘图及实现其他用途；可食性坚果通常价格较高，常与糖果或点心混合而制成美食，直接食用前需要进行烘烤。重要的温带坚果有扁桃仁、板栗、榛子、美洲核桃（碧根果）、开心果及核桃等，而热带坚果则包括腰果、巴西栗及澳洲核桃等。

1）扁桃仁

扁桃的外果皮具收敛性且坚硬，果实成熟时与外壳一起开裂而暴露出果核，如图30-27A所示。作为坚果的扁桃仁来自甜扁桃。扁桃在中国新疆的栽培面积较大，当地称为巴旦木（Badam）。其他的相关内容已在前面桃属部分有过讨论。

2）板栗

板栗为壳斗科栗属植物，其中重要的有以下4个种：中国栗（*Castanea mollissima* BL.）、欧洲栗（*C. sativa* Mill）、美洲栗（*C. dentate* Borkh.）和日本栗（*C. crenata* S. et Z.）。栗属植物在全球有较普遍的栽培，其主要产地有中国、韩国、土耳其、玻利维亚、意大利等国。

适于栗树生长的区域，其年均温在10～15 ℃，冬季最低温不低于-25 ℃。北方栗类群较耐干旱，而南方栗类群则表现得较耐湿热环境。栗树喜光，对土壤要求不严格（见图30-27B）。

板栗通常可采用沙藏法进行长期贮藏，保持60%的相对湿度。有时也用冷藏法，其条件为0～5 ℃低温和80%以上的空气湿度。

图30-27　扁桃、板栗的果实及果核（仁）
（A、B分别引自blog.sina.com.cn、xiawu.com和gtobal.com、zcool.com.cn）

3）榛

榛（*Corylus*）为桦树科榛属落叶灌木或小乔木的统称。其主要种类包括刺榛（*C. ferox* Wall.）、川榛（*C. heterophylla* Fisch. ex Trautv. var. *sutchuenensis* Franchet）、毛榛（*C. mandshurica* Maxim.）、华榛（*C.*

chinensis Franch.）、土耳其榛（*C. colurna* L.）、欧洲榛（*C. avellana* L.）等种。

其主产区包括中国、土耳其、意大利、西班牙、美国、朝鲜、日本、俄罗斯的东西伯利亚和远东地区、蒙古东部等。

榛树的抗寒性强，可耐冬季-35 ℃低温，可在年均温度6.5～7 ℃以上地区栽培。榛树喜湿润，较喜光。其繁殖方式有播种、分株和压条育苗等。榛树种子的发芽力可保持1年，其播种以4月中下旬为宜。定植密度为每公顷1 600～3 200株。如图30-28所示分别为榛树林、榛树的压条繁殖和榛子。

图30-28　榛树林、压条繁殖及榛子
（A～C分别引自 blog.sina.com.cn、baoke.baidu.com、quanjing.com）

4）松仁

松仁为松属（*Pinus*）多种植物成熟种子去壳后种仁的统称。其中，以种仁粒大、产量高的红松（*P. koraiensis* Sieb. et Zucc.）、华山松（*P. armandii* Franch.）、西伯利亚红松（*P. sibirica* L.）、瑞士五叶松（*P. cembra* L.）等种的种仁质量较佳。除作为坚果食用外，松仁也可入药。

5）胡桃类

核桃（*Juglans regia* L.），是胡桃科胡桃属乔木植物（见图30-29A），与扁桃、腰果、榛子并称为世界四大干果。核桃原产于伊朗高原，现全球主要产地为中国、美国、伊朗、土耳其等国。核桃在中国北方地区多有栽培，适应性极广，品种类型丰富。

姬核桃（*J. cordiformis* Max），为同属的另外一个种。该种的果皮壳厚，果仁呈心形（见图30-29B），

图30-29　胡桃科主要坚果植株及其果实形态
A. 核桃及其果实；B. 姬核桃；C. 山核桃及其果实；D. 美洲山核桃；E. 澳洲胡桃
（A1～E分别引自 lzlvyou.com.cn、baijiahao.baidu.com, poco.cn, 26595.com、china.alibaba.com, acfun.cn, m.douguo.com）

可整体取出,原产于日本,中国有引种栽培。

山核桃(*Carya cathayensis* Sarg.),为山核桃属乔木植物(如图30-29C),原产于东欧地区,在中国的浙江和安徽地区分布较多。

美洲山核桃[*C. illinoensis*(Wangenh.)Koch],也为山核桃属乔木植物,原产于中美洲地区,在美国、墨西哥栽培较多。其果实也称碧根果(Pecan)(见图30-29D)。

澳洲胡桃(*Macadamia integrifolia* Maiden & Betche),为山龙眼科澳洲坚果属常绿乔木,在美国、澳大利亚、肯尼亚、南非、哥斯达黎加、巴西等地栽培较多。其果实如图30-29E所示。

核桃喜温、喜光,对水分要求较严,宜在结构疏松、保水透气良好的沙壤土中种植。核桃以嫁接繁殖为主,砧木用本砧或铁核桃一二年生实生苗;薄壳山核桃亦可采用根插育苗的办法。栽植密度为每公顷210~285株。

6)腰果

腰果(*Anacardium occidentalie* L.),为漆树科腰果属常绿乔木,起源于巴西东北部。全球的腰果主产地有印度、巴西、越南、莫桑比克、坦桑尼亚等国,中国南部省区有少量栽培。

腰果生长所需温度偏高,最低温度应在15 ℃以上,其在年均温23 ℃以上地区方可种植。腰果喜光、喜湿,但不耐涝,所需年日照时间在2 000 h以上,年降水量在1 000~1 600 mm。

腰果通常采用扦插、压条、嫁接和组织培养的方式繁殖育苗。定植3年后开始结果。定植密度在每公顷150株左右。树体宜按三角形树冠结构进行整形修剪。

由花托形成的肉质果为假果(见图30-30A1),可食用也可入药;在假果顶端上生着的肾形坚果才是真正的果实(见图30-30A2),其产品即为腰果。生的果仁有毒性,因此在出售前须烤熟。

7)开心果

开心果(*Pistacia vera* L.),为漆树科黄连木属落叶小乔木,原产于中亚地区(见图30-30B)。其全球的主产区在意大利、法国、希腊、土耳其、叙利亚、阿富汗、伊拉克等国。中国新疆地区有少量栽培。

开心果为亚热带干旱区域树种,在年降水量200~400 mm、空气相对湿度50%的区域也能正常生长。其树体的生长适温为24~26 ℃,但其对高温、低温的耐受性极强,夏季可耐40 ℃高温,而冬季可忍耐-30 ℃低温。开心果喜光,不耐阴,以沙壤土种植为宜。

开心果为雌雄异株,通常采用嫁接育苗,以黄连木为砧木。定植密度在每公顷500~1 500株。树体宜整形修剪成自然纺锤状冠层结构。定植后5年左右即可进入结果期。

图30-30　腰果和开心果的植株及其果实形态
A. 腰果的假果与真果;B. 开心果及其果实
(A1~B2分别引自 mini.eastday.com、item.m.jd.com、qnong.com.cn、tuxiawang.com)

8)榧树

榧树(*Torreya grandis* Fort. et Lindl.),为红豆杉科榧树属常绿针叶乔木,原产于中国南方地区,主要分布在浙江、福建、江西和贵州等地。同属的日本榧树［*T. nucifera*（L.）Sieb. et Zucc］与之相近。

榧树树龄可达200年以上，管理简单。其繁殖主要通过播种、压条、扦插和嫁接的方式进行。定植密度在每公顷300株左右。

9）巴西栗

巴西栗（*Bertholletia excelsa* H.B.K.），为玉蕊科巴西栗属常绿乔木，原产于中南美洲地区，其主要产地有南美洲和非洲地区。巴西栗喜高温、高湿环境。通常用种子繁殖，其种子萌发为需光过程。定植10～15年后开始结果。其果实采收后，随即需降温晾晒，然后脱粒，以防止腐烂。

10）银杏

银杏（*Ginkgo biloba* L.），为银杏科银杏属落叶乔木，原产于中国，现在东亚和美洲有较少量栽培。

银杏为雌雄异株植物，虽分布范围较广，但集中分布区在长江流域。通常用种子繁殖，定植密度在每公顷600～900株。银杏种子的肉质外种皮含白果酸、白果醇及白果酚，有毒，须煮熟后才能食用，常入药。

30.3　主要观赏植物

观赏植物通常又分为花卉（观花和观叶植物）和造园植物（花坛苗、草坪草、地被植物、灌木和乔木）两大类。观赏植物种类繁多，其中有些具有食用性，如果树等。一个完整的观赏植物名录，可能包含了很多科的绝大部分植物。

然而，具有商业用途的观赏植物则仅以少数植物种类为基础：切花产品主要集中在菊花、瑰、康乃馨、兰花、金鱼草和唐菖蒲等几种植物上；一年生的矮牵牛和三色堇即可占到花坛苗的50%左右；草坪草也局限于种类较少的几种植物上；而一些乔木或灌木则成为庭院植物，如紫杉、杜松、黄杨、水腊、连翘、山茱萸、木兰、海棠、栎树和枫树等。

虽然大宗商品的销售是以容易处理的商品目录为核心，但是贸易商品种类的数目之多却往往能给人留下深刻印象，尤其是栽培种种类繁多且命名随意（有些品种的名称颇具诗情画意），因此会出现一些不同种（属）的品种却使用同一名称的问题。大多数观赏植物的名录是常年更新的，如玫瑰每年都有新的栽培种及名称出现；相反，蔬菜与果品在零售市场上的变化则很少，恐怕是担心大众对不同栽培种（产品）混淆不清。因此，在市场上也大约只有五六种名称不同的苹果，柑橘也如此，蔬菜则根本不用栽培种名称。

由于人类对食物有选择上的嗜好性，因此生产食用性产品的种类（品种）一直都较为稳定，推广新种类（品种）周期较长，但这种习惯在涉及观赏植物时则完全被打破。人们总期待观赏植物能不断地推陈出新。一种观赏植物如果没有新奇性，则很难在众多品种中脱颖而出。

随着人们对田园生活的向往不断加强，观赏园艺产业迎来了新的挑战和机遇。

30.3.1　切花

本书第29章已经对切花及其应用进行了讨论。此处仅就一些主要切花植物的特性及栽培情况作一阐述。

1）菊花

菊属是较大的一个类别，其代表种为菊花［*Dendranthema morifolium*（Ramat.）Tzvelev］，原产于中国，唐代传入日本，17世纪时传入欧洲，迄今全球有普遍栽培。菊花为多年生草本，其栽培种分为两个类型：大花型和绒球型。

菊属的原始种为何长期以来学术界尚无定论,可能是小红菊、甘菊或野菊(见图30-31)。菊组植物的细分如表30-8所示。

图30-31　菊花及其可能的原始种
A. 菊花; B. 小红菊; C. 甘菊; D. 野菊
(A～D分别引自fjju.fj.qnzs.youth.cn、zhidao.baidu.com、huaban.com、sohu.com)

表30-8　菊属菊组植物的细分

系	种
拟亚菊系(Ser. *Glabriuscula* Shih)	异色菊(*D. dichrum* Shih) 拟亚菊[*D. glabriusculum*(W. W. Smith)Shih]
野菊系(Ser. *Indica* Tzvel.)	小红菊[*D. chanetii*(Levl.)Shih] 野菊[*D. indicum*(L.)Des Moul.] 菊花[*D. morifolium*(Ramat.)Tzvel.] 楔叶菊[*D. naktongense*(Nakai)Tzvel.] 菱叶菊[*D. rhombifolium* Ling et Shih Bull.] 毛华菊[*D. vestitum*(Hemsl.)Ling]
甘菊系(Ser. *Lavandulifolia* Shih)	阿里山菊[*D. arisanense*(Hayata)Ling et Shih] 甘菊[*D. lavandulifolium*(Fisch. ex Trautv.)Ling & Shih] 委陵菊[*D. potentilloides*(Hand.- Mazz.)Shih]
山菊系(Ser. *Oreastra* Shih)	黄花小山菊[*D. hypargyrum*(Diels)Ling et Shih] 小山菊[*D. oreastrum*(Hance)Ling]
红花系(Ser. *Zaivadskiana* Tzvel.)	细叶菊[*D. maximowiczii*(Komar.)Tzvel.] 紫花野菊[*D. zawadskii*(Herb.)Tzvel.]

注:内容引自《中国植物志》第76卷第一分册,菊组;表中红色字体标出者表示可能的原始种。

菊花在光周期控制得当的情况下可实现全年任意季节的开花,因而被大量种植。菊属花卉虽为多年生,但可作为一年生栽培,特别是温室栽培时。菊花是异花受粉植物,植株的茎可分为地上茎和地下茎两部分,开花后地上茎就会死亡,翌年再由地下茎发生蘖芽,形成新生的地上茎。

菊花为短日照植物,其具有喜光忌阴、较耐旱而怕涝的特点。菊花类虽然根茎能在冬季越冬,但地上部却不耐寒霜,且幼苗生长和分枝孕蕾期间需要较高温度。其最适生长温度在20 ℃左右。

菊花类的繁殖可用分株、扦插和组织培养的方式。扦插繁殖的种苗生长势强,抗病性强,产量高;组织培养能保持品种优势,具有用材少的特点。菊花类的定植密度在每公顷9万～12万株。定植后在株高达15 cm左右时即可开始摘心,此后连续摘心至植株发生5～7条主枝时,去除弱枝,每株只保留3～5条主枝即可定型。在准备大型菊花展览时,不断地连续摘心可使单株的花蕾数达到惊人的数量,单株即可形成一个独立景观的效果。

菊花在用作切花时,在85%～90%湿度、0 ℃的温度条件下,可以保鲜30天左右。

2）玫瑰

玫瑰（*Rosa rugosa* Thunb.），为蔷薇科蔷薇属落叶灌木，原产中国以及东亚地区，现全球有广泛栽培，其主产国有保加利亚、印度、俄罗斯、美国等。在西方，蔷薇属的蔷薇、月季和玫瑰三者是不分的，均为"rose"；而在中文中，藤本者为蔷薇，花小而有芳香且枝条带刺者为玫瑰，大花且无香味者则为月季。

因此传统的玫瑰（old rose）是不可能作为切花的，其花枝离体后花朵在很短时间内即会萎蔫。传统玫瑰多用于提取精油，制作玫瑰花茶、玫瑰酒、玫瑰酱及制药等（见图30-32）。

图30-32　中国栽培较多的传统玫瑰品种
A. 苦水玫瑰；B. 平阴玫瑰；C. 大马士玫瑰及其产品
（A～C分别引自 naic.org.cn、pingyinmeigui.lofter.com、detail.1688.com、kangzhiyuan120.com）

月季分为普通月季、香水月季和藤本月季。普通月季适合作为切花或盆栽使用，其花朵较大，少刺；藤本月季则多用于庭院美化。

蔷薇，多为藤本，适合于作绿篱、花墙以及美化道路。

玫瑰类均为阳生植物，日照充分时花色浓，香味亦浓，当日照少于8 h时植株会发生徒长而不开花。玫瑰植株具有很强的耐低温能力，其地下部可耐受-30 ℃左右的低温。

玫瑰类植物的繁殖通常采用压条、分株或扦插等方式进行，有时也用到嫁接育苗。定植密度在每公顷6.3万～7.2万株。

做切花栽培时，需要不断摘心促其产生分枝，每株可留5枝左右，采收后再利用新发枝条进行培养。切花收获后若进行长距离运输，可让枝条吸水充分后再用蜡封住切口，加之塑料袋包装，在1～2 ℃的低温下进行贮运。

直接加工以提取精油时，所收获的花朵或花瓣应在尽可能短的时间内完成加工，而作为加工原料出售时，则通常以含苞待放的花朵最为适宜。

3）康乃馨

康乃馨（*Dianthus* spp.），是石竹科多种石竹属多年生草本植物的通称。这类植物原产于地中海地区，在中国、日本、韩国、马来西亚、德国、匈牙利、意大利、波兰、西班牙、土耳其、英国、荷兰等国的栽培面积较大。

康乃馨有许多变种与杂交种，可在温室内连续不断地开花，而且花朵的形状多样，色彩丰富（见图30-33A），非常适于制作花束。

康乃馨生长时需要有冷凉的气候（8～10 ℃）以及强的光照才能达到最高品质。通常以扦插繁殖为主，植株可维持1～2年寿命。其定植密度为每平方米15～20株。定植后需进行1～2次摘心处理，并设置水平挂网，网的规格为10 cm×10 cm或15 cm×15 cm。张网的桩可用木质或金属管材，桩间间隔为2～2.5 m。下层和以上两层挂网的高度分别为15 cm、35 cm、55 cm（见图30-33B）。夏季高温期间，可利用遮阳网覆盖或喷雾降温方式进行降温；冬季时可人工延长光照促进开花。

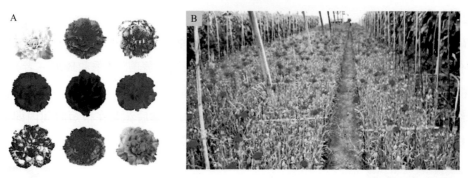

图30-33   康乃馨的多个品种及栽培时的挂网设置

（A、B分别引自 duitang.com、detail.1688.com）

4）兰花

兰花,是兰科植物的统称。兰花主要分布于温带、亚热带和热带地区,按其生长方式不同可分为附生兰、地生兰和腐生兰三大类(见图30-34)。附生兰(epiphytic orchid)大多依附在树林或石壁上,如卡特兰(*Cattleya* spp.)、万带兰(*Vanda* spp.)、蝴蝶兰(*Phalaenopsis aphrodite* Rchb. F.)、石斛(*Dendrobium nobile* Lindl.)和虎头兰(*C. hookerianum* Rchb. f.)等;地生兰(terrestrial orchid)主要分布在温带地区,生长于土壤中,如春兰(*C. goeringii* Rchb. f.)、建兰[*C. ensifolium*(L.)Sw.]、蕙兰(*C. faberi* Rolfe)、寒兰(*C. kanran* Makino)和兜兰(*C. corrugatum* Franch.)等;腐生兰(saprophytic orchid)是指生长在腐烂有机体上的种类,如裂唇虎舌兰(*Epipogium aphyllum* Sw.)等。

中国兰主要是指地生兰,它们被赋予深刻的文化内涵,其质朴文静、淡雅高洁的气质,很符合东方人的审美标准。

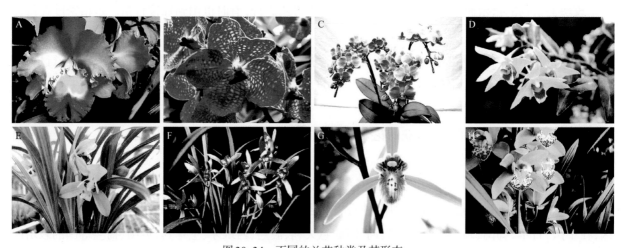

图30-34   不同的兰花种类及其形态

A. 卡特兰;B. 万带兰;C. 蝴蝶兰;D. 石斛;E. 春兰;F. 建兰;G. 寒兰;H. 蕙兰

（A～H分别引自 zhishichong.com、quanjing.com、duitang.com、blog.wendu.com、b2b.hc360.com、forum.hmlan.com、360doc.com、dp.pconline.com.cn）

兰花多喜阴,怕阳光直射;喜湿润,忌干燥;喜肥沃、富含大量腐殖质的土壤或基质。其栽培空间应有良好的通风环境。地生兰宜在温带和亚热带区域栽培;而附生兰则以热带和亚热带区域的栽培为主,也可以在温带的设施内栽培。

兰花的繁殖可通过分株方式进行,特别是对有密集假球茎的种类;也可用种子直播方式育苗,但需要有兰菌(orchid fungi,可侵入到兰花根内部的皮层组织形成菌根)或人工培养基助其根系萌发。苗期需要进行分盆,之后的培育则需要换盆。

5）金鱼草

金鱼草（*Antirrhinum majus* L.）,为车前科金鱼草属多年生草本,原产于地中海地区,现全球有广泛栽培,其产品为重要的切花材料（见图30-35A）。

金鱼草喜光,也较耐阴,较耐寒而不耐酷暑,适生于疏松肥沃、排水良好的土壤,在石灰质土壤中也能正常生长。

金鱼草通常用播种或扦插的方式繁殖,通常在秋季进行,北方地区也可以春播。

6）唐菖蒲（Gladiolus）

唐菖蒲（*Gladiolus gandavernsis* Van. Houtte）,为鸢尾科唐草蒲属多年生草本植物（见图30-35B1）,起源于非洲南部,现全球有普遍栽培,其主要生产国为美国、荷兰、以色列及日本等。

唐菖蒲经1年栽培后,其母球会产生1～2个较大的球茎及很多子球。这些球茎可直接用于繁殖,而子球经再培育后可形成大的球茎（见图30-35B2）。

图30-35　金鱼草和唐菖蒲（及其球茎）
（A～B2分别引自 mt.sohu.com、item.jd.com、cn.dreamstime.com）

唐菖蒲的生长温度范围为5～30 ℃,昼夜温差在10 ℃左右对栽培更为有利;喜凉、不耐热、忌闷,有一定耐旱性但不耐湿涝。其种植场地要求阳光充足、通风良好。

7）非洲菊（Gerbera daisy）

非洲菊（*Gerbera jamesonii* Bolus）,是菊科大丁草属多年生草本植物,原产于非洲南部地区,现在全球有广泛栽培,并用作切花和庭院装饰。

非洲菊喜光,需通风,生长期适温为0～30 ℃,要求种植场地的土壤具有较高腐殖质含量且排水良好。其繁殖通常采用扦插、分株和直播的方式进行。定植密度为每公顷4 000～5 330株。

30.3.2 球根类花卉

园艺学上所说的球根花卉（bulbous flowers）,是一类具有由地下茎或根等变态器官所形成的膨大部分的多年生草本花卉植物的总称。实际上,它包含了形态上具有块根、根状茎、块茎、球茎和鳞茎等的植物。这些植物大多数为单子叶植物,涉及近百种观赏植物。

1）球根类花卉的种类

球根类花卉按其对应的膨大器官的属性不同,有以下类别。

（1）鳞茎类。

其地下茎由肥厚多肉的叶变形体即鳞片抱合而成,鳞片生于茎盘上,茎盘同时也能发生腋芽,腋芽经分化成长后可形成新的鳞茎。

鳞茎类又可以分为有皮鳞茎和无皮鳞茎两类。有皮鳞茎类包括水仙花、郁金香、朱顶红、风信子、文殊兰、百子莲、石蒜等,无皮鳞茎类则包括百合、贝母等。

（2）球茎类。

其地下茎呈实心球状或扁球形,有明显的环状茎节,节上有侧芽,外被膜质鞘,顶芽发达。细根生于球基部,开花前后发生粗大的牵引根,后者除支持地上部外,还能使母球上着生新生球茎不露出地面。

球茎类花卉包括唐菖蒲、小苍兰、西班牙鸢尾、番红花、秋水仙、观音兰、虎眼万年青等。

（3）块茎类。

其地下茎或地上茎膨大呈不规则实心块状或球状,表面无环状节痕,根系自块茎底部发生,顶端有几个发芽点。

块茎类花卉包括白头翁、花叶芋、马蹄莲、仙客来、大岩桐、球根秋海棠、花毛茛等。

（4）根茎类。

其地下茎肥大呈根状,上面具有明显的节和节间。节上有小而退化的鳞片叶,叶腋有腋芽,且根茎顶端侧芽较多,并由此发育为地上枝,产生不定根。

块茎类花卉包括美人蕉、荷花、姜花、睡莲、鸢尾、六出花等。

（5）块根类。

块根由不定根或侧根膨大形成。休眠芽着生在根颈附近,由此萌发新梢,新根伸长后下部又生成多数新块根。分株繁殖时,每株必须附有块根末端的根颈。

块根类花卉包括大丽花、花毛茛等。

2）较耐寒球根花卉

（1）郁金香。

郁金香（*Tulipa gesneriana* L.）,百合科郁金香属多年生草本植物（见图30-36A）,起源于土耳其,后在荷兰经驯化后受到重视,现全球栽培较为普遍。

郁金香能适应冬季湿冷和夏季干热的气候,其植株在夏季时休眠,秋冬萌发新芽但不出土,经冬季的低温后翌年开始返青生长,并于春季开花。其开花的适宜温度在15～20 ℃。其花芽分化是在鳞茎收获后越夏的贮藏期间进行的,此时适宜的温度为20～25 ℃。

郁金香属长日照植物,性喜阳、避风,8 ℃以上即可正常生长,可耐-14 ℃低温。种植时要求腐殖质丰富、疏松肥沃、排水良好的微酸性沙质壤土,忌碱性土壤及连作。

（2）风信子。

风信子（*Hyacinthus orientalis* L.）,为风信子科风信子属多年生草本植物,原产于地中海沿岸及小亚细亚区域,花朵香味浓郁,适用于庭院种植和室内盆栽（或容器营养液）栽培（见图30-36B）。

风信子喜阳、耐寒,适合生长在凉爽湿润的环境和疏松、肥沃的沙质土中,忌积水。秋季生根,早春新芽出土,暮春开花,进入初夏后植株地上部逐渐枯萎而进入休眠状态。在休眠期间,植株开始花芽分化,此时的适温在25 ℃左右,其后的花芽形成过程则需要较低的温度,这一阶段所需的气温不应超过13 ℃。芽萌动适温为5～10 ℃,叶片生长适温为5～12 ℃,现蕾开花期以15～18 ℃最有利。

（3）水仙。

水仙（*Narcissus tazetta* L.）,石蒜科水仙属多年生草本植物（见图30-36C）,原产于地中海地区。水仙的栽培较为普遍,其种内主要包括中国水仙(var. *chinensis* Roem.)和法国水仙[var. *italicus* (Ker Gawl.) Baker]两个变种。同属的红口水仙(*N. poeticus* L.)也是较常见的栽培种。

具秋冬生长、早春开花、夏季休眠的生理特性。水仙喜光、喜水、喜肥,适于温暖、湿润的气候条件,其耐寒性较弱,适于肥沃的沙质土壤种植。

图30-36　郁金香、风信子和水仙
(A～C分别引自nipic.com、dy.163.com、sohu.com)

(4)鸢尾。

鸢尾(Iris tectorum Maxim.),鸢尾科鸢尾属多年生草本(见图30-37A),原产于中国中部以及日本,其重要变种为马蔺[var. *chinensis* (Fisch.) Koidz.]。除鸢尾外,同属还有其他重要种,如德国鸢尾(*I. germanica* L.)、蝴蝶花(*I. japonica* Thunb.)、燕子花(*I. laevigata* Fisch.)、香根鸢尾(*Iris pallida* Lamarck)等。

鸢尾类植物较耐寒,可在气温为-25 ℃的地区越冬,其生长的适宜温度在5～25 ℃,适于在阳坡地、林缘及水边湿地生长,常用于庭院栽培。

(5)萱草。

萱草(*Hemerocallis fulva* L.),百合科萱草属多年生草本植物(见图30-37B),作蔬菜利用时,被称为金针(黄花菜)。萱草原产于中国及东北亚地区,经广泛传播后其性状发生了较大的变化,现在全球有较广泛栽培,是百合类花卉中重要的一类。

萱草耐寒能力强,喜湿润也耐旱,喜阳光又耐半阴,对土壤条件要求不严格,易于栽培。

(6)大丽花。

大丽花(*Dahlia pinnata* Cav.),菊科大丽花属多年生草本植物,原产于墨西哥,现全球有广泛栽培,为世界名花之一(见图30-37C)。

大丽花喜半阴和凉爽气候,在8～35 ℃下均能生长。大丽花不耐干旱也不耐涝。长日照条件可促进其花朵开放。栽培时需在离地面45 cm高处用网固定,防止其倒伏。

图30-37　鸢尾、萱草和大丽花
(A～C分别引自duitang.com、cnhnb.com、cn.dreamstime.com)

3）不耐寒球根花卉

常见的不耐寒球根花卉植物有百合、马蹄莲、朱顶红、安祖花、球根海棠、花毛茛、美人蕉、彩叶芋、小苍兰、葱莲、晚香玉和君子兰等种类（见表30-9）。

（1）百合。

百合为百合属多年生草本，其 *Eulirion* 亚属主要包括以下系统：麝香百合（Leucolirion）系统、山百合（Archellrion）系统、透百合（Pseudolirion）系统和鹿子百合（Martagon）系统等，起源地为北半球温带地区。百合多用作切花和装饰花坛等。

百合类大多数喜冷凉湿润气候，喜半阴，耐热性差，忌连作。解除其鳞茎休眠需要有2～10℃的低温，其繁殖方法主要有分球、扦插和播种等方式。在较低温度下，延长光照时间可促进植株提早开花。

（2）马蹄莲。

马蹄莲的块茎肥大，常分蘖后丛生，可用于繁殖。其植株的花苞等有毒，常入药。在欧美，马蹄莲常作为手捧花而被利用。

马蹄莲喜温暖、湿润和阳光充足的环境，不耐寒也不耐干旱。生长温度范围为5～25℃，过低和过高都会引起休眠。马蹄莲喜湿，生长期间土壤要保持湿润，夏季高温期块茎进入休眠状态后要控制浇水量。

（3）朱顶红。

朱顶红原产南美地区，在全球栽培较广，主要在庭院和室内盆栽中种植使用。

性喜温暖、湿润气候，生长适温为5～25℃，不耐酷热和强光，怕涝，喜富含腐殖质、排水良好的沙质

表30-9 不耐寒球根花卉的生物学分类及开花形态

科	百合科	美人蕉科	天南星科		
属	百合属	美人蕉属	五彩芋属	马蹄莲属	花烛属
种	百合 *Lilium brownii* var. *viridulum* Baker	美人蕉 *Canna indica* L.	五彩芋 *Caladium bicolor*（Ait.）Vent.	马蹄莲 *Zantedeschia aethiopica*（L.）Spreng.	安祖花 *Anthurium andraeanum* Linden
开花形态					
科	石蒜科		毛茛科	秋海棠科	鸢尾科
属	孤挺花属	葱莲属	花毛茛属	秋海棠属	香雪兰属
种	朱顶红 *Hippeastrum rutilum*（Ker-Gawl.）Herb.	葱莲 *Zephyranthes candida*（Lindl.）Herb.	花毛茛 *Ranunculus asiaticus*（L.）Lepech.	球根秋海棠 *Begonia* × *tuberhvbrida* Voss	小苍兰 *Freesia hybrida* klatt
开花形态					

壤土。在冬季休眠期,植株需要10~12 ℃低温并保持湿润。

（4）安祖花。

安祖花原产于中南美洲地区,植株喜温暖、潮湿、半阴环境,忌阳光直射。安祖花花期持久,适合于盆栽、庭园丛植或作切花。

适宜生长的昼温为26~32 ℃,可耐受的最高和最低温度分别为35 ℃和14 ℃。

（5）球根秋海棠。

球根秋海棠原产于南美洲的高海拔地区,喜温暖、湿润的半阴环境。生长的适宜温度为10~21 ℃,土壤以疏松、肥沃和微酸性为宜。其主要用于盆栽和布置花坛等。

（6）花毛茛。

花毛茛原产于地中海和西亚地区,主要用作切花、盆栽。花毛茛喜凉爽及半阴环境,忌炎热,适宜的生长温度范围在7~25 ℃。其对水分特别敏感,怕湿又不耐旱。

（7）美人蕉。

美人蕉原产热带美洲和东南亚热带地区,喜温暖和充足的阳光,怕强风和霜冻,温带地区冬季需防寒越冬,保持环境温度在5 ℃以上。其在肥沃、湿润、排水良好的土壤中生长良好。美人蕉主要栽种于花坛,其根茎等可入药。

（8）彩叶芋。

彩叶芋原产于南美亚马孙河流域,喜高温、高湿和半阴环境,其生长的适宜温度在 10~30 ℃,要求疏松、肥沃和排水良好的土壤。彩叶芋适于温室栽培和室内装饰。

（9）小苍兰。

小苍兰原产于非洲地区,花朵具有较浓香气,多用于室内盆栽。小苍兰喜温暖、湿润环境,生长温度为5~25 ℃,要求阳光充足,但应避免强光直射。

（10）葱莲。

葱莲原产于南美洲,现不少地区都有种植。植株喜光,耐半阴,较耐寒,可耐-5 ℃左右低温,生长温度在5~25 ℃。葱莲常用作花坛的镶边材料,也宜在绿地丛植或在庭院小径旁栽植。

（11）晚香玉。

晚香玉（*Polianthes tuberosa* L.）,石蒜科晚香玉属多年生草本植物,原产于墨西哥,中国有少量栽培。其主要用作室内盆栽和插花材料。晚香玉喜温暖湿润、阳光充足的环境,生长适温在8~30 ℃,对土质要求不严,但对土壤湿度反应较敏感。

（12）君子兰。

君子兰（*Clivia miniata* Regel.）,石蒜科君子兰属多年生草本植物,原产于南非地区,多用作室内盆栽。君子兰既不耐热也不耐寒,生长温度在10~30 ℃,喜半阴而湿润环境,要求场地通风和土壤肥沃疏松。

4）耐寒类球根花卉

这类植物具有较强的耐寒性,生长温度为0~20 ℃,喜湿润环境,主要包括秋水仙（*Colchicum autumnale* L.）、番红花（*Crocus sativus* L.）、雪钟花（*Galanthus nivalis* L.）、石蒜［*Lycoris radiata*（L'Her.）Herb.］和虎眼万年青（*Ornithogalum caudatum* Jacq.）等植物（见图30-38）。

秋水仙常用作盆栽,其鳞茎可入药;番红花除观赏外,其柱头为名贵药材;雪钟花多种植在疏林下、岸边坡地或草坪边缘,或丛植于假山石旁,用于营造宁静气氛;石蒜多植于阴暗处或与其他林下植物配植;虎眼万年青,原产于南非,多用于室内盆栽,可入药。

图30-38 耐寒类球根花卉植物
A. 秋水仙；B. 番红花；C. 雪钟花；D. 石蒜；E. 虎眼万年青
（A～E分别引自 duitang.com、mp4cn.com、m.sohu.com、365.azw.com、baike.baidu.com、t-chs.com）

30.3.3 宿根类花卉及木本花卉

除了球根类的多年生花卉外，一些多年生宿根类花卉和木本花卉也具有多年生植物的特点，其种植和利用较为普遍。这类植物包括牡丹、芍药、绣球、耧斗菜、木槿和蕨类等。

1）牡丹

牡丹（*Paeonia suffruticosa* Andr.），毛茛科芍药属多年生落叶灌木（见图30-39A），原产于中国黄河流域。因其花色泽艳丽，玉笑珠香，风流潇洒，富丽堂皇，素有"花中之王"的美誉。在唐宋时期，中国牡丹的地位达到了空前高度。除中国外，牡丹也在日本、法国、英国、美国、意大利、澳大利亚、新加坡、朝鲜、荷兰、德国、加拿大等二十多个国家有栽培。牡丹主要用于庭院栽植。牡丹花瓣可食，根皮可入药。

牡丹喜温暖凉爽、干燥、阳光充足的环境。植株的适应性较强，喜阳光但也耐半阴；耐寒怕热，耐旱忌积水；耐弱碱，酸性条件下生长不良，要求土质疏松、深厚。

牡丹的繁殖以嫁接、扦插、压条和组织培养等无性繁殖方式为主，也可直播进行种子繁殖。其单株的花期在15天左右，在冷凉季节适当加温（昼夜温度分别为25 ℃和10 ℃）可使花朵提早开放。

2）芍药

芍药（*Paeonia lactiflora* Pall.），毛茛科芍药属多年生落叶草本植物（见图30-39B），原产于中国黄河流域及东北亚地区，通常用于庭园栽培，其根可入药。

芍药的基本特性与牡丹在植物形态上极为相似，作为同属的两个不同种，其区别有以下三点：牡丹茎木质，落花后地上部不枯死，而芍药较少为木质茎，落花后地上部枯死；从叶缘来看，牡丹的叶尖处有开裂，而芍药则叶缘平滑；芍药的花期较牡丹要晚一些。

3）绣球

绣球［*Hydrangea macrophylla*（Thunb.）Ser.］，虎耳草科绣球属灌木植物（见图30-39C），原产于日本和中国西南地区，现全球均有栽培。此外，德国、日本和荷兰的一些公司专门从事绣球产品贸易，价格较昂贵。绣球主要栽植于庭院，也可作室内盆栽，用于观赏。

绣球喜温暖、湿润和半阴环境,其生长温度范围为5～28 ℃。绣球为短日照植物,每天做黑暗处理10 h以上,约45～50天可形成花芽。栽培上在强光季节可进行遮阴处理。栽培土壤的酸碱度变化,会使绣球的花色出现相应变化:为了加深蓝色,可在花蕾形成期施用$Al_2(SO_4)_3$;而为了保持粉红色,可在土壤中添加石灰。

图30-39 几种重要的宿根花卉植物
A. 牡丹; B. 芍药; C. 绣球
(A1～C2分别引自ask.17house.com、bbs.szhome.com、dcbbs.zol.com.cn、mt.sohu.com、sohu.com、dy.163.com)

4)耧斗菜

耧斗菜(*Aquilegia viridiflora* Pall.),毛茛科耧斗菜属多年生草本植物(见图30-40A),原产于欧洲和北美,在中国北方地区有少量栽培。其适合庭院栽培,可成片植于草坪上、密林下或种植于洼地、溪边等潮湿处作地被。耧斗菜的花药可入药。

耧斗菜喜凉爽气候,忌夏季高温暴晒,适于在富含腐殖质、湿润且排水良好的沙质壤土上栽培。通常可采用播种或分株方式进行繁殖。

5)木槿

木槿(*Hibiscus syriacus* L.),锦葵科木槿属落叶灌木(见图30-40B),原产于非洲地区,在中国黄河流域的栽培历史较长。木槿有很多变种,在南北方均有分布。木槿主要用来植作庭院内花篱,可孤植或丛植。其种子、叶、根、花等均可入药。

木槿对环境的适应性很强,较耐干燥和贫瘠,对土壤要求不严格;喜光稍耐阴;喜温暖湿润气候且耐寒,在北方地区稍加保护即可越冬;耐修剪。

6)蕨类

栽培较为普遍的蕨类植物主要有铁线蕨和肾蕨。

铁线蕨(*Adiantum capillus-veneris* L.),铁线蕨科铁线蕨属小型蕨类植物(见图30-40C),其根状茎细长横走,密被棕色披针形鳞片。此物种遍布全球,主要用作室内盆栽和阳台、窗户等空间的装饰。其繁殖可通过孢子播种或分株的方式进行。铁线蕨喜温暖,生长温度范围为5～30 ℃,喜湿润,耐散射光。

肾蕨[*Nephrolepis auriculata*(L.)Trimen],肾蕨科肾蕨属蕨类植物(见图30-40D),原产于热带和亚

热带地区,中国华南的山地有野生,常地生和附生于溪边林下的石缝中和树干上。肾蕨是重要的观叶植物,也被大量用作插花材料,全草或块茎可入药。肾蕨喜温暖潮润和半阴环境,忌阳光直射。

图30-40 几种常见的宿根花卉植物
A. 耧斗菜;B. 木槿;C. 铁线蕨;D. 肾蕨
(A~D分别引自dp.pconline.com.cn、blog.sina.com.cn、win4000.com、lzh0905.cn.makepolo.com)

30.3.4 花坛苗

花坛植物(bedding plants),是指用于表现空间的整体视觉美而集中种植在特定场地的植物。这些植物中,有一些是具有宿根特性的多年生植物,而大多数则是一年生植物,它们构成了美丽的花坛景观。这些植物主要包括以下种类。

1) 三色堇

三色堇(*Viola tricolor* L.),是花坛植物中最为常用的种类之一,为堇菜科堇菜属二年生或多年生草本植物(见图30-41)。

三色堇是欧洲常见的野生物种,全球均有广泛栽培,通常用于广场、公园、庭院、城市道路及垂直空间的绿化装饰。其花色集中于紫、白、黄三类,易于组合形成群体视觉优势。三色堇全草具杀菌作用,可用于皮肤病的医治。

三色堇较耐寒,喜凉爽,喜阳光,在0~30 ℃下均可生长,忌高温和积水。其根系可耐受-15 ℃的低温,但叶片在低于-5 ℃时即可能遭受冻害。

日照长度比光照强度对其开花的影响效应更大。三色堇栽培时喜肥沃、排水良好、富含有机质的中性壤土或黏壤土。

图30-41 三色堇及其花坛配植效果
A. 蓝紫色系;B. 粉白色系;C. 白紫色系;D. 黄棕色系;E. 花坛配植效果
(A~E分别引自product.suning.com、dcbbs.zol.com.cn、blog.sina.com.cn、xs.freep.com、quanjing.com)

三色堇除播种外,还可用扦插和分株的方式进行繁殖。其花芽分化需要有足够的低温诱导,长日照条件更有利于植株开花。

2)矮牵牛

矮牵牛[*Petunia hybrida*(J. D. Hooker)Vilmorin],为最常用的花坛植物之一,属茄科碧冬茄属多年生草本植物(见图30-42),原产于南美洲阿根廷,全球有普遍种植,常作一、二年生观赏花卉栽培。本种是由 *P. integrifolia*(Hook.)Schinz et Thell. 和 *P. axillaris*(Lam.)Britton 两个种杂交而得到的新种。

图30-42 矮牵牛及其盆栽的空间配植效果
A. 紫色单瓣;B. 粉色重瓣;C. 黄色系;D. 蓝色系;E. 镶色系;F. 盆栽的空间配置效果
(A～F分别引自 zh.fanpop.com、blog.sina.com.cn、62a.net、sucai.redocn.com、mt.sohu.com、shop.11665.com、loudi.witcp.com)

矮牵牛在花坛、城市道路及广场等的布置中应用很普遍。播种后当年即可开花,花期长达数月;花冠呈喇叭状,花形有单瓣、重瓣,瓣缘或皱褶或呈不规则锯齿状;花色有红、白、粉、紫及各种带斑点、网纹、条纹等的复杂色彩。矮牵牛作为花坛植物材料具有很强的景观表现力。

矮牵牛喜温暖和阳光充足的环境,不耐霜冻,怕湿涝。其生长温度范围为4～35 ℃。梅雨季节对矮牵牛的生长不利。矮牵牛属长日照植物,冬季设施内栽培时可通过延长光照时间促进其茎顶端分化花蕾。矮牵牛通常使用种子繁殖,全年均可播种。

3)一串红、鸡冠花、紫罗兰

这一类草本花卉的共同点是其花序在花茎上呈连续的穗状形态。

一串红(*Salvia splendens* Ker-Gawler),唇形科鼠尾草属一年生草本植物(见图30-43A),原产于南美洲巴西地区,是花坛中使用较普遍的一个种类。一串红除红色系外,还有白色系和黄色系。喜温暖和阳光充足的环境,不耐寒而耐半阴,忌霜雪和高温,要求田间不积水,不喜碱性土壤。生产上多通过种子繁殖。

鸡冠花(*Celosia cristata* L.),苋科青葙属一年生草本植物(见图30-43B),原产于非洲热带地区,便于栽培,种植较为广泛。其花色有红色、紫色、黄色、绿色和粉红色等,花形则分为球状、羽状和矛状三类。鸡冠花通常用于花坛、绿地景观布置。鸡冠花喜温暖干燥气候,怕干旱,喜阳光,不耐涝,但对土壤要求不严,容易栽培。通常采用种子繁殖。

紫罗兰［*Matthiola incana*（L.）R. Br.］，十字花科紫罗兰属二年生或多年生草本植物（见图30-43C），原产于地中海地区，在全球均有栽培，多用于庭院和花坛布置。喜冷凉气候，忌燥热；可耐短暂的-5 ℃的低温，生长适温在5～25 ℃；喜光而不耐阴，忌湿涝。通常多以种子繁殖。

图30-43　几种穗状花序的草本花卉
A. 一串红；B. 鸡冠花；C. 紫罗兰
（A～C分别引自shuyueliang.com、yy.yuanlin.com、aidihuagong.com）

4）凤仙花、秋海棠、红景天

这几种植物也多用于花坛布置，有时也见于室内盆栽。

凤仙花（*Impatiens balsamina* L.），凤仙花科凤仙花属一年生草本植物（见图30-44A），原产于中国和印度，全球栽培较为广泛。凤仙花多用作室内盆栽或布置花坛，花色多样，有粉红、大红、紫色、粉紫等，花瓣捣碎可用于美甲，茎可入药。凤仙花喜阳、怕湿，耐热而不耐寒，通常以种子进行繁殖。

秋海棠（*Begonia grandis* Dry），秋海棠科秋海棠属多年生草本植物（见图30-44B），原产于东北亚地区。秋海棠多用于庭院装饰、布置花篮和圣诞节馈赠。其生长温度范围为10～30 ℃，根茎较耐寒，喜散射光而不耐强光直射；长日照处理可使植株提早开花。通常采用播种或扦插的方式进行繁殖。

图30-44　几种常见的草本花卉
A. 凤仙花；B. 秋海棠；C. 红景天；D. 景天三七
（A～D分别引自dcbbs.zol.com.cn、quanjing.com、qiyeku.com、c.wb0311.com）

红景天（*Rhodiola rosea* L.），景天科红景天属多年生草本植物（见图30-44C），具很强的生命力和特殊适应性，可用于庭院荫蔽处栽培或作为室内盆栽。红景天可入药，也可入馔，同时也是美容护肤佳品，可播种繁殖或以根茎繁殖。与之同科的另一种植物三七景天（*Sedum aizoon* L.），为景天属肉质草本植物（见图30-44D），除作为庭院栽培植物外，还可药用或入馔（如费菜）。这两种植物的生长温度范围在0～25 ℃，可耐受-10 ℃低温而不受害，喜光耐旱，易于栽培。

5）天竺葵、福禄考

天竺葵和福禄考均具有类似绣球的花朵形态，常被用作大规模花境的添色植物。

天竺葵（*Pelargonium hortorum* Bailey），亦称洋绣球，牻牛儿苗科天竺葵属草本植物（见图30-45A），原产于非洲南部，在全球有广泛栽培。其可用于室内装饰和花坛布置，也可入药。天竺葵性喜冬暖夏凉，冬季室内宜保持在5～25℃的温度;耐干怕湿,冬季浇水不宜过多;喜光不耐阴。常以播种或扦插方式进行繁殖。定植后即开始摘心处理,植株较大时则以疏枝为重点。

福禄考(*Phlox drummondii* Hook.),亦称小天蓝绣球,花葱科天蓝绣球属一年生草本植物(见图30-45B),原产于墨西哥。其常用于庭园栽培或作为早春盆栽摆设于花坛。福禄考喜温暖,稍耐寒,忌酷暑;不耐旱,忌湿涝;喜疏松、排水良好的沙壤土。通常以分株、压条或扦插等方式进行繁殖。

6)虞美人、波斯菊

虞美人(*Papaver rhoeas* L.),罂粟科罂粟属多年生草本植物(见图30-45C),原产于欧洲,全球各地多有栽培,常作为花坛植物利用,其花和全株可入药。虞美人的生长温度范围为5～25℃,昼夜温差大有利于其生长和开花;在高海拔山区有强光照处生长良好,花色更为艳丽。植株寿命为3～5年。虞美人不耐移栽,忌连作与积水,通常采用播种繁殖。

波斯菊(*Cosmos bipinnata* Cav.),亦名秋英,菊科秋英属一年生或多年生草本植物(见图30-45D),原产于墨西哥,在全球有广泛栽培,多用于花坛布置。波斯菊喜温暖和阳光充足的环境;耐干旱忌积水,不耐寒;适宜在肥沃、疏松和排水良好的土壤栽植。通常采用播种或扦插方式进行繁殖。

图30-45　几种常见的花坛植物
A. 天竺葵;B. 福禄考;C. 虞美人;D. 波斯菊
(A～D分别引自 isenlin.com、blog.sina.com.cn、win4000.com、mini.eastday.com)

7)其他菊类

除前面叙述过的菊属植物(常用作切花)外,其他一些重要的菊科植物多用于布置花坛,如百日菊、雏菊、银香菊、金盏菊、翠菊和万寿菊等(见表30-10)。

这些菊科植物多为一二年生草本,除雏菊和翠菊稍耐寒外,其他均喜温暖、不耐寒。这些菊科植物均喜阳光但不耐酷暑,耐干旱、耐瘠薄,忌连作。通常均采用种子繁殖。百日菊、金盏菊和万寿菊等除观赏外还可入药,同时也是提取色素的常用植物之一。

表 30-10　常用菊科花坛植物的生物学分类及开花形态

属	百日菊属	雏菊属	神圣亚麻属	金盏花属	香雪兰属	万寿菊属
种	百日菊 *Zinnia elegans* Jacq.	雏菊 *Bellis perennis* L.	银香菊 *Santolina chamaecyparissus* L.	金盏菊 *Calendula officinalis* L.	翠菊 *Callistephus chinensis* (L.) Nees	万寿菊 *Tagetes erecta* L.
开花形态						

8）香草类

一些香料植物本身也具有很高的观赏价值，它们常被用作庭院布置时的重要材料。这些植物包括薰衣草、迷迭香、罗勒、牛至、鼠尾草、马鞭草（*Verbena officinalis* L.）、柠檬香茅［*Cymbopogon citratus* (D. C.) Stapf］、九里香（*Murraya exotica* L.）、罗马洋甘菊（*Anthemis nobilis*）、大花葱（*Allium giganteum* Regel）等（见图 30–46、图 30–47）。

薰衣草（*Lavandula angustifolia* Mill.），唇形科薰衣草属多年生耐寒草本植物，原产于地中海沿岸地区，在全球有广泛栽培，在庭院中常以丛植或条植布置花径，也可作为室内盆栽。

迷迭香（*Rosmarinus officinalis* L.），唇形科迷迭香属多年生耐寒半灌木植物，原产于南欧和北非地区，其用途同薰衣草。

罗勒（*Ocimum basilicum* L.），唇形科罗勒属多年生草本植物，原产于东南亚地区。喜温不耐寒，常用于庭院栽培和室内盆栽。

牛至（*Origanum vulgare* L.），唇形科牛至属多年生半灌木或草本植物，喜温暖湿润气候，常用于庭院栽培和室内盆栽。

鼠尾草（*Salvia japonica* Thunb.），唇形科鼠尾草属一年生草本植物，原产于欧洲南部与地中海沿岸地区，喜温暖气候，较耐旱但不耐湿涝，常用于庭院栽培和室内盆栽。

图 30–46　几种常用的香草植株
A. 法国薰衣草；B. 迷迭香；C. 非洲蓝罗勒；D. 牛至
（A～D 分别引自 t-biao.com、90sheji.com、sucai.reducn.com、cn.dreamstime.com）

图 30–47　几种较常用的香草植株
A. 马鞭草；B. 香茅；C. 九里香；D. 洋甘菊；E. 大花葱
（A～E 分别引自 quanjing.com、m.sohu.com、sohu.com、detail.1688.com、blog.sina.com.cn）

这些植物在布置花境时，常根据植株高度和开花颜色相互配置实施条植，特别是在有地形起伏的区域，会形成别致的景观效果；有时也会将其设计为林带包围下的开放式花田（花海）。

9）其他常用草本花卉

还有一些草本植物也可用来装点花坛，如长春花、美女樱、羽扇豆、月见草、牵牛花、朝雾草（见表 30–11）、佛甲草、旱金莲、花菱草、半支莲以及菊科的麦秆菊、花环菊、矢车菊、蛇目菊、天人菊、藿香蓟、千日红等。

除作为花坛植物利用外,这些植物中的长春花、月见草、旱金莲、半支莲、藿香蓟等均可入药。

表 30-11 几种特色花坛植物的生物学分类及开花形态

科	夹竹桃科	马鞭草科	豆科	柳叶菜科	旋花科	菊科
属	长春花属	马鞭草属	羽扇豆属	月见草属	牵牛属	艾属
种	长春花 *Catharanthus roseus*(L.)G. Don	美女樱 *Verbena hybrida* Voss	羽扇豆 *Lupinus micranthus* Guss.	月见草 *Oenothera biennis* L.	牵牛花 *Pharbitis nil*(L.)Choisy	朝雾草 *Artemisia schmidtiana* Maxim.
开花形态						

30.3.5 水生花卉

水生花卉(aquatic flowers),是指常年生活在水中,或在其生命周期内有一段时间生活在水中的观赏植物。这些植物的体内细胞间隙较大,通气组织比较发达,种子能在水中或沼泽地环境下萌发,在枯水时期它们比任何一种陆生植物更易死亡。水生花卉主要包括荷花、睡莲、萍蓬莲、王莲、香蒲、菖蒲、千屈菜和水葱等(见表30-12),不但具有观赏性,有些植物的产品还可食用或入药。这些植物在布置水面景观上有着独特的作用。

表 30-12 几种水生植物的生物学分类及开花形态

科	睡莲科			
属	莲属	睡莲属	萍蓬草属	王莲属
种	莲(荷花) *Nelumbo nucifera* Gaertn.	睡莲 *Nymphaea tetragona* Georgi	萍蓬草 *Nuphar pumilum*(Hoffm.)DC.	王莲 *Victoria regia* Lindl.
开花形态				
科	香蒲科	天南星科	千屈菜科	莎草科
属	香蒲属	菖蒲属	千屈菜属	藨草属
种	香蒲 *Typha orientalis* Presl	菖蒲 *Acorus calamus* L.	千屈菜 *Lythrum salicaria* L.	水葱 *Scirpus validus* Vahl
开花形态				

30.3.6 盆栽植物

盆栽植物(potted plant),是以栽培容器为载体进行栽培的植物,可单一或多种间组合来表现其美学价值,并且可以在不同空间内转移。因此,盆栽植物是居家和日常生活中人们最为亲近的一类植物。这些植物包罗较广:可能是木本,也可为草本,也可为藤本;有些为观花观果,而有些则为观叶。与此同时,对这些植物的养护已成为日常生活的一部分,也是园艺疗法的重要组成部分。

根据盆栽植物的高度规格,可分为大型盆栽($h \geqslant 90$ cm)、中型盆栽(h=30～90 cm)和小型盆栽($h \leqslant 30$ cm)三大类。

1)大型盆栽植物

常用大型盆栽植物主要有银苞芋、酒瓶兰、印度榕、南洋杉、光瓜栗、散尾葵、棕竹、富贵竹、罗汉松和香龙血树等,其基本属性及栽培要点如表30-13所示。这些植物往往被用于办公、客厅及建筑玄关等场所摆放。

表 30-13 主要的大型盆栽植物的基本属性及栽培要点

植物名称	分类地位	生长习性	栽培要点	观赏价值
银苞芋 (绿巨人)	天南星科白鹤芋属 *Spathiphyllum floribundum* (Linden & André) N. E. Br.	喜荫蔽、凉爽、湿润的环境和肥沃的土壤,忌干旱、高温和阳光直射	每隔半年调整放置角度;每隔1～2天浇透水,夏日增加叶面喷水(洗尘、降温、防日灼),增加空气湿度;定期施肥	植株高大,为厅室的理想盆栽
酒瓶兰	龙舌兰科酒瓶兰属 *Beaucarnea recurvata* Lem.	喜光,较喜肥,喜沙质壤土,耐干燥、耐寒力强	忌频繁移动花盆及转向;适时适量浇水施肥,保证既不积水又不缺水	植株高大,为厅室的理想盆栽
印度榕 (橡皮树)	桑科榕属 *Ficus elastica* Roxb. ex Hornem.	喜温暖和潮湿的环境,冬季室内栽培时温度宜大于10 ℃;喜光照充足和通风良好的环境,要求土壤肥沃	2～3年换盆1次,定期施肥	布置宾馆、会场,美化书房、客厅等
南洋杉	南洋杉科南洋杉属 *Araucaria cunninghamii* Sweet	喜光,幼苗喜阴;喜湿,不耐旱与寒冷;喜土壤肥沃	保持盆土及周围环境湿润,严防旱涝	客厅、走廊、书房的点缀或用于会场、展厅布置
光瓜栗 (发财树)	木棉科瓜栗属 *Pachira glabra* Pasq.	喜高温高湿环境,耐寒力差;较耐湿,稍耐旱;喜光也耐阴	浇水时应遵循见干见湿原则	盆栽观赏
散尾葵	棕榈科散尾葵属 *Chrysalidocarpus* *lutescens* H. Wendl.	喜温暖湿润环境,喜光也较耐阴;以微酸性、透气良好的沙质壤土为宜	根据季节遵循干透、湿透的浇水原则,用FeSO₄调节盆土pH	布置会场、厅堂
棕竹	棕榈科棕竹属 *Rhapis excelsa*(Thunb.) Henry ex Rehd.	喜温暖湿润及通风良好的半荫环境;不耐积水,极耐阴;畏烈日,稍耐寒	腐叶土、园土、河沙等量混合作基质;盆土以湿润为宜,宁湿勿干但不能积水;避免强光暴晒	盆栽观赏
富贵竹	龙舌兰科香龙血树属 *Dracaena sanderiana* Sander	喜阴、湿、高温,耐寒、耐肥	瓶插水养时,每3～4天换一次清水;生根后不再换水,随水位下降及时添水;注意远离空调	盆栽观赏

（续表）

植物名称	分类地位	生长习性	栽培要点	观赏价值
凤尾竹	禾本科箣竹属 *Bambusa multiplex* (Lour.) Raeusch. ex Schult. cv. *Fernleaf* R. A. Young	喜温暖湿润和半阴环境,耐寒性稍差,不耐强光暴晒,怕渍水	冬季需室内保暖;夏季不宜暴晒,需遮阴;应勤浇水,保持盆土湿润,但忌积水	以盆栽点缀小庭院和居室,或作盆景及低矮绿篱
罗汉松	罗汉松科罗汉松属 *Podocarpus macrophyllus* (Thunb.) D. Don	喜温暖湿润气候,耐寒性弱,耐阴性强;喜排水良好、湿润的沙质壤土	保持土壤湿润,换盆时施足肥,开花时可将花蕾剪除	室内盆栽或布置花坛
香龙血树（巴西铁）	百合科香龙血树属 *Dracaena fragrans* (L.) Ker-Gawl.	喜暖湿润,不耐寒(>10 ℃);喜散射光,怕强光直射	盆栽以草炭土栽培最佳;浇水温度应与室温相近;可枝叶喷水以防干尖,但不能积水	居家或办公室内观赏,常置于沙发旁

盆栽植物中,有些属于典型的观叶植物(foliage plants)。观叶植物是指植株的叶形和叶色具有高度观赏价值的植物。一些原生于高温多湿地区的植物,在进化过程中形成了耐阴、喜温特点。很多种类的植物都具有观叶植物的基本属性。

观叶植物用作室内盆栽时,除具备观赏功能外,很多植物(如吊兰、芦荟、虎尾兰、常春藤、万年青等)还可吸收有毒有害气体或具有除尘、除烟作用,能起到净化室内空气的作用,以营造一个良好的生活和工作环境。

2）中型盆栽植物

适于作为中型盆栽的植物主要有鹤望兰、安祖花、君子兰、铁线蕨、彩叶芋、一品红、叶子花、龟背竹、文竹、栀子、米兰、茉莉、黄杨、藤本月季、万年青、变叶木、小叶榕、西洋杜鹃、山茶、梅花、白蜡、花石榴、黄栌、昙花、观赏凤梨、常春藤、佛手、观赏辣椒、洒金桃叶珊瑚、袖珍椰、海芋、心叶蔓绿绒、海芋、绿萝和一叶兰等(见图30-48)。

图30-48 常用的中型盆栽植物

A. 一品红；B. 万年青；C. 文竹；D. 观赏凤梨；E. 黄栌；F. 西洋杜鹃；G. 洒金桃叶珊瑚；H. 袖珍椰；I. 海芋；J. 心叶蔓绿绒；K. 黄杨；
L. 栀子；M. 叶子花；N. 绿萝；O. 一叶兰；P. 米兰；Q. 茉莉；R. 佛手
(A～R分别引自365azw.com、k.sina.com.cn、huabaike.com、iten.m.jd.com、huabaike.com、8287755.cn、dy.163.com、product.800400.net、
huahuibk.com、zhidao.baidu.com、k.sina.com.cn、1688.com、xici.net、62a.net、wadongxi.com、iten.m.jd.com、sihu.com、detail.youzan.com)

3）小型盆栽植物

办公室、居室若空间较小可充分利用窗台、茶几、书桌、书架摆放模样可爱、姿态优美的小型观叶植物，如文竹、金心吊兰、垂枝天门冬、柳叶椒草（欢乐豆）、铁线蕨等细叶类植物。

适于小型盆栽和垂吊栽培的植物种类，还有以下常见品种：九里香、迷迭香、薰衣草、紫罗兰、金银花、虎耳草、五彩苏（彩叶草）、椒草（豆瓣绿）、南天竹、网纹草、虎尾兰、也门铁、金边龙舌兰、花叶冷水花、鸭跖草、仙客来、文殊兰、鹿角蕨、香菇草（铜钱草）、芦荟、苔藓和常春藤等（见图30-49）。

图30-49　常用小型盆栽植物种类及其形态

A.虎耳草；B.五彩苏；C.椒草；D.南天竹；E.网纹草；F.虎尾兰；G.也门铁；H.金边龙舌兰；I.花叶冷水花；J.皱叶椒草；
K.鸭跖草；L.吊兰；M.仙客来；N.文殊兰；O.鹿角蕨；P.香菇草；Q.芦荟；R.苔藓；S.常春藤
（A～S分别引自t-chs.com、dttt.net、51mhw.cn、62a.net、mc-queen.net、62a.net、62a.net、xici.net、m.huahuibk.com、62a.net、gzhlhl.com、
m.sohu.com、51aw.cn、168mh.com、detail.youzan.com、17sucai.com、jf258.com、zhan-gui.cn、51yuansu.com）

30.3.7　多肉植物

多肉植物（succulent plants），是指植株的营养器官呈肥厚多汁状态，其内储存着大量水分的植物。全球共有多肉植物万余种，在分类上隶属于100多科。

很多多肉植物在形态上表现较为奇特，且它们具有净化空气的功能，易于养护，因此受到了一批人的喜爱。

多肉植物根据其肉质化器官特性不同，分为叶多肉植物、茎干状多肉植物和茎多肉植物。叶多肉植物主要靠叶部来贮存水分，其叶部高度肉质化，而茎的肉质化程度较低，部分种类的茎甚至带有一定程度的木质化；茎干状多肉植物（俗称"块根类"多肉植物）则根部肥大，可避免阳光灼伤和食草动物啃食，叶

和茎在最干旱的季节会脱落以保持根部的水分；茎多肉主要靠茎部来贮存水分，其表面有一层能进行光合作用的组织，植株叶片较少或者叶片退化。

多肉植物分布较多的科，主要有景天科、番杏科、大戟科（多数有毒）、独尾草科、夹竹桃科、天门冬科、仙人掌科、石蒜科、凤梨科、菊科等。

1）番杏科

番杏科是多肉植物中最大的科，全科均为多肉植物，含178属，共2 000～2 500种。番杏科植物大部分原产于南非，其特点是两瓣肉质叶基部联合对生。中国现有的种主要分布于彩虹花属（*Dorotheanthus*）、海马齿属（*Sesuvium*）、日中花属（*Mesembryanthemum*）、番杏属（*Tetragonia*）、碧光玉属（*Monilaria*）、藻铃玉属（*Gibbaeum*）、晃玉属（*Frithia*）、弥生花属（*Drosanthemum*）、唐扇属（*Aloinopsis*）、照波花属（*Bergeranthus*）、菱叶草属（*Rhombophyllum*）、碧玉莲属（*Echinus*）等少数属内（见图30-50）。

S. Portulacastrum L.
海马齿（海马齿属）

M. cordifolium L.
心叶日中花（日中花属）

D. bellidiformis N. E. Br.
彩虹花（彩虹花属）

M. obconica Ihlenf. & Joergens.
碧光玉（碧光玉属）

M. uncatum Salm-Dyck
弯叶日中花（日中花属）

G. nuciforme (N. E. Br.) L. Bolus
藻铃玉（藻铃玉属）

F. pulchra N. E. Br.
光玉（晃玉属）

D. ramulosum (L. Bolus) Ihlenf.
枝干番杏（弥生花属）

A. schooneesii L. Bolus
唐扇（唐扇属）

B. multiceps (Salm Dyck) Schwant.
照波（照波花属）

R. nelii
快刀乱麻（菱叶草属）

E. maximiliani
碧玉莲（碧玉莲属）

图30-50　常见的番杏科多肉植物
（均引自 baike.baidu.com）

2）仙人掌科

仙人掌科也是包含多肉植物较多的科，其中的大多数植物原产于美洲热带、亚热带沙漠或干旱地区。主要的属有木麒麟属（*Pereskia*）、仙人掌属（*Opuntia*）、金琥属（*Echinocactus*）、乳突球属（*Mammillaria*）、仙人球属（*Echinopsis*）、花座柱属（*Melocactus*）、鹿角柱属（*Echinocereus*）、量天尺属（*Hylocereus*）、昙花属（*Epiphyllum*）和红尾令箭属（*Disocactus*）等（见图30-51）。

P. aculeata Mill.
木麒麟(木麒麟属)

E. oxypetalum (DC.) Haw
昙花(昙花属)

E. grusonii Hildm
金琥(金琥属)

M. hahniana Werderm.
玉翁(乳突球属)

E. tubiflora (Pfeiff.) Zucc. Ex Dietr.
仙人球(仙人球属)

M. curvispinus Pfeiff.
飞云(花座球属)

E. Procumbens (DC.) Lem.
鹿角柱(鹿角柱属)

H. undatus (Haw.) Britt. et Rose
量天尺(量天尺属)

图30-51 常见的仙人掌科多肉植物

（A～H分别引自blog.sina.com.cn、new.qq.com、images.huajiang.cc、duitang.com、baike.baidu.com、blog.sina.com.cn、q.115.com、m.huahuibk.com）

3）景天科

景天科也是包含多肉植物较多的科,该科的植物主要分布于非洲、亚洲、欧洲、美洲,以中国西南部、非洲南部及墨西哥的种类较多。主要包括以下属:拟石莲属(*Echeveria*)、瓦松属(*Orostachys*)、八宝属(*Hylotelephium*)、费菜属(*Phedimus*)、长生草属(*Sempervivum*)、魔南景天属(*Monanthes*)、莲花掌属(*Aeonium*)、景天属(*Sedum*)、风车草属(*Graptopetalum*)、银波锦属(*Cotyledon*)等(见图30-52)。

E. runyonii Rose ex Walther
鲁氏石莲花(拟石莲属)

O. boehmeri (Makino) Hara
子持莲华(瓦松属)

H. erythrostictum (Miq.) H. Ohba
八宝景天(八宝属)

P. spurius 'Schorbusser Blut'
小球玫瑰(费菜属)

S. Tectorum L.
观音莲(长生草属)

M. brachycaulon
球魔南景天(魔南景天属)

A. aizoon
绿玉杯(莲花掌属)

S. pachyphyllum Rose
乙女心(景天属)

G. amethystinum (Rose) Walther
桃之卵(风车草属)

C. tomentosa Harv.
熊童子(银波锦属)

图30-52 常见的景天科多肉植物

（A～J分别引自bhuabaike.com、xuexila.com、power.baidu.com、sohu.com、66zhuang.com、shancaoxiang.com、dy.163.com、iweiba.cn、bzw315.cn、k.sina.com.cn）

4）其他科的多肉植物

其他常见的多肉植物,还有大戟科大戟属(*Euphorbia*)的虎刺梅、布纹球,阿福花科芦荟属(*Aloe*)、瓦苇属(*Haworthia*)、鲨鱼掌属(*Gasteria*)的植物,夹竹桃科沙漠玫瑰属(*Adenium*)、球兰属(*Hoya*)的植物,天门冬科春慵花属(*Ornithogalum*)、龙舌兰属(*Agave*)、丝兰属(*Yucca*)、虎尾兰属(*Sansevieria*)、酒瓶兰属(*Beaucarnea*)的植物,等(见图30-53)。

图 30-53　其他科属常见的多肉植物

A. 虎刺梅；B. 布纹球；C. 芦荟；D. 瓦苇；E. 鲨鱼掌；F. 沙漠玫瑰

（A～F分别引自 blog.sina.com.cn、xuexila.com、lrgarden.cn、duorouhuapu.com、1688.com、kuaibai.qq.com、dy.163.com）

30.3.8　观赏草

观赏草（Ornamental grasses），是一类植株姿态优美、叶片和花穗色彩丰富的草本观赏植物的统称。它们常表现得自然优雅、潇洒飘逸或朴实刚强，极富自然野趣，而且对生长环境有极强的适应性，易于种植。因此，近年来观赏草逐渐受到人们的喜爱。在栽培和植物配植方面，观赏草既可盆栽，也可地植，既可孤植，也可片植，且养护成本极低。

这些观赏草主要分布在禾本科、莎草科和灯心草科等科，其栽培上对环境条件的要求如表30-14所示。其植物形态及其所能形成的景观效果如图30-54至图30-57所示。

表 30-14　不同种类的观赏草对环境条件的要求

科	属	种	生长温度要求			水分要求			光照要求		
禾本科	芦苇属（*Phragmites*）	芦苇									
	荻属（*Triarrhena*）	荻									
	蒲苇属（*Cortaderia*）	矮蒲苇									
	乱子草属（*Muhlenbergia*）	粉黛乱子草									
	狼尾草属（*Pennisetum*）	小兔子狼尾草、紫穗狼尾草、羽绒狼尾草、紫叶狼尾草、东方狼尾草									
	画眉草属（*Eragrostis*）	画眉草									
	糖蜜草属（*Melinis*）	坡地毛冠草									
	白茅属（*Imperata*）	血草									
	拂子茅属（*Calamagrostis*）	卡尔拂子茅									
	针茅属（*Stipa*）	细叶针茅									
	羊茅属（*Festuca*）	蓝羊茅									
	芒属（*Miscanthus*）	细叶芒、矢羽芒、晨光芒、斑叶芒									
	须芒草属（*Andropogon*）	须芒草									
	大油芒属（*Spodiopogon*）	大油芒									
莎草科	薹草属（*Carex*）	金丝薹草、棕红薹草									
灯心草科	灯心草属（*Juncus*）	灯心草									

注：生长温度要求，▩低，▨中，▰高；水分要求，▩少，▨中，▰多；光照要求，▩弱，▨中，▰强。

图30-54 常用观赏草植物形态及景观效果1

A. 芦苇；B. 楠溪苇荻；C. 矮蒲苇；D. 金叶薹草；E. 红棕薹草；F. 粉黛乱子草

（A～F分别引自www4.freep.cn、photo.poco.cn、xiangshu.com、hzxsxibfhmc.yuanlin.com、m.sohu.com、gyydy.com.cn）

图30-55 常用观赏草植物形态及景观效果2

A. 晨光芒；B. 斑叶芒；C. 大油芒；D. 细叶芒；E. 须芒草；F. 矢羽芒

（A～F分别引自blog.sina.com.cn、yhysshh.com、jinanfa.cn、sohu.com、huaban.com、yzinter.com）

图30-56 常用观赏草植物形态及景观效果3

A. 羽绒狼尾草；B. 紫叶狼尾草；C. 东方狼尾草；D. 小兔子狼尾草；E. 紫穗狼尾草；F. 画眉草

（A～F分别引自retui8.com、haokan.baidu.com、k.sina.com.cn、6tuba.com、sohu.com、yhysshh.com）

图 30-57　常用观赏草植物形态及景观效果 4

A. 灯心草；B. 毛冠草；C. 血草；D. 细茎针茅；E. 卡尔拂子茅；F. 蓝羊茅

（A ～ F 分别引自 cnkang.com、xdter.com、ent2006723us4r. booksir.com.cn、huaban.com、29811.mao35.com、ahuangxiu.5axd.com）

很多观赏草也可作为牧草等利用，因此生产上有时可根据植株长势进行必要的刈割或修剪处理，以控制生长，保持外形的整体美观。

30.3.9　草坪草

草坪草（turfgrass）是指用于建植人工草地的低矮株型且耐修剪的多年生草本植物，由此形成的草地植被即称为草坪（turf）。高质量的草坪，在视觉感受上，植物高矮一致，致密松软，宛如一张贴地的绿毯，是重要的地被景观之一（ground cover landscape）。它往往与林带、花草、建筑和自然地形紧密结合，共同构成较大尺度范围上的景观（见图 30-58），一些耐践踏草坪的配置使这些组合的空间保持了开放性。

图 30-58　不同用途的草坪及其景观效果

A. 运动球场；B. 高尔夫球场；C. 公园绿地；D. 庭院绿地；E. 广场绿地；F. 陵园绿地

（A ～ F 分别引自 dlhmjg.cn、mt.sohu.com、vjshi.com、tuku.17house.com、meipian.cn、plat.renew.sh.cn）

　　因此,草坪草与前述观赏草有较大不同,虽然两者均具有观赏性,但草坪草在颜色上能保持单一性,形态上也非常简单且整齐,并且草坪草能够通过修剪在视觉上保持一致性,几乎不被人感知到季相和形态变化。

　　1. 草坪草的基本特点

　　适于作为草坪草的植物,总体上具有很大的共同性,同时也需要满足以下几方面的基本条件。

　　(1)形态特征。

　　草坪草的叶片数量多,单叶面积小,形态细长且呈直立分布,其茎多为地下或地上匍匐状分布。细小而密生的叶片有利于形成地毯状结构,同时也有利于光线透射到草坪植物群体下层的叶片,因此在高密度建植下的草坪其近地面也很少发生叶片的黄化和枯死现象。

　　(2)色彩要求。

　　草坪草的绿色是草坪最为基本的特征。优质的草坪,其草坪草个体间色彩均一,即使在混播的情况下植物间也不会出现色差。从其生长季节所保持的绿色期(表现为地上部未枯死的正常生长状态时期)长度要求看,通常冷季型草坪的绿色期应在200天以上,而优质的暖季型草坪则可在250天以上。

　　(3)生长特点。

　　草坪草的变态茎紧贴地面,其上的生长点也受到地上部坚韧叶鞘的多重保护。因此在修剪草坪和草坪受到滚压、践踏刺激时,草坪草受到的机械伤害较小。与此同时,这些作用可能对草坪草的分枝和不定根生长带来有利的影响,并利于其安全越冬。

　　(4)繁殖特点。

　　草坪草多为低矮的根茎型(rhizome)、匍匐型(stolon)或丛生型(clump)植物,具有旺盛的生命力和繁殖能力。因此草坪草除利用种子繁殖外,其变态茎可自我无性繁殖而使草坪草的叶片新老更新。

　　(5)耐候性要求。

　　大多情况下草坪草具有较强的耐候性,因此有较广的适宜种植范围。许多草坪草种类除对不良气候具有适应性外,植株对土壤环境的要求也不严格,常表现出较强的耐盐碱性和耐污染性。同时草坪草对空气质量有净化作用,且能耐受一定程度的人类或动物的践踏。

　　(6)生态要求。

　　草坪草的植被具有一定弹性,可减缓地表对人类的反作用力,因此运动草坪是草坪中重要的一类,如高尔夫场、田径场等场所的草坪;同时草坪草也不会散发不良气味,其植物汁液不会污染衣物。

　　2. 草坪草的种类及属性分类

　　草坪草的种类不多,主要归属于禾本科。草坪草主要种类的耐践踏性和生态适应性见表30-15。

　　按草坪草生长的适宜气候条件及地域分类,可分为暖季型草坪草和冷季型草坪草。暖季型草坪草的适宜生长温度为25～30 ℃,它在冬季进入休眠状态,早春开始返绿,多在温带和亚热带的过渡区或亚热带地区栽培;冷季型草坪草的适宜生长温度在15～25 ℃,耐寒性较强,但夏季不耐炎热,适合在温带或冬季寒冷的地区栽培。

　　3. 草坪的建植

　　1)草种选择

　　不同种类的草坪草适宜不同的种植环境条件,因此针对使用目的与场地条件选择适宜的草种是成功建植草坪的关键。

表30-15　禾本科草坪草主要种类的耐践踏性及生态适应性

属	种	耐践踏性		生长温度要求		水分要求		光照要求	
早熟禾属	早熟禾（*Poa annua* L.）								
结缕草属	结缕草（*Zoysia japonica* Steud）								
	马尼拉草［*Z. matrella*（L.）Merr.］								
剪股颖属	剪股颖（*Agrostis matsumurae* Hack. ex Honda）								
羊茅属	高羊茅（*Festuca elata* Keng ex Alexeev）								
狗牙根属	狗牙根［*Cynodon dactylon*（L.）Pers.］								
黑麦草属	黑麦草（*Lolium perenne* L.）								
地毯草属	地毯草［*Axonopus compressus*（Sw.）Beauv.］								
蜈蚣草属	假俭草［*Eremochloa ophiuroides*（Munro）Hack.］								

注：耐践踏性：▨ 弱，▨ 中，▰ 强；生长温度要求，▨ 低，▨ 中，▰ 高；水分要求，▨ 少，▨ 中，▰ 多；光照要求，▨ 弱，▨ 中，▰ 强。

按植物学分类，不同属的草坪草所形成的草坪分别具有以下特点：

（1）剪股颖属。

该类草皮性能好，耐践踏，草质纤细致密，叶量大，可用作运动场草坪和精细观赏型草坪。

（2）早熟禾属。

其草皮的草质细密，植株低矮、平整，草皮弹性好，叶色艳绿，绿期长，但抗逆性相对较弱，对水、肥、土壤质地要求严，通常可作为冬季寒冷地区的绿地和运动场草坪使用。

（3）黑麦草属。

其种子发芽率高，出苗速度快，生长茂盛，叶色深绿、发亮，但需要高水肥条件，坪用寿命短，通常只用作各类绿地草坪混播方案中的保护草种。

（4）羊茅属。

该类草皮抗逆性极强，可用作运动场草坪和景观草坪。

（5）结缕草属。

其具有耐干旱、耐践踏、耐瘠薄、抗病虫等许多优良特性，且草皮具有一定的韧度和弹性，是良好的固土护坡植物。

在实际建植草坪时，根据不同草种的特性，结合区域气候特点和使用要求，即可正确选择所要栽培的草种，有时为了延长草坪的绿色期，可采用不同草种间的混播模式。

2）草坪建植

草坪建植要因地制宜、因时制宜，具体情况具体分析，根据种植地的相关条件、种植时间、要求成坪时间以及草坪草品种的生长习性等选择适宜的建植方法，主要有种子播种和营养繁殖两大类方法。

（1）种子繁殖。

草种的播种量是由其种粒大小和发芽率共同决定的，通常大粒种子用量为150～225 kg/hm²，中粒种子为120～150 kg/hm²，小粒种子则为90～120 kg/hm²。播种时多以撒播为主，并向种子内掺入重量为种子总量1～2倍的沙子混匀后逐区撒播。利用种子繁殖法的草坪建植成本低,劳力消耗少,但也存在成坪时间较长等缺点。

（2）无性繁殖。

常用的方式有分株和草皮铺设等。分株是将原有草坪的草坪草株丛掘起,将植株逐一分开再按照适宜的株行距进行重新栽植;而草皮铺设则是将已形成覆盖地面的草坪植株掘起,分成一定大小的块状或条状,然后按一定距离栽植（见图30-59A）。无性繁殖虽然建植速度快,但成本相对较高。

图30-59　草皮铺设及其后的主要养护管理作业
A. 草皮铺设; B. 草坪的喷灌; C. 草坪的修剪
（A～C分别引自 8425730.baiyewang.com、xs.freep.cn、kairua.com）

3）草坪的管理与养护

草坪在建植完成后,需要进行精心养护,以维持其质量状态。其主要的管理环节包括以下几方面。

（1）施肥。

施用化肥时,氮、磷、钾肥的比例控制在5：4：3为宜;即使在旺盛生长期也应轻施（控制施用量）,缓慢生长期比旺长期的用量要偏多,可增加根外施肥;施肥和灌溉应密切配合,以防肥料浓度过高而对草坪造成化学伤害。使用有机肥不仅能增加土壤营养,还能改进土壤疏松度和通透性,甚至有助于草坪安全越冬,通常可每隔2～3年施用一次,用量为15.0～22.5 t/hm²。

（2）灌溉。

草坪草的需水量较大而且要求灌溉时保持水量相对均匀。因此,在不积水的前提下需要高频次的灌溉,防止因干旱造成植株萎蔫和叶片黄化枯死。灌溉上通常使用喷灌形式,在草坪的水分管理上采取干湿交替,严禁积水（见图30-59B）。

（3）清除杂草。

新植草坪要严格清除匍匐状茎和杂草种子,特别是一些顽固性杂草,同时也应注意在一些湿度较大、光照不良的场地上出现的苔藓等危害。

（4）修剪。

修剪是草坪管理上最重要的措施。修剪除了能使草坪看上去更美观,更重要的是该作业可促进植株分蘖,增加草坪密集度、平整度和弹性,提高草坪的耐践踏性,从而延长草坪的使用寿命。及时修剪还可抑制草坪中的杂草开花和散播种子。通常,修剪高度在8～10 cm时可用剪草机刈割（见图30-59C）,但修剪后应及时将草屑清除干净。每次的修剪量因草种不同而不同,修剪长度不应超过草坪高度的1/3。夏季高温干旱时,修剪所产生的伤害程度较大,因此夏季时的修剪次数应适当减少。

（5）使用期。

草坪的开放、使用期应与其封闭、保养期相结合,可定期、分区轮流使用（保养）。

（6）病虫害防治。

除长杂草外，在不良气候等影响下，草坪也会发生根腐病等病害，或受到黏虫（*Mythimna separata*）等的危害。因此，应根据病虫害暴发特点进行水分和修剪控制，或利用黑光灯等诱杀黏虫。对已经变色、坏死的草坪应及时进行补植更新。

（7）打孔通气。

利用打孔机（soil drilling machine）打孔可起到通气、透水、促进根系发育等作用，开孔深度一般在8～10 cm，作业的时间通常在每年早春时。

30.4　饮料植物

有些植物的特定器官营养丰富且多汁，以其为材料经物理压榨即可形成天然的饮品，而不需要进行其他的成分添加或化学成分转变；有些植物器官中含有某类为人们所喜欢的物质，提取后经加工可制成饮品。这些植物广义上被称作饮料植物（beverage plants），它们通常为木本植物，也有少数草本植物。而狭义的饮料植物是指茶树、咖啡树和可可树三大植物。

饮料植物主要分布于蔷薇科、猕猴桃科、葡萄科、虎耳草科、杜鹃花科、石榴科、胡颓子科、山茶科、茜草科、锦葵科等科。随着经济的发展，饮料已成为日常生活中的时尚消费品，其占消费市场的份额还在持续增长中。饮料植物的开发应用也是园艺产业未来发展中的一个重要增长点。

30.4.1　茶树

茶树［*Camellia sinensis*（L.）O. Ktze.］为三大饮料植物之首，系山茶科山茶属灌木或小乔木，嫩枝被毛或无毛，叶革质，长圆形或椭圆形。除叶片加工后能饮用外，其种子可用于制取食用油。

中国的西南地区是茶树的原产地，茶随着不同历史时期的文化交流传播到了其他国家，而且还演化出丰富的茶文化，现茶树在全球亚热带、热带地区均有普遍栽培。其主要产地除中国外，还有亚洲的斯里兰卡、印度、日本和印度尼西亚，非洲的肯尼亚、乌干达、坦桑尼亚、马拉维和津巴布韦，美洲的阿根廷，等。茶叶的国际贸易量较大。

1）茶树的分布及其对环境要求

全球茶树的分布主要集中在16°S～30°N区域之间，以海拔在500～1 500 m且坡度在25°以下的山地为宜（见图30-60）；如遇山谷地形，需要设置风扇增加空气对流，保持空气温度的均匀。

茶树喜温暖湿润气候，其生长温度范围在0～30 ℃，气温大于10 ℃时树芽开始萌动，叶片生长的最适温度为20～25 ℃。茶树喜湿，茶园的场地选择以年降水量在1 000 mm以上的地区为宜；喜光耐阴，可在散射光下生长，单从光质看，茶树生长需较多的紫外线辐射。其所需土壤以微酸性壤土为宜。

2）茶树的基本分类

（1）按植物属性分类。

按植物属性分类，茶树可分为乔木类、小乔木类和灌木类三种。

乔木类茶树为较原始的茶树类型，分布于与原产地自然条件较接近的自然区域。其植株高大，有明

图30-60　茶　山
（引自 item.btime.cn）

显的树干并呈总状分枝(见图30-61A)。其叶片较大,通常长度在10~26 cm,叶片中的栅栏组织只有一层。

小乔木类茶树属于茶树的一个进化型。其抗逆性较乔木类茶树强。此类株型较高大,虽有明显主干,但植株顶部分枝较少。其叶片长度多在10~14 cm,叶片中的栅栏组织多为两层。

灌木类茶树属高度进化的一个茶树类型,所包含的品种最多,分布最广。其株型低矮,无明显主干,从植株基部开始分枝,枝叶分布密集。其叶片较小,叶片长度在2.2~10 cm。叶片中的栅栏组织有2~3层。

(2)按叶型分类。

按照茶树叶片的大小和采摘时的成熟度等标准,可将茶树分成特大叶类、大叶类、中叶类和小叶类等类型,一些乔木类茶树的叶型较大(见图30-61A);按照采摘时叶片(芽)的多寡,可将茶叶分为单芽、一芽一叶、一芽两叶和一芽三叶4个等级(见图30-61B)。

图30-61 古树茶和茶叶的分类
(A、B分别引自 wenda.zhifure.com、chayi5.com)

(3)按品系(种)分类。

在以上类型中,按照栽培特性和产品品质等可进一步区分茶树的品系,通常以越冬芽所需的活动积温多少来划分,结果可分为早芽种、中芽种和迟芽种。早芽种、中芽种和迟芽种从发芽到头茶采摘所需的活动积温分别为小于400 ℃、400~500 ℃和大于500 ℃。

3)茶园的建立及管理

茶园的建立是从选择场地、整理地形和繁殖入手的。成园2~3年后需加强管理。茶园的盛收期在10年以上,茶园的寿命则在30年左右甚至更长。

(1)茶树的繁殖。

茶树通常可采用有性和无性两种方式繁殖。有性繁殖时可直接利用茶籽进行播种,无性繁殖时则主要以扦插、压条等方式产生新的茶树苗。

(2)播种或定植。

在充分整地和施过底肥的基础上,对育好的茶树苗进行定植作业时,通常采用单条植或双条植的办法,其密度分别为每公顷5.2万~6.0万株和10.5万~12.0万株。山地定植前需对地形进行整理,通常可沿山体的等高线做成梯田的样式,如此既可防止降雨造成的水土流失,也利于定植后的管理和采摘作业。

(3)茶树的整形修剪。

适时、正确的整形修剪,对协调茶树的生长关系、保证茶叶的产量和质量都是非常重要的。茶树的修剪通常包括定干、疏芽、去顶和疏枝等作业。首次修剪时往往会留出3~4条粗壮的枝条以备进一步培养后再确定,经3~4次修剪后则应完成茶树的定干;以后逐次修剪时逐步淘汰不需要的枝干,最后留出高度在1.0 m左右的树干,并由此确定整株茶树的树形。此后的修剪则以疏枝、疏芽为主,保持整体结构不要过密。

（4）茶叶的采收。

科学合理地设置采茶时间对茶叶质量有着重要意义,同时也是调整茶树生长关系所需。茶树枝芽的再生能力较强,通常需要早采,这同时可促进植株新芽的持续性发生。

茶叶的适宜采收期较短,而采摘茶叶是一项完全依靠手工的精细作业。因此在春茶采收上应尽量提前,以延长茶树的采摘周期,并处理好茶叶的嫩叶（芽）的再生、质量和数量之间的关系。

30.4.2 咖啡

咖啡植物（coffee plants）,通常是指茜草科咖啡属多种灌木或小乔木植物。咖啡植物原产于非洲的埃塞俄比亚热带高原地区,目前在全球热带地区有广泛种植,以非洲的埃塞俄比亚、肯尼亚,美洲的巴西、哥伦比亚、哥斯达黎加、危地马拉、牙买加,亚太地区的印度尼西亚、越南和中国海南、云南等地产量较多。咖啡产品的全球贸易量每年在千亿美元以上。

1）咖啡植物的分布及其对环境条件的要求

小粒种咖啡植物原产于埃塞俄比亚,适于在海拔900~1 800 m,年平均温度在19 ℃左右的热带山地种植;中粒种咖啡植物则原产于刚果的热带雨林地区,那儿海拔在900 m以下,年平均温度高达21~26 ℃,其产地多为具有荫蔽或半荫蔽环境的森林、河谷地带,这类森林、河谷地带具有气流稳定、温暖湿润的条件。

小粒种咖啡植物对较低温度的适应性高于中粒种,但温度最低月的月均温度也应在13 ℃以上,短时间的5 ℃左右低温即可使其植株的顶芽或嫩叶受到无法复原的伤害。中粒种咖啡植物在10 ℃以下时便不能开花。

咖啡植物喜湿,要求产地全年的降水量在1 000 mm以上,且季节间分布均匀。过多的降雨会使植株生长和授粉不良。从光照强度的要求上看,咖啡植物喜半阴环境,强光对咖啡的生长不利,特别是在中粒种咖啡植物的生产上表现更加明显。

咖啡对土壤的要求,以pH值为5~6.5的森林沙壤土和壤土为宜。

2）咖啡属植物的分类

咖啡属植物约有90个种,全球有较大面积栽培的种主要为下列8个品种,其中以小粒咖啡和中粒的罗布斯塔咖啡生产量较大（见图30-62）。

（1）小粒咖啡（*Coffea arabica* L.）,分布于非洲、亚洲和美洲各产区,为原种咖啡植物之一,生产量最大。

（2）米什米咖啡（*C. benghalensis* Heyne ex Roem. et Schult.）。

（3）中粒咖啡（*C. canephora* Pierre ex Froehn.）。

（4）罗布斯塔咖啡（*C. robusta* Linden）,主产地为印度尼西亚,为全球三大原种咖啡植物类别之一。

（5）刚果咖啡（*C. congensis* Froehn.）。

（6）大粒咖啡（*C. liberica* Bull ex Hiern）,三大原种咖啡植物之一,产量较少。

（7）狭叶咖啡（*C. stenophylla* G. Don）。

（8）埃塞尔萨（Excelsa）咖啡（*C. dewevrei* de Wild et Durand var. *excelsa* Chevalier）。

在小粒咖啡和中粒的罗布斯塔咖啡中,全球重要的产地所出产的咖啡豆形态如图30-63所示。这些品种间差异较大,表现在不同产地的同一品种的风味也有着较大的区别。

图 30-62　全球最大用量的阿拉比卡咖啡和罗布斯塔咖啡间的比较
（依 zhuanlan.zhihu.com）

图 30-63　全球重要产地出产的咖啡豆形态
（依 sohu.com）

3）咖啡植物种群的演化

据美国精品咖啡协会（SCAA）提出的咖啡品种演化关系（见图 30-64），原始种阿拉比卡是由香樱桃和卡内弗拉种杂交而来，并在埃塞俄比亚经人工选择后形成了著名的品种：瑰夏和摩卡。原始种传播到其他地区后，在中美洲地区经人工选择得到了铁皮卡（Typica），这一重要的品种再经传播与人工选择，便分化出更多的变种，如爪哇、帝汶杂种与象豆。与铁皮卡一样，被选择出的重要变种波旁（Bourbon），经突变分别培育出

卡杜拉、帕卡斯、尖身波旁。而帕卡玛拉、新世界、卡帝姆则分别由铁皮卡和波旁两个核心种演化而来。

4）咖啡树的种植管理

（1）咖啡苗的繁殖。

咖啡植物通常可采用直播或扦插、嫁接的方式进行繁殖。播种时所需的种子需在树体完全成熟的果实中采集。育苗时适宜的昼夜温度分别为 25～35 ℃和 15～20 ℃，播种后经 20～30 天即可出苗。扦插和嫁接的繁殖条件及时间与直播类似。当小苗长至 20 cm 大小时，即可定植。

（2）定植。

小粒咖啡苗的定植密度在每公顷 5 000 株左右，中粒咖啡苗则在每公顷 1 600 株左右。

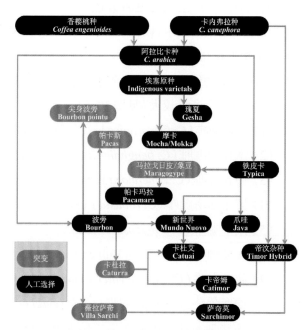

图 30-64　全球咖啡品种的演化及其关系
（依 Scaasymposium.org）

（3）成园前管理。

定植成活后，需去除次生茎，并依据整形要求进行修剪。通常小粒种咖啡植株可采取单干或双干整枝的办法；中粒种咖啡植株则采取多干整枝法。多干整枝时，可对干枝进行轮换式利用，逐年淘汰老枝，以使咖啡树体能有较大的生长量和产量潜力。

（4）果实的采收。

商用咖啡豆，其果实呈橙黄色时即可进行采收作业，过熟会影响咖啡豆的色泽及制成咖啡后的饮用口感。

30.4.3 可可

可可树（cacao trees），是对梧桐科可可属一类乔木类植物的统称。可可树原产于美洲热带地区，其花与果实如图30-65所示。可可在热带地区的栽培较为普遍，其重要的产地有非洲的加纳、尼日利亚、科特迪瓦，美洲的巴西、厄瓜多尔、多米尼加和亚洲的马来西亚等国。中国的云南、海南和台湾等地有少量种植。其最大消费国为美国、德国、俄罗斯、英国、法国、日本和中国。

图30-65 可可树的花与果实

（A、B分别引自wenda.huabaike.com、baike.baidu.com）

1）可可树对环境条件的要求

可可树喜温暖湿润气候，适于在富含有机质的冲积土所形成的缓坡上种植，因此其分布集中于20°N～20°S地区。其生长要求产地的年平均温度为22～27 ℃，月最低平均温度在15 ℃以上，全年降水量在1 400～2 000 mm。可可树生长还需要充足的阳光，忌台风和易渍水区域。

2）可可属的种类

克里奥罗（Criollo），也被称为薄皮种，品质最佳，香味独特，但产量较少，仅占全球产量的5%，主要分布于委内瑞拉、加勒比海地区的一些国家、马达加斯加和印度尼西亚爪哇等地。

佛拉斯特罗（Forastero），也被称为厚皮种，产量高，约占全球总量的80%，气味辛辣，苦且酸，主要用于生产大众化巧克力。西非地区所产可可豆多为此种，其在马来西亚、印度尼西亚和巴西等地也有较多种植。这种可可豆需要重度的烘焙来弥补其风味上的不足，因此以此为原料生产出的黑巧克力常带有一种焦香味。

特立尼达（Trinitario），前述两个种的杂交品种，因培育于特立尼达岛而得名。此种可可树结合了亲本两种可可树的优势，产量约占全球咖啡豆总量的15%，产地分布同克里奥罗。因其自然综合了前述两种豆的酸度、平衡度和风味上的复杂度，所以常用于生产优质巧克力，且其被视作可可中的珍品之一。

3）可可园及其管理

可可树多用种子繁殖，但也有用芽接繁殖的情况。可可树在定植4～5年后开始结实，10年以后进入盛产期。当可可树的树龄达到40～50年后，植株产量下降严重，需要更新树体。

传统产地的优质可可生产，早已被一些商业巨头买断。有些企业为了打破这种垄断而新建了一些产区，所采用的管理方式及采用的技术与传统产地的有较大区别。新建产区的栽培管理涉及地形整理、土壤改良与施肥、灌溉设施配置、植株的整形与修剪等方面，不像传统产区仍采用粗放式管理。

30.4.4　浆果型饮料植物

虽然很多果品都可以加工成果汁饮用，但此处提到的是一些较少作为鲜食水果利用的果实为浆果的植物种类，它们结出的果实的主要用途即作为饮料原料。这些果树主要包括沙棘、刺梨、番石榴、金樱子、枸杞和柠檬等。番石榴和柠檬已在本章前面的浆果类和柑果类中有过讨论。

1）沙棘

沙棘（*Hippophae rhamnoides* L.），胡颓子科沙棘属落叶性灌木，原产地为中国新疆和中亚地区。其特点是耐旱、耐寒、耐热（植株可耐受的最低温度和最高温度分别为−30 ℃和40 ℃）、抗风沙、耐瘠薄，可在盐碱地上生存，喜光但也较耐阴。因此沙棘被广泛用于退耕还林与荒山植被恢复等生态治理中。沙棘还因其果实中的维生素C和胡萝卜素含量较高，抗氧化性较强（SOD酶活性高）而受到重视。沙棘果实也可入药和用于美容产品。如图30-65所示为沙棘植株、果实及其果汁饮品。

图30-66　沙棘植株、果实及其果汁饮品
（A～C分别引自 dcbbs.zol.com.cn、quanjing.com、51jjc.net）

沙棘有很多重要的亚种，如江孜沙棘（ssp. *gyantsensis*）、蒙古沙棘（ssp. *mongolica*）、中国沙棘（ssp. *sinensis*）、中亚沙棘（ssp. *turkestanica*）和云南沙棘（ssp. *yunnanensis*）等。

沙棘是优良的先锋树种和混交树种，可与杨树、榆树、刺槐等树木混植，形成质量更高的生态系统。

沙棘通常采用种子直播和扦插的方式繁殖育苗。其为雌雄异株植物，定植时需以1∶8比例配植授粉树，定植密度为每公顷1 250株左右，定植后3～4年即可进入结果期。

沙棘果实的果柄不形成离层，因此不易落果，过熟的果实品质会下降。有些品种的枝条带刺，会给采摘带来困难。机械采收虽然可提高效率，但成本较高。用乙烯利在果实成熟过程中稍加处理，会使果实成熟时的落果变得容易，便于采收。沙棘果实的适宜贮藏条件为1～5 ℃的温度和90%～95%的空气湿度，也可在−20 ℃下冷冻贮藏。

2）缫丝花（刺梨）

缫丝花（*Rosa roxbunghii* Tratt.），蔷薇科蔷薇属多年生落叶灌木，主要野生生长于云贵高原及其周边山地。其果实叫作刺梨，营养价值与沙棘相当，开发利用的价值较大（见图30-67A）。缫丝花可通过分株、扦插和压条等无性繁殖，也可进行播种育苗。其定植密度为每公顷630～840株。其栽培要求与同科果树相类似。

图30-67 缫丝花和金樱子的植株、果实及相关饮品
（A1～B3分别引自rollnews.tuxi.com.cn、qbaobei.com、5uzy.cc、win4000.com、sex.fh21.com.cn、sohu.com）

3）金樱子

金樱子（*Rosa laevigata* Michx.），蔷薇科蔷薇属常绿攀缘植物，其果实可用于制作饮料，也可入药（见图30-67B）。金樱子喜温暖、湿润气候，喜光，适应性强。其生长温度范围为5～28 ℃，植株可耐−2～3 ℃低温，对土壤条件要求不严，较耐干旱、瘠薄。金樱子可以直播或扦插的方式繁殖育苗，苗期约2年。其定植密度约每公顷1.0万～1.5万株。

4）枸杞

枸杞（*Lycium* spp.），是茄科枸杞属的一类落叶灌木或小乔木的统称。该属著名的种主要有中华枸杞（*L. chinense* Mill.）、宁夏枸杞（*L. barbarum* L.）和黑果枸杞（*L. ruthenicum* Murr.）等（见图30-68）。枸杞的浆果为一类重要的饮料原料，干制的果实（枸杞子）和根皮（枸骨皮）均可入药。中华枸杞的叶可作为蔬菜食用，种子可以榨油。黑果枸杞的果实中含有丰富的水溶性原花青素（Proanthocyanidins, OPCs），具有很强的抗氧化作用，其饮品具更强的保健作用。

枸杞喜冷凉气候，耐寒力很强。当气温稳定在7 ℃左右时，种子或新芽即可萌发，幼苗可抵抗−3 ℃低温。落叶后的树体可耐受−25 ℃的低温。枸杞根系发达，抗旱能力强，在干旱荒漠地仍能生长，但生长时仍然需要充足的水分，且不耐湿涝。枸杞喜充足光照，对栽培土壤的要求不严，对土壤盐碱有较强耐受性。

枸杞通常采用播种或扦插繁殖。定植时为了方便机械作业，畦（垄）面宽、行间空可分别设为

图 30-68 枸杞属的三个重要种
A. 中华枸杞；B. 宁夏枸杞；C. 黑果枸杞
（A～C 分别引自 zblaker.com、mt.sohu.com、baijiahao.baidu.com）

3.0 m、2.0 m，株距 0.8 m；采取双行定植法，保持种植密度为每公顷 5 000 株左右。由于枸杞植株高大，分枝多，在生长后期即使通过修剪进行疏枝和短截，其枝条也很难具有直立性，因此需要对其进行支架扶持。

30.4.5 其他饮料植物

除前述三大类饮料植物和部分可制成饮品利用的果树植物外，一些常归类于观赏植物、药用植物或香料中的部分植物，也具有作为饮料植物的基本特性，如忍冬、菊花、玫瑰茄、胖大海、金莲花、栀子、罗汉果、香茅、薄荷、薰衣草、鼠尾草、牛至、罗勒。

1）忍冬属

忍冬（*Lonicera japonica* Thunb.），忍冬科忍冬属多年生半常绿藤本类灌木，其产品亦称为金银花，原产于中国及东北亚地区（见图 30-69A）。

忍冬可作为观赏植物利用，其花（金银花）和枝条（忍冬藤）皆可入药（具清火解毒功能，为银翘片、银黄片等药品中的主要成分）。忍冬的花还可作保健饮品的加工原料，其含有丰富的绿原酸（chlorogenic acid）和异绿原酸（isochlorogenic acid）等有效成分。

图 30-69 忍冬属的两个种（忍冬和蓝靛果忍冬）
A1. 忍冬；A2. 忍冬花；A3. 喜食忍冬果的红胁绣眼鸟；A4. 严寒中的忍冬果；B1. 蓝靛果忍冬；B2. 蓝靛果忍冬枝叶；B3. 蓝靛果忍冬果实
（A1～B3 分别引自 daxiaotanlu.com、cn.ui.vmall.com、birdnet.cn、jyrb.cn、cnhnb.com、fpcn.net、baijiahao.baidu.com）

忍冬属除忍冬外,蓝靛果忍冬(*L. caerulea* L. var. *edulis* Turcz et Herd)也是一种重要的饮料植物,其果实中所含的色素成分较多,果实也可入药,功能与金银花相类似(见图30-69B)。

忍冬和蓝锭果忍冬的适应性都很强,对土壤和气候的选择并不严格,可在20°~45°N范围内种植。忍冬类植物均可以种子直播和扦插繁殖,隔年移栽。定植密度在每公顷5 500株左右。

栽培过程中最重要的工作是对树体进行整形修剪。在整形上,通常要求主干明显,枝多不着地,保持单株冠幅在80~120 cm。修剪时的主要作业为去顶、疏枝、短截、去病弱枯枝和垂下枝。同时,在寒冷地区种植时需要考虑老枝条的安全越冬问题。

2)菊花

菊属(*Dendranthema* spp.)中,用作茶用菊的主要类型有黄山贡菊、杭菊(胎菊)、滁菊、亳菊、杭白菊、怀菊、野菊等(见图30-70)。

图30-70 用作饮料植物的四大菊属品种的花朵形态
A. 贡菊;B. 杭菊;C. 滁菊;D. 亳菊
(A~D分别引自daxiaotanlu.com、cn.ui.vmall.com、birdnet.cn、baijiahao.baidu.com)

茶用菊花中含有较多的微量元素和次生代谢物,花朵色系丰富,对人体增强免疫力、防止衰老等有一定作用,同时也具有散风热、平肝明目等功效。菊花作为茶饮时,可单独使用,也可与其他饮品配合使用,如加入山楂和金银花的山银菊茶、加入金银花和茉莉花的三花茶、加入玫瑰的玫瑰菊花饮、加入枸杞的枸杞菊花饮等。

茶用菊的栽培与观赏菊等基本相同,要求栽培场地平整而不易积水。其繁殖通常采取分株和扦插方式进行,定植时与茶叶的栽培模式相似。为了采摘上的便利,生产上多使用种植行、行间空为1.2 m和0.8 m的三行式条带式定植法,株距则按品种的生长势与分枝特性确定,通常在0.5 m左右,如此可保持每公顷有植株3.0万株的定植密度。

定植后植株长至25 cm高度时即可进行去顶作业,以促进菊花的分枝。此作业需要反复进行2~3次,直到冠层顶部枝叶密实时才告完成。

茶用菊也属于典型的短日照植物,其花期往往在秋季天气冷凉之后,适采期在2周左右。菊花自身的挥发油成分及其花蕊的色泽,对蚜虫具有天然的吸引力,蚜虫的啃食和尸体在花朵上的残留会使饮用菊产品外观及口感等遭受较大损失。因此,不能通过化学杀虫来解决此问题。通常可在进入花期前,利用无纺布进行浮面覆盖,以物理方法隔离虫体,这一点对提高饮用菊品质至关重要。

从采收方法看,从植株上逐朵剪下的手工采摘用工量极大,但便于机械烘干,品质容易掌控,如杭菊即为蒸制加工,贡菊则采用烘制加工。如采取阴干或晾晒方式加工,采收时则以在植株上切割花枝(长度为20 cm左右)的方式进行,待阴干后才将花朵剪下,如亳菊采用阴干法干制,滁菊、怀菊等则采用晾晒法干制。

3）玫瑰茄

玫瑰茄（*Hibiscus sabdariffa* L.），锦葵科木槿属一年生直立草本植物（见图30-71），原产地为苏丹和印度地区。其花朵称为洛神花（Roselle），常作为花草茶利用，也可入药；其嫩叶可作为蔬菜食用。花朵中的红色素（天然苏丹红）是非常重要的一类食品添加剂，稳定性非常理想。洛神花的主要功效在于降低血液黏度，降低血压。

玫瑰茄喜光、喜温暖，畏寒冷，可在30°N以南的亚热带地区生长，产地的海拔高度在600 m以下；喜湿润但不耐涝，忌积水；对土壤条件要求不严，以酸性至微酸性土壤为宜。玫瑰茄以播种的方式繁殖，定植密度在每公顷1.0万～1.5万株。

图30-71　玫瑰茄的整株、花朵及产品干制后形态
（A～C分别引自 zhidao.baidu.com、21food.cn、432520.com）

4）胖大海、罗汉果

胖大海（*Sterculia lychnophora* Hance），梧桐科苹婆属落叶乔木植物，原产于东南亚和南亚地区，现主要分布在热带地区和部分亚热带地区。其果实可用于茶饮，且可入药，具抑制病毒、抗炎和增强免疫力等功效（见图30-72A）。通常采用播种和压条的方式繁殖，定植密度为每公顷600株左右。树高达1.0 m左右时即需去顶，保留2～3个分枝，以后对分枝也做同样处理，三级分枝后则可定形。成龄后的树体可采

图30-72　胖大海和罗汉果的植株、果实及茶饮利用形态
（A1～B3分别引自 8518htm.cn、69cy.net、sohu.com、b2b.hc360.com.cn、90sheji.com、jd.com）

取环剥处理,以调节树体的营养生长和结果的情况。

罗汉果[*Siraitia grosvenorii*(Swingle)C. Jeffrey ex Lu et Z. Y. Zhang],葫芦科罗汉果属多年生藤本植物,原产于中国南部和东南亚地区,以广西桂林产区的产品品质为佳。罗汉果既可作为茶饮,也可入药(见图30-72B)。其植物为雌雄异株,果实微甜。其主产地位于海拔300～1 400 m的亚热带山区中,适宜生长的最低温度在15 ℃左右,耐阴,喜湿润多雾,忌积水受涝。常采用种子繁殖,定植密度为每公顷6 000株左右,并按60∶1的规模配植授粉树。栽培上需要搭架,也可进行人工辅助授粉。罗汉果鲜果中有较多的蛋白酶,需通过高温烘干使其失活,同时因果皮绒毛较多,采收后需进行清洗和打磨。

5)栀子、金莲花

关于栀子(*Gardenia jasminoides* Ellis),本章在前面介绍观赏植物时有过简单叙述,它常被用作室内盆栽使用。大面积栽培栀子的原因是栀子的果实可用于茶饮且能入药(见图30-73A),适合有高血压、糖尿病的人群日常饮用,同时其也是食用黄色素(具番红花色素苷基)的主要制作原料。栀子的主要产地分布在35°N以南的温带、亚热带和热带地区,除中国外,东亚、南亚、东南亚和太平洋诸岛的一些国家均有种植。栀子需要在酸性土壤中生长,其适宜的土壤pH值在4.0～6.5之间。

金莲花(*Trollius chinensis* Bunge),毛茛科金莲花属一年生或多年生草本,原产于南美地区。喜冷凉湿润环境,多生长在海拔1 800 m以上的高山草甸或疏林地带。中国华北地区栽培较多。其花朵主要可用于茶饮,也可入药,具清热解毒功能(见图30-73B)。

图30-73 栀子和金莲花的植株及茶饮利用形态
(A1～B2分别引自dianshu119.com、duorouhuapu.com、travel.sohu.com.cn、chexian5.com)

6)香茅、薄荷、柠檬

以下几种植物的产品常用于西式茶饮中。

香茅(*Cymbopogon* spp.),禾本科香茅属植物的统称(见图30-74A),因有柠檬香气,故又称为柠檬草。常见的有中国香茅和越南香茅。香茅的叶可用于茶饮或入药,用于治疗风湿、偏头痛,具有抗感染、改善消化等功能;其叶子也被用来提取精油。

薄荷（*Mentha haplocalyx* Briq.），唇形科薄荷属多年生草本植物（见图30-74B），是一种重要的香料。其叶片可作蔬菜食用或作调味品，也可用于茶饮或药用，还可以提取精油（其味道沁人心脾）。

柠檬果实（见图30-74C）也常用作茶饮材料，可单独使用也可与其他材料配合使用。

图30-74　香茅（A）、薄荷（B）和柠檬（C）及其茶饮利用形态
（A～C分别引自ezvivi2.com、sohu.com、canyin.3158.cn）

7）迷迭香、薰衣草、鼠尾草、牛至和罗勒

这一类植物均为著名的香料植物，既可作蔬菜食用或作调味品，也可用于茶饮，亦是花草茶的主要原料之一。这些材料均可提取精油并用于医药、日化等目的。

香草茶（见图30-75）往往以复配形式出现，常在茶叶中以不同原料配合加入，英式红茶的制作即是如此；香草茶材料也可不加茶叶进行复配，并加入如玫瑰果、柠檬、蜂蜜等进行调制，这一饮用方式流行于欧美地区，也受到了不少中国年轻人的喜爱。

图30-75　几种常见的西式香草茶
A. 迷迭香茶；B. 薰衣草茶；C. 罗勒茶；D. 鼠尾草茶；E. 马鞭草茶；F. 牛至茶
（A～F分别引自cn.dreamstime.com.cn、tuan800.com、quanjing.com、quanjing.com、snw.com.cn、modie.o2oteam.com）

30.4.6　香料植物

香料植物（spice plants），是指能分泌和积累具有芳香气味物质的一类植物。按照其产品的使用目

的,可将其分为食用香料植物和工业香料植物两大类。本小节主要讨论食用香料植物。

1)香料植物的利用部位

不同香料植物的利用部位有很大差异,其分类如表30-16所示。

表30-16 不同香料植物及其利用部位的分类

利用部位	香料植物
根(根状茎)	姜、良姜、姜黄、山柰、辣根、白芷、(牡)丹皮、甘松、甘草、黄芪、当归、党参
茎、叶	薰衣草、迷迭香、留兰香、薄荷、紫苏、百里香、罗勒、牛至、马鞭草、鼠尾草、月桂、木兰、五味子、千里香、香茅、月桂、荆芥、芫荽
花	玫瑰、香柠檬、丁香、菊花,啤酒花、紫丁香,桂花、百合、金银花、木兰(辛夷)
果实	樱桃、草莓、花椒、九里香、柠檬、香柠檬、香橙、金柑、莳萝、辣椒、草果、陈皮、砂仁、木姜子
种子	扁桃、山杏、茴香、芫荽、芹菜、胡卢巴、豆蔻、胡椒、八角
树皮	斯里兰卡肉桂、肉桂、川桂皮

2)香料植物的植物学分类

香料植物主要分布在菊科、豆科、百合科、兰科、蔷薇科、唇形科、禾本科、芸香科、蘘荷科、木樨科等科,其细分情况如表30-17所示。

表30-17 不同香料植物的植物学分类

科 属	香料植物
菊科	藏木香、茵陈蒿、泽兰、甘菊、雪莲、青蒿、果香菊、金盏菊、香矢车菊
豆科	甘草、合欢、香豌豆、香花槐、刺槐、紫藤、黄芪
百合科	麦冬、光叶菝葜(土茯苓)、葱、蒜、韭、玉簪、香百合
兰科	天麻、石斛、白及、香子兰(香草)
蔷薇科	玫瑰、月季、梅花、木瓜、枇杷、木香花、贴梗海棠、棣棠、樱花、小果蔷薇
唇形科	薄荷、迷迭香、罗勒、马郁兰、薰衣草、百里香、益母草、夏枯草、丹参、藿香、黄芩、紫苏、半支莲、茜草(红花)
伞形科	葛缕子、小茴香、芫荽、荆芥、莳萝、白芷、当归
芸香科	花椒、柑橘(陈皮)、千里香
樟科	月桂(香叶)
败酱草科	甘松
木樨科	丁香、茉莉
木兰科	木兰(辛夷)
禾本科	香茅
蘘荷科	姜、豆蔻、山柰、草果、砂仁、良姜、姜黄

（续表）

科　属	香　料　植　物
茄科	辣椒
十字花科	辣根、芥菜
毛茛科	牡丹（丹皮）
桔梗科	党参

3）全球主要香料的产地分布

对主要食用香料而言，其在中国、印度和一些地中海地区的国家的饮食应用上最为广泛，这些区域也是全球香料生产的主要区域。除此之外，东南亚和太平洋地区以及加勒比海地区也是全球重要的食用香料生产区域。

参考文献

［1］ Janick J. Horticultural science [M]. 4th ed. New York: W. H. Freeman & Company, 1986.

［2］ Janick J. Horticultural science [M]. 3rd ed. New York: W. H. Freeman & Company, 1979.

［3］ Poincefot R P. Sustainable horticulture: today and tomorrow [M]. New Jersey: Prentice Hall, 2004.

［4］ 李光晨,李正应,邢卫兵,等.园艺通论［M］.北京:科学技术文献出版社,2001.

［5］ 董保华,等.汉拉英花卉及观赏树木名称［M］.北京:中国农业出版社,1996.

［6］ Garrett R H, Grisham C M. Biochemistry［M］.北京:高等教育出版社,2002.

［7］ 蒋先明.蔬菜栽培学总论［M］.北京:中国农业出版社,2000.

［8］ 陈世儒.蔬菜种子生产原理与实践［M］.北京:农业出版社,1993.

［9］ 今西英雄.園芸種苗生産学［M］.東京:朝倉書店,1997.

［10］ 董树亭.植物生产学［M］.北京:高等教育出版社,2003.

［11］ 周长久.现代蔬菜育种学［M］.北京:科学技术文献出版社,1996.

［12］ 张卫明.植物资源开发研究与应用［M］.南京:东南大学出版社,2005.

［13］ 三原義秋.温室設計の基礎と実際［M］.東京:養賢堂,1983.

［14］ 加藤徹.症状から見た野菜の生育障害診断［M］.京都:タキイ種苗株式会社,1997.

［15］ 木曽晧.野菜病害の診断技術［M］.京都:タキイ種苗(株)広報出版部,1998.

［16］ 李盛萱.蔬菜商品学［M］.北京:中国农业出版社,1994.

［17］ 张福墁.设施园艺学［M］.北京:中国农业大学出版社,2001.

［18］ 于广建,张百俊.蔬菜栽培技术［M］.北京:中国农业科技出版社,1998.

［19］ 北京林业大学园林学院花卉教研室.花卉学［M］.北京:中国林业出版社,1990.

［20］ Peirce L C. Vegetables: characteristics, production, and marketing[M]. New York: John Wiley and Sons, 1987.

［21］ 周荣汉,段金廒.植物化学分类学［M］.上海:上海科学技术出版社,2005.

［22］ 中国人民大学贸易经济系商品学教研室.食品商品学［M］.北京:中国人民大学出版社,1982.

［23］ Nelson P V. Greenhouse operation and management[M]. New Jersey: Prentice Hall, 1998.

［24］ 邹志荣.园艺设施学［M］.北京:中国农业出版社,2002.

［25］ 王书林.药用植物栽培技术［M］.北京:中国中医药出版社,2006.

［26］ 後藤英司.人工光源の農林水産分野への応用［M］.東京:農業電化協会,日新社,2010.

［27］ 国际种子检验协会(ISTA).种苗评定与种子活力测定方法手册［M］.徐本美,韩建国,等,译.北

京：北京农业大学出版社,1993.

［28］ Kitinoja L, Kader A A. 果蔬花卉采后处理实用技术手册［M］. 华南农业大学果蔬采后生理研究室,译. 北京：中国农业出版社,2000.

［29］ 地盤環境技術研究会. 土壌汚染対策技術［M］. 東京：日科技連出版社,2003.

［30］ ㈱ 流通システム研究センター. 農産物の輸送と貯蔵の実用マニュアル［M］. フレッシュフードシステム,増刊号,2000.

［31］ Schiechtl H M. Sicherungsarbeiten im landschaftsbau: grundlagen lebende baustoffe methoden[M]. München: Callwey, 1973.

［32］ 全農肥料農薬部. キュウリの栽培と栄養・生理障害［M］. 東京：全農肥料農薬部,1988.

［33］ 王就光. 蔬菜病虫防治及杂草防除［M］. 北京：农业出版社,1990.

［34］ 高愿君. 野生植物加工［M］. 北京：中国轻工业出版社,2001.

［35］ 野菜供給安定基金. 野菜出荷規格ハンドブック［M］. 東京：講談社サイエンティフィク,1999.

［36］ 古川仁朗. 増補/図解組織培養入門：花・野菜・果樹の増殖と無病苗育成［M］. 東京：誠文堂新光社, 1992.

［37］ 全国农牧渔业丰收计划办公室,农业部种植业管理司,全国农业技术推广服务中心. 无公害蔬菜生产技术［M］. 北京：中国农业出版社,2002.

［38］ 李时珍. 本草纲目［M］. 北京：华文出版社,2009.

［39］ ㈱ 流通システム研究センター. 野菜の鮮度保持マニュアル［J］. フレッシュフードシステム,臨時増刊号,2003, 24（3）：11 ～ 20＋30 ～ 33＋58 ～ 59＋62 ～ 63.

［40］ 周志华. 机器学习［M］. 北京：清华大学出版社,2016.

［41］ 森本繁雄,伊沢正名. きのこ・木の実［M］. 東京：西東社,1994.

［42］ 全農肥料農薬部. トマトの栽培と栄養・生理障害［M］. 東京：全農肥料農薬部,1988.

［43］ 蔡俊清. 插花技艺［M］. 上海：上海科学技术出版社,2001.

［44］ 张天柱. 温室工程规划、设计与建设［M］. 北京：中国轻工业出版社,2010.

［45］ Armitage A M. Ornamental bedding plants[M]. New York: CAB international, 1998.

［46］ 田部井満男. ハーブ・スパイス館［M］,東京：小学館,2000.

［47］ McVicar J. Grow herbs[M]. London: Dorling Kindersley limited, 2010.

［48］ 小笠原亮. 観葉植物［M］. 東京：日本放送出版協会,1992.

［49］ タケダ園芸株式会社. タケダ園芸製品要覧：薬品・肥料・用土・資材［M］. 東京：チクマ出版社,2002.

［50］ 肥土邦彦,植原直樹. 園芸植物—庭の花・花屋さんの花［M］. 東京：小学館,1995.

［51］ 長村智司. 鉢花の培養土と養水分管理［M］. 東京：農文協,2004.

［52］ 新凤凰工作室. 营养饭・粥［M］. 汕头：汕头大学出版社,2006.

［53］ 黄素玉,罗安澜. 药草的故乡・在台东［M］. 台北：联经出版事业公司,2006.